中国的事情，中国人自己要把它弄清楚。

在发明创造的问题上，中国要有自己的话语权。

中国三十大发明

华觉明　冯立昇　主编

中原出版传媒集团
中原传媒股份公司
大象出版社
·郑州·

图书在版编目(CIP)数据

中国三十大发明 / 华觉明, 冯立昇主编.— 郑州 :
大象出版社, 2017. 12 (2018. 4 重印)
ISBN 978-7-5347-9615-9

Ⅰ. ①中… Ⅱ. ①华… ②冯… Ⅲ. ①科学技术—技
术史—研究—中国—古代 Ⅳ. ①N092

中国版本图书馆 CIP 数据核字(2017)第 310550 号

中国三十大发明
ZHONGGUO SANSHI DA FAMING
华觉明 冯立昇 主编

出 版 人 王刘纯
选题策划 王刘纯 董中山
责任编辑 成 艳 张前进
责任校对 毛 路 倪玉秀 张迎娟 马 宁 裴红燕
书籍设计 王莉娟
制 图 方 湖南地图出版社有限责任公司

出版发行 大象出版社(郑州市开元路 16 号 邮政编码 450044)
发行科 0371-63863551 总编室 0371-65597936
网 址 www.daxiang.cn
印 刷 北京汇林印务有限公司
经 销 各地新华书店经销
开 本 890mm×1240mm 1/16
印 张 40.25
版 次 2017 年 12 月第 1 版 2018 年 4 月第 3 次印刷
印 数 18001—30000
定 价 98.00 元
审 图 号 GS(2016)1717 号

若发现印、装质量问题,影响阅读,请与承印厂联系调换。
印厂地址 北京市大兴区黄村镇南六环磁各庄立交桥南 200 米(中轴路东侧)
邮政编码 102600 电话 010-61264834

《中国三十大发明》编撰委员会

主　编

华觉明　冯立昇

编撰委员会

潘吉星　席龙飞　闵宗殿　杨永善　周魁一

郭黛姮　郭书春　戴念祖　周嘉华　张　燕

华觉明　冯立昇　石云里　辛业芸　牛亚华

邱庞同　苏荣誉　张柏春　赵　丰　曾雄生

韩　琦　卢本珊　游战洪　关晓武　张伟兵

张前进　李劲松　王雪迎　安沛君　陈　彪

陈晓珊　刘　辉　鹏　宇　陈　巍　黄　兴

办公室主任

李劲松

办公室副主任

王雪迎

学术秘书

陈晓珊

序　言

本书的编著是基于文化自信的理念。文化是民族和国家赖以生存、发展和保持自身特质的基因。有无文化自信的意识和理念，是一个民族或国家的文化能否持续传承和发展振兴的精神前提。发明创造的观照，同样须具有文化自信的意识和理念，具体地体现于文化自立和自律这两个方面：

其一，须在百年来中国科技史研究的基础上，作进一步的探索、评估和梳理，从中遴选出具有原创性、特色鲜明，对中国乃至世界文明进程有突出贡献和广泛影响的重大发明，逐一论述其发生，发展，与社会人文、经济、政治、民众日常生活的关系并与世界其他地区同类发明作比较，从而提升重大发明研究、论证的水平，在这个问题上能自立于世，也就是《中国三十大发明之分说》一文中所说的，“中国的事情，中国人自己要把它弄清楚”，“在发明创造的问题上，中国要有自己的话语权”。

其二，发明的研究和评估，是一件严肃的事情。实事求是的科学精神，是我们在研究和评估时须严格遵守的准绳。漠视、贬低本国、本民族发明创造的成就，无视前人、后人的智慧和创新精神，是虚无主义的表现；夸大甚至虚构本国、本民族的发明创造业绩，忽视甚至无视其他国家和民族的创造力与聪明才智，是沙文主义的表现。二者都断不可取。尊重客观事实，恪守学术规范，无论研讨、梳理、评估和阐发都力求严谨和准确，这是我们观照发明创造问题时须遵循的为学之道。文化自律是一种自我约束，是我们的研究与论述能否经得起考验的保障。

本书共有34篇文章，其中33篇分述中国自远古至当代的三十项重大发明：粟作，稻作，蚕桑丝织，汉字，十进位值制记数法和筹算，青铜冶铸术，以生铁为本的钢铁冶炼技术，运河与船闸，犁与耧，水轮，髹饰，造纸术，中医诊疗术（含人痘接种），瓷器，中式木结构建筑技术，中式烹调术，系驾法和马镫，印刷术，茶的栽培和制备，圆仪、浑仪到简仪，水密舱壁，火药，指南针，深井钻探技术，精耕细作的生态农艺，珠算，曲蘖发酵，火箭与火铳，青蒿素和杂交水稻。《中国三十大发明之分说》一文则概述此问题之提出，发明的界定、分级和评估，三十大发明之由来，以及由此得到的启示，并列举另三十项重要发明供后续研究参考。

全书50余万字，近600幅图，所述的三十大发明贯通古今，涉及数学、物理、化学、天文、地学、生物学、农学、医学、语言文字、纺织、矿冶、水利、机械、髹饰、造纸、制瓷、造船、建筑、系驾和马具、印刷、仪表、火药火器、深井钻探、微生物工程等学科，由各领域的32位学者撰写，其中教授、研究员24位，副教授、副研究员6位，讲师、助理研究员1位，博士后1位；年龄构成：老年学者11位，中年学者14位，青年学者7位。

重大发明素为国内外学术界和公众所关注，在倡导创新型社会建设的当今，尤具现实意义。本书是这一课题的首次尝试，敬请学界同人和广大读者惠予指正。希望有更多专家参与切磋，进一步完善这一研究。

华觉明　冯立昇

2016年12月

目　录

Contents

Introduction

For a long time, "Four Great Inventions of China" is well-known and accepted by chinese people.However misunderstanding exists in the transmission of this term. This book aims to clarify the misunderstanding, and theoretically state the definition, classification and evaluation criteria of inventions. Accordingly, after repeated discussion and reorganization, thirty great inventions from ancient China to modern China are listed, including: Millet Agriculture; Rice Farming; Sericulture and Silk Production; Chinese Characters; Algorism and Rod Calculus; Bronze Metallurgy (Copper Mining and Smelting; Bronze Piece-Mold Casting); Pig Iron Metallurgy; Canal and Navigation Lock(The Great Canal; The Develepment and Innovation of Canal Navigation Lock); Plough, Grain Sowing Implement; Waterwheel; Traditional Technique of Lacquer; Papermaking; Traditional Chinese Medicine Diagnosis and Treatment; Porcelain; The Technique of Chinese Wooden Structure Architecture; Chinese Cooking; Carriage Hitching Technique and Stirrup; Printing; Tea Planting and Making; The Invention and Use of Celestial Equatorial Measurements; Bulkhead; Gunpowder; Compass;The Technique of Ultra Deep Drilling; Cultivation and Eco-agriculture; Traditional Chinese Calculation Method with Abacus; Ferment of Distiller's Yeast; Fire Arrow and Projection Firearm (Huo chong); Variolation; Artemisinin; Hybrid Rice. Thirty-two scholars wrote an article about individul invention in comprehensive way. Doctor Joseph Needham listed 26 inventions of ancient China from A to Z. Robert K. G. Temple thought that there were 100 important achievements in science and technology. Jin Qiupeng wrote the book *One Hundred Inventions of China*. Their works have great value.But in recent years,there have not been a lot of discussions about how many inventions existed in Chinese history and its order.This of course would raise many answers and controversies.We hope this book could be a start in the research of this area.

中国三十大发明之分说

华觉明

一、问题的提出——中国在历史上究竟有多少项大发明?

人人都知道造纸术、印刷术、火药和指南针是中国的四大发明。

然而，人人都知道的事不一定人人都明白。

意大利数学家杰罗姆·卡丹（Jerome Candan）于1550年最早提出磁罗盘、印刷术和火药是中国的三大发明，并认为它们是“整个古代没有能与之相匹敌的发明”[1]。在此之后，简·博定（Jean Bodin）重申了同样的论断[2]。

1620年，弗兰西斯·培根（Francis Bacon）在《新工具》一书中进一步指出：“我们应该注意各种发明的威力、效能和后果。最显著的例子便是印刷术、火药和指南针。……这三种发明曾改变了整个世界事物的面貌和状态，第一种在学术上，第二种在军事上，第三种在航海上，由此又产生了无数的变化。这种变化是如此之大，以致没有一个帝国、没有一个教派、没有一个赫赫有名的人物，能比这三种机械发明在人类的事业中产生更大的力量和影响。”

1585年首次出版、1638年完成的约翰内斯·施特拉丹乌斯(Johannes Stradanus)《新著》一书于封内刊出的图，依次排列了九项重大的发现和发明：美洲大陆的发现、磁罗盘、火器、印刷机、机械钟、愈疮木、蒸馏技术、丝和马镫，三大发明均位居前列[3]。

马克思在《机器。自然力和科学的应用》中指出：“火药、指南针、印刷术——这是预

1 仓孝和：《自然科学史简编——科学在历史上的作用及历史对科学的影响》，北京出版社，1988年，第267页。

2 转引自[英]李约瑟：《中国科学技术史》第4卷《物理学及相关技术》第2分册《机械工程》，科学出版社，上海古籍出版社，1999年，第6页。

3 转引自[英]李约瑟：《中国科学技术史》第4卷《物理学及相关技术》第2分册《机械工程》，科学出版社，上海古籍出版社，1999年，第6页。

告资产阶级社会到来的三大发明。火药把骑士阶层炸得粉碎，指南针打开了世界市场并建立了殖民地，而印刷术则变成新教的工具，总的来说变成科学复兴的手段，变成对精神发展创造必要前提的最强大的杠杆。”[1]

纸是印刷的载体，两者的关系极为密切。据此，把“三大发明”扩称为“四大发明”乃是顺理成章之事。我国至迟在20世纪20年代即有“中国四大发明”的提法[2]；及至四五十年代，这一提法已被广为认可[3]。

又，李约瑟在1946年10月于巴黎联合国教科文组织的一次演讲中说：“中国人最伟大的三项发明无疑是造纸及印刷术、磁罗盘和黑火药。”李氏在这里虽沿用了前人三大发明之说，但加上了造纸术，实际说的是四大发明。他也认为：“如果没有火药、纸、印刷术和磁针，欧洲封建主义的消失就是一件难以想象的事 。”[4]

由上可知，中国三大发明的提法最初是源自西方，那是一些学者就这几项发明对人类文明特别是近代西方文明的影响所作的评价，后又扩称为四大发明。这种提法既有经典的意义，同时也有其特定的背景和含义。如果不明其来由，误以为这四大发明就是中国历史上最重要、排序也最靠前的发明，那是未必妥当的；而且这种误解也并非培根、李约瑟等学者的本意。多年来，常有人提出这个那个的“中国第五大发明”即由此错觉而来。事实上，中外科技史

1 中共中央马克思恩格斯列宁斯大林著作编译局编译：《马克思恩格斯全集》第47卷，人民出版社，1979年，第427页。

2 如《中学生》于1930年第5期第55~72页刊有《中国四大发明考之一（中国印刷术的起源）》一文，作者觉明。按：著名史学家向达，字觉明，此文应即向达先生所撰。

3 “三大发明”的提法在此期间也仍有出现，如《科学时代》1946年第6期第15页刊出的《三大发明的奇迹——科学史读书笔记之一》，作者林拽；又《中国青年》于1951年第61期第10~13页刊出的钱伟长所撰《中国古代的三大发明》一文。

4 [英]李约瑟：《中国对科学和技术的贡献》，见潘吉星主编，陈养正等译：《李约瑟文集——李约瑟博士有关中国科学技术史的论文和演讲集（一九四四——一九八四）》，辽宁科学技术出版社，1986年，第118、123页。

界从未就中国在历史上究竟有哪几项大发明及其排序作过认真的研讨，更不曾有公认的定论。

那么，人们自然会问：中国在历史上究竟有多少项大发明呢?

二、界定——怎样的发明才称得上是大发明?

这里，涉及发明特别是大发明的评价标准问题。

《辞海》将“发明”界定为“创制新的事物，首创新的制作方法”[1]。

“新”有两种含义，试以汽车为例，它无疑是一种发明，但造一辆新的汽车也可称之为“新”。可见“创制新的事物”的提法是不严谨、有含糊之处和易生歧义的。又，“首创新的制作方法”固然可称之为发明，但以望远镜为例，它并非一种制作方法，而是观测手段。可见，《辞海》的这个界定是不确切和不完备的，不足以定义和涵盖所有的发明。

以下是笔者建议的对“发明”一词的界定：

发明是原创的具有认知、适应和改变自然界、社会和人类自身之功能的技术性手段与方法。

可稍作解说：

——所有发明都是原创的，不具原创性的不得称作发明。

——发明或出自偶然，于无意中得之；或是有目的、有预案的。它们的共性是具有认知、适应和改变自然界、社会和人类自身的功能。

1 《辞海》，上海辞书出版社，2010 年，第 452 页。

——发明属于手段和方法的范畴。发明可以物化形态呈现，如望远镜；也可以非物化形态呈现，如文字。

——在手段和方法之前加上一个“技术性”的限定词，是为与智谋性和制度性的手段与方法相区别，将本文所称的发明限定在人们可以理解和接受、符合人们历来对发明的感受，因而较少歧义的范围之内。例如，民主制和科举制度都是一种创造，但一般不把它们看作发明；又如将运筹学用于赛马，一般也不称之为发明，而看作一种智谋。

——根据发明对自然界、社会和人类自身所产生的影响，可将其分作四个级别：重大发明、重要发明、发明和小发明。仍以汽车为例，它无疑是属于重大发明，气囊用以保护乘车人的安全，可视之为重要发明，雨刷为一般性的发明，车窗的电动升降则是一种小发明。又如造纸术无疑是重大的发明，笺纸属于重要发明，纸帘的改进是一般性的发明，由火墙烘纸改为机械化烘纸属于小发明。

——有些发明尚无确凿证据表明其为非原创的，并确有独特的创造和重大影响。例如中国古代的青铜冶铸术是由采铜（以井巷木结构支护为其特色）、冶铜（以竖炉的修筑和使用以及硫化铜矿的焙烧和反复精炼为特色）和铸铜（以“六齐”合金配制法则、块范法和拨蜡法、剥蜡法为其特色）等技艺构成的技术体系，以它为支撑，造就了长达2000年的辉煌的商周青铜文明，并于后世有深远的影响。这样的发明是应当列入重大发明这一级别的。

——造纸术、印刷术、火药和指南针之所以被认作是中国古代的重大发明，原因之一是它们对推进近代文明所起的国际性影响。那么，在此之前的上古、中古时期的发明如未曾产生这样的影响，又该如何评定其级别呢？

笔者认为，人类社会从早期相对离散、构成若干文明中心，到逐渐增加接触、交往和交流，发展到当代形成全球化的潮流，这个过程还远没有完结。据此，评定上古、中古时期发明的级别须从实际出发，可以其重要性和对本国及周边地区所产生的影响来衡量。例如中国古代以生铁为本的钢铁技术和欧洲古代以块炼铁为本的钢铁技术是两种不同的技术体系。在技术理念上，前者比后者更为先进，现代钢铁技术就工艺路线而言，是和中国古代钢铁技术相一致的。中国早在西周晚期就能冶炼生铁，以此为契机，早于欧洲1500年到1800年就发明了铸铁柔化术、铁范铸造和炒铁技术，之后又发明了灌钢术，从而创建了具有自身特色的钢铁冶炼技术体系，缔造了长期位于世界前列的辉煌的钢铁文明，并对日本、朝鲜、越南等周边国家产生了重要影响。因此，将以生铁为本的钢铁技术列为重大发明是合乎道理和有充分根据的，粟作、稻作和木结构营造技艺等发明也属于此类。

——重大发明之判定，无关乎其发明之迟早。在条件具备的情况下，发明可或早或迟，或同时在某些地区出现，科技史上从古代到当代都不乏这样的事例。发明之判定与发明之迟早是有区别的，二者固不可混为一谈。

——为对发明作科学的界定，以下四条限定也是有必要的：

1. 科学发现和纯学术研究成果与发明有别，不宜归入发明之列。

2. 工程建设须应用既有发明创造成果或因自身需要而有所发明创造，但工程本身并不属于发明的范畴，亦不宜归入发明之列。

3. 有些重大发明如钻木取火，属人类早期文明所共有，以不归入某一地区或国家的大发明之列为宜。

4. 存在重大争议的发明应进一步研究后再作决定。

——生活之树常青，现实总是比理论更丰富。发明的界定是重要的，但具体到评定某一发明及其级别时，会遇到一些问题，需要仔细衡量才能处置得当。

笔者在先前一篇文章中，把中医列为中国二十四大发明之一。有些学者不认同，他们是有道理的。简单化地把中医称作发明而且是重大发明，确有不妥之处。如果改为中医诊疗术则无不当。针砭、切脉、正骨、方剂、炮制等具有中国特色的医术，在数千年间对中国人的健康、养生，民族的生息繁衍所起的极其重大的作用，是客观的存在，应充分予以肯定。

又如中式烹调术，也有一些学者不同意列为重要发明，甚至认为烹调根本就不是一种发明。这样的问题也应作进一步的探讨。笔者认为，在所有的中国文化遗产中，最具潜力、最有发展前景的或许就是汉字、中医和中式烹调术这三者。试看寰球学习中文人数之逐增，针灸术之为许多国家所接受，青蒿素之得奖，中餐馆之遍及欧、美、日、澳的城镇……随着中国国力和国际影响力的增长，这一趋势之加强是可以预期的。这样的情况提示我们，要十分重视汉字、中医诊疗术和中式烹调术这三大发明。

当然，评定发明及其级别，必须以科学判断为前提。无论列入与否都得把道理弄明白和讲清楚。不要小看这件事，“四大发明”讲了近一百年，却没有讲明白，以致不少人误以为这四种发明就是中国古代最重要的排序最靠前的发明，从而有些学者包括笔者，曾错误地提出什么什么（例如生铁、曲蘖发酵和杂交水稻）是中国古代的第五大发明等。李约瑟由A到Z列举了中国古代的26项发明，坦普尔认为中国古代有100项科技成就，金秋鹏写了《一百项中华发明》一书。他们都没有为这些发明分级和排序，有的还误把科学发现和工程创造归入发明之列。现代意义上的中国科技史研究已有近百年的历史，各个分支学科的研究都有相当的深度并拥有一批具权威性的学者。中国在历史上究竟有哪几项大发明？我们理应给国人、给国际学术界一个交代。这个交代不见得完善，不会让所有人满意。但问题摆在那里，有交代总比没有交代要好，何况我们还可以继续研讨，逐步从不完善到相对完善。

中国的事情，中国人自己要把它弄清楚。

在发明创造的问题上，中国要有自己的话语权。

三、中国三十大发明之由来

中国在历史上究竟有多少项大发明，是一个仁者见仁、智者见智的问题，必定会存在种种说法和争议。

笔者于2008年在《科学新闻》发表《中国四大发明和中国二十四大发明述评》一文，2013年又在《自然科学史研究》第32卷第4期发表《中国古代究竟有哪几项大发明？》一文，仍保留“二十四大发明”的提法。它们是：粟作和稻作，蚕桑丝织，琢玉，汉字，青铜冶铸术，以生铁为本的钢铁技术，运河开凿，犁、耧，水轮，髹饰，造纸术，中医诊疗技术，瓷器，中式木结构营造技艺，中式烹调术，印刷术，茶的栽培和制作，火药，深井钻探技术，精耕细作的生态农艺，指南针，火箭，珠算，曲蘖发酵。2014年3月，中华文化促进会主持召开了题为“中国人发明了什么？”的咨询会，与会的有席龙飞、杨永善、郭书春、罗见今、周嘉华、万辅彬、王渝生、姜振寰、李零、柳长华、胡化凯、关增建、苏荣誉、钟少异、潜伟、华觉明等科技史界的资深学者和青年学者王力（代表周魁一先生）、陈晓珊。会上经反复研讨，增补了度量衡、船尾舵、系驾法和马镫、浑仪·简仪、火铳、杂交水稻等项。会后经梳理，将原先的粟作和稻作分列为两项；因某些技艺尚未确解，暂取消琢玉这一项；中医诊疗术增加了人痘接种的发明，中式烹调术增加了豆腐制作及应用的内容；火铳·火箭单列一项；之后，一些学者提出意见，认为度量衡更重要的是属于制度性发明，建议不予列入。另外，船尾舵的研究尚须进一步深入和拓展。我们经斟酌以为言之成理，采纳了他们的意见。这样就构成了本书所述的贯通古今的中国三十大发明：粟作，稻作，蚕桑丝织，汉字，十进位值制记数法和筹算，青铜冶铸术，以生铁为本的钢铁冶炼技术，运河与船闸，犁与耧，水轮，髹饰，造纸术，中医诊疗术（含人痘接种），瓷器，中式木结构建筑技术，中式烹调术，系驾法和马镫，印刷术，茶的栽培和制备，圆仪、浑仪到简仪，水密舱壁，火药，指南针，深井钻探技术，精耕细作的生态农艺，珠算，曲蘖发酵，火箭与火铳，青蒿素，杂交水稻。

在这三十项大发明中，稻作、丝织、十进位值制记数法、瓷器、造纸术、印刷术、茶、火药、指南针、火箭、青蒿素和杂交水稻对人类文明的巨大贡献有目共睹；汉字、中式烹调术和中医诊疗术的重大价值与潜力正在凸显，随着中国国力的增强和国际地位的提升，它们的影响将与日俱增，将有很大的发展空间，是可以预期的。

大发明既有三十项之多，总得有个排序。本文的排序系由发明的始创年代或其成熟时期来定的。重大发明的界定有一个过程，本书提出的三十大发明只是说法的一种。为促进研讨，以下三十项重要发明或可供参考，它们是：琢玉，弓弩，漏刻，独轮车，龙骨水车，地动仪，制笔，制墨，地图绘制，大地测量，治黄工程技术，物种变异，低温釉陶，母钱法，水运仪象台，堂花术，锣钹锻制，双动式鼓风器，铁索桥，生物固基造桥技术，缬染、扎染、蜡染，明式家具制作，十二平均律，郑和宝船，锻箔，园林营造，紫砂陶，白铜，坩埚炼锌，立轴式风车。

粟作

曾雄生

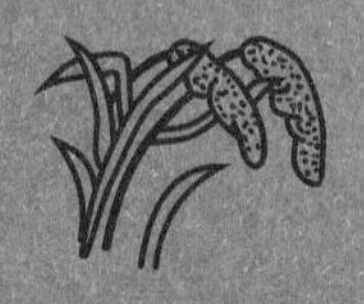

◎　将一种野生物种驯化成栽培作物，并围绕着它形成了一整套的耕作栽培技术，在大约公元 1000 年以前，养活世界最多的人口，养育灿烂的中华文明，这就是中国三十大发明之一——粟作。从时间而言，粟作是中国最早的发明之一。

一、粟作在中国的起源及早期发展

这里所说的粟作，其实包括两种作物，即粟 foxtail millet（*Setaria italica*）和黍 broomcorn millet（*Panicum miliaceum*）。它们虽然在植物分类上不同"属"（genus），但二者的起源、传播、种植和分布则常常在一处，生理特性和栽培条件也很相似，因此，欧亚各地都有粟黍合称的情况。粟，古又称为稷，为一年生草本植物，籽实为圆形或椭圆形小粒。中国北方通称"谷子"，很大程度上指的是它的籽实，籽实经脱壳去皮后，便是可以煮食的米，因为它相较于其他禾谷类作物，如稻米和麦子而言，粒型偏小，因而又称为小米。黍也是一年生草本植物，籽实叫黍子，以淡黄色为多；磨米去皮后称黍米，俗称黄米、糜子、夏小米等，为黄色小圆颗粒，粒径大于粟米。粟和黍的植株又称为禾或苗。从现今全球主粮作物来看，粟黍在粮食供应中的地位已远不如大米和小麦，甚至落后于后起之秀——玉米，但在历史上，粟和黍也曾是主要的粮食作物。

粟作的起源地在哪里？在中国（东亚），在欧洲，还是在南亚？粟的野生祖先在世界各地都有分布，在农业还没有出现之前，野生粟便已成为人们采食的对象。农业的最初发生或许就是从试种野生粟等禾谷类植物开始的，当早期人类把采集而来的野生谷物种子试着进行种植的时候，便开始了对这种植物的驯化与栽培。从理论上说，任何有野生粟的发现和早期人类活动的地方都有可能是粟作的起源地。但有越来越多的证据表明，中国是世界粟作农业的起源中心之一。

粟的野生种莠（狗尾草），是华北半干旱黄土区的原生植物。黍的耐寒性较粟更强。从东北、内蒙古到甘肃、新疆都有黍的野生种野黍（野糜子，古又称为蓾）的分布。中国古代的北方人很早就开始了对这种植物的利用。对河北省徐水县南庄头遗址（早于距今 11000 年）和北京市门头沟区东胡林遗址（距今 11000—9500 年）出土石器和陶器的表面残留物，以及文化层沉积物中的古代淀粉遗存所做的提取和分析结果显示，在 11000 年以前，古代淀粉残留物中已经出现了具有驯化特征的粟类淀粉粒，说明当时人类已经开始了对粟和黍这两种作物的野生祖本的驯化[1]。

1976 年，考古工作者在河北省武安市磁山村发现了大量的粟类作物遗存。从那以后，考古工作者在磁山遗址进行了三个阶段的考古发掘，共发现 476 个灰坑，其中 88 个窖穴内有堆积的粟类灰层，一般厚度为 0.2～2 米，其中有 10 个窖穴的粮食堆积厚度在 2 米以上。储

1 Xiaoyan Yang, Zhiwei Wan, Linda Perry et al., "Early Millet Use in Northern China," *PNAS*, Vol.109, No.10（March 6, 2012）: 3726–3730.

图 1　兴隆沟出土的炭化黍（赵志军摄）

藏量估计达 5～6 吨[1]。数量之多、堆积之厚，在已发掘的新石器时代文化遗存中极为罕见。20 世纪 80 年代，甘肃秦安大地湾遗址发现距今 7000 余年的黍作遗存[2]。2001—2003 年，内蒙古自治区赤峰市敖汉旗兴隆沟发现了距今 8000—7700 年间、已知世界上最早的人工栽培的谷子和糜子（图 1）。2009 年，考古工作者在内蒙古赤峰市二道井子又发现目前为止保存最好的夏家店下层文化遗址。年代为公元前 2000 年至前 1500 年。遗址发现窖穴 149 座，窖穴内发现大量的炭化黍、谷颗粒和呈穗状的炭化粮食作物以及少量毛、草编织物。这一发现为粟作的中国起源说又增添了新的证据。

截至 21 世纪初，在中国境内已发现的粟作遗址就有近 70 处，黍作遗址也有 14 处[3]。分布在豫、冀、鲁、晋、辽、内蒙古、黑、陕、甘、青、新、云、藏、台等省区。中国粟作遗存在时间上是最早且连续、在空间分布上又是最为集中和广泛的，为粟作的中国本土起源说增添了确切证据。与人们想象不同的是，长期以青稞为主食的西藏地区，最早的谷物也是粟。昌都卡若遗址（距今约 5000 年）发现的农作遗存就是清一色的粟，此后青稞（裸大麦）和小麦等才逐渐替代粟。

已有的考古发现把东亚粟作农业起源的时间追溯到至少 10000 年以前。10000 多年前全球气候变暖，人类为应对生存压力而发明了农业。粟和黍的野生祖先因其极强的抗逆性以及短生育期、种植简便，且易于贮藏等特性，成为远古中国人首选的栽培作物，种植粟、黍标志着中国北方原始农业的开端。

在中国的远古神话传说中，神农氏是农业的始祖。自从盘古开天地，人类发明了取火、

1　佟伟青：《磁山遗址的原始农业遗存及其相关的问题》，《农业考古》1984 年第 1 期，第 197 页。

2　安志敏：《略论华北的早期新石器文化》，《考古》1984 年第 10 期，第 939 页。

3　刘兴林：《史前农业探研》，黄山书社，2004 年，第 64~68 页。

采集和狩猎用的网罟等。神农氏之前的燧人氏和包牺氏是这些重大发明的创始人。这些发明促进了人类自身的繁衍。到神农氏时，民人众而禽兽少，食物短缺，于是神农氏想通过种植谷物，以弥补食物的不足。为此，他“尝百草之实，察酸苦之味”（《新语·道基》），终于在众多的野生物种中找出了黍、粟、稻等几种主要的谷物，使之成为新的食物来源。尔后，神农氏又“因天之时，分地之利，制耒耜，教民农作”（《白虎通》）。农业成为继采集、狩猎之后，人类又一种新的谋生方式。

在农业的初始阶段，黍、粟或许并不突出。它们只是人类早期试种并试图驯化的众多作物之一。后来人们才逐渐发现黍、粟具有早熟性、抗旱性和抗热性的优点，同时病虫害较少，比较易于栽培，因而受到人们的青睐，在淘汰其他的一些竞争对手之后，确立了自己在粮食供应中的地位。用 ^{13}C 方法测定古代人的食谱，得知仰韶文化时期粟、黍类食物只占 50 %，而龙山文化时期则为 70 %，说明此时粟作农业得到了进一步的发展[1]。

粟与黍相比，最初也不占优势。尽管后来粟成为中国北方旱作农业的代表，但在早期阶段，粟与黍却难分伯仲，甚至黍的地位更重要一些。最初考古学家认为，河北武安磁山出土的是距今 7800 年的粟。后来通过植硅体方法重新测定，得出的结果是：在距今 10000—8700 年，磁山遗址保存的早期农作物是黍，在距今 8700—7500 年期间，开始出现少量粟的植硅体[2]；内蒙古赤峰敖汉旗境内发掘的兴隆沟（洼）遗址也显示黍要明显多于粟，出土的黍约 1500 粒，而黍仅 10 余粒。公元前 2000 年至前 1500 年的内蒙古赤峰市二道井子夏家店下层文化遗址窖穴内发现大量的炭化谷物也以黍最为明显。这种现象一直持续到商代。殷墟卜辞中卜黍之辞有 106 条，卜稷（粟）之辞有 36 条[3]。《诗经·豳风·七月》中几种主要作物的排列顺序是，“黍稷重穋，禾麻菽麦”。“多黍多稌”更是丰年的标志。《诗经·国风》中“硕鼠硕鼠，无食我黍”的诗句也反映出黍在当时作为主粮的事实。直到战国时期，人们在有关“九谷”“五谷”和“四谷”等的排列顺序中，仍然是将黍排首位。在一些高寒地区，黍更是唯一的谷类作物。孟子就曾提到，北方少数民族貉，因地处高寒，不生五谷，黍早熟，故独生之（《孟子注疏》卷十二下《告子章句下》）。

然而，从周代开始，黍的地位逐渐为粟所取代。周人的祖先是后稷。后稷，名弃，自小就喜欢种植一类的游戏。长大成人后，遂好耕农，被帝尧举为农师，负责农业生产（《史记·周

1 苏秉琦：《重建中国古史的远古时代——〈中国通史〉第二卷序言》，《史学史研究》1991 年第 3 期，第 5 页。

2 Houyuan Lu, Jianping Zhang, Naiqin Wu et al., “Phytolith Analysis for Differentiating between Foxtail Millet (*Setaria italica*) and Green Foxtail (*Setaria viridis*),” http:// dx. doi. org/10. 1371/journal. pone. 0019726.

3 于省吾：《商代的谷类作物》，《东北人民大学人文科学学报》1957 年第 1 期，第 81~107 页。

本纪》）。稷，即粟；后稷，即司稷，意为主管农业生产和粟作种植。产生后稷的周部落最初就是一个农业部族。“周”字在甲骨文和金文中，像是田中播种或施肥。周人以此为族名，表示对农业的重视。后来这个部族在周武王的统治之下，一举消灭了商朝，建立了周朝。周朝在接管全国政权以后，年幼的周成王在周公旦的辅佐之下，确立重农的基本国策，也使其原本就擅长种植的粟迅速成为全国的主粮作物。其种植范围甚至扩展到长江以南，那个原本是以水田稻作为主的地区。

自周代以来，直到宋代以前，粟一直是中国北方人最主要的粮食作物，被尊为“百谷之长”，故又有“首种”或“首稼”的称谓。粟的歉收，意味着饥荒的来临。孔子所编纂的《春秋》一书中，其他的谷物都不记载，唯独麦禾歉收就加以记载。显示春秋时期，禾具有重要的地位。

二、粟作技术的改进与成熟

历史上的中国人不断改进粟的种植技术，以提高粟作的产量。纪元以前，中国传统的粟作技术逐渐走向成熟。选择良种是最早用以提高产量的办法之一。《诗经》中已有“嘉种（良种）”的概念。大而饱满的种子受到青睐。适应不同种植的需要，当时的品种还有了穜（早种晚熟）和稑（晚种早熟）的区别。《诗经》中还有“畟畟良耜”“其镈斯赵”等对于农具的描述，说明当时的农具已较为锋利。耜用于整地，而镈则是用于中耕除草。整地要求深，“其深殖之度，阴土必得，大草不生，又无螟蜮，今兹美禾，来兹美麦”（《吕氏春秋·任地》）。中耕“务去草焉，芟夷蕴崇之，绝其本根，勿使能殖”（《左传·隐公六年》）。清除杂草，不仅可以消灭草害，防止杂草与庄稼争水争肥，而且杂草在腐朽之后，还可以为庄稼提供养料，因此，“荼蓼朽止，黍稷茂止”，为丰收打下良好的基础。

在整地和中耕之间还有一个关键的环节，这就是播种。播种时要用到一种农具——櫌（木榔头）。櫌的作用就是把土块打碎，让其均匀地覆盖在种子上。人们对于整地、覆种和中耕等关键环节非常重视。庄子以自己的亲身经历，讲到深耕熟櫌所带来的好处。他说：“昔予为禾，耕而卤莽之，则其实亦卤莽而报予；芸而灭裂之，其实亦灭裂而报予。予来年变齐，深其耕而熟櫌之，其禾蘩以滋，予终年厌飧。”（《庄子·则阳》）

人们还通过施肥的方式来提高黍粟的产量。施肥以基肥为主，并种植绿豆、小豆等作为绿肥。肥料的来源主要有牲畜粪、蚕矢、马骨等，这些肥料除用于改良土壤外，还直接用来处理种子，用作种肥。其中最著名的就是溲种法。溲种法是以雪水或骨汁、蚕矢、羊矢等，

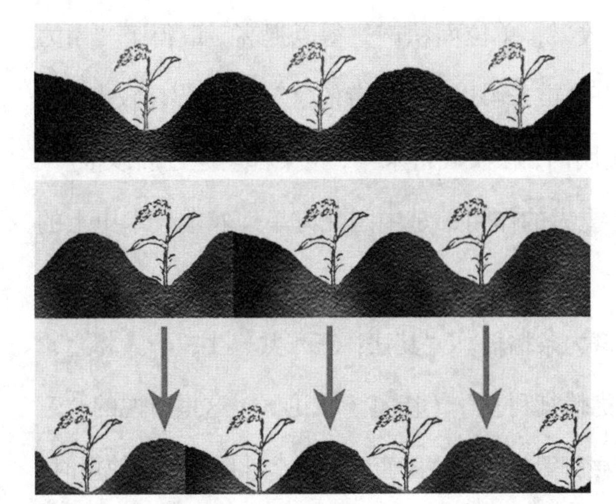

图2　垄作法示意图

图3　代田法示意图

以及附子等三类材料，经过一定的加工，用以进行种子处理的一种方法。这种方法最初记载见于汉代的《氾胜之书》，传说是由神农和后稷等人发明并改进的。经过溲种法处理的种子，外面包裹上一层以蚕矢、羊矢为主要材料的粪壳，不仅可以减轻虫害，还可以提高禾苗的抗旱能力，提高作物的产量，为现代包衣种子的先声。

粟黍因具有较好的耐旱等性状，成为中国北方最早种植的一批农作物，但同时也受到北方干旱的影响。人们通过土壤耕作和整地来尽量为粟黍的生长提供良好的环境。垄作的出现，便是人们为了改善粟黍的生长环境所做的努力（图2）。垄作由畎（沟）和亩（垄）组成。畎亩有较为固定的朝向，一般为东南方向，这样便于排水。因此在《诗经》中有“我疆我理，南东其亩”的说法。对畎亩的修整，《吕氏春秋·辩土》提出“亩欲广以平，畎欲小以深，下得阴，上得阳。然后咸生。稼欲生于尘而殖于坚”的要求，即垄面要求达到平宽，垄沟要求狭而深，表土要求松细，下层要求坚实，为作物提供良好的生长条件。播种时，根据地势的高低和土壤含水量的多少来决定播种的位置。一般地势较高的地方选择种在沟中，而地势低的地方种在垄上，这就是所谓“上田弃亩”“下田弃畎”的畎亩制。

在畎亩制的基础上，又出现区种法和代田法。区种法，传说是商朝初年的宰相伊尹发明的，他把耕地分成若干的小区，在小区内集中肥水管理，以应对干旱，并充分发挥土地的增产潜力。区种法在多种作物上进行过试验，其中也包括禾黍。据《氾胜之书》记载：“种禾黍于沟间，夹沟为两行，去沟两边各二寸半，中央相去五寸，旁行相去亦五寸。一沟容四十四株。一亩合万五千七百五十株。种禾黍，令上有一寸土，不可令过一寸，亦不可令减一寸。”可见区种法的技术要求很高。代田由沟垄相间组成。种子播种在沟中，待出苗后，结合中耕除草将垄土壅苗，起到防风抗倒伏和保墒抗旱的作用。垄和沟的位置逐年轮换，达到土地轮番利用与休闲的目的（图3）。这些特点，加之一系列与之相配套的农器，和有计划、有步骤的推广措施，使得代田法确实取得了好的效果，单位面积产量得以提高，取得了“用力少而得谷多”“一岁之收，常过缦田（即平作田）亩一斛以上，善者倍之”的效果（《汉书·食货志》）。传说代田法是由周代的祖先后稷发明的，在汉武帝末年，搜粟都尉赵过加以推广，在恢复战争创伤、发展社会经济方面发挥了重大的作用，是中国北方旱地农业技术史上的重要发明。

赵过在推广代田法的同时还发明了一种畜力条播器。“其法：三犁共一牛，一人将之，下种挽耧，皆取备焉。日种一顷。至今三辅犹赖其利。”（崔寔《政论》）这里所说的“三犁共一牛”，即后来的三脚耧。耧车由耧斗、耧脚等构成，耧脚直通耧斗，斗贮种子，使用时，前面由畜力牵引，后由一人控制，种子顺着耧脚播种到地中。使用耧车能够一次完成开沟、下种、覆土等作业。耧种的发明与改进，大大地提高了播种的效率，同时还能保证行距一致、深度一致、疏密一致，便于出苗后的通风透光和田间管理，也为机械施肥、收割准备了条件。

汉唐时期，中国传统的粟作技术已相当成熟，粟的品种显著增加。《齐民要术》记载的粟类的品种已达 106 个。这些品种中，有的产量高，有的味美，有的早熟，有的晚熟，有的耐旱，有的耐水，有的耐风，有的免虫，有的免雀暴，也有的易舂。这为农民根据各种情况进行有选择性的种植提供了可能。《齐民要术》之后，粟的品种还在源源不断地增加。清代康熙皇帝曾将乌喇（今吉林）百姓在树孔中发现的白粟，布植于承德避暑山庄，试种结果果然是丰产、早熟，而且品质优良。

人们在选育粟种进行“因土种植”的同时，也加大了对土地的整治力度。在土壤耕作技术方面，形成了以保墒抗旱为主要目标的耕—耙—耱（耢）相结合的整地技术体系，和锄、锋、耩并用的中耕技术（图 4）。耕求深，以便蓄墒，耙、耱求细，旨在保墒。中耕则强调多锄、锄小、锄早、锄了的“锄不厌数”，以提高出米率。人们也注意到通过精耕细作的其他一些措施来提高粟作的产量，包括：镇压、间苗、培土、灌溉、防霜露等。

三、粟作与中国文明的形成与发展

这些耕作技术通过历代农民的总结，汇集起来，也就构成了中华文明的基石。汉代中国的人口已达 6000 万，唐代则已达 8000 万～9000 万。这些人口很大程度上以粟米为主食。粟由原本为稷的籽实，而后成为粮食的代名词。粟也是古代政府主要税收的来源之一、社会财富的重要象征。中国几千年以农立国，稷神崇拜和祭祀之风相延。对稷的崇拜经历了“稷官—后稷—稷神”的演变，古代稷神与社神祭祀往往并提，“社稷”成为国家的象征。自周秦以来，

①耕地图

②耙地图

③耱地图

图 4　甘肃嘉峪关魏晋墓壁画

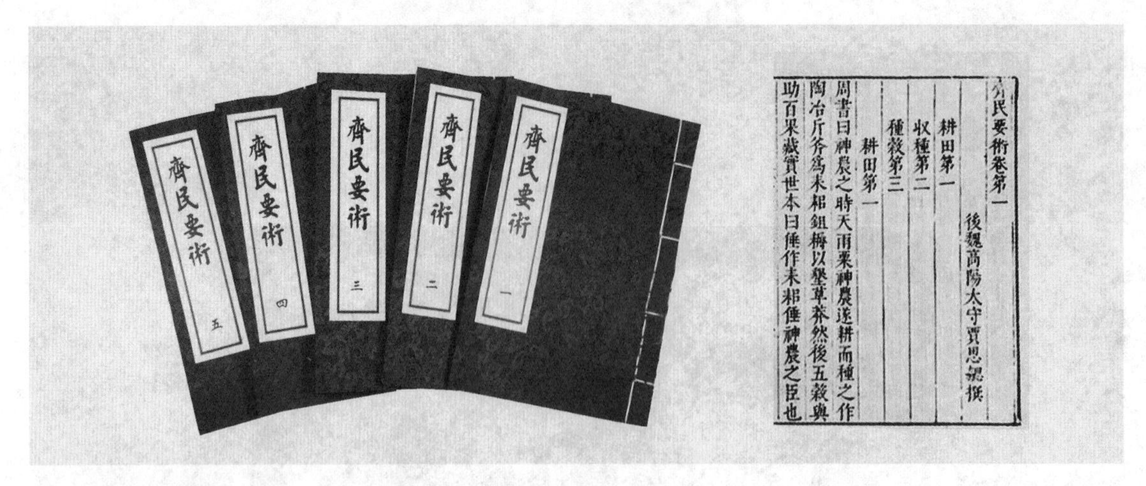

图5 《齐民要术》

国家把重农贵粟列为施政之首，成为国家的基本国策。西汉文帝时期的思想家晁错提出“贵粟”主张作为发展农业的突破口。因应当时社会经济发展所导致谷贱伤农、社会矛盾加剧的现实，他认为国家的首要任务便是鼓励农民务农，而要使农民务农就在于“贵粟”。重视粮食生产就要以粮食生产为赏罚标准。让产粮大户，通过向国家提供粮食来取得爵位，有罪在身的犯人也可以通过这种方式来除罪。

粟作文化还渗透到历法、算术、文字等领域，影响人们生活的方方面面。甲骨文“年”的字形，上面是“禾”，下面是“人”，表示禾谷成熟，人在负禾。年的最初意思便是粟谷收成。因为一年一熟，所以“年”成为时间单位。表示粟植株的汉字“禾”，成为许多表示禾谷类作物汉字的共同偏旁，清代《康熙字典》以禾为偏旁的字更增至448个之多。由粟谷出米率的计算所引出的“粟率”问题，成为专门讨论不同比率换算的方法。而以黍粟为基准所制定的度量衡，“一黍为分，十分为寸，十寸为一尺”“十二粟为一分，十二分为一铢”等，构成了最基本的计量单位。

从某种意义上说，中华文明因粟作而兴起。而粟作本身也因着中华文明的兴盛影响世界。东亚、东南亚各地，南亚的印度半岛，欧亚大草原直迄东欧、中欧的粟属和稷属都是史前及有史时代由中国传去的[1]。3000多年前，粟黍便已从中国北方的黄河流域进入朝鲜半岛。1978年在南汉江 Hunamni 遗址陶罐内出土有稻、大麦及粟的籽实，^{14}C 测定的结果为公元前1205年。日本在绳文末期弥生前期已栽培粟，是当时的主要粮食作物。和日本一样，东南亚

1 何炳棣：《黄土与中国农业的起源》，香港中文大学出版社，1969年，第133页。

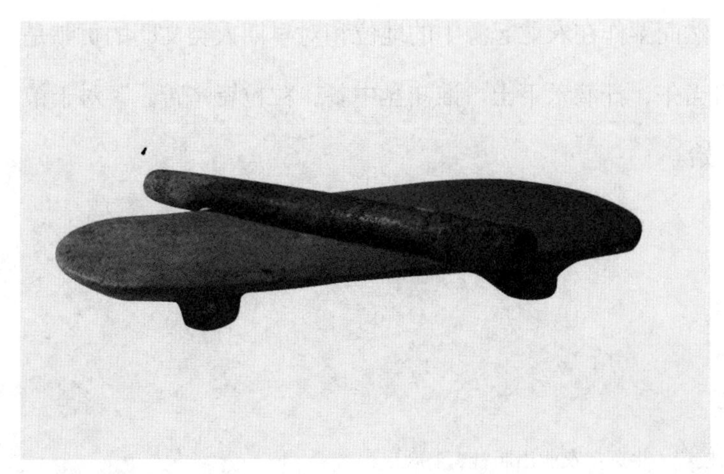

图 6　石磨盘、磨棒（河南新郑裴李岗遗址出土）

岛屿，包括中国的台湾等地，在水稻未引入前，已先种植粟及芋。粟也很早就传到了欧洲。它与麦作相向而行，成为史前人类食物全球化的重要标示物。

以记载粟作等旱地农业技术知识为主体的古农书，如《齐民要术》《农桑辑要》等（图 5），很早就传到日本和朝鲜等国。6 世纪成书的《齐民要术》在 9 世纪时便以手抄本的形式进入日本，直到 20 世纪，与《齐民要术》相关的旱地农法研究在日本仍然受到学者的重视。朝鲜在 1430 年出版的农书《农事直说》主要引用的便是 1273 年成书的《农桑辑要》。朝鲜与华北地缘相近，气候相似，朝鲜农业一直受到以粟作为代表的华北农法的影响[1]。

中国粟作对世界文明的贡献在语言上也得到反映。黍稷在梵语中称“Cinaka”，即“中国”之意，印地语称“Chena”或“Cheen”，孟加拉国语称“Cheena”，都只是语种上的拼音不同，更确切地说，Cinaka、Chena 等都是“秦”的谐音。波斯语则作“Shu-shu”，很可能是“黍粟”或“黍秫”的谐音。英语的粟黍都称 millet，它来自中古法语，中古法语又来自拉丁语 milium，它源自印欧语 mele，是“压碎”（crush）、“磨碎”（grind，尤指磨粉）的意思。因此由 mele 衍变为 mill（磨）、molar（臼齿）、millstone（磨石）等。这些都是从原始农业使用石磨盘脱壳、磨粉中引申出来的词语，也即滋生新词的根本。这又和粟黍在中国的情况有相似之处，从语言上来说，它们很容易与汉语中小米的“米”和“磨”联系起来（图 6）。粟和黍都是带有种皮的谷物，必须经过磨碾等环节才能脱皮成米，成为口中的粮食。

成千上万年以来，粟以其耐旱、耐瘠薄养育了分散在世界各地的人类。在今天，稻与麦

1　朴延华：《朝鲜〈农事直说〉与中国〈农桑辑要〉之比较》，《延边大学学报》（社会科学版）2001 年第 3 期，第 92~95 页。

已经成为人们餐桌上绝对的主角，然而粟作在农业起源中的地位和对早期人类文明的贡献是永远不会被人们忘记的。“锄禾日当午，汗滴禾下土。谁知盘中餐，粒粒皆辛苦。”对于粮食的珍惜，要从一粒一粒的小米开始。

参考文献：

[1] 贾思勰 . 齐民要术校释 [M]. 缪启愉，校释 . 北京：农业出版社，1982.

[2] 西北农学院古农研究室 . 农桑辑要校注 [M]. 石声汉，校注 . 北京：农业出版社，1982.

[3] 何炳棣 . 黄土与中国农业的起源 [M]. 香港：香港中文大学出版社，1969.

[4]FRANCESCA BRAY. Science and Civilisation in China[M]. Vol.6（2）. Cambridge:Cambridge University Press, 1984.

[5] 何红中，惠富平 . 中国古代粟作史 [M]. 北京：中国农业科学技术出版社，2010.

[6] 石兴邦 . 粟作农业与中国文明的形成 [R]. 中国高等科学技术中心“原始农业对中华文明形成的影响”研讨会，2001.

[7] 游修龄 . 黍粟的起源及传播问题 [J]. 中国农史，1993（3）：1-13.

[8] 游修龄 . 黍粟余论——中国与西欧的对比 [J]. 中国农史，1995（2）：30-33，48.

稻作

曾雄生

◎　依赖粟作等养活的中国人口在唐朝达到 8000 万～9000 万之众时，似乎遇到了前所未有的压力。粟作已不能满足日益增长的人口的需求。唐代诗人李绅有诗曰："春种一粒粟，秋收万颗子。四海无闲田，农夫犹饿死。"人们在寻求新的高产作物。在粟退居二线的时候，原产于中国南方的稻开始崭露头角，成为首屈一指的粮食作物，转换的时间在公元 1000 年前后。在这之前，粟在全国的粮食构成中一直占据着主角的地位。从这以后，稻开始充当主角。

◎　稻和粟虽然一个被称为大米，一个被称作小米；一个产自南方，一个产自北方，但两者之间也有一些共通的地方。和粟在北方一样，稻在南方也被称为"禾"或"谷"。汉字"禾"是个象形文字，更多的时候指的是植株；谷，则是稻所结之实。谷脱壳之后，也都称为"米"。只是由于稻米的颗粒较粟米为大，所以稻米又称为大米，而粟米又称为小米。

◎　稻和粟另一个相同之处在于它们都带有"皮"（颖壳）。古人将种皮（颖壳）称为甲。甲指的是植物果实的外壳。它是个象形文字。小篆字形，像草木生芽后所戴的种皮裂开的形象。带有"皮"的作物，因有甲壳的保护，特别耐贮存和长途运输。这一点对稻（特别是其中的粳稻）来说尤其重要。从唐宋开始，每年都有数以百万石的稻米由南方运到北方，支撑着一个庞大帝国的运行。

一、稻作的起源

在稻米源源不断从南方运到北方，成为全国粮食供应的主角之前，它其实很早就占据着中国的半壁江山。在南方古老的神话传说中，自从盘古开天地，居住在南方的苗、瑶、彝、汉、傣等各族就都以稻米为主粮。传说中农业的发明人神农氏也是南方人。倘若如此，则神农氏最初所种的谷物中当包括有稻，因为稻是南方最常见的植物。

从植物的角度来说，世界上稻“属”(Oryza）植物共有20～25“种”(species)。其中栽培稻有两个种，即亚洲栽培稻(*Oryza sativa*)和非洲栽培稻(*Oryza glaberrima*)。其余都是野生稻种。亚洲栽培稻的祖先种，公认的是多年生野生稻（*Oryza perennis* 或 *Oryza rufipogon*），即“普通野生稻”。多年生普通野生稻以宿根繁殖为主，也能开花行有性繁殖。

中国古书称不种自生的稻为“秜”“秺”或“穞”，其中可能就包括现代栽培稻的祖先——普通野生稻。中国历史上有不下10处野稻自生的记载。如，吴黄龙三年（231年），“由拳野稻自生，改为禾兴县”。野稻自生的地点，大约起自长江上游的渠州（四川），经中游的襄阳、江陵，至下游太湖地区的浙北、苏南，折向苏中苏北淮北，直至渤海湾的鲁城（今沧州），呈一条弧形的地带。现代普通野生稻在中国境内的分布范围为：南起广东海南岛崖县（N18° 09′），北至江西东乡（N28° 14′），西自云南盈江（E97° 56′），东至台湾桃园（E121° 15′）。南北跨纬度10° 05′，东西跨经度24° 19′ 。

野生稻经过人工驯化成为栽培稻。如同粟的祖先在世界很多地方都有分布一样，稻的祖先——普通野生稻在中国以外的东南亚和南亚也都有分布。理论上说，包括印度东北部、孟加拉北部和缅甸、泰国、老挝、越南和中国南部三角毗邻的地区，都有可能是最早的驯化中心，这一结论部分获得语言学、古气象学和人种学等方面的资料的支持。但中国作为亚洲栽培稻的起源地已获得越来越多的人类学、语言学、考古学和遗传学证据的支撑。在野生稻主体分布的长江及其以南地区，自旧石器时代以来，就曾经活跃着许多古老民族，他们被后来的史家统称为“百越”族。当百越族的先民把他们采集而来的野生稻加以种植的时候，其实就是稻作农业的开始。百越族的后裔所居住的西南民族地区至今保留了稻的古音Khau和K’ao，就是现代南方方言称稻为“禾”或“谷”的最初来源。只是当称稻为“禾”或“谷”的方言进入北方以后，与也称“禾”或“谷”的粟黍相混淆，因而汉字中才出现了书面语的“稻”。

中国南方作为稻作起源地的最有力证据来自考古发掘。20世纪70年代，浙江余姚河姆渡遗址的发现，把中国稻作的起源一下推到7000年以前，引起人们对于稻作起源的广泛关注，而21世纪初在河姆渡附近的田螺山遗址的发现又为这一问题提供了新的佐证。2004年

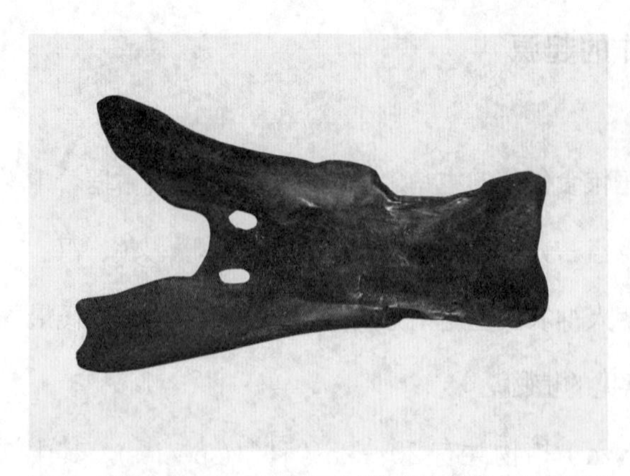

图 1　田螺山遗址出土的骨耜（浙江省文物考古研究所郑云飞提供）

图 2　河姆渡遗址出土的稻谷（浙江省文物考古研究所郑云飞提供）

以前，全国各地已出土有炭化的稻谷、米、水田遗址或稻的茎叶、孢粉及植物硅酸体等遗存的遗址已达 182 处[1]。其中长江流域共 140 处，占总数的 76.92 %；长江下游 56 处，占总数的 30.77%；长江中游 75 处，占总数的 41.20 %；长江上游 9 处，占总数的 4.95 %；东南沿海 7 处，占总数的 3.85 %；江淮之间 13 处，占总数的 7.14 %；黄淮之间 22 处，占总数的 12.09 %。

在出土的新石器时期水稻遗址数量不断增加的同时，遗址在空间和时间的分布上也呈不断扩大和提前的趋势。以时间来看，最早的遗存已突破万年，下限则与有史以后的记载相衔接，即包括距今 10000—4000 年约 6000 年的时间跨度。迄今为止，万年以上的水稻遗址有三处：湖南道县玉蟾岩遗址、江西万年仙人洞和吊桶环遗址。玉蟾岩遗址的 ^{14}C 测定年代距今 12320+120 年。仙人洞和吊桶环遗址中，出现稻类植硅石的层位距今 14000—11000 年之间[2]。年代在万年上下的有广东英德牛栏洞遗址和浙江浦江上山遗址。牛栏洞遗址第二、三期文化层发现的水稻硅质体，其绝对年代为距今 11000—8000 年间。出土有较多稻壳印痕、稻壳和植物硅酸体的上山遗址距今 11000—9000 年。在时代跨度为距今 8000—4000 年之间的新石器时代稻作遗址中，比较典型的有湖南澧县彭头山八十垱（8500—7500 B.P.）、皂市下层（7000B.P.）、浙江余姚河姆渡遗址（6950±130B.P.）、田螺山遗址及桐乡罗家角遗址（7040±150B.P.）和江苏吴县草鞋山遗址（7000 B.P.）等。这些遗址中除出土有水稻的植物遗存外，还发现了可能用于稻田整地的骨耜，以及多处水田遗迹（图 1～图 2）。

现有的考古发现，呈现出一个明显的趋势，即长江中下游是迄今为止发现的最早的稻作

1 裴安平：《长江流域稻作文化》，湖北教育出版社，2004 年，第 36~46 页。

2 张弛：《江西万年早期陶器和稻属植硅石遗存》，见严文明、安田喜宪主编：《稻作、陶器和都市的起源》，文物出版社，2000 年，第 43~49 页。

地区，这一地区的稻作在其形成之后，分别向北方和南方传播。一路通过长江中游把水稻引向北方黄河流域的河南、陕西一带；一路通过长江下游把水稻引向黄河下游的山东，淮河下游的苏北、皖北一带；一路是向东南沿海、台湾和西南传播。

植物遗传学的研究也证实水稻起源于中国南方。基因组学的研究人员通过大规模基因测序，追溯几千年的水稻进化史。他们的研究结果显示，水稻驯化最早出现可以追溯到大约9000年前的中国长江流域[1]。栽培稻有两个不同的亚种，即粳稻和籼稻。之前的研究认为，粳稻和籼稻在普通野生稻中有着各自的祖先，因此提出了亚洲栽培稻的多起源学说。即籼稻起源于东南亚或南亚，而粳稻起源于东亚。也有说普通野生稻最初驯化成籼稻，而后籼稻在向高纬度和高海拔的扩展中逐渐进化成粳稻。最近科学家通过构建出的一张水稻全基因组遗传变异的精细图谱，发现人类祖先首先在珠江流域，利用当地的野生稻种，经过漫长的人工选择，驯化出了粳稻，随后往北逐渐扩散。而往南扩散中的一支，进入了东南亚，在当地与野生稻种杂交，再经历不断的选择，产生了籼稻。虽然这个结果与现有的考古学证据存在一些出入，但也再一次证明中国南方是稻作的起源地。

二、稻作技术的改进与发展

万年以前出现于中国南方的稻作，却在千年前才得到长足的发展。唐宋以后，随着人口的增加，经济重心的南移，人地关系趋于紧张。为了尽可能多地生产稻米，历史上的中国人总是不断地扩大水稻种植面积，一方面将旱地改为水田；另一方面通过圩田、梯田、涂田、架田等方式，与山争地，与水争田。与此同时，人们不断地改进种植技术，由最初的象耕鸟耘、火耕水耨，发展到精耕细作，主要包括以耕、耙、耖为主体的水田整地技术（图3～图5），以育秧移栽为主体的播种技术和以耘田、烤田为主的田间管理技术。高产的稻米成为支撑帝国后期发展的重要经济基础，影响了中国最近一千年的发展，也对东亚乃至世界做出了重要的贡献。

南方稻作农业的发展也是从改进农具开始的。唐代在江东（长江下游地区）一带出现了一种新的耕田农具——江东犁。根据唐代陆龟蒙（？—约881）《耒耜经》的记载，江东犁主要由十一个部件组成，其中犁铲（犁铧）、犁壁为铁制，其他九个部件即犁底、压铲、策额、犁箭、

---

1 J. Molina, M. Sikora, N. Garud, J. M. Flowers, S. Rubinstein, A. Reynolds, P. Huang, S. Jackson, B. A. Schaal, C. D. Bustamante, A. R. Boyko, M. D. Purugganan, "Molecular Evidence for a Single Evolutionary Origin of Domesticated Rice," *Proceedings of the Notional Academy of Science*, 2011; 108(20): 8351DOI:10. 1073/pnas. 1104686108.

图3 《耕织图》中的耕田图

图4 《耕织图》中的耙田图

图5 《耕织图》中的耖田图

图6 浸种

犁辕、犁梢、犁枰、犁键、犁盘等都是木制的，具有操作灵活等特点。江东犁的出现标志着中国犁的结构已基本定型。江东曲辕犁在中国及东南亚种稻区得到广泛使用。17 世纪时荷兰人在印度尼西亚的爪哇等处看到当地中国移民使用这种犁，很快将其引入荷兰，以后对欧洲近代犁的改进有着重要影响。吸收中国犁特点之后所形成的新的犁耕体系，就成为西方农业技术革命的起点。

与江东犁配合使用的还有耙、碌碡和礰礋，以及耖等农具，它们共同构筑了唐宋以后南方水田整地技术的基础。与魏晋南北朝时期北方形成的以耕—耙—耱为核心的旱地耕作技术体系不同，南方水田整地的一个突出特点在于耖的使用。继耕、耙之后的耖，其作用在于平整田面，以适应水稻生长的需要。种植水稻要求稻田中的水位必须均匀一致，这样才能保证田中的稻苗均匀整齐地生长成熟。这就要求耕起的土壤，除疏松外，还要平坦。耖的出现标志着南方水田整地技术体系的形成。

和粟作一样，人们也通过选种育种来适应不同自然和社会条件下的水稻栽培，以扩大水稻种植面积，提高水稻产量(图 6)。北宋真宗大中祥符四年(1011 年)，原产占城国(今越南中南部)的占城稻由福建引种到江淮两浙。因其早熟、耐旱、不择地而生，尤其是适合于高仰之地种植等特点，促进了梯田的开发和粮食产量的提高。还有一种黄穋稻，因具有早熟、耐涝的特性，能够在稻田水位超出实际需要的情况下正常生长结实，对于低地的开发做出了很大的贡献。甚至皇帝也加入到选种育种和品种推广的行列中来。清代的康熙便运用单株选择法，对水稻的变异植株进行有意识的选择，成功地培育出一种新的优良品种“御稻”，并向南北各地推广。英国生物学家达尔文(C. R. Darwin)对康熙此举给予高度的评价，指出“由于这是能够在长城以北生长的唯一品种，因此成为有价值的了”。经过世代的努力，水稻品种不断增加。

图7　插秧

图8　耘田

图9　翻车

图 10　牛转水车

图 11　筒车

清乾隆七年（1742 年）出版的《授时通考》中所收录的水稻品种数量就高达 3429 个。

和粟作多采用直播栽培不同，唐宋以后的水稻栽培更多的是采用育秧移栽的办法（图 7）。水稻栽培是在有水的环境下进行的。这给稻田除草带来了很大的困难。为了除草，人们想到了拔插的办法，先把长到一定高度的稻苗连同杂草一同拔出，在清除杂草之后，再将稻苗插回去。人们也用这种办法进行均苗和补苗。人们后来发现，在秧田中集中育秧便于苗期的集中管理和移栽过后的田间管理，并留给前茬作物在大田中充分的生长时间及稻田整地的时间，为多熟制的发展创造了条件。于是唐宋以后，育秧移栽技术得以大面积推广，“秧稻”也因此成为水稻栽培的代名词。

移栽为水稻田间管理提供了便利。在水稻田间管理阶段，耘田、烤田是其中最关键的环节（图 8）。耘田主要是为了除草，同时也有松根和培土的功效。传统稻作对于耘田非常重视，前后要三番四次地进行。水稻耘田的方式主要有两种：一种是手耘，也称为耘爪；另一种是足耘。宋元时期发明了一种新的耘田工具和方式——耘荡。这种工具和方式借用了旱地上使用锄头的方法，只是对锄头本身进行了改进。

耘田是项艰苦的工作，尤其是手耘，要求耘者眼到、身到和手到，因此，“苦在腰手，辨在两眸”（《天工开物·乃粒》），加上天气炎热，蚊虫叮咬，苦楚异常。为了减轻劳动强度，也为了加强对劳动者自身的保护，古人发明了一系列的辅助农具，如耘爪、薅马、覆壳、臂篝、通簪等。

耘田往往是配合灌溉一同进行的。水稻是需水量较大的作物之一，尤其是进入秋季的晚稻。缺水严重影响水稻产量。为了解决水稻灌溉问题，古人在兴修水利的同时，也发明了多种灌溉工具，如翻车、筒车、戽斗、桔槔、水梭等（图 9～图 12）。

图 12 戽斗

灌溉不仅可以满足水稻对于水分的需要，同时也是调节稻田温度的一种手段。西汉时期人们便根据水稻生长对水温的要求，创造性地利用稻田水流进出口的位置安排来调节水温。春季天气尚冷时，水温应保持得暖一些，要让田水留在田间，多晒阳光，所以进水口和出水口要在同一直线上。夏天为了防止水温上升太快，则让进水口与出水口交错，使田水流动，有利于降温（《氾胜之书》）。

烤田（靠田）也是一种控制稻田水分和温度的措施。在稻苗生长茂盛的大暑时节，放干稻田中的积水，让日光暴晒，起到固根作用，称为“靠田”。固根后，重新将水车入田中，称为“还水”。（南宋高斯得《耻堂存稿》卷五《宁国府劝农文》）烤田可以改善稻田环境，防止稻苗疯长倒伏，提高抗旱能力和水稻产量。这种技术在《齐民要术》中出现，在宋元时期成熟，到明清时期江南稻田上已得到普遍的使用。

稻作技术成功地支撑了宋代以后中国农业的发展。由粟作建立、麦作维持的黄河流域的华夏文明，之所以在历经数千年之后没有走上如同古埃及和古巴比伦文明消失的命运，其原因即在于长江流域以其富有增产潜力的水稻作后盾接班，缓解了黄河流域的负担，而且后来居上，继续促进中华文化的繁荣。公元 1000 年前后，中国的人口首次突破亿人大关，其中半数以上的中国人口要靠大米来养活。据明末宋应星的估计，全国的粮食供应中，大米约占七成，而小麦等只占到三成。从南宋开始，民间就出现了“苏湖熟，天下足”和“湖广熟，天下足”的说法。苏（州）湖（州）、湖广（湖南、湖北）所在的长江中下游地区正是中国稻米的主产区。1935 年，地理学家胡焕庸将中国东北黑龙江瑷珲至云南腾冲画一横线，此线东南半壁占中国国土面积的 36%，而人口占 96%；西北半壁占国土面积的 64%，而人口只占

4%。在 96% 的人口中有相当一部分是以稻米为主食的。

三、中国稻作技术发明和发展的世界意义

稻作是具有世界重要意义的中国的重大发明。今天，稻米已成为地球上 30 多个国家的主食。世界上有一半以上的人口以稻米为主食，仅在亚洲，就有 20 亿人从大米及大米产品中摄取 60% ～70%的热量和 20%的蛋白质。中国是世界上最大的稻米生产国家，占全世界 35% 的产量。印度总人口中约有 65% 以稻米为主食。日本是世界第九大稻米生产国，国内约有 230 万稻农。稻米在日本被称为“国米”。在韩国，稻草犹如“稻草屋顶”所象征的那样成为韩国文化不可分割的一部分。2004 年，联合国首次设立国际稻米年，主题为“稻米就是生命”。为一种作物做出这样的安排，这在联合国历史上尚属首次。

这一切的源头在中国。2000 多年前，生活在长江中下游地区的吴越人为逃避战乱，渡海到了今日本九州一带，把水稻栽培技术也带了过去。这是日本有稻作栽培之始，从事种稻的人被称为弥生人，稻作所引发的文化，称为“弥生文化”。日语“稲（いね）”，即是古代吴越称水稻为“伊缓”音的保留。在此以前，日本一直处于渔猎采集时期，即“绳文文化”时期。明清以前的很长的时期里，日本水稻种植都以中国为榜样。12—13 世纪日本从中国引进的水稻品种“大唐米”，在日本围海造田中大显身手，成为“低温地种植不可缺少的品种”。同样受到中国稻作文化影响的还有朝鲜。源于中国宋代的旱地育秧技术，传入朝鲜之后，被称为“干畓稻”，并出现于 17 世纪韩国的农书中。朝鲜干田直播稻品种“牟租（稻）”和“芮租（稻）”，系从中国传入。

东南亚的稻作也是在中国的影响下发展起来的。2000 年前的汉代，虽然中国内地对于交趾（今越南北部）稻再熟早有耳闻，但包括东南亚一些国家在内的所谓“岭外”地区，农业生产水平和中国内地相比存在一些差距。牛耕就是在内地的影响之下发展起来的。东汉时，九真（今越南北部）太守任延，首先将内地的耕犁技术传到他所管辖的地区，并影响到邻近的交土（同交趾）、象林（今越南中部）等地。这些地方自懂得耕犁以来，经过 600 余年的演进，跟上了内地的发展步伐，在农业技术方面与内地慢慢趋同。从中国西南的云南、贵州、广西、广东到邻近的越南、老挝、缅甸、泰国直至半岛马来西亚和印度尼西亚群岛所广泛分布的铜鼓，便是中国和东南亚稻作文化联系的重要证据。

经过上万年的演进，中国稻作仍然在不断地为世界做出贡献。在菲律宾国际水稻研究所工作的中国人张德慈（Te-Tzu Chang，1927—2006）博士利用台湾本土稻种，培育出“奇迹稻”

（Miracle Rice），为东南亚国家的水稻增产立下了汗马功劳。中国科学家袁隆平的杂交水稻技术为世界粮食安全做出了杰出贡献，增产的粮食每年为世界解决了3500万人的吃饭问题。而中国科学家独立完成的《水稻（籼稻）基因组的工作框架序列图》的论文更是刊登在2002年4月5日的国际著名的美国《科学》杂志，并被评价为“具有最重要意义的里程碑性工作”，对“新世纪人类的健康与生存具有全球性的影响”，“永远改变了我们对植物学的研究”，是中国“对科学与人类的里程碑性的贡献”。

参考文献：

[1] 陈旉 . 陈旉农书校注 [M]. 万国鼎，校注 . 北京：农业出版社，1965.

[2] 王祯 . 东鲁王氏农书译注 [M]. 缪启愉，缪桂龙，译注 . 上海：上海古籍出版社，2008.

[3] 徐光启 . 农政全书校注 [M]. 石声汉，校注 . 上海：上海古籍出版社，1979.

[4] 何炳棣 . 黄土与中国农业的起源 [M]. 香港：香港中文大学出版社，1969.

[5] 严文明，安田喜宪 . 稻作、陶器和都市的起源 [M]. 北京：文物出版社，2000.

[6] 游修龄，曾雄生 . 中国稻作文化史 [M]. 上海：上海人民出版社，2010.

[7]FRANCESCA BRAY. Science and Civilisation in China[M]. Vol.6（2）. Cambridge:Cambridge University Press, 1984.

蚕桑丝织

赵丰 刘辉

◎　中国是丝绸的发源地。栽桑、养蚕、缫丝、织绸是中国古代劳动人民的伟大发明，是对人类的重大贡献。几千年来，中国丝绸以它独有的魅力、绚丽的色彩、滑爽柔软的质感、浓郁的文化艺术特色，不仅为美化世界人民的生活做出了贡献，而且还通过“丝绸之路”把欧亚大陆联系在一起，传播着和平、自由、合作和宽容的精神，成为我国与世界各国经济、政治和文化广泛交流的桥梁，在世界历史上产生了深远的影响。

一、栽桑养蚕

（一）桑树的栽培

根据考古资料分析，我国古代黄河和长江两大流域的广大地区，野生桑树资源十分丰富，这就为丝绸业的产生提供了基本条件。人工培植桑树起源于何时尚无法确认，从商代甲骨文中有很多关于桑林祭祀的内容来看，可能当时已经有了一定规模的桑树种植[1]。

栽培之后的桑树品种称为栽培桑种，主要有鲁桑、白桑和荆桑三个系统，上千个不同的品种。鲁桑在汉代以前起源于山东，是一个优秀的桑种，分布最广。北魏贾思勰《齐民要术》中引农谚“鲁桑百，丰绵帛”，可见当时鲁桑的作用。现在江浙一带最为常见的湖桑系列品种就属于鲁桑系统。白桑与荆桑也是分布很广的桑种，但使用面较鲁桑为窄。

桑树的繁殖方法有多种，最为古老的是播种法，直接播种，待其发芽后再移栽。此外，还有扦插法、压条法和嫁接法。嫁接法是栽桑技术上的一项重要成就。嫁接是一种先进的无性繁殖法，它对旧桑树的复壮更新、保持桑树的优良性状、加速桑苗的繁殖以及培育优良品种等都有重要的意义。嫁接技术在我国有悠久的历史，至迟在战国后期就已经出现[2]。北魏贾思勰的《齐民要术》中对嫁接技术的原理和方法已有所记载。但嫁接技术应用于桑树栽培最早见于宋代。陈旉《农书》中载：“若欲接缚，即别取好桑直上生条，不用横垂生者，三四寸长，截如接果子样接之。其叶倍好，然亦易衰，不可不知也。湖中安吉人皆能之。”元代，桑树嫁接技术得到了大范围的推广，各农书中对此均有大篇叙述。如《农桑辑要》中提出了插接、劈接、靥接、批接四种嫁接方法。而王祯《农书》则总结了六种常用的嫁接方法：“一曰身接，二曰根接，三曰皮接，四曰枝接，五曰靥接，六曰搭接”，并且指出“荆桑可接鲁桑”，以此来改进桑树的性能。

桑树栽培，要点很多，但外表明显者为树型养成。桑树树型历来分为乔木和地桑两种，前者高大，后者低矮。早期北方地区的栽桑业中多用前者，后来在江南则多用后者。

（二）家蚕的驯化

家蚕，又称桑蚕，属鳞翅目蚕蛾科，一生经历卵、幼虫（蚕）、蛹、成虫（蛾）四个阶段。蚕卵孵化出蚁蚕，经过3～4次的蜕皮，约30天后长成熟蚕，吐丝结茧，同时成蛹，一周

1 赵丰：《中国丝绸通史》，苏州大学出版社，2005年，第44页。
2 陈维稷：《中国纺织科学技术史（古代部分）》，科学技术出版社，1984年，第120页。

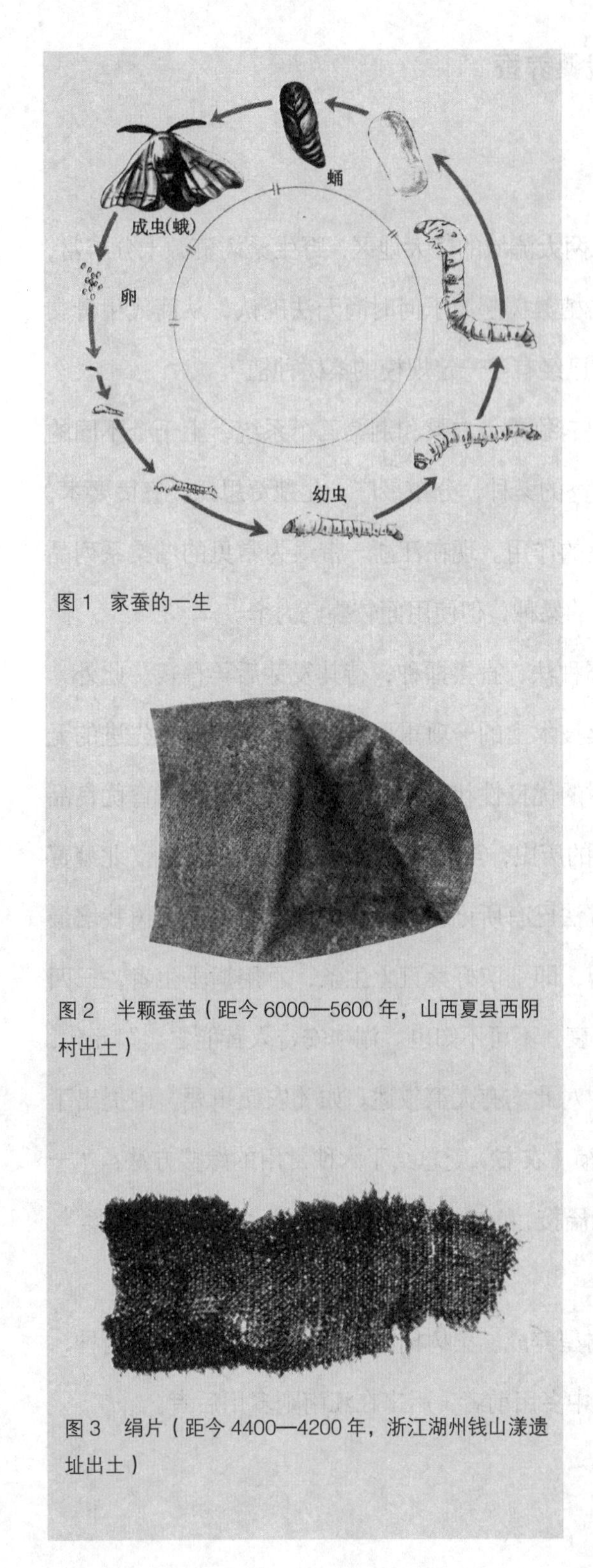

图 1 家蚕的一生

图 2 半颗蚕茧（距今 6000—5600 年，山西夏县西阴村出土）

图 3 绢片（距今 4400—4200 年，浙江湖州钱山漾遗址出土）

后化蛾，钻出茧壳，雌雄交配，产卵后死去（图 1）。丝由蚕茧中抽出，成为织绸的原料。家蚕由野生的桑蚕经过长时间的驯化而成。关于其驯化的起始时间，我们可以从近代的考古发现中找到一些直接的证据。1926 年，在山西夏县西阴村的仰韶文化遗址（距今 6000—5600 年），出土了半颗蚕茧（图 2）[1]。1958 年，在浙江湖州钱山漾遗址（距今 4400—4200 年），出土了一些纺织品及线带之类的实物，其中有绢片、丝线和丝带（图 3）。1984 年，在河南省荥阳市青台村仰韶文化遗址（距今约 5500 年），出土了丝质的纱、罗织物（图 4）。后两处遗址出土的丝织物经鉴定，所用丝纤维截面呈三角形，是典型的桑蚕丝[2]。西阴村出土蚕茧的属性不能确定，一说是桑蟥茧，也就是一种野蚕茧[3]；另一说是家蚕茧，只是当时的家蚕进化不够，茧形还较小[4]。此外，新石器时期还有不少表现蚕或蛹形象的刻画或雕刻。如浙江余姚河姆渡遗址（约公元前 5000 年）出土的一件牙雕上刻有四对虫形形象，不少学者将其认作蚕纹（图 5）[5]。这些出土实物表明，在 7000 多年以前，蚕已经引起了我们祖先的关注。而在 5000 年以前，中国都已经开始利用家蚕丝进行丝绸生产，甚至已经开始了家蚕的

1 李济：《西阴村史前的遗存》，清华学校研究院，1927 年，第 22 页。
2 徐辉等：《对钱山漾出土丝织品的验证》，《丝绸》1981 年第 2 期，第 43~45 页；高汉玉、张松林：《河南青台村遗址出土的丝麻织品与古代氏族社会纺织业的发展》，《古今丝绸》1995 年第 1 期，第 9~19 页。
3 ［日］布目顺郎：《养蚕の起源と古代绢》，雄山阁出版，1979 年，第 165 页。
4 赵丰：《中国丝绸通史》，苏州大学出版社，2005 年，第 13 页。
5 河姆渡遗址考古队：《浙江河姆渡遗址第二期发掘的主要收获》，《文物》1980 年第 5 期，第 1~15 页。

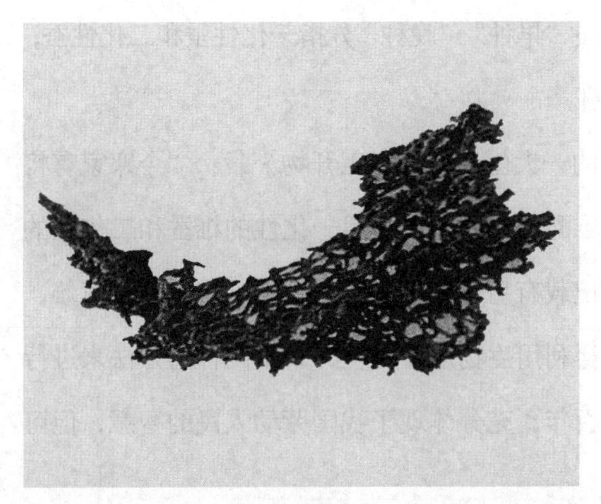

图 4　罗织物（距今约 5500 年，河南荥阳青台村出土）

图 5　蚕纹牙雕（约公元前 5000 年，浙江余姚河姆渡遗址出土）

驯化。

到战国时期，人们对蚕的生理、生态已经有了较准确的认识。如荀况在《蚕赋》中把蚕的生活习性概括为“冬伏而夏游，食桑而吐丝，前乱而后治，夏生而恶暑，喜湿而恶雨……三俯三起，事乃大已”。这里的“俯”和“起”是说蚕的眠性，“三俯三起”之蚕是三眠蚕。这是战国时期人们普遍饲养的蚕种，一般经二十一二日即可结茧。同时，荀况还首次提出了蚕有雌、雄的命题。

在动物分类学中，家蚕仅有一个种称。但家蚕的品种却是不少，其中有化性和眠性的区别。化性是指家蚕在没有人为因素的条件下一年中孵化的次数，而眠性是指家蚕在幼虫阶段的蜕皮次数。魏晋南北朝时期，人们对此已经有了深刻的认识。贾思勰在《齐民要术》中将蚕分为三卧一生蚕（三眠一化性蚕）和四卧再生蚕（四眠二化性蚕）两类，并按体色和斑纹分为白头蚕、颉石蚕、楚蚕、黑蚕、儿蚕、灰儿蚕等，按饲育或繁殖时间分为秋母蚕、秋中蚕、老秋儿蚕、秋末老獬儿蚕（指南方多化性蚕）等，按茧形分为绵儿蚕、同茧蚕等。而郑缉之的《永嘉郡记》则对八辈蚕的代性、世代关系以及低温控制蚕种孵化时间作了一个非常重要的总结。

宋代北方主要饲养一化性三眠蚕，南方主要饲养一化性或二化性四眠蚕。三眠蚕的抗病性和适应性较四眠蚕强，北方多养之，而南方的气候较北方更适宜蚕的生长，故多养难育丝多的四眠蚕。另外，由于饲育二化性和多化性蚕伤桑，兼之多化性蚕茧质不好，宋元以前除南方有少量饲养外，北方基本不养，直到宋元时，随着养蚕技术水平的提高，北方地区才逐渐重视多化性蚕的饲养。到了明代，蚕的品种又有所改良。《天工开物》载：“凡蚕有早、晚二种。晚种每年先早种五六日出（川中者不同），结茧亦在先，其茧较轻三分之一。若早蚕结茧时，彼已出蛾生卵，以便再养矣。”这里的“早种”“晚种”分指一化性蚕和二化性蚕；而“凡蚕”则说明当时二化性蚕的饲育已很普遍。

利用杂种优势来培育新蚕种是养蚕技术上的一大创造。《天工开物》载：“今寒家有将早雄配晚雌者，幻出嘉种，一异也。”所谓早雄配晚雌者，就是用一化性的雄蚕和二化性的雌蚕杂交，以此培育出新的优良品种。同时还记载有另一种杂交方式：“若将白雄配黄雌，则其嗣变成褐茧。”可见人们在明代时已经懂得利用生物遗传特性，采用配种的方法来进行品种的改良。这较西方发现孟德尔定律早了数百年，充分体现了我国劳动人民的智慧，但可惜未能进一步予以研究和应用。

二、缫丝织绸

（一）缫丝

缫丝是将蚕茧中的丝舒解分离出来，从而形成长丝状的束绞。缫丝出来的丝绞经过络丝、并丝和加捻工序，便可制成织造所用的经、纬丝线。从浙江湖州钱山漾遗址出土的丝织品来看，在新石器时代晚期，这一工艺便已开始出现。到商代，缫丝技术已经相当成熟。考古发现的黏附在商代铜器、玉器上的丝绸残片，据分析都为长丝，而且较匀整光滑，证明当时的缫丝技术已达到一定的水平。

缫丝时有两个工艺参数非常重要，一是水温，二是湿度。宋代对用水已很重视，对于缫汤温度的要求是将沸之时，秦观《蚕书》云，“常令煮茧之鼎，汤如蟹眼”，即控制温度在80℃左右。同时用火对缫出的丝加热烘干，以利于后道工序的加工和丝色的鲜洁。这在陈旉《农书》中有载：“频频换水，即丝明快，随以火焙干，即不黯衂而色鲜洁也。”火烘的炭火要选用干燥不会生烟的木柴，才不会影响丝的色泽。这一工艺在宋应星《天工开物》中称为“出水干”，有利于提高缫丝的质量。

从唐诗中的描述来看，唐代已有相当普及的缫丝车。到宋代，我国古代的脚踏缫车已基本定型。北宋秦观的《蚕书》用大量篇幅描述了当时的缫车，《蚕织图》中更是形象地描绘了其构造。可以看出，宋代的脚踏缫车可分为三大部分：机架部分、集绪与捻鞘部分、卷绕部分及其他。较重要的是后两部分。集绪部分包括钱眼（集绪器）、锁星（鼓轮）等。秦观《蚕书》云：“钱眼：为版长过鼎面，广三寸，厚九黍，中其厚，插大钱一，出其端，横之鼎耳，复镇以石，绪总钱眼而上之，谓之钱眼。”“锁星：为三芦管，管长四寸，枢以圆木，建两竹夹鼎耳，缚枢于竹，中管之转以车，下直钱眼，谓之锁星。”《蚕织图》中缫车的钱眼看

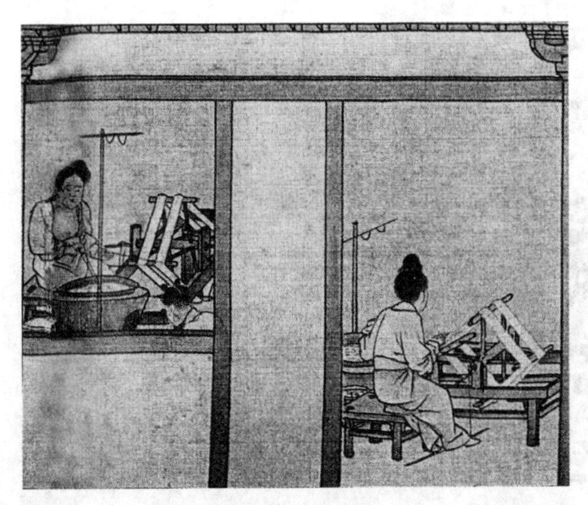

图6 《蚕织图》中的缫丝（南宋吴注本，黑龙江省博物馆藏）

图7 《蚕织图》中的缫丝（南宋梁楷本，美国克利夫兰博物馆藏）

得不是很清楚，而仅竖一根竹竿，再横出一挑，上安两个锁星，是一个两绪的装置。

卷绕部分是脚踏缫车上最复杂的部分，包括络绞装置、丝籰及传动结构等。秦观《蚕书》云："添梯：车之左端，置环绳，其前尺有五寸，当车床左足之上，建柄长寸有半匼，柄为鼓，鼓生其寅以受环绳，绳应车运，如环无端，鼓因以旋。鼓上为鱼，鱼半出鼓，其出之中，建柄半寸，上承添梯。添梯者，二尺五寸片竹也，其上揉竹为钩以防系，窍左端以应柄，对鼓为耳，方其穿以闲添梯。故车运以牵环绳，绳簇鼓，鼓以舞鱼，鱼振添梯，故系不过偏。"这段文字准确描述了当时缫车的络绞装置。鼓的作用相当于今之偏心盘，添梯即络绞杆，梯上之钩即络绞器。传动机构带动鼓的转动，导致络绞杆的直线平动，使丝能均匀地绕在丝籰上。秦观《蚕书》中虽未提及脚踏传动装置，但在吴皇后题注本的《蚕织图》（图6）和传为梁楷本的《蚕织图》（图7）中都有十分清楚的描绘，是由一脚踏杆与一曲柄连杆机构相连而成的。

脚踏缫车是在手摇缫车的基础上发展起来的，它通过脚踏杆的上下往复运动，带动丝籰的回转运动和偏心盘的回转运动。这样，缫丝者就可以腾出两只手来进行索绪、添绪等工作，从而大大提高了生产力。它的出现是手工缫丝机具改革的最高成就。

（二）丝织品种

商周时期，我国的丝织工艺技术得到了很大的发展和提高，至战国时期，丝绸品种已经极为丰富，绢、罗、绮、锦、绣、缀、编已经形成完整的体系。秦至宋，随着纺、织、染、整工艺技术的进一步完善，丝织物的组织品种也趋向完备，现代织物组织学上的"三原组织"——平纹、斜纹、缎纹，到宋代已全部出现，经显花向纬显花的过渡，也于唐代完成。明代的丝织品分类已有极为明确的方法，丝织品的定名也有了一套完整的体系。清代，丝绸

图8 战国舞人动物纹锦纹样（实物于湖北江陵马山出土）

品种更加繁多，除按组织特点分类的锦、绫、罗、缎、绢、绸、绒等外，还形成不少有地方特色的品种群，比如云锦、宋锦等。

在丝织技术的发展过程中，锦是最能代表显花技术和织造水平的一个品种。《释名·释采帛》："锦，金也，作之用功重，其价如金。"锦之所以作之用功重，实是由于其工艺的复杂和织造技术的高超。锦是一种熟织物，多彩织物，能通过组织的变化，显示多种色彩的不同纹样，当时，就把这类织物称为锦。后来又慢慢地形成了一个规律：织彩为文（纹）曰锦。分析当时的织物可知，织彩为文大多都是重织物。但到宋元之后，熟织物或重织物大量出现，致使锦的名称反而少用，大多被具体地称为缎罗之类。这样的好处是可以把锦的范围主要限于双插合重组织的类型。

文献中最早出现"锦"字是在《诗经·小雅·巷伯》中："萋兮斐兮，成是贝锦。"但在实物中，我们认定的最早的织锦则是西周开始出现的经锦，它以经线显花的重组织织成，被称为经锦。到东周时期的春秋战国墓葬中，经锦已是较为普遍的织锦种类，其中最为著名的是湖北江陵马山楚墓中所出的舞人动物纹锦（图8），它采用的经线有深红、深黄、棕三色，分区换色，纬线为棕色，图案中出现了对舞人、对龙、对凤、对麒麟以及几何纹等题材，纬向布局，经向长5.5厘米，纬向长49.1厘米，说明了当时经锦的织造已采用了多综式提花机[1]。汉代也是经锦非常流行的年代，在湖南长沙马王堆汉墓出土的织锦中，还有一种绒圈锦和凸纹锦，它们是在经锦的图案基础上，再织出一个层次的绒圈图案，使得织物上的图案变得丰富，更有锦上添花的效果。这个品种，很有可能就是汉代文献中记载的"织锦绣"[2]。

---

1 湖北省荆州地区博物馆：《江陵马山一号楚墓》，文物出版社，1985年，第41页。
2 王矜：《汉代丝织品的发现与研究》，见赵丰编著：《王矜与纺织考古》，艺纱堂/服饰出版，2001年，第51~68页。

大约从魏晋南北朝起，织锦中开始出现纬锦的织物。新疆吐鲁番、营盘和花海等地有很多属于公元5世纪的墓葬，其中出土了大量的平纹纬锦，多是简单的动物云气纹，说明纬锦开始在丝织技术中得到应用。到初唐前后，斜纹纬锦也开始出现，并随即盛行起来。但是在纬锦中，我们还是可以按照一些织造的细节把它们分为东西两大类型。所谓西方类型又可以称为波斯锦、粟特锦和撒搭剌欺，其经线加有很强的Z捻，其图案多具有明显的西域风格（图9），其产地可能在中亚粟特地区。另一类型是唐式纬锦（图10），其所用经线为S捻，其图案以宝花或花鸟题材为主，主要产于中原。

图9　唐代联珠猪头纹锦（新疆吐鲁番阿斯塔那出土）

图10　唐代小窠宝花锦（新疆吐鲁番阿斯塔那出土）

到了唐代中晚期，这类纬锦的基本组织结构和织造技术又有了极大的变化，其中出现一个称为辽式纬锦的种类。这是因为最初人们知道这类织锦是从分析辽代丝织物的过程中发现的，而且这是辽代织锦的基本特点，因此我们称其为辽式纬锦。辽式纬锦和唐锦最基本的区别在于其明经的作用不同，唐锦中的明经只在表面固接并产生斜纹的效果，而辽式纬锦的明经只在织物的表面和反面各出现一次，其余则位于上下层纬线之间，与夹经的位置相同（图11、图12）。

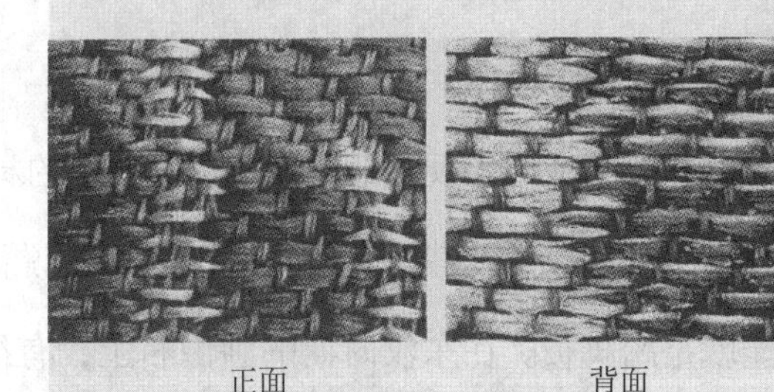

正面　　背面

图11　辽式斜纹纬锦局部

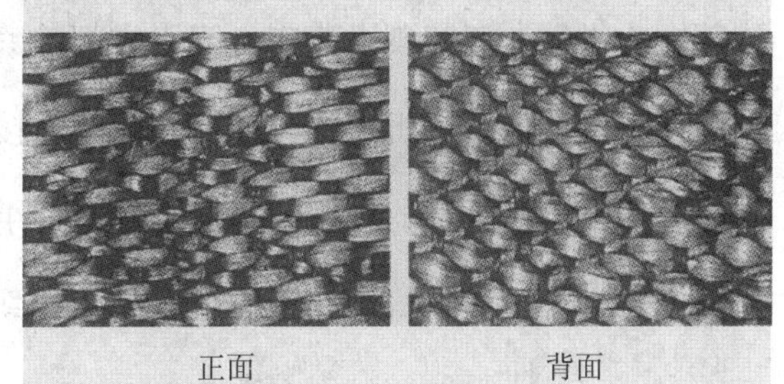

正面　　背面

图12　唐式斜纹纬锦局部

辽式纬锦包括斜纹纬锦和缎纹纬锦两大类。斜纹纬锦又可分为普通的辽式斜纹纬锦、辽式浮纹斜纹纬锦、妆金斜纹纬锦和辽式菱形斜纹纬锦等几类。缎纹纬锦是指以缎纹为基本固结组织的双纬面重织物，也可分为普通的辽式缎纹纬锦、浮纹缎纹纬锦、妆金缎纹纬锦等。辽式纬锦经线一般都无明显加捻，明经总是单根而夹经通常为两根甚至是三根一副；纬线为散丝，可多达五至七种色彩。这类纬锦的组织在宋代织锦中也被广泛应用。苏州瑞光塔北宋云纹瑞花锦、杭州雷峰塔地宫出土五代织锦及辽宁省博物馆藏后梁金刚经织成锦（图 13）等采用的都是这种组织，只是在配色、加捻等各方面有所变化。

将金织入织锦可以称为织金锦。纳石失是元代最著名、最具特点的织金锦，又称纳赤思，是波斯语织金锦 Nasich 的音译词（图 14）[1]。当时百官高档服饰多用纳石失缝制，“无不以金彩相尚”，官方在全国范围内有条件的地区设置“染织提举司”，集中织工，大量织造纳石失，作衣服和日常生活中的帷幕、茵褥、椅垫、炕垫。至于军中帐篷，据马可·波罗记载，当时也是使用这种织金锦制成的。

明清时期，织锦主要采用特结型的重组织，但花地组织的变化更多，平纹、斜纹、缎纹三种基本组织均任意采用，大多为经面地、纬面花，其中当地组织为缎组织时可以称为织锦缎。织锦缎是清代非常盛行的一种织锦。它较多地采用六枚不规则缎纹作地，每隔三根地经或六根地经插入一根固结经，固结经与纹纬的固结组织有斜纹或平纹两种。由于缎纹地的经浮较长，因此缎地织锦的地部较为细腻，但也较为松弛，不如斜纹地平挺（图 15）。织锦缎的纬线也经常采用金银线，装饰较为华丽，其图案较多的是花卉纹样。

三、织机

（一）踏板织机

踏板织机大约出现在战国时期，这被李约瑟博士誉为是中国对世界纺织技术的一大贡献。《列子·汤问》中记载了纪昌学射的故事，说他“偃卧其妻之机下，以目承牵挺”，这牵挺可能就是踏脚板。在东汉时期的画像石上，有很多踏板织机的形象，如山东滕县宏道院和龙阳店、山东嘉祥县武梁祠、山东长清孝堂山郭巨祠、山东济宁晋阳山慈云寺、江苏沛县留城、江苏铜山洪楼、江苏泗洪曹庄、四川成都曾家包等地均有出土。特别是武梁祠、洪楼、曹庄等地发现的画像石织机上的脚踏板与综片连接方法非常特殊，在织机的经面之下、中部偏上处似有两根相互垂直的短杆伸出，短杆通过柔性的绳索或刚性的木杆分别与两块脚踏板相连（图 16）。从后世的踏板立机推测，这类斜织机应该采用了中轴装置，中轴上的一对成直角

---

1 韩儒林：《元代诈马宴新探》，《穹庐集》，上海人民出版社，1983 年，第 251 页。

图 13　后梁金刚经织成锦（辽宁省博物馆藏）

图 14　元代瓣窠对格里芬纳石失（私人收藏）

图 15　缎地特结锦局部

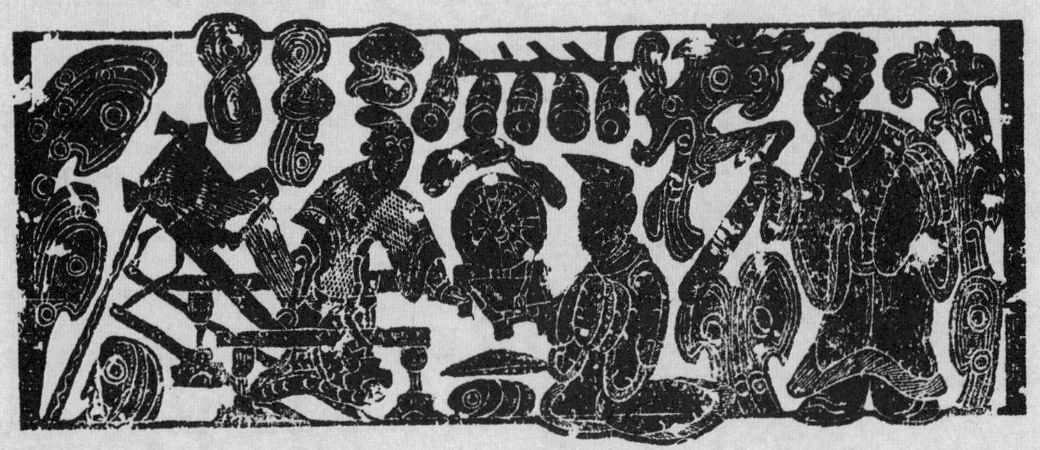

图 16　东汉纺织画像石（江苏泗洪曹庄出土）

图 17　汉代釉陶织机模型（法国吉美博物馆藏）

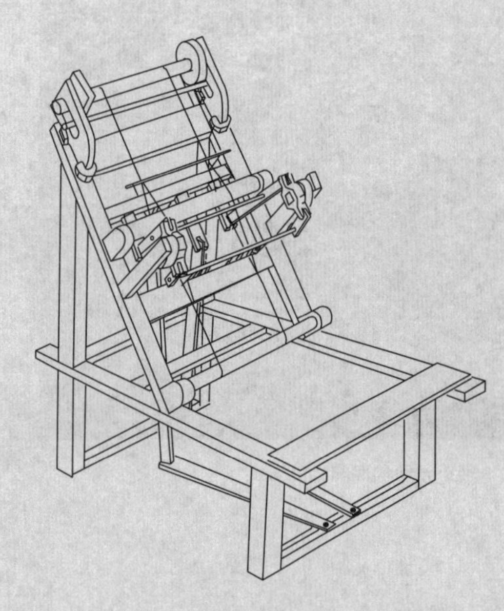

图 18　汉代中轴式踏板斜织机复原（赵丰制）

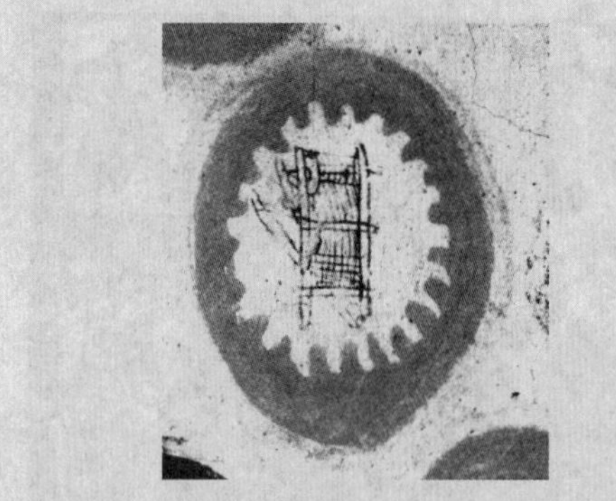

图 19　五代立机图像（甘肃敦煌莫高窟 K98 北壁）

的短杆通过曲柄或绳子与两块脚踏板分别构成两副连杆机构。这一点似乎可在法国学者里布夫人收藏的一台东汉釉陶织机模型中得到更为明确的证实（图 17）。这样，我们根据这台织机模型及汉画像石上的织机图像复原了一台汉代的踏板斜织机（图 18）。从其原理来看，我们可以称其为中轴式踏板斜织机。

踏板斜织机到后来渐渐少见，但元代《梓人遗制》中仍可看到其遗存的影子，其机架已基本直立，当时被称为立机子。立机子的最早形象出现在甘肃敦煌莫高窟内时属五代的 K98 北壁《华严经变》图中（图 19），但在唐末敦煌文书中已出现了称为“立机”的棉织品名。此后，立机子的图像在山西高平开化寺北宋壁画、国家博物馆所藏明代《蚕宫图》中均可看到，但最详细的记载要数元代薛景石《梓人遗制》中的立机子了，我们根据文中的尺寸记载和图形例示可以作出其复原。

踏板织机还有很多种不同的类型。其中有一种是依靠织工的身体来控制张力的织机，可称为踏板卧机。对于踏板卧机的最早形象描绘是在四川成都曾家包东汉墓的画像石上，而最为明确的记载是元代薛景石的《梓人遗制》。这类织机在民间一直还在使用，湖南浏阳夏布、陕西扶风棉布等均是用这类织机织造的。其基本特征是机身倾斜、单综单蹑、依靠腰部来控制张力。具体地，又可分为没有采用张力补偿装置的直提式卧机和

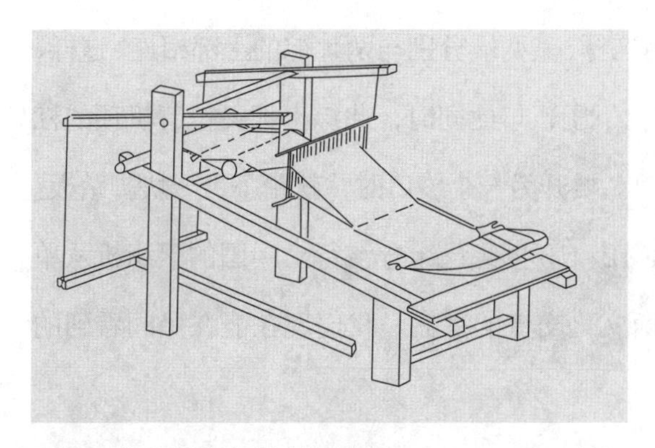

图 20　提压式卧机复原（赵丰制）

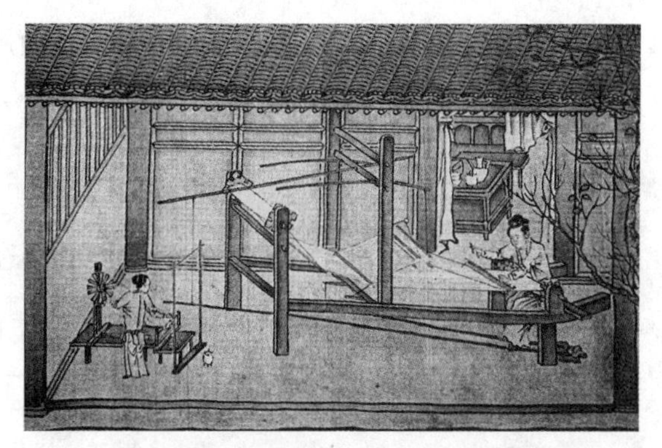

图 21　《蚕织图》中的踏板双综机（南宋梁楷本，美国克利夫兰博物馆藏）

采用了张力补偿装置的提压式卧机两类。在我国湖南瑶族地区使用的织机属于第一类直提式卧机。它由两根卧机身和两根脚柱组成机架，机架之外主要的开口部件就是一个架在直机身上的提综杠杆，中间是转轴，轴后一根短杆，通过绳索与脚相连，轴前两根短杆，提起一片综片。最简单的提压式卧机是湖南湘西土家族用的打花机，它也有倾斜的卧机身，直机身在中，上有一对鸦儿木，一端连着脚踏杆，另一端连着综片开口，开口机构中的最根本的区别就是采用了张力补偿装置，即在把脚踏杆与鸦儿木的后端相连时，中间还连有一根压经杆（图20）。

从历代藏画来看，自唐宋起，踏板织机较多地采用双综式，即用两蹑分别控制两片综，两综分别开两种梭口，以织平纹织物。经面大体是水平状。南宋梁楷的《蚕织图》及元代程棨的《耕织图》中都绘有踏板双综机。两机的形制基本一致，有一长一短两块踏板，长的脚踏板与一根长的鸦儿木相连，控制一片综，短的脚踏板与两根短的鸦儿木相连，控制另一片综。两组鸦儿木架在织机中间的机架上，这个机架相当于早期的“马头”处，但远比马头大。经面也不再像汉代斜织机那样倾斜，在织造处经面基本水平，而经轴位置稍高，中间用一压经木将经丝压低，亦是一种张力补偿机构（图 21）。明代《便民图纂》中所绘织机与此相同。这种双综机是用脚踏板通过鸦儿木使综片向上提升而开口的，在开口时，两片综之间没有直接关系，是由脚踏板独立传动提升的。因此，我们把这种双综踏板机称为单动式双综机。

单动式双综机还在继续使用。现存的绛丝机也属此类，不过，它的鸦儿木乃是横向安置。在机架顶上，有着一根与经线同向的轴，轴上安置两片与纬丝同向的鸦儿木，机下是两根与鸦儿木同向的脚踏杆，杆与鸦儿木在机边用绳相连。这种装置颇有些类似明清时提花机上的范子装置。

约于元、明之际，互动式双蹑双综机出现了。这种织机的特点是采用下压综开口，由两根脚踏板分别与两片综的下端相连，而在机顶用杠杆，其两端分别与两片综的上部相连。这样，当织工踏下一根脚踏板时，一片综就把一组经丝下压，与此同时，此综上部又拉着机顶的杠杆，使另一片综提升，形成一个较为清晰的开口。要开另一个梭口时，就踏下另一块脚踏板。这种开口机构十分简洁明了（图 22），欧洲在 12、13 世纪已十分流行。中国的素织机从单动式向互动式的演变，可能得益于 13 世纪东西文化交流的兴盛。我们现在能在民间看到的双蹑双综机，基本上就是这种形制。

（二）提花机

织机中最为复杂的是提花机，最为复杂的织造技术是提花技术。所谓的提花技术也就是一种复杂的信息贮存技术。凡有图案的丝织品必须将这种复杂的提花信息用各种安装在织机上的提花装置将其贮存起来，以使得这种记忆的开口信息得到循环使用。这就如同今天计算机的程序，编好这套程序之后，所有的运作都可以重复进行，不必每次重新开始。从湖北江陵马山楚墓出土的战国织锦来看，很可能在战国时期，中国的提花机和提花丝织技术已经非常成熟。

但是，提花技术并不是一蹴而就的，它经历了从挑花到提花的一个过程。所有织机均可用挑花杆在其上挑织图案，尤其是原始腰机、斜织机和水平机，在历史上也确曾用于挑花织制显花织物。挑花的方法有两种：一是挑一纬织一纬，这种方法要求织者必须胸有成竹；二是挑一个循环织一个循环，这种方法应用得普遍一些。但不管如何，这种方法仍不能提高工效，因为挑花的信息无法长期贮存并反复利用。为了解决这一问题，古人们摸索出两条途径，由此而走向提花技术。一是将挑花杆“软”化，即用综线来代替挑花杆，这样演变成为多综式提花机；另一条道路是保持挑花杆挑好的规律不变，而寻求某一种关系，把其中的规律反复地传递给经丝，这样就出现了花本式提花机。

汉代已出现了多综式提花机。可靠的证据来自四川成都老官山汉墓出土的织机模型，共有四台，从残留综框的情况来看，是一种踏板式多综提花机，这是我国目前出土最完整的织机实物资料，也是世界上迄今发现最早的提花机实物资料。另外，在文献中也有相关记载，《三国志·魏书·方技传》中的裴松之注：“旧绫机五十综者五十蹑，六十综者六十蹑。”三国时期说旧绫机显然就是汉代的情况，这种一蹑控制一综、综蹑数量相等的织机，应是踏板式多综提花机，今人称为多综多蹑机。当然，在踏板式多综提花机以前应该还有手提多综提花机。

踏板多综机的机型至今仍可在四川双流县找到，称为丁桥织机（图 23）。其实这是一种栏杆织机，分布在全国各地。其特征是用一蹑控制一综，综片数较多，但是幅度较狭，仅能织腰带而已。丁桥织机所用综有两种，一种是起综，又称范子。综眼上开口，踏板通过鸦儿

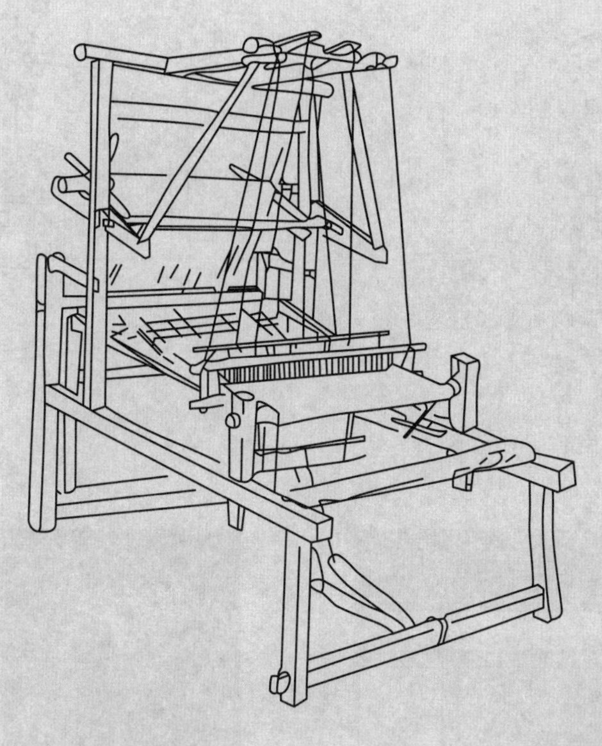

图 22　互动式双蹑双综机

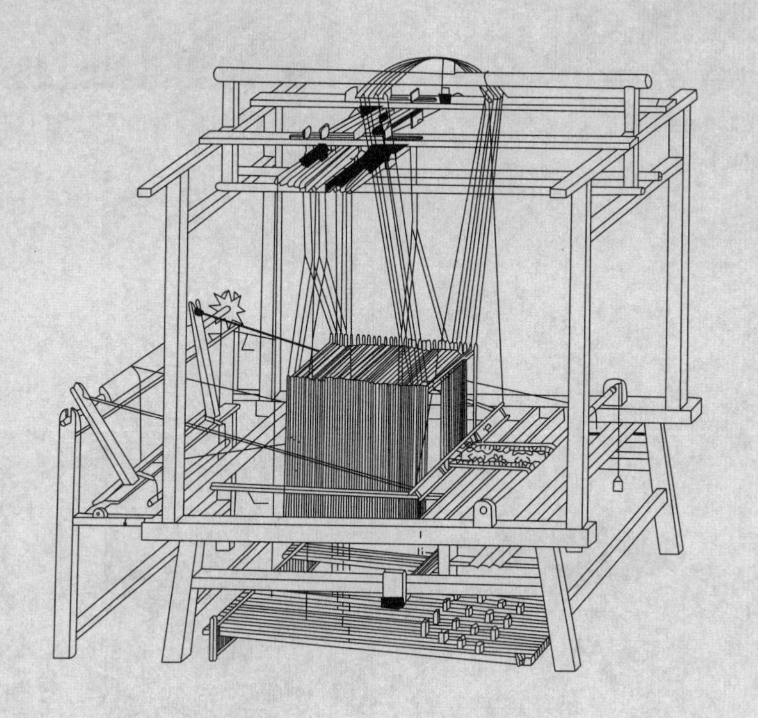

图 23　丁桥织机（胡玉端等制）

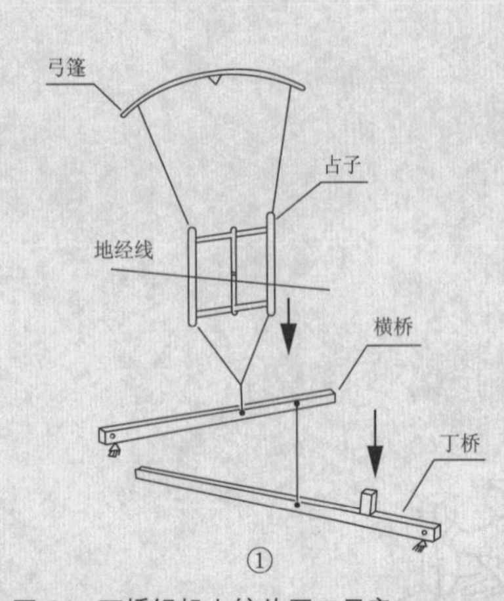

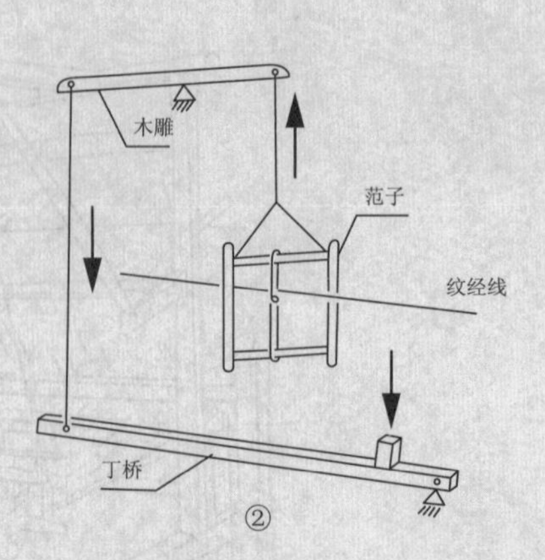

图 24 丁桥织机上综片开口示意

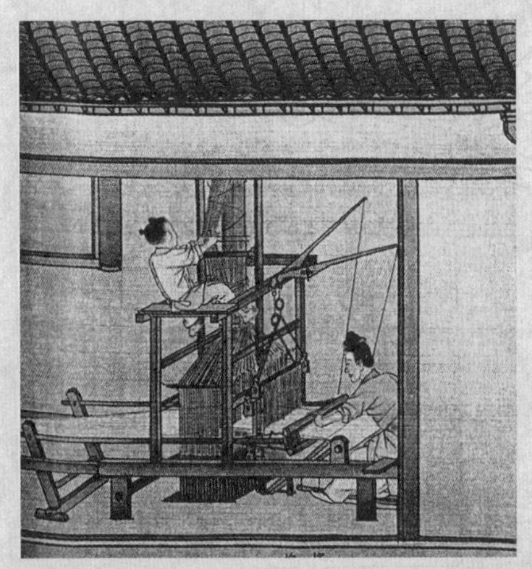

图 25 《蚕织图》中的束综提花机（南宋吴注本，黑龙江省博物馆藏）

图 26 《耕织图》中的提花罗机（南宋，中国国家博物馆藏）

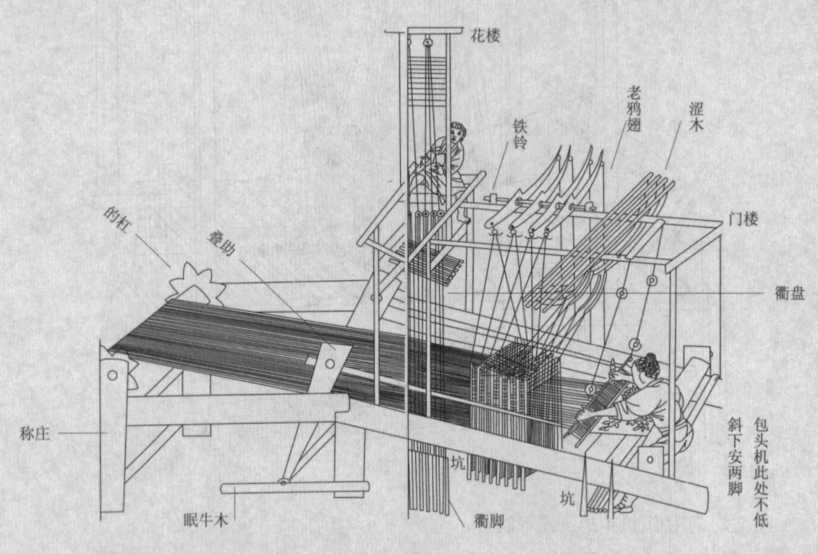

图 27 《天工开物》中的花楼机（明，宋应星制）

木将范子提升；另一种是伏综，又称占子，是下开口的综眼，踏板直接拉动占子的下边框将综片压下，经丝也就压下，此占子由机顶的弓棚弹力回复（图 24）。当然，丁桥织机不等于汉代的踏板多综机。我们知道，汉代尚无伏综的出现，其织物的幅宽也将远远大于丁桥织机上的幅宽。不过，其主要原理应该是相同的。

约在初唐时期，束综提花机出现。束综提花机是以线制花本为特征的提花机，它的出现受到了中亚纬锦织机上 1-N 把吊系统的影响，新疆吐鲁番出土的一件“吉”字对羊灯树锦，是一件图案在一个门幅内左右对称、经向上下循环的织锦，可能已经是束综提花机出现的一个实例。而初唐时大量涌现的小团花纹锦，则是十分明确的带有 1-N 把吊装置束综提花机的产品[1]。元稹《织妇词》中描写荆州贡绫户“变缉撩机苦难织”也是指此，但其实物图像直至南宋才出现。黑龙江省博物馆藏《蚕织图》中有一台束综提花机（图 25），这台织机的机身平直，中间隆起花楼，花楼上高悬花本，一拉花小厮正用力地向一侧拉动花本，花本下连衢线，衢线穿过衢盘托住，下用衢脚使其垂悬于坑。花楼之前有两片地综，地综通过鸦儿木用脚踏板踏起。织机用筘，筘连叠助木以打纬。从《蚕织图》的地理、历史背景及图中描绘来看，这是一台典型的绫机，织作的是平纹地上显花的提花织物[2]。这是目前所见最早也是相当完善的提花机图像。

这种机身平直的线制花本提花机可称之为水平式小花楼提花机，主要适宜于织制绫罗纱绸等轻薄型织物，是江南地区常见的提花机型。使用水平机架的原因是为了减轻叠助木的打筘力量，宋应星说“以其丝微细，防遏叠助之力”也正是指此。同类的提花机图像还可见于中国国家博物馆所藏《耕织图》中的罗机（图 26），其形制与《蚕织图》中的绫机基本相似，但装置了双经轴，机前装有四片综（两片素综和两片绞综）。

到明代，束综提花技术已经相当完备与普及。《天工开物·乃服篇》中关于花机机式与全图的记载（图 27），即是宋应星对当时束综提花织造技术的呈现：

凡花机通身度长一丈六尺，隆起花楼，中托衢盘，下垂衢脚（水磨竹棍为之，计一千八百根）。对花楼下掘坑二尺许，以藏衢脚（地气湿者，架棚二尺代之）。提花小厮坐立花楼架木上。机末以的杠卷丝，中用叠助木两枝，直穿二木，约四尺长，其尖插于筘两头。……其机式两接，前一接平安，自花楼向身一接斜倚低下尺许，则叠助力雄。若织包头细软，则另为均平不斜之机。坐处斗二脚，以其丝微细，

1 Zhao Feng, “Jin, Taquete and Samite Silks: The Evolution of Textiles along the Silk Road,” *China: Dawn of a Golden Age (200–750AD)*, The Metropolitan Museum of Art and Yale University Press, 2004, pp.67–77.

2 赵丰：《〈蚕织图〉的版本及所见南宋蚕织技术》，《农业考古》1986 年第 1 期，第 345~359 页。

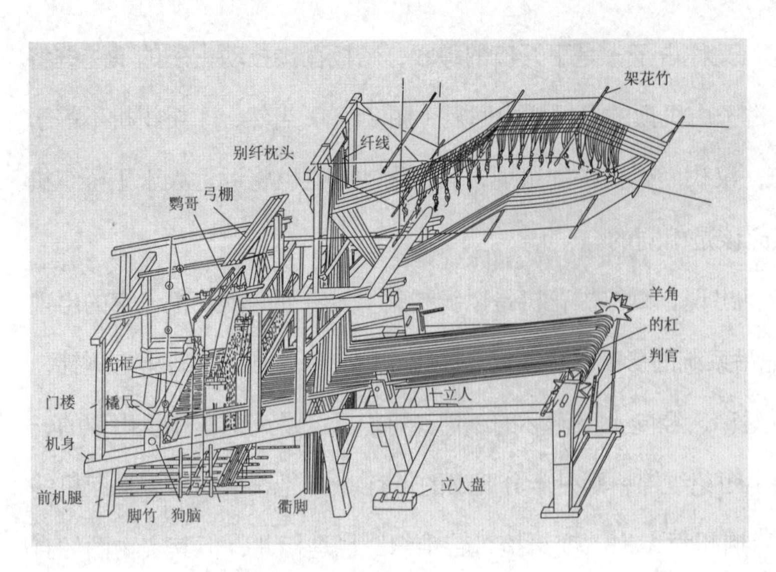

图 28　大花楼机

防遏叠助之力也。

这里描述的是一种斜身式小花楼提花机。显然，斜身的目的是为了提高打纬的叠助冲力。清代提花机的发展，有一个显著的特点是机身倾斜度增加。

束综提花机的发展顶峰是大花楼机，南京摹本缎机和妆花机即属此类。其记载可见于清代卫杰的《蚕桑萃编》、杨屾的《豳风广义》及陈作霖的《风麓小志》等。大花楼机的特点是花本大而呈环形，亦可以看作是花本再一次从衢线中分离出来的结果。其花纹循环可以极大，织出像龙袍一类的袍料，循环达十余米。拉花时拉花工坐在机中间往后拉。机身形式通常亦为斜身式。至于提花机所用地综片数则由织物品种而定，二、五、八片不等，综片包括提综和伏综两种，根据不同品种选用（图 28）。

束综提花机上最复杂、最奇特的部分是花本。关于结花本，宋应星在《天工开物》中有一段十分经典的解释：

凡工匠结花本者，心计最精巧。画师先画何等花色于纸上，结本者以丝线随画量度，算计分寸秒忽而结成之。张悬花楼之上，即织者不知成何花色，穿综带经，随其尺寸度数提起衢脚，梭过之后居然花现。

这种线制的花本到后来就发展成贾卡提花机上的纹板，用打孔的纸版和钢针来控制织机的提花，打孔的位置不同，织出的图案也就不同。再后来，有孔的纸版又启发了电报信号的传送原理，这就是早期计算机的雏形。由此可以看出，中国古代发明的提花机对世界近代科技史的影响是十分巨大的。

汉字

鹏宇

◎　汉字不仅是中华民族的伟大创造，也是中华文明的象征，其强大的文化影响、独特的构形体系以及无与伦比的书法审美内涵，凝聚了中国文化的基本特征，成为世界文化遗产中当之无愧的瑰宝，足以列为中国最重要的发明之一。

图 1　山东沂南县北寨村将军冢仓颉画像石

汉字，是汉语的记录符号。这里所说的“汉”，不能简单地理解成汉族或汉代，因为汉族和汉代的历史很晚，而汉字却要早得多。我们通常所说的汉语和汉字，最早是指以华夏族为主体的、主要活动范围在今天中国版图上的各族人民所使用的语言和文字。比如春秋战国时代，礼崩乐坏，列国纷争，很多国家和民族都有自己的文字，齐有齐文字，楚有楚文字，今天的古文字学家可以很清楚地指出它们之间的区别，但是从文字发展史来看，这些文字仍在汉字的研究范畴之内。

汉字有古今之分。文字学界一般将秦代作为分水岭，秦以前的文字统称为古文字，包括甲骨文、金文、战国文字、小篆等。秦以后，汉字的形体基本定型，官方使用小篆、皂隶，平民多习用隶书。由篆及隶，是汉字发展史上的一个里程碑，从此以后，汉字的字形不再像古文字那样变化多端，文字构形、表意功能日趋稳定，只在书体风格上加以变化。

关于汉字的起源，有许多故事与传说。

据唐人所撰《墨薮》记载：庖牺氏获景龙之瑞，始作龙书；神农氏因上党羊头山始生嘉禾八穗，作八穗书，用颁行时令；黄帝史仓颉写鸟迹为文，作篆书；金天氏作鸾凤书；帝尧陶唐氏作龟书；夏后氏作钟鼎书。这其中流传最为久远的版本，又首推仓颉作书。

如《吕氏春秋·君守》：“奚仲作车，仓颉作书，后稷作稼，皋陶作刑，昆吾作陶，夏鲧作城，此六人者所作，当矣。”

从汉代起，这一传说还逐渐加入一些神秘色彩：

《淮南子·本经》：“昔者仓颉作书，天雨粟，鬼夜哭。”

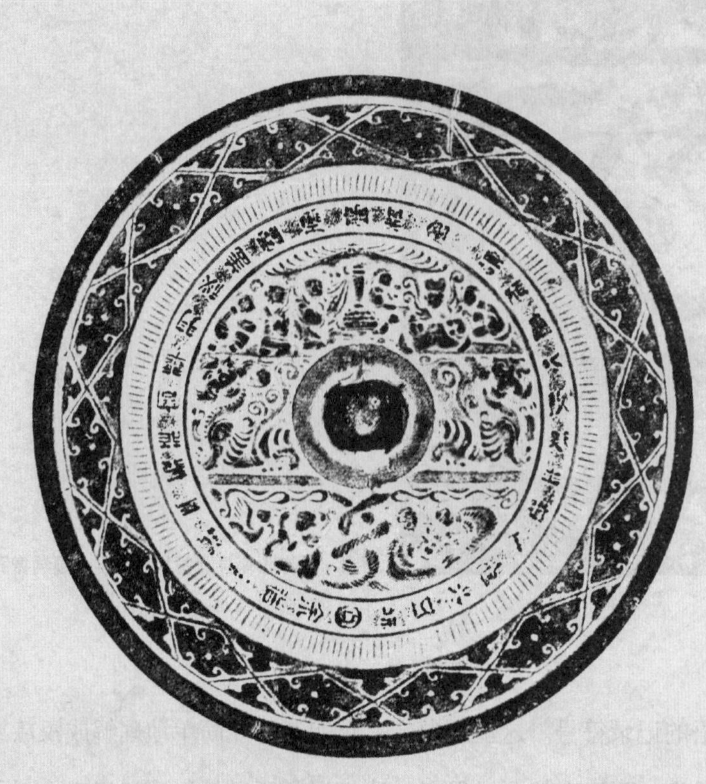

图 2　西安出土"仓颉"铭铜镜拓本

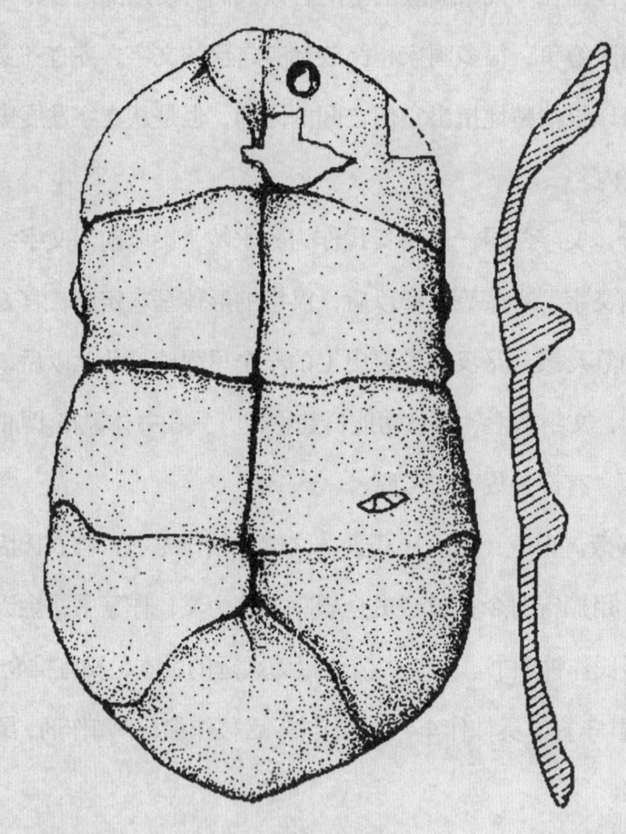

图 3　舞阳贾湖裴李岗文化遗址出土刻符龟甲

仓颉作书传说在汉代的流行，从出土文物上也可见一斑。不仅画像石中有仓颉的图像及榜题（图 1），近年出土的汉简中也屡见“仓颉作书，以教后嗣”之语，东汉三国时期的铜镜上还铸有“仓颉作书，以教后生，遂（燧）人造火，五味”的铭文（图 2）。

任何重大的发明创造都源自民众，又与杰出人物的贡献密不可分。汉字不可能成于一人之手，但某一时期也经由官方的整理则极有可能。殷商甲骨文是现今已知最早的文字系统，但从其结构、数量等方面考察，已相当成熟，不可能是文字的原始阶段。

在由甲骨文上溯汉字起源及早期演变的过程中，考古学是极重要的探寻手段。在与此有关的一系列发现中，舞阳贾湖裴李岗文化遗址出土的龟甲、骨器上的刻画符号，特别引人注目。如其中的眼睛形似甲骨文的“目”字（图 3），门户形似甲骨文的“户”字等，应非出于偶然。中国社会科学院考古研究所放射性实验室测定了裴李岗遗址出土的木炭标本，其年代距今 8000—7000 年，出有带符号龟甲的墓葬年代早于公元前 6200 年，比黄帝、仓颉的时代还要早千年以上。所以，在黄帝时代进行文字收集、整理与规范工作是完全可能的。

今天人们所能见到的成系统的古文字中，距今 3000 多年的殷商甲骨文（图 4、图 5）无疑是最早的。甲骨文又称“契文”“甲骨卜辞”或“龟甲文字”“殷墟文字”，主要是指刻在龟的腹甲、背甲或牛胛骨（偶尔也

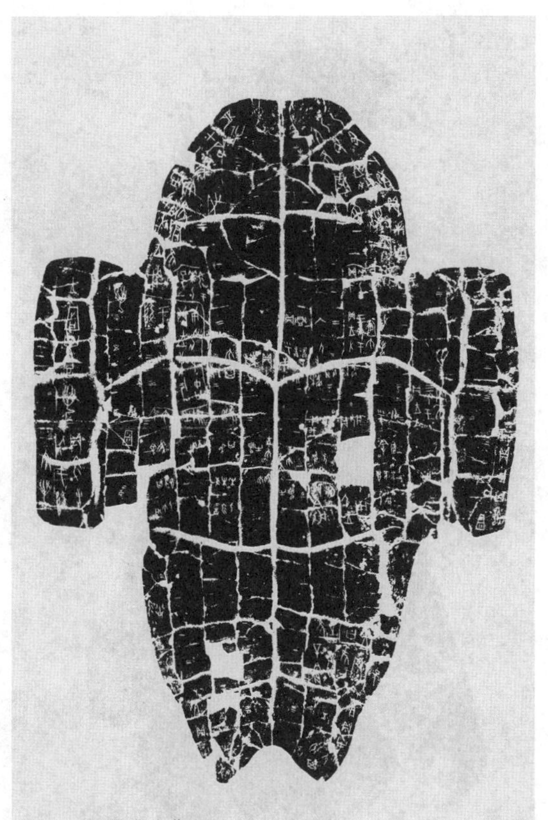

图 4　甲骨文合集 376 正

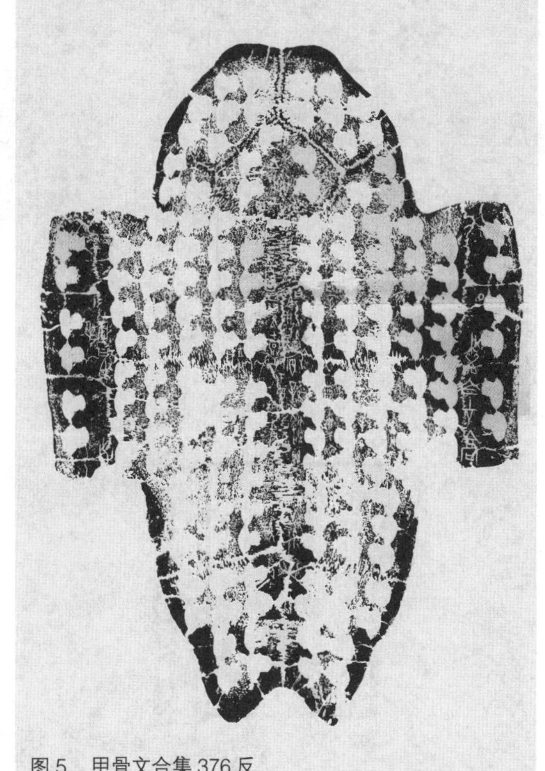

图 5　甲骨文合集 376 反

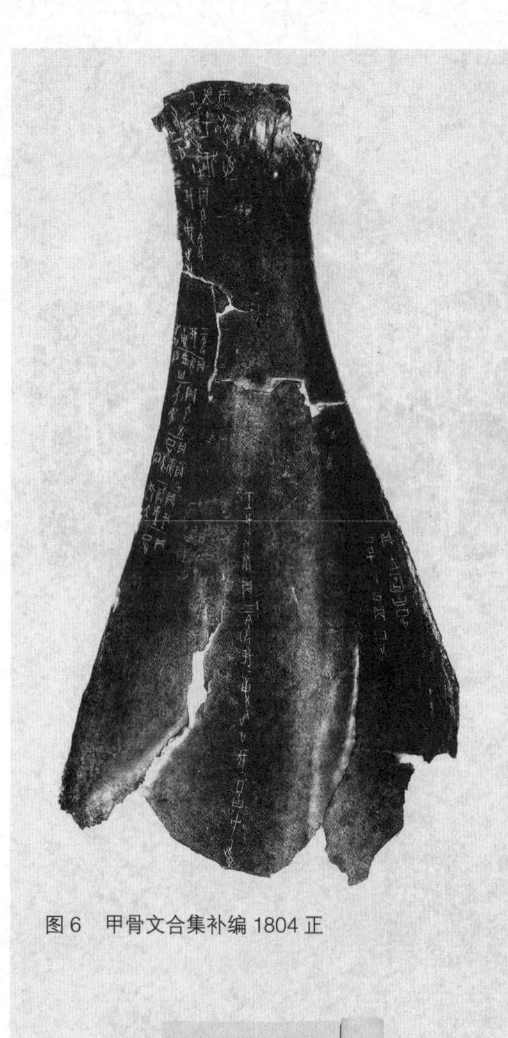

图 6　甲骨文合集补编 1804 正

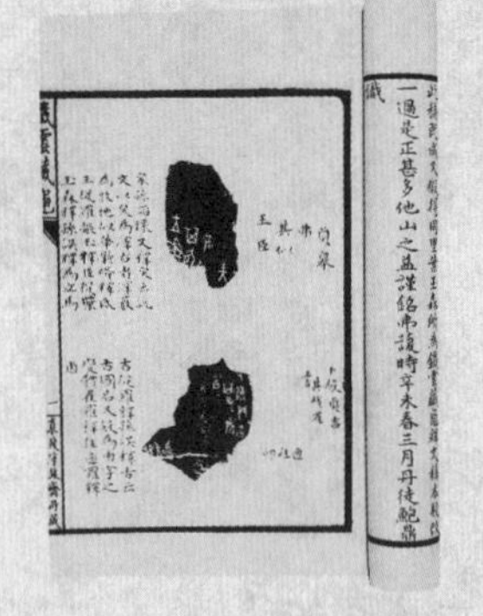

图 7　刘鹗的《铁云藏龟》书影

用其他兽骨）上的一种文字（图 6）。商代统治者非常迷信鬼神，遇到大事要用龟甲、兽骨占卜，并将占卜的内容、占卜的结果用文字刻在甲骨的卜兆旁。甲骨文和今天的公文一样，有固定的格式。其内容大多与祭祀、田猎、风雨、战争、疾病之类相关，记录和反映商朝的政治、经济和军事情况。

甲骨在相当长的一段时期内是被当作药材处理的，直到 19 世纪末王懿荣因生病吃药而偶然发现上面的文字并高价予以收集，甲骨文才逐渐走进人们的视野。据说王氏之前，药商们早就发现了甲骨上的刻痕，但都视之为不祥之物，出售时常将上面的文字刮去。这样看来，王氏得来的治病甲骨真可谓是来之不易。

如今，甲骨文研究已成为一个独立的学科。王氏之后，刘鹗、罗振玉等人先后从事过甲骨的收集、整理工作（图 7）。王国维、郭沫若、董作宾、胡厚宣、于省吾、裘锡圭、黄天树等学者在甲骨文字考释方面更是功不可没。尤其需要说明的是，王国维先生将殷墟发现的甲骨记录同《史记·殷本纪》的记述联系起来，从而使商王世系成为信史。

迄今已发现的甲骨在 15 万片以上，文字总数在 4000 以上，但为学者所确识者尚不足 1/3。这些甲骨多出自河南安阳，因盗掘、收藏等原因，流散于许多国家及城市，故而，很多地区的博物馆里现在都有甲骨陈列。

早期的商王朝频繁迁移都城。据史料记载，商朝共有 13 次迁都，直到盘庚迁殷才

图 8　周原甲骨

告稳定，从此，殷墟成为商朝政治、经济和文化的中心。殷墟位于河南安阳西北郊，横跨洹河两岸，地域宽广。考古学家们在这里发现了极其丰富的殷代文化遗存，除了数以万计的甲骨，还有数量巨大的青铜器，其中有不少铸有铭文。

甲骨文有奥秘并不神秘，释读甲骨文字，与释读其他文明古国如古埃及的圣书文字不同。因为殷商的文字不像古埃及文字那样久已湮没，无人传袭辨识。殷商文字，是周秦战国文字，乃至汉魏以下的汉字的直接前身，传承从未断绝。加上东汉已有许慎《说文解字》这样系统完整的文字学典籍，还有“古文奇字”的辑集传流。宋代兴盛的金石之学，也使人们接触到一定数量的殷商文字。到了清代，文字之学更是达到高峰。由此，甲骨文字固然古奥，但还是很快得到了考释。

值得一提的是，甲骨文并非殷人的专宠，考古资料表明，周族也曾使用过甲骨文（图 8）。1977 年，在陕西省岐山县凤雏村一座西周建筑遗址的窖穴内出土了上万片龟腹甲，300 余片牛肩胛骨。其中 289 片龟腹甲刻有文字，少的 1 字，多的有 30 字。1979 年，在邻近的扶风县齐家村又采集到 22 片甲骨，内有 6 片刻有文字。岐山南麓的岐山县与扶风县一带古称周原，是周人灭商前的都城遗址。此地出土刻辞龟甲与《诗・大雅・绵》“周原膴膴，堇荼如饴；爰始爰谋，爰契我龟”的记载契合，故称周原甲骨。

甲骨文是一种拥有大量象形字的文字系统，其中许多字来源于对自然界事物的临摹和仿造，如“月”（ ）字像弯月的形状，“龟”（ ）字像乌龟的侧面形状，“马”（ ）字是一匹包含了主要躯干的马的形状，强调了马鬃和马尾，“兔”（ ）字则突出了兔子短尾巴的特点，类似的还有“车”（ ）字描绘了车轮、车轴和车舆，“火”（ ）字描绘了燃烧的火苗。《说文解字》对此解释说“象形者，画成其物，随体诘诎”，可谓得当。

象形字的来源可能与早期的刻画符号有关，作为一种最原始的造字方法，这种文字图画

图 9　古埃及的圣书文字

图 10　苏美尔人的楔形文字

图 11　古印度的“哈拉本”印章文字

图 12　纳西族的东巴文

图 13　水族的水文

图 14　后母戊鼎

图 15　后母戊鼎铭文拓片

性强，符号性弱，应该是在人类文明肇始阶段最容易创造和推广的一种文字。从世界范围来看，除了商代的甲骨文，还有不少文明古国和民族也都先后创造和使用过象形文字，如古埃及的圣书文字（图 9）、苏美尔人的楔形文字（图 10）、古印度的“哈拉本”印章文字（图 11）等，而我国境内除汉族外，云南纳西族大祭师所使用的东巴文（图 12）、水族所使用的水文（图 13）中也都保留着大量的象形文字。

不过，象形字本身却也有巨大的局限性，有些实体事物和抽象事物是画不出来的，如大、小、多、少、厚、薄等。于是聪明的古人们发明了其他一些办法来表示这些字，汉代的学者将其归纳为指事、会意、形声、转注、假借，加上之前的象形字，统称“六书”，或称“四体二用”（转注、假借为用字法，其余四种为造字法）。不过，这些新的造字方法，有的仍须建立在象形字的基础之上，通过增加意符或声符而构成新的文字。在已发现的殷墟甲骨文里，“四体”的造字方式都已出现，而其中大量形声字的使用则说明甲骨文已是一种相当成熟的文字，这种造字法也成为之后历代最主要的造字方法。

根据出土资料，人们发现殷商时代的贵族除在甲骨上刻有文字外，还在青铜器上铸有文字（图 14、图 15）。古代以祭祀为吉礼，“国之大事，唯祀与戎”，故称青铜祭器为“吉金”，而以青铜器为载体的文字则被称作金文、铭文。当前学术界还有一种观点，认为“吉”字的本义是指坚硬，而非吉祥，吉金就是坚久耐用的青铜器之意，这种解释也很有道理。

与甲骨文主要发现于商朝王都的情况不同，商代青铜器的分布地域要广阔得多，南至长

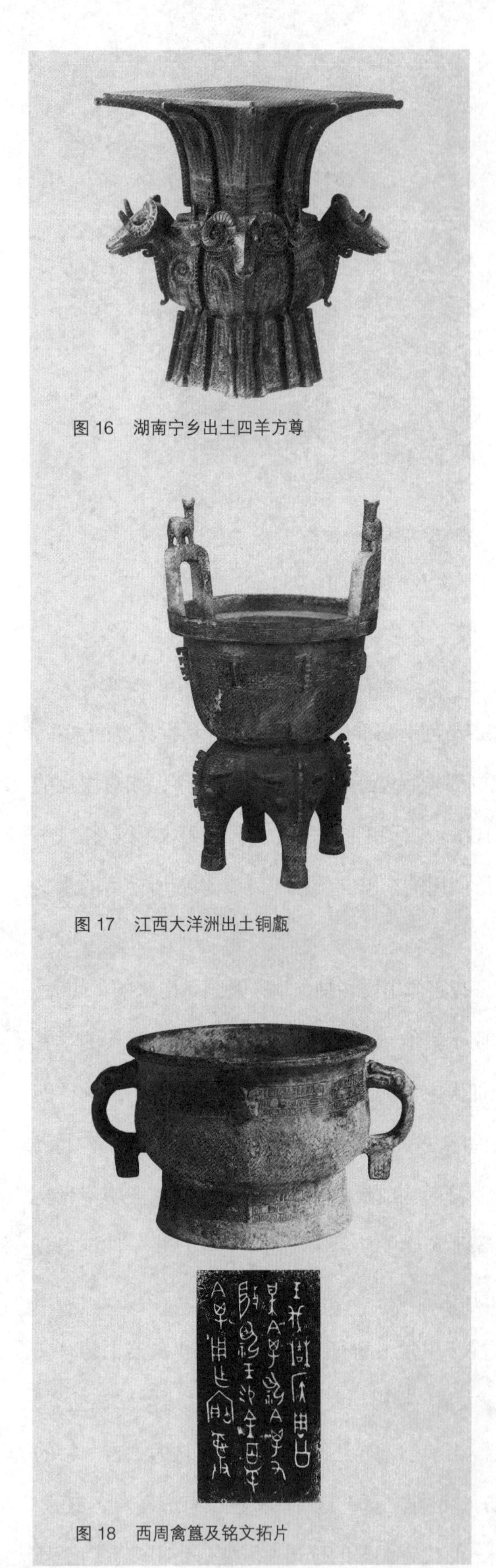

图 16　湖南宁乡出土四羊方尊

图 17　江西大洋洲出土铜甗

图 18　西周禽簋及铭文拓片

江以南、西至甘肃、东至山东、东北至辽宁都有出土，比较有名的如湖北盘龙城、湖南宁乡（图 16）、江西大洋洲（图 17）、山东苏埠屯、山西石楼等。

一般认为在甲骨文与金文并用的殷商时代，前者代表的是一种占卜文化，后者代表的是祭祀文化。甲骨文相对于金文可视为俗体字，因为金文典雅、庄重，有的甚至不惜工本加以繁化、美化。

进入西周后，青铜器不仅形制、纹饰发生重大变化（图 18），而且大量出现长篇铭文，如现藏台北“故宫博物院”的毛公鼎的铭文竟然多达 497 个字（图 19）。与殷商金文的祭祀敬神作用不同，西周金文的内容更加丰富多样，更注重现世的辉煌。

过去，金文常被人们称作“钟鼎文”，这是由于商周礼器以“鼎”为代表，乐器以“钟”为代表，又因钟、鼎器形硕大，承载铭文较多，所以更具代表性。以研究青铜器为主的学科，则被称为金石学。

金石学由宋人首创，主要研究金、石铭刻，金以铜器为主但不限于铜，凡是金属物品上的铭文皆在收集之列。宋人收藏铜器，极重铭文，如吕大临《考古图》、王黼《博古图》、王俅《啸堂集古录》、薛尚功《历代钟鼎彝器款识法帖》等书都注重对铭文的收集与著录。清代学者遵循宋人的学风而更有所发展，如阮元《积古斋钟鼎彝器款识》、方濬益《缀遗斋彝器款识考释》等书，资料不断增多，释文考证时有可观。到 1937 年罗振玉编印《三代吉金文存》（图 20），收录青铜器铭文竟有 4000 多件，印刷精致，令人叹为观止。

今天，随着科技的进步，通过学者们的努力，金文工具书日益增多，研习金文更加方便。如中国社会科学院考古研究所编辑的《殷周金文集成》收录资料众多，包括殷周、西周、春秋和战国时期的各类器物万件以上，年代下限断至秦统一以前。宋代以来各家著录、各地新出土的发掘品和采集品，以及国内外主要博物馆藏品，收集得都比较齐全。比较著名的还有《近出殷周金文集录》，收器与《殷周金文集成》衔接，始于《殷周金文集成》各册截稿之日，止于 1999 年 5 月底。此外，近年收录青铜器比较齐全的，还有吴镇烽先生编纂的《商周青铜器铭文暨图像集成》，全书共收录传世和新出土的商周有铭青铜器 16704 件，既收铭文拓本又录图像，同时将释文和相关背景资料编排在一起，给学者们提供方便，对相关研究大有裨益。

在周代金文中，还有一类特殊形体的文字——鸟虫书（图 21）。鸟虫书也称鸟虫篆，大致肇端于春秋中后期，至战国大盛，主要流行于长江中下游地区，影响及于中原一带。吴、越、楚、蔡、徐、宋等国青铜器上都发现有这种文字，其特点是常以错金形式出现，在篆书的基础上回环盘曲，有的将文字与鸟形融为一体，或在字旁与字的上下附加鸟形作饰，如越王勾践剑铭、越王州勾剑铭。有

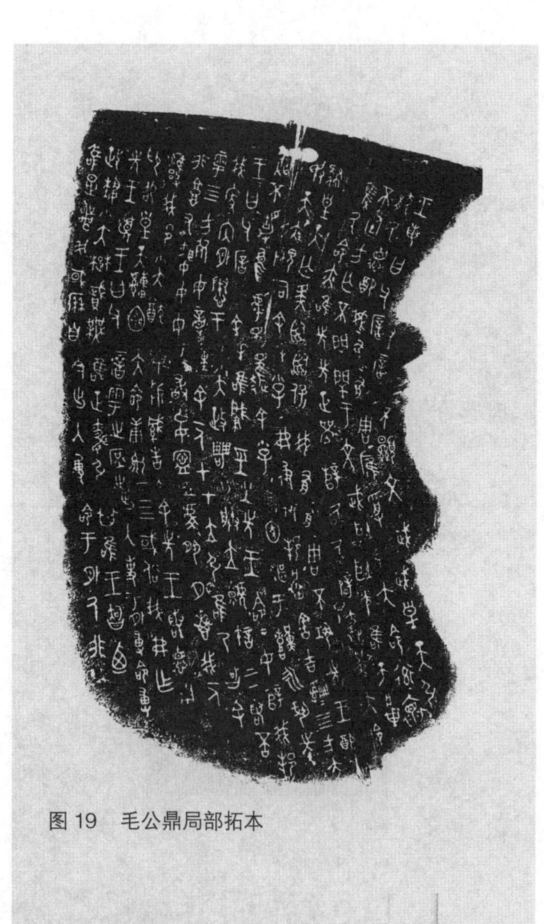

图 19　毛公鼎局部拓本

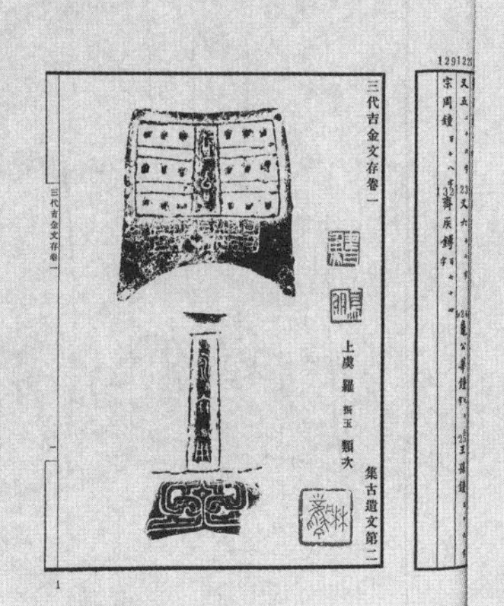

三代吉金文存卷一

上虞 羅振玉 類次

集古遺文第二

图 20　罗振玉《三代吉金文存》书影

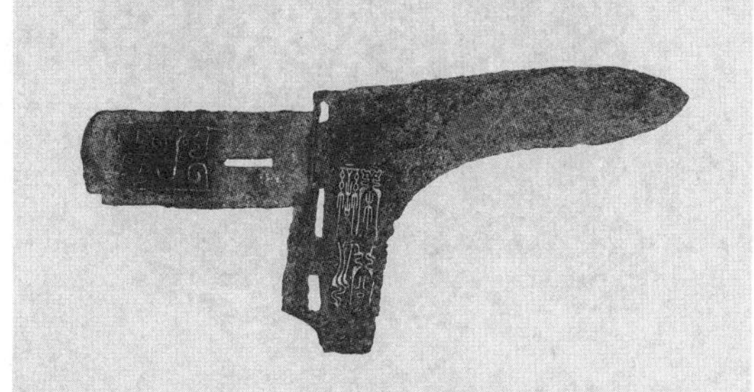

图 21　宋公栾错金戈上的鸟虫书

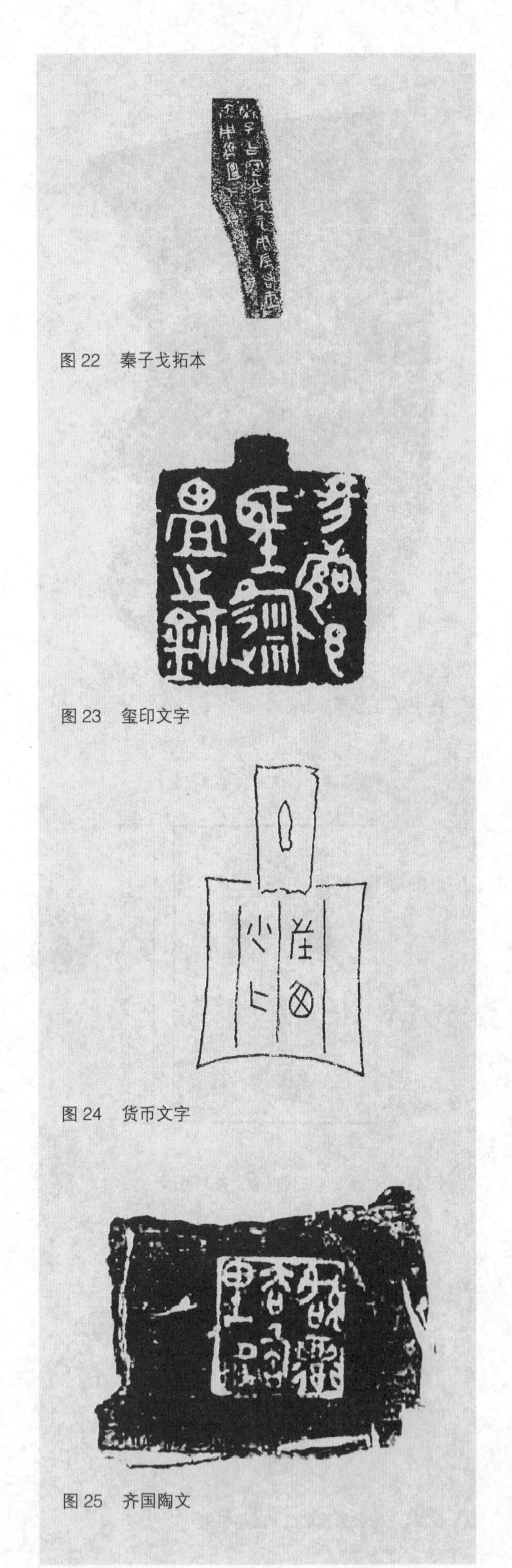
图22　秦子戈拓本

图23　玺印文字

图24　货币文字

图25　齐国陶文

的笔画蜿蜒盘曲，中部鼓起，首尾出尖，长脚下垂，若虫类躯体之弯曲。如春秋晚期楚王子午鼎铭，变化多端、辨识颇难。

鸟虫书是变形的装饰文字，并非另一种文字系统，虽然制作华丽工细，使用范围却极为有限。今天所能见到的鸟虫书主要是青铜器铭文，尤以兵器为多，少数见于容器、玺印。战国以后，鸟虫书使用日少，不过在汉代礼器、汉印乃至唐代碑额上仍或可见。

春秋以前，铜器铭文绝大部分是和器物一起铸成的，战国中期以后则往往是在器物制成以后用刀刻出来的，如秦国的兵器铭文基本上都由刀刻成（图22）。

春秋战国时期所使用的文字除刻在铜器上外，还有其他一些载体，诸如玺印文字（图23）、货币文字（图24）、陶文（图25）、漆器文字（图26、图27）、玉石文字（图28、图29）、简帛文字（图30）等。

在植物纤维纸普及之前，简和帛是古人最常用的书写材料之一。根据文献推测简至迟在商初就已使用，帛用作书写材料也许要稍迟一些。由于简帛都很容易损坏、腐烂，所以早期的简帛文字很难保存下来，已知的简帛文字以战国时代的为最早。

已发现的楚简皆用毛笔蘸墨书写，内容较多见的是关于随葬器物或送葬车马的记录。此外，还有占卜的记录、司法文书、关于时占的书，以及与《尚书》《逸周书》《诗经》等或存世或散佚的与古书有关的文献内容。

有成篇文字的战国帛书，迄今只发现了

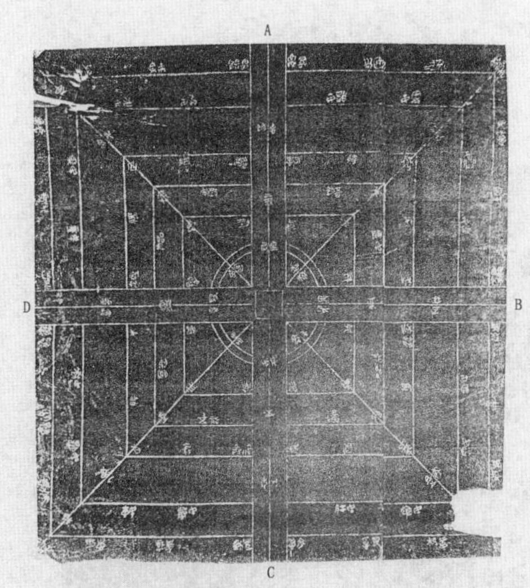

图 26　荆门左冢楚墓漆棋局

图 27　曾侯乙墓二十八宿漆箱

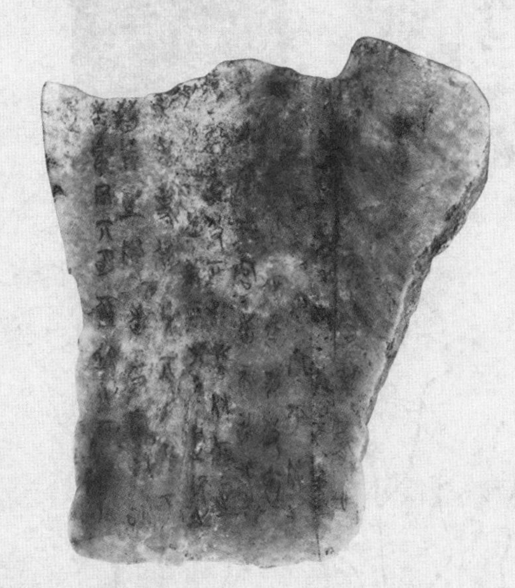

图 28　侯马盟书

图 29　石鼓文

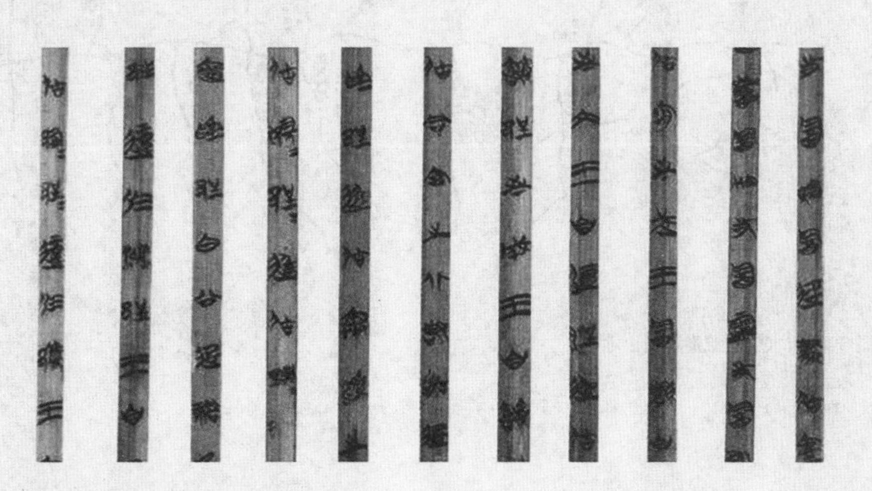

图 30　清华简

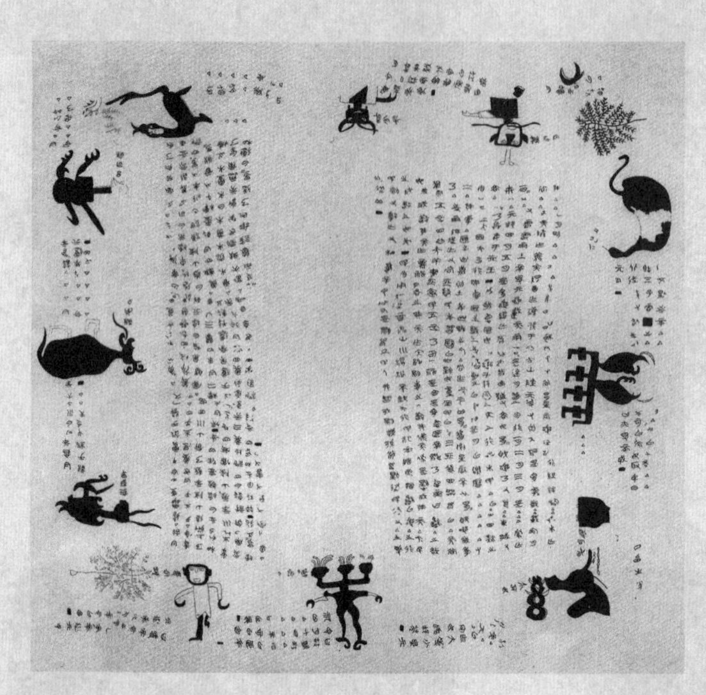

图 31　长沙子弹库楚帛书

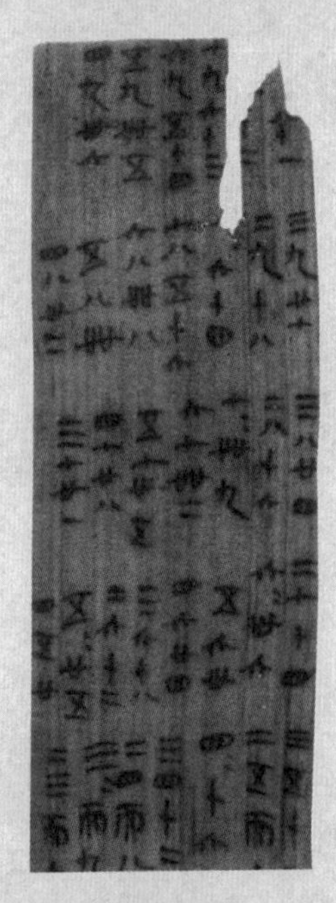

图 33　里耶秦简

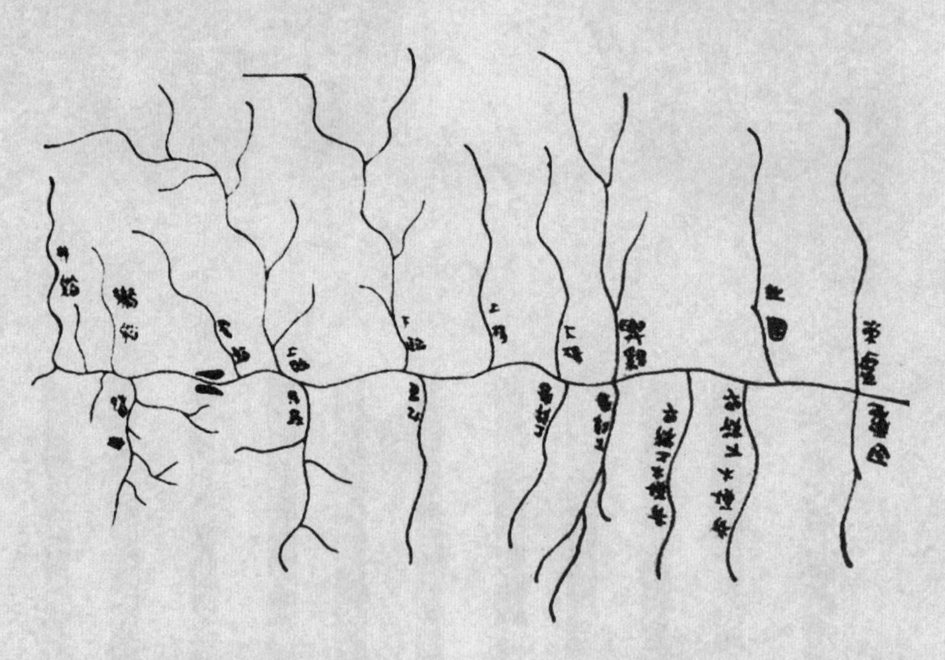

图 32　天水放马滩秦墓出土地图

一件，是从湖南长沙子弹库战国楚墓盗掘出土的，20世纪50年代前已流入美国。上有900多个墨书文字，文字四周绘有12个怪异的神像，帛书四角有用青红白黑四色描绘的树木图像，内容为天象、灾变、四时运转和月令禁忌等楚地流传的神话与禁忌（图31）。

秦统一六国之后，在全国范围内推行小篆。始皇帝周游天下，在峄山、泰山、琅琊台、碣石、会稽等地勒石铭功。秦二世时又在每处刻石上加刻诏书，来说明这些石头上的文字是始皇帝让刻的。这些刻石是研究小篆的最好资料，可惜原物大多已毁坏，只有部分残块存留，以及一些摹刻本传世。

《说文解字》收集了9000多个小篆，是最丰富、最系统的秦系文字资料。不过，《说文解字》成书于东汉中期，当时人所写的小篆字形，已有不少错讹。此外，包括许慎在内的学者，对小篆的字形结构免不了有些错误的理解，这又导致了书中对小篆字形的错改。《说文解字》成书以后，屡经历代传抄、刊刻，书手、刻工以及一些不高明的校勘者又造成了一些错误。因此，《说文解字》小篆中有一部分字形是不可靠的，需用秦汉金石等实物的小篆加以校正。

20世纪70年代以降，以简帛为载体的秦简大量出土，为我们研究秦代文字提供了重要资料。比较著名的如1975年年底湖北云梦出土的睡虎地秦简，有竹简1100多枚，内容有秦律、《日书》和大事记等。1986年甘肃天水放马滩秦墓里又出土了460多枚竹简及4块载有文字的木板地图（图32）。2002年，湖南里耶古城遗址出土了38000余枚秦简（图33），有字的多达18000枚，大大超过历年出土秦简的总和。此后，湖南大学岳麓书院和北京大学都先后购藏一篇秦简，内容也都十分重要。

据学者们研究，春秋战国的秦文字是逐渐演变为小篆的，小篆跟统一之前的秦国文字之间并不存在截然分别的界限。“大篆”“秦篆”和“小篆”等名称是从汉代才开始使用的，秦代大概只有“篆”这种字体的总称。“篆”跟“瑑”同音，“瑑”是雕刻为文的意思，《吕氏春秋·慎势》：“功名著乎盘盂，铭篆著乎壶鉴。”铭篆指镌刻在器物上的铭文，在当时人的心目中，隶书是不登大雅之堂的字体，只有篆文才有资格铭刻于金石。

早在春秋时代，秦国文字已与其他国家的文字有了相当显著的区别，到了战国，东方各国文字的变化加剧，与秦文字的差异也就愈发突出。由于文字异形极大地影响了各地区经济、文化的交流，而且不利于秦王朝对本土以外的统治，所以秦统一以后，迅速推行“书同文”的政策，以秦国文字为标准来统一全中国的文字。在此之前，秦国已经在新占领区逐步进行这项工作，这从各地出土的有关文字资料上可以得到验证。

众所周知，人们的书写习惯是在长期实践中形成的。所以可以想见，秦王朝要改变被征服区民众的书写习惯，肯定不会很容易。今天我们根据出土的文字材料发现，虽然秦王朝通

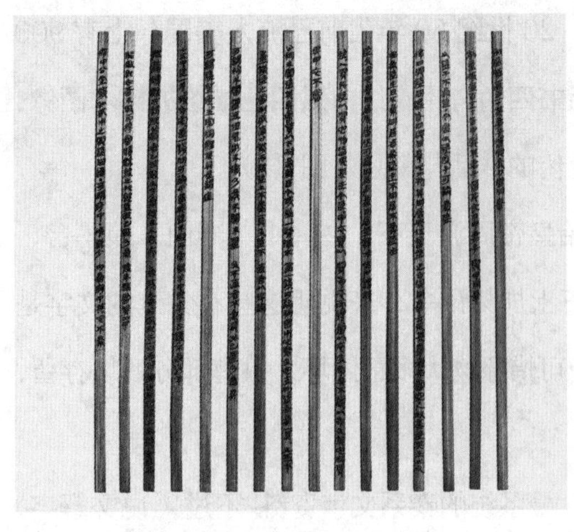

图 34　云梦睡虎地秦简之《法律答问》

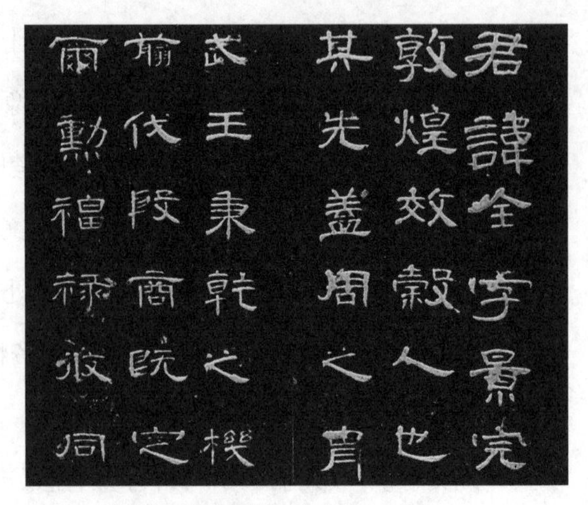

图 35　《曹全碑》（局部）

过严刑峻法迅速完成了统一文字的工作，但六国文字的影响并未完全消失，如西汉早期简帛上仍大量保留着楚文字的遗迹。但不管如何，秦王朝的这一做法还是基本上消除了当时社会上文字异形的状况，在汉字发展史上占有十分重要的地位。

从此以后，在今天的中国版图的范围内，无论是官方还是民间都开始使用统一的文字作为记录语言和社会交往的工具，汉字在加强各民族交往、提高汉民族认同感方面的作用功不可没。

到了汉代，隶书取代小篆成为主要字体，汉字发展从此就脱离古文字阶段而进入隶楷阶段。《汉书·艺文志》说隶书始于秦代是为应付繁忙的官狱事项而造的简便字体，事实并非如此。

从考古发现的秦系文字资料来看，战国晚期是隶书的形成时期。当时的秦国人在日常使用的汉字中，为了书写的方便而不断地破坏、改造正体的字形，由此产生了秦国文字的俗体。在秦国文字的俗体里，用方折的笔法改变正规篆文的圆转颇为流行，这具有浓厚的隶书味道。在秦孝公时代的铭文里，可以看到正体和俗体并存的情况，而仔细观察睡虎地秦简上的文字（图 34），可以知道在这批竹简的抄写时代，隶书已经基本形成。虽然，秦简所代表的隶书还尚未完全成熟，只是一种新兴的辅助字体，但是隶书书写起来比小篆方便得多，所以就得到迅速的发展。

一般认为，西汉武帝时代是隶书由不成熟发展到成熟的阶段，而将秦代和西汉早期的隶书称为早期隶书。早期隶书是一种尚未成熟的隶书，很多字形明显地接近篆文，武帝晚期以后，这种现象才逐渐减少。

在汉字形体演变的过程里，由篆变隶是最重要的一次变革。这次变革使汉字的面貌发生极大的变化，对汉字的结构也产生了很大影响，如解散篆体，改曲为直，大量省并、省略篆文笔画等（图 35）。

汉代使用的字体，除隶书外还有草书（图36）。草书有广、狭二义。广义的，无论时代早晚，凡是写得潦草的字都可以算作草书。狭义的，即汉代才形成的作为一种特定字体的草书。大约从东晋开始，为了跟当时的新体草书相区别，称汉代的草书为章草，而称新体草书为今草。“章”有章法、条理之意，章草大约是因为书法比今草规矩而得名。

草书作为辅助隶书的一种简便字体，除主要用于起草文稿和书信外，还深受书法家青睐，据说当时有好几位书法家用章草写过《急就篇》，现在还有临摹本流传下来。今天，人们从出土的汉简上还能看到当时人写的草书案牍。不过，草书由于字形太简单，彼此容易混淆，终究不可能取代隶书而成为主要的字体。

东汉晚期还出现了一种新字体——行书（图37）。今天我们所熟悉的行书是一种介于楷书和今草之间的字体，根据专家推测，行书可能是由于书写时行笔较快而得名的。

进入南北朝之后，楷书终于成了主要字体（图38）。楷有楷模之意，所以“楷书”的原意是指可以作为楷模的字，而非某种字体的专名。汉字进入楷书阶段以后，字形还在继续简化，由于书写者习惯的不同，遂产生大量的俗体字、异体字，但字体就没有太大的变化了。许多后世的字书，如《玉篇》《龙龛手镜》等就收录了大量正体之外的俗体字。

以上是汉字从产生到定型的主要历程，在这个漫长的历程中，不难发现汉字的发展

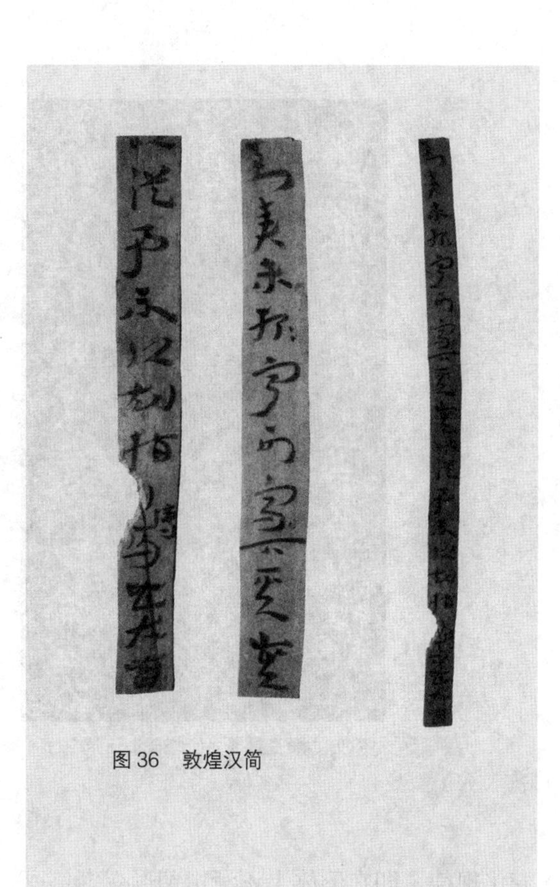

图 36　敦煌汉简

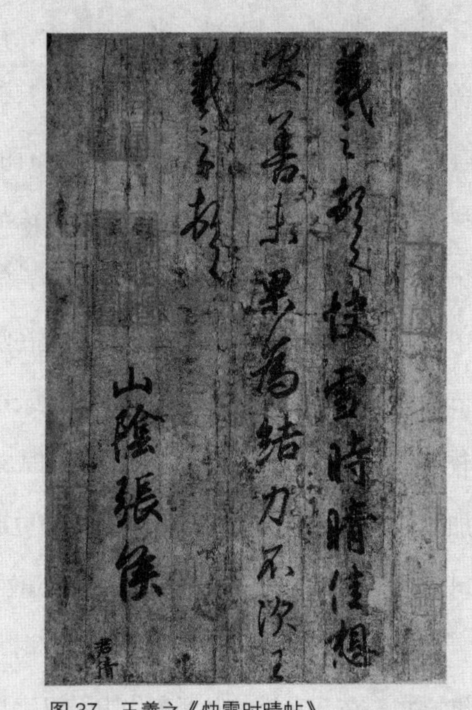

图 37　王羲之《快雪时晴帖》

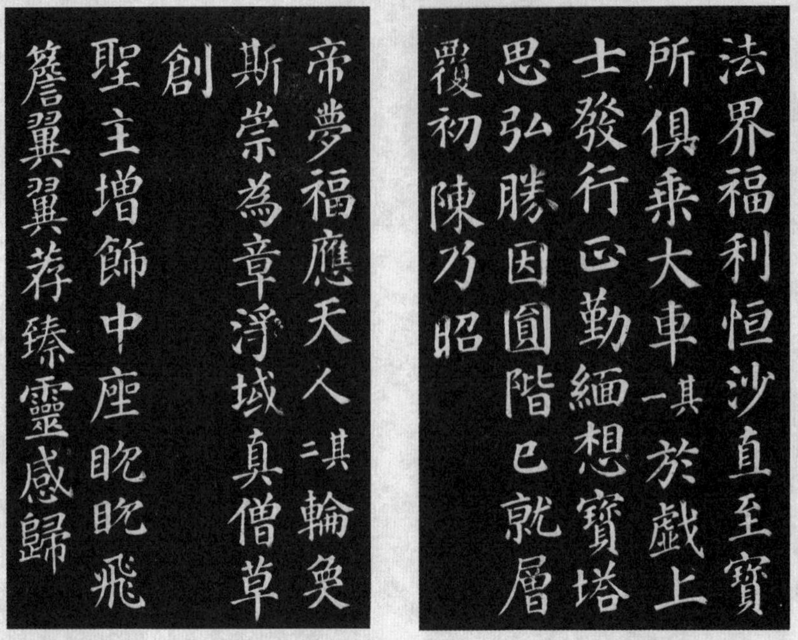

图 38 颜真卿《多宝塔碑》（局部）

变化规律，即在形体上逐渐由图形变为笔画，由复杂变为简单；在造字原则上从象形、表意为主到形声为主；在总字数上由少到多，但常用字始终在三四千字。

值得一提的是，在新文化运动以后，社会上曾经流传过汉字落后，应该淘汰的观点。如老舍先生就曾说："中国字难认，更难写，不设法改掉它教育便永不易发展。"直到近年，还有许多人认为拼音文字比汉字优越，有的汉字笔画太多不便于书写，许多汉字一字多义也不利于汉字汉语的学习。这种看法未必妥当。

一方面，用汉字记录汉语，有其语言学上的道理。汉语与其他语系语言不同，在拼音文字中一个书写单位可以代表一个词，但在汉字里，字跟词往往不是一对一的关系。汉语中单音节语素占优势，同音语素又很多，记录这样的语言，使用汉字这种类型的文字体系显然是比较适宜的。汉字的音形义相结合的构成方式，使使用者能够"望文生义"，迅速地对同音字加以区分。这一点在形声字中表现得更加明显，如"盉"与"龢"虽然发音相同，但是人们可以根据其所从义符的不同，迅速知道盉与器皿相关，而龢则与乐器相关。

另一方面，每一种文字在记录语言时，都有长期的实践过程，需符合人们的语言习惯及思维方式。在几千年的发展变化中，汉字与汉语相互影响，相互渗透，正如语言对于思维的塑造一样，汉字对于人们的思维同样有塑造作用。人们造字时，往往把自己的生活经验和各种思想置诸其中，后人在学习、使用这些文字时，不仅仅是使用这一交际工具，同时还是学习和继承前人的生活经验和各类思想。如协同的"协"字，过去写作"協"，从心，从劦，劦亦声，正是表达了要人们齐心协力，力往一处使的深意。也正是因为汉字在塑造思维方面有潜移默化的作用，所以当人们学习、使用汉字时便不觉地接受了汉字所书写的文明和文化，增强了文化认同和心理认同。所以，书同文的政策对于增强民族认同感、促进民族融合意义重大，对于中华民族的形成与凝聚功不可没。

汉字还有一个重要的特点在于它的实用性与创新性。以《康熙字典》为例，书中虽收录了47000多个汉字，仔细翻看却不难发现其中大部分历史上使用过的汉字现今都已不再使用，这说明汉字在使用过程中，也有一个与时俱进、自我淘汰的过程。这些是为什么其他各文明古国的文字先后衰落，而汉字却一枝独秀的主要原因，因为汉字自身强大的创新性和实用性，使它在任何朝代都能很好地满足不同群体阶层的使用需求。而且，几千年来由于汉字常用字总数基本固定，所以汉字本身便拥有一种强大的力量，类似于今天的竞争上岗一样，这些常用字无疑是当时人们最需要、最认可的文字，因为这些字与时俱进，所以便拥有强大的生命力和感召力，它们会引导人们以它们为规范，对同时期文字系统里的其他字进行整合，或分造新字，或兼并整合，使那些规范后的字能重新博得人们的偏爱而存活下来，从而完成整个语言文字系统的更新与发展。

有意思的是，与其他系统文字大不相同，汉字与汉语在发展中并不完全对等，除如实记录交际中所常用的汉语外，汉字还有能力孳乳出新的成体系的文字。如宋人使用的符咒文、清代的女书，它们都与汉字相关，却另有自己的形、音、义系统，既是汉字又不是汉字，虽然使用范围有限，但可以满足相关群体的需求。这也是汉字强大生命力的一个表现。

随着研究的深入，语言文字学家们发现汉字的功能远比人们所想象的还要强大。民国时，打字机在国内逐渐普及，但是由于技术的限制，只能使用英文输入，汉字输入被排斥在新潮流之外。然而近十年随着技术的革新，人们突然发现汉字不仅可以输入电脑，进行排版、打印，而且现在的汉字输入法，在记录语言时远比英文输入法要快速。此外，由于汉字中常用字的数量基本是固定的（2500个），属于各语种中常用语数量最少的一类，所以在未来的大数据时代，通过云计算、联想记忆等方法计算输入，肯定还会爆发出更强劲的生命力。

当然进入信息时代以后，越来越多的中国人用电脑进行日常的书写，用笔书写的机会比过去少了很多，在汉字难写、笔画繁多等缺点有所改善的同时，许多人也开始担心汉字的传统能否保持，未来孩子能否还对汉字拥有独特的感觉。而且进入信息时代以后，世界各国交往更加密切，大量的外来词、新生词包括网络用语进入汉字体系，汉字的纯粹性能否保持也引起了人们的忧虑。

其实，回顾汉字的发展史，历史上的汉字又何尝纯粹过。汉字的最大优点就是能兼收并蓄，与时俱进。假如汉字不能吸收记录最新的语言，则必然失去功能上的优势，早晚会被抛弃。从汉字自身的特点来看，这一点似不必担心。以文言文与白话文为例，人们的语言表达习惯变化可谓巨大，但使用的汉字却没有发生巨大的改变，这说明汉字在记录汉语方面能量巨大，足以应付语言上的巨变。虽然一些网络词语如“囧”“槑”等被人们赋予新意，但毕竟使用范围有限，想进入汉字的常用字体系还比较困难，亦很难左右汉字体系。这又是汉字本身足够强大的一个方面。

作为世界上最古老的文字之一，汉字不仅是最重要的知识传播的手段，而且还产生了一种新的艺术形式——书法。几千年来人们对此乐此不疲，名家辈出，这也是一种很值得探究的文化现象。

此外，汉语还是《联合国宪章》规定的联合国六种官方语言之一，而简体汉字在国际事务中的作用自然也备受瞩目。汉字也因其表达简洁而获誉良多，据说，在联合国六种文字的官方文件中最薄的一本一定用的是汉字。

汉字历经演变承续至今，依然生机勃勃，不仅是中华民族的伟大创造，也是中华文明的象征，其强大的文化影响、独特的构形体系以及无与伦比的书法审美内涵，凝聚了中国文化的基本特征，成为世界文化遗产中当之无愧的瑰宝，足以列为中国最重要的发明之一。

附记：本文中许多观点及材料引自裘锡圭先生《文字学概要》，华觉明先生在本文写作过程中指导颇多并提出诸多修改意见，清华大学冯立昇先生亦提供诸多帮助，作者统致谢忱。

十进位值制记数法和筹算

郭书春

◎ 中国传统数学长于计算，从公元前二三世纪至 14 世纪初厕身于世界先进水平，并且采取与古希腊数学迥然不同的形态，原因当然很多，其中中国在世界上最早使用最优越的记数制度——十进位值制记数法，使用世界文明早期最便捷的计算工具——算筹进行筹算，大约是最重要的因素。十进位值制记数法目前还在普遍使用，而算筹最迟在南宋演变为珠算，与珠算并用了二三百年后，在明中叶被珠算完全取代。

◎ 用算筹进行数学运算和演算，就是筹算。中国传统数学的主要成就大都是以算筹为计算工具并使用筹算取得的。

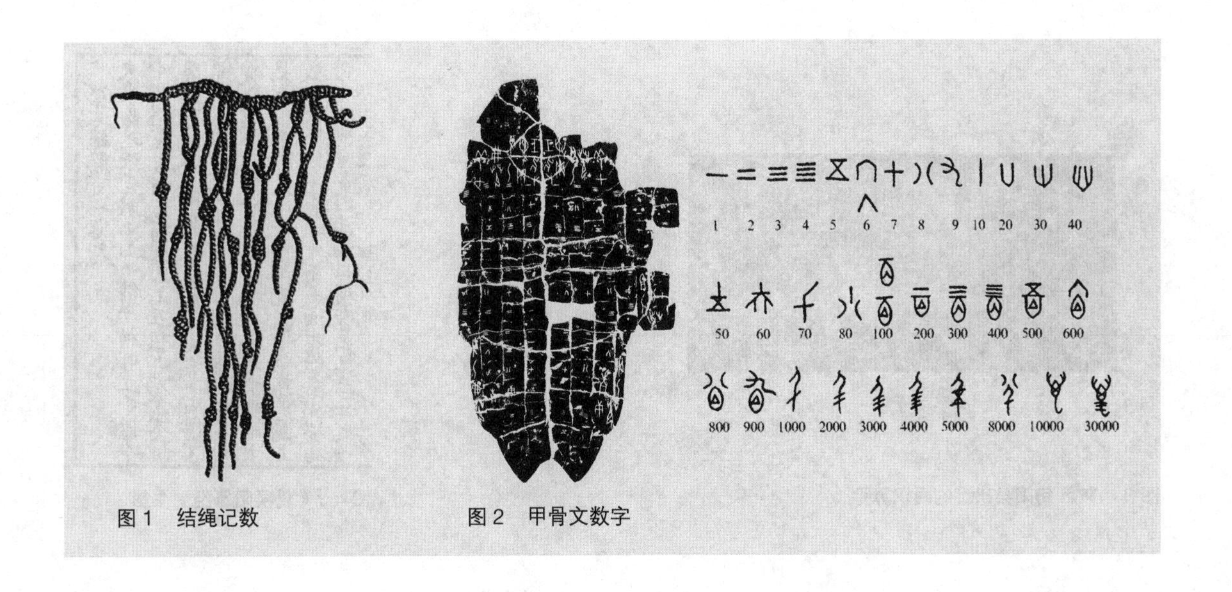

图1 结绳记数　　图2 甲骨文数字

一、十进位值制记数法的形成与算筹的创造

（一）数概念的产生与十进位值制记数法的形成

人们对数的认识经历了一个漫长的过程。当人们用一个数字，比如2，既可以表示2个人，又可以表示2个苹果，或者其他物件的时候，就初步完成了数概念的抽象。《世本》云："隶首作数。"[1]相传隶首是黄帝的臣子，处于新石器时代晚期，距今约5000年。《周易·系辞下》说："上古结绳而治，后世圣人易之以书契。"[2]云南有的少数民族在20世纪50年代仍然使用结绳和刻木（图1）。殷商的甲骨文数字（图2）是现存最早的关于十进位值制记数法的资料。

十进位值制记数法什么时候完成的，已不可考。《墨子·经下》说："一少于二，而多于五，说在建。"[3]其《经说下》说："五有一焉，一有五焉，十二焉。"[4]反映了墨家对十进位值制记数法中同一数字在不同的位置上表示不同的数值的认识。经文是说："1"在个位上表示1，故小于2，而在十位上表示10，则比5多。经说是说：从个位看1，5中包含有1，从十位看1，1中包含有5，因为10有两个5。可见最晚在春秋时代，十进位值制记数法已经相当完善。

1〔汉〕宋衷注，〔清〕秦嘉谟等辑：《世本八种》，商务印书馆，1957年，第36页。
2《周易·系辞下》，《十三经注疏》，中华书局，1979年，第87页。
3〔清〕孙诒让撰，孙启治点校：《墨子间诂》，中华书局，2001年，第326页。
4〔清〕孙诒让撰，孙启治点校：《墨子间诂》，中华书局，2001年，第383页。

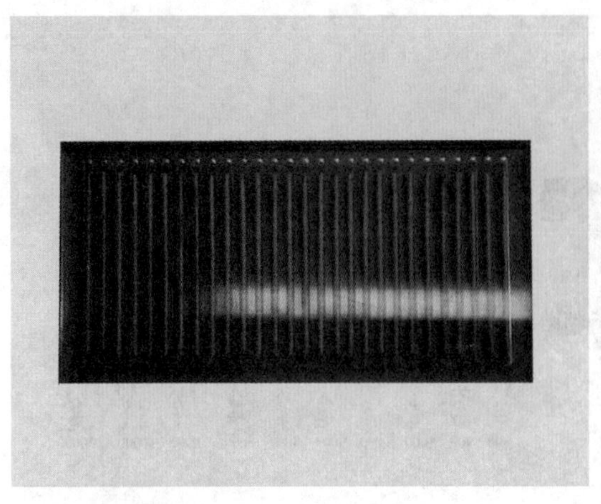

图3　陕西旬阳县出土的西汉算筹

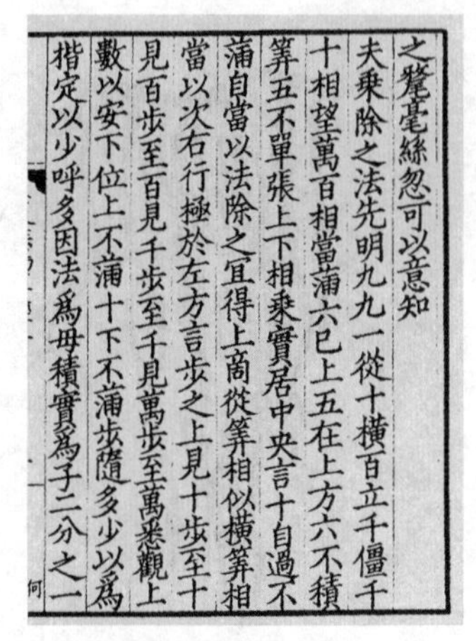

之氂毫絲忽可以意知
夫乘除之法先明九九一從十横百立千僵千
十相望萬百相當滿六已上五在上方六不積
筭五不單張上下相乘實居中央言十自過不
滿自當以法除之宜得上商從筭相似横筭相
當以次右行極於左方言步之上見十步至十
見百步至百見千步至千見萬步至萬悉觀上
數以安下位上不滿十下不滿步隨多少以爲
指定以少呼多因法爲母積實爲子二分之一

图4　《夏侯阳算经》书影

（二）计算工具——算筹

1. 算筹

算筹又称为算（或筭）、筹、策、算子，一般用竹或木、象牙、骨制作，它是什么时候产生的，不可考。《老子・二十七章》云："善计，不用筹策。"[1]《左传》襄公三十年（前543年）三月记载的一则字谜说一个老人的年纪的旬日数为一个亥字。"史赵曰：亥有二首六身，下二如身，是其日数也。士文伯曰：然则二万六千六百有六旬也。"[2]这是以算筹的摆放为字谜，"亥"字拆开来为=T⊥T，即26660日。这都说明在春秋末年以前，算筹就是人们的主要计算工具，其产生当然会早得多。它产生之后还有一个由长变短、截面由圆变方的过程。《汉书・律历志》云："其算法用竹，径一分，长六寸。"[3]截面径合今0.23厘米，长合13.8厘米。20世纪50年代以来考古发掘中多次发现战国秦汉算筹，陕西省千阳县[4]、旬阳县都出土了西汉算筹，图3是旬阳县出土者，与《汉书》的记载基本一致。河北石家庄出土的东汉算筹截面已由圆变方，长7.8～8.9厘米[5]。西汉文景帝时期的墓中的两段筹上还发现有三块红色的漆斑，根据刘徽"正算赤，负算黑"的说法，很可能是用于正负数计算的[6]。

用算筹表示1至9九个自然数有纵式和横式两种：

数字　1　2　3　4　5　6　7　8　9

1　朱谦之：《老子校释》，中华书局，1984年，第108页。

2　杨伯峻编著：《春秋左传注》（修订本），中华书局，1990年，第1171页。

3　〔东汉〕班固：《汉书》，中华书局，1962年，第956页。

4　宝鸡市博物馆、千阳县文化馆、中国科学院自然科学史研究所：《千阳县西汉墓中出土算筹》，《考古》1976年第2期，第85~88，108页。

5　李胜伍、郭书春：《石家庄东汉墓及其出土的算筹》，《考古》1982年第3期，第255~256页。

6　郭书春汇校：《九章算术新校》，中国科学技术大学出版社，2014年。本文凡引《九章算术》及其刘徽注原文，均据此。

纵式　𝍠　𝍡　𝍢　𝍣　𝍤　𝍥　𝍦　𝍧　𝍨

横式　𝍩　𝍪　𝍫　𝍬　𝍭　𝍮　𝍯　𝍰　𝍱

算筹记数，采用十进位值制记数法。早期的数学启蒙读物没有流传到现在，目前能看到的具体的表示法的最早记载在《孙子算经》[1]中，“凡算之法，先识其位。一纵十横，百立千僵，千十相望，万百相当”，又说“六不积，五不只”。后两句《夏侯阳算经》（图4）[2]作“满六以上，五在上方，六不积算，五不单张”。算筹纵横交错摆放，以及用空位表示0，可以表示任意的自然数，如597031用算筹表示就是“𝍭𝍨𝍯　𝍫𝍠”。

2.“〇”与数码

表示0的“〇”什么时候产生的，无确凿的资料可考。算筹数字用空位表示0，容易引起误会。古代人们常用方格“□”表示缺字，于是便用“□”表示0。后来“□”逐渐演变成“〇”。现存资料中“〇”的最早应用在金朝《大明历》中，有“四百〇三”等数字。13世纪中叶的秦九韶、李冶的数学著作中已多次使用“〇”，如《测圆海镜》卷七第2问又法中有数字“一千四百五十万〇〇八百六十四”[3]，其中第一个“〇”表示“另”，第二个“〇”表示空缺的千位数。“〇”什么时候引入筹算算草，亦无考。秦九韶《数书九章》、李冶《测圆海镜》《益古演段》等著作的算草中都使用“〇”。

唐中叶之后，开始用算筹数码记数。现存使用这种数码的最早著作是敦煌卷子中的《立成算经》。为了书写的方便，人们借用5的古字“〤”表示5，借用10的汉字“十”表示10。在创造“〇”之后，便将5记成“〇”上加一横成为“〥”，或加一竖成为“〥”。大约考虑到“〤”有四个方向，便用它来记4。顺理成章地，将9记成在“〤”上加一横成为“〩”，或加一竖成为“〩”。如秦九韶将40642560000记成“〤〇𝍥〤𝍡〥𝍥〇〇〇〇”，而将16900记成“𝍠𝍮〩〇〇”[4]。其中的“〤”是4而不是5，“〥”才是5，“〩”是9。到南宋就逐步形成了一套新的记数符号：

纵式　𝍠　𝍡　𝍢　〤　〥　𝍥　𝍦　𝍧　〩　〇

横式　𝍩　𝍪　𝍫　〤　〥　𝍮　𝍯　𝍰　〩　〇

1　郭书春点校：《孙子算经》，见郭书春、刘钝点校：《算经十书》，辽宁教育出版社，1998年。修订本，台北：九章出版社，2001年。本文凡引《孙子算经》原文，均据后者。

2　郭书春点校：《夏侯阳算经》，见郭书春、刘钝点校：《算经十书》，辽宁教育出版社，1998年。修订本，台北：九章出版社，2001年。此段文字系原本《夏侯阳算经》的。本文凡引《夏侯阳算经》原文，均据后者。

3〔元〕李冶：《测圆海镜》，见郭书春主编：《中国科学技术典籍通汇·数学卷》第1册，河南教育出版社，1993年，第729~869页。本文凡引《测圆海镜》原文，均据此。

4〔南宋〕秦九韶：《数书九章》，见郭书春主编：《中国科学技术典籍通汇·数学卷》第1册，河南教育出版社，1993年，第439~648页。本文凡引《数书九章》的文字均据此。

随着珠算的发明，已无纵横的区别。这套记数法进一步发展，逐渐形成了一式的数码：

〡 〢 〣 〤 〥 〦 〧 〨 〩 〇

其中5和9是草写演变而来的。这就是沿用到20世纪上半叶的苏州码子[1]。

3. 分数、小数的算筹记法

用算筹还可以表示分数、小数和负数。分数作2行布算，上行记分子，下行记分母，比如分数$\frac{34}{99}$就表示成“𝍫𝍣 / 𝍱𝍨”，而带分数作3行布算，上行记整数部分，中行记分子，下行记分母，比如带分数$56\frac{16}{65}$就表示成“𝍭𝍥 / 𝍩𝍥 / 𝍮𝍤”。

在数学史上，小数的产生要比分数晚得多。在世界各文化传统中，中国是最早使用小数的，在《孙子算经》卷下第2问的答案中有“三十七丁五分”，其中“五分”就是0.5。

十进小数的产生，主要应该归功于非十进制单位的换算。在唐中叶之后运算日益增多并要求运算快，而端与尺寸、斤与两等非十进制的运算不那么方便，将其化成十进小数，成为迫切需要。《夏侯阳算经》卷下第11问的答案将“绢一千五百二十五匹三丈七尺五寸”化为“一五二五匹九三七五”，与现今十进小数的记法十分接近。宋元时期人们更是大量使用十进小数。

十进小数的记法各式各样，主要有四种：一是如《孙子算经》那种，在文字中将小数部分称为“分”的方式仍然常用。二是以位值制与算筹数字表示，则在小数部分的第一位下加“分”字。如《测圆海镜》卷八第5问一多项式中有天元的一次系数是“𝍤𝍭（分）”，便是$5.5x$。三是在无整数部分时则在整数处标以“○”，如《益古演段》卷上第1问有天元的二次项系数“○𝍦𝍭”，便是$0.75x^2$。四是在整数部分的个位下加单位名称，如南宋秦九韶《数书九章》钱谷类“囤积量容”问的答案中有方斛“深一尺五寸九分二厘”，便表示成“1592（5下标寸）”，亦即15.92寸。李冶书中有的小数的表示与秦九韶采取同一方式。1585年，比利时的斯台文才确定十进小数的记法和运算法则，但其记法很不方便。

斤两法是唐中叶创造的将衡制中的以“两”为单位的数量化为以“斤”为单位的十进小数的歌诀。《算学启蒙·总括》中的“斤下留法”歌诀与现今的歌诀十分接近，比如将1两化成斤，便是“一退六二五”即0.0625斤。

1 严敦杰：《中国使用数码字的历史》，见中国科学院自然科学史研究所数学史组：《科技史文集·数学史专辑》，上海科学技术出版社，1982年，第32~34页。

二、四则运算

（一）整数四则运算

整数的四则运算法则，在秦汉数学简牍和《九章算术》中都没有记载。九九乘法表在春秋时期已经广泛流传。现存古算书中，整数乘除法则最先出现在《孙子算经》卷上中，它们至迟在春秋时代就是人们已经娴熟使用的方法。《孙子算经》云：

> 凡乘之法，重置其位。上下相观，上位有十步至十，有百步至百，有千步至千。以上命下，所得之数列于中位。言十即过，不满自如。上位乘讫者先去之。下位乘讫者则俱退之。六不积，五不只。上下相乘，至尽则已。

二数相乘时，先用算筹布置一数于上行，一数于下行，中间一行准备布置乘积。将下数向左移动，使其末位与上数的首位相齐。以上数的首位数自左向右乘下数各位，所得数布置于中行，并将后得的数依次加到已得的数上。乘完下数各位后，将上数的首位去掉，将下数向右移一位。再以上数的第二位以同样的方式乘下位各数。如此继续下去，直到上数各位全部去掉，中行所得的数就是二数的乘积。以 36×27 为例。布置二数，使下数末位 6 与上数首位 2 对齐，如图 5 ①。以上数首位 2 乘下数首位 3。呼“二三如六”（即 600），布置于中行。又以上数 2 乘下数第二位 6，呼“二六一十二”（即 120），加到已得的 600 上，得 720。去掉上数首位 2，将下数向右移一位，如图 5 ②。以上数的 7 自左向右依次乘下数各位，先得“三七二十一”（210），加到已得的 720 上，得 930。次得“六七四十二”（42），加到已得的 930 上，得 972。此时上下二数可以完全去掉，只剩 972，就是二数之积，如图 5 ③。古代的乘法是从高位开始的。20 世纪 80 年代以来，有速算法，谓创造自高位起开始乘，实际上只是清末以前传统方法的再现。

①	②	③
𝍪𝍦	𝍦	
	𝍦𝍪	𝍨𝍯𝍪
𝍫𝍥	𝍫𝍥	

图 5　36×27 的算筹布置图

关于除法，《孙子算经》云：

> 凡除之法，与乘正异。乘得在中央，除得在上方。假令六为法，百为实。以六除百，当进之二等，令在正百下，以六除一，则法多而实少，不可除，故当退就十

位。以法除实，言一六而折百为四十，故可除。若实多法少，自当百之，不当复退。

故或步法十者置于十位，百者置于百位。上位有空绝者，法退二位。余法皆如乘时。

实有余者，以法命之。以法为母，实余为子。

此与乘法恰好相反。中国古代被除数都称为“实”，这与中国古代数学重视应用有关。被除数都是实实在在的东西，如粮食产量、布匹长短、面积、体积等，故称为“实”。后来方程中的常数项等也称为“实”。除数称为“法”。“法”的本义是标准。除法实际上是用同一个标准分割某些东西，这个标准数量就是除数，故称为“法”。后来方程中的一次项也称为法。做除法时用算筹布置实于中行，法于下行，商数置于上行。先将法的首位与实的首位对齐，如果实的首位不够大，不够法除，便将法向右移一位，再商量商数的首位。以商数的首位自左向右乘法的各位，随即在实中减去每次乘得的数。减毕，再商量商数的第二位得数。以商数的第二位自左向右乘法的各位，亦随即在实中减去每次乘得的数。如此继续下去，直到或者实被减尽，或有比法小的余数。如是后者，就以法作为分母，以余数作为分子，命名一个分数。以 4395 ÷ 97 为例。先布置实 4395 于中行，法 97 于下行，如图 6 ①。将法向左移，使其首位与实的首位对齐。因实的首二位 43 小于法的首二位 97，便将法向右移一位，将其首位 9 与实的第二位对齐，如图 6 ②。商量得商数的首位 4，置于上行的十位上。以 4 乘法的首位 9，呼“四九三十六”（3600），减实，余 795。再以 4 乘法的第二位 7，呼“四七二十八”（280），减实，余 515。将法向右移一位，如图 6 ③。商量得商数的第二位 5。以 5 乘法的首位 9，呼“五九四十五”（450），减实，余 65。以 5 乘法的第二位 7，呼“五七三十五”（35），减实，不尽，余 30，如图 6 ④。便命名一个分数，商数得$45\frac{30}{97}$。[1]

① ② ③ ④

图 6　4395 ÷ 97 的算筹布置图

（二）分数四则运算法则

秦汉数学简牍和《九章算术》都给出了分数四则运算法则，包括分数约简（约分）、加法（合分）、减法（减分）、比较大小（课分）、求平均值（平分）、乘法（乘分）、除法（经分）

1　郭书春主编：《中国科学技术史·数学卷》，科学出版社，2010 年，第 34~36 页。

法则。以合分术为例，《九章算术》云：

合分术曰：母互乘子，并，以为实。母相乘为法。实如法而一。不满法者，以法命之。其母同者，直相从之。

设两个分数分别为$\frac{b}{a}$，$\frac{d}{c}$。这个法则就是$\frac{b}{a}+\frac{d}{c}=\frac{bc}{ac}+\frac{ad}{ac}=\frac{bc+ad}{ac}$。

这些四则运算法则都是以非常抽象的形式给出，不过其例题都是用算筹和筹算来完成。除了在分数加法和分数减法中没有明确提出分母通分时要用最小公倍数，分数除法法则中没有使用颠倒相乘法（《算数书》的一个例题使用了颠倒相乘）外，与今天的法则基本一致。这在世界数学史上是最早的。

此外，秦汉数学简牍和《九章算术》用算筹和筹算解决了比例算法（称为今有术）、比例分配算法（衰分术）、盈不足算法等。钱宝琮、李约瑟等学者都认为，中国的盈不足术后来传入阿拉伯和欧洲，成为他们解题的主要方法。

三、圆周率近似值的计算

秦汉数学简牍和《周髀算经》《九章算术》中与圆有关的面积、体积的内容都使用周3径1。刘徽在证明了《九章算术》的圆面积公式$S=\frac{1}{2}Lr$之后指出：其中的周、径应该是"至然之数"而不是周3径1，因而创造了计算圆周率精确近似值的正确方法。他取直径为2尺的圆，其内接正六边形的边长为1尺。从正六边形开始不断地割圆。割圆内接正六边形为正十二边形的方法是：

割六觚以为十二觚术曰：置圆径二尺，半之为一尺，即圆里觚之面也。令半径一尺为弦，半面五寸为勾，为之求股。以勾幂二十五减弦幂，余七十五寸，开方除之，下至秒、忽。又一退法，求其微数。微数无名知以为分子，以十为分母，约作五分之二。故得股八寸六分六厘二秒五忽五分忽之二。以减半径，余一寸三分三厘九毫七秒四忽五分忽之三，谓之小勾。觚之半面而又谓之小股。为之求弦。其幂二千六百七十九亿四千九百一十九万三千四百四十五忽，余分弃之。开方除之，即十二觚之一面也。

这是利用圆内接正六边形边长等于圆半径的性质及勾股定理和开方术，算出正六边形的边心距，进而求出余径，再次运用勾股定理，算出正十二边形的边长$\sqrt{267949193445}$。依照同样的程序，刘徽算出正十二边形的边心距、余径，正四十八边形的一边长、边心距、余径，及正九十六边形的面积 $S_4=313\frac{584}{625}$，正一百九十二边形的面积 $S_5=314\frac{64}{625}$。由于 S_5 和 $S_4+2(S_5-S_4)$ 的整数部分都是314寸^2，刘徽便取314寸^{2}作为圆面积的近似值。将圆面积的这个近似值代入《九章算术》的圆面积公式，求出圆周长 $L\approx$ 6尺2寸8分。刘徽将直径与周长相约，周长得157，直径得50，这就是圆周长和直径的相与之率 $\pi=\frac{157}{50}$。[1]

刘徽指出，上述周径相与率中，"周率犹为微少也"。因此，他又求出正1536边形的一边长，算出正3072边形的面积，裁去微分，求出圆周长近似值6尺2寸$8\frac{8}{25}$分，与直径2尺相约，周得3927，径得1250，为周径的相与之率，此即 $\pi=\frac{3927}{1250}$。

刘徽关于圆周率的计算赶上并超过古希腊的阿基米德，奠定了此后中国在圆周率计算方面领先于世界数坛千余年的理论和数学方法的基础。

后来祖冲之在刘徽的理论和方法的基础上，又将圆周率精确到8位有效数字及密率：$\pi=\frac{355}{113}$。前者直到1247年才被中亚数学家阿尔·卡西所超过。而后者则是分母小于1660423的祖冲之要计算8位有效数字的圆周率，则必须对更高位数的数值开方，没有基于十进位值制及筹算开方程序，是不可能的。

四、开方术——一元方程解法

（一）传统的开方法

1.《九章算术》的开方术

今之开方，一般仅指求形如 $x^n=A(n\geqslant 2)$ 的二项方程的根的过程，而将形如 $a_0x^n+a_1x^{n-1}+\cdots+a_{n-1}x=A$ 的等式称为方程；中国古代对这两种过程则都称之为开方。比如《九章算术》开立方术是：

> 开立方术曰：置积为实。借一算，步之，超二等。议所得，以再乘所借一算为法，而除之。除已，三之为定法。复除，折而下。以三乘所得数，置中行。复借一算，置下行。步之，中超一，下超二等。复置议，以一乘中，再乘下，皆副以加定法。以定除，除已，倍下、并中，从定法。复除，折下如前。

非常抽象，而开方术的例题也是借助筹算完成的。《九章算术》的开方术经过刘徽的改进，

1 许多作者认为在求出圆面积的近似值314寸^{2}之后，刘徽利用公式 $100\pi=314$ 求出了圆周率，不仅违背了刘徽注，而且会将刘徽置于循环推理之中。

到北宋贾宪，发展为立成释锁法。

2．贾宪的立成释锁法和贾宪三角

释锁法就是开方法，将开方比喻为打开一把锁。立成是唐宋历算学家将一些常数列成的算表。因此，立成释锁法就是借助一个常数表进行开方的方法。立成释锁法中的“立成”就是贾宪三角。

贾宪三角，原名“开方作法本源”，又称为“释锁求廉本源”。中学数学教科书和许多科普读物将其称为“杨辉三角”，是以讹传讹。《永乐大典》所引杨辉《详解九章算法》中注曰：“出释锁算书，贾宪用此术。”[1]（图 7）可见是贾宪最先用到它，应该称为贾宪三角。

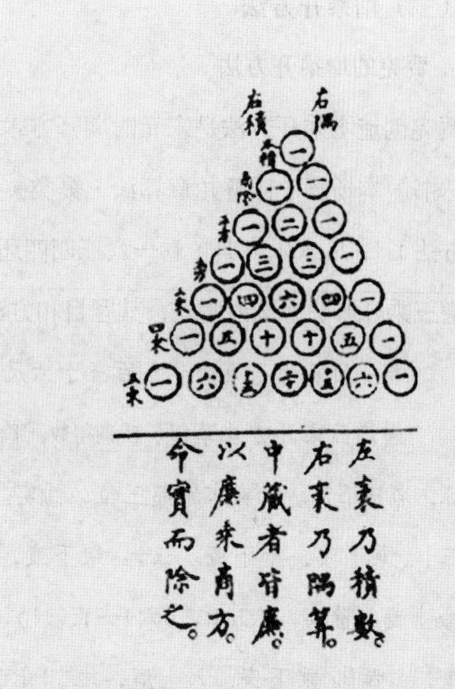

图 7 《永乐大典》中的贾宪三角

所谓贾宪三角，就是将整次幂二项式 $(a+b)^n (n=0,1,2,3,\cdots)$ 的展开式的系数自上而下摆成的等腰三角形数表。《永乐大典》所引贾宪三角的数字是用汉字，而朱世杰《四元玉鉴》卷首的“古法七乘方图”则用算筹数字表示，如图 8[2]。朱世杰用两组斜线将各数字连接起来，表明它不仅用来开方，而且成为解决垛积术即高阶等差级数求和问题的工具。

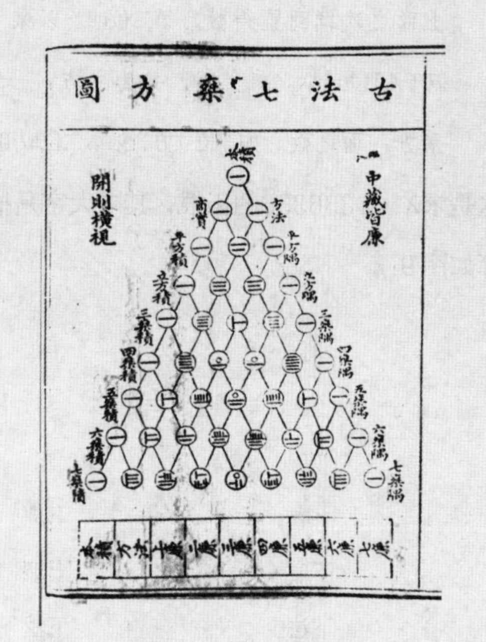

图 8 《四元玉鉴》中的古法七乘方图

后来阿拉伯地区也出现同类的三角形，西方称为帕斯卡三角（Pascal），却比贾宪晚出五六百年。

1〔南宋〕杨辉：《详解九章算法》，《永乐大典》卷一六三四四，中华书局，1960 年，第 168 册。收入郭书春主编：《中国科学技术典籍通汇·数学卷》第 1 册，河南教育出版社，1993 年，第 1414~1427 页。本文凡引《永乐大典》卷一六三四四的文字均据此。

2〔元〕朱世杰：《四元玉鉴》，见郭书春主编：《中国科学技术典籍通汇·数学卷》第 1 册，河南教育出版社，1993 年，第 1205~1280 页。本文凡引《四元玉鉴》的文字均据此。

（二）增乘开方法

1. 贾宪的增乘开方法

贾宪创造增乘开方法是宋元时期开方术的重大进展。《永乐大典》卷一六三四四及《宜稼堂丛书》本杨辉《详解九章算法·纂类》载贾宪的“增乘开平方法”和“增乘方法”（即开立方法）[1]，《永乐大典》卷一六三四四还载贾宪的递增三乘（即 4 次）开方法，今以贾宪的递增三乘开方法为例说明之，其题目和方法是：

积一百三十三万六千三百三十六尺。问：为三乘方几何？

递增三乘开方法草曰：上商得数，下法增为立方，除实，即原乘意。置积为实。别置一筭，名曰下法。于实末常超三位，约实。一乘超一位，三乘超三位。万下定实。上商得数。三十。乘下法，生下廉。三十。乘下廉，生上廉。九百。乘上廉，生立方。二万七千。命上商，除实。余五十二万六千三百三十六。作法商第二位得数：以上商乘下法，入下廉。共六十。乘下廉，入上廉，共二千七百。乘上廉，入方，共一十万八千。又乘下法，入下廉，共九十。乘下廉，入上廉。共五千四百。又乘下法，入下廉。共一百二十。方一、上廉二、下廉三、下法四退。方一十万八千，上廉五千四百，下廉一百二十，下法定一。又于上商之次续商置得数。第二位四。以乘下法，入廉。一百二十四。乘下廉，入上廉。共五千八百九十六。乘上廉，并为立方。一十三万一千五百八十四。命上商，除实，尽，得三乘方一面之数。如三位立方，依第二位取用。

这是求$x^4=1336336$的正根，其中大字是抽象性方法，小字是此间之细草。根据其细草，布算如图 9：

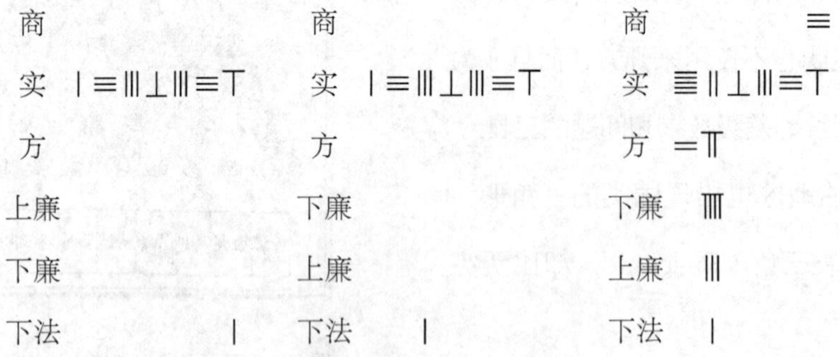

商		商		商	𝍫
实	𝍠𝍫𝍢𝍮𝍢𝍫𝍥	实	𝍠𝍫𝍢𝍮𝍢𝍫𝍥	实	𝍭𝍡𝍮𝍢𝍫𝍥
方		方		方	𝍪𝍦
上廉		下廉		下廉	𝍣
下廉		上廉		上廉	𝍢
下法	𝍠	下法	𝍠	下法	𝍠

1〔南宋〕杨辉：《详解九章算法》，《宜稼堂丛书》本，见郭书春主编：《中国科学技术典籍通汇·数学卷》第 1 册，河南教育出版社，1993 年，第 949~1043 页。本文凡引《宜稼堂丛书》本《详解九章算法》的文字均据此。

商	≡	商	≡	商	≡Ⅲ
实	≣‖⊥Ⅲ≡T	实	≣‖⊥Ⅲ≡T	实	
方	｜ Ⅲ	方	一 ≟	方	一Ⅲ一Ⅲ≟Ⅲ
上廉	≣Ⅲ	上廉	≣Ⅲ	上廉	≣Ⅲ≟T
下廉	一‖	下廉	｜＝	下廉	｜＝Ⅲ
下法	｜	下法	｜	下法	｜

图 9　求 X^4=1336336 的正根的算筹布置图

增乘开方法的关键是在求得根的某一位得数后，如果需要继续开方，便以商的该位得数自下而上递乘递加，每低一位而止，以求减根方程，比立成释锁法的程序更加整齐，也更加程序化、机械化，只要做好第一步的布位定位，掌握退位步数，那么对开任何次方都相同，更容易掌握。目前中学数学教科书的综合除法与此相似。

后来阿拉伯地区也出现同类的方法，欧洲 19 世纪初鲁菲尼（1804 年）、霍纳（1819 年）才有同类的成果。

2. 秦九韶的正负开方术

《数书九章》田域类尖田求积问是要求解开方式（四次方程）

$$-X^4+763200X^2-40642560000=0$$

的正根。秦九韶给出了“正负开三乘方图”，即筹式细草（原草有 21 个筹式，我们归约为 8 个，如图 10，其序号①～⑧系笔者所加）：

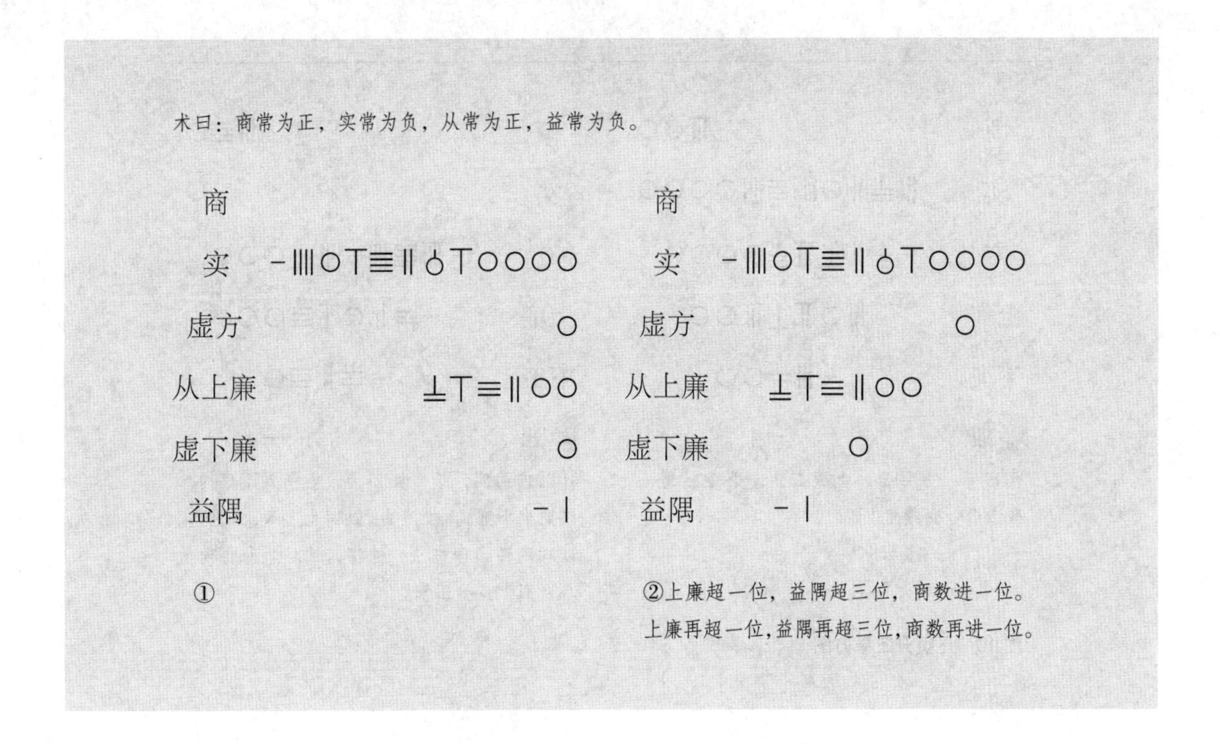

商	𝍧○○
实	𝍢𝍰𝍡○𝍤𝍬𝍣○○○○
方	𝍱𝍧𝍭𝍥○○○○
上廉	𝍩𝍡𝍫𝍡○○
下廉	-𝍧○○
益隅	-𝍠

③上商八百为定。以商生隅，入益下廉；以商生下廉，以正负上廉相消。以商生上廉，以商生方，得正积。乃与实相消。以负实消正积，其积乃有余，为正实，谓之“换骨”。

商	𝍧○○
实	𝍢𝍰𝍡○𝍤𝍬𝍣○○○○
方	-𝍧𝍪𝍥𝍰𝍧○○○○
上廉	-𝍠𝍩𝍤𝍮𝍧○○
下廉	-𝍩𝍥○○
益隅	-𝍠

④一变：以商生隅，入下廉； 以商生下廉，入上廉内，相消。 以正负上廉相消。以商生上廉， 入方内，相消。以正负方相消。

商	𝍧○○
实	𝍢𝍰𝍡○𝍤𝍬𝍣○○○○
方	-𝍧𝍪𝍥𝍰𝍧○○○○
上廉	-𝍢○𝍦𝍮𝍧○○
下廉	-𝍪𝍣○○
益隅	-𝍠

⑤二变：以商生隅，入下廉；以商生下廉，入上廉。

商	𝍧○○
实	𝍢𝍰𝍡○𝍤𝍬𝍣○○○○
方	-𝍧𝍪𝍥𝍰𝍧○○○○
上廉	-𝍢○𝍦𝍮𝍧○○
下廉	-𝍫𝍡○○
益隅	-𝍠

⑥三变：以商生隅，入下廉。

商	𝍧○○
实	𝍢𝍰𝍡○𝍤𝍬𝍣○○○○
方	-𝍰𝍡𝍮𝍧𝍰○○○○
上廉	-𝍢○𝍦𝍮𝍧○○
下廉	-𝍢𝍪○○
益隅	-𝍠

⑦四变：方一退，上廉二退，下廉三退，隅四退。商续置。

商	𝍧𝍬○
实	○
方	-𝍧𝍬𝍤𝍩𝍢𝍮○○○
上廉	-𝍫𝍡○𝍥𝍬○○
下廉	-𝍫𝍡𝍬○
益隅	-𝍩

⑧以方约实，续商置四十，生隅入下廉内。以商生下廉，入上廉内。以商生上廉，入方内。以续商四十命方法，除实，适尽。所得商数八百四十步为田积。

图 10　正负开三乘方图

秦九韶最后指出："已上系开三乘方翻法图，后篇效此。"可见这是一种普遍方法。秦九韶的方程的系数在实数范围内没有任何限制，当系数是无理数时，进行有理化处理。他在中国数学史上首次提出"以方约实"的估根方法。在现有资料中，这在中国数学史上是第一次。对开方过程中出现常数项由负变正，或其绝对值变大等特殊情况，秦九韶都提出了处理方法。

李冶、朱世杰也对筹算开方法做出了贡献。

五、方程术——线性方程组解法、损益术和正负术

（一）方程术

中国古代的方程指现今之线性方程组，方程术就是其解法，是《九章算术》最杰出的成就。关于方程的含义，几百年来多有误解。实际上，方，并也。汉代许慎《说文解字》："方，并船也。"程的本义是度量名。许慎《说文解字》："十发为程，十程为分，十分为寸。"引申为事物的标准，又引申为计量、考核。因此，"方程"的本义，就是"并而程之"，即把诸物之间的各数量关系并列起来，考核其度量标准。

《九章算术》方程章第1问是：

> 今有上禾三秉，中禾二秉，下禾一秉，实三十九斗；上禾二秉，中禾三秉，下禾一秉，实三十四斗；上禾一秉，中禾二秉，下禾三秉，实二十六斗。问：上、中、下禾实一秉各几何？

《九章算术》给出答案之后，提出了方程术：

> 方程术曰：置上禾三秉，中禾二秉，下禾一秉，实三十九斗于右方。中、左禾列如右方。以右行上禾遍乘中行，而以直除。又乘其次，亦以直除。然以中行中禾不尽者遍乘左行，而以直除。左方下禾不尽者，上为法，下为实。实即下禾之实。求中禾，以法乘中行下实，而除下禾之实。余，如中禾秉数而一，即中禾之实。求上禾，亦以法乘右行下实，而除下禾、中禾之实。余，如上禾秉数而一，即上禾之实。实皆如法，各得一斗。

这是线性方程组的普遍解法，但正如刘徽所说："此都术也。以空言难晓，故特系之禾以决之。"根据术，其解法的筹式消元程序如图11：

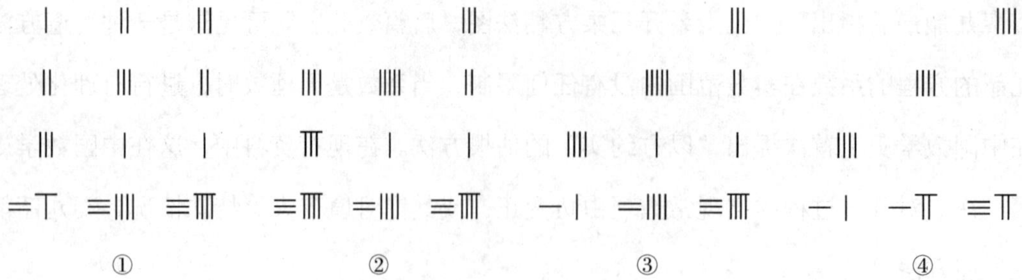

① ② ③ ④

图 11　筹式消元程序示意图

后来刘徽创造了互乘相消法，与今之线性方程组解法相同。

（二）损益术

损益术是《九章算术》建立方程时要用到的重要方法，方程章第 2 问提出：“损之曰益，益之曰损。”损益是增减的意思。“损之曰益”是说关系式一端损某量，相当于另一端益同一量；同样，“益之曰损”是说关系式一端益某量，相当于另一端损同一量。《九章算术》方程章 18 问中用“损益之”建立了 11 问的方程。损益之说本是先秦哲学家的一种辩证思想。《周易・损》：“损下益上，其道上行。”[1]《老子・四十二章》：“物或损之而益，或益之而损。”[2] 其他学者也经常用到“损益”。

一般认为，代数“algebra”来自阿拉伯文 al-jabr，是因为花拉子米（约 783—约 850）写了一部代数著作《算法与代数学》[3]。al-jabr 在阿拉伯文中的意思是“还原”或“移项”，解方程时将负项由一端移到另一端，变成正项，就是“还原”；al-muq ā bala 是“对消”，即将两端相同的项消去或合并同类项[4]。显然，《九章算术》使用还原与合并同类项，要比花拉子米早 1000 年左右。

（三）正负术

《九章算术》方程章引入负数，提出正、负数的加减法则，是中国古代数学的重要成就。其法则是：

正负术曰：同名相除，异名相益。正无人负之，负无人正之。其异名相除，同

1 《周易・损》，《十三经注疏》，中华书局，1979 年，第 52 页。
2 朱谦之：《老子校释》，中华书局，1984 年，第 176 页。
3 ［阿］阿尔・花拉子米著，伊里哈木・玉素甫、武修文编译：《算法与代数学》，科学出版社，2008 年，第 1~116 页。
4 D. E. Smith, *History of Mathematics*, Vol.Ⅱ, Dover Publications, 1925, p.382.

名相益。正无人正之，负无人负之。

同名即同号，异名即不同号。除是减的意思，益是加的意思。“无人”即“无偶”“无对”。前四句是正负数减法法则。设皆为正数。如果两者是同号的，则：

$$(\pm a)-(\pm b)=\pm(a-b),\ a\geqslant b$$
$$(\pm a)-(\pm b)=\mp(b-a),\ a\leqslant b$$

如果两者是异号的，则：

$$(\pm a)-(\mp b)=\pm(a+b)$$

正数如果没有与之相减的数，则为负数：

$$0-a=-a$$

负数如果没有与之相减的数，则为正数：

$$0-(-a)=a$$

后四句是正负数加法法则。如果两者是异号的，则：

$$(\pm a)+(\mp b)=\pm(a-b),\ a\geqslant b$$
$$(\pm a)+(\mp b)=\mp(b-a),\ a\leqslant b$$

若两者是同号的，则：

$$(\pm a)+(\pm b)=\pm(a+b)$$

正数没有与之相加的，则为正数：

$$0+a=a$$

负数没有与之相加的，则为负数：

$$0+(-a)=-a$$

《九章算术》还有大量正负数乘除法的运算。后来《算学启蒙》首次提出正负数乘除法法则。

刘徽给出了正负数的定义：“今两筭得失相反，要令正负以名之。”对正负数的表示，刘徽说：“正筭赤，负筭黑。否则以邪正为异。”就是或者用红算筹记正数，用黑算筹记负数。或者用正置的算筹记正数，而用斜置的算筹记负数。宋元数学著作常在负数的最后一个数码上画一斜线。

中国负数概念和正负数加减法则的提出早于其他国家几个世纪，甚至上千年。公元628年，印度婆罗门笈多（Brahmagupta）使用负数表示欠债，使用正数表示所有。他是中国以外最早使用负数的学者。后来，负数传入欧洲，15—17世纪许多学者还不承认负数是数。

六、天元术和四元术

（一）天元术

天元术是设未知数列方程的方法，开创了中国的半符号代数学。元代祖颐说：刘汝谐撰《如积释锁》，元裕细草之，“后人始知有天元也”[1]，但是这些著作全部亡佚。李冶的《测圆海镜》是现存使用天元术的最早著作，不过此时天元术已经基本成熟。天元术含有三个步骤，一是立天元一为某某，相当于现今之设未知数某某为x。二是列出开方式，这就是根据问题的条件，先列出一个天元多项式，寄左；然后再列出一个与“寄左”者等价的天元多项式。最后，两者如积相消，得到一个开方式，即现今之一元方程。

天元式是在未知数的一次项旁标注“元”字，或在常数项旁标注“太”字，未知数的其他幂次由与“元”或“太”的相对位置确定。《测圆海镜》是高次幂在上，低次幂在下。《益古演段》及其后的著作颠倒过来，成为天元式的标准表示法。应当指出，天元式实际上是关于未知数的多项式。自清中叶以来说是开方式（即方程），是以讹传讹。比如《测圆海镜》卷三第5问“草”中的天元式 𝍠𝍫𝍣
𝍬𝍠𝍰𝍣元
𝍡𝍫𝍧𝍰𝍢𝍪〇
𝍩𝍥〇〇太 表示多项式 $144x^2+5184x+2488320$。《益古演段》第1问中的天元式 𝍰〇
〇𝍪𝍣 表示多项式 $0.25x^2+80x+1600$。[2]有时在天元式中不标出“元”字或“太”字。如《益古演段》卷中第39问有一天元式是 𝍫𝍦𝍰〇
𝍡𝍪𝍧
𝍠，它表示多项式 $x^2+228x+3780$。

（二）四元术

四元术是二元、三元或四元的高次方程组的表示、建立与求解方法。天元术出现之后，二元术、三元术、四元术相继出现。朱世杰在李德载的二元术、刘大鉴的三元术之后，创造了四元术。他的《四元玉鉴》有二元术36问，三元术13问，四元术7问。卷首所列“四象细草假令之图”。其中“两仪化元”“三才运元”“四象会元”三题提供了二元、三元、四

1〔元〕祖颐：《四元玉鉴后序》，见郭书春主编：《中国科学技术典籍通汇·数学卷》第1册，河南教育出版社，1993年，第1206页。

2〔元〕李冶：《益古演段》，见郭书春主编：《中国科学技术典籍通汇·数学卷》第1册，河南教育出版社，1993年，第873~941页。本文凡引《益古演段》的文字均据此。

$$
\begin{array}{ccccccc}
 & & & \vdots & & & \\
 & w^2y^2 & w^2y & w^2 & w^2z & w^2z^2 & \\
 & wy^2 & wy & w & wz & wz^2 & \\
\cdots & y^2 & y & 太 & z & z^2 & \cdots \\
 & xy^2 & xy & x & xz & xz^2 & \\
 & x^2y^2 & x^2y & x^2 & x^2z & x^2z^2 & \\
 & & & \vdots & & &
\end{array}
$$

图 12　四元术表示法

元高次方程组的表示法、建立方程组与四元消法的主要步骤。

四元术的表示法如图 12 所示。常数项“太”居中，以 x, y, z, w 分别表示天、地、人、物四元，分别位于“太”的下、左、右、上方，其幂次由与“太”的距离确定，距离越远，幂次越高。各未知数及其幂次的乘积位于相应行列的交叉点上。不相邻的未知数及其幂次之积置于相应的夹缝中，如图 12 之空白方框。一个筹式相当于现今的一个方程式，二元方程组列出两个筹式，三元方程组列出三个筹式，四元方程组列出四个筹式。这是一种分离系数表示法，对列出高次方程组与消元都很方便。

四元术的关键是四元消法。按照“四象细草假令之图”，四元消法大致分为“剔而消之”“互隐通分相消”“内外行相乘相消”等三步。先将三元或四元方程组消为二元高次方程组，称为前式、后式；第二步将二元高次方程组消为关于其中某一元的二元一次方程组，称为左式、右式；第三步将上述二元一次方程组消为一元高次方程。然后以增乘开方法求其正根。谨以“三才运元”问为例说明之。此问是：

今有股弦较除弦和和与直积等，只云勾弦较除弦较和与勾同。问：弦几何？

草曰：立天元一为勾，地元一为股，人元一为弦。三才相配，求得今式

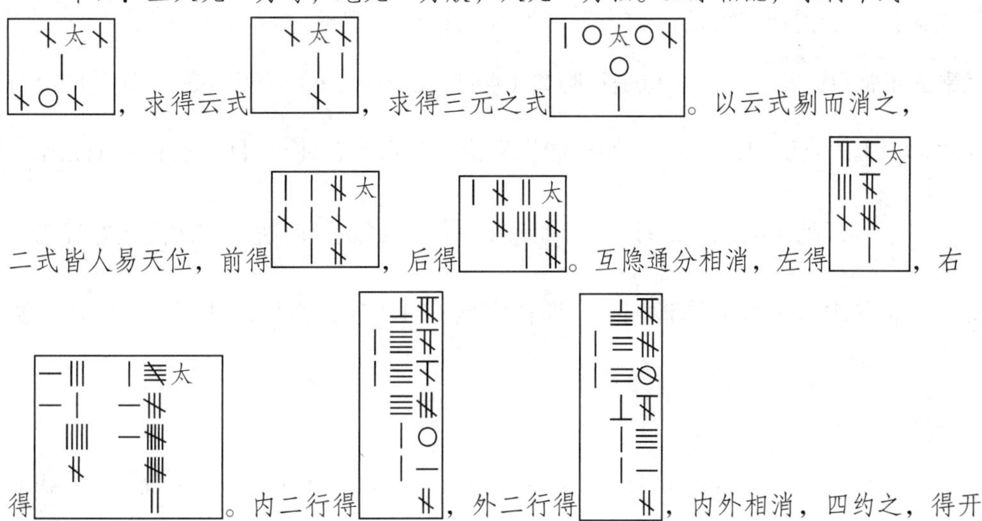

，求得云式，求得三元之式。以云式剔而消之，二式皆人易天位，前得，后得。互隐通分相消，左得，右得。内二行得，外二行得，内外相消，四约之，得开

方式  。三乘方开之，得弦五步。合问[1]。

欧洲直到别朱(1775年)才有同类的方法。

七、大衍总数术

中国古代还用算筹和筹算解决了垛积术（高阶等差级数求和）、招差术、大衍总数术（一次同余方程组解法）、面积、体积和解勾股形等在世界上领先的成就。这里仅介绍大衍总数术。

中国民间自古流传着“秦王暗点兵”“韩信点兵”“鬼谷算”“隔墙算”“剪管术”等数字游戏，实际上都是同余方程组问题。它导源于《孙子算经》卷下“物不知数”问：

> 今有物不知其数。三、三数之，剩二；五、五数之，剩三；七、七数之，剩二。问：物几何？
>
> 术曰：“三、三数之，剩二”，置一百四十；“五、五数之，剩三”，置六十三；“七、七数之，剩二”，置三十。并之，得二百三十三。以二百一十减之，即得。凡三、三数之剩一，则置七十；五、五数之剩一，则置二十一；七、七数之剩一，则置十五。一百六以上，以一百五减之，即得。

这实际上是现代数论中求满足$N\equiv 2(\mathrm{mod}3)\equiv 3(\mathrm{mod}5)\equiv 2(\mathrm{mod}7)$的最小正整数的一次同余方程组问题。术文给出$N=140+63+30-210=23$。这是世界上数学著作中第一个同余方程组问题。

秦九韶进一步提出“大衍总数术”，实际上给出了定理：若A_i（$i=1, 2, \cdots, n$）是两两互素的正整数，$R_i<A_i$，R_i也是正整数（$i=1, 2, \cdots, n$），正整数N满足同余方程组$N\equiv R_i(\mathrm{mod}\,A_i)$，$i=1, 2, \cdots, n$。如果能找到诸正整数$k_i$，使$k_i(\prod_{j=1}^{n}A_j\div A_i)\equiv 1(\mathrm{mod}\ A_i)$，$i=1, 2, \cdots, n$，则$N=\sum_{i=1}^{n}[R_ik_i(\prod_{j=1}^{n}A_j\div A_i)](\mathrm{mod}\prod_{j=1}^{n}A_j)$，从而解决了一次同余方程组一般解法。秦九韶将其中诸k_i叫作乘率，诸A_i叫作定数，$\prod_{j=1}^{n}A_j$叫作衍母，$\prod_{j=1}^{n}A_j\div A_i$叫作衍数。而

---

1 〔元〕朱世杰：《四元玉鉴》卷首《四象细草假令之图》，见郭书春主编：《中国科学技术典籍通汇·数学卷》第1册，河南教育出版社，1993年，第1209页。

诸 A_i 必须是两两互素的正整数，但是在实际问题中诸 A_i 不一定互素，甚至不一定是整数。秦九韶针对不同的情况，提出了化约各种不同的问题为定数的程序。高斯的《算术探究》(1801 年) 中也写出了这个定理。

大衍总数术的核心是大衍求一术，为叙述方便，我们将 $\prod_{j=1}^{n} A_j \div A_i$ 记为 G，将 A_i 记为 A，k_i 记为 k，秦九韶提出，如果 $G > A$，若 $G = g(\bmod A)$，$0 < g < A$，则 $kg \equiv 1(\bmod A)$ 与 $kG \equiv 1(\bmod A)$ 等价，这便是现代同余方程理论中的传递性。因此问题变成了求满足 $kg \equiv 1(\bmod A)$ 的 k。秦九韶称 g 为奇数。秦九韶说：

> 大衍求一术云：置奇右上，定居右下，立天元一于左上。先以右上除右下，所得商数与左上一相生，入左下。然后乃以右行上下以少除多，递互除之，所得商数随即递互累乘，归左行上下，须使右上末后奇一而止。乃验左上所得，以为乘率。或奇数已见单一者，便为乘率。

谨以“余米推数”问为例说明大衍求一术。有一米铺投诉被盗去三筐米，不知数量。左筐剩 1 合 (音 gè)，中筐剩 14 合，右筐剩 1 合。后捉到盗米贼甲、乙、丙。甲说，当夜他摸得一只马勺，用勺将左筐的米舀入布袋；乙说，他踢着一只木履，用履将中筐的米舀入布袋；丙说，他摸得一只漆碗，用碗将右筐的米舀入布袋。三人将米拿回家食用，日久不知其数，遂交出作案工具。量得一马勺容 19 合，一木履 17 合，一漆碗 12 合。问共丢失的米数及三人所盗的米数。这是求同余方程组 $N \equiv 1(\bmod 19) \equiv 14(\bmod 17) \equiv 1(\bmod 12)$ 的解。需要求分别满足 $k_1 \times 14 \equiv 1(\bmod 19)$，$k_2 \times 7 \equiv 1(\bmod 17)$，$k_3 \times 11 \equiv 1(\bmod 12)$ 的 k_1，k_2，k_3。根据大衍求一术，求 k_1 的程序如图 13 ①～⑤：

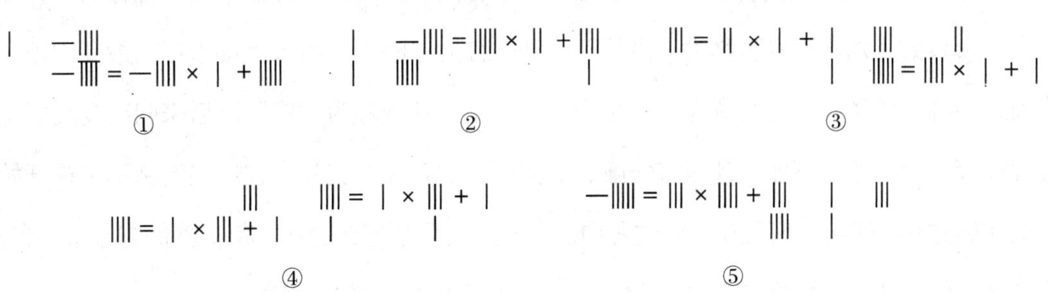

| —||||
 —Ⅲ = —|||| × | + ||||

①

| —|||| = |||| × || + ||||
 | |||| |

②

||| = || × | + | ||| ||
 | |||| = ||| × | + |

③

||| |||| = | × ||| + |
 |||| = | × ||| + | | |

④

—|||| = ||| × |||| + ||| | |||
 |||| |

⑤

图 13 k_1 解法示意图

故 k_1=15。用同样的程序求出 k_2=5，k_3=11。于是

$N \equiv 1 \times 15 \times 204 + 14 \times 5 \times 228 + 1 \times 11 \times 323(\bmod 3876) \equiv 22573(\bmod 3876) = 3193$。

每筐米数 3193 合，甲、丙盗米各为 3192 合，乙盗米 3179 合，共盗米 9563 合。

八、十进位值制和筹算在很大程度上决定了中国传统数学的特点

尽管筹算并不能解决中国古代所有的数学问题，比如对证明圆面积公式和刘徽原理[1]的极限过程和无穷小分割方法，筹算便无能为力，正如刘徽所说“数而求穷之者，谓以情推，不用筹算”，但是，在中国古代数学的其他领域，十进位值制和筹算却使其一次次攀登上世界数学的高峰，并且使之形成有别于其他文化传统的特点。

首先，十进位值制记数法和筹算决定了中国传统数学长于计算，特别关注数量关系的研究，归纳出若干算法。前面谈到的成就和未谈到的成就，都是以公式、解法和计算程序的形式出现的，即使是几何问题也都考虑线段的长度，平面形的面积和立体的体积，而很少考虑图形离开数量关系的性质。

其次，位值制不仅体现在记数法中，而且渗透到数学表达式中。在天元式（即多项式）和开方式的表达式中，各项的幂次完全由其与“元”（一次项）或“太”字（常数项）的相对位置决定。在方程式和四元式中，未知数及其幂次也由其位置决定。这种表示方式对方程消元时的两行运算，及进行多项式的加减乘除运算，特别方便。比如，用未知数的幂次乘或除一个多项式，只要将“元”字上下滑动即可。位值制还贯穿于运算中。比如在除法运算中，被除数称为“实”，除数称为“法”。它们所在的位置，在运算中仍称作“实”和“法”，而不管它们的数值发生了什么变化。开方法是由除法脱胎而来的，《九章算术》的开方术中的“实”“法”的意义完全与除法相同。后来发展为开立方及求解高次方程的开方术，其常数项被称为“实”，一次项系数《九章算术》中称为“法”或“方法”，刘徽称为“方”，最高次项系数《九章算术》称为“借筭”，刘徽称为“隅”，后来大都沿用。最高次项和一次项之间各项的系数，《九章算术》称为“中行”，刘徽称为“廉”。后来四次及其以上的方程还区分为上廉、下廉，甚至有一廉、二廉……的名称。实际上，这些名称不仅在开始列出的初始方程中使用，而且在求解过程中，不管这些系数怎么变化，都仍然保持原来的名称。换言之，仍然是由一个数在算式中的位置确定所依附的未知数的次数。

位值制在中国传统数学中发挥了极其重大的作用。

---

1 刘徽为证明阳马和鳖臑的体积公式提出的一个重要原理：“邪解堑堵，其一为阳马，一为鳖臑，阳马居二，鳖臑居一，不易之率也。”记阳马体积为$V_{阳马}$，鳖臑体积为$V_{鳖臑}$，即$V_{阳马}:V_{鳖臑}=2:1$。在完成刘徽原理的证明之后，刘徽指出：“然不有鳖臑，无以审阳马之数，不有阳马，无以知锥亭之类，功实之主也。”将多面体体积理论建立在无穷小分割之上，与现代数学的体积理论吻合。

最后，由十进位值制和筹算导致的中国传统数学长于算法研究，使其具有几何问题的代数化，或者说几何问题与算术、代数相结合的特点。刘徽说，数学方法是“规矩、度量可得而共”，就是说，几何问题都用算术、代数方法解决。吴文俊特别重视中国传统数学中几何问题的代数化的思想特征。他指出：“几何问题的代数化与用代数方法系统求解，乃是当时中国数学家主要成就之一。”[1]自《九章算术》起，所有的面积、体积以及勾股测望等即我们今天归之于几何的各种问题，都要化成算术、代数问题求解。

更重要的是，中国传统数学的筹算算法具有构造性和机械化的特点。所谓构造性数学是指构造性地从某些初始对象出发，通过明确规定的操作展开的数学理论。秦汉数学简牍和《九章算术》中的分数四则运算法则、今有术和衰分术、盈不足术、开方术、正负术、方程术、各种面积体积公式和解勾股形方法等，刘徽对圆面积公式、刘徽原理的证明方法等算法和求圆周率程序等，贾宪、秦九韶的求高次方程正根的增乘开方法和正负开方术，秦九韶的大衍总数术（一次同余方程组解法），李冶、朱世杰等使用的天元术，金元李德载、刘大鉴、朱世杰等创造的二元术、三元术和四元术等，都是典型的构造性方法。吴文俊先生说：“所谓机械化，无非是刻板化和规格化。”他又说：“数学问题的机械化，就要求在运算或证明过程中，每前进一步之后，都有一个确定的、必须选择的下一步，这样沿着一条有规律的、刻板的道路，一直达到结论。”上面提到的各种方法都具有规格化的程序，是典型的机械化方法。因此，吴文俊先生总结道：“我国古代数学，总的说来就是这样一种数学，构造性与机械化，是其两大特色。”

持欧洲中心论的西方和国内的某些学者常将中国传统数学排除在世界数学发展的主流之外，这是不公正的。吴文俊认为：“在历史的长河中，数学机械化算法体系与数学公理化演绎体系曾多次反复互为消长交替成为数学发展中的主流。”中国传统数学（还有后来的印度、阿拉伯数学）是机械化算法体系的典型代表，因此，属于世界数学发展的主流。尤其是从公元前二三世纪古希腊数学衰微之后到14世纪初，中国数学是世界数学发展的主流的主要方面。

1 吴文俊：《吴文俊论数学机械化》，山东教育出版社，1995年。本文凡引吴文俊论述，均据此。

青铜冶铸术

卢本珊　苏荣誉

◎　青铜冶铸术是由采铜、炼铜和铸铜等技艺构成的技术体系，以它为支撑，造就了长达 2000 年的辉煌的商周青铜文明。

采铜·炼铜

卢本珊

从识别铜矿石到采铜、炼铜，是人类文明史上具有划时代意义的一大发明。

已知最早的铜制品在伊朗发现，属公元前第七、八千纪的自然铜制品。由矿物炼铜要晚得多，伊朗西部的 Zagers 地区出土有炼铜制品，距今 7000—6000 年。

最早的铜合金由共生矿冶炼而成，西亚和中国都有砷铜矿炼成的合金。古埃及有公元前 3500 年的含砷铜斧。印度恒河的彩陶文化遗址（前 3000—前 2000 年）出土大量铜器，含少量砷、镍。中国仰韶文化时期能冶炼铜锌合金，陕西姜寨（前 4020 年）出有黄铜片、管[1]。

锡青铜是合金化的最早产物，已知最早始于西亚乌尔王朝（约前 2800 年）和中国甘肃东乡林家马家窑文化（前 2780 年）[2]。

中国已知最早的冶铜遗物，大体都在仰韶文化期间，古史关于黄帝、蚩尤采铜用铜的记载，大体也属这一时期。在这些传说的背后，存有采铜、炼铜的史迹。

一、采铜

中国铜矿资源的分布相对集中，依次为长江中下游铜矿带、川滇铜矿区、中条山铜矿区、甘肃白银铜矿区等。已发现的铜矿遗址与铜矿资源的分布相吻合。长江中下游的湖北黄石铁山、大冶、阳新有百余处铜矿遗址，年代都在新石器时代晚期至战国时期。其中规模最大、内涵最丰富的铜绿山铜矿遗址至迟于商代中期已经开发并延续到汉代。江西瑞昌铜岭铜矿遗址的年代为商代中期至战国。皖南铜矿遗址的年代为西周至汉代。经考古发掘和调查的铜矿

1 半坡博物馆：《姜寨——新时器时代遗址发掘报告》，文物出版社，1988 年，第 148 页。
2 韩汝玢、柯俊主编：《中国科学技术史·矿冶卷》，科学出版社，2007 年，第 175~176 页。

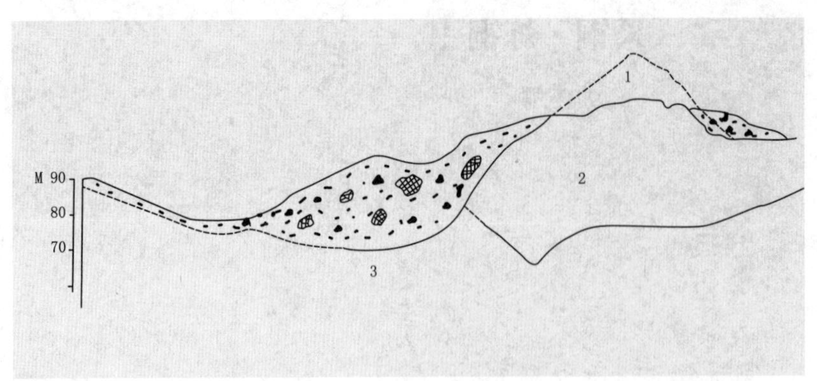

1. 古露采点

2. 孔雀石、铁质黏土

3. 灰岩

图 1　铜岭铜矿 0 线地质剖面

遗址还有辽宁凌源牛河梁铜矿（前 3500—前 3000 年）、内蒙古林西大井铜矿（距今 2800 年左右）、新疆尼勒克奴拉赛铜矿（约为春秋时期）、中条山铜矿（周代）、宁夏中卫铜矿（东周）、云南鲁甸铜矿（东周）、湖南麻阳铜矿（战国）等。

公元前 21 世纪中国开始进入青铜时代。早商后期，随着青铜文明的迅速发展及青铜礼器的大量使用，对铜料的需求成倍增加，迎来了采铜炼铜业的第一个繁荣期，出现了大冶铜绿山、瑞昌铜岭这样的大型铜产地，其遗迹、遗物充分反映了该时期采矿炼铜的高超水平和工师的独具匠心。

（一）露采和坑采[1]

早期采矿都是由浅入深，先露采后坑采。这符合矿藏开发的一般规律和上古时期的技术条件。上述铜矿遗址，大都发现有露采遗存。长江中下游的铜矿山，多为软岩地质，露采形成了两种形式：山坡露天采场和凹陷露天采场。后者由地表掘沟或大坑，沟帮坡角较缓（图 1）。林西大井、新疆奴拉赛等铜矿的岩层坚硬，露采多为沟槽，沟帮坡角很陡，底部往往掘巷道或硐穴，形成露采与坑采联合开拓。

林西大井铜矿遗址于 1974 年发现，铜矿类型属裂隙充填式，有矿脉百余条。矿区面积约 2.5 平方公里，地表可见古采坑 47 条，开拓方式为凹陷露天矿，沿矿脉走向采凿。露采封闭圈最长达 500 余米，宽达 25 米，开采深度 7～8 米，最深达 20 米，足见当时采矿规模之宏大。由于矿脉急陡，为减少剥离量，采用了陡坡开拓，最终边坡角为 70° ～90° 。开拓方式为掘沟与坑采相结合，即在露天采场底部掘平硐，既采掘了底部的富矿，又省去了另行露采的剥离量。古矿坑内出土了 1060 余件石质采掘工具，有用花岗岩和玄武岩砾石粗打而成的石锤、

1 卢本珊：《中国古代金属矿和煤矿开采工程技术史·金属矿编》，山西教育出版社，2007 年，第 56、57、114、125 页。

图 2　奴拉赛春秋时期横撑支架

石钎。工匠已能追踪富矿，采用“锤与楔”的方法开采坚硬的矿石。这种地下开拓技术早在6000多年前已娴熟掌握，广东南海西樵山采石场在地下形成7个洞穴，最深达37米[1]。

新疆奴拉赛铜矿遗址经多次考察，发现的坑采和炼铜遗物有支架木、石锤、矿石、铜锭等，支架木经 ^{14}C 测定年代为2650±170年。1989年笔者领队前往详察和清理，证实有古露天采坑2处，地下采场2处。矿区北坡有炼渣堆积，所采矿石为硫化铜矿，规模之宏大为国内硬岩开采所罕见。Ⅰ、Ⅱ号主矿脉隐覆在山脊下，露天采场沿山脊开拓，与矿脉走向吻合。Ⅰ号露采场长90米，深50米。为减少剥离量，采用了近90°的沟帮坡角。Ⅱ号露天采场长123米，宽4～11米。在近沟底的东南面沟帮又开拓平硐，形成多个高大矿房，距地表约47米。地下开采使用房柱法和横撑支架（图2）。Ⅰ号露采到底部后，凿巷道穿过砂砾岩层进入富集的脉状铜矿带，再沿矿体走向分割矿体。巨大的矿房顶部有许多横撑木平台，沿采幅走向设置。横撑木两端嵌入围岩的托窝内，非常稳固。平台的功用主要是回采矿石及人工落矿，为上向式与进路式并行的回采方式。宏大的露天与地下采场及地表废石场，充分反映了矿山凿岩、采装、运输、排土等工序的合理性。

湖南麻阳铜矿遗址位于湘西丘陵地带，属自然铜为主的砂岩型富铜矿床。1982年发掘清理露天及地下采场共14处，出有木质、铁质工具，木槌经 ^{14}C 测定年代为2730±90年。由于矿脉倾斜，地下开拓以斜巷居多，采空区大多呈长袋状。2202号巷道斜长140米，倾角36°，最大深度距地表80余米，充分显示了战国时期矿山深部开采的技术水平。1203号巷道沿矿脉走向开拓，长约400米，远远超过早先矿山巷道的长度。

1　卢本珊：《中国古代金属矿和煤矿开采工程技术史·金属矿编》，山西教育出版社，2007年，第5页。

（二）地下开拓技术[1]

露天开采的优点是铜矿资源利用充分，回采率高，贫化率低，但需剥离大量废石。为减少剥离量，古代矿工依据地形和矿体赋存特征进行地下开采。

考古发掘表明，江西铜岭和湖北铜绿山商代中期的地下开拓方法有两种：（1）单一开拓法，或竖井，或斜井，或平巷。（2）联合开拓法，用两种或两种以上的方式开拓（图3），例如竖井→平巷→盲竖井、竖井→斜巷→平巷（图4）。已知商代的开拓深度为10余米，平巷最长者10余米。

考古钻探和地质雷达探测表明，西周时期铜绿山Ⅶ·3发掘点开拓深度已达36米，地下采区长85米，宽26米。西周时期铜岭地下采区单元面积达2000平方米，井巷断面尺寸均大于商代。春秋战国时期，地下联合开拓的深度、广度及井巷断面尺寸有了新的突破，井巷布置更为合理。铜绿山24线发掘点战国时期井巷联合开拓相当完整，在100平方米的范围内，布置了5个竖井、11条平（斜）巷。斜巷从上层斜穿到矿层底部（第三层），10条平巷分上、中、下三层，分别在斜巷的南、北、西三面（图5）。

（三）井巷支护技术[2]

长江中下游铜矿带多为接触交代型铜铁矿床，经风化淋滤后，次生富集的氧化铜矿石多处于破碎带中。这种松软破碎的地质构造固然对凿岩掘进有利，但对地压管理造成极大困难。面对这一难题，古人发明了木架支护井巷技术，支护方法不断创新。

支护木架是沿井巷四壁以木、竹、荆笆等构筑成支架和背板的地下结构物。构件在地面预先制作，然后于井下边掘进边装配，这不仅利于施工，也大大地节省了作业时间。矿的本字是“丱”，两横表示井口地表，两竖表示竖井的井筒及木支护背板，背板高出井口地表以防流水和落石。

1．商代中期铜岭的井巷支护结构

竖井：矩形井框由两根圆木作横木，两端嵌入围岩，另两根圆木端头作成碗口状托槽以撑托横木。井框间隔支护井筒，四角各有一立柱，用藤条将其与井框捆扎，组成整体骨架。支架与围岩间密插木棍，外侧再置茅草形成护壁（图6、图7）。井筒断面为126厘米 ×116厘米。

---

1 卢本珊：《中国古代金属矿和煤矿开采工程技术史·金属矿编》，山西教育出版社，2007年，第26、58、124页。

2 卢本珊：《中国古代金属矿和煤矿开采工程技术史·金属矿编》，山西教育出版社，2007年，第28~39、58~71、114~121页。

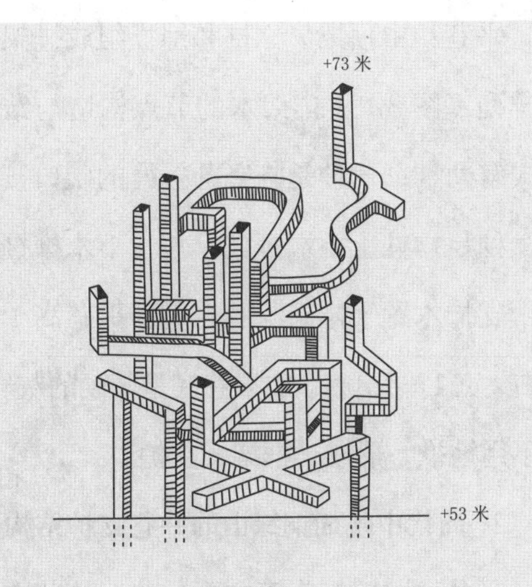

图3　商代铜绿山井巷开拓示意

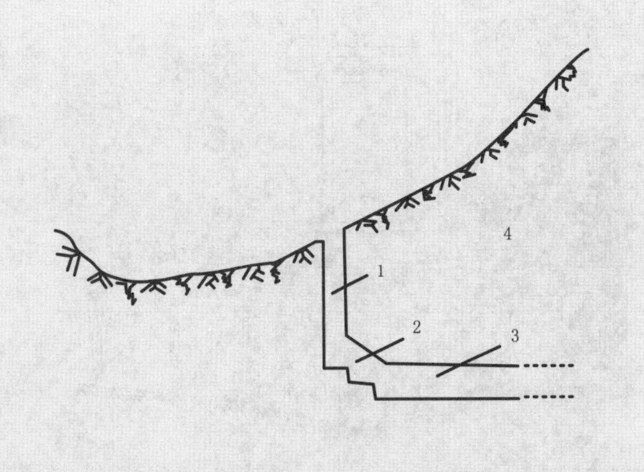

1. 竖井　2. 斜井　3. 平巷　4. 矿体

图4　商代铜岭联合开拓示意

图5　战国时期铜绿山井巷联合开拓

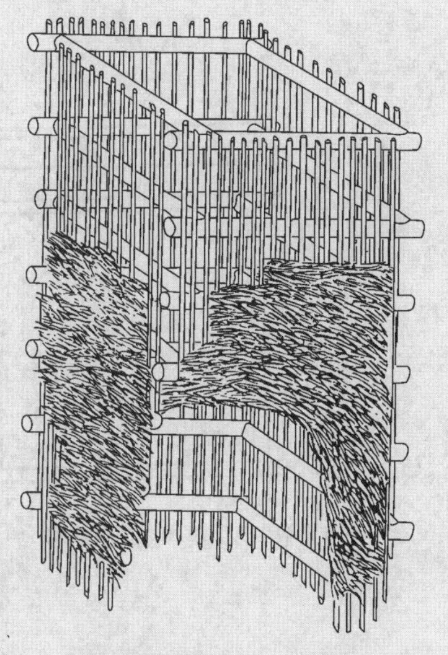

图6　商代铜岭 J72 支护结构（采自江西省文物考古研究所、瑞昌博物馆主编：《铜岭古铜矿遗址发现与研究》，江西科学技术出版社，1997 年，第 16 页）

图7　商代铜岭竖井支护

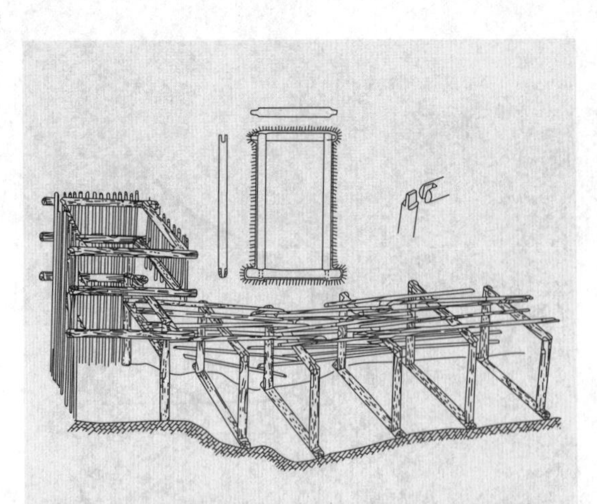

图 8　商代铜岭 X1 支护结构（采自《铜岭古铜矿遗址发现与研究》，第 21 页）

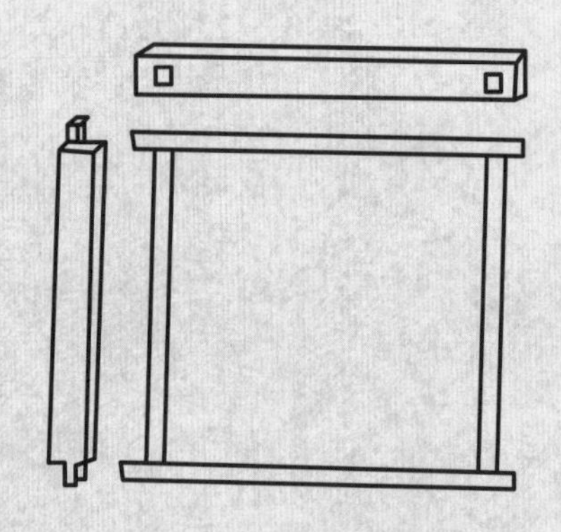

图 9　平头透卯单榫内撑式结构

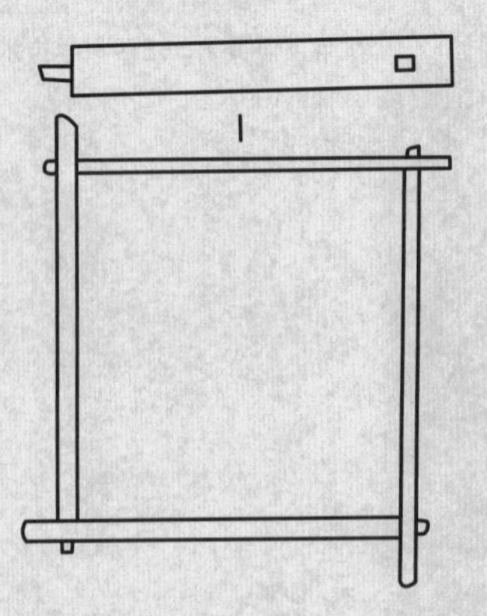

图 10　商代铜绿山竖井支护结构

平巷：由顶梁、立柱和地袱组成排架间隔排列（图 8）。排架木的节点构造与结合形式有两种：一种是与竖井一样的碗口接；另一种是立柱上下端开口，与上下木榫接。巷帮支护木置于排架与围岩间。平巷高 1 米左右，宽 1～1.3 米。如果巷底是坚硬的灰岩，可不用地袱，形成半框架式支护。

2. 商代中晚期铜绿山的井巷支护结构

竖井：井口多为正方形。井框的节点构造以两根板木的两端作卯眼，另两根的两端作榫头，榫卯结合成一组框架（图 9）。井框与围岩之间插木板护壁。竖井断面为 50 厘米 ×50 厘米。稍后的井框结构有了改进，板木一端为榫头，另一端为卯眼，四根板木以榫卯联结成方框（图 10）。卯端木将框架四角嵌入围岩固定，防止下滑。

平巷：由两根立柱、一根地袱、一根顶梁组成排架。立柱脚、头为单榫，与顶梁和地袱的板材卯眼承接。排架与围岩间置木板形成巷帮护壁（图 11）。平巷高 76 厘米，宽 46 厘米。这种平巷支护形式从商代沿用至春秋时期。

3. 西周时期铜岭的井巷支护结构

竖井：采用交替碗口接内撑式支护竖井（图 12），框架水平支撑时四角结构交替，利于井筒四面抗压。井口方形，边长 80 厘米。井筒支护高出地表 20 厘米，井口周边围填青膏泥，防止地表水渗入井内。还有一种加强式支护由两副框架重叠在一起，四角嵌入围岩（图 13），使支护有多个撑点，大大增

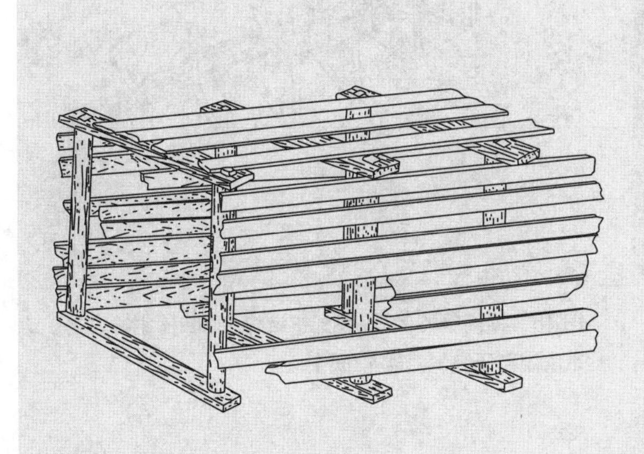

图 11　铜绿山商代榫卯式平巷支护

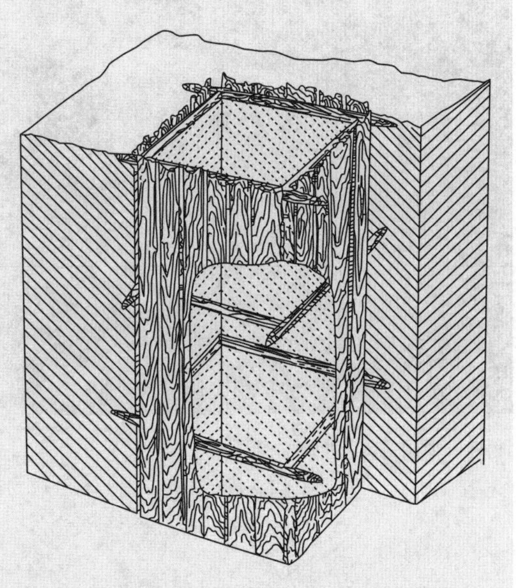

图 12　西周铜岭 J23 竖井支护结构（采自《铜岭古铜矿遗址发现与研究》，第 39 页）

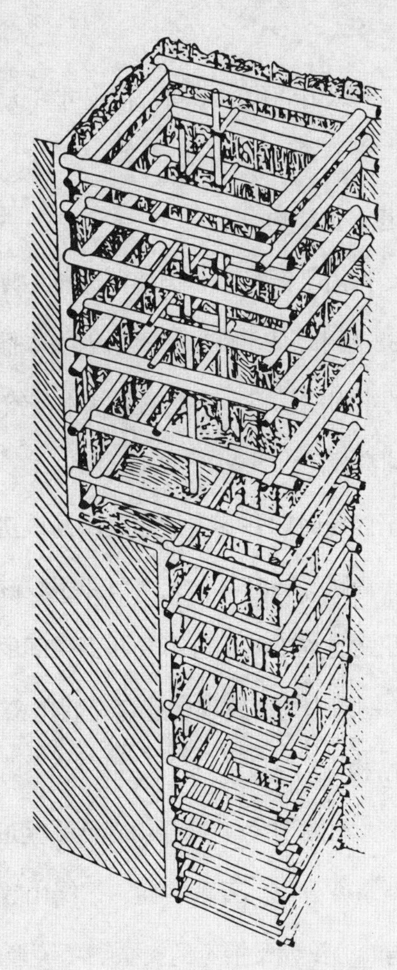

图 13　西周铜岭 J37 竖井支护结构（采自《铜岭古铜矿遗址发现与研究》，第 41 页）

图 14　西周铜岭竖井及木梯

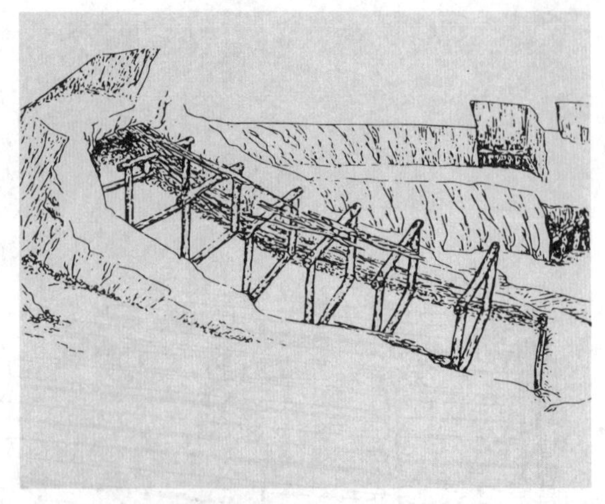

图 15　西周铜岭 X2 平巷支护结构（采自《铜岭古铜矿遗址发现与研究》，第 42 页）

强了框架抗压强度。阳新港下西周采矿遗址也有这种支护方式。铜岭 37 号竖井（图 14）是西周时期的矿山主井，井口断面长 259 厘米、宽 178 厘米。井筒 1/3 处横架多木，与两根立柱形成木梯。

平（斜）巷：支护结构与铜绿山商代的相同，但尺寸变大，高 72～90 厘米、宽 65 厘米（图 15）。

4. 西周时期铜绿山的井巷支护结构

竖井：剑状卯榫接支护结构用于铜绿山、铜岭西周早中期。井口为方形，铜绿山断面为 50 厘米 ×50 厘米，铜岭为 98 厘米 ×98 厘米。四角剑状木插入围岩，可防止方框滑移（图 16）。西周晚期为增强方框的牢固性，将上下框的剑状木交错支护（图 17）。

平（斜）巷：支护结构同商代。

综上所述，自商代中期至西周时期井巷支护形式不断改进，结构更简单，支护更牢固。所用支护木为本地所产豆梨、青冈等阔叶材，无木节和扭纹缺陷，承压能力强。构件有统一的规格。这种预制构件和装配式支护工艺，可不受井下空间的限制，大大提高了工效。该时期的支护木加工场，在铜岭和铜绿山均有发现，遗存有砍木墩、铜斧、木屑、砍渣堆积等。

5. 东周时期的井巷支护结构

春秋时期矿山开采规模宏大（图 18）。铜绿山春秋采区遍及 9 个矿体，并与邻近的石头嘴矿、黄牛山矿相连，占地几平方公里。春秋后期，铜绿山首创平口接榫方框密集垛盘支护竖井。战国时期推广到江西铜岭，汉代又推广到安徽铜陵等地区。

春秋早中期铜绿山的竖井支护结构与西周相近，但有不少改进，多采用竹索吊框结构。井筒边长大于 60 厘米（图 19）。井框外侧常用草茎和青膏泥涂抹，有的还围以竹编织物，

图 16　西周铜绿山竖井

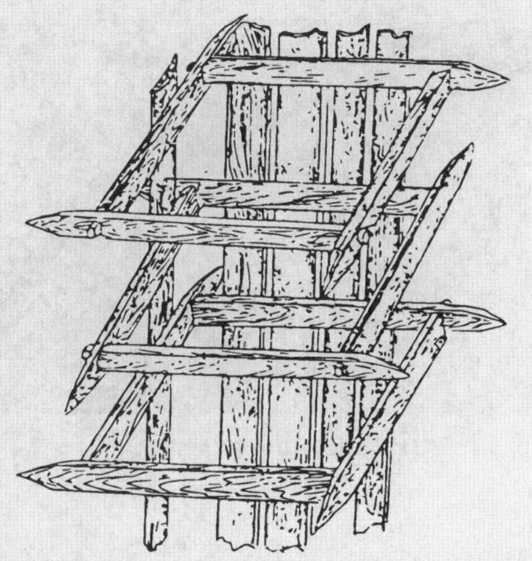

图 17　西周铜岭 J10 竖井支护结构（采自《铜岭古铜矿遗址发现与研究》，第 38 页）

图 18　铜绿山西周至春秋时期的井巷

图 19　铜绿山春秋时期竖井

形成封闭的井筒，既可防止井壁塌落，又利于空气流通。竖井底部常设有马头门（图20）与平巷相通。

图 20　春秋时期铜绿山的竖井与马头门

春秋晚期至战国，是井巷支护技术的变革创新期，创造了鸭嘴亲口排架式支护平巷或斜巷。

该时期竖井支护的基本特点是：将四根圆木两端砍削出台阶状搭口，搭接成一个框架，层层叠压成密集型垛盘，形成完整的木构井筒。铜绿山12线春秋晚期采矿遗址在50平方米范围内清理出8个竖井和1条斜巷，开采深度至少50余米。方形井口边长有90厘米、105厘米、120厘米、210厘米、230厘米多种（图21）。垛盘式构件节点简单并互相紧抵，抗压性能强，便于制作和架设，大大增加了竖井深度。铜绿山24线战国竖井距地表80余米。井巷内出土铁、木、藤、竹、陶制器物70余件，铁工具有斧、钻、锤、耙、六角形铁锄和“凹”字形铁锛等（图22），采掘工具的完备和井巷的宽阔前所未有。

图 21　战国铜岭竖井支护

春秋早中期的平巷、斜巷断面扩大，铜绿山Ⅶ（2）X10平巷高120厘米、宽80厘米。Ⅳ号矿体的平巷支护见图23。铜岭X5平巷的排架高108厘米、宽88厘米（图24）。

图 22　铜绿山战国时期采矿工具

鸭嘴亲口排架式平巷支护，见于铜绿山战国时期（图25）。每副排架由五根构件组成，即两根立柱、一根顶梁、一根地袱、一根内撑木。地袱两端砍出平口榫，立柱与平口相接。立柱上端树杈以鸭嘴形结构托撑顶梁。紧贴顶梁之下的两杈凿有开口榫，以亲口结构嵌入内撑木，组成鸭嘴与亲口混合结构框架。顶梁上和立柱外以木棍或木板构成背板及顶棚。研究表明，该支护的整体抗压性能好。地袱为平口榫，抗侧压的能力比榫卯接大。立柱为托杈，上置横梁稳固。横梁下的内撑木不仅加强了顶梁的抗弯能力，而且撑牢了立柱，抵抗了侧压。该式排架将几种节点结构的优越性结合在一起，集古代井巷支护技术之大成，工序简单、省工省时。至今矿山井巷如采用传统支护方式，仍沿用这种结构。

图 23　春秋时期铜绿山井巷支护

（四）地下采矿方法[1]

现代的地下采矿方法，是自矿块采出矿石所作的采准、切割和回采的一整套系统工程。商周时期还没有现代这种完全的采准巷道，但专为行人、通风、排水的巷道已有设置，并能根据不同的地质条件，合理布置井巷以切割矿块，采取不同措施控制地压及落矿出矿。所采用的地下采矿方法，主要有如下几种：

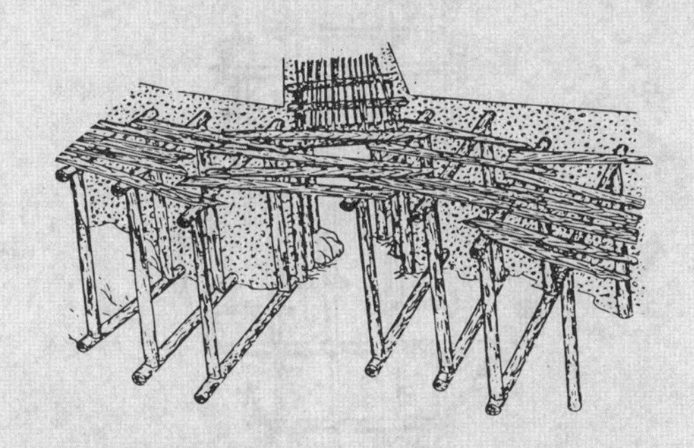

图 24　春秋时期铜岭 X5、X6 巷道（采自《铜岭古铜矿遗址发现与研究》，第 59 页）

一是方框支柱法。其特点是用木框组成的长方体来充塞空间，随回采的推进而架设。古人视富矿走向，或垂直下掘竖井，扩帮后再掘盲竖井；或在井底开挖平巷或斜巷。从铜岭和铜绿山遗址来看，此法在西周已形成，适宜土状围岩中散粒状孔雀石的开采。

图 25　战国时期铜绿山平巷支护

二是水平分层棚子支柱充填法。其特点

1　卢本珊：《中国古代金属矿和煤矿开采工程技术史・金属矿编》，山西教育出版社，2007 年，第 74~75、125~129 页。

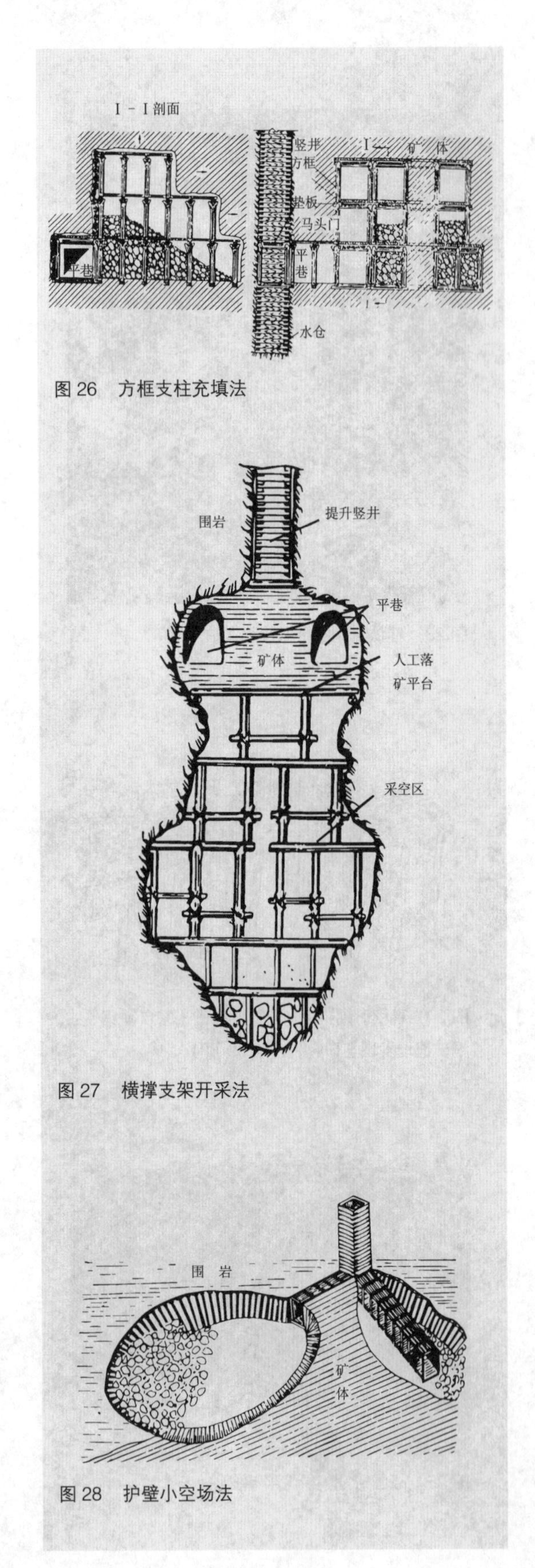

图 26　方框支柱充填法

图 27　横撑支架开采法

图 28　护壁小空场法

是用两条以上的平巷水平分层，自下而上开采，上层的废石局部或全部充填到下层。铜绿山Ⅶ·2点商代巷2与巷3上下分层，为该方法的原始型。西周时期，此法见于铜绿山及阳新港下。铜绿山Ⅺ号矿体东南大剖面有上下两层水平分层棚子，上层巷道通竖井，下层巷道分纵向和横向，上层废石局部填充下层。战国时期，此法在铜绿山已颇具规模（图 26）。

三是横撑支架开采法（图 27）。其特点是上向式回采，最终形成的采场像一个硐穴，围岩较坚硬。此法见于铜绿山Ⅶ6点春秋中晚期遗址及新疆奴拉赛遗址，前者的硐穴长8.6米、宽4.5米，形成三层落矿平台。开采顺序是由井底向四周扩帮，到一定高度时，架设T形横撑支架，既支撑采空区，又用作凿岩、落矿、提运的平台。

四是护壁小空场法。用于开采呈水平状的矿脉。铜绿山仙人座古采区，两个同类采场均在巷道一侧(图28)。采坑深1.8～2.4米，空场面积20～30平方米。采空区为破碎带，围岩松软且含水，故用木板和圆木作成护壁。

（五）采掘装载工具[1]

大冶铜绿山、石头嘴、铜山口、阳新郭家垅、丰山洞、江西铜岭、安徽铜陵等铜矿遗址，出土有用于采掘作业的青铜工具。商代有锛、凿、斤。西周又增加了锄、镢和斧。

1　卢本珊：《中国古代金属矿和煤矿开采工程技术史·金属矿编》，山西教育出版社，2007年，第40、41、72、73、111、112页。

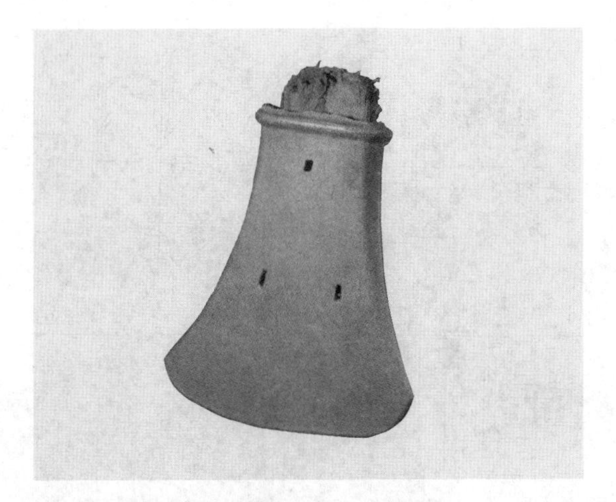

图 29　铜绿山春秋时期采矿工具：大型铜斧

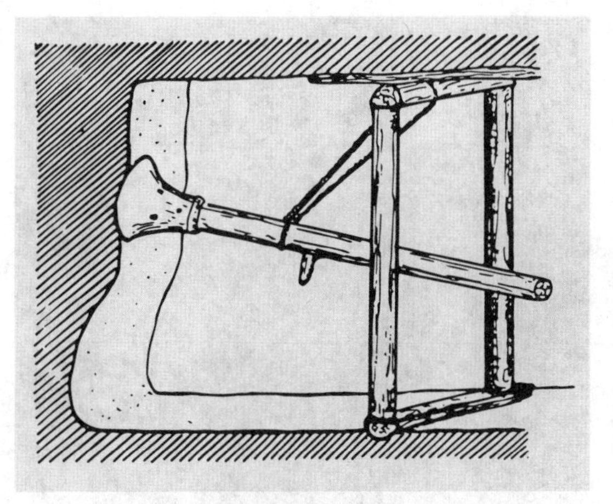

图 30　铜绿山大型青铜斧使用示意图

铜绿山在春秋巷道工作面，一次出土了 12 件铜斧。该时期工具种类及重量较西周明显增加（图 29），最大的一件铜斧长 47 厘米，刃宽 41 厘米，重 16.3 公斤，直柄竖装。从斧刃磨损情况来判断，系悬挂式操作，持者利用斧的下落惯性撞击作业面（图 30）。

早期的采掘工具还没有完全废除石器及木器，如石锤、木锛、木槌、木撬棍等，铲矿采用木制的锹、铲、锹、撮瓢。木质工具取材方便、制作简单、质轻价廉、适宜于矿粒及废石的铲装，这是它被长期采用的原因。

铁工具用于铜矿采掘，已知最早是铜绿山春秋中期的铁锛。战国时期，采矿作业已全部使用铁工具，有斧、锤、耙、锄、錾、钻等，所用材质由熟铁锻制和生铁铸制发展到经高温热处理的高强度韧性铸铁，从而使采掘功效大幅提高。

商代至战国，南方盛装矿石的容器多为竹制的筐、篓等，竹料就地取材，使用方便。

（六）排水、通风、照明技术 [1]

井下防水、排水是确保矿山安全的大事。商代中期的排水工具有木槽、木桶、竹筒等。井下排水因地制宜，或直接从平巷排出山坡，或将井底（水仓）的水用木桶盛装排出井口。南方雨量充沛，湖泊众多，地表水和地下水危害采矿安全。西周时期随着开采深度增加，地面防水和地下排水系统已相当完备。地面措施：一是井筒支护木高出井口并以青膏泥密封口沿，有的井上架有雨棚；二是挖水沟，架木槽疏水、引水。井下措施：一是设置专门的排水巷道、水仓。排水巷道有木板拼合式、板壁式、棍壁式。后者用木棍密排于巷底和巷帮，再铺垫青膏泥形成沟槽。水槽经过采场时，槽面加盖板，成为暗槽。二是将废弃或临时不用的

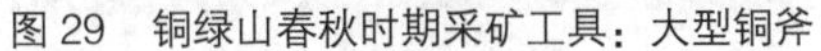

1　卢本珊：《中国古代金属矿和煤矿开采工程技术史·金属矿编》，山西教育出版社，2007 年，第 43、44、76~78、133、134 页。

图 31　商代铜岭木滑车

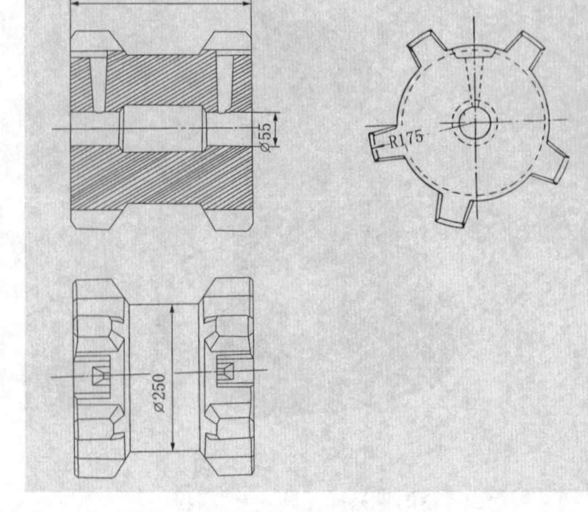

图 32　商代铜岭木滑车复原图

巷道，设置闸墙截水。自西周始，地下开采越来越深，水仓位于不同的段落，需要分段排水，接力提升，最后提出地面。大冶、阳新、铜岭所见排水木槽，均用整木刳成。单节水槽长于3米，宽约54厘米，深20厘米，排水量较大。这些完备的排水系统，是古代工匠成功进行地下采矿的技术前提。

商代井巷不深，矿井通风主要依靠自然风流。西周开采深度已超过50米，需人工制造温差产生风压，促使井巷空气对流。铜绿山及铜岭遗址的井底或巷内，见有竹材燃烧的遗迹。有些巷道还用土石封堵形成风障墙，以控制风流方向。

井下照明采用竹质火把，还有竹筒火把装置和油脂。

（七）矿山提运技术[1]

利用简单机械装置提升和运输物料，早在商代中期矿井已经出现。铜岭遗址出土有木滑车（图31、图32），其构造与现代滑动轴承一致。滑车两侧各有与轴孔相通的径向孔，用来加注油脂以减少摩擦。轴孔中间部位直径大，直径较小的两端形成滑动轴承，减少了轴承与轴的摩擦面及摩擦力。根据遗迹分析，滑车架在井口上部，其上有工棚。铜绿山商代平巷与盲竖井交接处有木质转向滑柱，作用与定滑轮相同。多个竖井有木制或竹制的扶梯，供工匠上下。

春秋战国，矿山提运技术有长足的发展。铜岭出土木滑车多件（图33），有的滑车是在露天槽坑与平巷的拐弯处发现的，该点安装滑车可改变载矿筐的方向（图34），便于出矿。铜绿山及红卫铜矿遗址出土战国大型木绞车轴（图35），长250厘米、直径26厘米，上装

1　卢本珊：《中国古代金属矿和煤矿开采工程技术史·金属矿编》，山西教育出版社，2007年，第41、42、78~80、130~132页。

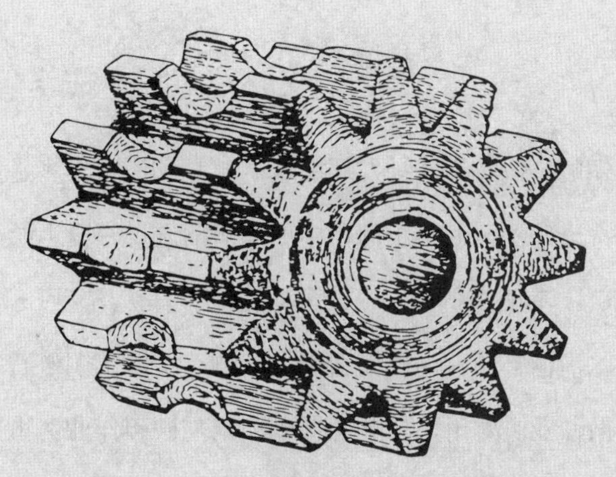

图33 春秋时期铜岭木滑车（采自《铜岭古铜矿遗址发现与研究》，第70页）

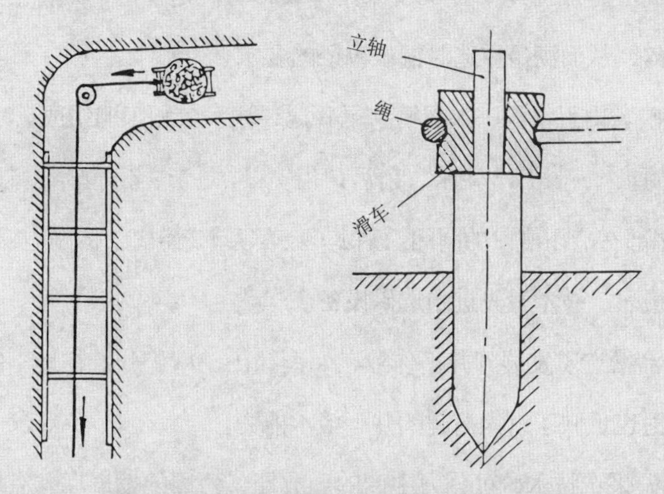

图34 春秋时期铜岭滑车在巷道中的位置及装配图

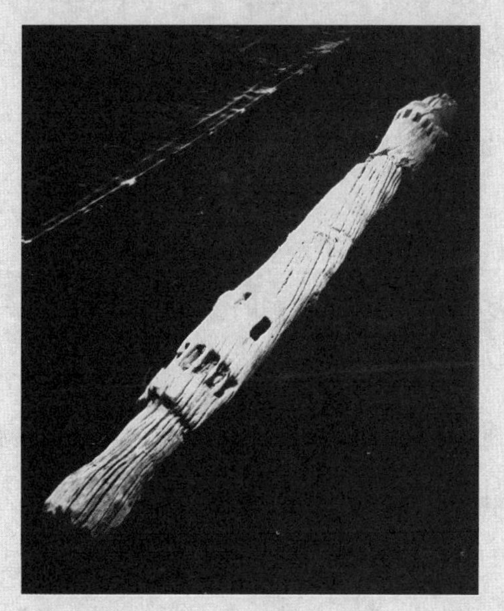

图35 铜绿山战国时期木绞车轴

振动木条和棘轮刹车装置。铜绿山绞车发现于井下 60 余米处，用于分级提升。

（八）选矿技术[1]

铜绿山、红卫、铜岭、铜陵等遗址发现的选矿工具和设备，多是重力选矿法（淘洗或溜槽选矿）的遗物。淘洗选矿法至迟始于商代中期；溜槽选矿法至迟始于西周。碎散工具有木制的槌、杵、臼；破碎工具有石质的砧、球、锤；选矿工具有淘洗盘（船形、长方形、桃形等）、淘洗筐，选矿设备有木溜槽，还有选矿场遗迹。南方遗址所出铜矿石，多被黏性脉石或铁质黏土胶结，需采用碎散作业。对于块状共生铜矿，则需破碎作业。重力选矿法是在水介质中利用矿物岩石粒料的比重差异进行选分。两种重力选矿方法，经笔者模拟实验，效果良好，选出的精矿品位高。碎散工具（图 36）采用木质，有一定韧性，可将黏土矿物碎散而不至于将氧化铜矿物捣碎，从而满足重选时铜矿粒径的要求。

铜岭西周选矿场由引水沟、木溜槽、尾砂池、滤水台和工棚组成。木溜槽（图 37）用圆木刳成，直径 45 厘米，长 343 厘米，前后口沿宽 34 厘米、42 厘米，深 20 厘米，设有活动的精矿截取板，尾部有启闭槽口的闸门。模拟实验表明，该溜槽结构先进，选矿量大，操作简便，是已知中国年代最早、技术最先进的选矿设备。

战国时期，溜槽选矿发展到井下作业，如铜绿山。精矿分选在地下完成，大大减少了废石的提运量，同时也反映了古人高超的井下治水能力。

统观先秦铜矿采选技术，可分为中商的形成期，西周的发展期，东周的创新期。商代中期的联合开拓方法、井巷支护技术已达一定水平。正因如此，西周时期才能有所超越，东周时期才能进一步创新，这一自成体系的采矿技术，是世界采矿史所罕见的。

二、炼铜

新石器时代高度发展的制陶术，使中国的炼铜技术得以从一开始便在高的起点上发展成长。冶铜技术的萌生与制陶关系密切，灰陶由还原性气氛获得，我国在新石器时代早期即已掌握这种技术。距今 6000 多年的仰韶文化半坡类型，陶器烧成温度已达 950～1050℃，实际的窑温要更高一些。该时期已具备炼铜所需高温及获得还原气氛的技术条件。

自然界含铜矿物多达 240 余种，但有工业价值的只有自然铜、硫化铜矿和氧化铜矿。硫

1　卢本珊：《中国古代金属矿和煤矿开采工程技术史 · 金属矿编》，山西教育出版社，2007 年，第 82~91、135、136 页。

莲鹤方壶

曾侯乙编钟（局部）

西周小克鼎

王子午升鼎（附匕）

云纹铜禁（局部）

图 36　铜绿山选矿工具

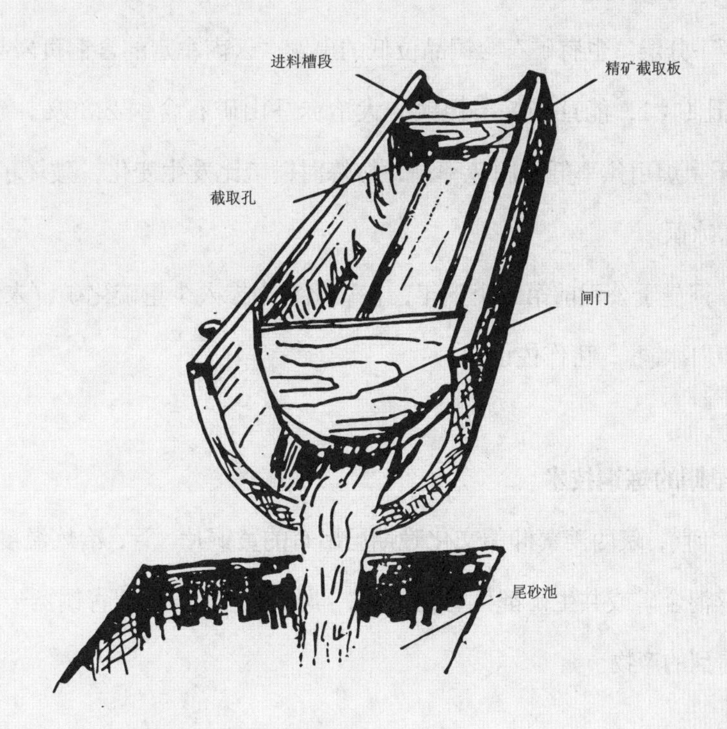

图 37　西周铜岭木溜槽结构示意图

化矿物有黄铜矿、辉铜矿、斑铜矿、铜蓝、黝铜矿、硫砷铜矿；氧化矿物有孔雀石、硅孔雀石、赤铜矿、蓝铜矿、黑铜矿等，铜矿石由几种矿物共生组合而成。

先秦时期是根据矿山赋存的铜矿石特征就地取材的。古人只能凭外观特征、物理性质、识别经验来选择矿物。有什么样的矿石就炼什么样的铜，能炼什么样的铜矿石，就有什么样的炼铜工艺。先秦时期先后发明了四种火法炼铜工艺：

（1）氧化矿还原熔炼成铜，简称“氧化矿—铜”工艺。

（2）“铜矿石直接还原熔炼”工艺。

（3）将硫化矿炼成冰铜，经多次脱硫焙烧成高品位冰铜，最终将冰铜死焙烧熔炼成铜，简称“硫化矿—冰铜—铜”工艺。

（4）硫化矿经死焙烧脱硫再还原熔炼成铜，简称“硫化矿—铜”工艺。

所谓“铜矿石直接还原熔炼”工艺，即入炉的铜矿石既含氧化铜，又含硫化铜。铜、硫混杂的矿石能否直接还原熔炼提炼出一部分纯铜呢？答案是肯定的。1958 年至 1959 年间，我国多地大兴土法炼铜，其中不乏“不经焙烧将原矿直接还原熔炼产出粗铜”的实例[1]，条件是入炉矿石含铜量为含硫量的 4 倍。云南东川的入炉矿石含铜 10.74%、硫 2.78%，铜硫比为 4：1。矿石不经焙烧直接熔炼，产出粗铜和冰铜，熔融的炉渣、冰铜、粗铜在炉缸中按不同比重自上而下分层。也有矿石含铜品位低的事例。云南牟定的含铜页岩品位为铜 1.1%，硫 0.12%，铜硫比 9：1，能直接炼出粗铜。大冶赤马山矿石含铜 2.36%，硫 1.28%，铜硫比仅 2：1，由于土炉用焦率低，脱硫率高，熔炼时铜硫比发生变化，破坏了 Cu_2S 的生成条件而产出粗铜和冰铜。

在国外，阿曼于公元前第二个千年，在氧化矿中掺入少量硫化矿，未经焙烧在还原气氛下炼出了铜和白冰铜[2]，可作佐证。

（一）早期的炼铜技术

约 6000 年前，陕西姜寨仰韶文化晚期已出有的黄铜片、管，冶炼温度在 950～1200℃。用碳还原铜锌混合矿或共生矿都可得到黄铜，早期黄铜器与早期青铜器一样，是在原始冶炼条件下偶然得到的产物。

1　东川矿务局编：《东川土法炼铜经验》，冶金工业出版社，1959 年，第 5 页；张志道：《炼铜的造渣与配料》，冶金工业出版社，1959 年，第 16~19 页。

2　李延祥：《铜绿山、九华山古代炼铜炉渣研究》，博士论文，1995 年，第 26 页。

孔雀石是中国最早用以熔炼红铜的矿物。甘肃东乡林家遗址灰坑中，出有“铜碎渣”。经岩相鉴定，小块的由孔雀石组成，大块的物相组成为：孔雀石30%、铁矿石45%、金属铜5%等[1]。湖北天门石家河文化晚期（距今4100年左右）三处遗址均发现有孔雀石[2]，罗家柏岭遗址出有青铜片5件，并有炼渣和孔雀石。

辽宁凌源牛河梁遗址的发现对探究中国早期炼铜技术具有重要意义。李延祥对出土的炉壁残片及黏附的炉渣进行了研究[3]，其年代为公元前3500—前3000年。炉渣属炼铜炉渣，炼炉上部内径18～20厘米，壁厚1.5～3.0厘米，高约35厘米，为草拌泥所制。炉壁有用于人力鼓风的小孔，内径3.7厘米左右，向内倾斜约35°，上下两排交错排列，每排6孔，共12个鼓风孔。铜液沉于炉底，须将炼炉下部砸碎取铜。郑州、淮阳和临汝等龙山文化遗址（前2800—前2300年）也发现了残炉块、炼铜渣。有一块坩埚残片上的铜层经检验含铜约95%，外壁无烧痕[4]。看来，在冶铜术的初始阶段，炼铜或熔铜使用的是内热式坩埚。

距今4000年左右，长江中下游铜矿带的开发已初具规模。现今的黄石地区据笔者调查统计，有先秦炼铜遗存近百处，年代上限多数到新石器时代。1984—2003年，湖北省文物考古研究所发掘了其中的阳新大路铺、大冶蟹子地遗址，获得了一批炼铜和铸铜资料[5]。

大路铺遗址西北距铜绿山15公里。第8层为石家河文化晚期，距今4100年左右，出土有炼渣和残炉壁[6]。第7层为后石家河文化，距今约4000年，出土有青铜残片、矿石、炼渣、烧土堆积物。矿石成分见表1，是当地典型的铜铁矿和铁铜矿。炼渣流动性较好，成分见表2。该遗址的商周遗存更加丰富，除大量炼渣、矿石、炉壁外，还出土石钻、石锤及烧坑遗迹。

1 韩汝玢、柯俊主编：《中国科学技术史·矿冶卷》，科学出版社，2007年，第191页。

2 湖北省文物考古研究所等：《邓家湾》，见《肖家屋脊》，文物出版社，1999年，第23页。

3 韩汝玢、柯俊主编：《中国科学技术史·矿冶卷》，科学出版社，2007年，第275~279页。

4 中国社科院考古研究所河南二队：《河南临汝煤山遗址发掘报告》，《考古学报》1982年第4期，第427~475页。

5 湖北省文物考古研究所等：《阳新大路铺》，文物出版社，2013年；湖北省文物考古研究所等：《湖北大冶蟹子地遗址2009年发掘报告》，《江汉考古》2010年第4期，第18~62页。

6 秦颍等：《阳新大路铺遗址矿冶遗物的检测分析》，见湖北省文物考古研究所、湖北省黄石市博物馆等编著：《阳新大路铺》，文物出版社，2013年，第861~868页。

表 1　大路铺遗址第 7 层出土矿石成分

标本号	矿石	岩相鉴定	成分（%）				
			Cu	Fe_2O_3	SiO_2	CaO	MgO
T2307⑦：16	铜铁矿	孔雀石、石英石、高岭土	40.12	2.35	9.04		
T2506⑦：15	铁铜矿		3.18	38.56	28.46	16.03	
T2506⑦：18	铁铜矿	赤铁矿、石英石	1.53	30.27	39.03		4.86
T2606⑦C：21	铁铜矿		3.18	38.56	28.46	16.03	
T2506⑦：19	铁矿		含铁 97.84%				

表 2　炼渣 XRF 粉末定量分析（Wt%）

标本号	Cu	S	Fe_2O_3	SiO_2	CaO	Al_2O_3	K_2O	P_2O_5	MgO	MnO	TiO	NaO_2
T2507⑦：24	0.03	0.03	14.74	47.78	5.00	20.07	7.84	0.87	0.44	0.17	0.85	2.61
T2506⑦：20	1.19		90.27	2.53	4.68	0.25	0.21	0.19		0.15	0.08	

蟹子地遗址南距铜绿山 6 公里，第 4 层为夏代早期，出土孔雀石、石砧和石锤。西周早期冶炼遗存丰富，出土大量炼渣及铜块粒，后者经检测，含铜量分别为 83.68%、93.47%、96.23%。

李延祥对大路铺遗址第 7 层炼渣作了分析："9 个冰铜颗粒，表观直径都较小，在 3～100μm，而发现的不规则纯铜颗粒表观长 2000μm 以上，金属铜颗粒或金属铜与冰铜共存。"结论是："冶炼技术主要为，利用氧化矿石或硫化矿石直接还原熔炼铜的'氧化矿—铜工艺'或'硫化矿—铜工艺'。"[1]

（二）商周时期的炼铜技术

始于商代中期的江西铜岭采矿遗存分布在铁山至合连山的 7 万平方米范围内。炼铜遗存分布在其南、西、北三面之外，面积约 17 万平方米。炼渣堆积较厚，多呈薄片状，色黑，表面平滑，流动性能良好。有的炼渣面平，底呈弧形，似炉前锅状渣坑凝固而成。炼渣经检测，含铜量仅 0.334%（表 3），说明铜、渣分离较好。

表 3　铜岭炉渣化学成分（%）*

Cu	S	Fe_2O_3	FeO	SiO_2	CaO	MgO	Al_2O_3	Zn	Pb	Sn
0.334	0.02	2.68	40.65	43.50	1.31	0.41	5.57	0.452	0.0065	<0.001

*检测部门：中国地质大学矿物教研室。

1　李延祥等：《阳新大路铺遗址炉渣初步研究》，见湖北省文物考古研究所、湖北省黄石市博物馆等编著：《阳新大路铺》，文物出版社，2013 年，第 786~800 页。

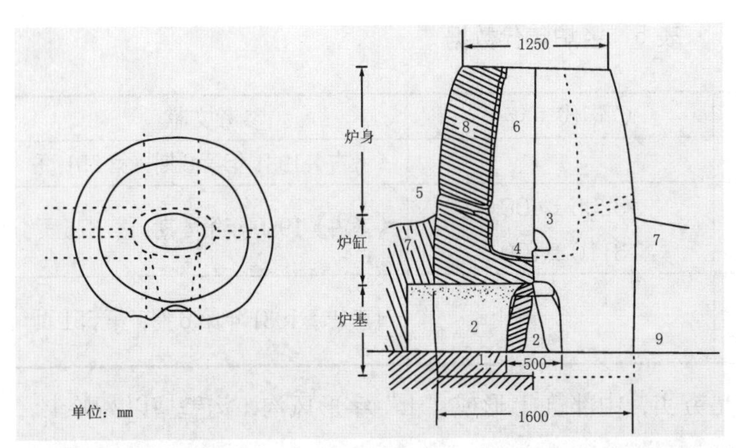

1. 炉基 2. 风沟 3. 金门
4. 排放孔 5. 风口 6. 炉内壁
7. 工作台 8. 炉壁
9. 原始地平面

图 38 炼铜竖炉复原图

图 39 西周晚期铜绿山碎矿工具：石砧、石球

铜岭为铜铁共生矿床，风化淋失后次生富集成孔雀石、蓝铜矿、褐铁矿，平均含铜品位大于 10%。1993 年，笔者在该矿山进行了选矿模拟实验，选出的精矿成分见表 4[1]。

表 4 铜岭西周溜选精矿化学成分（%）*

Cu	Zn	Pb	Sn	S	SiO_2	Fe_2O_3	FeO	CaO	MgO	Al_2O_3
20.48	0.212	0.0115	< 0.001	0.02	38.71	8.77	0	0.56	0.31	6.91

*化学分析部门：中国地质大学（武汉）分析中心。

铜岭的炼铜遗物表明，炼铜矿料为氧化铜矿石，炼渣的铜硫比为 16.7，冶炼技术为“氧化矿—铜”工艺。

至迟到西周晚期，中国已使用鼓风炼铜竖炉。铜绿山Ⅺ号矿体炼铜遗址共清理出 10 座炼炉，年代属西周晚期（表 5）。这 10 座炼炉均由炉基、炉缸、炉身三部分组成（图 38）[2]，出土时，炉身已倒塌。竖炉周围还有工作台、碎料台（图 39)、筛分场、泥地、渣坑等成套的辅助措施。

1 卢本珊：《商周选矿技术及其模拟实验》，《中国科技史料》1994 年第 4 期，第 55~64 页。
2 黄石市博物馆：《铜绿山古矿冶遗址》，文物出版社，1999 年，第 145~154 页。

表5　竖炉年代数据

炉号	热释光年代（年）	^{14}C年代（年）	参考文献
3	2856±295		《考古》1981年第6期，第551页
6		3205±400 3110±400	《考古》1980年第4期，第376页
10	2895±305 3014±320		《考古》1981年第6期，第551页

炉基　基坑用黏土和石块铺垫夯实，中部筑T形或“十”字形风沟，沟壁搪以高岭土。风沟长2米左右，宽40～80厘米，高40厘米，内架石块支撑炉缸。“风沟”一词来自传统铜业，或称“火沟”，其作用是通风防潮，烤火保温，故表层均见烘烤痕迹，沟底遗存木炭与灰烬。这种结构是在长期炼铜实践中汲取了冻缸的教训而发明的。嗣后，风沟成为中国古代炼炉的一大特色。铜绿山柯锡太战国炼铜竖炉、大冶卢家垴汉代炼铜竖炉，河南南阳、黑龙江阿城等汉代至明清的炼铁、炼铜高炉均设有风沟。明末清初，顾炎武《天下郡国利病书》卷九六记载福建炼铁炉“窑底为窦”。可见中国传统的炼炉结构是一脉相承的。

炉缸　以4号炉为例，呈椭圆形，有烧流，经岩相鉴定，系拌和的耐火材料，其中硅化火成岩碎屑（含石英砂）占73%，高岭土10%，高温后析出的玻璃相15%。外壁成分为：石英砂34%、铁矿碎屑30%，其余是高岭土和石榴子石碎屑。缸底自下而上分为四层，底层与外壁相同；第二层是石英砂、石榴子石、铁矿石粗粒碎屑与高岭土的混合层；第三层以高岭土为主；第四层用黑褐色耐火泥搪衬。

炉缸前壁有拱形金门，外宽内窄，外高内低。金门供开炉时架炭点火，加料后堵门冶炼，如遇故障可拆门处理，停炉后便于维修。当堵门墙受炉料的侧压向外挤压将紧紧堵住金门。值得称道的是，缸底低于金门外坎6厘米，即有6厘米深的铜液不放出缸外，便于连续加料熔炼。清代吴其濬《滇南矿厂图略》记载炼铜炉，“金门，仍用土封，至泼炉时始开，近底有窍，时开闭以出铞”，指明了堵门墙上的排放孔位于金门近底处。

4号炉的鼓风口设在炉缸长轴侧壁，只遗存一个风口，口径5～7厘米，向下倾角19°。1981年，笔者和华觉明先生作了复原研究[1]，得到如下结论：一、竖炉高约1.5米，呈腰鼓形，炉壁内倾，炉身角79°，有效容积0.3立方米。二、炼炉应有两个鼓风口，对称鼓风。炉缸风口区截面积为0.23平方米，风口中心线距缸底30厘米，有利于提高炉缸温度，充分利用风压，使受风均匀。鼓风器可能是皮橐。三、炉料距约1.2米，处理量较大，热效率较高。四、

1　卢本珊、华觉明：《铜绿山春秋炼铜竖炉的复原研究》，《文物》1981年第8期，第40~45页。

炼炉结构合理、操作方便、坚固耐用，炉龄较长。铜绿山鼓风炼铜竖炉在世界冶金史上具有重要意义。美国宾州大学麦丁教授在现场考察后说：“在世界各地看了许多采冶遗物，铜绿山是第一流的。中东虽然很早就开始了铜矿的冶炼，但没有这样大规模的地下采掘遗址，较完好的冶炼用炉、炉渣温度高、流动性好、含铜量低是很少见的。”[1]

铜绿山铜矿石的特征，决定了该地氧化矿—铜工艺的长期存在。这一得天独厚的铜矿区，因次生的氧化富集带发育得特别充分，自然铜、赤铜矿、孔雀石和蓝铜矿多出露或接近地表，适宜古人开发，反映在如下三方面：

（1）《铜绿山古铜矿遗址发掘报告》阐明了8个发掘区都是氧化铜矿，并多处出土盛满孔雀石的竹筐[2]。笔者曾在Ⅶ号矿体等商周采矿区进行淘洗选矿模拟实验，淘得孔雀石、硅孔雀石、赤铜矿等，成分分析见表6。Ⅺ号矿体竖炉和相邻古矿井出土的矿石成分见表7、表8。

表6　淘洗后的铜矿石成分（%）*

Cu	Fe_3O_4	Fe	SiO_2	CaO	Al_2O_3	MgO	S
40.40	0.60	2.00	20.00	0.64	4.41	0.37	0.53

*化学分析部门：大冶有色金属公司中心化验室。

表7　春秋时期12线矿井矿石成分（%）*

成分	Cu	Fe	SiO_2	CaO
井内采样	30~40	3~5	25~30	2~3
井内地表采样	10~16	42~48	9~18	1~2
平均值	24	24.5	20.5	2

*化学分析部门：大冶有色金属公司中心化验室。

表8　矿石成分*

名称	出土地点	成分（%）										样号
		Cu	FeO	Fe_2O_3	Fe_3O_4	Fe	SiO_2	CaO	Al_2O_3	MaO	S	
孔雀石	炉6旁	53.52	0.51	0.43			3.52	0.29	0.33			矿23
铁矿石	炉9旁	0.98			7.6	62.38	25.53	1.18	2.55	0.61	0.18	18
铜铁矿石	炉6旁	3.28	2.71	21.35			9.68	0.47	1.63	0.82		矿19
		2.059	3.33	18.85			17.60	1.22	1.37	1.51		矿17
	铜绿山	1.87				54.2	12.44	1.64	2.1	0.48		
硅孔雀石	炼铜场西	20.34			微	6.34	48.83	0.23	10.72	0.42	0.59	20
	西周矿井	40.40			0.60	2.99	20.00	0.64	4.41	0.37	0.53	14

1　大冶市铜绿山古铜矿遗址保护管理委员会编：《铜绿山古铜矿遗址记忆·前言》，科学出版社，2013年，第XⅦ页。
2　黄石市博物馆：《铜绿山古矿冶遗址》，文物出版社，1999年，第54、103、106、124、136页。

（续表）

名称	出土地点	成分（%）										样号
		Cu	FeO	Fe_2O_3	Fe_3O_4	Fe	SiO_2	CaO	Al_2O_3	MaO	S	
孔雀石、铁矿石包裹体	炼铜场西	31.88			1.40	17.29	15.72	1.27	2.50	0.22	0.53	19
孔雀石	春秋矿井	51.82			微	1.90	2.88	0.073	0.77	0.14	0.57	23
黑铜矿	春秋矿井	22.45				21.29						Ⅳ-1

*化学分析部门：除Ⅳ-1号样由铜绿山矿化验室检验外，其他均由大冶有色金属公司中心化验室检验。

（2）现代矿山剥离出的多处古矿井巷，均见在大理岩破碎带或火成岩绢云母化蚀变带开采氧化铜矿。

（3）现代矿山生产和地质勘探资料均反映，多个矿体的氧化铜矿被古人采空[1]。

清同治六年《大冶县志》记载：“铜绿山……山顶高平，巨石对峙，每骤雨过时，有铜绿如雪花小豆点缀土石之上，故名。”说明清代铜绿山大雨过后，还能看到孔雀石露头。

从铜绿山西周晚期炉址出土的石砧、石球及筛分场可知，矿石入炉前已破碎成适当的块度，以减小炉气阻力，增大反应物之间的接触面积，利于熔炼过程的进行。这种整粒技术是一项十分重要的创举。炼铜燃料为木炭，经鉴定为质地较硬、火力较强的栎木炭，由当地所产栎木烧成。竖炉筑成后，需自然干燥和烘干。熔炼前先加木柴引火和预热，从炉口逐层加入木炭和矿石（有时可能加入熔剂），然后加大风量，逐批投料，待炉缸内渣和铜液有一定蓄积量时，捅开金门的排放孔，出铜放渣，然后用泥炭堵住排放孔继续熔炼，如此周而复始，直至停炉。

铜矿石的熔炼，实质上是对炉渣的操作控制过程。炉渣的质地与特征标志着熔炼过程的运行是否正常。铜绿山炼渣（图40）大都是黑灰色薄片，上表面平滑，有的有波纹状褶皱，断口致密有气孔，表明渣的流动性好，出渣顺利，炼炉运行正常。现代鼓风炉氧化铜矿的还原熔炼渣要求含铜量为0.70%～1.0%[2]，3至6号四座古炼炉渣样分析（表9），含铜量为0.20%～1.26%，表明渣、铜分离良好，铜的回收率较高（表10）。3号炉西侧出土粗铜一块，重94克，含铜93.32%；4号炉炉缸中部残留粗铜，重2.3公斤（图41），含铜93.99%，含硫1.33%，与现代粗铜要求的含铜量（92%～95%）相当接近。在氩气保护下测定13个渣样的冶炼温度为1200℃或稍高。这一温度利于金属铜还原完全并与渣分离，又不至于使铁还原

1 杨永光等：《铜绿山古铜矿开采方法研究》，《有色金属》1980年第4期，第87页；余元昌等：《湖北省大冶县铜绿山接触交代铜铁矿床》，湖北省鄂东南地质大队，1985年，第68、69页。

2 ［俄］X. K. 阿维齐祥：《粗铜冶金学》，冶金工业出版社，1957年，第347页。

图 40　春秋时期铜绿山 11 号矿体炼渣堆积

图 41　西周晚期铜绿山 4 号炉内出土的粗铜

表 9　炉渣化学检验结果

编号	取样位置	描述	成分（%）										硅酸度（K）
			Cu	FeO	Fe_2O_3	Fe_3O_4	Fe	SiO_2	CaO	MgO	S	Al_2O_3	
炉 3	第一层	块状	0.58	41.92	7.15			24.11	0.96				
炉 3	第二层	块状	0.67	46.70	13.71			25.08	2.58				
炉 3	第三层	块状	0.20	46.83	14.33			26.90	1.68				
	平均值		0.48	45.15	11.73			25.30	1.74				
炉 4	炉 4 尾渣		1.26			10.00	49.54	6.89	0.46	0.43	0.74	5.70	
炉 5	炉 5 尾渣		0.625			8.00	43.88	31.92	1.86	0.68	0.58	6.66	
12	炉 6 沟旁	板状	0.955	44.73	5.61			36.74	3.17	0.91	0.39	7.807	1.8
13	炉 6 缸内	粗糙	0.798	36.02	1.84			22.22	1.34	1.33	0.84	4.355	1.4
14	炉 6 沟旁	板状铜绿色	1.120	51.81	微			28.60	3.90	1.62	0.57	6.410	1.2
15	炉 6 沟旁	片状	0.858	50.46	0.53			25.96	1.95	1.51	0.93	6.30	1.3

表 10　粗铜的主要成分（%）*

出土点	Cu	Sb	Pb	Zn	Sn	Fe	S
炉 3	93.32	0.0075	0.038	0.014	0.023	3.35	
炉 4	93.99			0.66		3.99	1.33

* 炉 3 由大冶有色金属中心化验室化验，炉 4 由冶金部钢铁研究总院扫描电镜检测。

到铜中。炼铜时要求渣的硅酸度在1～1.5之间，如果硅酸度过高，渣的黏度就高，将影响渣、铜分离和正常排放。6号炉渣的硅酸度为1.4。多个炼渣的比重经测定为3.6～4，铜、渣比重差大，利于分离。

为得到适宜的渣型，西周晚期已使用配料技术。根据铜绿山矿石成分和炼炉渣型的平配计算，铁矿石也作为熔剂使用，这与碎矿台和工作台遗存的赤铜矿相吻合。分析表明，炉渣是高铁渣，属典型的炼铜炉渣。

（三）硫化铜矿的炼铜技术

中国何时使用硫化铜矿炼铜，是冶金史研究的一个重要问题。由于这种冶炼工序复杂，其中的预焙烧迟至宋代才见于文献记载，有些学者先前认为这一技术出现的时间较晚。

1976年至1995年，内蒙古林西大井、安徽南陵铜陵、山西中条山、湖北铜绿山等铜矿遗址的硫化铜矿炼铜信息不断被披露，年代多为春秋早期。可见中国使用硫化铜矿炼铜，不会晚于这一时期。

大井遗址属辽西夏家店上层文化，约为春秋早期，是目前世界上所知唯一直接以共生矿冶炼青铜的矿冶遗址。距大井10公里的塔布敖包炼铜遗存面积超过1万平方米。该遗址出有焙烧炉4座、炼炉5座、鼓风管1个。遗存有渣瘤的残炉壁、炉渣和木炭。焙烧炉为多孔窑式，直径1.5～2米，孔径8～10厘米。炼炉截面为椭圆形，长轴120厘米、短轴80厘米。炉壁系草拌泥，厚10～12厘米，拱形炉门高约20厘米、宽约10厘米。鼓风管中部外径6厘米[1]。古采坑底部矿石经地质部门鉴定：R1坑主要是黄铜矿，其次为黄铁矿、铜蓝，R2坑主要为蓝铜矿、硅孔雀石、锡石、褐铁矿。李延祥认为，该矿氧化带、混合带、原生带的矿石都被古人开采，炉渣经分析研究，已采用“硫化矿—铜”工艺，焙烧时可能配入了冰铜[2]。

皖南先秦炼铜遗址主要分布在南陵和铜陵。据^{14}C年代测定，木鱼山遗址的上限年代距今2882±55年，遗存大量炼渣、红烧土、矿石和木炭。江木冲1号炉距今2725±115年，炉渣分布范围约1.5平方公里，共清理9座炼铜残炉，炉型及筑炉材料与铜绿山大致类似。

皖南铜矿少数为大矿体，多数为鸡窝型富矿体。矿体发育好，埋藏深，多为铜铁型，古人易于开采。硫化矿则以黄铜矿为主。外形呈倒蘑菇状是皖南上古炼渣的特征。渣为褐黑色，表面多呈流痕。穆荣平对江木冲炼渣作了化学成分、扫描电镜及X射线衍射分析，认为已采

1 韩汝玢、柯俊主编：《中国科学技术史·矿冶卷》，科学出版社，2007年，第282页。
2 韩汝玢、柯俊主编：《中国科学技术史·矿冶卷》，科学出版社，2007年，第285~289页。

用“硫化矿—冰铜—铜”熔炼工艺。陈荣、赵匡华分析了木鱼山及繁昌犁山 4 个周代铜锭，以电镜扫描成像，暗相为白锍 [$(Cu_2S)_2FeS$]，系硫化铜矿焙烧和还原熔炼不充分所形成。据此，认为炼铜时采用了黄铜矿[1]。

菱形铜锭是皖南先秦炼铜的一大特色，这种形式的铜锭目前仅见于这一地区。20 世纪 70 年代，木鱼山出土百余公斤春秋时期的菱形铜锭。1984 年至 1994 年，江木冲先后出土 60 件，年代为春秋时期或稍早。华觉明先生等对贵池出土的东周菱形铜锭作了研究[2]，所有锭块均未见浇口残迹，可知是从炉中放出铜液在预制的菱形砂床中凝固成形的。检测分析表明，铜锭的主要组成为铜固溶体和铁固溶体，属于铜和铁的机械混合物，含铜约 63%，含铁约 34%。它既非冰铜，也不是纯铜，而是一种似锍质的中间产物。如将其破碎，在坩埚中重熔，利用铜铁比重的不同进行熔析和造渣，去除其中的铁和硫，则经过多次操作能得到较纯的红铜。

李延祥等研究了新疆奴拉赛春秋时期的冶炼技术[3]，认为冶炼工艺按“硫化矿—冰铜—铜”流程，经历了一次冰铜熔炼和一次还原熔炼，其间有砷的参与。这是欧亚大陆已知唯一通过添加砷矿物冶炼高砷铜合金的古矿冶遗址，在冶金史上有重要意义。

中国先秦时期采铜、炼铜技术的发展表明，中国独特的技术文化与铜矿赋存特征，孕育了自成一体的采铜、炼铜技术体系。自仰韶文化中晚期始，历经 3000 余年的积累，从商代中期至战国时期涌现了一系列具有创新价值的采矿技术和炼铜工艺，正是这些原创的重大发明，造就了中国灿烂的青铜文明。

---

1 陈荣、赵匡华：《先秦时期铜陵地区的硫铜矿冶炼研究》，《自然科学史研究》1994 年第 2 期，第 139~144 页。

2 华觉明：《中国古代金属技术》，大象出版社，1994 年，第 74~79 页。

3 韩汝玢、柯俊主编：《中国科学技术史 · 矿冶卷》，科学出版社，2007 年，第 304~308 页。

块范法

苏荣誉

从自然铜的加工到人工炼铜和青铜，都发明于近东地区，并在铜石并用时代即已形成锻造和铸造铜器并行的工艺传统。在铸造的铜器中，很多是以石范和失蜡法成形的，也兼用泥范块范法。也就是说，铜和青铜的成形工艺发明于近东地区，且早于中国2000多年。

中国冶铜术如何发生尚不清楚，但在新石器时代已有实践，铜石并用时代有所发展，并在二里头文化时期实现了突破，以青铜礼器的生产为标志进入青铜时代。

一、二里头文化：块范法传统的建立

自二里头文化II期，青铜器的产量和种类大量增加，材质多为铜—锡青铜或铜—锡—铅青铜，成形工艺无一例外是泥范块范法铸造成形，没有发现锻造器件。也就是说，二里头文化开始的中国青铜时代，青铜器制作形成了独特的泥范块范法工艺传统，和其他文明判然有别。

二里头遗址铸铜作坊出土了不少铸铜遗物，包括泥范、熔炉碎片、熔渣和木炭等。其中泥范数量较多，大多是铸器使用过的范，残碎严重，泥芯只可确认两块。泥范多数较厚，呈砖红色、土黄色或浅灰色，质地较疏松，有植物夹杂，焙烧温度不很高，分型面致密光滑，设置有合范的榫卯或刻画有合范符号。晚期的泥范已有纹饰，系在范面直接刻画而成。泥范由细泥制作，主要成分为二氧化硅、氧化铝、三氧化二铁和氧化钙等，主要组分是石英，其次为长石和云母，表明范材是黄土经过加工而成；从其中所含有较多的植硅石，推知羼入了芦苇和禾本植物纤维或灰烬。泥范可耐1050℃以上的高温[1]。

---

1 廉海萍、谭德睿、郑光：《二里头遗址铸铜技术研究》，《考古学报》2011年第4期，第569、572~574页。

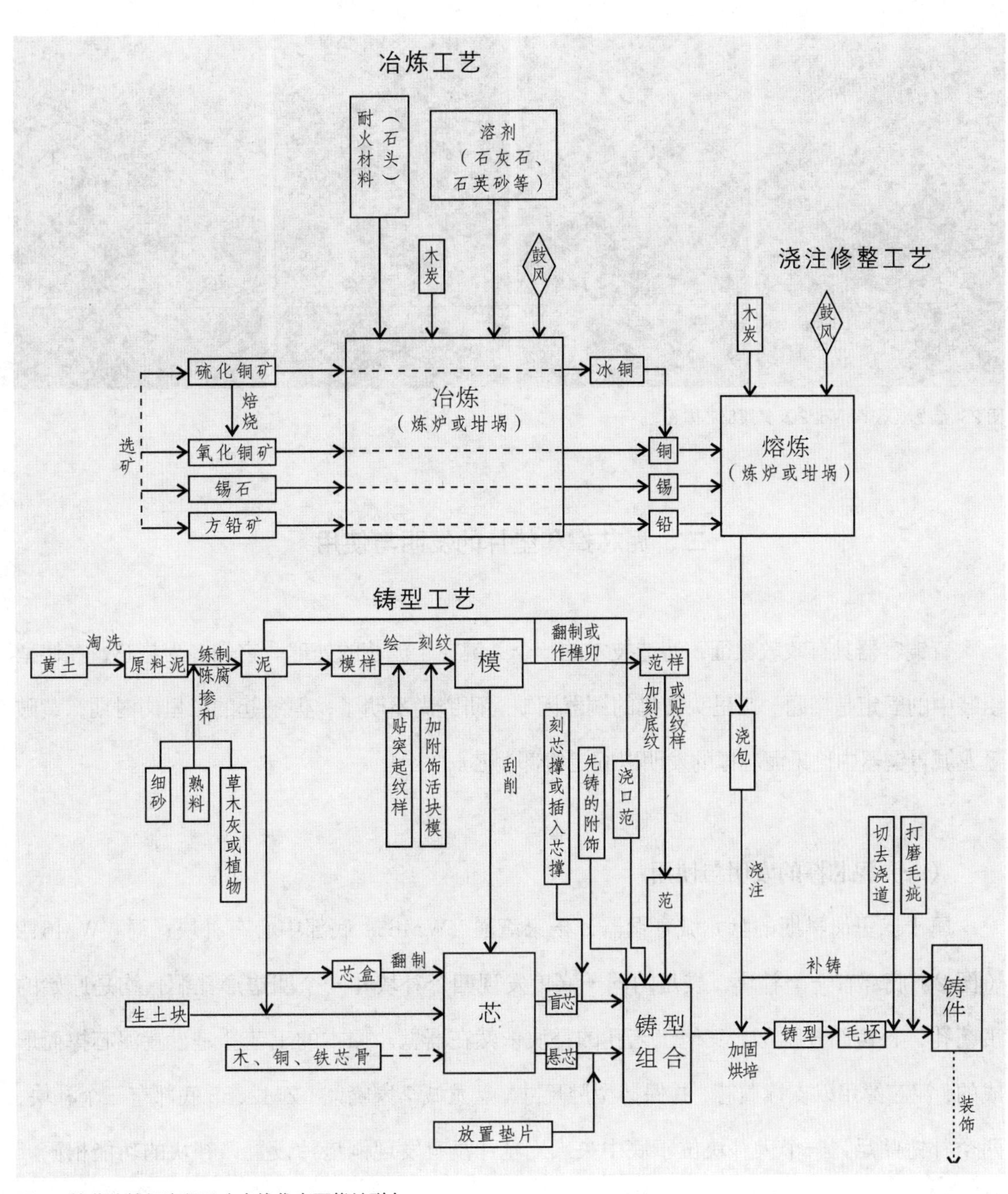

图 1　块范法铸铜流程图（虚线代表可能关联）

二里头文化具有代表性的青铜容器，造型已相当复杂，都是以块范法浑铸成形，青铜爵甚至需要六七块泥范和一块泥芯组成铸型。二里头青铜容器壁薄且均匀，通常在 1～2 毫米[1]，说明范、芯组装十分精确且稳固，表现出高超的铸造技艺。

块范法是一种复杂的技术体系，结构框如图 1 所示。

上述框图的工艺要素是在二里头文化的基础上逐步发展完备的，而且有一系列工艺发明使得块范法得以完备。

1　廉海萍、谭德睿、郑光：《二里头遗址铸铜技术研究》，《考古学报》2011 年第 4 期，第 569~570、567~568 页。

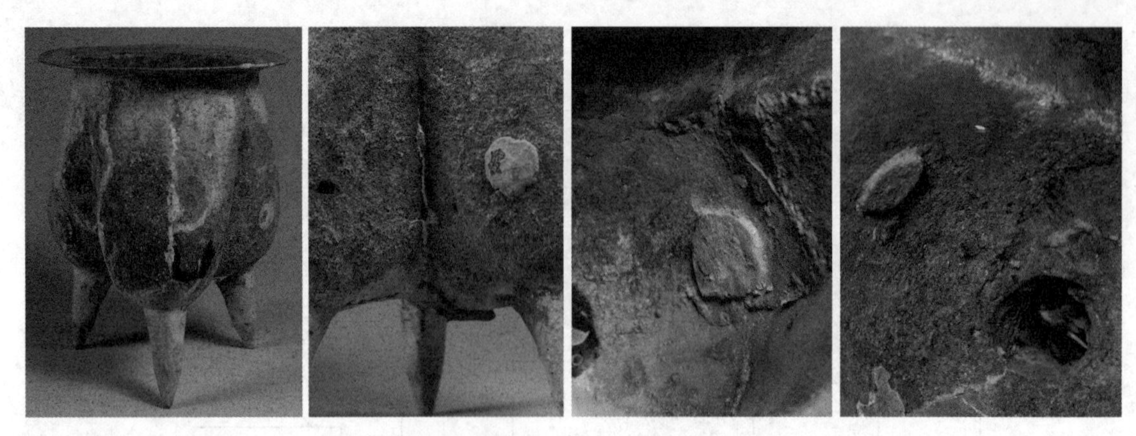

图2　盘龙城鬲 YWM6：2 及其腹部芯撑孔

二、泥芯撑和垫片的发明与使用

青铜容器具有政教象征，铸造技术的一个关键在于泥芯的处理。它们多为悬芯，在铸型组装中的固定是难题。二里头文化的铜器因缺乏研究尚不明了，但继起的二里岗时期，黄陂盘龙城青铜器中已见泥芯撑的发明以固定腹部泥芯。

（一）泥芯撑的发明与使用

属于二里岗早期的盘龙城青铜器，杨家湾爵 YWM6:1 底部中心有补块；鬲 YWM6:2（图 2）底部有一个补块，袋足的同一高度发现四个补块和一个四边形孔洞，均是原始的工艺孔，补铸部分脱落，其他工艺孔的补块依然在器壁。原本的工艺孔是设置泥芯撑而形成的，泥芯撑用以支撑腹芯，并保持型腔尺寸。盘龙城李家嘴鼎 LZM2:55 底部有三个补块，两个补铸鼎足，一个大补块位于底中央。X 光片没有发现铜垫片设置，补块的功能相同。盉 LZM2:20 裆下三袋足内侧，各有一补块，分布对称，形状一致，应是人为设计制作的，而后期补铸说明其不是目的而是手段。

泥芯撑技术的发展，在商晚期实现了突破，可在器物的耳或足中设置盲芯，使得铸件结构更为合理、壁厚更为均匀。通常是盲芯上伸出若干个小突刺，在铸型组合时插接于范上，这些突刺即自带泥芯撑。也有使用独立的泥钉（泥芯撑），一端插于盲芯，另一端插接在相邻的范上来固定盲芯。安阳孝民屯铸铜遗址出土的鼎足泥芯（03AXST2006H232:35）即属自带泥芯撑类，用于铸造空心足[1]。宝鸡竹园沟出土的西周早期鼎，足部盲芯的泥芯撑脱落，

1　刘煜等：《殷墟出土青铜礼器铸型的制作工艺》，《考古》2008 年第 12 期，第 86 页图 12。

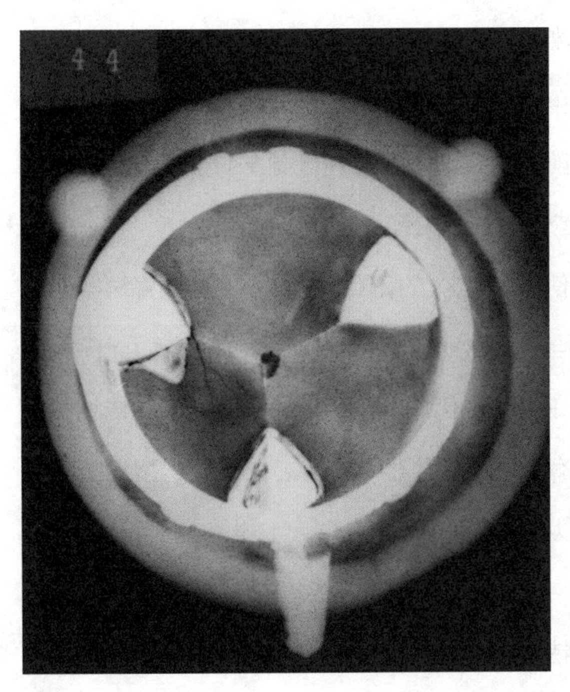

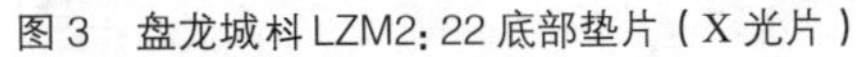

图 3　盘龙城斝 LZM2：22 底部垫片（X 光片）

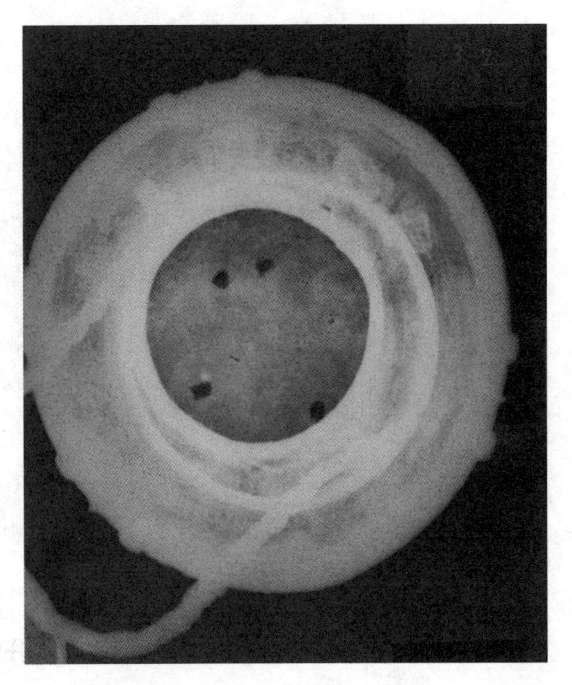

图 4　盘龙城壶 LZM1：9 底部的垫片（X 光片）

显现出圆孔（BZM13:5）；同出的圆鼎（BZM13:105）耳部的泥芯撑也暴露了出来，说明鼎耳中空[1]。至迟在西周时期，为了增加某些盲芯的强度，盲芯之中有木质的芯骨，春秋时期可能还用铁质或铜质的芯骨。

（二）铜垫片的发明

垫片（spacer）是指泥范法铸造青铜器组合范、芯成为铸型时，置于范与范之间，或者范与芯之间，或者芯与芯之间的青铜片，用于保证铸型型腔尺寸，支撑悬芯、盲芯和泥范的装置。很明显，垫片是泥范块范法所独有的，和失蜡法中使用的芯撑（chaplet）不同。垫片往往采用废青铜器的碎片，碎片的厚度和拟铸青铜器的厚度基本一致。

垫片的发明可上溯到二里岗时期。盘龙城青铜器中垫片始出现于二里岗中期。鬲 LZM2:38 腹部可见两枚垫片，袋足也可见两枚垫片。突底斝 LZM2:22 的 X 光片（图 3）表现出底部的 Y 形披缝交会点设一枚垫片，边界不很清晰，且其上有披缝痕迹，当是铜液侵入垫片外造成的。盘 LZM2:1 底部有两枚垫片。罍 LZM2:75 底部有三个垫片和三个补块，或许一个补块覆盖了一枚垫片，垫片分布成方框形。觚 LZM1:20 底部可见两枚，可能使用了三枚垫片，壶 LZM1:9 底部有四枚垫片（图 4）。

1　苏荣誉等：《強国墓地青铜器铸造工艺考察和金属器物检测》，见卢连成、胡智生：《宝鸡強国墓地》，文物出版社，1988 年，第 597~605 页。

盘龙城四期的青铜器垫片和泥芯撑并用，如斝 LZM2:22 底中央有一枚垫片，三足各有长方形芯撑孔，体现了泥芯撑向垫片的过渡，可以认为垫片发明于这一时期。在盘龙城青铜器中，大型器如尊、罍使用垫片比例要高。目前的资料说明铜垫片可能发明于南方，尔后这种工艺传播到了中原地区，成为中原青铜器铸造中的一个关键工艺[1]。

直到安阳殷墟时期，一些青铜容器还不曾使用垫片，安阳黑河路出土的一些青铜器即如此。宝鸡強国墓地和房山琉璃河燕国墓地青铜器可证垫片普及于西周早期[2]，自西周中晚期垫片有趋于滥用倾向，至春秋晚期终致滥用。在中国古代块范法铸造青铜器的工艺传统中，垫片的发明具有必然性。垫片的发明和使用，有效地控制了器物壁厚，防止了铸型塌陷、活块范与活块芯脱位等缺陷，逐渐为工匠所依赖以至于滥用[3]。

三、分铸铸接

在块范法技术系统中，解决大型或复杂青铜器铸造的方式是分铸铸接技术的发明，先有后铸法，后有先铸法。前者出现于二里岗中期，后者出现于晚期。

（一）后铸铸接的发明

迄今所知最早的后铸铸接青铜器发现于黄陂盘龙城李家嘴一号墓，四件器物均属二里岗中期。斝 LZM1:12 的扁平 C 形鋬外有中脊形披缝，且明显与腹部分离，系分铸成形。在鋬与腹部接合处，上下各有一块类似贴片的铆头贴附在腹内表面，且与腹部有间隙；在腹内，鋬与腹壁接合处，相应地也有类似于补块的突起，上大下小，形状不规则，并与腹内壁明显分离（图 5）。说明鋬是后铸到器腹的，鉴于腹壁厚仅 1.5 毫米，而为了使后铸的鋬与腹部连接牢靠，采用了铸铆式后铸。鋬下的纹带为鋬所打断并形成空白，说明后铸鋬不是初始的设计，而是出现了鋬残断或未浇足缺陷，或者别的原因后铸鋬，鋬属于补铸。

斝 LZM1:13 的片状 C 形鋬外侧也有中脊形披缝，上有浇道残茬，说明浇道被打掉后没有经过磨砺，鋬根部有明显的分铸痕迹，叠压在腹壁和下腹纹饰上（图 6），说明鋬是分铸

1 苏荣誉：《新干大洋洲商代青铜器群铸造工艺研究》，见《磨戟——苏荣誉自选集》，上海人民出版社，2012 年，第 110~114 页。苏荣誉等：《新干商代大墓青铜器铸造工艺研究》，见江西省文物考古研究所等：《新干商代大墓》，文物出版社，1997 年，第 294~296 页。

2 苏荣誉等：《強国墓地青铜器铸造工艺考察和金属器物检测》，见卢连成、胡智生：《宝鸡強国墓地》，文物出版社，1988 年，第 564~566 页。周建勋：《商周青铜器铸造工艺的若干探讨》，见《琉璃河燕国墓地》，文物出版社，1995 年，第 260~264 页。

3 苏荣誉、胡东波：《商周铸吉金中垫片的使用和滥用》，《饶宗颐国学院院刊》2014 年创刊号，第 101~134 页。

图 5　盘龙城杨 LZM1：12 鋬的铸铆式后铸

图 6　盘龙城杨 LZM1：13 鋬的分铸

且后铸的。鋬下凸弦纹完整，说明此斝鋬的分铸是有意设计而为，或许采用了榫接式。

同出的壶 LZM1:9 的分铸，体现在连接盖钮和提梁钮的环节的环缺口的铸封上（图 7），这链节是两次铸造完成的，首次铸造成两端成叉口的透空片，再套合到盖钮中并制作铸型将切口铸封，链节上的垂直铸造披缝实际上是铸接痕迹，和补铸有密切的关系。双耳簋 LZM1:5 的双耳分铸，并以铸铆式后铸于簋体[1]。

（二）先铸铸接的发明

1973 年冬在岐山贺家村一座墓出土的凤鸟斝，年代为二里岗晚期，鋬以铸铆式后铸于器腹。斝内腹十分特别，与作兽面纹鼻的扉棱相应的腹壁内侧，都有垂向的凸棱，其尺寸各有所差，长、宽尺寸均大于扉棱。与作为兽面纹单元分界的扉棱相应的腹内壁，则没有凸棱。腹内壁的六道三组凸棱，是铸接作为兽面纹鼻的三组扉棱的特殊设计。因器壁厚度不足二毫米，很难成功铸接扉棱，故有如此的特殊设计（图 8）[2]，为迄今所知最早的先铸铸接实例。

正是分铸铸接技术的发明和发展，成为二里岗时期青铜技术勃发的重要技术支撑，才铸造了像郑州商城出土的高达 1 米、重达 86 公斤大方鼎这样的重器。

四、活块模范的发明与发展

活块模范是将铸件模型分块制作、分块翻范或组合模分部翻范、以活块范或活块铸型与其他范、芯组合成铸型的工艺。也是块范法体系中的一项重要发明，体现“执简驭繁”的工艺思想。

这一工艺发明于何时还不确知，二里头文化的青铜盉，长流应是活块模范所为，二里岗时期青铜尊肩部的圆雕兽首亦如之。宝鸡纸坊头西周早期強国墓出土的方座簋和竹园沟出土的伯格尊、卣，翘起的兽角和提梁转弯处的圆雕兽首，均是活块模、范所作[3]。

侯马铸铜遗址出土的模范（图 9）表明，鼎盖上的环钮也是由活块模翻制成活块铸型、再将活块铸型嵌入盖铸型浇注成形的 。

---

1 苏荣誉、张昌平：《盘龙城青铜器的铸接工艺研究》，商代盘龙城与长江文明国际学术研讨会论文，2014 年，武汉黄陂。

2 苏荣誉：《岐山出土商凤柱斝的铸造工艺分析及其相关问题的探讨》，见陕西省考古研究院、上海博物馆编：《两周封国论衡——陕西韩城出土芮国文物暨周代封国考古学研究国际学术研讨会论文集》，上海古籍出版社，2014 年，第 550~563 页。

3 苏荣誉等:《強国墓地青铜器铸造工艺考察和金属器物检测》，见卢连成、胡智生:《宝鸡強国墓地》，文物出版社，1988 年，第 534~548 页。

图 7　盘龙城壶 LZM1：9 盖面结构与链节

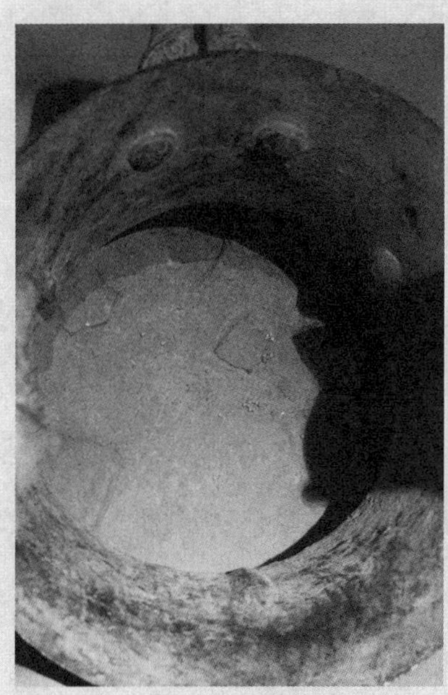

图 8　岐山贺家村凤鸟斝及其腹内凸棱分布与凸棱

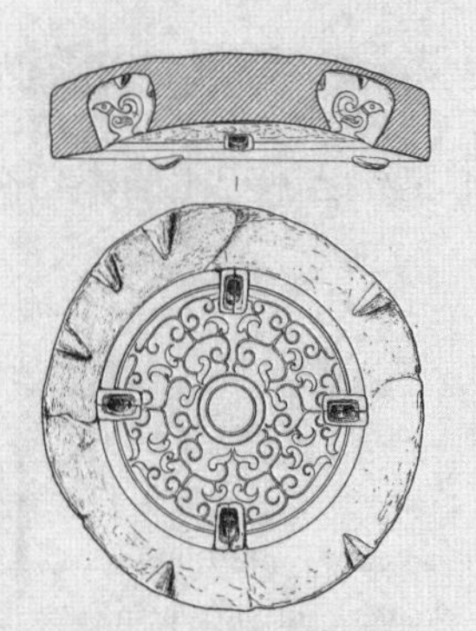

图 9　侯马鼎盖环立钮铸型 IIT24H24：7（左，引自山西省考古研究所：《侯马铸铜遗址》，文物出版社，1993 年，图版 64）和鼎盖范 IIT31F13：11（右，引自山西省考古研究所：《侯马陶范艺术》，普林斯顿大学出版社，1996 年，第 958、959 页）

图 10　淅川下寺王子午鼎 M2：38 及其底部和附饰结构（引自河南省文物研究所、淅川县博物馆等：《淅川下寺春秋楚墓》，文物出版社，1991 年，图版 114、第 384 页图 1）

五、焊接

焊接是一项重要的金属加工工艺，通常分为以铜为焊媒的大焊和以铅锡合金为焊媒的小焊，亦称镴焊。

在块范法技术体系中，商和西周时期因铸接的发明而焊接少见。有论者认为商周之际焊接即已出现，究属少数[1]。

春秋中晚期青铜器生产发生鼎革，附件多分铸，而楚器的附件多以镴焊连接于主体，淅川下寺楚墓青铜器最具代表性。其中王子午鼎（图 10）的爬兽和附饰，总共有 38 个铸件（包括 6 件失蜡法铸造的兽角），经过了 20 次铸接和 14 次焊接[2]。战国早期的曾侯乙墓出土的升鼎和钟架，其附饰也是镴焊于主体的[3]。

中国古代青铜器，由于其特殊的功能和特别的技术背景，成形技术形成了近于独占的泥范块范法铸造体系，并通过内在的一系列发明——泥芯撑、铜垫片、活块模范、铸接（后铸、先铸）和焊接以及复杂的铸接与焊接并用的方式，创造了辉煌的中国青铜文化，成为人类技术史和艺术史上的不朽杰作。

1　John A. Pope, Rutherford John Gettens, James Cahill et al., *The Freer Chinese Bronzes*, Volume I, Catalogue, Washington: Smithsonian Publication, 1967, pp.284–289.

2　赵世刚先生的分析是 169 块泥范和泥芯。赵世刚：《淅川下寺春秋楚墓青铜器铸造工艺》，见河南省文物研究所、淅川县博物馆等：《淅川下寺春秋楚墓》，文物出版社，1991 年，第 385 页。

3《曾侯乙墓》（上），文物出版社，1989 年，第 192~193 页。华觉明：《曾侯乙编钟簨虡构件的冶铸技术》，《江汉考古》1981 年 S1 期，第 11~13 页。

以生铁为本的钢铁冶炼技术

华觉明 黄兴

◎ 中国最早发明了生铁冶铸技术。以此为契机，涌现了铁范、铸铁柔化术、灌钢、大型铁铸件等一系列重大发明创造，构成具有自身特色的、先进的钢铁冶炼技术体系，造就了历时 2000 余年的辉煌的钢铁文明。

一、冶铁术是划时代的重大发明

铁矿藏分布甚广，其蕴量约占地壳总重的5%，在各种金属中仅次于铝。

纯铁柔软，生铁脆硬，但通过渗碳、脱碳可使铁变性成钢或可锻铸铁，具有远较青铜为优的强度和韧性，且可使用淬火、回火等工艺，在较宽广的范围内予以调节。

铁的这些特点和优点——质优、价廉、适应性强，能用作各类工具、兵刃、构件和日用器具，在古代是其他金属和非金属材料所不能比拟的。唯有铁才能最终取代石器和青铜器，使人类步入社会经济文化大发展的铁器时代。

在人类早期使用的原材料中，铁是最重要的。无论在世界上哪个地区，冶铁术的发明都是划时代的重大事件。

二、以铁为本的中国古代钢铁冶炼技术

在古代的技术条件下，将铁矿物还原为铁，常用的有两种方法。

一种是低温固态还原法。

它是在碗式炉或较低矮的竖炉内，用木柴或木炭作燃料和还原剂，在较低温度下（约1000℃）使氧化铁还原成疏松的海绵铁，再经锻打、挤渣成为熟铁。钢是由块炼铁经反复锻打和渗碳制得的。

另一种是高温液态还原法。

它是在高大的竖炉内，用木炭或木柴、煤炭作燃料和还原剂，以高温将氧化铁还原并增碳成为液态生铁，再从炉中放出，铸成锭块或浇铸成器。钢可由生铁经脱碳热处理获得，也可将生铁炒成熟铁再与生铁合炼成钢[1]。

居住在小亚细亚的赫梯人在约纪元前二千纪前期最早发明了冶铁术，使用的是块炼法。之后，传播到了欧洲、北非等地，一直沿用到13世纪及稍后时期。

中国在初期也使用块炼铁。和西方不同的是，在这之后不久，先民们就发明了生铁冶铸术并随即跻之于主流地位。以生铁为本是中国古代钢铁技术最大的特点和优点，一系列重大发明和技术成就由是涌现。

1 中国和西方都有多种制钢术，如坩埚制钢、锻合成钢和各类渗碳工艺等。限于篇幅，恕不备述。

图 1　玉柄铁剑（出自河南三门峡虢国墓地，西周晚期）

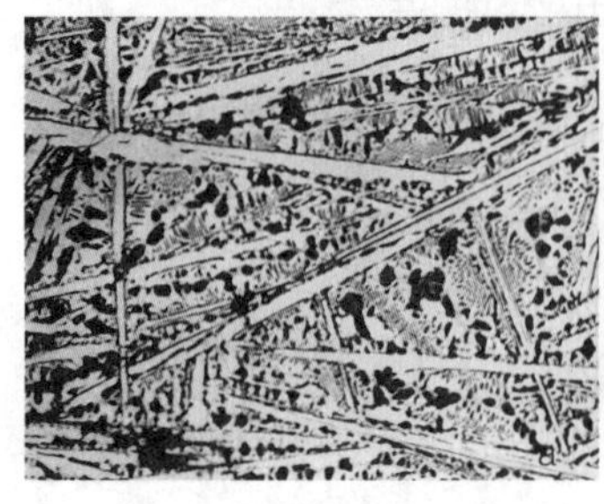

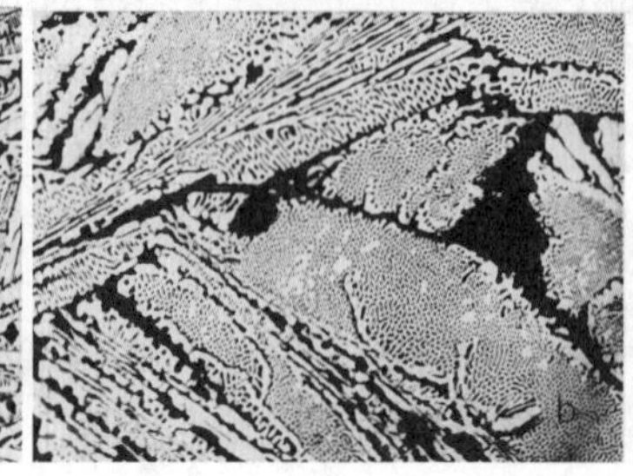

图 2　铁器残片的金相组织（a）、过共晶白口铁（b）（出自河南三门峡虢国墓地，春秋中期）

（一）生铁冶炼

已知中国最早的人工冶铁制品，是河南三门峡虢国墓地所出的玉柄铁剑（图 1）、铜骹铁叶矛和铜内铁援戈，分别属块炼铁和块炼渗碳钢材质，年代为西周晚期（约前 8 世纪）；已知最早的生铁制品是山西天马曲村出土的两件铁器残片，分别为过共晶和共晶白口铁材质（图 2），年代属春秋早期和中期（约前 8—前 7 世纪）[1]。

目前已发现最早的冶炼生铁的竖炉位于河南西平县酒店乡，为战国后期的遗存。经研究、复原，得知炉体高约 4 米，炉容约 5 立方米，炉缸以上有明显的炉腹角，鼓风口位于炉缸中部。炉底设有风沟（图 3）。这样的炉型和水平的鼓风方式，可有效减轻炉壁烧蚀，炉料不易压实，气流能抵达炉的中央部位，保持炉缸活跃，风沟的设置则有利于铁水保温和防止炉缸事故。近代西方高炉也采用类似的炉型设计[2]。

西汉为增加铁的产量，曾建造大型椭圆形竖炉，如郑州古荥冶铁炉的炉缸内径达 2.3～3.1 米，炉容在 20 立方米以上（图 4）[3]。但基于各方面条件的制约，汉代及稍后时期仍采用炉高 35 米，内径 1.5～2 米的中小型圆形竖炉。

宋辽时期是竖炉冶炼的又一高峰，炉体用石块砌筑，炉型曲线更加分明，炉容增大。河北武安矿山村北宋竖炉高达 6.4 米，为现存最高的中国古代竖炉（图 5）[4]。

1　河南省文物考古研究所、三门峡市文物工作站：《三门峡虢国墓》，文物出版社，1999 年，第 539~573 页；韩汝玢：《中国早期铁器的金相学研究》，《文物》1998 年第 2 期，第 87~96 页。

2　黄兴：《中国古代冶铁竖炉炉型研究》，北京科学技术大学博士学位论文，2014 年，第 50~53、89~91、124~132、200~203 页。

3　刘云彩：《中国古代高炉的起源和演变》，《文物》1978 年第 2 期，第 18~27 页。

4　黄兴：《中国古代冶铁竖炉炉型研究》，北京科学技术大学博士学位论文，2014 年，第 28、57~60、67~69、97、141~146 页。

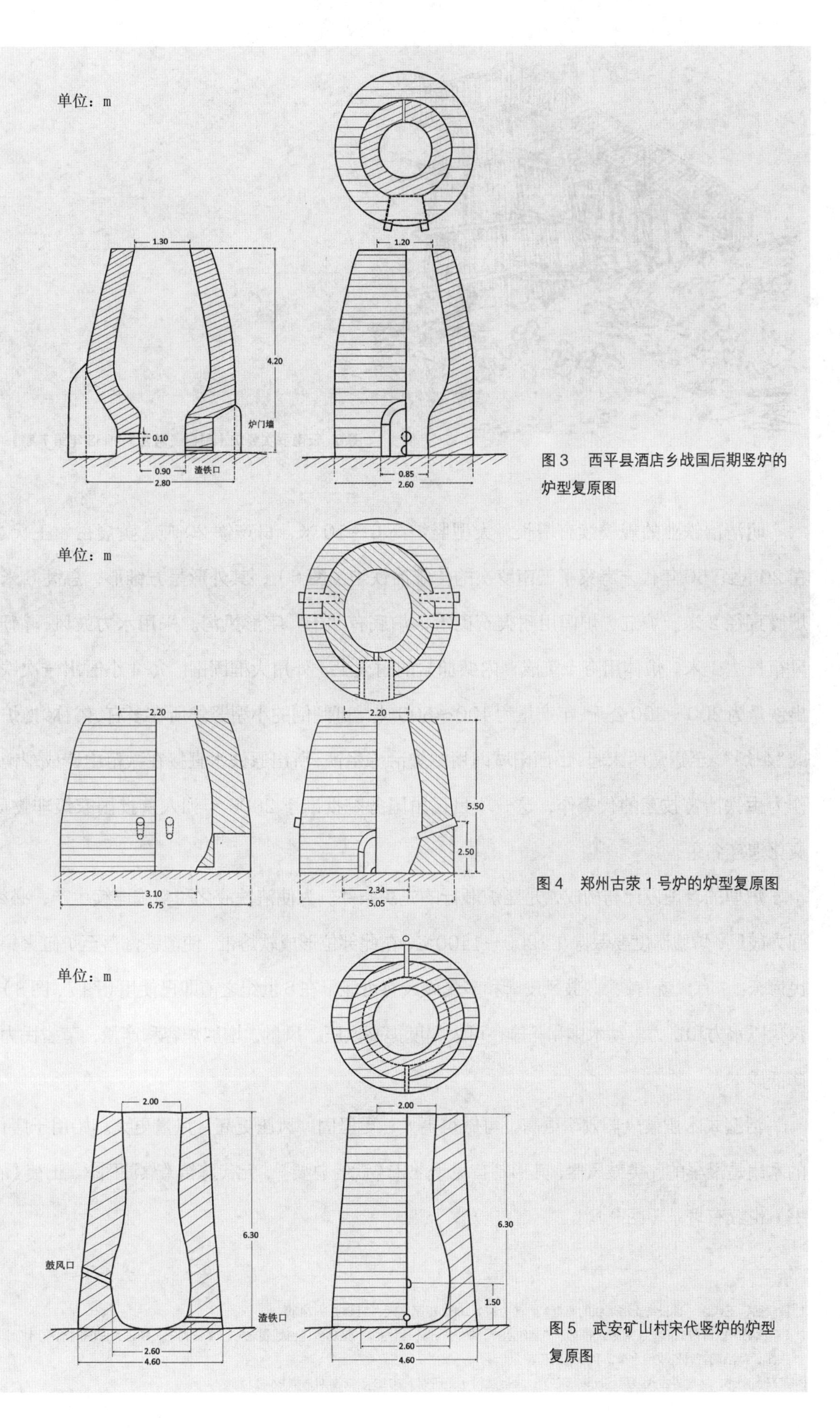

图 3　西平县酒店乡战国后期竖炉的炉型复原图

图 4　郑州古荥 1 号炉的炉型复原图

图 5　武安矿山村宋代竖炉的炉型复原图

图6　云南罗次竖炉（引自《考古》1962年第7期）

明清冶铁业的规模续有增长，大型竖炉高6～10米，日产铁20吨，黄展岳、王代之在20世纪50年代末考察了云南罗次的传统冶铁炉（图6），其外形呈方锥形，总高6米，炉腹直径2米。炉缸、炉门用耐火石砌筑，炉底有“十”字形风沟。采用水力鼓风，筒形风箱长达4米。炉体用夯土筑成，内搪加盐的耐火土，外用大框固围。每4小时出一次铁，出铁量为200～300公斤,年产量为400～600吨[1]。可倾倒的小型竖炉所在多有,俗称“搀炉”或“犁炉”。至迟从明末起,山西阳城即用犁炉冶炼生铁,所出原铁水直接在铁范中铸成犁镜。作为生铁冶铸技艺的代表作，这一项目已由国务院批准于2006年列入首批国家级非物质文化遗产名录。

炉型的合理设计与构成，是竖炉顺行的先决条件。为使渣铁液化和实施连续生产，必须强力鼓风，炉腹温度要保持在1200～1400℃，在此部位形成软熔带，使渣铁滴落至炉缸聚集。民谚云：“有风就有铁。”鼓风皮囊和多橐鼓风有可能早在6世纪之前即已使用（图7、图8）。汉代以水力和畜力驱动水排和马排，可大幅度提高风压、风量，增加炉容和产量，节省民力，降低成本[2]。

活塞式木质鼓风器效率更高，可做得更大、更坚固，风压更高，风量更大。始用于唐代的木扇是最早的此类鼓风器，其形制首见于北宋《武经总要》，元代陈椿《熬波图》、王祯《农书》也续有著录（图9）[3]。

1 黄展岳、王代之：《云南土法炼铁的调查》，《考古》1962年第7期，第368~374页。

2《后汉书·杜诗传》记杜任南阳太守时，“造作水排，铸为农器，用力少，见功多，百姓便之”。《三国志·魏志》记旧时冶作用马排、人排，监冶谒者韩暨改用水排，利益三倍于前。

3 黄兴、潜伟：《世界古代鼓风器比较研究》，《自然科学史研究》2013年第1期，第84~111页。

图 7　滕县宏道院东汉画像石的冶铁场景图

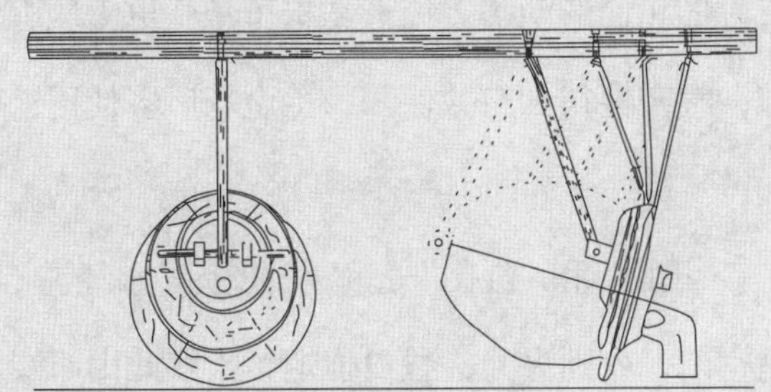

图 8　东汉鼓风皮囊复原图

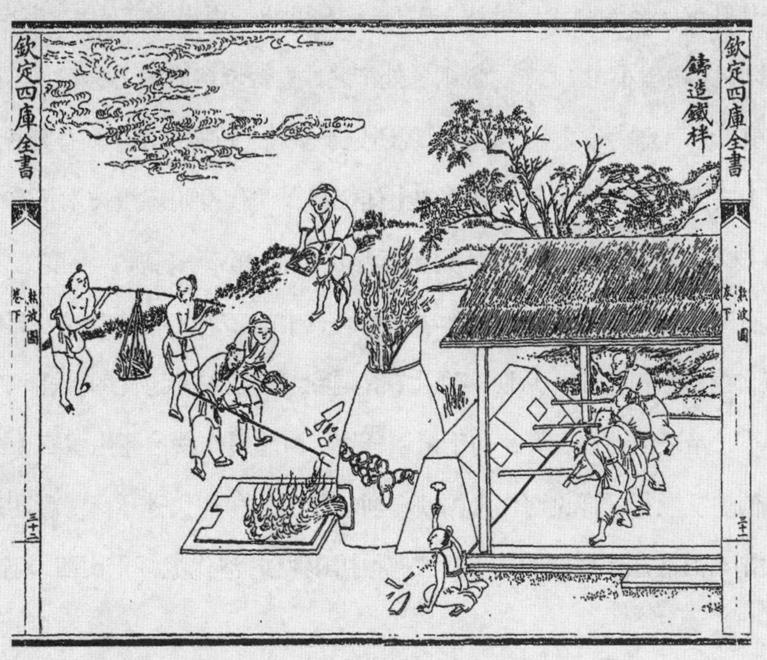

图 9　木扇

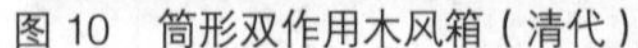

图 10　筒形双作用木风箱（清代）

图 11　方炉炼铁场景（引自李希霍芬《中国》，1882 年）

肇自宋代的双作用活塞式风箱，是鼓风装置的重大改进。它的特点是在推拉过程中可连续供风，工作效率因之大为提高。这种风箱有方形和筒形两类。筒形结构可承受更大压强，筒体整体制就，除两端接口处外没有其他缝隙，气密性得到有效保障，冶金场所多使用这类风箱（图 10）[1]。

古代竖炉多用木炭作燃料和还原剂，故夙有“黑山”和“红山”之称。郦道元《水经注 · 河水篇》引《释氏西域记》云：“屈茨北二百里有山，夜则火光，昼日但烟，人取此山石炭冶此山铁，恒充三十六国用。”论者多引此说，以为北魏已用煤炼铁之依据。宋代采煤、用煤甚盛。元丰年间（1078 年）徐州发现煤矿，苏轼特作《石炭行》记其事，称“根苗一发浩无际……南山栗林渐可息”，已认识到用煤炼铁对保护森林资源、缓解燃料匮缺的重要意义。河南安阳唐坡所出宋代铁锭，经检测含硫量达 1.075%，有可能是用煤炼成的[2]。焦炭至迟在明代已用于炼铁。方以智《物理小识》称：“煤则各处产之，臭者烧熔而闭之称石，再凿而入炉曰礁，可五日不灭，煎矿煮石殊为省力。”类似记载还见于李翊《戒庵漫笔》和孙廷铨《颜山杂记》。焦炭机械强度大、发热量高，是竖炉炼铁的上佳燃料，明代发明炼焦技术是有重要价值的。

竖炉熔炼技术至汉代已趋成熟，所用矿石品位多在 45%～60%，粒度为 1～5 厘米，以石灰石或白云石作熔剂。在高温下，钙、镁离子和矿石中的二氧化硅结合成为低熔点的硅酸盐，形成液态炉渣，由渣铁口排出，从而实现生铁的连续生产。古代遗存的铁渣多为片状，呈玻璃态，碱度较小，足证流动性良好，利于渣铁分离。河北遵化铁冶还用萤石（CaF_2）作熔剂，可降低熔点，使炉况顺行，详见明代朱国祯《涌幢小品》和清代孙承泽《春明梦余录》。

坩埚炼铁是高温液态还原法的又一形式，属中国独创，清代流行于山西、河南、河北、山东、

1　黄兴、潜伟：《世界古代鼓风器比较研究》，《自然科学史研究》2013 年第 1 期，第 84~111 页。

2　韩汝玢、柯俊主编：《中国科学技术史 · 矿冶卷》，科学出版社，2007 年，第 589 页。

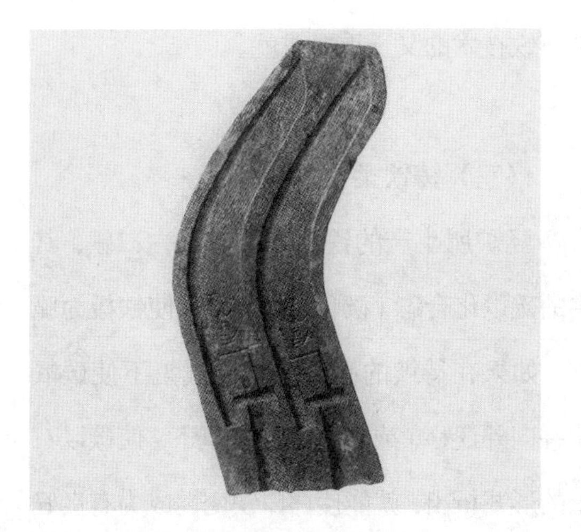

图 12　双镰范（河北兴隆出土，战国）

图 13　河南镇平铁范的金相组织（灰口铸铁，东汉，引自《考古》1982 年第 3 期，图版 12）

辽宁等省，尤以太行山区晋城一代为盛。《咸丰青州府志》称康熙二年（1663 年）孙廷铨召山西铁工，得熔铁之法，是已知最早的文献记载。现场考察表明炉体呈方形（图 11），坩埚高约 30 厘米，内盛富铁矿、无烟煤和黑土（劣质粉煤，用作熔剂），每炉可置放上百个坩埚，以无烟煤为燃料。炉温高达 1450℃，鼓风约一昼夜成铁[1]。1916 年地质调查所统计全国用传统方法炼得的生铁有 17 万吨，其中 7 万吨产自山西，约占总数的 41%，多数是坩埚铁。

（二）铁范铸造

早期铸铁多用泥范，用铁范成批铸造铁器是战国时期冶铁术的重大创新，代表作是河北兴隆铁范（图 12），有斧、锛、锄、双凿、双镰和车具等 6 类 42 件，为燕国官营冶坊“左廪”所铸[2]。河北磁县、石家庄及江西新建也出有镢、斧范。

汉代和魏晋南北朝时期铁范品类和使用范围持续扩大，它们的共同特点是：范的轮廓与铸件形状相符，壁厚均匀，有利于散热和延长使用寿命；范背铸有把手，既便于操持又可增加范的刚度，铁芯的设置具有很高的工艺水平，即使在现代也不易做到。如渑池北魏铁器窖藏有犁、双柄犁、铧、锄、斧、镰、镞、锤、板材等类铁范共 152 件[3]。更重要的是铁范材质的改进，兴隆铁范为过共晶白口铁，西汉初期的莱芜铁范属麻口铁，而渑池铁范已大都为性能更好的灰口铁材质（图 13）。早在西汉已获得性能较白口铁为优的灰口铸铁，之后引用于铁范的制备，这

1　范百胜：《晋城坩埚炼铁的调查》，《金属史文集》，上海科学技术出版社，1983 年，第 143~149 页。

2　郑绍宗：《热河兴隆发现的战国生产工具铸范》，《考古通讯》1956 年第 1 期，第 29~35 页。

3　渑池县文化馆、河南省博物馆：《渑池县发现的古代窖藏铁器》，《文物》1976 年第 8 期，第 45~51 页。

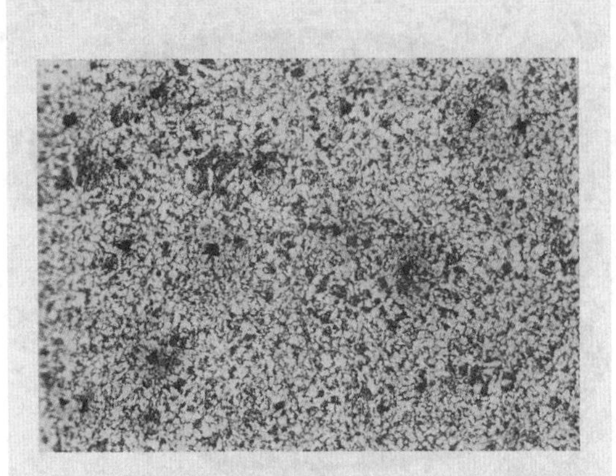

图 14　山西长治屯留河墓所出环首刀的金相组织（白心可锻铸铁，战国中晚期，引自韩汝玢、柯俊主编：《中国科学技术史·矿冶卷》，科学出版社，2007 年，第 433 页，图 7-3-21）

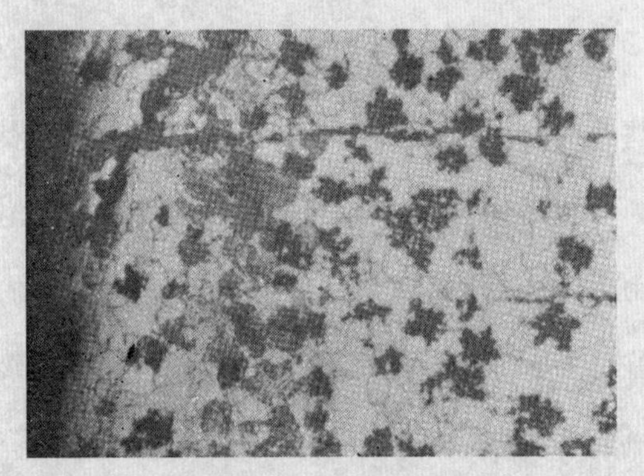

图 15　南阳瓦房庄冶铸遗址所出铁锸的金相组织（有球状石墨的可锻铸铁，东汉，引自《自然科学研究》1982 年第 1 期，图版 4）

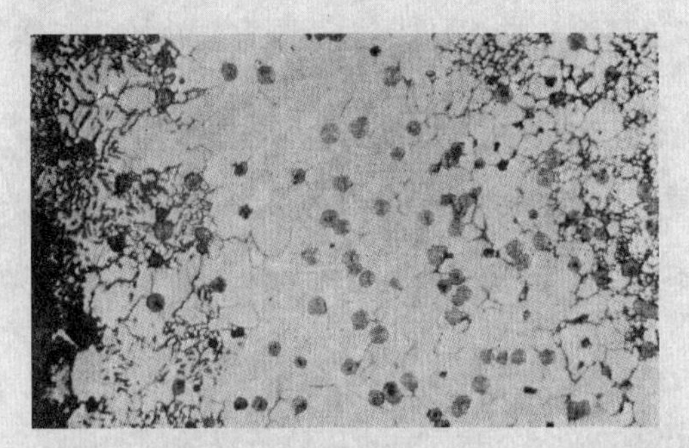

图 16　巩义铁生沟冶铁遗址所出铁锛的金相组织（有球状石墨的可锻铸铁，西汉，引自戚墅堰机车车辆厂工艺研究所理化室，《汉代铁锛的金相检查及制造工艺的讨论》，《球铁》1979 年第 1 期）

是铸铁技术的又一重要成就。

（三）铸铁柔化

竖炉所生产的铁在初期多为白口铁，其中的碳以化合态（碳化铁）存在，使铁极为脆硬。如果在持续的高温和氧化气氛下使碳氧化并向外迁移，或者在中性气氛下，使碳以石墨的形式析出，就能使白口铁变性成为有良好韧性和强度的白心或黑心的可锻铸铁。

正是基于上述原理，早在战国时期，在生铁冶铸术发明后不久，中国的铸师就采用柔化处理技术获得了白心和黑心的可锻铸铁（图 14、图 15 ）。实物检验表明，河南洛阳、辉县、南阳，湖南长沙，河北易县、武安、石家庄，湖北黄石等地都出土有战国时期的这类铁器，尤以农具为多。汉魏时期，铸铁柔化术持续改进，已较少出现外熟里生的脱碳不完全的白心可锻铸铁，并能获得石墨性状与现代球墨铸铁相当、机械性能良好的有球状石墨的可锻铸铁（图 16）。[1]

铸铁柔化的工艺实施，是在退火窑内成批进行的。早期的木炭生铁含碳量多在共晶点（C 4.3%）附近，其他元素含量很低，有利于石墨析出。可锻铸铁的坯件必须是白口铁，如果坯件已有石墨析出，则退火后石墨长大，将使工件性能变劣甚至报废。铁范铸造可保证得到白口铁，又由于导热良好，促使铸件激冷，晶粒细化，分解趋向强烈，可

1　华觉明：《汉魏高强度铸铁的探讨》，《自然科学史研究》1982 年第 1 期，第 1~12 页。

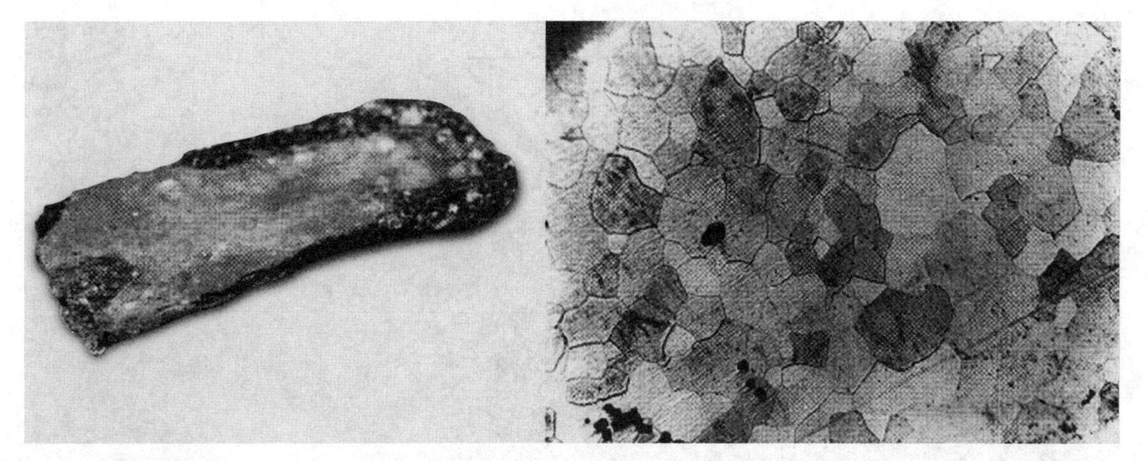

图 17　古荥汉代遗址所出板材及其金相组织（铸铁脱碳钢材，引自《中国科学技术史·矿冶卷》，第 611 页，图 10-2-6）

加快和完善石墨化进程。由此可见，铁范的广为使用和铸铁柔化的普及是紧密相联的。实物检测表明，战国、西汉铸铁农具半数以上是经过柔化处理的，足证这一技术对该时期经济发展所起的巨大作用。有些国外学者曾质疑在使用脆硬易折的生铁器件的情况下，中国怎么能在战国就进入了铁器时代。以上有关铁范铸造和铸铁柔化术的论述，回答了这个问题。

（四）铸铁脱碳成钢

成型的板状、条状铸铁件在氧化气氛中经高温脱碳处理可得到钢的金属组织，不析出或很少析出石墨。至迟在战国初期，中国已发明了这种新颖、独特的制钢术。其热处理工艺虽和白心可锻铸铁的柔化处理相似，但加工对象是板材或条材而非成形铸件；得到的钢材须经过反复的锻打，消除缩孔、缩松等铸造缺陷，使金属组织更为致密，从而获得优质的成形钢件。两者的成材理念和工艺措施是有区别的。迄今所知最早的铸造板材、条材的陶范出自河南登封阳城战国早期遗址。经鉴定，该遗址所出的 10 件铸铁件，有 8 件经脱碳处理成为熟铁和低、中碳钢。南阳、古荥所出成批板材、条材（图 17），郑州东史马出土的铁剪，以及渑池窖藏出土的板材和钢质农具与工具都属于此类材质，表明这项发明从公元前 5 世纪到 6 世纪一直发挥着重大作用[1]。

（五）炒铁和炒钢

传统的炒铁术以生铁片、生铁块为原料，在炉中加热至半熔融状，经翻炒，铁中的碳被

1　韩汝玢、柯俊主编：《中国科学技术史·矿冶卷》，科学出版社，2007 年，第 609~613 页。

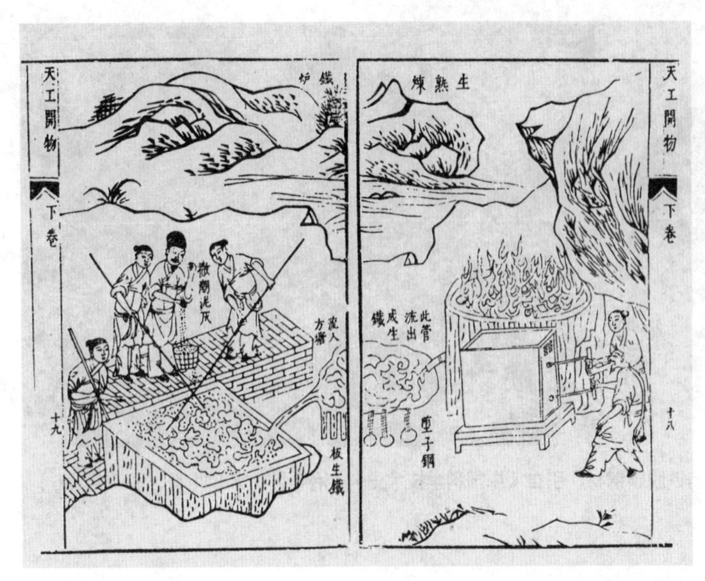

图 18　生熟炼铁炉（引自《天工开物·五金篇》）

氧化，温度随之升高，硅、锰等成分经氧化生成夹杂物。随着碳分的降低、铁料的熔点升高，成为固态的熟铁，再经锻打、挤渣便可成材[1]。有学者认为，炒炼时如控制得当，能得到低、中碳钢或高碳钢[2]。

中国早在西汉中期稍后就发明了炒铁术，是由其钢铁技术的独特发展所决定的。铸铁柔化和脱碳成钢的长期实践，导致有意识地在高温下炒炼生铁料，使之氧化脱碳成为熟铁。现已发现的最早的炒铁炉，位于河南巩义铁生沟冶铸遗址。

传统型式的炒铁炉有地炉、反射炉和生熟炼铁炉三种，至 20 世纪上半叶仍由各地沿用。后者见于宋应星《天工开物·五金篇》："若造熟铁，则生铁流出时，相连数尺内低下数寸，筑一方塘，短墙抵之。其铁流入塘内，数人执持柳木棍排立墙上，先以污潮泥晒干，舂筛细罗如面，一人疾手撒滟，众人柳棍疾搅，即时炒成熟铁。"（图 18）欧洲于 18 世纪末在反射炉中用搅炼法将生铁水炒成熟铁，再在平炉中和生铁合炼成钢。《天工开物》所载炒铁法与搅炼法类似，所得熟铁与生铁合炼成灌钢。它们都属于二步炼钢法，工艺思想是先进的。

炒铁术是划时代的重大发明，它不仅为社会提供了大量价廉易得的制钢原料，而且直接导致灌钢的发明。这对于中国从早期铁器时代到完全的铁器时代的转变，具有关键的意义。

晋隋间著作《夏侯阳称经》和《明会典》《武备志》《武编》《涌幢小品》《神器谱》《广东新语》等古籍都有生铁炒制或炼制熟铁的记载，足见这一发明自公元初起，历经 2000 年

1　华觉明：《中国古代金属技术——铜和铁造就的文明》，大象出版社，1999 年，第 383~385 页。

2　韩汝玢、柯俊主编：《中国科学技术史·矿冶卷》，科学出版社，2007 年，第 612~615 页。

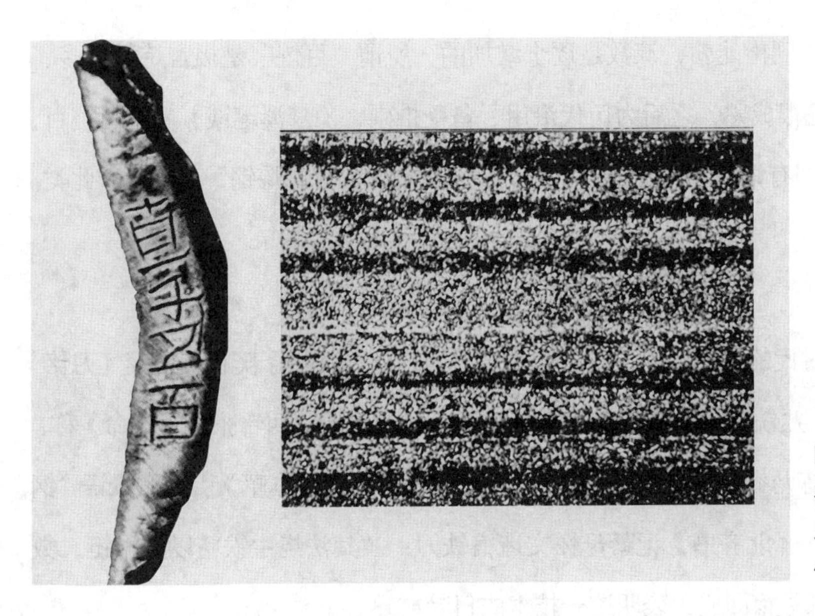

图 19　徐州铜山所出五十湅钢刀及其金相组织（引自《中国科学技术史·矿冶卷》，第 620 页，图 10-4-3、4）

的发展、衍变，派生出多种形式，影响至为深远。

（六）百炼钢

在众多钢种中，百炼钢最为著名。自西晋刘琨写下“何意百炼钢，化为绕指柔”这一脍炙人口的诗句后，“千锤百炼”“百炼成钢”便成为人们的习语，百炼钢也理所当然地被视为钢中之最。

按渗碳制钢因增加了锻打次数，质量明显提高，可视作百炼钢的前身。炒铁发明后，百炼钢以它为原料有长足的发展，锻打的火次和折叠的层次随之增多。严可均《全上古三代秦汉三国六朝文》载陈琳《武库赋》谓“铠则东胡阙巩，百炼精钢”，时当东汉末年。曹操《百诫令》有“百辟利器”。曹丕《典论·剑铭》也说：“选兹良金，命彼国工，精而炼之，至于百辟。”《太平御览》引陶弘景《刀剑录》：“蜀主刘备令蒲元造刀五千口，皆连环，及刃口刻七十二湅。”《晋书·赫连勃勃载记》记将作大匠“造百炼钢刀”。证之实物，则有罗振玉《贞松堂吉金图》卷下著录的四川广汉郡工官作于永元十六年（104 年）的卅湅刀；1974 年山东苍山出土的环首刀有错金铭文“永初六年五月丙午造卅湅大刀吉羊宜子孙”。经检验得知，此刀由炒铁反复折叠锻打而成，刃口有马氏体，曾经淬火处理[1]。又，江苏徐州铜山出有建初二年（77 年）蜀郡工官所造五十湅刀（图 19），日本熊本县出有 5 世纪前期的八十湅刀。石上神宫藏有来自百济、作于 4 世纪后期的百炼七支刀。

1　李众：《中国封建社会前期钢铁冶炼技术发展的探讨》，《考古学报》1975 年第 2 期，第 1~22 页。

这样看来，从东汉中期到南北朝，湅数是逐步增加的。所谓“百炼”是极言炼数之多、锻制之精。百炼钢在东汉已很成熟，之后为历代沿用、备受推崇，《梦溪笔谈》《本草纲目》《天工开物》《海国图志》都有记载。《册府元龟》所载五代荆南的“九炼钢”，也属于此类。

（七）灌钢

制钢是中国早期铁器时代的弱项。炒铁的发明为突破这一瓶颈提供了契机。王粲《刀铭》称“灌辟以数”，说明生、熟铁合炼成钢的技术于东汉末年已具雏形。西晋张协《七命》称：“销逾羊头，镤越锻成，乃炼乃铄，万辟千灌。”《重修政和经史证备用本草》引陶弘景语“钢铁是杂炼生鍒作刀镰者”。《北齐书》记綦母怀文造宿铁刀：“其法烧生铁精以重柔铤，数宿则成钢。”从万辟千灌到数宿即成，表明这一技术的日趋成熟。

宋代沈括的《梦溪笔谈》称：“世间锻铁所谓钢铁者，用柔铁屈盘之，乃以生铁陷其间，封泥炼之，锻令相入，谓之团钢，亦谓之灌钢。”这是古籍中首次出现“团钢”“灌钢”两词。这种技法既减少了灌炼次数，又用封泥造渣和保护，比宿铁法显有改进。明代唐顺之的《武编》已记载改用生、熟铁片合炼；或将生铁和熟铁共同加热，待生铁将熔时，置熟铁上“擦而入之”，《天工开物》和《物理小识》亦有类似记载，亦即清代至近代仍盛行于苏、皖、鄂、湘、川、闽等地的“抹钢”和“苏钢”。

灌钢的发明、成熟与推广，弥补了旧时制钢术的不足，它是中国独有的制钢技术，标志着自然经济结构中的手工业生产方式所能提供的钢铁冶炼品类业已齐全，使以生铁为本的传统钢铁冶炼体系得以完备。

（八）夹钢、贴钢和擦生

吉林榆树老河深汉墓出土的环首刀，本体为低碳钢，刃口为含碳 0.7% 的钢，二者有明显的分界，是早期的贴钢制品[1]。《北史·艺术列传》记綦母怀文造宿铁刀“以柔铁为刀脊”，刀刃则用钢，是已知有关夹钢的最早文献记载。《梦溪笔谈》称：“古人以剂钢为刃，柔铁为茎干，不尔则多断折。”《天工开物·锤锻篇》记述了刀、斧、刨、凿或贴钢或夹钢的部位和做法。夹钢、贴钢都属于复合型材质，外坚内韧，刚柔兼备，两类材料各得其所，既合用又耐久，在我国古代被广泛用以制作工具和刃具。

擦生又称生铁淋口，《天工开物·锤锻篇》云：“凡治地生物用锄镈之属，熟铁锻成，

1　韩汝玢、柯俊主编：《中国科学技术史·矿冶卷》，科学出版社，2007 年，第 809 页。

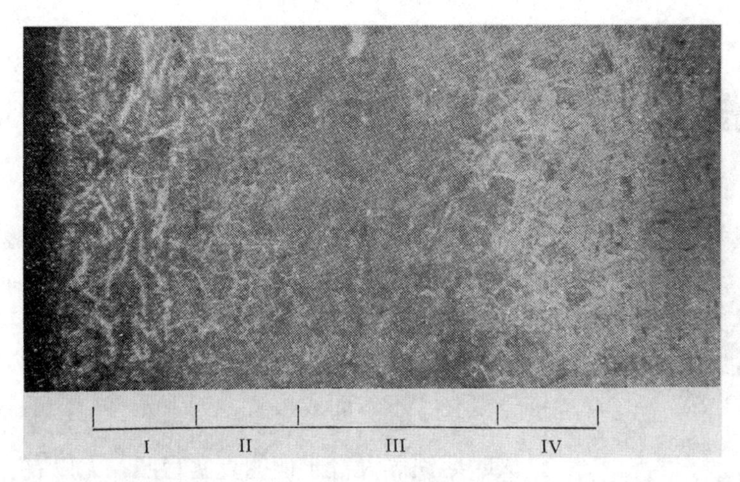

图 20　擦生锄板过渡层的金相组织（自右向左，含碳量逐步增高，引自《科学史集刊》1966 年第 9 期，第 75 页，图 2）

熔化生铁淋口，入水淬健即成刚劲。每锹锄重一斤者，淋生铁三钱为率，少则不坚，多则过刚而折。”这是一种独特的表面渗碳工艺，20 世纪 60 年代仍在各地使用，又称“铺生”和“煮生”，所作农具利土省力，可自行磨锐又经久耐用，很受群众欢迎（图 20）[1]。

三、灿烂辉煌的中国钢铁文明

人类最先使用的是陨铁，然后才有冶铁术的发明。已知中国最早的陨铁器件是河北藁城和北京平谷出土的铜钺铁刃，年代为商代中晚期[2]。唐樊绰《蛮书》和段成式《酉阳杂俎》所记南诏国的“天降铎鞘”和“毒槊”也由陨铁制成。论者以为陨铁器的制作和使用，对冶铁术之发生或有某种促成作用。

截至本世纪初，考古发掘出土的公元前 5 世纪的铁制品约 265 件，经金相鉴定的有 42 件，其中 26 件为生铁制品[3]，这表明如上文所述，中国最初使用的人工铁制品也来自块炼法，但很早就发明了生铁冶铸技术并随即占据了主流地位。

春秋战国之交，中国开始进入铁器时代。重大的突破出现于战国中期，据不完全统计，截至 20 世纪 70 年代末，出土的战国中晚期铁器有近 1200 件，分布于 12 省 41 县市的广大地域，种类齐全，可配套使用，农具、工具、容器多为铸制，兵器多为锻制，也

1　张先保、张先禄：《北京平谷刘家河商代铜钺铁刃的分析鉴定》，《文物》1990 年第 7 期，第 66~71 页。

2　凌业勤：《“生铁淋口”技术的起源、流传和作用》，《科学史集刊》1966 年第 9 期，第 71~77 页；河北省博物馆、文物管理处：《河北藁城台西村的商代遗址》，《考古》1973 年第 5 期，第 266 页。

3　韩汝玢：《中国早期铁器的金相学研究》，《文物》1998 年第 2 期，第 87~96 页。

图 21　战国和汉代的铁农具

图 22　陕西米脂东汉画像石牛耕图

有少数铸件[1]。这说明其时七国范围内均已建立了具有一定规模和生产能力的冶铁业，技术水平大体相当，统一的铁器文化业已形成并向百越等地区传播。《管子·海王篇》称："一女必有一针一刀""耕者必有一耒一耜一铫""行服连轺辇者必有一斤一锯一锥一凿""不尔而成事者，天下无有"，正是该时期铁器大行于世的真实写照，尤以农具制作的高端化和使用的普及化为突出（图 21）。这是中国古代史上的一件大事，从而极大地推动了经济、文化的发展，社会整体面貌为之改观。《战国策·齐策一》称："临淄之途，车毂击，人肩摩，连衽成帷，举袂成幕，挥汗成雨，家敦而富，志高而扬。"战国时期经济繁荣、百家争鸣的昌盛局面，是以发达的冶铁生产为基础的。

早在春秋时期（约公元前 7 世纪），管仲即在齐国实施"官山海"[2]亦即盐铁官营的政策。秦国在南阳设郡建铁官。汉承秦制，全国设铁官 49 处，冶铁业迅猛发展，对工农业生产、增强国力起了十分巨大的作用（图 22）。始于西汉中期（约公元前 2 世纪）的炒铁技术，因其操作简便、生产率高，能为社会提供大量质优价廉的制钢原料，百炼钢亦随之勃兴。

魏晋南北朝是制钢术大发展的时期。王粲《刀铭》称"灌辟以数"，以生、熟铁合炼成钢的技术在东汉末年已具雏形。之后，

1　张文彬、孟凡人：《试以考古材料简论战国、西汉时期冶铁业的发展》，《郑州大学学报》（社会科学版）1980 年第 1 期，第 33~41 页。
2　《管子·海王篇》："唯官山海为可耳。"又《盐铁论》："食湖池，管山海。"

经将近四百年的发展日益成熟。唐代李延寿《北史》所记述的宿铁法和《北齐书》略同，并说“今襄国冶家用之”。从万辟千灌到数宿即成且用之于冶家，是灌钢技术趋于定型和推广使用的真实写照。

经过南北朝的长期分裂纷争，随着隋、唐统一国家的建立和经济、文化的繁荣兴盛，冶铁业也发生了巨大变化。唐代后期，南方的铁产量已超过北方，宋代监、冶、务、场的半数以上都在江南。锻铁农具取代铸铁农具，是这一时期的标志性事件。唐宋农业生产远胜前代，农具制作的历史性转变起了重要作用（图23、图24）。从《礼记·礼运篇》“范金合土”到《天工开物·锤锻篇》引民谚称“万器以钳为祖”，适成鲜明的对照。这一期间钢铁技术最重要的成就，是具有中国自己特色的古代钢铁技术体系的定型。在前已形成的技术格局的基础上，经长时期的比较、鉴别和选择，唐宋之际以蒸石取铁、炒生为熟、生熟相和、炼成则刚为主干，辅以渗碳制钢、夹钢贴钢等熔炼、加工工艺完备的钢铁技术体系成为定式，历经千年，一直沿用至近代。

从约公元前5世纪进入铁器时代到12世纪，1700年间世界上唯中国铁水长流；也唯独在中国，铁有生、熟之分[1]。罗马时期的块炼炉日产铁约50磅（约22.68公斤），汉代大型竖炉日产达1吨。块炼铁渗碳制铁，

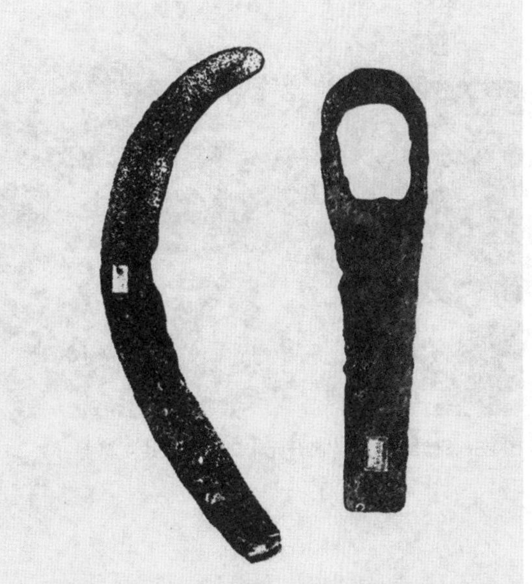

①铁镬和铁镰（三门峡市出土，引自华觉明等：《中国冶铸史论集》，文物出版社，1986年，第8页，图5）

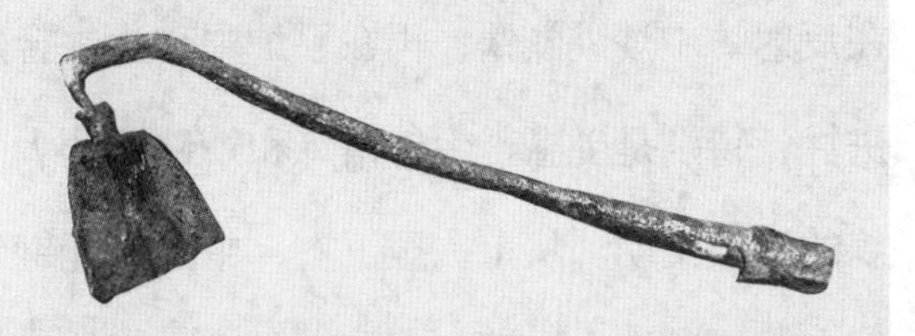

②铁锄（河北易县出土，引自北京科技大学冶金与材料史研究所编：《铸铁中国》，冶金工业出版社，2011年，第34页，右上图）

图23　唐代锻制农具

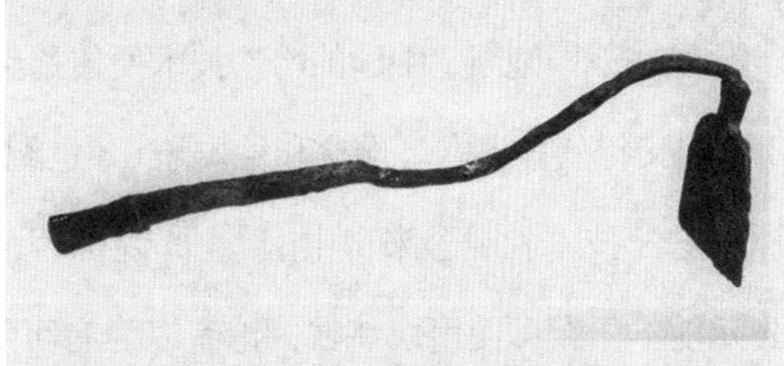

铁锄

图24　北宋锻制农具（引自华觉明：《中国古代金属技术》，大象出版社，1999年，第417页，图11-2，c）

1　铁未炒为生，既炒则熟。铁分生、熟，当在炒铁术发明之后，《昭明文选》卷三五引《淮南子·修务篇》“苗山之铤，羊头之销”。东汉许慎注“销，生铁也”可证。英文中的wrought iron，意为经锻打的铁亦即熟铁；生铁则为pig iron，由砂床中铸成的铁锭形似一窝小猪得来。

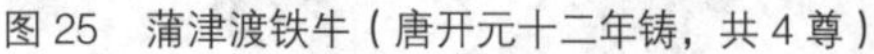
图 25　蒲津渡铁牛（唐开元十二年铸，共 4 尊）

图 26　沧州铁狮（五代，铸于后周广顺三年）

6～8 小时才能渗入 2 毫米，而地炉炒铁每小时可得熟铁 10～15 公斤，再和生铁合炼成钢，劳动生产率数倍于块炼渗碳法。中国以生铁为本的传统钢铁冶炼技术和现代用竖炉冶炼生铁、在反射炉中炒成熟铁，再在平炉中和生铁合炼成钢的技术路线是一致的。正是基于技术的先进性，特别是受惠于生铁冶炼和炒铁这两大先着，中国人创建了长期位居世界前列的灿烂辉煌的钢铁文明。从上古至近古，中国从无钢铁短缺之虞，不但涌现了一系列重大发明，而且拥有蒲津渡铁牛（图 25）、沧州铁狮（图 26）、当阳铁塔等世上独有的大型、特大型铸铁件。如李约瑟所说：“从公元 5 世纪到 17 世纪，唯有中国人而不是欧洲人，能得到他们所企求的那么多的铸铁，并惯于用先进的方法制钢。”[1] 考格兰则盛赞“中国人是世界上第一个生产堪称规模宏大的重型铸铁件的民族”，“在铸作具有巨大尺寸的铸铁件方面，显示了伟大的技术和能力”[2]。

早在战国晚期，中国的冶铁技术便传播到了朝鲜半岛，西汉武帝时期传入中亚和东南亚，3 世纪又传到了日本。瑞典和德国于 13 世纪已用高炉冶炼生铁[3]。李约瑟和泰利柯特认为欧洲的这一技术和观念来自中国[4]。此说确否，尚待证实。技术传播常是双向的。新疆地区在公元前一千纪即使用块炼铁，论者以为有可能是从中亚传入的。原产于伊朗、印度的镔铁约

1　Joseph Needham, *The Development of Iron and Steel Technology in China*, London：Newcomen Society，1958.

2　H. H. Coghlan, *Notes on Prehistoric Copper and Early Iron in the Old World*, Oxford, 1956, p.85.

3　G. Magnusson, “Iron Prduction, Smelting and Iron Trade in the Baltic during the Late Iron Age and Early Middle Ages（5th–13th Centuries），” Jansson J.(ed). *Archeology East and West of the Baltic*, Stockholm: Stockholm University, 1995, pp.61–70; A. Jockenhovel, “The Beginning of Blast Furnace Technology in Central Europe,” *Historical Metallurgy Society News*, Vol.37（1997）：4–5.

4　Joseph Needham, “Chinese Priority in Cast Iron Metallurgy,” *Technology and Culture*, Vol.5，No.3（1964）. 泰利柯特在《冶金史》一书中认为：“无论是铸铁的观念还是若干技术细节，都是从东方传到欧洲的。”参见中译本《世界冶金史》，科学技术文献出版社，1986 年，第 168 页。

于南北朝时期传入中国，唐代慧琳《一切经音义》和明代曹昭《格古要论》记述了这一著名钢种的制作方法和花纹特点。

统观中国古代钢铁技术的发展历程，重大发明创造多肇自隋唐以前，唐宋是技术消化、选择和定型的时期。宋代以后，皇权专制统治由盛转衰。明清两代因人口增长和民生需要，冶铁业续有增长，但在政治、经济的重压下，已丧失了前进的动力，再无大的建树，更新和改观唯有等待新时代的来临。

四、中国古代钢铁冶炼技术特色之成因

对于技术史研究来说，“是什么”的确证相对要容易一些，“为什么”的索解则困难得多。生铁冶铸术为什么由中国人发明而且如此之早，是许多人感到困惑的问题。本文试对此作一析解：

众所周知，中国商周冶铸业的发达和技术之精湛举世罕有。上古典籍常将“陶冶”“陶铸”并举，青铜冶铸是在制陶业的基础上发展起来的。白陶的烧成温度已高达1200℃。陶土练制、陶器的制作和烧造为青铜冶铸所需的高温技术、造型材料及成型工艺作了充分准备。从夏初到战国，铸造在金属工艺中一直据有统治的地位，绝大多数器件由铸造成型，从而形成了影响至为深远的以铸为主的工艺传统。

中国的手工技艺早在氏族社会就有部落间的专业分工，如昆吾氏即以善冶著称。西周时期“工商食官”，手工业由官府掌控，工匠世守其业，具有人身依附的身份；其子弟自幼即从父兄习艺，如《礼记·学记》所说“良冶之子，必学为裘”[1]。正是基于以铸为主的工艺传统和“工之子恒为工”的匠籍制度，古代铸师才具有常人难以企及的鬼斧神工般的高超技能。当新的金属材料——铁出现时，他们几近本能地施之以世代相传的成法，将铁矿石置炉中化成水，再铸成锭块或器件。西方在罗马时期也曾得到生铁，但被铁匠们视作废料而舍弃。中国则不然，面对生铁脆硬、不堪用作农具和工具这一难题，铸师们并不弃之别图，而是坚守传统，别开生面地采用铁范铸造、铸铁柔化等技法，使生铁变性，得以推广使用，从而把中国从青铜时代推进到铁器时代。在古代技术条件下，白口铁需经8～10昼夜的高温处理才能成为可锻铸铁。起初，得到的是不完全的白心可锻铸铁。之后，改进了工艺，延长了生产周期，3昼夜不成就6昼夜，6昼夜不成就10昼夜，锲而不舍，坚铁乃柔，终于在不背离传统的格

1 清代林春溥《开卷偶得》引《黄氏日钞》释“裘”为皮囊，俗称“风裘”，而不是唐代孔颖达疏所称的“衣裘”。

局下闯出了一条新路。试想，这得有多大的勇气、毅力和智慧。

中国古代钢铁技术的先进和多彩，还得益于以"和"为核心的技术思想。在先哲们看来，道无所不在，举凡声律、烹饪、医药、技艺，其核心理念都是一个"和"字；所用术语也是相通的，如烹调有蒸、煮、煎、炒，冶铁也有"蒸矿""煮石""煎铁""炒铁"之称。《盐铁论·水旱》云："家人合会，褊于日而勤于用，铁力不销铄，坚柔不和。"铁质过坚过柔，都是不和亦即和的反面——乖的表现。为此，需用和的方法与手段使之和顺，诸如渗碳、柔化、生熟合炼等[1]。

由此看来，生铁冶铸在中国的早期出现及之后的发扬光大，固无关乎矿石之特性或其他，而是中国古代特定条件下，技艺承传、工艺传统、技术思想诸因素综合交互作用的结果。

技术是物质的也是精神的，是历史的也是现实的。如上所述，赋存在技术之中，引领和支撑着它的萌生、成型和发展的，是技术思想主导下既成格局的传承和更新。技术的形而上和形而下互为因果、相辅相成，前者的作用是决定性的。

1 华觉明：《中国古代金属技术——铜和铁造就的文明》，大象出版社，1999年，第555~559页。

运河与船闸

张伟兵　周魁一

◎　我国大运河建设历史悠久。从开凿相邻流域的区间运河开始，最后形成以京杭运河为骨干的沟通各大水系的全国水运网络系统。中国大运河的产生和发展，不仅展现了古代水利科技领先于世界的卓越成就，而且还关联着中国国家发展的历史进程，对中国社会发展产生了重要影响。

◎　我国是世界上修建船闸最早的国家。古代运河船闸的发展经历了单门船闸、复闸和澳闸三个阶段。宋代是古代船闸技术发展的巅峰时期，984 年出现的复闸，是现代船闸的雏形，比欧洲第一座船闸的出现早约 400 年。

卓然独立于世的中国大运河

张伟兵　周魁一

“运河”一词，国际词典通用的定义是人工开凿的通航水道，如苏伊士运河、巴拿马运河等。就我国古代而言，运河可分为狭义和广义两种，狭义的运河即国际上对运河的定义；广义的运河还包括利用自然河流、湖泊开挖的水运通道[1]。我国主要河流水系大多自西向东流，中间为同向的分水岭，南北方向缺少沟通，给以水路为骨干的古代交通带来困难。在漫长的中华民族发展史上，为扩大活动空间，满足政治、经济、军事及社会文化交流等方面的需求，历代或利用便利的天然河湖水系条件开挖水运通道，或克服地形高差和水源不足的困难开挖人工运河，形成以都城为终点的沟通各大水系的全国水运网络系统，我们可以称之为中国大运河。中国大运河形成过程复杂，经历了多次扩建和改建，其中以隋代和元代两次大规模的改建和扩建最为关键，最后形成以京杭运河为骨干的南北大运河。在世界水运史上，中国大运河开凿时间之早、流经距离之长、航运能力之大、工程设计之精巧及持续发挥效益之长久，都堪称世界之最。中国大运河和万里长城，就像写在中华大地上的“人”字，成为中华民族精神的象征。

一、联通相邻流域的区间运河的开凿

《尚书·禹贡》记载，传说大禹治水时在今黄河流域已有天然河流上的水运交通。春秋时代已见运河记载,《史记·河渠书》中,司马迁系统描述了春秋战国时代开凿运河的盛况,“荥阳下引河东南为鸿沟，以通宋、郑、陈、蔡、曹、卫，与济、汝、淮、泗会。于楚，西方则通渠汉水、云梦之野，东方则通（鸿）沟江淮之间。于吴，则通渠三江、五湖。于齐，则通

1　王健：《几个值得注意的中国大运河“常识”》，《中国文化报》，2012 年 9 月 20 日第 14 版。

淄济之间。于蜀，蜀守冰凿离碓，辟沫水之害，穿二江成都之中。此渠皆可行舟，有余则用溉浸，百姓享其利"，勾绘了运河建设的繁荣景象。中国古代以实物税收作为政府的主要财源，而且在农业社会大部分的支付方式是粮食。而中央政府、贵族、军队又主要集中于首都地区，需要各地方政府将征收的物资输往京师。大量的实物输送当然以水运为最适合，基于地形的特点，我国大江大河一般都是由西向东流，再加上由人工开凿的南北向的运河，共同构成巨大的水运网，因此，运河开凿就成为社会发展的必要工程建设，并和防洪、农田灌溉一起成为国家和社会保障的重点任务。和平时期如此，战争期间作为军需的保障，运河更有其难以替代的作用。在运河初创期，它的重要价值就已得到彰显。以下以邗沟和鸿沟、胥溪运河和破岗渎，以及灵渠作为本期运河的代表。

（一）邗沟和鸿沟

我国历史上第一条有确切年代记载的运河，是自今扬州至淮安的邗沟。公元前 486 年，吴国为了北上争霸，"城邗，沟通江、淮"，为的是"通粮道也"。（《左传·哀公九年》）邗沟联系了长江和淮河的水运，为这次行动提供了后勤保障。《水经注·淮水》记录邗沟（当时也称韩江、中渎水）经行时说："中渎水自广陵北出武广湖东、陆阳湖西，二湖东西相直五里，水出其间，下注樊梁湖。旧道东北出，至博芝、射阳二湖，西北出夹邪，乃至山阳矣。"即从今扬州北上，经沿途众多湖泊直到今淮安市入淮河，由于利用当地密布的河湖水网，用人工渠道加以沟通，因此难免曲折，又有风浪之险。最大的曲折是在射阳湖上下，运河先是北过高邮后折向东北，再出射阳湖西北入淮。直到东晋永和年间（345—356 年）方才舍弃射阳湖，在湖的西面向北开凿渠道直接入淮。利用天然河湖减少运河施工量是适应当时生产力和军事行动特点的普遍做法。裁弯取直工程表现了运河建设的历史进步（图 1）。

邗沟建成一百多年后，联系黄河和淮河的鸿沟（西汉又称浪汤渠，东汉改道东移，称作汴渠）运河也应运而生。魏惠王九年（前 361 年）迁都大梁（今河南开封），次年即开始分段开挖鸿沟，至魏惠王三十一年（前 339 年）完成。它的经行是由大梁引黄河水，向东折而南，与淮河北面的支流丹水、睢水、涡水、颍水相沟通，构成了贯通黄淮之间的水运交通网，为该地区社会经济发展提供很大的方便，促进了沿河城市的繁荣（图 2）。位于济水、菏水交汇处的陶（今山东定陶）、沙水与鸿沟交汇处的陈（今河南淮阳）、西肥河和颍水入淮处的寿春（今安徽寿县）、睢水岸边的睢阳（今河南商丘）、丹水和泗水交汇处的彭城等都成为当时的大都会。秦汉统一之后，运河有了更大发展，邗沟和鸿沟成为联系首都长安（今陕西西安）和江南地区的骨干运河。

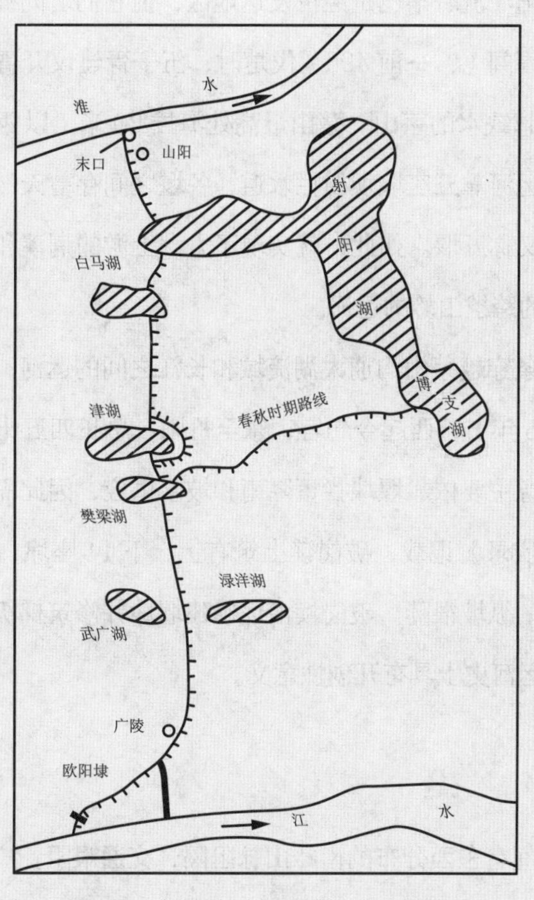

图1　东晋时邗沟水道示意图（选自姚汉源：《中国水利史纲要》，水利电力出版社，1987 年，第 127 页，图 4–7）

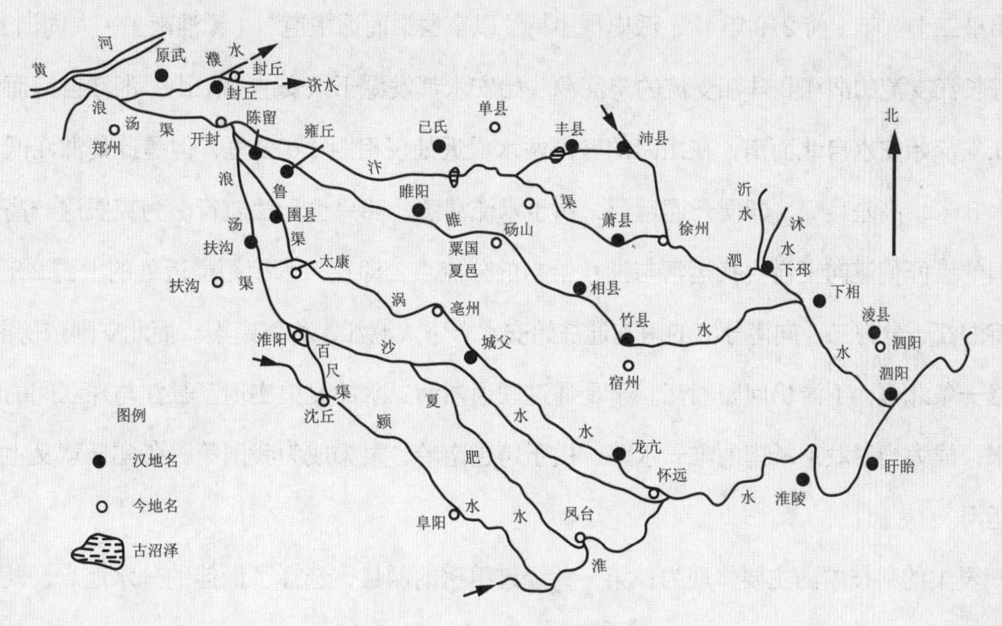

图2　汉浪汤渠及汴渠示意图（据姚汉源《中国水利史纲要》第 82 页图 3–7 改绘）

（二）胥溪运河和破岗渎

江南太湖地区和水阳江流域早已是经济发达地区，但它们之间被一条西南至东北的茅山阻隔而不通水运。吴王阖闾（？—前496）伐楚时，伍子胥建议开胥溪，沟通两个水系。胥溪的关键工程是如何跨越缺水的茅山。茅山最高处海拔20米，以西地区高程降为8米，以东则降为6米，其间的运河靠五座堰坝横拦水道，各堰之间存蓄天然降水或人力车水入堰，因此胥溪有堰渎之称，又称五堰。如此，就实现了太湖上游的荆溪和通过水阳江下注长江的航运通道，成为事实上的跨越山岭的运河。

在茅山以北还有一条穿越茅山沟通太湖流域和长江之间的运河，名为破岗渎。它修建于三国时期赤乌八年（245年），西起今句容，东至丹阳，总长四五十里。破岗渎也是在山岗上开凿的水道，通航水源主要依靠堰埭拦蓄降雨和坡水供应，因此需要修建多级堰埭逐级蓄水，保持航深。《建康实录》记载，破岗渎上筑有上、下14座埭，大约平均3里水路就修建一座埭，说明破岗渎的纵坡很陡。破岗渎沿途修建堰埭并修筑梯级航道的做法，是首次见诸历史文献的记载，在运河史上具有开创性意义。

（三）灵渠

中原与两广地区之间有东西分布的南岭山脉阻隔，交通艰阻。广西兴安县西北的越城岭和西南的都庞岭之间有一条南北向的地理走廊——湘桂走廊，是岭南通往中原的陆路通道。秦始皇统一六国之后即挥师岭南，但大量军需供给受制于山岭阻隔，成为军事行动的障碍。秦始皇二十八年（前219年）[1]，派史禄主持“以卒凿渠而通粮道”（《淮南子·人间训》）。恰好长江支流的湘江和珠江支流的漓江源头始安水都发源于兴安的海阳山，湘江自南而北，漓江支流始安水自北而南，在山岭的鞍部两水最近处仅相距1.6公里，但是此处湘江低于始安水6米，高差悬殊，即便开通运河，由于水流湍急，船只也无法航行。为克服这一高差，秦国的工匠们遂向上游寻找运河与湘江恰当的分流点，即在二水相距最近处的上游2.3公里处将湘江一分为二，向南分流的南支通往始安水，下入漓江，称作南渠。而北支则依傍湘江，另修一条北渠，下游仍回归湘江。于是通过联通湘漓二水的灵渠实现了长江与珠江间的水运往来，成为当时联系岭南的唯一水路。由于跨越南岭，灵渠成为我国第一条实质意义上的越岭运河。

灵渠的科技内涵主要体现为：第一，经过缜密的测量，选择了最佳的分水地点，既节省

---

1 参见郑连第：《灵渠工程史述略》，水利电力出版社，1986年，第64页。

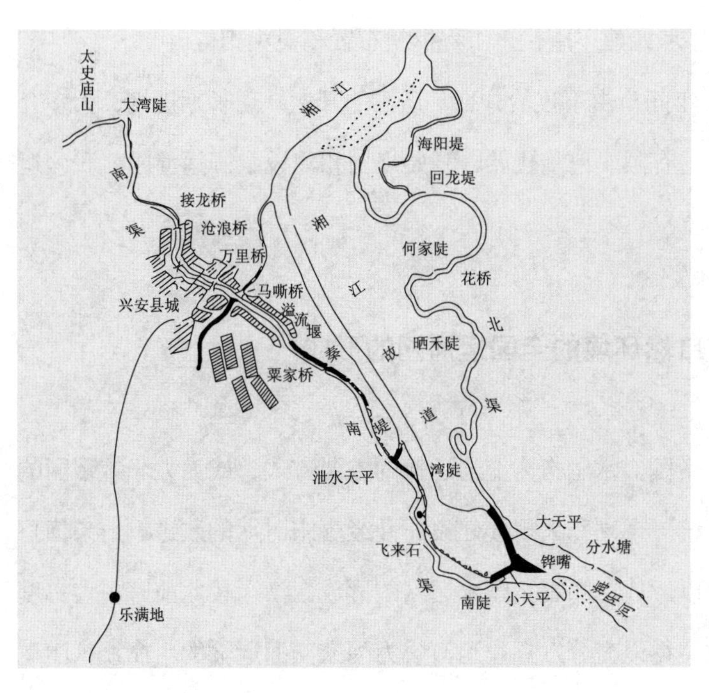

图 3　灵渠分水枢纽工程图（选自周魁一：《中国科学技术史·水利卷》，科学出版社，2002 年，第 238 页，图 3-36）

了工程量，又使人工运河与天然河道平顺衔接，保证了南渠和北渠中有适宜行船的流速和航深。第二，修建分水铧嘴（类似都江堰的鱼嘴），将湘江一分为二，保证了南北二渠充足的水源供应。第三，在铧嘴之后修建大小泄水天平。大小天平是两座滚水坝，大天平之后接北渠，小天平之后接南渠，它们顶部高程的选择，既保证了南北二渠的航深，同时又可将湘江多余流量由此直接泄往湘江河道，以保障南北二渠工程安全。第四，北渠舍湘江河道，一是由于江中巨石碍航，二是为北渠专门选择了迂曲的渠线，使湘江 3.75‰的坡降降低至 1.7‰；南渠坡降为 0.9‰，都可以在人力牵挽下行船。第五，为保证南渠足够航深，建有若干座陡门（临时性的船闸）。陡门工程材料唐宋间又有改进（图 3）。

灵渠是我国古代运河建设史上的壮举，它沟通了长江和珠江两大水系，使中原和岭南之间的水路可以直接相通。灵渠开通后，秦国大批援军和粮饷得以南运，统一了岭南地区，设置了桂林、象郡、南海三郡，并通过多次自中原向岭南迁徙移民，使岭南并入中国的版图，最终完成了统一全国的大业。汉代以后，一直到民国湘桂铁路开通前，灵渠一直是南北交通运输的大动脉。清代广西巡抚陈元龙评价灵渠说：“夫陡河（即灵渠）虽小，实三楚、两广之咽喉，行师馈粮以及商贾百货之流通，唯此一水是赖。且有大石堤束水归渠，不使漫溢，小民庐舍田亩，借以保全，所关非浅鲜也。”[1]

在今桂林西南的临桂县还有一条和灵渠作用、构造类似的运河，名曰相思埭，又称桂柳

1〔清〕陈元龙：《重建灵渠石堤陡门记》，载金铁《广西通志》卷一一六《艺文》，文渊阁四库全书本，第 568 册，第 451~454 页。

运河，和灵渠并称为东西陡河。相思埭始建于唐代，工程枢纽布置和灵渠相似。

汉代以后，魏晋南北朝约 400 年间，由于政治分裂，运河的开凿缺乏长期规划，大多仓促完成，又缺乏维护，交通运输作用有限。自隋代始，开始规划和建设全国运河网，我国运河建设出现了划时代的进步。

二、顺应自然环境的全国运河网的形成

隋代，中国再次成为大一统的帝国。水运作为交通运输的主要方式，成为大一统帝国的立国之本。隋代对全国运河进行了统一规划和大规模建设，并经唐宋时期的改进，一条横亘东西、纵贯南北的全国性大运河得以形成。随着全国水运网的形成，漕运较此前有了大幅度的发展，运河的经济效益和社会效益得以充分发挥。运河成为国家交通运输的生命线，漕运成为社会经济发展的命脉。

（一）全国运河网的规划布局

隋定都长安和洛阳，为沟通首都和南方富庶地区的联系，加强中央对地方的控制，巩固政权的稳定和统一，隋王朝对全国运河进行了全面规划，并进行了大规模建设。特别是隋炀帝即位后，从大业元年至六年（605—610 年）间，在从涿郡到余杭 2700 多公里长的线路上，在前代开凿的分散、间断的区间性运河基础上，利用地形和河湖水源的有利自然环境，有计划地兴建了以通济渠、山阳渎、永济渠、江南运河为骨干的四条首尾相接的运河，形成了全国性的运河网。自此，我国运河建设进入一个新时代。

隋代运河规划与建设始于隋文帝。隋代建都长安，但关中平原是一块面积有限的狭长平原，所产粮食和物资无法满足大一统帝国首都的需要。为此，隋文帝即位后，开始关中水运的建设。开皇四年（584 年），隋文帝“命宇文恺率水工凿渠，引渭水，自大兴城东至潼关，三百余里，名曰广通渠”[1]。

这是隋王朝建立后兴建的第一项运河工程，也是隋代规划的全国运河网中最西的一段运河。开皇七年（587 年），为统一江南，隋文帝在古邗沟的基础上，开凿山阳渎。山阳渎南起江都（今扬州），北至山阳（今淮安），长约 300 里，沟通了长江和淮河。

隋炀帝即位后，下令兴建东都洛阳，开始营建以洛阳为中心的运河网。隋炀帝首先着手

1《隋书》卷二四志第一九《食货》，中华书局，1973 年，第 684 页。

开凿的是东都洛阳与江南富庶地区的水运路线。大业元年（605 年），隋炀帝在汉代汴渠的基础上，兴建通济渠。这条运河分东西两段，东段起自洛阳的西苑，引谷水、洛水至黄河，大致是利用东汉张纯修建的阳渠运河；西段从板渚（今河南荥阳北）引黄河水，东流经开封，折向东南流，直达淮河。通济渠全长 1300 余里，宽 40 步， 两岸筑有御道，并栽植柳树。为避开徐州之南吕梁洪和徐州洪两处险滩，通济渠没有沿袭东汉时汴渠的流向，而是向西改道，以古蕲水为基础，直接开浚入淮。通济渠横贯中原地区，开凿过程中充分利用了水源和地形的有利条件。淮河北侧支流，水流顺地势自西北向东南流，满足了开挖人工渠道所需要的比降和流向。同时，这一区间由黄淮诸河流淤积而成，淤积平原易于开挖，保证了施工的顺利进行。“应是天教开汴水，一千余里地无山。”[1] 唐代诗人皮日休的这句诗句形象反映了通济渠经行河段的地形状况。通济渠兴建的同时，隋炀帝还对山阳渎进行了大规模疏浚，可通行庞大的龙舟和漕船。自此，自洛阳经通济渠至泗州，循淮河而下至山阳，再经邗沟至扬州，入长江后至江南，形成了一条沟通中原与南方富庶地区的水运大动脉。

大业四年（608 年）正月，隋炀帝又“诏发河北诸郡男女百余万开永济渠，引沁水南达于河，北通涿郡”[2]。永济渠沿途借用卫河、清水、淇水、白沟等众多天然河道，在历史上第一次沟通了黄河与海河。永济渠全长 2000 多里，全线位于黄河以北，是我国古代北方运河系统的骨干运河。永济渠开通后，从洛阳出发，循永济渠可抵达北方军事重镇蓟城（今北京），便于东北用兵，控制北方局势。

大业六年（610 年），隋炀帝重开江南运河，“自京口（今镇江）至余杭（今杭州），八百余里，广十余丈，使可通龙舟”[3]。江南运河流经的地方，地势平坦，湖泊较多，水源和渠道比较稳定。隋以后，除局部整修外，其线路基本没有大的变动。江南运河沟通了长江和钱塘江水系。

至此，在 7 世纪初，我国古代运河形成了以洛阳为中心，西通关中盆地，北抵河北平原，南至江南地区，沟通海河、黄河、淮河、长江和钱塘江五大水系，长达 2700 多公里的庞大运河系统（图 4）。这一庞大的运河网贯通各大江河，布局合理，线路绵长，覆盖了主要的经济发达地区，为东部地区经济文化繁荣提供了极大的交通便利。李约瑟在《中国之科学与文明》中评价隋代运河时写道：“在隋代各项建设事业中，规模最大且影响后世最深的，是

1〔唐〕皮日休著，萧涤非、郑庆笃整理：《皮子文薮》，上海古籍出版社，1981 年，第 219 页。
2《隋书》卷三《炀帝纪上》，中华书局，1973 年，第 70 页。
3《资治通鉴》卷一八一，隋大业六年，中华书局，1956 年，第 5652 页。

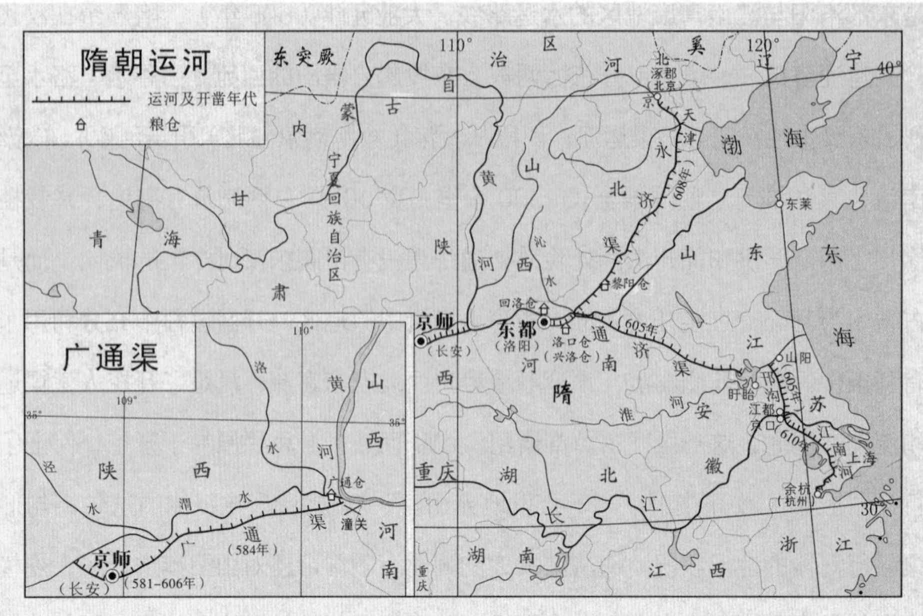

图 4　隋朝运河图

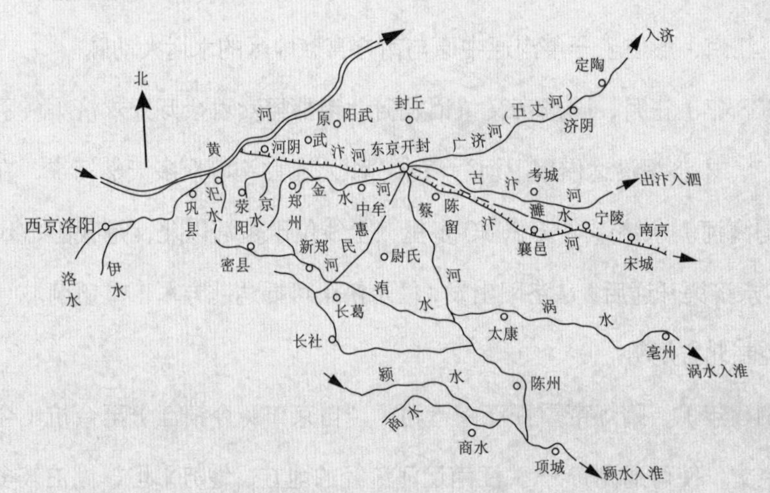

图 5　宋东京附近水道示意图（选自姚汉源：《中国水利史纲要》，第 261 页，图 5-5）

图 6　《清明上河图》（局部）——繁忙的汴河码头（选自余辉：《张择端〈清明上河图〉导览》，北京大学出版社，2015 年，第 59 页，图 3-1）

连接南北长约1800公里的大运河，成为隋代以后直到现代铁道公路交通兴起以前的中国大陆南北交通大动脉，在促进国家的政治、经济、文化发展各方面贡献至巨。”[1]

（二）全国运河网的补苴和改良

隋代全国运河网的开通，给后世带来了极大便利，造就了唐代社会经济的发达和文化的繁荣。唐代诗人皮日休在《汴河铭》中说：“在隋之民，不胜其害也；在唐之民，不胜其利也。”唐朝一代，中央政府对运河维护十分重视。及至北宋，朝廷考虑水运便利的因素，建都汴京（今开封）。为更紧密地把北方的军事政治重心与南方的经济重心联系起来，北宋王朝重点对汴渠和淮扬运河开展了治理，其中尤以对汴渠用力为多。南宋建都临安（今杭州），浙东运河成为王朝的骨干运输线路，中央政府对其直接管理，浙东运河开始纳入全国运河网的水运系统中。

1. 汴渠

北宋时期，在以首都汴京为中心的运河网中，有四条主要的人工运道，即汴河（或称汴渠）、惠民河、广济河、金水河，合称“漕运四渠”。其中以汴河最为重要。宋人言及汴河的作用时说：“汴水横亘中国，首承大河，漕引江、湖，利尽南海，半天下之财赋，并山泽之百货，悉由此路而进。”[2]汴河的漕运量，一般年份五六百万石，最高年份达800万石。这不仅是北宋岁漕的最高纪录，也创下了历史上的漕运之最。

汴河基本沿袭了隋代的通济渠，经行路线大致从孟州河阴县南（今河南荥泽县西）开始，引黄河水，东流至开封城下。再往东，分为两支：一支东过曹州（今山东曹县）、济州（今山东济宁）到梁山（今山东东平），通齐鲁漕运；一支东南经宋州（今河南商丘）、宿州，由泗水入淮河，通江淮漕运。（图5）北宋汴河四通八达，造就了首都开封的繁荣。著名古画《清明上河图》（图6）描绘的就是当年东京沿汴河一带的繁荣景象。

汴河是北宋王朝粮赋命脉之所系，但汴河与黄河交接，黄河以暴涨暴落、含沙量大著称，由此带来一系列问题。为解决水源和泥沙问题，北宋人民创造并使用了狭河工程与导洛通汴工程，在运河史上写下了光辉篇章。

所谓狭河工程，即以木桩、木板为岸，束狭河身，以加大水流速度，抬高水位，减少河道泥沙淤积，是北宋治理汴河的主要工程措施。狭河工程最早于宋真宗大中祥符八年（1015年）

---

1 [英]李约瑟著，张一麐、沈百先译：《中国之科学与文明》第10册《土木及水利工程学》，台湾商务印书馆，1977年，第492页。
2《宋史》卷九三《河渠志·汴河上》，中华书局，1977年，第2321页。

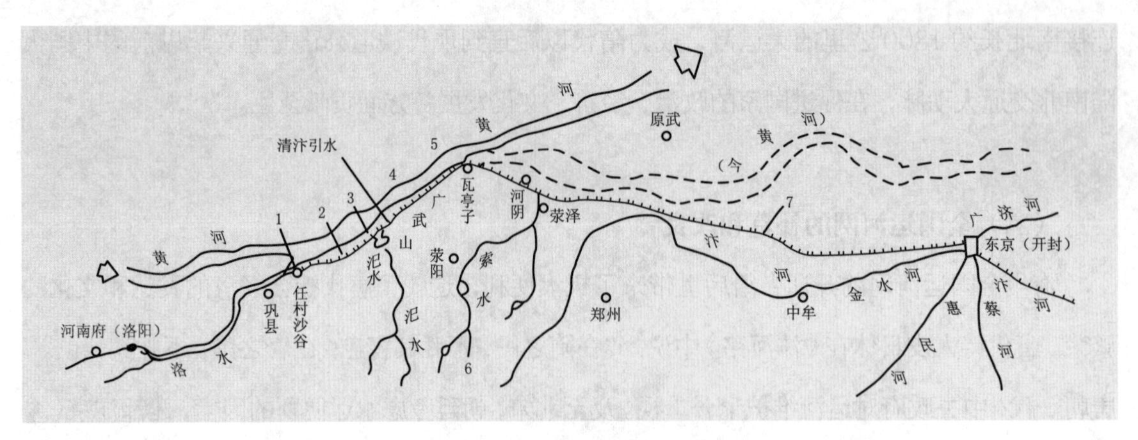

1. 溢流坝 2. 御黄坝 3. 黄汴运口闸 4. 引水渠 5. 堵塞原黄河旧汴口 6. 水柜 7. 泄水斗门

图 7 清汴工程示意图（选自郭涛：《中国古代水利科学技术史》，中国建筑工业出版社，2013 年，第 150 页，图 7-3）

提出。《续资治通鉴长编》记载，“于沿河作头踏道擗岸，其浅处为锯牙，以束水势，使水势峻急，河流得以下泻”[1]。大意是在汴河宽阔水浅处，修筑锯牙形堤岸，缩小河道宽度，以抬高水位，加快流速。这是一种通过改变河道宽度治河的措施，在历史上第一次提出，是北宋人民在长期实践中的一项发明创造。到仁宗嘉祐元年（1056 年），这一工程进一步明确为“狭河木岸”[2]。据《宋史 · 符惟忠传》，当时担任“都大管勾汴河使”的符惟忠曾指出：“渠有广狭，若水阔而行缓，则沙伏而不利于舟，请即其广处束以木岸。三司以为不便，后卒用其议。”[3]这实际上是后世“束水攻沙”理论的最早提出和初步阐释。

北宋在治汴方面的另一伟大建树是导洛通汴工程的实施。北宋后期，汴河成为地上河。为保证运输干线的畅通，元丰二年（1079 年），北宋任用宋用臣为都大提举，实施清汴工程（图 7）。工程主要措施包括：（1）开渠。堵塞洛口与汴口，新开一条长 51 里的引水渠接汴河。（2）蓄水。在地势较高的索水上游兴建房家、黄家和孟王 3 个小水库，并引索水注入其中，作为运河的调节水库。（3）筑堤。大堤西起神尾山，东至土家堤，全长 47 里。（4）整治汴河河槽。每 20 里建一束水刍楗，每百里置一水闸，节制水流，增加水深。（5）整治汜水入黄旧口，上下建闸，作为黄河与汴河通航的新通道。[4]工程实施后，汴河成为一条以清水为源的河流，“波流平缓，两堤平直，溯行者道里兼倍。官舟既无激射之虞，江淮扁舟，四时上下，昼夜不绝，至今公私便之”[5]，工程效益显著。

1《续资治通鉴长编》卷八五，真宗大中祥符八年十二月，中华书局，1995 年，第 1959 页。

2《续资治通鉴长编》卷一八四，仁宗嘉祐元年九月，中华书局，1995 年，第 4448 页。

3《宋史》卷四六三《符惟忠传》，中华书局，1977 年，第 13555 页。

4 郭涛：《中国古代水利科学技术史》，中国建筑工业出版社，2013 年，第 148~152 页。

5《续资治通鉴长编》卷二九七，神宗元丰二年三月，中华书局，1995 年，第 7226 页。

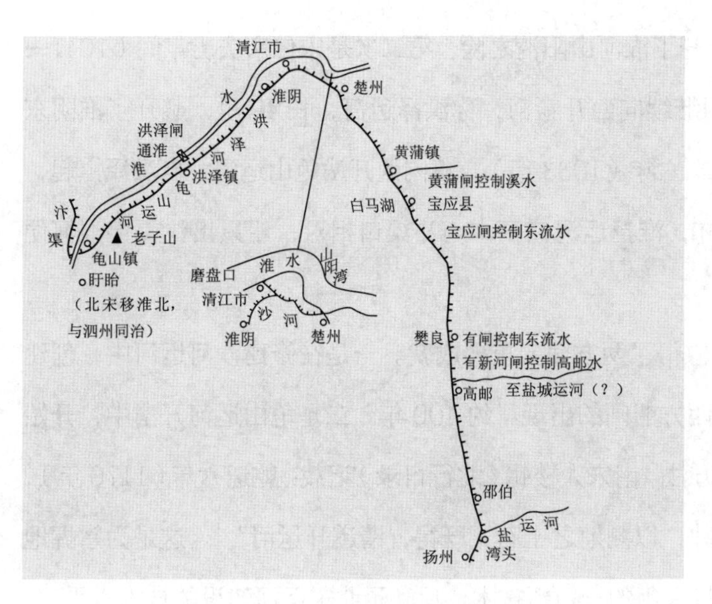

图8　宋代淮扬运河示意图(选自姚汉源《京杭运河史》，中国水利水电出版社，1998年，第54页，图2-6-2）

清汴工程不仅是改变运河水源问题，而且是测量、开渠、置闸、防洪、水柜等各项运河技术的综合应用。清汴工程中，采用了当时先进的船闸技术，对现代水文学的科学概念“流量”也有初步认识，工程规划和设计考虑了河流的自然特性，这些都表明，清汴工程是我国古代运河技术在11世纪最高水平的代表，某种意义上也是北宋科学技术各方面成就的综合反映。北宋是我国古代科技发展的一个鼎盛时期。李约瑟在《中国科学技术史》第2卷《科学思想史》中评价北宋科技发展水平时说：“宋代确实是中国本土上的科学最为繁荣昌盛的时期”，是中国“自然科学的黄金时代”。[1]“中国的科技发展到宋朝，已呈巅峰状态，在许多方面实际上已经超过了18世纪中叶工业革命前的英国或欧洲的水平。”[2]

2. 淮扬运河

淮扬运河即古邗沟，宋人也称楚扬运河、楚州运河。淮扬运河主要靠长江江潮济运，自六朝以来，就建有闸门和堰埭控制，以接纳江水且防止运河水走泄。唐代李翱《来南录》记载：“自淮阴至邵伯三百有五十里，逆流。自邵伯至江九十里，自润州至杭州八百里。渠有高下，水皆不流。”[3]所谓“不流”，即是由于一系列闸坝控制。著名的如伊娄埭、邵伯埭等。

宋代，淮扬运河的运口在楚州境内的末口，汴河的入淮口在盱眙县境内，两者相距近200里。此间需要借助淮河行船，但这一段风大浪高，多有翻沉之患。为减少淮河段的行程，宋初开始在近百年内，先后三次增开新河，来改善通航条件。

第一次是宋太宗雍熙年间（984—987年），淮南转运使乔维岳开通了沙河运河（图8），

1 ［英］李约瑟：《中国科学技术史》第2卷《科学思想史》，科学出版社，1990年，第525~527页。
2 转引自李蓉蓉：《国外汉学家眼中伟大宋朝：繁荣和创新的黄金时代》，《科学大观园》2013年第11期，第68~69页。
3〔唐〕李翱：《李文公集》卷一八《来南录》，四部丛刊本。

自末口至淮阴磨盘口，凡40里，避开了淮河山阳湾之险。第二次是宋仁宗庆历年间（1041—1048年），江淮发运使许元自淮阴继续向西开新河，称洪泽运河，长49里，避开了淮阴东北磨盘口之险。第三次是宋神宗元丰六年（1083年），再向西开凿龟山运河，自洪泽镇起，至盱眙龟山镇止，长约60里。这样，淮扬运河口基本与汴渠口相对，船只出汴渠穿淮河便可进入淮扬运河。

宋代在对淮扬运河的整治中，取得了两方面的重要成就。一是在修建沙河运河中，创建了我国也是世界上最早的船闸，比西方船闸的出现早约400年。二是龟山运河开凿中，开始使用类似现代地质钻探土样的科学方法。南宋人楼钥《北行日录》记载：乾道六年（1170年），"自洪泽至龟山，率一二里辄凿一井，以测地之土石，既得，请遂开运河"[1]。这是为掌握地下水土层的软硬性质，确保工程质量采用的一项新技术，反映了北宋运河建设的技术水平。

北宋时，淮扬运河沿运利用原有的陂塘完善济运水柜，运河上修建有溢流堰、涵闸等调节水量的控制设施。到北宋重和二年（1119年）时，当时在真、扬、楚、泗、高邮等运河堤岸上，建有斗门、水闸共计79座。[2]

3. 浙东运河

浙东运河始建于春秋吴越国的山阴故水道。西晋时，会稽内史贺循主持疏浚开凿了西陵运河，形成西起西陵（今萧山西兴镇），东抵曹娥江，全长200余里的运河。五代吴越国时改称西兴运河。南宋定都临安，浙东运河成为南宋王朝的生命线。加之南宋王朝重视对外贸易，明州（今宁波）是当时重要的对外贸易港口。为加强都城与浙东富庶地区的联系，南宋王朝对浙东运河实行准军事化管理，各段运河有军队专事维护、疏浚。《嘉泰会稽志》卷一二记载，当时浙东运河在萧山县和上虞县境内可通行200石船只，而山阴县和姚江可通行500石船只。浙东运河的航运条件和繁荣程度达到历史极盛。

浙东地区地势南高北低，河流多为南北向，因此，东西走向的浙东运河需要穿越多条自然河流（图9）。为维持不同区域的水位并使船只顺利通过水位不同的河段，浙东运河修建了许多碶闸和堰坝设施。著名的如钱清堰、曹娥堰等。北宋熙宁五年（1072年），日本僧人成寻来中国参拜天台山和五台山佛教胜地，途经钱清堰，记述了船过堰埭的情形。《参天台五台山记》记载："（五月六日）未时，至钱清堰，以牛轮绳越船，最希有也。左右各以牛二头卷上船陆地，船人人多从浮桥渡——以小船十艘造浮船，大河一町许。"[3]

1〔南宋〕楼钥：《攻媿集》卷一一二《北行日录下》。

2《宋史》卷九六《河渠志·东南诸水上》。

3［日］成寻著，白化文、李鼎霞校点：《参天台五台山记》，花山文艺出版社，2008年，第20页。

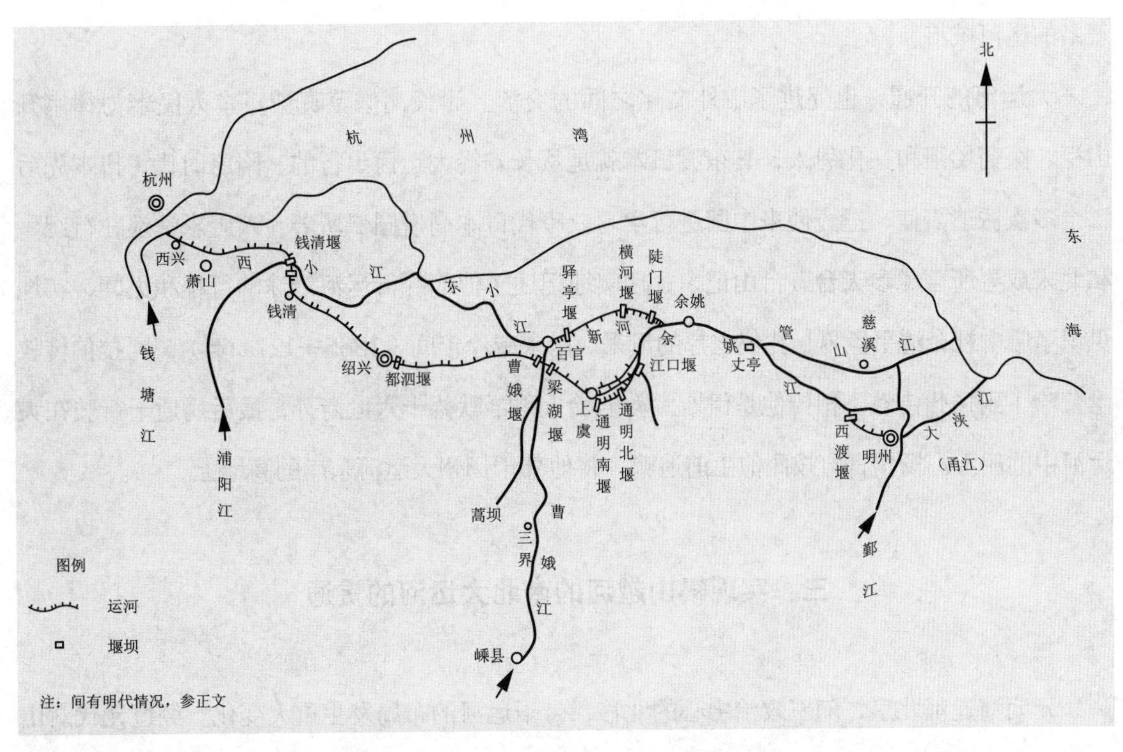

图9 宋代浙东运河示意图（选自姚汉源：《京杭运河史》，第739页，附图1-1）

（三）全国运河网形成的重大社会意义

隋唐宋时期，全国运河网的形成和不断完善，对历史的发展产生了深远影响，在财赋转运、沟通南北经济文化联系上的作用日益明显。唐朝初年，由通济渠运往京师长安的粮食，初期"岁不过二十万石"[1]，到天宝二年（743年），增至400万石[2]，为唐朝漕运的最高纪录。晚唐诗人皮日休写《汴河怀古》："尽道隋亡为此河，至今千里赖通波。若无水殿龙舟事，共禹论功不较多。"[3]以隋代运河开凿功绩比拟大禹治水，极言其意义之重大。有唐一代，大运河对维系唐王朝政权也有着重要意义。唐德宗初年，受藩镇割据影响，漕运中断，帝国中枢岌岌可危。因粮食匮乏，守卫长安城的禁军哗变，包围皇宫。在这危急时刻，远在润州的韩滉自江淮运去大米三万斛。德宗得到消息后，涕泗滂流，对太子说："米已至陕，吾父子得生矣！"[4]

大运河的开通，促进了一批运河沿岸城市的兴起与繁荣，特别是在一些水路交汇点先后兴起了一批工商业城镇，汴州、宋州、楚州、扬州、润州、常州、苏州、杭州等就是当时最

1《新唐书》卷五三《食货志》。

2《新唐书》卷五三《食货志》。

3〔唐〕皮日休著，萧涤非、郑庆笃整理：《皮子文薮》，上海古籍出版社，1981年，第220页。

4〔宋〕司马光：《资治通鉴》卷二三二《唐纪》。

著名的运河城市。[1]

大运河的开通，也促进了中外文化之间的交流。唐代高僧鉴真被日本人民奉为律宗开山祖、医药始祖和文化恩人，其东渡日本就是从长安经大运河出行的。隋唐时代，日本先后二十多次派遣隋使、遣唐使来中国进行学习。唐代日本高僧圆仁所著《入唐求法巡礼行纪》和北宋成寻所著《参天台五台山记》，翔实地记述了他们经行运河沿途的行程和见闻，实地见识了唐宋社会清平世界、礼仪之邦的风采。南宋咸淳年间（1265—1274 年），阿拉伯传教士普哈丁到扬州传教，相传他是伊斯兰教创始人穆罕默德十六世裔孙，最后病逝于行驶在大运河中的船上。扬州官府按照他生前遗嘱，将他葬于扬州大运河东岸的高地上。

三、实现攀山越河的南北大运河的贯通

元明清建都北京，随着政治中心的北移，骨干运河的布局发生重大变化。经过元代对山东段运河的裁弯取直，并重新设计北京段运河，京杭运河最终弃弓走弦，实现了南北方向上的全线贯通。江南漕船从杭州出发，向北越过长江、淮河、黄河，可以一直通到北京。明清两代，为克服运河沿线地形高差特别是克服跨越山东地垒带来的水源不足问题，以及为保证运河穿黄、过淮的航运安全，我国古代人民在工程技术方面不断创新，基本保证了京杭运河的畅通。京杭运河也因此成为大一统帝国贯穿南北经济大动脉的骨干运道。

（一）郭守敬对京杭运河的可行性规划

元代京杭运河的全线贯通，郭守敬是必须提及的重要人物。现代人评价郭守敬是京杭运河的缔造者、总规划和设计师，一点也不为过。

郭守敬（1231—1316），字若思，河北邢台人。元代杰出的科学家，擅长水利及天文历算。其中对后世影响最为深远的，就是他全面负责了京杭运河的规划与设计。至元十二年（1275 年），丞相伯颜感到南北水运通道的重要性，建议开凿京杭运河，得到忽必烈的同意，即派时任都水监的郭守敬进行勘测。郭守敬通过方圆 800 公里范围的测绘，“乃得济州、大名、东平泗、汶与御河相通形势，为图奏之”[2]。郭守敬行状记载：

（至元）八年迁都水监。十二年丞相伯颜公南征，议立水驿，命公行视所便。

1 董文虎等：《京杭大运河的历史与未来》，社会科学文献出版社，2008 年，第 156~157 页。

2〔元〕齐履谦：《知太史院事郭公行状》，《国朝文类》卷五〇，四部丛刊初编本，第 544 页。

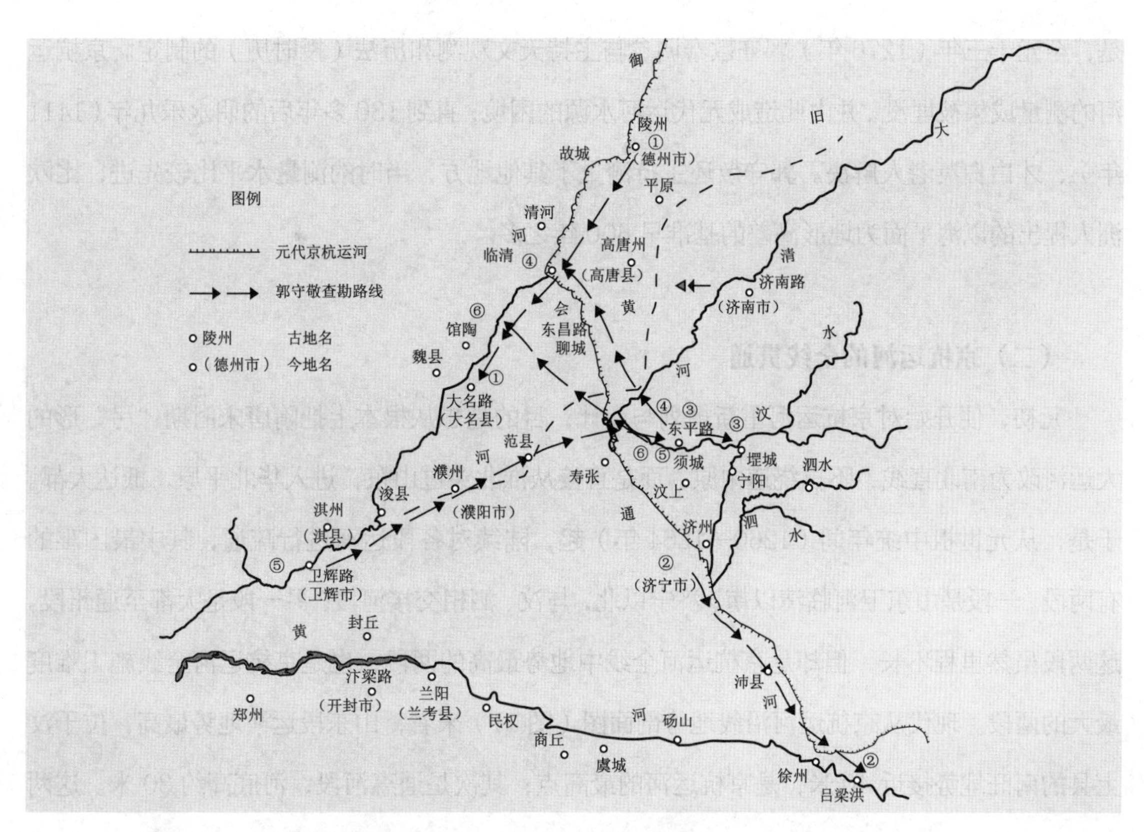

图 10　京杭运河可行性论证中郭守敬的查勘路线示意图（据《中国科学技术史·水利卷》图 2-37 改绘）

注：郭守敬查勘路线经行①陵州到大名，②济州到吕梁，③东平到堽城，④东平、清河到御河（今卫河），⑤卫州御河至东平，⑥东平西南水泊至御河。

> 自陵州至大名；又自济州至沛县，又南至吕梁；又自东平至堽城；又自东平、清河逾黄河故道，至与御河相接；又自卫州御河至东平；又自东平西南水泊（即今东平湖）至御河，乃得济州、大名、东平泗、汶与御河相通形势，为图奏之。十三年，都水监并入工部，遂除工部郎中，是岁立局改治新历……遂以公与赞善王公率南北日官，分掌测验。[1]

其中济州（今山东济宁）位于山东地垒的南端，与自东北方向引来的泗水相接。大名（今河北大名）位于御河（今卫河）北岸。东平（今山东东平）紧贴汶水北岸。可见郭守敬在京杭运河可行性论证中重点圈出了泗水、汶水和御河相互沟通的关键地区。从地形上来看，其时御河和泗水各在地垒一侧，分别北流和南流，二者之间的分水岭上只能调集位置居中且地形较高的汶水来实现，别无他法。即必须将汶水引到适当地点入运河，再分流南北与泗水和御河衔接。从六条实测线路来看（图 10），郭守敬测量的意图是以东平为中心，由东平分汶水入运河。郭守敬的测量和规划工作为运河成功跨越山东地垒做了科技方面的保障。可惜的

1〔元〕齐履谦：《知太史院事郭公行状》，《国朝文类》卷五〇，四部丛刊初编本，第 544 页。

是，至元十三年（1276 年）郭守敬奉调参与主持天文观测和历法（授时历）的制定。京杭运河的测量成果被埋没，并由此造成元代运河水源的困境，直到 130 多年后的明永乐九年（1411 年），才由白英老人解决。郭守敬还主持测量了其他地方，当时的测量水平比较先进，比欧洲人提出的以海平面为地形高差的基准早 600 年之多。

（二）京杭运河的全线贯通

元初，便开始对京杭运河重新规划与设计，目的是想从根本上把隋唐宋时期“弓”形的大运河改为南北直线，不再绕道中原，而是直接从淮北穿过山东，进入华北平原，抵达大都。于是，从元世祖中统年间（1260—1264 年）起，陆续对各段运河进行疏通，其中最困难的有两段。一段是山东卫河临清以南、济宁以北，与汶、泗相交接河段；另一段是大都至通州段。这两段虽然里程不长，但却是京杭运河全线中地势最高的两段，也是京杭运河全线施工难度最大的两段。现代从京杭运河沿线地势剖面图（图 11）来看，山东段运河地势最高，位于汶上县的南旺地势接近 40 米，是京杭运河的最高点；其次是通惠河段，河底高约 30 米。这两段的疏通的艰难，主要体现在水源补给困难。

1. 济州河与会通河

京杭运河在山东段跨越山东地垒，这是京杭运河地形高差最大的一段运河。建设距离长、起伏大的越岭运河，需要克服地形抬升和水资源缺乏的困难，工程分两次施工完成。

首先进行的是济州河的开挖。济州河于至元十三年（1276 年）开工，至元二十年（1283 年）完工，从今山东济宁到山东东平安山，长 130 余里。为了保证航运通畅，顺利翻越山脊，济州河还沿河置闸，节蓄水流。济州河的开通，证实了跨流域调水配水规划的合理，为后来运河最终实现御、汶、泗贯通和顺利穿越水资源贫乏地区跨出了关键一步。[1]

济州河开通后，泗水与御河间还有一段没有贯通。元人杨文郁记载当时这段只能依靠陆路转运的情景：“自东阿至临清二百里，舍舟而陆，车输至御河，徒民一万三千二百户，除租庸调。券道经茌平，其间苦地势卑下。遇夏秋霖潦，牛偾輹脱，艰阻万状。”[2] 济州河以北运河的续建成为当务之急。至元二十六年（1289 年）正月，会通河开工，至六月完工，南接济州河，北至临清合与御河，长 250 余里（图 12、图 13）。

会通河与济州河相接，解决了京杭运河中船队翻越坡岭的问题。后来会通河与济州河归

---

1 周魁一：《中国科学技术史·水利卷》，科学出版社，2002 年，第 240 页。

2〔元〕杨文郁：《开会通河功成之碑》，引自〔明〕王琼著，姚汉源、谭徐明整编：《漕河图志》卷五，水利电力出版社，1990 年，第 220 页。

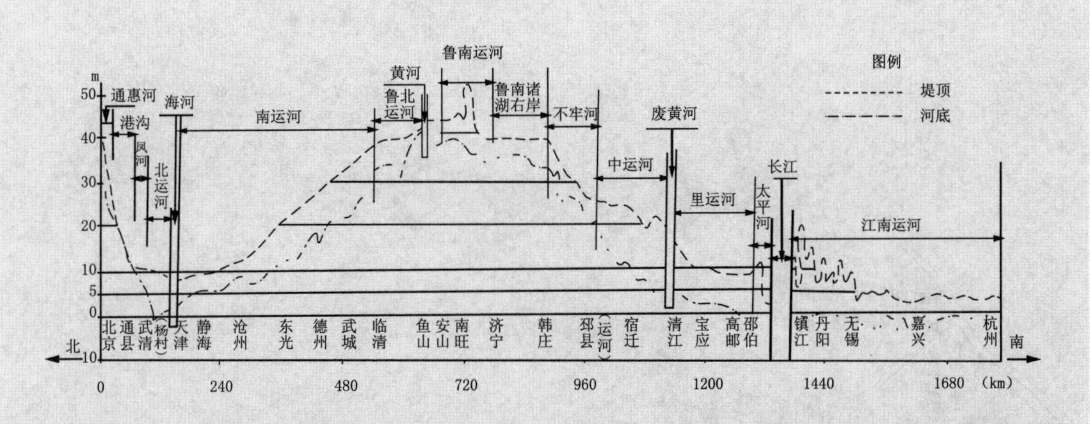

图 11　京杭运河纵断面图（选自邹宝山等：《京杭运河治理与开发》，水利电力出版社，1990 年，第 52 页，图 3-1）

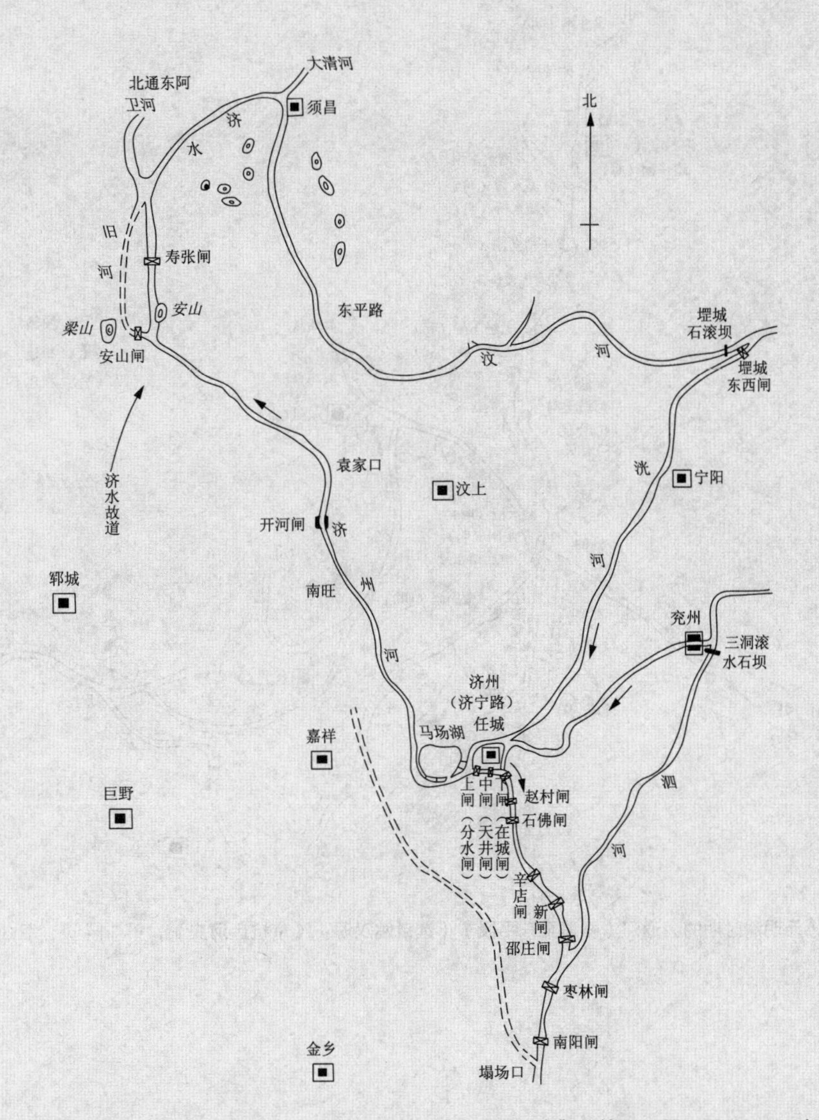

图 12　元明清时期的会通河（东平至济宁段）（选自姚汉源：《京杭运河史》，第 114 页，图 3-12-2）

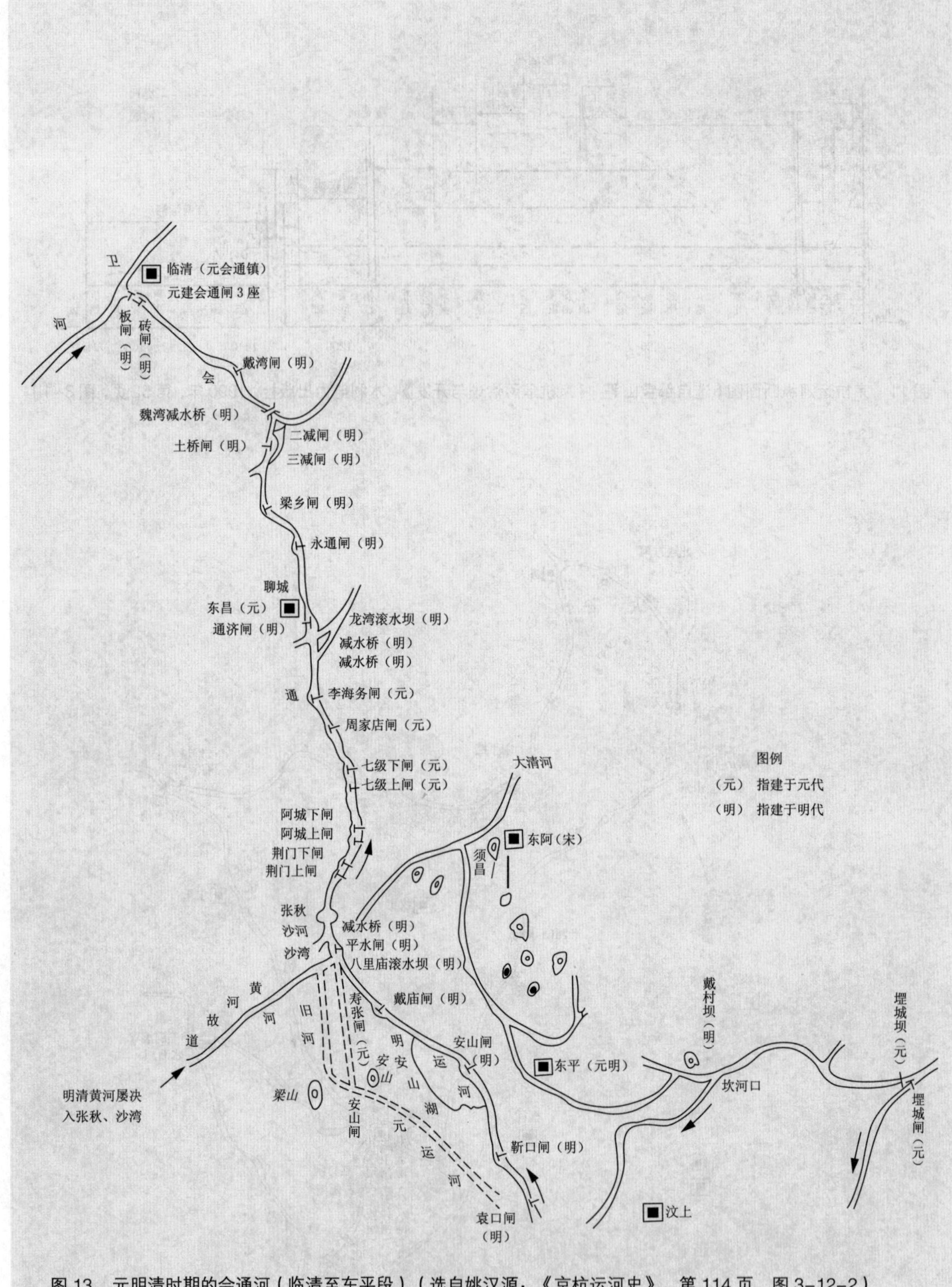

图13 元明清时期的会通河（临清至东平段）（选自姚汉源：《京杭运河史》，第114页，图3-12-2）

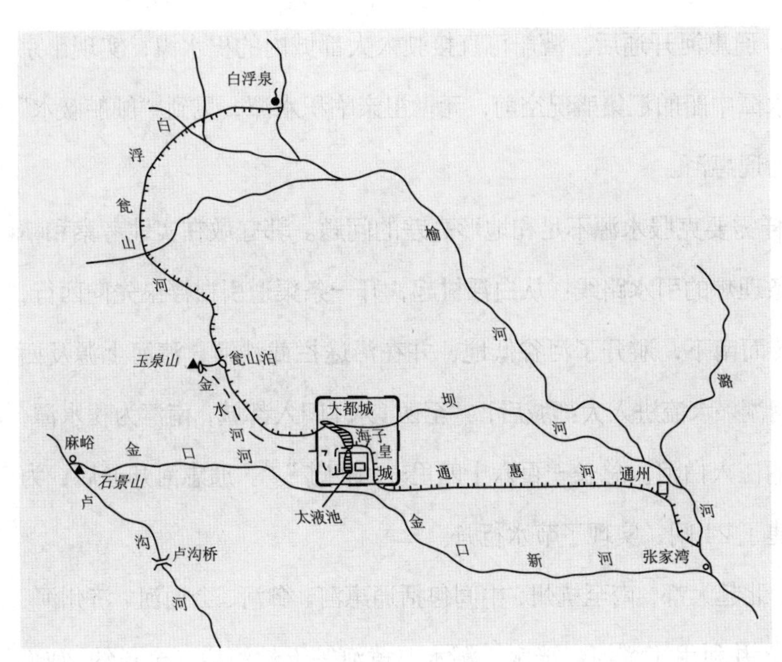

图 14　元代通惠河线路示意图（选自姚汉源：《京杭运河史》，第 88 页，图 3-10-2）

于一河，通称会通河，这是京杭运河中最为关键的一段工程。查尔斯·辛格在《技术史》中评价会通河段的开通说："在 1283 年竣工的那一段运河越过了山东的山岭，是最早的'越岭'运河。……在分开两条河的分水岭顶峰修运河需要大胆的想象力和在顶峰提供充足水源的相当的施工技巧。"[1]

但会通河也存在不足，它从开通之日起，始终受水源和黄河侵淤两大问题的困扰。元朝为此采取了一系列措施，首先引水济运。会通河开通后，引汶水、泗水至济州，开辟水源，并"于兖州立闸堰，约泗水西流；堽城立闸堰，分汶水入河，南汇于济州"[2]。其次使用梯级船闸调整。元代在会通河上建闸 31 座，在泗水、汶水、洸河、府河、盐河等天然河道上建闸 13 座，形成梯级船闸（图 12）。这些船闸，最早建于至元二十六年 (1289 年)，最晚建于至正元年 (1341 年)，是世界上最早使用的梯级船闸，比西方同类船闸早约 350 年。

2. 通惠河

随着济州河和会通河的开通，南方漕船可以直到通州。通州到大都虽只有 50 里，但由于水路不通，陆路转运十分艰难。至元二十九年（1292 年），朝廷任命郭守敬为都水监，负责通惠河的设计与施工。

通惠河于至元二十九年（1292 年）开工，至元三十年（1293 年）竣工（图 14）。元世祖忽必烈对工程高度重视，亲自主持开工仪式，仿效汉武帝塞瓠子决河的仪式，命"丞相以

1 ［英］查尔斯·辛格、E. J. 霍姆亚德、A. R. 霍尔等主编，王前、孙希忠主译：《技术史》第 3 卷，上海科技教育出版社，2004 年，第 300 页。
2 《山东运河备览》卷四《改筑堽城石坝记》。

下皆亲操畚锸”到开河工地。通惠河开通后，漕船可直接驶入大都城内的积水潭，实现了京杭运河的全线通航。当时积水潭中船舶汇集盛况空前，元世祖亲临积水潭，见到“舳舻蔽水”的景象，龙颜大悦，即赐名为通惠河。

通惠河修建过程中，同样需要克服水源不足和地形高差的问题。郭守敬在实地考察和精细勘测的基础上，选定了一条理想的引水路线：从白浮村起，开一条渠道引白浮泉先向西行，然后大体沿着 50 米等高线转而南下，避开了河谷低地，并在沿途拦截沙河、清河上源及西山山麓诸泉之水，注入今昆明湖。水流进入大都城后，“至西[水]门入都城，南汇为积水潭，东南出文明门，东至通州高丽庄入白河。总长一百六十四里一百四步”[1]。通惠河开通后，为了确保漕运水道的畅通，修建了 24 闸，实现了节水行舟。

元代的大运河（图 15），北起大都，南至杭州，中间包括通惠河、御河、会通河、济州河、淮扬运河、江南运河等河段，并利用了潞河、洸水、泗水、黄河等天然河道，全长约 2000 公里[2]，成为贯通南北的一条大动脉，奠定了明清京杭运河的基础。略带遗憾的是，终元一代，山东会通河的水源及黄河侵淤问题始终未能得以彻底解决，这也使得终元一代，京杭运河的工程效益难以充分发挥，海运仍是南北运输的主要方式。当时漕运量每年 300 万石，经过京杭运河的不及十分之一，仅有 30 万石左右。

（三）京杭运河的治理

明清定都北京，京杭运河成为沟通南北的交通命脉。明永乐年间（1403—1424 年），首先初步解决了山东段运河的水源问题，漕运渐趋稳步发展。这一时期，黄河屡屡溃决，对运河构成严重威胁。为避开黄河对运河的侵扰，自明代嘉靖年间（1522—1566 年）起，先后开凿了南阳新河、泇河和中运河，最终实现了运河对黄河的脱离。此外，明清时期，运河与黄河、淮河等大江大河平交，特别是黄、淮、运交汇的清口，如何保持航运畅通，是世界级的难题，工程技术极其复杂。因此，明清时期京杭运河的建设，重点围绕会通河水源问题的解决、运河与黄河的分离及清口枢纽工程的治理展开。

1. 南旺分水枢纽工程

元代，会通河跨越山东地垒南北分水的局面，主要通过会源闸枢纽实现引汶、泗济运。但是，会源闸分水位置距会通河地势最高处的南旺还有 40 公里，高程相差约 8 米，航道供

1 《元史 · 河渠志一》“通惠河”，中华书局，1976 年，第 1588 页。

2 邹宝山、何凡能、何为刚：《京杭运河治理与开发》，水利电力出版社，1990 年，第 43 页。

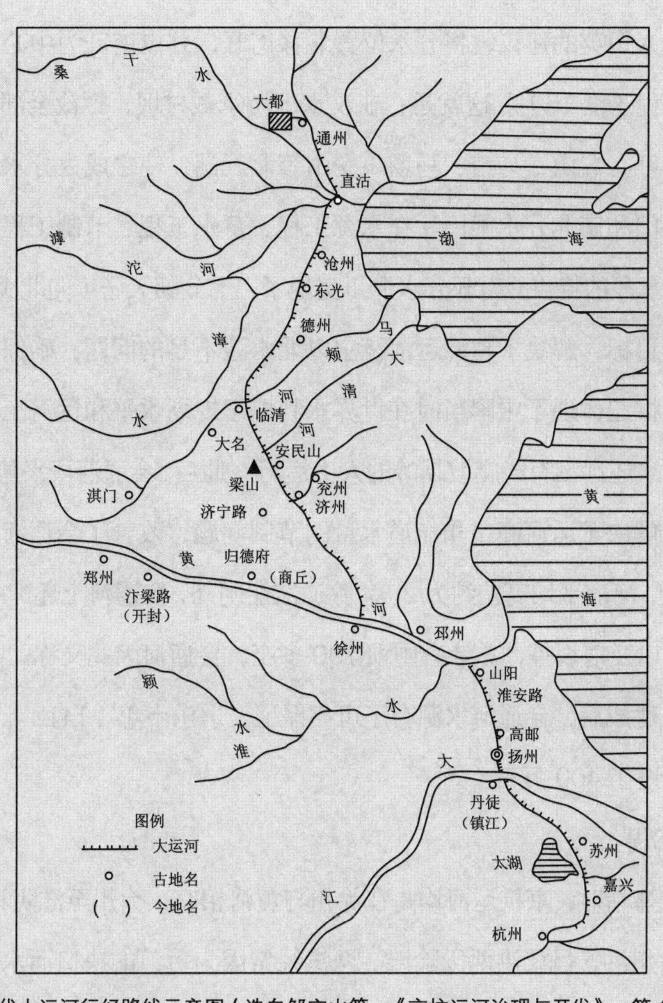

图 15　元代大运河行经路线示意图（选自邹宝山等：《京杭运河治理与开发》，第 11 页，图 1-3）

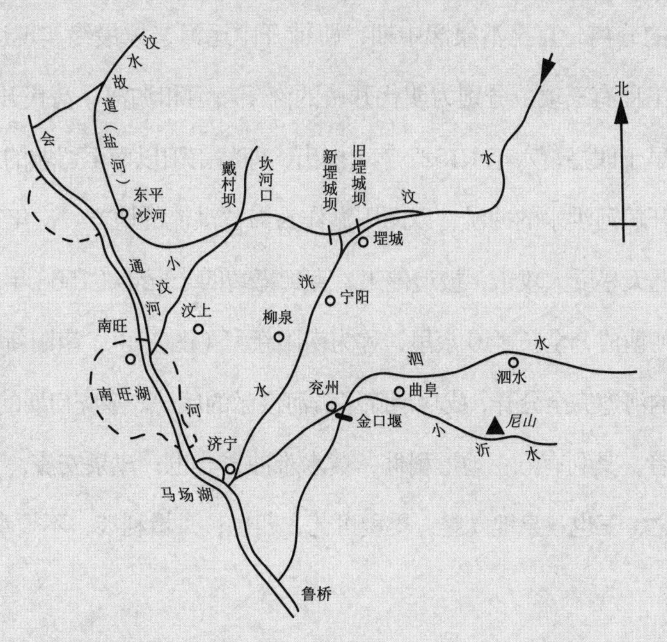

图 16　南旺分水示意图（选自姚汉源：《京杭运河史》，第 198 页，图 4-18-2）

水难以保证，导致会通河航运不畅。明永乐九年（1411年），工部尚书宋礼主持重开会通河，采用山东汶上县老人白英的建议，将分水位置北移南旺，并以南旺为中心，巧妙布置建造了完善的分水枢纽工程（图16）。这就是：在汶水下游筑戴村坝，拦截全部汶水西汇南旺；整治南旺分水处的南旺、蜀山、马踏、马场、安山等北五湖，使之成为分水脊上的调节水库；在关键位置设置斗门和南北分水闸门。在水源工程、蓄水工程、节制工程的协同配合下，根据北边水少，南边水多的特点，南旺分水枢纽实现了“七分朝天子（向北），三分下江南（向南）”的分水控制目标，解决了越岭运河济宁以北水源不足的问题，确保了漕运船队顺利翻山越岭。南旺分水枢纽体现了中国当时在世界水利枢纽规划水平和运河工程技术上的领先，当时世界上其他国家还远没有能爬坡越岭的人工运河[1]。此后，会通河段兴建的船闸增至38座，通过闸门的运用，解决了运河高差和航道水量的节制问题，改善了会通河的通航条件。会通河段长约200公里，河道平均高差约为2‰。除通航船闸外，会通河上还建有积水闸、进水闸、泄水闸、平水闸，以及堰坝等，总计有闸坝100多座，会通河因此又称“闸漕”。

南旺分水枢纽建成后，会通河水源有了可靠保证。永乐十年（1412年）以后，由运河北上的漕运量迅速超过了400万石。

2. 黄运分离工程

自元代至明代嘉靖时，京杭运河均是在徐州与黄河相交，徐州至淮阴利用黄河河道行运。这一航路要经过徐州洪、吕梁洪两段险滩。两洪经常因为黄河的决口而水道淤塞或中断。此外，黄河经常由河南向北泛滥，冲断会通河运道。从明嘉靖初期起，就有人提出改运河路线，实现黄河和运河的分离，直至清康熙中期，靳辅开中运河，才最终实现运河对黄河的脱离。其中兴建的重要工程有三项，分别为明代开凿的南阳新河和泇河、清代开凿的中运河。

南阳新河最早于明嘉靖六年（1527年）提出，即将南阳以南至留城的运河，由昭阳湖西改到昭阳湖东，避开黄河洪水的冲淤，以昭阳湖作为滞蓄洪流的地方。次年工程开工，但工程刚进行了一半，因遇天旱受人攻击，被迫停工。直到嘉靖四十五年（1566年），由朱衡主持继续实施，第二年新河凿成，全长140余里，称为南阳新河（图17）。南阳新河的开凿，使山东运河的河道同黄河的河道完全分开，成功消除了黄河侵淤的威胁。隆庆初期的总河翁大立说：“新河之成胜于旧河者，其利有五：地形稍仰，黄水难冲，一也；津泉安流，无事提防，二也；旧河陡峻，今皆无之，三也；泉地既虚，黍稷可艺，四也；舟楫利涉，不烦牵挽，五也。”[2]

---

1 郭涛：《大运河：承载中国水利文明的活态文化遗产》，《中国三峡》2012年第10期，第5~13页。

2《明穆宗实录》卷三一，隆庆二年四月丁丑。

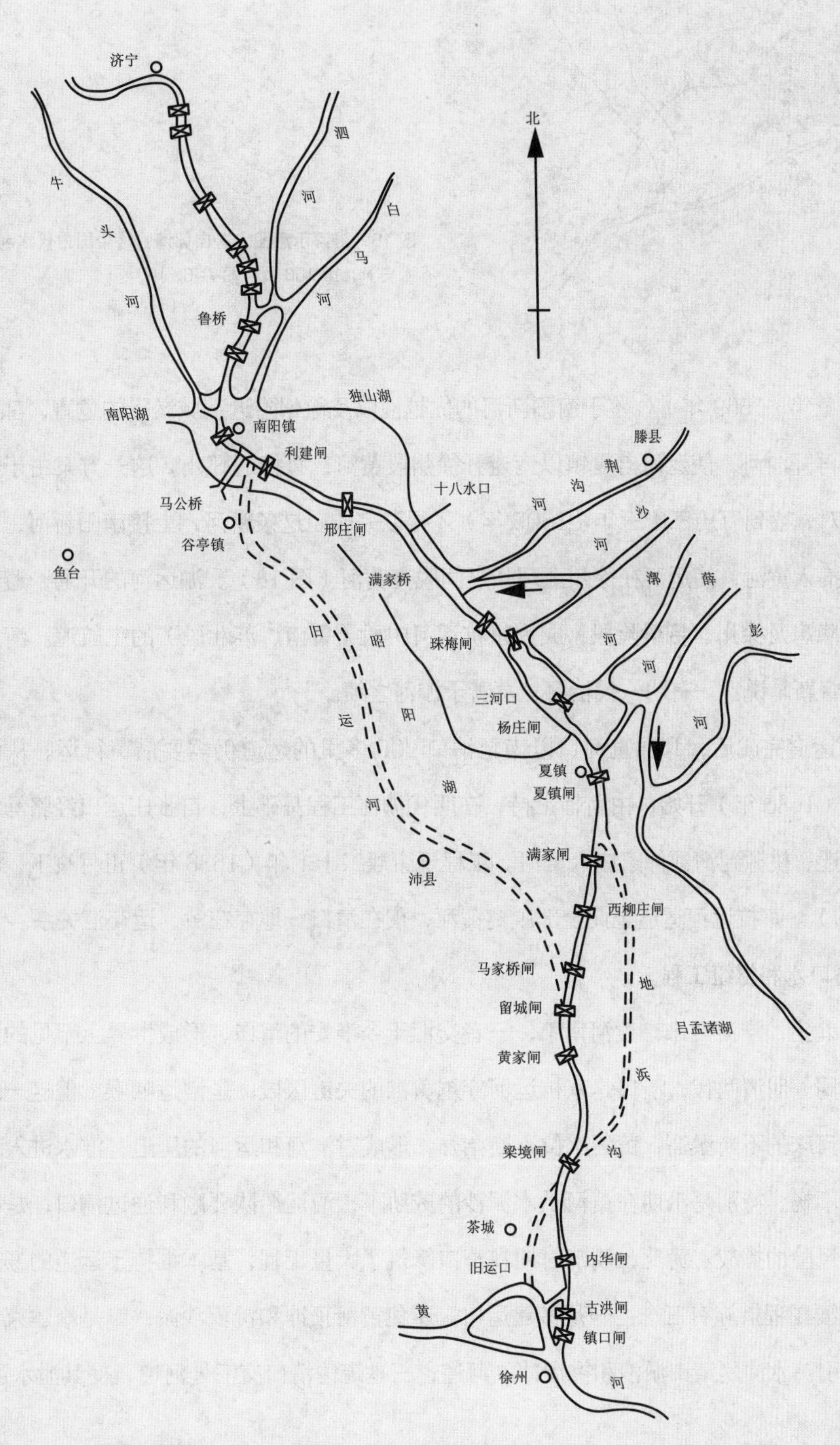

图 17　南阳新河示意图（选自姚汉源：《京杭运河史》，第 245 页，图 4-20-2）

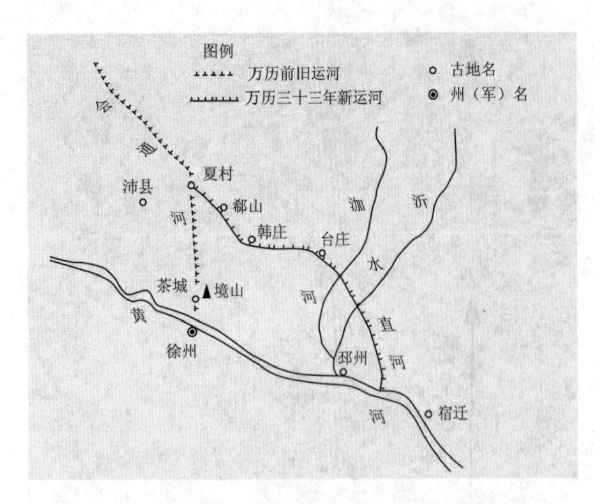

图 18　泇河示意图（选自郭涛：《中国古代水利科学技术史》，第 156 页，图 7-6b）

隆庆三年（1569 年），鉴于南阳新河的优越性以及徐州附近茶城淤阻的危害，都御史翁大立提出再开泇河，使运河自夏镇以南避开徐州段黄河，直接通邳州。这一方案由于潘季驯等人的反对，直到万历三十三年（1605 年）才得以完成。这条新河，上接南阳新河，下从骆马湖旁直插入黄河，使运河在徐州至邳州之间脱离黄河（图 18）。泇运河的开通，避开了黄河决口的隐患及徐州、吕梁险段，成为京杭运河中段（鲁南、苏北段）的主航道。清康熙年间河道总督靳辅说："有明一代治河，莫善于泇河之绩。"[1]

泇河运道完成后，邳县直河口以南至清口 200 多里的运道仍需要借黄行运。从清康熙二十五年（1686 年）开始，由靳辅主持，在明代泇河工程基础上，自张庄运口经骆马湖口开渠，经宿迁、桃源到清河仲家庄入黄河。工程于康熙二十七年（1688 年）正月竣工，称为中河（图 19）。京杭运河运道至此全部脱离黄河，仅在清口一地存在黄、运交汇关系。

3. 清口水利枢纽工程

运河北上，淮河西来，黄河南下，三者交汇于今淮安的清口，形成世界上罕见的大江大河平交格局。明清两代，清口是京杭运河穿越黄淮的关键区段，是漕运咽喉。但这一时期，由于黄河河床的不断淤高，黄河水位不断抬升，形成对淮河和运河的压迫，淮水进入不了运河，漕运不畅。特别是汛期在黄河洪水泥沙的威胁下，漕运船队要顺利通过清口，是极其困难和极具风险的挑战。为此，明清时期在清口修筑了大量工程，基本维持了运道的畅通（图 20）。主要工程措施有三个：一是移建运口，避免黄河顶冲和漫灌沙淤；二是修建束水和挑溜工程，引清水冲刷清口淤沙和挑溜冲刷河道；三是疏浚清口交汇处河道，使其泄水通畅。[2]

1〔清〕陆耀：《山东运河备览》卷三。

2 郭涛：《中国古代水利科学技术史》，中国建筑工业出版社，2013 年，第 161 页。

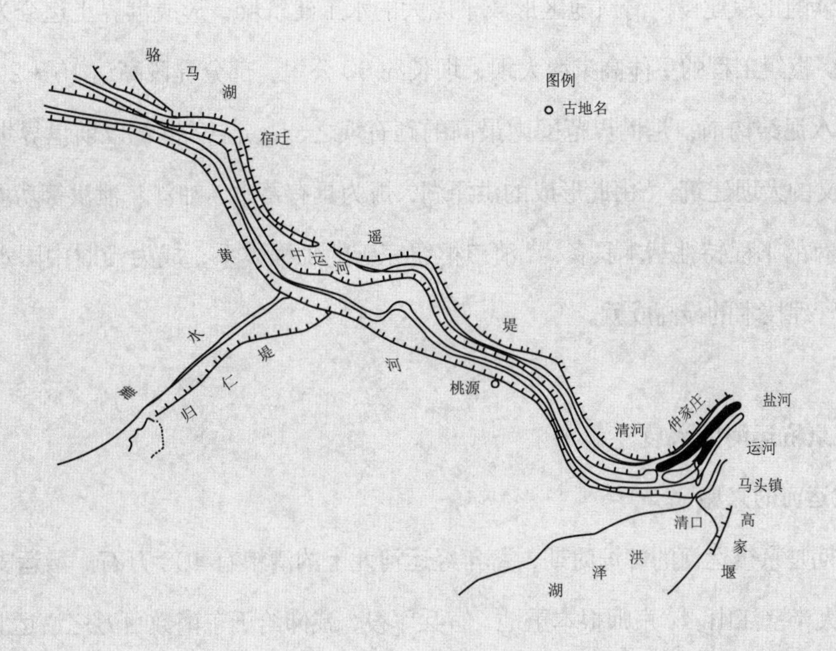

图19　靳辅开中运河以后的运河（选自郭涛：《中国古代水利科学技术史》，第157页，图7-6c）

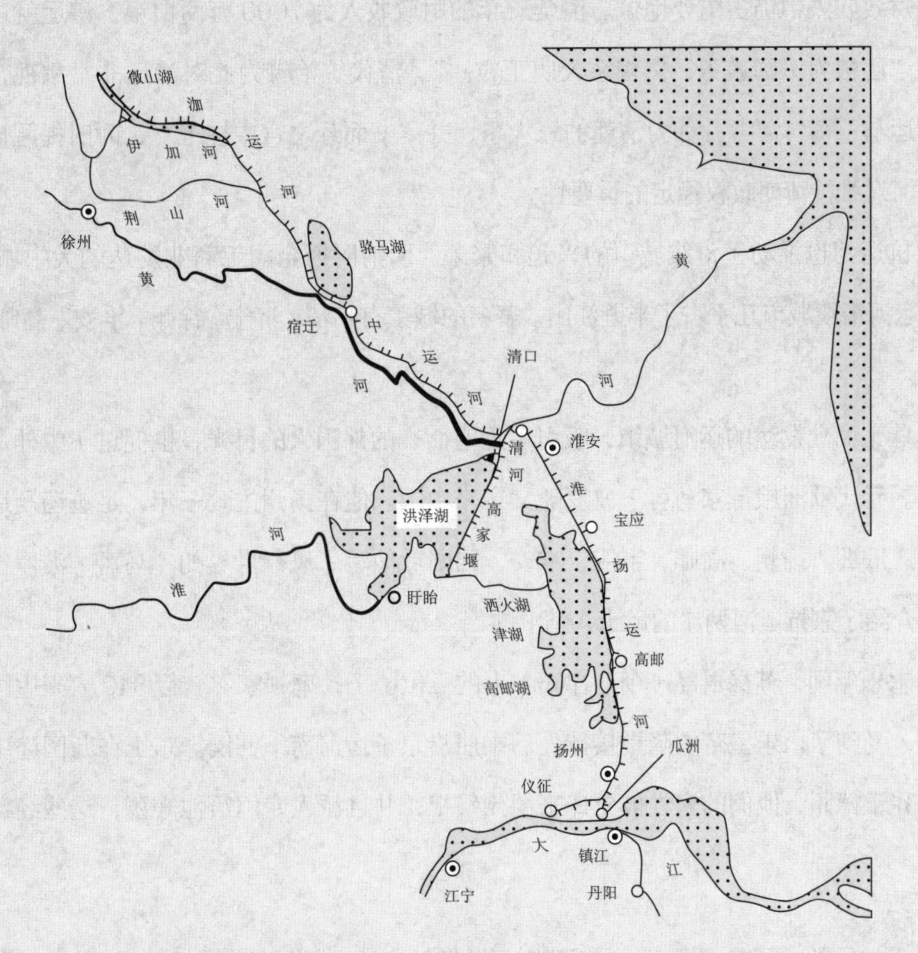

图20　清口枢纽工程——京杭运河与黄河、淮河的交叉工程（选自周魁一等：《中华文化通志·水利与交通志》，上海人民出版社，1998年，第222页，图7-10）

明清两代持续的工程建设，清口地区形成了庞大的水工建筑群，形成世界上迄今为止最复杂的工程体系。枢纽工程的主体高家堰大坝，坝长约 60 公里，部分堤段高达 15～20 米，在没有出现钢筋水泥结构前，是世界范围内最高的砌石坝之一，是 17 世纪以前世界坝工史上具有里程碑意义的大坝建筑。[1] 由此形成的洪泽湖，成为具有蓄水、冲沙、泄洪等功能的水库，现代水库所有的工程特性基本具备。[2] 清口枢纽完善的工程体系，成为当时中国水利规划设计与工程、管理技术的最高成就。

（四）京杭运河的兴衰

1. 京杭运河的兴盛

明清时期是京杭运河的辉煌时期，每年经运河北上的漕粮有 400 万石。漕运支撑了朝廷财政收入的大半壁江山。“京师根本重地，官兵军役，咸仰给于东南数百万之漕运。”[3] 明代，全国设有八大钞关，其中七处在运河上，运河水运的关税占全部关税的 92.7%。清代，漕运在国家财政收入中仍占重要地位。清廷一年的财政收入为 7000 万两白银，漕运就占了三分之二。“漕粮为军国重务，白粮系天庾玉粒。”[4] 清代统治者为此对漕运非常重视，康熙帝就将漕运与三藩、河务并称为清朝的三大事，并“书而悬之宫中柱上”，时时提醒自己，说明了运河对维持清朝政权稳定的重要性。

京杭运河也推动了沿线城镇的兴起和繁荣。明清时期全国工商业发达的大中城市有 30 多个，运河沿线城市几乎占了半壁江山。著名的城镇有临清、济宁、徐州、淮安、高邮、扬州、杭州等。

这些工商业发达的运河城镇，吸引了远道而来的外国人的目光，也促进了中外文化交流与融合。元代欧洲旅行家马可・波罗随父亲来中国。他在扬州主政三年，足迹遍及运河沿岸的真州、瓜洲、扬州、高邮、宝应、淮安，回国后他写了风行世界的《马可・波罗行纪》，生动地介绍了京杭运河两岸的风土人情。

明永乐年间，苏禄群岛（今菲律宾）上的三位国王，率领家眷一行 340 人来中国进行友好访问，受到了永乐皇帝的隆重接待，后乘船沿京杭运河南下回国。东王在归国途中，不幸病故，葬于德州，他们的家眷被允许来德州祭祀，并且派人专门给他守墓，这些经费都是由

---

1 谭徐明、于冰、王英华、张念强：《京杭大运河遗产的特性与核心构成》，《水利学报》2009 年第 10 期，第 1219~1226 页。

2 张卫东：《洪泽湖水库的修建——17 世纪及其以前的洪泽湖水利》，南京大学出版社，2009 年，第 32~33 页。

3 徐惺：《请改运法疏》，载《魏源全集》，岳麓书社，2011 年，第 15 册，第 549 页。

4 范承谟：《请改折漕粮疏》，载《魏源全集》，岳麓书社，2011 年，第 15 册，第 509 页。

朝廷出的。弘治初年，朝鲜人崔溥撰写的《漂海录》盛赞运河之利："自是方岳番镇与夫四夷朝聘会同，及军民贡赋转输，商贾贸易，皆由于斯。而舟楫之利始通乎天下……"万历年间，意大利耶稣会传教士利玛窦来中国，乘船从南京到北京，根据运河沿途所见，著有《利玛窦中国札记》。

清代，一些外国使节、传教士、旅行者也取道大运河，运河沿线的水利工程、城镇乡村和风土民情，给他们留下了深刻的印象。《英使谒见乾隆纪实》记述了英国使团所见到的通州至杭州的大运河的情形。《荷使初访中国记》记载了顺治年间荷兰来华使团眼中扬州运河繁荣的景象。

元明清时期，京杭运河连接着中国与世界，成为外国人观察中国物质文明和地域文化的窗口。他们怀着新奇的眼光来审视京杭运河，其生动的描述体现了中外文化之间的交流与碰撞，也成为中国文化对外传播的重要载体 。[1]

2. 京杭运河的衰落

咸丰五年（1855年），黄河在河南兰考铜瓦厢决口，改道从山东利津入海。由于黄水泛滥，冲击了山东境内的大运河堤岸，在长达10余年的时间里，大运河的航行完全停顿。这是大运河历史上衰落的一个转折点。此后虽有恢复通航的计划，但随着黄河的不断泛滥及国势的衰微，运河还是渐趋淤塞。到光绪年间（1875—1908年），清朝最终放弃了对大运河的修治，大运河走完了它1000多年的历程，走到了它命运的最低点。

随着运河的淤塞，全国的运输方式也发生了改变。道光六年（1826年），试办海运成功。咸丰二年（1852年），江浙漕粮改为海运。次年，湖北、湖南、江西、安徽四省漕粮改折，漕运已是名存实亡。同治十一年（1872年），轮船招商局在上海成立，海运畅通。光绪二十六年（1900年），清廷税收由征实物改折现银，漕运废止。1911年京浦铁路通车，代替了航运功能。京杭运河只保留了山东济宁至杭州段及钱塘江以南的西兴运河，至此演变成了一个区间运河。不过，就其光荣历史和文化价值而言，是恒久永存的。

中国大运河在2000多年的历史进程中，为克服地形高差和水源不足问题，不断调整经行线路，完善工程措施，实现了漕船的顺利通行。面对极其复杂的自然条件，历代人民对沿运工程精心设计、巧妙布置，并不断创新，解决了许多当时属于世界性的工程技术问题，展现了中国古代水利工程技术领先于世界的卓越成就，这是世界上其他著名运河所无法比拟的。

1 胡梦飞：《明清时期外国人视野中的京杭大运河》，《淮阴工学院学报》2014年第2期，第1~5页。

不仅如此，中国大运河的产生和发展，还关联着中国国家发展的历史进程，对中国政治、经济、军事、社会、文化、生态等都产生了巨大影响。

2000多年的运河发展史，一直伴随着中华民族的成长，展现了中华民族成长中艰苦卓绝的精神。历代人民通过艰苦的努力取得卓越的成就，体现了我们民族的尊严，在世界运河史、文化史上写下了浓重一笔。最近150年来，中国大运河演化为区间运河，但时至今日仍在持续发挥作用，南水北调东线90%利用了原京杭运河河道。从这一点来看，中国大运河是活态的文化遗产。随着时间的推移，时代的进步，中国大运河无论是历史文化价值还是社会经济价值，都会益发彰显。《诗・大雅・文王》中有句话："周虽旧邦，其命维新。"中国大运河发展的历史告诉我们，今天我们要成就世界服膺的大国，要让百姓在世界上活得有尊严，在发展科技之外，还必须培育文化和改革制度。

参考文献：

[1] 姚汉源 . 京杭运河史 [M]. 北京：中国水利水电出版社，1998.

[2] 姚汉源 . 中国水利史纲要 [M]. 北京：水利电力出版社，1987.

[3] 周魁一 . 中国科学技术史：水利卷 [M]. 北京：科学出版社，2002.

[4] 周魁一，谭徐明 . 中华文化通志：水利与交通志 [M]. 上海：上海人民出版社，1998.

[5] 周魁一，郑连第，郭涛，等 . 二十五史河渠志注释 [M]. 北京：中国书店，1990.

[6] 郑连第 . 中国水利百科全书：水利史分册 [M]. 北京：中国水利水电出版社，2004.

[7] 郭涛 . 中国古代水利科学技术史 [M]. 北京：中国建筑工业出版社，2013.

[8] 邹宝山，何凡能，何为刚 . 京杭运河治理与开发 [M]. 北京：水利电力出版社，1990.

[9] [印] 查尔斯・辛格，E. J. 霍姆亚德，A. R. 霍尔，等 . 技术史：第 3 卷 [M]. 王前，孙希忠，主译 . 上海：上海科技教育出版社，2004.

[10] [英] 李约瑟 . 中国之科学与文明：第 10 册　土木及水利工程学 [M]. 张一麐，沈百先，译 . 台北：台湾商务印书馆，1977.

[12] [英] 李约瑟 . 中国科学技术史・科学思想史 [M]. 北京：科学出版社，1990.

运河船闸的发展与创新

周魁一

远古时代人们就制造舟楫作为交通工具，开始了原始的水上运输。《淮南子·汜论训》记载："古者大川名谷，冲绝道路，不通往来也，乃为窬木方版以为舟航。"刘安所处的汉代，水上交通不仅有天然河湖的航行，而且已经开辟了沟通天然河湖的长达百公里的人工运河。与此同时，航运科学技术也在不断进步，所以刘安接着又说："器械者，因时变而制宜适也。"也就是说时代进步了，水运工程设施形式也不能因循守旧，要适应时代的进步，不断有所创新。运河的开凿和其上的船闸形制正是随着生产力的发展而不断创新。船闸一般修建在地形坡度较陡，特别是水面落差集中的渠段上，是用以调节运河水深、水面比降、流速，以利于舟船航行的水工建筑物。

船闸的前身称作堰埭，它是横拦运河的坝。航船穿越山岗，山岗与平地间落差较大，需要经由一级或多级堰埭分段过渡。每座堰埭上下游坝坡都是缓坡，便于拖动船只上下；各堰高程自上而下逐步降低，遂将整个落差分成若干梯级；堰埭之间集蓄坡水，保证航深。船过堰埭时重载航船一般要卸载，空船靠人力或水牛拖拽过坝，过坝之后再装载货物继续航程。大船则需要借助绞盘等简单机械，类似今天的斜面升船机，至今在一些地区仍可见到。为减少船底和堰埭表面的摩擦，一般在堰面上敷以就近捞取的湖泥和水草，方法简单却行之有效。这种过坝方式一般称作"盘坝"或"转搬"。堰埭是不可操作的实体建筑物，虽然还不能称作船闸，但已具备船闸的主要功能，是为船闸的前身。由堰埭构建的运河在春秋末年已见记载，胥溪运河是其中最为著名的。

江南太湖地区和相邻的水阳江流域广泛分布湖泊水网，春秋时代已是经济发达地区，但它们之间被一条西南至东北的茅山阻隔而不通水运。吴王阖闾伐楚时，伍子胥建议开胥溪沟通两个水系。茅山最高处海拔 20 米，以西地区高程降为 8 米，以东则降为 6 米，其间的运河靠五座堰埭横拦水道，因此胥溪有堰渎之称，又称五堰。各堰之间存蓄天然降水或坡水，水面层层递减，船只得由此跨越山岗，实现了太湖上游的荆溪和通过水阳江下注长江的航运通道。胥溪在宋代仍承担大量运输任务，至今尚存。

中国运河船闸的发展可分作单门船闸、复闸和澳闸三个阶段。

一、单门船闸——调整运河水面比降的设施

（一）灵渠陡门技术

最早的单门船闸可追溯到公元前3世纪初位于今广西桂林市兴安县的灵渠。中原与两广地区之间有东西分布的南岭山脉阻隔，交通艰阻。广西兴安县西北的越城岭和西南的都庞岭之间有一条南北向的地理走廊——湘桂走廊，是岭南通往中原的陆路通道。秦始皇统一六国之后即挥师岭南，但大量军需供给受制于山岭阻隔，成为军事行动的障碍，于是在始皇帝二十八年（前219年）[1]派史禄主持“以卒凿渠而通粮道”（《淮南子·人间训》）。恰好长江支流的湘江和珠江支流漓江的源头始安水都发源于兴安县的海阳山，湘江自南而北，漓江支流始安水自北而南。秦国的工匠们遂向湘江上游寻找恰当的分流点，终在二水相距最近处的上游2.3公里处，得到湘江高出始安水1.1米的渼潭，于此建设分水枢纽，将湘江一分为二。向南分流的一支通往始安水，下入漓江，称作南渠。北支则依傍湘江，另修一条北渠，下游仍回归湘江。于是通过联通湘漓二水的灵渠实现了长江与珠江间的水运往来，成为当年联系岭南的唯一水运通道。由于跨越南岭，灵渠成为我国第一条实质意义上的越岭运河。

正因为灵渠在此越岭，南渠和北渠虽然选择了恰当的分水地点，但南北二渠对于航运来说比降仍较大，南渠平均比降几近1‰，水流速度较快，也减少了航深，给航行带来了困难，因此需要设置船闸调剂。灵渠上的船闸当地称作陡，也叫陡门或斗门，用以节蓄运河水流。在需要的渠段设置陡，将减少运河比降和流速，提高航深，实现了船只攀缘越岭的奇观。由于陡门在灵渠中的关键作用，灵渠也常常被称作陡渠。

陡门始建年代已不可考，最早的文献记录是唐代咸通九年（868年）鱼孟威的《灵渠记》[2]。他在追记宝历元年（825年）李渤初到灵渠时所见，已是“年代浸远，陡防尽坏，江流且溃，渠道遂浅”，于是开始兴工修缮。其主要维修工程是“遂铧其堤以扼旁流，陡其门以级直注”。可见陡门的设置早在距唐代“年代浸远”的前代业已存在。宋代记载渐丰，宋人范成大、周

---

1 郑连第：《灵渠工程史述略》，水利电力出版社，1986年，第64页。
2 唐兆民：《灵渠文献粹编》，中华书局，1982年，第148页。

图 1　牯牛斗（选自刘仲桂：《灵渠》，广西科学技术出版社，2014 年，第 53 页）

去非在淳熙年间曾同时在静江府（今广西桂林）为官，范为知府，周为通判，有机会相携视察灵渠，因此，在他们的著作中对于灵渠及其上的陡门都有基本一致的记录。淳熙五年（1178 年）周去非描述灵渠说："渠内置斗门三十有六，每舟入一斗门，则复闸之，俟水积而舟以渐进，故能循崖而上，建瓴而下，以通南北之舟楫。"[1] 其中的"闸之"（范成大记作"闸斗"）道出了宋代灵渠陡门肯定带有可以人力操作的闸门板。至于承担"闸之"任务的闸门板，是平板闸门，是叠梁闸门，抑或类似清代的陡杠式，就不得而知了。

宋代曾有陡门 36 座，现在的陡门遗存尚有 14 座，都是清代改建。陡门两岸的门墙为浆砌条石结构，一般高 1.5～2.0 米，宽 5.5～6.0 米，形状多为半圆形或弧线形，各陡之间距离与地形高程变化相适应，近的约 60 米，远的达 2000 米。灵渠南北渠宽度大多在 10～15 米，是陡门宽度的 1 倍到 2 倍（图 1 ）。

清代的陡门结构如图 2 所示。陡门板的支撑构件包括小陡杠、面杠和底杠。过船时，先将小陡杠斜插入闸底板的石孔中，上端则倾斜地嵌入另一侧石陡座的凹槽中；底杠一端插入对面陡座的孔槽，另一端架在小陡杠下端。面杠亦如是。在以上支撑陡杠之前是三根木杆绑

1　周去非：《岭外代答》卷一"灵渠条"，丛书集成本，第 3118 册，第 7 页。

扎的杩槎。杩槎依靠在面杠和底杠上，杩槎之上再铺以竹编的席子。开闸时撬开小陡杠，随着闸门板的垮塌，船只驶往下游。陡门板虽不严密，损失了一些水量，但对于像灵渠这样水量比较丰沛的运河来说，并不会构成船只航行的困难。陡门虽不精细，却完全具备了船闸的功能，是为简易式单门船闸。

至于秦代的灵渠，出于船只越岭的需要，必然也要建设同样功能的设施，虽然形制可能比较简单。由于服务于战争的需要，最初也许只有闸座而无闸板。闸座或许也是临时构筑，不像后代那样规整，但要行船就一定会有。即使没有闸门板，由于闸座使水面缩窄，斗门上游也将形成宽顶堰流一样的水面线（图 3），从而调整了运河中的水面坡降，使上游航深加大，流速减缓，一定程度地改善了行船条件，加上人力拖曳，便可行船。

（二）古代常规单门船闸的构造及其发展

农业灌溉系统中的节水和配水闸门起源很早，至少在汉代的灌溉系统中已有普及。至于有明确记载的运河上的船闸最初出现在淮扬运河与长江衔接的扬州。《宋书·谢灵运传》记载，谢灵运在义熙十二年（416 年）十一月途经扬州时就曾见到“越二门而起涨”。景平中（423—424 年）有人路过扬州水门，“落江而殒”。唐代开元二十五年（737 年）修订的法律文书《水部式》中，也有“扬州扬子津斗门二所”，以及斗门（闸门）管理人员配置和物料供应等具体记载[1]。之后不久，唐代诗人李白（701—762）途经扬州，在《题瓜洲新河饯族叔舍人贲》诗中，对斗门也有形象的描述：“齐公凿新河，万古流不绝。丰功利生人，天地同朽灭。两桥对双阁，芳树有行列。爱此如甘棠，谁云敢攀折。吴关倚此固，天险自兹设。海水落斗门，潮平见沙汭。……”其中赞颂齐澣在开元二十六年(738 年)开伊娄河，两桥之下应有两座斗门。二斗门似乎都在伊娄河上，斗门之上有通行桥或有启闭闸门板作用，桥头有阁屋，可见船闸已很规整，绝非简易而为。船闸的功用是“海水落斗门，潮平见沙汭”，当是蓄积潮水，以利行舟。此点在稍后的文献中有更清晰的说明。

唐代贞元四年（788 年），梁肃《通爱敬陂水门记》记述淮南节度使杜亚维修向运河供水的爱敬陂（又称陈公塘）水门时提到，开元以前扬州和镇江之间的江段，长江主流偏于河床北部，“海潮内于邗沟，过茱萸湾北，至邵伯堰”。海潮顶托邗沟至 90 里外的邵伯。后此长江主流摆向南边，扬州城内河水缺少江潮顶托，航运受阻，城市环境恶化。杜亚整修后

1 姚汉源：《京杭运河史》，中国水利水电出版社，1998 年，第 42～45 页。

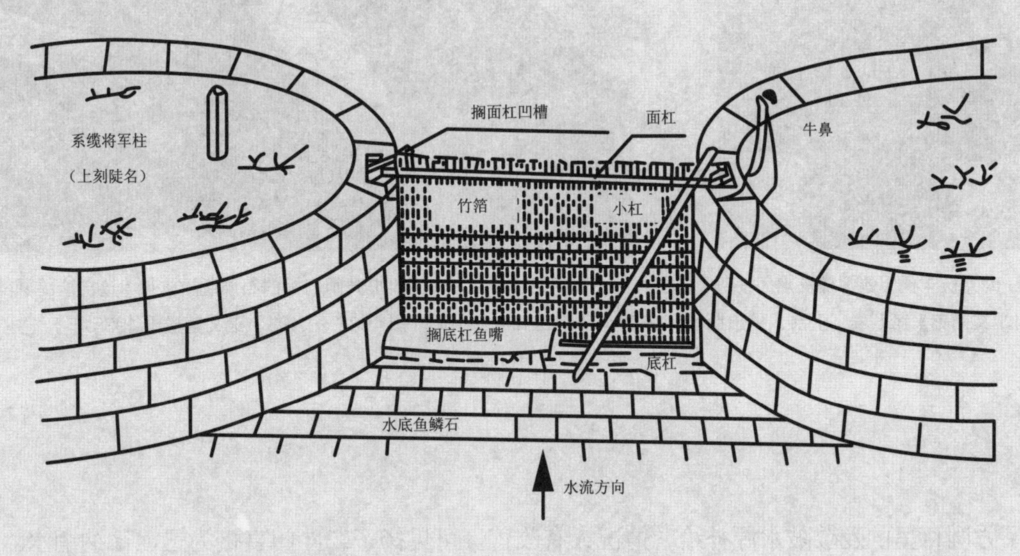

图 2　灵渠陡门结构示意图（选自刘仲桂：《灵渠》，第 46 页，上图）

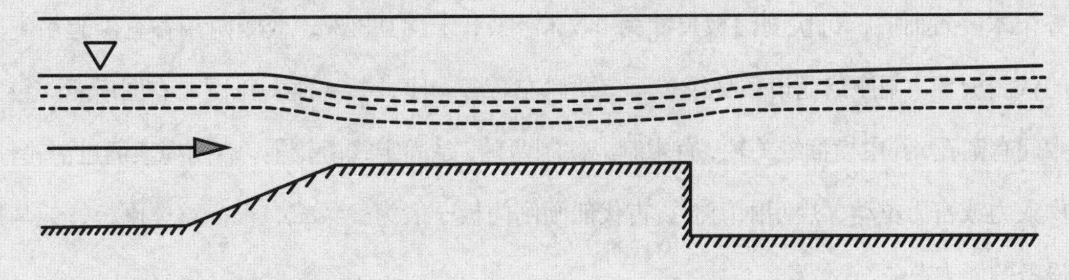

图 3　宽顶堰流水面线纵剖面示意图

图 4　北京庆丰闸上的闸槽及启闭设备，左图可见放置闸门板的槽，右图为提升闸门板的石质起重支架（选自李约瑟：《中华科学文明史》第 5 卷，上海人民出版社，2003 年，第 240～241 页，图 492、图 493，王文璧摄于 1935 年）

有了方圆百里的爱敬陂水源补给，情况大有改善。可见扬子二斗门直接为运河蓄纳潮水。

单闸是古代常用的闸型，沿用时间最长。以北京通惠河上的庆丰闸为例，自元至清都是条石浆砌的石闸。整个闸座大体可分为闸墙、基础、闸门板和启闭闸门板的设备等部分。闸座的闸口宽 6.4 米，高 6.35 米。两岸闸墙（又称金刚墙）为条石浆砌，长 13.5 米。闸墙中间自上而下设有安放闸门板的凹槽（又称闸槽、掐口），见图 4 左图显示。闸墙上游两侧有浆砌八字翼墙，称迎水雁翅，长 12.5 米；下游翼墙称分水燕尾。基础部分自下而上有木桩（又称地丁桩）；其上有三合土夯筑层，层厚约 15 厘米；三合土之上满铺砌石板。闸门板由 13 块叠梁木叠置而成，每块闸门板尺寸为 6.5 米 × 0.3 米 × 0.3 米，板侧两端各有供起吊闸门板的铁制板环。闸座启闭设备称绞关石，两岸左右各一座，共 4 座。见图 4 右图所示。绞关石中间有圆孔，孔中横插绞关轴，有木制或铁制两种，是固定式滑轮轴。启闭绳索通过滑轮轴，经由人力或畜力拉动，启闭闸门板。古代船闸闸门板一般为叠梁式，很少整体闸板，或与启闭设备的能力有关。

从元代开始，京杭运河上已出现成系列的单闸，用以克服坡降较大的地形带来的航运困难。其中至元三十年（1293 年）以郭守敬所主持的北京至通州的通惠河（图 5）为典型。它是京杭运河最北边的一段，由北京积水潭至通州全长约 30 公里，海拔高程由 30 米降至 10 米左右。当年共布置单门船闸 24 座，闸门间距一般由 500 米到 2500 米不等。相邻闸门相继启闭“互为提阏，以过舟止水”。当年系列船闸也出现在京杭运河的会通河段，由于跨越山

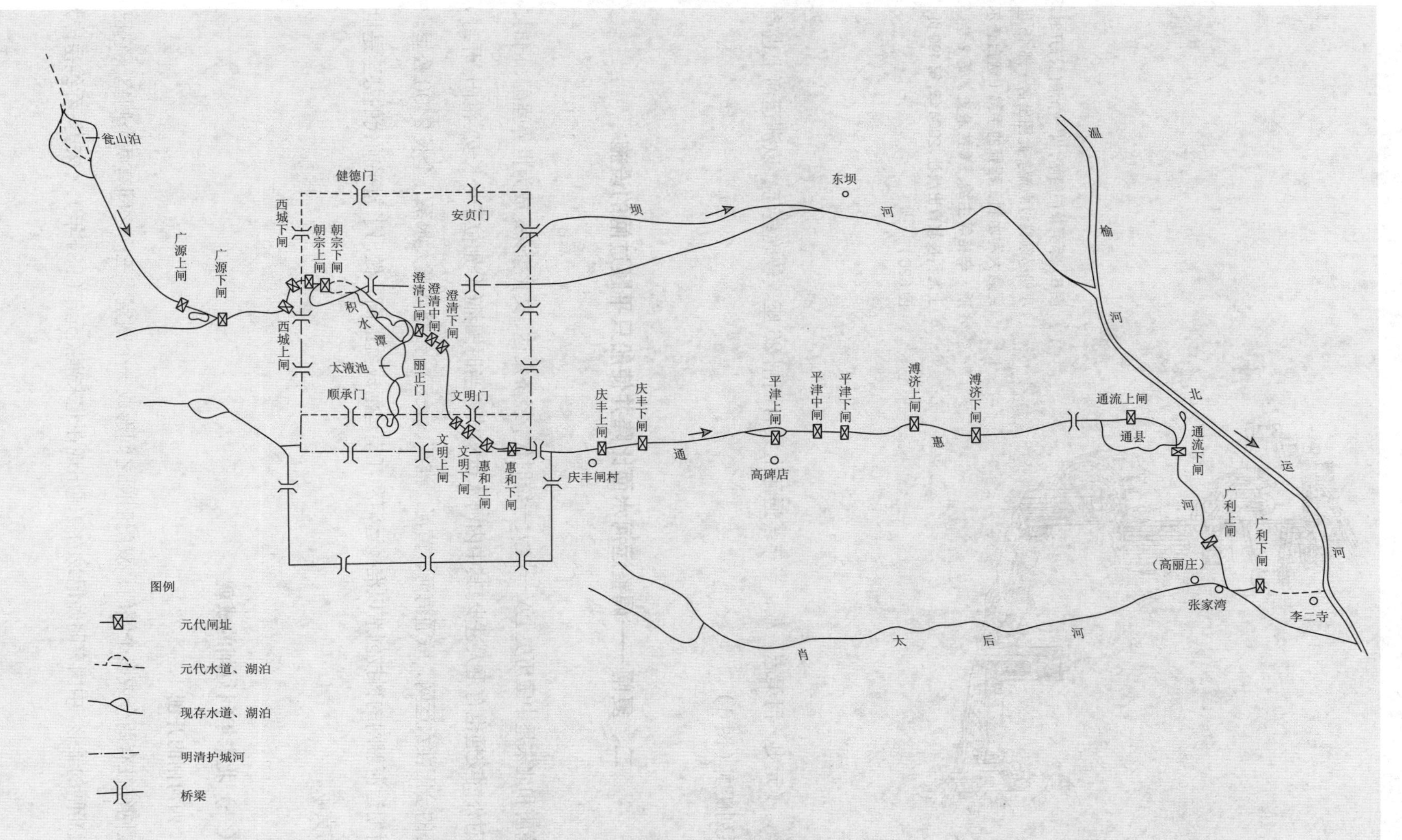

图 5　元代通惠河二十四闸分布示意图（选自姚汉源：《京杭运河史》，中国水利水电出版社，1998 年，第 91 页，图 3-10-3）

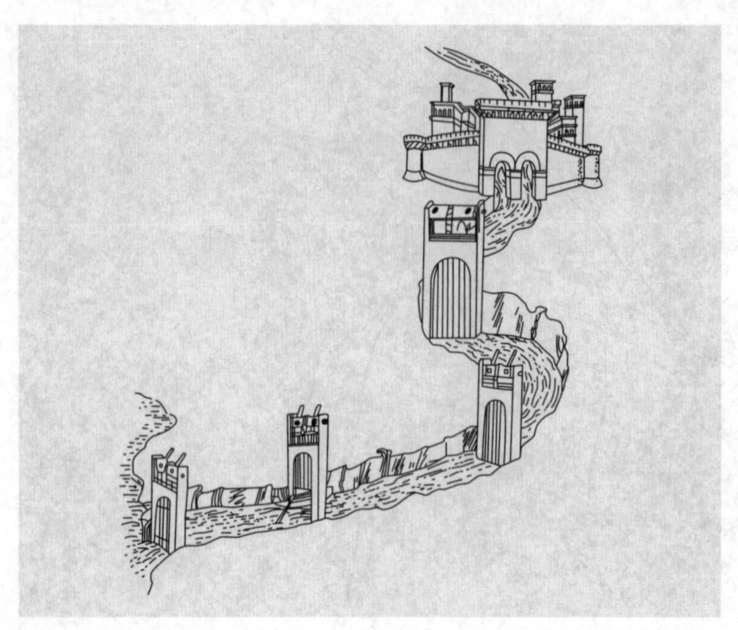

图6　系列单门船闸，当一个闸门打开时，小船必须穿过急流。此图出自一部15世纪意大利水利工程师的手稿（选自查尔斯·辛格等主编：《技术史》第2卷，上海科技教育出版社，2004年，第490页，图626）

东地垒，《元史·河渠志》载，当年会通河上共有船闸26座。较晚些年，欧洲运河上也有这类系列船闸（图6）。

二、复闸——调整运河水面比降并使船只平顺过闸的设施

隋唐和北宋是中国历史上又一次大一统时代，经济发达，文化繁荣，成为世界强国，同时，对内、对外的交通也有重大进步。其中内河水运构成以当时国都（分别位于今长安、洛阳、开封）为中心的全国性水运网，联通海河、黄河、淮河、长江、钱塘江五大水系，全长2400公里。这一时期运河船闸的科技创造以淮扬运河和江南运河成就最高，做出了超乎前代的甚至是世界性的贡献。

（一）北宋年间复闸的成就

1. 西河闸的开创

复闸往往有两个或多个闸门，双门船闸之间形成一个闸室，三门之间有两个闸室。它已是现代船闸的雏形。中国有明确记载的复闸出现在北宋雍熙元年（984年），《宋史·乔维岳传》记载：

又建安北至淮澨，总五堰，运舟所至，十经上下，其重载者皆卸粮而过，舟时坏失粮，纲卒缘此为奸，潜有侵盗。维岳始命创二斗门于西河第三堰，二门相距逾

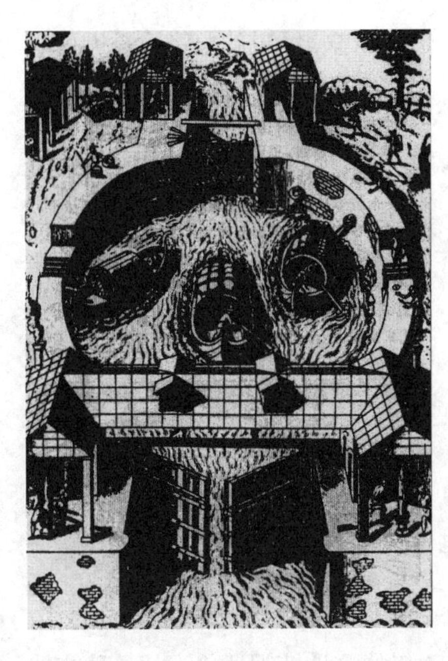

图 7　在河流中将驳船从一个高度移至另一高度的闸室（选自查尔斯·辛格等主编：《技术史》第 2 卷，第 489 页，图 625）

五十步，覆以厦屋，设县门积水，俟潮平乃泄之。建横桥岸上，筑土累石，以牢其址。自是弊尽革，而运舟往来无滞矣。

这段文献记载了运河为保证航深，由建设节制水流的堰埭到建设复式船闸的原因，以及最初复式船闸的主体结构。《宋会要》等史籍关于这处船闸的记载都大体相同[1]。当年淮扬运河高于两端的淮河和长江。该闸位于淮扬运河北面的入淮口，两门之间的闸室长 50 步，约 80 米，等待运河水位与淮河潮位相近时开闸，以使船只平稳通过。于是省去船只盘坝的辛苦和物资的损失。其工作原理大致是，当船只由淮河入运河，首先开启临淮闸门，船只进入闸室。随即关闭临淮闸门，并由储水设施向闸室注水，提升闸室内水位，待其与运河水位相平时，再开第二道闸门，船只驶入运河，完成过闸过程。这与现代船闸工作原理一般无二。与单闸相比，由于河中单闸一般相距较远，开闸过船时两闸之间河段较多的蓄水就会大量流失。而带闸室的复闸所损失的水量，则主要是距离百米上下的两个闸门之间的闸室中的水量，对于缺乏水资源和地形落差较集中的河段，复闸较之单闸有其显著优越性。此外，若只设一座单闸，上下游水位差全都集中在此一处，开闸时水流湍急，对船只安全不利。而复闸通过两座闸门（一个闸室）调节闸室内水位上下，可以达到船只平顺过闸。若是三门两闸室，还可将原来的上下游较大的水位差分解为两级落差，船只通过也就变得更加平稳了（图 7）。

日本和尚成寻熙宁五年（1072 年）来华朝觐佛教圣地天台山和五台山时，曾乘船由江南

1　徐松《宋会要辑稿·食货八之三一》载“天圣四年（1026 年）十月楚州北神堰并真州江口南堰各置造水闸”。又该书“乾道元年（1165 年）……修整洪泽两闸”。关于船闸名称，姚汉源《京杭运河史》第 56 页和第 57 页注中均已明辨。

运河和淮南运河北上。当他由运河入淮时曾有过闸经历，但他在楚州经过的已经不是近百年前的一座复闸，而是两座。第一座是在楚州（今淮安市），成寻所乘船先是九月十七日在闸头等候淮河涨潮，“戌时，依潮生，开水闸。先入船百余只……船在门内（即闸室中）宿”。到第二天（十八日）“戌时，开水闸，出船”。顺利通过第一座复闸。接着又向西北经“过六十里，至楚州淮阴县新开驻船”。至第三天（十九日），继续航行，“过六十里，申三点至闸头，石梁镇内也。戌时，开闸，出船。至淮河口宿”，此时已进入第二座复闸的闸室，并于第四天（二十日）“寅时，出船。入淮河”。[1]十九日至二十日经过的第二座复闸是乔维岳原建的西河闸。第一座复闸和第二座复闸相距120里，这和楼钥在乾道五年（1169年）出使金国所经行的楚州至淮阴60里和淮阴至洪泽的60里，共计120里的水程记载相符。[2]不过由于防止金人南下，淮南运河上的船闸已被人为破坏，楼钥并未见到。

查尔斯·辛格等主编的《技术史》将乔维岳创造于984年的这种塘闸评价为“一种在技术上至关重要的设施”[3]。而在《中华科学文明史》中也将乔维岳的贡献称作：“这就是世界历史上第一个塘闸……很明显欧洲人不能取代中国人在发明塘闸方面的先驱地位。”[4]欧洲的复式船闸“确切的最早的出现时间是1373年，在荷兰……”[5]，译文中的塘闸即复闸。所谓塘，是指两闸门之间的闸室。

当然，欧洲的船闸有自己的特点和创新，在采用复闸之后的一个世纪，意大利著名画家达·芬奇（1452—1519）设计了可旋转的“人”字形闸门[6]，以代替垂直启闭的闸门，启闭动力相应减小，船只通行也更为平稳。据说达·芬奇在1503年又为佛罗伦萨设计了一条越岭运河，并考虑了山顶上的水源补给问题。他的超前设计100多年后，方在米兰运河上付诸实施。

2. 瓜洲闸和真州闸

西河闸在淮扬运河北端靠近淮河处。淮扬运河南端临近长江口处也有一座复闸，名曰瓜洲闸。扬州（今扬州市）在唐宋时代建有堰埭或水闸以便通航。熙宁五年（1072年）日本僧人成寻由长江入运河扬州界，过流州（或为龙舟之音误）镇有船闸，该船借助江潮申时入水闸，又经行二里至瓜洲堰，再由左右各11头牛牵拉过堰，进入扬子镇的。

---

1 ［日］成寻著，白化文、李鼎霞校点：《参天台五台山记》，花山文艺出版社，2008年，第93~94页。
2〔南宋〕楼钥：《攻媿集》卷一一一《北行日录》，四库全书本。
3 ［印］查尔斯·辛格、E. J. 霍姆亚德、A. R. 霍尔等主编，王前、孙希忠主译：《技术史》第3卷，上海科技教育出版社，2004年，第300页。
4 ［英］李约瑟著，柯林·罗南改编，上海交通大学科学史系译：《中华科学文明史》第5卷，上海人民出版社，2003年，第241~242页。
5 ［英］李约瑟著，柯林·罗南改编，上海交通大学科学史系译：《中华科学文明史》第5卷，上海人民出版社，2003年，第243页。
6 参见《不列颠百科全书》（国际中文版）第10册，中国大百科全书出版社，2002年，第160页。

在长江的这一河段，瓜洲上游还有另一座运河通长江的真州闸，建成于天圣四年（1026年），由侍卫陶鉴主持兴修[1]。胡宿（996—1067）曾任扬子尉，著有《真州水闸记》详记其事，“先是水漕之所经，颇厌牛埭之弗便”[2]，尤其在秋冬季节，长江水位降低，船只进入淮扬运河更加困难。陶鉴上任后修筑二门复闸，水运大为便利。沈括《梦溪笔谈》记载，复闸建成之后，既节省了许多牵挽工人，而且可行大船，“运舟旧法，舟载米不过三百石，闸成，始为四百石。其后所载浸多，官船至七百石，私船受米八百余囊，囊二石”[3]。《真州水闸记》曰：“既其北偏，别为内闸，凿河开奥，制水立防。”奥即澳，是蓄水的水塘，由它向闸室供水，实现在闸室内调节水位高低，以与上下游水位平顺衔接。真州闸大体形制和淮扬运河入淮处的西河闸类似，但从胡宿的记载中还可以窥见一些技术细节，如“巨防既闭，盘涡内盈，珠岸浸而不枯，犀舟引而无滞，用力浸少，见功益多”[4]说的是向闸室供水和排水的设施，这一设施是复闸正常运行所必备。尤其是“盘涡内盈”，更形象地描述了闸门关闭后由澳向闸室注水盘旋涌动的水流形态。真州闸的水澳似乎只具有向闸室补水的功能，与下文所说70年后建成的有节水功能的澳闸有所不同。

（二）复闸没落的原因

真州闸及淮扬运河各枢纽日后维修和废弃多有反复。李约瑟认为：“17世纪以前的外国旅行者航行在大运河上时只谈到了水闸（即单闸）和泄水滑道（即堰埭）的事实似乎足以证明塘闸（即复闸）在中国并没有得到发展。……李约瑟博士相信他可以证明这些。”[5]李约瑟的这个说法是有根据的，此点我们可以从《宋史》卷九六《河渠六》的叙述中得到答案。北宋宣和三年（1121年）向子諲言：

> 运河高江、淮数丈，自江至淮，凡数百里，人力难浚。昔唐李吉甫废闸置堰，治陂塘，泄有余，防不足，漕运通流。发运使曾孝蕴严三日一启之制，复作归水澳，惜水如金。比年行直达之法，走盐茶之利，且应奉权幸，朝夕经由，或启或闭，不暇归水。又顷毁朝宗闸，自洪泽至召伯数百里，不为之节，故山阳上下不通。欲救其弊，宜于真州太子港作一坝，以复怀子河故道，于瓜洲河口作一坝，以复龙舟堰……[6]

1〔南宋〕李焘：《续资治通鉴长编》卷一〇四，中华书局影印本，第932页。
2〔北宋〕胡宿：《真州水闸记》载《文恭集》卷三五，丛书集成初编本，第1889册，第420页。
3 胡道静：《新校正梦溪笔谈》卷一二，中华书局，1957年，第131页。
4〔南宋〕胡宿：《真州水闸记》载《文恭集》卷三五，丛书集成初编本，第1889册，第420页。
5［英］李约瑟著，柯林·罗南改编，上海交通大学科学史系译：《中华科学文明史》第5卷，上海人民出版社，2003年，第237、240页。
6《宋史·河渠六》，中华书局，1977年，第2389页。

他建议在淮扬运河南北各口筑坝，解决运输制度改革和复闸运行中受特权干扰所造成的运河水量匮乏问题。本来很好的且应用成功的节水船闸技术，在专制特权干扰下，管理制度受到破坏，先进的技术不得不以退步而告终。至南宋淳熙十四年（1187年）又曾修复瓜洲、真州等闸。宣和五年（1123年）重申“东南六路诸闸，启闭有时。比闻纲舟及命官妄称专承指挥，抑令非时启版，走泄河水，妨滞纲运，误中都岁计，其禁止之”[1]。力图恢复运河原有制度，仍是一纸空文。

南宋初年，宋金在淮河流域交战。“绍兴初，以金兵蹂践淮南，犹未退师，四年，诏烧毁扬州湾头港口闸……又诏宣抚司毁拆真、扬堰闸及真州陈公塘（即爱敬陂），无令走入运河，以资敌用。”[2]这是战争的破坏。

三、澳闸——带有节水设施的复闸

澳闸是在复闸基础上的进一步发展。它附加的水澳具有存蓄水量向运河补水和重复利用船只过闸用水的双重功效。如何能起到这个功效呢？如果在闸旁洼地开辟水澳储水，当船只驶向上游，则开启下游船闸，待船只进入闸室后，可由水位较高的水澳向闸室补水，抬高闸室水位，以便下游船只进入上游闸室，这项操作与复闸运行相同。而当船只由上游闸室驶向下游闸室，就势必要放弃上游闸室的部分水量，使与下游闸室水位相平，以便船只平顺进入下闸。那么，为将上游闸室的这些弃水暂存于水澳中以便再次使用，于是古人发明了澳闸。

（一）京口闸的技术成就

最先提出修筑澳闸建议的是曾孝蕴，他是著名军事著作《武经总要》作者曾公亮的从子。绍圣年间（1094—1097年）曾孝蕴主持发运司时献《澳闸利害》，建议在“扬之瓜洲，润之京口，常之奔牛”[3]极度缺水地段修筑节水澳闸，代替原有的堰埭。受命主持兴修后，并在元符二年（1099年）完工，同时订立澳闸启闭的规章制度。这些闸中文献记录比较完整的是位于今镇江市的京口闸。

京口闸位于润州丹徒县（今江苏镇江），北临长江。该州地形南北低而中间高，是长江

1《宋史·河渠六》，中华书局，1977年，第2390页。

2《宋史·河渠七》，中华书局，1977年，第2393页。

3《宋会要辑稿·食货八之三六》。《宋史·河渠六》《宋史·曾孝蕴传》等文献有相同记载。

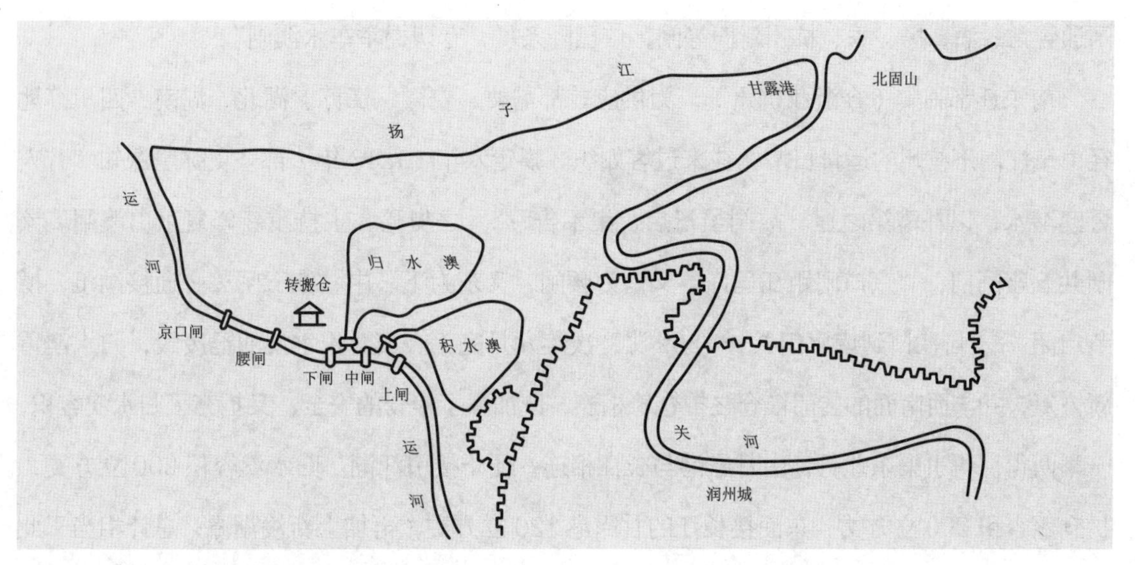

图8　北宋元符二年京口闸布置示意图（选自周魁一、谭徐明:《中华文化通志·水利与交通志》，上海人民出版社，1998年，第213页，图7-7上图）

和太湖流域的分水岭。船只经润州，为保证通航用水，唐代及北宋都在此设有堰埭。北宋元祐四年（1089年）大旱，由润州知州林希主持修筑上、中、下三个闸门，形成两个闸室。其后在元符二年（1099年），在闸室附近开辟有两个储水水澳。南宋嘉定间复述北宋时所建的京口闸的总体规划是：

南徐地高仰，漕渠贯城中，为西津斗门达于江，以出纳纲运。昔之为渠谋者，虑斗门之开而水走下也，则为积水、归水之澳以辅乎渠。积水在东，归水在北，皆有闸焉，渠满则闭，耗则启，以有余，补不足，是故渠常通流而无浅淤之患。[1]

以上引文，尤其是“虑斗门之开而水走下也，则为积水、归水之澳以辅乎渠”，言简意赅，道出了澳闸创新的精髓所在。同时，为便于水澳与闸室之间的联通，还建有渠道及其上的控制闸门，即“为澳以蓄水，为沟以运水，为斗门以还水”[2]，如此就可以通过运河与水澳联合运行，将上一级闸室中的部分弃水存入位置低于闸室的水澳里，待需要时，再由水澳返回补入船闸。此外，低水位水澳还可经过车戽转入高水位水澳。经水澳调蓄，从而实现部分水量的重复利用，达到节水的目的。此点对处于水资源奇缺的山脊上的运河尤为重要（图8）。后此十年“元符二年（1099年）九月润州京口、常州奔牛澳闸毕工”[3]，并且专设官员“自杭州至扬州瓜洲澳

1《嘉定镇江志》卷六，宋元方志丛刊本，第2373页。《嘉定镇江志》为南宋大儒卢宪主编，卢宪于嘉定六年（1213年）任镇江府学教授，本志修纂当始于此时。原书30卷，曾一度逸失，清代徐松从《永乐大典》中辑出22卷。

2 王象之：《舆地纪胜·镇江府》卷七，中华书局，1992年，第411页。

3《宋会要辑稿·食货八之三六》，中华书局，1957年，第4952页。

闸通管常、润、扬、秀、杭州新旧等闸，依已降条贯，专切提举车水澳闸”[1]。

南宋迁都临安（今浙江杭州），为供应首都需要，安徽、江苏、湖北、湖南、四川等地经由镇江南下杭州的运量日增，往来过客如织。嘉定六年（1213 年）郡守史弥坚深知“昔人置澳潴水，以补漕渠之泄。故闸虽日启，渠不告亏”[2]之奥秘，主持重新修复京口澳闸。该闸共五座闸门，“京口闸距江里许，又南为腰闸，又东为下、中、上三闸……通接潮汛，撙节启闭”[3]。自江口到南水门共长 1869 丈，次年六月完工。其时积水澳业已废毁，归水澳重新恢复，并与西南面的转船粮仓之护仓壕相连，既加强了粮仓的安全，又扩充了归水澳容积，一举两得。再引渠东北行，由甘露港与长江相连，便于接引江潮。归水澳容积 200 立方丈，护仓壕容积 200 立方丈，东面接长江的甘露港 120 立方丈，再加上新浚湖潭，总计相当于此前的归水澳容积的三倍。它们之间都有水闸节制，“舟渠水耗，则下澳以益之者其常也。乃若舟多而一斗门不足以受，则吾甘露之闸互启更闭而分受之”[4]。闸室面积据《至顺镇江志》记载，嘉定七年间（1214 年）的规模，中闸和上闸之间的闸室长达 39 丈，宽 27 丈，可见规模之大，容舟之多。中闸至下闸又构成另一闸室，三闸协同，成两级船闸，再加上京口闸和腰闸，似已成多级船闸。总之，由于有澳、渠、闸的配合，与船闸启闭相协调，形成通航枢纽的引潮、蓄水、节水的综合功能，成为古代船闸设施的最完备的一座[5]。但由于候闸时间长，虽当年订有启闭规章，在专制特权强行干涉下，好的技术同样难以长久维持。

（二）长安三闸的考古发现

位于今浙江杭州市东北的长安闸是又一座澳闸的典型。文献记载：“长安三闸在（盐官）县西北二十五里，相传始于唐。”[6]绍熙二年（1191 年）重修。该段运河上源来自杭州西湖，其下流入东苕溪的崇长港。现在该处实测水位差有 1.5～2.0 米，需要修建船闸调节，方便行船。

长安三闸（图 9）由上、中、下三闸组成，下闸至中闸之间相距 90 步，中闸距上闸 80 余步。三闸之侧也有两澳，上澳 98 亩，下澳 132 亩。“水多则蓄于两澳，旱则决以注闸。”所记载的三闸的位置和其间距离在 2012 年考古发现中得到证实。据实测，“下闸与中闸之

1《宋会要辑稿·食货八之三六》，中华书局，1957 年，第 4952 页。
2《嘉定镇江志》卷六，宋元方志丛刊本，中华书局，1982 年，第 2373 页。
3《嘉定镇江志》卷六，宋元方志丛刊本，中华书局，1982 年，第 2366 页。
4《嘉定镇江志》卷六，宋元方志丛刊本，中华书局，1982 年，第 2374 页。
5 谭徐明：《宋代复闸的技术成就——兼及复闸消失原因的探讨》，载《汉学研究》（台北）第 17 卷第 1 期，第 33~48 页。
6《咸淳临安志》卷三九，宋元方志丛刊本，中华书局，1982 年，第 3715 页。

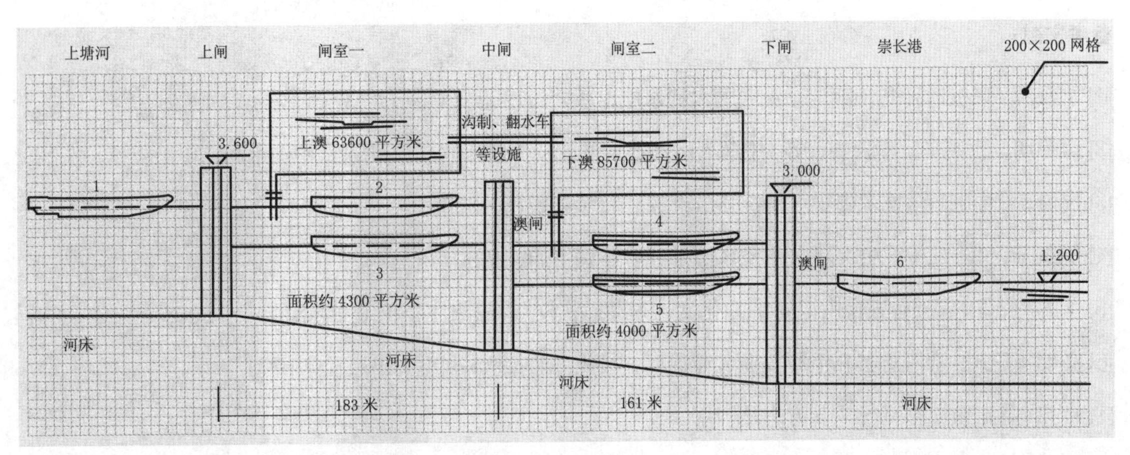

图 9　长安三闸工作原理推定图（选自傅峥嵘、郑嘉利：《江南运河长安闸演变的初步探讨》，见邱志荣、李云鹏主编：《运河论丛》，中国文史出版社，2014 年，第 120 页，图 12）

间的闸室长约 140 米；中闸与上闸的闸室长 125 米。闸座宽约 6.9 米”[1]。闸座两旁边墙一般呈“八”字形展开，闸室宽度应为闸座宽度的数倍，可见每个闸室能够容纳几十只漕船。

熙宁五年（1072 年）日本僧人成寻曾乘船经过此地，记曰：“午时，至盐官县长安堰。未时，知县来，于长安亭点茶。申时，开水门二处，出船。船出了，关木曳塞了，又开第三水门，关木出船。次，河面本下五尺许，会门之后，上河落，水面平，即出船也。”[2]出船顺利，所用时间不多。与经过落差较大的扬州真州闸和镇江京口闸（与长江相接）及淮安西河闸（与淮河相接）的用时相比大大缩短。

元、明、清三代建都今北京，随着政治中心的北移，骨干运河的布局相应改观。京杭运河成为连接北京至杭州，以至延伸至宁波，横跨海河、黄河、淮河、长江、钱塘江五大流域的水运大动脉，通行六百年，长达 1700 公里。连续的京杭运河穿越了复杂的地形，尤其是跨越山东地垒，建设距离长、起伏大的越岭运河，克服地形抬升和水资源缺乏的困难，以及运河与黄河和淮河在今淮安市平交，同样也需要船闸控制，都取得了显著的成就。然而就船闸的科学技术水平而言，宋代已达到古代的最高水平。元、明、清三代的船闸技术，再没有取得显著的、实质性的突破。

1　傅峥嵘、郑嘉利：《江南运河长安闸演变的初步探讨》，见邱志荣、李云鹏主编：《运河论丛》，中国文史出版社，2014 年，第 111~125 页。
2　[日]成寻著，白化文、李鼎霞校点：《参天台五台山记》，花山文艺出版社，2008 年，第 80 页。

参考文献：

[1] 姚汉源 . 京杭运河史 [M]. 北京：中国水利水电出版社，1998.

[2] 谭徐明，王英华，李云鹏，等 . 中国大运河遗产构成及价值评估 [M]. 北京：中国水利水电出版社，2012.

[3] 周魁一 . 中国科学技术史：水利卷 [M]. 北京：科学出版社，2002.

[4] 周魁一，等 . 二十五史河渠志注释 [M]. 北京：中国书店，1990.

[5] ［日］成寻 . 参天台五台山记 [M]. 白化文，李鼎霞，校点 . 石家庄：花山文艺出版社，2008.

[6] 〔明〕王琼 . 漕河图志 [M]. 姚汉源，谭徐明，校点 . 北京：水利电力出版社，1990.

[7] 卢宪 . 嘉定镇江志 [M]. 宋元方志丛刊本 .

[8] [英] 李约瑟 . 中华科学文明史：第 5 卷 [M]. 柯林・罗南，改编 . 上海交通大学科学史系，译 . 上海：上海人民出版社，2003.

[9] [印] 查尔斯・辛格，E. J. 霍姆亚德，A. R. 霍尔，等 . 技术史：第 3 卷 [M]. 王前，孙希忠，主译 . 上海：上海科技教育出版社，2004.

[10] 刘仲桂 . 灵渠 [M]. 南宁：广西科学技术出版社，2014.

犁与耧

冯立昇

◎ 犁与耧是相关联的农机具，在农业史和机械史上占有重要地位，是人类文明史上的重大发明创造。

◎ 犁是用于土壤的耕翻或深松的耕作农机具，铧式犁是最常用的耕作机械。它主要由犁铧、犁壁、犁辕等部件组成。犁铧和犁壁的工作面为连续、光滑的犁体曲面，其形状和参数根据不同的土壤和耕作要求选取，并与机组的行进速度有关。不同的犁体曲面具有不同的翻土、松土、碎土和覆盖杂草残茬等作用。中国传统的犁为铧式犁，并早在汉代就使用了犁壁，成为当时世界上最先进的耕作机具。中国传统的耕犁经唐代陆龟蒙的改进，使犁的结构更加完善，从而奠定了中国古代曲辕犁的基本形式。

◎ 耧是播种农机具，它是按一定的农艺要求将作物的种子播种在土壤中的条播机具。耧古时亦称耧车，有一脚至四脚之分，是我国北方地区使用的一种农具。耧能较精确地控制播种量、穴（株）距和播深。耧是中国古代的一项重大发明，早在汉代就已开始使用耧作条播种植，此后一直长期使用并对其加以改进和完善，而西方直到 18 世纪才采用条播机播种。

一、犁的出现与早期发展

我国很早就发明了耒耜用来翻整土地，耒耜又发展成犁。犁的出现可追溯到新石器时代。在良渚文化中已普遍发现石犁（图1）、破土器（图2）和耘田器，它们是由于水田耕作的需要而发展起来的。石犁在我国发现最早，其形体呈扁薄等腰三角形，犁尖夹角为40°～50°，两腰有刃，中部有1～3个孔。小者长仅15厘米，大者长近50厘米，后端略平或内凹。严格地说，它只是作为犁的工作部分的铧，需固定在犁床上。犁耕的出现，不仅提高了工作效率和翻地的质量，而且为畜力的利用提供了可能。

图1　浙江余杭出土的良渚时期的石犁（冯立昇摄）

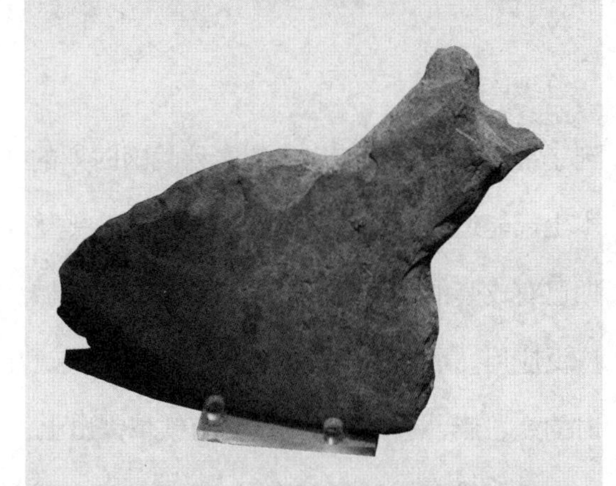

图2　浙江余杭出土的良渚时期的破土器（冯立昇摄）

商周时期石犁制作水平有明显提高。在浙江长兴县出土了一批商周时期的石犁（图3），其形状与新石器时代的石犁不同。据分析，这是用人力牵引沿水平方向连续运动的松土工具。其上下夹以木板，只露刃部，避免因质地脆弱而折断。后来呈等腰三角形和等边三角形的铜、铁犁铧，都是从这个时期的窄式、宽式石犁演变而来的。商、西周已出现铜犁（图4）[1]。但出土数量很少，估计并未得到普遍使用。商周时期石犁的改进和青铜犁的出现，是中国古代在农业机械方面的重大发展。

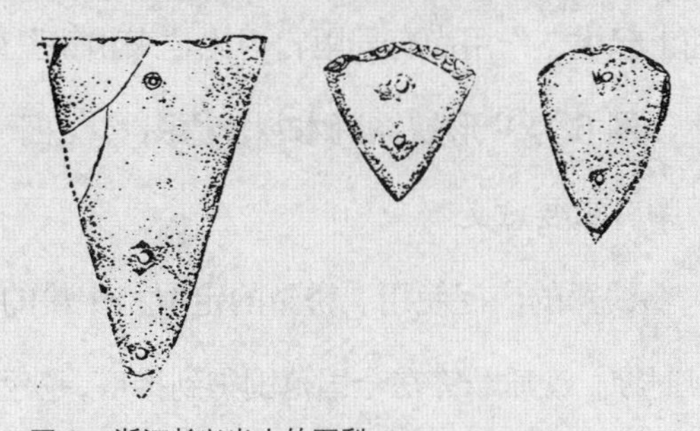

图3　浙江长兴出土的石犁

图4　商代铜犁

由于农业耕作的需要和制作材料的重大变化，春秋战国时期农具的种类和形制也得

1　张春辉：《中国古代农业机械发明史（补编）》，清华大学出版社，1998年，第16~17页。

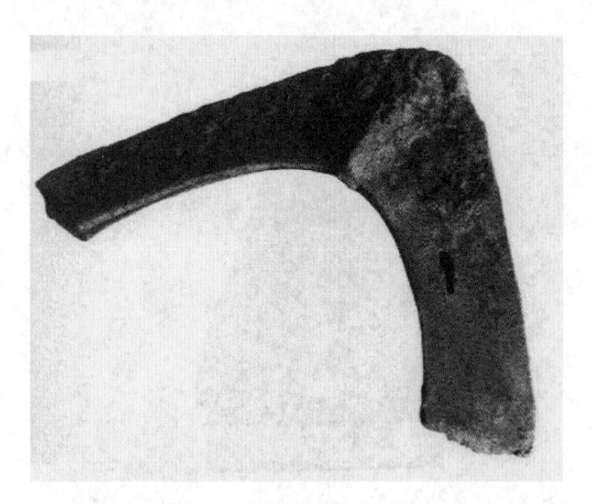

图5　战国铁铧冠（河南辉县固围村出土）

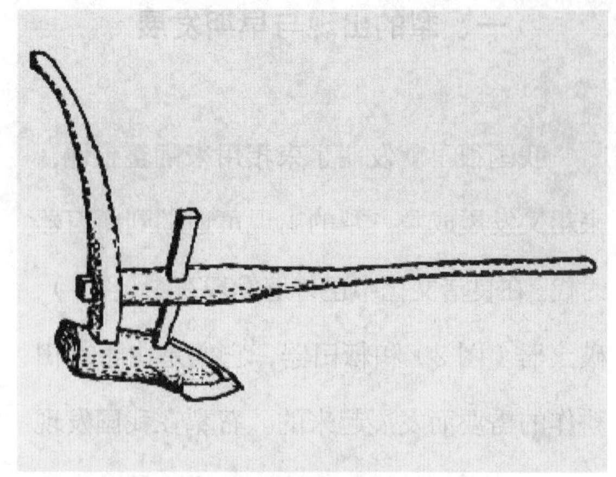

图6　战国V形铁铧冠木犁复原图

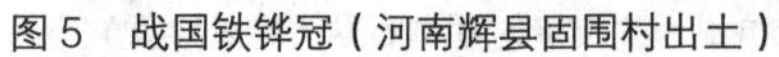

到了很大发展。目前出土的春秋战国时期的铁农具有镬、镰、锸、锄、铲、耙、犁铧等，基本上已能适应农业生产中开垦、耕翻、平整、除草松土、收割等不同环节的要求。到战国时期已有成套的、小型高效的农具和农业机械。农具的制作材料也有变化，特别是铁器得到了广泛应用。影响最大的则首推犁耕的形成。在出土的战国农具中，已有铁犁铧出现。在战国时的魏、燕、赵、秦等地区都有铁犁铧出土，牛耕也已逐渐被采用。

铁犁铧多为V形犁铧冠（图5）[1]，将这种铧冠嵌入木犁头，可以松土划沟，不过还不能翻土起垅，作用尚有局限，但比"耒耜耕"效率大有提高。

图6为V形铁铧冠木犁复原图[2]，由于铁铧冠可以更换，以保持犁铧锋利，对提高农耕效率有重要意义。

铁器的广泛使用、耕犁的定型和牛耕的普及是秦汉以来社会生产力发展的重要标志。秦汉时期，铁质犁铧在全国范围得到推广，陕西、河南、山东、河北、甘肃、福建、辽宁、四川、内蒙古等地都有汉代铁质犁铧出土。1970年在秦始皇陵园北门外出土了一件全铁犁铧，其长25厘米，翅距25厘米，两翅交叉处，有长5厘米、宽约1厘米的脊梁[3]。此后，1980年又在临潼县陈家沟遗址发现秦朝的全铁犁铧。两件秦犁铧比战国时期流行的V形铧冠型号大，翻土比战国犁要深。汉武帝时大力推广铁农具，牛耕进一步普及。《盐铁论》说："铁器，民之大用也。"又说："器便于不便，其功相计而倍也。"这反映了汉代对使用铁器和先进农业机械重要性的认识。汉代犁铧出土地点多达四五十处，多为全铁犁。包括舌形大犁铧、小犁铧和

1　陈文华：《中国古代农业科技史图谱》，农业出版社，1991年，第132页。

2　李京华：《河南古代铁农具（续）》，《农业考古》1985年第1期，第64页。

3　陈文华：《中国古代农业科技史图谱》，农业出版社，1991年，第190页。

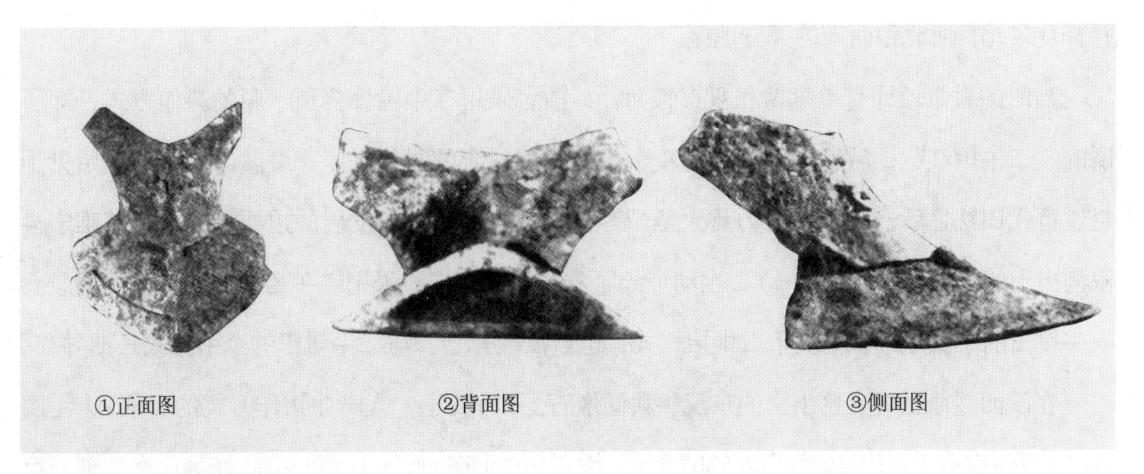

图 7　西汉铁铧与犁壁套合

巨型犁铧。舌形大犁铧，长、宽基本相同，长 30 多厘米，重 7.5 公斤左右。小犁铧长与宽比较接近，长 10.8～17.5 厘米，前宽 7～11.8 厘米，后宽 9～14 厘米。巨型犁铧一般长 40 厘米左右，重 9～15 公斤[1]。如山东滕县出土的一件三角形犁铧，长 48 厘米，顶宽 45 厘米。

汉代在耕犁上采用犁壁装置是农业机械史上更重大的创新。犁壁又称犁耳或犁镜等，装置于犁铧的上方，可使耕犁不仅能进行松土、碎土作业，而且还能向一侧翻转土垡，把杂草埋在下面作肥料，同时还有灭虫的作用。因此，采用犁壁装置的犁是一种非常高效的农机具。山东安丘、河南中牟和陕西西安、咸阳、礼泉等地都有汉代铁犁壁出土。

陕西出土有汉代舌形大犁铧，同时还出土有 V 形铧冠与犁壁（图 7）。出土时，V 形铧冠有的套合于铧的尖端，有的单独存放。犁壁安装在犁铧的上方，犁壁曲面与犁铧后部曲面共同组成接近连续的曲面。因犁壁旁向的弯扭度小，可将土垡向前往上推挤，到一定程度断开，向右前方翻转倒下，形成不连续的垡条。其耕深受耕宽的限制少，一般耕深大于耕宽。低速时，也可碎土成垅。

出土的汉代犁壁可分为两大类：一类为菱形、瓦形、方形缺角犁壁，平均长 45.8 厘米，宽 23.1 厘米，这种犁壁只向一侧翻土；另一类为马鞍形犁壁，平均长 18.3 厘米，宽 20.8 厘米，这种犁壁两侧都能翻土[2]。图 7①、②分别为西汉马鞍形铁铧与犁壁套合正面和背面的照片，图 7③为铁铧与犁壁套合侧面照片[3]。从汉墓出土的犁耕图看，犁已基本定型，一般由犁辕、犁梢、犁底、犁铧、犁壁组成，并可用犁箭调节耕地深浅。东汉以后，南方也逐步推广牛耕，

1　梁家勉：《中国农业科学技术史稿》，农业出版社，1989 年，第 168 页。
2　陕西博物馆：《陕西省发现的汉代铁铧和鐴土》，《文物》1966 年第 1 期，第 19~24 页。
3　张春辉：《中国古代农业机械发明史（补编）》，清华大学出版社，1998 年，第 40~41 页。

并普及东北、西北和西南的部分地区。

当时的直犁辕计有单直辕和双直辕两种，前者采用二牛抬杠合引一犁的耕作方式，即所谓的“二牛抬杠”；后者则采用一牛牵引一犁，其犁箭可调节耕作深度。二牛抬杠式始见于赵过行代田法之后，与使用畜力及大型犁铧相关，成为生产力发展的重要标志。江苏睢宁县双沟出土的汉代画像石（图 8），生动描绘了农家田间劳作和采用二牛抬杠方式耕作的情景。一牛耕田的牵引方式，稍晚于二牛抬杠式，也自汉代开始，与二牛耕田的牵引方式长期并存。

在陕西绥德王得元墓出土的东汉牛耕画像石上，有关于一人一牛耕作方式的形象资料（图 9）[1]。此牛耕画像石的拓片纵高 135 厘米，横宽 29 厘米。画面分为四格，其第三格的刻画反映的是一人一牛耕作的情形，一农夫在一棵茂盛的扶桑树下手扶耕犁，举着鞭子驱赶耕牛前行、耕作。这种一牛一犁方式，犁上设有可调节耕地深度的犁箭，是一种较为先进的耕作方式，具有重要的技术意义。虽然汉代之后的趋势是二牛牵引逐渐减少、一牛牵引逐渐增加，但直到魏晋南北朝才推广开来，隋唐仍在使用。《晋书》卷一〇九“慕容皝载记”称，皝曾下令“苑囿悉可罢之，以给百姓无田业者。贫者全无资产，不能自存，各赐牧牛一头。若私有余力，乐取官牛垦官田者，其依魏晋旧法”。给无资产者牧牛一头以作耕种，当采用一牛一犁方式。

到汉武帝时，耕犁的三个重要组成部分犁架、犁头、犁式都已初步定型，实现了从耒耜到犁的根本转变。而这一转变，是从赵过施行代田法，推广耦犁开始的。

到了魏晋南北朝，耕犁的犁头和辕又发生了一些变化。犁头形状从汉代的等腰三角形改变为牛舌形，狭长，可以更好地适应一牛牵引耕田及耕泥泞田的需要。由于长直辕操作时不方便，特别在山涧丘陵地区，“回转为难”，北魏时在山东地区发明了比长直辕犁便利的蔚犁[2]。《齐民要术》说：“今辽东耕犁，辕长四尺，回转相妨。”

二、犁的改进

隋唐时期，曲辕犁的出现是中国耕犁的重大技术革新。唐代陆龟蒙在总结江东地区民间制作耕犁技术的基础上，完成了《耒耜经》一书，详细记述了当时江东地区普遍使用的耕犁的部件、尺寸和功用。江东犁的构造是由金属制造的犁镵和犁壁，以及由木材制造的犁底、压镵、策额、犁箭、犁辕、犁梢、犁评、犁建、犁槃等 11 个部件组成。唐代陆龟蒙改进后

1 陈文华：《中国古代农业科技史图谱》，农业出版社，1991 年，第 191 页。

2 张春辉、游战洪等编著：《中国机械工程发明史（第二编）》，清华大学出版社，2004 年，第 70 页。

图8　汉代牛耕画像石（中国国家博物馆藏）

①　②

图9　东汉牛耕画像石

图 10　江东犁复原图（清华大学科技史暨古文献研究所复制）

的曲辕犁（即江东犁，图 10），具有结构简单、坚固耐用、操作省力、调节方便、耕作平稳等优点。其各部件都有特殊的功能和合理的形式。

江东犁的犁壁在犁镵之上，组成一个曲面的复合装置，用来起土翻土的；犁底和压鑱把犁头紧紧地固定下来，增强了犁的稳定性；策是捍卫犁壁的；犁箭和犁评是调节犁地深浅的装置，通过调整犁评和犁箭，使犁辕和犁床之间的夹角张大或缩小，可使犁头深入或浅出；通过犁梢可掌握耕地的宽窄。最重要是采用了短曲辕。由于以前的犁采用直辕长辕，耕地的时候，回头、转弯都不够灵活，起土费力，效率也不高。江东犁则大大缩短了辕的长度，淘汰了犁衡，使犁架变小，重量减轻，出现了犁盘、耕索和曲轭，从而节省了畜力，只需一头牛牵引，改变了汉魏以来长期采用的笨重的二牛抬杠方法，因此是我国耕犁的一次重大改革[1]。

江东犁的结构已相当完善，它的发展也有一个过程。从陕西李寿墓壁画的牛耕图可以看到，长曲辕犁在唐代初期已出现。但这种犁和汉代的二牛抬杠式犁一样，也是用两头牛牵引的，只是将长直辕改为长曲辕，犁的其他结构没有大的变化。但改为长曲辕后使犁辕末端和犁衡与牛肩的角度变小，从而使牛的劳动强度减小，也是一个进步。而江东犁改为短曲辕，辕之前端有盘可以转动，系绳索拴在曲轭套在一头牛上，不但节省畜力而且转弯灵活，占地面积小，特别适合在南方进行水田耕作，所以在江东地区首先出现并得到推广。一般认为江东犁是江南劳动人民首先创造出来的，是一项来自民间的技术革新，时间约在唐代中晚期。

江东犁的曲辕与犁盘的出现，是传统耕犁的一大进步。但传动动力的部件与工作机械尚为一体，牵引力还难以充分利用，操作灵活性也有待进一步改进。宋代开始，民间耕犁采用了挂钩和软套，将犁身和服牛的工具分隔开来，成为相对独立的部分。牛、犁的分离，使犁的结构也发生了相应的变化，犁辕大为缩短，犁身形体也明显减小，同时部件数量也相应减少，

1　宋兆麟：《唐代曲辕犁研究》，《中国历史博物馆馆刊》1979 年第 1 期，第 62 页。

犁的重量明显减轻。这样，耕犁结构更加合理，操作更加灵活、便捷，牛耕不但适用于水田、平地，而且被推广到山区，即使在梯田上也可使用。传统耕犁到这时已发展到完善地步。图 11 ①、②分别是元王祯《农书》一书中“农器图谱”部分所载的牛轭图和犁槃图。牛轭也称肩轭，在轭之两端分凿两个孔，“通贯耕索”，在其下系一短绳，“以控牛项”。此时犁槃已与辕分开，两端有孔，上系耕索，中间设有圆环，以挂钩与辕接连。牛轭、耕索、耕架连成一体，组合成软套，即犁之传动部分。图 12 为辽金时期遗址出土的挂钩[1]。

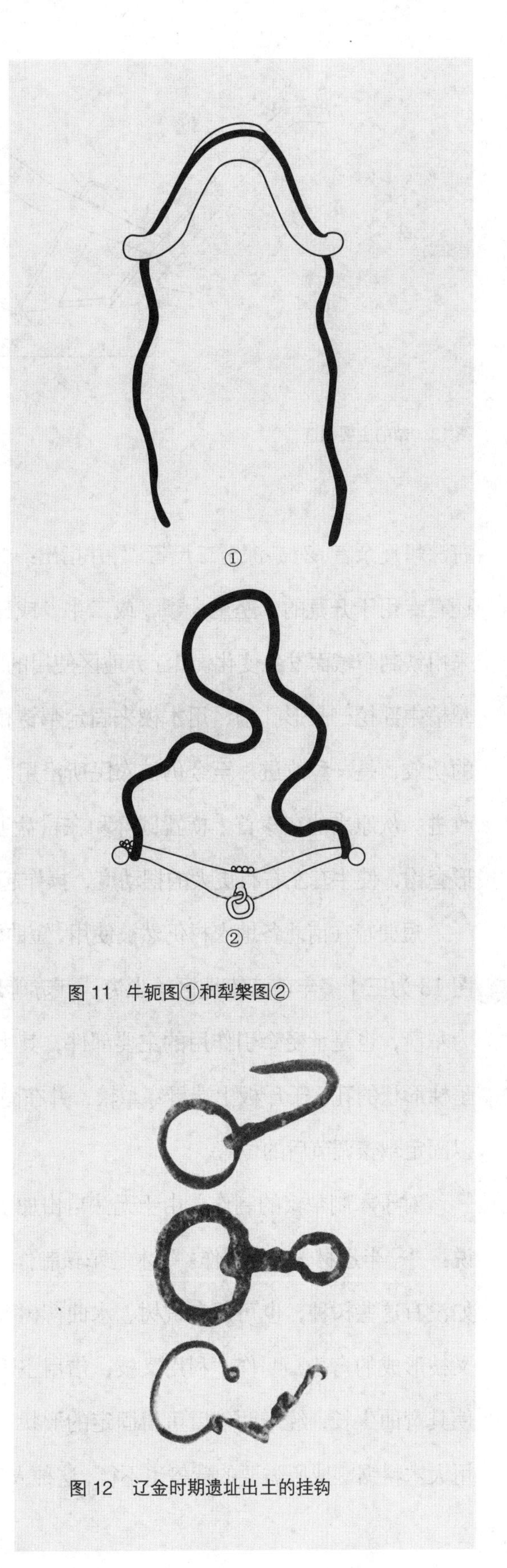

图 11　牛轭图①和犁槃图②

图 12　辽金时期遗址出土的挂钩

明清时期，宋元时期的制作耕犁工艺和使用方法大都延续下来，没有太大的变化。明清以来，由于人口不断增加，人均占有耕地面积日益减少，传统的农具完全能够满足农业生产的需要，因此具有很强的生命力。尽管农业生产力的提高主要并不表现在农具上，但在民间，仍然有人致力于耕犁的改进或发明，也出现了一些改进型的农具。早期耕犁耕地的深度只有几寸，民间有“老三寸”之说。到了明清时期，出现了深耕的大犁，使耕作技术有了进一步的提高。《马首农言》称：“犁之浅深有法……特用深犁者，地力不齐也。”《知本提纲》记载：“且其土有用一犁一牛者，有用一犁二牛者，有用三牛四牛者，有用二犁一牛者；有浅耕数寸者，

1　北京市文物工作队：《北京出土的辽、金时代的铁器》，《考古》1963 年第 3 期，图版陆 5、7、9。

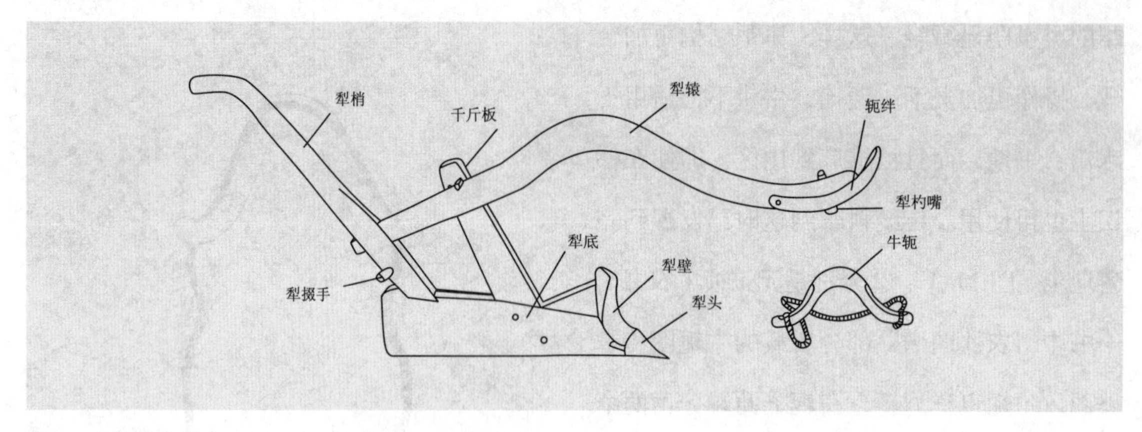

图 13　犁的主要构造

有深耕尺余者，有甚深至二尺者。”并指出：“用犁大小，因土之刚柔。刚土宜大，柔土宜小。”还有专用于开荒的“坚重大犁，或二牛，或三牛以开之”[1]。至清代晚期，耕犁的结构由于采用铁制犁辕而发生变化。如江苏地区使用的犁，犁辕均为铁制曲辕，省去了支撑犁辕的犁箭。犁梢中部挖一长形孔槽，用木楔来固定犁辕和调节深浅，因而使犁身结构简化而不影响耕地的功效，是一种改进。至今仍被农民所沿用。明清时期，在牛体与犁体连接方法上也有较大改进。从原来的在辕首上横置圆环和在耕盘上竖挂向上弯曲的套钩，改为竖置圆环，横置S形套钩，使牛套左右有更大的摆动度，操作起来十分方便和灵活。

短曲辕在南北各地农村仍然被使用，短曲辕较直辕短小，犁体大大减轻，非常轻便和灵巧。图13为三十多年前江南地区（上海、江苏等地）广泛使用的耕犁的构造图[2]，其中千斤板即为犁箭，也是承受牵引作用的主要部件，其上部与犁辕结合处为活动配合，犁辕上开有榫眼呈梯形状的孔，千斤板上端贯穿犁辕，并在固定犁辕位置处钻有一高一低两孔，用木销销住，以固定犁辕调节后的位置。

对于木制犁辕的制作，由于无法自由加工弯势，因此选材非常重要。制作犁的老木匠常说：“一半选材，一半制作。”木制犁辕制作，一般选用苦楝树、野榆树、樟树、槐树等材料，如没有这些树种，也可用乌绒树、水曲柳树等。一般选取犁辕的材料多利用树的主干部分与叉枝形成的弯势，叫作“利用叉枝，借用主干”。必要时还要对一些合适的树木人工加压，使其弯曲生长，经一两年后可得固定的形状。因此犁辕的材料用普通的木材是不行的。即使用大木料锯割成所需要的弯势也不行，这种人工锯割成的弯势，经不起牛拉，用时会发生断裂，

1〔清〕杨屾：《知本提纲》“修业章”，乾隆十二年崇本斋本。
2 上海市嘉定家具厂《农村木工》编写组：《农村木工》，上海科学技术出版社，1979年，第86页。

所以必须到自然生长的树木中寻找。作为犁辕的材料不仅要有上下的弯势，而且要有左右的弯势，这样制作出来的犁，在耕田时土块才会向上翻起，不会堵塞在犁辕和犁壁之间，翻土比较容易。

2006年在国家博物馆举办了“中国非物质文化遗产保护成果展”，其中展出了传统曲犁辕，为贵州丛江县小黄村原使用的木辕曲辕犁。图14①、②是笔者从两个不同方向拍摄的照片。从中可以看出，犁辕不仅有上下的弯势，而且也有左右的弯势。

近代传统曲辕犁的一项重要改进是采用了铁制曲犁辕。铁制曲辕犁出现于晚清时期，民国时期得到了推广。在20世纪三四十年代中国乡村流行的曲辕犁，因犁辕材料不同，有铁辕犁和木辕犁两大类型。铁制犁辕为部分制铁业较发达的地区（如江苏无锡、上海等地）所采用，木制犁辕也相当流行 。两种犁混用的地方也不少。

采用铁制犁辕，不仅增加了犁的使用寿命，而且可以自由加工弯势，也改进了犁的性能。它省去了支撑犁辕的犁箭，使犁身结构简化。其犁梢中部挖一长形孔槽，在犁梢与犁辕嵌合部分用木楔来固定和调节。木楔在一定范围上下移动，可降低或升高犁辕的位置，以调节犁镵入土的深浅，从而控制作业的深度。

中国传统犁现在仍然具有生命力，在云、贵、川、藏等不少地方，牛耕仍占有较重要的地位。尤其是南方山区层层的冷水梯田和

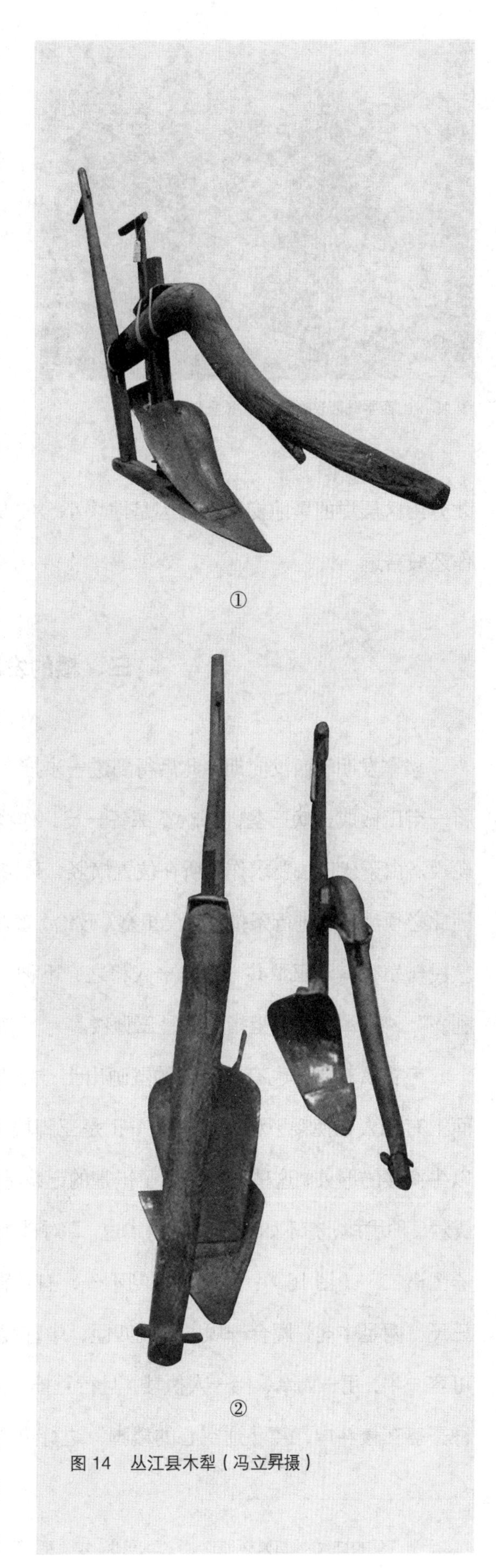

①

②

图14　丛江县木犁（冯立昇摄）

图 15　山西平陆西汉晚期墓室壁画上的三脚耧

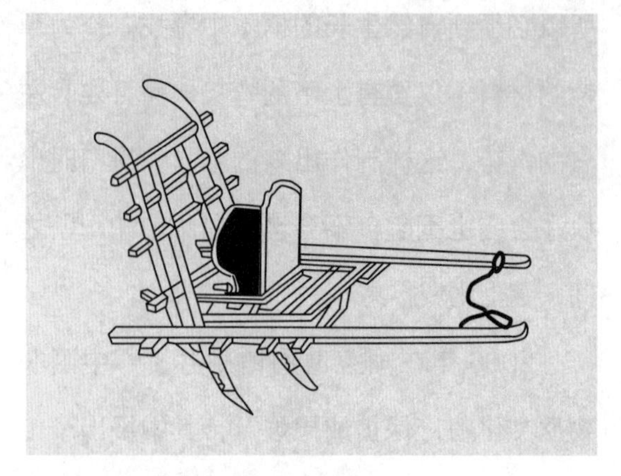
图 16　王祯《农书》中的耧车图

北方山区层层的旱地梯田，都因是地块小、坡度大、拖拉机难以到达的地方，使用传统犁耕作还较普遍。

三、耧的发明与改进

耧车发明于西汉时期，此后得到进一步推广。汉武帝末年为发展农业生产，推行代田法，将一亩田做成三甽三垄，每甽宽深各一尺，作物种在甽内（即低畦里），甽和垄的位置逐年轮换。由于代田法要求作物所在位置横竖、疏密均匀，播种用撒播、点播难以符合预定要求，因此必须用耧车进行条播。东汉崔寔《政论》曾对其作过简单介绍："武帝以赵过为搜粟都尉，教民耕殖，其法三犁共一牛。一人将之，下种挽耧，皆取备焉。日种一顷。至今三辅犹赖其利。""三犁"实际上指的就是三脚耧。

考古资料中，也有反映耧的壁画出土，如山西平陆枣园西汉晚期墓室壁画上就有耧，画面上有一人在挽耧下种，所用耧车正是三脚耧（图 15）[1]。在甘肃嘉峪关魏晋画像砖上也有以牛挽耧的形象。这些发现印证了崔寔的记载是可信的。《齐民要术》"耕田篇"注称："两脚耧，种垅穊，亦不如一脚耧之得中也。"对耧车的详明记载是元代的王祯《农书》卷一二"农器图谱二"（图 16）："耧种之制不一，有独脚、两脚、三脚之异……其制两柄上弯，高可三尺，两足中虚，阔合一垅，横桄四匝，中置耧斗，其所盛种粒，各下通足窍，仍旁挟两辕，可容一牛，用一人牵，傍一人执耧，且行且摇，种乃自下。"即播种时，一牛拉耧，一人扶耧，种子盛在耧斗中，耧斗通空心的耧脚，边行边摇，种乃自下。它能同时完成开沟、下种、覆

1　刘仙洲：《中国古代农业机械发明史》，科学出版社，1963 年，第 31 页。

图 17　汉代三脚耧复原模型

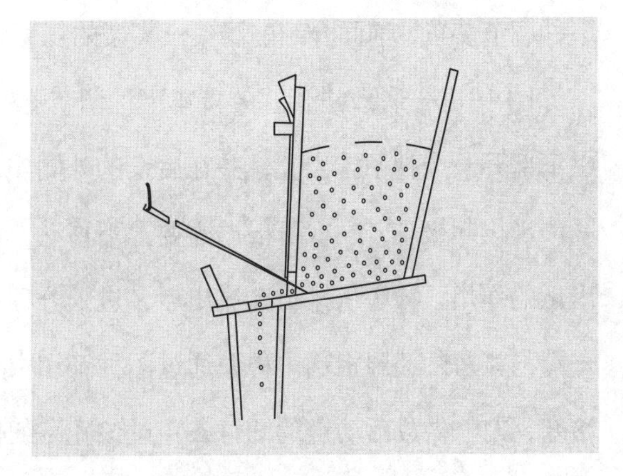

图 18　早期下种调节器构造示意图

土三道工序，一次能播种三行，下种均匀，大大提高了播种效率。王祯《农书》“农器图谱”上绘有耧车图。该书对当时耧的使用分布情况也有说明：“今燕赵齐鲁之间，多有两脚耧，关以西有四角耧，但添一牛，功又速也。”

播种是农业生产中时间性强、质量要求高的重要环节。三脚耧可同时完成下种、覆盖、压实等工作，使播种方法有了重大改进。这一发明是在总结民间技术经验的基础上做出的，对促进农业生产起了重要的作用。刘仙洲先生曾对耧的构造和功能进行过研究和复原[1]，中国历史博物馆（现国家博物馆）据此复原了汉代的三脚耧（图 17）。三国时，魏国皇甫隆为敦煌太守，曾教民制作耧犁，有学者分析认为当时所有耧犁为三脚耧[2]。北朝后魏时，又发明了一脚耧、两脚耧，使耧的种类有所增加[3]。直到今日，三脚耧仍在中国一些农村地区使用。

耧一般由耧架（整机支撑部分）、耧斗及下种调节器（容种部分）、耧铧（切土开沟部分）三部分组成。耧架部分主要由耧梢及其把手、耧盘、耧辕构成，容种部分包括装种子的斗室、下种调节器及漏种管等构件，切土开沟的部件为耧铧，也称开沟镵。梢与脚为一体，是耧架的主要部件，大致与耧辕相接的上部为梢与把手，下部为耧脚以便安装耧铧。二脚耧有两个漏种管，三脚耧有三个漏种管。耧辕为两根，比较长，可直接套家畜。

耧最为关键的部分是下种调节器，下面进一步说明其构造与工作原理。早期下种调节器构造较为简单。如图 18 所示，调节、疏通要借助一细长木棒或铁条实现，其一端被削细，从排出孔斜插入斗室，抵于斗室的底板上，其粗的一端用绳索系于耧的把手上。播种时，耧左右晃动，微加按动绳索，通过木棒或铁条的摆动使种子顺利通过排出孔。这是一种早期的

1　刘仙洲：《中国古代农业机械发明史》，科学出版社，1963 年，第 35 页。
2　王进玉：《敦煌莫高窟四五四窟壁画中发现的三脚耧播种图》，《农业考古》1986 年第 4 期，第 118 页。
3　〔北魏〕贾思勰：《齐民要术》“耕田第一”。

下种调节装置，前面介绍的汉代三脚耧的复原模型采用的就是这样一种构造。

图 19 是一种改进形式的耧车下种调节器，是目前比较常见的形式[1]。它是在斗室后壁的中下部开一个种子排出孔，并在后壁的外侧安一可调节和启闭排出孔的闸板，闸板用楔子卡紧。当拔起楔子，闸板可根据需要上下移动，以改变排出孔的有效面积，以起到控制种子流出量的作用。种子从排出孔流出后，进入分种室的漏种管孔，漏种管一端与分种室连接，另一端与耧车的耧腿相通。种子通过漏种管和中空的耧腿播入土内。为了避免种子在排出孔处堵塞，有一做成活动链的细竹条穿过该孔，细竹条一端固定在斗室内壁上方，另一端则连接在排出孔外的一悬绳上，使细竹条的下端在排出孔内自由摆动。悬绳上系有一个小重锤（硬木块、铁块、铜锤、石块均可），也被称为耧蛋。播种时，耧左右晃动，悬重块也左右摆动，并带动细竹条在排出孔处左右摇动，从而起到疏通种子的作用。这种调控装置，十分简单，操作也比较方便。

在北方一些地区，仍能见到尚未退役的耧车实物，还有一些农村木匠能够制作耧车。图 20 是河北省张家口市宣化县深井乡农民使用的三脚耧，该耧车采用的种粒流出调节装置，较前面两种下种调节器又有改进（图 21）。

为了清楚地说明其构造和工作原理，笔者绘制了这种调节器的构造示意图（图 22）。它在结构上的改进有两点。第一，装种的斗室与分种室的底部不在一个水平线上，装种室高，分种室低，两底部的高差达 10 多厘米。这样种子从流出孔出来后有一个较大的落差，不易在出口处堵塞，提高了工作效率。而第一种形式的调节器，由于分种室底部与装种室底部是同一块底板，没有落差，只是因前高后低，有一个小的倾斜度，使种子易于流动。第二，为了便于种子顺利从装种室流出，同样配置了一根细长铁棒，其一端通过排出孔插入，固定在装种室底板上的 U 形环中；而为了使种子能在分种室内均匀地分配给三个漏管，在装种室后壁的外侧，固定了一悬绳，悬绳与细长铁棒的另一端穿连后，其最下端再系一垂物（铁锤或铜锤、石锤），并将其置于种子排出孔的下面。播种时，耧左右晃动，悬垂物也左右摆动，带动细长铁棒左右摆动，使其起到疏通种子的作用，同时通过悬垂物摆动打击从排出孔中流出的种子，使部分种子向分种室的两边落下，保证了能均匀地向三个漏管输送种子，从而达到均匀播种的效果。在装种室后壁的外侧安设一闸板与楔子。当拔起楔子，闸板可上下移动，从而改变流出孔的大小，达到控制种子的流出量。这一点与前面两种形式一致。因此，这种形式的下种调节器结合了前面两种下种调节器的优点，操作更为方便。

1　秦含章：《农具》，商务印书馆，1951 年，第 108~110 页。

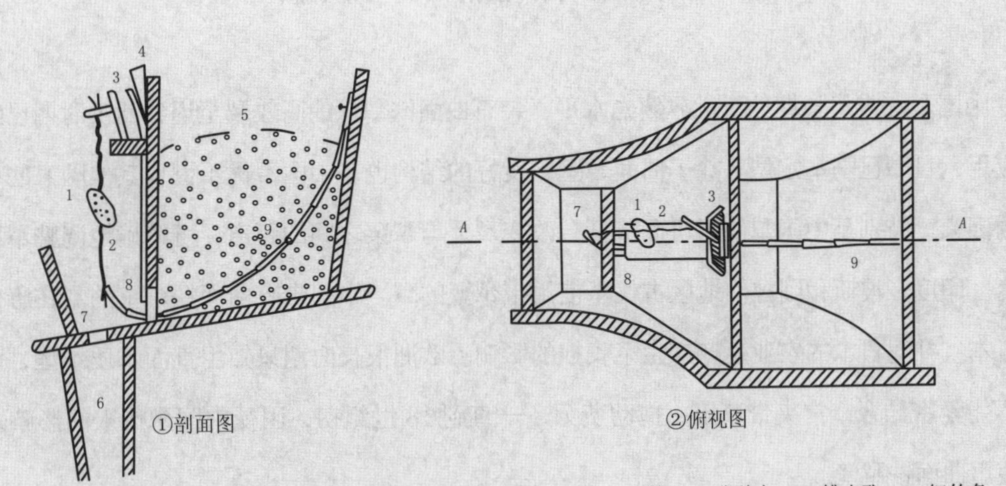

图 19 改进形式的下种调节器构造示意图

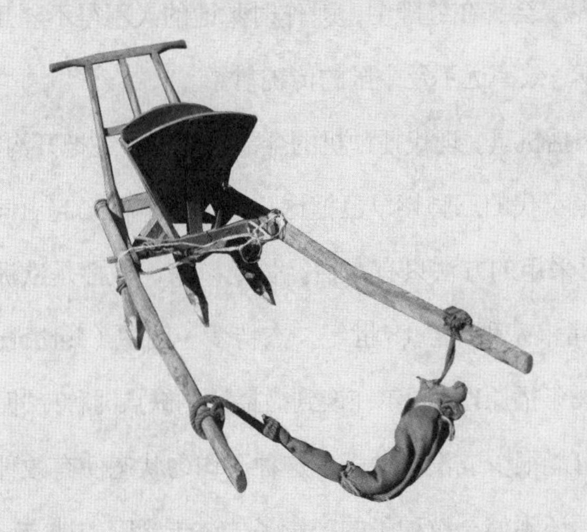

图 20 河北省张家口市宣化县农民使用的耧车（冯立昇摄）

图 21 宣化县耧车的下种调节器（冯立昇摄）

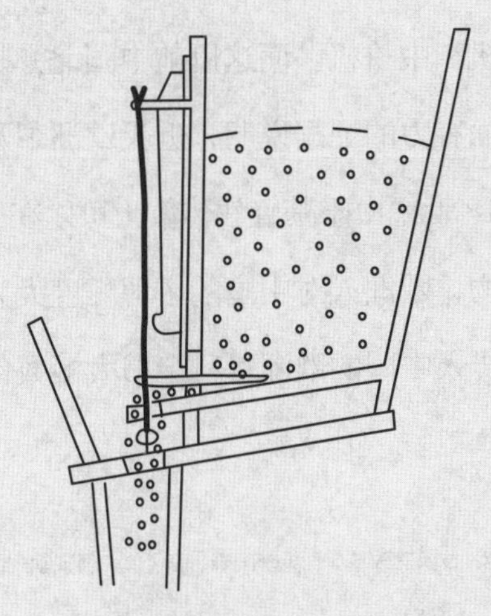

图 22 宣化县耧车下种调节器构造示意图

四、中国犁、耧的西传与影响

中国犁在古代长期处于世界领先水平，装有曲面铁犁壁的高效犁至迟到西汉时期已经得到应用，且犁已基本定型。除了曲面犁壁，良好的结构也是中国犁优于世界其他国家的各种犁的因素。特别是中国犁使用可调节杆，改变犁片与犁梁之间的距离，可精确地调整犁地的深度。印度、波斯和阿拉伯地区古代不使用带犁壁的犁。中国带有曲面铁犁壁的犁在唐代传入日本，并对日本的农业生产产生了长期的影响。欧洲很长时期只知用直面木质犁壁，壁与铧不能紧密结合，常夹带草土，拖动费力，一直到18世纪初，因受中国犁传入的影响才开始使用曲面铁犁壁[1]。

传统欧洲犁的效能差，因其有宽大的底座、沉重的木轮和大的木犁壁，产生的阻力很大；另外犁壁和犁铧不能相互紧密贴合，杂草和泥土会夹在缝隙中，耕作时犁地的人不得不隔几分钟就停下来，用棍子清除犁上的泥土和杂草。效率远不及中国的传统耕犁。

中国传统耧车在古代是世界上最先进的条播机具。现代播种机的全部功能也不过把开沟、下种、覆盖、压实四道工序接连完成，而我国汉代的三脚耧早已把这几道工序连在一起由同一机具来完成。而直到16世纪，欧洲播种时采用的方法只有撒播。长期以来，撒播是欧洲农民播种的唯一方法，不仅效率低，而且非常浪费种子。18世纪，杰特罗·图尔（Jethero Tull）在欧洲最早系统、完整地阐述了旱地谷物条播原理。图尔在谈到撒播法的缺点时称："凹陷的地方种子可能多出十多倍，高出的地方可能很少或没有种子。这种不均匀状态使有效种子数量减少，因为五十粒种子挤在一起的空间还不如一粒种子的产量多。过于紧密的地方，植株不能获得足够的养料。"

英国著名技术史专家白馥兰认为："18世纪欧洲农业技术改革的关键因素是引进或发展了曲面铁犁壁的犁、种子条播机和中耕机。而这以前中国北方是把这三者结合使用的唯一地区。"她还进一步指出："有强有力的证据说明，近代欧洲犁及其轻便框架和曲面铁犁壁是直接受中国犁的影响。"[2]17、18世纪由于基督教传教士可以在中国内地更广泛的地区旅行，通过传教士的大量通信和出版物，欧洲人对中国的了解程度大为提高。中国的农业机械也通过来华传教士被介绍到欧洲。传入中国的欧洲百科全书大多数包含有关农业和农具的内容。

---

1 ［英］白馥兰：《中国对欧洲农业革命的贡献：技术的改革》，见李国豪、张孟闻、曹天钦主编：《中国科技史探索》，上海古籍出版社，1986年，第573~581页。

2 ［英］白馥兰：《中国对欧洲农业革命的贡献：技术的改革》，见李国豪、张孟闻、曹天钦主编：《中国科技史探索》，上海古籍出版社，1986年，第588页。

徐光启与利玛窦、邓玉函等西方传教士合作翻译过多种西方科学与技术著作，其中也包括农田水利与机械方面的著作。徐光启所著《农政全书》包括有农业、农田水利和农器等篇章，关于农器和机械部分转述和收录了王祯《农书》的许多内容和插图，其中包括犁、耧车和中耕机的图形和说明。来华传教士对徐光启《农政全书》的内容应当是了解的。

据西方学者研究，带有犁壁的中国犁在17世纪时由荷兰海员带回荷兰。当时一些荷兰人受雇于英国人，负责排去当时的东英吉利沼泽和萨姆塞特(Somerset)高沼地的水。荷兰人带去了后来被称为罗瑟拉姆犁(Rotherham ploughs)的中国犁。中国犁还有一个别名，叫作“杂牌荷兰犁”。因此荷兰人与英国人最先在欧洲受益于中国的高效犁。这种犁在水田里使用效果很好，而欧洲人很快认识到，它在一般土地上也非常有效，不久就开始在比较干旱的土地上使用。这种犁从英格兰传到苏格兰，又从荷兰传到美国和法国。到18世纪70年代，它是最便宜且最好的犁。西方机械设计师在其后的几十年间对这种犁进行了革新。詹姆斯·斯莫尔(James Small)于1784年研制出的犁是一项重大改进，而J.艾伦·兰塞姆(J. Allen Ransome)于19世纪制出的各种犁则又作了新的改进。近代钢框架犁，可以说是对中国的犁进行多次改进的结果，也是导致欧洲农业革命极重要的因素[1]。

欧洲最早的种子条播机是受到中国耧的启示而制成的。但由于中国耧车大都用于北方，远离欧洲人常来常往的南方的港口，实际的样品可能并未输入到欧洲。欧洲人读到了关于中国北方种植方法的记载，而且对它们所报道的高效率和经济合适产生了深刻印象，但他们得到的资料来源，还不够详细，以致无法直接仿制中国的器具，中国的农业百科全书中的叙述和插图，因为不够准确，无法作为蓝图使用。这样，欧洲的机械师就开始自干起来，发明出中国种子条播机的变种。这就是为什么西方的条播机和中国耧共同点很少的原因。技术史家认为这“是激励因素传播的一个实例”[2]。

但是，西方早期条播机存在明显不足。欧洲最早的条播机的发明者是卡米罗·托雷洛(Camillo Torello)，威尼斯参议院在1566年给他授予了专利权。但留下详细说明的最早条播机是波伦亚城的塔蒂尔·卡瓦里纳(Tadeo Cavalina)1602年研制的条播机，但也很原始。欧洲第一个真正的条播机是杰思罗·塔尔(Jethero Tull)研制的。1700年后不久，此机便已产生，其详细论述发表于1731年。18世纪欧洲还出现过詹姆斯·夏普(James Sharp)发明的一种

1 [美]罗伯特·K.G.坦普尔著，陈养正等译：《中国：发明与发现的国度——中国科学技术史精华》，21世纪出版社，1995年，第33~34页。

2 [英]白馥兰：《中国对欧洲农业革命的贡献：技术的改革》，见李国豪、张孟闻、曹天钦主编：《中国科技史探索》，上海古籍出版社，1986年，第602页。

较好的种子条播机，但只能进行单行播种，而且太小，因此没有引起足够重视。欧洲各种条播机既昂贵又不可靠，而且具有脆性，也不经济。一直到19世纪中叶，欧洲才有足够数量的坚实而质量又好的条播机。因此，欧洲在两个世纪的时间，未能充分利用中国耧车的固有原理[1]。

19世纪后期，不少清朝官员出访欧美，可以近距离接触和感受西方近代科技，他们看到西方农业强项的农业机械后，颇为惊讶，将其记录下来并加以评论，但使臣们很少记述西方的耕犁。同治七年(1868年)，同治帝钦派美国前驻华公使蒲安臣率中国使团出访欧美。使团中的清朝官员志刚在其《初使泰西记》中记述了他在纽约州见到诸多畜力农机具，如犁、收割机、脱粒机、碾等，应有尽有，但对犁的描写只有区区数字，“如犁，则半锐角”[2]。看来，西方的犁并未让他上眼。清朝首任驻英法使臣郭嵩焘，1876—1879年间在英法期间颇为留心农业，光绪三年(1877年)五月，郭嵩焘在伦敦，应邀观看位于伦敦东北200里，倭尔维尔江口的“安生机器厂”。他在日记中记述“犁田机器三种：用机轮者二，用马力者一”。其中对蒸汽犁地法着笔稍多，因为其对中国人来说新颖、独特[3]。为何使臣们很少记载耕犁，可能还是因为当时欧美在耕地农具上并不比中国先进多少。这样自然引不起记载者的兴趣[4]。

中国的犁、耧技术西传后对欧洲的农业革命产生了重要影响。对此西方学者有很高的评价：“当中国犁最终传到欧洲后，曾被仿制，同时采用中国的分行栽培法与种子条播机耧车，这直接引起了欧洲农业革命。一般认为欧洲农业革命导致了工业革命，而且导致西方国家成为世界强国。然而具有讽刺意味的是，这一切的基础却都来自中国，而决非欧洲本土所固有的。”[5]

---

1 ［美］罗伯特·K.G.坦普尔著，陈养正等译：《中国：发明与发现的国度——中国科学技术史精华》，21世纪出版社，1995年，第47~48页。
2 志刚：《初使泰西记》卷一，岳麓书社，1985年，第227页。
3 郭嵩焘：《伦敦与巴黎日记》卷一，岳麓书社，1984年，第239~240页。
4 倪根金、魏露苓：《甲午战争前中国人对西方农业机械的认识与思考》，《中国农史》2008年第4期，第18~27页。
5 ［美］罗伯特·K.G.坦普尔著，陈养正等译：《中国：发明与发现的国度——中国科学技术史精华》，21世纪出版社，1995年，第29页。

水轮

黄兴 张柏春

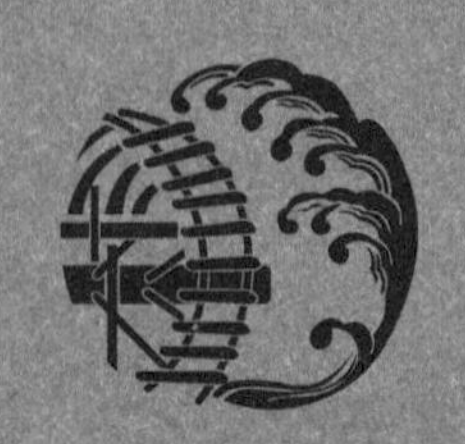

◎　水轮是一种把水流动能或势能转化为旋转机械能的装置。古代中国将水轮用作水碓、筒车、水碾、水磨、船磨、水排、水运天文仪器等机械的原动机。

◎　“水轮”在古代汉语文献中有不同的含义。《全唐文·水轮赋》中的“水轮”指轮状的提水机械；宋代称“筒车”为“水轮”，有时也叫“水车”；元代王祯《农书》中，“水轮”的明确含义是作为动力机的用水冲击的轮。这以后，“水轮”一词既指作动力机的轮状机械，又指筒车。本文所探讨的是前者，即实现动力转换的轮状机械。这种机械主要由轴、毂和叶片构成。中国传统水轮按照装用方式可分为立式和卧式；按水流冲击位置可分为上射式、下射式、斜击式；按叶片构造可分为平板式、斜板式和斗式。

一、上射立式水轮

从汉语文献记载来看，立式水轮最初用作水碓的动力装置。西汉末至东汉初桓谭的《桓子新论》记载："宓牺之制杵舂，万民以济，及后人加功，因延力借身重以践碓，而利十倍杵舂。又复设机关，用驴、骡、牛、马及役水而舂，其利乃且百倍。"[1] 由此推断至晚西汉末已经出现水轮[2]。立式水轮广泛应用于粮食加工机械、提水机械及天文仪器。

"水碓"一词最早见于东汉服虔的《通俗文》和孔融的《肉刑论》。这以后各代都有文献记载水碓。傅畅《晋诸公赞》记载："杜预、元凯作连机碓。"可见，东晋时水碓已有较复杂的结构，其水轮构造很可能也比较复杂。从文献的连续记载及碓的工作原理来看，水碓宜采用立式水轮。魏元帝景元四年（263年）或稍后，有了对水碓较为详细的记载："为碓水侧，置轮碓后，以横木贯轮，横木之两头，复以木长二尺许，交午贯之，正直碓尾木。激水灌轮，轮转则交午木戛击碓尾木而自舂，不烦人力，谓之水碓。"[3]"横木"即水轮的卧轴，水轮当然为立式。"长木"即凸杆，说明这是连机碓。

上射式水轮利用高处水流的冲力和水的重力来驱动转动。《农政全书》卷一八对立式水轮做了明确的文字描述：

凡在流水岸傍。俱可设置。须度水势高下为之。如水下岸浅。当用陂栅。或平流。当用板木障水。俱使傍流急注。贴岸置轮。高可丈余。自下冲转。名曰撩车碓。若水高岸深。则为轮减小而阔。以板为级。上用木槽。引水直下。射转轮板。名曰斗碓。又曰鼓碓。此随地所制。各趋其巧便也。[4]

显然，文中"斗碓"的水轮为上射立式，"撩车碓"的水轮为下射立式。根据"斗"字，王祯所述斗碓的水轮叶片应是斗式的。把直径不大的"鼓"状水轮制作得"阔"些，可以扩大叶片斗的容积，充分利用水的动量和重量。明代《农政全书》和清代《农雅》都收录了王祯的记述。清康熙刻本《绍兴府志·水利》也提到"平流则以轮鼓水而转"的下射立式水轮和"峻流则以水注轮而转"的上射立式水轮。霍梅尔（Hommel）1937年的著作中描述了中国上射和下射立式水轮[5]。到20世纪90年代，浙江、云南和广西等地仍在使用上射立式水轮，

1〔东汉〕桓谭：《桓子新论》，《四部备要》影印本，中华书局，1920年，第17页。
2 张柏春：《中国传统水轮及其驱动机械》，《自然科学史研究》1994年第2期，第155~163页；1994年第3期，第254~263页。
3〔北宋〕司马光：《资治通鉴》，中华书局，1956年，第2469页。
4〔明〕徐光启：《农政全书》，中华书局，1956年，第367页。
5［美］鲁道夫·P.霍梅尔著，戴吾三等译：《手艺中国——中国手工业调查图录》，北京理工大学出版社，2012年，第86~89页。

图 1　浙江开化县桐村镇水力作坊外景（张柏春摄）

其基本结构和装用方法与王祯所述无异。

浙江开化县桐村镇用上射式水轮驱动的水碓粉碎小木块，制作电木粉（图 1、图 2）。水流引自山溪，通过闸板和水槽，冲击到水轮上部的斗式叶片，当叶片转到轴的正下方时水流出叶片斗。在水流冲击力及叶片斗内的水的重力作用下，水轮和轴转动起来，轴上的两对凸板相继压下两个碓杆，碓锤一起一落。通过升降闸板来改变水的流量，从而调节水轮的转速和力矩。当闸板切断水流时，水轮停转，水溢入水槽两侧的泄水道。这样一部水碓，每昼夜可将 70 公斤手指大小的碎木加工成细如面粉的木粉[1]。

各地的水碓系统除石锤、臼槽、石座、铁箍、铁板套等外，其余所有零部件均为木制，要求所用木料浸水时不易变形和腐烂，纵向和横向强度较高。轴、碓杆、轮辐、辋板等重要零件一般都选用樟木。零部件的连接，主要靠榫、销、楔、箍，除水轮上的加强条外，几乎不用铁钉。当木材变湿膨胀后，连接处会更加紧固。这也是木制水力机械的优点之一。

二、下射立式水轮

对于水轮构造，元代以前的文献少有描述。北宋王希孟（1096—？）的《千里江山图》

1　张柏春：《中国传统水轮及其驱动机械》，《自然科学史研究》1994 年第 2 期，第 155~163 页；1994 年第 3 期，第 254~263 页。

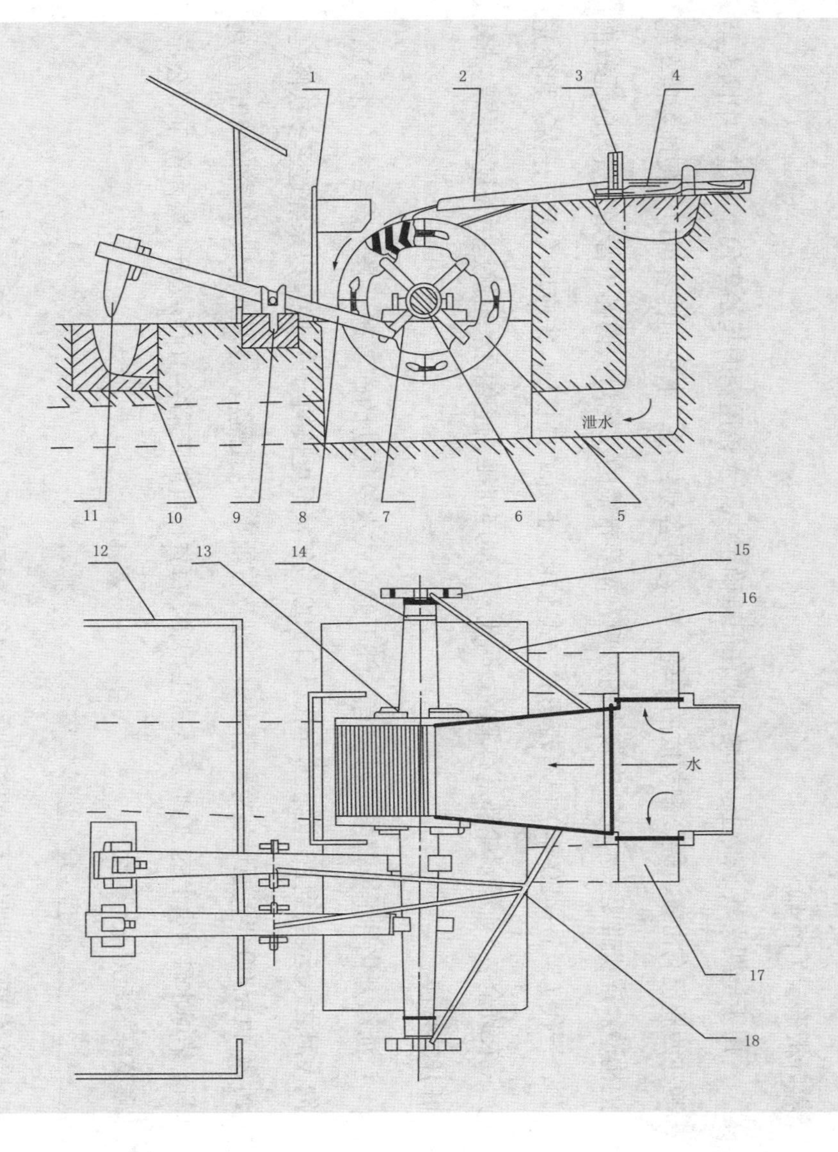

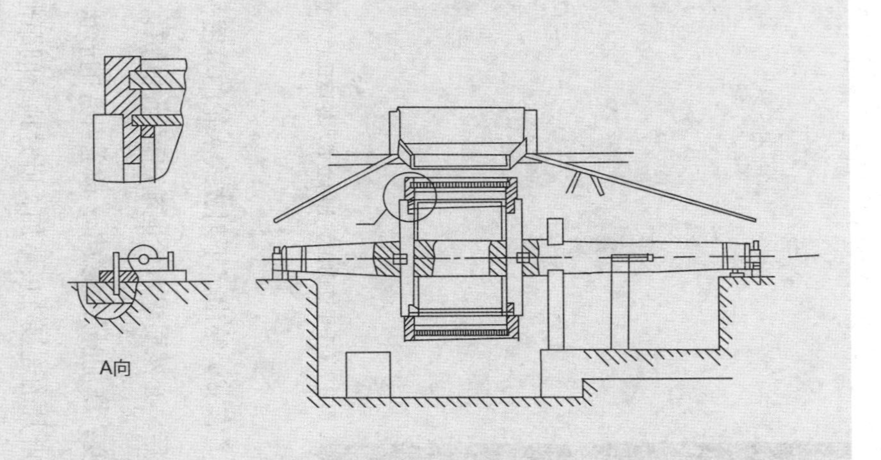

1. 挡水板
2. 水槽
3. 闸板
4. 水流
5. 上射立式水轮
6. 轴
7. 凸板
8. 碓杆
9. 支架
10. 石臼槽
11. 石碓锤
12. 墙板
13. 轮辐，楔杆
14. 铁箍
15. 轴座
16. 输水竹槽
17. 泄水道
18. 输水竹槽

图 2　浙江开化县桐村镇水碓结构图（据张柏春《中国传统水轮及其驱动机械》改绘）

图3 《千里江山图》上射立式水轮驱动的水磨[1]

长卷描绘了上射立式水轮驱动的水磨（图3）。王祯《农书》绘出了下射立式水轮的草图，但叶片构造描绘得十分简略。连机碓、连磨等出现以后，必然要求水轮能输出更大的功率。增大功率的基本途径包括加大水轮的直径、叶片的宽度，增加叶片的数量，改善叶片的形状。当水轮直径、叶片宽度和数量达到一定程度时，轴和叶片的连接难度增加，叶片顶端间距也会过大。当直径很大时，若不采用粗笨的轮毂，几乎难以制成实用的水轮。为克服这一障碍，古人给水轮装了辋，直至辐与叶片分离；辐变为杆式，叶片为板式。进而增加叶片数量，改善叶板形状（图4）。

由于早期文献记载过于简略，现在很难确定中国水轮用辋的起始年代。不过，中国人至晚在西周已有由毂、辐、辋构成的车轮。车轮很容易传播，水轮制作者可以方便地参照车轮的构造。连机碓要求水轮输出较大的力矩，需要带辋的水轮。由傅畅《晋诸公赞》的记载推测，晋代（317—420年）已有带辋的立式水轮。王祯《农书》、宋应星《天工开物》和徐光启《农政全书》所绘水轮都是有辋的。明代，驱动连机碓、连磨的水轮就是由较复杂的辐、辋、叶片等构成。

浙江开化县华埠镇华民村曾有一部下射立式水轮驱动的碓、磨、碾、砻系统（图5），借大河之水运转，到20世纪80年代已有100多年甚至更长的历史，晚清以来经过了多次修复。到20世纪90年代原址残存着引水渠，以及石轴座、石磨盘、槽碾、轮碾等零部件和部分建筑。华埠水碓为镇上的2000多人加工粮食，每昼夜可加工稻谷1000公斤，磨面粉500公斤，碾菜籽约500公斤。

---

1 赵农：《中国艺术设计史》，陕西人民美术出版社，2004年，第181页。

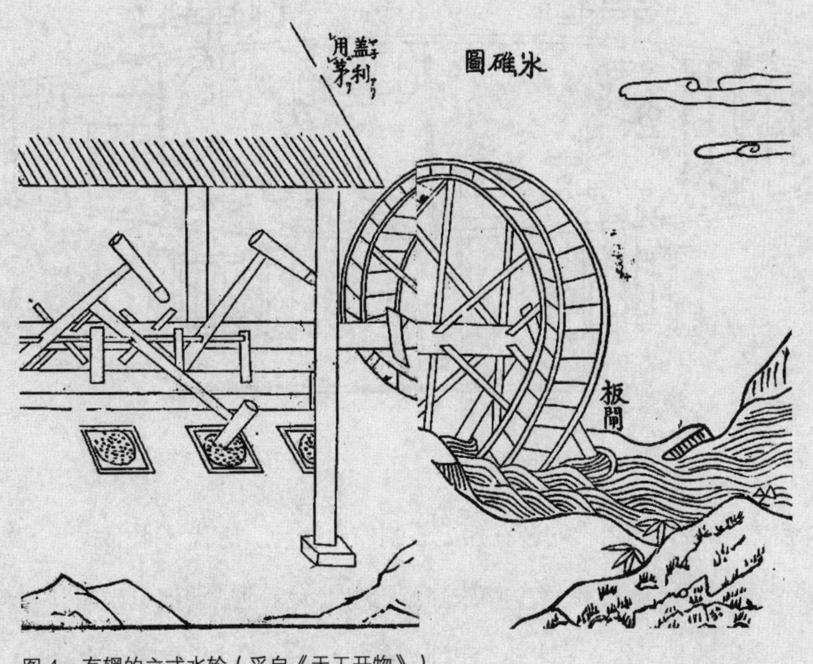

图 4　有辋的立式水轮（采自《天工开物》）

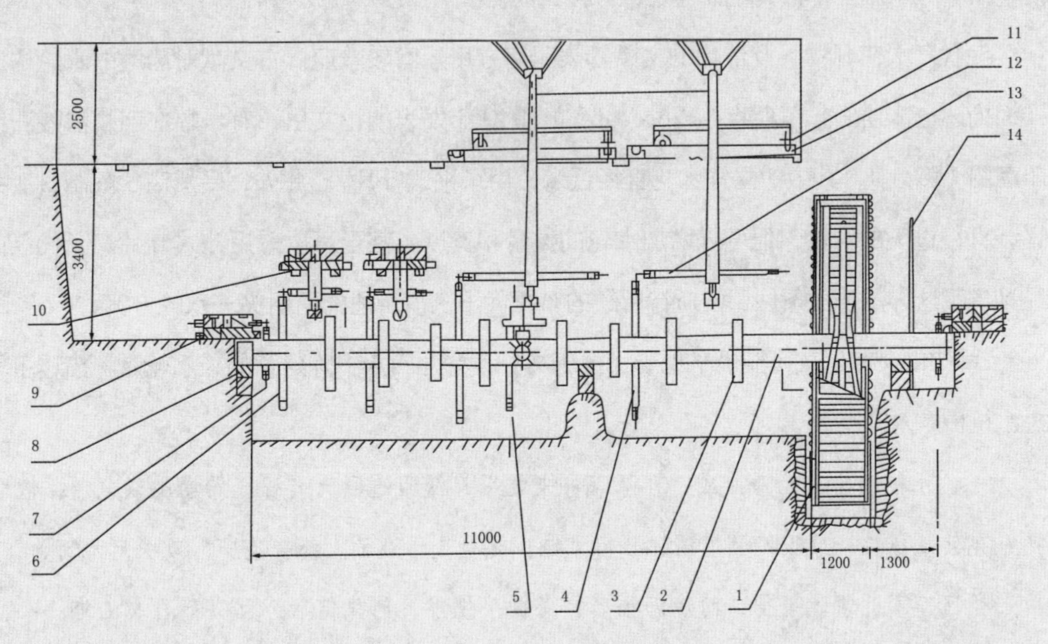

1. 下射立式水轮　2. 主轴　3. 凸板　4. 齿轮　5. 齿轮　6. 齿轮　7. 齿轮　8. 主轴座　9. 莲花磨　10. 高台磨　11. 碾轮　12. 碾槽　13. 齿轮　14. 挡水板

图 5　华埠镇水碓主视图（据张柏春等《中国传统机械调查研究》改绘）

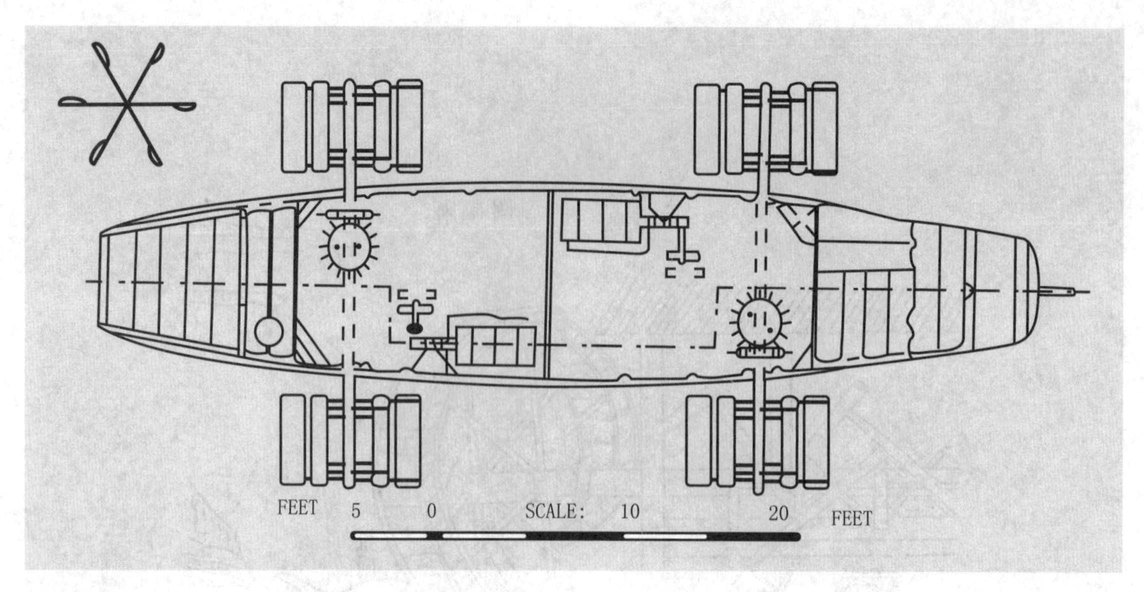

图 6　四川涪陵的船磨及其水轮（Worcester 1940 年）[1]

唐代已将水轮和旋转磨组合安装在船上，制作出船磨。唐代《水部式》记载，禁止在洛阳附近的河道上建造“浮硙（石磨）”[2]；南宋陆游《剑南诗稿》说“湍流见硙船”[3]。“浮硙”“硙船”当是指船磨。船磨用的是下射立式水轮，王祯《农书》卷一九对此有确切的说明：“两船相傍，上立四楹，以茅竹为屋，各置一磨，用索缆于急水中流。船头仍斜插板木凑水，抛以铁爪，使不横斜。水激立轮，其轮轴通长，旁拨二磨。”[4]

明代《天工开物》及清代的文献都表明南方用船磨较普遍。古文献对船磨的水轮构造无详细描述也未绘图。伍斯特（Worcester）1940 年发表的论文里，有一幅在四川涪陵测绘的船磨图（图 6），其中的立式水轮直径近米，用了平式叶片[5]。此外，受船高的限制，船磨不宜装直径过大的水轮，但可以增加水轮的数量和宽度，甚至可以采用斗式叶片。元代以前已经具备了这样的技术条件。伍斯特所绘的布置优于王祯所述的两船夹一水轮方案。

筒车的文献记载可能最早见于《全唐文》，卷九四八中陈廷章的《水轮赋》描述了轮形提水机械：

> 水能利物，轮乃曲成，升降满农夫之用，低回随匠氏之程。始崩腾以电散，俄宛转以风生。虽破浪于川湄，善行无迹；既斡流于波面，终夜有声。观夫斫木而为，凭河而引，箭驰可得，而滴沥辐凑，必循乎规准，何先何后，互兴而自契心期……

1　Josehp Needham, *Science and Civilization in China*, Vol.4, Part Ⅱ, Cambridge University Press, 1965, p.412.
2　清华大学图书馆科技史研究组：《中国科技史资料选编——农业机械》，清华大学出版社，1985 年，第 307 页。
3　清华大学图书馆科技史研究组：《中国科技史资料选编——农业机械》，清华大学出版社，1985 年，第 306 页。
4　〔元〕王祯：《农书》卷一九，第 5B~6A 页，文渊阁四库全书本，上海古籍出版社，2003 年，第 543~544 页。
5　Josehp Needham, *Science and Civilization in China*, Vol.4, Part Ⅱ, Cambridge University Press, 1965, p.412.

图 7　广西凤山县袍里乡坡心村林那屯筒车（张柏春摄）

图 8　兰州西固区下川村始建于清代的黄河大水车（黄兴摄）

浴海上之朝光，升如日御；泛江中之夜影，重似月轮。……罄折而下随㤾彼，持盈而上善依於。当浸稻之时，宁非沃壤；映生蒲之处，相类安车。[1]

陈廷章所述的“水轮”是一种置于河边的提水机械，上面装有“罄折而下”“持盈而上”的盛水器，其工作原理与筒车相符。若盛水器是竹筒或木筒，那么它应该是后世所称的筒车。

宋代有关“水轮”的记载颇多。北宋李处权《裕庵集·土贵要予赋水轮》：“江南水轮不假人，智者创物真大巧。一轮十筒挹且注，循环下上无时了。四山开辟中沃壤，万顷秧齐绿云饶。”[2] 这里的“水轮”当是指水流驱动的筒车。北宋苏舜钦《沧浪集钞·水轮联句》谈及筒车的辐和斗：“上下车交辐，周旋斗转魁。……转圆非雅具，欹器有深灾。持满忘前监，相倾自下催。”[3]

筒车的提水筒一般为竹筒，也有用木筒的。通常筒车用较轻的材料如竹木，依提水高度就地在轮架上制作（图 7）；甘肃兰州黄河边的筒车有的直径竟超过 15 米，其中西固区下川村一辆始建于清代的水车（图 8）至今仍在使用。采用编织叶片的水轮现在还用于云南景洪市勐罕镇曼海村的轧蔗机上[4]。

中国古代天文仪器很早就使用水力。《晋书·天文志》记载，汉顺帝时（130 年前后），张衡制浑象，“以漏水转之”。后人推测，张衡很可能使用了立式水轮和齿轮系，其结构可能参照了水碓[5]。

唐代有用水轮驱动的天文仪器。《旧唐书·天文志》称，一行、梁令瓒制成浑象，“注

1　清华大学图书馆科技史研究组：《中国科技史资料选编——农业机械》，清华大学出版社，1985 年，第 149~150 页。
2　清华大学图书馆科技史研究组：《中国科技史资料选编——农业机械》，清华大学出版社，1985 年，第 160 页。
3　清华大学图书馆科技史研究组：《中国科技史资料选编——农业机械》，清华大学出版社，1985 年，第 155 页。
4　张柏春：《中国传统水轮及其驱动机械》，《自然科学史研究》1994 年第 2 期，第 155~163 页；1994 年第 3 期，第 254~263 页。
5　刘仙洲：《中国古代对于齿轮系的高度应用》，《清华大学学报》1959 年第 4 期，第 1~11 页。

水激轮，令其自转”。这个水轮应当是立式的，叶片可能是斗式的，这有助于提高功率和运动平稳性。唐代以后，以水轮为动力的仪器逐渐增多。宋代苏颂等人创制的水运仪象台的“枢轮”采用侧射立式水轮。它依靠水的重量转动，而非动能。枢轮与天衡相配合，实现了擒纵机构控制“枢轮”转速。

三、斜击卧式水轮

中国常将卧式水轮称作卧轮，实际上就是斜击式水轮。东汉时可能就出现了斜击式水轮。据裴松之注《三国志·魏书·郑夔传》引傅玄文，魏明帝时（227—239年）马钧造“水转百戏”，“以大木雕构，使其形若轮，平地施之，潜以水发焉”[1]，用于驱动多种木偶和“舂磨”。显然，马钧制作了水轮。古人分类称呼水轮时，以轮体的置放状态为准，而不以轮轴为准。按这个习惯，“平地施之”当是指卧置水轮，即水轮为卧式。

《后汉书·杜诗传》记建武七年（31年）杜诗任南阳太守，“造作水排，铸为农器”[2]。杜诗水排可能是卧式，也可能是立式。《三国志·魏书》记载乐陵太守韩暨改进鼓风机械：“旧时冶，作马排，每一熟石用马百匹。更作人排，又费功力，暨乃因长流为水排，计其利益，三倍于前。”[3]对马排而言，马的作业方式是绕一根立轴行走，带动轴旋转，通过曲柄、连杆等组成的机构，带动皮囊往复运动。韩暨是南阳人，可能受到杜诗水排的影响。韩暨水排当是继承了马排的传动机构，并用斜击卧式水轮取代了马。

由于立式水轮出现在先，可供借鉴，卧式水轮可以尽快发展成熟。其发展成熟的程度应与立式水轮相当，并表现在辋和叶片的构造上。五代至北宋《闸口盘车图》（作者逸名）是迄今所见中国最早的卧式水轮图（图9）。画家描绘出水磨加工粮食的情景，即来自斜槽的水流冲击着有辋卧式水轮，水轮的立轴直接驱动着楼板上方的卧置磨盘，整个装置都设在一座以木结构为主的建筑中。画家以合理的比例准确地画出了水磨的结构，包括卧式水轮的辋、辐、叶片等。图中的卧式水轮好像采用了与水平面夹锐角的叶片。王祯《农书》卷一九简要描绘了水排及其卧式水轮[4]。

最早的卧式水轮应该是没有辋的，叶片直接装在立轴上，平板叶片与轮的回转面垂直。

1〔西晋〕陈寿撰，〔南宋〕裴松之注：《三国志》，中华书局，1959年，第807页。

2〔南宋〕范晔撰，〔唐〕李贤等注：《后汉书》，中华书局，1965年，第1094页。

3〔西晋〕陈寿撰，〔南宋〕裴松之注：《三国志》，中华书局，1959年，第677页。

4〔元〕王祯：《农书》卷一九，第5B~6A页，文渊阁四库全书本，上海古籍出版社，2003年，第544~545页。

图 9 《闸口盘车图》中的卧式水轮[1]

1 中国古代书画鉴定组编：《中国绘画全集 3 · 五代宋辽金 2》，浙江人民美术出版社，1999 年，第 16 页。

为了输出更大的力矩，轮径逐渐加大。当轮径大到一定程度时，不得不专设辋和辐，并增加叶片数量，即出现了图中的结构。两晋以后，水磨、水碾的记载渐多。《南史·祖冲之传》记载，祖冲之“于乐游苑造水碓磨，武帝亲自临观”[1]。对于磨来说，用卧式水轮时机构最简单，而用立式水轮时则需要齿轮传动。若祖冲之的“水碓磨”指的是两部独立的机械，那么，水磨很可能用了卧式水轮；相反，若“水碓磨”是一部碓、磨结合的机械，那它就要用立式水轮、凸轮机构和齿轮传动。

《魏书·崔亮传》记载：“亮在雍州，读杜预传，见为八磨，嘉其有济时用，遂教民为碾。及为仆射，奏于张方桥东，堰谷水造水碾磨数十区，其利十倍，国用便之。”[2]崔亮大概主要是制作卧式水轮驱动的水碾和水磨，也许还制作由立式水轮或卧式水轮驱动的较复杂的碾磨系统。

王祯《农书》卷一九分别绘图描述了卧式水轮驱动的水磨、水碾和“水轮三事”。后者是一个水轮同时驱动磨、砻、碾[3]。遗憾的是，对于叶片的构造，《天工开物》和《农政全书》等书并未做出比王祯《农书》更详细的描绘。

当代云南、广西、四川、西藏等地使用的传统机械展示了水轮构造的细节。至少在汉代，云南已与四川等地保持着交往，并成为中国与国外交流的通道之一。云南在三国时直接受四川的蜀汉控制统一后，也主要受中央政权支配。故此，西南地区在技术上与内地有许多相通之处，碓、水轮的情况正是这样。碓是典型的中国机械。在云南纳西族的东巴象形文字中，形如碓的线图代表着“碓”。云南大理喜州与浙江开化县桐村镇有构造相同的“淌水碓”，这表明两者的技术是同源的。

云南丽江县石鼓镇松坪子村在20世纪90年代初还在使用一部无辋水磨。水流沿水槽冲击卧式水轮，使水轮和轴旋转。轴上端的铁键使上石磨盘在下石磨盘上旋转[4]。卧式水轮的叶片上缘线与轴心线有一个小于90°的夹角。这种结构使直径小的水轮有较长的叶片，水流先冲击到叶片的外端，再沿叶片向下流，增加了水流对叶片的作用时间（图10）。另外，它们的叶片平面与轴心线有夹角，使水流更有效地冲击到叶片面上。有时叶片面是微凹的曲面，即略呈斗状，使水轮的动力性能进一步改善。

西藏拉萨地区目前仍在使用的无辋水磨与云南丽江水磨结构相似，其叶片板为平面，竖直方向上与轴同向，保留了最简化的状态（图11）。学者认为西藏水磨技术是在唐文成公主

1〔唐〕李延寿：《南史》，中华书局，1975年，第1774页。
2〔北齐〕魏收：《魏书》，中华书局，1974年，第1476~1484页。
3〔元〕王祯：《农书》卷一九，第5B~6A页，文渊阁四库全书本，上海古籍出版社，2003年，第543~544页。
4 张柏春：《云南几种传统水力机械的调查研究》，《古今农业》1994年第1期，第41~49页。

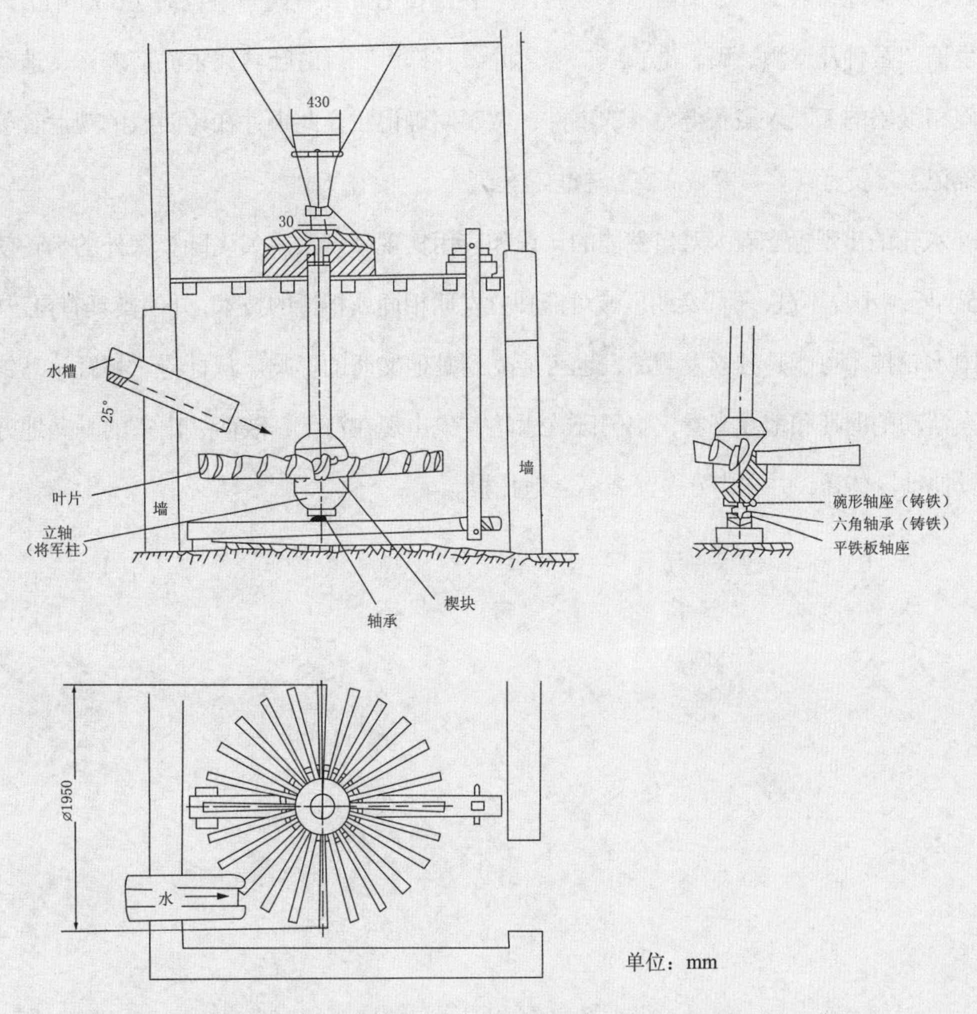

图 10　石鼓水磨的斜击卧式水轮（据张柏春《云南几种传统水力机械的调查研究》改绘）

图 11　西藏拉萨娘热乡甲米水磨无辋水轮及其调节结构（黄兴摄）

入藏时从内地引入的。《旧唐书·吐蕃传》卷二〇七记载唐高宗嗣位时（650年），松赞干布呈请“蚕种及造酒、碾、硙、纸、墨之匠，并许焉”。对吐蕃请求派遣养蚕、造酒、制造碾硙和纸墨的工匠入藏获得允准的事件，做了明确记载。此事件在《西藏的观世音》《西藏王统记》《贤者喜宴》等藏文文献中也有呈现[1]。

水轮的出现标志着人对自然能的认识和应用实现了一次重大飞跃。国外的水轮使用时间明显早于中国。不过，不同文明区域可能独立发明相同或相近的技术，并使其具有自己的特色。中国水轮技术可能是独立发明的，也可能受到其他文明的影响。从杜诗、韩暨、马钧、崔亮等人活动的时期和地点来看，中国卧式水轮首先出现在河南、陕西、山东的一些地方，然后向其他地区传播，并在南方多河多溪之地扎根。

1 关晓武、黄兴：《西藏甲米水磨与糌粑食用礼俗》，见《技术的人类学、民俗学与工业考古学研究》，北京理工大学出版社，2009年，第119~137页。

鬏饰

长北

◎ 駹车，雀蔽，然複，髹饰。

——《周礼·春官》

"髹饰"一词，最早见之于《周礼》[1]。"髹"指拿刷子蘸漆涂刷器物[2]；"饰"，指装饰。也就是说，"髹饰"古代专指用天然漆涂饰器物，今人称其"漆艺"。

中华先民最早使用天然漆髹饰器物，并且不断有所发明有所发现，从而把天然漆髹饰工艺推衍成为博大精深的手工艺体系。这得从髹饰工艺的主要原料——天然漆的性能说起。

一、漆的被发现与被利用

早在上万年前，华夏先民就已经发现了漆树液有高度的黏性，可以用于木制器具、生产工具等的粘连加固，涂刷在木器或陶器之上，便留下了一层致密防水、坚固耐磨、美丽而有光亮的保护膜，木器和陶器不再渗漏，延长了器具的使用寿命。天然漆的粘连作用、保护作用和美化作用一经人们发现，"漆"便成为原始先民重要的生存原料之一。

对天然漆原始阶段的利用，是用漆树液——天然生漆直接涂刷于器物。天然生漆呈红棕色相，干固以后转黑，所以《周礼》郑玄注："髹，赤多黑少之色。"[3]浙江萧山跨湖桥新石器时代遗址出土距今约8000年的桑木漆弓（图1），残长达121厘米。

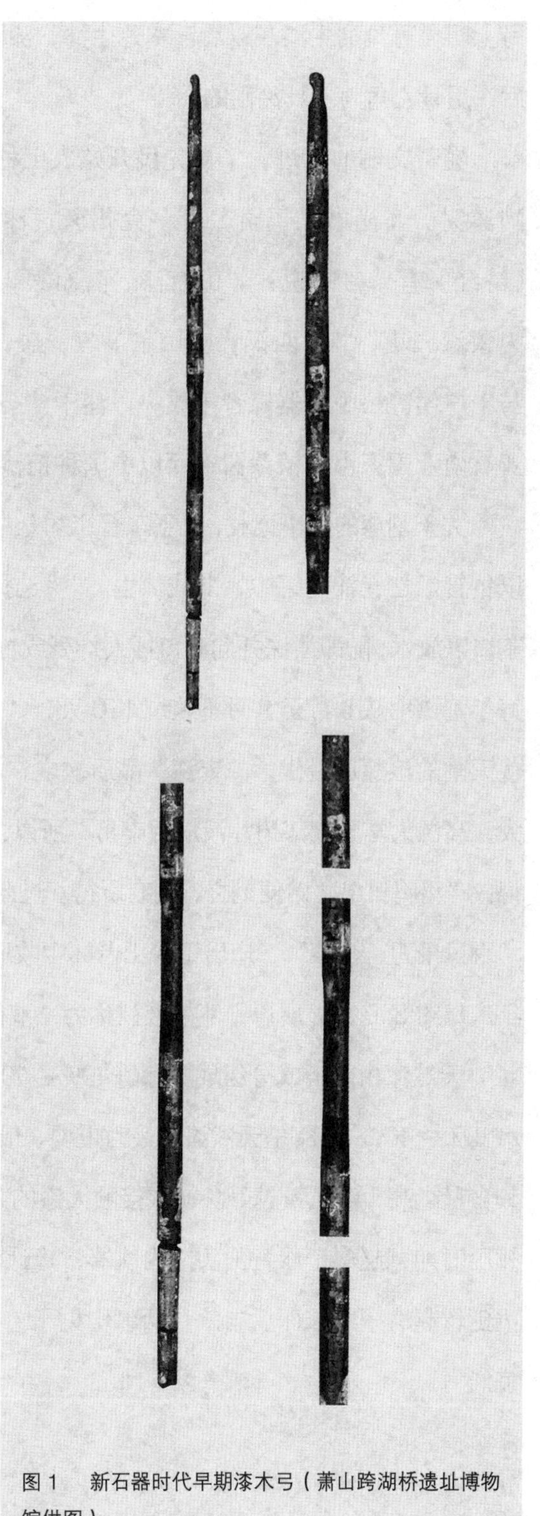

图1　新石器时代早期漆木弓（萧山跨湖桥遗址博物馆供图）

1〔汉〕郑玄注，〔唐〕贾公彦疏：《〈周礼〉注疏》："駹车……髹饰。"文渊阁四库全书本，台湾商务印书馆，1986年，第90册，第504页。

2〔汉〕班固：《汉书》，颜师古注："以漆漆物谓之髹。"中华书局，1962年，第12册，第3989页。

3〔汉〕郑玄注，〔唐〕贾公彦疏：《〈周礼〉注疏》，文渊阁四库全书本，台湾商务印书馆，1986年，第90册，第504页。

弓上明显可见刮生漆灰以后髹本色生漆，漆面有光泽而且能够流平，可能是用水稀释生漆以后，用骨、角为工具涂刮的。

随着文明的精进，华夏先民开始人工种植漆树并且采集漆树液。《山海经》中多次提到漆树。《尚书·禹贡》有“兖州厥贡漆、丝……豫州贡漆、枲、絺、纻”的记载[1]。《诗经》有诗吟唱说：“山有漆，隰有栗，子有酒食，何不日鼓瑟！”[2]战国，庄子“尝为蒙漆园吏”[3]；西汉，“山东多鱼、盐、漆、丝、声色……陈、夏千亩漆……此其人皆与千户侯等……木器髹者千枚……漆千斗……此亦比千乘之家”[4]。东北亚其他国家与东南亚、南亚国家也种植漆树，而以中国种植漆树历史最为久远，至今仍然是产漆大国。

关于割漆的最早记载，见于东晋崔豹《古今注》：“《南越志》记：漆树，以刚斧斫其皮开，以竹管承之，汁滴管中，即成漆也。”[5]选择树干下部较为平凹、漆液聚集的部分，先浅凿割口以放水，随即凿深并向割口插入蚌壳或竹筒，漆液便滴入蚌壳或竹筒内，滴满再倾入漆桶。每年割漆期从6月至9月不超过140天，“初漆”水分较多，干燥性能较好，“中漆”——伏天割的漆品质最优，“末漆”品质次之，“尾漆”“枝漆”品质最次。因为拂晓漆流量最大，高温大雾天气漆树汁液最为丰富，所以，漆农往往半夜进山，拂晓开始割漆。《南越志》记：“鸡鸣日出之始便刻之，则有所得。过此时，阴气沦，阳气升，则无所获也。”[6]漆农说，“百里千刀一斤漆”，道出了深山老林中收取漆液的艰辛。每棵漆树一年可以开割口60道，年产量约250克，所以，漆树液被称为“液体黄金”。

天然漆由以下成分组成：漆酶40%～70%、漆酚<1%、树胶5%～7%、糖蛋白2%～5%、水15%～40%。漆酶是天然漆中最为重要、最为活跃的成分，起着使天然漆成膜干燥的作用，其含量越高，漆质量越好。初次接触大漆的人，往往皮肤红肿，奇痒难忍，俗称“害漆疮”。战国时期，赵襄子漆智伯头以为饮器；豫让漆身成癞，暗伏桥下预谋行刺而为赵襄子拘捕，拔剑斩赵襄子之衣而后自杀。两事均见于《史记·刺客列传》。害过漆疮的人，往往会有免疫能力。

---

1 臧克和：《〈尚书〉文字校诂》，上海教育出版社，1999年，第103页。
2 蓝菊荪：《诗经国风今译》，四川人民出版社，1982年，第327页。
3〔汉〕司马迁：《史记》，中华书局，1982年，第7册，第2143页。漆园作为地名，以不同的三地见之于《古今地名大辞典》。庄子，宋之蒙人。这里的“漆园”当在河南商丘东北。
4〔汉〕司马迁：《史记》，中华书局，1982年，第10册，第3253、3272、3274页。
5〔晋〕崔豹：《古今注》，商务印书馆，1956年，第19页。
6〔宋〕李昉：《太平御览》卷七六六，河北教育出版社，1994年，第7册，第176页。

二、胎素成形法的发明与油光漆的使用

中国漆器初为木胎和陶胎，木胎成为中国漆器延续几千年的主要胎素。浙江余姚距今7000年左右的河姆渡文化遗址出土漆木碗、缠竹篾朱漆木桶、漆绘木胎蝶形器、黑漆木筒等10件漆木器；江苏良渚文化遗址出土的漆器，用彩绘、镶嵌工艺装饰；江苏吴江良渚文化遗址出土漆绘黑陶杯：证明早在新石器时代，华夏先民已经用生漆髹涂木器，髹整陶器，以防渗漏，便于清洗并且延长木器与陶器的寿命。

降至三代，髹饰工艺被用于制作祭器[1]，生活用具也渐次增加了装饰意匠。如河北藁城早商遗址出土黑红漆镶松石漆器残片，安阳殷墟发现用牙、绿松石镶嵌的髹漆木器印痕，《周礼》记多种车辆用漆髹饰[2]，湖北当阳春秋墓出土多件仿周代礼器造型的漆器等。战国秦汉，社会风尚从西周制器重“礼”转为制器重“用”，用木、皮、竹、藤、麻布等材料为胎骨的漆器，以轻便、美观、耐用、抗腐蚀等优点，成为贵族和地主生活用具的主角。各地出土的漆木器，举凡家具、炊器、食器等生活用具，兵器，乐器，文具玩具，丧葬用具，交通工具……莫不尽有，生活用具有几、案、箱、榻、鼎、钫、壶、钟、尊、卮、盆、豆、奁、盒、盘、笥、碗、勺、魁、樽、枕、梳、篦、耳杯、虎子等，兵器有箭箙、箭缴、箭杆、刀鞘、剑鞘、戈鞘、弓、弩、矛、盾、弓箭架等，乐器有琴、瑟、笙、箫、篪、钟架、磬架、虎座飞鸟、虎座鸟架鼓等，文具玩具有漆砚、六博局等，丧葬用具有棺、笭床、面罩、通中枕、镇墓兽等。随县战国曾侯乙墓出土乐器八种凡125件，其中大多是漆木制造。《汉书》记成帝时昭阳宫“中庭彤朱，而殿上髹漆”[3]，可见髹饰工艺汉代便已经用于木构建筑。

漆器木胎成型的方法有砍挖、镟锯、刻镂、板合、车旋、屈木等多种。砍挖刻镂成型的漆器如湖北江陵楚墓出土的彩漆木雕禽兽座屏、凤鸟形连理漆杯、彩绘鸳鸯漆豆等。“屈木”成型，别称“卷木胎”，漆工称“卷坯”，指以松、杉木劈、刨为可以弯曲的薄片，弯折、斗榫、胶缝而成胎素，扬州汉墓出土大量卷木胎漆器。汉代漆器铭文中的“纻”，本意是指以漆糊裹麻布于薄木胎，麻布与漆灰层层相夹，马王堆一号汉墓遣策上“漆布小卮”“九子曾（缯）检”“布缯检”等文字可以为证。大漆精制技术发明以前的三代秦汉，漆器多以生漆，继而

1《韩非子·十过》：“尧禅天下，虞舜受之，作为食器，斩山木而财（裁）之，削锯修其迹，流漆墨其上……舜禅天下，而传之于禹，禹作为祭器，墨染其外，而朱画其内。”见北京大学哲学系美学教研室编：《中国美学史资料选编》，中华书局，1980年，第73页。

2《周礼·卷第六·春官宗伯下》记“王之五路”（帝王的五种车辆），“革路”下郑玄注：“鞔之以革而之”；“木路”下郑玄注：“不鞔以革，漆之而已。”〔汉〕郑玄注，〔唐〕贾公彦疏：《〈周礼〉注疏》，文渊阁四库全书本，台湾商务印书馆，1986年，第90册，第499、500页。

3〔汉〕班固：《汉书》，中华书局，1962年，第12册，第3989页。

图 2　战国用有油漆髹涂的漆木簋（笔者摄于 2011 年“湖北九连墩楚墓出土漆器特展”）

用掺油之漆髹饰（图 2）。

汉代时，由工官即官营工场制造高档漆器。贵州清镇平坝出土的西汉漆耳杯上针刻铭文“元始三年廣漢郡工官造乘輿髹泪畫木黃耳棓容一升十六籥素工昌休工立上工階銅耳黃塗工常　畫工方泪工平清工�造工忠造護工卒史惲守長音丞馮掾林守令史譚主”70 字，详细记录了制造工官漆器的严密分工。素工负责制造木胎，髹工负责髹涂底胎，铜耳黄涂工为铜耳鎏金，上工负责髹涂面漆，泪工管理荫室，画工描绘纹饰，清工负责最后的清理，造工负责检验[1]。整个工序有护工卒史、守长、丞、掾、守令史等各级官吏监督。汉昭帝始元年间，漆器装饰已经是“今富者银口黄耳，金罍玉钟；中者舒玉纻器，金错蜀杯。夫一文杯得铜杯十，贾贱而用不殊”“一杯棬用百人之力，一屏风就万人之功”[2]，“蜀、广汉主金银器，岁各用五百万”“臣禹尝从之东宫，见赐杯案，尽文画金银饰，非当所以赐食臣下也”[3]。由于大漆精制技术尚未发明，汉代漆器大多以天然漆掺入干性植物油髹饰。掺油可以使生漆稀释，髹涂以后便于流平并且增进光泽。笔者在扬州博物馆库房上手摩挲汉代贴金银片漆器，漆面有浮光而没有研磨痕迹，金银片花纹与漆面相平，可知是在髹有油漆流平之后，趁湿将金银片贴上漆面，与唐代金银平脱漆器贴金银片后全面髹涂推光漆待漆干固，再将金银片磨显出漆面是两种简繁不同的工艺（图 3）。

1　关于清镇平坝漆耳杯铭文中各工所司职责，众说未尽一致，详可见《湖南省博物馆馆刊》2007 年总第 4 辑。本文中对各工所司职责的解释，见笔者：《〈髹饰录〉与东亚漆艺——传统髹饰工艺体系研究》，人民美术出版社，2014 年，第 45 页。

2　〔汉〕桓宽：《盐铁论》，文渊阁四库全书本，台湾商务印书馆，1986 年，第 695 册，第 577、582 页。

3　〔汉〕班固：《汉书》，中华书局，1962 年，第 10 册，第 3070 页。

图3　汉银扣贴金银片彩绘套装漆奁（扬州胡场汉墓出土，选自《中华文化画报》）

三、油漆精制技术的成熟与研磨推光工艺的初兴

从漆树割取的生漆含水量为20%～30%，有尘埃杂质。其分子结构松散粗糙，黏度大，干燥快，不能厚涂，流平性、光泽度欠佳，成膜粗硬，附着力强。漆工形容生漆“只能刮刮，不能刷刷”。随着文明的精进，人们希望器皿有光亮平滑的涂层，于是发明了用干性植物油炼制以后入漆的技术，以提高成膜的明度与光亮度。熬炼干性植物油的技术，最早见载于北齐《颜氏家训》“煎胡桃油，炼锡为银”一句[1]。古代称加入催干剂密陀僧[2]的干性植物油为“密陀油”，用“密陀油”描绘花纹，称“密陀绘”，“曹魏已有言密陀僧漆画之事”[3]。

随着文明的继续精进，人们希望器皿有平滑致密的漆面，于是发明了生漆精制加工的技术。将生漆倾入曝漆盘或煎漆锅，加水15%～20%搅拌，至漆液转色、含水量在10%～15%时，置于日光下（今人置于45℃左右灯照之下），用曝漆挑子作匀速翻转，到原水量为3%～5%，上下均呈半透明红棕色膏状时，成本色推光漆，古代记为“明膏”“膏漆”“合光”“光漆”“晒光漆”，民间有称“红紧漆”“半透明漆”“红骨推光漆”“白坯推光漆”，与颜料调拌则成彩色推光漆。精制的过程是漆分子氧化聚合和脱去部分水分的过程。精制后的推光漆，黏度降低，流平性好，涂层致密，含光蕴藉深厚。东晋王羲之《笔经》记：“有人以绿沉漆竹

1　檀作文译注：《颜氏家训》卷五《省事篇第十二》，中华书局，2007年，第181页。

2　密陀僧：即氧化铅，俗称“铅黄”。

3　郑师许：《漆器考》，江苏广陵古籍刻印社，1991年，第18页。

管及镂管见遗，录之多年，斯亦可爱玩。”[1]只有以推光漆髹涂笔管干固以后再研磨推光，漆面才能如沉入水中般明澈。可见，东晋是大漆精制技术成熟和研磨推光工艺初兴并且时髦的年代。推光漆髹涂从此成为应用最广的髹饰工艺，16世纪后期传入日本，日本漆工称其“蜡色涂”。

四、填嵌技术的发明及对漆性潜能的开掘

唐代诞生了一门崭新的髹饰工艺——“填嵌”，如螺钿平脱、金银平脱用稠漆、末金镂、犀皮等，黄成《髹饰录》以《填嵌第七》章予以记录。填嵌工艺的共同要领是：起纹或将装饰材料贴、撒于漆胎形成纹样，全面髹漆待干固，磨显出纹样，推光。磨显推光工艺的成熟，是填嵌类髹饰工艺诞生的必备条件，而磨显技术，是由低级阶段到高级阶段逐步成熟的，从将装饰材料拌入灰漆磨显，渐渐将装饰材料贴、撒于漆胎再髹漆磨显。唐琴髹饰为世人所重，正因为唐人将鹿角煅烧成块、粉碎成灰、拌入灰漆髹涂，等待干固，再磨显推光。鹿角分子结构中有大量微隙可供生漆钻入，形成漆与灰的高强度黏合，同时使琴透音好，鹿角灰磨显出漆面，推光后呈黄褐色晕斑或闪烁的色点，十分好看[2]。除鹿角灰外，唐琴有在漆灰中杂以金屑、铜屑、瓷器屑再磨显推光。唐琴髹饰的成就，端赖漆工对研磨推光新工艺的把握。北京故宫博物院藏有历代古琴467张，其中唐代名琴4张；浙江省博物馆藏有古琴30余张，其中唐代名琴5张，唐代落霞式“彩凤鸣岐琴”龙池腹腔内有“大唐开元二年雷威制”题刻（图4）。

唐代金银平脱漆器臻于极境。日本奈良东大寺正仓院藏有唐代金银平脱漆琴、银平脱漆胡瓶、银平脱八角菱花形漆镜盒等，西安扶风法门寺地宫出土晚唐秘色瓷胎银平脱鎏金团花纹漆碗（图5）。唐代还出现了以填嵌为主要工艺的末金镂漆器，藏于正仓院的唐代金银钿装大刀（图6），正是用洒金、罩明、研磨、推光的末金镂工艺装饰，被学者公认为日本莳绘的嚆矢。

以填嵌为主要工艺的螺钿平脱工艺也成熟于唐代。浙江湖州飞英塔内发现五代嵌螺钿黑漆经匣，底板外壁有朱漆书“吴越国顺德王太后谨拾（施）宝装经函肆只……时辛亥广顺元年（951年）十月日题记”47字，虽然漆木板散架不成器，却是中国现存最早工艺成熟的螺

1〔晋〕王羲之：《笔经》，南京图书馆藏民国15年扫叶山房石印本《五朝小说大观》，上海文艺出版社，1991年，第298页。
2〔清〕谢坤：《金玉琐碎》：“前明有鹿角焙灰，罩以金漆退光，日久若蛇腹断纹者，亦古雅。”见黄宾虹、邓实编：《美术丛书》，江苏古籍出版社，1986年，第2册，第1820页。

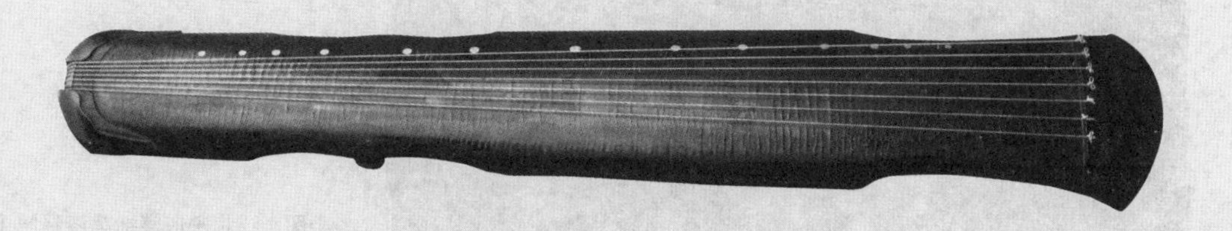

图 4　唐代落霞式彩凤鸣岐琴（笔者摄于浙江省博物馆）

图 5　晚唐秘色瓷胎银平脱镏金团花纹漆碗（陕西省博物馆藏，选自陈晶编《中国漆器全集・三国——元》）

图 6　唐代金银钿装大刀上的末金镂纹样（选自西川明彦《日本の美术 11・正仓院宝物の装饰技法》）

图7 北宋嵌螺钿黑漆经匣（苏州市博物馆藏，选自陈晶编《中国漆器全集·三国——元》）

钿平脱漆器。苏州市博物馆藏有北宋嵌螺钿经匣（图7），木胎，黑漆外壁满饰与黑漆面完全相平的夜光螺花叶纹，局部螺片边缘有锯齿，脱落的螺片厚1.08毫米，漆面明显有研磨痕迹。金银平脱、螺钿平脱工艺唐代就传往东亚诸国，其繁花似锦的装饰风直接影响了韩国螺钿平脱漆器风格的形成。

犀皮漆器的技术要领也是起花、换色、填漆再磨平为花纹。作为填嵌工艺的一种，犀皮当出现在研磨推光工艺成熟、绞胎陶器盛行的唐代，《唐六典》记“乌漆碎石纹漆器”或即指犀皮漆器，唐人《太平广记》写有犀皮漆枕。填嵌工艺还为唐人错综运用，唐人传奇名篇《霍小玉传》写“斑犀钿花盒子”可为旁证。日本漆工将起花、填漆再磨平为自然花纹的填嵌工艺如“若狭涂”“矶草涂”“堆朱涂”“绫纹涂”等统称为“唐涂”，从名称即可见犀皮工艺唐代就已经传往日本。

推光漆成膜脆硬，层层累积干固以后，更坚硬如铁。随着熬炼干性植物油技术的成熟，中国漆工发现，以炼熟的桐油入漆，可以大大降低推光漆膜的脆硬度，层层髹涂到一定厚度，就可以进行雕刻。对漆和桐油潜能的开掘，使南方六朝诞生了深雕云纹的雕漆工艺——剔犀。中国5世纪剔犀漆奁分别为东京松涛美术馆编《中国の漆工芸》、香港中文大学文物馆编《中国漆艺两千年》所见载。剔红等雕漆工艺的发明，则出现在中国漆工对漆性潜能进一步开掘与把握的唐代。《髹饰录》记：“剔红……唐制多如印板，刻平锦，朱色，雕法古拙可赏；复有陷地黄锦者。”扬明注：“唐制如上说，而刀法快利，非后人所能及。陷地黄锦者，其锦多似细钩云，与宋元以来之剔法大异也。”[1]唐制雕漆无存，日本东京松涛美术馆陈列有北宋剔红牡丹唐草纹盏托盘（图8），牡丹唐草纹样丰腴婉转，见唐代图案遗风，剔刻极浅，花纹缝隙间土黄漆地上刻六瓣锦，淳和腴润，美感沁入心脾，是存世宋剔中最接近唐风的作品。

1 〔明〕黄成《髹饰录》与扬明注，所引见长北：《〈髹饰录〉与东亚漆艺——传统髹饰工艺体系研究》，人民美术出版社，2014年，第155页。

元明之交的剔红秋葵绶带纹圆漆盘

明嘉靖款戗金细钩填漆大漆盘

明代戗金间攒犀大漆盘

清中期百宝嵌博古图八方漆盒

清乾隆款戗金细钩填漆海棠花形漆盒

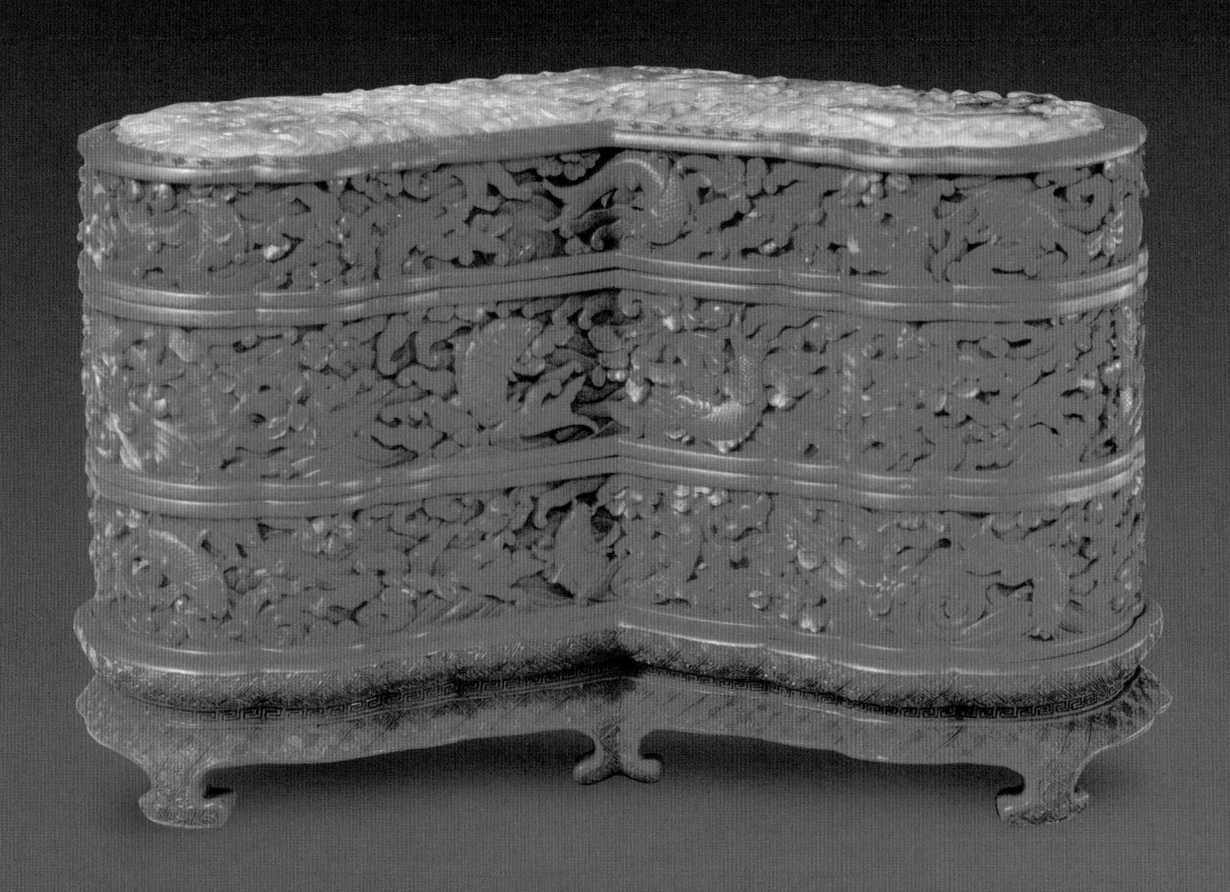

清中期雕漆嵌玉磬式盒

清中期镂嵌填漆大花瓶

现代脱胎薄料漆荷叶瓶

图 8　宋剔红牡丹唐草纹盏托盘（选自东京松涛美术馆《中国の漆工芸》）

图9 宋素髹漆器（宜兴和桥南宋墓出土，笔者摄于南京博物院）

五、民用漆器的发展与箔粉髹饰的盛行

宋代，城市建设的兴起使髹饰工艺走出宫廷豪门，成为民间的工艺和市场的工艺，民用漆器比较前代大为发展。江苏淮安北宋墓、宜兴和桥南宋墓出土大批民用素髹漆器（图9），如花瓣形碗、盘、奁、盏托等，胎轻体薄，素髹一色，线型流畅，圆润优雅，有极高的审美品位。从中可见，推光漆髹涂已经成为宋代民用漆器的最基本工艺，研磨推光工艺也已经相当精熟。

虽然考古界习惯将商代至汉代漆器上的金片称为“金箔”，虽然《后汉书》已经有了关于“金薄”的记载[1]，虽然唐李倕墓出土捻绞金线的“金箔”厚仅8.956微米，但严格说来，“飞金”才是真正意义上的金箔，其厚度仅有0.12微米。传说金箔锻制工艺为东晋葛洪始创，唐代佛像有用金箔装銮，金碧山水于唐代开派并于宋代盛行，漆器贴金、上金、泥金及描金、戗金、隐起描金等箔粉髹饰工艺都盛行于宋代，应是以金箔锻制工艺的成熟为支撑的。关于金箔锻制工艺的文字记载，则以元末陶宗仪《辍耕录》为最早，明代宋应星《天工开物·五金第十四》、清代迮朗《绘事琐言》等记之甚详。

战国漆器常以调入金粉的油漆平涂勾勒，却很难说其时有了严格意义的描金工艺。箔粉描金工艺的真正成熟乃在唐宋。浙江瑞安县慧光塔出土北宋庆历二年经函内外漆函与舍利漆函（图10），舍利漆函壁上描金为神仙说法行列，线纹纤细又一气流泻，堪比同时代名画《八十七神仙卷》。经函内置檀木内函，赭漆地上通体描金，开光内清勾花鸟轮廓再渲染浓淡，开光外泥金为地，空出赭漆地成缠枝花纹，金象与赭象互换，精美莫可言说，耗工不可

1〔晋〕司马彪《后汉书》“乘舆……金薄缪龙，为舆倚较”说的是皇帝车箱镶贴了薄金片的交错龙形图案而不是飞金图案，中华书局，1965年，第12册，第3644页。

图 10　北宋隐起描金加识文描金舍利漆函菱花形开光内描金神仙行列（选自陈晶编《中国漆器全集·三国——元》）

图 11　北宋朱髹隐起描金真珠舍利宝幢底座（笔者摄于苏州博物馆库房）

数计，后世描金无有可比。可以认为，中国的晕金工艺在宋代就已经发端。已知隐起描金的最早实物是 1978 年苏州市瑞光塔出土的北宋真珠舍利宝幢（图 11）。幢通高 122.6 厘米，其八角须弥座开光内、底足转角处与束腰各用漆冻[1]堆塑折枝花、飞天、供养人再泥金，木雕须弥山描金，精细绝伦。盛装宝幢的木函上有“大中祥符六年……”墨书。整座宝幢不仅是朱髹隐起描金的罕见精品，更是极为罕见的综合工艺品。前述慧光塔经函外函隐起描金为五方佛、异兽、飞鸟，识文描金为卷草，雅丽沉静，古漆器中实难见此绝品，函外底有几行题字，尚可识“大宋庆历二年（1042 年）”字迹。

王世襄先生以湖北光化出土的汉代漆奁作为戗金漆器的最早实例。查《辞海》释“戗”：“迎头而上。”戗金指打金胶表干而有黏着力时，将金、银箔粉迎头扑上去。“迎头而上”，词义说明，戗金工艺只能出现于飞金流行的唐宋时期，其前皆是用金镫粉装饰漆器。金镫粉只能调入漆中描绘或埋于漆下再研磨而出，扑于器表是绝难附着的。江苏武进南宋墓出土温州造戗金漆器数件，其中，银扣十二棱莲瓣形戗金庭院仕女图朱漆奁是国宝级文物。奁高仅 21.3 厘米，径 19.2 厘米，卷木胎制为三撞莲瓣式，外壁朱漆面隐隐有裂纹，盖面用戗金法制为一幅《园林仕女图》，人物衣衫钩戗为细若秋毫的刷丝纹，五官钩戗纤细若无，柳树、山石戗纹粗壮，奁壁戗金制为折枝花卉，花瓣上可见纤细的刷丝纹。日本藏有中国元代戗金漆器多件（图 12）。戗金银工艺由元末明初陶宗仪《辍耕录》最早记录。

1　漆冻：《髹饰录》用以专指含胶量多、细腻柔软、可塑性好的油漆混合灰，其形如冻，用于堆塑花纹。

图 12　元黑漆地戗金经箱（九州岛国立博物馆藏，选自《茶の汤の漆器——唐物》）

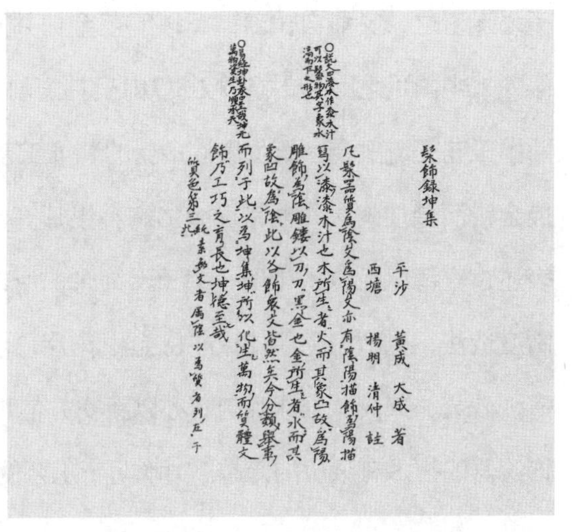

髹飾録坤集

平沙　黃成　大成　著
西塘　揚明　清仲　註

凡髹器質為陰文為陽文亦有陰陽描飾為陽描寫以漆漆木汁也木所生者火而其象凸故為陽雕飾為陰雕鏤以刀刀黑金也金所生者水而其象凹故為陰此以各飾衆文皆然矣今分類舉事而列于此以為坤集坤所以化生萬物而質體文飾乃工巧之育長也坤德至哉

〇説文曰漆本作桼木汁可以髹物其字象水滴而下之形也

〇易經坤卦彖曰至哉坤元萬物資生乃順承天

質色第三

純素無文者屬陰以為質者列于

图 13　蒹葭堂抄本《髹饰录》书影（采自长北《〈髹饰录〉与东亚漆艺》）

六、中国髹饰工艺的总结与日本髹饰工艺的进入

明成祖在位 22 年，于永乐十九年（1421 年）迁都，可见，永乐官造漆器基本是在江南制造的。宣德时官造漆器作坊北移京城而有果园厂。元代嘉兴剔红传人张德刚、包亮先后被召至京，果园厂剔红上承元代嘉兴剔红藏锋清楚、隐起圆滑的风格，雕刻简练，磨工精到，润光内含；填漆则以五彩稠漆堆成花色，磨平如镜，工艺繁难，至败如新。明中后期，江南手工业、商业繁荣，鉴藏之风盛行，漆器从趋同走向求异，造型花样翻新，装饰百端奇巧。晚明，西方传教士带来西方切于实用的器具，中国的士大夫开始反思以器用之学为末务的痼习，将关注的目光从“道”转向了“器”。黄成著《髹饰录》，王徵依传教士邓玉函口授著《远西奇器图说》，计成著《园冶》，宋应星著《天工开物》……正是明中后期实学思潮与江南鉴藏之风的反响。浙江嘉兴名漆工扬明为《髹饰录》笺注，大大丰富了《髹饰录》的内容。

《髹饰录》凡 18 章、220 条。《乾集》凡两章，《利用第一》记录制造漆器的材料、工具、设备，《楷法第二》强调髹饰工并列举各类工艺可能产生的过失。《坤集》凡 16 章：《质色第三》至《单素第十六》记录 14 类漆器装饰工艺，《质法第十七》记录漆器制胎工艺，《尚古第十八》记录漆器的仿古、仿时与修复。《髹饰录》完整记录了中古以来髹饰工艺的庞大体系，使后世漆工既可追宗溯源技有所本，又能据此生发不断创新。《髹饰录》成为东亚乃至全世界认可的古代唯一一本髹饰工艺经典著作（图 13）。

明人记：“泥金画漆之法本出于倭国，宣德间尝遣漆工杨某至倭国，传其法以归，杨之子埙遂习之，又能自出新意，以五色金钿并施，不止循其旧法。于是物色各称，天真烂然，倭人来中国见之，亦齰指称叹，以为虽其国创法，然不能臻此妙也。”[1]日本髹饰工艺反传中国，两国工艺交流融会，诞生出许多新的装饰工艺，如描金加蚼、描金加蚼错彩漆、描金毂沙金、描金错洒金加蚼、彩油错泥金加蚼金银片等，后者其实是日本“润涂沃悬螺钿切金”的中文表述，宣德以后传入中国，为《髹饰录》所记录。晚明，“近之仿效倭器若吴中蒋回回者，制度造法，极善模拟，用铅钤口。金银花片，蚼嵌树石，泥金描彩，种种克肖，人亦称佳”[2]，“漂霞、砂金、蚼嵌、堆漆等制，亦以新安方信川制为佳”，可见晚明，中国漆工用金银箔粉装饰漆器的技术有了质的跨越。中晚明新工艺的诞生，不能不说有日本“本莳绘”[3]工艺的刺激。

七、家具屏联建筑装修上的雕镂镶嵌

清代乾隆年间，两淮盐政大量承制宫廷用漆家具。漆屏风是扬州漆艺家具的主要品种，大如挂屏，次如火炉屏，小如台屏(砚屏)，地屏有山字等式，围屏有2折、4折乃至12折24扇，其上再现文人书画。它们或立于厅堂隔断空间，或张于四壁以示装饰，或置于几案聊作清玩[4]。扬州漆工将玉、瓷、竹、珐琅彩、大理石等镶嵌于家具屏联进贡宫廷（图14）。乾隆皇帝又将紫禁城内宁寿宫萃赏楼、符望阁、倦勤斋等的装修交由两淮盐政在扬州雕镂镶嵌；扬州豪门大宅及其园林也往往以各种雕镂镶嵌的罩隔隔断室内空间。今存扬州史公祠(史可法纪念馆)享堂内的清代大型罩隔（图15），三间各装一堂，高、宽均达丈余。明间一堂罩隔，木胎正面黑漆地上刻灰为梅树枝干虬曲，繁花点点，刻纹内撒螺钿砂屑，镌“己酉六年李石湖”题记；反面薄雕山石云水纹并制为八宝灰地，嵌珐琅彩花卉。它是晚清画家李石湖仿汪巢林画梅法设计、扬州漆工精心制作的，可见有清一代，不仅皇家将雕镂镶嵌类高档髹饰工艺用于建筑装修，民间厅堂装修也用雕镂镶嵌类髹饰工艺进行装饰。

1 〔明〕陈霆：《两山墨谈》，续修四库全书本，上海古籍出版社，1995年，第1143册，第354页。

2 〔明〕高濂：《遵生八笺》，见长北：《中国古代艺术论著集注与研究》，天津人民出版社，2008年，第322页。

3 “本莳绘”：因为莳播金丸粉并加以精细研磨的莳绘是日本莳绘之本，日本漆工将莳播金丸粉再精细研磨的莳绘如“研出莳绘”“平莳绘”“高莳绘”“肉合莳绘”“木地莳绘”五类称为“本莳绘”。另有“色粉莳绘”“消粉莳绘”与“平极莳绘”，因其不能研磨，所以不属于“本莳绘”。

4 座屏：又称地屏，屏板插于墩木，墩木左右各竖抱柱以夹牢屏板，抱柱前后用站牙抵夹，墩木、站牙、抱柱往往加以雕饰。山字式座屏：指中屏高而边屏低的三联座屏。围屏：由双数屏面组联，两片为一曲，六曲屏风即12片围屏。火炉屏：指围合于火炉四周、型制较小的围屏。屏：又称砚屏，置于桌案，供近距离欣赏。挂屏：有条屏、册页、斗方、横批数种，有单片陈列，有双联、四联等组合。

图 14　清中期雕漆嵌玉山字大地屏等一套七件（选自胡德生编《故宫经典·明清宫廷家具》）

图 15　清晚期扬州史公祠享堂明间刻灰撒螺钿屑漆罩隔（选自沈惠兰《扬州八刻》）

八、薄料拍敷与厚髹填嵌

在宫廷漆器刻意求工、装饰繁缛的同时，清代各地漆器作坊生产出大量健康质朴，以实用为主的器皿，各地形成了各具特色的髹饰工艺。其中，薄料拍敷与厚髹填嵌突出地显示了漆艺家的创造才能，与宫廷漆器、漆屏联滥施雕镂镶嵌的奢靡之风形成对照。

宋代贴、上、泥金工艺发明以前，漆工使漆器之“质”含金蕴银的方法，无非是在漆内调拌金属锉粉后髹涂于漆胎。晚清，福州漆器世家沈绍安之长孙沈正镐发明了薄料漆拍敷工艺。用明油与快干漆约各半调和再兑入颜料，在细密的石板上精研，随研随加油漆与颜料，至颜料绝细而无颗粒，成颜色料。用明油与快干漆按比例调和，三钱油漆约加入 1000 张银箔粉末，分次在细密的石板上用石杵缓慢精研，不时停下以漆刮翻动，研至绝细而无颗粒，成银箔料。用明油与快干漆、古铜箔粉末按比例调和，缓慢精研如上，成古铜箔料。将银箔料、古铜箔料与颜色料均匀调拌，得到含金蕴银的彩色薄料漆，反复精滤到绝无颗粒。在无尘环境中，用十分洁净的手掌蘸取银箔料、古铜箔料或彩色薄料漆，薄薄地拍打于极其光滑、绝无污垢的漆胎上，从左至右、从上至下，拍满、拍匀，连拍三遍或以上，严防灰尘落于漆面。用人发制为漆刷，收顺到没有掌纹，入荫室候干数日，待漆干透，取出放在阴凉通风之处，让其中的油分缓慢风干透彻。薄料漆拍敷大大节约了用漆，使漆器在朱、黑等传统的暖色、低调色之外，出现了含金蕴银的高明度色彩，金光银辉赖漆的围裹变得含蓄而不再炫目。它是中国髹饰工艺史上划时代的变革，是清代福州漆工对于中国髹饰工艺最富创意的贡献。从此，薄料漆拍敷被广泛用作福州漆器装饰（图 16）。

与“薄料拍敷”对应，福州漆工将在漆胎上用漆起花、填漆再全面髹漆、干固以后磨显出花纹的工艺统称为“厚髹填嵌”，《髹饰录》记为“磨显填漆”。此类工艺的名家是李芝卿先生、沈福文先生等。李芝卿（1894—1976），19 岁进福州工艺传习所，先后随中国人林鸿增、日本人原田学习漆器工艺，1924 年赴日本长崎美术工艺学校漆艺科随原田继续学习，1926 年回国，1956 年进福州工艺美术研究所，后入第二脱胎漆器厂从事漆绘和设计。他融合中国传统的彰髹、犀皮与日本变涂，独辟蹊径地制出磨显填漆样板 100 块，并且创作出多件厚髹填嵌漆器（图 17）。沈福文（1909—2000），1926 年考入国立杭州艺专，1935 年东渡日本入松田漆艺研究所研习漆艺，回国以后，用厚髹填嵌工艺表现敦煌图案，制成漆盘、漆瓶百余件（图 18），20 世纪 40 年代在国内外巡回展出，成为震惊美术界的创举。沈正镐的薄料拍敷与李芝卿、沈福文的厚髹填嵌，堪称晚清到现代髹饰工艺史上高高飘扬的两面旗帜。两类工艺的发明与精进，端赖漆艺家对填嵌研磨推光工艺的精熟和对漆性潜能的进一步

图 16　近代薄料漆墨画山水长方盒（沈绍安漆器世家制，选自台北“故宫博物院”《和光剔彩》）

图 17　磨显填漆样板（福州工艺美术研究所供图）

图 18　现代厚髹填嵌敦煌图案漆圆盘（作者并供图者：重庆沈福文）

图 19　现代粗银地罩明研绘漆画《梳妆的傣女》（作者并供图者：北京乔十光）

图 20　现代箔粉研绘脱胎漆鱼缸（作者：福州郑益坤，供图者：福州郑鑫）

开掘，后者成为现代漆画最为常见的基本工艺。

九、当代漆画新创——箔粉罩明研绘

中国古代，漆画是依附于漆器而存在的。20 世纪以来，越南磨漆画的刺激、现代艺术思潮的冲击推动着中国画家不懈追求，现代漆画脱离工艺美术而作为纯美术，1984 年被作为新兴画种得到确认。现代漆画以厚髹填嵌为主要工艺，其最具创新精神的工艺则在于箔粉罩明研绘。

漆板上渲染，古代漆工无能为力。漆画家变推光漆地为铝粉地，使道林纸般的漆板变为宣纸般的漆板，髹漆流平趁湿时上箔粉板如生宣，漆面表干时上箔粉则板如熟宣，其上可以任意渲染描画，甚至可以出现水墨晕章般的效果。只有在铝与铝箔大量问世并且走向廉价的 20 世纪而不是铝尚为稀有金属的 19 世纪，铝箔粉罩明研绘的发明才具备了材料的可行性（图 19）。对箔粉罩明研绘工艺把握最为精绝者，当推福州漆艺家郑益坤先生。其“绝”在于：赖透明漆的半透明性，反复用箔粉画图反复罩明反复研磨，箔粉有的被磨露，有的深藏漆下，最后推光，画面有鱼游碧潭般的深邃意境（图 20）。郑益坤绝技有东邻“重ね研切莳绘”的影响却绝非照搬。他以中国人的智慧，使廉价的金属箔粉研绘艺术效果远胜日本昂贵的金丸粉研绘。在型号丰富的人造磨石与水砂纸诞生之前，中国漆艺家是绝难创造如此重复使用箔粉、重复罩明、以灵活研磨取胜的高难度绝技的。

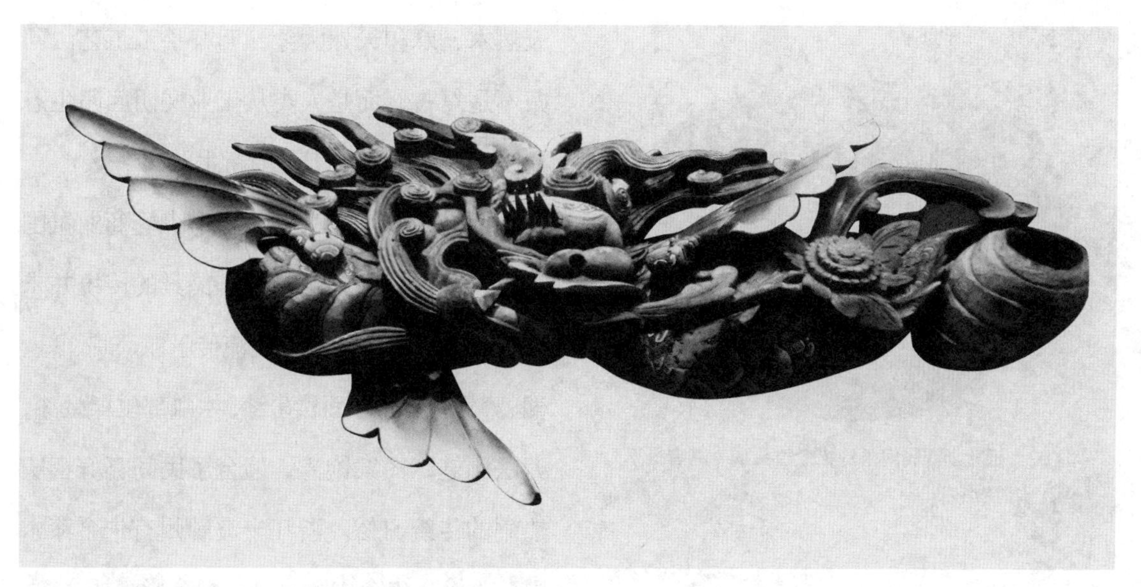

图 21　清代潮州木雕油饰大木构件（笔者摄于广东省博物馆）

十、回归绿色，回归民用——髹饰工艺的长远之道

虽然战国秦汉髹漆之器品类繁多，用于生活的各个方面，但严格说来，这一时期的漆器主要是为贵族服务的。宋代，民用漆器空前发展，技精艺绝、成本高昂的螺钿漆器、剔红漆器则为上层人士独占。晚明与清代，市民文化空前高涨，髹饰工艺才大规模地进入民间，大木作油漆有“三麻二布七灰糙油垫光油朱红油饰做法。计十五道。……次之二麻一布七灰糙油垫光油朱红油饰。又次之二麻五灰。一麻四灰。三道灰二道灰诸做法”[1]（图 21），小木作油漆除髹琴、髹饰家具、髹饰佛像外，宫廷漆器、文人漆器、市民漆器、宗教器具、少数民族漆器……各具特色，百花竞放。天然漆髹饰工艺在中国全国范围内，普遍延续到 20 世纪末。

20 世纪 50 年代，中国工艺美术工厂的产品面向国际外销。对国内市场的放弃和审美导向的失误，导致漆器产品艺术方向的偏离，髹饰工艺被误解为奇技淫巧、浮华装饰。当国家不再分配外销定单、国内市场尚未打开之时，漆器工厂纷纷倒闭。进入工业社会以后，化工涂料被大量推广使用，对人类生存环境造成了严重污染，对施工者身体造成了极大伤害，天然漆髹饰的漆器渐成稀有，或为富豪收藏，或为展事所需，天然漆髹饰工艺被逼到了边缘地带。有鉴于此，笔者曾经提出“绿色漆艺”的观点，呼吁国人从保护环境、珍爱生命出发，使用

1〔清〕李斗撰，汪北平、涂雨公点校：《扬州画舫录》卷一七《工段营造录》，中华书局，1960 年，第 415 页。

图 22　近代浙江民间朱漆描金梳头桶（笔者摄于浙江省博物馆）

图 23　现代浙江民间木雕髹漆竹把提篮（笔者摄于浙江省博物馆）

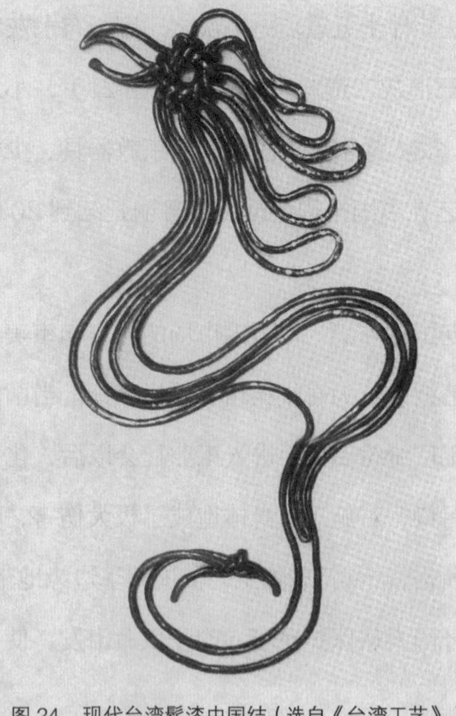

图 24　现代台湾髹漆中国结（选自《台湾工艺》）

天然木、麻和天然大漆，回归手工工艺。回归不是复古，而是人类从工业文明回归生态文明新格局下髹饰工艺的新生。

而在中国广大集镇乡村，少受商业氛围浸染，以大漆髹饰工艺制作民具的传统并未湮灭。朱金木雕家具广泛流传于浙、皖、赣、湘、粤民间。其平面髹朱漆，木雕部位髹金漆，刀法刚健，图案饱满，迎合了民间喜好喜庆热闹的传统习俗。浙江宁波鄞州有朱金漆木雕艺术馆。朱金木雕家具与泥金彩漆桶、箱、提篮等，至今仍然是宁波一带民间婚嫁的必备用品，浙江省博物馆、宁海“十里红妆博物馆”大量收藏有该地区民间婚嫁所用的朱髹家具器皿。江西、云南、浙江、台湾等省仍然制作和使用着髹漆提篮、髹漆茶盘等木、竹为胎的漆器（图 22、图 23）。台湾现代漆艺家甚至将中国结髹漆固型使其防水、防湿、耐用，用作家庭室内墙壁上的装饰（图 24）。当国人重新认识大漆髹饰工艺的价值、自觉远离化工“漆器”之日，有着 8000 年深厚积淀的中华髹饰工艺体系会在涅槃之后获得新生。

天然漆成膜以后，还具备耐高温、耐冲击、耐一定光照、耐多种溶剂与弱酸碱侵蚀等多种优越性能，其防锈性能、绝缘性能、防原子辐射性能、防海洋生物附着和原子辐射的能力均为化工涂料所莫及，当代，天然漆髹涂被运用于国防工业、石油化工、交通水利、纺织印染及航天航空等领域。天然漆髹饰潜在的价值，将为现代人所继续开掘、发现。

造纸术

潘吉星（陈彪整理）

◎　造纸术是中国古代的重大发明，在推动人类文明发展过程中厥功甚伟，举世公认。

图 1　蔡伦

图 2　马圈湾纸（中国历史博物馆藏）

一、造纸术的起源及发展

在讨论造纸术何时发明于中国之前，首先要把纸的定义搞清楚。所谓纸，指植物纤维原料经机械处理（切断、舂捣）及化学处理（碱液蒸煮），再制浆、抄造、干燥后形成的有一定强度的片状纤维制品。古纸质量有高下之别，但均可用于包装、书写，其微观特征是纤维纯而分散、作异向交织，纤维较短且有帚化现象。

关于造纸起源，大体有两种不同观点。其一认为东汉（25—220 年）宦官蔡伦（约 62—121，图 1）于 105 年发明了纸，主要依据文献记载。应当说在考古学新发现以前，此说千年来颇为流行。其二认为蔡伦之前的西汉（前 206—公元 25 年）已有纸，主要依据现代考古发现。这是从 1933 年考古学家黄文弼（1893—1966）在新疆罗布淖尔汉烽燧遗址出土西汉麻纸（前 49 年）并提出西汉造纸说承袭下来的观点。1949 年以来，两种观点各抒己见。除罗布淖尔纸之外，考古学家还于 1957—1992 年在不同地点发掘出了几批西汉麻纸（图 2），且经科学工作者化验，西汉造纸说已有足够证据反驳蔡伦造纸说。

蔡伦不是纸的发明者，他的历史贡献在于总结了西汉以来前辈们制造麻纸的技术经验，组织生产大批优质麻纸献于朝廷，利用官方力量使之改进与推广。他倡导研制楮皮纸，完成了以木本韧皮纤维造纸的技术突破，这一发明，扩充了原料来源，推动了造纸术的发展。蔡伦是承前启后的造纸技术革新家。

在检验汉纸及做了古纸对比工作之后，笔者曾于 1965 年秋去四川、陕西等地农村产纸地区学习和调查了民间土法造麻纸技术。结合陕西凤翔县纸坊村造麻纸的 16 步流程，经分析，最原始的造纸流程应包括：①浸湿→②切碎→③洗涤→④舂捣→⑤打浆→⑥抄纸→⑦晒纸→⑧揭纸（图3）。从8步流程过渡到凤翔县的16步流程，中间应有一系列技术阶梯，最可能的阶梯有11种。笔者取废旧麻头、麻布等为原料，在手工纸场用古式设备模拟上述11种实验方案。凡重要的实验，至少重复2～3次，以排除偶然因素。经研究，认为模拟实验的第4种方案，即①浸湿→②切碎→③洗涤→④浸灰水→⑤舂捣→⑥洗涤→⑦打浆→⑧抄纸→⑨晒纸→⑩揭纸，得到的产物具有西汉纸的特征。经鉴定并在放大镜下与西汉纸对比，结果认为这一方案所成纸样与西汉灞桥纸在制造技术上属于同一阶梯。

西汉是麻纸萌芽阶段，纸产量不大，产地不广，质量欠佳，不足以代替简帛。至东汉和帝时，在宫廷少府中任尚方令的蔡伦，凭借充足的人力、物力，监制出一批优质麻纸，于元兴元年（105年）献之于朝廷，得到推广，“自是天下莫不从用焉”。

东汉末最著名的造纸工当属山东莱阳人左伯，其所造麻纸“妍妙辉光”，驰名一时。当时左伯纸与张芝笔、韦诞墨齐名。

1. 魏晋南北朝时期的造纸技术

纸在与简帛竞争中节节取胜，至晋代（4世纪）已成为主要书写材料，纸写本迅速增加，促进了文教、科技和宗教的发展。

同汉代相比，魏晋南北朝时期造纸在产量、质量或加工等方面都有提升，原料不断扩大，造纸设备得到更新，出现新的工艺技术，产纸区域和纸的传播也越来越广，造纸名工辈出。

从留存的实物看，魏晋南北朝的纸比汉代纸有明显的进步，主要表现在白度提高、表面更光滑、结构较紧密，纸质细薄且有明显的帘纹，纸上纤维束较少，有的晋纸纤维打浆度达到70%，接近机制纸。

魏晋南北朝造纸技术的进步及纸质量的提高，还可从当时文人咏纸的诗赋中看出。南朝梁人萧绎《咏纸》诗云：“皎白犹霜雪，方正若布棋。宣情且记事，宁同渔网时。”如果说书写材料在汉代还是简帛并用，纸只是作为新材料尚不足以完全取代，那么这种情况在晋代已发生根本变化。由于能造出大量洁白平滑而方正的纸，人们就无须再用昂贵的缣帛和笨重的简牍，逐步习惯于用纸书写，最后彻底淘汰了简牍。东晋末年桓玄废晋安帝而自称为帝，随即下令曰：“古无纸，故用简，非主于敬也。今诸用简者，皆以黄纸代之。”考古发掘表明，东晋以降，墓葬或遗址中出土的文书便不再是简牍，而全是纸了。

纸在中国社会的普遍使用，有力地促进了书籍文献资料的猛增和科学文化的传播。反之，科学文化和图书事业的发展又要求造出更多更好的纸。晋初官府藏书即以万卷计，著述之多引起抄书之风盛行，又促进书法艺术的发展及汉字字体的变迁。晋以后由汉隶过渡到楷隶，最后形成现在通行的楷书，草书也因此得到发展，可以说汉字的变迁因用纸而引起，因为在

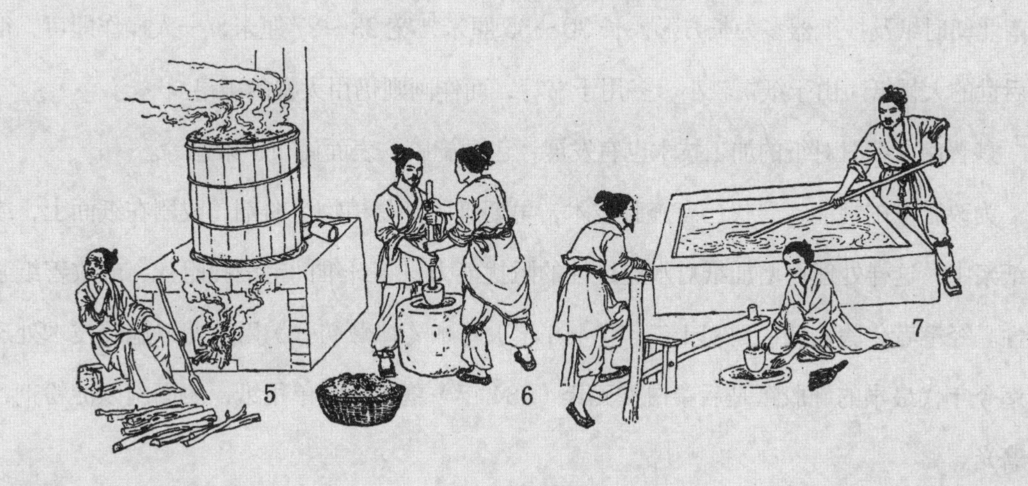

1. 洗料　2. 切料　3. 洗料　4. 烧制草木灰水　5. 蒸煮　6. 捣料　7. 打槽　8. 抄造　9. 晒纸、揭纸

图3　汉代造纸工艺流程图（潘吉星设计，张孝友绘，1979年）

纸上可随心所欲地挥毫。晋代能出现王羲之、王献之那样杰出的书法家，在很大程度上归因于纸的普遍使用（图 4）。同样在纸上作画也会收到良好的艺术效果。当时抄佛教、道教的经书也耗掉大量的纸，所耗纸量可能比抄写非宗教著作还多（图 5）。

这时南北各地都建立有官私纸坊，就地取材造纸。北方以长安（今西安）、洛阳、山西、山东、河北等地为中心，生产麻纸、楮皮纸、桑皮纸。东晋南渡后，今绍兴、安徽南部、南京、扬州、广州等地成了南方造纸中心，纸种基本与北方同。但浙江嵊州剡溪沿岸又成为藤纸制造中心。

南朝刘宋时张永所造的纸为宫廷御用纸所不及，除本色纸外，他还生产各种色纸；除使用单一原料外，还将树皮纤维与麻纤维原料混合制浆造纸。

从出土古纸中看，活动帘床抄纸器至迟在魏晋时已普遍使用，抄纸器的形状及大小和所抄的纸一样，这种抄纸器在此后 1000 多年间通行全世界。经笔者检测几十种实物纸样，魏晋南北朝时纸及抄纸器多为长方形，长 30～55 厘米，宽 23～27 厘米，一人操作即可，很少见后世的大幅纸。由于纸幅较小，多用于书写，而作画则仍用大幅的缣帛。

魏晋南北朝时对纸的加工技术也有发展，包括施胶、表面涂布、染色等。

为改善纸的性能，晋代已有施胶技术，早期施胶剂是植物淀粉剂，或刷在纸面上，或掺入纸浆中，这样处理可增加纸对水透过性的阻扰能力，将纤维间毛细孔阻死，或改善纸浆悬浮性。经笔者化验，西凉建初十二年（416 年）写本《律藏初分》用纸即以施胶技术处理。而迄今年代最早的施胶纸是后秦白雀元年（384 年）墓葬物清单用纸，表面施以淀粉剂，再经磨光。

表面涂布技术是将白色矿物细粉用胶黏剂均匀涂刷在纸面，再以石砑光，这样既可增加纸表的白度、平滑度，又可减少透光度，使纸表紧密，吸墨性好。笔者检验发现，前凉建兴三十六年（348 年）文书纸及东晋写本《三国志 · 孙权传》用纸都是表面涂布纸，比欧洲早了 1400 多年。

对纸张加工的另一技艺是染色。除增加纸的外观美外，有时还有改善纸性能的实际效果。最常用的色纸是黄纸，早在汉代时就有。魏晋发展了染潢技术，或先写后潢，或先潢后写。黄纸广泛在公私场合使用，尤其抄写佛教、道教经典。染潢所用的染料为芸香科落叶乔木黄檗皮，除染色外，还有驱虫防蛀作用。王羲之、王献之都爱用黄纸写字。除黄纸外，还有青、赤、缥、绿、桃花等色纸。

2. 隋唐五代时期的造纸技术

隋唐五代时期在中国造纸技术史上是个重要的发展阶段，造纸原料品种进一步扩大，纸制品普及于民间日常生活之中，造纸区遍及南北各地，在改善纸浆性能、改革造纸设备等方

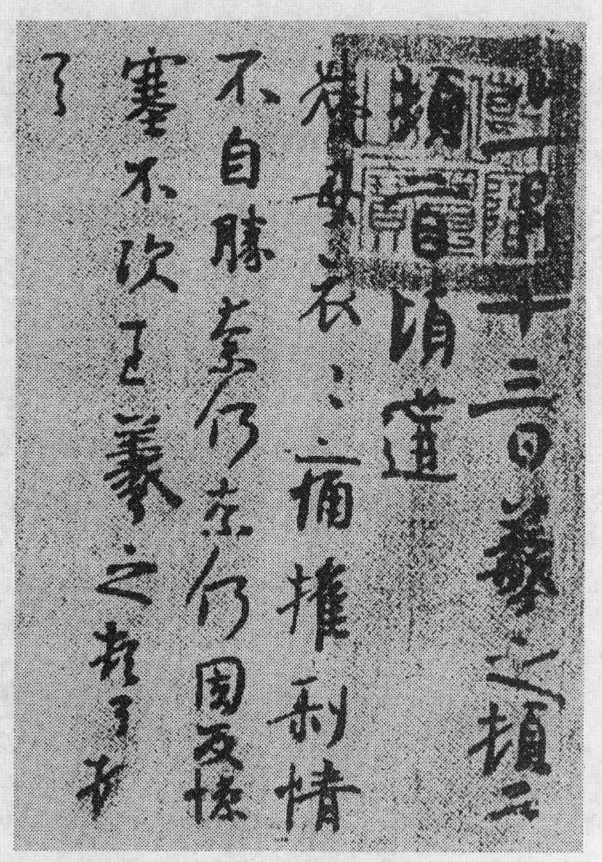

图 4　东晋王羲之书法（取自《文物》1965 年第 11 期）

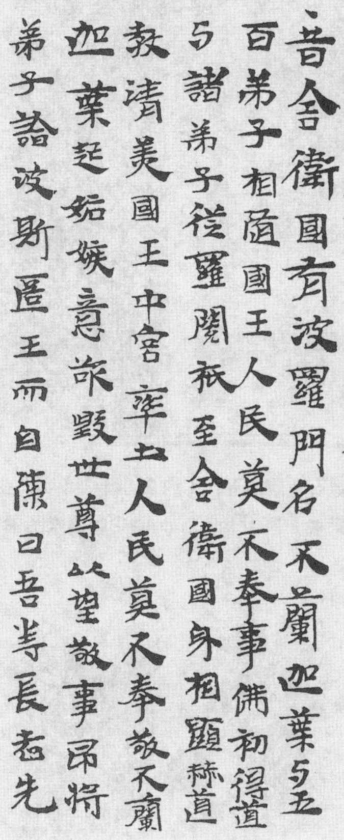

图5　敦煌出土前秦甘露元年(359年)写本《譬喻经》(东京书道博物馆藏)

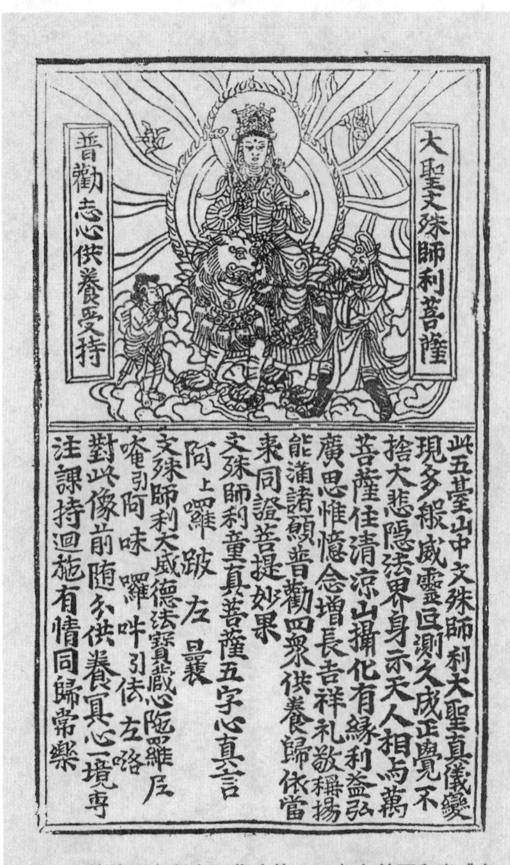

图6　敦煌石室所出五代（约950年）单页印张《文殊师利菩萨像》（31cm×20cm，中国国家图书馆藏）

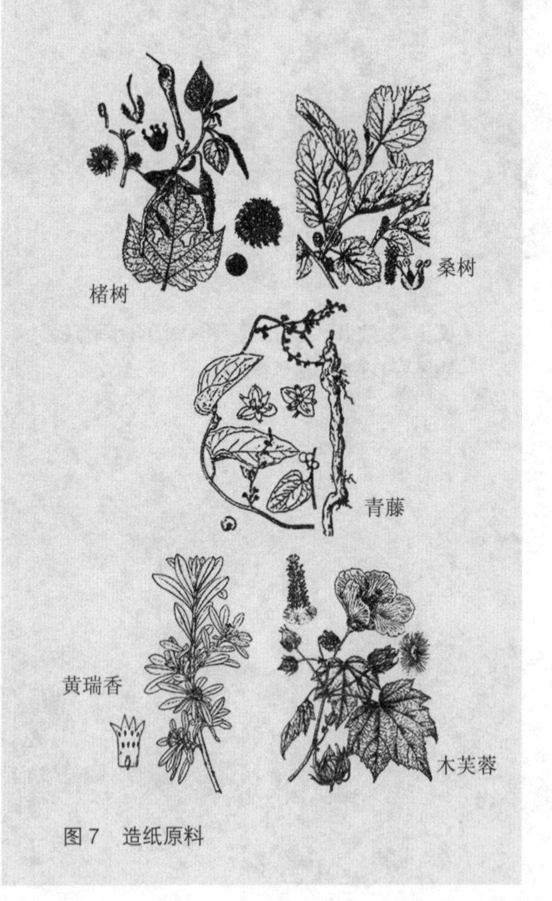

图7　造纸原料

面取得一些进步，可造出更大幅面的佳纸（图6），满足了书画艺术的特殊要求，纸的加工更加考究，出现了一些名贵的加工纸而载于史册，并为后世效法。由于交通及中外科学文化交流的发展，中国造纸技术沿不同方向向外国传播。雕版印刷术的发明更是刺激了造纸业的进一步发展。

造纸原料品种的扩大，是造纸技术进步的一个标志。隋唐时所用的原料有麻类、楮皮、桑皮、藤皮、瑞香皮、木芙蓉皮、竹等（图7）；竹纸于9—10世纪在广东、浙江初露头角，以竹料造纸是造纸史上一大发明。虽仍主要造麻纸，但其他原料纸则比魏晋南北朝时产量大有增加，也出现更多的混合原料纸。唐代有用野麻生纤维造纸，需沤制脱胶，比用破布费事，但原料丰富，成本低廉。藤纸在唐代达到全盛期，产地不局限于浙江，青、黄、白色藤纸各有不同用途。广东罗州（今廉江）用栈香树皮造纸，名香皮纸。唐代女诗人薛涛（？—832）在四川用芙蓉皮为原料，再将芙蓉花汁掺入纸浆，造出粉红色等多种颜色的薛涛笺，名重一时。

随着造纸原料的扩大和造纸术在各地推广，隋唐五代时产纸区域遍及全国（图8）。据古书记载，仅唐代向朝廷贡纸的就有常州、杭州、越州、婺州、衢州、宣州、歙州、池州、江州、信州、衡州等11个州邑。由于产纸量大，社会上消耗量亦甚可观，只以唐内府集贤书院为例，大中三年（849年）一年内用蜀纸10000多张，抄写365卷书，这正是促使社会科学文化发达的物质后盾。

唐代可造出幅面更大的纸，纸本绘画从这一时期猛增，传世的有韩滉的设色《五牛图》，出土的有设色花鸟画及人物画。除文化及文书用纸外，隋唐五代时许多日用品也以纸制成，以代替其他昂贵材料，如灯笼纸及糊窗纸，纸的表面涂上油成为防水纸，可代替绢料。至于纸衣、纸帽、纸被、纸帐、纸甲、纸花、剪纸及包装纸等都可代替过去用的纺织品。唐代“飞钱”是纸币的先驱，用以代替金属货币。此外，也用纸做成纸人、纸钱为死者送葬时烧。纸的用途越来越广泛，中国名副其实地进入了纸的时代（图9、图10）。

隋唐五代时纸的质量及加工技术超过了前代，而所造各种名贵纸为后世传颂。为了适应写字绘画的需要，唐代明确将纸分为生纸和熟纸，生纸是直接从纸槽抄出经烘干而成的未加工处理过的纸，而熟纸是生纸经加工过的纸。画工笔设色画及写小字时，一般用熟纸；而水墨画及大字书法宜用生纸。从技术上分析，为使运笔时不至于因走墨而晕染，需阻塞纸面纤维间的毛细孔，才能达到预期的艺术效果。有效的措施是砑光、拖浆、填粉、加蜡、施胶等。唐代还有专门的熟纸匠，将生纸加工成适于书写的具有特殊质量、颜色及外观要求的熟纸。唐代施胶除用淀粉剂外，还使用动物胶及植物胶作施胶剂，同时为了使动物胶颗粒有效地分散，加入明矾作为沉淀剂。或将胶、矾刷于纸面，或将其掺入纸浆中捞纸。但用中国墨挥毫，因墨内

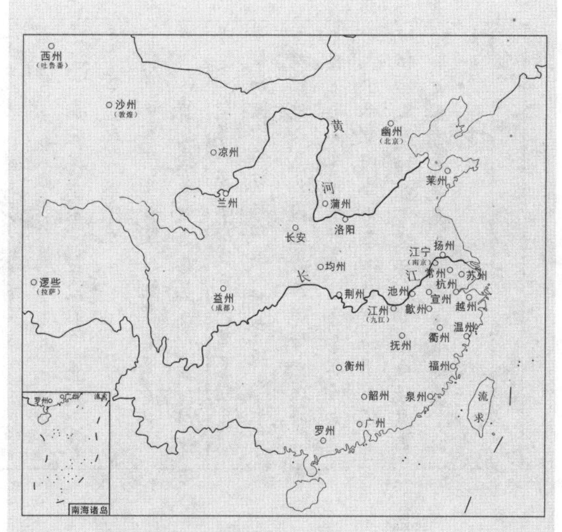

图8　隋唐五代时造纸中心分布图

图9　纸屏风（取自五代王齐翰《勘书图》）

图10　吐鲁番出土的唐代纸冠（取自《文物》1973年第10期）

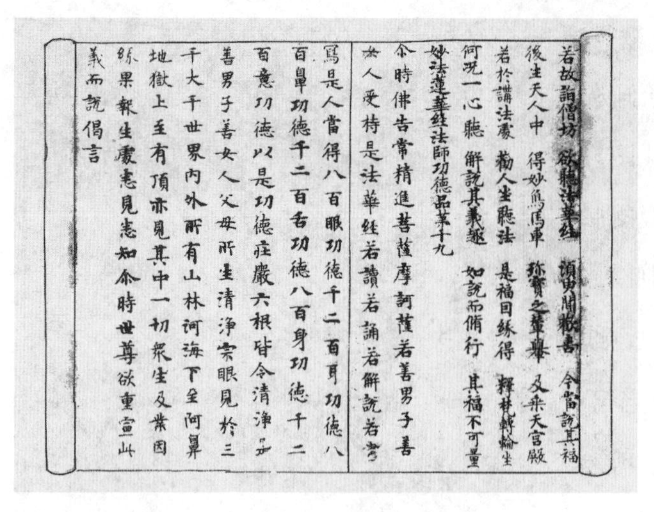

若故詣僧坊　欲聽法華經　須臾聞歡喜　今當說其福
後生天人中　得妙象馬車　珍寶之輦輿　及乘天宮殿
若於講法處　勸人坐聽法　是福因緣得　釋梵轉輪坐
何況一心聽　解說其義趣　如說而脩行　其福不可量
妙法蓮華經法師功德品第十九
尒時佛告常精進菩薩摩訶薩若善男子善
女人受持是法華經若讀若誦若解說若書
寫是人當得八百眼功德千二百耳功德八
百鼻功德千二百舌功德八百身功德千二
百意功德以是功德莊嚴六根皆令清淨是
善男子善女人父母所生清淨宍眼見於三
千大千世界內外所有山林河海下至阿鼻
地獄上至有頂亦見其中一切衆生及業因
緣果報生處悉見悉知尒時世尊欲重宣此
義而說偈言

图 11　敦煌石室发现的隋末（7 世纪初）写本《妙法莲华经 · 法师功德品》（桑皮纸，每纸 26.7cm × 43.5cm，染成淡黄色。潘吉星藏）

已含胶质，再用胶多的施胶纸，易使墨迹呆滞而不生动，因此有的人宁愿用生纸。一般文书或草稿纸、民间文化用纸仍用浆捶纸或生纸。在欧洲直到 1337 年才用动物胶作纸的施胶剂，比中国晚 600 多年。

唐代黄纸中有一种加蜡处理的纸叫硬黄纸，最为名贵，凡是重要或庄重的场合用硬黄纸书写，如敦煌石室唐人写经中道经《无上秘要》（写于 718 年）、佛经《妙法莲华经》（图 11）等。这种纸先用黄檗皮染潢，再在纸上涂以黄蜡，故纸质厚重光亮，虽经千年犹如新作。欧洲直到 1866 年才出现蜡质涂布纸，晚于中国 1000 多年。

唐代还有填加白色矿物的蜡笺纸，或曰粉蜡笺，先将白色矿物细粉砑入纸表，再砑蜡，是将魏晋南北朝时的填粉技术与唐代的涂蜡技术结合起来的创新之举，兼具粉笺和蜡笺的特点。唐代纸工还借用了漆工及绢工的一些装饰技术手法，发明将金银片或金银粉涂饰在纸上的加工技术，叫金花纸、银花纸或洒金银纸、冷金纸等。为使贵金属的光泽夺目，所用纸地多为各种色纸。唐人李肇《翰林志》说，凡朝廷对将相的任命状，用金花五色绫笺。

唐代还有花帘纸和砑花纸，这类纸迎光看时纸面上能显出帘纹以外的发亮线纹或图案，增添了纸的潜在美。花帘纸的制法是在抄纸竹帘上用线编成纹理或图案，凸起于帘面，抄纸时此处浆薄，故纹理发亮而呈现于纸上。砑花纸是将雕有纹理或图案的木板用强力压在纸面上，于是纸面上也呈现纹理或图案。后世各国通行的证券纸、货币纸和某些文件及书信用纸就是根据这些原理制成的。明代学者杨慎（1488—1559）在《丹铅总录》中根据他所涉猎的文献记载说："唐世有蠲纸，一名衍波笺，盖纸文如水文也。""文"与"纹"通假，显然唐代的衍波笺或可理解为水纹纸。

五代造纸技术直接承袭隋唐，但因南北割据，社会动荡，各地技术发展很不平衡。敦煌石室所出西北地区造的麻纸多不精良，书法亦不工，这也反映了当时社会经济不景气的现状。

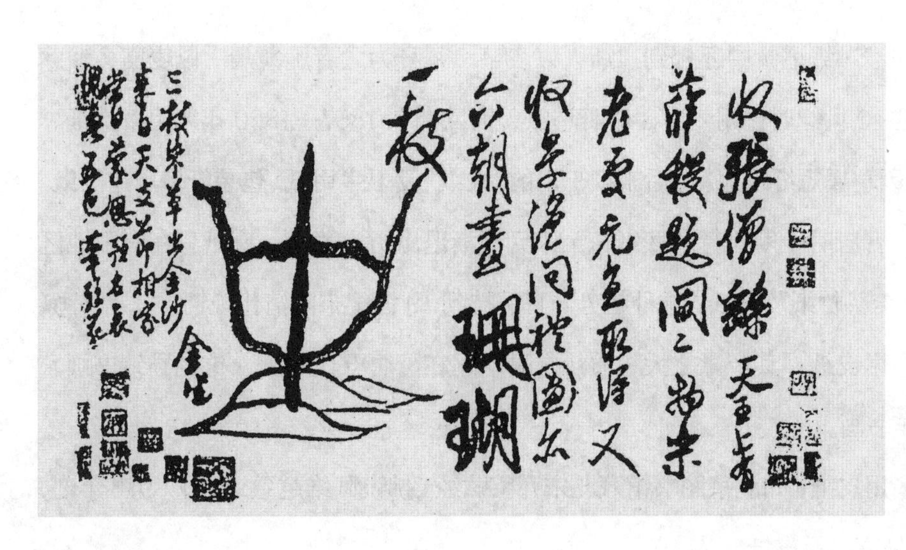

图 12　北宋米芾《珊瑚帖》竹纸本法书（北京故宫博物院藏）

但统治者御用的“澄心堂纸”却为一时之冠。苏易简在《文房四谱·纸谱》中写道：“南唐有澄心堂纸，细薄光润，为一时之甲。”

3. 宋元时期的造纸技术

宋元时期是中国造纸术的成熟阶段。此时造纸原料又有了新的开拓，竹纸和稻麦秆纸的发展标志着造纸史中的新纪元。造纸区域、纸的品种及加工技术越来越向更广的地方发展。纸的用途在社会上再度普及各个方面。以用量而言，宋元纸大部分用于印刷。竹纸崛起的同时，大幅优质皮纸的出现也是此时期不同于前代的特点。此外，还出现了有关纸的专门著作，也是前代所无。

竹纸的真正发展是北宋以后的事情，迄今所见竹纸的标本也是北宋以后造的。欧洲最早以竹造纸始于 1875 年，比中国晚了近千年。中国长江流域及江南各省，甚至黄河流域的南部，盛产各种竹材。据不完全统计，适于造纸的竹类有 50 多种，产量大，分布广。苏轼在《东坡志林》卷九云：“今人以竹为纸，亦古所无有也。”可见，竹纸在北宋人心目中还是新鲜事物。南宋人周密《癸辛杂识·前集》称：“淳熙末，始用竹纸，高数寸，阔尺余者。”北宋苏易简《文房四谱·纸谱》说：“今江浙间有以嫩竹为纸，如作密书，无人敢拆发之，盖随手便裂，不复粘也。”这是说北宋初造的竹纸拉力不大，人一拆容易折裂，故作写密信用。竹纸至南宋时质量提高，施宿在嘉泰《会稽志》卷一下认为竹纸有五大优点——表面平滑、受墨性好、容易运笔、墨色不变、抗蛀性强，但没有提其主要优点是廉价易得。经笔者检验，北宋米芾的《珊瑚帖》（图 12）用的是会稽竹纸，淡黄色，表面光滑，经砑光。王羲之《雨后帖》、王献之《中秋帖》的宋代摹本用的都是竹纸。

宋元时还大量用竹纸印书，宋元刻本以浙江杭州、福建建阳、四川成都、江西吉州等地为中心，福建本流传甚广，多印以竹纸（图 13）。

苏易简《文房四谱·纸谱》中还提到“浙人以麦茎、稻秆为之者脆薄焉。以麦藁、油藤为之者尤佳”。可见10世纪时已用麦茎、稻秆造纸，而欧洲在1857—1860年才用草造纸。但早期草纸较脆薄，因草属短纤维原料，后来祭祀用的“火纸”及卫生用纸、包装纸多用这类纸。

由于原料不足，晋唐时一度盛行的藤纸，至宋元逐渐退出历史舞台；麻纸只在有限地区内生产，统治地位让给了竹纸及皮纸，这种趋势一直保持到19世纪末的清代晚期。宋元书画、刻本及公私文书中多用皮纸，其产量之大、质量之高均远在隋唐五代之上，这也导致书画家更喜欢在皮纸上创作书画。

宋元刻本书也多用皮纸，如北京图书馆藏北宋开宝藏经《佛说阿维越致遮经》（973年刻，1108年刊）用的就是高级桑皮纸。

宋元时还制造混合原料纸，这又是一大成就。如北京图书馆藏北宋米芾的《公议帖》《新恩帖》是竹、麻混料纸，《寒光帖》是竹、楮混料纸，而其《高氏三图诗》是麻、楮混料纸。混料纸的制造具有重大的技术经济意义，可兼收不同原料之优点，是中国造纸术的一种独特的技术。

宋元时期为扩大造纸原料来源，降低生产成本，还采用故纸回槽，掺到新纸浆中造再生纸的工艺，得到的纸叫“还魂纸”。明代宋应星《天工开物》说：“其废纸洗去朱墨污秽，浸烂入槽再造，全省从前煮浸之力……名为还魂纸。”这就达到了废物利用和降低成本的经济目的。

宋元时期出现品种繁多的加工纸及各种名纸。

文献记载，宋代时四川麻纸有玉屑、屑骨等名号，江西清江藤纸、新安玉版笺、宋仿澄心堂纸尤为文人所喜爱，歙州的龙须草纸光滑莹白。浙江竹纸甲于他处，吴笺亦以竹料与蜀纸相抗。北方桑皮纸浑厚坚韧，更有碧云笺、春树笺、团花笺及金花笺等加工纸。宋代造纸的另一巨大成就是能抄出长3～5丈的匹纸，可说是当时世界上最大幅的纸，传世品有辽宁省博物馆藏宋徽宗的草书《千字文》。还有观音帘纹、鹄白纸、彩色粉笺等。元代绍兴有彩色粉笺、蜡笺、黄笺、花笺、罗纹笺等，江西有白箓纸、观音纸、清江纸，还有砑光笺、衍波笺等。从宋代“冰翼纸”这一名目中可知其密薄而洁白，造这类纸要有高超的技艺。宋元时期纸的主要产地仍集中于今江苏、浙江、四川、安徽、江西及河北等省。在艺术加工纸中，从唐代创始的泥金彩笺到宋代得到了进一步发展。《宋史·舆服志》提到宫廷官诰文书用泥金银云凤罗绫纸，这类彩色金银笺形制脱胎于绢制品，造价相当昂贵。至于彩色粉笺及蜡笺，则多用于写字，装成条幅悬挂室内。

宋代四川谢公笺历史上与唐代的薛涛笺齐名，谢公指谢景初，曾造十色书信用笺。宋代名纸首推金粟山藏经纸，简称金粟笺，其为浙江海盐西南金粟山上的金粟寺藏北宋刊刻的大

图 13　元代竹纸刻本《事林广记》插图（中国国家图书馆藏）

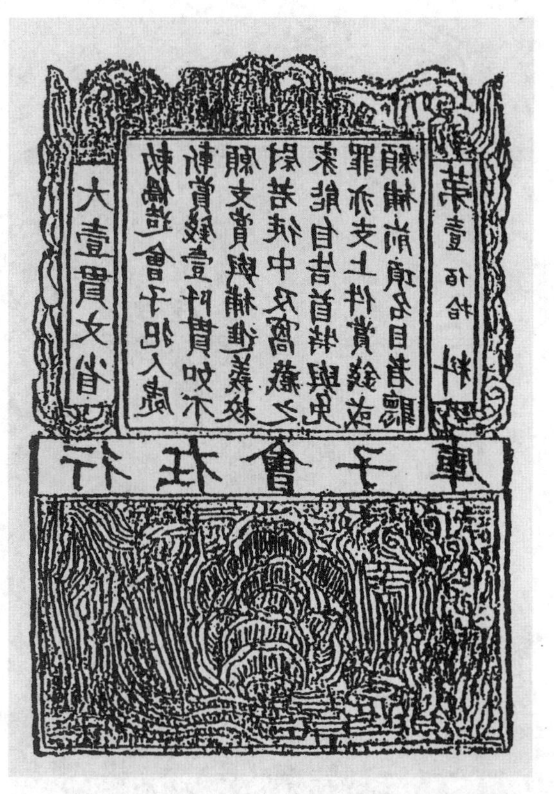

图 14　南宋 1161—1168 年在杭州铸的会子一贯面额的铜印版临本（17.8cm × 12cm，中国国家博物馆藏）

藏经用纸，其纸每幅均有小红印曰“金粟山藏经纸”，纸双面皆蜡，无纹理。从工艺上看，金粟笺显然是唐代硬黄纸的延续，纸较厚，每张由两层薄纸所成，故可揭成两张。

元代明仁殿纸及端本堂纸，为内府御用艺术加工纸。元人陶宗仪《辍耕录》载“明仁殿纸与端本堂纸略同，上有泥金隶书‘明仁殿’三字印”。明清时罗纹纸、连史纸也从宋元基础上发展起来。元人费著《蜀笺谱》云：“凡纸皆有连二、连三、连四笺。”“连四”后称“连史”，为柔软洁白竹纸。罗纹纸上有纵横交叉的细密纹理。元代还有姑苏纸，是彩色粉笺，有时印金银花于其上。

中国绘画在汉晋唐多用绢，唐代起渐用纸，至宋元则多用皮纸。纸的幅面越往后越大，纸上帘纹也随之变细。唐代绘画纸平均约 650 平方厘米，宋代约 2412 平方厘米，元代约 2937 平方厘米。宋代金石学发达，这要求对古代钟鼎、石刻文字进行墨拓，所用纸必须薄而坚，同时又柔韧受墨，制造相当难。纸在宋元另一重要用途是印成货币（图 14），这样节约了大量金属，又便于携带，是经济流通领域的一次革命。

宋元时期纸制品的广泛使用也超过唐五代，举凡纸帐、纸衣、纸伞、纸被、剪纸、纸花等，应有尽有，游戏用的纸牌也深入民间。宋元时民间还有纸影戏。纸在工业生产中也广为利用，宋代烟火、火器制造中的火药筒、火药包及引线都以纸为之，而养蚕时雌蛾产卵在桑皮纸上（图

15）。

宋元时舂捣纸料有时用水力驱动的水碓以代替人力（图 16），既降低劳动强度，又提高了工效。水碓汉代已有，但未运用于造纸，唐宋以后才逐渐用于舂纸料。抄纸时为提高纤维的悬浮性能，向纸浆中加入植物黏液作为悬浮剂，也是一项技术创新。1901 年奥地利科学家威斯纳化验中国唐代文书纸时，发现纸浆中有地衣，其水浸液呈黏滑性，说明此技术创新由来已久。至南宋周密的《癸辛杂识》书成，更记录植物黏液的不同种类，包括黄蜀葵梗叶、杨桃藤、槿叶及野葡萄的水浸液。其他文献也有类似说法，并称此黏液为“滑水”“纸药”或“纸药水”。宋元纸质量之提高不能不说与广泛使用纸药有关。

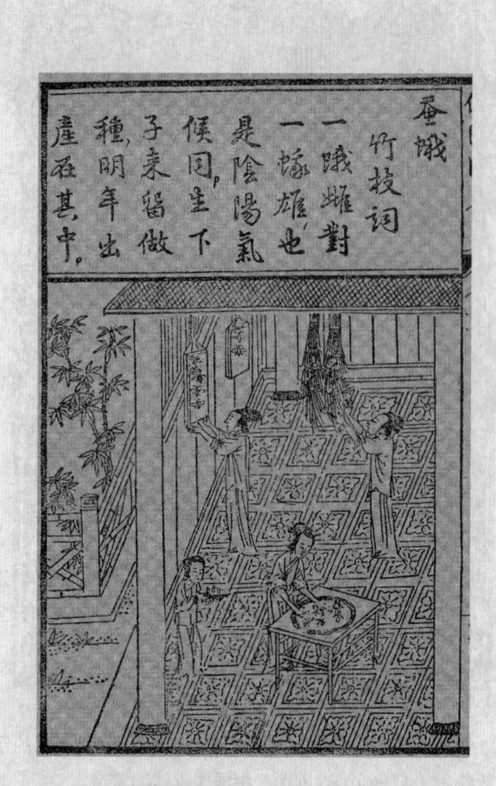

图 15　以厚桑皮纸作蚕种纸（取自邝璠《便民图纂》，1494 年）

图 16　元代王祯《农书》中的连碓机图（1530 年刻本，北京图书馆藏）

4. 明清时期的造纸技术

明清在造纸原料、技术、设备和加工等方面都集历史上的大成，纸的产量、质量、用途和产地也比过去任何时期都处于更高的发展阶段。同时还出现专门论述造纸技术的插图本专著，为前代所未见。随着中外交流的紧密，中国精工细作的纸、纸制品及加工技术继续传至国外。清末，中国又从西方引入机器造纸技术，从而在造纸技术上揭开了新的一页。

明清时的造纸作坊大多分布在南方的江西、福建、浙江、安徽等省，广东和四川次之；北方以陕西、山西、河北等省为主。原料有竹、麻、皮料和稻草等，其中竹纸产量占首位，尤其南方近山区多造竹纸。皮纸多用于书画或印刷书籍，麻纸产量比例逐渐变小。

明清时安徽泾县特产的宣纸为一时之甲，因泾县旧属宣州府而得名，其原料主要是青檀皮，这是一种榆科青檀属的中国特产落叶乔木，取其枝条韧皮造纸。竹纸中以江西、福建的“连史”“毛边”最为普遍，多用于印刷书籍。麻纸主要产于北方，产量不大；皮纸南北各地都有，产量居第二。稻麦秆纸用于造次纸、包装纸、“火纸”或作纸板。

关于明代造纸的一般情况，在明人著作中多有提及，如屠隆在《考槃余事》卷二《纸笺》中说，明代永乐年间（1403—1424年）在江西南昌附近的西山设官局造纸，“最厚大而好者曰连七、曰观音纸。有奏本纸出江西铅山，有榜纸出浙之常山、直隶庐州英山。有小笺纸出江西临川，有大笺纸出浙之上虞……”。

明代王宗沐撰修的《江西大志》中《楮书》篇反映了明初江西官局造楮皮纸的实况，有原料来源、工序等内容，其中造纸工序共22道，包括三次蒸煮、两次自然漂白和三次洗涤等。明代宋应星在《天工开物·杀青》（图17）中对竹纸做了详细记载，所反映的是江南民间竹纸技术，其过程简练，讲求经济效益。清代也有颇多造纸技术记载，尤其详于竹纸。严如熤在《三省边防备览》之《山货》卷中对陕西定远、西乡竹纸制造记述颇详，

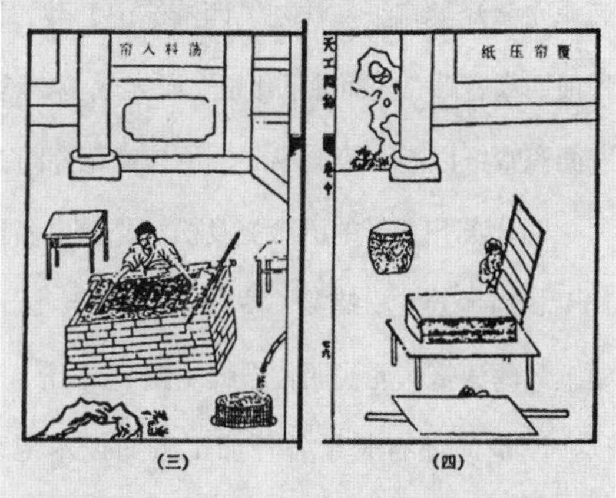

图17 《天工开物》载竹纸制作工艺流程图

技术与《天工开物》所述大同小异，而以后者为先进。

明清时宣纸极为有名。据清代《曹氏宗谱》所载，宋元之际曹大三自宣城迁往泾县西乡小岭，见遍山盛产青檀，乃以造纸为业，世代相传。宣纸特点是洁白柔韧、表面平滑、受墨性好，逐渐成为名纸，至明代已引起文人注意。宣纸之所以好，在于制造时精工细作。因不断砍伐青檀树，原料供应不足，往往还要配入楮皮或稻草。明清时上等宣纸供内廷、官府公文用纸及书画用纸，科举时长丈余的榜纸有时也用宣纸。

明清时在纸的加工方面集历代之大成，各种历史名纸都恢复生产，同时又推出一些新品种。明代加工纸中最著名的是宣德贡笺，制于宣德年间（1426—1435年），有五色粉笺、五色金花纸、瓷青纸等品种。此后仍继续生产，供内府使用，后从内府传出，遂为世人推重。清初时已将宣德贡笺与南唐澄心堂纸并称为稀世名纸，我们料想，宣德纸应是江西官局抄造，而非安徽泾县宣纸。沈初《西清笔记》载，以宣德瓷青纸做成“羊脑笺”亦为名品。以羊脑和顶烟墨窨藏，久而涂于纸面，砑光成笺，黑如漆，明如镜，用以写经经久不坏，且虫不能蛀。宣德瓷青纸以靛蓝染料染成，色与青花瓷同，故名。

明代苏州一带的洒金笺及松江谭笺也名重一时。清代加工纸品种最多，有梅花玉版笺（图18）、描金云龙粉蜡笺、罗纹纸、发笺、云母笺等。此外，还有仿澄心堂纸（图19）、宋金粟纸、薛涛笺、元代明仁殿纸（图20）等。

明清时还有关于各种加工纸的技术记载，明人屠隆《考槃余事》及冯梦祯（1548—1605）《快雪堂漫录》二书较集中地谈到各种纸加工技术，包括染制宋笺法、造金银印花笺法、造槌白纸法及染纸作画不用胶法，对我们今天恢复传统加工纸有重要参考价值。

二、中国造纸术的传播

1. 中国造纸术在东亚、南亚和东南亚

中国地处亚洲大陆东部，纸及造纸术首先传至邻近的亚洲国家，这是不言自明的。

中国与越南陆上相邻，中国纸及书卷在2世纪已传到越南。汉末社会动乱，大批中国人到越南避难，带去中原文化和生产技术。至迟在3世纪已能造纸，所造有楮皮纸，还有由当地蜜香树制的蜜香纸，太康五年（284年），大秦（东罗马）人献晋武帝蜜香纸30000张。

中国纸在汉末至魏晋南北朝时就已传入朝鲜半岛（图21）。朝鲜半岛造纸可上溯到4—5世纪，主要生产麻纸，但大部分纸仍从中国得到。高丽朝（936—1392年）统一半岛后，与宋朝保持往来，此时造纸业有了发展，皮纸成为新品种。高丽朝造的纸厚重、强韧而洁白，

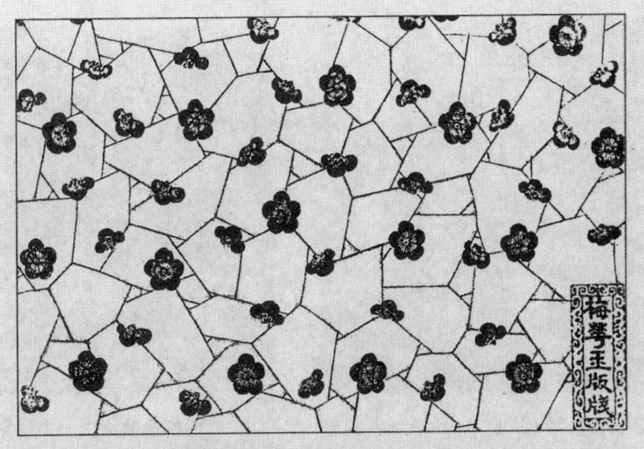

图 18　清乾隆年制梅花玉版笺局部（北京故宫博物院藏）

图 19　以清乾隆年仿澄心堂纸加工而成的泥金绘山水彩色蜡笺（北京故宫博物院藏）

图 20　清乾隆年仿制元代明仁殿纸（染黄厚皮纸，泥金绘如意纹，双面涂蜡，研光，背面涂粉，洒金片，121.5cm×53cm，北京故宫博物院藏）

图 21　两名朝鲜纸工荡帘抄纸（取自 Dard Hunter 的著作 *Papermaking:The History and Technique of an Ancient Craft*，1947 年）

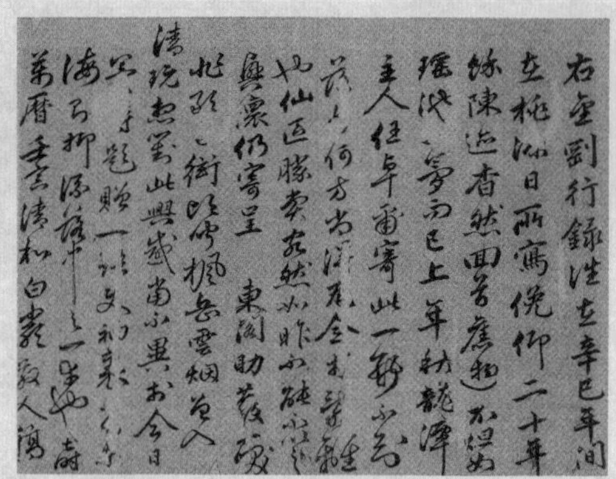

图 22　朝鲜通政大夫、书法家吴澐（1543—1620）万历三十年（1602 年）于楮皮纸上写《金刚行录注跋》（韩国首尔启星纸史博物馆藏）

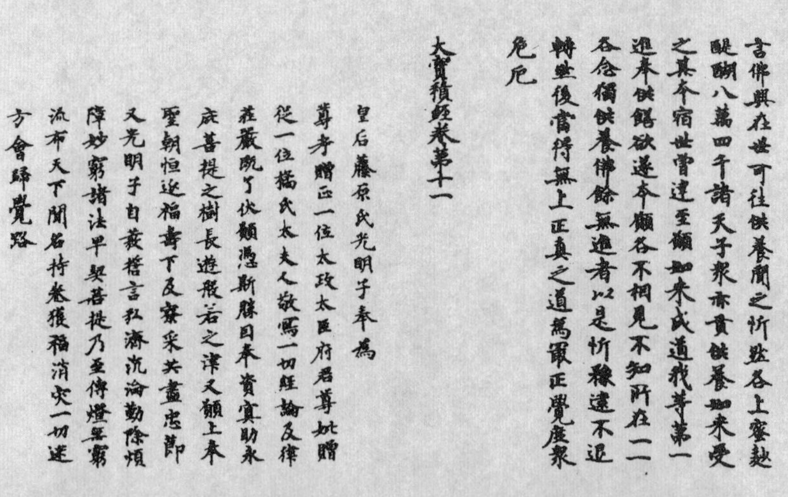

言佛與在世可往供養聞之忻然各上竈趣
醍醐八萬四千諸天子衆亦貴供養如来受
之具本宿世曾逮至願如来成道我等第一
進奉供饍欲遂本願各不相見不知所在一一
各念備供養佛餘無進者以是忻豫遠不退
轉坐後當得無上正真之道為最正覺度衆
危厄

大寶積經巻第十一

皇后藤原氏光明子奉為
尊考贈正一位太政太臣府君尊妣贈
従一位橘氏太夫人敬寫一切經論及律
荘嚴既了伏願憑斯勝因奉資冥助永
庇菩提之樹長遊般若之津又願上奉
聖朝恒延福壽下及寮采共盡忠節
又光明子自發誓言弘濟沉淪勤除煩
障妙窮諸法早契菩提乃至傳燈無窮
流布天下聞名持巻獲福消災一切迷
方會歸覺路

天平十二年五月一日記

图 23　奈良朝天平十二年（740 年）麻纸写本《大宝积经》（此经全长 815cm，用纸 18 张，每纸 26.4cm×45.8cm，卷轴装。奈良国立博物馆藏）

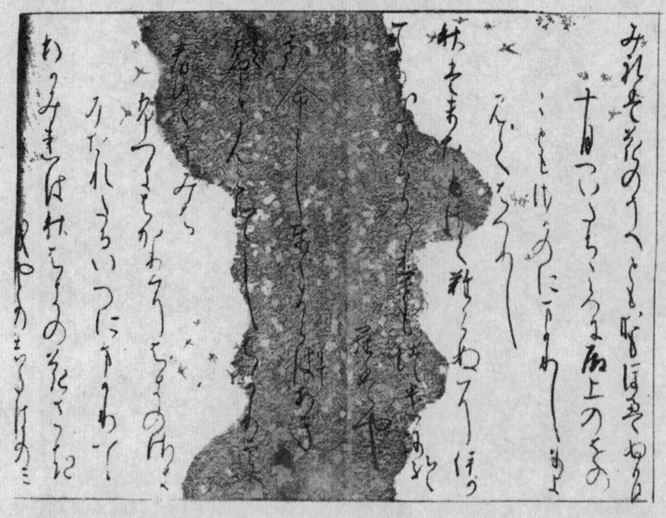

图 24　平安朝天永三年（1112 年）和歌写本《三十六人家集》中的《元辅集》（用彩色云母砑花雁皮纸。原西本愿寺藏）

1. 砍楮　2. 清水蒸煮　3. 剥皮　4. 水浸　5. 脱外层青表皮　6. 草木灰水蒸煮后洗料
7. 锤料　8. 抄纸　9. 晒纸

图 25　丹羽桃溪绘《纸漉重宝记》（1788 年）制作楮皮纸工序图

为宋代士大夫所喜爱（图 22）。元代人鲜于枢《纸笺谱》将高丽蛮笺列为名纸之一。

日本和纸至今仍为书画艺术家所喜爱，也在日常生活中广泛使用。《日本书纪》记载，285年百济人将中国书卷带至日本，而610年高丽王遣高僧昙征（579—631）赴日，昙征知五经，且能制纸墨，过去史学家认为日本造纸始于 610 年。实际上，南北朝时的中国已与日本有频繁的直接往来，有可能在此过程中从中国引进造纸术。日本雁皮造纸始于奈良时代，造麻纸、楮纸技术与唐代是一致的（图 23～图 25）。

中国纸和造纸技术南传后至今印度（图 26、图 27）、巴基斯坦、孟加拉国、尼泊尔、泰国、

图 26　印度旁遮普邦用的抄纸帘及木框架（取自 Dard Hunter 的著作 *Papermaking:The History and Technique of an Ancient Craft*，1947 年）

图 27　1500 年东印度梵文写本佛经（不列颠图书馆藏）

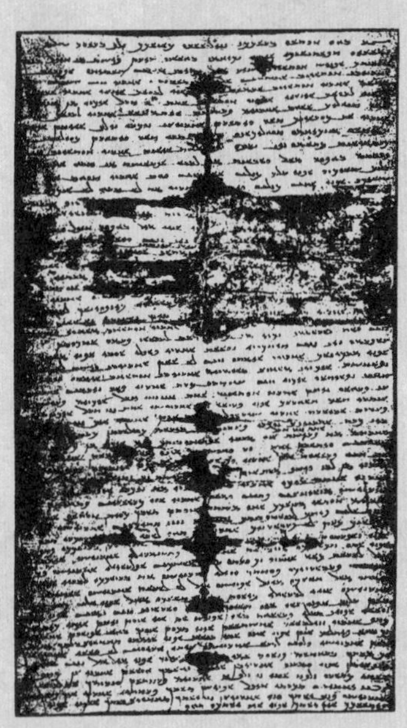

图 28　1907 年在敦煌附近长城烽燧遗址发现的中亚粟特文书信（写于 313 年，不列颠博物馆藏）

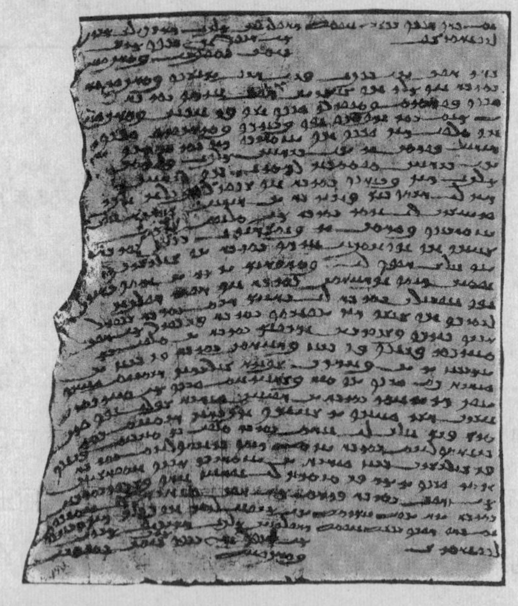

图 29　20 世纪 30 年代在撒马尔罕附近穆格山（Mount Mug）发现的康居国王迪瓦斯蒂克的国家档案室中一封 8 世纪初以粟特文在纸上写的信（29.5cm×25.5cm，彼得堡东方研究所藏）

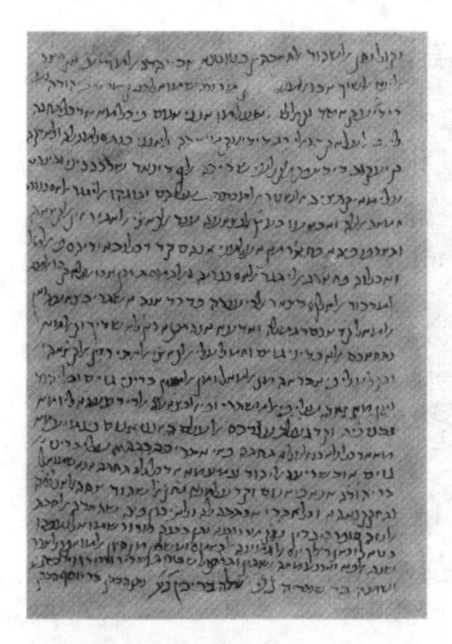

图 30　埃及境内发现的 1151 年希腊文纸本文书（美国华盛顿弗利尔美术馆藏）

图 31　1791 年描绘法国一纸厂内景的铜版画（巴黎国家图书馆藏。从图中可见抄纸、脱模叠湿纸和压榨去水等制作工序）

柬埔寨、缅甸、菲律宾和印度尼西亚等国。这些国家造纸均晚于越南、朝鲜和日本等国家。

2. 中国造纸术在中亚、西亚和北非

中亚、西亚各国，古书通称西域诸国，早在西汉时即与中国往来，纸张即从中国输入这些地区。1907 年斯坦因在敦煌发现九封中亚商人南奈·万达（Nanai Vandak）于 311—313 年用中亚粟特文（Sogdian）写给在撒马尔罕（Samarkand）友人的书信，用的已是麻纸（图 28），可见该国人早在东晋时就已用中国纸书写，同时将纸运至中亚。

天宝十载（751 年）唐帝国与大食在中亚的怛逻斯（Talas，今哈萨克斯坦境内）用兵。交战中部分唐士兵被俘，其中有造纸工人，随后在撒马尔罕由中国人指导的纸厂开始生产麻纸（图 29）。此后，纸输往欧洲。随着阿拉伯势力延伸到非洲，造纸技术随之传入，641 年倭马亚王朝征服埃及，900 年前后在今开罗建立了非洲第一个纸厂。1100 年前后埃及在今摩洛哥境内的非斯（Fez）建立了非洲境内的第二个造纸基地，至此在中亚、西亚及北非先后有了六个造纸工厂，都按中国方法生产麻纸，纸在阿拉伯境内普及开来（图 30）。

3. 中国造纸术在欧洲、美洲和大洋洲

中国造纸术是通过阿拉伯传入欧洲的，西班牙、法国和意大利看来是造纸术在欧洲传播的最早的转运站。阿拉伯倭马亚王朝被推翻后，前朝太子拉赫曼（Abd al-Rahman）带一批人逃到北非避难，再前往西班牙，并于 756 年在西班牙境内建立政权，后逐渐统治西班牙，这使其成为最早造纸的欧洲国家，西班牙最早的纸厂于萨狄瓦（Xátiva）建于 1150 年。

法国与西班牙相邻，造纸技术可能来自西班牙。第一个纸厂于 1189 年建于南方的埃罗（Hérault），因产量小，法国用纸仍大量从大马士革及西班牙供应（图 31）。无疑，西班

图 32　意大利法布里亚诺（Fabriano）城纸厂内景［取自《新的意大利舞台》（*Novum Italiae Theatrum*，1724 年）。从图中可见抄纸、压榨及捣料等制作工序］

牙和法国主要生产麻纸。

11—12 世纪，阿拉伯纸还通过地中海从北非的埃及、摩洛哥运往意大利，再转运到欧洲大陆各国，造纸术就借此商路传入意大利，1276 年在蒙地法诺（Montefano）建立第一家纸厂生产麻纸。意大利造纸业发展迅速，至 14 世纪已成为欧洲用纸的供应地，产量超过西班牙和大马士革（图 32）。

14 世纪后期德国用纸量也与日俱增，1390 年在印刷中心纽伦堡（Nuremberg）建立第一个纸厂（图 33、图 34），同时在科隆（Cologne）建立另一个纸厂。德国有了造纸业后，又成为向欧洲辐射造纸技术的另一中心。与德、法交界的荷兰于 1428 年建起早期纸坊，1586 年在多德雷赫特（Dordrecht）兴建了更大的纸厂。通行德语的瑞士于 1433 年在印刷中心巴塞尔（Basel）建立纸坊，德国南面的奥地利于 1498 年在维也纳（Vienna）设造纸厂；与德国接壤的波兰于 1491 年在克拉科夫（Krakow）有了该国第一家纸厂。俄国较早就接触纸，但最早的纸厂 1576 年才在莫斯科（Moscow）兴建，还请了德国技师（图 35）。

英国与欧洲大陆有一海之隔，虽于 14 世纪已从西班牙进口纸，但造纸时间较晚。最早的纸厂是 1494 年在哈福德郡（Hartfordshire）建立的（图 36）。欧洲北部国家也因地理位置关系造纸较晚，丹麦于 1635 年开始造纸，而挪威则始于 1690 年。然而至 17 世纪时，欧洲各国基本上都有了造纸业。

美洲 1575 年才有第一家造纸厂，是西班牙人移居墨西哥后建立的。此前美洲仍用羊皮等古老材料，有时用纸靠欧洲进口。美国最早的纸坊于 1690 年建于费城（Philadelphia），而北美的加拿大于 1803 年才在圣安德鲁斯（Saint Andrews）兴建纸坊。

大洋洲第一家纸厂于 1868 年在澳大利亚的墨尔本（Melbourne）建成。

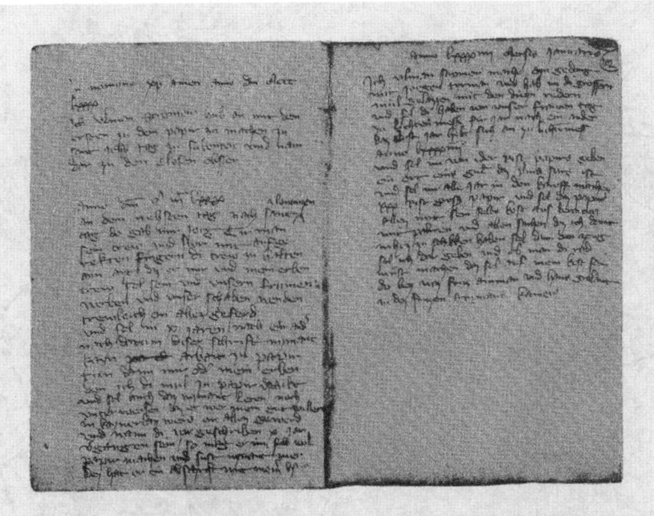

图 33　德国第一个纸厂创建者斯特罗姆 14 世纪在纸上写的关于造纸的德文日记（纽伦堡国家博物馆藏）

图 34　1390 年斯特罗姆在纽伦堡城郊兴建的纸厂（右下角）（取自 Hartmann Schedel：*Liber Chronicarum*，1493 年）

图 35　欧洲最早的造纸图 [取自《百职图咏》德文版（*Das Ständebuch*，1568 年）]

图 36　英国梅德斯通（Maidstone）城纸厂工人抄纸图（取自 Dard Hunter 的著作 *Papermaking:The History and Technique of an Ancient Craft*，1947 年）

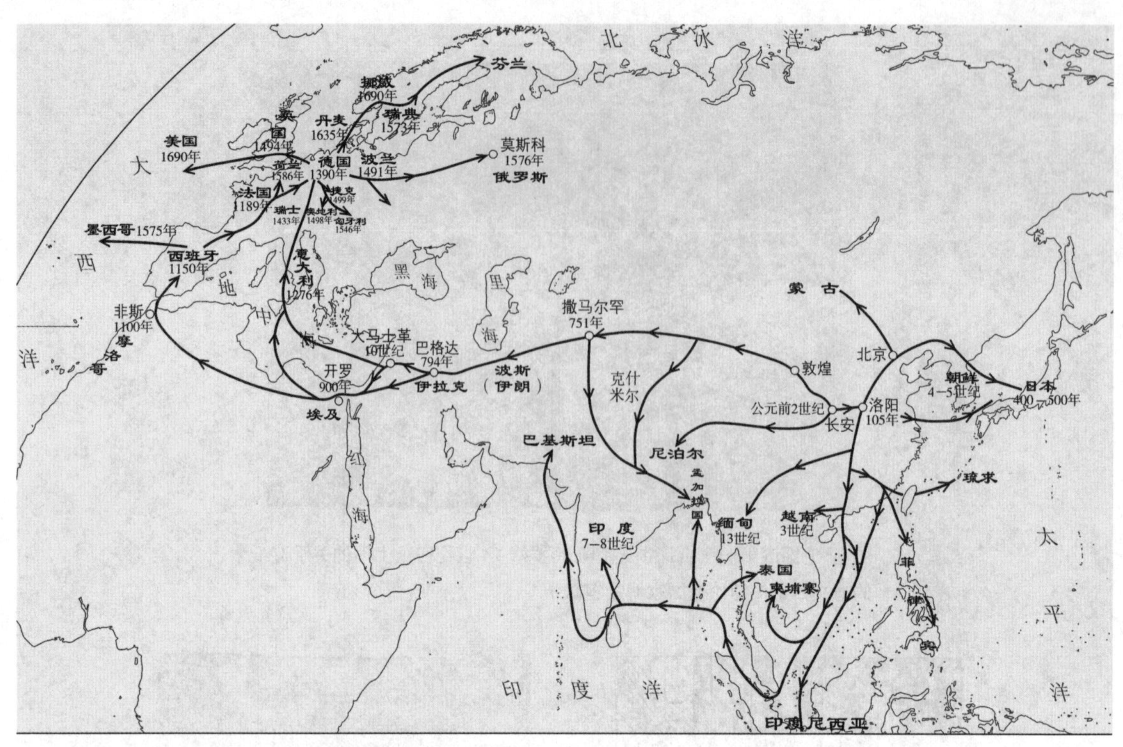

图 37　中国造纸术外传图

至 19 世纪后半叶，中国造纸术已完成其世界传播之旅程，遍及各国（图 37）。

参考文献：

[1] 潘吉星 . 中国造纸史 [M]. 上海：上海人民出版社，2009.

[2] 潘吉星 . 中国造纸史话 [M]. 北京：商务印书馆，1998.

中医诊疗术

牛亚华

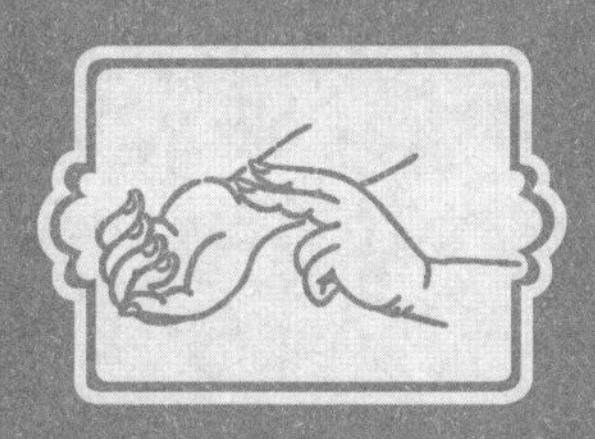

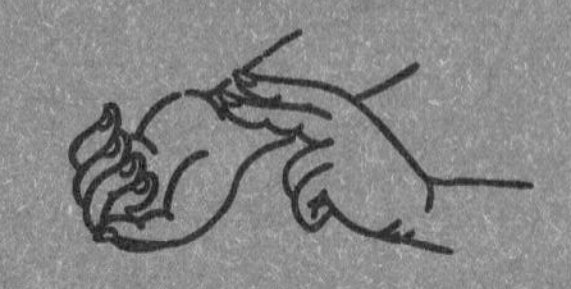

◎　中医药学历史悠久，我们的祖先在与疾病的长期斗争中积累了丰富的经验，形成了独具特色的医疗体系，创造出了行之有效的疾病诊断方法和丰富多彩的治疗方法，为中华民族的健康和繁衍昌盛做出了巨大的贡献。

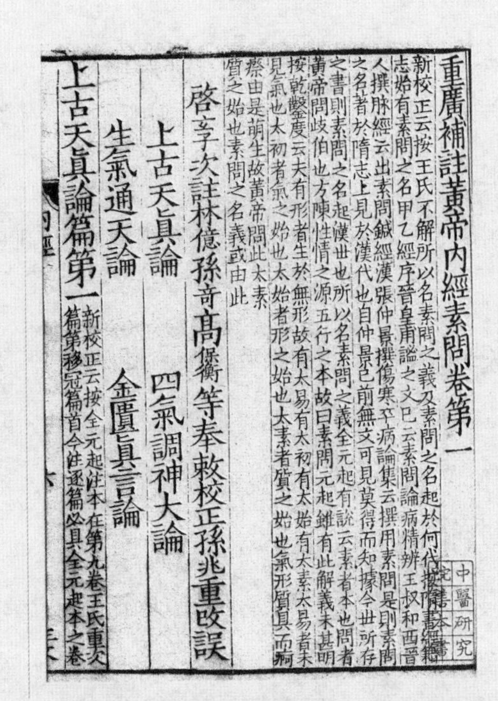

重廣補註黄帝内經素問卷第一

新校正云按王氏不解所以名素問之義及素問之名起於何代按隋書經籍志始有素問之名甲乙經序晉皇甫謐之文已云素問論病精辨王叔和西晉人撰脉經云出素問鍼經漢張仲景撰傷寒卒病論集云撰用素問是則素問之名著於隋志上見於漢代也自仲景已前無文可見莫得而知據今世所存之書則素問之名起漢世也所以名素問之義全元起有說云素者本也問者黄帝問岐伯也方陳性情之源五行之本故曰素問元起雖有此解義未甚明按乾鑿度云夫有形者生於無形故有太易有太初有太始有太素太易者未見氣也太初者氣之始也太始者形之始也太素者質之始也氣形質具而痾瘵由是萌生故黄帝問此太素質之始也素問之名義或由此

啓玄子次註林億孫奇高保衡等奉敕校正孫兆重改誤

上古天眞論　四氣調神大論

生氣通天論　金匱眞言論

上古天眞論篇第一　新校正云按全元起注本在第九卷王氏重次篇第移冠篇首今注逐篇必具全元起本之卷

图 1 《黄帝内经·素问》书影

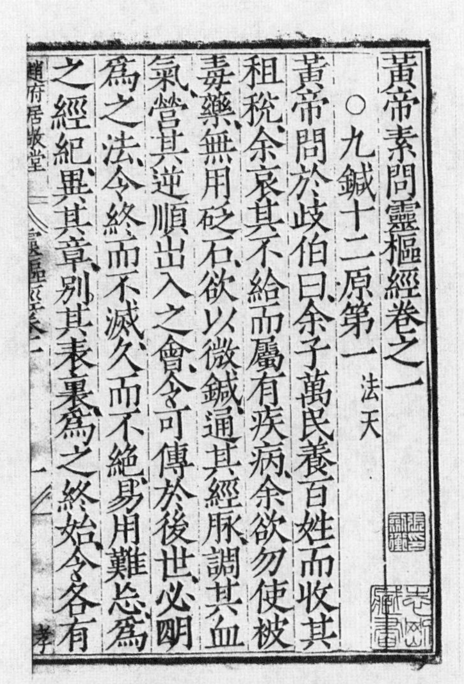

黄帝素問靈樞經卷之一

○九鍼十二原第一　法天

黄帝問於岐伯曰余子萬民養百姓而收其租稅余哀其不給而屬有疾病余欲勿使被毒藥無用砭石欲以微鍼通其經脈調其血氣營其逆順出入之會令可傳於後世必明爲之法令終而不滅久而不絕易用難忘爲之經紀異其章別其表裏爲之終始令各有

图 2 《黄帝内经·灵枢》书影

一、中医理论

中医理论肇始于春秋战国时期，《黄帝内经》（图 1、图 2）（含《素问》和《灵枢》）全面总结了先秦时期的医学成果和医疗经验，奠定了中医学的理论基础。后经历代医家的阐释与发展，到近代，逐渐形成了以阴阳五行、藏象、气血津液、经络、病因与发病、病机、辨证和防治原则为主要内容的理论体系。

（一）阴阳五行学说

阴阳，是中国古代哲学的一对范畴，最初含义是指日光的向背，向日为阳，背日为阴，后来引申为气候的寒暖，方位的上下、左右、内外，运动状态的躁动和宁静，等等。最终逐渐抽象为对自然界相互关联的某些事物和现象对立双方的概括。

阴阳学说在《黄帝内经》时代，已成为中医理论的指导性纲领。《素问·阴阳应象大论》说："阴阳者，天地之道也，万物之纲纪，变化之父母，生杀之本始，神明之府也。" 阴阳学说作为中医学的说理工具，贯穿在中医理论体系的各个方面，用来说明人体的组织结构、生理功能、疾病的发生和发展变化，并用以指导诊断和防治疾病。

中医认为人体组织结构是一个有机整体，人体内部充满着阴阳对立统一的关系。《素问·宝命全形论》说："人生有形，不离阴阳。"人体一切结构功能，均可分为阴阳两部分。《素问·金匮真言论》说："夫言人之阴阳，则外为阳，内为阴。言人身之阴阳，则背为阳，腹为阴。言人身之脏腑中阴阳，则脏者为阴，腑者为阳。肝、心、脾、肺、肾五脏皆为阴，胆、胃、大肠、小肠、膀胱、三焦六腑皆为阳。"

人体正常的生命活动，是阴阳保持对立统一关系的结果。阴阳相互依存，相互消长。阴阳平衡，可保健康；阴阳失衡，引发疾病。因此，疾病的诊断首先要辨别阴阳，《素问·阴阳应象大论》说："善诊者，察色按脉，先别阴阳。"治疗疾病总的原则就是调整阴阳，不足者补之，太过者泻之，使已失去和谐的阴阳，恢复到协调的平衡状态。《素问·至真要大论》明确提出："谨察阴阳所在而调之，以平为期。"关于阴阳的重要性，《景岳全书·传忠录》有很好的概括："凡诊病施治，必须先审阴阳，乃为医道之纲领，阴阳无谬，治焉有差？医道虽繁，而可以一言蔽之者，曰阴阳而已。故证有阴阳，脉有阴阳，药有阴阳……设能明彻阴阳，则医理虽玄，思过半矣。"

五行说也属中国古代哲学的概念，认为世界上的一切事物都是由木、火、土、金、水五种物质运化生成。五行学说采用取象比类的方法，认为：木，具有生发、条达的特性，属东方；火，具有炎热、向上的特性，属南方；土，具有长养、化育的特性，属中央；金，具有清静、收杀的特性，属西方；水，具有寒冷、向下的特性，属北方。中医借用了五行学说取象比类和推理演绎的方法，将自然界的五方、五时、五气、五味、五色等与人体的五脏、六腑、五体、五官等联系起来，用以说明人体的组织结构、生理功能、病理变化，并指导疾病的诊断和防治。

五行学说作为中医学的说理工具，贯穿于中医理论体系的各个方面。在解释五脏的生理功能方面，将五脏分别与木、火、土、金、水类比，认为肝喜条达而恶抑郁，有疏泄的功能，木可曲可直，枝叶条达，有生发的特性，故以肝属木；心阳有温照之功，火性温热，其性炎广，故以心属火；脾有运化水谷，输送精微，营养五脏六腑、四肢百骸之功，为气血生化之源，土性敦厚，有生化万物的特性，故以脾属土；肺气以肃降为顺，金性清肃、收敛，故以肺属金；肾有藏精、主水等功能，水性润下，有寒润、下行、闭藏的特性，故以肾属水。五脏间具有五行同样的生克制化关系，如木生火，肝属木，心属火，就有肝生心；火生土，心就生脾；肾属水，心制于肾。五脏的生克关系以此类推。

五行学说解释病理变化，包括"母病及子"和"子病犯母"两个方面。母病及子，是指疾病的传变，从母脏传及子脏。如肾属水，肝属木，水能生木，故肾为母脏，肝为子脏，肾病传变至肝，即是母病及子。子病犯母，是指疾病的传变，从子脏传及母脏。如肝属木，心属火，木能生火，故肝为母脏，心为子脏，心病及肝，即是子病犯母。

在诊断方面，中医认为人体是内外协调统一的有机整体，内脏病变，往往会反映于外，通过望闻问切，诊察患者色泽、声音、形态、脉象等方面的变化，结合五色、五音、五味等与五脏的配属关系，可以测知内脏病变。《难经·六十一难》说："望而知之者，望见其五色，以知其病。闻而知之者，闻其五音，以别其病。问而知之者，问其所欲五味，以知其病所起所在也。切脉而知之者，诊其寸口，视其虚实，以知其病，病在何脏腑也。"

在疾病的治疗方面，也要考虑脏腑间五行生克规律，除针对患病脏腑治疗外，还应调整各脏之间的关系，《难经·七十七难》言："见肝之病，则知肝当传之于脾，故先实其脾气。"

（二）藏象学说

藏象，又称脏象。藏，是指藏于体内不可见的内脏。包括：心、肺、脾、肝、肾，合称五脏；胆、胃、小肠、大肠、膀胱、三焦，合称六腑；脑、髓、骨、脉、胆、女子胞，合称奇恒之府。象，一般认为有两个含义，一指脏腑的结构形态之象，二指表现于外的可见的生理、病理现象。藏象学说，就是通过观察分析人体的生理病理现象，研究人体各个脏腑的生理功能、病理变化及其相互关系的学说。

在中医学中，藏的形态是实体的，有贮藏之意，为精气贮藏之所。腑的形态特征是空腔的，是水谷盛存之处。奇恒之府，其形态为空腔，其功能藏精气似脏，故称奇恒之府。奇者，异也；恒者，常也。

藏象学说把脏和腑分别与阴和阳对应，脏为阴，腑为阳，一阴一阳互为表里，如心合小肠，肺合大肠，脾合胃，肝合胆，肾合膀胱，心包合三焦。脏腑经过经脉相互络属联系，密切配合，构成整体。五脏与形体官窍又有特定的联系，如心，其华在面，其充在血脉，开窍于舌；肺，其华在毛，其充在皮，开窍于鼻；脾，其华在唇四白，其充在肉，开窍于口；肝，其华在爪，其充在筋，开窍于目；肾，其华在发，其充在骨，开窍于耳和二阴。面、血脉、舌，体现心脏的状况；毛发、皮肤、鼻，体现肺的状况；以此类推，即所谓各有外候。利用这套理论，就可以通过外在器官考察脏腑的情况。

藏象学说还将五脏与五时对应。肝、心、脾、肺、肾五脏分别与春、夏、长夏、秋、冬相应，这样又将人体与自然环境联系到一起。以五脏为中心的五个功能系统在生理功能和病理变化方面受到四时阴阳的影响。

藏象学说的形成，有一定的解剖知识基础。《灵枢·经水》有："夫八尺之士，皮肉在此，外可度量切循而得之；其死可解剖而视之。其脏之坚脆，腑之大小，谷之多少，脉之长短，血之清浊……皆有大数。”《黄帝内经》《难经》关于人体脏腑结构的记述与实际吻合度较高，东汉王莽曾施行过人体解剖。此外，古人通过长期观察和医疗实践，发现皮肤受到寒冷侵袭，会出现恶寒、鼻塞、流涕、咳嗽、气急等现象，认识到肺和皮毛、鼻之间存在着密切的关系，推论出“肺合皮毛”“司呼吸”“其声咳”等论点。使用一些补肾的药物能够促进骨折的愈合，认为肾中精气具有促进骨生长的作用，从而产生“肾主骨”的理论；应用治肝的方法能够促进目疾的痊愈，而认为“肝开窍于目”。这些源自实践的知识，与“有诸内者，必形诸外”的思想方法结合，在阴阳五行学说指导下，构成了一套较为完整的有关人体脏腑结构和生理、病理的知识体系（图 3、图 4）。

需要说明的是，中医学的脏器名称虽与西方医学的脏器名称相同，但含义却不完全相等。中医藏象学说中的脏腑，不单纯是一个解剖学概念，而是一个概括人体某一系统的生理和病理学概念。

（三）气血津液学说

在古代哲学中，气是一个抽象概念，是构成万物的基本物质。血是循行于经脉内的红色液态物质。津液是人体内正常水液的总称，其性质清稀，分布表浅者为津；性质稠厚，灌注内脏、骨节者为液。中医认为，气、血、津、液既是脏腑组织器官生理活动的产物，又是脏腑组织器官功能活动的物质基础，所以气、血、津、液的生成、运行，与脏腑功能活动密切相关。

古人认为，自然界万物是由气聚合而成的，人也是天地之交的产物，是宇宙万物的一个组成部分，《素问·天元纪大论》指出：“在天为气，在地成形，形气相感而化生万物矣。”《素问·宝命全形论》说：“人以天地之气生，四时之法成。”“天地合气，命之曰人。”也就是说，气是构成人体的最基本物质。

气也是维持生命活动的最基本物质。人体的生长、发育和各种生命活动，需要与周围环境进行物质和能量的交换。《素问·六节藏象论》说：“天食人以五气，地食人以五味。五气入鼻，藏于心肺，上使五色修明，音声能彰；五味入口，藏于肠胃，味百所藏，以养五气。气和而生，津液相成，神乃自生。”人需要从“天地之气”中摄取营养成分，以养五脏之气，从而维持机体的生理活动。

人体之气的生成来源，主要有自然界的清气，饮食水谷所化生的水谷精微之气，肾中之精化生的精气。中医认为肾藏受之父母的先天之精气，因而肾脏所化生的精气又称为先天之气；饮食水谷化生的水谷精微之气与肺所吸入的自然界的清气为后天之气。先天之气与水谷

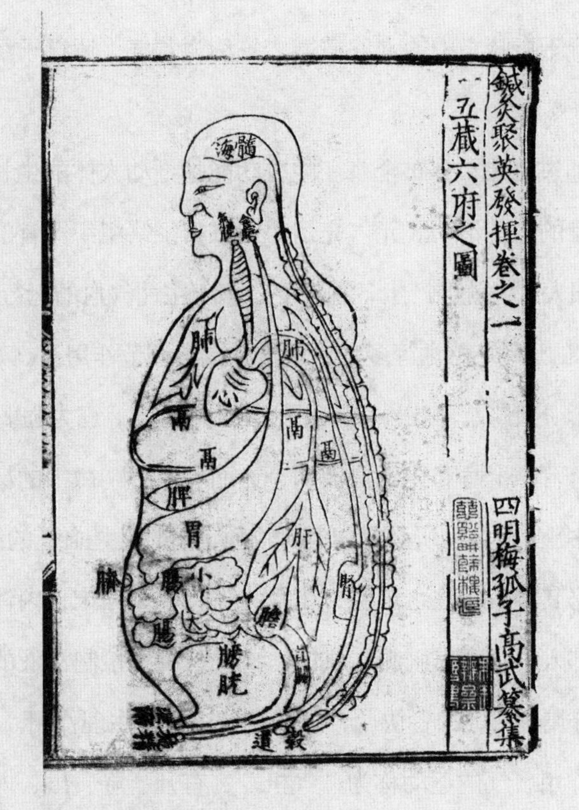

图3 《针灸聚英》之内景图

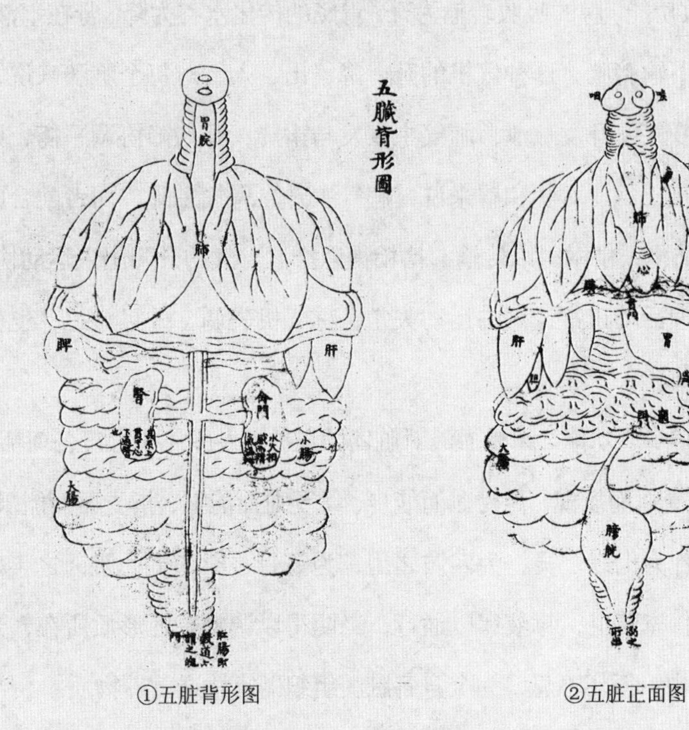

①五脏背形图 ②五脏正面图

图4 《循经考穴编》之脏腑图

精微之气在肾中相互作用，生成的气称为元气；自然界的清气与水谷精微之气在肺中组合，形成了所谓宗气。运行于血脉之中的水谷精微之气称为营气，运行于经脉之外的水谷精微之气称为卫气。

元气根于肾中，通过三焦，分布全身。主要功能是推动人体的生长和发育，温煦和激发各个脏腑经络组织器官的生理活动。元气充足，则脏腑经络组织器官的功能正常，机体强健少病，元气不足或耗损太过，就会产生各种病变。宗气主司气血的运行、呼吸、视、听、言、动等功能活动。对人体的运动、感觉等多种生理活动具有调节作用。《读医随笔·气血精神论》说："宗气者，动气也。凡呼吸、言语、声音，以及肢体运动，筋力强弱者，宗气之功用也。"营气的主要生理功能有营养全身和化生血液两个方面。水谷精微中的精专部分，是营气的主要成分，是脏腑、经络等生理活动所必需的营养物质，同时又是血液的组成部分。《灵枢·邪客》说："营气者，泌其津液，注之于脉，化以为血，以荣四末，内注五脏六腑。"卫气具有护卫肌表，防御外邪入侵；温养脏腑、肌肉、皮毛；调节控制汗液的排泄，维持体温恒定等作用。营气和卫气分属阴阳，二者协调，才能维持正常的生理作用。

气通过运动发挥作用，气的运动称为"气机"，有升、降、出、入四种形式。人体的脏腑是气升降出入的场所，肺主司呼吸，吸入自然界的清气是入，排出浊气是出，宣发是升，清肃是降。脾胃主消化吸收功能，脾的吸收转输为升，胃肠的传化水谷为降；肾在水液代谢中，能使清者蒸腾于上，浊者下输膀胱。这种气机的升、降、出、入，对每个脏腑来说，是有所侧重的。对肝和肺来说，肝气主升发疏泄，肺气主宣发与肃降，升与降协调平衡，则保持气的运行有序，津液运行输布正常。对脾和胃来说，脾气主升，胃气主降，两者配合则清气上升，浊气下降，饮食得以消化，精微得以传输，糟粕得以排泄。气的升降出入运动协调平衡，称为气机调畅，人体的生理活动正常；气的运动失常，称气机失调，一旦止息，也就意味着生命活动的终止。

血液具有营养和滋润全身之功能。因为血液对脏器的滋养，人体才能进行各项活动。《素问·五脏生成篇》说："肝受血而能视，足受血而能步，掌受血而能握，指受血而能摄。"《景岳全书·血证》说："故凡为七窍之灵，为四肢之用，为筋骨之柔和，为肌肉之丰盛，以至滋脏腑，安神魂，润颜色，充营卫，津液得以通行，二阴得以调畅，凡形质所在，无非血之用也。" 血流行于经脉之中，循环不息，为全身各脏腑组织器官输送营养物质。

中医认为，血液来源于水谷精微，饮食经脾胃化生为精微之气，经营气转化为津液，灌注于脉，形成血液。肾脏之精亦能转化为血，肝脏也有造血功能，血液运行到脏腑发挥功能。

血液的运行靠心脏的搏动和气的推动，肝调节气的运动，从而调节血液的运行及血量的多少，脾气的固摄作用能防止血液逸出脉外。全身的血通过经脉聚于肺，进行清浊之气的交换。肾阳的温煦功能，对于血液的正常运行也起着重要作用。

血液充盛，则肌肉丰满壮实，皮肤和毛发润泽，神志清晰，感觉灵敏，运动自如。如果血液的生成不足或过度耗损，可引起血虚的病理变化，如头昏目花、面色萎黄、毛发和肌肤干枯、肢体麻木、神志恍惚等现象。

津液包括各脏腑组织器官的内在体液及其正常的分泌物，如胃液、肠液和涕、唾、汗、尿、泪、关节液等。一般而言，性质清稀，流动性大，主要布散于体表皮肤、肌肉和孔窍，并能渗注于血脉，起滋润作用的，称为津；性质稠厚，流动性小，灌注于骨节、脏腑、脑、髓等组织，起濡养作用的，称为液。《灵枢·五癃津液别》说："津液各走其道，故三焦出气，以温肌肉，充皮肤，为其津；其流而不行者，为液。"《灵枢·决气》指出："腠理发泄，汗出溱溱，是谓津"；"谷入气满，淖泽注于骨，骨属曲伸，泄泽补益脑髓，皮肤润泽，是谓液"。

津液来源于饮食水谷，通过脾、胃、小肠、大肠的消化吸收而生成。在肺、脾、肾、肝和三焦等脏腑功能的综合作用下，转输和布散在体内，发挥滋润濡养全身和化生血液的功能。代谢后的水液，主要通过汗和尿排出体外，少量通过呼吸和粪便排出。

气血津液之间有密切联系。气与血之间是相互依存、相互促进的阴阳互根互用关系。如《张氏医通·诸血门》说："盖气与血，两相维附。气不得血，则散而无统；血不得气，则凝而不流。"气与津液的关系与气与血的关系一样。气无形主动，属阳；血和津液有形，主静，属阴。气能激发、推动血和津液的生成运行与排泄，而血和津液能载气，无形的气需要附载于有形的血和津液才能发挥作用。气旺，则化生、行血、行津液的功能亦强；气虚，则化生血液、津液的功能亦弱，甚则可导致血虚或津亏，以及血瘀、痰饮、水湿等病症。

（四）经络学说

经络学说是中医理论体系的重要组成部分，与藏象学说和气血津液，共同构成了中医理论体系的框架，用以解释生理、指导诊断和治疗。

经络为经脉和络脉的总称，经以纵行为主，大多循行于深部分肉之间，并与脏腑有着密切联系；络是分支，纵横交错，网格全身，循行部位较浅，与脏腑无直接的联系。《灵枢·脉度》："经脉为里，支而横者为络，络之别者为孙。"《灵枢·经脉》："经脉十二者，伏行分肉之间，深而不见；其常见者，足太阴过于外踝之上，无所隐故也。诸脉之浮而常见者，皆络脉也。"经络是运行全身气血，联络脏腑肢节，沟通上下内外的通道。

经络由经脉、络脉、经筋和皮部四部分组成。

经脉包括十二经脉、奇经八脉和十二经别，是经络系统的主干。十二经脉，又称十二正经，是气血运行的主要通道，有一定的起止循行部位、走向交接规律、分布规律、流注次序、脏腑络属关系和表里相合关系。十二经脉包括手或足、阴或阳、脏或腑三个部分。行于上肢者为手经，行于下肢者为足经；行于肢体内侧者为阴经，属脏；行于肢体外侧者为阳经，属腑。肢体每一侧分布三条经脉，内侧为三阴经，分别为太阴、厥阴、少阴；外侧为三阳经，分别为阳明、少阳、太阳。其名称分别是手太阴肺经、手阳明大肠经、足阳明胃经、足太阴脾经、手少阴心经、手太阳小肠经、足太阳膀胱经、足少阴肾经、手厥阴心包经、手少阳三焦经、足少阳胆经、足厥阴肝经。这十二经脉左右对称地分布于头面、躯干和四肢，纵贯周身，是气血运行的主要通道。

奇经八脉，是督脉、任脉、冲脉、带脉、阴蹻脉、阳蹻脉、阴维脉、阳维脉八条经脉的总称。具有沟通十二经脉之间的联系，并对十二经气血有蓄积和渗灌等调节作用。

十二经别，是从十二经脉别出的经脉，起于四肢，行于体腔脏腑深部，上出于颈项。其作用是加强十二经脉的内外联系，以及经脉所属络的脏腑在体腔深部的联系。

别络，也是经脉分出的支脉，大多分布于体表。十二经脉各有一别络，加上任脉、督脉的络脉和脾之大络，共成十五。别络是络脉中比较主要的部分，对全身无数的络脉起着主导作用，十二经的别络主要沟通表里两经，躯干部的三络起渗灌气血的作用。从别络分出的细小络脉称为“孙络”，《灵枢·脉度》有“络之别者为孙”。分布在皮肤表面的络脉称为“浮络”。

经筋是十二经脉连属于筋肉的体系，是十二经脉“结、聚、散、络”于筋肉的体系。它具有联络四肢百骸、约束骨骼的作用，主司关节运动（图 5、图 6）。

皮部是指体表皮肤按经脉分布部位的分区。十二经脉及其所属络脉在体表有一定的分布范围，与之相应，全身皮肤也划分为十二个部分，称为十二皮部。不同部位皮肤与不同经脉和不同脏腑有着对应关系。皮部理论对诊断和治疗具有指导意义，观察不同部位皮肤的色泽和形态变化有助于诊断某些脏腑、经络的病变；在皮肤一定部位施行敷贴、温灸、热烫等疗法，可以治疗相应内脏的病变。

经络在人体纵横交错，将人的各个脏腑组织器官有机地联系起来，构成一个表里上下彼此联系，内外协调统一的有机整体。气血通行于经络，濡养脏腑组织，传导感应，调节机能平衡。

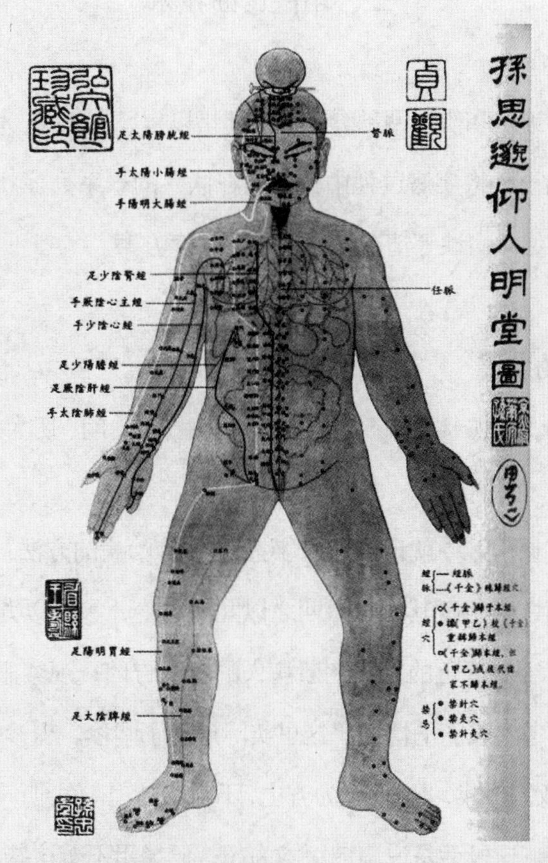

图5　孙思邈《明堂图》复原

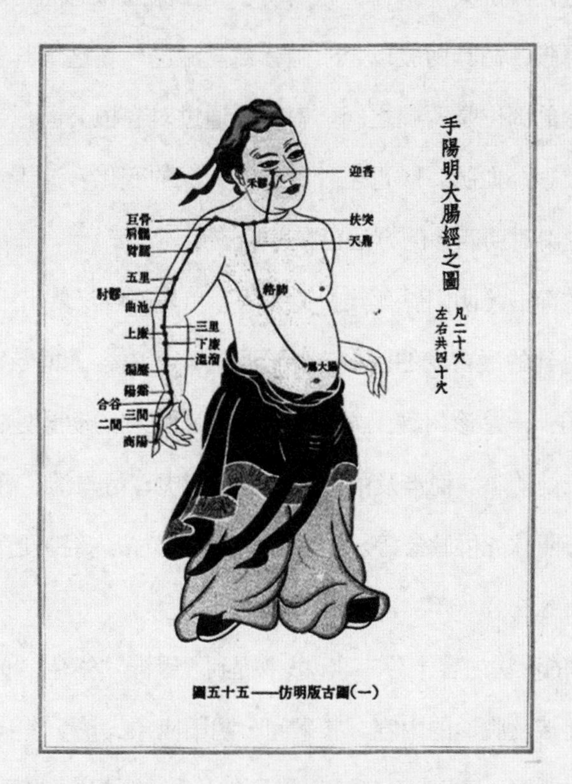

图6　朱琏《新编针灸学》之手阳明大肠经图

二、中医诊断技术

中医诊断技术包括诊法和辨证两部分。诊法即指以望、闻、问、切四诊为主的诊断方法；辨证，是在四诊的基础上，将疾病过程中具有内在联系的一系列症状、体征，进行综合分析归纳，以探求病因、病位、病性等情况，从而确定治疗方案。

（一）中医诊法的发展

中医诊法起源很早，方法丰富多彩，逐渐形成以望、闻、问、切为主的诊断方法，也称“四诊”。

早在《周礼·天官冢宰》中就记录了“疾医”的诊治病的方法：“以五味、五谷、五药养其病，以五气、五声、五色眡其死生，两之以九窍之变，参之以九藏之动。”当时即通过闻气味、听声音、观察容貌颜色的变化判断病人的生死吉凶；观察眼、耳、鼻、口与二阴等所谓的“九窍”变化，考察脏腑的情况。这里实际用到了闻诊、望诊、触诊等方法。

《史记·扁鹊仓公列传》载，“越人之为方也，不待切脉、望色、听声、写形”，这里的“写形”是指观察人的整体状态。这段话是说扁鹊医术高超，已经用不着这些常规诊断方法就能治病。事实上，扁鹊途经虢国，听说太子暴亡，先问明了死亡原因和时间，断定虢国太子为尸厥，指出“当闻其耳鸣而鼻张，循其两股以至于阴，当尚温也”。这里其实用到了问诊、闻诊、望诊和切诊，只是切诊的部位是两腿之间。扁鹊还通过对齐桓公面色、神态等的综合观察，判断齐桓公的疾病从腠理、血脉、肠胃至骨髓由浅入深的变化。淳于意的诊籍中也多有诊脉的记载。这些都表明先秦时期四诊的方法已在普遍应用。

张家山汉墓出土的简书《阴阳脉死候》《脉法》和马王堆汉墓出土的帛书《阴阳脉死候》《脉法》是现在所能见到的最古老的脉书，脉诊是其重要内容。据专家考释，这些简帛书所涉及的诊脉部位有两类：一是诊内踝上方五寸及内踝直上方的动脉处；一是诊下肢足少阴及上肢手太阴、手少阴三处动脉。而涉及的脉象只有盈与虚、滑与涩、静与动三组六种。此外，还有涉及预后判断的三阴脉死候脉象等。这些脉法较之《黄帝内经》更为单纯简略，属于仓公、《黄帝内经》之前的古脉法。

《黄帝内经》收载的诊法内容十分丰富，书中提到“望神”“察色”“闻声”“问病”“切脉”“诊尺肤”等多种诊法，还涉及腹诊的内容。《素问·阴阳应象大论》有：“善诊者，察色按脉，先别阴阳，审清浊，而知部分；视喘息，听音声，而知所苦；观权衡规矩，而知病所主；按尺寸，观浮沉滑涩，而知病所生。以治无过，以诊则不失矣。”明确指出，只有经过“察色”“按脉”“视喘息”“听音声”“按尺寸”等一系列诊察过程，才能知道生病的原因，从而达到正确治疗之目的。

《黄帝内经》为望、闻、问、切等诊断方法建立了理论基础。《灵枢·五阅五使》则阐述了五脏与五官的对应关系：“五官者，五藏之阅也……鼻者，肺之官也。目者，肝之官也。口唇者，脾之官也。舌者，心之官也。耳者，肾之官也。”这为通过观察五官诊断脏腑疾病建立了理论基础。《灵枢·五阅五使》亦有：“脉出于寸口，色见于明堂，五色更出，以应五时，各如其常，经气入脏，必当治里……故肺病者，喘息鼻张。肝病者，眦青。脾病者，唇黄。心病者，舌卷短，颧赤。肾病者，颧与颜黑。”这段文字概括地描述了色脉与五时、五脏相应，五脏病变时形色方面的具体表现。

在望诊方面，《黄帝内经》建立了面部颜色与五脏、疾病间的对应关系。五色所配五脏：“青为肝，赤为心，白为肺，黄为脾，黑为肾。”五色所反映的疾病：“青黑为痛，黄赤为热，白为寒。”面部颜色变化与外感热病的对应关系：“肝热病者，左颊先赤；心热病者，颜先赤；脾热病者，鼻先赤；肺热病者，右颊先赤；肾热病者，颐先赤。”面部不同部位面色反映的病变：“色起两眉薄泽者，病在皮；唇色青黄赤白黑者，病在肌肉；营气濡然者，病在气血；目色青黄赤白黑者，病在筋；耳焦枯受尘垢，病在骨。”

在闻诊方面，《素问·阴阳应象大论》提出了五音、五声应五脏的理论：肝，“在音为角，在声为呼”；心，“在音为征，在声为笑”；脾，“在音为宫，在声为歌”；肺，“在音为商，在声为哭”；肾，“在音为羽，在声为呻”，并说“听音声，而知所苦”。五声应五脏的理论是后世闻声音辨病的重要理论依据。《素问·宣明五气》说：“五气所病，心为噫，肺为咳，肝为语，脾为吞，肾为欠为嚏，胃为气逆为哕为恐。”指出五脏之气，各有所病，就会出现不同的声音变化。《黄帝内经》在具体的诊断疾病方面，要求倾听病人声音，涉及的内容不仅包括呼吸、喘息、咳嗽、喷嚏、呻吟、嗳气、呃逆等异常声音，还包括谵言、狂言、夺气、失音、语声异常等语言状态，以及笑声、哭声、哀叹等情绪变化时出现的声音。

在嗅气味方面，也有论述，如《素问·金匮真言论》中将肝、心、脾、肺、肾与臊、焦、香、腥、腐相应，《素问·至真要大论》记载的“诸呕吐酸”即指呕吐之物有酸腐臭味，《素问·腹中论》中有“病至则先闻腥臊臭”，说明当时是要依据气味诊断疾病的。

《黄帝内经》也十分强调问诊的作用，问的内容很广泛，除疾病及治疗史外，尚有生活史，如贫富、地位、情绪、起居饮食等生活习惯。《素问·三部九候论》说：“必审问其所始病，与今之所方病，而后各切循其脉，视其经络浮沉，以上下逆从循之。”提出诊察病情要先问起病原因、病情，然后与切脉、望诊相参。《素问·征四失论》说：“诊病不问其始，忧患饮食之失节，起居之过度，或伤于毒，不先言此，卒持寸口，何病能中？”《素问·疏五过论》要求医者“凡未诊病者，必问尝贵后贱，虽不中邪，病从内生，名曰脱营；尝富后贫，名曰失精……凡欲诊病者，必问饮食居处，暴乐暴苦，始乐后苦，皆伤精气。精气竭绝，形体毁沮。暴怒伤阴，暴喜伤阳，厥气上行，满脉去形”。

《黄帝内经》保存的切诊内容最为丰富，有多个篇章专论脉学理论及诊脉方法，内容涉及脉诊方法、时间、部位及脉学的生理、病理变化等许多方面。切诊方法记有“十二经动脉诊法”“三部九候遍诊法”“人迎寸口诊法”“寸口诊法”“尺寸诊法”等多种切脉方法。“十二经动脉诊法”，即各取经脉中一处具有代表意义或便于诊察的动脉以诊察全身疾病的方法。《内经》认为，十二经中本应不甚搏动的经脉若搏动得大而快，是病甚的证候。如“经脉十二，而手太阴，足少阴，阳明独动不休”（《灵枢·动输》），“阳明者常动，巨阳、少阳不动，不动而动大疾”（《素问·病能论》）。“三部九候遍诊法”的切脉部位有上（头部）、中（手部）、下（足部）三部，每部各分天、地、人三候，共九候。上部：天候，按两额动脉；人候，按耳前动脉；地候，按两颊动脉。中部：天候，按手太阴经以候肺；人候，按手少阴经以候心；地候，按手阳明经以候胸中之气。下部：天候，按足厥阴经以候肝；人候，按足太阴经以候脾胃；地候，按足少阴经以候肾。这是一种全身切诊，又称“遍诊”。“人迎寸口诊法”就是将人迎和寸口脉象相互参照，进行分析的一种方法。人迎（颈总动脉）主要反映体表情况，寸口主要反映内脏的情况。该诊法出自《灵枢·终始》：“持其脉口（寸口）人迎，以知阴阳有余不足，平与不平。”这种方法属局部切诊，较全身“遍诊法”要简便，易于操作。《黄帝内经》记载的脉象名就有浮、沉、大、小、滑、涩、细、疾、迟、代、钩、盛、躁、喘、数、弦、濡、软、弱、轻、虚、长、实、强、微、衰、急、散、毛、坚、营、石、搏、静、紧、结、动、短、缓、绝、横、瘦、徐、少、平、揣、鼓、革、促、劲、洪、满、疏等，计 50 余种。

《黄帝内经》还用到按诊法，如“尺肤诊”“腹诊”等。“尺肤诊”是通过诊察两手肘关节（尺泽穴）下至寸口处皮肤的润泽、粗糙、冷热等情况，结合全身症状、脉象等测知病情。“腹诊”是通过按腹部检查疾患的一种方法。《黄帝内经》记载了许多“腹诊”经验，如《素问·腹中论》曰：“病有少腹盛，上下左右皆有根……一名曰伏梁。”《灵枢·水胀篇》曰：“水始起也……以手按其腹，随手而起，如裹水之状，此其候也。”“肤胀者……按其腹，窅而不起，腹色不变，此其候也。”“肠覃…… 其始生也，大如鸡卵，稍以益大，至其成如怀子之状，久者离岁，按之则坚，推之则移。”《灵枢·邪气脏腑病形》：“膀胱病者，小腹偏肿而痛，以手按之，即欲小便而不得。”当时已根据腹之坚柔鉴别不同的肿瘤，如“肠瘤，久者数岁乃成，以手按之柔；

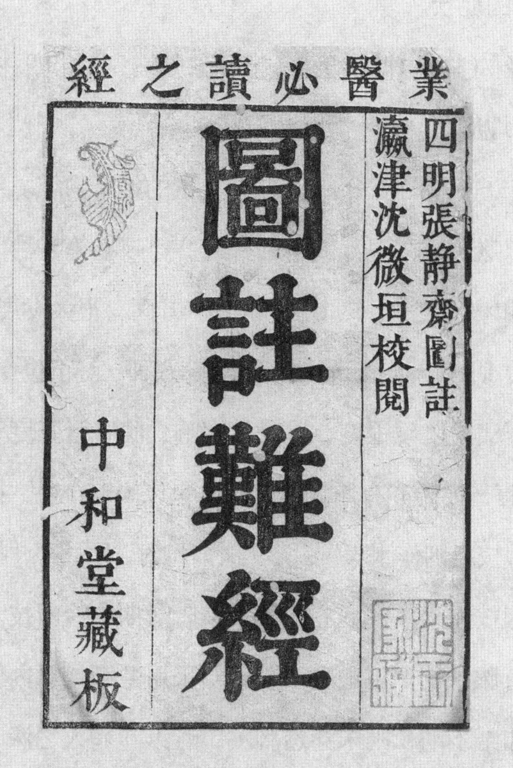

業醫必讀之經

四明張靜齋圖註
瀛津沈微垣校閱

圖註難經

中和堂藏板

图 7 《难经》书影

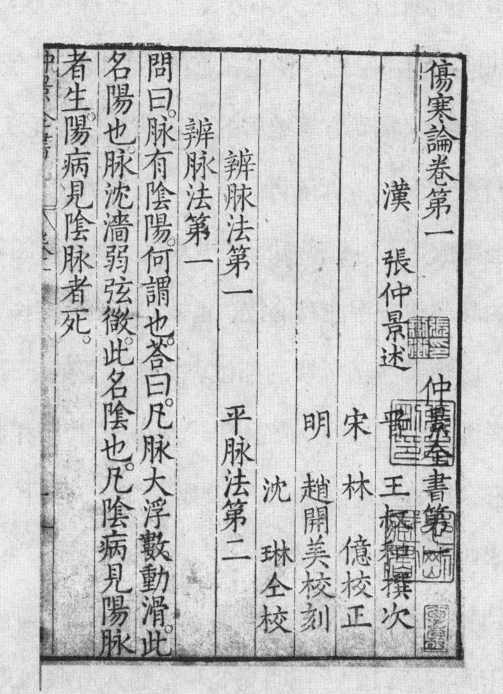

傷寒論卷第一

漢 張仲景述 晉 王叔和撰次
宋 林 億校正
明 趙開美校刻
沈 琳仝校

辨脉法第一 平脉法第二

辨脉法第一

問曰。脉有陰陽。何謂也。荅曰。凡脉大浮數動滑。此名陽也。脉沈濇弱弦微。此名陰也。凡陰病見陽脉者生。陽病見陰脉者死。

图 8 张仲景《伤寒杂病论》书影

昔瘤，以手按之坚”。《灵枢 · 百病始生》有“其著于膂筋在肠后者，饥则积见，饱则积不见，按之不得”的记载，说明腹部切诊要以空腹为宜，才能避免假象对诊断疾病的影响。

《黄帝内经》的诊法内容，比较全面地总结了先秦至两汉时期的诊断学成就，为后世诊断学的发展奠定了坚实的基础。

《难经》（图 7）是较《黄帝内经》稍晚的又一部医学经典著作，其《六十一难》首次对四诊的作用进行了总结：“望而知之谓之神，闻而知之谓之圣，问而知之谓之工，切脉而知之谓之巧。”该书在脉诊方面论述较多，包括脉诊的基本知识、基本理论和正常、反常脉象等。特别是书中提出“独取寸口”的诊脉方法，成为此后 1000 多年脉诊的发展方向。

张仲景的《伤寒杂病论》（图 8）将前人的诊疗成果运用到临床辨证中，开创了病症结合的诊断模式。其在望、闻、问、切几方面均有发展。特别值得一提的是，《伤寒杂病论》较多使用了腹诊，把腹诊分为胸、胁、心、腹几个部位，腹证有痞、满、坚、紧、软、动、音（鸣）等症状。如“病者腹满，按之不痛者为虚，痛者为实”“按之心下坚”“心下坚大如盘”“按之心下濡”都是经过触摸按压后感知的症状。

晋唐时期，诊断技术不断发展。王叔和《脉经》（图9）博采众长，把脉象归纳为二十四种，并详细地阐明了脉理，使之在临床上得以更广泛地应用。

隋代医家巢元方等编著的《诸病源候总论》一书（图10），有较为丰富的诊断内容。望诊、闻诊方面，将听语言、声音、咳嗽、上气、呕逆等在虚劳、中风、气病、咳嗽等多种内科病证中应用，判断疾病的表里寒热、预后吉凶和病理变化。该书在“腹诊”方面有很大发展，记载的腹部按压手法有抑按、起按、揣摸、推移、切按、动摇、转侧、持之等八种。对于腹痛、腹水、肠痈等腹部包块的部位、大小、形态、压痛及坚硬程度、边缘、声响、腹肌紧张度等均有详细描述[1]，如在“蛇瘦候”中说“其病在腹，摸揣亦有蛇状”，在“鱼瘕候”中说“揣之有形，状如鱼是也”。如诊“癖饮”时，胁下“按之则作水声”；诊“久癖”时，两胁下“按之乃水鸣多”；诊“水痕”时，于心腹之间“抑按作水声”。应该说，隋唐时期，诊断技术已达到较高水平。唐代孙思邈还发明了诊断胸背脓肿的“验透膈法”，即采用薄纸或竹内膜平贴于胸背疮口上，在明亮处观察病人呼吸，如纸不动，则未穿透胸膜，若纸随病人之深呼吸内陷或外凸者，则是已成脓胸之确证，这种方法无疑很可靠[2]。

宋元时期中国医学出现了百家争鸣的局面，诊法专著不断涌现，施发的《察病指南》、滑寿的《诊家枢要》（图11）、崔嘉彦的《脉诀》等均为诊断学专著。《敖氏伤寒金镜录》为我国现存第一部文图并用的验舌专书。该书总结了前人的舌诊成果，将临床常见舌象绘成36种图谱，每图之下附文字说明，对每种病理舌象，结合脉象阐述所主证候的病因病理、治法和预后判断。在这一时期还提出了诊察指纹的方法，刘昉的《幼幼新书》主张3岁以内小儿以此代替切脉，这种望络脉纹的方法，一直沿用至今。

宋元以后，诊断技术渐趋规范，早期多彩的诊断技术被归纳为望、闻、问、切四种方法。脉诊中的“遍身诊”逐渐淡出，虽有医著涉及腹诊内容，但实际很少使用。张杲在《医说》中云：“今豪足之家，居奥室之中，处帷幔之内，复以帛幪手臂，既不能行望色之神，又不能殚切脉之巧。”可见，当时患者多不愿脱衣露体，医者不便对患者进行全身检查，独取寸口成为切诊的主流。宋人项安世解释《周礼》认为：“两之以九窍之变，此今之问证也；参之以九藏之动，此今之切脉也。”[3]显然是以今释古，说明四诊已成为当时通行之法。

明清时期，中医诊法又有了长足的发展，诊断学专著如雨后春笋，不断出现。如林之翰

1 孙忠年：《中医腹诊发展概要》，《陕西中医》1988年第7期，第331~332页。

2 李经纬：《孙思邈》，见杜石然主编：《中国古代科学家传记》上，科学出版社，1993年，第331~342页。

3 〔宋〕项安世：《项氏家说》卷五，清武英殿聚珍版丛书本。

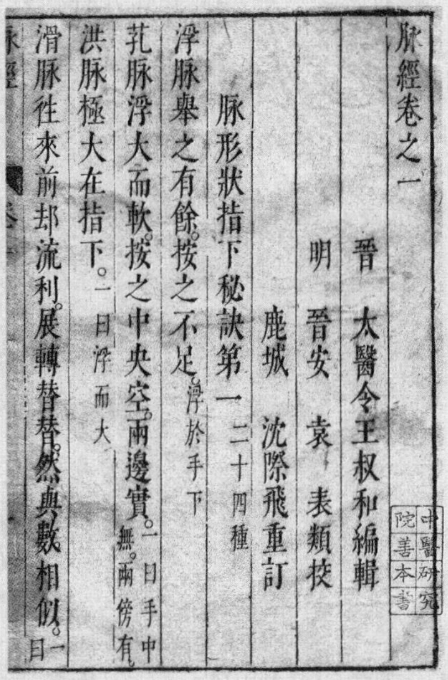

脉經卷之一

晉 太醫令王叔和編輯

明 晉安 袁表類校

鹿城 沈際飛重訂

脉形狀指下秘訣第一（二十四種）

浮脉舉之有餘，按之不足。（浮於手下）

芤脉浮大而軟，按之中央空，兩邊實。（一曰手中無，兩傍有）

洪脉極大在指下。（一曰浮而大）

滑脉往來前却流利，展轉替替然，與數相似。（一曰

图 9　王叔和《脉经》书影

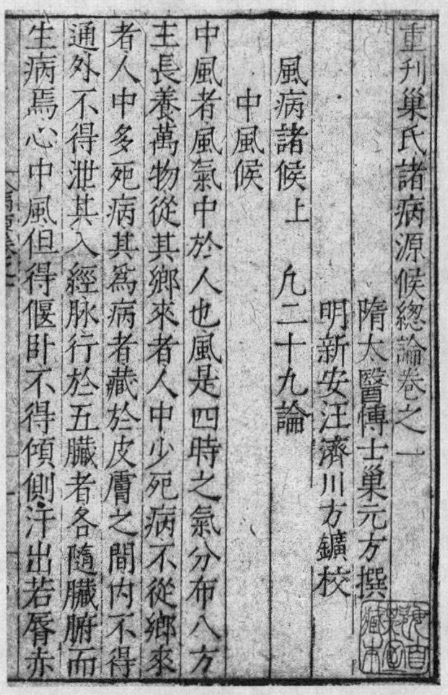

重刊巢氏諸病源候總論卷之一

隋太醫博士巢元方撰

明新安汪濟川方鑛校

風病諸候上　凡二十九論

中風候

中風者風氣中於人也風是四時之氣分布八方主長養萬物從其鄉來者人中少死病不從鄉來者人中多死病其爲病者藏於皮膚之間內不得通外不得泄其入經脉行於五臟者各隨臟腑而生病焉心中風但得偃卧不得傾側汗出若脣赤

图 10　巢元方《诸病源候总论》书影

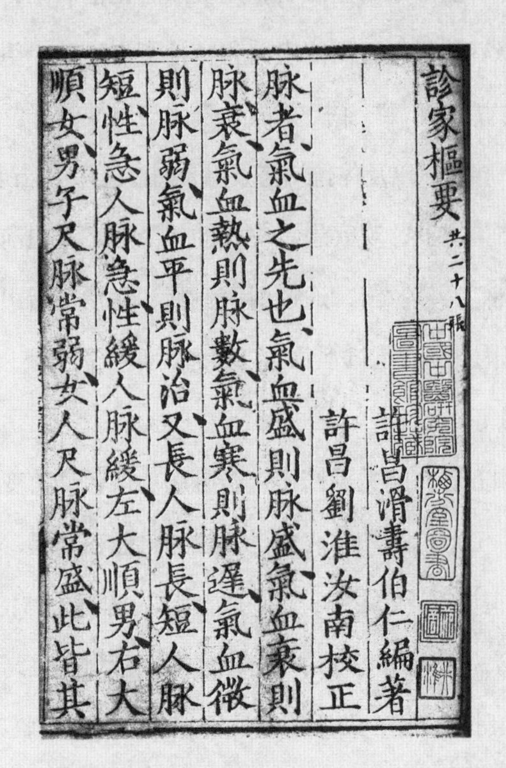

診家樞要（共二十八張）

許昌滑壽伯仁編著

許昌劉淮汝南校正

脉者氣血之先也。氣血盛則脉盛，氣血衰則脉衰；氣血熱則脉數，氣血寒則脉遲；氣血微則脉弱，氣血平則脉治。又長人脉長，短人脉短；性急人脉急，性緩人脉緩。左大順男，右大順女。男子尺脉常弱，女人尺脉常盛，此皆其

图 11　滑寿《诊家枢要》书影

的《四诊抉微》、吴谦等的《医宗金鉴四诊心法要诀》概括了四诊的要旨。望诊方面，汪宏的《望诊遵经》博采众长，在理论和方法上，都有独到之处。由于温病学的发展，给中医望诊积累了不少宝贵的经验，特别是在辨舌，验齿，辨别斑疹、白瘩等方面有独特经验。著名医家张景岳，将问诊内容进行了归纳，写出了“十问歌”，不仅高度概括了问诊的内容，而且给临床问病带来了方便，故至今仍被广为传唱。其他如李时珍的《濒湖脉学》、周学霆的《三指禅》、黄宫绣的《脉理求真》、吴昆的《脉语》、周学海的《形色外诊简摩》等脉学专著，至今仍不失其实用价值。值得一提的是喻嘉彦的《医门法律》和《寓意草》，书中不仅论述了四诊的内容和方法，而且在西汉名医淳于意首创《诊籍》的基础上，创导了中医临床病历的书写格律。

（二）望、闻、问、切的内容和方法

1. 望诊

所谓望诊就是对患者的神、色、形、态、五官、舌象以及排出物、分泌物等进行观察，以了解病情。

望诊包括望神，望色，望形态，望五官，望皮肤，望前后阴，望脉络，望排泄物等几个方面。望神，主要观察患者的目光、面部表情和精神意识活动；望色，观察患者面部颜色光泽变化，主要包括面部的青、赤、黄、白、黑五色变化与出现的部位；望形态，观察患者形体，包括肌肉、骨骼、皮肤、胖瘦，以及体位姿态及活动能力等；望五官，观察患者目、耳、鼻、口、舌的神色形态变化；望皮肤，观察患者皮肤的色泽形态；望前后阴，前阴为男女生殖器及尿道的总称，后阴即肛门；望脉络，通过两手鱼际、食指、指甲络脉的形色变化诊察疾病的方法，主要用于 3 岁以内儿童；望排泄物，观察患者呕吐物、痰、涎、涕、唾、二便、经带、脓液等的形、色、质、量等。

中医认为人体外部和五脏六腑关系密切，若脏腑功能活动有变化，必然反映于人体外部的神、色、形、态等各方面。五脏六腑和体表由十二经脉贯通在一起，又分别和全身的筋、骨、皮、肉、脉（五体）相配：肺主皮毛，肝主筋，脾主肌肉，心主血脉，肾主骨。五官亦与五脏相关，目为肝之窍，耳为肾之窍，鼻为肺之窍，口为脾之窍，舌为心之窍。观察体表和五官形态功能的变化征象，可推断内脏的变化，即所谓的“司外揣内”。在临床中，望诊的重点在望神、望面色和舌诊（图 12）。

2. 闻诊

从患者的语言、呼吸等声音以及排出物的气味以辨别病情。通过听病人发出的语言、呼吸、

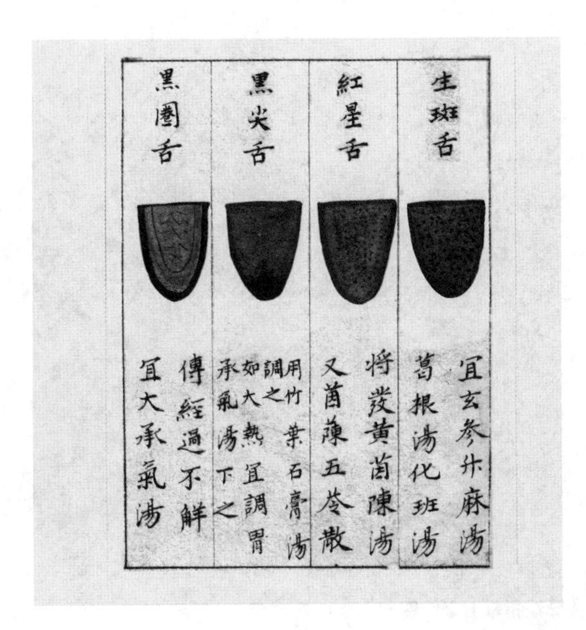

图 12 《伤寒点点金》舌象图

咳嗽、呃逆、嗳气等声音的大小、高低、清浊区别寒热虚实；嗅病人的口气、分泌物和排泄物以及病室的异常气味，来判断疾病。通常声高气粗重浊多属实证，反之则属虚证。凡酸腐臭秽者，多属实热证；无臭或略有腥气者，多属虚寒证。病室气味，则是由病体及其排泄物散发的，如瘟疫病人室内有霉腐臭气，失血证病人室内有血腥气味。

3. 问诊

通过对患者及知情者的询问，从而得知患者平时的健康状态、饮食喜恶、发病原因、患者的自觉症状、病情及治疗经过、既往病史与家族病史等。明代医家张景岳编有“十问歌”，后经陈修园改编为：一问寒热二问汗，三问头身四问便，五问饮食六胸腹，七聋八渴俱当辨，九问旧病十问因，再兼服药参机变。妇女尤必问经期，迟速必崩皆可见。再添片语告儿科，天花麻疹全占验。后又据卫生部中医司《中医病案书写格式与要求》通知精神，改编为：问诊首当问一般，一般问清问有关，一问寒热二问汗，三问头身四问便，五问饮食六问胸，七聋八渴俱当辨，九问旧病十问因，再将诊疗经过参，个人家族当问遍，妇女经带病胎产，小儿传染接种史，痧痘惊疳嗜食偏。

4. 切诊

是诊察病人的脉候和身体其他部位的情况，以测知脏腑病变。切诊应当包括脉诊和按诊，但是，在中国按诊很少使用，在日本则主要采取腹诊等按诊方法。前面已经介绍过，古代脉诊有多种方法，现在基本只诊寸口之脉，即按摸病人桡动脉的腕后部分。切脉时让病人取坐位或仰卧位，手前臂与其心脏近于同一水平，手掌向上，前臂平放，以使血流通顺。对成人切脉，用三指定位，分别按压寸、关、尺三部。寸、关、尺三部的脉搏分别称寸脉、关脉、

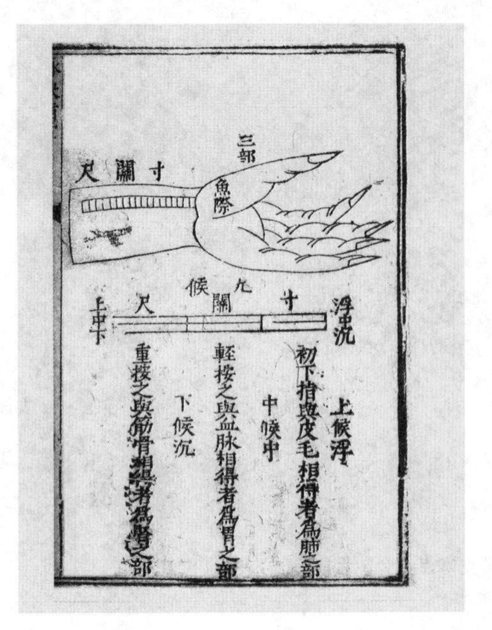

图 13 《脉诀指掌》之脉图

尺脉，不同部位的脉搏对应特定脏腑的情况。

历代医家对寸、关、尺各部的长度有不同的见解，《脉经》言：“从鱼际至高骨，却行一寸，其中名曰寸口，从寸至尺，名曰尺泽，故曰尺寸，寸后尺前名曰关。阳出阴入，以关为界。”现在普遍认为，桡骨茎突处为关，关之前（腕端）为寸，关之后（肘端）为尺（图13）。关于寸、关、尺三个部位对应脏腑的问题，历代论说颇多，现在临床常用的划分方法是：左手寸脉对应心，关脉对应肝、胆，尺脉对应肾；右手寸脉对应肺，关脉对应脾胃，尺脉对应命门。还有一个原则是：寸脉对应躯体上部，尺脉对应躯体下部。

切脉的方法也有讲究，通常医生以指腹按触脉搏，开始轻用力，触按皮肤为浮取，称为“举”；然后中等度用力，触按至肌肉为中取，称为“寻”；再重用力触按至筋骨为沉取，名为“按”。根据临证的需要，可以举、寻、按或相反的顺序反复触按，也可分部取一指按压。

寸、关、尺三部，每部都有浮、中、沉三候，称为三部九候（非古代三部九候）。一般认为平脉为正常脉，浮脉、沉脉、迟脉、数脉、虚脉、实脉、滑脉、洪脉、细脉、弦脉等为病脉。

脉诊虽为“四诊”之末，却是中医最具特色的诊法。在临床上，中医强调“四诊”综合运用，才能全面而系统地了解病情，做出正确的诊断。这也称为“四诊合参”。

（三）辨证

西医诊断要弄清“病”，然后确定治疗方法。中医诊察病人，首先是要找到如何治疗之“证”，所谓“证”，即证候，不是简单的如头痛、呕吐、发热等症状，而是观察病人所现的一切症状，得出的病因、病位、邪正、阴阳偏盛偏衰等病理情况的概括。

《黄帝内经》已记载了大量病名诊断内容，也有与辨证相关的论述，东汉张仲景第一次把病和证做了明确区分，又将“病脉证”并列，开中医辨病与辨证诊断相结合之先河。《伤寒杂病论》确立了阴阳、表里、寒热、虚实这些辨证的基本范畴，奠定了辨证学的基础；开辟了中医诊断学中第一个完整的辨证体系——伤寒病六经辨证方法。

隋唐时期辨证有了进一步发展，巢元方《诸病源候总论》以病为纲，下列各候，全书 67 门，1720 候，是我国第一部病源证候诊断专著。孙思邈《千金要方》论伤寒以病统证，论杂病以脏腑分证，对脏腑辨证的发展有所贡献。

宋金元时期，许多医学著作对证候有所论述，如庞安时《伤寒总病论》论述伤寒六经分证，成无己《伤寒明理论》对伤寒 50 种证候进行辨析，张元素《脏腑标本寒热虚实用药式》将脏腑寒热虚实证与寒热补泻药式结合起来，陈言《三因极一病证方论》则是病因辨证中理法完备的著作。

明清期间，不少综合性医籍以“证”字标题。如明代戴元礼《证治要诀》、王肯堂《证治准绳》、李用梓《证治汇补》、陈士铎《辨证录》等，显示了辨证的重要性。清代叶天士《临证指南医案》更指出“医道在乎识证、立法、用方，此为三大关键”，“然三者之中，识证尤为紧要”。时至今日，辨证论治已成为中医的主要特色，形成了八纲辨证、气血津液辨证、脏腑辨证、六经辨证、卫气营血辨证、三焦辨证、经络辨证等数种辨证方法。这些方法各有特点和侧重，在临床实践中相互联系、互为补充。

1. 八纲辨证

“八纲”是指阴、阳、表、里、寒、热、虚、实八类证候，具体地说是指表与里、寒与热、虚与实、阴与阳四对纲领性证候。八纲辨证也是最基本的辨证方法。该法肇始于《黄帝内经》，经张仲景大力发展，宋元时期基本规范，明清时期完善定型。

八纲中的“表里”为辨别病变部位、浅深以及病势趋向的纲领。凡感受外邪，病变在皮毛、肌表部位较浅的是表证；而因七情、饮食、劳逸等因素而造成的病证，伤及脏腑的，皆为里证。“寒热”说明的是病性，大凡阴邪或人体阳气不足所引起的疾病，为阴气偏盛的寒证；而由阳邪或人体的阴精不足所导致的疾病，为阳气偏盛的热证。“虚实”是用来辨邪正盛衰的纲领。虚证是正气不足所见之证，实证是邪气盛所见之证。常见有虚寒、虚热、实寒、实热几种不同情况。“阴阳”两纲是八纲辨证的总纲领，大凡表、实、热三类证候归属为阳，而里、虚、寒三类证候归属为阴。

2. 气血津液辨证

中医认为气血津液是人体生命活动的物质基础，维持脏腑正常生理活动，一旦气血津液发生病变，会影响人体的正常生命活动。气血津液辨证可分为气病辨证、血病辨证和津液辨证。气病辨证一般概括为气虚、气陷、气滞、气逆四种。血病的常见证候，可概括为血虚证、血瘀证和血热证。各种原因所致水液代谢障碍，或津液耗损证候，均可称为津液病。津液病变，一般可概括为津液不足和水液停聚两方面。

3. 六经辨证

六经是指太阳、阳明、少阳、太阴、厥阴、少阴六条经脉。《素问·热论》有所谓："伤寒一日，巨阳受之……；二日阳明受之……；三日少阳受之……；四日太阴受之……；五日少阴受之……；六日厥阴受之……"东汉张仲景在此基础上创造了六经辨证法。该法根据病证的不同性质，分为太阳病、阳明病、少阳病、太阴病、少阴病、厥阴病，三种阳病证和三种阴病证，共六种证型。一般而言，凡是抗病力强、病势亢盛的是三阳病证；反之，抗病力衰减、病势虚弱的为三阴病证。六经辨证主要用于外感一类疾病的辨证。

其他几种辨证法，均对上述几种方法有所补充，在临床中，根据具体情况，选择合适的方法，或几种方法并用。

4. 卫气营血辨证

这是清代叶天士创立的一种用于外感温热病的辨证方法，它弥补了六经辨证的不足，丰富了外感病的辨证内容。卫气营血辨证代表了温病发展过程中四个不同病机阶段的证候分类。温病初期病在浅表，发生卫分证候，进一步则发生气分证候，再进一步发生营分证候，最后阶段则出现血分证候。

5. 三焦辨证

所谓三焦，历代的认识不尽相同，但大多以上、中、下三焦划分人体上、中、下三个部分，即横膈以上的胸部为上焦，包括心、肺两脏；横膈以下、脐以上的脘腹部为中焦，内居脾胃；脐以下为下焦，包括小肠、大肠、肝、肾和膀胱等。清代吴鞠通根据《内经》有关三焦部位的概念，结合温病发生、发展变化的一般规律及病变累及三焦所属脏腑的不同表现，以上焦、中焦、下焦为纲，以温病病名为目，将六经、脏腑及卫气营血辨证理论贯穿其中，重点论述三焦脏腑在温病过程中的病机变化，并以此概括证候类型，按脏腑进行定位、诊断和治疗，创立了三焦辨证这一温病辨证纲领。

三、治疗技术

中医的治疗技术包括治疗原则和治疗方法两个方面。

（一）治疗原则

1. 治未病

中医对疾病的预防非常重视，《素问·四气调神大论》就有“圣人不治已病治未病，不治已乱治未乱”。所谓“治未病”包括未病先防与既病防变两方面内容。未病先防是指在发病之前，做好各种预防工作，以防止疾病的发生。主要方法是调养精神情志、适应自然环境、调摄饮食起居、加强体育锻炼等几个方面。《素问·上古天真论》中指出，“精神内守，病安从来”，提倡“志闲而少欲”，即是讲精神与健康的关系。《素问·四气调神大论》说：“阴阳四时者，万物之终始也，死生之本也，逆之则灾害生，从之则苛疾不起。”主动适应自然环境，能减少疾病的发生。《素问·上古天真论》中指出“食饮有节，起居有常，不妄作劳”，才能“形与神俱，而尽终其天年，度百岁乃去”，如果“以酒为浆，以妄为常，醉以入房，以欲竭其精，以耗散其真，不知持满，不时御神，务快其心，逆于生乐，起居无节”，必然“半百而衰也”，指出饮食、起居、劳逸等对健康的重要性。远在春秋战国时期，我们的先人已应用“导引术”（即保健操）和“吐纳术”（即呼吸体操）来预防疾病，后来又有“五禽戏”（模仿虎、鹿、猿、熊、鸟五种禽兽动作的体操）、“太极拳”、“八段锦”等运动身体的方法，以增强体质，提高抗病能力。

古人认为，大部分疾病是由外部侵入人体的，《素问·阴阳应象大论》中说：“邪风之至，疾如风雨。故善治者治皮毛。其次治肌肤，其次治筋脉，其次治六腑，其次治五脏。治五脏者，半死半生也。”病邪可能由表及里，步步深入，因此发现疾病要早治疗，以控制疾病的发展、变化和流行。如果“见肝之病，知肝传脾，当先实脾”，根据五行相克的顺序，肝病会引起脾的病变，那么在治肝病的同时，要配合健脾和胃的方法，控制疾病的进一步传变。

2. 治病求本

《素问·阴阳应象大论》说：“治病必求于本。”所谓“本”就是疾病的本质。如头痛，有外感、内伤之不同。外感头痛有风寒、风热、风湿之不同；内伤头痛，又有气虚、血虚、血瘀、痰湿、肝阳之不同。治疗时要根据头痛的具体临床表现，辨证求因，找出疾病的本质，采取解表、益气、养血、活血化瘀、燥湿化痰、平肝潜阳等不同方法治疗。

3. 调整阴阳

中医认为，疾病的发生，是机体阴阳相对平衡遭到破坏，出现阴阳偏盛偏衰，即阴阳失调的结果。对于其治疗，《素问·至真要大论》中说：“谨察阴阳所在而调之，以平为期。”调整阴阳，补偏救弊，恢复阴阳的相对平衡，是中医治疗疾病的根本原则之一。在具体应用上，有“损其有余”“补其不足”两个原则。

4. 扶正祛邪

中医认为，在疾病发生、发展和变化的过程中，始终存在正气和邪气这对矛盾互相斗争的状态。邪胜于正则病进，正胜于邪则病退。扶正，就是扶助正气，增强体质，提高机体的抗病能力。主要方法是通过药物进行补气、补血、补阴、补阳，或者针灸、练气功、调摄精神、规范饮食等。祛邪，就是祛除病邪，使邪去正安，恢复健康，方法有攻下、清热、散寒、消导、祛湿、活血化瘀、行气等法。

5. 因时、因地、因人制宜

中医认为，气候、地域、社会环境以及个体差异等都会影响到人体的生理及病理，因此在治疗疾病时，要充分考虑发病季节、气候变化、地理环境以及患者的性别、年龄、体质、嗜好、贫富、性格等个体因素。也即中医的治疗往往具有针对个人定制的性质。

（二）治疗方法

中医的治疗方法可谓丰富多彩，包括药物疗法、免疫预防疗法、针灸疗法、外科手术疗法、导引、食疗等养生疗法和推拿按摩、拔罐、刮痧等外治法，不仅极具特色，其中一些治疗技术还曾领先世界。

1. 药物疗法

药物疗法是中医治疗疾病最基本的方法。我们的祖先在生活与生产活动中，由于采食植物和狩猎，得以接触并了解某些动植物和矿物对人体产生的影响，逐渐创造并积累起一些用药知识。早在西周时已有专业医师，“聚毒药以供医事”。《山海经》载有 100 余种动物和植物药，其中不少沿用至今。马王堆出土的帛书《五十二病方》载方约 300 个，涉及药物已有 240 余种。东汉末期，药学专著《神农本草经》问世，该书载药 365 种，采用三品分类法，简要地记述了药学的基本理论，如四气五味、有毒无毒、配伍法度、服药方法及丸、散、膏、酒等多种剂型，是中药学的奠定之作。其后，梁代陶弘景对《神农本草经》进行了注释整理，并补充东汉以来的药物学成果，著成《神农本草经集注》。该书载药达 730 种，对药物产地、采制加工、真伪鉴别等都有较详的论述，创用自然属性分类的方法。到了唐代，药物学有了很大发展，政府颁行的《新修本草》收载药物共 844 种，附有药物图谱和文字说明。这种图文对照的方法，开创了世界药学著作的先例。

宋代是医药学发展的高峰期，本草著作层出不穷，官府组织编修了《开宝本草》《嘉祐补注本草》，唐慎微在《嘉祐补注本草》《本草图经》的基础上编成《经史证类备急本草》（简称《证类本草》），共收载药物 1746 种，新增药物 660 种。其后官府又三次对该书进行修订，

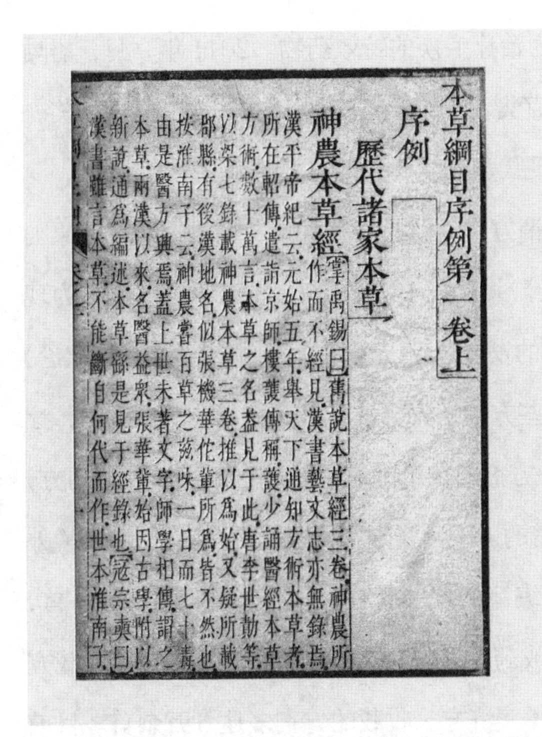
本草綱目序例第一卷上
序例
歷代諸家本草
神農本草經掌禹錫曰舊說本草經三卷神農所作而不經見漢書藝文志亦無錄焉
漢平帝紀云元始五年舉天下通知方術本草者
所在軺傳遣詣京師樓護傳稱護少誦醫經本草
方術數十萬言本草之名蓋見于此唐李世勣等
以梁七錄載神農本草三卷推以為始又疑所載
郡縣有後漢地名似張機華佗輩所為皆不然也
按淮南子云神農嘗百草之滋味一日而七十毒
由是醫方興焉蓋上世未著文字師學相傳謂之
本草兩漢以來名醫益衆張華輩始因古學附以
新說通為編述本草繇是見于經錄也寇宗奭曰
漢書雖言本草不能斷自何代而作世本淮南子

图 14　李时珍《本草纲目》书影

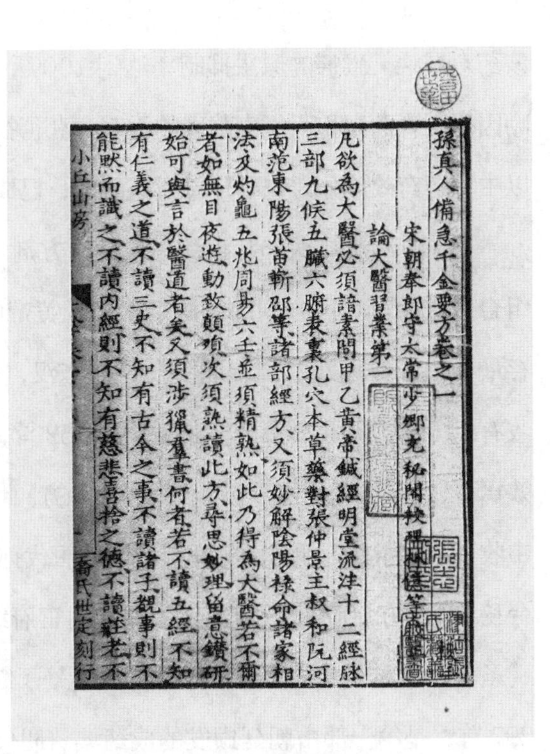
孫真人備急千金要方卷之一
宋朝奉郎守太常少卿充秘閣校理林億等
論大醫習業第一
凡欲為大醫必須諳素問甲乙黃帝鍼經明堂流注十二經脈
三部九候五臟六腑表裏孔穴本草藥對張仲景王叔和阮河
南范東陽張苗靳邵等諸部經方又須妙解陰陽祿命諸家相
法及灼龜五兆周易六壬並須精熟如此乃得為大醫若不爾
者如無目夜遊動致顛殞次須熟讀此方尋思妙理留意鑽研
始可與言於醫道者矣又須涉獵羣書何者若不讀五經不知
有仁義之道不讀三史不知有古今之事不讀諸子睹事則不
能默而識之不讀內經則不知有慈悲喜捨之德不讀莊老不
小丘山房
喬氏世定刻行

图 15　孙思邈《千金要方》书影

加上“大观”“政和”“绍兴”的年号，作为官书刊行。明代李时珍在《证类本草》的基础上，“岁历三十稔，书考八百余家，稿凡三易”，编成划时代巨著《本草纲目》（图 14）。《本草纲目》载药 1892 种，插图 1160 幅，附方 11000 多个。每种药物分列释名（确定名称）、集解（叙述产地）、正误（更正过去文献的错误）、修治（炮制方法）、气味、主治、发明（前三项指分析药物的功能）、附方（收集民间流传的药方）等项。其后，赵学敏编著《本草纲目拾遗》，收录《本草纲目》未收载的药物 716 种。到清代中期，文献收载的药物已有 2000 余种。

古代医家在长期实践中，发现了许多药物的独特疗效，如延胡索、川芎、乌头的止痛作用，青蒿、常山的抗疟作用，麻黄的平喘作用，当归的调经作用，黄连的治痢作用，苦楝子的驱虫作用等。唐代已开始使用动物组织、器官及激素剂。《唐本草》记载了用羊肝治夜盲症和改善视力的经验；《本草拾遗》里有将人胞作为强壮剂的记载；《千金要方》（图 15）有用羊靥（羊的甲状腺）和鹿靥治甲状腺病的记载；酵母制剂在唐代已普遍用于医药，如《千金要方》和甄权的《药性论》都对神曲的性质功用有明确的叙述。这些用药经验，已通过现代科学实验得到证实。

20 世纪以来，根据中医的用药经验，已从中药中提取出许多有效化合物，开辟了现代药物学研究的新领域。1924 年陈克恢等从中药麻黄中分离出左旋麻黄碱，用于治疗支气管哮喘、干草热和其他过敏性疾患。20 世纪 70 年代，从中药青蒿中分离得到抗疟有效单体青蒿素，该药对鼠疟、猴疟的原虫抑制率达到100%，成为治疗疟疾的特效药物。2011年9月，屠呦呦因研制青蒿素和双氢青蒿素的贡献，获得拉斯克奖，2015年又获得诺贝尔医学生理学奖。以中草药有效成分为先导开展新药研究，已成为现代药物学研究的重要途径之一。

在临床中，中医治疗疾病主要使用方剂。所谓方剂，就是将几种单味药物根据配伍原则组合起来的药物。方剂的起源很早，《黄帝内经》共收载13首方剂，《五十二病方》为现存最早的方书，收载286首方剂。到了东汉，方剂的发展达到一个高峰，张仲景创的《伤寒论》收有113首方剂，《金匮要略》载方262首，这些方剂组方合法，选药精当，用量准确，疗效卓著，大部分沿用至今，被后世尊为经方。此后，方剂的数量迅速增加，晋代葛洪的《肘后方》中收载了大量验、便、廉的有效方剂。唐代孙思邈的《千金要方》载方5300首，王焘的《外台秘要》载方6000多首。宋代出现了由官府组织编写的方书《太平圣惠方》，载方16834首，《圣济总录》载方2万余首。官府还编纂了制售成药的处方和制剂规范《和剂局方》，载方297首，是第一部由朝廷颁发的成药典。明代的《普济方》收载的方剂多达6万余首。目前文献记载的方剂累计10万首以上。

一首方剂中，根据药物所起的作用，分为君、臣、佐、使。君药起主要治疗作用；臣药协助君药以增强疗效；佐药协助君药治疗兼证或次要症状，或抑制君、臣药的毒性和峻烈性；使药引方中诸药直达病证所在部位，或调和方中诸药作用。例如：《伤寒论》的麻黄汤，由麻黄、桂枝、杏仁、甘草四味药组成，主治恶寒发热，头疼身痛，无汗而喘，舌苔薄白，脉浮紧等，属风寒表实证。其中麻黄辛温解表，宣肺平喘，针对主证，为君药；桂枝辛温解表，助麻黄发汗，为臣药；杏仁肃肺降气，助麻黄平喘，为佐药；甘草调和麻黄、桂枝峻烈发汗之性，为使药。

用方剂治疗疾病，主要方法有汗、吐、下、和、温、清、补、消等八种。汗法也叫解表法，是运用具有发汗作用的药物来开泄腠理，以祛邪外出。吐法又叫催吐法，是利用药物涌吐的性能引导病邪或有毒物质从口中吐出。下法，又叫泻下法，是通过泻下大便和积水，攻逐停留于肠胃的宿食、冷积等。和法又叫和解法，是用和解疏泄、调整脏腑的药物，以协调人体功能。温法又叫祛寒法，是运用温热性的方药祛除寒邪，补益阳气。清法又叫清热法，是运用性质寒凉的方药，通过清热、泻火、凉血等作用，清除热邪。补法也叫补益法，运用具有补益作用的方药，以消除虚弱证候。消法也叫消散法或消导法，是用具有消食导滞、软坚散结、行气、化痰、化积等功效的药物，消散留滞体内的实邪。相应地，方剂也分为解表剂、泻下剂、和解剂、温里剂、补益剂等。医生在临床运用过程中，还必须根据病证的不同阶段，病情的轻重缓急，患者的不同年龄、性别、职业，以及气候和地理环境做相应的加减化裁，方能达

图 16 《补遗雷公炮制便览》之黄帝制药图

到切合病情、提高疗效的目的。

草药必须经过一定的方法炮制，才能成为中药，炮制的目的是为了降低或消除药物的毒性或副作用，改变或和缓药性，增强疗效，引药归经，便于调和制剂。如乌头经浸泡煮沸后可降低毒性，半夏经漂洗及白矾、生姜炮制后减少了刺激性，一些动物和坚硬类植物根块需要加工处理才便于使用。炮制方法有煅、炒、炙、炮、浸、渍、蒸、煮等，辅料有酒、醋、蜜、姜汁、豆汁、甘草汁、米泔水、盐水、稻米、白矾、滑石粉等多种。明代彩绘本《补遗雷公炮制便览》（图 16）表现了当时炮制的场景。

医生开方后，必须制成药剂才能为病人使用，剂型的种类很多。以汤剂最常用，传说汤剂由殷商时的伊尹发明，《汉书》记有伊尹作《汤液经法》。《五十二病方》收载的剂型就有饼、曲、油、药浆、丸、灰、膏、丹、熏、胶等多种。《黄帝内经》中载有汤、丸、散、膏、酒醴等剂型名称，说明先秦时期剂型已经称得上丰富了。《伤寒论》所使用的剂型有汤剂、丸剂、散剂、栓剂、软膏剂、酒剂、醋剂、灌肠剂、洗剂、浴剂、熏剂、滴耳剂、灌鼻剂、吹鼻剂等，已达 10 余种。经过数百年的发展，明代李时珍《本草纲目》中收载的剂型达 60 余种，除上述剂型外，还有搽剂、锭剂、膜剂、眼药膏、眼药水等，多数剂型现仍然在广泛应用，部分剂型已被改进，对现代中药剂型的设计产生了极为深远的影响[1]。

1 朱爱兰：《中药剂型发展概要》，《安徽中医学院学报》2000 年第 5 期，第 48~50 页。

2. 针灸与按摩

针灸是针法和灸法的总称。针法是用特制的金属针，按一定穴位，刺入患者体内，运用操作手法以达到治病的目的。灸法是把燃烧着的艾绒，温灼穴位的皮肤表面，利用热刺激来治病。

早在石器时代，人们已知道利用尖利的石块刺身体的某些部位或刺破身体使之出血，以减轻疼痛。逐渐制作出专为医疗用途的石器，称为砭石，用于外科化脓性感染的切开排脓。中国在考古中曾发现过砭石实物。尖锐者被称为针石或铍石，《山海经》说“有石如玉，可以为针”，是关于石针的早期记载。可以说，砭石是后世刀针工具的基础和前身。

灸法的产生当与火的使用有关，在用火的过程中，人们发现身体某部位的病痛经火的烧灼、烘烤而得以缓解或解除，继而学会用兽皮或树皮包裹烧热的石块、砂土进行局部热熨，逐步发展为以点燃树枝或干草烘烤来治疗疾病。经过长期的摸索，选择了易燃而具有温通经脉作用的艾叶作为灸治的主要材料，于体表局部进行温热刺激，从而使灸法和针刺一样，成为防病治病的重要方法。艾叶具有易于燃烧、气味芳香、资源丰富、易于加工贮藏等特点，因而后来成为最主要的灸治原料。

世界上许多民族都有用砭石或针石、热熨等治病的历史，但是，都不能称为针灸，只有当针刺疗法与经络穴位结合起来，并在中医理论指导之下，才能称为针灸。

按中医理论，经络是运行气血、联系脏腑和体表及全身各部的通道，是人体功能的调控系统。经络包括经脉和络脉，纵贯全身的通道，称为经脉；连接经脉的细小分支为络脉。经络纵横交贯，遍布全身，将人体内外、脏腑、肢节联成一个有机的整体。

马王堆汉墓出土有《足臂十一脉灸经》和《阴阳十一脉灸经》，是现存最早的经脉学说文献，论述了十一条经脉的循行走向及相关病症。稍晚的《灵枢·经脉》已发展为十二条经脉，六阳六阴，对于十二经脉的名称、循行走向、络属脏腑及其所主疾病均有明确的记载，对奇经八脉亦有所论述。此后针灸著作不断涌现，如《针灸甲乙经》《铜人腧穴针灸图经》《十四经发挥》《奇经八脉考》等，逐渐完善了经脉体系，目前认为人体共有十二条正经、奇经八脉、十二经别、十五络脉。

穴位，《黄帝内经》又称之为“节”“会”“气穴”“气府”等；《针灸甲乙经》中称之为“孔穴”；《太平圣惠方》称之为“穴道”；《铜人腧穴针灸图经》通称其为“腧穴”；《神灸经纶》则称之为“穴位”。《类经·人之四海》载：“输、腧、俞，本经皆通用。”因此，腧穴又有输穴、俞穴之称。

腧穴或穴位是什么？《素问·气府论》解释腧穴是“脉气所发”；《灵枢·九针十二原》

说是“神气之所游行出入也，非皮肉筋骨也”，也就是人体脏腑经络气血输注出入的特殊部位。穴位具有“按之快然”“驱病迅速”的神奇功效，因此成为针灸、推拿、气功等疗法的施术部位。然而时至今日，穴位的实质究竟是什么，穴位是不是人体的特殊结构，尚无定论。

《黄帝内经》指出“气穴所发，各有处名”，并记载了160个穴位名称。晋代皇甫谧《针灸甲乙经》把经络和穴位结合起来，记述了340个穴位的名称、别名、位置和主治。宋代王惟一受命重新厘定穴位，订正讹谬，铸造了专供针灸教学与考试用的针灸铜人二具，置于医官院[1]，史称天圣铜人（图17）。周密《齐东野语》记其舅父“尝获试铜人，全像以精铜为之，腑脏无一不具，其外俞穴，则错金书穴名于旁，凡背面二器相合，则浑然全身，盖旧都用此以试医者。其法外涂黄蜡，中实以汞，俾医工以分折寸，按穴试针，中穴则针入而汞出，稍差则针不可入矣。亦奇巧之器也”[2]。又撰著《铜人腧穴针灸图经》（1026年）3卷，收有354个腧穴，将十二经脉与穴位联系起来，绘制成图，标注穴位名称，为铜人注解。其后绘图刻石，命翰林学士夏竦撰序摹印颁行赐诸州。

图17　圣彼得堡藏明代针灸铜人

针灸所用的针具，种类很多，古代使用九针，即《灵枢·九针十二原》及《九针论》

1〔宋〕李焘：《续资治通鉴长编》卷一〇五，清文渊阁四库全书本。
2〔宋〕周密：《齐东野语》卷一四，中华书局，1983年，第251~252页。

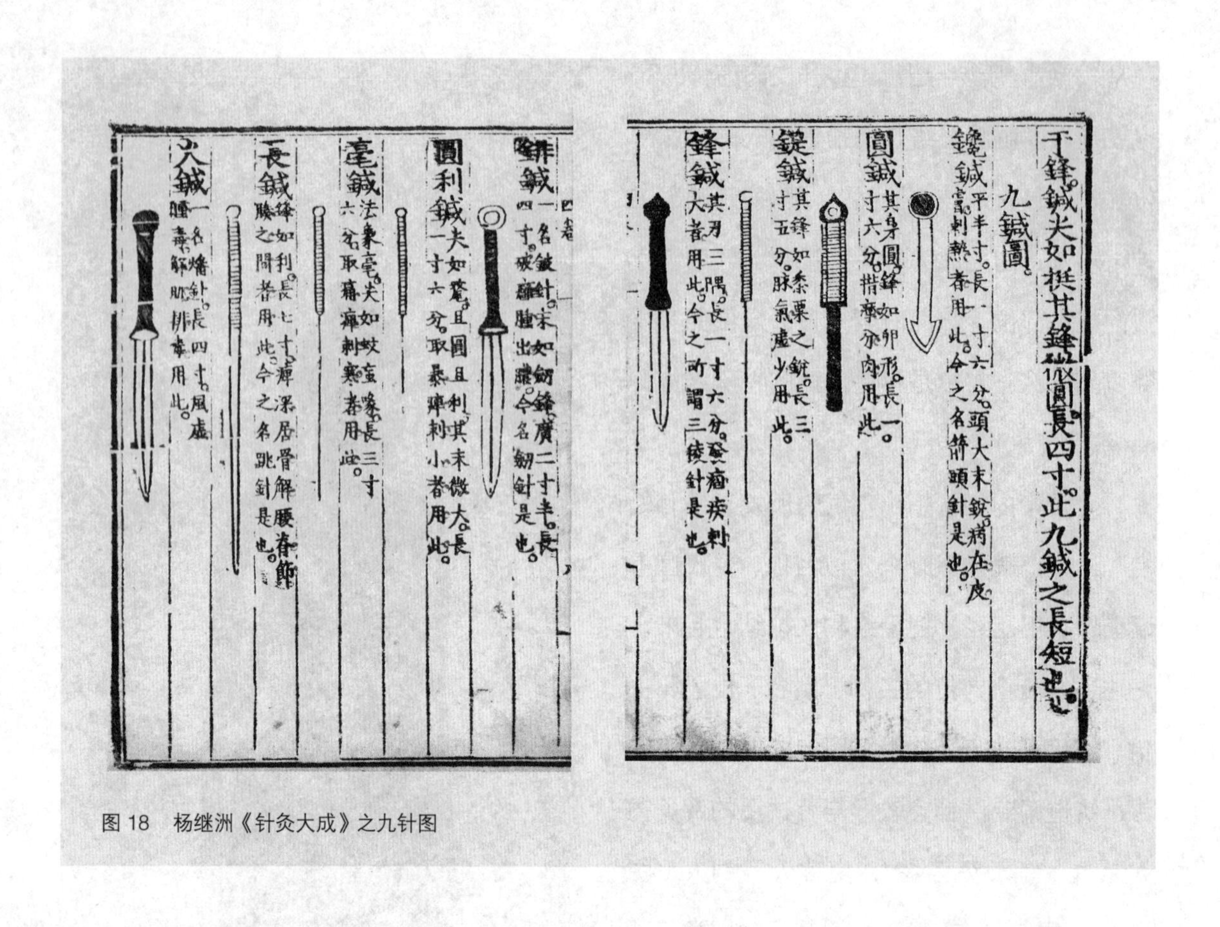
于鋒鍼尖如挺其鋒微圓長四寸此九鍼之長短也

九鍼圖

鑱鍼 平半寸長一寸六分頭大末銳病在皮膚刺熱者用此今之名箭頭針是也

圓鍼 其身圓鋒如卵形長一寸六分揩摩分肉用此

鍉鍼 其鋒如黍粟之銳長三寸五分脈氣虛少用此

鋒鍼 其刃三隅長一寸六分發痼疾刺大者用此今之所謂三棱針是也

鈹鍼 一名鈹針末如劍鋒廣二寸半長四寸破癰腫出膿今名劍針是也

圓利鍼 尖如氂且圓且利其末微大長一寸六分取暴痺刺小者用此

毫鍼 法象毫尖如蚊虻喙長三寸六分取痛痺刺寒者用此

長鍼 鋒如利長七寸痺深居骨解腰脊節腠之間者用此今之名跳針是也

大鍼 一名焠針長四寸風虛腫毒解肌排毒用此

图 18 杨继洲《针灸大成》之九针图

所载的镵针、圆针、鍉针、锋针、铍针、圆利针、毫针、长针、大针九种不同形状和用途的针具（图 18）。

镵针用于浅刺，意在祛邪而不伤正气；圆针主要用于按摩穴位，主泻筋肉间邪气，勿伤肌肉；鍉针用于按压，有祛邪之功；锋针用于刺血，有泄毒治痈之效；铍针用于痈疽排脓；圆利针用于急刺，主治痛痹暴气；毫针主治邪客经络所发的痈疽；长针用于深刺肌肉肥厚处，主治深部邪气、日久痹症；大针主泻水气停滞关节。

现代针具，包括毫针，长短为 16.5 厘米、3.3 厘米、4.95 厘米、6.6 厘米、8.25 厘米、9.9 厘米、13.2 厘米等数种，粗细为 26 号、28 号、30 号等数种。可根据针刺部位的深浅及病情需要而选择使用。

按摩又称推拿，古称按硚、案扤，也是古老的医疗方法之一。殷墟出土的甲骨文卜辞中就有“按摩”的文字记载。《史记 · 扁鹊仓公列传》中说：“上古之时，医有俞跗，治病不以汤液醴洒，镵石挢引，案扤毒熨。”据研究，这里的“挢引”指自我按摩，“案扤”指为他人按摩[1]。

1　范炳华、许丽主编：《推拿养生保健学》，浙江科学技术出版社，2012 年，第 2 页。

《老子》《荀子》《墨子》《庄子》等著作也提到了锻炼及自我按摩的方法。《周礼疏》中扁鹊治愈虢太子尸厥的医案中，有“其弟子子游为虢太子进行按摩”的记载，说明按摩在临床应用中的作用。

《黄帝内经》多次论及按摩，《素问·血气形志篇》说：“形数惊恐，经络不通，病生于不仁，治之以按摩、醪药。”指出了经络不通、气血不通，人体中的某个部位就会出现疾患，在治疗上可以用按摩的方法疏通经络气血，达到治疗的作用。《黄帝内经》中曾有按摩工具的记载，《九针》中的“圆针”，既用于针灸，也用于按摩，常配合使用。秦汉时期，按摩已经成为医疗上主要的治疗方法之一。

在三国时期，按摩和导引开始与外用药物配合应用，出现膏摩、火灸，在人体体表施行按摩手法时，涂上中药制成的膏，既可防止病人表皮破损，又可使药物和手法作用相得益彰。名医华佗曰：“伤寒得始，一曰在皮肤，在膏摩火灸即愈。”魏、晋、隋、唐时期，设有按摩科，《隋书·五官志》中有按摩博士 2 人的记载。《诸病源候总论》每卷之末均有导引按摩之法。《旧唐书·职官志》载有按摩博士 1 人，保健按摩师 4 人，按摩工 16 人，按摩生 15 人。按摩博士在保健按摩师和按摩工的协助下，指导按摩生学习按摩导引之法，按摩成为官府教育之一种，《千金要方》云“小儿虽无病，早起常以膏摩囟上及足心，甚逼风寒”；《唐六典》曰“按摩可除八疾，‘风、寒、暑、湿、饥、饱、劳、逸’”。在这一时期，已经基本上形成了系统的按摩疗法。隋唐时期，膏摩方法有了发展，种类很多，有莽草膏、丹参膏、乌头膏、野葛膏、陈元膏和木防己膏等，根据不同病情选择应用。著名医学家孙思邈十分推崇按摩导引，他在《千金要方·养性》中提及：“按摩日三遍，一月后百病并除，行及奔马，此是养身之法。”

晋代葛洪所著《抱朴子内篇·遐览》中曾提到《按摩导引经十卷》，惜已佚。但在陶弘景《养性延命录》中，曾转引导引经部分内容：“平旦以两掌相摩令热，熨眼三过。次又以指按目四眦，令人目明。……又法：摩手令热以摩面，从上至下——去邪气，令人面上有光彩。又法：摩手令热，摩身体，从上而下，名曰干浴——令人胜风寒时气热、头痛，百病皆除。”[1] 导引经的上述内容曾为许多书籍所推崇、引用。

宋金元时期，按摩疗法得到进一步的发展。到了明代，太医院将按摩列为医政十三科之一。明清二代，儿科按摩得到长足发展，小儿推拿专著相继问世，如《小儿按摩经》及《小儿推拿方脉活婴秘旨全书》《小儿推拿秘诀》《小儿推拿广意》《小儿推拿直录》《保赤推拿法》

1〔南朝齐梁〕陶弘景：《养性延命录》，见吕光荣主编：《中国气功经典　先秦至南北朝部分》（下册），人民体育出版社，1990 年，第 241~242 页。

等。值得一提的是，清代《医宗金鉴》按摩对伤科病的治疗进行了系统的总结，把“摸、接、端、提、按、摩、推、拿”列为伤科八法。时至今日，按摩仍发挥着治疗和保健的作用。

3. 外科疗法

一般认为，中医长于内科，西医长于外科。事实上，古代中医的外科学也很发达。《周礼·天官篇》把当时的医生分为疾医、疡医、食医和兽医四大类，其中疡医即是外科医生，主治肿疡、溃疡、金创和折疡。

早在公元前5世纪，中国就有用麻醉剂的记载。《列子·汤问》中记载，鲁公扈、赵齐婴有疾，同请扁鹊求治，治愈后，扁鹊又为二人施行换心术，故事看似荒诞，但值得注意的是“扁鹊遂饮二人毒酒，迷死三日。剖胸探心……既悟如初”，说明当时已经知道使用“毒药”制成的酒作为麻醉剂施行大型外科手术。

马王堆出土的《五十二病方》记载有感染、创伤、冻疮、诸虫咬伤、痔漏、肿瘤、皮肤病等很多外科疾病，在“牝痔”中记载了割治疗法，如“杀狗，取其脬（膀胱），以穿龠（竹管）人膻（直肠）中，吹之，引出，徐以刀剥去其巢，冶黄芩而屡傅之”。还有用地胆等药外敷牡痔，用滑润的“铤”作为检查治疗漏管的探针等。亦有用酒麻醉止痛的记载：“令金伤毋痛……醇酒盈一杯，入药中，挠饮。不能饮酒者，酒半杯。已饮，有顷不痛。复痛，饮药如数。”说明当时的外科技术达到了一定水平。

《三国志》记载，华佗应用麻沸散作为全身麻醉剂进行了剖腹手术：“若病结积在内，针药所不能及，当须刳割者，便饮其麻沸散，须臾便如醉死，无所知，因破取。病若在肠中，便断肠湔洗缝腹膏摩，四五日差，不痛，人亦不自寤，一月之间即平复矣。”[1]这里对手术的适应证，麻醉、缝合技术，愈后等都有准确记述，当有一定的事实依据。且华佗在前人药酒的基础上进行改进，制成麻沸散也是可能的。虽然关于麻沸散的组成没有留传下来，但是窦材《扁鹊心书》记有“睡圣散”。1337年，危亦林进行整骨手术时，强调“颠扑损伤，骨肉疼痛，整顿不得，先用麻药服，待其不识痛处，方可下手”[2]。《本草纲目》亦有麻醉剂组方，不能说没有受到麻沸散的启发。日本外科学家华冈青洲使用以曼陀罗花为主的麻醉剂成功施行了乳癌、脱疽、唇裂修补等手术，被认为是世界麻醉外科史之首创，其思想来源于中国，所用麻醉剂配方与《扁鹊心书》和《世医得效方》类似。20世纪30年代，美国学者拉瓦尔（Lawall）在论述麻醉史时指出：“一些阿拉伯权威提及吸入性麻醉术，这可能是从中国人

1〔晋〕陈寿：《三国志》卷二九《魏书》二九，百衲本景宋绍熙刊本。

2 危亦林：《世医得效方》，上海科技出版社，1991年，第904页。

那里演变出来的。因为，据说中国的希波克拉底氏华佗，曾运用这一技术，把一种含有乌头、曼陀罗及其他草药的混合物用于此目的。”应该说中国古代的麻醉技术在世界外科学史上占有一定地位。

隋代巢元方所撰《诸病源候总论》中有不少外科内容，在“金疮肠断候”中有肠吻合的记载：“夫金疮肠断者，视病深浅，各有死生。肠一头见者，不可连也。……肠两头见者，可速续之。先以针缕如法，连续断肠，便取鸡血涂其际，勿令气泄，即推内之。”对护理也提出了具体要求：“当作研米粥饮之，二十余日稍作强糜食之，百日后乃可进饮（饭）耳。饱食者，令人肠痛决漏。”[1]这些护理原则和要求，至今仍是外科医师进行这类手术的护理要点。欧洲最早记录的同类手术是意大利人于12、13世纪完成的，比巢元方晚了约500年[2]。《诸病源候总论》“金疮成痈肿”一节中，创造性地论述了富有科学性的缝合方法和理论原则：“凡始缝其疮，各有纵横，鸡舌隔角，横不相当。缝亦有法，当次阴阳，上下逆顺，急缓相望，阳者附阴，阴者附阳，腠理皮脉，复令复常。但亦不晓，略作一行。”[3]这种缝合方法和原则，至今仍是处理外伤缝合时必须遵循的。此外，《诸病源候总论》还创造了结扎血管的方法，建立了创伤内异物剔除原则[4]。这在世界医学史上也属领先。

唐代孙思邈《千金要方》记载了运用葱管导尿术，“凡尿不在胞中，为胞屈僻，津液不通，以葱叶除尖头，内阴茎孔中，深三寸，微用口吹之，胞胀，津液大通，即愈”[5]。这一方法虽然不够理想，但是可以看作导尿术之嚆矢[6]。该书还记载有阴囊撕裂睾丸脱出的手术还纳缝合术、烧烙止血术、咽喉异物剔出术和保留灌肠、压力灌肠术等，均达到历史最高水平[7]。

宋元以后，外科学又有了一定发展，外科专著亦日益增多，其中《卫济宝书》专论痈疽，并记载了很多医疗器械，如灸板、消息子、炼刀、竹刀、小钩等的用法。《圣济总录》中有关于鼻饲的记载：“治中急风，牙关紧……若牙紧不能下，即鼻中灌之。”灌的方法是“如急风口噤，用青葱筒子灌于鼻内，口立开，大效”。金代张子和又做了改进，更接近现代水平。一位中风患者，牙关紧闭，无法给药，医生“取长蛤甲磨去刃，以纸裹其尖，灌于右鼻窍中，

1〔隋〕巢元方：《诸病源候总论》卷三六，清文渊阁四库全书本。
2 李经纬：《〈诸病源候论〉在医学科技上的贡献》，《新医药学杂志》1978年第8期，第31~35页。
3〔隋〕巢元方：《诸病源候总论》卷三六，清文渊阁四库全书本。
4 李经纬：《〈诸病源候论〉在医学科技上的贡献》，《新医药学杂志》1978年第8期，第31~35页。
5〔唐〕孙思邈：《千金要方》卷六一“膀胱腑方”，清文渊阁四库全书本。
6 李经纬：《中医急救技术的历史成就》，《河南中医》1981年第6期，第17~20页。
7 李经纬：《中国最早的临床百科全书〈备急千金要方〉》，见《中国100系列丛书·影响中国的100本书》，广西人民出版社，1993年，第375~380页。

咽然下咽有声……顿苏”[1]。《太平广记》则有施行开颅术的记载：“置患者于隙室中，饮以乳香酒数升，则懵然无知，以利刀开其脑缝，挑出虫可盈掬，长仅二寸，然以膏药封其疮，别与药服之，而更节其饮食，动息之候旬余，疮尽愈，才一月眉须已生，肌肉光净如不患者。”这里“挑出虫可盈掬，长仅二寸”，也许是脑内肿物之类。

元代危亦林《世医得效方》更详细记述了腹部开裂后的缝合方法、缝线材料等，指出常以桑白皮或麻缕做线。这说明当时对损伤进行外科手术修补并非罕见。此外，在骨科复位技术方面有所进步，发明了悬吊复位法。

明代外科著作显著增加，有50种之多，但是，外科学思想却趋于保守，如汪机就认为：“外科必本于内，知乎内以求乎外，其如视诸掌乎。”“治外遗内，所谓不揣其本而齐其末。殆必已误于人。”[2]在这种思潮之下，外科内治倾向日益明显，大型的外科手术案例很少见于记载，不过，在小的技术方面仍有不少进步。

王肯堂《外科证治准绳》详细叙述了缺唇的修补，气管、食管断裂的缝合方法。尤其对肛门闭锁（也称肛门内合）描述较为全面：“肛门内合，当以物透而通之，金簪为上，玉簪次之。须刺入二寸许，以苏合香丸纳入孔中，粪出为快。”

陈实功《外科正宗》系统论述了外科疾病150余条，在阑尾炎、癌症、化脓性感染、骨关节结核等疾病的认识方面达到了很高水平。记述了多种手术疗法，在鼻息肉手术摘除方面，设计了相关器械和手术方法：“取鼻痔秘法：先用回香草散连吹二次，次用细铜箸二根，箸头钻一小孔，用丝线穿孔内，二箸相离五分许，以二箸头直入鼻痔根上，将箸线绞紧，向下一拔，其痔自然拔落。”[3]这与现代手术方法的原理一致。陈实功倡导脓成切开，位置宜下，切口够大，腐肉不脱则割，肉芽过长则剪，这些有效方法沿用至今。此外，该书介绍的气管、食管吻合术和腹腔穿刺排脓术、指关节离断术等都很有实用价值。

清代顾世澄《疡医大全》关于肛门闭锁手术的记载更加确切，主张用刀割开。还有阴道闭锁治疗的手术方法，“实女无窍，以铅作梃，逐日推入，久久自开”。这种阴道扩张术对于其他狭窄性疾病的治疗也有启发意义[4]。

特别值得一提的是中医骨伤科现在仍发挥着重要作用。

早在晋代，葛洪的《肘后救卒方》就记载了使用夹板（竹筒）固定骨折，指出固定后

---

1 李经纬：《中医急救技术的历史成就》，《河南中医》1981年第6期，第17~20页。

2〔清〕汪机：《外科理例》序，清文渊阁四库全书本。

3〔明〕陈实功：《外科正宗》卷四“杂疮毒门”，明万历刻本。

4 李经纬：《中国古代外科成就》，《科学史集刊》1963年第5期，第1~11页。

患肢勿令转动，避免骨折重新移位，同时夹缚松紧要适宜；记载颞颌关节脱位口内整复方法，“令人两手牵其颐已，暂推之，急出大指，或咋伤也”[1]。这是世界最早的颞颌关节脱位整复方法，直到现在还普遍沿用[2]。隋巢元方《诸病源候总论》对骨折创伤及其并发症的病源和证候有较深入的论述，对骨折的处理提出了很多合理的治疗方法，还指出软组织断裂伤、关节开放性损伤必须在受伤后立即进行缝合，折断的骨筋亦可用线缝合固定，这是有关骨折施行内固定治疗的最早记载。唐代骨科技术也达到了很高水平，蔺道人《仙授理伤续断方》是我国现存最早的一部骨伤科专书，书中对骨折、脱臼的牵引、复位、固定、功能锻炼和药物治疗都有详细论述，指出复位前要先用手摸伤处，识别骨折移位情况，采用拔伸、捺正等方法复位，用夹板固定；提出了筋骨并重、动静结合的治疗原则；对开放性骨折，用煮沸消毒的水清洗伤口，用快刀扩创，断骨复位后，用清洁的“绢片包之”，“不可见风着水”。该书还首次将髋关节脱位分为前脱位和后脱位两种类型，用手牵足蹬法治疗髋关节后脱位；采用“椅背复位法”整复肩关节脱位。还重点介绍了骨折损伤内外用药经验，其中有关复杂骨折治疗的三条成功经验，至今在临床上仍有指导意义[3]。

宋元时代，骨伤整复方法有了较大的进步，张杲在《医说》中介绍了脚踏转轴及以竹管搓滚舒筋的练功方法，用以促进骨折损伤后膝、踝等关节的功能恢复，并采用切开复位治疗胫骨多段骨折。元代蒙古族善于骑射，长于骨伤科治疗，在太医院设立了正骨科，危亦林的《世医得效方》系统地整理了元代以前的骨伤科成就，并有很多创新和发展，使骨折和关节脱位的处理原则和方法更臻完善；其采用的悬吊复位法治疗脊柱骨折属世界首创。

明《普济方·折伤门》强调手法整复的重要性，并介绍用“伸舒揣捏”整复前臂双骨折；所谓“伸舒”即拔伸牵引，“揣捏”即夹挤分骨之意。中国医学对前臂骨折采用压棉分骨及夹板固定的方法沿用至今[4]。《金疮秘传禁方》记载了用“骨擦音”作为检查骨折的方法，处理开放性骨折时，主张把穿出皮肤已污染的骨折端切除，以防感染，并介绍了各种骨折的治疗方法。

到了清代，对前代骨伤科进行系统总结，《医宗金鉴·正骨心法要旨》把正骨手法归纳为摸、接、端、提、按、摩、推、拿八法，并介绍了运用手法治疗腰腿痛等伤筋疾患的方法，使用攀索、叠砖法及腰背垫枕法整复固定胸腰椎骨折脱位。在固定方面，主张“因身体上下、正侧之象，

---

1 尚志钧：《补辑肘后方》（修订版），安徽科学技术出版社，1996 年，第 308 页。

2 刘柏龄主编：《中医骨伤科学》，人民卫生出版社，1998 年，第 4 页。

3 韦以宗：《中国骨科技术史》，上海科学技术文献出版社，1983 年，第 115~116 页。

4 尚天裕：《前臂桡尺骨干双骨折之治法》，《明通医药》1979 年第 12 期，第 14~16 页。

图 19 《医宗金鉴》之骨折复位方法图

制器以正之，用辅手法之所不逮”[1]（图 19），并创造和改革了多种固定器具，例如对脊柱中段损伤采用通木固定，下腰损伤采用腰柱固定，四肢长骨干骨折采用竹帘、杉筒固定，髌骨骨折采用抱膝圈定等。钱秀昌著《伤科补要》还有杨木接骨的记载，这是利用人工假体代替骨头植入体内治疗骨缺损的一种尝试。

目前，中医骨伤科采取中医与西医结合，手术与手法结合，内服与外用药物结合，中药与西药结合，内固定与外固定结合，小夹板与石膏结合，使中医骨伤科有了长足的发展[2]。

4. 养生疗法

养生原本是道家通过各种方法颐养生命、延年益寿的一种活动。我们的祖先将道家合理的养生思想和方法与民众日常生活结合起来，通过饮食起居、情志调理、运动等方法和措施，以增强体质、预防疾病。即所谓“不治已病治未病”，从而形成独具特色的中医养生疗法。

（1）日常起居法于自然之道

中医认为，人们的起居、饮食等日常生活，都要顺应自然规律的发展变化。所谓“法于阴阳，和于术数，食饮有节，起居有常，不妄作劳，故能形与神俱，而尽终其天年”（《素问·上古天真论》）。如果违反自然规律，起居饮食无节，就会生病、早衰。

《素问·四气调神大论》对一年四季的起居行为给出了建议：“春三月，此谓发陈。天地俱生，万物以荣。夜卧早起，广步于庭，被发缓形，以使志生。生而勿杀，予而勿夺，赏而勿罚，此春气之应，养生之道也。”“夏三月，此谓蕃秀。天地气交，万物华实。夜卧早起，

1〔清〕吴谦著，张年顺、张弛主校：《医宗金鉴》，中国医药科技出版社，2011 年，第 960 页。
2 樊粤光主编：《中医骨伤科学》，高等教育出版社，2008 年，第 7 页。

无厌于日，使志无怒，使华英成秀，使气得泄，若所爱在外，此夏气之应，养长之道也。”“秋三月，此谓容平。天气以急，地气以明。早卧早起，与鸡俱兴，使志安宁，以缓秋刑；收敛神气，使秋气平，无外其志，使肺气清，此秋气之应，养收之道也。”“冬三月，此谓闭藏。水冰地坼，无扰乎阳。早卧晚起，必待日光，使志若伏若匿，若有私意，若已有得，去寒就温，无泄皮肤，使气亟夺，此冬气之应，养藏之道也。”若能“和于阴阳，调于四时”，春夏顺应生长之气以养阳，秋冬顺应收藏之气以养阴，可以回避四时不正之气，达到不治已病治未病之效。

（2）调理精神情志

中医认为，人的精神情绪对健康有很大影响，情绪的波动对五脏产生重要影响，所谓“怒伤肝，喜伤心，思伤脾，忧伤肺，恐伤肾”。因此中医特别强调保持精神清净安闲，无欲无求，生活纯朴，不羡慕别人，是长寿健康的重要因素。《素问·上古天真论》说：“精神内守，病安从来。是以志闲而少欲，心安而不惧，形劳而不倦，气从以顺，各从其欲，皆得所愿。故美其食，任其服，乐其俗，高下不相慕，其民故曰朴。是以嗜欲不能劳其目，淫邪不能惑其心，愚智贤不肖、不惧于物，故合于道。所以能年皆度百岁而动作不衰者，以其德全不危也。”

随着季节的变化，人们的思想和心情难免会产生波动，中医认为，春天要使情志随生发之气而舒畅，夏天要保持心中没有郁怒，秋天要保持意志安定不急不躁，冬天要使意志如伏似藏，保证心里充实。这样一来，真气深藏顺从，精神持守而不外散。

（3）饮食疗法

中国古代医家认识到膳食平衡有助于抵御疾病的侵袭，日常饮食对于健康的重要性。《素问·脏气法时论》指出：“毒药攻邪，五谷为养，五果为助，五畜为益，五菜为充。气味合而服之，以补精益气。”“五谷”是指黍、秫、菽、麦、稻等谷物和豆类作物，是养育人体之主食；“五果”指枣、李、杏、栗、桃等水果、坚果；“五畜”指牛、羊、猪、鸡、犬等禽畜肉食；“五菜”泛指蔬菜。这就是说，当身体受到疾病侵袭时需要药物纠正，而日常饮食需要各类营养平衡。一旦生病，必须药物治疗，也要配合饮食疗法。

我们现在都知道，谷物等富含碳水化合物，提供人体必需的热量；水果蔬菜富含维生素、纤维素、糖类和有机酸等物质；动物性食物多为高蛋白、高脂肪、高热量，而且含有人体必需的氨基酸。这些都是人体正常生理代谢及增强机体免疫力的重要营养物质。中国古人的认识，符合现代营养学观点。

中国有句俗语“是药三分毒”，提醒人们慎重使用药物。古代医家也提倡食疗先于药物治疗，唐代名医孙思邈在《千金要方》中说：“凡欲治疗，施以食疗，食疗不愈，后乃用药尔。” 历代方书中，均含有相当数量的食疗方。到了元代，出现了食疗专著《饮膳正要》，该书由御医忽思慧编撰，被认为是世界第一部营养学专著。该书继承了《黄帝内经》等古代医学著作的养生思想，介绍了各类食物的功效，收集了大量食疗专方，对于孕妇、儿童、老人等特殊人群的饮食均有专论。其中不少食疗经验和方法来自蒙古族等少数民族和中亚地区，在世界营养学发展史上也有一定地位。该书特别指出："虽然五味调和，食饮口嗜，皆不可多也。多者生疾，少者为益。百味珍馔，日有慎节，是为上矣。"《卫生宝鉴》也说："食物无贪于多，贵在有节。"

像药物一样，中医认为食物也有"四气""五味"，即寒、热、温、凉和酸、甘、苦、辛、咸。前者依据食物被人吃后引起的反应而定；后者主要是根据食物本来滋味而划分的。而"此五者，有辛、酸、甘、苦、咸，各有所利，或散，或收，或缓，或急，或坚，或软，四时五脏，病随五味所宜也"。依据食物的性味，因时、因地、因人制宜地进食某些食物，是中医饮食疗法的基础。

按照中医理论，药膳食疗应遵循顺乎自然的法则，适应气候变化的规律，四季应食用相应的食物，如《饮膳正要》就说："春气温，宜食麦，以凉之，不可一于温也。禁温饮食及热衣服"；"夏气热，宜食菽，以寒之，不可一于热也。禁温饮食，饱食，湿地，濡衣服"；"秋气燥，宜食麻，以润其燥。禁寒饮食，寒衣服"；"冬气寒，宜食黍，以热性治其寒。禁热饮食，温炙衣服"。人们结合地域的物产，总结出许多四季食谱，常见的如夏季饮绿豆汤解暑、冬季食羊肉防寒等。

对于不同体质以及患有不同疾病的人，中医重视饮食宜忌，如《素问·宣明五气》："辛走气，气病无多食辛；咸走血，血病无多食咸；苦走骨，骨病无多食苦；甘走肉，肉病无多食甘；酸走筋，筋病无多食酸，是谓五禁。"《饮膳正要·五味偏走》对各类疾病的饮食宜忌也有论述："肝病禁食辛，宜食粳米、牛肉、葵菜之类。心病禁食咸，宜食小豆、犬肉、李、韭之类。脾病禁食酸，宜食大豆、豕肉、栗、藿之类。肺病禁食苦，宜食小麦、羊肉、杏、薤之类。肾病禁食甘，宜食黄黍、鸡肉、桃、葱之类。"如果"多食酸，肝气以津，脾气乃绝，则肉胝䐢而唇揭"。虽然这些宜忌不一定完全正确，但是，其思想仍有价值。

总之，利用食物的特性有针对性地用于某些病证的治疗或辅助治疗，无疑有助于身体健康或疾病的康复，基本上无毒副作用。正如近代医家张锡纯在《医学衷中参西录》中指出的：食物"病人服之，不但疗病，并可充饥；不但充饥，更可适口，用之对症，病自渐愈，即不对症，亦无他患"。"有病治病，无病强身"正是食疗最显著的特点。

（4）导引与气功

导引是我国古代的呼吸运动（导）与肢体运动（引）相结合的一种养生术，也是气功中

图 20　马王堆出土之《导引图》复原图

的动功之一，与现代的保健体操相类似。

早在春秋战国时期，《庄子・刻意》就记载有为达到长寿目的而“吹呴呼吸、吐故纳新，熊经鸟申”的导引方法。长沙马王堆汉墓出土的彩绘帛画（图 20），有 44 个人物的导引图式，图旁注有术式名，部分文字可辨。其中还有大量模仿动物姿态的导引，涉及的动物有鹞、鹤、猿、猴、龙、熊等。当今体操中的一些基本动作，在《导引图》中大抵也能见到，也可以说这是一幅古代体操图样。这说明西汉以前，导引就成为人们锻炼身体的一种运动方式。三国时期的华佗把导引术式归纳总结为五种方法，名为“五禽戏”，即虎戏、鹿戏、熊戏、猿戏、鸟戏，比较全面地概括了导引疗法的特点，但华佗的五禽戏业已失传，南朝齐梁陶弘景《养性延命录》记有华佗“五禽戏”，模仿虎、熊、鹿、猿、鸟等五种鸟兽活动形态，编制出一套导引程式。《正统道藏》所收《太上老君养生诀》亦录此“五禽戏”，署华佗授广陵吴普。明代周履靖在所著《赤凤髓》和《万寿仙书》中，将它加以改进，减少动作难度，并与行气相结合，除文字说明外，还绘制出程式图谱。清人更于五种术式之外，加入向后顾望的“鹗顾势”和摇头摆尾的“狮舞势”，称作“七禽戏”。

除此之外，中国古代还有众多的导引法，如“赤松子导引法”、“宁封子导引法”、“虾蟆行气法”（为行气与导引相结合）、“彭祖卧引法”、“王子乔导引法”、“道林导引要旨”等，还有在北宋末出现的“八段锦”，都曾在当时社会上广为流传，有的还流行于近现代，对后世医疗和保健都起到推进作用。

中医的治疗方法很丰富，如刮痧、拔罐、三伏贴等一些目前仍广泛使用，少数民族如藏族、蒙古族、维吾尔族、回族等也均有各具特色的医学理论和诊疗方法，限于篇幅，不能在此一一介绍。

中医学是中华民族在防治疾病的探索过程中逐渐积累起来的知识和经验体系，其内容十分广泛，它不仅包含如前所述的医学理论和诊疗方法，也包含对生命奥秘的探索。《黄帝内经》就系统地阐述了生命形成、发展的一般规律，生命活动与自然环境、社会环境的关系等方面的内容。中医学的许多理论源自生活体验，中药源自生活经验甚至民间习俗，因此具有深厚的民间基础。数千年来，中华民族遵循中医的理论方法，认识生命，养护健康，繁衍生息。

中医药也是人类科学文化的宝藏，在历史上，向韩国、日本、越南等周边国家辐射，从而产生了韩医学和日本的汉方医，惠泽亚洲人民。现代医学对麻黄素的利用、青蒿素治疗疟疾、三氧化二砷治疗白血病，其思想渊源均来自中医的临床用药经验。针灸治疗疾病的价值也越来越受到国际社会的重视，利用中草药有效成分进行药物学研究已经成为一种常用方法，中医药必将为人类的健康做出更大贡献。

瓷器

杨永善

◎ 瓷器是中国的伟大发明。

◎ 中国陶瓷的研究者和考古学家，多年来对发掘的古代陶瓷实物资料进行系统的检测和研究，证实早在东汉晚期（220 年之前），浙江地区就已经烧制出成熟的瓷器，标志着中国瓷器发明的成功。瓷器的发明不仅意味着能制作出品质优良的用器，研制了一种富有潜质的新工艺材料，更重要的是其创造性实践的技术思想，影响深远。

◎ 瓷器的发明不是偶然的，而是在制陶技术的基础上，经过长期工艺操作的积累，在反复不断实践中思考和总结，认识逐步深化，技术不断超越和创新的结果。从瓷器溯流而上，可以看到其与陶器是一脉相承的，毫无疑问，如果没有陶器的发明，也就不会有瓷器的发明。

◎ 古代陶瓷工匠在制陶技术的基础上，经过长期探索，追求原料和技术的合理运用，产品的理化性能不断改进，所创造的新材质从量变到质变，完成了由陶器向瓷器的过渡，从而发明了瓷器。

一、制陶技术的发明

陶器是人类在早期文明发展阶段里，用土和火完成的器物制造，改变了黏土的性质，创造了最早的人为的新物质材料。

新石器时代的先民们在生活实践中，认识到黏土经水调和后能够塑造成容器形状，晒干硬结后有一定的强度，可以盛装固体类物质。偶然的机会，土坯状态的容器经火烧后，不但硬度加强了，而且烧结在一起，经水浸泡后仍能保持容器的既成状态，最早的陶器便产生了。

陶器的发明是人类创造性的活动，烧制出多种为生活所用的陶器，既是物质产品的创造，也是精神文明的创造，具有双重性的文化特征。

新石器时代的陶器与人们的生活和生产休戚相关，是当时定居生活最基本的用具，为农耕种植提供了储存种子和粮食的容器，在社会生活和生产中发挥着重要作用。

制陶成器是造物活动，同时也是造型活动；制造实用的器物，也创造了器物早期的造型，为以后瓷器的发明和发展奠定了存在的基本形式。

中国是发明瓷器的国家，而且也是最早发明陶器的国家之一。已经出土的实物资料证明，一万多年之前，在中国的土地上，先民们已经开始烧造陶器。他们在广袤的大地上繁衍生息，通过生活中的感知和领悟，认识到“水火既济而土合”的道理，从而烧造出最早的陶器。

“陶器在世界各个古代文明中心都是各自独立创造和发展的。”[1] 虽然时间有先后，样式和风格有所不同，但其创造思维的本质是一样的。“陶器为人类所共有，瓷器则是中国的创造。”[2]

“目前在中国境内发现的公元前 7000 年以前的陶器或陶器残片，主要见于北京怀柔转年、河北徐水南庄头、阳原于家沟、江西万年仙人洞与吊桶环、湖南道县玉蟾岩、广东英德青塘与牛栏洞、广西桂林甑皮岩与庙岩、临桂大岩、邕宁顶狮山等遗址。这十个遗址出土的陶器残片，以桂林市庙岩遗址陶片的测定年代为最早，在公元前 13000 年前后。”[3]（图 1～图 3）

在人类文明史上，制陶技术是早期社会的重要发明创造，是人类在科学技术和文化艺术

1 李家治：《中国早期陶器的出现及其对中华文明的贡献》，《陶瓷学报》2001 年第 2 期，第 78~83 页。

2 中国陶瓷全集编辑委员会编：《中国陶瓷全集》第 1 卷，上海人民美术出版社，2000 年，第 14 页。

3 国家文物局主编：《中国考古 60 年》，文物出版社，2009 年，第 20 页。

方面的起步。生活的实际需求使制陶技术成为一门独立的手艺，实践中反复操作的过程，形成了陶瓷制造最初的工艺程序，开启了人类早期的工艺创造智慧。

陶器的发明是新石器时代开始的标志，它改进了人类的生活方式，使古代社会产生了深刻变化。陶制品在当时是应用范围最广的日用器具和生产工具。陶器从最早出现，到后来普遍应用，在逾万年的历史长河中从未间断过，在发展中每个时期都有新的创造，从致用到应变，从宜用到悦目，是一种具有始源性特征的发明创造。

制陶工艺是造物的技术实施，同时又是造型形式美的表现，体现着先民朴素的设计思想和丰富的想象力，创造了一门新的技艺，彰显了朴素的原始审美意识，蕴含着陶瓷设计和制作的基本理念（图4）。

二、早期的陶器制造

陶器的制造是从最初的低级阶段向高级阶段过渡的。首先是对制陶原料的运用，在认识黏土性质的基础上，根据制陶的经验，选择杂质少、可塑性强、容易烧结的黏土为原料。通过对出土的大量陶器实物资料分析，可以推断当时使用黏土的选择是在逐步细化的。

从制陶技术发明开始，原料都是就地取材，选用的多是沉积土，经淘洗除去粗砂粒和杂质，然后放置陈化，以获得良好的可塑性，便于成型操作。为防止成型的坯体开裂，掺入适量的细砂、炭粒及谷壳等。最初制陶操作形成的选料、淘洗、陈化过程，使原料符合制陶的条件，用于成型操作，这是新石器时代早期积累的制陶经验。

陶器成型最初多为小件简单的样式，便于在手中捏塑，多以半圆球形、圆球形或筒形为主。成型时采取捏塑或拍打的方式，使坯体致密，晾干硬结后形态得以固定。制陶的黏土普遍具有良好的可塑性，适应多种成型方法，从最初的捏塑、盘筑、泥片围合、贴敷塑造，进而由慢轮成型进展到快轮成型，制陶技艺手法多样化，具有很强的适应性和表现力。为了使陶器表面质密而光洁，在陶坯烧成之前半干状态时，用蚌壳或鹅卵石为工具，砑磨坯体表面，使其平整光亮，不但加强了形式感，减小了渗水性，而且同时表现着手工制作的意趣。

陶工们在制陶操作中，对器物的形式有各自的理解，还有不尽相同的审美取向，使不同时期和不同地域的陶器形成多种风格特点。从最初制造生活用器开始，由于原料和技术的不同，自然条件和操作方式的差异，烧制出多种类别和样式的器物，可谓古朴自然、各具特色。正因为如此，丰富多样的创造，为发挥想象力和创造力构筑了宽广的平台，从不同的方位提供了进一步拓展和创新的可能性（图5）。

图6　平地露天烧陶（云南西双版纳傣族仍保留原始烧陶方法）

先民们的原始生活与火亲密接触，当认识到火对黏土的作用后，进而着意于有效利用。最初烧陶是在地面露天堆烧，在地上铺设木柴一类燃料，把晾干的陶坯摆放其上，再整体覆盖燃料，然后从临接地面处点火燃烧，过程中可随时添加柴草。这种方法易于掌握，但烧成温度不高，受热不匀，会出现红色、褐色、灰色或杂色陶器，不容易通体一色。平地堆烧还可在柴草燃料上用泥贴敷一层外壳，类似窑的雏形，在底部和顶部开洞，以便通气排烟，这种烧成方法保温较好，温度有所提高（图6）。

新石器时代中期烧陶已采用横穴窑或竖穴窑。半坡仰韶文化的窑型有横穴窑和竖穴窑两种，结构都比较简单，选择适宜的地形挖掘而成，窑室比较小，大致呈圆形，直径1米左右。烧窑是在窑底投放柴草为燃料，火焰由四周的火道进入窑室，没有烟囱，温度分布比较均匀。由于窑内热损失较无窑烧陶要小得多，所以烧成温度也较裴李岗和磁山文化的红陶稍高，可达到1000℃上下。“从热工观点分析，尽管窑型结构还较原始，但有了窑以后，不仅热损失小，而且当燃料燃烧时，进入窑内的火力比较集中，温度易于升高，坯体易于烧结，有利于提高陶器质量。故从无窑到有窑烧陶在技术方面是一大突破。”[1]

烧造陶器的窑炉技术改进，是提高烧成温度和保证产品质量的关键，是对火的利用和控制能力的表现。从新石器时代的穴式窑，演进到西周晚期或更早些时候开始建造有烟囱的窑，或以后改进的结构上比较完善的各种窑，这是中国古代陶窑发展的进程。窑炉的改进，使烧成温度从低于1000℃逐步提高到大于1300℃，为中国从制陶到发明瓷器创造了必要的设备条件。

1　李国桢、郭演仪：《中国名瓷工艺基础》，上海科学技术出版社，1988年，第50页。

三、多种陶器的烧造

制陶技术发明之后，开始了陶器烧造的历史，在不同地区、运用不同的原料和技术，烧造出多种类型的陶器，其中最具典型性的有红陶、彩陶、黑陶、白陶、灰陶、印纹硬陶等几种。这些不同类型的陶器，所用的原料成分、成型方法、烧成工艺等技术内涵，都是构成陶瓷传统工艺最基本的技术要素。

最原始的陶器烧造，从平地堆烧开始，不能控制温度和气氛，烧成的多为灰红、灰褐等杂色陶器（图 7）。穴式窑发明之后，尚不能控制窑内气氛，陶土中含有铁的化合物，在氧化气氛中呈现红色，烧出的多为红陶。红陶有夹砂陶与泥质陶两种，早期以夹砂红陶为主，多用作炊器，泥质红陶较为精致，多为饮食用器。

彩陶在仰韶文化中最具代表性，大都是在泥质红陶的基础上加彩而成的。原料选择和处理比较严格，成型制作具有很高的水平，用慢轮成型后，坯体修整和研光细致，使造型达到圆整、光洁、流畅的效果。彩陶是新石器时代先民们的杰出创造，是人类早期科学技术和文化艺术结合的产物，在成型制作的基础上，开启了在器物上描绘表现的装饰艺术领域，充分表现出陶工们的工艺技巧和艺术才能，在中国陶瓷文化史上写下了光辉的一页，开陶瓷彩绘艺术之先河（图 8）。

黑陶是新石器时代晚期在黄河下游开始烧造的，利用当地沉积的泥质黏土为原料，良好的可塑性使高超的成型技艺得以充分发挥，制陶技术达到前所未有的水平，是具有典范作用的。黑陶不仅需要熟练的手工拉坯快轮成型，而且还需要掌握精湛的旋坯技术，才可以制作出严整薄巧的陶坯，以蛋壳黑陶最具难度。蛋壳黑陶表面乌黑光亮，胎壁薄如蛋壳，是在竖穴窑烧成的，温度约为 1000℃，在烧成结束前，将潮湿的燃料投入窑中，利用烟熏进行渗碳，形成独特的又黑又亮的效果（图 9）。

白陶出现的时间比较晚，新石器时代晚期才开始烧造，到商代比较发达，造型与装饰精美，在黄河流域和长江流域都有发现。白陶胎体的原料中氧化铁的含量比较低，氧化铝的含量比较高，烧成后内外均呈白色。

根据对山东城子崖龙山文化及河南安阳殷墟出土白陶的研究，发现其化学成分非常接近瓷土及高岭土的成分。“在对安阳殷墟白陶的电子显微镜观察中，发现它的矿物主要组成与高岭土很相似。这就说明了我们的祖先至少在龙山文化时期和夏、商两代就已开始利用瓷土和高岭土来作为制陶原料，使我国成为世界上最早使用高岭土烧制器皿的国家。”[1] 瓷土和

1 中国硅酸盐学会编：《中国陶瓷史》，文物出版社，1982 年，第 73 页。

高岭土是制瓷的原料，在高温条件下可以烧造成瓷器。白陶是最早利用瓷土或高岭土制造的，但由于烧成温度在1000℃左右，未能达到1200℃以上，所以不能烧结成为瓷器，其性质仍然属于陶器范畴，但为瓷器发明开拓了思路。白陶的原料蕴含着“成瓷”的可能，为认识烧成温度的提高，实现由陶向瓷转化提供了发挥的途径（图10）。

灰陶在新石器时代晚期的陶器中占主要地位,持续发展的时间很久,历经夏、商、周几个时期，是当时生活中普遍使用的，也是数量最多的器具，因而灰陶的烧造技艺也比较成熟。灰陶产品主要有炊器、饮器、食器和盛器等几种类型，应用范围比较广，创造了多种类型的造型形式。装饰以拍印、刻画、粘贴等手法，表现线纹与几何纹饰，构成朴实无华的艺术效果（图11）。

灰陶颜色的形成，除由陶土成分所致，同时还和烧成气氛分不开。烧造灰陶的黏土含一定成分铁的化合物，具有助熔作用，能降低烧成温度，使陶器在弱还原的气氛中呈现灰色，与早期陶器烧造相比，属于比较进步的工艺技术。灰陶以其良好的功能效用和多种成型制作技术，积累了比较系统的工艺经验，在之后的陶瓷工艺技术发展中具有承前启后的作用。

印纹陶是指坯体成型时表面拍印几何花纹的陶器，由于原料和烧成温度不同，分为印纹软陶和印纹硬陶。印纹软陶的原料是普通黏土，氧化铁的含量相对比较高，属于易熔黏土，烧成温度在1000℃以下。印纹硬陶使用的原料多为含杂质较多的瓷石类黏土，氧化铁的含量较低，烧成温度可以达到1200℃。正是因为印纹硬陶原料成分的原因，可以提高烧成温度，增强胎质的硬度，开始向瓷器接近，所以才会有原始瓷的出现。

印纹硬陶出现的时间比印纹软陶晚，大约在新石器时代晚期才有烧造，商、周是其发展的重要时期。印纹硬陶是比较特殊的一种陶器，可以说是古代陶器发展的最高阶段，多样化实用的造型、良好的功能效用、致密坚实的胎体，得到普遍认同和接受，因此在长江南北都有烧造。

印纹硬陶的造型轮廓清晰、线角分明，胎体表里颜色多为紫褐色、红褐色、灰褐色和黄褐色，其中以紫褐色印纹硬陶的烧成温度最高，有的已达到烧结程度。部分烧成的印纹硬陶的胎体表面，还可以看到在高温烧成过程中，燃料中的草木灰和原料中的部分物质熔融形成的光泽（图12）。

印纹硬陶所使用的原料与原始瓷器很接近，只是氧化铁的含量较多。“从考古发掘的材料看，商、周时期的印纹硬陶，往往又是和同期的原始瓷器共同出土，而且两者器表的纹饰又多是类同或完全一样。特别是在浙江绍兴、萧山的春秋战国时期窑址中，还发现印纹硬陶和原始瓷器是在一个窑中烧制的事实，说明商、周时期的印纹硬陶和原始瓷器的关系是相当密切的。”[1] 印纹硬陶烧造的技术积累，伴随着原始瓷器的出现，二者有着密切的联系，原

1　中国硅酸盐学会编：《中国陶瓷史》，文物出版社，1982年，第74页。

始瓷器是印纹硬陶进一步发展和提高的结果。

四、原始瓷器的出现

陶瓷考古发掘的实物资料证实，中国最早在商代（约前16世纪—前11世纪）中期，已经烧造出具有瓷器属性与特征的青釉器，因为是处在初始阶段，所以称之为原始瓷器。最早在河南郑州二里岗商代文化遗址出土了青釉尊，之后在山东、江西、湖南、湖北、江苏、浙江的遗址也相继发现青釉器，经科学检测分析，是用高岭土为原料烧制而成的，烧成温度在1200℃以上，胎与釉是同步烧成的，内在质量符合瓷器检测的基本标准，是陶器向瓷器过渡阶段的产物。

中国陶瓷发展的早期，在烧制白陶和印纹硬陶的实践中，改进原料的选择与处理，提高烧成温度，并尝试发明釉，在初步具备“成瓷”的基本条件下，烧制出原始瓷器。由于原始瓷器的釉色多呈青绿色、青黄色或豆绿色，也称其为“原始青瓷”。从商代晚期经过西周和东周，原始瓷器在南方和北方都得到迅速发展，揭开了发明成熟瓷器的序幕。

原始瓷器在最初发现时尚无确切的认定，曾称其为“釉陶”，到1980年以后，经过严格的科学检测和论证，确认为原始瓷器。“由陶发展到瓷中间存在着一个发展和提高的阶段，商代至东汉的青釉器应称为‘原始瓷器’，因为‘原始瓷器’无论在化学组成和物理性能上多已接近于瓷而不同于陶，所以对于这类器物就不能再称釉陶。”[1]从商代开始烧造原始瓷器，经历了比较长时间的改进和完善，到东汉晚期烧造出成熟的瓷器，这是从原始瓷器过渡到成熟瓷器的重要阶段。

原始瓷器是瓷器发明的早期阶段，成型工艺和装饰方法受印纹硬陶的影响，工艺技术也相类似，烧成温度相差并不大，之后在工艺技术继续完善中，烧成温度才能达到1200℃以上。原始瓷器虽具备瓷器的基本特点，已属于瓷器的范畴，但还没有达到成熟瓷器的所有条件，烧成温度偏低，胎体的原料没有完全烧结，吸水率还较高，釉面尚不够均匀，胎与釉结合也不够紧密，表现出一定的原始性，所以才称其为原始瓷或原始青瓷（图13）。

陶瓷器的烧造，原料是最基本的物质条件，而烧成温度是决定原料转化程度的重要因素，二者相辅相成，缺一不可。提高烧成温度必须改进烧成方式和方法。商代在我国南方已经掌

1 中国硅酸盐学会编：《中国古陶瓷论文集》前言，文物出版社，1982年，第1页。

握利用地形的坡度建立小型的龙窑，同时还建造有烟囱的室形窑，改善了烧成条件，烧成温度能够达到 1200℃，所以才会烧造出原始瓷器。

原始瓷器的胎体表面有一层玻璃釉，颜色有青灰、青黄、黄褐或黄灰，还有深酱色，都属于原始的青釉。釉的发明源于用树木柴草一类植物为燃料，烧成过程中在胎体表面留下一层玻璃状态的物质，受此启发用草木灰作为主要原料配制而成。原始瓷釉虽带有很大的原始性，但这是我国首创的高温釉，也是实现成熟瓷器的必要条件之一。

原始瓷器的出现具有重要的工艺价值，从初始利用易熔黏土作为制陶原料，到选择瓷石质黏土和高岭土类黏土制作白陶和印纹硬陶，同时改进烧成方法，提高烧成温度，从而烧造出原始瓷器，为成熟瓷器的烧造起到承先启后的作用。

五、瓷器发明的成熟

原始瓷器在商代中期出现之后，经西周开始发展，到春秋战国时期，已脱离了原始状态，进入早期青瓷的发展阶段，在技艺传承中提高产品质量，到东汉晚期烧造的青釉瓷器品质优良，工艺技术达到比较完善的境地。这一时期瓷器原料制备较为规范，胎质细腻呈浅灰色，胎壁厚度适中，釉面平滑光洁，胎釉结合紧密，釉色多为青绿色，也有青灰色、青黄色等多种色调。成型工艺制作更加严格，造型规整，烧成技术显著提高，整体产生了根本的变化，从初露端倪到脱颖而出，烧造出成熟的瓷器（图 14）。

认定“瓷器应该具备的几个条件是：第一是原料的选择和加工，主要表现在 Al_2O_3 的提高和 Fe_2O_3 的降低，使胎质呈白色；第二是经过 1200℃以上的高温烧成，使胎质烧结致密、不吸水分、击之发出清脆的金石声；第三是在器表施有高温下烧成的釉，胎釉结合牢固，厚薄均匀”[1]。前两个条件是关键，决定其属性和本质，也是存在和发展的基础。

古陶瓷研究的学者们首先发现，浙江绍兴地区上虞一带东汉晚期的窑场，成功地烧造出成熟的青釉瓷器，符合瓷器检测标准，实现了从原始瓷器向成熟瓷器的跨越，使中国成为发明瓷器的国家。中国科学院的专家曾对出土的标本化验检测，“其烧成温度达 1310±20℃，吸水率为 0.28%，氧化铁的含量为 1.64%，这些数据已达到现代日用瓷的一般标准。所以，上虞成为举世公认的瓷器发源地”[2]。

---

1 中国硅酸盐学会编：《中国陶瓷史》，文物出版社，1982 年，第 76 页。

2 程晓中：《青瓷》，山东科学技术出版社，1997 年，第 17 页。

对上虞县上浦乡小仙坛东汉晚期窑址的瓷片与窑址附近的瓷石作测试分析，化学成分十分接近，表明当时瓷窑的原料是就地取材加工利用的，所以烧制的青釉瓷器呈良好的瓷化状态。青釉瓷器的气孔率很低，透光性也比较好，胎体致密，吸水率也已降低，经检测是在1260～1310℃的高温中烧成的。器物的表面通体施釉，表面光亮滋润，色泽淡雅清澈，釉层厚度较原始瓷器有所增加，胎与釉结合紧密，整体协调统一。通过检测确认，东汉晚期的青釉瓷器已完全达到瓷器标准，证实至迟在东汉晚期，中国已烧制出成熟的青釉瓷器。

浙江是我国古代瓷器的主要发源地，窑场遍布省内多地，初创于汉代，至宋代逐渐衰微，烧造瓷器的历史达千年之久。在这里首先烧造出成熟的瓷器，以上虞、宁波、金华、德清、衢州等地发现的东汉青瓷窑址比较多，因地属古越州，也统称为越窑，因其制瓷的卓越成就而著名。在这里烧造出成熟的瓷器，是和当地适宜的条件分不开的，就地取材的瓷石，严格的原料加工，充足的水力资源，精良的制作技术，改进的高温窑炉，诸多方面创造了成熟瓷器出现的条件，完成了发明瓷器的历史创举。

自汉代晚期制瓷技术达到比较完备的阶段，成熟的瓷器产生之后，历经三国、两晋、南北朝三百多年的漫长时期，是制瓷业发展和提高的重要时期，技艺日臻成熟，创制出众多优秀的产品。这一时期瓷器的胎釉原料更加精细化，成瓷的烧结程度充分，胎体质地坚实致密，釉色含蓄而丰富。产品的类型多样，创制了许多新的造型样式，如盘口壶（图 15）、鸡头壶、蛙形水盂、狮形辟邪等；用塑造的手法在器物上装饰，风格典雅古朴，意趣盎然。

青瓷虽为单一瓷种，但匠师们发挥创意，巧妙地运用材料特点，有效地控制烧成气氛，使釉层色泽纯正，透彻光润，烧造了大批优质的青瓷产品，为之后唐宋瓷器的辉煌成就奠定了坚实的工艺基础 。

六、制瓷技艺的发展

东汉晚期成熟瓷器烧造成功之后，制瓷技艺在发展中精益求精，产品成型制作规整，加工细致严格；瓷胎细腻纯净，质地坚实致密；釉色之美如“千峰翠色”，丰富而含蓄；造型样式贴近生活需求，实用而美观。成熟的青釉瓷器不仅在发展中愈加优良，而且烧造地区从浙江向外扩展，在江苏、安徽、江西、湖南、四川、福建、广东也都有青釉瓷器的烧造。

北方烧造青釉瓷器晚于南方，“1948 年在河北景县封氏墓出土一批青瓷，经化验属于北方瓷土，是北方瓷窑烧成的。器物的造型和装饰都宏伟粗犷，与南方的灵巧秀气风格迥异，在河北省的内丘、临城，山东淄博、曲阜和泰安等地都发现过北朝青瓷窑址”[1]。我国早期的瓷器都属于青釉系统，制瓷原料的成分都含有一定量的铁，由于坯釉的含铁量不同，经过还原焰烧成的温度和气氛也不尽相同，所以烧出的青釉瓷器的色调深浅也有差别。工匠们经过长期生产操作，逐步掌握了铁的含量与呈色的关系，使青釉瓷器的品质不断提升（图 16）。

北方窑场在烧造青釉瓷器的基础上，成功地控制胎和釉中铁的成分，在北朝时烧造出早期的白瓷。从青釉瓷器蜕变为白瓷，是制瓷技术深化的结果，也是一种创造。虽然白瓷的颜色不同于青瓷，但却是在青瓷基础上改进和发展而成的。青瓷和白瓷的根本区别，主要在于含铁量的不同，除此之外其他生产工序基本相同。青釉瓷器烧造技术迅速提高，原料的制备日益精细，胎与釉中铁的含量显著减少，在反复烧制的实践中，掌握了原料成分与呈色的规律，为白瓷的烧造成功地创造了条件。

早期白瓷已明确地显示出自身的特征，胎与釉都微呈乳白色，胎质更加细腻，釉层明澈，白中泛青，较厚处青色调显著，明确地反映出白瓷脱胎于青瓷的渊源关系。白瓷是在青瓷工艺基础上发展而来的，因此早期的白瓷不可避免地显现出白中泛青的特点，隋代白瓷的釉色仍然若隐若现。“从墓葬和遗址出土的白釉瓷以及文献记载的资料，一般认为我国白釉瓷的烧制应该是在北朝。河南安阳带有可靠纪年北齐武平六年，即公元 575 年范粹墓出土了一批白釉瓷，它们的特点是胎较细白、釉呈乳白泛青色，厚釉处则呈青色，这是考古发掘中发现最早的白釉瓷。”[2]（图 17）

白瓷从北朝开始烧造，到隋唐已进入成熟时期。河北邢窑最初烧造青瓷，过渡到烧造白瓷之后，到唐代成为白瓷的主要产地，形成了我国陶瓷历史上所谓的“南青北白”的格局。北方白瓷的烧造是制瓷工艺技术的新创举，使我国成为世界上最早拥有白瓷的国家，是我国对陶瓷科学技术发展的重要贡献（图 18）。

唐代白瓷以河北的邢窑最为著名，从兴起到发展，在当时以青釉瓷器为主的格局中异军突起，不仅以洁白展示着清丽素雅的质地，同时蕴含着在转化过程中的和谐交融，促进了创造意识的发挥和拓展（图 19）。

宋代是青瓷发展的独特时期，儒雅的社会文化氛围，格调超然的审美追求，精湛纯熟的技艺，创造了青瓷产品的历史高峰。其中著名的汝窑、官窑、钧窑、龙泉窑均属宋代五大名窑之列，而且各具独特风格，作为工艺品审美意蕴之典雅，创造了青瓷艺术的高峰（图

1　李知宴：《中国古代陶瓷》，商务印书馆，1998 年，第 88 页。
2　李家治主编：《中国科学技术史·陶瓷卷》，科学出版社，1998 年，第 144 页。

20～图 23）。

宋代白瓷以定窑最为著名，是五大名窑中唯一烧造白瓷的。定窑风格样式独特，造型与装饰典雅精致，制作技术纯熟，揭开了北方瓷器发展的新篇章，也引发了南方白瓷的蓬勃成长（图 24）。

南方白瓷最具代表性的是始于五代时期的景德镇的青白瓷，瓷胎洁白，釉色白中泛青，进而发展为白瓷。景德镇白瓷在此基础上异军突起，瓷器品类丰富多彩，技术与艺术成就卓然，开拓了中国瓷器发展的新天地（图 25）。

元代景德镇制瓷技艺日臻成熟，瓷器生产迅速发展，开始进入发展的新的历史时期。大量白瓷的生产，主要用于制作各种类型的饮食用器（图 26）。同时，优质的白瓷也给彩绘艺术表现提供了新的载体，元代著名的釉下彩绘装饰有青花与釉里红，开始步入成熟时期，创造了许多优秀的作品（图 27、图 28）。

福建德化白瓷烧造初创于宋代，明代是德化瓷器生产发展的繁荣时期。当地拥有得天独厚的制瓷原料，烧制的瓷器洁白素雅，质地纯净，如象牙，似白玉，形成独具一格的德化白瓷特点，大量用于制作实用瓷器和陈设瓷器（图 29）。德化瓷塑艺术成就卓著，以线为主的表现手法独树一帜，观音像与达摩像最具代表性，塑造技艺精湛，充分发挥了瓷质的特点（图 30）。

明清两代景德镇成为中国瓷器生产的中心，传统制瓷技艺更加规范，釉下彩绘装饰发展的同时，釉上彩装饰也在创新中得到丰富。明代的五彩装饰颜色鲜明，感染力强（图 31）；斗彩装饰色调丰富，变化自然（图 32）。清代的古彩装饰刚劲挺秀，形象概括（图 33）；粉彩装饰色彩柔和，描绘写实（图 34）；珐琅彩装饰富丽典雅，精致入微（图 35）。

明清两代颜色釉瓷器不仅釉色多样，并配以相适应的造型，通过瓷器的形体变化，充分表现釉色之美，创造了多种类型颜色釉的优秀作品（图 36、图 37）。

在世界陶瓷发展的历史进程中，中国不但发明了瓷器，而且在不断发展和提高工艺技术的同时，创造了与其相适应的造型和装饰的样式和风格，在传播制瓷技术的同时，也以其深厚的陶瓷文化影响和丰富着世界。

考古资料证实，中国瓷器在发明之后，从唐代开始通过陆路和水路远销到朝鲜、日本、越南、马来西亚、菲律宾、印度尼西亚、泰国、印度、伊朗、伊拉克、埃及和东非等国。中国瓷器销往欧洲是从 16 世纪初由葡萄牙和西班牙商人转销开始的，继而代之的是 17 世纪至 18 世纪初由荷兰垄断者经营，之后是欧洲各国来华直接进行瓷器贸易，中国瓷器大量运往欧洲，贸易达到高峰。

图 13　商代青褐绿釉原始青瓷尊
图 14　东汉水波纹青釉双系罐
图 15　三国青瓷盘口壶
图 16　北朝青釉莲花尊
图 17　北朝白瓷绿彩长颈瓶

图 18　隋代白轴罐
图 19　唐代白瓷执壶
图 20　宋代汝窑三足奁
图 21　宋代官窑贯耳瓶

图 1

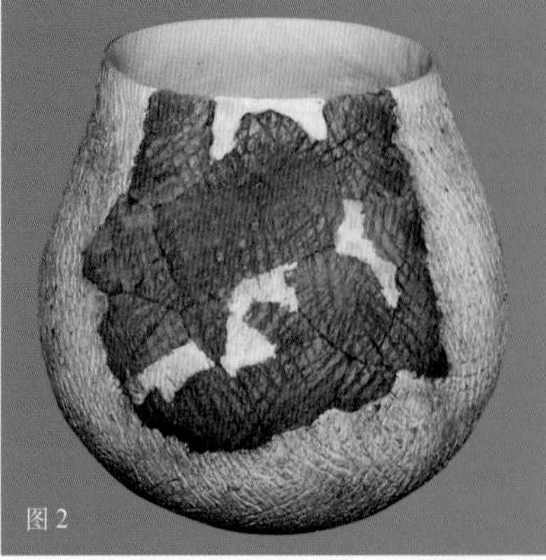
图 2

图 3

图 4

图 7

图 5

图 1　最古老的陶器（江西万年仙人洞出土陶片复原）
图 2　最古老的陶器（广西桂林甑皮岩出土陶片复原）
图 3　最古老的陶器（湖南道县玉蟾岩出土陶片复原）
图 4　裴李岗文化时期的红陶双耳三足壶
图 5　仰韶文化半坡类型的彩陶菱形壶
图 7　大地湾文化时期的杂色陶器三足钵

图 8

图 9

图 10

图 8　仰韶文化时期的彩陶圆涡锯齿纹双耳壶
图 9　龙山文化时期的黑陶罍
图 10　商代白陶几何纹瓿
图 11　周代灰陶涡纹双耳壶
图 12　西周印纹硬陶弦纹杯

图 11

图 12

图 22

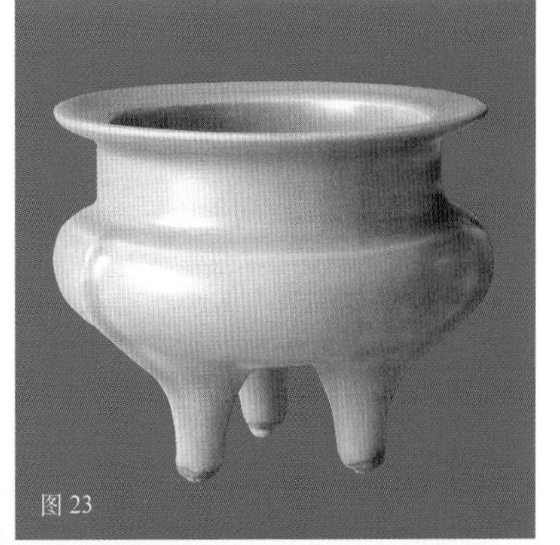

图 23

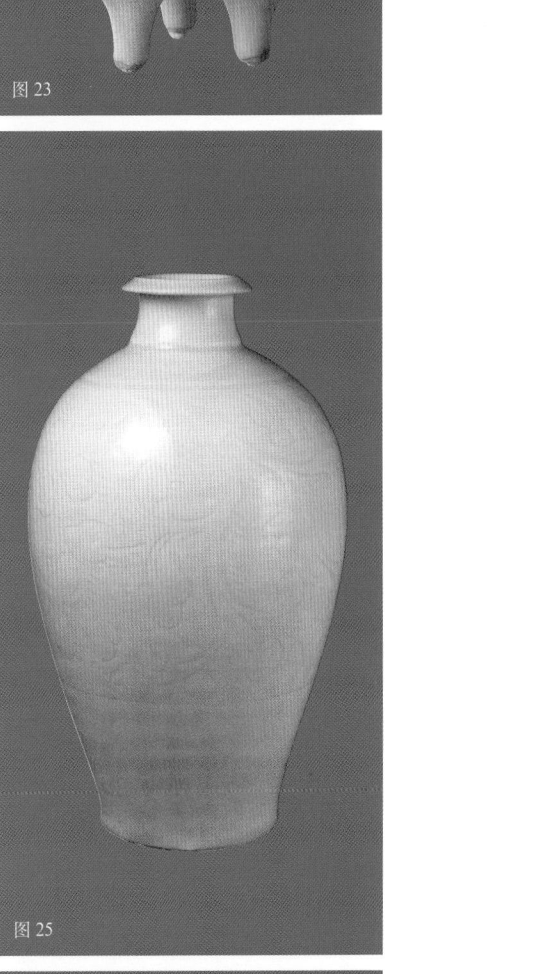

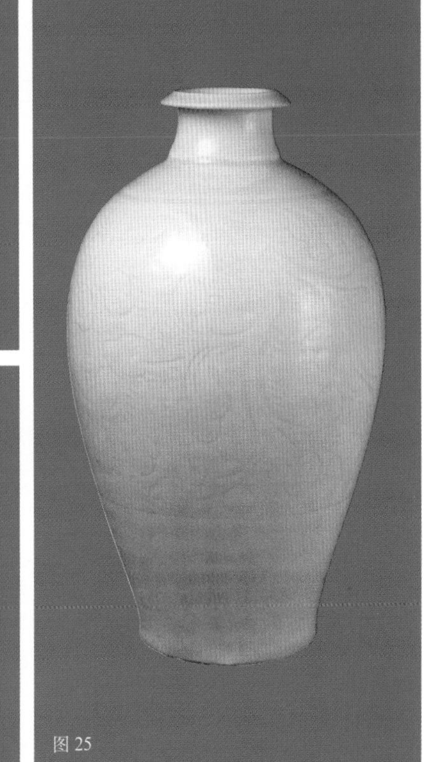

图 25

图 24

图 27

图 26

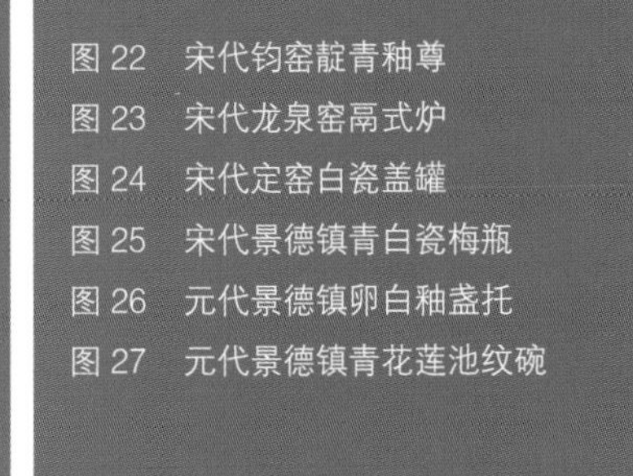

图 22　宋代钧窑靛青釉尊
图 23　宋代龙泉窑鬲式炉
图 24　宋代定窑白瓷盖罐
图 25　宋代景德镇青白瓷梅瓶
图 26　元代景德镇卵白釉盏托
图 27　元代景德镇青花莲池纹碗

图 28

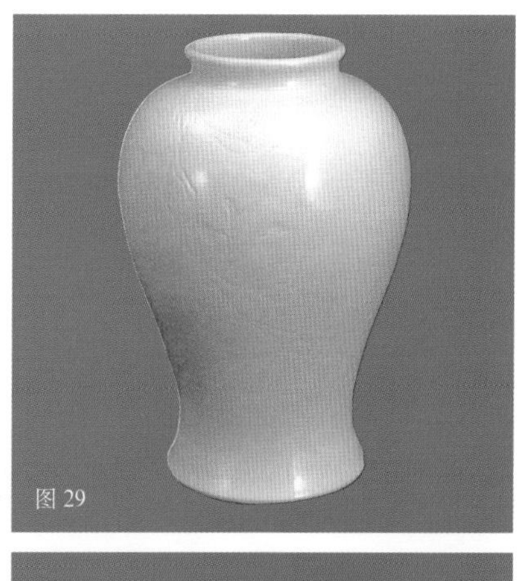

图 29

图 30

图 31

图 28　元代景德镇釉里红松竹梅玉壶春瓶
图 29　明代德化窑白瓷玉兰纹尊
图 30　明代德化窑白瓷达摩立像
图 31　明代五彩鱼藻纹盖罐

图 32

图 35

图 35　清代珐琅彩缠枝纹蒜头瓶
图 36　清代窑变釉石榴尊
图 37　清代青釉云璃纹莱菔尊

图 33

图 32　明代斗彩宝相花罐
图 33　清代古彩莲池纹凤尾尊
图 34　清代粉彩寿桃纹天球瓶

图 34

图 36

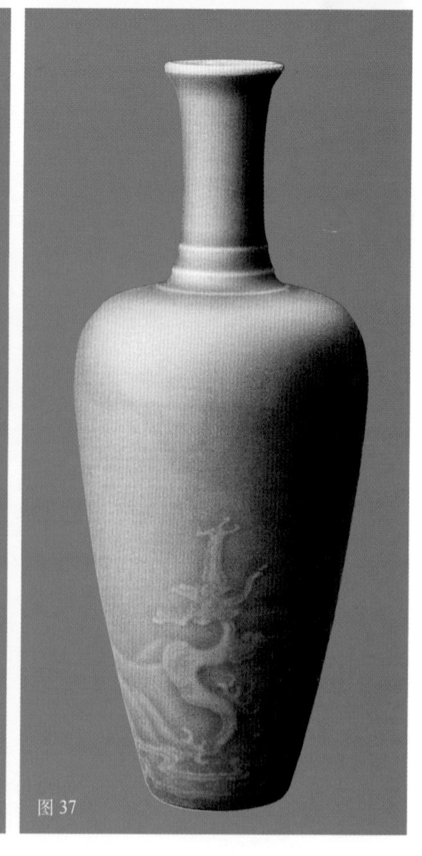

图 37

随着中国瓷器的输出，制瓷技术也随之传播。最早向中国学习制瓷技术的是朝鲜，在 10 世纪初开始在国内设窑烧造瓷器；日本在 8 世纪引进我国的烧窑技术，13 世纪初派匠师到福建学制瓷技术，回国后在濑户烧造瓷器；埃及在 12 世纪仿制中国瓷器成功。1470 年意大利人学会了中国的制瓷技术，首次在欧洲烧造出瓷器。1709 年德国人成功地学习和掌握了中国制瓷技术，烧造出第一批优质瓷器。此后法国于 1738 年，英国于 1745 年，荷兰于 1764 年，美国于1890年，先后学会中国的制瓷技术，造型装饰也受其影响，生产出各自独特风格的瓷器。中国制瓷技术的发明，不仅为人类的日常生活制造了性能优良的用器，同时也提供了精美材质的艺术作品，为世界的物质文明创造做出了重要贡献。

中国陶瓷在当代得到新的发展，现代化陶瓷厂和传统手工艺作坊遍布各省，其中著名的陶瓷产区有江西景德镇、湖南醴陵、江苏宜兴、浙江龙泉、福建德化、山东淄博、广东石湾和潮州、河北唐山和邯郸等，各产区在继承中国优秀传统陶瓷的基础上，创造出现代的新的陶瓷。

瓷器发明作为中华民族重要的传统工艺创造，既是珍贵的文化遗产，又是技术基因的载体，是以致用为目的的创造思维在工艺实践中的体现。瓷器烧制的应用范围也从原来的日用瓷器和建筑材料等领域拓展到特种陶瓷，形成与金属、有机高分子鼎立的地位。陶瓷科学技术的成就广泛应用于信息、能源、生物医学、环境、国防、空间技术等部门的高新科技领域之中。瓷器创造发明的应用价值和学术意义是深远的，对现代社会是极为重要的。

参考文献：

[1] 李家治 . 中国科学技术史：陶瓷卷 [M]. 北京：科学出版社，1998.

[2] 赵匡华，周嘉华 . 中国科学技术史：化学卷 [M]. 北京：科学出版社，1998.

[3] 中国硅酸盐学会 . 中国陶瓷史 [M]. 北京：文物出版社，1982.

[4] 中国陶瓷全集编辑委员会 . 中国陶瓷全集 [M]. 上海：上海美术出版社，2000.

[5] 冯先铭 . 中国陶瓷 [M]. 上海：上海古籍出版社，1994.

中式木结构建筑技术

郭黛姮　安沛君

◎　中国传统建筑以木结构为主。原始社会“巢居”“穴居”并存，但在其后数千年的发展中，木结构建筑得以保存发展并日臻完善。这种以木为主的结构促使中国传统建筑形成了不同于西方建筑的特点。在单体建筑方面，受木材长短的限制，不便像西方建筑那样用石块建造的房屋，可大可小。但在群体建筑空间组织方面却积累了丰富的经验，具有高超的技艺，形成了中国建筑注重院落空间，强调室内外空间交融的独特空间形式。这一特点在数千年变化和积淀中与中国传统思想互相晕染融合，使得“天人合一”“和谐共生”等思想得以物化，反过来，这些思想也借由中国传统建筑得到宣扬和阐释。物化的思想和升华的建筑已经难分彼此，共同谱写中华文明的华彩乐章，并对东亚文化圈产生了深远的影响。

◎　木结构建筑的建造离不开高超的建筑技术。中国古代木结构建筑技术包含多个工种，不同朝代有不同的分类标准，按照清代的方法，大致可以分为八个种类，称为“八大作”，分别是木、瓦、扎、石、土、油漆、彩画、糊。其中“木”指木作，包括大木作和小木作；“瓦”指砖作和瓦作；“扎”指脚手架的搭建；“石”指石料的雕琢和砌筑；“土”指地基、墙体等处的夯土技术；“油漆”指结构、装修部件表面用油漆来保护和装饰；一些等级高的房屋表面绘制的各种纹饰，称为“彩画”；“糊”指房屋顶棚、墙壁等处表面贴纸的施工技术。由于木作包含建筑的主体结构和最终的装修细节，因此木作是八个工种中最重要和最基本的工作。中国传统木结构建筑技术，已被公认为中国非物质文化遗产的重要组成部分。

一、中国古代木结构建筑的特色

（一）梁架结构类型

中国古代木结构建筑的主要结构形式系采用梁架结构体系。最早是从“柱椽体系”开始的，柱椽体系是指半穴居时代，以圆形穴壁为墙，四周用小木棍（椽）搭在中柱上的做法（图1）。

后来随着建筑脱离穴居，建在地面之上，扩大为“柱檩椽体系”。同时柱子沿着房屋纵向加长，彼此之间搭着较粗的木棍，其上再搭椽子，便成梁架结构。为了满足屋顶排水的需要，发展成带有坡屋顶的梁架结构体系（图2）。

中国古代木结构建筑主要有四种类型：抬梁式、穿斗式、井干式、干栏式。其中抬梁式、

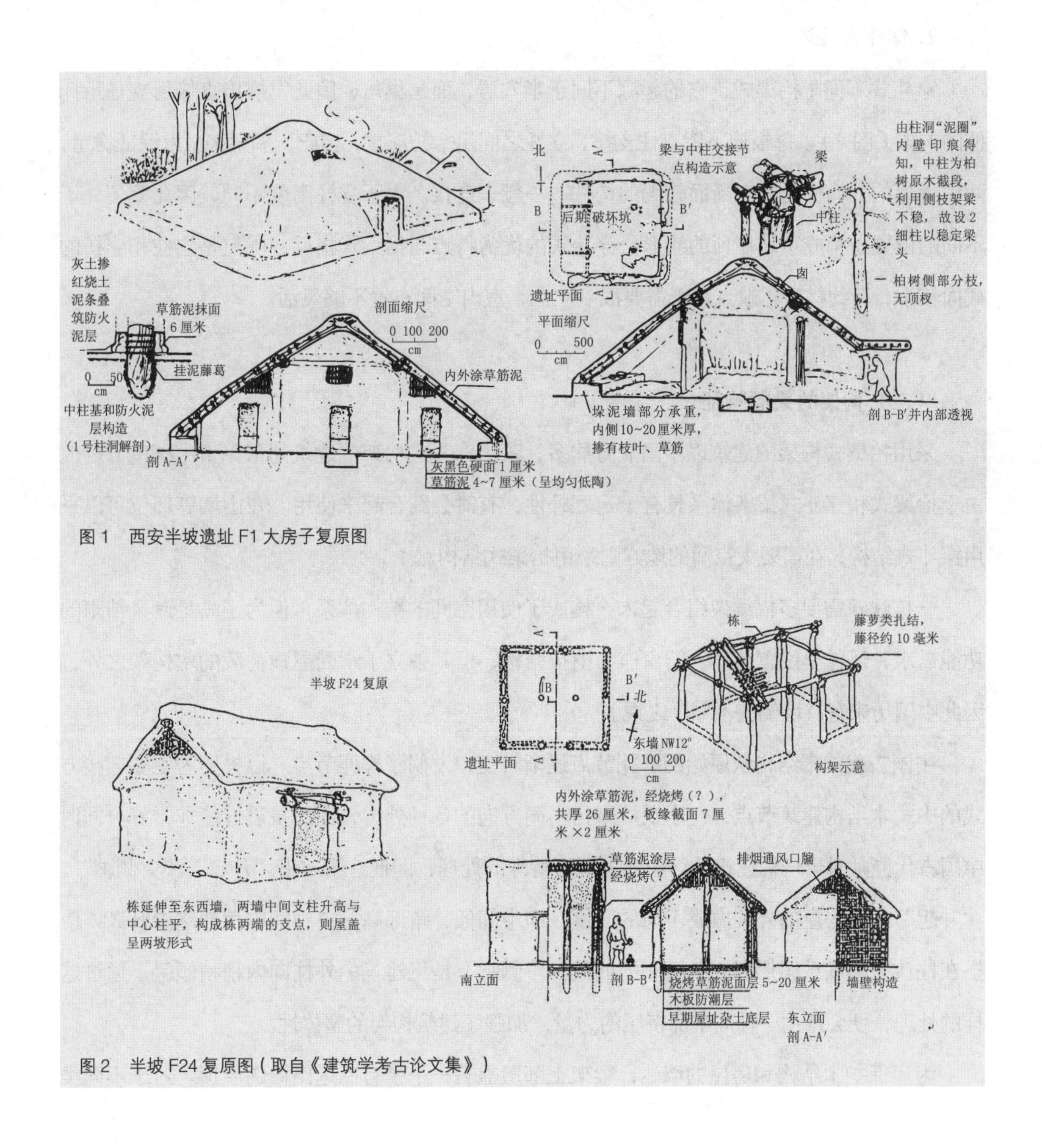

图1　西安半坡遗址F1大房子复原图

图2　半坡F24复原图（取自《建筑学考古论文集》）

穿斗式分布最广；干栏式仅见于气候潮湿地区；井干式的特点是以原木叠落起来，做成墙壁和屋顶，适合盛产木材的地区。

1. 抬梁式梁架

抬梁式梁架结构顾名思义就是把梁一层层架上去（图3）；用两根立柱支撑一根横梁；在横梁上再立两根短柱，支撑一根稍短的横梁；在这根稍短的横梁上再立两根短柱，支撑一根更短的横梁。以此类推，横梁逐层缩短，构成一榀梁架。在每根梁两端，垂直方向放置搭在两榀梁架之间的长木条——檩子，就形成了坡屋顶的雏形。

抬梁式的优点在于室内立柱少，空间宽敞，适合多种功能要求；缺点在于立柱和梁都需要长大的木料，且需具有一定的经济实力。

2. 穿斗式梁架

穿斗式不同于抬梁式，它的起源不同于半穴居，而是巢居，因此发展出直接用立柱承托檩的构架（图4）。每根檩下皆有柱支撑，立柱之间用木枋连接，构成一榀梁架。为保证稳定，两榀梁架的外檐柱之间有断面较大的构件——额来连接。由于立柱高度不同，因此檩便处于不同的位置，构成了坡屋顶的雏形。穿斗式的优劣特点与抬梁式相反，优点是立柱和穿枋的截面较小，节约材料；缺点在于需要很多立柱，室内空间布置不够灵活。

（二）构架的梁额特征

采用抬梁式构架的建筑以中国北方居多，采用穿斗式构架的建筑则常见于中国南方。但由于抬梁式和穿斗式梁架体系具有一定互补性，有时会结合起来使用。在山墙等部位可以采用穿斗式结构，在需要大空间的地方则采用抬梁式结构。

一栋建筑需要多榀梁架组合起来，构成了使用空间的结构体系，但为了满足遮风挡雨的功能需求，还需要设置墙体、门窗作为围护结构，但其独立于承受屋顶荷载的木构架之外，因此中国历来有“墙倒屋不塌”之说。

中国古代的木结构从原始的绑扎节点逐渐转变，发明了榫卯节点。以榫卯为主要连接方式的中式木结构建筑节点，便于抵抗来自不同方向的各种外力，因此抗震性能非常好。同时中国古代匠师对于一幢建筑的结构还进行了特殊的处理，即把柱子做出“升起”和“侧脚”。“升起”是将房屋的外柱做成不同的高度，即中间低、角部高，自中间向角部逐渐升高，使搭在柱头上的联系梁形成一条缓和的曲线。“侧脚”是将建筑的外柱向内稍稍倾斜。通过这样的处理，便会产生一种向中部挤压的力量，加强了建筑构架的整体性。

为了保护木结构和房屋的墙体，梁架上部覆盖着一个带有深远出檐的屋顶。对于不同类

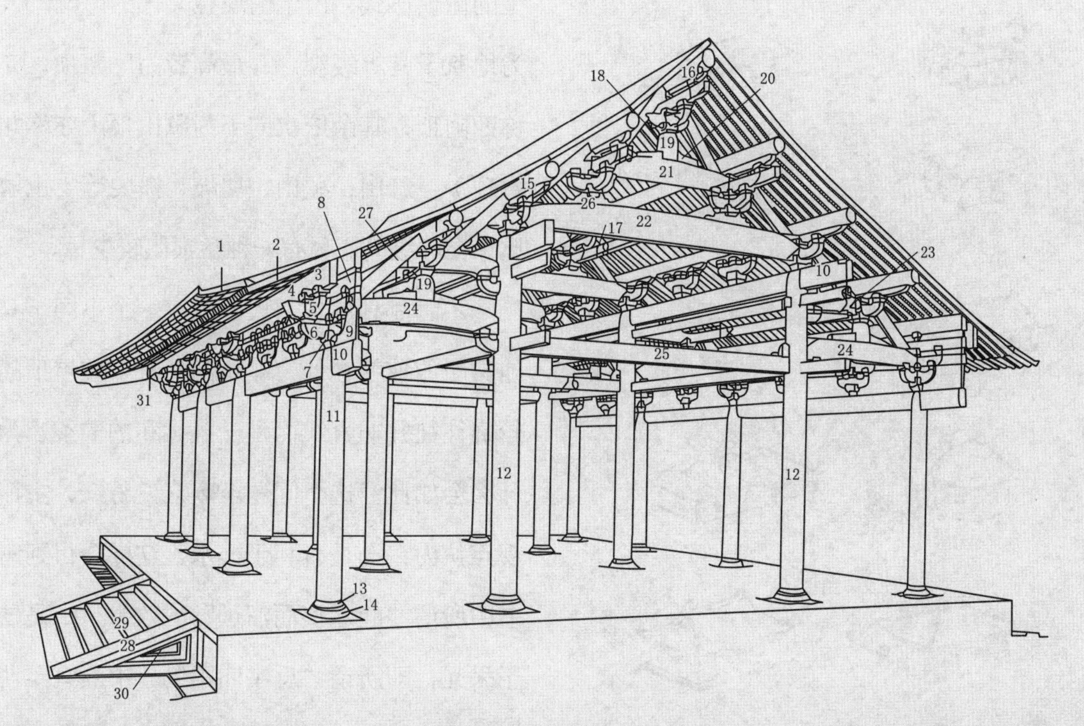

1. 飞椽　2. 檐椽　3. 橑檐枋　4. 斗　5. 栱　6. 华栱　7. 栌斗　8. 柱头枋　9. 栱眼壁板　10. 阑额　11. 檐柱　12. 内柱　13. 柱櫍　14. 柱础　15. 平槫　16. 脊槫　17. 襻间　18. 丁华抹颏栱　19. 蜀柱　20. 合　21. 平梁　22. 大梁（四椽栿）　23. 劄牵　24. 乳栿　25. 顺栿串　26. 驼峰　27. 叉手、托脚　28. 副子　29. 踏　30. 象眼　31. 生头木

图3　宋式厅堂抬梁式木构架

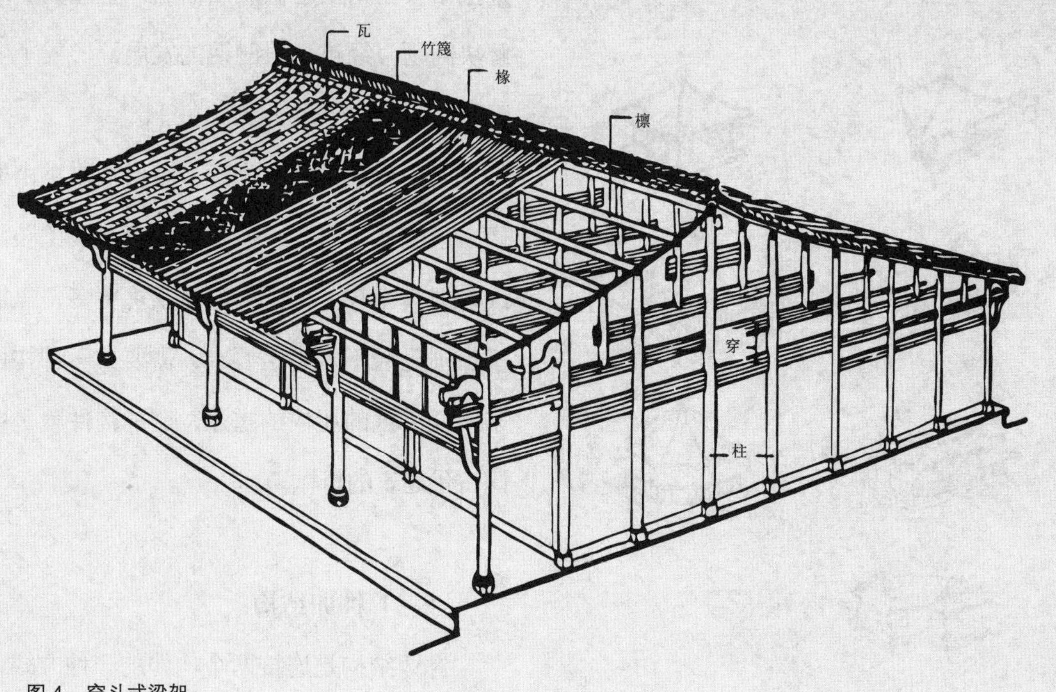

图4　穿斗式梁架

型的屋顶形式，由于伦理型文化的影响，人为地赋予其等级观念，最高者为庑殿顶，亦称四阿顶；其余依次向下为歇山顶（亦称九脊顶），悬山，硬山，单坡，攒尖等。重檐比单檐等级高。另有一种盝顶比较少见。

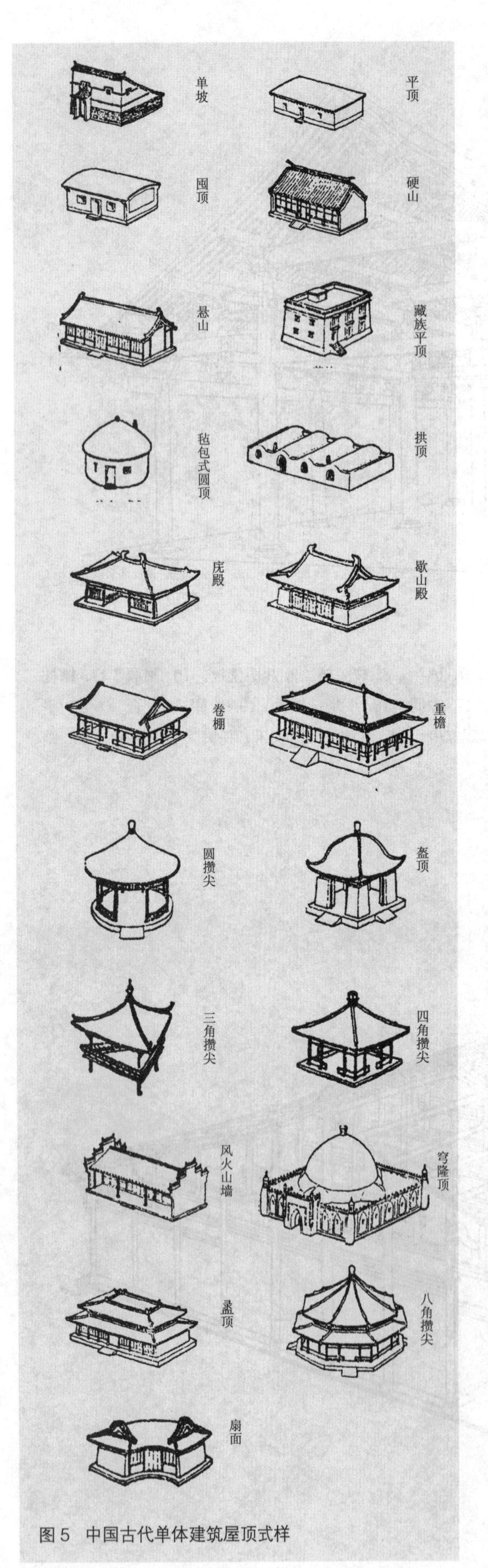

图5　中国古代单体建筑屋顶式样

不管哪种屋顶，大多具有一个不同于其他文明的独特之处，即从剖面看来坡屋顶的轮廓往往并非直线而是一条柔和的曲线。为什么会如此？这个问题至今众说纷纭，主流观点认为：一是有利于排水，这样会得到古书中所谓“吐水疾而溜远”的效果；二是便于采光，即所谓“反宇向阳”。中国直至明代（700年前）用砖砌筑墙体才被大量应用，此前墙体大多由夯土筑成，对防水要求高，改善墙身防水的有效方法就是加大檐部出挑的深度。若出挑的这部分屋檐保持和屋顶同样的坡度，就会导致室内采光状况不良。如果把檐口稍稍抬起做成凹曲面，就能完美地解决问题。经过一段时期的发展，形成了今天所见的各种样式的屋顶（图5）。

对于普通的建筑来说，屋檐的出挑由檐椽来承担就足够了，但如果建筑等级比较高或者规模比较大，需要屋檐出挑更多，靠椽子出挑已经不能满足要求，需要另一种构件来承托出挑的屋檐的重量，这种构件就是中国古代建筑的枓栱。

（三）榫卯结构

榫卯结构是连接两个构件的一种方式，其基本形式是一个构件插入另一个构件。突出的部分称为“榫”，凹入的部分称为“卯”。由于木材容易加工，有一定的韧性，并会随着湿度的变化产生轻微的变形，榫卯是一种最适合木结构的构造方式。目前已知最早的榫卯结构发现于中国浙江余姚的河姆渡遗址，距今7000多年。遗址出土的木结构遗迹中有多种榫卯结构，主要应用在干栏式建筑中，有凸型方榫、圆榫、双层凸榫、燕尾榫以及企口榫等（图6）。尤其令人惊叹的是，这些精巧的榫卯大多是以石质工具加工完成的。

榫卯结构并非唯一连接木构件的方式，用绳索绑扎亦常见于早期文化遗存中。西安半坡遗址属于仰韶文化，其年代较河姆渡文化略晚。其中出土的建筑主要采取绑扎的方式。绑扎连接较为方便，易于施工，对工具的要求相对较低。绑扎方式很难满足高精度的工程要求，且耐久性差。因此，在不同地域的文化交流过程中，绑扎的方式最终被榫卯结构所取代，并最终发展出多种形式的榫卯。

虽然目前没有发现任何西周木结构建筑遗存，但从出土的西周墓葬中的棺椁可以看到西周木构榫卯的水平（图7）。此时的榫卯已不仅仅是单纯的“榫”和“卯”相互插接的方式，而是针对不同部位、不同节点、不同受力状态进行有针对性的设计。看似复杂，实则简洁，在最关键的部位用最有效的方式、最简单的构造、最节省的材料，实现建造目标，真正达到“四两拨千斤”的效果。

榫卯结构大致可分为三大类型：一类主

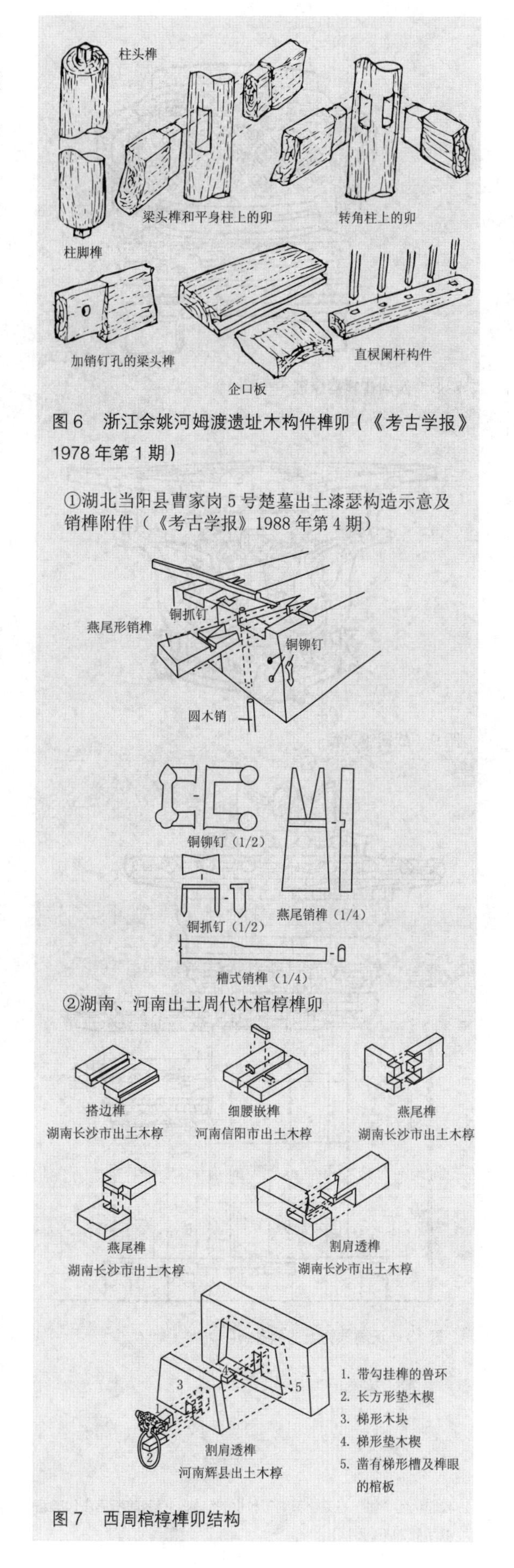

图6 浙江余姚河姆渡遗址木构件榫卯（《考古学报》1978年第1期）

图7 西周棺椁榫卯结构

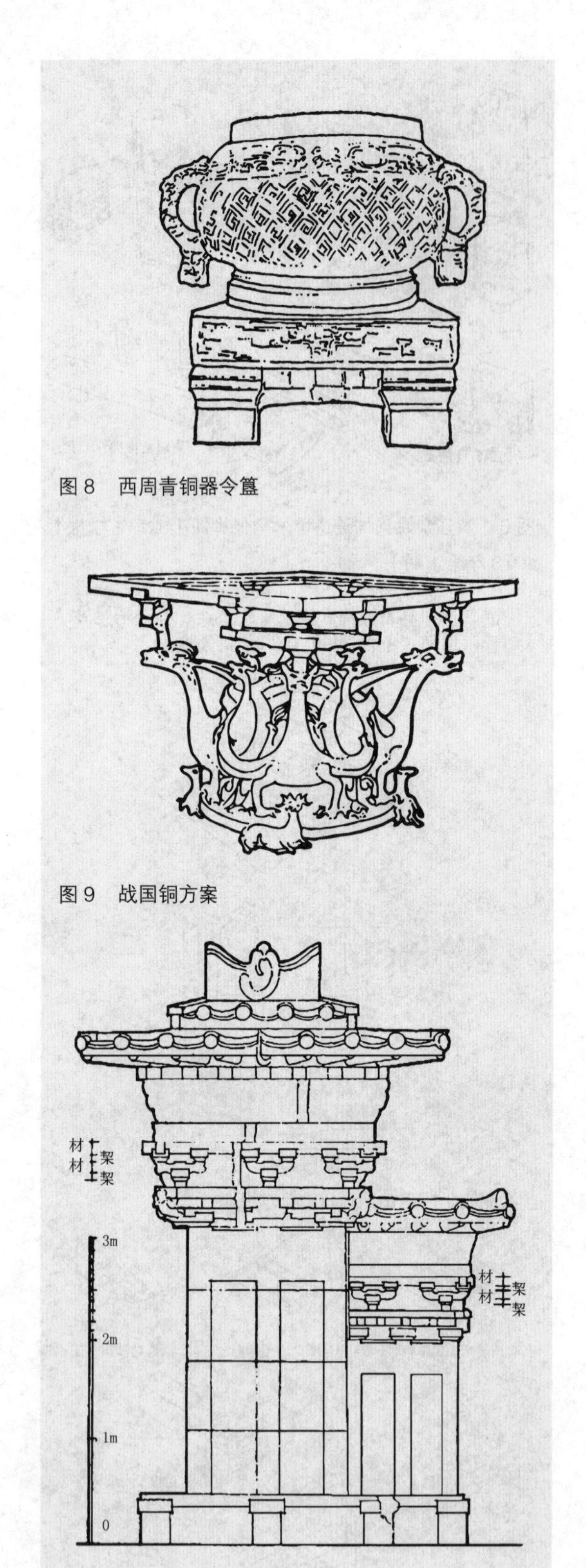

图 8　西周青铜器令簋

图 9　战国铜方案

图 10　汉高颐阙上的枓栱

要是将面与面相接合，也可以是两条边的拼合，还可以是面与边的交接构合。如“槽口榫”“企口榫”“燕尾榫”“穿带榫”“扎榫”等。另一类是作为“点”的结构方法，主要用于作横竖材丁字接合，成角接合，交叉接合，以及直材和弧形材的伸延接合。如“格肩榫”“双榫”“双夹榫”“勾挂榫”“锲钉榫”“半榫”“通榫”等。还有一类是将三个构件组合一起并相互联结的构造方法，这种方法除运用以上的一些榫卯联合结构外，都是一些更为复杂和特殊的做法。如常见的有“托角榫”“长短榫”“抱肩榫”“粽角榫”等。

各种榫卯结合使用，可以使各构件“天衣无缝”地联系到一起，使整个结构形成一个有机的整体。可以说，中国古代对榫卯结构的使用已经达到出神入化的地步。

（四）抬梁式构架中枓栱的时代特征

关于枓栱，这两个字在宋代文献《营造法式》中写作“枓栱”，清代文献工部《工程做法》中写作“斗栱”。[1]

枓栱在中国木构架建筑的发展过程中起过重要作用，它的演变可以看作中国传统木构架建筑形制演变的重要标志，也是鉴别中国古代木构架建筑年代的一个重要依据。枓栱的演变大体可分三个阶段。

1 我们认为“拱”是完全不同于枓栱的结构，且目前所见古代典籍中皆用“栱”，因此用“栱”更为恰当；“枓栱”和“斗栱”则用来表明其所处的不同时期。

1. 第一阶段为枓栱初创时期（西周至汉代）

最早的枓栱可以从青铜器上看到，如采桑猎钫上的柱头所置托的短木，西周青铜器令簋上已有大斗的形象（图 8），战国中山国墓出土的铜方案上有斗和 45° 斜置栱的形象（图 9），汉代的石阙、明器、画像石和画像砖上也有大量枓栱的形象。从汉高颐阙和四川牧马山、山东高唐出土的汉明器陶楼上可以看出，柱顶有枓栱承托檩、梁或楼层地面的木枋，挑梁外端的枓栱承托檐檩，各个枓栱间互不相连（图 10）。

汉代以后开始在柱子之间的额枋上添加枓栱，除使用与柱头上相同的枓栱之外还有人字栱，上置一斗，承托上部的檩枋，如大同云冈石窟的北魏佛塔、太原天龙山的北齐石窟中均可见到（图 11、图 12）。

图 11　云冈石窟北魏石塔上的枓栱

图 12　太原天龙山石窟北齐第 16 窟前檐枓栱

2. 第二阶段为枓栱的成熟期（唐宋元）

现存木构实物可以看到的是唐代建筑上的例子，这个时期已将房屋中的大梁与柱子上的枓栱组合成一体，顺屋身左右横出的栱也和井干状的柱头枋交搭在一起（图 13）。建筑的一圈柱头枋和同它成直角的正、侧两面的梁交织成一个分为若干井字格的水平框架，枓栱成为各交叉处的加强节点。这时枓栱已不再是支承梁架或挑檐的构件，而是在水平框架中不可分隔的一部分。这个水平框架现在称为“铺作层”，用于殿堂型构架柱网之上，对保持木构架的整体性起关键作用，这种做法从唐开始，到宋逐渐完善，一直延

图 13　五台山佛光寺东大殿枓栱

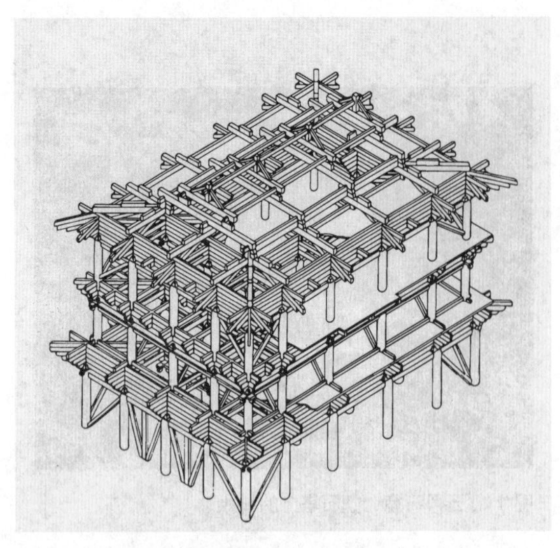

图 14　天津市蓟州区独乐寺观音阁构架中的铺作层

图 15　北京故宫建福宫花园殿宇中的斗栱

续到元代（图 14）。

3. 第三阶段为斗栱功能的转换期（明清）

自明代开始，柱头间使用大、小额枋和随梁枋，斗栱的尺度不断缩小，间距加密。清式建筑斗栱与梁的关系不再像宋式那样联系紧密。因此，斗栱发展到明清以后已无铺作层，它的用料和尺度比宋式大为缩小，但仍具有承托挑檐的作用，作为体现建筑等第高低标志的功能日益凸显（图 15）。

（五）抬梁式构架枓栱的构造做法

枓栱的构成简单分为三部分：斗、栱和昂。

斗是直接承重横栱、枋或梁的木枋。斗细分又有很多种，以宋式建筑为例，位于一组枓栱最下的称为栌斗，栌斗一般用在柱列中线的上边，栌斗上开十字口放前后和左右两向的栱，前后向（内外）挑出的称华栱，左右向的称泥道栱，位于华栱与栱、昂等相交处的叫交互斗，各层栱间用斗垫托、固定，齐心斗位于栱的中心，位于横栱两端的斗叫散斗。枓栱以榫卯接合，出跳栱、昂的卯口开在下方受压区，横栱的卯口开在上方，栱上的斗用木销钉与栱接合，斜置的昂则用昂栓穿透到下层的栱中进行固定。这些斗尽管名称各异，但是形状几乎相同，只是尺寸有大小，开槽有分别。

清工部《工程做法》中斗栱的名称与《营造法式》有所不同，但最主要的变化是斗栱构件变小了，在结构中的作用也大大减弱了。

宋代枓栱称为“铺作”，分为“柱头铺作”（柱头上的枓栱）、“补间铺作”（柱与柱之间阑额上的枓栱）、“转角铺作”（角柱上的枓栱），一组枓栱称为“一朵”。宋《营造法式》中依据枓栱的复杂程度定出不同的称谓：“出一跳谓之四铺作，出两跳谓之五铺作，出三跳谓之六铺作，出四跳谓之七铺作，出五跳谓之八铺作。”枓栱的计数单位是“铺作”，一朵最小的枓栱应由4层构件组成，“出一跳”的一朵枓栱4层构件包括一个栌斗、一个华栱（或昂）、一个耍头、一个衬方头，计四铺作，如一朵枓栱的剖面图所示（图16）。每增加一个构件，即加一铺作，以此类推，如双杪双下昂为七铺作，双杪三下昂为八铺作等，其中均带有斜置的构件，名为“下昂”，在一朵枓栱中可起杠杆作用，使得室内外屋面压下来的力量可以互相平衡（图17）。

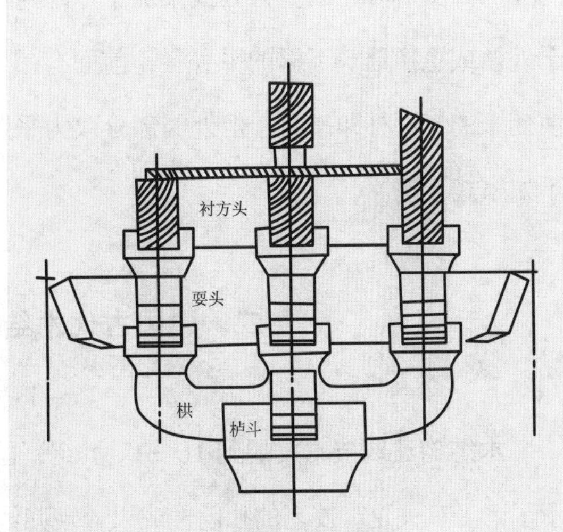

图16　宋式单杪四铺作枓栱横剖面

栌斗所承托的华栱每跳跳头若有横栱（与建筑正立面平行的栱），称为“计心造”，若不作横栱直接承托上一层栱或昂，称为“偷心造”，只用一层横栱的称为“单栱造”，用两层横栱的称为“重栱造”。

图17　宋式六铺作枓栱模型

清式斗栱根据所在位置有不同名称，一组斗栱称“一攒”，柱子之上的称“柱头科”，额枋上的称“平身科”，角柱上的称“角科”。具体到一攒斗栱笼统称为“×踩斗栱”，踩数指一攒斗栱中挑出横栱的道数，清式斗栱每拽架都有横栱，故每攒斗栱里外拽架数加正心上的一道正心栱枋，即每攒的踩数。清式斗栱形制的表示方法为：几踩几翘几昂（图18）。最简单的斗栱是不出踩的一斗三升或

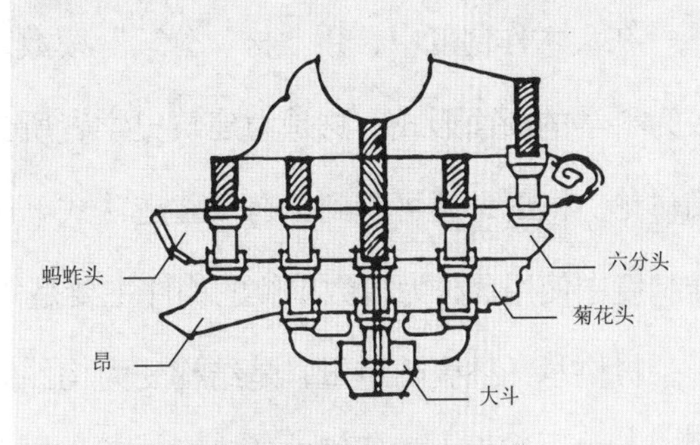

图18　清式单翘单昂五踩斗栱

一斗二升交麻叶，最多为五拽架的十一踩重翘三昂，清式斗栱中还有一种“镏金斗栱”，用于外檐或重檐建筑下檐的平身科，前面有昂，后尾为斜起长一步架的秤杆，它是由宋式下昂演变来的，秤杆即昂身，但外檐部分改为平置的昂头和蚂蚱头，整个构件做成曲折形，构造不如宋式合理。

二、中国古代木结构建筑的独创性成就

木结构建筑技术发展到10—11世纪，已经相当成熟，宋代李诫编著《营造法式》，揭示了诸多有关建筑技艺的独创性成果，现归纳如下：

（一）建立了一套木结构的模数制度

这套模数制度选取了结构中最多的构件“材”为模数，“材”是指建筑中“栱”“枋”的断面，在整个木构体系中，材总共有八个等级，最大者9寸×6寸，最小者4.5寸×3寸。对于木结构建筑的梁、柱、桁、椽、额以及枓栱上的各种构件之长短、曲直，皆可以使用“材”来衡量。“材”有“足材”“单材”之分，单材高15份、宽10份，这当中的一份在《营造法式》中称为一分°（读作fèn）。足材高21分°、宽10分°。单材与足材之差称为“栔”，高6分°、宽4分°。对于一座建筑，首先应选择其用材等第，如《营造法式》所记“凡构屋之制皆以材为祖，材有八等，度屋之大小因而用之……凡屋宇之高深，名物之短长，曲直举折之势，规矩绳墨之宜，皆以所用材之分°以为制度焉”（图19）。

这种以一个构件的截面——“材”作为模数，比单纯的数字模数包含了哪些更深刻的概念呢？从“材、分°”模数制在大木作制度中的运用，可以察觉到，它包含着强度、尺度、构造三方面的概念，这是其他模数制所未能具备的特点。

1. 关于强度的概念

在大木作制度中，用“材、分°”模数来度量的主要结构构件如大梁、阑额等，均具有较为科学的断面形式，这是为建筑史学者所公认的。关于梁的断面形式问题将在下一节中详细讨论。同时，还可看到，在《营造法式》所推崇的木构体系中，出现了“足材”，在大木作制度中使用足材为模数单位的构件主要是华栱、丁头栱之类的悬挑构件。在当时的建筑中，一朵枓栱承托挑檐的重量，是结构受力构件的重要部分，一条华栱可以看成是一个短短的悬臂梁，它比铺作中其他横向的栱受力要大得多，因此断面需要加大，但工匠们并不是笼统地放大其断面的高度和宽度，而是仅仅增加断面高度，使其高宽比为21∶10，以提高悬臂梁抵

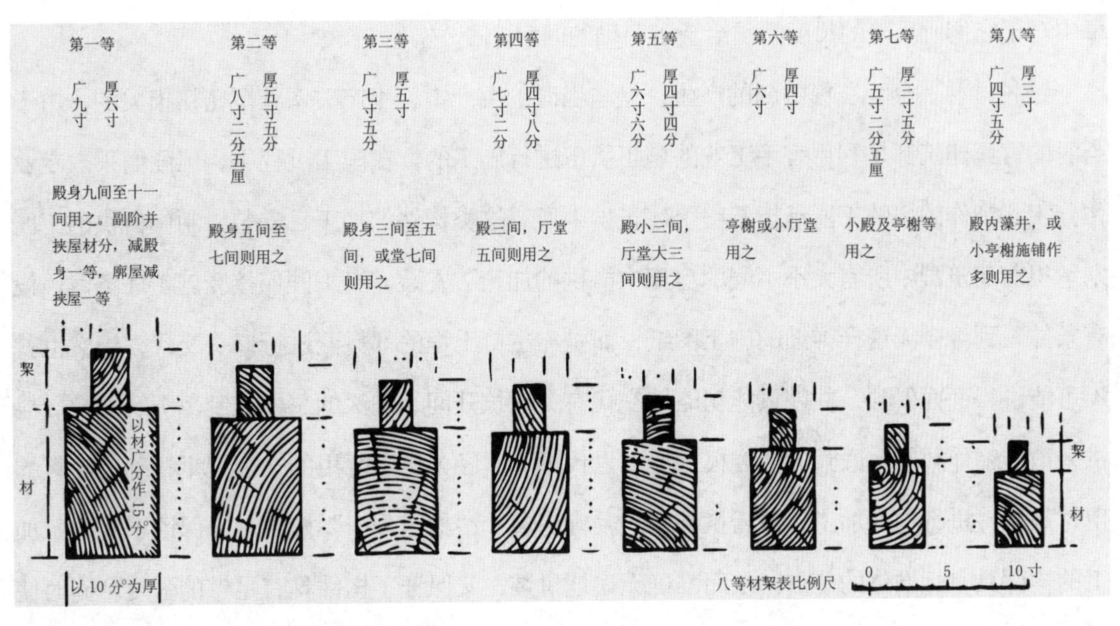

图 19 《营造法式》所载宋代木构模数制分析图

抗弯矩的能力。足材的使用更加明确地证实了古代匠师们寓强度概念于“材、分°”模数体系中的意图。

2. 关于构造的概念

使用枓栱体系的中国木结构建筑，每一幢房屋正是因为使用整齐划一的“材”作为栱、枋的断面，才能保证栱、枋搭接时具有标准化的构造节点，才能把几十个形状各有不同的枓、栱、昂、耍头搭成一朵朵铺作。所以“材、分°”模数制所包含的构造概念是不言而喻的。这种材、栔相间组合的构造方式，成为铺作各处节点构造的基本格局。在法式制度中，当谈到几材几栔时，如果不特别指明是梁高或柱径尺寸，就意味着几层栱或枋与枓相间叠落在一起的构造做法。所谓几材几栔，就是某种构造方式的代名词，形成了一种标准化的构造方式。

3. 关于尺度的概念

“材、分°”模数制与建筑艺术也具有密切的关系。在一组建筑群中，通过使用不同等第的“材”，使建筑具有不同的尺度，从而区别出建筑的主、次、高、低，这样的建筑群布局正是中国建筑受到伦理型文化的影响所致。采用这种建筑艺术处理方式的建筑群实例如山西大同善化寺，其中的大殿和三圣殿的用材等第介于二、三等材之间，山门用四等材，普贤阁用五等材。

“材、分°”模数制所能考虑的建筑尺度问题还是局限在一定范围之内的，它主要是控制大木构架的尺度，而有些构件如建筑的窗台、栏杆的高度、门窗的细部尺寸，对建筑尺度的影响也很大。而这些构件不属大木作，所以不用材、分°来控制，《营造法式》在相应卷章中对于它们所反映的尺度问题给予了明确的回应。

这种“材、分°”模数制的产生，是与当时的生产力、生产关系状况密切相关的，由于当时的官属建筑都是利用官手工业的施工队伍进行施工的，在施工过程中，工匠们采取专业化分工，制作梁架的工匠承担着整个建筑群中所有这类构件的加工、安装，制作枓栱的工匠则承担着建筑群中所有大小不同的房屋中枓栱的加工、安装，当工匠们接受施工任务时，没有条件看到像今天这样详细的施工图纸，而是靠主持工程的都料匠进行口头交代，当然也就不可能讲得面面俱到，往往只能粗略地交代有关建筑开间、进深的总体控制范围、间数、枓栱朵数、铺作数等。匠师们便会根据他们世代相传、经久可以行用的一套规矩，确定建筑的用材等第，进行构件加工，最后拼装成一幢幢房屋。“材、分°”模数制既保证了他们所加工的构件具有标准化的节点，从而准确无误地拼装，又保证了构件具有足够的强度，同时使建筑群中的每一幢建筑具有适宜的尺度。

“材、分°”模数制的生命力还在于施工中简化了复杂的尺寸，同一类型的构件，它们的材、分°尺寸是相同的，在不同等第的建筑上使用时，只需记忆它的材、分°尺寸，而不必去记忆它的实际尺寸。工匠们只需利用八等材制成不同的材、分°标杆，便可进行放线、加工，减少施工的差错。

遗憾的是这种模数制未能流传下来，清代工部在《工程做法》中，重新制定了以大斗斗口尺寸为模数的数字模数制。

（二）明确了建筑的类别

《营造法式》将当时的建筑分成三大类，即殿堂、厅堂、余屋，其构架类型也随之分三类。在实物遗存中还有一类，可称之为楼阁式构架，其等第应属殿堂式一类。

1. 殿堂式构架

用于等级高的建筑，其特点有三：

① 使用明栿、草栿两套构架。

② 内外柱同高。柱间置阑额、地栿，形成柱框层。

③ 有明确的铺作层。

每幢殿堂构架即由屋盖、铺作层、柱框层叠落而成。此外，带副阶者又需于殿身四周插入副阶构架，即半坡屋盖、铺作层、副阶柱框层。

将殿堂式构架加以变化，便产生一种楼阁式构架，当时的楼阁在楼层之间都设有腰檐和平座，于是出现了一个结构暗层，即平座层，在室内承托楼板，在室外形成挑台，可供登临远眺。

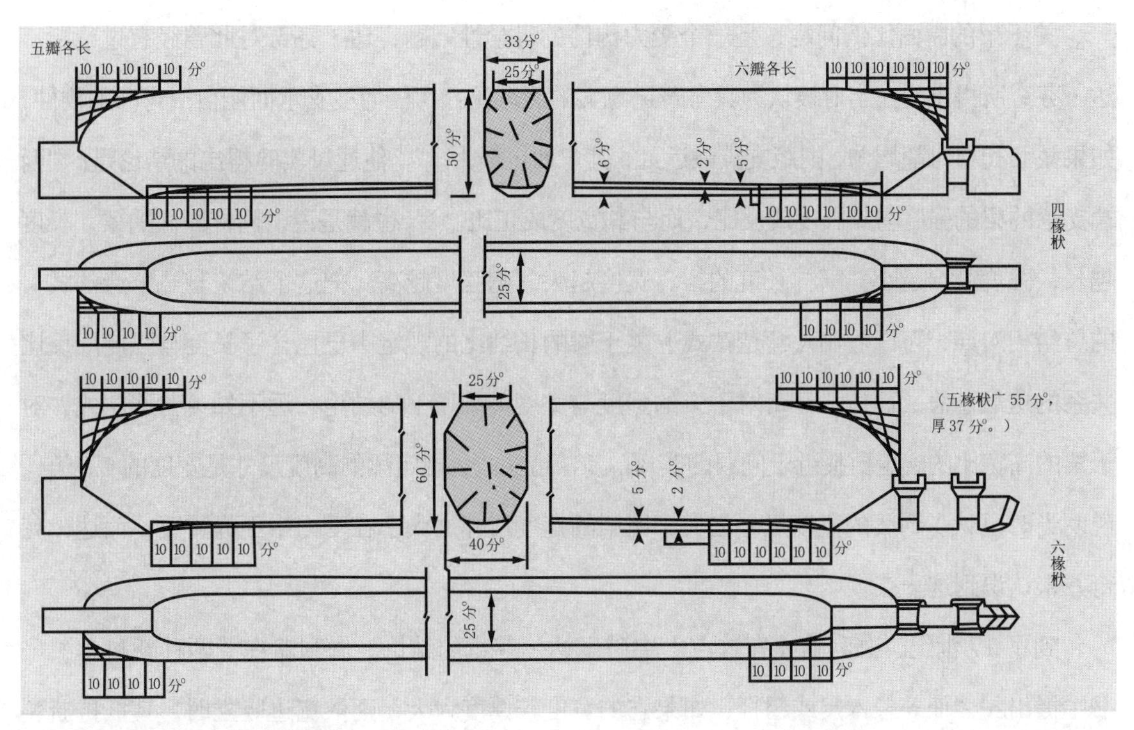

图 20 《营造法式》所载抬梁式木构架中的大梁

现存实例如独乐寺观音阁和应县木塔。

2. 厅堂式构架

内外柱不同高。内柱升高至所承大梁的梁首或梁下皮，其上再承榑。其特点如下：

① 梁栿皆作彻上明造，无草栿，梁尾插入内柱身。梁栿间使用顺脊串、攀间等纵向联系构件较多。

② 铺作较简单，最多用到六铺作，一般用四铺作，由于内柱升高，梁栿后尾可直接插入内柱柱身，不需使用铺作，因之未形成铺作层，以外檐铺作为主。

厅堂构架随房屋进深大小、内柱的多少而产生变化。

3. 余屋式构架

又称“柱梁作”，属于一种仅用柱子和梁支撑的简单结构，用于一些次要建筑。

（三）提出了受力构件——梁栿截面的科学比例

《营造法式》对不同长度的梁，断面应有的尺寸做了规定，这是指构架中的主要大梁的截面用材尺寸，截面高度大多在梁的长度的 1/10～1/13，并要求任何一处的梁，截面高宽比一定是“材”的高宽比，即高∶宽 =3∶2；等级高的大型建筑，梁的长度增大，断面也随之增大（图 20）。

关于梁的断面比例问题，是一个受力构件的科学性问题，达·芬奇对此曾经有过论断。达·芬奇所提出的在当时被认为具有普遍意义的原理是："任何被支承而能自由弯曲的物件，如果截面和材料都均匀，则距支点最远处，其弯曲也最大。"[1] 他通过实验得出的结论是："两端支承的梁的强度与其长度成反比，而与其宽度成正比。"[2] 也就是说，同样断面的梁，长度越长，强度就会越小；同样长度的梁，宽度越大，则强度越高。把这个结论与《营造法式》的总结相对照，可以看出《营造法式》关于梁的长细比的规定中已包含了长度与强度成反比关系的这层意思，而达·芬奇对于梁的强度与宽度关系所下的结论，远不如《营造法式》对于梁的高宽比的规定更接近于问题的实质。《营造法式》规定梁的高度尺寸是宽度的 1.5 倍，说明当时已认识到梁的高度尺寸之大小比梁的宽度尺寸之大小在受力中更为重要，而达·芬奇并未认识到这一点。

到了 17 世纪，伽利略才在这点上突破了达·芬奇的结论。伽利略在《两种新科学》一书中提出："任一条木尺或粗杆，如果它的宽度较厚度为大，则依宽边竖立时，其抵抗断裂的能力要比平放时为大，其比例恰为厚度与宽度之比。"[3] 在这里，伽利略已证实了影响杆件受力的关键是断面高度，杆件立放时承载能力好，说明强度与断面高度有密切关系。竖立与平放时的强度之比恰为厚度与宽度之比的结论，说明杆件的宽度变化对强度影响不大。但未给出杆件断面高宽比的最恰当的比例。因此，在这个问题上，伽利略的结论还未达到《营造法式》将梁断面的高宽比确切地定为 3∶2 的结论之深度。

继此之后，17 世纪下半叶至 18 世纪初的一位数学、物理学家帕仑特（Parent，1666—1716）在讨论梁的弯曲的一篇报告中，当谈到如何从一根圆木中截取最大强度的矩形梁时，总结出了一种科学的方法，即要求矩形梁的两边 AB 与 AD 的乘积必须为最大值，这时矩形梁的对角线 DB 即为圆木直径，它恰巧被从 A 和 C 所作的垂直线分为三等份（图 21）[4]。根据这个结论，可以求出矩形梁长短边的比例关系，当短边为 2 时，长边为 2.8。这与《营造法式》中所规定的梁断面高宽比 3∶2 较为接近。

18 世纪末至 19 世纪初，英国科学家汤姆士·杨（Thomas Young，1773—1829）也证实了帕仑特的结论，并进而发现从一个已知圆柱体中取一根矩形梁时，梁的截面高宽不同时承载能力有不同特点：

1 ［美］S. P. 铁木生可著，常振机译：《材料力学史》（中译本），上海科学技术出版社，1961 年，第 5 页。
2 ［美］S. P. 铁木生可著，常振机译：《材料力学史》（中译本），上海科学技术出版社，1961 年，第 5 页。
3 ［美］S. P. 铁木生可著，常振机译：《材料力学史》（中译本），上海科学技术出版社，1961 年，第 12 页。
4 ［美］S. P. 铁木生可著，常振机译：《材料力学史》（中译本），上海科学技术出版社，1961 年，第 38 页。

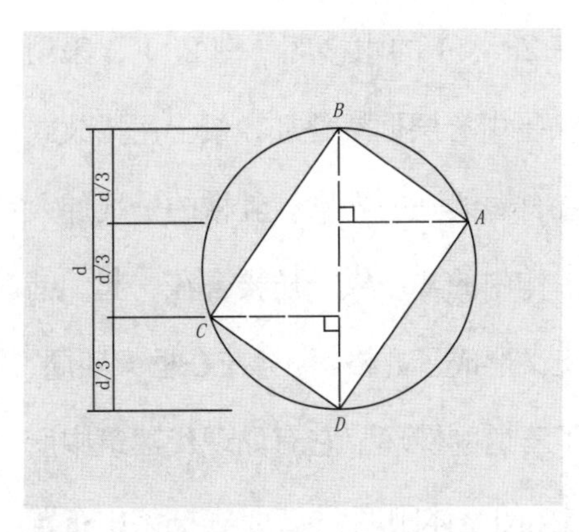

图 21　合理断面示意图

图 22　天津市蓟州区独乐寺观音阁

高宽比 =$\sqrt{3}$:1，刚性最大。

高宽比 =$\sqrt{2}$:1，强度最大。

高宽比 =1:1，最富于弹性。

《营造法式》规定梁断面高宽比为 3:2，可以看成是取了两者的中间值，既考虑到刚度，也考虑到强度。

也许有人会认为，《营造法式》只不过是当时实践经验的总结，未必会做这样的考虑。可是，从保留下来的当时的实物看，绝非以简单的“实践经验的总结”所能解释。从现存的 24 个建筑物中有关梁断面尺寸的 95 个参数可以看出，50% 左右的梁断面高宽比是在 $\sqrt{2}$:1 至$\sqrt{3}$:1 的范围内。《营造法式》将梁断面的高宽比确切地规定为 3:2 的比例关系，应当承认这是古代匠师经过对梁的强度、刚度做了仔细研究之后而得出的结论。因此，应当把这个结论看成一种理论性的上升。还有一点需要指出，即《营造法式》所规定的梁断面尺寸，普遍比现存唐宋时代一般古建筑实物的梁断面尺寸稍大，这可能是由于《营造法式》一书中所定的规章制度专门适用于修建国家重要的建筑工程，因而对工程质量和安全度特别重视的缘故。

12 世纪初 (1103 年) 成书的《营造法式》竟然能得出这样有价值的结论，在时间上比西方科学家帕仑特的结论早约 600 年，在科学性上已被后世许多科学家的实验和实践所证实，这不能不令人赞叹。

（四）创造了具有优越抗震性能的结构体系

中国古代木结构建筑具有优异的抗震性能，不仅由于其采用榫卯节点，整体构架立于地面以上，可以在地面上移动，能够吸收地震能量，还因为其具有较科学的结构体系，现举例说明。

1. 天津市蓟州区独乐寺观音阁（图 22）

建于 10 世纪后期的天津市蓟州区独乐寺观音阁是一座具有面宽 5 间（20.2 米）、进深

4 间（14.2 米）、高 3 层（两个明层一个结构暗层，总高 23 米）的木楼阁（图 23），采用了一种带柱间斜撑的楼阁式构架（详见图 14），构架做法是由三层框架叠加，最上用抬梁式构架承托歇山式屋顶。在三层框架四周，内外柱间均布置有短梁——乳栿。乳栿的一端伸入外檐柱头铺作，另一端伸入内檐柱头铺作，通过榫卯与铺作中的斗、栱、枋接合在一起。铺作之间的柱头枋、压槽枋、罗汉枋等纵向构件与乳栿垂直交叉形成了方格网，分布在框架四周，上下共三道，网格中间铺有天花板或楼板。这样便构成了三道刚性环，它有如现代建筑中所采用的圈梁，在抵抗水平荷载时起了加强作用，提高了结构的整体刚度。二是在框架中布置着若干组斜构件，对改善框架的受力状况起着重要的作用。其观音阁结构中使用斜构件的部位较多。在框架的水平方向，有两种斜梁：第一种是处于建筑四角的四组 45 度方向的短梁，每组上下都有 4 条。第二种是暗层中间部分，在内柱间采用了四根抹角短梁，使三层框架的中腰，出现了一个六边形的框子，以便放置直通三层的观音塑像。另外，在框架的竖直方向，外檐柱子之间的墙体中和暗层的内柱间也有斜构件作为柱间斜撑。这些斜构件对于提高框架的刚度非常有利。特别是在楼阁的四角，形成了近似空间网架的四组刚性较强的支撑体。

日本学者福岛正人在《建筑学序说》一书中曾经提到：日本是在 1855 年安政大地震以后，才出现使用柱间斜撑的做法，并称此为日本耐震构造法的开始，它至今仍普遍被使用在抗震结构中。然而，中国天津市蓟州区现存的在 984 年所建的观音阁已经采用了柱间斜撑的做法，致使观音阁构架历经千年天灾考验，显示出优异的抗震性能。

自辽统和二年（984 年）重建后，至今的 1000 多年之间，又有多次自然或人为的破坏，并有数次维修。对于自然破坏，有史可查的记载有辽清宁二年 (1056 年)、元至正五年 (1345 年)、明成化十七年 (1481 年)、明天启四年 (1624 年)、清康熙十八年 (1679 年)、1976 年唐山地震等多次大地震的袭击，据统计资料，独乐寺经历的大小地震达 28 次之多 [1]。

2. 山西应县木塔采用木框架筒体结构

木塔各层均采用内外两圈柱子，每圈柱与柱之间各自用阑额相连，两圈柱子之间架设乳栿，在各平座层于柱间阑额上，南北向架设两条六椽栿，以承明层楼板。在每一层由内、外柱与阑额、乳栿等形成一个八边形环，上下有九个这样的环叠在一起，这九个环中，位于平座层的四个环做法与明层不同，在径向内外柱间设有斜撑。此外，在二层和三层平座层中，内柱之间还有一圈弦向支架也带有斜撑。平座层的弦向和径向的支架，增强了平座层的抗侧移刚度。在内柱间的弦向支架上部铺作层的位置，沿着八边形柱中线一缝，设重

1 韩嘉谷：《蓟州独乐寺大事记》，引自郭黛姮《中国古代建筑史》第 3 卷“宋辽金西夏建筑”，中国建筑工业出版社，2003 年，第 265 页。

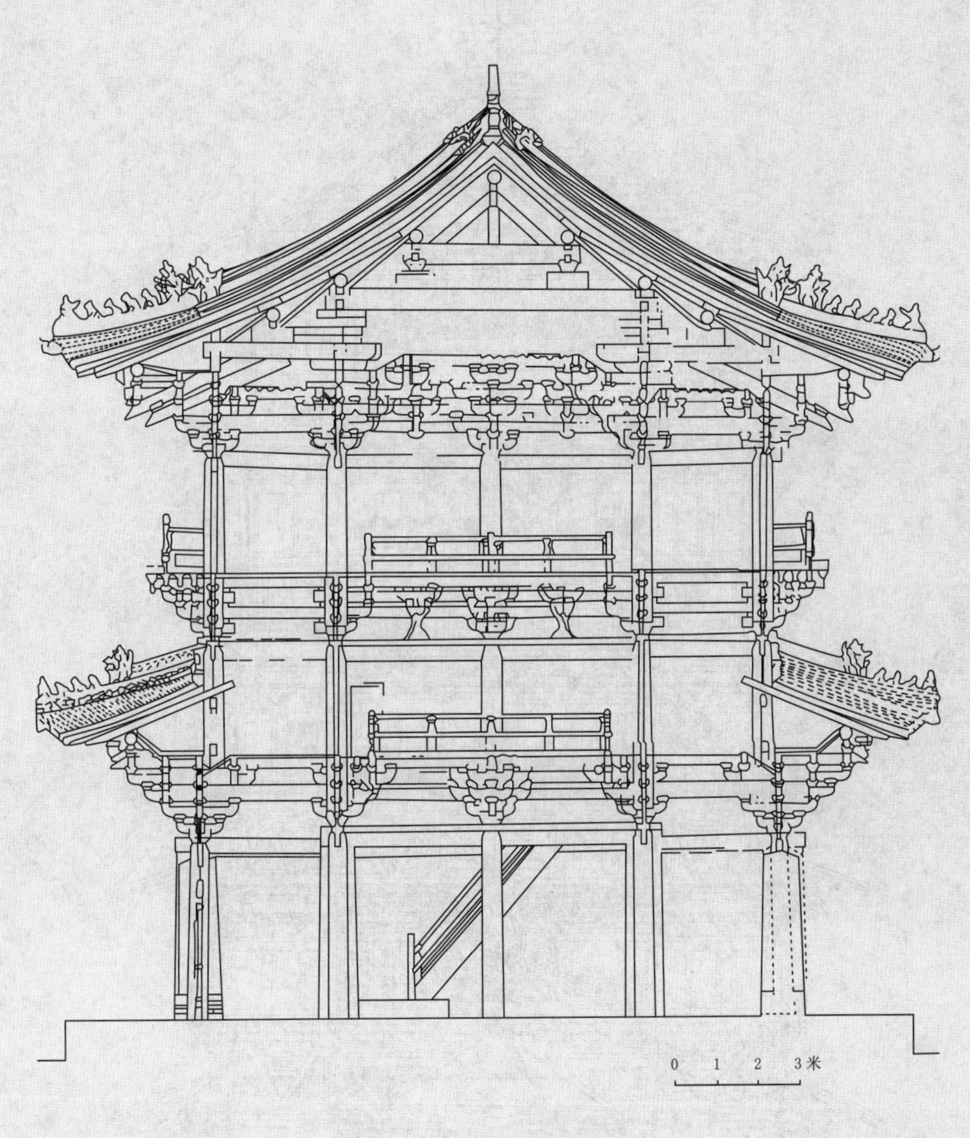

图 23　独乐寺观音阁剖面

图 24　应县木塔剖面

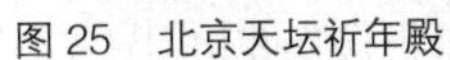
图 25　北京天坛祈年殿

图 26　天坛祈年殿室内的环梁

叠的多层木枋，形成闭合的圈梁，在每个转角处，每面与外檐柱相对应的位置及每面中部，设有径向木枋，与外檐平座斗栱相联系，将内外槽联成一体。除内槽平座的木枋之外，在有斗栱的部位也有众多的木枋，也构成了若干个闭合的八边形的环状圈梁。此外，在木塔外檐柱间，除四正面之外，斜向四面均为灰泥墙，墙内原有斜撑，在 1936 年才被拆除，全部更换为格子门。

这些柱间弦向及径向斜撑的运用，增强了柱间的平面刚度。由柱头枋构成的闭合木框起着圈梁作用，使木塔的结构体系有如一个刚性很强的八棱筒体，故可归属为“古代高层木框架筒体结构”一类，它与现代建筑中的筒体结构有诸多相似之处。现代的筒体结构被认为具有最理想的抗震性能，而从应县木塔受到多次地震、炮击之后仍然壁立的事实，确实可证实古代木框架筒体结构的优异抗震性能（图 24)。

木塔的结构体系是中国古代木结构建筑中最具科学性的体系，它超越了抬梁式、穿斗式等体系中所出现的柱、梁间成平行四边形的不稳定状态，而将柱、梁间施以斜撑，再配上其上下若干道圈梁式的闭合木框，总体上便构成了一种类似现代的空间结构，在中国木构发展史上写下了最辉煌的篇章。

（五）提出了若干材料加工的新技术

1. 环形梁的制作

若想利用传统的抬梁式木构架建造一座圆形建筑，对于圆弧形的梁，如果用一条笔直的木料去加工，则需要内挖外贴，使其变成弧形，这样做既费木料又费工。匠师们采用了一种“水湿压弯的办法”，将笔直的木料先在水中浸泡，然后用加压的办法使其弯曲。使用这种做法的典型案例即明代所建清代重修的北京天坛祈年殿（图 25、图 26）。

2. 包镶柱与通柱造

数百年来随着木材的消耗，粗大的木料逐渐稀少，细小的木料容易获取，于是出现了“拼合柱”“拼合梁”，这种做法最早的建筑实例如建于 1013 年的浙江宁波保国寺大殿，其内柱最为典型：将 4 根圆木拼合在一起，圆木之间再用木条弥补，并将表面做成瓜棱形，弱化拼合的痕迹。到了明清时期出现了“包镶柱”，用直径小的木材做柱芯，外表利用一条条弧形截面的木条包上一层，使柱径加大。

宋代楼阁建筑是将木构架一层层叠在一起，各层的柱子插到下层的柱梁之上，称为“插柱造”。这种做法在遇到地震一类的外力时，会产生残留变形，上下层的柱子彼此间出现不规则倾斜，严重者呈现出 S 形趋势。明清以后改变了这种状况，利用包镶柱的办法，使一段段柱芯接长，外包的木条与柱芯的接头彼此交错，便可以形成上下一体的长柱，使用在楼阁之上，称为“通柱造”。

（六）为了防护应运而生的彩画技术

早在 2000 年前的汉代，中国已经有了在木结构上绘制彩画的技术，这种技术利用天然的矿物或植物颜料，在木构件表面绘制花纹等图案，既可起到对木材的防腐、防虫的防护作用，又可达到美化建筑的艺术效果。而且它在不同的时代采取了不同的纹样、颜料，又成为记录建筑年代的极好凭证。还可表达出使用者的审美理想，区别出建筑的等第高下，真可谓一举多得的技术。

三、结束语

至此我们概略地介绍了中国传统木结构建筑中的一些主要内容，见识了巧夺天工的榫卯结构、栋梁之材的木梁架、“钩心斗角”的枓栱，以及独特的模数制、具有优异的抗震性能的结构体系等，每一项内容都足以令人意识到中国古代木结构建筑技术的高超与精妙。为什么能够把“中国古代木构建筑技术”称为中国古代的一大发明？作为一个系统的整体，木结构建筑技术是种种复合科学原理的技术、技巧、知识、经验的总和，并能完美适应中国古代社会的需要，因此得以在数千年的时间里不断发展并日臻完善。虽然无法确定具体的发明人、发明时间，但恰恰因为技术与社会这种完美的契合关系，才能留下寿命长达千年以上的木结构建筑实例，使其能在世界建筑之林中独树一帜，并能传播到日本、朝鲜半岛及南亚各国。正因如此，中国木结构建筑被视为中国古代的重大发明是当之无愧的。

应县木塔

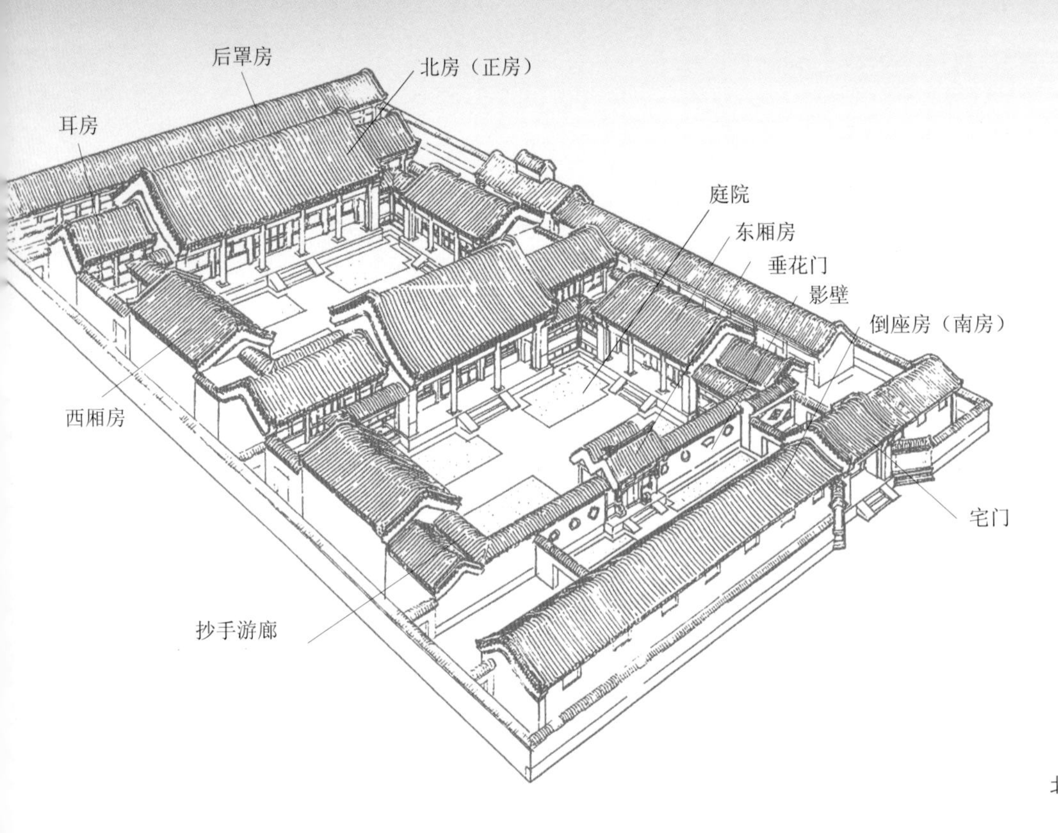

北京四合院线描图

汉代陶楼

明清北京城市中轴线

清代建筑彩画

宁波保国寺大殿殿顶木结构

五台山佛光寺东大殿

中式烹调术

邱庞同

◎　中式烹调术是中国先民的一大发明，长期以来，对保障中华民族的体质健康和繁衍生息起了至关重要的作用。孙中山先生在《建国方略》中说："烹调之术本于文明而生，非深孕乎文明之种族，则辨味不精；辨味不精，则烹调之术不妙。中国烹调之妙，亦足表明文明进化之深也。"[1]这一判断，是符合历史事实的。中式烹调术是在中国传统文化影响下，由中国的自然环境和物产，中国人的生产方式、生活方式和智慧综合促成、发展、定型的。它在世界饮食文化中独具一格，是烹调术的主要流派之一。

◎　中式烹调术不仅仅指食物制作和调味方法，实际更指选择食物原料和加工、食用的全过程。它具有鲜明特点和独特内涵，主要为：以谷物、果蔬为主，肉食为辅的膳食结构；主食、副食相区分的日常饮食机制；"洁为大纲、生熟合节、五味得宜、摄生为本"的制作理念；在饮食文化中蕴含着"中和""天人合一"的哲学思想和礼仪民俗。具体又涉及对原料的选取、初加工、刀工切配、火候及烹饪方法、调味手段、筵席组合、再制原料的制作，以及菜肴风味及流派等问题。

1　孙中山：《建国方略》，见张磊主编：《孙中山文萃》，广东人民出版社，2009年，第211页。

一、中式烹调术之历史沿革

（一）史前时期（约4000年前）

自从先民脱离“茹毛饮血”状态后，由于人工取火技术的发明，早期农业、饲养业、养殖业的产生，陶制炊餐器、灶坑的出现，盐的煮制成功，我国烹调术形成的基本条件业已具备。

考古成果表明，北京人学会人工取火，用火熟食在50万年前左右。新石器时期，我国已有粟、黍、稷、稻、麦（大麦、小麦）、菽等谷物，白菜、芥菜、葫芦等蔬菜，牛、羊、豕、犬、鸡等家畜，鱼、鳖、蚌等水产，盐、野生蜂蜜等。因为有了陶灶和陶制的釜、甑、鼎、鬲、甗（图1），加之有了火、盐，水煮、汽蒸的饭、粥，调了味的羹汤已产生。

从出土的6000年前的陶鏊（图2），推测当时可能有煎饼。青海则出土了4000年前的小米面条（图3）。

（二）夏商周时期（约前21世纪—前221年）

中式烹调术取得重要发展。炉灶改进、刀具锋利之外，显著标志是青铜炊具的诞生（图4～图6）。青铜鼎、鬲、甗、镬、釜、盘等对煎、炸、炒的烹饪方法起催生作用。灵活的夹食工具箸（筷子）被发明。烹调原料大增。调味品也多。咸味的有盐、醢（肉酱），甜味的有饴、蔗浆、蜂蜜，酸味的有梅子、醯，苦味的有豆豉，辛芳的有花椒、生姜、桂皮、

图1　陶甗

图2　新石器时期的陶鏊

图3　喇家遗址出土的面条

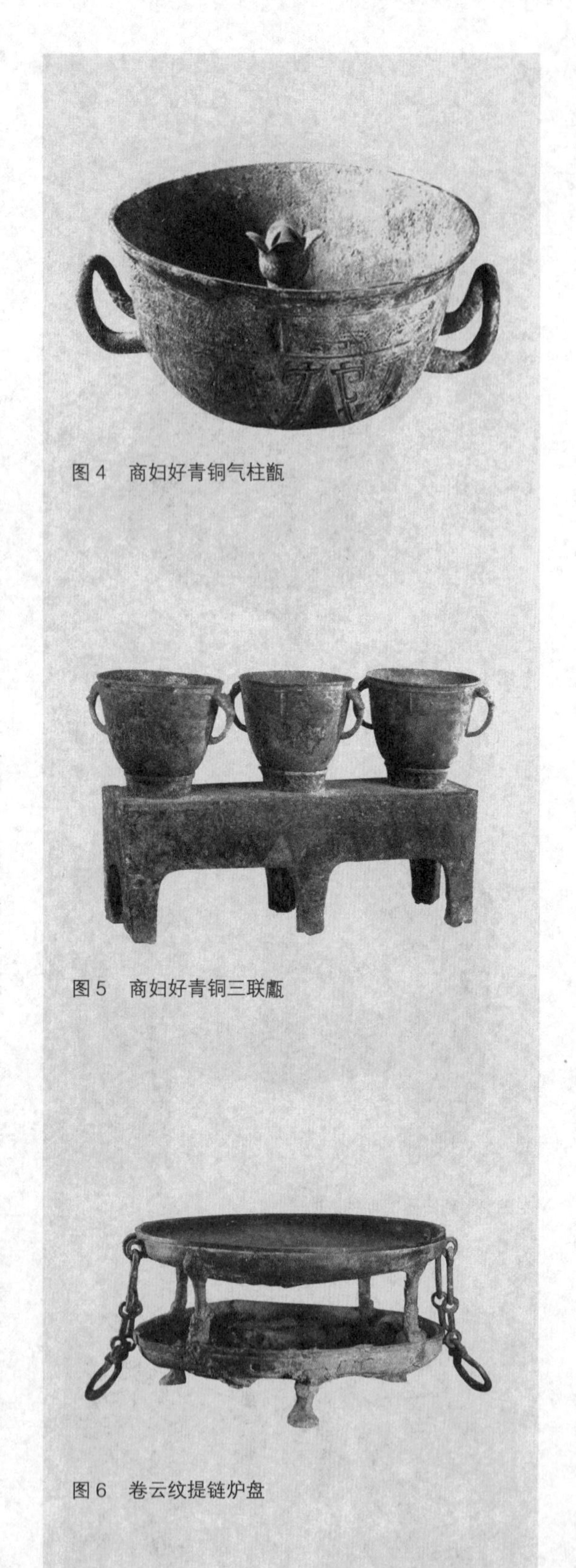
图 4　商妇好青铜气柱甑

图 5　商妇好青铜三联甗

图 6　卷云纹提链炉盘

葱、芥、薤等，酒也用于调味。油有动物脂肪“脂”和“膏”。

烹调中选料严格，切配讲究，烹饪方法有炙、烹、蒸、煎、脜、炖、卤、干炒等，用火灵活。调味手段多样，菜肴味型增多。出现早期调味理论。

菜肴有炙（烤肉）、羹（荤素原料加糁煮的浓汤）、脍（细切肉）、脯（肉干）、醢（肉酱）、菹（整腌菜）、齑（碎腌菜）及周代八珍[1]、楚地佳肴、吴羹等。

面点中出现糗、饵、糍、粔籹（类馓子）。“饼”一词出现。

主食饭、粥和副食、羹汤等已分开。以谷物、果蔬为主，肉类为辅的膳食结构已初步形成。食医食疗出现萌芽。

从整体上看，这一时期是中国烹调术的奠基阶段。

（三）秦汉魏晋南北朝（前 221—589 年）

中式烹调术的发展进入新里程，形成一个高潮。

显著标志是铁制炊具的诞生和旋转石磨的普遍使用。铁釜轻便，传热更快，促使炒的烹饪方法脱颖而出。旋转石磨出粉率高，配以筛箩，可筛得细粉，促使面点迅速发展。

烹调原料更加丰富。如蔬菜有数十种。

1 《周礼·天官·膳夫》，王之饮食，“珍用八物”。〔汉〕郑玄注、〔唐〕贾公彦疏《礼记正义》中有对“八珍”的详细解释，见《十三经注疏》，中华书局，1980 年，第 1468 页。

常用的为菘（大白菜）及韭、芹、瓠瓜、莼菜、萝卜、茄、木耳、菌类。汉代还有温室培养的蔬菜[1]。张骞通西域引进黄瓜、大蒜、胡荽、苜蓿等。水果也多，张骞引进石榴、葡萄、胡桃等。

淡水、海水名品有渤海鲍鱼、吴地鲈鱼、蜀地丙穴鱼、贵于牛羊的“洛鲤伊鲂”[2]。

有海盐、池盐、岩盐、井盐、甘蔗饧、麻油，酱醋也多，植物性调料在20种以上。

烹调技艺精湛（图7）。炒法出现明文记载，是一项重要发明。另有羹、炰、腜、瀹、脂诸法制的鲈鱼脍、莼羹（图8）、鲊（鱼块加盐、酒、冷米饭、橘皮、茱萸等密封腌酿而成，风味别具，对日本寿司有影响）、灌肠、炰茄子等。中原和江南菜肴已呈现区域特色。

面点制作技艺突飞猛进。面点发酵法相对成熟。有蒸笼、烤炉、漏勺、铛等工具（图9）。出现煎饼、汤饼、索饼、水引、馎饦、馒头、馄饨、烧饼、粽、粲（米线）等。其中，水引即面条，古籍载有详细制法，是中国人的重要发明。

传统斋戒吃素与佛教斋食结合，形成新的独树一帜的素食。

相传淮南王刘安发明豆腐，这是中国和国际饮食史上的大事。

重要的烹调著作在30部以上，涉及菜

图7　汉画庖厨图

图8　莼菜银鱼羹

图9　马王堆漆盘

1〔汉〕班固：《汉书·召信臣传》，中华书局，1962年，第3642~3643页。

2〔魏〕杨衒之撰，周祖谟校释：《洛阳伽蓝记校释》，中华书局，1963年，第133页。

点、酱、酒制法及进膳方式、养生等。

这一时期，中式烹调术作为一项综合性的发明创造已大体形成。

图 10　新疆出土的唐代面点

（四）隋唐宋时期（581—1279 年）

这是中式烹调术全面发展、逐渐定型的阶段。

隋唐五代，铁制炊具增多，已用上煤炭火。常用蔬菜在 40 种以上。食用菌人工培育成功，莴苣、菠菜传入中国。淡水水产外，海鲜用得多了。有多种豆酱、醋、糖和酒。

菜肴名品、药膳、素食品种激增。

出现饺子、包子等面食新品（图 10）。

图 11　新疆出土的唐代面食女俑

食用豆腐见诸文字记载。红曲已用于烹调。

中外饮食烹调交流频繁（图 11），胡食西来，中国菜点、烹调法、筵席设置法东传日本[1]，亦有学者认为豆腐在唐代传至日本[2]。

宋朝，中式烹调术全面发展，形成新的高潮。

铁锅、烤炉、火锅、移动的炉灶、托盘、铛、蒸笼（图 12）普遍使用。

图 12　宋代砖雕上的蒸笼

豆腐、面筋、粉丝、豆芽、韭黄、腊肉、江鲜、海鲜、笋、菌用得多了。调料多样。“酱油”一词出现。油有胡麻油、大麻油、杏仁油、红蓝花籽油、蔓菁籽油等。

主要的烹饪方法已经具备。炒法、蒸法

1 ［日］田中静一著，霍风、伊永文译：《中国饮食传入日本史》，黑龙江人民出版社，1991 年，第 67 页。

2 ［日］杂喉润：《中国食文化在日本》，《文史知识》1997 年第 10 期，第 39 页。

图 13　扯面

多样化，另有爆、涮、烤、爊、焙、焐等法。

调味方法多样。出现“食无定味，适口者珍”[1]的经典调味论述，影响至今。

宫廷菜、市肆菜、民间菜、素菜全面发展。品种数以百计。

面条、馒头、糕派生出不少新品。出现包子、角子、兜子、汤圆、团子、米缆等。

市场繁荣。各类餐馆并存，北味菜、南味菜、川味菜、素菜初步形成。

随着中外交流，日本僧人将在中国寺院中学到的饮茶习惯和做素食技艺带回日本[2]。

（五）元明清时期（1271—1911 年）

这一时期是中式烹调术定型成熟的阶段。

元代，出现烤鸭的炉鏊、烤全羊的地炉，压制饸饹的“饸饹床”被发明。

蒙古、女真、回族等民族菜特色明显。汤类菜迅速发展。药膳品种增加。

调味手法增加，菜肴风味多样。如无锡的煮麸干用了 11 种调味品，味美非常。

烧卖、春卷、卷子、挂面以及秃秃麻失、古剌赤、高丽栗糕等少数民族面点出现。

有外国学者认为，中国面条在元时传入意大利，馒头传入日本，霜花（馒头）传入朝鲜半岛。

明代炊具有发展，广东佛山制造的铁锅大、小成套，远销国外。

山珍海味如燕窝、鱼翅、海参等已入馔。番薯、玉米、番茄、番椒进入中国。

植物油有十多种，胡麻油、黄豆油、菜籽油为上品，亦有用茶籽油、榄仁油的。

菜肴数量大增，烹饪方法 30 多种，味型也多。江南、闽粤、北京及江苏、山东运河沿线城市菜肴发展迅速。

出现扯面（图 13）、月饼、火烧、米线、光饼等新品。另外，用索面加荤汤煮熟，再经

---

1 〔宋〕林洪：《山家清供》“冰壶珍”条，见〔元〕陶宗仪：《说郛》卷二二，中国书店影印本第四本，1986 年，第 7 页。

2 ［日］原田信男著，周颖昕译：《日本料理的社会史》，社会科学文献出版社，2011 年，第 47 页。

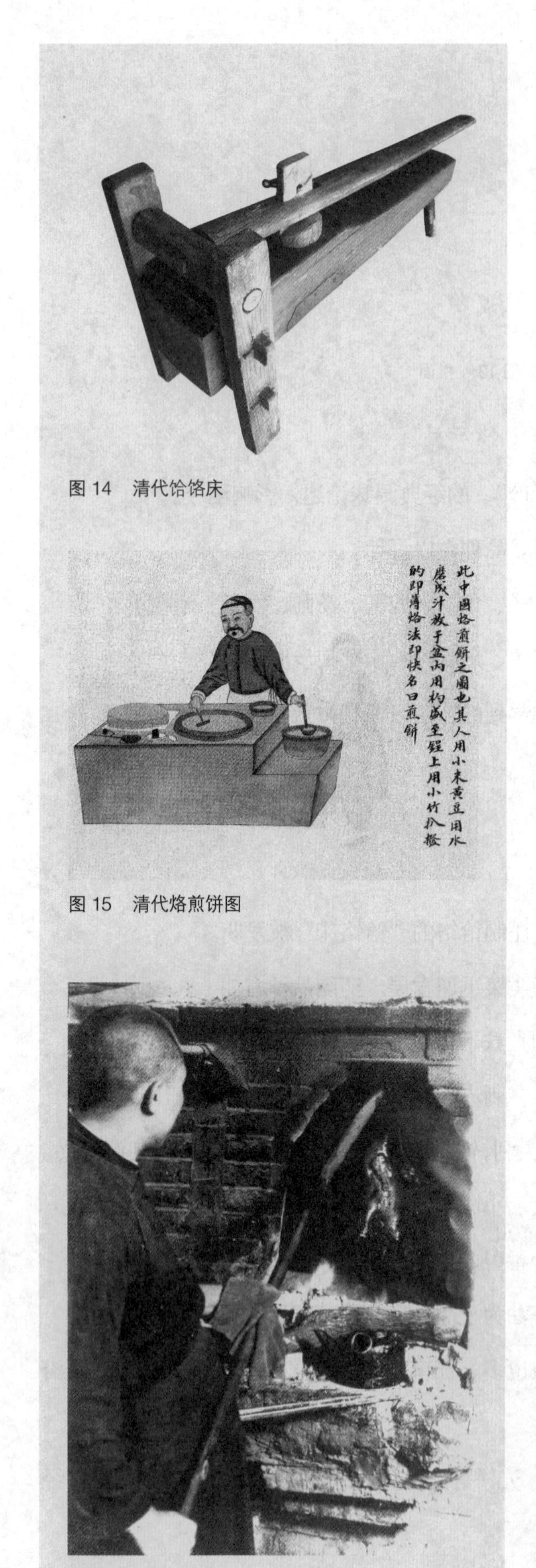

此中國烙煎餅之圖也其人用小米黄豆用水
磨成汁放于盆内用杓盛至鏊上用小竹扒撥
的即薄烙法即快名曰煎餅

图 14　清代饸饹床

图 15　清代烙煎饼图

图 17　挂炉烤鸭

干燥、收贮的面条可供日后随时取用，方便而快捷。

出现《易牙遗意》《饮馔服食笺》《宋氏养生部》《救荒本草》等烹调名著。

清代，炊具种类多（图 14）。如锅分炒锅、火锅、煨煮之锅（砂罐）等，烤炉有焖炉、明炉等，还有烤肉的铁烙床。西洋烤炉传入中国。灶具有改进（图 15）。刀具名品也多。

有众多规格的瓷制碟、盘、碗、盆、盒、攒盘及保温的“暖盘”“暖碗”。

原料丰富，辣椒传入两湖、川、黔、滇，既可当蔬菜，又可作调料用。

菜肴大有发展。烧烤、气蒸（图 16）、水煮、油炒、煎炸、石子烙、盐焗派生出 40 多种常用烹饪方法，菜肴以千计。如北京有烤鸭（图 17）、涮羊肉（图 18）；山东有葱烧海参；四川有宫保鸡丁（图 19）；扬州有大煮干丝（图 20）；苏州有松鼠桂鱼；无锡有糖醋排骨；杭州有醋搂鱼；广东有鱼生、烤乳猪；清真菜有烤全羊；素菜有罗汉斋；药膳有虫草鸭子（图 21）……

面点制作技术成熟，名品迭出。元宵、粽子、月饼、重阳糕、年糕等富有民俗风情（图 22）。

饮食市场繁荣。各地菜馆、酒肆、饭店、食店、小吃店涌现，竞争激烈。

筵席有全羊席、全素席及满汉席、民间八大碗等。对原料选取、菜品风味等均有高要求。

中国菜肴的风味流派形成。最著名的为

黄河流域的鲁菜、长江下游的淮扬菜（图 23）、珠江流域的粤菜、长江上游的川菜。以口味论，四大流派均重清鲜，但更各具特色。如鲁菜咸鲜；淮扬菜咸甜适中，口味平和；粤菜大多清淡鲜香；川菜重麻辣。

出现《闲情偶寄》《养小录》《随园食单》《调鼎集》《醒园录》等烹调名著。

随着经济、文化交流，西餐于近代传入中国，中式烹调术在亚洲、欧洲、美洲、澳洲的影响越来越大。

二、谷物果蔬为主、肉食为辅的膳食结构

食物的种类、构成比例关系着人们的健康乃至民族、国家的兴盛。早在 2000 年前，中国的先民已经确立了以五谷果蔬为主、肉食为辅的膳食结构。这是中式烹调术最大也是最重要的特点和优点。

《黄帝内经·素问》说："五谷为养，五果为助，五畜为益，五菜为充，气味合而服之，以补精益气。"按："五谷"，指黍、稷、菽、麦、稻。"五果"，指桃、李、杏、栗、枣。"五畜"，指牛、羊、豕、鸡、犬。"五菜"，指葵、韭、藿、薤、葱。

所谓"五谷为养"，是说中国人以谷物为主食，它们是养护生命的"主角"，果、蔬和肉食则是副食，起辅助、增益作用。中国人历来在实际生活中，谷物、果、蔬食用量比肉类要多得多。

这种膳食结构的形成，自有原因。

其一，是农耕社会中自然和人双向选择的结果。黄土高原、华北平原、长江中下游地区适宜粟、稷、黍、麦、菽及水稻等的生长。而先民们在长期觅食的过程中，认识到一些植物的籽粒更利于食用，便逐步将其驯育，于是，狗尾巴草变成了粟，野生稻变成了栽培稻……与此同时，栽培的白菜、芥菜、葵、韭，饲养的牛、羊、鸡、猪先后进入食谱。"五谷""冬种夏收""春种秋收"，产量相对稳定，且充饥养气，补充体力，为活人之本，故成了主角，而因产量等原因，肉食只起补益作用。

其二，从养生的角度看，谷物、果蔬可常食用，但肉食吃得太多，就会危害健康。《吕氏春秋》"本生"："肥肉厚酒，务以自强，命之曰烂肠之食。"孔子亦说过："肉虽多，不使胜食气（指谷物）。"

其三，《大戴礼记》中说"食草者善走而愚……食肉者勇敢而悍，食谷者智慧而巧"，"养助益充"的膳食结构之形成，亦受到动物多种食性的启发。

秦汉以后，唐代的《千金·食治》、宋代的《太平圣惠方》、元代的《饮膳正要》等对以“五谷为养”的膳食结构都有进一步的阐发。谷、果、肉、蔬中的新品种和从国外引进的黄瓜、菠菜、辣椒、番茄等更丰富了膳食结构的内容。

例如唐代诗人白居易，中晚年时以“蔬食”为主，常吃面饼、米饭、葵、芹、笋、野菜，有时吃鱼，几乎忘了“肉食”，结果身心均得到改善。

又如农村的饮食。清光绪九年湖南《永兴县志》“食”：“以稻为主，炊饭酿酒皆用之。夏、秋，包谷红薯，耕山者用以承乏。岁歉，常掘蕨根为粉。宴享以鱼肉鸡鸭为厚品，余仅菜蔬、果蓏。”民国22年北京《顺义县志》“食”：“以玉米为大宗，谷、麦、高粱、菽次之；蔬菜以葱、韭、菠菜、白菜、萝卜、芥菜为普通，豆腐、鸡蛋次之，肉类又次之……”民国33年陕西《同官县志》“食”：“普通以小麦为主品，间以杂粮；以蔬菜为副品。茹荤肉时，多在逢年过节。”

这些充分说明，中国人在2000多年间一直遵循着“养助益充”的膳食结构。时至今日，中国已制定了新的居民膳食指南，它是在传统膳食结构基础上修订而成的。有“国际营养学界爱因斯坦”之称的美国柯林·坎贝尔教授在《中国健康调查报告》中指出：以动物性食物为主的膳食会导致慢性疾病的发生；以植物性食物为主的膳食最有利于健康，也能最有效地预防和控制慢性疾病[1]。这正是对中国传统膳食结构的高度肯定。

三、严格的选料、精湛的刀工

（一）选料

选料是中式烹调术的重要一环。

先秦已重视选料。其一，按时令选料。《论语》“不时不食”就有不当时令的食物不吃之意。其二，按卫生要求选料。《周礼·天官·内饔》讲牛、羊、犬、鸟、豕、马等有病患、气味极差的不宜选用。其中，“豕盲视而交睫，腥”是指猪眼睫毛交叉的，则肉中有小息肉（即囊虫），不能食用，当今防疫部门正是如此做的。其三，选用各地名产。《吕氏春秋·本味》中提到数十种原料，大多应是有依据的。

汉代尤重按季节选料，选用名产，对原料的卫生要求更严。如枚乘《七发》“秋黄之苏、白露之茹”，是说白露时的蔬菜最美。《蜀都赋》“江东鲐鲍、陇西牛羊”，说明江东、陇西的名产已经入蜀。《金匮要略》收有上百条饮食禁忌，不少是符合现代科学道理的。

1 ［美］柯林·坎贝尔著，张宇晖译：《中国健康调查报告》之陈君石序言，吉林文史出版社，2006年，第1页。

魏晋南北朝选料和前代相似，但更加细致。

如按时令选料，《齐民要术》说，制“莼羹”要选四月的“雉尾莼”。制鲊，春、秋时要“取新鲤鱼，大者佳”。

按烹调方法选料，如“炙豚”用吃奶的乳猪。“煎鱼饼”用活鱼肉，“白鱼最好”。烤鹅、鸭，“供厨者，子鹅百日以外，子鸭六七十日，佳。过此肉硬”[1]。

隋唐及其后，各个时期选料又自有特色。但以清代袁枚的论述为系统。

袁枚在《随园食单》“先天须知”中，强调要选物性优良的品种：“猪宜皮薄，不可腥臊；鸡宜骟嫩，不可老稚……同一火腿也，其好丑判若天渊；同一台鲞也，而美恶分为冰炭。”在“时节须知”中，强调要按时令选料。否则，“萝卜过时则心空，山笋过时则味苦，刀鲚过时则骨硬”。在“选用须知”中，讲按烹调方法选料：“鸡用雌才嫩，鸭用雄才肥。莼菜用头，芹菜用根。皆一定之理。余可类推。”

（二）刀工

刀工是中式烹调术中的重要一环，是依据菜肴的特点，菜肴加热、调味的需要，菜肴的美化，对原料进行切、割、斩、剁、批、削、剔、剞等处理的技艺。

先秦，薄刃铜刀出现，刀工发展。《论语》“割不正不食”即是谈刀工要求的。周代，已能据食礼和烹调需要，对牲体作“七体”及“二十一体”的分割。还能将原料切成块、片、丝、丁，或剁成肉酱，已有“胾”（大块肉）、“大脔”（大肉块）、“脍”（肉丝）等名词。

汉魏南北朝时，以刀工、切配为主的“红案”与以面食为主的“白案”分开，刀工更加精进。如脍已能切得如蝉翼一样薄且透明。《齐民要术》记述：“灌肠”用的羊肉末要“细锉”；“白瀹肉”之肉要“薄切”。不同菜肴，刀工要求各异。

唐代，出现组合式风景冷盘，对刀工要求极高。《斫鲙书》[2]提到小晃白、大晃白、舞梨花、柳叶缕、对翻蛱蝶等鱼鲙，形状多姿多彩，刀工精妙无比。

元代刀工出现新特点。其一，重视菜肴中原料的雕刻。如宫廷菜“带花羊头”已有雕刻的萝卜花。其二，重视刀工美化处理。如无锡菜 “爊肉羹”是将“膂肉”切荔枝花纹，然后下沸汤“爊”熟的。这种刀法，既美化菜肴又使原料受热面积增大，便于调料渗透，原料中的鲜味也能更多溶解出来。

---

1 〔后魏〕贾思勰：《齐民要术》“养鹅、鸭第六十”。

2 〔明〕李日华：《紫桃轩杂缀》，转引自清光绪本《湖雅》卷八“烹饪之属”。

图 24　各式菜刀

清代花色菜较多。如“松鼠鱼”“菊花肉”等，对刀工要求更高。

中式烹调术中的刀工与刀具(图 24)关系密切。中国菜刀形制多种，用途各异，如有的夹钢方头刀具可前切后剁或前批中切后剁，无论家庭用或菜馆用均十分方便。西餐中厨刀狭长，以拉割为主，当与西菜形制少变化有关。

四、独创的烹饪方法——炒

中式烹调术中常用的烹调方法有 45 种。其中，炒是中国人首创的最富特色的烹调法。

炒的要点是用旺火将锅烧至极热，加少许油，投入丝、条、片等形状的原料，用锅铲快速翻拨至熟。可事先调味，也可在成菜前调味、勾芡，令成品香嫩甘美。

关于炒的形成时间，有商代说、春秋战国说、汉代说、魏晋南北朝说等。前三说分别是从出土的青铜炊具入手分析的，各有其理由。比较而言，由于《齐民要术》中记有炒菜，故说魏晋时有炒菜是可靠的。但如仅称其时出现炒菜的“萌芽”则并不妥当。《齐民要术》的两则炒菜文字如下：

> 炒鸡子法：打破，着铜铛中，搅令黄白相杂。细擘葱白，下盐米、浑豉，麻油炒之。甚香美。[1]
>
> 鸭煎法：用新成子鸭极肥者，其大如雉，去头，烂治（按：“烂”疑为“熘”之误），却腥翠五藏，又净洗，细锉如笼肉。细切葱白，下盐、豉汁，炒令极熟。下椒姜末，食之。[2]

1〔后魏〕贾思勰：《齐民要术》“养鸡第五十九”。
2〔后魏〕贾思勰：《齐民要术》“脏、腤、煎、消法第七十八”。

图 25　清炒虾仁

这两道菜是炒鸡蛋和炒鸭肉末。从中可以看出，炒菜亦可在铜炊具中进行，“鸭煎”之名的菜却分明是“炒”成的，煎、炒有时可互用，就足以证明中国炒菜可以追溯到先秦，那时的煎菜中也可能有炒菜。

宋代，炒菜大量出现。汴京、临安市场有炒鸡、炒兔、炒蟹、炒蛤蜊、南炒鳝、生炒肺等。其中有南炒，当有北炒；有生炒，当有熟炒。对炒菜的风味、质地要求更高。如《吴氏中馈录》肉生法：“用精肉切细薄片子，酱油洗净，入火烧红锅，爆炒，去血水，微白即好……”和现代炒肉片已基本相同。

元、明、清之时，炒菜技法更加精进，名品以数百计，风味多样。

如明代《饮馔服食笺》提到炒羊肚儿、炒腰子，《宋氏养生部》提到油炒羊、盐炒鹅、辣炒鸡。

清代，炒菜名品更多，小炒、大炒、清炒（图 25）、混炒（指加配料）、煸炒、爆炒；先炒后加调料，加调料先浸渍后炒；勾芡或不勾芡；生炒或熟炒等均可灵活采用。

因为炒法旺火热油快速成菜，所以用荤料炒成的菜肴大抵软嫩，用蔬料炒成的菜肴往往爽脆，且透出一股鲜香，兼之用蛋清、芡粉上浆、勾芡，原料中的水分、营养成分（如维生素 C）得以更多保留。故炒菜彰显了中餐的独特风味和诱人魅力。而西餐中多煎、烤，并无炒法，英文中也没有与“炒”相对应的单词。这正是西方人惊诧于中式烹调术高妙和喜食中餐的原因之一。

五、烹调成败的关键——调味

调味是中式烹调术的又一关键。味道好坏，关系菜点的成败。

先秦，已有“春多酸，夏多苦，秋多辛，冬多咸，调以滑甘”[1]的按季节调味的主张，追求食物“本味”的主张，五味调和的主张，并认识到“口之于味，有同嗜焉”——人们对味觉美有共同追求。在菜肴调味上，有不调味的本味“大羹”，有加“盐、梅”的“和羹”，还有“和酸若苦”的“吴羹”，醢酱腌制的齑、菹，姜、桂调味的脩，加甘蔗汁烧煮的甲鱼等。

汉魏南北朝之时，调味技术迅速发展。甘、酸、苦、辛、咸外，五味相互调和，盐、豆酱、鱼酱、酱清、蒟酱、豆豉、饧、醋等和姜、葱、蒜、花椒、茱萸、橙皮、芥末、石榴汁、清酒等组合，衍生出许多复合味。

调味讲究程序，或在原料加热前进行，或在原料加热中进行，或在菜肴成熟后进行。如“蜜纯煎鱼”，是将治净鲫鱼，先用苦酒、蜜、盐浸渍一段时间，然后入锅用“膏油”煎的；而“缹茄子”，是在茄子加热中加调料而成的；亦有如烤蛎成熟上桌后，随送醋碟供调味的。

这时的味，也包括嗅觉感到的“香”。如荷叶包的“裹鲊”，别有荷香，“香气又胜凡鲊”。

唐代，有人提出“物无不堪吃，惟在火候，善均五味”。亦有不加调味的本味菜。

五代，孟蜀宫中有“赐绯羊”，系羊肉加红曲煮成。这在中外调味史上属最早用红曲的。

宋代，苏易简提出“食无定味，适口者珍”的主张，为调味经典。

市场上出现多种风味的菜点。如临安，有清汁鳗鳔、蜜炙鹌子、醋赤蟹、酒香螺、五味杏酪鹅、五辣醋蚶子……调味技艺高超。

明代，辣椒传入中国，清代在中南、西南已用于调味。各地多优质调料，菜肴味型更多。《随园食单》认为要针对不同原料采取不同的调味方法，以达“无味使之入，有味使之出”的效果，要突出菜肴的个性，力求做到“一碗各成一味”（图 26）。

六、鲜味及制“汤”取“鲜”

中国古代“甘、酸、苦、辛、咸”五味中，本无“鲜”味。国际上也没有。但中国人在实践中，却最早感受到“鲜”，并将其与“味”相连，进而发明了制“汤”取“鲜”等方法。

“鲜”有多种解释，如鱼、新鲜的肉、鲜美等。字原作“鱻”，《说文解字》解为“新鱼精也。从三鱼，不变鱼也”。清代段玉裁注：“精即今之鲭字……谓以新鱼为肴也。”新鱼为肴，当然新鲜、味美，“新鱼精”正暗示新鱼之精华是鲜美之味。

先秦，《楚辞·大招》中有“鲜蠵甘鸡”一语，“甘”指甘美，“鲜”当指鲜美。

1〔汉〕郑玄注，〔唐〕贾公彦疏：《周礼注疏》“天官冢宰下·食医”，《十三经注疏》，中华书局，1980 年，第 667 页。

其后，肴馔中更多提到鲜。唐代白居易有“粽香筒竹嫩，炙脆子鹅鲜”之句，贾岛有“食鱼味在鲜，食蓼味在辛”之句。贾岛的诗句，直接点出食鱼在于味鲜，是目前已知最早把“鲜”和“味”结合在一起的例子。宋代，还有称煨新笋“其味甚鲜”，湖中新菱“极鲜”的。可见，宋代用“鲜”指味已经常见了。

明代，黄一正《事物绀珠》“食部”“气味类”中明确将“鲜”列入。

古人不仅对“鲜味”的认识早，而且还发明了多种取“鲜”的方法。如制汤取“鲜”。《齐民要术》中，已有熬煮敲碎的牛、羊骨头，取汁，再制清汤之例。后加豉、盐，继作其他食品的调料用。唐、宋时，在“十远羹”“鳖清羹”中均用上“清汁”。元明之际的《易牙遗意》中记有“捉（提）清汁法”。明代《宋氏养生部》中更记有荤清汤、素清汤的详细制法。这种高级清汤，极其鲜美，是制羹和其他菜肴的助鲜剂。制鲜汤之法，此时已相当成熟。清末民初，吊清汤用猪骨、鸡肉、火腿、干贝等烧煮，以及在过滤后的毛汤中加鸡腿肉、鸡脯肉茸以增鲜并吸附浮沫、渣滓，最后加适量盐，其味更鲜。

制汤之外，古人还熬笋汁、蘑菇汁，焯虾汁，制笋粉、蘑菇粉、虾籽、蟹黄油等作鲜味调料用。清初李渔《闲情偶寄》中说：“菜中之笋……有此则诸味皆鲜。但不当用其渣滓，而用其精液……食者但知他物之鲜，而不知有所以鲜者在也。”确是有道理的。

这里需指出的是，1908年，日本学者在德国学者分解、制取味精的母体——谷氨酸的基础上，从海带中提取出谷氨酸钠，并将这一鲜味剂命名“味之素”，次年投放市场。1914年，日本人又以小麦面筋为原料建成世界第一家味精厂。而中国人生产出味精是在1922年，由吴蕴初所创，称作“佛手”牌。中国人最早知道鲜味，发明种种提鲜之物，但在味精的提纯、结晶上却慢了半拍，这是历史造成的遗憾。

然而，高级清汤并未过时，一些高档汤菜，如“清汤燕窝”“竹荪芙蓉汤”“开水白菜”是必用优质清汤烹制的。如此，鲜味才隽永，口感才丰满。

鲜味作为一种基本味，已被更多的学者和国家所接受，尽管目前鲜味味觉受体问题尚未彻底破解。

七、豆腐

豆腐是食品，也是烹调原料。它是中国人的重要发明，具有世界影响力。

传说中，豆腐为淮南王刘安所发明。宋代朱熹《素食诗》自注：“世传豆腐本为淮南王术。”类似记载，还有不少。

然而，由于从汉至唐，缺少有关豆腐的文字记录，故中外均有学者对这一传说抱有疑虑。

但从历史大背景考虑，汉代有菽（大豆），有旋转石磨，有凝固剂，喜好“黄白之术”的刘安无意中发明了豆腐是有可能的。或者说，在刘安所处的时期，豆腐被发明了，无名氏的创造被安在了刘安的头上。

值得注意的是，魏晋之时，中国有数十部几百卷的食经、食书、食方，但已亡佚。未来的考古挖掘，会否出现唐以前的食书，值得期待。

亦有学者认为隋代谢讽《食经》的“加腐乳”为豆腐，可聊备一说。

目前已知，豆腐的最早记载见诸由五代入宋的陶穀的《清异录》：“时戢为青阳丞，洁己勤民，肉味不给，日市豆腐数个。邑人呼豆腐为‘小宰羊’。”青阳在皖南，当时豆腐已成普通市食。估计其出现要早得多。

宋代，豆腐被普遍食用。临安酒店有卖煎豆腐、豆腐羹的，嘉兴有人开豆腐羹店。苏东坡喜食蜜渍豆腐。《山家清供》有用豆腐配芙蓉花烧成的“雪霞羹”，豆腐和榧子烧的“东坡豆腐”。《本心斋疏食谱》有五味蘸豆腐条。陆游《山庖》“旋压黎祁软胜酥”，自注：“蜀人名豆腐为黎祁。”另外，豆腐还有“菽乳”“甘旨”等名。

对豆腐的制法已有清晰了解。寇宗奭《本草衍义》中说：“生大豆……又可硙为腐食之。”杨万里《豆卢子柔传》则以文学笔触说明豆腐是用黄豆经过泡洗，去外皮，入石磨“周旋”，磨出豆浆，泻入容器，再加工凝固成“玉”一样“洁白”而味“淡”的食品。

元代，《饮膳正要》提到豆腐，高丽人学汉语的教科书《朴通事》亦提到大都市场上有卖“金银豆腐汤”的。

明代，李时珍《本草纲目》对豆腐制法有更详细的记载：“凡黑豆、黄豆及白豆、泥豆、豌豆、绿豆之类，皆可为之。造法：水浸硙碎，滤去滓，煎成，以盐卤汁或山矾叶或酸浆、醋淀就釜收之。又有入缸内，以石膏末收者。大抵得咸、苦、酸、辛之物，皆可收敛尔。其面上凝结者，揭取晾干，名豆腐皮，入馔甚佳也。”从中可以看出，至明代，已能用多种豆子按程序制豆腐，用以点卤使豆浆凝固的添加剂也有四五种，当是多个朝代以来经验的总结。

《墨娥小录》收有加绿豆配黄豆做“甚是筋韧”的豆腐配方。《物理小识》则记有用其他原料为主制成的“加色腐”，有绿豆腐、黄豆腐、黑豆腐、褐豆腐等。

明代及其后，豆腐食品已成系列。如豆浆、豆花、豆腐脑、百页（千张）、豆腐皮、豆腐干、油豆腐果、腐竹、豆丝、豆腐乳、豆腐渣等。而再细分，又出现许多品种，如豆腐中的北豆腐、南豆腐、老豆腐、嫩豆腐、冻豆腐，豆腐干中的白干、茶干、酱油干、虾籽干，腐乳中的红、白、臭、糟、辣等等。

图 16　清蒸武昌鱼

图 19　宫保鸡丁

图 20　烫干丝

图 22　糕点

图 18　东来顺涮羊肉

图 21　虫草鸭子

图 23　清炖蟹粉狮子头

图 28　菊花核桃

图 26　蜜汁火方

图 27　富贵黄鱼

图 29　素菜

图 30　花式冷盘

豆腐菜点，名品众多，风味各异，令人目不暇给。如明代《宋氏养生部》用豆腐皮卷裹腌肉丝、姜丝、莴苣丝、笋丝等“以酱油炙香”的“豆腐皮卷”。

清代，烹调书中的豆腐菜在百种之上。如《食宪鸿秘》中用酒酿糟将豆腐糟透的“凤凰脑子”，《随园食单》中用油煎豆腐片加秋油、大虾米、甜酒等烧成的“蒋侍郎豆腐”，还有各地豆腐名品，如山东的锅塌豆腐、苏州的三虾豆腐、四川的麻婆豆腐等。

豆腐古往今来，极受民众欢迎。除其软嫩可口外，与其具有的食疗作用和丰富营养有关。清代王士雄《随息居饮食谱》：豆腐有“清热、润燥、生津、解毒、补中、宽肠、降浊”等作用。古人也认识到豆腐性寒，过多食用会“动气”“发肾气”，但都有方法应对。现代科学研究则表明，豆腐含有优质蛋白，内有多种人体所需氨基酸，脂肪中含不饱和脂肪酸高，不含胆固醇。此外，还含碳水化合物、维生素和矿物质等，对预防心血管疾病有益。唯其如此，豆腐在日本极受重视。日本学者认为，从已发现的史料看，豆腐约在宋朝或元朝传至该国 。又，豆腐传至欧洲约于清朝后期。当今美国流行食品之一即以油炸豆腐、蔬菜为夹层的“汉堡”。

随着中餐的推广，豆腐日益受到世界各国的重视和欢迎，是可以预期的。

八、药膳

药膳是依据中医药食同源的理论，用食物烹制以“治未病”的菜、点、汤、饮等。

相传商朝伊尹曾用橘皮、生姜调制汤液，为人治病，早期药膳“伊尹汤液”由是诞生。

周代，官中设“食医”，“掌和王之六食、六饮、六膳、百羞、百酱、八珍之齐”（《周礼·天官》）。“疾医”中也有用“五谷、五味”养病的记述。

《黄帝内经》对食疗理论多有阐发。《神农本草经》收有数十种食药。

汉魏之时，食疗有发展。如甘肃武威出土的西汉医简记载的许多药都是食物。马王堆三号汉墓出土的《五十二病方》所用 200 多种药品中有四分之一为食物。张仲景《金匮要略》也有食疗方。值得重视的是，在葛洪《肘后方》中有用海藻酒治瘿病之方，实际是用含碘食物治甲状腺肿，比欧洲人早了数百年。《肘后方》中还有用猪胰治“消渴”（糖尿病）的记载，从而开脏器疗法之先河。这一时期曾有大量食疗药膳著作，但多亡佚。

隋唐时期，出现好几部食疗药膳名著。如孙思邈的《备急千金要方·食治》收录 154 种果实、菜蔬、谷米、鸟兽的性味、药理作用、服食禁忌及疗效（如用羊肝治雀盲，鹿肾补肾气等），《序论》还指出：“夫为医者，当须先洞晓病源，知其所犯，以食治之；食疗不愈，然后命药。”对药膳的制作有指导作用。孟诜、张鼎的《食疗本草》，共记 200 多种食药。更有特点的是昝殷的《食医心鉴》，原收食疗方300多首，现辑本收内科、妇产科、小儿科等食疗方211首，每方均注明原料用量、烹调方法、疗效，实际是药膳谱。

宋代及其后，药膳有长足发展，出现多部饮食养生著作。宋代《太平圣惠方》《圣济总录》《养老奉亲书》中均收有大量药膳方。元代御医忽思慧《饮膳正要》收61首食疗方，原料、制法、食法、疗效均写得一清二楚。李时珍《本草纲目》中分散收录的药膳方亦多，其中，粥就有50多种。而清朝黄云鹄的《粥谱》，则收有粥200多种。

总的来看，药膳除受中医阴阳平衡、营卫流通、五味归经等理论指导外，道家的养生思想也有影响。此外，就是民众千百年来生活经验的总结提升。其品类可分为菜肴、粥、面点、饮料、膏煎等。菜肴以羹汤及煨炖之品为主，亦有凉拌的；粥为谷类加多种动植物配料煮成；面点以糕、面条、馄饨、包子为主；饮料有汤饮、酒等。

古代著名药膳甚多，许多品种如"猪蹄汁"（下奶），糯米、姜、葱、醋煮的"神仙粥"（治感冒初起），山药、莲子、芡实、茯苓、糯米等粉蒸的"八珍糕"（健胃养脾），天麻鱼头（治头晕），三七炖鸡（补气血），银耳羹（润肺生津），炒苦瓜（清热去火），鹿茸酒（补肾益精）……经过岁月的考验，流传至今，仍被人们选用。这充分说明药膳是既古老而又有生命力的。

九、素食

先秦时期，中国人斋戒时不吃荤腥，只吃素食，以表对祖先、鬼神的崇敬。

汉魏南北朝时，中国固有的素食与佛教斋食相结合，素食方脱颖而出，独树一帜。

先秦时的"素食""素餐"指平常之食，即蔬食之类。汉代，"素食"已指无肉之"菜食"。

此外，魏晋之前，荤食非指肉食，而是指有气味的蔬菜，称五荤或五辛。佛教以大蒜、小蒜、兴渠、慈葱、茖葱为五荤。可见，中国佛教徒不吃荤，原先指的是"五荤"，目的是修身养性，戒色欲，守戒律。但后来为什么变成了戒肉食呢？

据研究，佛教教义原无禁食肉的内容。印度佛教徒托钵行化，遇荤吃荤，逢素吃素。佛教传入中国之初，对佛教徒食物荤素并无特别规定。不过，佛教不同教派中也有禁肉食的，如大乘佛教。中国汉族僧人大多信奉大乘佛教，故不吃肉食。另笃信佛教的梁武帝萧衍（464—549）曾写《断酒肉文》，力倡素食，竭力反对国内僧尼食用酒肉。他不仅斥责食肉违反"戒杀生"的戒律，还强调食素蔬能使人"营卫流通"，"神明清爽，少于昏疲"，而食鱼、肉，会使人"增长百疾"，"神明理当昏浊，四体法皆沉重"……正因如此，在中国汉族佛教徒中"菜食""蔬食"之风渐盛，并与早先素食传统结合，催生新的"素食"。

魏晋南北朝之时，素食迅速发展。据记载，建业有一僧厨，能“变一瓜为数十种，食一菜为数十味”[1]。《齐民要术》中有“素食第八十七”，收录有葱韭羹、瓠羹、油豉、膏煎紫菜等。

唐代，四川一官员“宴诸司，以面及蒟蒻之类染作颜色用，用象豚肩、羊臑、脍炙之属，皆逼真也”[2]。为早期象形素菜。一些寺院中，素食精致。白居易在杭州任上曾与名僧韬光一道吃香饭、葛粉、藤花、芥菜、紫芽姜烹制的食品。

宋代，寺院素食之外，汴京、临安均有称作“素分茶”、素面店的素食店，素食发展极快，豆腐、面筋、粉丝、豆芽、笋、菌菇纷纷入馔，出现一批“以假乱真”的仿荤象形菜，有夺真鸡、两熟鱼、假炙鸭、假煎白肠等（图 27）。

陈达叟《本心斋疏食谱》，计收二十品素馔。林洪《山家清供》亦有不少素食，以雪霞羹（豆腐、芙蓉花烧成）、金饭（黄菊花饭）等（图 28～图 30）花卉食品为佳。

元明清之时，素食在更大范围内得到发展。用料广泛，优质的菌类、野菜、坚果均已用上，烹饪方法多样，口味多种，以清鲜平和为主。宫廷、民间、寺观、市肆，均有素食名品，不下百种。

如今，食素之风渐盛，甚至形成潮流。著名的营养学家认为，人类如今的三高（高血压、高血脂、高血糖）、糖尿病、癌，与过多食用肉类有关，而素食既能满足人们的营养需求，又无摄入胆固醇、饱和脂肪酸之虞，可以让人们远离心血管等疾病。由此，更可见中国的传统素食是可以继承发展，为人们的健康做大贡献的。

十、结语

综上所述，可以看出，中式烹调术是一项与中国人的生活息息相关、与民族繁衍生息密切相连的重大发明。它于魏晋南北朝时大体形成，以后不断发展，成为国际烹调术的代表之一。

曾有学者认为，世界上能与中国烹调术比肩的，主要有西餐中的法国烹调术、土耳其的清真烹调术以及地中海饮食。法式烹调以海鲜、牛肉、奶、奶酪、禽类、蘑菇、面粉等为主要原料，烹饪方法以煎、炸、烤、焗、铁扒等为主，在菜品成熟后调味，喜用调味汁，尤爱用香料调味，主副食不分，擅制浓汤，装盘立体，简捷明快。在西方，法国菜影响极大。地

1 〔唐〕姚思廉：《梁书·贺琛传》，中华书局，1973 年，第 548 页。
2 〔宋〕孙光宪：《北梦琐言》，上海古籍出版社，1981 年，第 17 页。

中海饮食也富有特色，其结构以橄榄油、各种谷物、水果、鱼、干果、鸡蛋、奶制品为主，可降低患心血管疾病的风险。这种膳食结构与中国广东、海南等沿海地区相似，但用油不同，蛋、奶制品用得更多。

中式烹调术用料丰富，谷物、果蔬所占比例更大，烹饪方法、调味手段繁多，菜点风味纷呈，令人美不胜收。美国学者尤金·安德森曾在《中国食物》一书中赞誉中国人在宋元时期就“发展出了当时所知的世界上最伟大的烹调法”。中式烹调术注重与养生结合，药膳与素食制作精良。中国菜点受到世界上越来越多人们的欢迎是势所必然的，中餐的前途必将日益宽广。

系驾法和马镫

陈巍

◎　马是最重要的家畜之一。由于野马多分布于平坦开阔的草原地带，因此生活在这里的民族最早驯化了马。位于哈萨克斯坦北部距今约 5500 年的波泰遗址中，发现了曾装有马奶的陶器，以及马因被驯化而在骨骼上产生的变化，这里成为目前已知最早驯化马的遗迹[1]。直至今日，一提起游牧民族，人们的脑海中依然会立即想到他们在马上疾驰的场面。农耕民族开始豢养和使用马的年代稍晚，而马具的一系列改进和新发明，极大促进了马在定居农耕民族中使用范围的扩大。其中系驾法的改进和马镫的发明，是其中对社会发展产生重大影响的两项技术，而它们都与中国有紧密联系。

1 M. A. Levine, “Botai and the Origins of Horse Domestication,” *Journal of Anthropological Archaeology*, 1999: 29-78.

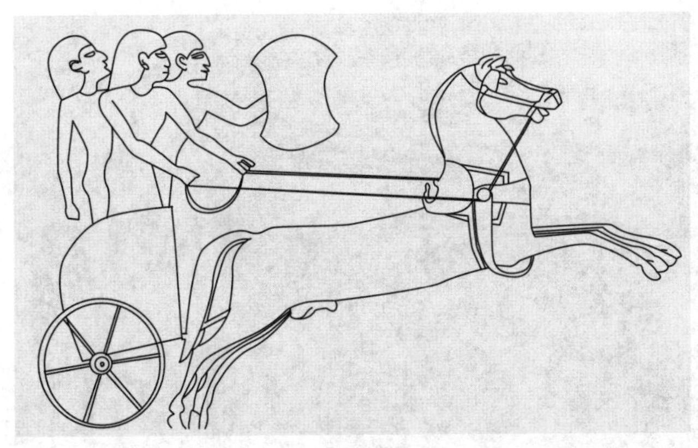

图 1　赫梯人的战车（约前 1500 年）

一、系驾法

除骑乘之用外，牲畜还作为驱动古代各种机械的原动力而发挥重要作用。所谓系驾法就是通过一套专设装置（即挽具），利用一匹或几匹牲畜形成牵引系统的方式。挽具本身有许多部件，一套合理的挽具结构应当充分利用所有牲畜的力量，并使他们工作协调。中国与西方使用的挽具在很早就存在差异，可以说存在于古代中国的系驾法，在很长时间内都比西方更加先进。

（一）西方早期的颈带式系驾法

系驾法的发展与车的形制关系密切。东西方最早的车都是独辀车，即车体与牲畜之间仅用一根木杆连接，如果使用超过一头牲畜，则在木杆前端加装衡和轭来分别控制牲畜。因此牵引点很自然地被沿着牲畜背部的中间线放置。西方世界最早的系驾法所使用的挽具，通常包括颈带（位于颈前）和肚带（绕在肚子和肋部的后端），牵引点就位于两带相会之处（图 1）。肚带缺乏前后支撑，往往向后松动，颈带就成为牲畜施力的主要部位。如果是对机动性要求更高的战车，往往没有辀和肚带，而只是用颈带来牵引。因此这种系驾法被称为颈带式系驾法。

颈带式系驾法有可能最早源于牛耕所用的轭[1]。但马和牛的解剖特点使得这种对牛很适合的系驾方式未必适用于马。马的颈部更前倾，也更暴露。它的气管突出向前，颈动脉也很靠近体表。如果用颈带作为主要承力部位，就会压住马的脖子。马前进时就会引起呼吸困难，并影响血液对大脑的供给，马跑得越快，这种情况就越严重。其结果是难以最大限度地利用

1［英］李约瑟：《中国科学技术史》第 4 卷第 2 分册，科学出版社，2010 年，第 335 页。

图 2　古希腊陶器上的战车（约公元前 8 世纪末）

马的动力[1]。

根据法国学者德诺埃特（R. L. des Noëttes）的实验，使用颈前和肚带方式套上的两匹马的有效牵引力约为 1/2 吨[2]。然而实际上如果使用现代挽具，一匹马很容易牵引 1.5 吨的总载重，即颈带式系驾法的效率仅为现代挽具的 1/6[3]，其低效率可见一斑。如果考虑到现代马在品种和饲养等多个方面比起古代都有大幅度改良，则古代采用颈带式系驾法的马车载重量是很低的。例如 438 年罗马的《狄奥多西法典》中，规定单匹马牵引的两轮车载重限额仅为 154 磅（约 70 公斤），即使是几匹牲畜拉的邮车，载重量也只有不到半吨[4]。

如果我们在战车方面考虑载重量上的限制，则可看到古代西方的战车很少用作近距离格斗，而一般用于奔袭或追击，车上武士主要用弓箭（图 2）。出于方便武士与敌人近距离接触时跳下车作战的需要，西方古车轮径通常不超过 90 厘米，这使得车轴与马的牵引点之间无法用平行于地面的靷绳连接，力的传导要依赖于斜向上方昂起的辀，这再次浪费了马的牵

1　这种“颈带法”容易勒住马的气管而导致马在行进时窒息，并降低畜力的效率和载重量的观点，是由法国军官 R. L. des Noëttes 于 20 世纪初提出的，这种观点曾被广泛引用，包括李约瑟在《中国科学技术史》第 4 卷第 2 分册中也主要征引此说，并使中国学界多有“轭靷法”优于“颈带法”之说。但该观点早已过时。对罗马时期的马种、道路、图像和文献资料进行研究后，西方学者认为 Noëttes 的错误在于把马背部的系驾点置于使马最痛苦的肩隆部，而实际上罗马时代主流的系驾点位于肩隆下方（分布于地中海沿岸地区），这种系驾法被称为“背轭法”（dorsal york），在塞纳河到莱茵河以北地区，系驾点多在肩隆上方，这被称为“颈轭法”（neck york）。这两种方法都不会影响马的呼吸。比希腊—罗马时代更早的系驾法是否会阻碍马的呼吸，还需要进一步予以研究。参考 Judith A. Weller，“Roman Traction Systems”，http://www.humanist.de/rome/rts/index.html。对古典时代系驾方式的总体性概括，可参考 G. Raepsaet，“Riding，Harness，and Vehicles，” *Handbook of Engineering and Technology in the Classical World*, Oxford: Oxford University Press，2008：580–605.

2　1977 年 J. Spruytte 所做实验表明“颈带法”的效率远高于 Noëttes 所认为的，马车载重量与现代系驾法相近（J. Spruytte, *Early Harness Systems: Experimental Studies, a contribution to the history of the horse*, J. A. Allen，1983）。

3　R. L. des Noëttes, *L'attelage et le cheval de sellèa travers lesâges*, Paris，1931:5.

4　R. L. des Noëttes, *L'attelage et le cheval de sellèa travers lesâges*, Paris，1931:5.

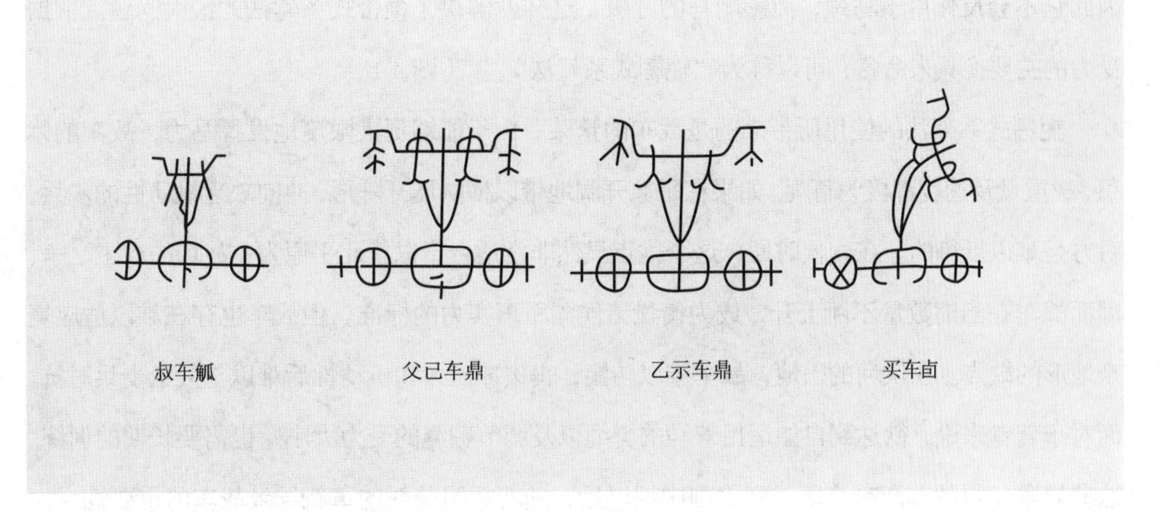

图3　金文中的车（清华大学机械史图像库）

引力。从两河流域及古埃及壁画来看，承载一人的战车通常需要2匹马，而承载2人的战车则需4匹马，这又加大了保持位于中间的服马和位于两侧的骖马相互协调前进的难度。总之，颈带式系驾法为西方古代车马带来许多技术上的限制。

（二）中国早期的轭靷式系驾法

与西方古代战车不同的是，中国战国时期的车拥有更大的载重量。《墨子》中记载“匠之为车辖，须臾刘三寸之木，而任五十石之重”，《韩非子》中也有车辆载重为30石这样的类似记载。1石为120斤，按照战国时期度量衡1斤约为250克，则知当时车辆载重可达1吨左右。很显然，这比罗马时代的邮车载重量大得多。如果当时中国马车也使用颈带式系驾法，很难达到这样的载重量。

值得注意的是，从商代到战国时期器物上以及金文中透露的车辆形象，与西方古代车辆形制存在微妙的差别，即中国古车的形象中往往能看到连接独辀与相当于轭的部位的斜线（图3）。秦始皇陵发现的2号铜车马的复原，可以看到这两条斜线实际是系在两轭内侧的靷绳，靷绳后端系在车舆前的环上，再用一条粗绳索将此环与轴相连。靷绳的使用实际上把独辀车原本位于车衡中央的系驾点下移到轭的下端，结合中国古车更大的轮径（可达1.33米），这样自系驾点到车轴的连线就接近水平状态[1]。更重要的是，尽管秦始皇陵2号车的轭下仍有圈住每匹马颈部的颈带（称为“颈靼”），但这一部件仅用于防止马脱轭，而不真正受力，

1　孙机：《中国古舆服论丛（增订本）》，上海古籍出版社，2013年，第60页。

因此它不会反作用于马颈，而影响马的呼吸，这样就解决了颈带式系驾法的最大问题。依据受力的主要挽具来命名，可以称为“轭靷式系驾法”[1]。（图 4）

轭靷式系驾法的使用所带来的是战车的繁荣。由于能够更大限度地发挥马力，战车的体积、载重量及速度都极为可观。如果在平原开阔地带以横队展开阵形，冲向缺乏机动性的步兵，对方是难以抵御的。在春秋时期，这个优点显然非常适合于以华北平原为主战场的霸主之争，因而战车在当时数量不断上升，成为衡量诸侯国军事实力的标准。但战车也存在难以适应复杂地形的缺点。在坎坷的山地，战车难以转圜，丧失冲击力和机动性后难以与大量步兵对抗。而对于驾者来说，欲达到自如运用驾马的辔绳以及调节靷绳的受力大小，也需要长期的训练。这些局限使得战车渐趋衰落，到战国中期以后，随着胡服骑射的革新导致战车的重要性大大下降，以速度和灵活性见长，又称“戎车”“轻车”的独辀车开始为双辕车取代，这又引发了系驾法的进化。

（三）胸带式系驾法

双辕马车在西亚出现较早，从大英博物馆收藏波斯阿契美尼德王朝时期（前 550—前 330 年）的乌浒驷马金车（图 5）可以看到其形制已经比较成熟[2]。然就系驾法而言，它还是使用颈带法，并不先进。中国的双辕车很可能源自牛车，主要作为“平地载任”之具。战国早期的陕西凤翔墓葬中发现了最早的双辕牛车，而双辕马车最迟于战国晚期也已出现，长沙楚墓出土漆卮上描绘的双辕马车则能看到系驾法演变初期的形态（图 6）。该车所驾之马的胸前有带，可能在这里曳出靷绳连于车辕中部，颈带仅作为胸带与轭间的连接部件。从该车挽具可以看出，以前需兼顾多匹马的复杂挽具得到简化，由于使用双辕，马的两侧须各设置一根靷绳。出于旧系驾法的余韵，双靷起初可能仍系在轭的左右两端，到西汉时两靷已经摆脱轭的束缚，从前端相连为一整条绕过马胸的胸带。轭及附属的颈靼则由受力部件退化为连

1 孙机：《中国古代马车的三种系驾法》，《自然科学史研究》1984 年第 2 期，第 169~176 页。该文根据陕西秦陵发现的 2 号铜车马详细论证了轭靷法的形态。但他的文章沿袭了较早文章中对甲骨文和金文中表示马车的字形的分析，将其作为轭靷法早已存在的一个证据，并认为轭靷法在古代世界独树一帜，是中国驾车技术独特的传统。孙机后来对 1984 年文章中的一些观点进行过修正，但认为轭靷法为中国独创的观点在最新修订的《中国古舆服论丛》（上海古籍出版社，2013 年）中仍然保留，不过这种观点恐不准确，因在外高加索直到内蒙古地区这一欧亚大陆东部广大区域内的众多岩画中，都能看到与中国古文字字形近似的图像，这种图像在中国战国时期的铜器刻纹中仍能看到（孙机《中国古舆服论丛》第 23 页）。夏含夷根据这些图像中近似的轮辐的数量及车轴的位置，认为外高加索以东地区具有同一类型的马车，而外高加索地区马车出现、发展和衰落的时间均早于东亚 [Edward L. Shaughnessy，“Historical Perspectives on the Introduction of The Chariot Into China，” *Harvard Journal of Asiatic Studies*. 1988(1)：189–237.]，尽管中亚没有发现如秦陵 2 号铜车马那样明确的系驾法证据，但不宜将轭靷法视为中国的重大技术成就。另外，钟少异等对靷绳究竟能否传导牵引力提出过质疑，认为轭靷法实质上仍是颈带法（见钟少异等：《论商周独辕马车的系驾方式》，《机械技术史——第一届中日机械技术史国际学术会议论文集》，1998 年，第 233~234 页）。

2 A. Mongiatti，N. Meeks and J. Simpson，“A Gold Four-horse Model Chariot from the Oxus Treasure：A Fine Illustration of Achaemenid Goldwork，” *The British Museum Technical Research Bulletin*，2010(4)：27–38.

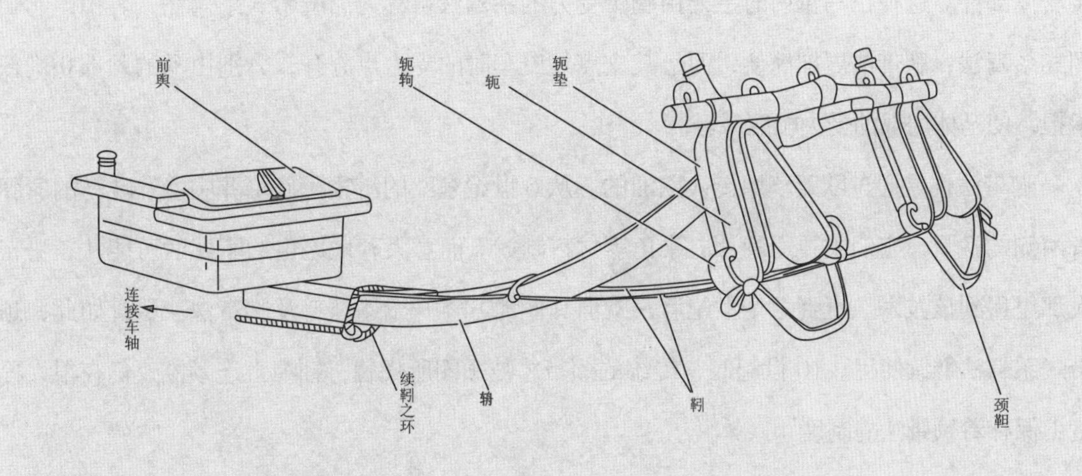

图 4　軛靷式系驾法示意图（取自孙机：《中国古舆服制度》，上海古籍出版社，2013 年，第 60 页）

图 5　古波斯阿契美尼德时期的双辕马车

图 6　长沙楚墓出土漆卮上的双辕马车

接支撑部件。这种在马牵引时主要由胸带受力的系驾法可称为“胸带式系驾法”。相比起轭靷式系驾法，胸带法更加简便，而且其支点与曳车时的受力点分开，分别由马的颈部和胸部承担，使马体局部的受力相应减轻。

胸带法也是通过欧亚草原传入欧洲的。从5世纪东欧的游牧民族墓葬中能发现马的肩胛骨两侧的挽具，它们主要用骨片、牛角等材料制成。而意大利地区也约于此时可能从东哥特人那里得到该技术。直到3个世纪后，欧洲其他地方才开始逐渐普及胸带法。尽管如此，颈带式系驾法继续使用。10世纪时，传统的颈带才被颈圈所代替，靷绳直连颈圈，仍在很大程度上保存着颈带法的制度[1]。

（四）鞍套式（或颈圈式）系驾法

胸带法并不完美，其缺陷主要体现于两方面。第一是保留了过去轭靷法中独辀向上翘起的曲度过大的弧线，在旧的多马独辀系驾系统里，须重视协调各马前进的衡与轭，故为连接衡与轭，辀势必向上翘起，然而这在双辕系统里却是不必要的。向上翘起的车辕重心偏高，从而翻车概率增大，而且这种弧状车辕也很难利用粗硕木材进行制作，而显得脆弱易折。这是旧系驾法里残留的元素不适应新系驾法的体现，改进这一缺点花费了很长时间。到东汉时期，人们采取从车辕中部到轭的末端加装两根加固杆这一增强安全性的改进办法，但同时这又导致辕衡结构更加复杂，并不理想。另一个缺陷，是胸带法的曳车主要受力部位是马的胸部，而没有利用马体最强有力的肩胛部。因为胸带法本源自牛车，牛的肩部隆起，其肩胛部贴近轭，故而容易发力，但马的鬐甲低于牛的肩峰，这种方式不能完全适应马体的特点。新型的系驾法须对这两个缺陷予以改进，从而发展出鞍套式系驾法（或称颈圈式系驾法）。

针对第一个缺陷，几乎与上述加装加固杆的改进同时发生的，是约在两汉之际的将辕端支点降低，减小车辕弧度的尝试。这一开始是在车辕本就比较粗大、弧度较浅的大车（即“輂车”）上进行的。而将车辕弧度降低以至放平，也是衡的改进与取消的过程。东汉肥城孝堂山下出土的一块画像石上的车，车衡呈“冗”字形，其两端下垂，辕前部只需稍稍上昂，就能与其接上。但“冗”字衡仍嫌复杂，不易制作。所以在武氏祠画像中的輂车上，又出现一种对前者略加改进的“轭式衡”，车辕同样需要向上昂起，但衡开始与轭合并，结构较为简单，变得更加结实。到东汉末年至三国期间，车衡基本已被取消，车辕直接连在轭端。这时车辕几乎已经成为没有弧度的直杆，但同时轭脚却必须斜向外移，以迁就辕端。这种侈脚的大轭

---

1 从罗马时期（最早为2世纪早期）的浮雕、钱币等图像来看，似乎当时已有现在意义上的颈圈式系驾法（主要分辨依据是肚带和轭是否存在）。

图7　汉代四川画像砖上的马车（取自李约瑟:《中国科学技术史》第4卷第2分册，科学出版社，2010年，第366页）

图8　晚唐《张议潮统军出行图》中的马车

又成为亟待改进的对象。胸带法第一个缺陷基本消除，但第二个缺陷依然存在。

车辕放平后，能够减小轭的部位向上的分力，马的肩部再度承担更多向前牵引的任务。轭除连接马体与车辕外，又起到垫高马肩使这里形成类似牛肩结构的作用。然而硬质的轭容易滑脱，而且易磨伤马的皮肤。故而马的颈部开始出现软材料填充起来的肩套（或“颈带”）。颈带最早于汉末三国时期已经在四川出现，一些画像砖中的马颈部有明显粗状的环形物围绕（图7）。但由于魏晋时期谈玄风气兴起，使得高级牛车更受统治阶层欢迎，而肩套或颈带对牛车是不必要的，这显然影响了新系驾法的传播。颈带法于6世纪才开始在北方出现，从莫高窟北朝至唐代的不少壁画里（图8），都能看到驾车之马的颈部出现用软材料填充起来的肩套，增加了马鬐甲的高度，能够更好地利用马肩胛部位的拉力。但此时肩套还是和轭配合使用。直到宋代《清明上河图》中，才出现一辆由四头驴直接用肩套引曳的车。大约到南宋，出现马上的驮鞍，这样赶车人可以更方便地驾车，保持车的平衡。鞍套式系驾法避免了轭对马造成的磨伤，降低了支点，放平了车辕，而且可以充分利用马适于承力的肩胛两侧。采用此法既可以保持行车稳定，又能增强马拉车的力量，故而鞍套法一直沿用至今。

（五）系驾法改进的意义

综合车身与系驾的整体而言，中国古车与西方古车的差别很大。轭靷式系驾法与西方颈带法存在明显差异，显示出我国早期驾车技术是我国自己的一项发明创造。而之后中国出现的各种系驾法，也是在不断提出问题和解决问题的过程中逐渐积累经验，最终取得突破性进展的。

图 9　飞驰的骑手

西方早期的颈带式系驾法在效率上不如中国早期的轭靷式系驾法，而胸带法则可能是通过欧亚草原从中国传播到欧洲的。欧洲在 10 世纪开始使用颈圈，到 13 世纪初出现用软材料装填的肩套，这与中国《清明上河图》中反映的系驾法发展程度相当。东西方通过各自不同途径，却在基本相同的时期，分别设计完成基本相同的，对畜力车而言最合理的系驾方式。

系驾法的改进对欧洲意义重大。颈圈法广泛传播后，欧洲人开始更多地使用马耕种田地。马的速度及工作时间长度均优于牛，这一方面提高了生产率，另一方面促使更多农民移居于城市，而舍弃原本分散居住的乡村。因此有些学者认为系驾法导致了中世纪欧洲的一场农业革命[1]。可见在对近代之前最主要的动力——畜力的利用上，系驾法的改进确实是技术的重要革新。

二、马镫

（一）马镫简说

马镫近似于半椭圆环状，上方由皮革、铁等具备较高韧性的材料制成镫环，下边缘可以木或藤条为芯，外面包裹上铁片或皮革，做成较宽的踏板。马镫一般成对垂于马鞍之下，上马时，骑者可以脚踏一侧马镫跨上马背。骑行时，双脚穿过马镫，起到帮助稳定身体的作用。在疾驰时，骑者甚至不必坐在马鞍上，而仅仅站在马镫上，上身前倾，人马结合，呈现出优美的骑姿（图 9）。

---

1 Jean Gimpel, *The Medieval Machine: The Industrial Revolution of the Middle Ages*, New York: Penguin Books, 1976: 29–58.

图 10　安阳孝民屯出土马镫

对于草原上的牧民，马镫很有用，但不是必需品，因为他们自幼与马为伴，即使没有马镫和马鞍也能以一手拉马缰绳，一手按住马背来娴熟地跃身上马，骑行时也更习惯于用腿夹紧马身以保持稳定。可是对于接触马匹较少的农耕民族而言，马镫几乎就是骑乘时必不可少的工具。从逻辑上讲，对马镫这一发明的需求程度不同，与马镫发明和使用所产生的刺激作用也不同，而马在定居农耕民族中使用范围越来越广泛，进一步刺激了马镫的发明与传播，这是在探索马镫起源问题时，应当考虑的因素。

（二）马镫的起源

我国境内所发现的几件最早的马镫实物或图像，皆为系于马一侧的单镫。年代最早的可能是甘肃武威出土的一件铁马镫，但该器已成残件[1]。在长沙金盆岭晋代墓葬（年代为 302 年）中出土的骑马陶俑上，可以看到马的左侧画有马镫，但骑者足不踏镫[2]。另外，在安阳孝民屯 154 号墓也发现了一件鎏金马镫（图 10），该镫也位于马的左侧，其年代为公元 4 世纪初至 4 世纪中叶，墓主人可能是受到鲜卑文化影响的汉族人[3]。在后两处发现中，仅有的一只马镫置于马的左侧，意味着骑者左脚踏在马镫上，右腿跨越马背，这符合大多数人右侧躯体更适合发力的情况。

为什么这时会出现协助上马的单镫，而早期发现多位于中原甚至长江中下游地区？一方面是因为汉代以后鞍桥（马鞍前后拱起如桥的部分）逐渐升高，并且后鞍桥往往高于前鞍桥，

1　武威地区博物馆：《甘肃武威南滩魏晋墓》，《文物》1987 年第 9 期，第 87~93 页。

2　湖南省博物馆：《长沙两晋南朝隋墓发掘报告》，《考古学报》1959 年第 3 期，第 75~105 页。

3　南京市博物馆：《南京象山 5 号、6 号、7 号墓清理简报》，《文物》1972 年第 11 期，第 23~41 页。

图 11　辽宁北票北燕冯素弗墓出土马镫

从而增大了上马的难度[1]。另一方面东汉至三国时期，原居于东北地区，擅长鞍马弓矢的乌桓民族向南迁移，其骑兵甚至一度到达过荆楚、交广地区[2]。他们所驯养的马匹必然也大量进入中原地带，使得这里的居民更广泛地与马接触，从而增加了马镫出现的概率。

马镫这项发明结构简单，制作方便，容易为人接受。很有可能，人们在使用单镫后不久就发现用脚踏马镫能够极大地提高骑行时的稳定性，在这种情况下，在马的另一侧也装上马镫，从而由单镫发展为双镫，由单一的辅助上马功能发展为骑行时加强稳定性的功能，是一个迅速完成的过程。与前述发现年代相去不远的南京王氏家族墓地 7 号墓（墓主人王廙亡于 322 年）中，发现了佩有双镫的骑马俑。从单镫向双镫的发展，符合技术从简单到复杂的进化规律。

（三）马镫的传播

马镫很快传播到相当于现代中国的东北地区。在辽宁朝阳十二台乡等一些年代约为 4 世纪早期的墓葬中，在整套马具中还只发现一件马镫[3]，而同一地区年代稍晚的墓葬中，则能发现成对的马镫（图 11）[4]，这显示出辽西地区也经历了从单镫到双镫的完整演变过程。以中国内地为马镫技术发明的原点，从东汉末年就深入中原王朝社会生活的鲜卑民族所在区域，成为马镫向外传播的第一层，从这里该技术继续向东北和北方传播。以现代的吉林集安为中心的高句丽地区，最早于 4 世纪中期开始出现双镫，缺少使用单镫的阶段，而鲜卑地区多见

1 孙机：《中国古舆服论丛（增订本）》，上海古籍出版社，2013 年，第 97 页。

2〔南朝宋〕范晔：《后汉书》，中华书局，1972 年，第 1286 页。

3 辽宁省文物考古研究所、朝阳市博物馆：《朝阳十二台乡砖厂 88M1 发掘简报》，《文物》1997 年第 11 期，第 19~32 页。

4 辽宁省博物馆文物队、朝阳县文化馆等：《朝阳袁台子东晋壁画墓》，《文物》1984 年第 6 期，第 29~45 页。

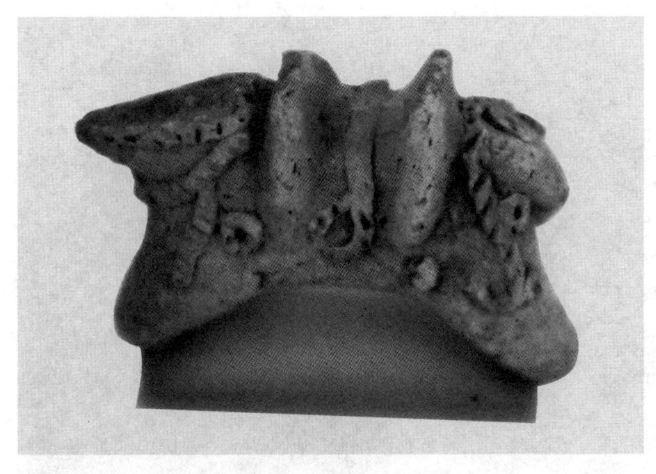

图 12　陶俑鞍下的马镫（塔吉克斯坦考古博物馆藏，6—8 世纪）

的长柄镫式样，也成为后来朝鲜半岛和日本马镫的典型类型[1]。

马镫向西北方向的传播，大致可分为两个阶段。首先随着鲜卑民族向西北迁移，马镫也开始被逐渐带入中亚地区。这里发现的早期马镫多呈现为镫环与穿相联通的"8"字形，也即镫环系一整根金属条弯折而成，这种形式简易的马镫不见于中国内地，可能是草原民族因地制宜，采用较简单的制作技术而发展起来的。突厥人把马镫的传播推向第二阶段。突厥人以擅长冶铁著称，马镫无疑对他们驰骋于整个亚欧大陆贡献良多。突厥人使用的马镫采用了新式的圭首穿式，这种形式的马镫在中国内地到中亚，几乎同时于 6 世纪出现，它有可能是随突厥人向西扩张而传播的（图 12）[2]。

使用马镫的草原民族向外形成新的军事压力，而马镫也随之传播到其他农耕地区。根据壁画及钱币里的骑士形象，可以知道波斯人使用马镫约始于 6 世纪。而居于南俄草原的阿瓦尔人学会使用马镫后，组织骑兵向拜占庭及东欧地区进发。为应对入侵，拜占庭皇帝莫里斯（在位于 582—602 年）命令帝国骑兵须装备马鞍及两块马镫，这样马镫就传入了地中海东部沿岸地区[3]。而欧洲最早的马镫实物则是在匈牙利发现的，年代不晚于 7 世纪[4]。随后于 8 世纪马镫开始在欧洲得到广泛使用。

（四）马镫的意义

在古代，骑兵在野战中的战斗力远高于步兵，这主要体现为它不凡的机动性和正面突击

1　陈凌：《马镫起源及其在中古时期的传播新论》，《欧亚学刊》2009 年第 9 辑，第 204 页。

2　陈凌：《马镫起源及其在中古时期的传播新论》，《欧亚学刊》2009 年第 9 辑，第 204 页。

3　Irfan Shahîd, *Byzantium and the Arabs in the Sixth Century*, Volume 2, Part 2, Harvard, Mass: Dumbarton Oaks, 1995: 575.

4　Florin Curta, *The Other Europe in the Middle Ages: Avars, Bulgars, Khazars and Cumans*, Kononklijke: Brill NV, 2007: 316.

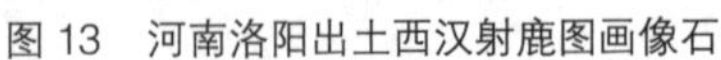

图 13　河南洛阳出土西汉射鹿图画像石

图 14　唐李邕墓胡人打马球图壁画

时的震撼效果。马镫的发明标志着骑乘用的马具的完备，使得骑兵的发展进入一个新的阶段，并由此对军事乃至整个社会的发展产生影响。

在马镫出现之前，如果马匹突然向前冲击，出于惯性骑手很容易被抛落马下，因此这时匈奴等草原民族的骑兵通常使用迂回包抄的战术以弓箭射击敌人，而尽量避免与对方直接搏斗（图 13）。同时由于骑手的下肢主要用来保持稳定，他的骑姿受到极大限制，如果使用长矛，只能运用肩膀和上臂的力量向前刺杀。使用马镫后，骑手更容易控制和驯服马匹，他的躯干得到解放，同时骑行更加舒适省力（图 14）。人与马紧密结合形成一个作战单元，骑兵既可以在行进时站立于马镫上以更广的视野和更大的力量来发射箭矢，也可以在马上挥舞刀剑左右砍杀。更重要的是，马镫使得骑兵能够向对方发起冲锋。在中世纪装备甲胄的重骑兵几乎相当于现代的坦克，利用其速度和重量来碾压步兵方阵。有学者甚至认为马镫催发了欧洲骑士阶层的出现，从而导致欧洲封建制的产生[1]。这种观点当然值得商榷，但无论如何，源于中国的马镫对于骑乘来说确实是一种了不起的发明。

参考文献：

JEAN GIMPEL. The Medieval Machine: The Industrial Revolution of the Middle Ages[M]. New York: Penguin Books, 1976.

1　Lynn White, *Medieval Technology and Social Change*, Oxford: Oxford University Press, 1966: 28–38.

印刷术

张秀民　韩　琦

◎　印刷术，包括雕版印刷术和活字版印刷术。雕版印刷术的发明，现代学者多认为始于唐代初期（7 世纪）。其历史大致分 4 个时期：①唐代至五代为雕版印刷术的发明及流行时期。②宋代为其鼎盛时期。辽、金、西夏的印刷术也有发展。③元代的印刷。④明代、清代的印刷。活字版印刷术发明于宋代庆历年间（1041—1048 年），至元、明、清代发展成锡、木、铜、铅等各种活字印刷，其中以木活字使用最多。自唐代初期至清末约 1300 年间，中国一直以雕版印刷为主。鸦片战争后，传统的雕版与旧有的活字版逐渐被西方的石印和铅印所取代。

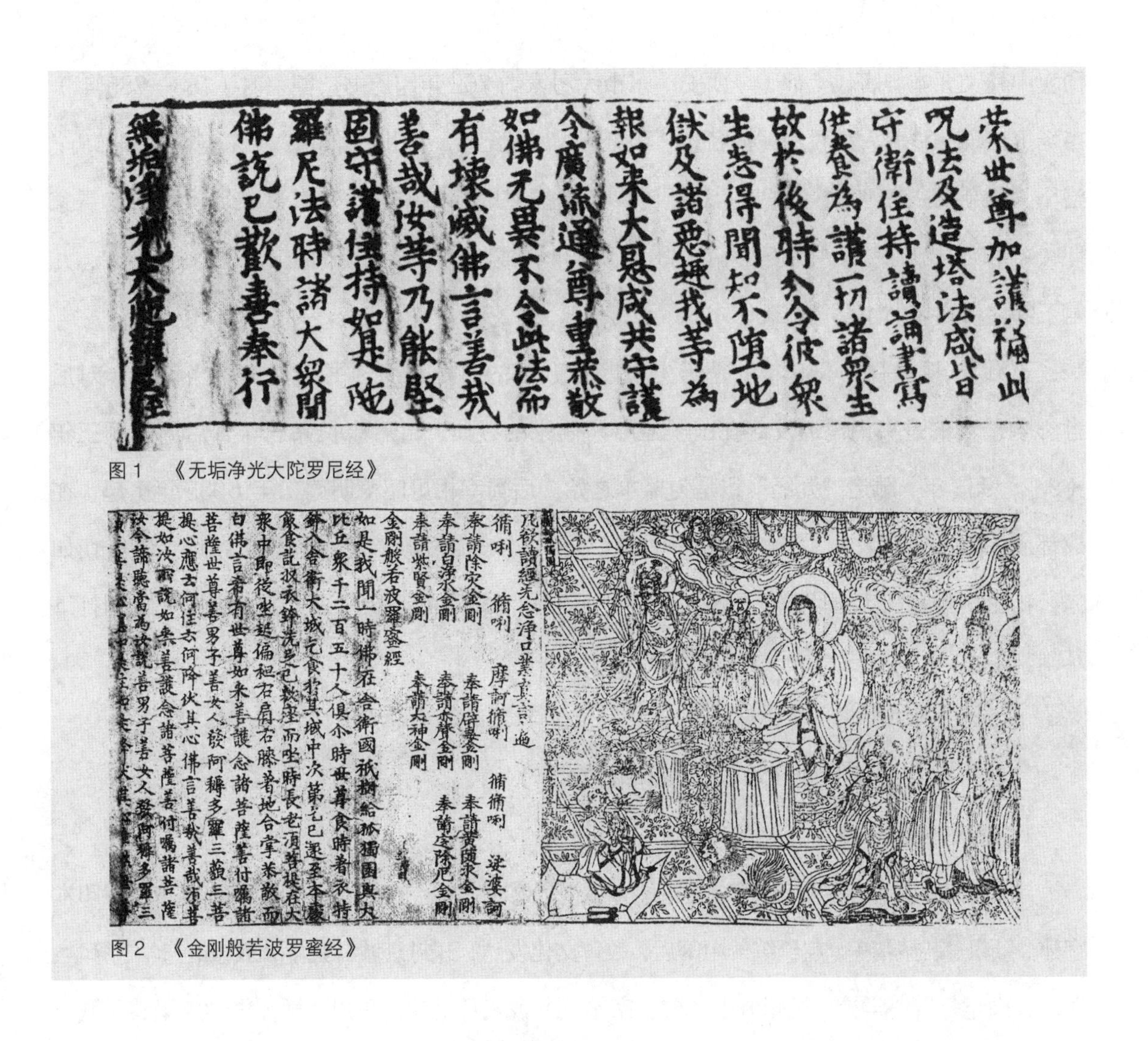

榮世尊加護稱此
呪法及造塔法咸皆
守衛住持讀誦書寫
供養為護一切諸衆生
故於後時亦令彼衆
生悉得聞知不墮地
獄及諸惡趣我等為
報如来大恩咸共守護
令廣流通尊重恭敬
如佛无異不令此法而
有壞滅佛言善哉
善哉汝等乃能堅
固守護住持如是陁
羅尼法時諸大衆聞
佛説已歡喜奉行
無垢淨光大陀羅尼經

图 1　《无垢净光大陀罗尼经》

图 2　《金刚般若波罗蜜经》

一、雕版印刷术

雕版印刷是将文字反刻在一块整的木板或其他质料的板上，在这整版上加墨印刷的方法，也叫整版印刷术。

（一）雕版印刷术的发明及流行（唐初贞观至五代，约 636—960 年）

雕版印刷术始于何时，史学界长期有争论，清代盛行始于五代说，后又流行隋代说，又有隋唐之际说、汉朝说、东晋说、北宋说等，多数学者认为始于唐代。至于唐代说的年份也有不同见解，学者们倾向于认为始于7世纪初，唐贞观十年（636年）令梓行长孙皇后的遗著《女则》。

现存唐印本较早的有 1966 年在韩国发现的带有武后新字的《无垢净光大陀罗尼经》（图 1），约为载初元年（690 年）武后制字后刻印而为新罗僧携回的。新疆吐鲁番也曾发现印有武后新字的《妙法莲华经》残卷，为日本人藏。而敦煌发现的咸通九年（868 年）本《金刚般若波罗蜜经》（图 2）尤有名。据记载，成都府成都县龙池坊卞家约至德二载（757 年）

印卖中梵文咒本。唐代上都（今西安）东市大刁家约762年印历书。德宗时（783—785年）市场上出现一种商人纳税的凭据名为“印纸”。9世纪后，四川、淮南、江东盛行印本私历；洛阳重雕佛经；江西雕印道书《刘弘传》。成都书肆除卞家外，又有过家印佛经，樊赏家印《中和二年历书》。中和三年（883年）柳玭在成都书市看到阴阳杂记、占梦、相宅、九宫五纬之流及字书小学等雕版印本。

五代十国（907—960年）是历史上四分五裂的时期，而刻书事业仍相当流行。对后世影响最大的是宰相冯道发起在国子监雕印儒家的经典，自后唐长兴三年到后周广顺三年（932—953年）雕造“九经”，是为监本之始。后蜀宰相毋昭裔明德二年（935年）起，在成都雇工雕《文选》、《初学记》、“九经”诸书。吴越国忠懿王钱弘俶3次印造《一切如来心秘密全身舍利宝箧印陀罗尼经》多卷。延寿和尚施印的经像咒语更多，为宋代杭刻打下基础。

（二）雕版鼎盛时期（宋代，960—1279年）

1. 宋代（960—1279年）的印刷

这一时期刻书的特点有：①中央与地方重视；②刻书地点普及；③刻本内容丰富；④印本字体、纸墨、装裱精美。赵氏统一中国后，教育文化发达，开封京城有太学和武学、律学、算学、医学、画学等专科学校，杭州城内乡校、家塾、书舍遍及里巷，福州“学校未尝虚里巷，城里人家半读书”。由于学生众多，自然需要课本与各种图书。

宋代刻书重点地区有：

汴京　东京开封府是北宋政治、经济、文化中心。出版机构有国子监、崇文院、秘书监、国史院、进奏院、刑部、大理寺、编敕所等。

杭州　宋代的藏书家叶梦得云：“天下印书以杭州为上，蜀本次之，福建最下。”因为杭州刻印精良，北宋有不少监本是付杭州雕镂的。南宋建都后有国子监、德寿殿、修内司、左廊司局、太医局、临安府及府学等处刻书，民间书坊出书很多。

成都府　与杭州一样，印刷业有较好的基础，宋代初期在该地创刊第一部佛教大藏经《开宝大藏经》（又称《宋开宝刊蜀本大藏经》《开宝藏》）5048卷，为后来各种佛藏的祖本。始于开宝四年（971年），至太平兴国八年（983年）雕成13万块经版，国内外现存不过十数卷。

福州　北宋福州官员及和尚募缘在东禅寺等觉院开雕大藏版一副，名《崇宁藏》。开元禅寺又雕造《毗卢藏》，两藏各6000余卷，现仅存少数零本。政和四年（1114年）黄裳又奏请在闽县报恩光孝观建《飞天法藏》，共540函，5481卷，赐名《政和万寿道藏》，以镂版进于东京（今河南开封）。福州一地刻了两部《佛藏》，一部《道藏》，成为佛道经典出版中心。

湖州 致仕官员王永从兄弟捐舍家财开雕湖州思溪圆觉禅院大藏经5480卷，至南宋绍兴二年（1132年）基本刻完，其版本在淳祐以后移藏于资福禅寺。又刊《唐书》及《五代史》，开雕年月不详，南宋淳熙二年（1175年）竣工，共5490卷。嘉熙三年（1239年）安吉州（即湖州）思溪法宝资福禅寺刊佛经5940卷，清末杨守敬自日本购回一部（原缺600多卷），现藏中国国家图书馆。

平江府（今苏州） 平江在宋代有“金扑满”之称，除刻有唐代诗人李白、杜甫、白居易、韦应物等人的著名诗文集外，善男信女僧俗募缘，自绍定四年（1231年）起在陈湖碛砂延圣院设立经坊，开刊大藏经，称《碛砂藏》。

建宁 位于福建北部，自宋代至明代末期为出版中心之一，附属的建阳县之麻沙、崇化两坊，号为“图书之府”，印本行销四方，远及高丽和日本。

此外，刻书较多者有严州（今建德）约80种，称“严州本”。建康府（今南京）有66种，书版约2万块。次为庆元府（今宁波），所刻称为“明州本”；绍兴府刻称“越州本”。衢州、婺州（今金华）也是著名刻书处，盛行翻版。南宋时期的十五路地方，几乎无处不刻书，连孤悬海外的海南岛琼州，也刻了医书。

宋代学术文化发达，为印刷业提供大量稿源；而大量印本的出版，又推动文化科技的进步。宋代刻本内容丰富，史有“十七史”及古史、宋人记当代的私史；地理书有总志及地方志数百种。子部除古代诸子外，又刊印《算经十书》、古农书等科技书。政府重视医药书籍，一再校正刊行中医典著作，又颁布太宗《太平圣惠方》、徽宗《圣济总录》。士大夫如苏轼、沈括等，更喜欢把自己用过及家传良方刊行多至50种。小儿科、妇产科、针灸科、本草等书籍也一再刊行。集部如韩愈、柳宗元等人的诗文集有多种版本，《苏东坡集》有23种版。其他印刷品尚有称为“交子”“会子”“关子”的大量纸币，作为运销交易凭证的“茶盐引”及民间的印契、版画等。

2. 辽、金、西夏、大理的印刷

辽（916—1125年） 契丹族的统治者笃信佛教，于五京多建寺院佛塔，在房山县补刻工程浩大的佛藏石经，又木刻了两部《大藏经》，一部是5048卷的大字卷轴本，1974年曾在山西发现12卷；一部是不满千册的纸薄字密的小字本，仅见于高丽人的记载。辽代出版中心在南京（或称燕京，今北京），设有印经院。寺庙如大悯忠寺（今北京法源寺）、大昊天寺（今已毁）及书坊也印造佛经。一般书籍有字书《龙龛手镜》、医书葛洪《肘后方》、苏东坡《大苏小集》，又新发现儿童读物唐代李翰的《蒙求》刻本。

金（1115—1234 年） 金兵破宋京城开封府，掳去徽、钦二帝及百姓无数，又三番五次索取国子监、秘阁、三馆书籍，国子监印版，释道经版。金代国子监印行的“六经”“十七史”等，当为从宋获得的旧宋版印成，又新刊《苏东坡奏议》等。此外，南京（今开封）、平阳、太原、宁晋等书坊都印书。金代河东南路（今山西南部）佛教信徒捐施财物、驴子、梨树、雕字刀等，并由雕经和尚刻成《金藏》，俗称《赵城藏》。当时还刊行不少道士著作，中都天长观（今北京白云观）根据宋代《道藏》经版，又访得遗经千余卷，勒成《大金玄都宝藏》6455 卷。至元十八年（1281 年）保定、真定、太原、平阳、河中府（治所今山西永济县蒲州镇）王祖师庵头、关西等处，均有《道藏》经版，除平阳版刊于蒙古时期，其余都是 1258 年蒙古宪宗要烧毁而被道士们偷偷保存下来的。金代京城内外《道藏》经版多至六七副，是中国道教史上的盛事。金设立女真国子学，诸路设女真府学，学生 3000 人。先后译出并颁行女真字“五经”、《汉书》、《新唐书》，又以《女真字孝经》分赐护卫亲军。

西夏（1038—1227 年） 在今宁夏一带，由党项羌为主体建立的少数民族政权，其统治者也都信佛，建国之初，6 次向北宋用马匹购买《大藏经》，并向宋要国子监印的书。西夏仁宗李仁孝散施佛经一次 5 万卷或 10 万卷，皇后也印施。西夏用国书（西夏文）翻译不少兵书如《孙子兵法》《六韬》《黄石公三略》及《孝经》《论语》《尔雅》等，又编了字典《番汉合时掌中珠》，今存有西夏乾祐二十一年（1190 年）刊本。

大理（937—1253 年） 在云南由白族人组成的大理国刊有《佛说长寿命经》等密教经卷。

（三）元代印刷（1271—1368 年）

刻书地点重要者有大都（今北京）、杭州、建宁、吐鲁番。

大都 为元代政治经济文化中心，太宗立编修所于燕京。世祖遣使取杭州等处在官书籍版刻至京，这些老宋版也就变为元版了。广成局是中央刻书机构之一。又设立兴文署，召工刻经史子版，以《资治通鉴》为起端，国子监刻小字本《伤寒论》，太医院刊《圣济总录》，书坊刻元杂剧等。

平阳 太宗用耶律楚材言，立经籍所于平阳，编集经史，为金元文化出版中心。

杭州 元官府也喜欢将官书送往杭州印造，如把新修《宋史》净稿，用飞马报送杭州，精选高手依式镂版，印造 100 部。杭州西湖书院原为宋代国子监，旧藏书版 20 余万，至正二十一年到至正二十二年（1361—1362 年）用书手刊工 92 人，修理书版重刊欠缺版 7000 余块。

建宁 建安、建阳书坊出书较多。

吐鲁番 曾发现用 6 种文字印刷的经典。

大藏经有杭州路《普宁藏》，续完宋《碛砂藏》，补刊宋代福州两藏。元世祖派专使去高丽修补《高丽藏》。又有《蒙文大藏》、《藏文大藏》、河西字（西夏字）《西夏文大藏》。松江府僧录广福大师管主八印施汉本藏经 50 余部，河西字藏本 30 余部。道士宋德芳与门徒秦志安用 500 多名工人，在平阳玄都观于 1244 年刻《玄都宝藏》7800 余卷。刊印蒙古文译本《孝经》《贞观政要》《大学衍义》等，并大量印造盐茶引、纸币等印刷品。

（四）明代印刷（1368—1644 年）

明洪武元年（1368 年）八月下令免除书籍税，使刻书业蓬勃发展。明嘉靖以后，司礼监经厂有 1200 多人从事出版印刷。官、私刻书数量之大，品种之多，超越宋、元两代。当时两京十三省无不刻书，重点有南京、北京、杭州、湖州、苏州、徽州和建宁。

南京 明初南京国子监接收了元代杭州西湖书院所藏南宋国子监旧版百余种，又取地方所刻书版及监中新刻，共约 300 种。南京各部院衙门、应天府也各刻书，书坊多至百余家。

北京 明永乐十九年（1421 年）迁都北京。出版行业归太监司礼监经厂库掌握，先后刻有经书约 200 种，称“经厂本”。北京国子监所刻，多据南监为底本，约 90 种，重要者有《二十一史》等。礼部每 3 年刊行《登科录》与《会试录》，兵部刊历科《武举录》，都察院也刊书，钦天监每岁奏准印造《大统历日》，颁行国内外。

杭州 布政司、按察司、杭州府刻书不少，书坊亦多。永乐末年曾刻印佛藏《武林藏》一部。

湖州 以套印驰名，凌、闵两家共刻 144 种。

苏州 该地多文人，藏书、刻书之风最盛。在万历（1573—1620 年）以前刻书 177 种，为全国各府之冠。书坊亦不少。常熟县著名藏书家、出版家毛晋，先后刊书版逾 10 万块，约 600 种。

徽州 自宋以来即为纸墨产地。明代私家及书坊刻书不少。

建宁 宋元时书坊多在建安县，明代多在建阳麻沙、崇化两处，书坊百余家，出书总数为全国之首。崇化有书市，每月以一、六日为集，客商贩者如织，为各省所无。

明代有藩王府刻书，可考者有 39 府，共刻 400 种，刻印装裱精良，称“藩府本”。以南昌宁王府与其子孙弋阳王府为最多，蜀藩次之。太监也有自己出资刻书的，为历代所无。除翻刻古书外，又大量出版本朝人著作。明代初期有所谓“制书”（或称“颁降书”），以太祖自己编写的最多，最重要者有《大诰》三编。适应科举需要，又大量出版八股文章，永乐帝重视地方志，两次颁降修志凡例。明代地方志约有 1500 种，现只存一半。明代人凡中一榜或戴过纱帽的必有一部刻稿，诗文别集约 6000 种。通俗文学《三国演义》《水浒传》《西

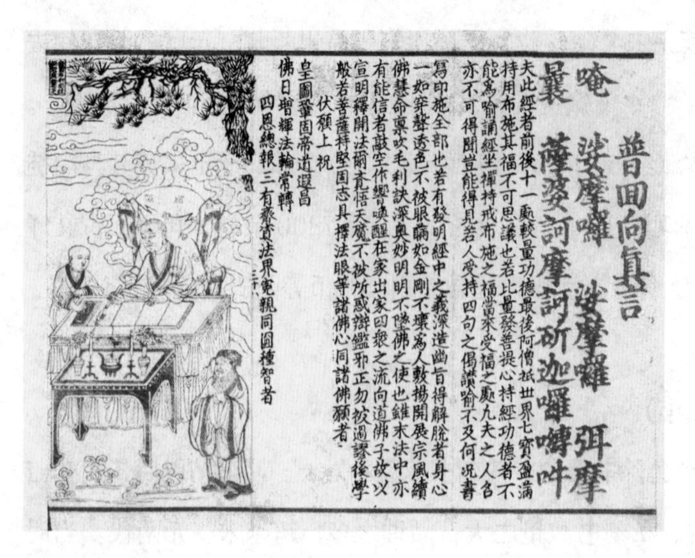

普回向真言
唵 娑摩囉 娑摩囉 弭摩
曩 薩婆訶摩訶斫迦囉嚩吽
夫此經者前後十一處較量功德最後阿僧祇世界七寶盈滿
持用布施其福不可思議也若比量發菩提心持經功德者不
能爲喻誦經坐禪持戒布施之福當來受福之處凡夫之人名
亦不可得聞豈能得見若人受持四句之偈讚喻不及何況書
寫印施全部也若有發明經中之義深造幽旨得解脫者身心
一如穿聲透色不被眼瞞如金剛不壞爲人敷揚開展宗風續
佛慧命裒吹毛利訣深奥妙明明不墜佛之使也雖末法中亦
有能信者敲空作響喚醒在家出家四衆之流向道佛子故以
宣明釋開法爾貢悟天魔不被所惑辯鑑邪正勿被過謬後學
般若菩薩持堅固志具擇法眼等諸佛心同諸佛願者
伏願上祝
皇圖鞏固帝道遐昌
佛日增輝法輪常轉
四恩總報三有齊資法界寃親同圓種智者
三十八

图 3 《金刚经》

游记》等，为人们所喜爱，一再刊版。《琵琶记》有 70 余种版本。明代科技书、医药书出版亦多，又介绍了欧几里得《几何原本》、熊三拔《泰西水法》等西方科技书。南京有《洪武南藏》《永乐南藏》及其补雕本，北京有《永乐北藏》与西藏文的《番藏》，杭州径山有线装本《嘉兴藏》，又有《正统道藏》。北京南堂出版了天主教会书。

（五）清代印刷（1644—1911 年）

努尔哈赤已知用印刷来为政治服务，今存其《檄明万历皇帝文》。进关后刊行汉文与满文书籍，称“内府本”，式样仿明经厂本。康熙十九年（1680 年）开始设立修书处于武英殿左右廊房，掌管刊印装潢书籍。乾隆间刻《十三经注疏》《二十四史》，于是武英殿之名益著，称“武英殿版”，简称“殿版”，康熙、乾隆两代所刻最精，殿版用开化纸，纸墨精良，为清代印本之冠。殿本约有 382 种，嘉道以后衰落。北京国子监只作为武英殿与明代北监旧版藏版之所，道光十四年（1834 年）存贮版刻 64 种，近 15 万块。

清代地方官署刻书不及宋、明两代。太平天国后，统治者提出“维世道，正人心”的口号，同治二年（1863 年）曾国藩首创金陵书局于南京。此后仿效者十余省，各于省会设立官书局，著名的有浙江官书局、武昌崇文书局、广州广雅书局。各局所刻共约千种，称“局刻本”。为普及起见，“价均从廉”，故纸墨质量均差。因时代较近，浙江局、广雅局版片至今各存十五六万块。清代南京、杭州的书坊已衰落，主要集中于北京，有字号可考者百余家（一说 300 家），多在宣武门外琉璃厂一带。苏州书坊约有 50 家，次为广州及佛山。

清代除翻刻古书外，大量刊印清人诗文集。俗文学弹词、宝卷、鼓词、子弟书、民歌等小册子，多至数万种。清代地方志约存 7000 种，以康熙、乾隆志最多。丛书近 3000 种（包括子目约 7 万种），多为江浙人所编，内有不少地方丛书。满文书多刻于内府及北京书坊，现存180种。佛藏有汉文《龙藏》，梨木双面版79036块，为中国现存唯一完整的《大藏》经版。此外，还有晚清由金陵刻经处和各地寺庙刊刻的未完成的缩本《大藏经》经论多种。乾隆帝晚年很得意地完成了《国语译大藏经》（即《满文大藏经》）的刊印。西藏文的大藏经雕印，有元代皇庆（1312—1313年）的奈塘古版，明代的永乐版、万历版、塔尔寺版、昌都版、理塘版，清代的北京版、卓尼版、德格版、奈塘新版，1933年的拉萨版。其中以德格版为最佳。

《蒙文大藏经》先后共有过4次译刻：①元大德年间（1297—1307年）在西藏地区刻造刷印；②明万历年间（1573—1620年）补译部分增入刊行；③康熙二十二年（1683年）刊完甘珠尔；④乾隆六年至十四年（1741—1749年）译校重刻丹珠尔，全藏方始完备。伊斯兰教、天主教及基督教也各有书出版。

至正元年（1341年）中兴路（今江陵）资福寺所刻无闻和尚注释的《金刚经》（图3），用朱、墨两色套印。饾版彩印，在印刷史上又是一大飞跃，在17世纪初年已很成功。最突出的代表作品有江宁人吴发祥刻的《萝轩变古笺谱》，山水花草动物图，用饾版、拱花法套印。《萝轩变古笺谱》印于天启六年（1626年），比胡正言《十竹斋书画谱》（1627年，图4、图5）只早1年，比《十竹斋笺谱》早19年。乾隆时苏州教徒丁亮先、丁应宗用饾版印刷了许多花鸟画（图6），

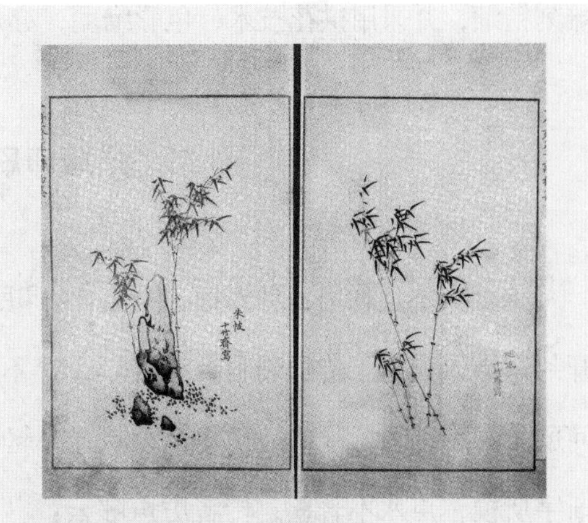
图4　胡正言《十竹斋书画谱》（一）

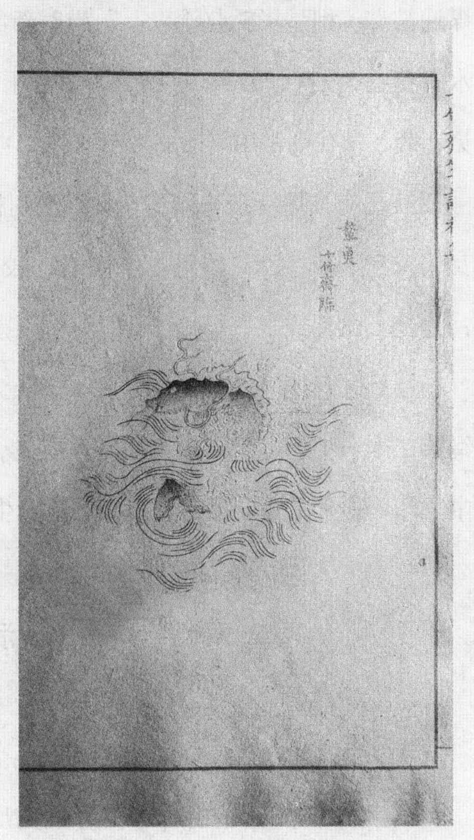
图5　胡正言《十竹斋书画谱》（二）

图6　丁亮先饾版印刷花鸟画

雕刻精细，并采用拱花技术，色彩绚丽，亦是套色印刷中的精品。

二、蜡版印刷、锡浇板和泥版

宋朝人不但利用各种木板、铜板作为印刷工具，并且发明用蜡来印刷。绍圣元年（1094年）开封京城人为急于传报新科状元名单，等不及刻木板，就用蜡来代刻印。这条记载见于宋人何薳《春渚纪闻》卷二：“毕渐为状元，赵谂第二。初唱第，而都人急于传报，以蜡版刻印。渐字所模，点水不著墨，传者厉声呼云：‘状元毕斩第二人赵谂！’识者皆云不祥。而后谂以谋逆被诛。则是毕斩赵谂也。”当时新状元是毕渐，但是因为蜡有油性，“渐”字偏旁三点水不着墨，没有印出来。这种蜡印适合于紧急需要而有时间性的作品，元、明两代是否使用，未见记载，清代则常用来印刷报纸（图7）。

明初已有人用锡版来印造伪钞，遭到极刑。乾隆五十二年（1787年）歙县程敦为印《秦汉瓦当文字》1卷，“始用枣木摹刻，校诸原字，终有差池。后以汉人铸印翻沙之法，取本瓦为范，熔锡成之”。程氏用熔化的锡镴浇铸翻印，可称别开生面的印刷。

新昌秀才吕抚（1671—1742）于乾隆元年（1736年）用自造泥字，制成泥版，印成自著的《精订纲鉴二十一史通俗衍义》（图8）26卷，在书中详细介绍了印刷方法。以作家而兼印工，在中国印刷史上比较少见，而吕抚比翟金生、梁阿发更早。

三、活字版印刷术

（一）泥活字

泥活字是胶泥制成的用于排版印刷的反文单字。据北宋科学家沈括（1030—1095）所著《梦溪笔谈》卷一八“技艺”（图9）载，泥活字为庆历年间（1041—1048年）平民毕昇所发明。方法是用胶泥刻字，每字一印，经火烧硬而成泥活字，并用它们在两块铁板上交替排版和印刷。沈括称此法“若印数十百千本，则极为神速”。毕昇发明的泥活字印书成功，标志着活字印刷术的诞生，比德国谷登堡活字印书早约400年。

除毕昇、沈括及其侄子辈外，北宋末南宋初（至迟1132年前）邓肃(1091—1132)《栟榈先生文集》中的一首诗，也记载了毕昇“二板铁”的相关史实，说明当时仍有人对活字印书法有一定程度的了解。

又据《周益国文忠公集》卷一九八载，南宋绍熙四年（1193年）周必大官长沙时，称“近

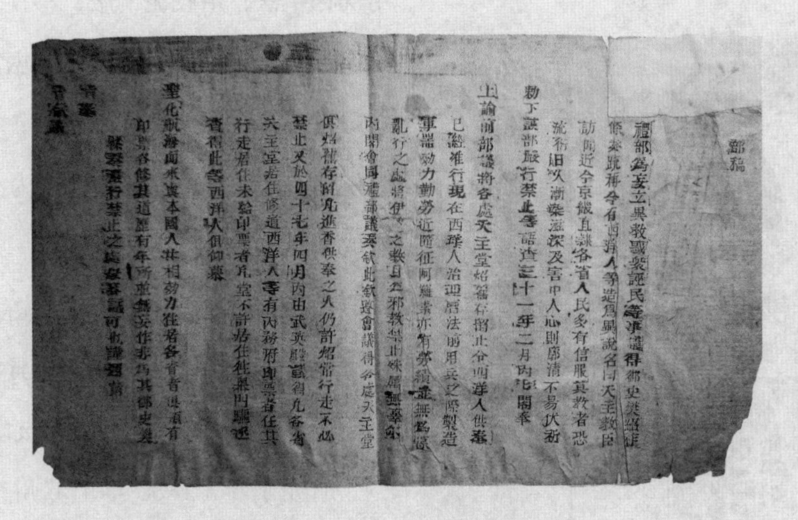

部稿

禮部爲妄立異教聚衆誣民請事議得御史奏准
條奏疏稱今有西洋人等造爲異說名曰天主教臣
訪聞近今京畿直隸各省人民多有信服其教者恐
流行日久漸染益深及害中人心則廓清不易伏祈
勅下該部嚴行禁止等語查三十一年二月內欽奉
上諭前部議將各處天主堂招徒存留止令西洋人供奉
已經准行現在西洋人治理曆法前用兵之際製造
軍器効力勤勞近隨征阿羅素亦有勞績並無爲惡
亂行之處將伊等之教目爲邪教禁止殊屬無辜爾
內閣會同禮部議奏欽此欽遵會議得各處天主堂
俱照舊存留凡進香供奉之人仍許照常行走不必
禁止又於四十七年四月內由武英殿議得凡各省
天主堂居住修道西洋人等有內務府印票者任其
行走居住未給印票者凡堂不許居住往來內驅逐
查看此等西洋人俱仰慕
聖化航海而來其本國人亦相効力往者各省督撫有
印票各修其道歷有年所並無妄作非爲其御史疏
稱應請行禁止之處毋庸議可也謹題請
旨
依議

图 7　蜡版印刷

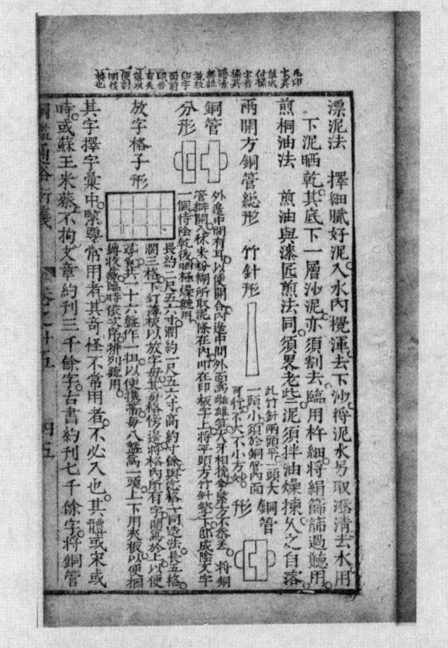

漂泥法　擇細膩好泥入水內攪渾去下沙將泥水另取澄清去水用
下泥晒乾其底下一層沙泥亦須割去臨用杵細將絹篩篩過聽用
煎桐油法　煎油與漆匠煎法同須畧老些泥須拌油燥揀久之自落
兩開方銅管總形　竹針形　此竹針兩頭平一頭大一頭小須於銅管內面可行不大不小方妙
銅管　形　將銅管外邊中間有耳以便開合內邊中間外面爲雌雄筍大牙相挽合縫方不參差
分形　管擗開入秫米粉糊所取泥條在內可在印板子上將平頭方竹針築下即成陰文字一個待陰乾後晒極燥聽用
放字格子形　長約二尺五六寸闊約一尺五六寸高約寸餘與字格一同造法長五格闊三格下釘薄板以放字每其每格傍邊將格內所有字開寫於上以便尋檢共二十六盤作一担以便攜帶每八盤爲一疊上下用夾板以便捆縛收藏臨時依次序排列聽用
其字擇字彙中緊要常用者其奇怪不常用者不必入也其體或宋或
時或蘇王米蔡不拘文章約刊三千餘字古書約刊七千餘字將銅管

綱鑑通俗衍義　卷之二十五　四五

图 8　《精订纲鉴二十一史通俗衍义》

使是八除者增二便是但一位一因之若
位數少則頗簡捷位數多則愈繁不若乘
除之有常然筭術不患多學見簡即用見
繁即變不膠一法乃爲通術也
版印書籍唐人尚未盛爲之自馮瀛王始印
五經已後典籍皆爲版本慶曆中有布衣
畢昇又爲活版其法用膠泥刻字薄如錢
脣每字爲一印火燒令堅先設一鐵版其
上以松脂臘和紙灰之類冒之欲印則以
一鐵範置鐵板上乃密布字印滿鐵範爲
一板持就火煬之藥稍鎔則以一平板按
其面則字平如砥若止印三二本未爲簡
易若印數十百千本則極爲神速常作二
鐵板一板印刷一板已自布字此印者纔
畢則第二板已具更互用之瞬息可就每
一字皆有數印如之也等字每字有二十
餘印以備一板內有重複者不用則以紙
貼之每韻爲一貼木格貯之有奇字素無
備者旋刻之以草火燒瞬息可成不以木
爲之者木理有疎密沾水則高下不平兼

图 9　元刊本《梦溪笔谈》

图 10　翟金生自造泥字

序
人惟患不好古耳心好而力求之積久則必有
所成吾鄉　翟西園先生好古士也以三十年
心力造泥字活版數成十萬試印其生平所著
各體詩文及聯語爲兩册謬有所聞謂世臣闡
見差廣因其族弟玉山學博走使見示並請爲
序　先生讀沈氏筆談見泥印活版之法而好
之因摶土造鍜蓋宋氏至今閱六百餘載所僅

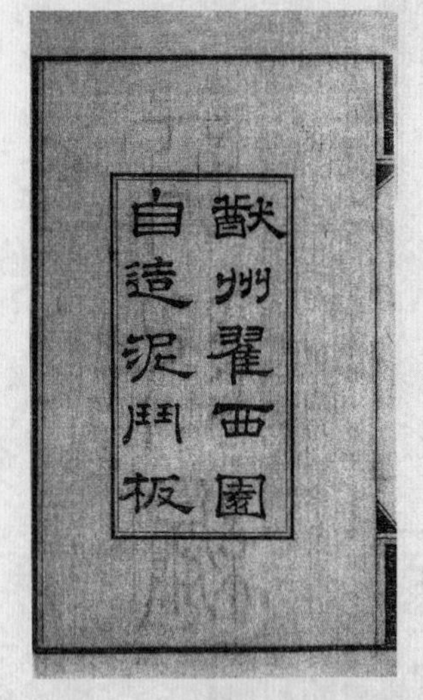

图 11　《泥版试印初编》

图 12　《维摩诘所说经》

用沈存中法，用胶泥铜版，移换摹印”自著的《玉堂杂记》，赠送友人。据元代姚枢侄姚燧所著《牧庵集》卷一五载，杨古（姚枢的学生）在 1241—1251 年间“为沈氏活板”，印成朱熹的《小学》《近思录》及吕祖谦的《东莱经史论说》等书。所谓“沈存中法”“沈氏活板”，均指沈括记述的毕昇泥活字版，可证毕昇方法在宋、元两代已被掌握应用。

道光十年（1830 年）苏州李瑶居杭州时雇工 10 余人，“仿宋胶泥版印法”，印成《南疆绎史勘本》。道光二十四年（1844 年）安徽泾县塾师翟金生自造泥字 10 万余，分大、中、小、次小、最小 5 号字（图 10），印成自著诗集，名《泥版试印初编》（图 11），字皆宋体，印刷清楚；后又印成友人黄爵滋的《仙屏书屋初集》和其弟《水东翟氏宗谱》。

1987 年，在甘肃武威发现西夏文佛经《维摩诘所说经》（图 12），经研究认定为仁宗时印本，学者根据笔画内含气眼、笔画变形和断折等现象，认为是泥活字印刷。

（二）木活字

在北宋毕昇试验泥活字印刷之后，元代初期农学家王祯于大德二年（1298 年）创制木活字 3 万多个，并试印自己纂修的《大德旌德县志》成功，这是中国第一部木活字本方志。他延请工匠制木活字，制订取字排版印刷方法，于 1298 年印刷了《大德旌德县志》，并把整套经验撰成《造活字印书法》，附于《农书》卷后出版。其主要方法是用纸写字样贴在木板上，照样刻好字后，锯成单字，再用刀修齐，统一大小高低。然后排字作行，行间隔以竹片，排满一版框，用小竹片等填平塞紧后涂墨铺纸，以棕刷顺界行直刷。同时，他还创制转轮排字架（图 13），按韵存置木字，推动转轮，以字就人，便于取字还字（见《农书·造活字印书法》）。

元代至治二年（1322 年），浙江奉化知州马称德镂刻活字版 10 万字，印成《大学衍义》等书。敦煌千佛洞曾发现元代回鹘文木活字，由硬木制成。至明代万历年间木活字较流行，有的藩王府、书院和私人多用于印书。崇祯十一年（1638 年）启用木字印“邸报”，沿用至清末。

清乾隆三十九年（1774 年）由管理武英殿刻书事务的四库馆副总裁金简主持，统计《佩文诗韵》，得单字六千数百（生僻字不收），依韵目分贮于 8 层抽屉的木柜中，刻成大小枣木活字 253500 个，印成《武英殿聚珍版丛书》138 种（内有 4 种为雕版）及其他单行本数种，2300 多卷。乾隆帝以“活字版”之名不雅，改称“聚珍版”。金简并于 1776 年著有《武英殿聚珍版程式》一书（图 14），记述印造经过，内容详备。以后各地仿效，有 14 个省用木活字印书，以诗文集居多。其他如绍兴府、常州府、徽州府等地的几千种家谱，十之七八为木活字本。木活字印刷术在中国古代盛行，仅次于雕版印刷，并有“子板”“合字板”等名称。

活字版雕刻虽然省力省时，但 800 年间

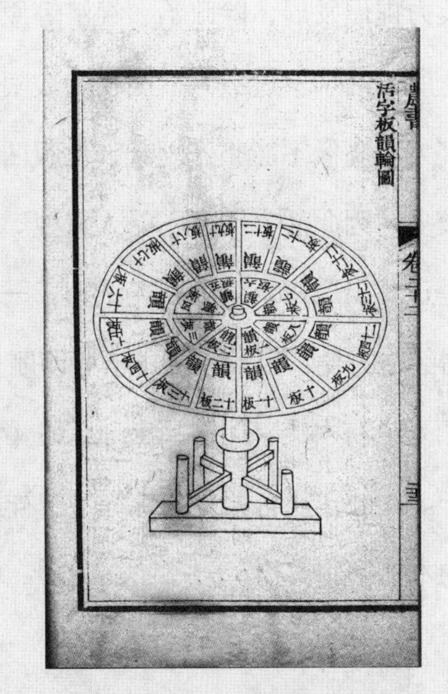

图 13　转轮排字架（取自《农书·造活字印书法》）

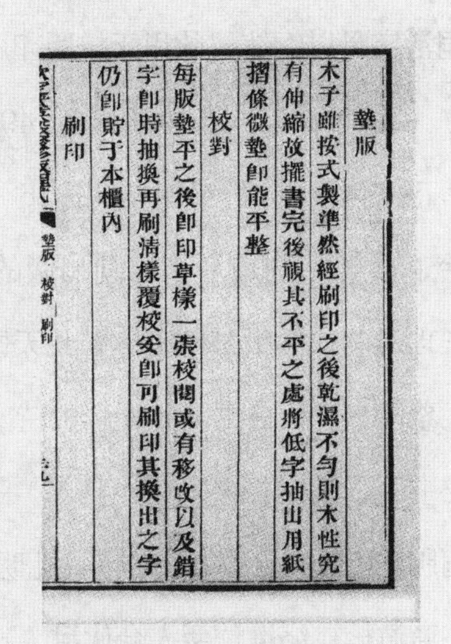

墊版

木子雖按式製準然經刷印之後乾濕不勻則木性究有伸縮故擺書完後覷其不平之處將低字抽出用紙摺條微墊即能平整

校對

每版墊平之後即印草樣一張校閱或有移改以及錯字即時抽換再刷清樣覆校妥即可刷印其換出之字仍即貯于本櫃內

刷印

图 14　《武英殿聚珍版程式》书影

未得大力提倡发展，除政治、经济等原因外，也有本身技术上的缺陷。一般私人或书坊限于资本，所备活字不过数万，因受字数限制，不得不采取一面排印一面拆版再排的办法，同一副活字大小高低不能整齐划一，垫版凹凸不平，字体歪斜，墨色浓淡不匀，又因校对不仔细误字较多，因此活字印本不受人重视。有人以为活字本只不过是权宜之计，只有雕成整版，才算是正式出版物。且因旧无纸型，一书若要重印，必须重新排版，反不如雕版可以再三印刷来得经济方便，因此在中国活版印刷未能取代雕版印刷。

西夏也有木活字印刷品出现，如《大方广佛华严经》残本，发愿文中有“发愿使雕碎字”的句子。此外，还有西夏文佛经《吉祥遍至口和本续》残本（西夏晚期，图15），是现存最古老的木活字本实物。

（三）铜活字

铜活字是以铜铸成的用于排版印刷的反文单字。中国铜活字流行于15世纪末至16世纪的南方。最早的有明代弘治三年（1490年）江苏无锡华燧（1439—1513）以铜活字印成《会通馆印正宋诸臣奏议》50册（图16）。后又印《锦绣万花谷》《百川学海》等大书。其中在弘治十三年（1500年）以前出版的8种书籍，相当于欧洲的摇篮本，弥足珍贵。华燧的叔伯华珵所制“活版甚精密”，几天即能出书，印有《陆放翁集》。华燧侄华坚的兰雪堂印有汉代蔡邕，唐代白居易、元稹的诗文集。同县人富豪安国（1481—1534）“铸活字铜板，印诸秘书”，其中正德《东光县志》是中国唯一的铜活字本方志。此外，常州、苏州、南京也有铜版。浙江庆元铜版印《诸葛孔明心书》。芝城（今福建建瓯）有嘉靖铜版兰印《墨子》。建阳书商游榕、饶世仁两人合伙用“同（铜）板活字”在江苏印《太平御览》百余部。

清代康熙末年内府制造百万铜活字，印了《钦若历书》《数理精蕴》《律吕正义》等天文、数学书籍。雍正六年（1728年）用大、小两号铜字，印成陈梦雷《古今图书集成》1万卷、64部，每部5020册。民间铜版有江苏吹藜阁印本，比内府铜字更早。嘉庆十二年（1807年）台湾总兵武隆阿刻铜字，印《圣谕广训》。造铜字最多的要算福州林春祺，他化银20多万两，用21年时间，于道光二十六年（1846年）雇工刻成大小铜字40多万个，楷法精美，印有清代顾炎武《音论》《诗本音》和《四书便蒙》，称“福田书海”本（图17）。杭州也有聚珍铜版印的诗文集与兵书，字体和福田书海本几乎相同。

（四）锡活字

锡活字是以锡铸成的用于排版印刷的反文单字。元初王祯在《农书·造活字印书法》中

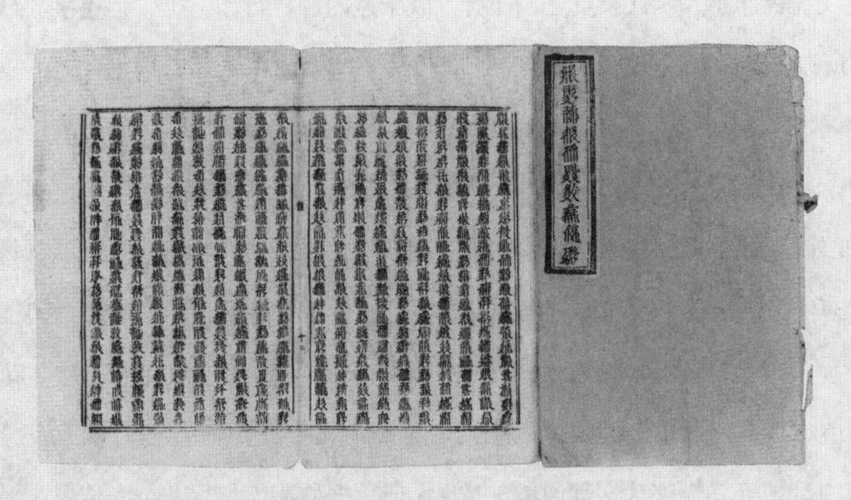

图 15　西夏文佛经《吉祥遍至口和本续》残本

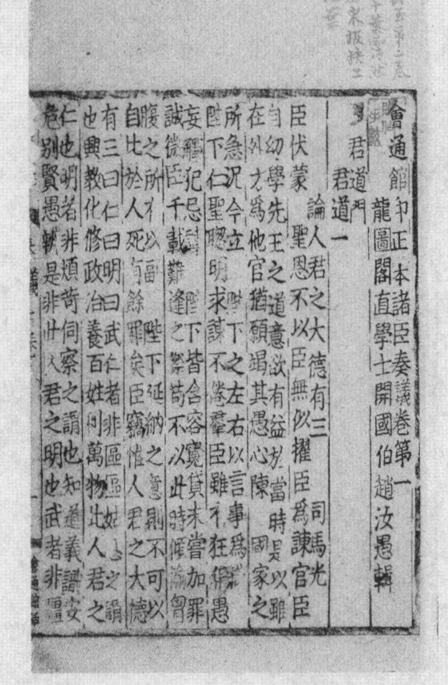

會通館印正本諸臣奏議卷第一
龍圖閣直學士開國伯趙汝愚輯
君道門
君道一
論人君之大德有三　司馬光
臣伏蒙聖恩不以臣無似擢臣爲諫官臣
自幼學先王之道意欲有益於當時是以雖
在外方爲他官猶願竭其愚心陳國家之
所急況今立陛下之左右以言事爲
陛下仁聖聰明求諫不倦群臣雖有狂瞽愚
妄犯忌諱陛下皆含容寬貸未嘗加罪
誠千載之遇也不以此時備竭愚
腹之所有以自比於人死有餘罪矣臣竊惟人君之大德
有三曰仁曰明曰武仁者非嫗煦姑息之謂
也興教化修政治養百姓利萬物此人君之
仁也明者非煩苛伺察之謂也知道義識安
危別賢愚辨是非此人君之明也武者非彊

图 16　《会通馆印正宋诸臣奏议》

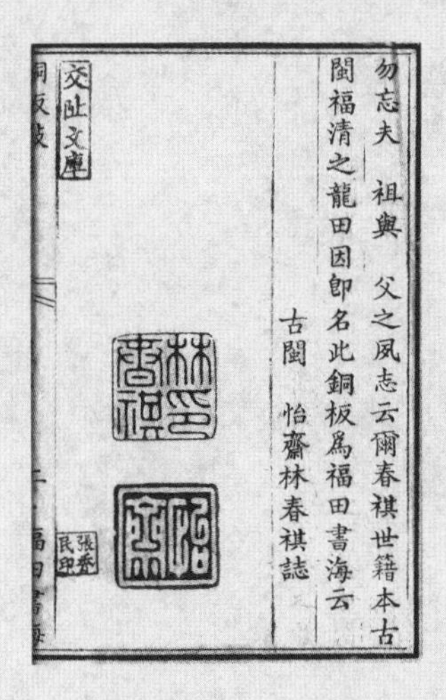

交阯文庫

勿忘夫　祖與　父之夙志云爾春祺世籍本古
閩福清之龍田因即名此銅板爲福田書海云
古閩　怡齋林春祺誌

西捐資興工鐫刊時春祺年十八至丙午而銅字
板告成古今字體悉備大小書籍皆可刷印爲時
二十載計刻有正韻筆畫楷書銅字大小各二十
餘萬字爲之實難成更不易中間幾成而不成者
屢矣今幸成此銅板則古今宿儒碩彥有所著述
無力刻板與夫已刻有板而湮沒者皆可刷而傳
之於不朽是春祺不惜耗貲二十餘萬金辛苦二
十年半生心血銷磨殆盡岌岌乎黽勉成此庶亦

图 17　“福田书海”本书影

记：“近世又铸锡作字，以铁条贯之，作行，嵌于盔内，界行印书”，但锡字“难于使墨，率多印坏，所以不能久行”。可见王祯前已有锡活字印书，由于锡的亲水性差，故用水墨的上墨性能不好。此为锡活字见于历史文献的最早记录，比欧洲金属活字的创制早一二百年。至明代中期，著名出版家华燧又“范铜板锡字”，说明他除造铜字外，也造过锡字，但缺乏详细记载。此外，明代初期还有用锡版印刷或伪造纸币的记述，也是锡被用作印版材料的辅证。

清代广东佛山镇盛行彩票赌博。据美国人卫三畏记载，他所认识的一邓姓印工兼书商为印“闱姓票”“白鸽票”两种彩票，于道光三十年（1850 年）开始铸造锡活字，花资 1 万元以上，先后造成活字 3 副：一为扁体楷字，余为长体大字和小字，共 20 多万个。咸丰元年（1851 年）并印成元马端临《文献通考》120 大册。据称字大悦目，纸张洁白，墨色鲜明。卫氏还介绍邓氏浇铸锡字和印刷的方法：用刻好的木字，印在澄浆泥上做成泥字模，再把熔化的锡液浇在泥模中，俟凝固后敲碎泥模，取出活字，经修整高低一致后，排版在光滑坚固的花梨木盘内，扎紧四边，以黄铜做界行，半页 10 行，版心居中，如雕版式样，而后上墨刷印。邓氏锡活字印本尚有《三通》（《通典》《通志》《文献通考》）、《陈同甫集》、《十六国春秋》等传世。

中国印刷对传承文化，使中国历史绵延数千年不绝，起到了十分重要的作用。印刷术还传播到朝鲜、越南、琉球、日本等汉文化圈，也通过贸易、传教等渠道传到欧洲，对欧洲活字印刷的发明，应有启迪作用。

参考文献：

张秀民 . 中国印刷史 [M]. 韩琦，增订 . 杭州：浙江古籍出版社，2006.

茶的栽培和制备

周嘉华

◎　茶是世界上三大无酒精饮料之一。目前全球有 160 多个国家与地区近 30 亿人喜欢饮茶，有 50 多个国家和地区种植和生产茶叶。研究表明，常饮茶有多种保健功能。例如，茶叶内含的茶多酚的抗衰老效果比维生素 E 强很多。一杯 300 毫升的绿茶的抗氧化功能相当于一瓶干红葡萄酒。茶多酚的主要成分 EGCG 是所有癌症的克星。每天喝茶能降脂，故在美国减肥产品中，茶叶被列在首位。此外，茶中的氨基酸会促进多巴胺的大量分泌，有助于产生愉悦感。诸多的保健功能进一步促进了饮茶风尚。

一、中国是茶叶的故乡

在植物分类学中，茶树属于被子植物门，双子叶植物纲，原始花被亚纲，山茶目，山茶科，山茶属。目前大量人工栽培的茶树一般称为 *Camellia sinensis*，1950 年中国植物学家钱崇澍根据国际命名和茶树特性研究，确定茶树学名为 *Camellia sinensis (L.)O. Kuntze*。虽然野生茶树在世界多处分布，但是在世界上最早发现并利用茶树的是中国先民。据此，创立了科学的植物学分类体系的瑞典科学家林奈(Carl von Linne，1707—1778)在1753年出版的《植物种志》一书中，就将茶树命名为 *Thea sinensis*，后又修改为 *Camellia sinensis L.*，“sinensis”的拉丁文意思就是中国。由此可见林奈和当时的科学界认可中国是首先认识和利用茶树的国家，故对茶树的命名与中国相联系。

在中国的古代文献中，茶的名称很多。茶字最早见之于《诗经》，在《诗经・邶风・谷风》中有“谁谓荼苦？其甘如荠”。《诗经・豳风・七月》中有“采荼薪樗，食我农夫”之句[1]，由于这里的“荼”也可能泛指苦菜，故难判定。那么作为古代最早一部字书，《尔雅》(约在公元前 2 世纪秦汉之间成书)中，《尔雅・释木篇》云：“槚，苦荼。”东晋郭璞注释说：“今呼早取为荼，晚取为茗，或一曰荈，蜀人名之苦荼。”西汉末年的扬雄在《方言》中说：“蜀西南人谓荼曰蔎。”此外，还有“诧”“姹”“茗”等 10 余种称谓。由于方言各异，不同地方有不同的称谓是很正常的，它说明了中国许多地区都有茶树的种植。唐代陆羽在《茶经》中就指出：“其名，一曰茶，二曰槚，三曰蔎，四曰茗，五曰荈。”其中“荼”用得最多。为了字形的统一，陆羽将“荼”字减少一画，改写成“茶”字。随着《茶经》的传播，“茶”字逐渐固定下来。然而由于地域辽阔，各地在“茶”字的发音上亦有差异。例如：广州发音为“cha”，福州发音为“ta”，厦门、汕头发音为“te”，长江流域及华北地区发音为“chai”“zhou”或“cha”，云南傣族发音为“la”，贵州苗族发音为“chu ta”，等等。由于茶叶是中外交流的大宗商品，茶叶被输送到世界的许多地方。茶叶的称谓也随着商品传向四方。各国茶字的发音可以归纳为两类，一是茶叶由海路西传的各国，包括英、法、德等西欧诸国和印度、斯里兰卡等印度洋沿岸诸国，茶字发音近似我国福建、广东沿海地区的“cha”“ta”和“te”音。二是茶叶由陆路丝绸之路北传、西传的沿线国家，包括俄罗斯、伊朗、土耳其等国，其茶字音接近我国华北地区的“chai”音。这就从一个侧面证实茶的原产地是中国，世界各国对茶的称谓也传自中国。

---

1 金启华译注：《诗经全译》，江苏古籍出版社，1984 年，第 76、328 页。

表1　世界各国“茶”字读音（取自国家文物局主编《惠世天工——中国古代发明创造文物展》）

陆路传播为主 以“CHA”音为源的语言	海路传播为主 以“TAY”音为源的语言
韩语（차）	
日语（お茶）	荷兰语（thee）
越南语（trà）	英语（tea）
泰语（ชา）	德语（Tee）
尼泊尔语（चिया）	匈牙利语（tea）
印地语（चाय）	意第绪语（טיי）
乌尔都语（چائے）	希伯来语（תה）
孟加拉语（চা）	法语（thé）
波斯语（چای）	西班牙语（té）
土耳其语（çay）	意大利语（tè）
阿拉伯语（شاي）	拉丁语（tea）
斯瓦希里语（chai）	丹麦语（te）
希腊语（τσάι）	挪威语（te）
保加利亚语（чай）	瑞典语（te）
罗马尼亚语（ceai）	芬兰语（tee）
塞尔维亚语（чај）	爱沙尼亚语（tee）
克罗地亚语（čaj）	拉脱维亚语（tēja）
阿尔巴尼亚语（çaj）	冰岛语（te）
捷克语（čaj）	亚美尼亚语（թեյ）
斯洛伐克语（čaj）	印度尼西亚语（teh）
乌克兰语（чай）	马来语（teh）
俄语（чай）	泰米尔语（தேயிலை）
葡萄牙语（chá）	

目前所发现的山茶科植物共有23属380余种，而我国就有15属260余种，且大部分分布在云南、贵州、四川一带。根据田野调查和文献资料，我国是野生大茶树发现最早最多的国家。三国时期的《吴普·本草》引《桐君录》就有“南方有瓜芦木（大茶树）亦似茗，至苦涩，取为屑茶饮，亦可通夜不眠”的记述。陆羽在《茶经》中也描述了野生大茶树：“其巴山、峡川有两人合抱者，伐而掇之。其树如瓜芦，叶如栀子，花如白蔷薇，实如栟榈，蒂如丁香，根如胡桃。”还有很多类似的史料都表明我国先民早在1700年前已很熟悉且利用茶树了。

据不完全的统计，全国已有10个省区198处发现野生大茶树。所谓的野生大茶树通常指那些非人工栽培也很少采制茶叶的大茶树。它们是在一定自然环境中经过长期演化和自然选择而生存下来的一个茶树类群。其实，在人类懂得利用、栽培之前，茶树都是野生的。当代的许多茶树优良品种早年均是野生茶树，只是人们对其进行了刻意的栽培之后才改良而成（图1、图2）。可见野生茶和栽培茶之间并无绝对的界限。目前所发现的山茶科植物大部分分布在云南、贵州、四川一带。这里群山叠伏，河谷纵横交错，地形变化多端，从而形成了许多的小地貌、小气候的区域，当人们将野生茶树栽培在这种海拔悬殊、气候多变的地区后，较易导致茶树种内变异，从而在不同的生态环境中分别发展出热带型和亚热带型的大叶种、中叶种茶树和温带的中叶种、小叶种茶树。这就是为什么云贵川的茶树品种最多，茶树资源最丰富的原因之一。无论从野生大茶树的集中分布，还是从茶树品种的多属多种，都从一个侧面论证了中国确实是茶叶的发祥地。

图1　栽培型野生大茶树（云南西双版纳）

图2　当代茶园

二、饮茶风尚的渐进

虽然野生大茶树的存在是茶树原产地的重要依据，但是，发现有野生茶树的地方不一定就是茶叶的原产地。因为有野生茶树的地方不一定能发展出饮茶的习俗，这里还存在一个对茶树叶子的认识和利用的过程。在中国古代，民间流传着神农发现利用茶树的传说（图3）。中国最早的本草著作《神农本草经》中曾记载："神农尝百草之滋味，

图3　神农采药图（辽，佚名）

水泉之甘苦，令民知所避就，当此之时，日遇七十毒，得茶而解。”《神农本草经》原本早已亡佚，明清以来辑本颇多，但已无此段话。后人仍信此说，唐代的陆羽在《茶经》（图4）中就说“茶之为饮，发乎神农氏”。其实神农氏是后人构思出来的，相传，因天之时，分地之利。制耒耜，教民耕作，神而化之，使民宜之，故谓神农也（汉代班固等撰《白虎通义》）。即神农是5000多年前开创中国农业生产的先民的集体化身。正是中国先民在劳动生活中发现了茶树叶子是无毒的，可食用并具有某种药效，故有意地将茶叶逐渐地由野生培养成一种经济作物，并由小到大地发展成为一种产业。

人们对茶树的栽培和茶叶功效的认识有个实践的过程，与此相伴，茶叶的加工技术和饮用方法也有个渐进的过程。人们对茶树叶子的认识首要的是它的无毒而有利，“古者民茹草饮水”，即起初把茶树的叶子当作口嚼的食物，发现它虽然不是很好吃，有点苦涩，却是无害的，还能给人一种芬芳、清口、气爽的感觉。特别当人们尝食某些植物而中毒后，嚼食茶叶似乎可以化解中毒后的痛苦。久而久之，茶叶的含嚼成为一种嗜好而传开。开始时，茶叶曾被作为一种祭品而珍惜，当产量多起来后，茶叶作为一种菜食而逐渐进入千家万户。晏婴撰的《晏子春秋》就说：春秋时，晏婴给齐景公做相国时“食脱粟之饭，炙三弋，五卵，茗茶而已”。晏婴身为国相，吃糙米饭，菜只是两三只烤野禽，几道腌菜和茶水而已。茗即是古时对茶叶的称谓之一，表明当时茶叶曾作为大众的菜肴汤料。毕竟直接咀嚼某些茶树鲜叶，口感欠佳，人们发现用水与茶叶煮熟后，连汤带叶一起服用，特别是在加入盐、蒜、辣椒及某些配料后，口感味觉有了明显的改变。于是人们逐渐改生嚼茶叶为煎服茶汤。

从咀嚼茶树鲜叶发展到生煮羹饮，不是一种简单的饮茶方式的转变，而是人们对茶叶认识的前进。茶树的鲜叶摘下来后，不耐贮藏：放置一段时间，一般要么干枯，要么腐烂。因此咀嚼鲜茶叶，受到时间和地点的严格限制，一年之中只有很短的时日才能吃到鲜嫩的茶叶。若是生煮羹饮，鲜叶可以，妥当保藏的干叶也可以，这样人们就可以较多享用茶叶带来的美味。生煮羹饮的方法还便于引入其他配料，例如桂、姜、盐及一些香料等同煮食用，进一步变更饮品的色香味。鲜叶贮藏最简单的做法是把鲜叶在阳光下晒干，这可能是最原始的茶叶加工方法。干叶不同于鲜叶，咀嚼它是较难下咽的，故食用方法只能改为煮或泡。

咀嚼茶叶的原委是解毒，某些苦菜也有去热解毒的功效，故人们起初分不清茶叶与苦菜，就把茶叶当作食用的菜肴（图5）。至今生活在云南的傣族、哈尼族、景颇族都有吃“竹筒茶”的习惯。所谓竹筒茶即是把鲜茶叶经日晒或蒸煮变软后，装入竹筒舂实，滤出部分茶汁后，封住筒口，让其缓慢发酵，经二三个月后，劈开竹筒，取出茶叶复煮后放入瓦罐中，加入香油即成一道菜肴。

茶叶饮用的方式多种多样，三国时期魏人张揖在《广雅》（成书于230年前后）中记载了当时制茶和饮茶方式：“荆、巴间采叶作饼，叶老者，饼成以米膏出之。欲煮茗饮，先炙令赤色，捣末，置瓷器中，以汤浇覆之，用葱、姜、橘子芼（掺和之意）之。其饮醒酒，令人不眠。”《晋书》则说：“吴人采茶煮之，曰茗粥。”煮茶在当时很流行。其方法是将茶叶先制成饼茶，在煮茶之前，先将饼茶烤炙成赤色，再捣成碎末，置容器（陶瓷器）中，以汤水浇覆（水量宜足），若再加点葱、姜、橘皮作配料，煮后的茶水和茶叶、配料一齐吃下。这种生煮羹饮的方法一直传承至今天，例如蒙古族的咸奶茶，藏族的酥油茶（图6），苗族、侗族的打油茶，土家族的擂茶，纳西族的盐巴茶，傣族的竹筒香茶等。焙茶是古老的茶叶加工饮用方法之一。所谓焙茶即是把一芽四五叶的嫩梢从茶树上采下来，直接在火上烘烤成焦黄色后，再放入茶壶内煮饮。可见其加工技术就是简单的烘烤。后来为了使茶叶能被长久地饮用，开始时人们将鲜叶用木棒捣成碎末制成饼状或团状，再晒干或烘干，收放在不易受潮的容器内。饮用时，先掰下一块，将其捣碎后放入壶或锅中，注入开水或加水煮沸。《广雅》中记载的制茶和饮茶方式即属于此。

中国西南地区，特别是巴蜀之域曾是中国古代早期茶叶的产区和制茶、饮茶的中心，秦朝统一中国后，随着经济文化的交流，以饮茶为中心的茶事才开始向东、东南地区传

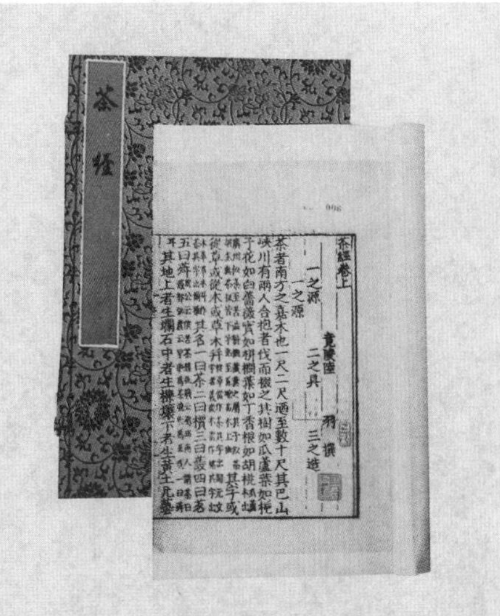

图4　陆羽《茶经》书影

图5　基诺族的凉拌茶

图6　藏族酥油茶

图7　北宋烹茶画像砖

图8　南宋刘松年《斗茶图》

播。东南地区气候和环境适宜种茶，加上士大夫和寺院文化对饮茶时尚的倚重，三国两晋南北朝的三四百年间，茶叶生产和饮茶风气有较大的发展。到了隋朝，南北经济文化交流更为活跃，饮茶之风也开始刮到北方。随着唐朝的繁荣，中唐之后，饮茶之风逐渐在北方地区得到推广和普及。

茶业生产随之有了较大发展，由于自然环境的差异，茶树的不同种类和加工技术的不同，形成了名品纷呈的局面。当时茶叶依加工方法的不同，大致分为粗茶、散茶、末茶、饼茶四大类。粗茶是将采摘下来的茶，不分芽、叶、梗，一起用刀切碎，晒干，食时放在锅里煮饮。散茶是将采摘的鲜叶，蒸青后烘干，不捣不压，封藏之，食时直接全叶煮饮。末茶是将茶叶烘或炒干后，碾成碎末存放，食时将其煮饮即可。饼茶则是将茶叶蒸青后捣碎，拍压成团饼形，穿眼用竹绳穿起来晒干或烘干，再打包贮运。

唐朝，饮茶之风盛行于朝野，茶遂成为生活中的重要角色，“茶为食物，无异米盐”，从而成为开门七件事之一。“客来敬茶”已成为生活中的重要礼仪和传统的社交风尚。由此人们更加关注茶的质量和饮茶的方式及饮茶的用具，遂有了品茶之举。特别在饮茶的时尚中增加了文化艺术的元素后，饮茶的功能已不限于解渴和保健，还成为文化的展示、精神的享受，当饮茶侧重于饮用技巧时，发展起“茶艺”；当饮茶侧重于礼仪时，发展起“茶礼”；当饮茶侧重于道德品行时，发展起“茶道”（图 7）。这就促成人们不仅要求茶叶的精细加工，关注茶叶的色香味形，同时还要讲究茶叶品第和饮用技巧的高低、优劣，从而从满足个人爱好和享受的“品茶”发展到社会性、商品化的“斗茶”。斗茶之风盛行于宋代。斗茶的实质就是茶叶的评比和茶艺的展示（图 8）。人们有意识地把品茶、斗茶作为一种显示高雅素养、表现自我的艺术活动而去刻意追求，饮茶之举融入文化活动，构成茶文化，反过来它又促进饮茶的进一步普及，推动制茶技艺和茶业进一步兴旺。就在品茶、斗茶的实践中，人们发现冲泡散茶较之烹煮饼茶不仅方便一些，而且能更好地品尝到茶叶的色香味形。于是冲泡清饮散茶（不加任何香料或食品）在品茶或斗茶中被迅速推广。冲泡清饮散茶在部分地区和民族中取代了烹煮饼茶的饮茶习俗。这就促使炒青散茶的技术获得了更快的发展，由此发展起近代的制茶传统技艺。

三、制茶工艺的演进

鲜茶叶的采摘是有季节性的，欲想茶叶能经常供应和便于携带运输，就必须掌握贮存茶叶，且保持其不腐烂变质的技巧。起初鲜叶的主要加工方法是晒干或晾干。晒干或晾干的目的都是使鲜茶叶失水萎凋，达到鲜叶中的水分失去 90% 以上，叶内细胞因酶活性变钝减慢了活动，从而延缓其衰败过程，达到保存目的；否则鲜叶在一定的温度、湿度、氧气、光线的作用下，其内含的各种化学成分的氧化、降解、转化促使其质变，最终迅速腐烂陈化。茶叶的保存保质在古代有一定难度。根据张揖《广雅》记载，在三国时期人们保存茶叶已开始用水煮（即热烫）、水汽熏蒸，然后压制成饼状烘干或晒干。将鲜叶用蒸汽杀青，叫蒸青；用热水略煮叫捞青。杀青软化后的茶叶压制成团饼状，再经烘干或晒干，团饼茶就可以收藏或运输了。这种加工鲜茶叶的方法逐渐被推广，到了唐代已很完善了。

宋代制茶技术的提高首先反映在贡茶的制作上。龙凤茶是当时的一种贡茶，皆为做成团饼的茶，其饰面龙翔凤舞，栩栩如生。其制造工艺据北宋赵汝砺在《北宛别录》（1186 年）中记述，分蒸茶、榨茶、研茶、造茶、过黄、烘茶等工序，即挑选匀整芽茶，在清洗后进行蒸青，蒸后再用冷水冲洗，然后小榨去水，大榨去茶汁，再置于瓦盆内兑水研细，入龙凤模压缩成饼，最后将茶饼烘干，储运。当时生产的小龙凤团饼茶均由精选的细嫩芽叶制成，当然昂贵至极。讲究茶芽细嫩遂成精细加工的重要内容。

宋代在民间流行的散茶制作，从工艺上看，蒸青或炒青的散茶较龙凤团饼简捷。从茶质来看，散茶不比团饼茶差，散茶可沸水冲泡，而团饼茶大多是烹煮，泡比煮简便些。因此，蒸青或炒青散茶在民间日益流行。农民出身的明朝开国皇帝朱元璋对此有深切的感受，于是在洪武二十四年（1391 年）下诏，“太祖以其劳民，罢造（龙团），惟令采茶芽以进”[1]。朱元璋的诏令进一步促进了改蒸青团饼为蒸青或炒青散茶的工艺程序，蒸青或炒青散茶遂成为茶叶生产的主流。许多历史名茶顺应而生。

蒸青制茶和炒青制茶，仅是一字之差，它却反映了工艺的不同取向。蒸青利用水蒸气的高温来杀青；炒青则利用炒锅的高温来杀青。蒸青、炒青的目的都是在高温下使鲜茶叶内大部分酶失活，除去大部分青气以利于此后的收藏保存。但是蒸青和炒青的效果却不一样。鲜叶中的青气成分的沸点在 160℃左右。水蒸气杀青的温度只达 100℃左右，鲜叶中的青气就不能充分挥发，虽然接近于杀透，但不能形成清香。而炒青的温度可达 160℃以上，故能使鲜叶中的绝大部分青气在几分钟内挥发，残留下来的部分青气在高温的条件下转化为清香。此外，炒烘还能促使鲜叶中的许多带香物质形成和挥发，让人感受到它的呈香。快速炒青能减少制作过程中鲜叶的衰变，故能保证茶叶的鲜和味。因此在实践和比较之中，炒青技术被逐步推广。其实炒青技术早在唐代已出现。经过唐、宋、元三朝的制茶实践，人们认识到炒青绿茶不仅制作、饮用省时省力，而且质量也有一定提高，这就是炒青绿茶在明朝得到迅速发展的原因。

关于炒青绿茶的制法，各地的茶人大多因地制宜，因而有许多独到的技艺，生产出外形内质各具特色的品种。但是绿茶的制作工艺基本上是相近的，主要工序有高温杀青、揉捻、复炒、烘焙、成品包装。工艺传承至今，是地道的传统工艺。

黄茶的出现，红茶、乌龙茶的产生及白茶的由来皆与绿茶炒制工艺有关，可以说是绿茶生产中创新的结晶。

在绿茶的炒制中，当杀青温度过低，时间过长或杀青后未及时摊凉，未及时揉捻或揉捻之后未及时烘干，堆积时间过长，都会使茶叶颜色变黄，冲泡中出现黄叶黄汤。这类茶叶人们称作黄茶。人们发现黄茶的口感也很好，还有一种特殊的风味，于是有意识地在制茶工序中突出上述不当之处，特别是增加了焖黄手段，从而形成了黄茶的特有生产技艺。

红茶一词最早出现在成书于 16 世纪的《多能鄙事》，最早生产红茶的地区是福建武夷山地域。唐宋时期武夷山地域曾是贡茶的主要产地，制茶是当地的经济支柱之一。相传在明末时局动乱之时，一支军队从江西入闽，过境崇安县仁义乡，占驻了茶场，待制的茶叶无法及时用炭火烘干，产生红变，茶农为了挽回损失，采用易燃松木加温烘干，结果得到一种有

1〔清〕张廷玉等：《明史·食货志四》，中华书局，1974 年，第 1955 页。

图 9　中国几种茶的茶汤

一股浓醇松香味，又带有桂圆干味，口感极好的茶，这种茶稍加筛分制作即可装篓上市，这就是正山小种红茶。17 世纪这种茶由山西商人运至武汉、天津、大同，转而由荷兰人和东印度公司出口到欧洲，大受欢迎，成为欧洲上流社会和皇室以茶代酒的重要角色。18 世纪初，一批传教士来华。他们追根溯源，来到了武夷山地区，考察了红茶的生产。随后将茶树种子和制茶技术带到了英国殖民地印度种植，产生了印度阿萨姆红茶和大吉岭红茶等。与此同时，福建的红茶生产技艺逐步推广到 12 个省份。光绪元年（1875 年），曾当过崇安县令的余干臣，辞官回家乡安徽黟县，先后在东至县和祁门县设茶庄，按闽红的工艺生产红茶，使原本只生产绿茶的祁门成为红茶的生产基地。祁门红茶也成为工夫红茶的典范。红茶成为我国出口茶叶的最大宗。正山小种红茶在欧洲一些国家深受喜爱，被称为“bohea”，即武夷的谐音，是中国红茶的骄傲。

乌龙茶又称青茶，这类茶既有绿茶的清香、花香，又有红茶的醇厚滋味，可谓介于绿茶与红茶之间。武夷大红袍和安溪铁观音是其典型代表。其生产工艺较之绿茶、红茶略为复杂，既吸收了红茶发酵的机理，又兼容了绿茶控制发酵的手段，巧妙就在于制造中既不完全破坏全叶组织，又轻微擦伤叶缘组织，要求叶内细胞成分不完全变化，又有一部分发生氧化。正是这一复杂的工艺才创造出乌龙茶独特的色香味。从这一制造过程也看出它与绿茶、红茶技艺的关联（图 9）。

早期优质白茶不仅出产于白茶树种，而且以不炒不揉生晒者为上品。由于白茶外表满披白色茸毛，色白隐绿，汤色浅淡，口味甘醇，别有一番滋味，很受部分文人的赞赏。

黑茶一词的出现大概不晚于明代中期。明代嘉靖三年（1524 年）御史陈讲疏记载了黑茶的生产：“商茶低伪，悉征黑茶，地产有限，乃第茶为上中二品，印烙篦上，书商品而考之。”每十斤蒸晒一篦，送至茶司。官商对分，官茶易马，商茶给卖。由此可见当时黑茶产量不多，产地有限，质量居中游。商品名称烙在外包装的筐篾上，每篦十斤，先蒸后晒。在茶司（管茶叶销售的官府），一半作官茶用于边境贸易换马，另一半黑茶由商家在市场出售。

黑茶的出现可能是在绿茶制作中，杀青时叶量过多或火温偏低，时间过长所致；也可能是在毛茶堆积时，温度、湿度偏高，促成发酵，渥成黑色。这些黑茶失去了绿茶原有的色香味，却换来了滋味醇厚的另一番口感。于是人们创制了黑茶制造技艺：在蒸气杀青、初揉的工序后，增加了渥堆工序。所谓渥堆即是让经初揉的茶叶在室温保持在25℃以上、相对湿度在85%左右的清洁无日光直射的环境中堆积10个小时左右，特意让其发酵。渥堆工序是形成黑茶品质的关键手段。黑茶在口味上较接近唐宋时期的团饼茶，受到了尚未改用绿茶的众多少数民族的喜爱。将内地生产的黑茶运往边陲，需将毛茶制成方形、砖形、圆饼形的紧压茶才便于运输和储藏，故黑茶的制作大多增加了紧压茶工序。生产黑茶的地区大多也生产绿茶，茶农大多用初春的芽茶制绿茶，尔后才采摘较粗壮的叶枝（一芽4～6叶）为原料，经杀青、初揉、渥堆、复揉、烘干等工序制成毛茶，再经称茶、蒸茶、装匣预压、紧压、定型、烘干等工序制成紧压茶。

花茶属于既有茶味又有花香的再加工茶。唐代人们煮饮茶时常加入自己喜爱的配料，例如姜、葱、盐、橘皮、枣之类，以益茶味。到了宋代煮茶时更有加入某些香料或鲜花，以增香气。花茶生产才见诸文字记载。明代花茶生产有相当发展，与散茶相配的香花选择和配比也积累了较多经验。清代以后先后发展形成了福州、苏州等花茶窨制中心。所谓窨制即熏制，将鲜花与茶叶拌和，让干燥、疏松的茶叶缓慢地吸收花香，然后除去花朵，将茶叶烘干，花茶即成。茶叶吸收花香的方法不止一种，故花茶又称窨花茶、熏花茶、香片茶。常见的花茶有茉莉花茶、桂花绿茶、金银花茶、白兰花茶、玫瑰红茶等。

中国作为茶的故乡，经几千年渐进的发展，在茶树的选育、栽培方面积累了丰富的经验，并培植出数以百计的优良茶树新品种。茶叶的制作技术也由起初的火上炙烤发展出采摘、杀青、揉捻、烘焙等多种系统技术，分别生产出绿茶、白茶、黄茶、青茶、红茶、黑茶等各有特色的众多品牌。在我国，茶可谓“国饮”，客来敬茶已成为最基本的礼节，日常饮茶亦是最普遍的习惯。喝茶有益，喝茶有礼，喝茶有道，特别是茶通六艺，从而使茶饮成为中国传统文化艺术的重要载体。饮茶的效用除了享用其独有的色、香、味、形和健身强体外，还可以陶冶情操，涤荡性灵，使人心境洋溢着清纯平静之气。因此，饮茶的风尚具有极强的感染力和生命力。总之，茶是一种理想的饮料，故能在全世界得到广泛的传播。

四、茶和制茶技术的外传

从唐代起，通过陆路和海上的丝绸之路，茶叶作为深受欢迎的特产和丝绸一起远销国外。

图 10　江南的制茶手艺（19 世纪英国铜版画）

就以隔海相望的日本为例，根据日本文献记载，日本人饮茶大约始于奈良时代（710—794 年）初期，当时中日文化交流很活跃。729 年日本朝廷召集百僧讲《大般若经》时，曾有赐茶之举。日本天台宗开创者最澄禅师于 805 年在中国学习佛经归国，同行的空海和尚于 806 年回国。他们都带回大量茶籽，在日本种植，并传授了制茶技术。由此开始，日本发展起自己的茶业，并吸收消化了中国制茶技术、饮茶煎煮方法及茶文化，融进了日本传统文化，特别是对禅道的理解，形成了有民族特色的，以抹茶道、煎茶道为代表的日本茶道。朝鲜半岛，近在毗邻。中国的种茶技术和饮茶习俗的传入，早于日本。大约在 6 世纪的新罗统一时期，已有种茶之说。随后，饮茶习俗逐渐得到推广。开始时仿照唐代的煎饮法，后来根据朝鲜族的民族个性，迅速发展起以“茶礼”为核心的茶文化。

茶叶的西传通过两条路线，一是由陕西、甘肃、新疆至西亚和欧洲的陆上丝绸之路。另一是由厦门或广州起航，途经南海、孟加拉湾、印度洋到达东南亚、南亚、西亚、东非沿海国家和欧洲一些国家（图 10）。陆路上的交流，包括成吉思汗的西征，曾使中亚的许多民族认识了茶叶并养成了饮茶的习俗，但是，这种影响似乎没有超越海上的茶叶贸易。起初是阿拉伯商人垄断了东西方的贸易，当葡萄牙人达·伽马在 15 世纪末发现了真正的印度后，葡萄牙人夺取了东西方贸易的控制权。在 16 世纪，与葡萄牙结盟的荷兰人也通过这条航线来到了中国广州，他们和葡萄牙商人一起将茶当作能帮助消化的特殊饮料购买装船运回欧洲。这样，茶叶渐渐输入葡萄牙、西班牙、法国、英国。欧洲各国的贵族们对茶叶产生了浓厚的兴趣，特别是正山小种红茶出现在贵族的宴会上时，茶汤的色香味几乎征服了与会的贵族。从此在英国人的眼中，茶是“健康之液，灵魂之饮”。在 18 世纪，茶成为英国最为流行的饮料，

图 11　厦门的茶叶贸易（19 世纪英国铜版画）

在早晚餐替代了啤酒，在其余时间替代了杜松子酒。茶叶的消费量由 1701 年的 30.3 吨增加到 1781 年的 2229.6 吨，1791 年达到了 6847.8 吨（图 11）。当今，按每年人均茶叶消费量来计，英国虽落后于土耳其、爱尔兰而位居第三，但是世界最大茶品牌却在英国，每年有 230 亿美元的销售额。欧洲其他国家，饮茶之盛虽然不及英国，但已成为生活的常态。例如法国人就将茶看作“最温柔、最浪漫、最富有诗意的饮品”。俄罗斯和东欧一些国家，虽然在 16 世纪已知中国的饮茶法，但是在 18 世纪才在各阶层普及饮茶风尚。俄罗斯的上层社会饮茶也与欧洲的贵族一样十分讲究，从茶具到茶饮，从茶俗到茶礼都形成一套有特色的习俗。

在中国唐朝，陆上丝绸之路曾把茶传到中亚、印度。其实，印度也有野生茶，其自然环境也适宜种茶，但是直到成为英国殖民地后的 18 世纪，才被推广人工栽培茶树，并将茶叶加工成红茶运往英国，再由英国商人转卖至欧洲乃至美洲。从 19 世纪中叶起，印度已成为世界上的产茶大国。茶是印度的无价资产，改变了印度人的生活方式，也激活了印度的工业经济。位于东西交通要枢的斯里兰卡，季风不仅吹来了各国商船，而且还为岛国的山丘带来了丰沛的降雨，加上阳光的直射，使其成为理想的茶树生长园地。18 世纪以前斯里兰卡仅是中国茶叶出口的中转站，当英国人明白用鸦片代替白银来换取中国茶叶十分艰难后，英国人遂在斯里兰卡栽培茶树。很快斯里兰卡和印度生产的茶叶取代了中国茶叶的地位，斯里兰卡也成为茶叶生产大国。

到 19 世纪，全世界大多数民族都认识到茶是极好的饮料。在 1886 年，中国茶叶的出口量达到了 268 万担。世界各地的饮茶风尚直接或间接地都与中国茶有着联系，可以说中国人创造了种茶技术、饮茶方法，为世界各民族的文明、健康生活做出了不朽贡献。

圆仪、浑仪到简仪

——赤道式天体测量仪器的发明与使用

石云里

◎　从现存文献来看，至迟自夏代开始，对天象的观察、研究与占验已经成为中国王朝所关注的重要问题，由专门的职官和机构负责，形成了数千年持续发展的传统，使天文学成为中国古代最为发达的科学领域之一，在历书编算、日月五星推步、天象观测以及仪器研发等方面产生了大量重要的发明创造，并一度领先于世界。在所有这些发明创造中，有一项是最为基础的，也就是赤道式天体测量仪器——以天球赤道坐标系为基础的天体测量装置——的发明与使用。

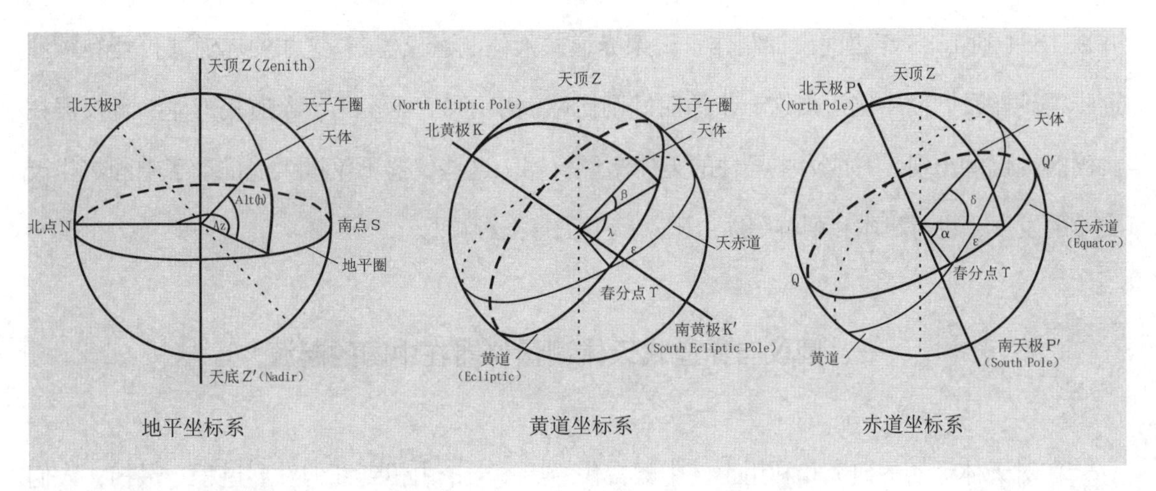

图 1　三种主要的天球坐标系

自古以来，天文学家用于记录和描述天体位置的坐标系主要有三种（图 1）：即以地平圈和天顶为基准、以天体的地平方位角 Az[1] 和地平高度 Alt(h)[2] 表示其位置的地平坐标系，以黄道圈和黄道北极为基准、用黄道经度 λ[3] 和黄道纬度 β[4] 表示天体位置的黄道坐标系，以赤道圈和北天极为基准、以赤道经度 α[5] 和赤道纬度 δ[6] 表示天体位置的赤道坐标系。一个天体的地平坐标一方面会因为地理纬度不同而不同，另一方面也会随着地球的自转而时刻变化，因此各种星表一般都不采用地平坐标系。天体的黄道坐标虽然不会像地平坐标那样变化，但是黄道的方位却会因地球自转而时刻改变，因此该系统用于观测仪器时会造成瞄准上的不便，仪器的结构也会因此而变得更加复杂和累赘。只有赤道坐标系既能保持天体坐标的固定，同时在观测中又易于瞄准，相应观测仪器的结构因此也相对简单。尤其是在天体的自动跟踪观测上，赤道式仪器还能很好地适应天球自东到西的周日运转，因此具有不可替代的优势。也正因如此，赤道装置（Equatorial Mount）在近代到当代天文望远镜上得到了十分广泛的使用。

在古代中国和欧洲，上述三种坐标系都曾以不同的形式得到过使用。但是，至少从喜帕恰斯（Hipparchus，约前 190—前 125）和托勒玫（Claudius Ptolemaeus，约 90—168）开始，黄道坐标系在欧洲天文学的理论、观测和仪器发展中一直占据着主导地位。直到 17 世纪末，丹麦天文学家第谷（Tycho Brahe，1546—1601）才真正意识到赤道式仪器的优点，

1　也就是过天体与天顶的圆弧到北点的张角。
2　也就是天体沿过天顶圈到地平圈的张角。
3　也就是过天体与黄道北极的圆弧到春分点的张角。
4　也就是天体沿过黄道北极圈到黄道面的张角。
5　也就是过天体与北天极的圆弧到春分点的张角。
6　也就是天体沿过北天极圈到黄道面的张角。

并在1581到1583年之间设计制作了三架赤道式天体测量仪器[1]，这才使赤道式仪器在欧洲逐步得到普及。而中国迈出这一步的时间则比欧洲早了1700多年，赤道式天体测量仪器在秦汉时期已经出现，并成为主导性的天体测量仪器。这些仪器不仅极大地推动了中国古代天文学的发展，也对日本和朝鲜等周边国家产生了直接影响。

一、圆仪与赤道式天体测量仪器在中国的起源

在对天体运动的研究和利用上，中国古代经历了一个由粗到细的发展过程。最初，人们可能是根据太阳出入方位以及黄昏、黎明时达到中天的恒星来确定新年与某个季节的到来，通过月相的变化来确定月份的变更，由此得到太阳和月亮运动的大致周期，并根据实际情况对月份和季节之间可能出现的脱节进行调整，以满足历法方面的需要。但是，至迟从春秋时代开始，历法的准确性已经被认为是关乎国运的关键性因素，精密历法的维持也成为君主权力与合法性的象征。而至迟从战国时代开始，更加复杂化的星占系统也需要以更加精密的历法天文学作为基础，其内容不仅包括对太阳和月亮运动的研究，而且涉及五大行星的运动。

1973年出土于长沙马王堆汉墓中的帛书《五星占》[2]（图2）是这一发展的最重要证据，其成书年代的下限为公元前168年。帛书的主要内容是利用行星进行占卜，但作为这种占卜的天文学基础，帛书中还给出了涉及行星运动周期和动态的各种数据，包括对行星运动速度的定量描述，如“秦始皇帝元年正月，岁星日行廿分，十二日而行一度，终[岁行卅]度百五分”“秦始皇元年正月，填星在营室，日行八分，卅日而行一度，终[岁]行[十二度四十分]”，等等。这表明，当时已经出现了相应的天体测量仪器与相应的天体坐标系统。有学者据此推测，在此之前中国应该已经出现了所谓的“先秦浑仪”[3]。可惜，这些推测并没有文献和实物上的依据。

1977年，安徽阜阳西汉汝阴侯夏侯灶（？—前165）墓出土了一件“二十八宿盘”，为这一问题的解决提供了有说服力的材料。二十八宿盘[4]分上下两盘，盘心各有一个小洞，可以用细圆棍穿进去将二者串起。上盘（图3、图4右）厚1.7厘米，直径23厘米；盘中央画有“十”字交叉线，且装饰有北斗七星；盘周带有宽4厘米的斜面边缘，周边打有等距针孔，

---

1 即三环赤道浑仪（由一个子午环、一个赤道环和一个赤经环组成）、四环赤道浑仪（由一个子午环、一个卯酉环、一个赤道环和一个赤经环组成）和半赤道环大赤道浑仪（仅由一个赤经环和一个半赤道环组成），前两架仪器的直径为1.6米，后一架仪器的直径为3米。

2 马王堆汉墓帛书整理小组：《〈五星占〉释文》，见任继愈编：《中国科学技术典籍通汇·天文卷》（一），大象出版社，1993年，第85~94页。

3 徐振韬：《从帛书〈五星占〉看“先秦浑仪”的创制》，《考古》1976年第2期，第89~94，84页。

4 安徽省文物工作队等：《阜阳双古堆西汉汝阴侯墓发掘简报》，《文物》1978年第8期，第12~31页。

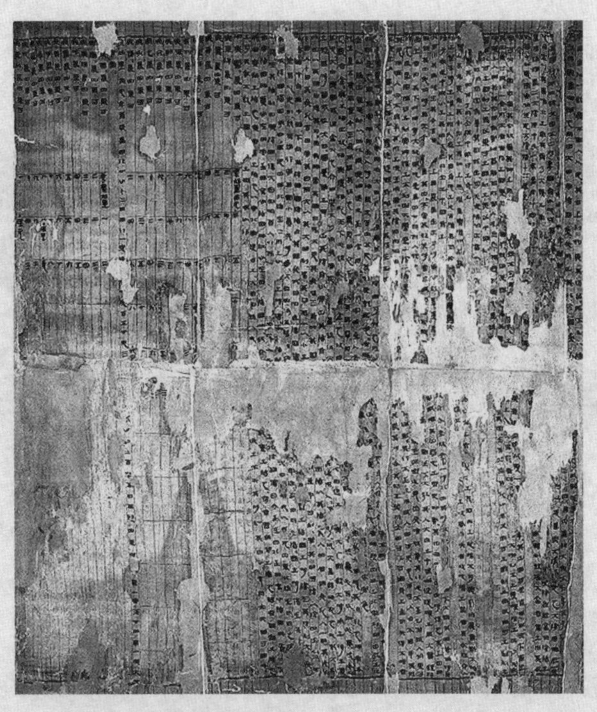

图 2　长沙马王堆 3 号汉墓出土《五星占》

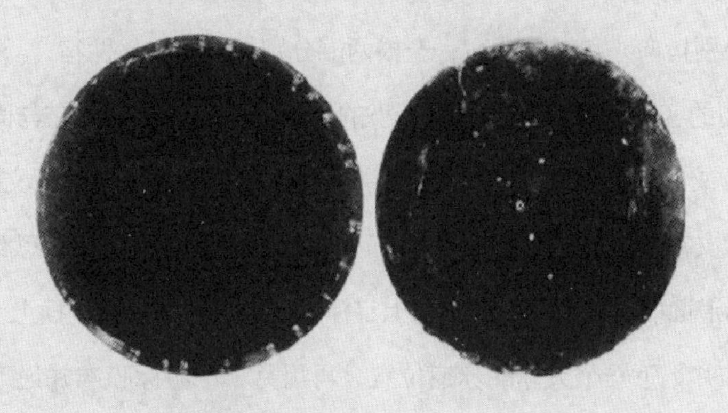

图 3　二十八宿盘出土时的状态

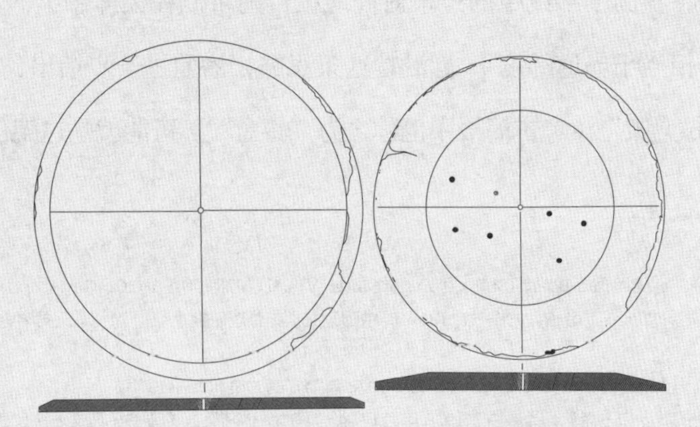

图 4　二十八宿盘摹画本

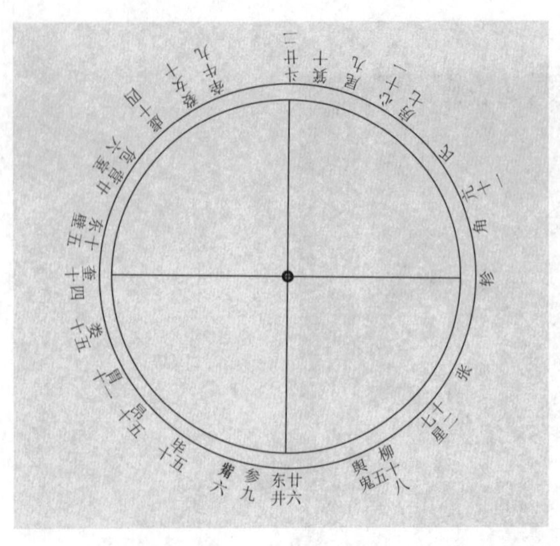

图 5　二十八宿盘下盘上的二十八宿名称与距度分布

图 6　夏侯灶墓“栻盘架”出土时的旧照（阜阳博物馆）

数目为 365 个，对应于古代的周天度数。下盘（图 3、图 4 左）厚 0.8 厘米，直径 25.6 厘米；周边带有宽 1.1 厘米的斜面边缘，上面篆刻有二十八宿的宿名和各宿距度，也就是各宿所占的度数（图 5）；盘上各宿分布并不均匀，明显是按照实际距度排列的；盘中心也画有“十”字线，一根两端分别指向斗和东井两宿，一根两端分别指向奎和轸两宿。

关于这件文物的实际功能，曾引起过不小的争论。不少学者认为它与同墓出土的两件栻盘同属于星占工具或者星占辅助工具[1]，还有学者认为它是用法不明的天文仪器[2]，更有学者认为它是早期古代文献中提到的“圆仪”[3]。而刘金沂则顺着“圆仪”的思路进一步推测：圆盘可以被安放在赤道面内，在中央小洞中插上定标，在上盘周围小孔里插上游标，利用定标和一个游标可以瞄准并记下一个天体的赤道位置，再用另一个游标瞄准并记下另一个天体的赤道位置，则两个游标之间的度数就是两个天体之间的赤道距度（赤道经度差）；而将上盘安装在子午面内，并将盘面十字线中的一根对向北极，则可以在天体中天时利用定标和游标测出其赤道去极度（相当于赤道纬度）[4]。沿着这条思路，潘鼐进一步指出，出土时位于二十八宿盘边上的一个“栻盘架”（考古简报中也称之为“漆盒”）可能就是这架仪器的组成部分[5]。

1　Donald J. Harper,“The Han Cosmic Board (Shih),” *Early China*, Vol. 5 (1978–79): 1–10；Christopher Cullen,“Some Further Points on the Shih,” *Early China*, Vol. 6 (1980–81): 31–46. 中国天文学史整理研究小组：《中国天文学史》，科学出版社，1981 年，第 183~185 页。

2　殷涤非：《西汉汝阴侯墓出土的占盘和天文仪器》，《考古》1978 年第 5 期，第 338~343 页。

3　严敦杰：《关于西汉初期的式盘和占盘》，《考古》1978 年第 5 期，第 334~337 页。《晋书 · 天文志 · 仪象》：“暨汉太初，落下闳、鲜于妄人、耿寿昌等造员 [圆] 仪以考历度。”这是“圆仪”的最早出处之一。

4　刘金沂：《从圆到浑——汉初二十八宿圆盘的启示》，见《中国天文学史文集》编辑组编：《中国天文学史文集》第 3 集，科学出版社，1984 年，第 205~213 页。

5　潘鼐：《彩图本中国古天文仪器史》，山西教育出版社，2005 年，第 49 页。

最近，石云里等人对汝阴侯墓发掘档案中有关栻盘架（图 6、图 7）的详细材料进行了分析。根据其结构和大小的测量数据，发现它确实是用来支撑二十八宿盘的（图 8）。通过它的支撑，刘金沂设想的二十八宿盘的定标仰角为 32° 63'，正好与阜阳地区的地理纬度（32° 90'）相当，而与定标垂直的二十八宿圆盘则正好位于阜阳地区的赤道面内（图 9）。利用刘金沂推测的方法，可以利用上盘测量天体的赤道经度。而底盘上的二十八宿则正好为这架仪器提供一个赤道宿度参照系，使之可以用于简单的天体位置推算：先将上盘的第一个游标对准某一已知入宿度的天体，再用另一个游标对准一个位置未知的天体（如某行星）；将支架放平，把第一个游标对准底盘上第一个天体所在的宿度，则此时第二个游标所对的宿度就是第二个天体的赤道宿度；而且，用这种方法可以一次性地确定多个天体的赤道宿度。换句话说，汝阴侯墓的二十八宿盘确实是一种用于天体赤道位置测量的仪器；它的出现表明，相应的天体赤道坐标系统在汝阴侯时代已经初步形成[1]。

实际上，这种利用定标和游标、沿着一个圆周进行天文观测的仪器在西汉初期并非特例。现存的两件西汉“日晷”除了刻度与二十八宿盘上盘不一样（“日晷”上所刻的

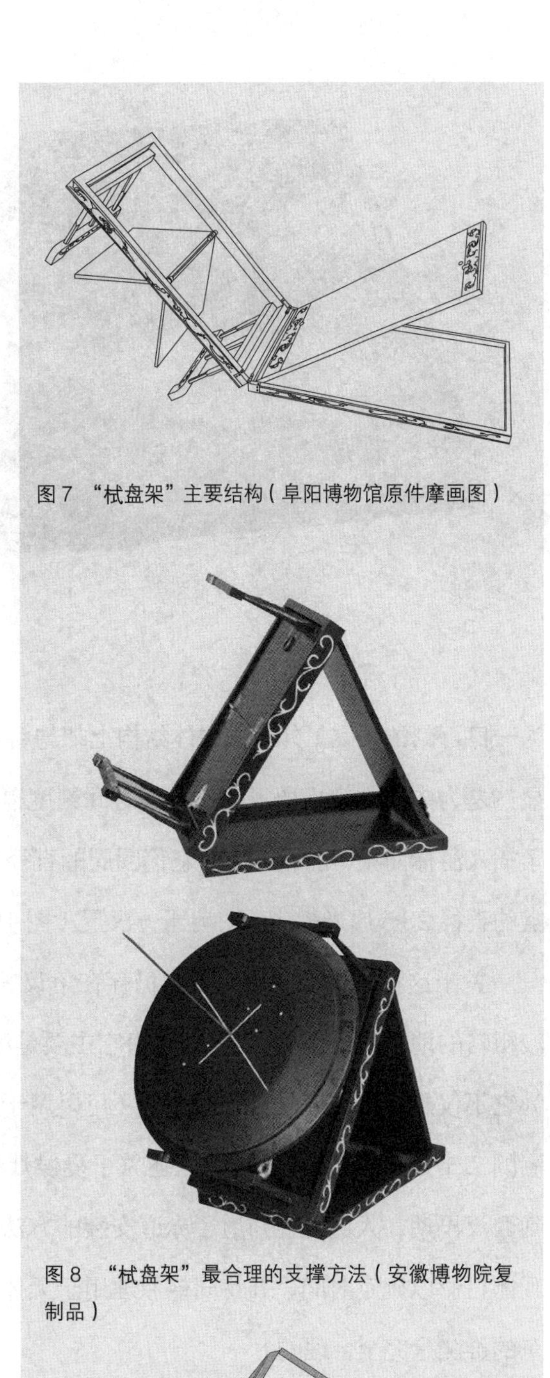

图 7 “栻盘架”主要结构（阜阳博物馆原件摩画图）

图 8 “栻盘架”最合理的支撑方法（安徽博物院复制品）

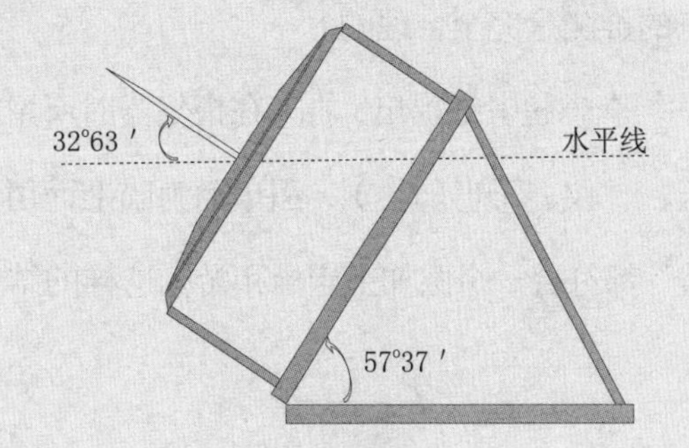

图 9 二十八宿盘的赤道安装效果

1 石云里、方林、韩朝：《西汉夏侯灶墓出土天文仪器新探》，《自然科学史研究》2012 年第 1 期，第 1~13 页。

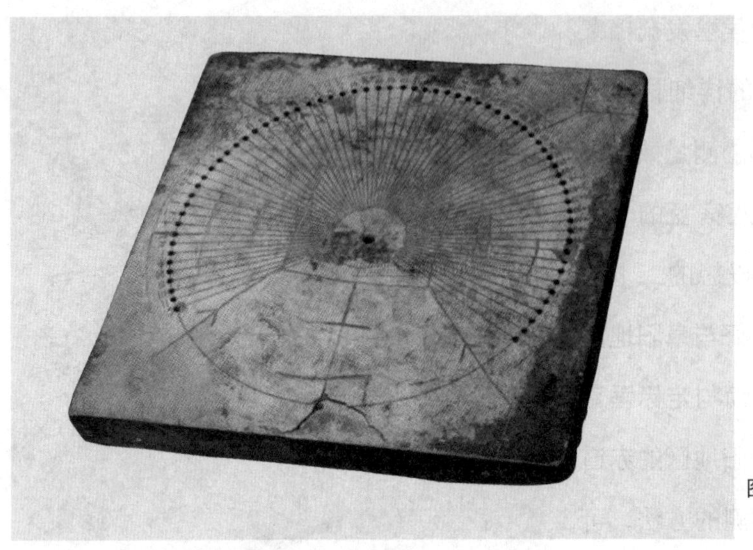

图 10　1897 年出土于内蒙古托克托的“日晷”（中国国家博物馆藏）

为一日百刻的辐线）外，在主体结构上却与后者存在很大的相似性——中心都有较大的圆孔，显然是为中央的定标留下的；每根时间刻度辐线与圆周相交处都留有较小的圆孔，显然是为了插入游标而预留的；还有，它们圆周的直径基本上都在 23.4 厘米左右，也与二十八宿盘上盘的直径 23.6 厘米相当，对应于一汉尺（图 10）。

关于这种仪器的用途，目前仍存在争议。有人认为它是赤道式日晷[1]，有人认为它是比较粗略的地平式日晷[2]，还有人认为它主要是测量日出日落方位的“晷仪”[3]。而陈美东则认为它不仅是一架赤道式日晷，而且还可以用于天体赤道距度的测量，其测量方法与刘金沂推测的二十八宿盘用法一致[4]。上述关于夏侯灶墓二十八宿盘赤道观测功能的研究表明，至迟到西汉早期，人们已经知道了赤道安装的方法。在这种情况下，利用这样的仪器在赤道面内观测日影以确定时间，并将同样原理用于天体赤道距度的观测是自然而然的事。因此，陈美东的推测是完全合理的。

李志超考证提出，古人在指仪器时所用的“仪”字，本义是标杆的意思（如《尔雅·释诂》云：“仪，干也。”），引申而为瞄准而用的定标与游标[5]。如此，则二十八宿盘和西汉“日晷”都符合一个圆加上定标和游标这样的结构。所以，它们都应该就是早期文献中提到的“圆

1　刘复：《西汉时代的日晷》，《国立北京大学国学季刊》1932 年第 4 期，第 573~610 页；中国天文学史整理研究小组：《中国天文学史》，科学出版社，1981 年，第 180~182 页。

2　郭盛炽：《关于西汉日晷》，见《中国天文学史文集》编辑组编：《中国天文学史文集》第 3 集，科学出版社，1984 年，第 214~236 页。

3　李鉴澄：《“晷仪”——我国现存最古老的天文仪器》，《中国古代天文文物论集》，文物出版社，1989 年，第 145~153 页。《汉书·律历志》论及汉武帝太初改历时称：“乃定东西，立晷仪，下漏刻，以追二十八宿相距于四方。”“晷仪”二字出于此处。

4　陈美东：《中国科学技术史·天文学卷》，科学出版社，2003 年，第 128~130 页。

5　李志超：《射仪考》，见李志超：《天人古义》，河南教育出版社，1995 年，第 173~179 页。

仪”。圆仪的发明标志着赤道系统和赤道式天体测量仪器在中国的出现，也成为中国古代最重要的天体测量仪器——浑仪的直接先祖。

二、浑仪的发明

刘金沂认为，根据张衡“立圆为浑”、刘徽“立圆为丸”的说法，中国古代浑仪的诞生有过一个“从圆到浑”的发展过程。尽管圆仪的最佳观测天区在赤道以北，但由于定标和游标相互平行，用于瞄准时构成的是一个面而不是一根线，所以只要定标足够长，同样可以对赤道以南一定范围内的天体（例如运动到赤道南的行星和月亮）进行观测，具体方法如下：首先，将眼睛从盘面抬高，并使定标切着上盘沿与赤道南的待观测天体重合；其次，在定标与天体之间的上盘沿上插上游标，并保持三点一线，即可记下该天体在赤道上的位置。当然，对过于远离赤道的南方星座，则无法进行观测。可能正是由于这个原因，才促使古人想到以环来代替盘，以彻底消除遮挡。而为了固定环以及相应的瞄准装置，就需要设置多个环，于是就有了从平圆到立圆的过渡，产生了被张衡称为“浑仪”或者“浑天仪”的仪器。然而，尽管盘变成了环，圆变成了浑，但是最核心的结构却没有变，并且被一直保持到将近 20 个世纪之后——这就是赤道观测系统。

从文字史料来看，浑仪的发明可以追溯到汉武帝太初改历期间，也就是公元前 104 年前后，发明者是朝廷从巴郡（今四川省阆中县）征召来参与改历的落下闳。最重要的文献依据有两条，一是扬雄（前 53—18）《法言》卷一〇：“或问浑天。曰：落下闳营之，鲜于妄人度之，耿中丞象之。几乎！几乎！莫之能违也。”一是陈寿（233—297）《益部耆旧传》：“闳字长公，明晓天文，隐于落下，武帝征待诏太史，于地中转浑天，改《颛顼历》作《太初历》。”

从陈寿的文字来看，“浑天”显然是一种仪器，可以在选定的标准地点（“地中”）进行测量操作（“转”），也就是后人所说的“浑仪”。而在扬雄的文字中，“浑天”则更像是在谈论浑天说，也就是把天理解成一个包裹在地外的球面的宇宙观念，因为扬雄的意思似乎是：浑天说的想法是落下闳提出的，鲜于妄人（活动于公元前 78 年前后）为这种模型配上了度数，耿寿昌（“耿中丞”，活动于公元前 91—前 48 年前后）则制作了被后人称为“浑象”的仪器，用于演示这种宇宙学说模型。由于这种学说比盖天说（即认为天在上、地在下）更好地反映了天体运动的实际情况，所以扬雄才会说：“几乎！几乎！莫之能违也。”由于浑仪应该是与浑天说同时产生的，所以对“浑天”一词的这两种使用并不矛盾。不过，落下闳的浑仪结构如何，史书并无明确记载。

从《后汉书·律历志》的记载来看，东汉永元四年（92年），左中郎将贾逵（30—101）在主持历法讨论时已经提到，甘露二年（前52年），“大司农中丞耿寿昌奏，以图仪度日月行，考验天运状，日月行至牵牛、东井，日过[一]度，月行十五度，至娄、角，日行一度，月行十三度，赤道使然，此前世所共知也”。贾逵还指出：“黄道值牵牛，出赤道南二十五度，其直东井、舆鬼，出赤道北[二十]五度。赤道者为中天，去极俱九十度，非日月道。”这些文字表明，从西汉后期到东汉前期，天球赤道坐标系统已经十分完善了：首先，“赤道”和“极”（也就是天球南、北极）这两个坐标系要素已经十分明确；其次，赤道经度和赤道纬度概念已经建立——前者用天体与所处二十八宿的标志星（“距星”）之间的赤道经度差表示（“入宿”度），后者则用天体到北天极的弧度距离（“去极”度），或者天体到赤道的弧度距离（“出赤道”度）表示；再次，对于黄道（太阳作周年视运动的大圈）、赤道及其坐标功能之间的区别，此时的天文学家也已经十分理解。所以，最迟在这段时间，浑仪上应该已经具备了两大基本要素：用于天体瞄准并进行赤道纬度测量的赤经圈，以及用于赤道经度测量的赤道圈。

不过，在贾逵时代，天文学家们还意识到，用黄道来测量太阳和月亮的运动更加直接，因此贾逵建议制造相应的仪器。到永元十五年（103年）七月，皇帝下令制造了一架“太史黄道铜仪”。显然，这是一架用黄道取代赤道作为坐标轴的浑仪。但是，由于天球的周日运转，黄道在天球上的方位会随时变化，很难瞄准，结果天文官们就因为“难以候”而“少循其事”。

东汉末期的天文学家张衡（78—139）在担任太史令期间曾制作过一架浑仪（也称浑天仪），并将它安置在灵台上。另外，张衡还制造过一架用漏刻推动和控制的浑天仪，用以演示天体的周日运动，达到了很高的契合度。可惜的是，现存史料中已经找不到对这些仪器结构的具体记载。

史书中第一台有明确结构描写的浑仪是孔挺浑仪（图11）。据《隋书·天文志》记载，它是一架铜制仪器，由内外两重组成。外层由一个地平单环、一个赤道单环及一个子午双环叠套而成，它们既起骨架作用，又带有刻度，后世称之为“六合仪”。内层由一个带有刻度、直径8尺的赤经双环构成，环上带有一根径向轴，安装在子午双环上代表北极和南极的圆孔里，使赤经双环能绕极轴转动，所以后世称之为“四游环”或者“四游仪”。环上装有一根用来瞄准的窥管，可以在环面内绕环心转动。通过调节四游环及窥管的位置，便可瞄准天球上的任一方位，进行测量。此时窥管在赤经双环上指示的是去极度，赤经双环在赤道环上指示的则是赤经度。

唐朝初年，天文官李淳风（602—670）上书指出，孔挺式浑仪上只有赤道而无黄道，建议重造新仪。经批准，李氏于贞观七年（633年）制成了一架“浑天黄道仪”。这架仪器共分三层，确立了中国浑仪三重结构的形制。其最外层的“六合仪”和最内一层的“四游仪”与孔挺浑仪上的相同，只不过二者之间增加了一层“三辰仪”。三辰仪由赤道、黄道及白道单环与赤经环组成，直径8尺，可以绕极轴转动。三辰仪上首次装上了白道环，目的是对月亮运动进行精确观测。为了适应黄白道交点每249个交点月沿黄道移动一度的变化，李淳风还在黄道环上打了249个孔，每过一个交点月就把白道的位置移动一个孔。

开元九年(721年)，僧一行受诏改治新历，提出另制新仪，并于两年后铸成铜仪，称“太史黄道游仪”（图12）。这架仪器与李淳风的浑仪一样也是三重，但在外层与中层上都有明显的改变。一是取消了李淳风六合仪中的赤道环，而代之以位于东西面内的卯酉环。二是在赤道环上每度打一个孔，使黄道环的位置能模仿古人所理解的岁差现象，不断沿着赤道环退行，“黄道游仪”之名即由此而来。三是在黄道环上每度打一孔，而不是249个孔，用以模拟黄白交点的退行。

北宋是中国古代浑仪制作最多的一个朝代，从至道元年(995年)到宣和六年(1124年)前后100余年时间里共制造了7架大型浑仪。这些浑仪基本上保持了唐代浑仪的三重结构，但也出现了许多改进。例如，皇祐三年(1051年)制成的皇祐新浑仪取消了以

图11　孔挺浑仪复原模型（李志超）

图12　太史黄道游仪复制模型（李志超）

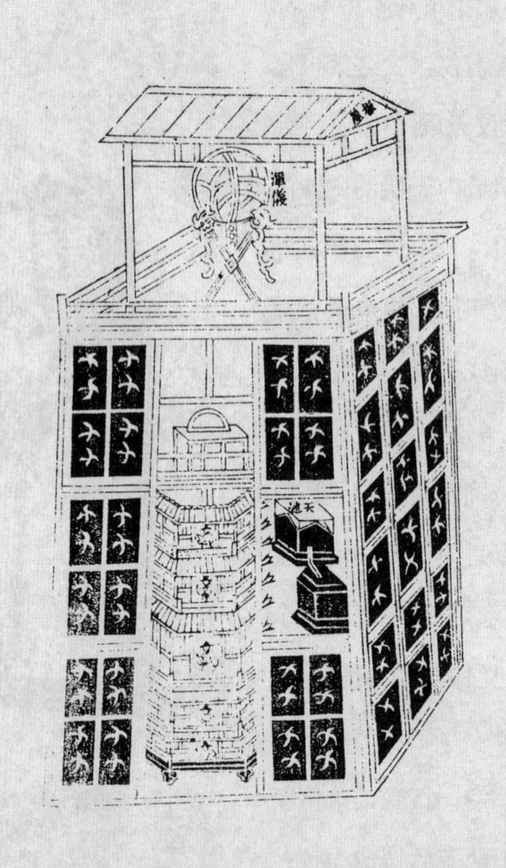

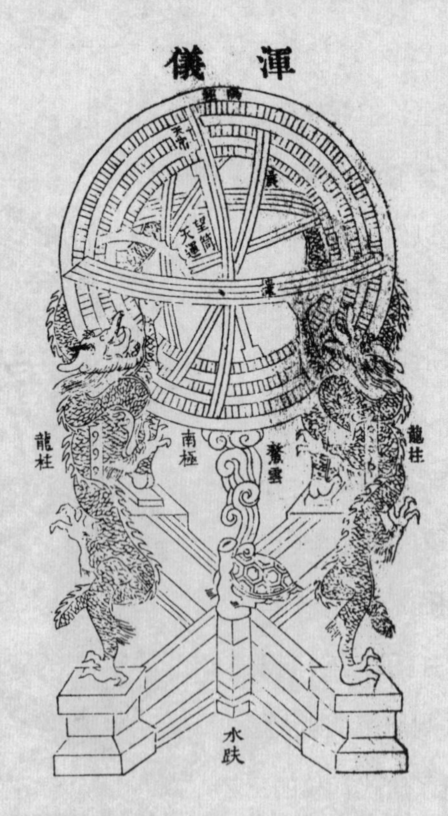

图 13　苏颂水运仪象台上的浑仪及放大图

前在地平环上进行百刻分刻的做法，而把百刻分刻到固定的赤道环上，从而起到了时盘的作用，可直接用于地方真太阳时及恒星时的测量。再如，为了减少瞄准误差，沈括（1031—1095）在熙宁七年(1074 年)制成的熙宁浑仪上进行了一项改革，把窥管的下孔孔径按比例缩小为上孔孔径的五分之一，以便精确瞄准。到了南宋，苏颂（1020—1101）则在自己参制的水运仪象台顶上装上了一台浑仪（图 13）。在计时机械的驱动和控制下，其中的四游仪可以对给定天体进行自动跟踪。这功能是采用其他坐标系统的仪器所无法达到的，充分体现了赤道装置所具备的优势。

北宋的天文仪器最后都被金朝掠到燕京，有许多被保存到明代并运往南京。明正统四年(1439 年)钦天监复制了一大批前代仪器，其中有一架是仿宋浑仪，其实物至今还保存在南京的紫金山上 。

三、简仪的发明

中国浑仪的结构经历了一个由简单到复杂的发展过程，从两重发展到三重，从只有赤道环发展到黄道、白道诸环的添置，每一项改进都标志着人们在天体运动规律认识方面的进步。但这样的发展也产生了一些弊端，一是多环迭套的结构给精密制造带来了困难，很容易造成各重环中心的不重合，因而影响观测精度的提高。二是环越多，被遮蔽的天区也就越大，不易完成对某些天体的观测。三是仪器结构复杂，难于操作。

北宋时期，天文学家们已经意识到这些问题的存在。沈括就对自己新制浑仪的结构进行了简化。一是取消白道环，同时缩小某些部件的横截面积，使之轻便易用；二是调整黄道、赤道及地平诸环的位置，并把它们做成扁平圆环，以减少它们对视线的遮挡。到了元代，郭守敬（1231—1316）则对浑仪结构进行了彻底的简化和改造，在至元十三至十六年(1276—1279 年)之间发明了简仪。明正统四年(1439 年)，钦天监在北京仿制了一台简仪（图 14）。这台仪器的保存，使我们可以一窥这一元代发明的壮伟。

简仪主要由一架赤道经纬仪和一架地平经纬仪组成。赤道经纬仪是仪器的核心，它只保存了浑仪上的四游、赤道及百刻三个环。后两个环相互重叠，一起安装在四游环的南端，使处在上方的天区几乎毫无遮挡，一览无余。百刻环与赤道环之间设有四个小圆柱体，作用相当于“滚柱轴承”，用以减少赤道环转动时的阻力。四游环上的窥管也被简化成一根两端带横耳的铜条，被称为“窥衡”。两个横耳中央开有小孔，小孔中各装一条细线用以瞄准，以提高精度。除此之外，赤道环上还装有两根径向铜条，被称为“界衡”。界衡两端分别用细

图 14 明正统年间仿制的简仪（南京紫金山天文台）

铜条与北极相连，构成两个赤经平面。观测时把这两个平面对准两个天体，即可在赤道圈上读出天体间的赤经差。四游环北端还装有“候极环”，用于确定北极的方向。

地平经纬仪由一个“地平环”和一个与之垂直的“立运环”组成，因此又被单独称作“立运仪”。立运环的结构与四游环相似，也带有瞄准装置。观测时可从立运环上读取地平高度，从地平环上读取地平方位角。

四、赤道式天体测量仪器对中国古代天文学发展的推动

天文学是一门以观测为基础的定量科学，仪器与测量在其发展中具有基础性的重要作用。除了对流星、彗星、新星、太阳黑子以及天体光色变化等所谓特异天象的观测与占候外，中国古代天文学研究的对象主要是日月五星以及恒星的运动。对于太阳运动，中国古代最主要的观测仪器是圭表。根据正午表影长度的变化，古人可以测量出节气的到来与回归年的长度。而对其他天体，赤道式测量仪器则是最关键的观测利器，用它们可以测量这些天体在给定时刻的位置，进而分析它们的运动规律。

在天体位置的测量中，恒星坐标测量具有基础性的作用，因为恒星坐标为其他天象的观测与测量提供了参照系，恒星位置（尤其是二十八宿位置）观测的精度直接决定着日月五星

位置测量与计算的准确性。中国是世界上最早对周天恒星的位置进行精密测量的民族之一，战国到汉代成书的石氏《星经》中包含有世界上现存最古老的恒星表，列出了120个星座（中国古代称作“星官”）的标志星（中国古代称作“距星”）的“入宿度”（相当于赤经）和“去极度”（相当于赤纬）。这一成果的取得显然与圆仪和浑仪的发明与使用密不可分，因此才会与这两件重要仪器的发明同步出现。也正是因为有了这样的精密测量仪器，在公元前104年编定的《太初历》中才首次出现对日月五星运动进行定量计算的历术，并且这些历术中使用的也都是赤道坐标系统。

唐代之后，浑仪的发展继续推动着恒星观测与历法天文学的进步。例如，僧一行利用“黄道游仪”对二十八宿进行了重新观测，发现了恒星坐标的古今差异，从而提高了冬至点测量的精度，为历法水平的提高提供了重要保障。北宋一百余年里制作了7台浑仪，相应地也开展了7次大规模的全天恒星位置测量。与此相应，宋代历法水平总体上也在持续提高。元代郭守敬发明简仪，通过瞄准装置和刻度方式的改进，其读数精度较历代仪器提高了5倍左右，从而使当时的恒星测量精度达到一个新高峰[1]。与此同时，郭守敬等人编定的《授时历》也成为中国古代精度水平最高的一部历法，达到了中国历法天文学发展的高峰，其成就的取得自然也少不了简仪的一份功劳。

除了天体测量，赤道式天体测量仪器还产生了一个宇宙学论的附带成果：脱胎于圆仪的浑仪无疑使人们明白天是一个“立圆”，由此提出浑天说，并以浑天仪来解释和演示其具体结构。东汉张衡《浑天仪注》就是一篇这样的作品，其中除了用“浑如鸡子，天体圆如弹丸，地如鸡子中黄，孤居于天内，天大而地小”简要总结出浑天说的基本思想，还明确描述了浑天天球模型上的基本圈与基本点，包括赤道圈、黄道圈、地平圈、北极、南极、恒显圈、恒隐圈等基本元素，还有它们相互之间的位置关系，所有这些基本上都是与浑仪或者浑天仪上的环相对应的。可见，汉代之所以出现了从流行的盖天说向浑天说的飞跃，在很大程度上同样与赤道式仪器的出现和发展有关。尽管后来也出现了浑象（即天球模型）这样的天球演示仪器，但是浑仪（或者浑天仪）本身还是继续被天文学家们作为对浑天天球结构的一种直观表达。他们之所以陆续为浑仪加上黄道圈、白道圈，甚至还试图反映二者位置相对于赤道的变化（李淳风和僧一行），除了出于观测目的外，也与他们对天球模型认识的不断深化有关。

最迟从6世纪开始，中国的历法和天文学系统就开始受到日本和朝鲜的推崇和模仿，此

1　潘鼐：《中国古代恒星观测史》，学林出版社，2009年，第374~375页。

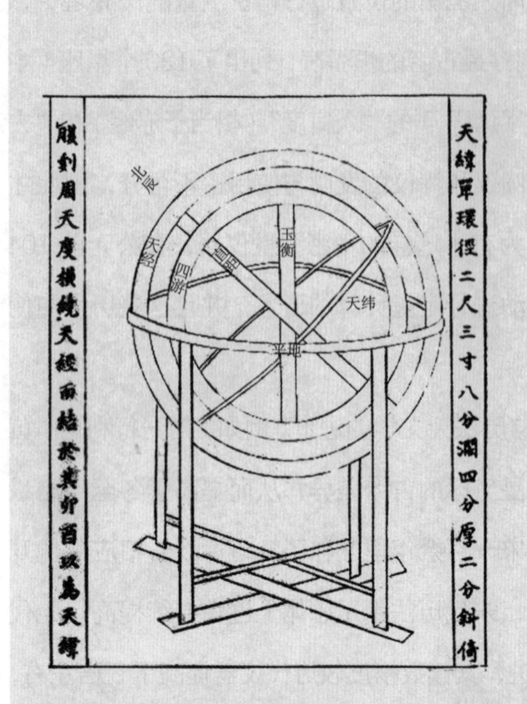

图 15　涩川春海《天文琼统》(1698 年) 中的中国式浑仪

后两国的天文学一直属于中国传统。尽管有关赤道式天体测量仪器的知识早已传入两国，不过从文字记载来看，他们对这些仪器的仿制较晚。1433 年，朝鲜李朝世宗大王手下的天文学家制作了一组天文仪器，其中包括简仪、小简仪和浑仪各一架。不仅如此，李朝天文学家又根据中国赤道仪器的原理，相继制作成悬珠日晷、天平日晷、定南日晷、日星定时仪、小日星定时仪等仪器，用于时间测量，为提升朝鲜天文仪器的装备水平做出了重要贡献[1]。在日本，涩川春海（1639—1715）在 1683 年帮助幕府完成了贞享改历，被任命为天文官（“天文方”）。为了装备幕府的天文台，他设计和制作了一批天文仪器，其中就包括中国式浑仪（图 15）。

1　J. Needham, Lu Gwei-Djen, J. H. Combridge & J. S. Major, *The Hall of Heavenly Records: Korean Astronomical Instruments and Clocks 1380–1780*, Cambridge: Cambridge University Press, 1986.

水密舱壁

席龙飞

◎ 船舶的舱壁为以船舶龙骨与船底外板为基础，紧贴舷侧外板和甲板的竖向平板所构成。当船舶由为数众多的舱壁支撑，则船舶必然有足够的强度与刚性。若舱壁板列间的缝隙以及舱壁与外板、甲板间的缝隙，均塞以麻丝和桐油与石灰的合剂“桐油灰”，将有足够的水密性。当某一舱破洞淹水则不至于波及相邻各舱，将使船舶提高抗沉的能力，即具有抗沉性。

◎ 中国早在晋代义熙年间的5世纪初，就建造了带有水密舱壁的船舶。以后的各个朝代对水密舱壁都有所发展与改进，中国古代船舶成为以有水密舱壁为特征的具有高强度高抗沉性的船舶。

一、水密舱壁的发明

中国最早带有水密舱壁的船叫“八槽舰”，是晋代跟随孙恩海上起兵的卢循所建造的，其特点是利用水密舱壁将船体分隔成八个船舱，即使某个船舱破洞漏水，船舶仍可保证不致沉没。

晋隆安三年(399年)十月，孙恩自海岛起兵，杀上虞县令并攻占会稽(今浙江绍兴)[1]，还迅速占有会稽等八郡，“旬日之中，众数十万”，“自号征东将军”[2]。是年十二月，孙恩被官军击败，乃逃入海岛。晋安帝元兴元年(402年)，孙恩率众攻浙江临海，为官军击败，其所率三吴男女，死亡殆尽。(孙)恩乃投海自杀。“余众数千人复推(孙)恩妹夫卢循为主”[3]。

晋安帝元兴二年(403年)正月，卢循率众攻东阳(浙江省)，八月又攻永嘉，均未得手。晋元兴三年(404年)十月航海南下并攻陷番禺(今广州)。卢循“自摄州事，号平南将军”[4]。晋义熙六年(410年)，卢循由广州北上占豫章(今江西南昌)等郡，然后沿长江顺流而下，直逼建康(今南京)，当时卢循曾率大型船队。《晋书·卢循传》记有：“乃连旗而下，戎卒十万，舳舻千计，败卫将军刘毅于桑落洲，径至江宁。”[5]

晋义熙七年(411年)，卢循屡败，再次攻广州未克，又南下奔交州龙编(今越南河内东)。龙编刺史率众军士“掷雉尾炬焚其舰”。兵众大溃，卢循战败而投水死。

在《晋书》的《孙恩传》和《卢循传》里，在《资治通鉴》的相关十数年中，颇有关于孙恩、卢循两人率舰征战的记述，而且两人均不敌官军先后沉海而死。孙恩、卢循在历史文献中是被列为贼寇的，诸多文献并未记有卢循所建造的八槽舰，当然更不会评价或褒奖他们的功绩。但是，在晋代义熙皇帝的言行录里，在宋武帝的纪传里，却透露出卢循所创造、发明八槽舰的一些史实。

《艺文类聚》引《义熙起居注》曰：“卢循新作八槽舰九枚，起四层，高十余丈。”[6]

《宋书·武帝纪》在记述刘裕镇压卢循水军时，曾记有：“循即日发巴陵，与道覆连旗而下，别有八槽舰九枚，起四层，高十二丈。”[7]

卢循所造八槽舰，被认为是用水密舱壁将舰体分隔成八个舱的舰船。船舶水密舱壁是中国的一项发明创造，其首创者为晋代起义军领袖之一的卢循，时间为410年即5世纪初。

1〔北宋〕司马光：《资治通鉴》卷一一一，中华书局，1956年，第3497页。
2〔唐〕房玄龄等：《晋书·孙恩传》，中华书局，1974年，第2632页。
3〔北宋〕司马光：《资治通鉴》卷一一二，中华书局，1956年，第3541页。
4〔唐〕房玄龄等：《晋书·卢循传》，中华书局，1974年，第2634页。
5〔唐〕房玄龄等：《晋书·卢循传》，中华书局，1974年，第2635页。
6〔唐〕欧阳询：《艺文类聚》第71舟车部，上海古籍出版社，1982年，第1234页。
7〔南朝梁〕沈约：《宋书·武帝纪》，中华书局，1974年，第18页。

水密舱壁这项发明，在中国是有渊源的。在公元前16世纪的商代有甲骨文，其中“舟”字有几种写法。甲骨文属于象形文字，从“舟”字可以看出它所表征的舟船，是由纵向和横向构件组合成的。舟字的横线，代表什么呢？似肋骨，也似舱壁，二者必居其一，或二者兼而有之。

西方学者认为，中国人发明水密舱壁是借鉴了竹子的横隔膜，是顺理成章的事情。美国科技史学者坦普尔写道：“建造船底舱壁的想法是很自然的。中国人是从观察竹竿的结构获得这个灵感的：竹竿节的隔膜把竹分隔成好多节空竹筒。由于欧洲没有竹子，因此欧洲人没有这方面的灵感。”[1]

法国船舶考古学家简・卜劳特也有类似的看法。他在《竹子之比——古代船舶结构研究》一文中写道：“竹子，由于它具有整体且厚实的茎（船身），并且内部有横向的节（支撑隔板），所以常被引用来比喻中国古代木制船的结构，比如 G. R. G. Worcester 和 J. Needham。”[2]

中国发明水密舱壁不仅有文献记载，更有出土古船的实物作为凭证。迄今虽然尚未发现过晋代或晋代以前的舱壁实物，但却发现有两艘唐代古船是设置了水密舱壁的。

其一是1973年6月在江苏如皋发现的唐代木船（图1）[3]。该船长约18米，分成9个船舱，两舱之间设有水密舱壁。船舱最长的2.86米，最短的为0.96米。

其二是1960年3月在江苏扬州施桥镇发现的唐代木船（图2）[4]。该船复原后的长度约为24米，共分为5个大舱。扬州施桥唐船结构坚实，制作精细，木板之间的连接以榫头和铁钉并用，板缝处填以油灰，水密性良好。

八槽舰的航区是从浙江沿海航行到广东沿海，又从广东沿海航行到今北部湾以及今越南沿海。经复原研究，八槽舰设计成尖底、首尾起翘的海船船型。在嘉兴船文化博物馆展出有这种海船的模型。

二、水密舱壁技术的改进与广泛应用

由唐代到宋代，水密舱壁技术臻于成熟。1974年在泉州湾出土的宋代海船（图3），设

1 ［美］罗伯特・K. G. 坦普尔著，陈养正等译：《中国：发明与发现的国度——中国的100个世界第一》，21世纪出版社，1995年，第397页。
2 ［法］简・卜劳特：《竹子之比——古代船舶结构研究》，见《传承文明　走向世界　和平发展：纪念郑和下西洋600周年国际学术论坛论文集》，社会科学文献出版社，2005年，第514页。
3 南京博物院：《如皋发现的唐代木船》，《文物》1974年第5期，第84~90页。
4 江苏省文物工作队：《扬州施桥发现了古代木船》，《文物》1961年第6期，第52~54页。

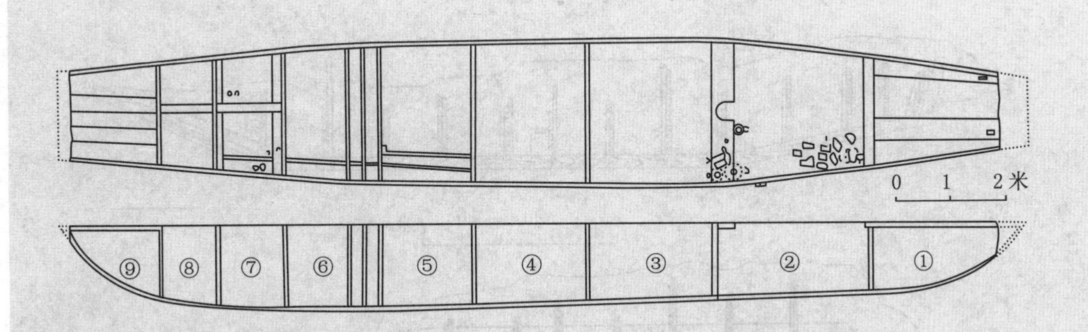

图 1　江苏如皋发现的唐代木船

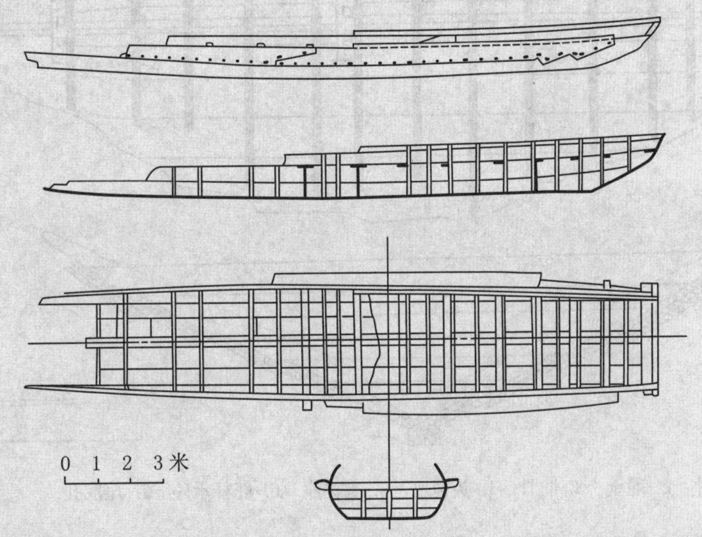

图 2　扬州施桥的古代木船（按《文物》1961 年第 6 期第 53 页改绘）

图 3　泉州湾宋代海船的出土现场

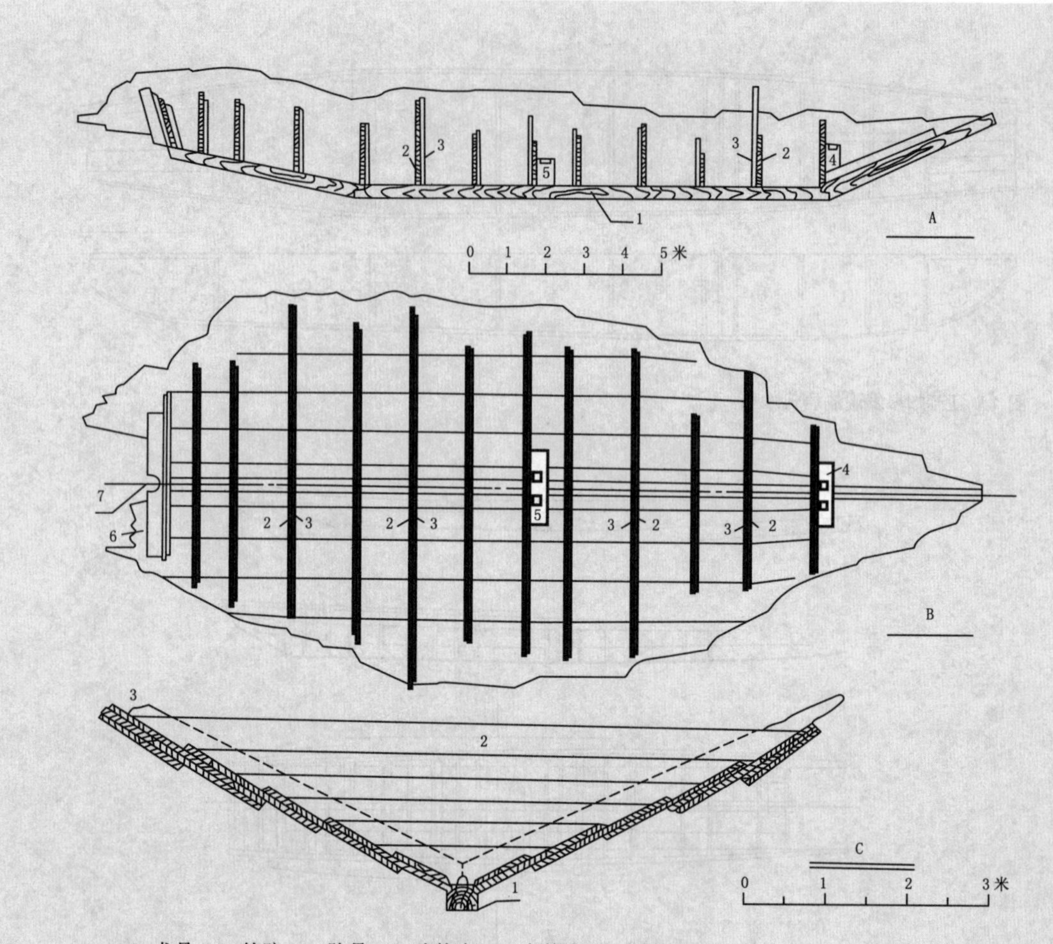

1. 龙骨　2. 舱壁　3. 肋骨　4. 头桅座　5. 主桅座　6. 舵杆承座　7. 尾舵孔

图4　泉州湾宋代海船残骸的测绘图

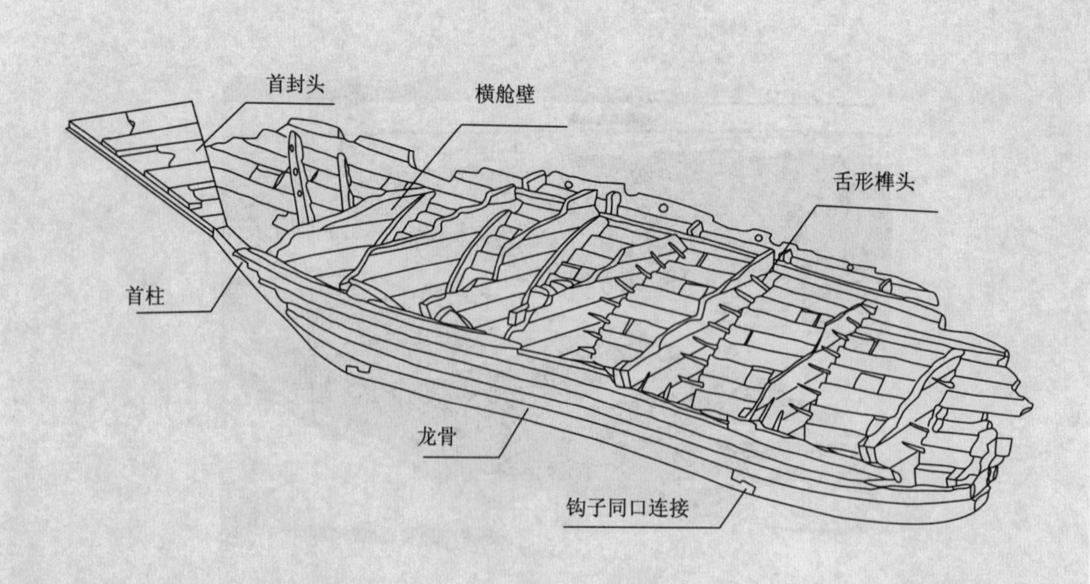

图5　元代新安海底沉船的遗骸

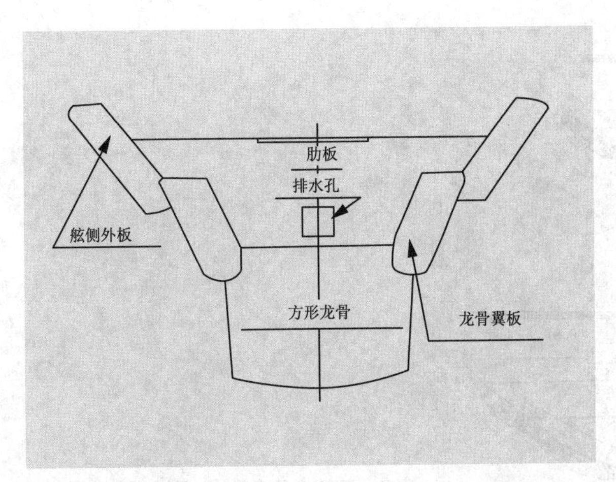

图 6　新安元船舱壁底部的流水孔

有 12 道水密舱壁将船分成 13 个货舱。舱壁板厚 100～120 毫米，多用杉木，最下一列壁板用樟木。在我国宋代、元代以及其后出土的古船中，都有十分成熟的水密舱壁。

图 4 为泉州湾宋代海船残骸的测绘图，如该图之 C 图所示，在舱壁板与船体外板交接处，用周边肋骨环围。这既有利于舱壁的水密性，又能严格限制舱壁在船舶首尾方向的位移。为此，如图 4 A 及 B 所示：在船舶中部以前，肋骨均设在舱壁之后，限制舱壁不能向后位移；由于舱壁之前的外板更趋于狭窄，向前位移则更不可能。同理，在船舶中部以后，肋骨均设在舱壁之前，限制舱壁不能向前位移，由于舱壁之后的外板更趋于狭窄，向后位移则更不可能。

图 5 为在韩国新安海底打捞到的中国元代海船的残骸。该船共 7 道舱壁，将船体分隔成 8 个船舱。在船中以前的 3 道舱壁之后，均可以看到有周边肋骨环围。船中以后的 4 道舱壁之后并未见到此种周边肋骨。原因就是在船舶中部以后，肋骨均设在舱壁之前，所以在图中是见不到的。此种舱壁周边肋骨技术的成熟可见一斑。

泉州海船的舱壁测绘图如图 4 中之 C 图所示，在舱壁的最低点即龙骨的上平面处有一圆孔，称之为流水孔。其用在洗刷船舱时疏排污水。当卸货完毕后需要洗刷船舱。这时要将流水孔的木塞拔掉，当船舶稍有尾倾时，则各舱的污水会自动流向尾部船舱，水手可在尾部船舱将污水汲出。然后再用木塞将各流水孔堵上就又会恢复各舱壁的水密性。图 6 为在韩国打捞到的新安元代古船舱壁的流水孔。由于韩国古代船舶不设水密舱壁，韩国学者对水密舱壁及其流水孔技术不甚熟悉，当见到新安元船各舱壁下端的孔口时十分诧异，进而认为这是“对李约瑟关于中国古船通常有几个完全水密的横舱壁的理论，提出了强烈质疑”[1]。

1　刘莉：《中国古船的水密舱壁及其流水孔》，见上海中国航海博物馆编：《中国航海文化之地位与使命》，上海书店出版社，2011 年，第 57~64 页。

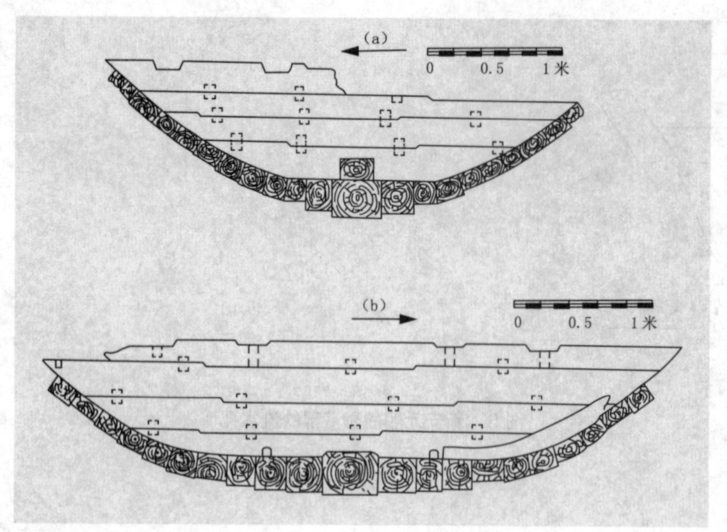

图7　蓬莱一号古船的3号(上)及5号(下)舱壁测绘图

图7为蓬莱一号明代古船3号及5号水密舱壁的测绘图。由图可见，明代的水密舱壁技术较前代又有所进步。其一，相邻两列舱壁板之间不是简单的平板对接，而是采用凹凸槽型板对接。这样就可以保证相邻两列舱壁板不会有错动和变形。其二，相邻两列舱壁板之间镶嵌有4块方木榫，这样就更可以保证舱壁不会有错动和变形。图7的5号舱壁龙骨两侧左右第二列底板上方都有流水孔。

迄今所有出土中国古船的舱壁都开有流水孔。只要塞上木塞就是水密舱壁。

中国发明的水密舱壁技术，具有三项重要作用：其一，即使某一船舱因触礁破洞而淹水，也可抑止淹水不至于波及邻舱，从而保证船舶不致下沉；其二，船壳板、甲板因有众多舱壁的支撑，增加了船体的刚度与强度；其三，舱壁为船体提供了坚固的横向结构，使桅杆得以紧贴舱壁与船体紧密连接，这也使中国古代帆船采用多桅多帆成为可能。

三、水密舱壁技术的外传与现代发展

对水密舱壁技术，马可·波罗有详尽的了解并将其传到欧洲。《马可波罗行纪》写道：“若干最大船舶有最大舱十三所，以厚板隔之，其用在防海险，如船身触礁或触饿鲸而海水透入之事，其事常见……至是水由破处浸入，流入船舶。水手发现船身破处，立将浸水舱中之货物徙于邻舱，盖诸舱之壁嵌甚坚，水不能透。然后修理破处，复将徙出货物运回舱中。”[1]

1 ［意］马可·波罗著，冯承钧译：《马可波罗行纪》，商务印书馆，1937年，第191页。

图 8　大型邮船“泰坦尼克号”触冰山沉没图（1912 年）

坦普尔指出：“使人惊异的是这些做法马可・波罗在公元 1295 年就写得很清楚，但没有人给予重视。公元 1444 年，尼科罗・德・康蒂（Nicolo de Conti）在他自己的《旅行》一书中也写到这些做法。在这部书中，他说：‘这些船有好几个船舱。这样，如果其中一个船舱破裂，其它的船舱不受影响，船可以继续航行，并完成航行任务。’但欧洲的造船者和水手们非常保守，水密舱原理传到西方 500 年之后才被采用。”[1]

有西方学者研究认为，中国发明和广泛使用已经上千年的水密舱壁技术，直到 18 世纪末到 19 世纪初，才在欧洲被仿效。在欧洲最先设计船舶水密分舱的是英国海军总工程师塞缪尔・本瑟姆爵士（Samuel Bentham，1757—1831）。他曾受英国海军大臣之命，设计并建造了 6 艘具有一种新型结构的航海轮船，“像今天中国人的做法那样，用分隔船舱来加固船的结构，并防止船沉没”[2]。

提到“用横向舱壁来分隔货舱”，李约瑟写道：“我们知道，在 19 世纪早期，欧洲造船业采用这种水密舱壁是充分意识到中国这种先行的实践的。”[3]

1912 年 4 月 10 日，英国新造豪华邮船“泰坦尼克号”处女航，航行 4 天后，在纽芬兰岛附近与冰山相撞（图 8），船首几个舱破舱进水，2 个多小时后，邮船全部沉没，全船 2500 多乘员中有 1320 人死于非命。虽经无线电呼救，但因诸船无线电员都在睡觉而无一船响应。这一严重海难事件使全世界航运界大为震惊。

---

1 ［美］罗伯特・K. G. 坦普尔著，陈养正等译：《中国：发明与发现的国度——中国的 100 个世界第一》，21 世纪出版社，1995 年，第 396 页。

2 ［美］罗伯特・K. G. 坦普尔著，陈养正等译：《中国：发明与发现的国度——中国的 100 个世界第一》，21 世纪出版社，1995 年，第 395~396 页。

3 潘吉星主编：《李约瑟文集》，辽宁科学技术出版社，1986 年，第 258~259 页。

图 9　水密隔舱非遗代表性传承人刘细秀（右）、刘三济（中）在向徒弟传授技艺（摄于 2010 年 12 月 8 日）

在这一事件的直接影响下，各主要航海国家代表 1914 年集会于英国伦敦，于 1 月 24 日签订了《国际海上人命安全公约》，但因第一次世界大战的爆发而未付诸实践。之后，于 1929 年、1948 年和 1960 年又召开了第二、三、四次国际海上人命安全会议，签订和修改了《国际海上人命安全公约》[1]。公约对于航行于公海的船舶提出了关于船舶救生设备、无线电通信设备（包括无线电员应昼夜 24 小时值守）和助航设备的基本要求，还特别规定了船舶的抗沉性要求[2]。

为保证和提高船舶的抗沉性，在一定的载量下应当提高船舶型深即提高船舶干舷。在载量和型深为一定时，要保证抗沉性，唯有增加水密舱壁数并同时减少船舱长度。现在，水密舱壁技术获得重视。各国的《海船抗沉性规范》，都遵照现行《国际海上人命安全公约》，对各型海船都提出最少水密舱壁数的要求。

水密舱壁技术是中国在造船史上的一项重大发明。现在木船的建造日渐其少，水密舱壁造船技术已成为我国"急需保护的非物质文化遗产"。2010 年 11 月 15 日，在肯尼亚首都内罗毕举行的联合国教科文组织保护非物质文化遗产政府间委员会第五次会议上，该项目通过审议并被公布为 2010 年"急需保护的非物质文化遗产名录"。图 9 为福建宁德福船制造技艺水密隔舱非物质文化遗产项目代表性传承人刘细秀和刘三济正在造船施工中向徒弟传授水密舱壁建造技艺。

1　上海交通大学造船系王世铨教授作为中国代表团代表，参加 1948 年在伦敦召开的第三次国际海上人命安全会议，并在《国际海上人命安全公约》上签字。后来曾翻译该公约分期发表在《中国造船》上。
2　席龙飞主编：《船舶概论》，人民交通出版社，1991 年，第 127 页。

火药

游战洪

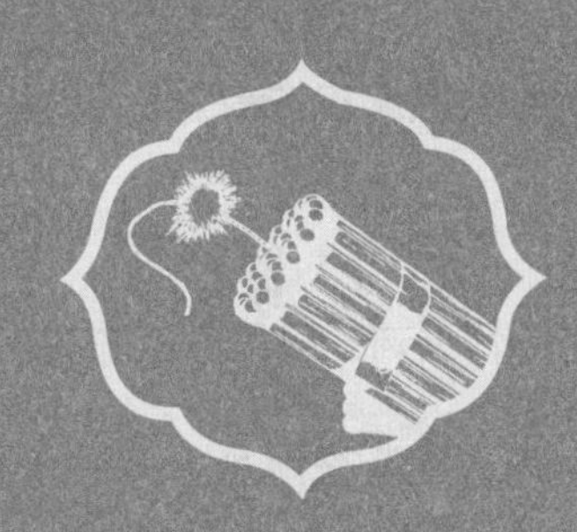

◎ 火药即黑火药，又称有烟火药，是一种在适当的外界能量作用下，能迅速且有规律燃烧，并生成大量高温气体的物质。火药以硝石、硫黄、木炭或其他可燃物为主要成分，因硝石、硫黄等物在中国古代都当成药物，而混合后易点火并猛烈燃烧，故称为火药。火药是人类掌握的第一种爆炸物，为中国古代四大发明之一，对于世界文明的发展曾起重大作用。

◎ 黑火药为在没有外界助燃剂的参加下能迅速燃烧并产生大量气体的药剂，属于不太猛烈的炸药，一般由 75% 硝酸钾、10% 硫黄和 15% 木炭研成极细的粉末，均匀混合而成。

◎ 硝石在火药中扮演着氧化剂的角色。硝石，即现代化学上所说的硝酸钾，属强氧化剂，遇有机物易引起燃烧和爆炸。黑火药的特性是含有氧化剂（硝酸钾），当其燃烧时，不需要从空气中获取氧，而由硝酸钾释放氧气，组成一个自供氧燃烧系统，与木炭、硫黄等可燃剂发生激烈的氧化还原反应，并放出大量热量。

◎ 硫黄在火药燃烧过程中，扮演还原剂的角色，是火药能够爆炸的重要因素。硫黄，在黑火药组成中，主要起燃烧剂作用，即硫被氧化成二氧化硫和三氧化硫，并释放热量。硫黄还具有黏合剂与催化剂的作用，能降低火药的着火点。

◎ 炭在火药中作为燃烧剂，相当于黑火药中的燃料，黑火药的燃烧反应主要是炭被氧化。木炭的种类与炭化程度对火药的性能影响极大。

◎ 黑火药易受潮，爆炸时有烟，破坏力较小，主要用作点火药、传火药、导火索的芯药等。

◎ 20 世纪前，黑火药一直是标准的枪炮发射火药和炸药，后来才逐渐被能量更高的无烟火药及猛炸药所取代。

◎ 黑火药至今仍广泛用作胶质火药及烟火药的点火药；导火索及引信的传火药、延期药；榴霰弹、燃烧弹、照明弹的抛射药和猎枪弹、礼花弹的发射药；矿用（爆破作业）有烟火药。

一、炼丹家与火药发明

在火药发明的过程中，中国古代医药学家和炼丹家发挥了特殊的作用。他们试图使用硝石和硫黄炼制长生不老的丹药，逐渐发现了硫黄、硝石等丹方的燃烧爆炸性能，至迟在唐宪宗元和三年（808 年）前已经炼制了含硝、硫、炭的原始火药。

早在春秋战国时代，炼丹家就已使用硝石和硫黄炼制长生不老的丹药。我国最早的药物典籍《神农本草经》，将硝石列为 120 种上品药中的第六种（图 1、图 2），硫黄列为 120 种中品药中的第二种（图 3、图 4）。

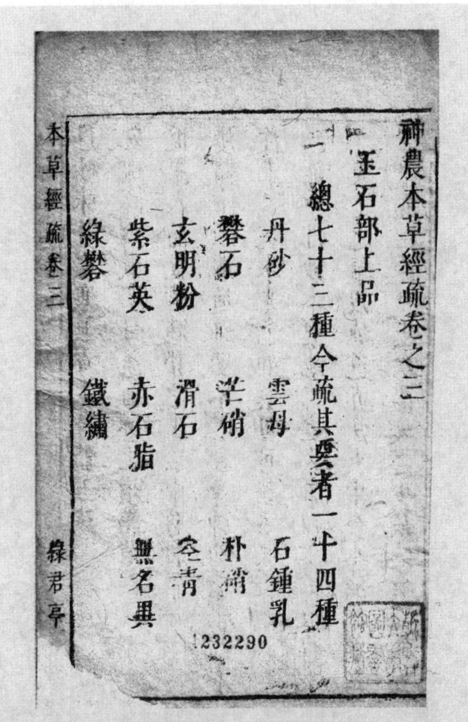
神農本草經疏卷之三
玉石部上品
一　總七十三種今疏其要者一十四種
丹砂　雲母　石鍾乳
礬石　芒硝　朴硝
玄明粉　滑石　空青
紫石英　赤石脂　無名異
綠礬　鐵繡
本草經疏卷三　綠君亭
1232290

图 1　朴硝列玉石部上品之六书影[1]

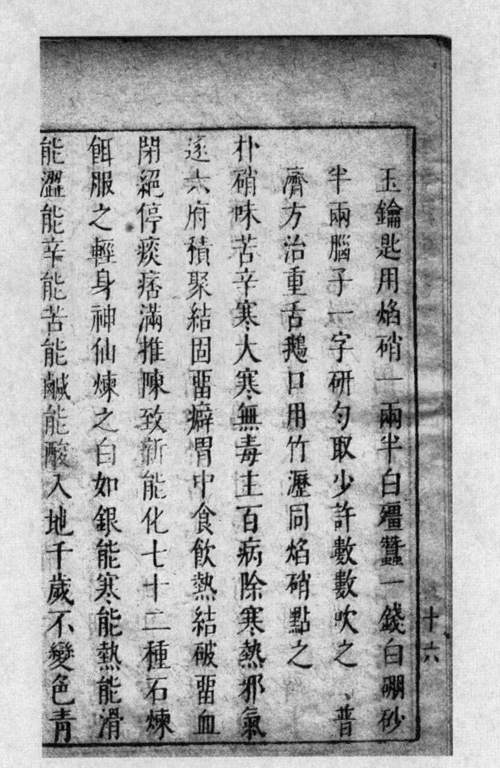
玉鑰匙用焰硝一兩半白殭蠶一錢白硼砂
半兩腦子一字研勻取少許數數吹之　普
濟方治重舌鵝口用竹瀝同焰硝點之
朴硝味苦辛寒大寒無毒主百病除寒熱邪氣
逐六府積聚結固留癖胃中食飲熱結破留血
閉絕停痰痞滿推陳致新能化七十二種石煉
餌服之輕身神仙煉之白如銀能寒能熱能滑
能澀能辛能苦能鹹能酸入地千歲不變色青
十六

图 2　朴硝正文书影[2]

东晋的葛洪（约 281—341）在《抱朴子·仙药》篇中记载了用硝石、玄胴肠、松脂三物合炼雄黄的实验。经实验证明：当硝石量小时，三物炼雄黄能得到砒霜及单质砷；当硝石比例大时，猛火加热，能发生爆炸。

南朝齐梁时的陶弘景（456—536）在《神农本草经集注》中记载了硝石燃烧后有紫青色火焰升起的实验。

隋末唐初医学家、炼丹家孙思邈（581—682）所撰《孙真人丹经》（录入《诸家神品丹法》）记载有“伏火硫黄法”（图 5）：“硫黄、硝石各二两，令研，右用销银锅或砂罐子，入上件药在内，掘一地坑，放锅子在坑内，与地平，四面却以土填实，将皂角

1〔明〕缪希雍：《神农本草经疏》卷三，明天启五年（1625 年）绿君亭刻本。
2〔明〕缪希雍：《神农本草经疏》卷三，明天启五年（1625 年）绿君亭刻本。

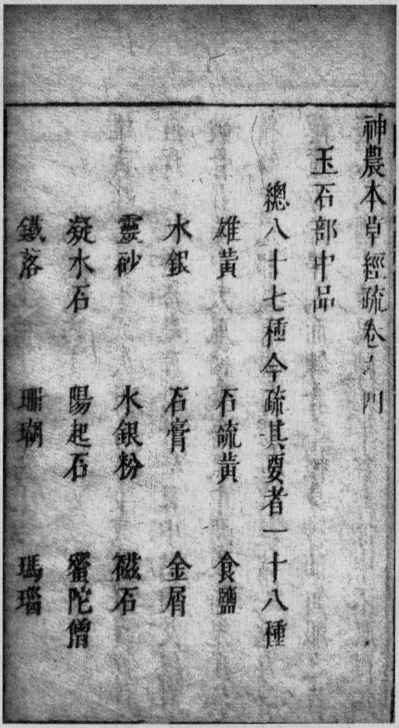
神農本草經疏卷之四

玉石部中品

總八十七種今疏其要者一十八種

雄黃　石硫黃　食鹽

水銀　石膏　金屑

靈砂　水銀粉　磁石

凝水石　陽起石　蜜陀僧

鐵落　珊瑚　瑪瑙

图 3　硫黄列玉石部中品之二书影[1]

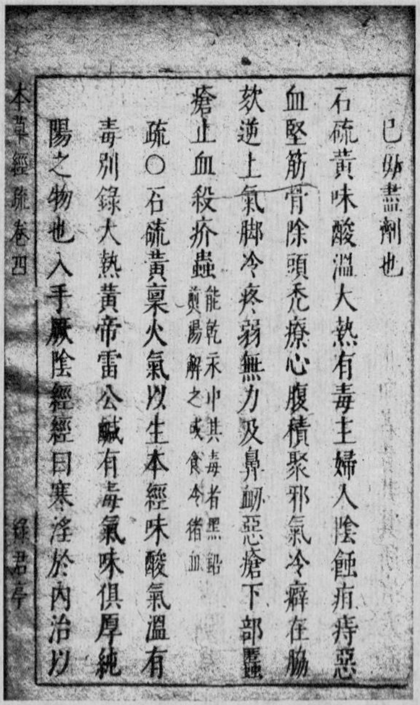
已妙盡劑也

石硫黃味酸溫大熱有毒主婦人陰蝕疽痔惡

血堅筋骨除頭禿療心腹積聚邪氣冷癖在脇

欬逆上氣脚冷疼弱無力及鼻衄惡瘡下部䘌

瘡止血殺疥蟲能乾汞中其毒者黑鉛煎湯解之或食冷豬血

疏○石硫黃稟火氣以生本經味酸氣溫有

毒別錄大熱黃帝雷公鹹有毒氣味俱厚純

陽之物也入手厥陰經經曰寒淫於內治以

本草經疏卷四　綠君亭

图 4　硫黄正文书影[2]

子不蛀者三个烧令存性，以铃逐个入之，候出尽焰，即就口上着生熟炭三斤，簇煅之，候炭消三分之一，即去余火不用，冷取之，即伏火矣。”[3]“伏火硫黄法”描绘的已是含硫黄、硝石和炭（皂角子）的混合物，但逐次加入皂角子，燃烧的速度和烈度有限。

唐元和三年炼丹家清虚子所著《太上圣祖金丹秘诀》（选入《铅汞甲庚至宝集成》）记载“伏火矾法”（图6）：“硫二两，硝二两，马兜铃三钱半，右为末拌匀，掘坑入药于罐内，与地平，将熟火一块弹子大，下放里面，烟渐起，以湿纸四五重盖，用方砖两片捺，以土塚之，候冷取出其硫黄。”[4]

“伏火矾法”将含炭物质马兜铃与同等量的硫黄、硝石均匀拌和，组成了较为完备的自供氧燃烧体系，具备了雏形火药的条件。可以推断，中国古代炼丹家用硝、硫、炭三种原料炼制雏形火药的配方，在唐宪宗元和三年已经问世[5]。

中唐以后的炼丹家在著作中明确记载，将硝、硫、炭合炼，将引发火灾，甚至烧毁房屋。《真元妙道要略》记载“硝石伏火法”（图7）：“有以硫黄、雄黄合硝石并蜜烧之，焰起烧手、面及烬屋舍者……硝石宜佐诸药，多则败药，生者不可合三黄等烧，立见祸事。”[6]

1〔明〕缪希雍：《神农本草经疏》卷四，明天启五年（1625 年）绿君亭刻本。

2〔明〕缪希雍：《神农本草经疏》卷四，明天启五年（1625 年）绿君亭刻本。

3《道藏·洞神部·众术类》，《诸家神品丹法》卷五，民国 13 年（1924 年）上海涵芬楼影印本，第 594 册，第 11 页。

4《道藏·洞神部·众术类》，《铅汞甲庚至宝集成》卷二，民国 13 年（1924 年）上海涵芬楼影印本，第 595 册，第 7 页。

5　王兆春：《中国火器史》，军事科学出版社，1991 年，第 9 页。

6《道藏·洞神部·众术类》，《真元妙道要略》，民国 13 年（1924 年）上海涵芬楼影印本，第 596 册，第 9 页。

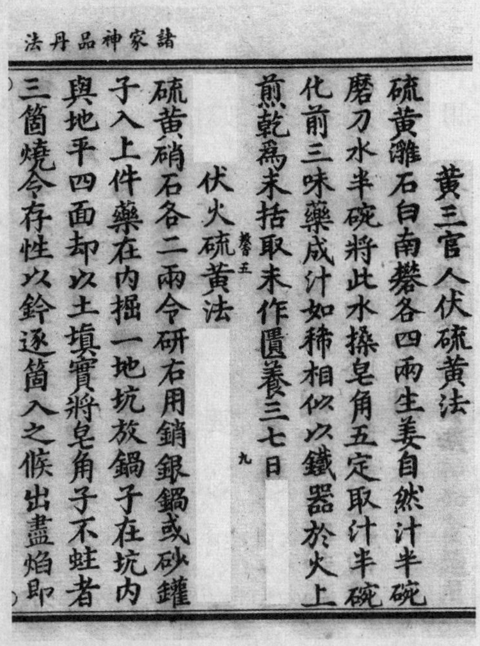

諸家神品丹法

黃三官人伏硫黃法

硫黃雌石白南礬各四兩生姜自然汁半碗
磨刀水半碗將此水搽皂角五定取汁半碗
化前三味藥成汁如稀相似以鐵器於火上
煎乾爲末括取末作圓養三七日

卷五　九

伏火硫黃法

硫黃硝石各二兩令研右用銷銀鍋或砂鑵
子入上件藥在内掘一地坑放鍋子在坑内
與地平四面却以土塡實將皂角子不蛀者
三箇燒令存性以鈴逐箇入之候出盡焰即

图 5　伏火硫黄法书影 [1]

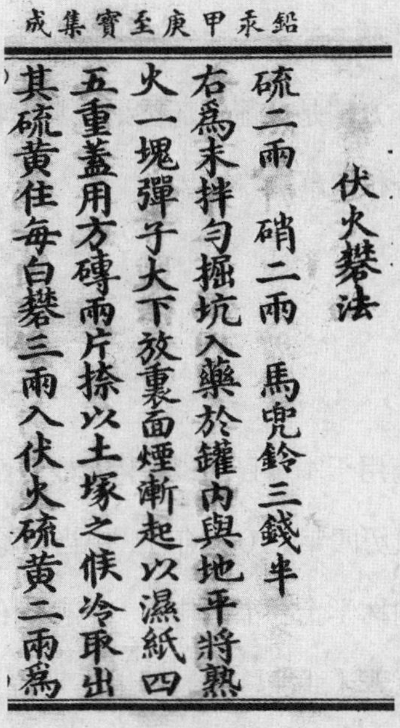

鉛汞甲庚至寶集成

伏火礬法

硫二兩　硝二兩　馬兜鈴三錢半
右爲末拌勻掘坑入藥於鑵内與地平將熟
火一塊彈子大下放裏面煙漸起以濕紙四
五重蓋用方磚兩片捺以土塚之候冷取出
其硫黃住每白礬三兩入伏火硫黃二兩爲

图 6　伏火矾法书影 [2]

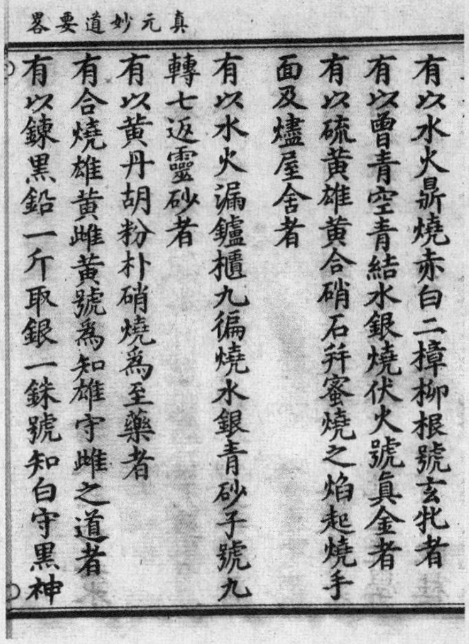

真元妙道要略

有以水火鼎燒赤白二樟柳根號玄牝者
有以曾青空青結水銀燒伏火號眞金者
有以硫黃雄黃合硝石并蜜燒之焰起燒手
面及燼屋舍者
有以水火漏鑪櫃九徧燒水銀青砂子號九
轉七返靈砂者
有以黃丹胡粉朴硝燒爲至藥者
有合燒雄黃雌黃號爲知雄守雌之道者
有以鍊黑鉛一斤取銀一銖號知白守黑神

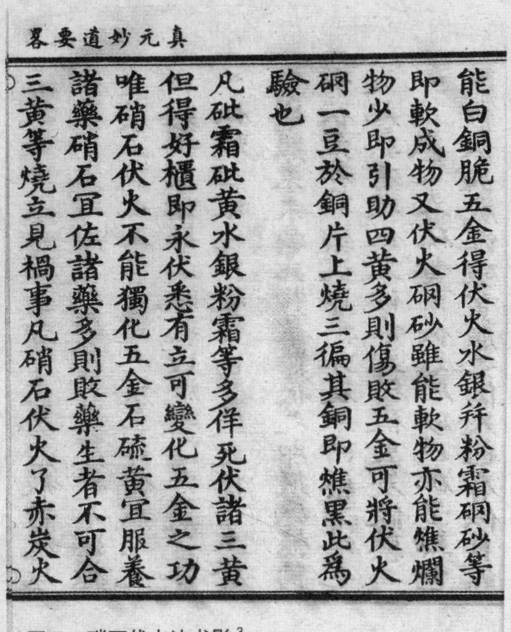

真元妙道要略

能白銅脆五金得伏火水銀并粉霜硇砂等
即軟成物又伏火硇砂雖能軟物亦能𤓰爛
物少即引助四黃多則傷敗五金可將伏火
硇一豆於銅片上燒三徧其銅即燋黑此爲
驗也
凡砒霜砒黃水銀粉霜等多徉死伏諸三黃
但得好櫃即永伏悉有立可變化五金之功
唯硝石伏火不能獨化五金石硫黃宜服養
諸藥硝石宜佐諸藥多則敗藥生者不可合
三黃等燒立見禍事凡硝石伏火了赤炭火

图 7　硝石伏火法书影 [3]

1《道藏・洞神部・众术类》，《诸家神品丹法》卷五，民国 13 年（1924 年）上海涵芬楼影印本，第 594 册，第 11 页。
2《道藏・洞神部・众术类》，《铅汞甲庚至宝集成》卷二，民国 13 年（1924 年）上海涵芬楼影印本，第 595 册，第 7 页。
3《道藏・洞神部・众术类》，《真元妙道要略》，民国 13 年（1924 年）上海涵芬楼影印本，第 596 册，第 9 页。

炼丹家用硝、硫、炭三种原料炼制丹药，设法防止猛烈燃烧，反而无意中炼成了原始的火药。对中国古代兵家来说，炼丹家用硝、硫、炭炼制的丹药是最好的火攻器材。历代兵家都知晓《孙子》第十二篇的火攻之法，但是在炼丹家发明燃烧爆炸性能更好的火药之前，火攻的基本方法是在箭镞部位缚上易燃物，点燃后用弓弩射击，以烧毁对方木质的防御工事、武器装备和粮草给养。

二、军用火药的发明与改进

火药用于军事目的，并将其成分配比加以改进，以适合作战的需要，是从北宋时开始的。宋仁宗庆历四年（1044 年），由当时翰林学士、礼部侍郎、枢密使曾公亮（999—1078）领衔，具体由翰林学士、工部侍郎、枢密副使丁度领导主编，宋仁宗亲自作序，用国家力量编成一部军事巨著《武经总要》40 卷，明确记载了世界上最早的三个军用火药配方：火球火药方、蒺藜火球火药方、毒药烟球火药方（图 8～图 10）。

火球火药方的成分和配比是：晋州硫黄十四两、窝黄七两、焰硝二斤半、麻茹一两、干漆一两、砒黄一两、定粉一两、竹茹一两、黄丹一两、黄蜡半两、清油一分、桐油半两、松脂十四两、浓油一分。该方硝、硫、炭三种成分的组配比率是：硝石重 40 两，占 50.6%；硫黄与窝黄重 21 两，占 26.6%；各种含碳物质重 18.02 两，占 22.8%[1]。

蒺藜火球火药方的成分和配比是：用硫黄一斤四两、焰硝二斤半、粗炭末五两、沥青二两半、干漆二两半，捣为粉末；竹茹一两一分、麻茹一两一分，剪碎；用桐油、小油、蜡各二两半，溶汁和之。该方硝、硫、炭的组配比率是：硝石重 40 两，占 50%；硫黄重 20 两，占 25%；各种含碳物质重 19.07 两，占 25%[2]。

毒药烟球火药方的成分和配比是：用硫黄十五两、草乌头五两、焰硝一斤十四两、芭豆五两、狼毒五两、桐油二两半、小油二两半、木炭末五两、沥青二两半、砒霜二两、黄蜡一两、竹茹一两一分、麻茹一两一分，捣合为球。该方硝、硫、炭三种成分的组配比率是：硝石重 30 两，占 49.06%；硫黄重 15 两，占 24.8%；各种含碳物质重 15.07 两，占 25.6%[3]。

上述三个火药配方以硝石、硫黄和木炭为基本成分，虽然与现代标准军用黑火药的组配比率还有一定差距，但是加入其他成分后，可以产生燃烧、发烟和放毒等杀伤和破坏性能，

1 王兆春：《中国火器史》，军事科学出版社，1991 年，第 10~11 页。
2 王兆春：《中国火器史》，军事科学出版社，1991 年，第 11 页。
3 王兆春：《中国火器史》，军事科学出版社，1991 年，第 11 页。

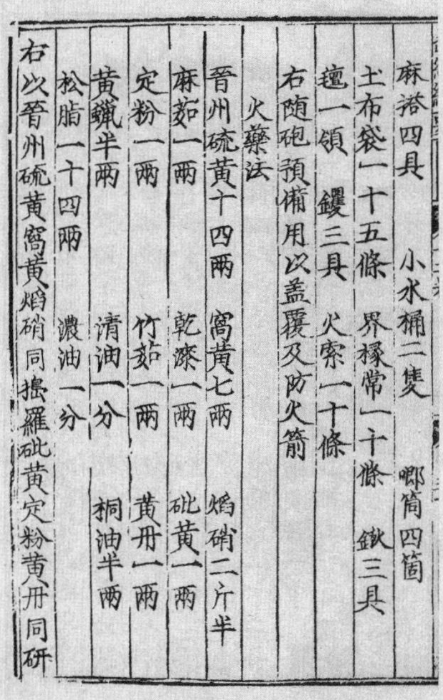

麻搭四具 小水桶二隻 唧筒四筒
土布袋一十五條 界椽常一十條 鍬三具
遮一領 鏝三具 火索一十條
右隨砲預備用以蓋覆及防火箭
火藥法
晉州硫黄十四兩 窩黄七兩 焰硝二斤半
麻茹一兩 乾漆一兩 砒黄一兩
定粉一兩 竹茹一兩 黄丹一兩
黄蠟半兩 清油一分 桐油半兩
松脂一十四兩 濃油一分
右以晉州硫黄窩黄焰硝同擣羅砒黄定粉黄丹同研

图 8　火球火药配方书影[1]

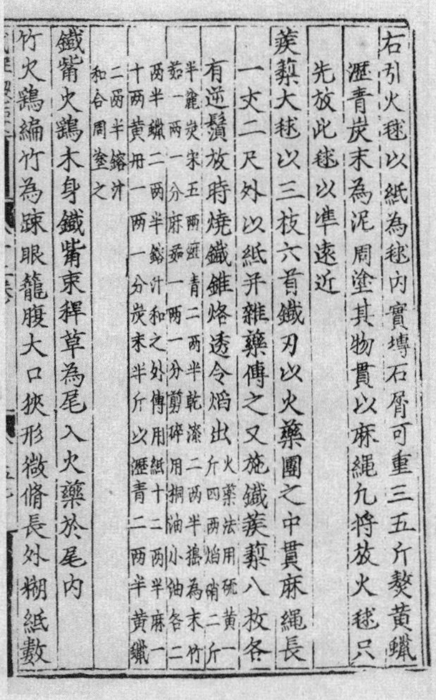

右引火毬以紙為毬內實塼石屑可重三五斤熬黄蠟
瀝青炭末為泥周塗其物貫以麻繩凡將放火毬只
先放此毬以準遠近
蒺藜火毬以三枝六首鐵刃以火藥團之中貫麻繩長
一丈二尺外以紙并雜藥傅之又施鐵蒺藜八枚各
有逆鬚放時燒鐵錐烙透令焰出 火藥法用硫黄一斤四兩焰硝二斤半麤炭末五兩瀝青二兩半乾漆二兩半擣為末竹茹一兩一分麻茹一兩一分剪碎用桐油小油各二兩半蠟二兩半鎔汁和之外傅用紙十二兩半麻一十兩黄丹一兩一分炭末半斤以瀝青二兩半黄蠟二兩半鎔汁和合周塗之
鐵嘴火鷂木身鐵嘴束稈草為尾入火藥於尾內
竹火鷂編竹為踈眼籠腹大口狹形微脩長外糊紙數

图 9　蒺藜火球火药配方书影[2]

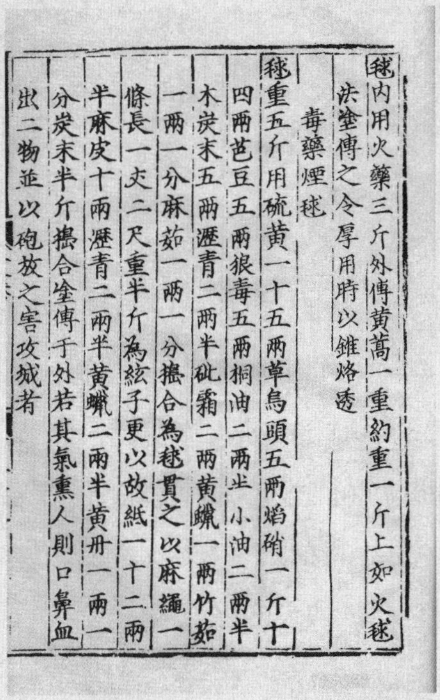

毬內用火藥三斤外傅黄蒿一重約重一斤上如火毬
法塗傅之令厚用時以錐烙透
毒藥煙毬
毬重五斤用硫黄一十五兩草烏頭五兩焰硝一斤十
四兩芭豆五兩狼毒五兩桐油二兩半小油二兩半
木炭末五兩瀝青二兩半砒霜二兩黄蠟一兩竹茹
一兩一分麻茹一兩一分擣合為毬貫之以麻繩一
條長一丈二尺重半斤為弦子更以故紙一十二兩
半麻皮十兩瀝青二兩半黄蠟二兩半黄丹一兩一
分炭末半斤擣合塗傅于外若其氣熏人則口鼻血
出二物並以砲放之害攻城者

图 10　毒药烟球火药配方书影[3]

1 〔北宋〕曾公亮、丁度：《武经总要前集》卷一二，1959 年中华书局影印明正德刊本。
2 〔北宋〕曾公亮、丁度：《武经总要前集》卷一二，1959 年中华书局影印明正德刊本。
3 〔北宋〕曾公亮、丁度：《武经总要前集》卷一一，1959 年中华书局影印明正德刊本。

适合作战的需要。与传统的纵火油脂火箭相比，制成膏状火药火球，外包麻纸、松脂和黄蜡等易燃物，用火烙锥烙透点燃，用抛石机抛射至敌军营阵，不容易熄灭。北宋在开封设有“火药窑子作”，专门生产火药。

北宋末至南宋初（12 世纪初），已研制出硝石含量高的粒状火药，提高了火药的发射力和爆炸力，并能作为发射药，制造出新型火器。粒状火药的优越性在于“构成粒状火药的三种成分处于稳定不变的状态，加之火药颗粒之间有均衡的空隙，因此粒状火药的爆炸更加均匀，几乎做到了即时爆炸”[1]，粒状火药的发明堪称火药技术的一次革命。

元代的火药增加了硝石的含量。明抄本元代火器专著《克敌武略荧惑神机》卷一〇《火器药品》记载了 30 种火药配比，其中火铳火药（发射药）含硝硫炭的配比经换算后为 76%∶5%∶19%，火炮（炸弹）火药含硝硫炭的配比为 78%∶8%∶14%，药线火药（引爆用缓燃火药）含硝硫炭的配比为 86%∶1%∶13%。[2]1974 年 8 月，在西安出土了一件 14 世纪初的铜手铳，手铳药室中残存有块状火药。经科学分析检测，火药中硝、硫、炭三种成分的组配比率是 60%∶20%∶20%。[3]与宋代火药相比，元代火药硝的含量明显增加，并剔除了各种杂质，是一种较好的粒状发射火药。

另据南宋周密《癸辛杂识前集·炮祸》记载，至元十七年（1280 年），扬州弹药库发生爆炸，威力巨大。原文题：“诸炮并发，大声如山崩海啸……远至百里外，屋瓦皆震……事定按视，则守兵百人皆糜碎无余，楹栋悉寸裂，或为炮风扇至十余里外。平地皆成坑谷，至深丈余。四比居民二百余家，悉罹奇祸。”[4]这起爆炸事故起因于加工硫黄时，引起火花，火苗快速燃烧，蔓延至弹药库，引起猛烈爆炸。这足以说明，元初火药的性能已非北宋时可比。

明洪武十七年（1384 年），在内府内官监设火药作，专门为火铳制造发射火药；二十八年（1395 年），设兵仗局，专门制造各种火铳与发射火药。

明初的火药配方明显提高了硝的含量。明初焦玉所著《火龙经》（1412 年成书）记载的火药方（图 11），硝含量最高达到 90% 以上：夜起火药方，硝火四两（76.9），硫火二钱（3.9），杉灰一两（19.2）；爆火药方，硝火四两（91.3），硫火三钱（6.8），杉灰八分（1.9）；喷火药方，硝火二两（57.1），硫火二钱（5.7），杉灰、箬（音若，宽叶竹）灰一两三钱（37.2）。[5]这三

1 ［美］T. N. 杜普伊著，严瑞池、李志兴等译：《武器和战争的演变》，军事科学出版社，1985 年，第 119 页。
2 潘吉星：《中国火药史（插图珍藏版）》（上），上海远东出版社，2016 年，第 76 页。
3 王兆春：《中国火器史》，军事科学出版社，1991 年，第 49 页。
4 〔南宋〕周密：《癸辛杂识前集·炮祸》，文渊阁四库全书本，台湾商务印书馆，1986 年，第 1040 册，第 10 页。
5 成东、钟少异：《中国古代兵器图集》，解放军出版社，1990 年，第 230 页。

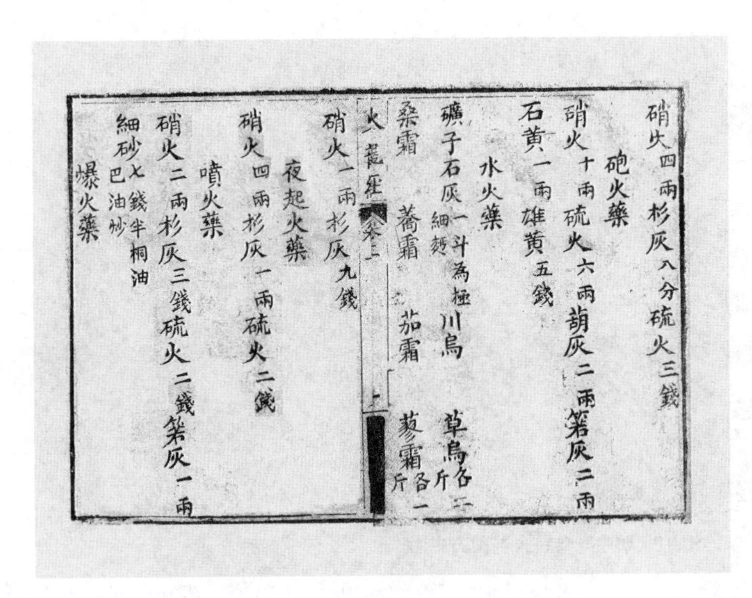
硝火四兩杉灰八分硫火三錢
砲火藥
硝火十兩硫火六兩葫灰二兩箬灰二兩
石黃一兩雄黃五錢
水火藥
礦子石灰一斗為極細麪 川烏 草烏各三斤
桑霜 蕎霜 茄霜 蓼霜各一斤
火龍經 卷上
硝火一兩杉灰九錢
夜起火藥
硝火四兩杉灰一兩硫火二錢
噴火藥
硝火二兩杉灰三錢硫火二錢箬灰一兩
細砂七錢半 桐油 巴油炒
爆火藥

图 11　明初火药配方书影[1]

个火药方表明，硝的含量明显提高，杂质成分减少，使火药燃速加快，爆炸力加强。

明中期后，火药配方硝、硫、炭的配比逐渐与近代各国通用黑火药的配方（硝 75%，硫 10%，炭 15%）基本一致，在明代兵书《武编》（1558 年成书）、《纪效新书》（1560 年成书）、《神器谱》（1598 年成书）、《兵录》（1606 年成书）、《武备志》（1621 年成书）中都有记载。例如，戚继光《纪效新书》卷一五《诸器篇》记载有“制合鸟铳药方”（图 12）：硝一两，磺一钱四分，柳炭一钱八分；通共硝四十两，磺五两六钱，柳炭七两二钱，硝、硫与炭的组配比率是 75.75%、10.6%、13.65%[2]。鸟铳火药配方已经与零氧平衡条件下黑火药的最佳配方（硝 74.84%，硫 11.84%，炭 13.32%）基本一致[3]，而且与近代各国通用黑火药的配方（硝 75%，硫 10%，炭 15%）基本一致。该方火药能充分燃烧，且燃速快，“只将人手心擎药二钱，燃之，而手心不热，即可入铳”[4]。

明中期后开始制作成细而均匀的颗粒状火药，进一步改进了火药的燃烧、爆炸性能。例如赵士桢《神器谱》就强调火药的颗粒要细而均匀：“上粗大者不用，下细者不用，止取如粟米一般者入铳。”[5]

从宋代到明代，在火药配方中，硝的含量逐渐增加，从 50.6% 增加到 75.8%，其燃烧速度在不断增加，爆炸力增强，残渣减少。由于硫在受热后出现晶型转变，要吸收大量热量，

1〔明〕焦玉：《火龙经》卷上，明永乐十年（1412 年）刊本。
2 王兆春：《中国火器史》，军事科学出版社，1991 年，第 196 页。
3 王兆春：《中国火器史》，军事科学出版社，1991 年，第 204 页。
4〔明〕戚继光：《纪效新书》卷一五，清道光九年（1829 年）刊本。
5〔明〕赵士桢：《神器谱》，见《玄览堂丛书》，民国 30 年(1941 年)影印本，第 85 册，第 29 页。

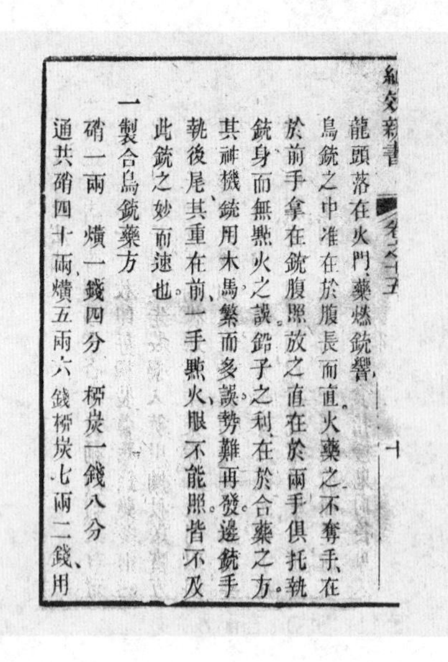
紀效新書 卷之十五 十

龍頭落在火門，藥燃銃響，

鳥銃之中准在於腹長而直，火藥之不奪手，在於前手拿在銃腹照放之直，在於兩手俱托執銃身而無點火之誤；錙子之利，在於合藥之方。其神機銃用木馬，繁而多誤，勢難再發，邊銃手執後尾，其重在前，一手點火，眼不能照，皆不及此銃之妙而速也。

一製合鳥銃藥方

硝一兩 磺一錢四分 柳炭一錢八分

通共硝四十兩，磺五兩六錢，柳炭七兩二錢，用

图 12 明中叶鸟铳火药配方书影[1]

使黑火药的燃烧初始点火阶段不易进行，因此，在火药配方中，硫的含量在组成中逐渐减少，燃烧性能逐渐增强。

三、火药技术的西传

从北宋《武经总要》（1044 年成书）记载三个军用火药方到蒙古骑兵发动第三次西征（1252—1260 年），火药与火器的研制和传播过程持续了 200 余年，首先由北宋发明，然后传到辽，再由南宋传到金，接着由金传到蒙古，再由蒙古传到阿拉伯和欧洲地区，最终影响了整个世界。在火药和火器的传播过程中，除正常的海陆贸易和人员交流外，战争本身起到了非常重要的推动作用。在战争中，随着城池陷落，包括火药和火器在内的军需物资，连同制造火药、火器的工场和工匠以及善于使用火器作战的军官和士兵在内，常被对方虏获，火药和火器技术也随之外传。为争夺军事技术优势，各方不断仿造和改进，进一步加速了火药和火器的传播和改进。

早在南宋时期，阿拉伯人通过贸易往来就已经获得了有关中国火药的知识，当时称硝石为“中国雪”。伊本·白塔尔（Abu-Muhâmmâd Abdullah ibn-Ahmad ibn al-Baytar，1197—1248）大约在 1248 年完成的阿拉伯文《单药大全》最早提到硝石，称“中国雪”为“巴鲁得”（Bārūd，阿拉伯语，即硝石）[2]。

1〔明〕戚继光：《纪效新书》卷一五，清道光九年（1829 年）刊本。
2 潘吉星：《中国古代四大发明——源流、外传及世界影响》，中国科学技术大学出版社，2002 年，第 447~448 页。

随着蒙古骑兵大规模西征，中国发明的火药和火器技术进一步传入阿拉伯地区。大约在 1280 年，叙利亚人哈桑·阿里曼（Al-Hassan al-Rammâh Najmâl-Din al-Ahdab，1256—1295）用阿拉伯文撰写的《马术与战争策略大全》记载有火药方“飞火”“中国箭”“中国火轮”“契丹花”等。其中“飞火”的配方中含有硝石、硫黄、木炭、中国铁等成分，硝、硫、炭的比例为 10∶1∶3；“中国箭”的硝、硫、炭比例为 10∶1.125∶2.625[1]，与中国传统火药配方接近。

另一部年代稍晚于《马术与战争策略大全》的阿拉伯兵书《焚敌火攻书》记载了 35 个火攻方，其中第 13、33 方都明确提到用硝石、硫黄、柳炭制作火药。例如，第 13 方题：“第二种飞火用此法制成。取一磅活性硫、二磅柳炭和六磅硝石，将三物在大理石上仔细粉碎。按所需之量放入筒中，以制飞火或响雷。注意，制飞火之筒应细而长，放入压好的药。制响雷之筒应短而粗，装入上述药的一半。两端用铁丝紧紧绑好。”[2] 这种火药方与中国传统的火药配方并无二致。

欧洲人最初在蒙古骑兵的西征中领教了火药和火器的威力。1238 年，蒙古军队用铁火炮攻陷莫斯科、罗斯托夫、弗拉的米尔等城。1240 年冬，拔都所部以铁火炮攻占乞瓦（今基辅）。1241 年，在莱格尼兹（liègnitz）之战中，蒙古军队用火药箭与毒烟球击败了由克拉科夫大公亨里克二世（1238—1241 年在位）指挥的波兰军队。波兰人不知道是火药，认为蒙古军队使用妖术。在莱格尼兹附近的教堂中，有反映蒙古军队当年使用飞龙（即火箭）的壁画。[3]

此后，教皇和国王不断派遣使者至蒙古大汗的宫廷和林（Kharakorum）。例如，法国国王路易九世（1214—1270）于 1252 年派法国方济各会士罗柏鲁（Guillaume de Rubrouck，1215—1270）出使蒙古，随行者有意大利同会会士巴托罗梅奥（Bartolomeo de Cremona）。他们于 1253 年年底至和林，1254 年年初受到元宪宗蒙哥召见，停留数月后，于 1255 年返回法国。罗柏鲁撰有《威廉·罗柏鲁教友 1253 年奉旨出访东方游记》，简称《东游记》。罗柏鲁在《东游记》中说，他在蒙古和林访问时，认识在那里工作的日耳曼人、俄罗斯人、法国人、英国人和匈牙利人。[4]

除派遣使者和给蒙古大汗当工匠外，欧洲人还通过把阿拉伯的科技著作，包括兵书，翻译成拉丁文，来了解中国的火药和火器知识。

1 杨泓、成东、钟少异：《中国军事百科全书·古代兵器分册》，军事科学出版社，1991 年，第 117 页。
2 潘吉星：《中国古代四大发明——源流、外传及世界影响》，中国科学技术大学出版社，2002 年，第 454 页。
3 王兆春：《世界火器史》，军事科学出版社，2007 年，第 47~48 页。
4 潘吉星：《中国古代四大发明——源流、外传及世界影响》，中国科学技术大学出版社，2002 年，第 462 页。

欧洲最早介绍火药知识的学者是罗杰·培根（Roger Bacon，约1214—1292）。罗杰·培根是英国著名思想家、近代实验科学的先驱。1267年，他在《大论》中最早谈到燃放硝石盐会产生巨响，在《三论》中还谈到纸炮爆炸的威力："由一种叫做硝石的盐类，与硫和柳炭混合在一起制成，将这种药粉密封在小羊皮纸筒中，在爆炸时竟发出如此可怕的声音，比惊雷还响，闪光比最亮的闪电还强。"[1] 培根的火药和火炮知识有两个来源：一是来自出使过蒙古大汗宫廷和林的欧洲使者，例如，他在巴黎与罗柏鲁相识，通读过他的《东游记》，在《大论》中提起过他；二是来自阿拉伯科技著作，他懂阿拉伯文，熟悉阿拉伯文化，读过不少阿拉伯科技著作，与将许多阿拉伯作品翻译成拉丁文的德国翻译家阿勒曼（Hermann Alemann）有密切往来[2]。他甚至从由中国归来的教友那里得到了中国纸炮的样品，开始对火药进行实验研究。

另一个介绍中国火药知识的早期欧洲人是德国的大圣阿贝特（Saint Albertus Magnus，1200—1280）。阿贝特与同时代的培根齐名，同被认为是中世纪欧洲最有学问的人。他在《世界奇妙事物》（*De Mirabilibus Mundi*）中谈到火药和飞火："取一磅活性硫、二磅柳炭和六磅硝石，将此三物在大理石上仔细粉碎，按所需之量装入筒中，以制飞火或响雷。注意，制飞火的筒应细而长，并装入压好的药。制响雷的筒应短而粗，装入上述药的一半。两端用铁丝紧紧绑好。"[3] 这段文献记载与阿拉伯兵书《焚敌火攻书》的第13方几乎一字不差。阿贝特不懂阿拉伯文，他在《世界奇妙事物》中对火药的描述显然是直接引自已被翻译成拉丁文的阿拉伯兵书《焚敌火攻书》。

14世纪，火药和火器在欧洲被用于战争。15世纪，具有科学配比的粒状火药在欧洲出现。火药逐渐引发了欧洲火药时代的军事技术革命、科技革命乃至工业革命。

---

1 杨泓、成东、钟少异：《中国军事百科全书·古代兵器分册》，军事科学出版社，1991年，第118页。

2 潘吉星：《中国古代四大发明——源流、外传及世界影响》，中国科学技术大学出版社，2002年，第462页。

3 潘吉星：《中国古代四大发明——源流、外传及世界影响》，中国科学技术大学出版社，2002年，第464~465页。

指南针

戴念祖

◎ 指南针发明及进化的历史，是人类社会进步和文明史的重要组成部分之一。有了它的发明和应用，才有郑和下西洋，欧洲人 16、17 世纪的海上大探险并导致哥伦布（C. Columbus，约 1451—1506）发现新大陆、麦哲伦（F. Magellen，约 1480—1521）海上环球航行。新大陆的发现、环球海路的打通，成为西方社会发展所需的资本积累和资本主义兴起的必要前提，也为其后世界各国各民族间的文化认知和交流奠定了基础。

一、司南

中国古代有两种发明彼此易混淆。一是司南，一是指南车。前者是磁性指向器，遵从磁学原理；后者是机械性指向器，遵从机械力学原理。前者依据的是长条形磁铁具有天然的指向性，后者依据的是齿轮匹配法则和自动离合器系统的运用，需要人为操控。从汉以降，多少典籍中或将“司南”写成“南车”，或将“指南车”写成“司南”。由此产生了学界的相关争论。

磁性指向器司南是指南针的原始形式。它是将一根长条形磁棒加工为勺子形状而成的。其原理是自由状态的条形磁铁大约地依南北向而静止。东汉王充（27—约97）在其著作《论衡·是应篇》中写道：

> 故夫屈轶之草，或时无有而空言生，或时实有而虚言能指。假令能指，或时草性见人而动。古者质朴，见草之动，则言能指。能指，则言指佞人。司南之杓，投之于地，其柢指南。鱼肉之虫，集地北行，夫虫之性然也。今草能指，亦天性也。

这段文字述及三物：“屈轶之草”“司南”“鱼肉之虫”。它们都具有共同的方向性。草见人会动，人言“能指”；虫“集地北行”；司南“其柢指南”。方向性是它们的“天性”、本性。就司南言之，具有如此天性者，无论从古代语境或从今日科学常识看，唯长条形磁铁方可。这样的“司南之杓”，今人或称其为“磁勺”。

由王充的文字令人想到战国末期《韩非子·有度》中的相关记述：

> 夫人臣之侵其主也，如地形焉，即渐以往，使人主失端，东西易面而不自知。故先王立司南以端朝夕。

读此文字，人们自然想到，此“司南”与王充所述“司南”是一个事物。所谓“端朝夕”，即“正”东西方向、分辨东西方向。

前辈文博学家王振铎先生（1913—1992）曾在20世纪四五十年代之际对以上两条史料做过严密考证[1]。据其考，《论衡》中“司南之杓”的“杓”即勺；“其柢指南”的“柢”即勺柄；“投之于地”的“投”即放置之意；“地”指其时占卜家所用的“地盘”，它具有光滑的盘面和表示方向的文字符号。经由王振铎考证，上引两条文字是具有极高科学史价值的文献。王振铎从此打开了指南针历史的新篇章。

1 王振铎：《司南、指南针与罗经盘》，《中国考古学报》第3、4、5册连载，1948—1951年；又见王振铎：《科技考古论丛》，文物出版社，1989年，第50~218页。

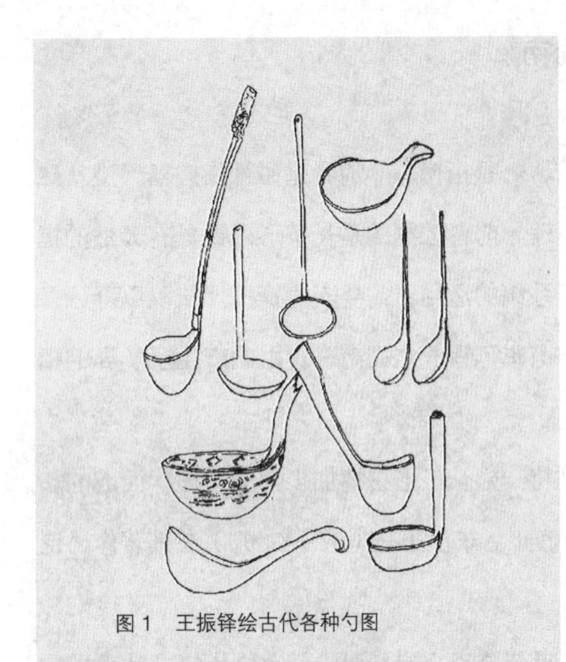
图 1　王振铎绘古代各种勺图

图 2　古代绘画中的曲线弧形勺（取自甘肃省文物队等:《嘉峪关壁画墓发掘报告》,文物出版社，1985 年，图版 32）

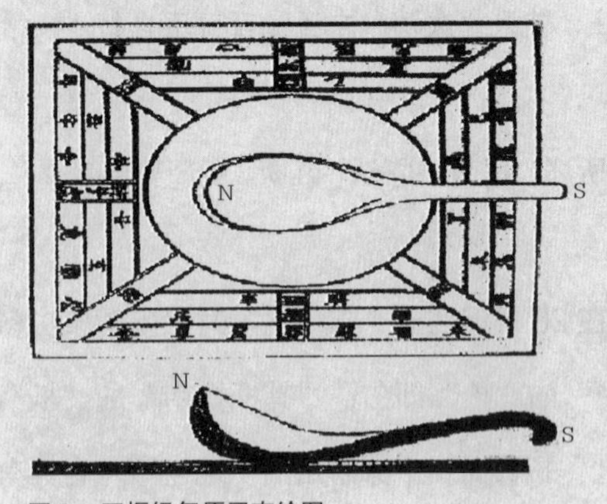

图 3　王振铎复原司南绘图

日常生活中所用的勺、考古发现的勺，有质地之别，有大小之差，勺柄有平曲之分，还有美感之异(图1、图2)。王振铎在复制“司南”中，唯美观念使他做出了曲线弧形勺的选择(图3)。复制品曾长时期获得人们赞赏，多少也有美感因素。然而，将天然磁铁雕琢成曲线弧形磁勺过程中容易造成去磁。即使造成司南后，其磁感应强度因弧形极快消退。这可能是当初王先生未曾预料到的事。

最近 20 多年间，为克服王振铎复原中的磁性减退问题，使司南有较为持久的指向特性，科学史界提出了许多改进王振铎复原样品的建议。有作者受唐代韦肇《瓢赋》的启发，提出“司南之杓”也就是瓢，瓢内装磁石，将其置于水银池中即可指南[1]。

有作者指出，装有磁石的瓢放置水中或光滑的铜盘（地盘）也可，只是瓢面上需加一指示方向的木签[2]。还有作者指出，“制司南时，应以磁勺小，地盘简约为其形制的基本考量”，并进一步设想；“司南之杓”就是一直柄小勺，为重心稳定，勺柄不长，以示方向即可[3]。本文作者也曾酌量过，“司南之杓”应当为既像勺，又不是勺。也就是说，不必真的将磁石雕琢成一勺池，也不必如王振铎复原那样具有高度的美学欣赏价值，只要将天然磁石慢工雕琢成直柄小勺式样（图

1　王锦光、闻人军：《〈论衡〉司南新考和复原方案》，《文史》第 31 辑，1986 年，第 25~32 页。
2　李志超：《再议司南》，《黄河文化论坛》第 11 辑，山西人民出版社，2004 年，第 69~77 页。
3　潘吉星：《指南针源流考》，《黄河文化论坛》第 11 辑，山西人民出版社，2004 年，第 16~67 页。

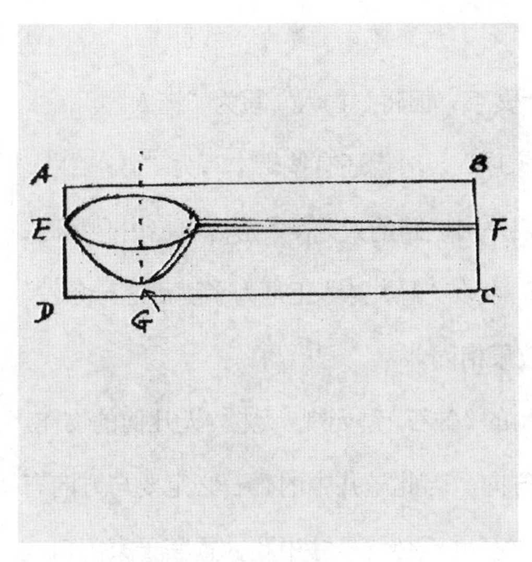

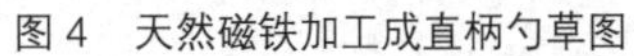
图 4　天然磁铁加工成直柄勺草图

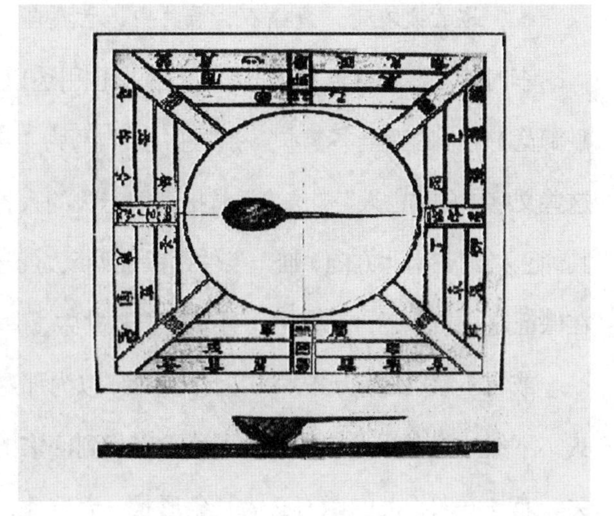
图 5　直柄勺的司南复原图（上、下两图分别为俯视图和侧视图）

4、图 5），既不致去磁，又有指向性[1]。诸多作者都在王振铎的文字考据和实物复原基础上作出更进一步探索。

图 4 中，*ABCD* 为天然磁铁加工成条形磁铁的粗坯，再将其细琢成磁勺 *EFG*。*E* 端不挖勺池，重心 *G* 弧面打磨光滑。

史载，古代多地盛产磁石，因而有“慈州”“磁山”之名。在古代，寻觅一块好的磁石并非难事。唐代苏恭在其《唐本草注》中曾言及刚破开的好磁石能吸“一斤铁刀”。据李约瑟（Joseph Needham，1900—1995）透露，物理学家达拉贝拉（J. A. Dallabella）于 1799 年在葡萄牙里斯本发表磁力反平方定律时，其用以实验的一块奇大磁石，是中国皇帝在 100 多年前赠葡萄牙国王的礼物[2]。据其时间推断，当是康熙帝（1662—1722 年在位）赠予外国的礼品[3]。有这样的磁石，再细雕成如图 4 般的磁勺，并非难事。当然，天然磁石一经开采，久之会逐渐退磁，除非再将其磁化。

将《韩非子》和《论衡》中的“司南”定为可以指向的“磁勺”，并非空穴来风。在王充生活之前 200 年，人们已发现磁铁的指极性。汉代淮南王刘安（前 179—前 122）的门客曾撰《淮南万毕术》。该书虽已佚，但宋代李昉编《太平御览》中多有摘抄。其中有：

磁石悬入井，亡人自归。

1　戴念祖：《亦谈司南指南针和罗盘》，《黄河文化论坛》第 11 辑，山西人民出版社，2004 年，第 82~110 页。

2　Joseph Needham, *Science and Civilisation in China*, Vol.4, Part 1, p.234. 也见中译本李约瑟著、陆学善等译：《中国科学技术史》第 4 卷第 1 分册，科学出版社，2003 年，第 220 页。

3　据笔者同事韩琦先生告知，他在 1995 年、2014 年两次目睹该磁石，并认定它为乾隆皇帝赠送的礼物。

取亡人衣带，裹磁石，悬井中，亡人自归。（《太平御览》卷九八八引）

李时珍《本草纲目》卷一〇《石部》也引述以上文字，但将“亡人”写为“逃人”。《太平御览》的《四库全书》本，将“悬井中”写为“悬家中”。清代还有些辑本写为“悬室中”。这些文字中的“亡人”“逃人”是指离家走失的人，或外出迷路的人。长条形磁石自由悬吊时，其静止必定在南北方向，唯一条件是保证无风力干扰。将其“悬井中”正是为了满足这一条件。在保证这一条件下，悬室中、悬家中与悬井中，其效果相同。

或有不解《淮南万毕术》以上文字者，以为那悬吊的“磁石”是无规、无棱、无几何的物体。其实不然。这个方术的主旨是要迷途者找到回家的方向。因此悬井中的磁石必定要与方向有关。而与方向相关的磁石必为长条形状。若非此，磁石也不必“悬井中”，置其于家门口或离家最近的第一个叉路口上，不也是人们常见闻的方术、巫术吗？在这里要特别指出的是，衣服布料不能隔断磁作用。在磁石外裹以亡人衣，不过是术士的骗人伎俩而已。这也正是将科学加以方术“包装”的典型事例。

据载，淮南王刘安府上有“宾客方术之士数千人”（《汉书·淮南王传》）。方士熟悉丹家炉火，尚或有些从事科学活动的墨家之徒。今存《淮南子》《淮南万毕术》，又称《淮南王书》，传为淮南王府上宾客与方士所作。他们既是淮南王幕宾，又是汉代最大的方士集团。从他们的著作所反映的科学知识看，他们也是汉代最大的科技集团。在他们的发明发现中，包括了：“首泽浮针”的表面张力现象，“铜瓮雷鸣”的再沸腾现象，雏形热气球，雏形潜望镜，冰透镜，静电闪光，磁吸引与磁排斥等[1]，上引磁指向性是他们最重要的发现之一。他们中必定有人在悬吊磁石的多次尝试中发现了长条形磁铁的这种指向特性，然后才对其加以方术包装的。

众所周知，在科学技术的发展史上，方术、巫术、幻术曾是近代科学得以诞生的助产婆。当方士专注于悬磁石试验，观察到其规律时，正是磁勺得以诞生的认识基础或知识基础。在这个意义上，可以说上引《淮南万毕术》文字是人们“最早发现磁铁有指极性的证据”[2]。同一事物的另一方面，当术士将其发现包装成方术、幻术、巫术或妖术时，在意识形态上或对方术、妖术一类欺骗性言论，又必须指出它“漫无边际的推广和无端猜想”[3]。这两方面的认识并不矛盾。应当说，这种认识是治史学者必有的思想方法。

---

1 洪震寰：《〈淮南万毕术〉及其物理知识》，《中国科技史料》1983 年第 3 期，第 31~36 页；李志超：《〈淮南万毕术〉的物理学史价值》，见李志超：《天人古义》，河南教育出版社，1995 年，第 325 页。

2 戴念祖：《亦谈司南指南针和罗盘》，《黄河文化论坛》第 11 辑，山西人民出版社，2004 年，第 82~110 页。

3 戴念祖主编：《中国科学技术史·物理学卷》，科学出版社，2001 年，第 407 页。

有学者据宋代残本《论衡》将“司南之杓”的“杓”字写为“斟酌”的“酌”字，于是，轻率地训“酌”为“行”，将“司南”定为“指南车”[1]。事实上，早在70年前，治《论衡》的学者已指出，那本宋残本《论衡》中的“酌”是错字[2]。可以说，定《论衡》中“司南”为磁勺，迄今尚未被异见所撼动[3]。

有人提到钱临照于1952年受托但未做成司南勺一事，以此否定磁性司南之存在。笔者于1980至1992年间曾与钱临照共事，在他领导下编纂《中国大百科全书·物理学》并任秘书。在讨论王振铎草拟的“指南针”条目时，钱临照讲过自己受托造司南之事，谈话中不仅肯定王振铎为中国古代科技事物所做的诸多重要贡献，也谈及将来修改其司南复原样品的可能。钱临照绝未否定《论衡》“司南”为磁勺说，《中国大百科全书·物理学》“指南针”条内有“司南”一节可证[4]。

二、指南针

指南针，初始时就是一根被磁感应的钢针或缝纫针。它的尖端可能是N极，故而指南；也可能是S极，故而指北。中国文化传统中历来崇尚“坐北朝南”。因此，无论指南或指北的针统称其为“指南针”。指南针的发明必先发现磁感应这种物理现象。

磁感应现象的较早文字记载见之于萧梁朝陶弘景（456—536）的《名医别录》：

> （磁石）今南方亦有好者，能悬吸针，虚连三四（针）为佳。（李时珍《本草纲目》卷一〇《石部》引《名医别录》）

活跃于唐高宗显庆年间（656—660年）的苏恭在其《唐本草注》中亦写道：

> （磁石）初破好者能连十针，一斤铁刀亦被回转。（唐慎微《证类本草》卷四《玉石部》引《唐本草注》）

钢针被磁石吸引，变成了磁体。这种现象称为磁感应。本草药物学家以磁石入药。用药前需判断作为药料的磁石的真伪及优劣。因而，他们不断发现磁感应现象。这种物理现象的发现，表明指南针的诞生不会太久了。只要在此基础上再往前走，即将磁化钢针置于光滑的台面上，或放入水面，或在其重心处将其悬吊，当钢针静止时，其针锋或指南或指北，于是

1 孙机：《简论“司南”兼及“司南佩”》，《中国历史文物》2005年第4期，第4~11页。

2 黄晖：《论衡校释》（新编诸子集成本），中华书局，1990年，第759~760页。

3 戴念祖：《再谈磁性指向仪“司南”——兼与孙机先生商榷》，《自然科学史研究》2014年第4期，第385~393页。

4 王振铎、林文照：《指南针》，见《中国大百科全书·物理学》，中国大百科全书出版社，1998年，第1232页。

指南针就诞生了。但是，迈出这一步却经历了200年时间。

在苏恭之后约200年，晚唐段成式（约803—863）在其著《酉阳杂俎》中有磁石、钢针和浮针的文字。段成式，字柯古，祖籍山东临淄。其七世祖段志玄，从唐太宗征战有功。其父段文昌于元和末年（820年）官宪宗朝宰相。段成式本人在晚唐曾任秘书省校书郎，庐陵、缙云、江州刺史，官至太常少卿。《新唐书》《旧唐书》均有其传。会昌三年（843年）夏，段成式与友人张希复（字善继）、郑符（字梦复）三人游长安诸寺。其后写有游记《寺塔记》上下两篇，载《酉阳杂俎续集》卷五、卷六之中。三人约上寺僧住持或方丈边游边赏，边作连句辞章。当他们游"平康坊菩萨寺"时作"书事连句"，其中郑符二句为：

步触珠幡响，吟窥钵水澄。

号"升上人"的住持或方丈二句为：

勇带磁针石[1]，危防丘井藤。

当他们游到天王阁时，作"二十字连绝句"。其中，段成式的四句二十字为：

有松堪系马，遇钵更投针。

记得汤师句，高禅朗朗吟。[2]

这些文字表明，晚唐磁石、钢针被人们当作旅行必携品。哪怕临时以磁石磨针，针即感应而有磁性。以此针投置钵水面，便知南北方向。将他们的不同诗句联系起来看，就可以得出这样的结论。虽诗句内未涉"指南""指北"字样，但他们将马系在松树下，将针放入钵水中，可以在荒丘废墟之地辨认方向（"危防丘井藤"）。这正是在旅行中应用指南针的描述。"勇带"二字表明，指南针大概问世不久。这些文字中尚未涉及方位盘。

在段成式卒后约150年，也即宋代初期，相关知识突然爆炸，有关罗盘或指南针的诸多文献几乎同时产生。

天文学家、占卜家杨惟德（约987—1056）于庆历元年（1041年）撰相墓书《茔原总录》，今在国家图书馆尚存残卷。其中说：

客主取的，宜匡四正以无差，当取丙午针，于其正处，中而格之，取方直之正也。……故取丙午壬子之间是天地中，得南北之正也。（《茔原总录》卷一《主山论》）

这段文字说的是风水师用罗盘确定地理南北方向的方法（图6）。

1 "磁针石"三字在明万历间常熟赵刻本中写为"绽针石"。"绽"字拟赵本刻误。无"绽针石"之物。明末清初常熟毛刻本即《津逮》本、清嘉庆间昭文张刻本即《学津》本均将"绽"字校勘为"磁"。此校勘为是。

2 第一个"朗"字或作"助"字。

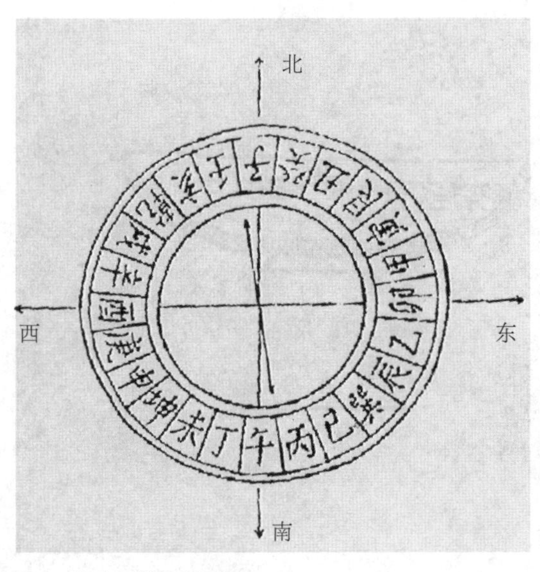

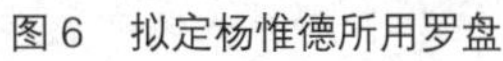
图 6　拟定杨惟德所用罗盘

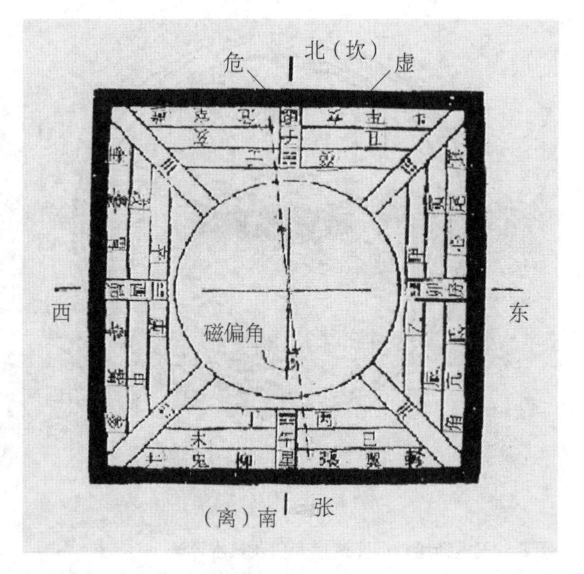

图 7　拟定王伋所用罗盘

丙午、壬子是方位盘上标示方向的文字。这个方位盘很可能是占卜家使用了上千年的地盘。磁针与方位盘合用，表明科学技术史上的磁罗盘（magnetic compass）或简称罗盘（compass）诞生了。杨惟德长期官于司天监，曾是闻名的 1054 年超新星的观察者和记录者，晚年又从事相墓风水[1]。几与杨惟德同时，堪舆师王伋（约 988—1058）写下一首《针法诗》：

虚危之间针路明，南方张度上三乘。

坎离正位人不识，差却毫厘断不灵。

此诗见《古今图书集成·艺术典》卷六五五《堪舆部·彙考五》所引之《管氏地理指蒙·释中》。王伋为该书作注，留下宝贵的诗一首。诗中所用罗盘及其方向文字如图 7。“虚”“危”“张”均是以星宿名表示的罗盘方位：虚为正北，危为虚之偏西，张为正南偏东一宿名。“坎”与“离”是八卦表示的正子（正北）和正午（正南）之方向。磁针指“虚危之间”与杨惟德所言“取丙午壬子之间”相吻合，即此时京都汴京（开封）的地磁偏角为 7.5° 左右。杨惟德和王伋的作品同时证明罗盘的诞生和磁偏角的发现，也说明此时罗盘已是堪舆风水师手中不可或缺的观测仪器。由晚唐段成式用钵水浮针，可推定宋初的罗盘当是水罗盘。

表明宋初罗盘与指南针知识大爆炸的另一个证据，是兵家曾公亮（999—1078）于 1040—1044 年间完成的著作《武经总要前集》一书，其中（卷一五）记载了另一种指南针的制作方法。他称它为“指南鱼”。将一片剪成鱼形的铁片加热至红赤状，然后顺地理南北

1　白欣、王洛印：《杨惟德及其科学成就述评》，《自然科学史研究》2013 年第 2 期，第 203~213 页。

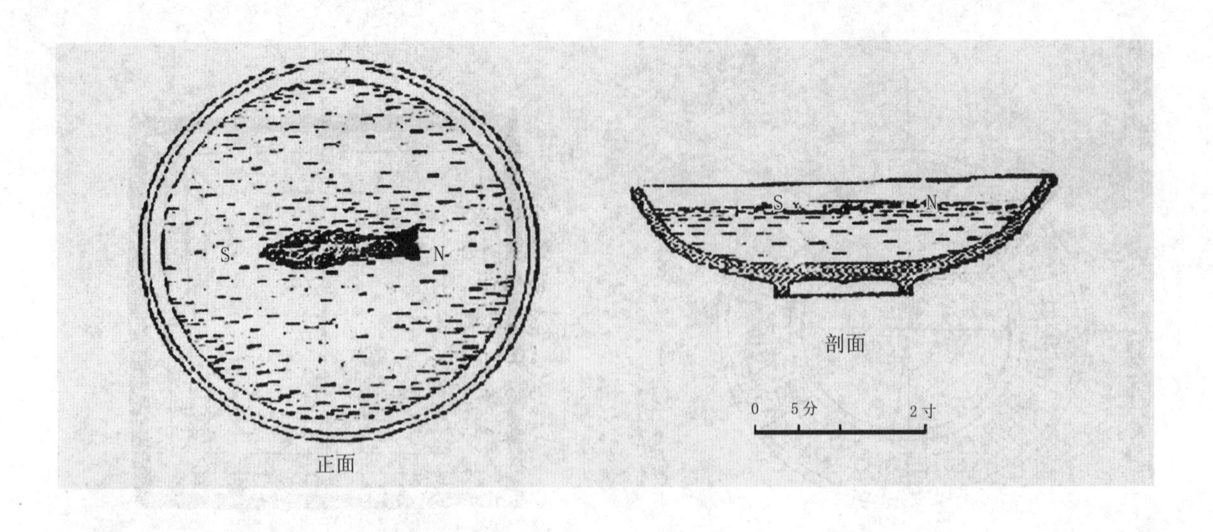

图8　王振铎绘曾公亮造指南鱼及其水浮法

向将其淬火。冷却后，此铁片就成了具有磁性的“指南鱼”（图8）。这是在陶弘景发现磁感应以来，人类所发现的第二种磁感应方法：地磁感应。也就是，除用磁铁感应钢针制成指南针外，还可以用地磁场感应钢铁而制成指南针。

在有关指南针、罗盘的知识爆炸之后约50年，宋代科学家沈括（1031—1095）在其著《梦溪笔谈》中对指南针的制造、安装方法和磁偏角的知识作出了总结。他说：

方家以磁石磨针锋，则能指南，然常微偏东，不全南也。水浮多荡摇，指爪及碗唇上皆可为之，运转尤速，但坚滑易坠，不若缕悬为最善。其法：取新纩中独茧缕，以芥子许蜡，缀于针腰，无风处悬之，则针常指南。其中有磨而指北者，予家指南、北者皆有之。（《梦溪笔谈》卷二四《杂志一》）

这个总结宛如今日一则科学新闻。不仅述及磁针（尖）指南、北者皆有，且叙述了四种指南针安装法：水浮、置指甲或瓷碗唇上，缕悬。其中，水浮法是“以针横贯灯心，浮水上”（寇宗奭《本草衍义》卷五《磁石》），而缕悬法在18世纪为欧洲人制造仪器所采用[1]。

要特别指出的是，历史文献中鲜有旱罗盘的文字记述，但它也是中国人最早发明的。江西临川宋墓出土的“张仙人瓷俑”[2]，其右手持一竖立罗盘，磁针、装针之枢及罗盘刻画分度清晰可见（图9、图10），该墓主朱济南卒于庆元三年（1197年），葬于庆元四年（1198年）。可见12世纪晚期旱罗盘在风水师手中乃常物也。

与旱罗盘问世的时间相当或更早，指南针的制造又有创新。陈元靓《事林广记》癸集卷

1　戴念祖：《中国物理学史大系·电和磁的历史》，湖南教育出版社，2002年，第180~181页。

2　陈定荣、徐建昌：《江西临川宋墓》，《考古》1988年第4期，第329~334页。

图 9　江西临川宋墓出土“张仙人瓷俑”

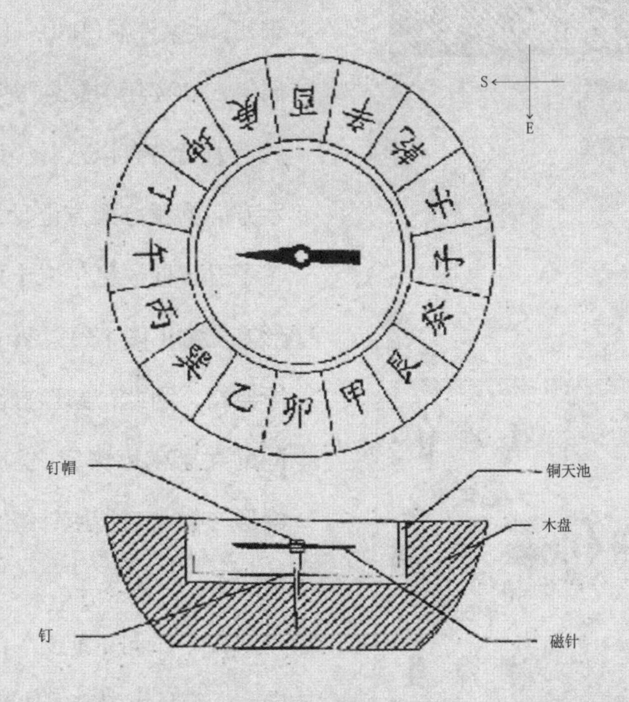

图 10 “张仙人瓷俑”中旱罗盘复原绘图（引自潘吉星:《中国古代四大发明——源流、外传及世界影响》，中国科学技术大学出版社，2002 年，第 346 页，图 232）

一〇《神仙幻术》中记载，将一块长条形磁铁装入事先雕刻好的木鱼或木龟腹内，就可以做成一种新式指南鱼或指南龟（图 11、图 12）。前者可用于水罗盘，后者可用于旱罗盘中。

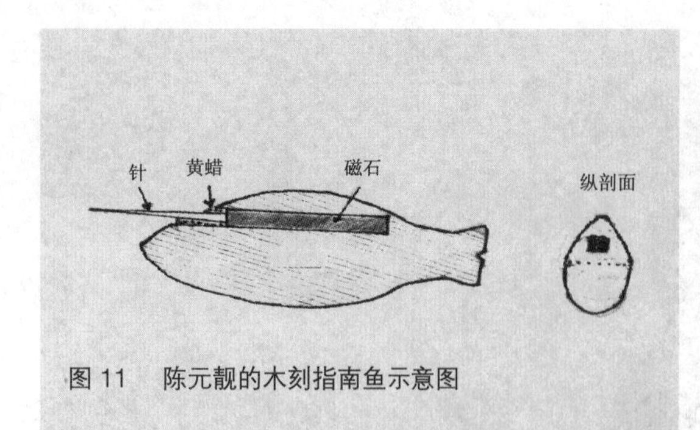

图 11　陈元靓的木刻指南鱼示意图

三、罗盘和航海

如前所述，指南针放在方位盘（也即刻度盘）中就成为罗盘。方位盘有其自身的发展史。秦汉时期占卜家所用的地盘（如图 5、图 7），也是占卜家长期使用的方位盘。如在其中央圆所在处装设一个可盛水的圆池，它就成了水罗盘。但是，早期方位盘大多为方形，观察磁针指向抑或不便。方位盘从方形转变为圆形，大约是在 10 世纪中后期。宋初，兵家许洞（980—1011）于景德元年（甲辰年，1004 年）撰成《虎钤经》一书。该书《占鸟情》篇绘有以八卦（坎离乾坤巽艮兑震）示方向的正方形方位盘，也绘有以十二地支（子丑寅卯辰巳午未申酉戌亥）示方向的圆形方位盘（图 13）。《占鸟情》内容采自隋唐典籍，因此，圆形方位盘或是来自唐代民间的兵家或堪舆家之流。由图 13 可见，将圆形方位盘与指南针组合成罗盘，其方向简洁明了。

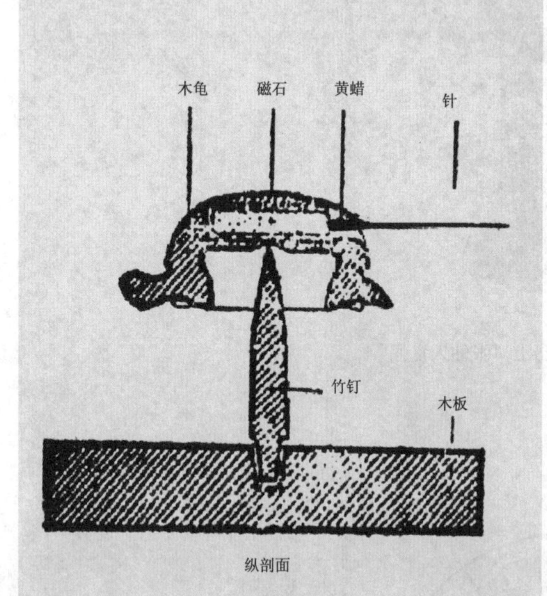

图 12　陈元靓的木刻指南龟

由十二向（地支）的罗盘发展为二十四向，肯定是堪舆家的功劳。他们以十二地支、八天干（甲乙丙丁庚辛壬癸）和四卦象（乾坤巽艮，又称四维）合成二十四方向，每向

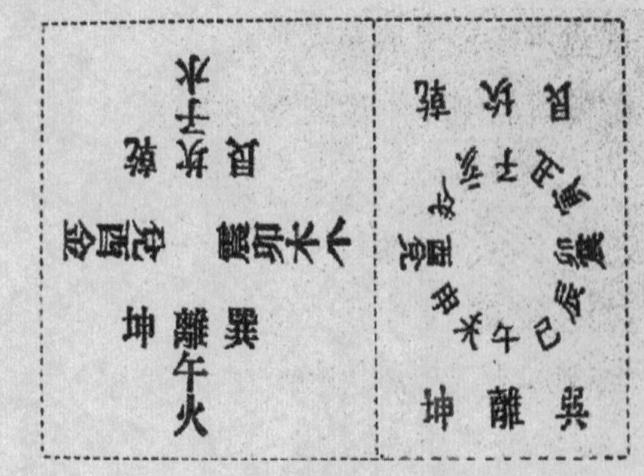

图 13　许洞绘八卦方形罗盘（左）和十二地支圆形罗盘（右）

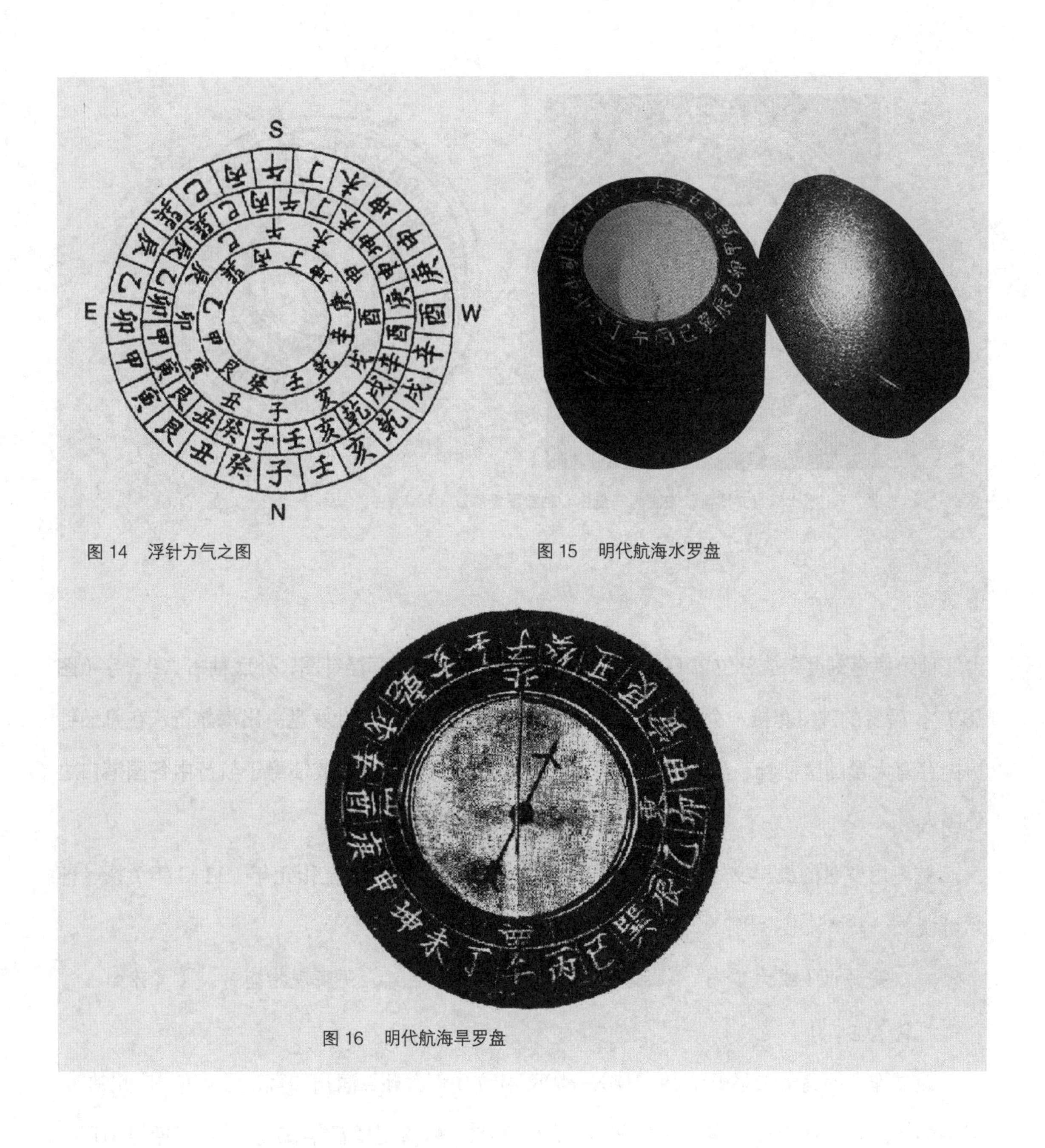
图 14　浮针方气之图
图 15　明代航海水罗盘
图 16　明代航海旱罗盘

为 15°（参见图 6）。堪舆家的罗盘是逐渐复杂的，见于《九天玄女青囊海角经》一书所绘《浮针方气之图》（图 14），是由南北宋堪舆家累代添加集合而成的一个罗盘。这个罗盘从里到外由五个圆环组成：内空白圆者是用于浮针的水池；第二环为十二向，即八天干和四维合成十二向；第三环也是十二向，是以十二地支表示的，它与早先许洞绘圆形罗盘一致；第四、五环都是二十四向，是由第二、三环叠合而成的。这个罗盘很可能是早期罗盘发展史的写照。其中第四、第五环相差 7.5°，它可能又是北宋京都磁偏角的遗迹。此后，堪舆罗盘更为复杂以至神秘，它成了堪舆风水说教的“天书”。

航海用罗盘简洁明了，清晰可见，如图 15、图 16。有意思的是，除了借用标识方位比较简单的堪舆罗盘外，航海早期可能用过瓷器碗、盘作为罗盘。考古发掘的这类物件或在盘

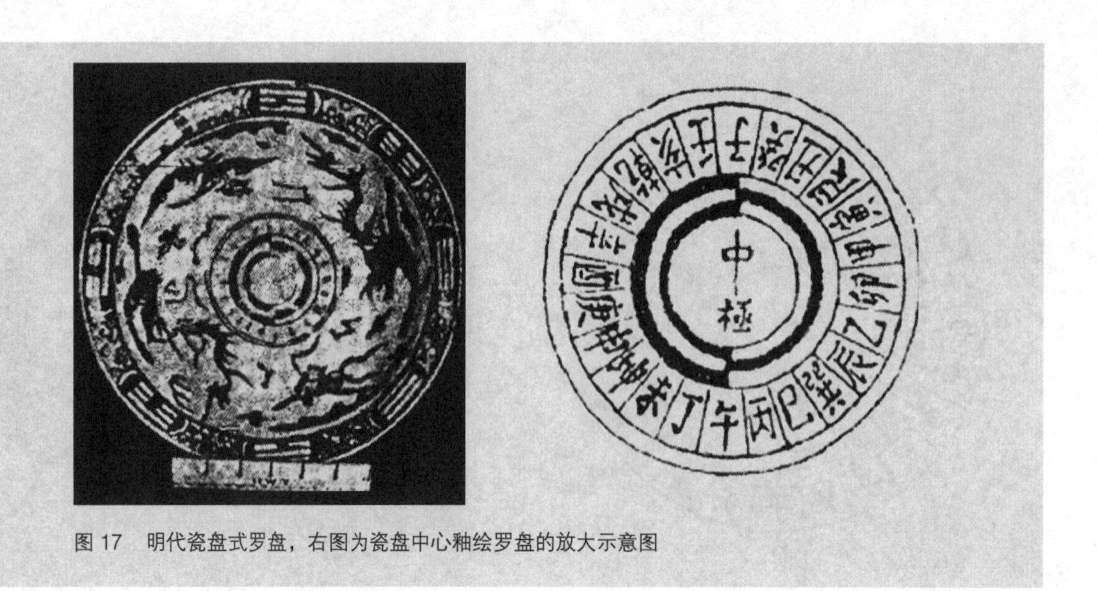

图 17　明代瓷盘式罗盘，右图为瓷盘中心釉绘罗盘的放大示意图

内底釉绘罗盘刻度和放针位置（图 17）；或在碗内底釉刻灯草浮针图，外底釉书“针”字（图 18）[1]。后者的碗口套接一个标有方位的纸板或薄木板就成了浮针罗盘。出海航行，在舟舶针房内存有大量的这种碗、盘，以便更换或急需之用，也将其出售或馈赠于航行中各国港口之外国人。

航海用罗盘的最早文字记载见之于朱彧（1075—1140）于宣和元年（1119 年）撰《萍州可谈》一书。该书指出：

> 舟师识（或为“诀”）地理，夜则观星，昼则观日，阴晦观指南针。（《萍州可谈》卷二）

该书作者的父亲朱服于元丰（1078—1085 年）中任莱州、润州知官，后又官“广州帅”。书中描述广州蕃坊市舶之事多为其父所见闻。因此，航海用罗盘早在 11 世纪晚期已出现，与沈括在《梦溪笔谈》中记述磁针四种安装法大约同时。值得指出的是，在这句引文之前，朱彧述及朝廷颁发的航海条令，称之为“甲令”。20 世纪初，有人在翻译此段文字时竟将“甲令”当作阿拉伯商人名。由此造成“阿拉伯人最早用磁针航海”之错误说法[2]。

此后，航海用罗盘导向屡见于文献。北宋宣和五年（1123 年），徐兢奉使高丽，航行途中运用了指南针（《宣和奉使高丽图经》卷三四）；宝庆元年（1225 年），赵汝适在其撰《诸

1　王振铎：《试论出土元代磁州窑器中所绘磁针》，《中国历史博物馆馆刊》1979 年第 1 期，第 73~79 页；又见王振铎：《科技考古论丛》，文物出版社，1989 年，第 229~237 页。

2　潘吉星：《中外科学技术交流史论》，中国社会科学出版社，2012 年，第 133~143 页。

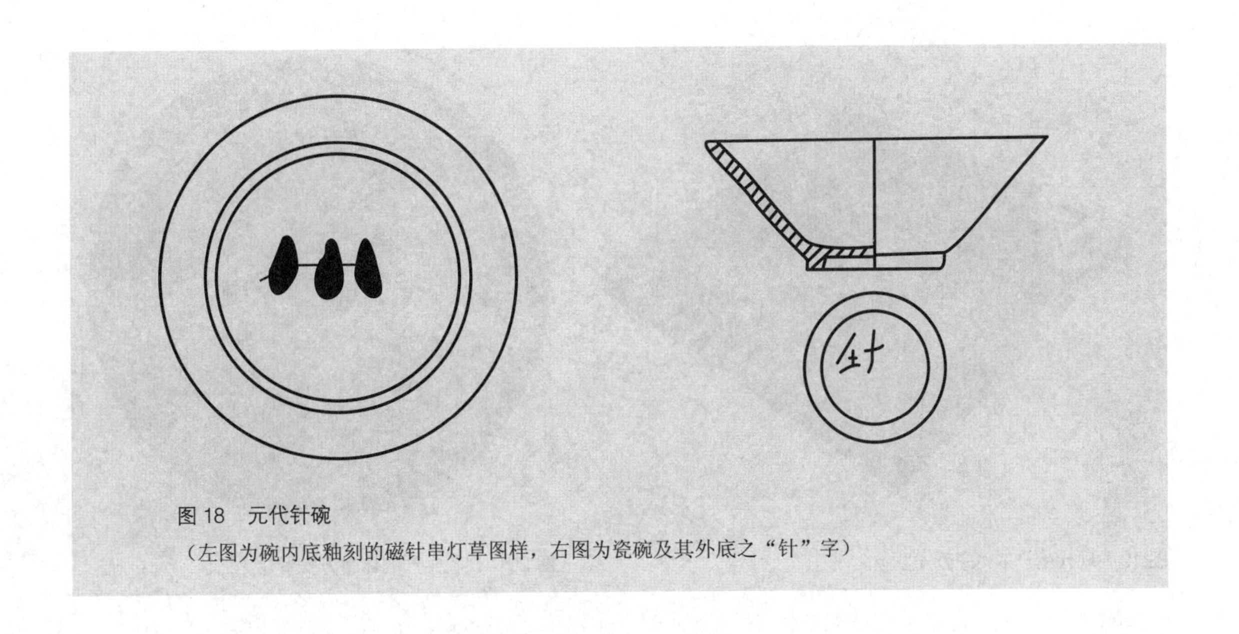

图 18　元代针碗
（左图为碗内底釉刻的磁针串灯草图样，右图为瓷碗及其外底之“针”字）

蕃志》中描述南海航行事，包括以指南针辨方向的文字。南宋咸淳十年（1274 年），吴自牧在其著《梦粱录》中记述了浙江海商之舰出海状况：

> 浙江乃通江渡海之津道，且如海商之舰，大小不等。大者五千料，可载五六百人；中等二千料至一千料，亦可载二三百人；余者谓之“钻风”，大小八橹或六橹，每船可载百人。……自入海门，便是海洋，茫无畔岸，其势诚险。盖神龙怪蜃之所宅。风雨晦冥时，惟凭针盘而行，乃火长掌之，毫厘不敢误差，盖一舟人命所系也。愚屡见大商贾人，言此甚详悉。（《梦粱录》卷一二《江海船舰》）

该书言及船舰驶入南海，路过“七洲洋”（今海南省东部海域），其时适逢气象变幻莫测，“顷刻大雨如注，风浪掀天，可畏尤甚。但海洋近山礁则水浅，撞礁必坏船。全凭指南针，或有少差，即葬鱼腹”（《梦粱录》卷一二《江海船舰》）。

这里所说的“指南针”皆指“罗盘”。在古代典籍中，时或称其为“地螺”（曾三异《因话录》），“螺”是“罗”字的假借；时或称其为“罗镜”，“镜”为“经”字的假借；又称“罗星”等，在堪舆家中或称其为“宅镜”“宅锦”[1]。它们的名称、概念与英文 compass 一词同义。元代，东海和东南沿海漕运发达，南方之粮食、布匹成年累月向北方输运，航路上各地点罗盘指向一一标示于航海图簿之中，从而涌现出《海道经》一类的航海图。周达观（约 1275—约 1346）于元贞元年（1295 年）奉命出使真腊（今柬埔寨），写下了《真腊风

1　王振铎：《司南、指南针与罗经盘》，《中国考古学报》第 3、4、5 册连载，1948—1951 年；又见王振铎：《科技考古论丛》，文物出版社，1989 年，第 50~218 页。

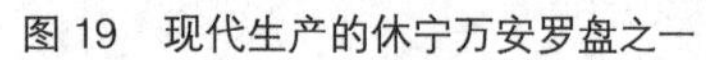

图 19　现代生产的休宁万安罗盘之一

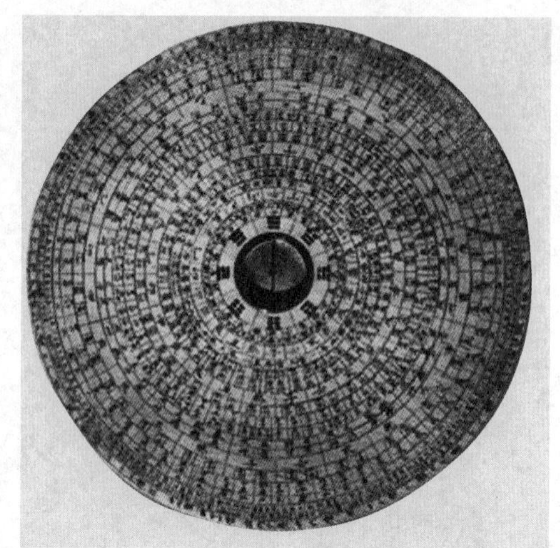

图 20　现代生产的休宁万安罗盘之二

土记》一书。书中详细记述了从温州出发至真腊的航海之路。明代永乐年间（1403—1424 年）航海家郑和（1371 或 1375—1433 或 1435），七次出海远洋，其庞大的船队渡南海，穿越马六甲海峡，航行东印度洋抵达狮子国（今斯里兰卡），又穿越印度洋，直到非洲东海岸和红海海口。1497 年，葡萄牙航海家达・伽马（Vasco da Gama，约 1460—1524）才绕过非洲好望角抵达印度。中国人发明的指南针或罗盘，开辟了印度洋航线，为此后欧洲人绕过非洲好望角东来打下了基础。在经过非洲南端的东西方海上航线，有一半是中国人开辟的。

有关磁针和罗盘的知识是由阿拉伯人从中国传到欧洲的。应当说，一旦罗盘上了航船，其传播之快当与航速相同。1190 年，英国人尼坎姆（Alexander Neckam，1157—1217) 最早述及用磁针航海之事。这是在朱服、朱彧父子述及航海罗盘之后约一个世纪。欧洲罗盘的最早设计者一说是法国人佩雷格林纳斯（Petrus Peregrinus，生活于 13 世纪中叶）于 1269 年完成的；一说是南意大利的侨民、那不勒斯（Naples）的焦伊亚（Flavio Gioja，生卒年不详）于 1302 年发明的。[1]

需指出的是，罗盘的制造在明、清两代颇为昌盛。在经过风云变幻的近百年之后，迄今江西、福建和安徽的某些地区仍在不断制造传统罗盘。其中安徽休宁万安罗盘（图 19、图 20）的制作技术和方式作为“民间手工技艺”于 2006 年入选国家非物质文化遗产名录，受到保护。

1 ［美］弗・卡约里（F. Cajori）著，戴念祖译，范岱年校：《物理学史》，广西师范大学出版社，2002 年，第 20~21 页。

深井钻探技术*

潘吉星（关晓武整理）

* 本文据潘吉星《中国深井钻探技术的起源、发展和西传》（原载于《盐业史》2009 年第 4 期，第 3~33 页）一文编写。

◎　中国井盐开采有2000多年的历史，大体可以分为三个发展阶段：（1）战国末至北宋中期（前256—1041年）为大口浅井阶段，井径2~9米，井深20~250米，以人力挖掘方法凿井。（2）北宋中期至清代中期（1041—1815年）为卓筒井或小口深井阶段，采盐同时兼采天然气和石油，井径一般30厘米左右，井深100~800米，以铁制钻头借绳式冲击钻进法钻井。（3）清代中后期到20世纪20年代（1815—1920年），对宋朝以来深井钻探技术作了全面改进。在这一阶段除钻出盐井外，还有天然气井，井径30~32厘米，井深800~1200米，仍以前一阶段的绳式冲钻方法钻至地下岩层。重大创新是将明代发明的"撞子钎"安装在钻井工具上，使钻井深度达到1000米以上，技术发展到很高水平。19世纪20年代以后进入现代机械钻井阶段，不在本文阐述范围之内。

◎　以下以井盐钻井技术的发展和相关技术的西传为重点，陈述深井钻探技术这一中国古代重大发明的内涵、价值及影响。

图 1　四川邛崃县出土的 1 世纪东汉盐井画像砖（四川省博物馆藏）

一、早期的大口浅井开凿技术

1974 年湖北大冶铜绿山发掘的战国（前 4 世纪）铜矿竖井深达 50 米，井口 1.1～1.3 米见方，解决了通风、排水、挖掘提升和照明等井下作业技术[1]。四川是我国井盐开采的发祥地，其井盐生产始于公元前 3 世纪战国末期，显然利用了古代采矿凿井的技术。

据晋代常璩《华阳国志·蜀志》[2] 和《史记·秦本纪》记载，秦昭襄王（前 306—前 251 年在位）为将蜀地建成重要基地，并治理泯江水患，任命李冰为蜀郡郡守。李冰在任期间兴修大型水利工程都江堰，灌田万顷，促进了农业发展，又在广都（今四川双流）凿井取盐，使得蜀地成为天府之国。从当时技术发展水平及与后世盐井比较来看，李冰时代的盐井应是大口径浅井。

井盐开采技术在汉代得到进一步发展，产盐区扩大，盐产量随之提高。西汉扬雄《蜀王本纪》记载，在汉宣帝地节年间三年内又新开盐井数十口[3]。东汉班固《前汉书·货殖列传》载，成帝、哀帝时，成都人罗裒财至巨万，用平陵（今陕西咸阳）人石氏资本往来于巴、蜀经商，数年内积金千多万[4]。这说明西汉时出现了靠经营盐井致富、使资本增值的实例。

20 世纪 50 年代在成都市和邛崃县东汉墓中发现的画像砖[5]（图 1），生动描述了盐井形

1　铜绿山考古发掘队：《湖北铜绿山春秋战国古矿井遗址发掘简报》，《文物》1975 年第 2 期，第 1~12 页。
2　〔晋〕常璩：《华阳国志》卷三《蜀志》，四部丛刊初次影印本，商务印书馆，1919 年。
3　〔汉〕扬雄：《蜀王本纪》，见〔宋〕李昉：《太平御览》卷八六五，中华书局，1960 年，第 3840 页。
4　〔汉〕班固：《汉书》卷九一《货殖列传》，中华书局，1962 年，第 11 册，第 3690 页。
5　于豪亮：《记成都杨子山一号墓》，《文物参考资料》1955 年第 9 期，第 70~84 页；刘志远等：《四川汉代画像砖与汉代社会》，文物出版社，1983 年，图版 5。

制、盐工工作情景。图左所示盐井上立有高架，安装有辘轳，用以转动吊桶在井内上下，木架分两层，每层各有二人相对站立，右侧二人将空吊桶向下拉入井中以灌卤水，左侧二人将装有盐卤水的吊桶向上提升。盐水注入井右侧的槽中，再通过竹筒引至煮盐灶旁的五口锅内。灶前一人摇扇以助火力，后有烟囱。山上另有二人背着盐包向山下走去，运至库房。画面上还有二人射猎山上野兽，以衬托盐井位于人烟稀少的山区。井内可由二人作业，坐在竹筐内由辘轳引至井下，以锥、锸、铲、凿等铁制工具挖掘、破碎岩石，再送出井外。如此重复作业，越凿越深，直至发现盐卤层为止。井壁周围抹上由石灰、河沙、黄土及黏米糊构成的三合土，外面再以厚木板或条石加固，以防井体塌陷。李冰时代以来的早期盐井，应是用上述方法凿成。

关于古代盐井深度，据唐代李昉《太平广记》（978年）载，四川陵州盐井由后汉张道陵所开凿，周回四丈（径9.2米），深五百四十尺（124.2米）[1]；唐代李吉甫《元和郡县图志》（813年）载，四川仁寿县陵井“纵广三十丈（93米），深八十三丈（257米）”[2]，是一庞然大井。其他盐井在规模和深度上都不能与陵井相比。

古代大口径盐井开凿技术，随着时间的推移，逐步凸显出局限性。一是投入人力、物力过大，而采出的又是浓度较低的盐水，加大了煮盐的工作量。二是凿井速度缓慢，动辄十多月至数年。由于频繁开采，地下浅层盐卤资源已逐步呈现枯竭态势，需要向更深的层位凿井，才能见卤获利，然用传统挖井方法已无能为力。唐末五代以来的盐务政策也束缚了盐业的发展，因而10世纪起大口井盐生产开始衰落。

二、卓筒井或小口深井钻探技术

井盐的第二个发展阶段是从北宋（960—1126年）开始的，一种新的钻井工艺在北宋中期（1016—1071年）形成，此即在四川问世的小口深井钻探工艺或卓筒井工艺。

“卓筒井”一名初见于北宋文同呈送朝廷的一篇奏折中[3]。宋神宗熙宁间（1068—1077年），文同任陵州知州期间，鉴于辖区内井研县于庆历年间（1041—1048年）新发明的卓筒井采盐技术迅速扩展，此井易于隐藏，逃避盐税，且雇佣外地流民来此打工，遂奏请朝廷加派京官为知县以加强监管。苏轼对卓筒井形制及钻井方式作了补述[4]。由二人所述可知，卓筒井

1 〔宋〕李昉：《太平广记》卷三九九《盐井》，《笔记小说大观》本，广陵古籍刻印社，1983年，第5册，第136页。

2 〔唐〕李吉甫：《元和郡县志》卷三三，四库全书本。

3 〔宋〕文同：《丹渊集》卷三四《奏为乞差京朝官知井研县事》，四库全书本·集部·别集类，台湾商务印书馆，1986年，第1096册，第758页。

4 〔宋〕苏轼：《东坡志林》，华东师范大学出版社，1983年，第123页。

技术始于北宋仁宗庆历年间，首先出现于成都府路南部的井研县。在皇祐至熙宁不到三十年间（1049—1077年），此技术已为很多人所知，从者甚众，并迅速扩散到周围的嘉州、梓州，已开出1000多口井，每家井主佣工20～50人。用铁制圆刃钻头开小口径（20～30厘米）盐井，井深100～300米，可得到高浓度卤水。与古代大口径盐井靠人在井内以原始工具凿出的作业方式不同，小口径盐井以冲击式铁制圆刃钻头钻井，冲击力强度大，能穿透坚硬岩层，钻至足够深度。

小口径深井钻出之后，以一丈多长的巨大毛竹筒（径10～30厘米）去掉中节，再将七八个中空竹筒（总长23～35米）两端以榫卯相接，接缝处以麻绳拴紧，再以灰、漆固之。最后将长竹筒送入井下，竹径与井径相当，用作套管，可防止井塌，又可避免井壁周围淡水渗入。钻好井后，以比井径稍小的竹筒为汲卤筒，去其中节，筒底开口，安放与筒径相当的熟牛皮皮钱，构成单向阀门。入井后，卤水冲开皮钱进入筒内，水柱又靠其自身压力将阀门关闭。将汲卤筒提升至井外，以人力顶开阀门，卤水泄入槽中，以备煮盐。

卓筒井的推广大大促进了宋代的盐业生产。《宋史·食货志》载，至绍兴二年（1132年）时“凡四川二十州四千九百余井，岁产盐约六千余万斤”[1]。盐井数较宋初增加约7倍，年产量增加约2.7倍，井盐岁课增长为原岁课的5倍[2]。

卓筒井工艺定型后继续发展，至明清时期达到高潮。明代马骥《盐井图说》（约1578年）对盐井工艺作了全面概述。马骥为四川射洪县人，万历二年（1574年）任本县县令，任内基于实际调查而写成《盐井图说》，由岳谕方加配插图，四川学政郭子章作序。此书未曾刊行，但有写本传世。文字收入明代曹学佺《蜀中广记》[3]（约1610年）及明清之际学者顾炎武《天下郡国利病书·蜀中方物记·井法》（1929年四部丛刊本）以及清人谢廷钧等所编光绪《射洪县志·食货志》（1886年）中，然其中插图已佚。清光绪八年（1882年）刊四川总督丁宝桢主编《四川盐法志》卷二《盐井图说》提供的精美插图可补此缺憾。清人吴鼎立著《自流井风物名实说》[4]（简称《自流井说》）于同治十一年（1872年）由富顺思源堂刊行，是专论富阳县自流井盐区管理和生产技术的少见著作，乃据实地调查写成，附插图，记载翔实可靠。另一清人李榕也据实际调查于光绪二年（1876年）写成《自流井记》[5]，叙述井盐生

1 〔元〕脱脱、阿鲁图等：《宋史》卷一八三《食货志下五》，中华书局，1977年，第13册，第4475页。
2 林元雄、宋良曦、钟长永等：《中国井盐科技史》，四川科学技术出版社，1987年，第152页。
3 〔明〕马骥：《盐井图说》，见〔明〕曹学佺：《蜀中广记》卷六六《方物·盐谱》，四库全书本·史部·地理类，台湾商务印书馆，1986年，第592册，第111~112页。
4 〔清〕吴鼎立：《自流井风物名实说》，同治十一年（1872年）富顺思源堂木刻本，共16页。
5 〔清〕李榕：《自流井记》，《十三峰书屋全集·文稿》卷一，1890年湘乡龙安书院刊本。

图2　开井口图（取自《四川盐法志》卷二）

图3　立石圈图（取自《四川盐法志》）

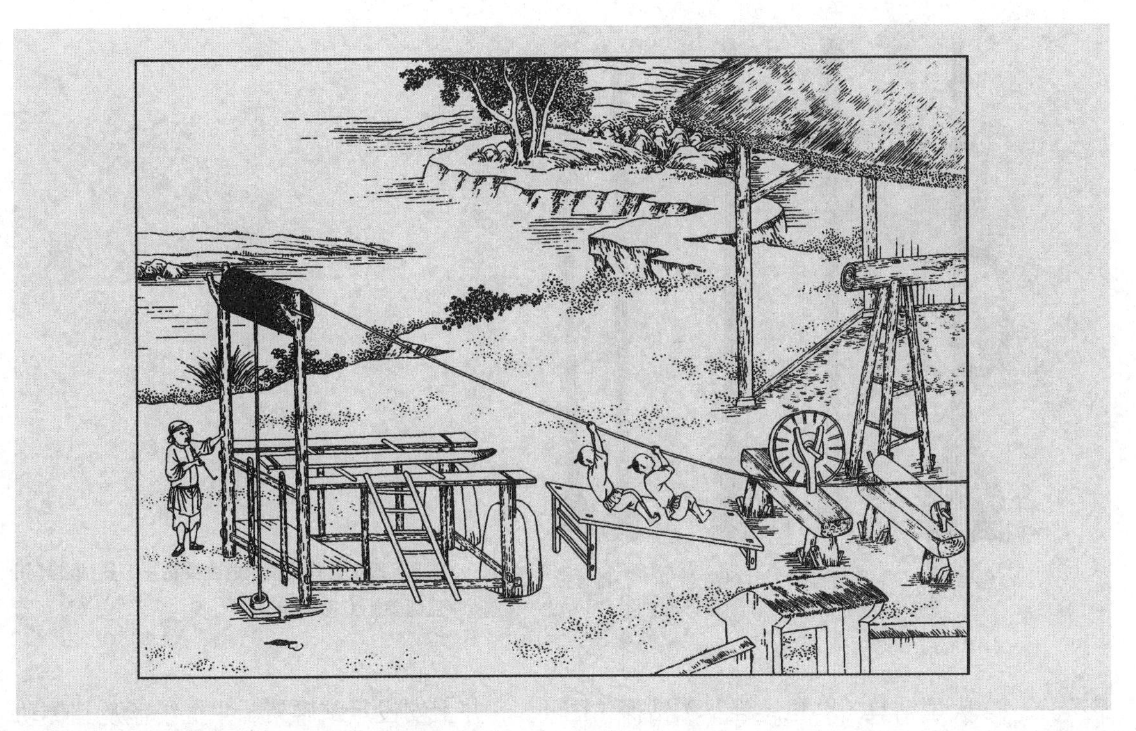

图 4　清除井内碎石及泥水图（取自《四川盐法志》）

产及资源，尤其对深井地质层位有重要记载。

由《盐井图说》《自流井说》及《自流井记》等相关文字记载和《四川盐法志》的插图，可一窥明代以来中国绳式深井钻探技术的工艺过程和操作要点。

《盐井图说》称："凡匠氏相井地，多于两河夹岸，山形险急，得沙势处。"一般说，在射洪县一带近河处，水多而淡；山地，水少而咸。在高山区择低处平坦地而开井，低山区择曲折凸起处开井，多有成效。《自流井记》则载不同地层钻井取样特征。须审地中之岩，钻头初下时见红岩，其次为瓦灰岩，次黄姜岩，见石油。其次见草白岩，次黄砂岩，见草皮火（薄的天然气层）。次青砂岩、次绿豆岩，见黑水（浓盐水层）。各种岩是按其颜色及形状取名的，钻井时不一定见所有岩，但必得有黄姜岩和绿豆岩。

宋代卓筒井时期钻出小口深井后，以七八个直径稍小于井口的中空长竹筒接在一起，总长 7～8 丈（22～25 米）插入井中，作为护井套筒。在此以下井内因岩层坚固，无须加套筒。但井上部土质松软，使竹筒承受不小的拉力和挤压力，时久便易开裂。明代对固井做了改进，选好井位、平整周围土地后，人工挖掘出"井口"或井的最上部井腔（图 2）。再在其中放入外方内圆的石圈 30 个（图 3），径 26～30 厘米或 36～40 厘米，周边 60 厘米，厚 0.3～0.6 米，逐个放至井口，周围以土及碎石填实，可使井壁上部能承受更大外力作用而不塌陷。

明清除在上部加石圈护井外，还以中空长木筒为固井套筒，需先钻出大口井腔（旧称"大

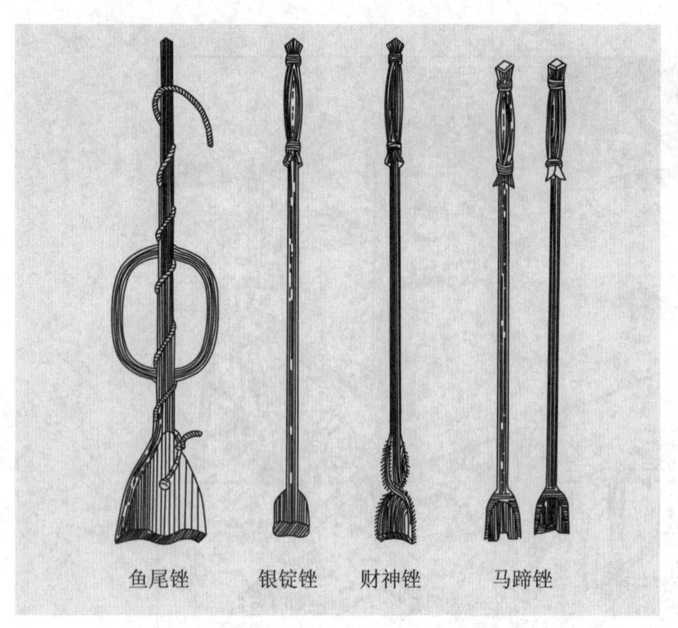

图5　四川盐井区使用的主要钻井工具[取自《川盐纪要》（1916年）]

窍”），以大型钻具（“鱼尾锉”）钻探（图4）。井上安设足踏碓架、牛拉绞盘及其传动系统（旧称“花滚”），以井架（“楼架”）支撑，利用绞车收放或踏板起落之势引动钻头冲击岩层。不管用何种方式驱动钻头，每钻进1～2尺都应取下钻具，换上底部有单向阀门的中空长竹筒送入井中，汲取其中被击碎的石屑及泥水，这道工序旧称“扇泥”，再行钻进。如此重复操作，直到见红岩层为止。

大型钻具为铁制，长3米多，重50～100公斤，钻头宽30～40厘米，底部呈鱼尾形，旧称“鱼尾锉”（图5）。钻杆上有圆铁环，当转动钻头方向时，可令钻孔垂直，上接震击器（旧称“转槽子”）。以竹片拧成的篾绳作为连接各部件的绳索，构成了中国绳式顿钻的特点。钻井时，需向井内注水，“及二三丈许，泉蒙四出，不用客水”[1]。一般说大口井腔需钻至20～30丈（62～93米），井径26～40厘米。

明清使用更坚固的松柏等木质套筒固井。《盐井图说》载，将木纵向锯成两半，使其中空，合拢成中空木筒，内径略小于井径，两端有榫卯可逐个连接，接缝处缠以麻绳，再以桐油和石灰密封（图6）。木筒底端仍缠以绳，油、灰抹面，以便与井壁岩石紧密结合。通过井架上的滑轮（旧称“天滚”或“天车”），将套筒送入井下，最上端的滑轮通过传动装置与牛拉绞盘以篾绳连在一起（图7）。木套筒总长可达45～90米。

木质套筒入井后，便用小的铁制钻头钻小口径深井（旧称“小窍”）。钻头上有长柄，总长1.2丈（3.72米），重40～70公斤，刃部如银锭，旧称“银锭锉”（图5）。钻头高6～7寸或

1　〔明〕马骥：《盐井图说》，见〔明〕曹学佺：《蜀中广记》卷六六《方物·盐谱》，台湾商务印书馆，1986年，第592册，第111页。

图6　制木质套筒图（取自《四川盐法志》）

图7　下木质套筒图（取自《四川盐法志》）

图8　钻小口深井图（取自《四川盐法志》）

8～9寸，前后椭圆，左右中削。钻具上仍装震击器（“转槽子”），由绞盘驱动（图8），钻法与钻大口井腔相同。这段井身占全井深度80%～90%，是盐井主体部分，也是裸井部分。因岩层坚硬，钻井所需时间很长，有的井需要四五年至十数年不等。小口井径，据《自流井说》载，“老井则二寸四五（8～8.25厘米），大者三寸二三（11厘米）……小眼则四五寸（13～16厘米）为度”；深度因各地地质情况不同而变化很大，据严如煜《三省边防备览》（1822年）记载，最深可达“百数十丈至三四百丈”（960～1280米），创当时世界最高纪录。

钻井时遇到有色的盐水（旧称为“卤”），即大功告成。接着把吸卤竹筒送入井下，井内盐水顶开阀门进入筒中，靠自身重量将阀门关闭。提至井上时，以铁钩顶开阀门，将盐水倒入槽中，送去煮盐。在井上以数木支起高几丈的井架（“楼架”），上安一定滑轮（“天滚”），地上再放一滑轮（“地滚”）。井的另一处有带草棚的立式绞盘（“大盘车”），以牛拉动。绞盘周长5米，绕以很长的篾绳，牵引力超过宋代。在地上滑轮与绞盘之间还装有枢轴的导轮（“车床”）用以改变力的方向。以上各部件间皆以篾绳相连（图9）。

从11世纪北宋以来，发展了一整套处理钻井事故的工具和方法，至明清时更趋完备。在处理事故前，先由有经验的师傅将带有倒钩的探测杆（旧称“提须刀”）（图10）放入井下，查出事故原因、坠入何物及在井中位置，再采取对应措施。如钻井时钻探工具及篾绳偶尔中折掉入井中，可用铁制的五爪将其取出；井中被游动的泥沙塞满，使钻探受阻，则以下端有细齿的铁杆将粘在一起的泥沙冲松，再用竹筒（旧称“刮筒”）将泥沙从井中取出。

至清代，钻进、打捞工具已达70种，处理井下事故的工具亦有几十种。另一常见的井下事故是钻头冲击岩层时，因冲力过猛而卡入其中，提不起来，使钻探中断，如硬是提拉，易使篾绳裂断或钻具损坏。古人发明了震击器，放在篾绳与钻具之间，能对钻头撞击后产生一种反弹力，使钻头不致陷入岩层中，起自动解卡作用，旧称“撞子钎”。此装置至迟在14—15世纪明初即用于四川盐井区深井钻探中。明清时撞子钎还有“挺子”“转槽子”等不同名称和诸多品种，用于井下钻探的不同作业。这些装置放在井上升降系统的篾绳与井下钻进、打捞及汲取工具之间，可起到垂吊、扶正、指示、震击、保护和解卡等作用。

转槽子造型和结构简练，由四楞铁杆（旧称“鸡脚杆”）及其上宽下窄的底座（旧称“球球”）、铁套筒（旧称“鸡蛋壳”）构成（图11）。长1.9米，重20公斤，其铁杆上部有穿绳孔，以拴篾绳直通井上。铁杆下部呈方楞形，底座为平截面圆锥形；外有空心铁套筒，可上下滑动，上可滑至铁杆顶部，向下则滑动至底座为止。转槽子下部的铁杆、套筒及底座与钻头尾部通过“把手”连接在一起，把手由四根弯成椭圆形的竹片组成，均匀分布于前后左右四个方向，接头处缠以麻绳，外以铁箍箍紧。铁杆在把手内做上击、下撞活动，起震击和解卡作用。

图 9　吸取盐水图（取自《四川盐法志》）

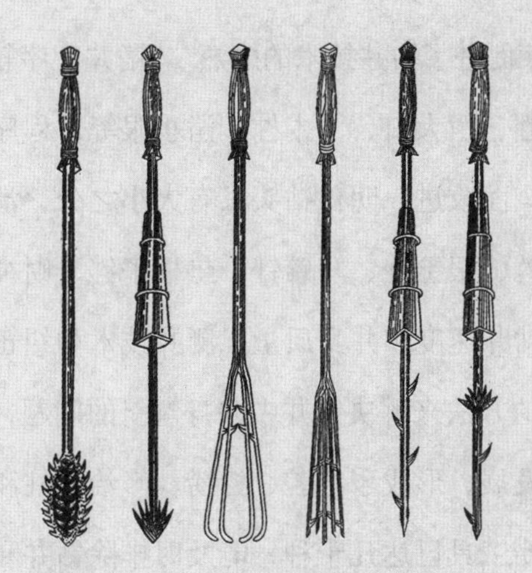

图 10　四川盐井区使用的部分打捞工具（取自《川盐纪要》）

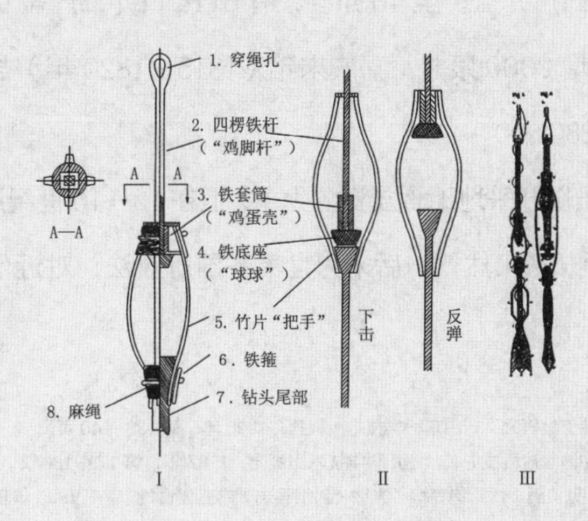

图 11　中国发明的震击器（转槽子）结构及运转示意图

因转槽子加重了钻具，增强了钻头破碎岩层的能力。当篾绳长短适度时，钻头至井底不再运动。此时转槽子下行，与钻头碰撞发出的声音传到井口，说明钻头冲至井底。如篾绳短或过长，则井上听不到声音，需及时调整绳长[1]。

由上可见，明中叶以后，钻井技术在宋代卓筒井基础上，凿井过程逐渐规范，包括相井地（选址）、立石圈、凿大窍、扇泥、下竹和凿小窍6道工序，比宋代更为程序化[2]。固井技术得以提高，井身结构得到改进，上部用石圈和木竹加固松软地层、隔绝淡水，下部为裸眼，利于防止坍塌；采用石圈和木竹固井，突破了宋代以楠竹做套管的局限。处理井下事故的治井技术也获得新的进展，发明了搅镰、铁五爪、撞子钎等工具，用于打捞盐井落物，采用搜子、漕钎、刮筒等工具淘井，有效解决了盐井钻凿和生产中出现的事故。这些技术的进步为开凿深井和从地下深层采盐创造了条件。明代四川地方官郭子章称，万历年间（1573—1619年）成都附近的射洪县内盐井浅者五六十丈（155～186米），深者已达百丈（310米）[3]。

清代盐业生产的繁荣促进了钻井技术的成熟[4]。凿井工序较明代更为周密，大致可分为定井位、开井口、下石圈、凿大口、下木柱、凿小眼等，程序较明代更为完整，技术得到提高。钻头和钻具得到全面改进，明代钻头只有大小之分，清代应用了形式多样、适应各种岩层的钻头，如鱼尾锉、银锭锉、马蹄锉、垫根子锉、财神锉等，出现了转槽子、把手和长条等钻具，提高了钻井速度和井身质量。测井技术和纠正井斜办法的应用趋于成熟，采用吊墨、测井和纠斜的方法来解决钻井中井身弯斜的问题，使井身质量得到保证。修治井技术较明代又有大的发展，形成了补腔、打捞、修治木柱和淘井等一整套修治井技术，如到清代中叶使用的打捞工具已达几十种，能及时排除钻井和生产过程中的事故。钻井和治井技术的高度发展，使得清代井盐钻井工艺臻于完善，为清代盐业生产提供了重要保障。清雍正八年（1730年）四川井盐扩至40州县，有6116口井，产盐9200多万斤[5]。至乾隆二十三年（1758年）又增2000眼井。嘉庆末年（1815—1820年）盐井深度可达“百数十丈至三四百丈（960～1280米）”[6]。

中国深井钻探技术虽以开采地下食盐资源为主，但在13—16世纪还用于开采地下石油，在18世纪更大规模用于开采天然气，后来为世界各国所效法，对近代国际社会发展石油开

---

1 刘德林、周志征：《中国古代井盐工具研究》，山东科学技术出版社，1990年，第138~140页。

2 林元雄、宋良曦、钟长永等：《中国井盐科技史》，四川科学技术出版社，1987年，第173~180页。

3 〔明〕郭子章：《盐井图说序》，见〔清〕谢廷钧等编：光绪《射洪县志》卷五《食货志》，1886年刊本。

4 林元雄、宋良曦、钟长永等：《中国井盐科技史》，四川科学技术出版社，1987年，第190~243页。

5 〔清〕丁宝桢主编：《四川盐法志》卷七，宪德、黄廷桂奏略，1882年木刻本。

6 〔清〕严如熤：《三省（川陕鄂）边防备览》卷一〇，道光二年（1822年）木刻本。

图 12　燊海井遗址

（引自 http://blog.sina.com.cn/s/blog_4cd33b790100wu9j.html）

采和石油产品加工等技术以及建立相应工程技术学科发挥了极为重要的推动作用。道光十三年（1835 年）在自贡盐场钻出的燊海井（图 12），是见证中国古代深井钻探技术的活标本。它深达 1001.42 米，125 米以上井径为 11.4 厘米，以下至井底为 10.7 厘米，日产天然气 8500 立方米，黑卤 14 立方米[1]，创造了当时世界钻井的最高纪录。1985 年燊海井经修复，恢复了清代的布局和风貌。1988 年 1 月，国务院将其列为全国重点文物保护单位。

三、深井钻探技术的西传

欧洲从古代至近代所需的食盐一直以海盐为主，在 16 世纪以前不知道凿井取盐。欧洲人掌握的钻井取盐技术是从中国传过去的。中国钻井技术在欧洲的传播大体可以分为三个阶段：（1）14—16 世纪，中国凿井取盐的技术思想首次传入欧洲并付诸实践。（2）17—18 世纪之际，中国以铁制钻头作工具的深井钻探技术传入欧洲并被实际应用。（3）19 世纪的前 30 年，中国顿钻深井钻探技术全面传入欧洲及北美，一直用到 19 世纪末至 20 世纪初，成为世界近代钻井技术的基础。

意大利人马可・波罗最早把中国凿井采盐的信息传到了欧洲。他于 1275 年到达元世祖忽必烈汗上都，在华居住 17 年后返回故国。《马可・波罗行纪》1298 年首先以古法文笔录

1　胡砺善：《四川盆地自流井构造天然气开采的研究》，石油工业出版社，1957 年，第 15 页。

图 13　17 世纪波兰维耶利奇卡人力挖掘的盐井取盐图 [德乌戈什（A. Dlugosza）复原，克拉科夫省维耶利奇卡博物馆（Muzeum Zup Krakowskich Wieliczka）藏]

成书，在 14—16 世纪时已有了法文、意大利文、拉丁文和德文本流行于世。其游记中记载，在中国内陆地区地下深处蕴藏有食盐资源，可通过凿井之法开采出来[1]。

拥有海盐的西欧国家对井盐没有急迫的需要，但离海很远的东欧、中欧内陆地区或国家，则迫切需要新的盐源，在获知《马可波罗游记》描述的凿井取盐的信息后，很快便付诸实践。16 世纪前后在波兰南部工商业城市克拉科夫（Kraków）附近的维耶利奇卡[2]（Wieliczka）、博赫尼亚（Bochnia）和匈牙利境内的苏沃尔[3]（Sóowár）出现了实际运作的第一批盐井。马可·波罗没有介绍具体钻井方法，欧洲人将盐井理解成像一般水井或矿井那样，按常规方法凿出。因此，16 世纪欧洲最早这一批盐井是大口井，凿井技术相当于中国汉唐时代的水平。不过，这一批盐井还是取得了相当可观的效益。

1500 年时维耶利奇卡盐井年产盐 300 万公斤（博赫尼亚则产 500 万公斤），以人力踏车（图 13）从井下提取盐；17 世纪（1670 年）时盐井井深可达 360 米，以马拉盘车通过滑车将人送入井下或提升上来，井下有灯照明。据到访者记录，1673 年，苏沃尔所开采的盐有不同的颜色，井深 190 米，以滑车将盐从井下取出；1724 年，井深已达 256 米，年产盐 600 万公斤，以马拉吊桶取盐。

1　*The Travels of Marco Polo*, ed. Manuel Komroff, 9th edition, New York: Garden City, 1932, p.173；李季译：《马可波罗游记》卷二，第 48 章，亚东图书馆，1936 年，第 196 页。

2　J. N. Hrdina, *Geschichte der Wieliczkaer Saline*, Vienna, 1842.

3　Ernest Bruckmann, "An Account of the Imperial Salt Works of Sóowár," *Philosophical Transactions of the Royal Society of London*, 1730, 36: 260–264.

西欧国家见波兰因开采盐井聚积了大量财富，便起而效法。16—17 世纪在德国东部萨克森（Saxony）、南部巴伐利亚（Bavaria）和英国中部柴郡（Cheshire）等地也出现了盐井。这些盐井也是按维耶利奇卡的模式开凿的大口浅井，虽未达到足够深度，不能得到岩盐，但却能采出有经济价值的盐水。

大口浅井凿井深度不够，得不到浓盐水和岩盐，使欧洲井盐的进一步发展受到限制。在这种情况下，清初康熙年间（17—18 世纪之交）中国先进的技术信息通过在华传教士传到欧洲。据 19 世纪法国学者菲古耶（Guillaume Louis Figuier）《科学奇迹》（*Les Merveilles de la Science*）（1870 年）载，塔不拉斯卡主教（Évêque de Tabrasca）1704 年 10 月 11 日用法文发表在《启示书信集》（*Lettres édifiantes*）中的一封信，介绍了中国的盐井[1]。菲古耶还引用 17 世纪最后几年荷兰出版的法文本《别致的游历》（*Voyage Pittoresque*），书中也介绍了四川盐井。这些报道是由当时在四川传教的传教士或耶稣会士据考察见闻记录下来而发回欧洲的。

康熙年间四川盐井区的盐井都是小口深井，因而 17—18 世纪之交在四川实地考察盐井生产的在华传教士向欧洲介绍的正是中国人以铁刃钻头借绳式冲击钻进法钻出小口深井、成功提取浓盐水和岩盐的技术。欧洲人再经过摸索试验，掌握了以铁刃钻头冲钻代替单纯挖掘的新的钻井方法，完成西方钻探史上的一次重大技术突破。

1713 年，德国机械师巴特尔斯（J. J. Batels）为改善矿区露天竖井的传统挖掘方法，推出一种“Bohrmaschine”（“钻井机”）的装置，以钢刃铁钻头借绳式冲击钻进法钻出 25 厘米的小口竖井。钻具以绳系在由二人踏车驱动的提升器上[2]。这是欧洲人按中国绳式顿钻思维模式钻井的最早尝试，但钻至一定深度后遇到坚硬的岩层，没有再继续钻下去而中途停止，因而对后世未能产生太多影响。

1714 年，莱比锡大学医学教授莱曼（J. C. Lehmann）发表《采矿钻探器图说》（*Beschreibung des Bergbohrers*），描述并绘制了钻探设备，包括六种冲击钻头、四种从井中取出碎块和水的部件与四种用于打捞破损钻杆和钻头的部件[3]。这些部件挂在由三根支柱撑起的滑轮上，再以人力驱动的辘轳提起。莱曼采纳了中国冲击钻探钻小口井

1 G. L. Figuier, *Les Merveilles de la Science*, Paris, 1870, 4:530-533.

2 Hennig Calvör, *Acta Historico-Chronologico-Mechanica Circa Metallurgiam in Hercynia Superiori*, Vol.1: 3-6, Brunswick, 1763.

3 J. C. Lehmann, *Beschreibung des Bergbohrers*, Leipzig, 1714.

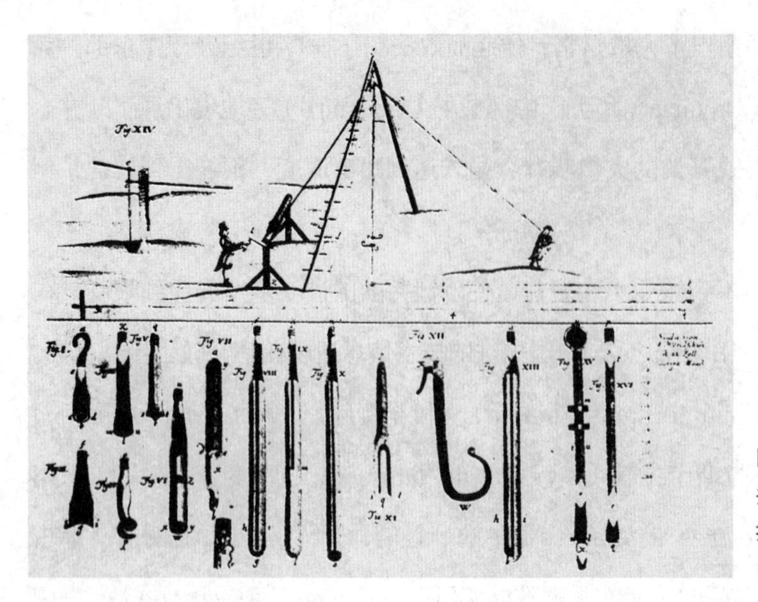

图 14 18 世纪初欧洲以杆式冲钻法钻盐井（上）及所用各种钻头、清除泥土与打捞破损钻头、钻杆的工具（下）（取自德人莱曼《采矿钻探器图说》）

的思想，钻头形制与四川井工所用者相似，但没用竹篾绳或其他材料的绳索，而是用长的硬杆拉动钻具（图 14）。他谈到钻井器的许多用途，但实践表明其最重要的用途是钻井取盐，尤其是开采内陆地区地下深层的盐源。

后来，莱曼的前助手博尔拉赫（J. G. Borlach）为改善萨克森盐厂的生产，以加大井深为主攻方向，1725—1731 年在阿特恩（Artern）以挖掘与钻进并举，使井深达 140 米，1744—1764 年在杜伦堡（Dürrenberg）用钻探方法获得盐水[1]。

法国在 18 世纪晚期钻井项目成倍增加，但常常是为了找地下水。1781 年在北方里尔（Lille）钻出百米井，1784 年在巴黎出现钻至 580 米深的井[2]，这个纪录在欧洲保持达一个世纪之久。法国地下盐水蕴藏量稀少，限制了盐井的发展，只是偶尔在 1819 年靠近德国的维克（Vic）发现盐源，并生产井盐。

美国钻井取盐始于 19 世纪初弗吉尼亚州（今西弗尼亚州）卡纳瓦（Kanawha）盐厂[3]。1809 年，戴维・拉夫纳（David Ruffner）和约瑟・拉夫纳（Joseph Ruffner）兄弟在这里一块盐渍地（salt-lick）上挖井，以内径 1 米的空心枫木构成加固套筒，一人在井内移出泥土并加深挖掘。至 4 米处，得到稀盐水。在另一处凿出 14 米井，放入铁刃钻头钻进，再次得稀盐水。又在第一个井中以钢制铲形钻头，钻至 17.5 米得到盐水[4]。可以看到，19 世纪初

---

1 Heinrich von Dechen, "Die Auffindung von Steinsalz bei der Saline zu Artern," *Archiv für Mineralogie, Geognosie, Berobau und Hüttenkunde*（Berlin）, 1838, 2: 232–239.

2 Theodor Tecklenburg, *Handbuch der Tiefbohrkunde*, Bd.1: 84–85, Leipzig, 1886.

3 Levi Disbrow, *Disbrow's Exposé of Water Boring*, New York, 1831.

4 David Ruffner, "The Kanawha Salt Works," *Niles Weekly Register*, 1818, 8: 135.

美国井盐沿用了18世纪以来欧洲尤其是德国流行的“采矿方法”，而此法又是中国钻井术传入欧洲后的产物。

拉夫纳兄弟开发盐井之举为周围的人所仿效，1819年已开出15～20口井，有30个煮盐车间，年产盐1800万公斤，平均井深116米。1827年卡纳瓦地区有超过91.4米的井61口，1830年有平均深116米的井120口[1]。盐井还扩及到其他州，尤其俄亥俄州到1831年有深300米以上的井。拉夫纳兄弟从1828年起以蒸汽机为动力驱动钻头钻井，实现了真正意义上的机械钻探。

在17—18世纪中国钻井术西传时，欧美国家都想当然地将钻杆与钻头直接相连，由此产生的隐患存在一百多年。18世纪末欧洲人已觉察到这类钻具有缺陷，做了各种改进尝试，但都是治标措施，一直找不出根治方法。

19世纪初中国钻井技术再次传入欧洲，传递这一技术信息的是法国遣使会士安贝尔（François Imbert）。他于清末道光五年（1825年）来华后，在四川重庆府教区住院期间曾前往附近井盐区传教。在当地井主、井师、工头和井工的引导和解说下，他对井盐技术做了细致的现场考察。1828年在里昂出版的《传信协会年鉴》（*Annales de l' Association de la Propagation de la Foi*）卷三有安贝尔于1826年9月从四川写给法国海外传教团神学院院长朗格卢瓦（Langlois）的信《关于盐井的考察》（*Consulter sur les puits de sel*）[2]。其中指出，当地有盐井1000多口，井深490～585米，以130～180公斤的铁制钻具钻出，钻头上有伞体上部形状的部件，由藤索悬之，井上有人在踏板上有节奏地跳动，以保证钻井动作协调；盐水在长竹筒中被提起，再用煤或井中放出的天然气煮之[3]。所介绍的伞状部件实际上就是撞子钎或转槽子，可在钻头与钻杆之间起到缓冲作用。

当时有法国钻井专家怀疑中国盐井能否钻到585米那样的深度[4]。为此，安贝尔又去四川叙州府富顺县盐井区考察。1829年9月1日他在富顺自流井写给朗格卢瓦的信，发表在1830年出版的《传教协会年鉴》卷四上。其中说，钻具由藤条拧成的缆绳悬挂，在井中冲击

---

1 See: *Niles Weekly Register*, 1845, 68: 199.

2 François Imbert, Lettre de M. Imbert, missionnaire apostique, à Messieurs les directeurs (Langlois) du séminaire des Missions Etrangères (Ou-tong-kiao, Kia-ting-fou, Sept. 1826), Consulter sur les puits de sel. *Annales de l'Association de la Propagation de la Foi* (Lyon), 1829, 3: 369-381.

3 François Imbert, Lettre de M. Imbert, missionnaire apostique, à Messieurs les directeurs (Langlois) du séminaire des Missions Etrangères (Ou-tong-kiao, Kia-ting-fou, Sept. 1826), Consulter sur les puits de sel. *Annales de l'Association de la Propagation de la Foi* (Lyon), 1829, 3: 369-381.

4 François Imbert, Lettre de M. Imbert, missionnaire apostique, à Messieurs les directeurs (Langlois) du séminaire des Missions Etrangères (Ou-tong-kiao, Kia-ting-fou, Sept. 1826), Consulter sur les puits de sel. *Annales de l'Association de la Propagation de la Foi* (Lyon), 1829, 3: 369-381.

钻进；缆绳另一端连在提供提升动力的鼓形绞盘上，绕的圈数为 50 圈，绞盘周长 12 米，共绕绳长 600 米，总长 945 米，则井深确实达到 610 米，证明他原来报道的井深数据没错[1]。

安贝尔对四川井盐技术的报道，迅即引起欧美相关人士的注意，成为他们改进已有钻探技术和工具的依据。1830 年，德国钻井专家小格伦克（Karl C. F. Glenk）还不知道这种装置，因他用的钻具不能有效削弱钻头的撞击。但 1839 年他的同胞德欣（Heinrich von Dechen）在《阿特恩镇 1831—1837 年的钻探工作》一文内第一次提到这种钻具，称厄因豪森（Karl von Oeynhausen）1834 年 6 月在雷姆附近的新盐厂（Neusalzwerk bei Rehme）钻探时引入名为“变换器”（Wechselschere）或“滑动器”（Schieber）的新装置[2]。1858 年德国人贝尔（August H. Beer）在《地下钻探术》（*Erdbohrkunde*）一书中提供了厄因豪森研制的装置的图样（图 15）。从图中可见钻杆与钻头并不直接相连，而是在二者之间放一个含有可上下滑动的圆筒装置，与中国明清时用的撞子钎或转槽子有同样的结构和功能，从而提供了深钻所必需的新式武器。1842 年小格伦克的助理金德（C. G. Kind）出版的《钻工钻井指南》（*Anleitung zum Abteufen der Bohrlöcher Luxemburg*）一书中声称他已钻出 435 米深的盐井。次年，他又研制成名为“自由降落装置”（Freifall-Apparat），装设在钻杆与钻具之间，对深钻成功具有重要意义。1847 年，法国人若巴尔（J. B. Jobard）用德文发表《论钻井及绳钻》（*Über das Brunnenbohren mit dem Seilbohren*）一文，声称仅单独一名法国井工就用中国方法成功钻出 89 口井[3]。因而利用绳钻能成功钻井，至此已由欧洲钻井者的实践所证实。

然而，那些试用绳钻的人报道说，以此法难以保持钻孔的垂直性，因为绳有伸缩性，不是垂直传递力的作用的有效介质。实际上中国人从不用有伸缩性的麻绳，而是用劈开的竹条拧成的篾绳。20 世纪美国人克劳福德（Wallace Crawford）和阿彻（M. T. Archer）在中国目睹钻井绳索用可弯曲的竹条拧成的篾绳，每根绳通常直径 4.6 厘米[4]或 4～5 厘米至 15 厘米，长 12 米[5]，再逐根连接，井越深，绳越粗。篾绳有弹性，可绕在绞盘上提升钻具，又有足够刚性，井工不时反时针转动绳，保证钻孔垂直。安贝尔介绍的藤绳，由棕榈科省藤（Calamus platyacanthoides）的茎条拧成，与篾绳功效一样。欧洲即使无竹或藤，也可从中国进口，

1 François Imbert, Lettre de M.Imbert, missionnaire apostique, à Messieurs les directeurs (Langlois) du séminaire des Missions Etrangères (Tse-lieou-king, le 18 Sept. 1828). *Annales de l'Association de la Propagation de la Foi* (Lyon), 1830, 4: 411–415.

2 Heinrich von Dechen, "Die Bohrarbeit zu Artern in den Jahren 1831 bis 1837," *Archiv für Mineralogie, Geognosie, Bergbau und Hüttenkunde* (Berlin), 1839, 12: 39–120.

3 J. B. Jobard, "Über das Brunnenbohren mit dem Seilbohren," *Polytechnisches Journal* (Stuttgart), 1847, 105: 14–24.

4 Wallace Crawford, "The Salt Industry of Tzeliutsing," *China Journal of Science and Art* (Shanghai), 1926, 4: 174.

5 M. T. Archer, "Drilling in Tzu-Liu-Ching, China," in *History of Petroleum Engineering*, Dallas: American Petroleum Institute, 1961, 146–152.

或用当地有类似性能的材料拧成的绳，美国人甚至用钢丝绳也达到同样的目的。

美国人于1830年起用绳钻法，比欧洲人少走一大段弯路。10年后又推出震击器和以蒸汽机驱动钻具，使井盐钻探加速发展。由于美国不产竹，钻具改由钢丝绳悬挂，这是很好的替代物，因为钢丝绳刚柔兼备，具有篾绳的特性，又能用机器生产，绳的另一端与提升装置相连。它在工作原理和功用上与中国的撞子钎或转槽子是相同的。美国弗吉尼亚州卡纳瓦盐井区的技师莫里斯（William Morris）1841年9月4日从美国政府获得研制“jars”（美式震击器）的发明专利（U.S Patent 2243）。1876年在卡纳瓦研究当地制盐史的学者哈尔（John P. Hale）根据老居民的回忆录写成《卡纳瓦的制盐》（*Manufacture of Salt in Kanawha*）[1]一文，指出莫里斯早在1831年就研制出这种装置，只是十年后才申请专利。根据哈尔所提供的插图（图16）及说明可知，它是装在钢绳与钻头之间的装置，靠近钻头的下部也有可上下滑动的套管。

欧美的震击式钻具可能是在互不影响的情况下分别同时研制出来，但都有一个共同来源，即它们都是明清时代中国四川盐井区使用的撞子钎、挺子或转槽子的直系后代。

中国有打捞井内损坏设备所需的各种工

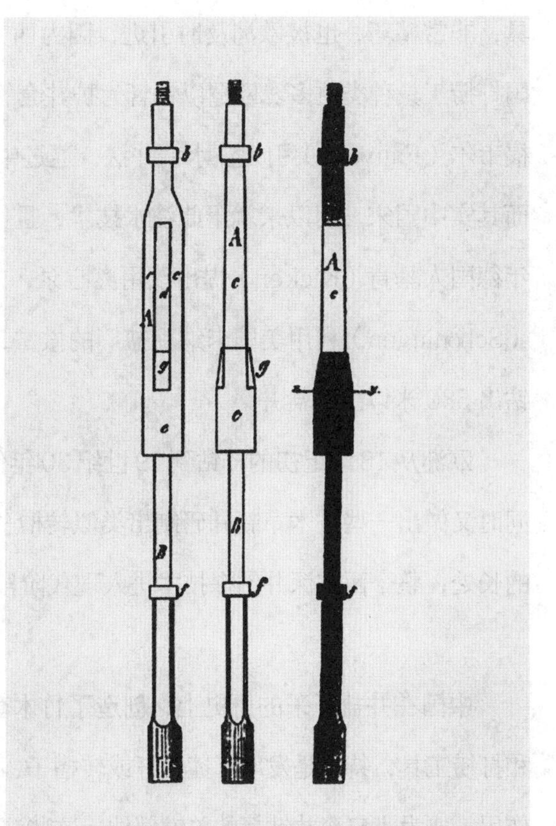

图15　厄因豪森的震击器（Wechselschere or Schieber）（取自贝尔《地下钻探术》）

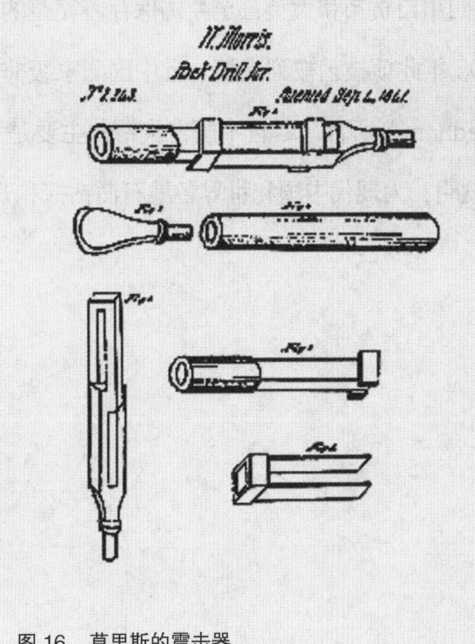

图16　莫里斯的震击器

1　John P. Hale, “Manufacture of Salt in Kanawha,” in *History of Kanawha County*, ed. G. W. Atkinson, West Virginia, Charleston, 1876, 149–223.

具，非常精巧，也被欧洲及时引进，因为西方人注意到，中、欧打捞工具是很相似的，但中国打捞工具种类更多。欧洲以铁管为护井套管，代替木石套管，是一项革新。1846 年法国人福韦尔（Fauvelle）引入注水钻井法，通过中空钻杆注入水流，将撞碎的岩屑从井中排出[1]，而其实中国宋、明以来就用此注水技术，且使用有单向阀门的中空竹筒完成这一作业。1865 年德国人基肯（Kicken）提出改用离心泵，效率倍增[2]。1860 年在德国萨克森境内的舍宁根（Schöningen）利用美国卡纳瓦盐厂的做法，以蒸汽机为钻探动力，代替人力或马拉绞盘，钻出 580 米以上的盐井[3]。

欧洲从 18 世纪初的杆钻到 19 世纪 30 年代回归到绳钻，终于掌握中国深井钻探术之真谛，同时又做出一些技术革新并研制出类似转槽子的震击器等新工具。1880 年代欧洲吸取了美国的长处，整个西方深井钻探技术进入现代阶段，结束了中国钻井术西传的历史。

中国在井盐开采的历史上，创造了竹木套筒隔水固井法、冲击式深井钻井法及相关钻具和打捞工具，特别是发明了撞子钎或转槽子，可起垂吊、指示、震击、扶正和事故处理的解卡作用，成为小口深井钻探的关键部件，这些深钻汲制技艺的发明和发展，使地底深处的天然卤水得到开采。而相关顿钻钻井信息和技术的西传则对近代钻井技术的发展起到了重要的推动作用。四川自贡市和大英县至今仍保存着完整的井盐汲制技艺，其流程成为世界钻探深井的活化石，2006 年此项技艺被列入第一批中国国家级非物质文化遗产名录。诚如英国学者李约瑟（Jeseph Needham）所言，尽管中国古代钻井主要是为汲取盐水，但深井钻探技术无疑是中国的一项杰出发明，为现代中国和世界各地石油钻探和开采作了先驱。

1 Fauvelle,"Sur un nouveau systѐme de forage," *Annales de Chimie et Physique* (Paris), 1846, Sér. 3, 18:328–331.

2 Kicken, "Ueber das Hiederbringen von Bohrlocher und Schächte vermittelst eines durch hohle Bohrgestäng geführten Wasserstroms," *Zeitschrift für das Berg-, Hütten-, und Salinenwesen im Preussischen Staate* (Berlin), 1865, 13:177–180.

3 Robertp Multhauf, "Naptune's Gift," *A History of Common Salt*, Baltimore: John Hopkins University Press, 1978, 182–183.

精耕细作的生态农艺

闵宗殿

◎　精耕细作生态农艺是中国古代的一大发明，在古代的农业生产中独领风骚。不过它不是一项单项技术，而是由一系列技术措施组成，在人多地少的情况下，采取精细的生产与经营方式，既提高单位面积的粮食产量，又尽可能保持生态平衡，做到对土地的永续利用。

◎　就其内涵来说，它包括土地合理利用与土壤改良、作物栽培、掌握农时、积肥施肥、选种育种、防治害虫等方面，并互相配合，为农业生产提供气、热、水、肥、土、种等方面的条件。

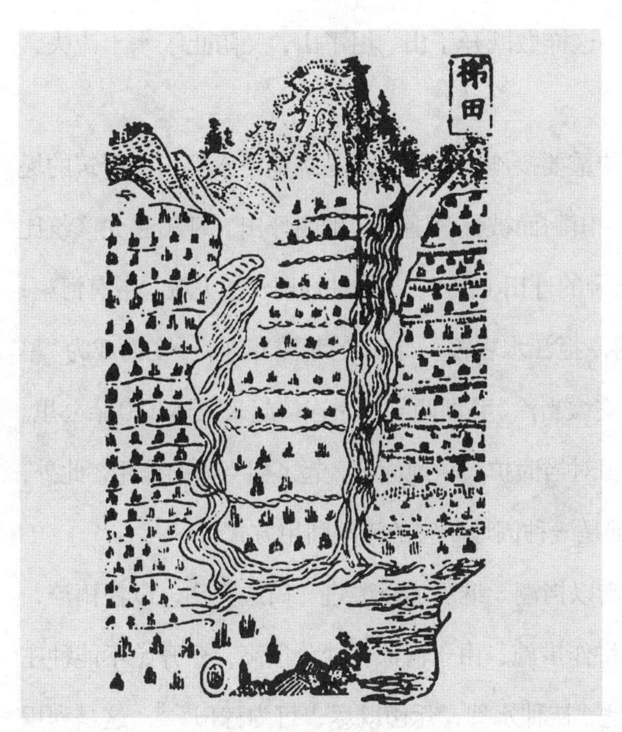

图 1　梯田

一、土地的合理利用与改良

我国是一个山多平原少、人口多耕地少的国家，为了发展农业生产，我们的祖先对一系列不宜种植的土地进行了开发，对大量不宜种植的土壤进行了改良，从而开垦了大量的耕地，建造了大量的良田，为农业生产提供了必要的生产基地，同时也在土地利用和土壤改良方面积累了丰富的经验。

（一）土地的合理利用

历代被用来开发利用的土地，包括丘陵山地、河湖滩地、滨海滩涂等。这些荒芜的土地种类不同，开发的方式也不一样。

最初人们对丘陵山地的利用只是顺坡而种，人称为畬田。这种田水土流失十分严重，一般只能种三年，就不能再利用。这是山地利用的原始形态。到宋代便被一种新的山地利用方式所代替，新的利用方式是依山的坡度，等高线筑成堤埂，埂内开成农田。有了堤埂的包围，因而有很好的防止水土流失作用。这样处理，便巧妙地将垦山用山同治水治土结合起来。这种田层层而上如阶梯，因此被称为梯田（图 1）。梯田之名，最初见于宋代范成大的《骖鸾录》中。还有一种方法，就是将山地分层利用，其法是：所开之山，自上而下划分为七层，五层以下可以开种，先开底层，逐渐而上。这样山上的泥肥不致流失而留于田中，旁再修山涧，用以蓄水以便溉用。这样做既开了山、用了山，又防止了水土流失，是一种巧妙的山地利用法。

利用河湖滩地增加农田，是长江流域的重要措施，主要方式是筑堤挡水卫田，所筑的堤起着“内以围田，外以围水”的作用，这种田因而被称为围田，也叫圩田。圩田起先修筑比较简单，后来发展成堤岸、涵闸、沟渠相结合的圩田（图2）。这种圩田“如大城，中有河渠，外有门闸，旱则开闸，引江水之利，潦则闭闸，拒江水之害”，昔日的荒滩弃地，一变而成为“旱涝不及，为农美利”[1]的肥沃良田。北宋时的安徽当涂、芜湖两县圩岸连接起来长达240余公里。南宋时，太湖周边的圩田多达1498所，圩田对当时扩大耕地面积，起了相当大的作用。此外，还有淤田、柜田、沙田等，但规模不大，都是一种因地制宜的滩地利用方式。

对海涂滩地的利用方法，先是筑堤，借以挡潮。继后加以改进“田边开沟，以注雨潦，旱则灌溉”[2]，这是开沟排盐、蓄淡灌溉的耕作措施，由于海涂含盐分很高，一开始不能种庄稼，所以必须经过一个脱盐的过程。措施是“初种水稗，斥卤既尽，可为稼田”[3]，这是利用生物脱盐的措施。经过这样治理，“其稼收比常田，利可十倍”，收益是很明显的（图3）。

（二）土壤改良

对于土壤，我国古代已认识到“土壤气脉，其类不一，肥沃硗埆，美恶不同”。同时也认识到不同的土壤，是可以用不同的方法来治理的，“虽土壤异宜，顾治之如何耳，治之得宜，皆可成就”[4]。这里仅就我国古代对北方盐碱地的改良和南方冷浸田的改良来说明我国古代在土壤改良方面取得的成就。

稻洗盐是最早使用的治盐碱方法，这种方法巧妙地将种稻和洗盐二者结合起来，并收到既种稻又改土的双重成效。战国西门豹治邺时，已应用这种方法，并取得了“终古斥卤（盐碱土），生之稻粱”的成效。这个方法，以后为历代所沿用。

开沟排盐也是被利用来治理盐碱地的一个古老的方法。战国时，《吕氏春秋·任地》中就有“子能使吾士（土）靖而甽浴士（土）乎”的记载，盐碱过多被列为农业生产的一大问题。意思是说，“你能让土洁净（不含过量的盐碱），用沟洫来洗土吗？”开沟排盐的措施比较简单，因而也为后世所沿用。

1〔北宋〕范仲淹：《范文正公集·答手诏条陈十事》。
2〔元〕王祯：《农书·田制门》。
3〔元〕王祯：《农书·田制门》。
4〔元〕王祯：《农书·粪壤篇》。

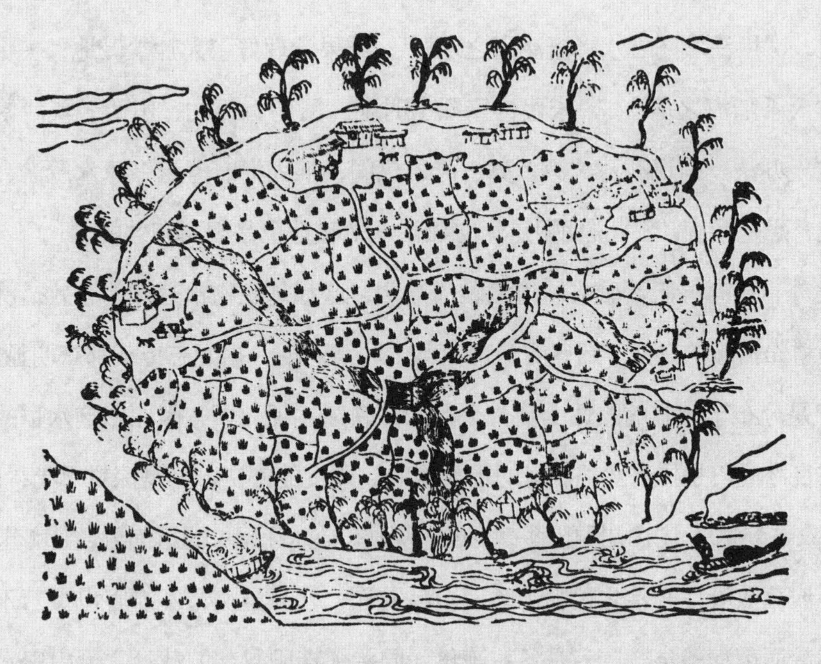

图 2　圩田

图 3　涂田

淤灌压盐也是战国时期出现的一种治理盐碱地的方法。秦王嬴政元年（前246年）在修建郑国渠时，“用注填阏之水，溉泽卤之地”[1]。结果治理好了大片盐碱地，关中变成沃野，被人称为“天下陆海之地”[2]。宋代神宗熙宁时期，河南、河北、山西、陕西治理盐碱地，也采用了这一办法。据记载：“深、冀、沧、瀛间，惟大河、滹沱、漳水所淤，方为美田。淤淀不至处，悉是斥卤。”[3]说明用这一方法治理盐碱地也是相当有效的。

除此之外，还有绿肥治碱、种树治碱的方法，这都是生物治盐碱的有效措施；还有深翻治碱，这是耕作治碱的办法。这些方法都流行于明清时期，据方志记载都有明显的成效[4]。

冷浸田是分布于南方的酸性土壤，土温低，缺磷、钾元素，因而影响水稻的生长及产量的提高。改良冷浸田是提高水稻产量的重要途径。改良的办法，一是深耕熏土，以提高土温。宋代陈旉《农书》中说：“山川原隰多寒，经冬深耕，放水干涸，雪霜冻沍，土壤苏碎；当始春，又遍布朽薙腐草败叶以烧治之，则土暖而苗易发作，寒泉虽冽，不能害也。若不然，则寒泉常侵，土脉冷而苗稼薄矣。”二是冬耕冻垡。同治《桂阳县志》载：“近山田水寒……至冬维蓄水犁田，无复栽种，若冬干则来岁收歉。”三是施用石灰、骨灰治理。这一措施可以中和酸性土壤，补充磷、钾元素，还可以疏松土壤，多见于地方志的记载[5]，效果亦很明显。此外，还有利用烤田治理冷浸田的，历史记载说：“新昌、嵊县有冷田，不宜早禾，夏至前后始插秧。秧已成科，更不用水，任烈日暴，土坼裂，不恤也。至七月尽八月初得雨，则土苏烂而禾茂长，此时无雨，然后汲水灌之。若日暴未久，而得水太早，即稻科冷瘦，多不丛生。”[6]

二、轮作复种、多熟种植

通过轮作、复种农业技术来提高土地利用率和单位面积产量，是古代农业生产中的重要措施。这种措施战国时期已经出现，《吕氏春秋·任地》中讲的“今兹美禾，来兹美麦”，就是讲今年种禾、明年种麦的禾麦轮作。东汉郑玄在《周礼·薙氏》注中说：“又今俗间谓麦下为荑下，言芟荑其麦，以其下种禾豆也。”说明轮作又有发展，已形成了禾—麦—豆轮作的两年三熟了。

1〔西汉〕司马迁：《史记·河渠志》。
2〔东汉〕班固：《汉书·东方朔传》。
3〔北宋〕沈括：《梦溪笔谈》。
4 道光《扶沟县志》，道光《观城县志》，光绪《阜宁县志》。
5 乾隆《黔阳县志》，康熙《永明县志》，道光《长宁县志》。
6〔明〕陆容：《菽园杂记》。

在汉代豆科作物参加轮作的基础上，到魏晋南北朝时期便形成了一种以豆科作物为中心的种植制度，它包括豆科作物同禾谷类作物的禾豆轮作制和豆科绿肥同其他作物轮作的绿肥轮作制。北魏时期的著名农学家贾思勰在《齐民要术》中对轮作方式做了系统的总结。

第一，多数作物不宜连作，需要轮作。如"谷田必须岁易"（须年年换茬）（《种谷篇》），"麻欲得良田，不用故墟"（不能用重茬地）（《种麻篇》）、"稻无所缘，唯岁易为良"（《水稻篇》），因为谷子连作就会"莠多而收薄"，麻连作就会"有点叶，夭折之患"，稻连作就会"草稗俱生，芟而不死"。从理论上阐明了农作物合理轮作的重要性，并指出轮作具有消灭杂草、减轻病虫害、提高产量的作用。

第二，绿肥轮作制是种"美田之法"。贾思勰充分肯定了绿肥轮作制的作用，称它是种"美田之法"。《齐民要术·耕田》说："凡美田之法，绿豆为上，小豆、胡麻次之。悉皆五六月中穊种，七月、八月犁稀杀之，为春谷田，则亩收十石，其美与蚕矢、熟粪同。"这是利用夏闲地种植绿肥，秋翻后次年种谷，其肥效与蚕矢和熟粪相媲美，又能获得"亩收十石"的产量。在我国农业生产中有意识地将豆科作物纳入轮作制，实行用养结合、以田养田，这是我国生物养地的先声。

唐宋时期，北方人口大量南移，一向地广人稀的江南地区，显得人多地少；北人南移，又增加了对南方麦子的需要，麦价因此猛涨，为了解决这个矛盾，江南地区开始利用稻田的农闲时期来种麦，这样便在南方形成了稻麦一年两熟制。这种耕作制首先出现于唐代的云南，到宋代才发展到长江下游，据《吴郡图经续记》记载，苏州地区已"刈麦种禾（稻），一岁再熟"。宋代，除稻麦轮作制外，还有稻油菜、稻蚕豆、稻蔬菜的轮作方式。南宋陈旉在《农书》中说："早田获刈才毕，随即耕治晒暴，加粪壅培，而种豆麦蔬茹"，即是江南当时推行这种耕作制的反映。这种耕作制在江南的形成，在经济上和农学上都有重要的意义。第一，它增加了复种指数，提高了土地利用率，为当时增加粮食来源，缓和耕地不足，开辟了一条新的途径；第二，它起到了水旱轮作，熟化土壤的作用，对保持和提高地力具有不小功效。所以陈旉称这种耕作制度，既有"熟土壤而肥沃之"的提高地力的作用，又有"以省来岁功役，且其收足，又以助岁计也"的经济意义，至今仍是江南稻区的主要种植制度。

明清时期，随着人口的增长，人多地少形成了全国性矛盾，发展多熟制，提高土地利用率仍成为解决这一矛盾的主要出路，南方的双季稻、三熟制和北方的两年三熟制便在这种形势下形成了。

双季稻的种植主要有两种形式，一种是连作稻，即一年内在同一块田地先后种两季稻。明代宋应星《天工开物》中记载"南方平原，田多一岁两栽两获者""六月刈初禾，耕治老藁田，插再生秧”。另一种是间作稻，其法是“一垄之间，稀行密莳，先种其早者，旬日后，复莳晚苗于行间。俟立秋成熟，刈去早禾，锄理培壅其晚者，盛茂秀实，然后得其后熟”[1]。主要流行于浙江、江苏、福建等地。

三熟制主要流行于长江流域以南和华南沿海一带，主要是利用这一带气温较高的气象条件，种植方式是双季稻加一季旱作，稻—稻—麦一年三熟便是其主要种植方式。明万历《福州府志》说：“每年四月刈麦之后，仍种早晚两稻，故岁有三熟。”讲的便是这种耕作制，除此之外，还有稻—稻—稻、稻—稻—薯、稻—稻—萝卜、麦—稻—豆等三熟制。

北方，因其气温条件不及南方，所以主要推行三年四熟制和两年三熟制，种植的基本形式是以粮食为主，适当加入养地作物，配以油料作物和秋杂粮。清代刘贵阳在《说经残稿》中说：“坡地（俗谓平壤为坡地）二年三收，初次种麦，麦后种豆，豆后种蜀黍、谷子、黍、稷。……涝地（俗谓污下地为涝地）二年三收，亦如坡地，惟大秋种䅟子……麦后亦种豆”，反映的是北方旱地种植的情况。

在明清时期发展多熟种植的同时，又创造了一种综合利用水陆资源和农作物资源的生态农业。

这种农业经营，最初见于明代嘉靖年间的常熟地区，据《常昭合志稿·轶闻》记载：当地有谭晓、谭昭兄弟俩，善于经营，见当地湖田低洼，常遭水淹，乡民弃耕逃散，便雇用乡民来开垦湖田，将最低之地凿而为池，稍高之地围而为田，岁入比一般田地高三倍，又在池中养鱼，池上设架养猪养鸡，粪用以喂鱼，围堤上间种梅、桃等果树，低洼地中种菰、茈、菱、芡，收入又比田地所入高三倍，谭氏兄弟因此致富。这种“粮—畜—渔—果—菜”的综合经营方式，便是最初的人工生态农业。后来这种经营方式传到了浙江嘉湖地区，当地人根据自己的资源特点，采用了以农养畜，以畜促农；以桑养蚕，以蚕矢养鱼，以鱼粪肥桑的方式经营，巧妙地将水陆资源和动植物资源结合起来循环利用，取得了土壮田肥、粮丰桑茂的可喜成果。继而又在珠江三角洲发展起来，当地也采用养鱼、种桑、种稻、养蚕相结合的办法经营，形成了桑基鱼塘的生态系统，并取得了明显的生态和经济效益。清光绪《高明县志》说：“将洼地挖深，泥复四周为基，中凹下为塘，基六塘四，基种桑，塘蓄鱼，桑叶饲蚕，蚕屎饲鱼，两利俱全，十倍禾稼。”除桑基外，还有果基、稻基、蔗基、菜基等。这便是我国人工生态农业的创始，在国外，受到人们高度的评价和赞扬。

1〔明〕长谷真逸：《农田余话》。

三、耕耙耱锄、掌握农时

我国北方是一个常年降雨量偏少的地区，而且降雨分布不匀，春季播种需水季节，又干旱多风，土壤水分蒸发很快，因此防御干旱便成了北方地区土壤耕作中的一个首要任务。

最初采用的耕作方式是“深耕疾櫌”（《国语·鲁语》）、“深耕熟櫌”（《庄子·则阳》）。并要求“深殖之度，阴土必得”（《吕氏春秋·任地》），即深耕见到底墒，这样有利于土壤多蓄纳水分，并促进作物根系深扎。櫌是一种用于打碎土块的木榔头，这里是指用木榔头将土块打碎。疾櫌就是耕后很快将土块打碎，熟櫌就是将土块打得细细的，借以减少土壤水分的蒸发。这是最初用来保墒的耕櫌耕地法。耕櫌结合到汉代又发展为耕耱结合的耕地法，《氾胜之书》说：“凡麦田，常以五月耕，六月再耕，七月勿耕，谨摩（耱）平以待时种。”耱是一种无齿耙，是一种用牛拖拉的碎土农具，这里所指使用耱将土块耙碎，将地面耙平。其碎土、平地、收墒的功效要比櫌高得多，这样耕櫌耕法便被耕耱耕法所代替。

魏晋时期，耕耱耕法进一步发展成了耕耙耱结合抗旱保墒，这种抗旱耕法，在嘉峪关的魏晋壁画中，已有明确的操作图像。北魏贾思勰在《齐民要术·耕田》中对这种耕法的具体操作作了说明。第一，耕地的适期应以土壤的墒情为准。书中说：“凡耕高下田，不问春秋，必须燥湿得所为佳。”所谓“燥湿得所”，就是土壤中所含水分适中，这时破土容易，土壤易碎散，耕地牛不乏力。如水旱不调就要坚持“宁燥勿湿”的原则，因为“燥耕虽块，一经得雨，地则粉解”“湿耕坚培，数年不佳”，即容易形成僵块，破坏耕性，造成跑墒，会影响好几年的耕作。

第二，耕地的深度应以耕作时期的不同而不同。书中说，“初耕欲深，转地欲浅”，因为“耕不深，地不熟，转不浅，动生土也”。这是因为黄河流域秋季作物已经收获，深耕有利于接纳雨水和冬雪，也有利于冻融风化土壤，而春夏之季，正值黄河流域的旱季，气温渐高，水分蒸发量大，转耕（第二次耕）不浅，就会翻起生土而造成土块大小不一，破坏土壤结构引起跑墒，影响播种。

第三，耕后耙耱，抗旱保墒。书中说“春既多风，若不寻劳（即耱），地必虚燥（即跑墒）”“再劳地熟，旱亦保泽也”[1]。“小小旱不至全损，何者，缘盖耱数多故也。”[2]

1 〔北魏〕贾思勰：《齐民要术·耕田》。
2 〔北魏〕贾思勰：《齐民要术·杂说》。

在耙耱时间的具体掌握上，书中说“春耕寻手劳”“秋耕待白背劳”“耕而不劳，不如作暴”[1]。意思是耕后不劳，还不如不耕，就让它白地晒着好。

第四，犁欲廉，劳欲再。对耕劳作业的具体操作上，书中特别强调“犁欲廉，劳欲再”[2]。“犁欲廉”，就是耕条要小，这样才能将地耕透，不留大隔条。“劳欲再”，就是耕后要一再劳地，这样才能达到“再劳地熟，旱亦保泽”的目的。

此外，耕后用挞。挞是用以覆种镇压的农具。书中说：“凡春种欲深，宜曳重挞；夏种欲浅，直置自生。”春种曳挞是为了使种土相着，提墒保苗，夏种不挞是为了防止下雨时土发硬。

至此我国北方旱地耕作技术体系便定型了，通过耕耙耱的耕作达到了抗旱保墒的目的，为北方旱地在缺雨的条件下，创造了发展农业的条件，这是最能代表传统农业中精耕细作的一种农业技术措施。

北魏以后，耕作中特别重视耙的作用，提倡多耙和细耙，金元时期的农书《韩氏直说》说：“古农法，犁一摆（耙）六。今人只知犁深为全功，不知摆细为全功。摆功不到，土粗不实。下种后，虽见苗，立根在粗土，根土不相着，不耐旱，有悬死、虫咬、干死等诸病。摆功到，土细又实，立根在细实土中；又碾过，根土相着，自耐旱，不生诸病。”认识到多耙、细耙具有保墒耐旱的作用，保证种子安全出苗，苗后良好生长，同时还有减少虫害和病害的作用，表明北方的旱地耕作在抗旱保墒方面达到了更成熟的程度。

播种后的中耕锄地同播种前的耕耙耱整地一样具有保墒的重要作用，所以古代在农业生产中同样重视中耕锄地。《齐民要术·种谷篇》说：“锄者，非止除草，乃地熟而实多，糠薄、米息。”特别是在春季，其作用主要是松土和保墒，书中说：“春锄起地，夏为除草。”为了达到中耕的要求，保证中耕的质量，当时又创造了不同的中耕农具，形成了配套的中耕技术。

这种耕耙耱锄相结合的耕作技术，为北方旱作抗旱保墒，争取粮食丰收创造了良好的条件。从世界农业科技发展史上来看，这种精湛的、细致的耕作技术，确实是一种了不起的创造。

农业直接受季节、气候条件的制约，掌握和利用这些天时条件也是农业生产的基本要求。古人说：“传曰：‘不先时而起，不后时而缩。’故农事必知天地时宜，则生之，蓄之，长之，育之，成之，熟之，无不遂矣。”[3]反映了古人对农时重要性的认识。

1〔北魏〕贾思勰：《齐民要术·耕田》。
2〔北魏〕贾思勰：《齐民要术·耕田》。
3〔南宋〕陈旉：《农书·天时之宜篇》。

春秋战国时期，我国创立了二十四节气来掌握农时。二十四节气是以地球绕太阳公转所处的位置不同而设定的，把一年划分为二十四节气，每一等分（即一个节气）代表着不同的冷暖干湿，而这些气候变化，又正好和黄河中下游气候变化的实际情况相同，因此很便于人们根据二十四节气反映的气候变化来指导农业生产。因此，二十四节气被人们称为中国特有的农事历。

由于各地的自然环境不同，二十四节气在不同的地区气候状况也会有差别，为了正确掌握农时，又创造了物候指时的办法，以补充二十四节气的不足。物候是利用植物的发芽、开花、结实，候鸟的迁徙，自然界的初霜、解冻等现象来指示季节气候的变化，因而更具体，正确性更高。这种掌握农时的方法，春秋战国时期已在生产中应用。如《吕氏春秋·任地》中说："冬至后五旬七日，菖始生，菖者，百草之先生者也，于是始耕。"菖，是指菖蒲。文中以菖始生为物候，作为始耕期的标志。

汉代又创造了一种木桩测时法，用以确定始耕期。《氾胜之书》记载："春候地气始通，椓橛木长尺二寸，埋尺，见其二寸；立春后，土块散，上没橛，陈根可拔。此时二十日以后，和气去，即土刚，以此时耕，一而当四，和气去耕，四不当一。"这是利用春季气温增高，地面解冻，土壤坟起，掩盖木杖的现象来掌握农时的。

元代，农学家王祯将历法、节气、物候、农事结合到一起，创著了《授时指掌治法之图》，简称《授时图》。该图包括一年十二个月，每月包括两个节气，并将该月的物候和农事活动都安排在下面，这样按月授时，方便了人们对农时的掌握。

四、良种选育、防杂保纯

重视选种、育种，是精耕细作生态农艺中的一个重要内容，也是我国农业生产中的优良传统。早在3000年前，《诗·大雅·生民》中已有"嘉种"的概念，嘉种，古人释为"善谷之种"，即良种。战国时期，《吕氏春秋·任地》中已经提出了良种的标准："使藁数节而茎坚""使穗大而坚均""使粟圆而薄糠""使米多沃而食之强"。用现在的话说，就是通过农业措施使作物茎秆强壮，穗大，籽粒肥美且吃起来劲道，只是当时还没有选种的具体措施。

我国到汉代已开始重视作物种子的选择，并创造了最早的选种方法。《氾胜之书》记载"取麦种，候熟可获，择穗大强者，斩，束立场中之高燥处""取禾种，择高大者，斩一节下，把悬高燥处，苗则不败"。这表明当时已有明确的选种目标。"择穗大强者""择高大者”就是要选籽粒饱满的大穗做种子；这是单独选穗，并采用成束成把的方式混合收藏；种子要放在高燥处以防受潮。

到了北魏时，人们进一步认识到品种混杂的危害性，“种杂者，禾则早晚不均；春复减而难熟。粜卖以杂糅见疵，炊爨失生熟之节，所以特宜存意，不可徒然”[1]。意思是种子混杂了，成熟期会不一致，出米率也随之降低，出卖时因籽粒混杂而不受欢迎，煮饭时易煮成夹生饭，所以要特别留意，不可忽视。

为了防止种子混杂，获得优良的种子，当时又创造了一种防杂、保纯、繁殖良种的措施。其措施是“粟、黍、穄、粱、秫，常岁岁别收，选好穗纯色者，劁刈高悬之，至春治取别种，以拟明年种子。其别种种子，常须加锄，先治而别埋，还以所治蘘草蔽窖，不尔，必有为杂之患”[2]。文中所说的“常岁岁别收”，就是采用穗选法单独留种；“先治而别埋”，就是脱粒后单独贮藏；“治取别种”，就是单独种开；“其别种种子，常须加锄”，就是种子田的管理，要比一般大田更加精细；“以所治蘘草蔽窖”，就是用自身的藁秆遮盖藏种子的地窖，以防掺杂别的种子。这种措施极为精细，既是一种良种繁育的方法，又是品种选育的一个有效途径，可以称得上是我国最早的一种种子田。

明代，选种技术又有发展。明代耿荫楼在《国脉民天》养种一篇中记载：“凡五谷、果豆、蔬菜之有种，犹人之有父也，地则母耳。母要肥，父要壮，必先仔细拣种。其法……于所种地中，拣上好地若干亩，所种之物，或谷或豆等，即颗颗粒粒皆要仔细精拣肥实光润者，方堪作种用，此地比别地粪力耕锄俱加数倍……则所长之苗，与所结之子，比所下之种，必更加饱满……下次即用此种所结之实内，拣上上极大者作为种子……如此三年三番后，则谷大如黍矣。”这种选种技术比《齐民要术》中所讲的更加完善和细致。同时，又将选种和育种结合了起来。这时，我国古代混合选种、混合繁殖的技术，已相当成熟。

清代，我国的品种选育又有了新发展，其表现就是一穗传选育方法的出现。这一选育方法见于清代康熙帝的《几暇格物编》，书中说：“丰泽园（在今北京中南海）中有水田数区，布玉田谷种，岁至九月始刈获登场。一日循行阡陌，时方六月下旬，谷穗方颖，忽见一科高出众稻之上，实已坚好，因收藏其种，待来年验其成熟之早否。明岁六月时，此种果先熟。从此生生不已，岁取千百。”这个种和原来的“玉田谷种”不同，“其米色微红而粒长，气香而味腴”，完全是个新种，它是通过选择变异单株，培育成的一个新品种，也是目前所知

1〔北魏〕贾思勰：《齐民要术·收种》。
2〔北魏〕贾思勰：《齐民要术·收种》。

我国用单株选择、系统繁殖的最早记录。这件事也受到达尔文的关注，他在《动物和植物在家养条件下的变异》一书中说："皇帝的上谕劝告人们，选择显著大型的种子，甚至皇帝还自己亲手进行选择，因为据说御米，即皇帝的米，是往昔康熙皇帝在一块田地里注意到的，于是被保存下来了。"可见这件事在国外有影响。

我国古代在选种、育种方面有重大成就，主要表现在：

第一，培育了大量的品种，现以我国两种粮食作物粟和稻为例来说明。

粟是北方重要的粮食作物。据《诗经》记载，西周时粟的品种有两个。到西晋时，据《广志》记载，品种已增至 11 个。到南北朝时，据《齐民要术》记载，品种有 86 个。到清代时，据《授时通考》记载，品种约有 500 个（内有重复）。

稻是南方主要的粮食作物。据《管子·地员篇》记载，有品种 24 个。到宋代时，据近人对 12 种宋代地方志统计，共有品种 301 个，除去重复还有 212 个。到清代时，据《授时通考》记载，品种约有 3429 个（内有重复）。

这反映了我国古代粮食作物品种之多，而且发展相当快。

第二，品种类型十分丰富。现仍以水稻为例，其类型有：

生育期方面，有"五十日""六十日""百日"可获，还有"急猴子"30 日可获，迟的有 200 日方收获的。

株型方面，有高秆和矮秆。

穗型方面，有长芒、短芒，长粒、尖粒，圆顶、扁面等，还有带护颖的如飞来凤、凤凰稻等。

米色方面，有雪白、牙黄、大赤、半紫、杂黑等。

品质方面，有带香味的，如香粳、香子；有适宜酿酒的，如金钗糯、小娘糯；有具滋补作用的，如咯血糯。

抗逆性方面，有耐旱的，如撇杀天、占城；有耐涝的，如丈水红、深水莲；有耐寒的，如乌口稻等；有耐盐碱的，如咸稻、乌芒稻等；有抗倒伏的，如铁秆稻等。

这些形形色色的水稻品种类型，有的为防虫害、兽害和自然灾害做出了贡献，有的为多熟种植提供了搭配品种，起到了缓和季节矛盾的作用，这是我国水稻育种取得的重要成就。

五、用粪得理、增进肥效

重视积肥和施肥是我国古代农业的重要特点之一，也是精耕细作生态农艺的重要组成部分。我国农业几千年来长期耕种而没有衰败，重视施肥是重要的因素，所以我国古代有"惜粪如惜金”“用粪如用药”之说。前者说的是积肥重如积黄金，后者说的是施肥应如看病对症下药。肥料，古代称为粪；施肥，古代称为粪田。在战国时期的文献中，我国已有施肥的记载。例如《韩非子·解老》：“积力于田畴，必且粪灌”；《孟子·滕文公上》：“凶年粪其田而不足”；《荀子·富国》：“掩地表亩，刺草殖谷，多粪肥田，是农夫众庶之事也”；等等。表明在距今2300年，我国已开始重视肥料和施肥了。

我国古代为什么如此重视肥料和施肥呢？这和古代农人对肥料在农业生产中所起作用的认识有着密切的关系。

1. 提高地力，培肥土壤

春秋战国时，人们已认识到这一点。《礼记·月令》说：施肥“可以粪田畴，可以美土疆”。就是说，施肥能使刚硬难耕之地变得肥美。东汉时王充在《论衡·率性篇》中进一步说：“夫肥沃硗埆，土地之本性也。肥而沃者性美，树稼丰茂，硗而埆者性恶，深耕细锄，厚加粪壤，勉致人力，以助地力，其树稼与彼肥沃者相似类也。”明确指出施肥具有提高地力、培肥土壤的作用。南宋农学家陈旉在《农书·粪田之宜篇》中又进一步指出了肥可以改土的观点：“土壤气脉，其类不一，肥沃硗埆，美恶不同，治之各有宜也。且黑壤之地信美矣，然肥沃之过，或苗茂而实不坚……硗埆之土信瘠恶矣，然粪壤滋培，即其苗茂盛而实坚栗也。”此外，还指出施肥在治理瘠薄土壤中具有转瘠为肥的决定性作用。清代《知本提纲》说：“地虽瘠薄，常加粪沃，皆可化为良田。”又说：“产频气衰，生物之性不遂，粪沃肥滋，大地之力常新。”说明施肥可以改土，可以提高地力，这是自战国至今2000多年间我国一贯的认识，而且是一步一步深化的。

2. 变废为宝，增产增收

我国古代的肥料，主要来自家庭生活中的废弃物，农产品中人畜不能利用的部分，以及江河、阴沟中的污泥等，这些本都是无用之物，但积之为肥，即成了庄稼之宝，所以我国历来都十分重视积肥和施肥，并认为这是变废为宝、化无用为有用的一个重要方法。元代农学家王祯在《农书》中说：“夫扫除之秽，腐朽之物，人视之而轻忽，田得之而膏泽，唯务本者知之，所谓惜粪如惜金也。”《知本提纲》说：“何如广积粪壤，人既轻忽而不争，田得膏润而生息，变臭为奇，化恶为美，丝谷倍收，蔬果倍茂，衣食并足。”这是从变废为宝、庄稼增产的经济角度来认识施肥和肥料的重要性的。

我国古代特别重视废弃物的利用，凡可以利用的，差不多都用作肥料，所以我国古代肥料种类特别多，这些我们通称之为农家肥。

战国时，我国已使用人粪尿、畜粪、杂草、草木灰等作肥料。秦汉时期，蚕矢、缫蛹汁、骨汁、豆萁、河泥等用作肥料已见于记载，其中厩肥使用特别发达。我国曾出土过这一时期的连厕猪圈，这种猪圈的发现，反映了当时对养猪积肥的重视，也反映了养猪积肥在我国有着悠久历史。

魏晋南北朝时期，除了使用上述的肥料外，又将旧墙土和栽培绿肥作为肥料，其中栽培绿肥，在我国肥料发展史上具有重要的意义，它为我国开辟了一个取之不尽、用之不竭的再生肥料来源。到宋元时期，一些无机肥料如石灰、石膏、硫黄等也开始在农业生产上应用，据统计，这一时期的肥料约有 45 种[1]，其中饼肥和无机肥的使用，是这一时期的新发展。

明清时期，随着多熟种植的飞速发展，对肥料的需要也空前增加，千方百计扩大肥源，成为这一时期的迫切需要，肥料的种类也因此不断扩大，肥料已扩大到 12 大类 130 多种[2]。可见我国古代肥料种类的丰富，其中有机肥料占绝大多数，从而形成了我国施用肥料以有机肥为主、无机肥为辅的特点。

我国古代不但重视积肥，同时也重视肥料的积制加工，借以提高肥效。其方法有：

（1）杂肥沤制。战国时，我国已利用夏季高温将田里的杂草沤烂作肥料，这是我国使用沤肥的滥觞。南宋陈旉《农书》介绍了另一种沤肥方法：将砻簸下来的谷壳以及腐藁败叶，积在池中，再收聚洗碗肥水、淘米泔水等进行沤渍，时间一长，便腐烂成泥。明代在太湖地区沤制肥料的办法是将紫云英或蚕豆的茎秆和豆壳等用河泥拌匀堆积沤制，这种方法叫“窖花草”和“窖蚕豆姆”[3]，现在南方称之为窖草塘泥。

（2）厩肥堆制。北魏《齐民要术》上记有一种踏粪法，其法是“凡人家秋收治田后，场上所有穰、谷穢等，并须收贮一处。每日布牛脚下，三寸厚，每平旦收聚堆积之，还依前布之，经宿即堆聚；计经冬一具牛，踏成三十车粪”。这是一种将垫圈同积肥相结合的堆制法，实是我国最早的堆肥。清代，孙宅揆在《教稼书》中记载了一种“造粪法”，详细介绍了牛、羊、马、骡、驴、猪粪的积制方法，措施同踏粪法相似，但更加细致。

（3）饼肥发酵。此法出现于宋代。陈旉在《农书》中说：“麻枯难使，须细杵碎，和火粪窖罨，如作曲样；候其发热生鼠毛，即摊开中间，热者置四旁，收敛四旁冷者置中间，又堆窖罨，如此三四次，直待不发热，乃可用，不然即烧杀物矣。”麻枯是含有大量氮素的优质有机肥料，直接施用，会在地里发酵发热，烧坏禾苗。为防止施用饼肥烧苗，当时采取

1 中国科学院中国农业遗产研究室编：《中国古代农业科学技术史简编》，江苏科学技术出版社，1985 年，第 135 页。
2 中国科学院中国农业遗产研究室编：《中国古代农业科学技术史简编》，江苏科学技术出版社，1985 年，第 135 页。
3 〔明〕沈氏：《沈氏农书》。

了打碎麻枯、拌和土粪、堆积发酵的措施，以“生鼠毛”（一种小单孢菌）为标志，待其发酵腐熟后再内外倒换三四次，待不再发热方可使用，这表明饼肥使用上已积累了很丰富的经验，在12世纪出现这种技术是相当可贵的。

（4）烧制火粪。这是宋元时代创造出来的一种积制泥土肥的方法，做法有两种，一是将“扫除之土，烧燃之灰，簸扬之糠秕，断槁落叶积而焚之”[1]，这和现在烧制焦泥灰的办法有点相似；二是“积土同草木堆叠烧之，土热冷定，用碌碡碾细用之”[2]，这和今日的熏土已完全相同了。

（5）配制粪丹。粪丹是一种高浓度的混合肥料，主要原料有人粪、畜粪、禽粪、麻饼、豆饼、黑豆、动物尸体及内脏、毛血等，外加无机肥料如黑矾、砒信和硫黄。混合后，放在土坑中封起来，或放在缸里密封后埋于地下，待腐熟后，晾干敲碎待用。这种肥料，肥效极高，粪丹一斗，可当大粪十石，一般都作种肥用。这是我国炼制浓缩混合肥料的开端。

我国古代不但重视肥料的积制，而且也十分重视肥效的保存。方法有两种，一是设置粪屋，以防肥效走失，具体措施是“凡农居之侧，必置粪屋，低为檐楹，以避风雨飘浸。且粪露星月，亦不肥矣。粪屋之中，凿为深池，甃以砖甓，勿使渗漏”[3]。二是设置田头粪窖，一用以保肥，二也便于运输。做法是“南方治田之家，常于田头置砖槛，窖熟而后用之，其田甚美”[4]。后一种方法，直到近代南方的农田仍在使用。

我国古代一直主张“多粪肥田”，同时也提倡“用粪得理”。用现代的话来说就是合理施肥。什么才叫合理施肥呢？它指的是肥料种类的选择是否适合土壤的性质，肥料的施用量、施用时间、施用方法是否合适等。至迟到宋元时期，我国在这方面已有明确的认识和具体的措施。

南宋陈旉在《农书》中说：“皆相视其土之性类，以所宜粪而粪之，斯得其理矣。俚谚谓之粪药，以言用粪犹药也。”指出施用肥料要因土而异，要看土施肥。元代王祯在《农书》中说：“然粪田之法，得其中则可，若骤用生粪，及布粪过多，粪力峻热，即烧杀物，反为害矣。”这是指施肥的量要适中，施用的肥料要腐熟。

宋元以后，在农业生产中我国一直贯彻这种合理施肥的原则。

1〔南宋〕陈旉：《农书》。

2〔元〕王祯：《农书·粪壤篇》。

3〔南宋〕陈旉：《农书》。

4〔元〕王祯：《农书·粪壤篇》。

明代袁黄《宝坻劝农书》说：“紧土（黏土）缓土（沙土）宜用河泥，寒土（酸性土）则宜用石灰及草灰。”《沈氏农书》说：“羊粪宜于地，猪壅宜于田，灰忌壅地，为其剥肥，灰宜壅田，取其松泛。”这些都是因地制宜的施肥方式。

《吴兴掌故集》说：“湖（浙江湖州）之老农言，下粪不可太早，太早而后力不接，交秋多缩而不秀。初种时必以河泥作底，其力虽慢而长，伏暑时稍下灰或菜饼，其力亦慢而不迅速，立秋后交处暑，始下大肥壅，则其力倍而穗长矣。”这是因时制宜的施肥方式。

《沈氏农书》说：“麦要浇子，菜要浇花。”《齐民四术》说：“凡粪麦，小麦粪于冬，大麦粪于春社，故有‘大麦粪芒，小麦粪桩’之谚。”这是说不同的作物，要有不同的施肥方法，也就是说施肥要讲究因物制宜。

后来，历史上这些经验，清代杨屾在《知本提纲》中将它总结成“施肥三宜”，所谓“三宜”，就是时宜、土宜、物宜。书中说：“时宜者，寒热不同，各应其候。春宜人粪、牲畜粪，夏宜草粪、泥粪、苗粪，秋宜火粪，冬宜骨蛤、皮毛粪之类是也。土宜者，气脉不一，美恶不同，随土用粪，如因病下药。如阴湿之地，宜用火粪，黄壤宜用渣粪，沙土宜用草粪、泥粪，水田宜用皮毛蹄角及骨蛤粪，高燥之地宜用猪粪之类是也。相地历验，自无不宜。又有碱卤之地，不宜用粪，用则多成白晕，诸禾不生。物宜者，物性不齐，当随其情，即如稻田宜用骨蛤、蹄角粪、皮毛粪，麦、粟宜用黑豆粪、苗粪，菜蓏宜用人粪、油渣粪之类是也。皆贵在因物验试，各适其性而收自信矣。”“施肥三宜”，充分显示了我国古代在施肥技术上的精细和科学，这也是我国古代对肥料科学的一个重大的贡献。

南方水稻栽培中的看苗施肥是施肥技术中的一个杰出的成就。据《沈氏农书》记载，这是产生于明清时期杭嘉湖平原的一项施肥技术，书中说：“盖田上生活，百凡容易，只有接力一壅，须相其时候，察其颜色，为农家最紧要机关。”这里说的“相其时候，察其颜色”指的是水稻生长的发育阶段和营养状况。书中说：“下接力，须在处暑后，苗做胎时，在苗色正黄之时。如苗色不黄，断不可下接力，到底不黄，到底不可下也。若苗茂密，度其力短，俟抽穗之后，每亩下饼三斗，自足接其力。切不可未黄先下，致好苗而无好稻。”“做胎”，是指孕穗。苗做胎是指幼穗分化，也正是单季晚稻从营养生长向生殖生长转变的时期，稻苗叶色由浓绿转淡，即书中所说“苗色正黄之时”，辨识稻苗需要施用追肥的标志。这一时期，如果叶色不转淡，表明稻苗这时贮存的养分还足，或是还未从营养生长向生殖生长转化，故不能贸然施追肥，否则就会恋青、倒伏，造成“有好苗而无好稻”的结果。书中又说，“无力之家，既苦少壅薄收；粪多之家，每患过肥谷秕，究其根源，总为壅嫩苗之故”，进一步指出了看苗施肥的重要性。这种以苗色黄与不黄来决定施肥不施肥的方法，是建立在对水稻生长发育的生理有深刻认识的基础上的，因而是十分科学的，这是我国施肥技术上的一个杰出成就。

六、植物保护、防治虫害

虫害是农业生产中的主要危害，解决虫害问题对于确保农作物丰收具有重要意义。在防治虫害问题上，古人采取了多种多样的措施，按其措施的类别来看，大致可分为三大类，即农业防治、药物防治和生物防治，其中又以农业防治为主。

农业防治是通过各种农事操作，来控制田间的生物群落，改变害虫的生活环境，消灭或减少虫源。有多种具体办法，如深耕治虫。《吕氏春秋·任地》载："五耕五耨，必审以尽。其深殖之度，阴土必得，大草不生，又无螟蜮。"轮作也可防虫。《农政全书》说："凡高仰田，可棉可稻者，种棉二年，翻稻一年，即草根溃烂，土气肥厚，虫螟不生，多不得过三年，过则生虫。"适时种植可防虫。《吕氏春秋·审时》说"得时之麻不蝗""得时之菽不虫""得时之麦不蚼蛆"。《沈氏农书》说："种田之法，不在乎早。本处土薄，早种每患生虫。若其年有水种田，则芒种前后插莳为上，若旱年车水种田，便到夏至也无妨。"这是选择适当的时机插莳，避开虫害。还可选用抗虫品种抗虫。《齐民要术·种谷》记有"朱谷""高居黄"等 14 个品种能"免虫"，即不怕虫害。清除杂草等耕作措施也可减少虫害，《沈氏农书》说："一切损苗之虫，生子每在脚塍地滩之内，冬间铲削草根，另添新土，亦杀虫护苗之一法。"《治蝗全法》说："治蝗于无蝗之先者，必须于此等生蝻处所，将草尽行劚去，则根既可消除。"

除农业防治外，古代也用药物来防治害虫，所用的药物既有植物性的，也有矿物性的。植物性的药物有草木灰、苦参、百部、桐油等数十种。《齐民要术·种瓜》记有治瓜笼法："旦起，露未解，以杖举瓜蔓，散灰于根下。后一两日，复以土培其根，则迥无虫矣。"王祯《农书》载："凡菜有虫，捣苦参根并石灰水泼之即死。"《治蝗书》中所载百部杀蝗子，"其法用百部草煎成浓汁，加极浓碱水，极酸陈醋"，用铁丝戳破地中藏虫卵之处，"随用壶内之药浇入"，次日"再用石灰调水，按孔重截重浇一遍，则遗种自烂，永不复出"。植物性药物是我国古代大量使用的一种农药，它无残毒，不污染，在保护农业生态中有良好的作用。

在矿物性药物方面，使用的有石灰、硫剂、砷剂。陈旉《农书》说："将欲播种，撒石灰渥漉泥中，以去虫螟之害。"王祯《农书》载："凡桑、果不无生蠹，宜务去之……一法用硫黄及雄黄作烟，熏之即死。”宋应星《天工开物》说：“麦田……陕洛之间忧虫蚀者，或以砒霜拌种子。”“砒……晋地菽麦必用拌种，且驱田中黄鼠害，宁绍郡稻田必用蘸秧根，则丰收也。”

利用生物治虫，是我国古代的一大发明。早在晋代，我国在华南橘园中已利用黄猄蚁防治柑橘害虫，见于嵇含《南方草木状》的记载。直到清代还在柑橘、柠檬园中应用。生物治虫到明清之际又从果园扩大到大田，从黄猄蚁发展到养鸭治蝗。明代广东青山、顺德一带先利用鸭子治稻田的蟛蜞，取得成效，后又被用来治蝗。明末清初陆世仪在《除蝗记》中记载说：“蝗尚未解飞，鸭能食之，鸭群数百入稻畦中，蝝顷刻尽，亦江南捕蝝一法也。”这种生物治虫的方法，具有安全、无污染、生态效应好的特点，从而为人类防治害虫，开辟了一条新途径。

除对病虫害防治外，对于突发性、灾害性天气造成的危害也采取了相应的措施。为农作物避免灾害、减少损失筑起一道防护网，植物保护也成了我国精耕细作生态农艺的有机组成部分。

2000多年来，精耕细作生态农艺为中国农业的发展做出了杰出的贡献，其表现为：

第一，粮食单位面积产量不断提高。北方旱粮（粟），在战国时期亩产为42.5公斤左右，汉代提高到60公斤左右，清代为75.5公斤左右；南方水稻的亩产量，宋代为111公斤左右，明代为176.5公斤左右，清代为201.5公斤左右。自战国至清代的2000多年中旱粮亩产量增长了77%，自宋代至清代的水稻亩产量约增长了81%。[1]

第二，土地利用率的不断提高。战国时，我国实行一年一熟的连种制，唐宋以后黄河中下游发展了两年三熟制及部分的一年两熟制，长江下游发展了一年两熟制，珠江三角洲发展了一年三熟制。如果以一年一熟制为100，则战国以后我国的土地利用率相应提高了50%、100%、200%。常年耕种，土壤肥力不但没有衰蔽，相反却保持兴旺不衰，复种指数不断提高，这在世界上是没有先例的。

第三，以少量耕地养活了大量人口。在清代康熙以前，我国人口大致在6000万左右，到清道光时人口已达4亿。如果以明洪武十四年（1381年）的5987万人为基数，到道光十四年（1834年）的453年中，我国人口增长了5.7倍。随着人口的增长，人均耕地面积却直线下降。西汉平帝二年（2年）全国人均耕地面积为9.67亩，明代为6～7亩，清乾隆

1 闵宗殿、董恺忱：《关于中国农业技术史上的几个问题》，《农业考古》1982年第2期，第12~22页。

三十一年（1766 年）为 3.56 亩，光绪十三年（1887 年）为 2.41 亩。这一事实反映，到明清时我国人多地少的矛盾已十分尖锐，而养活一口人所需的耕地数，远比汉代要低，这种以少量耕地养活大量人口的农业技术，是中国古代农业的重大成就。

德国化学家李比希说：“（中国农业）是以经验和观察为指导，长期保持着土壤肥力，借以适应人口的增长而不断提高其产量，创造了无与伦比的农业耕种方法。”[1]

1 ［德］李比希著，董恺忱译：《化学在农业和生理学上的应用》第 6 版前言“农耕与历史”，载北京农业大学《科研资料汇编》1981 年第 6 期。

珠算

冯立昇

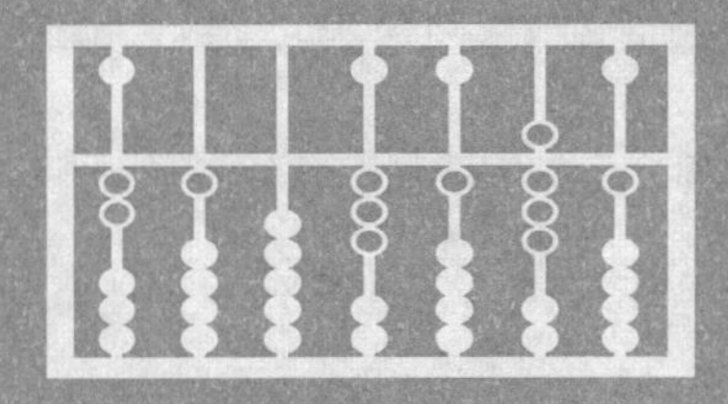

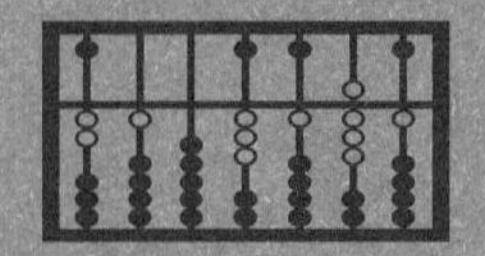

◎　中国珠算是以算盘为工具，以算理、算法为基础，运用口诀通过手指拨动算珠进行加、减、乘、除和开方等数学运算的计算技术。算盘为珠算所用之算器，以木制为多，也有用金属、兽骨或象牙等材料制作的。中国算盘由框、档、梁和珠组成。其长方形之框中纵向安有若干柱，称为档。每档贯珠若干，被一横木隔开，一般上珠二下珠五，横木被称为梁。珠算以档定位，高位在左、低位在右，左档各珠皆为相邻右档之十倍，逢十进一。拨珠靠梁计数，珠靠档时不计数。梁下每珠作一，梁上每珠作五，下珠满五向上升一。用拇、食、中三指拨珠，进行各种运算。算盘是一种高效的计算工具，元代以后成为中国最主要的计算工具，在数学发展和社会生活中扮演着重要的角色。

◎　珠算是中国人在长期社会实践中的重大发明创造。“珠算”一词首次出现于东汉末数学家徐岳所著《数术记遗》，该书后由北周数学家甄鸾（535年前后）作注。《数术记遗》记载了包括“珠算”在内的流行于当时的14种算法。《数术记遗》中所载的早期算盘为上一珠下四珠，包含了累数制、五进制和十进位值制等计数方法，为后世珠算的演进和发展奠定了基础。至迟在宋代已出现了有梁穿档算盘，算盘在元代得到进一步发展，元末明初得到普及并逐步取代算筹成为中国的主要计算工具。明代珠算传入日本、朝鲜等东亚国家，并在这些国家得到推广和普及。

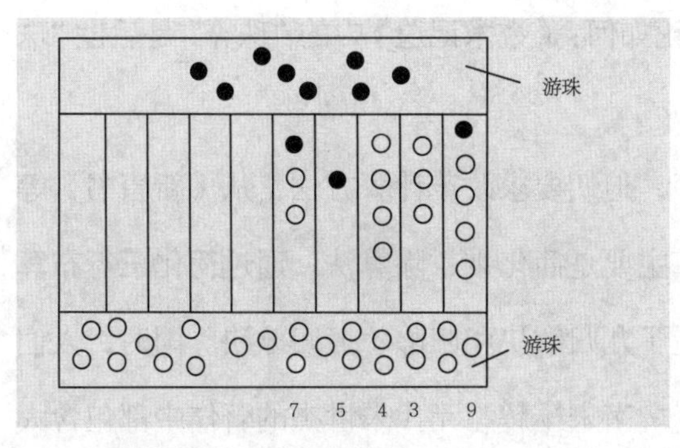

图 1　“珠算”推想图（许莼舫）

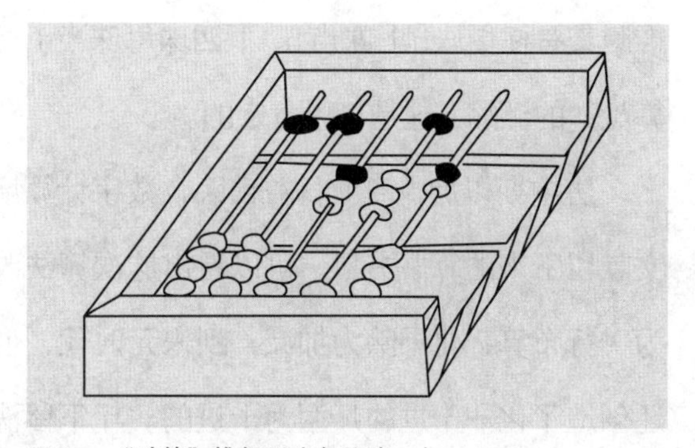
图 2　“珠算”推想图（户谷清一）

一、珠算的起源和算盘的发明

算筹是中国古代的主要计算工具，它具有简单、形象、具体等优点，但也存在布筹占用面积大，运筹速度加快时容易摆弄不正而造成错误等缺点，因此很早就开始进行改革。现传本《数术记遗》载有“积算”“太乙”“两仪”“三才”“五行”“八卦”“九宫”“运筹”“了知”“成数”“把头”“龟算”“珠算”“计数”等14种算法，反映了这种改革的情况。《数术记遗》中记载的“珠算”，根据甄鸾的注释，它分为三栏，上、下栏布置游珠，中栏布置结果。《数术记遗》载：

珠算，控带四时，经纬三才。

记述极为简括。甄鸾注曰：

刻板为三分，其上下二分以停游珠，中间一分以定算位。位各五珠，上一珠与下四珠色别。其上别色之珠当五。其下四珠，珠各当一。至下四珠所领，故云控带四时。其珠游于三方之中，故云经纬三才也。

上面一颗珠与下面四颗珠用颜色来区别。上栏一珠当5，下栏四珠，一珠当1。显然，这是由算筹数字表示法演变而来的，在表数方式上与现今珠算一致，但计算又有很大不同。由于没有口诀，当时的算珠也未必穿档，可能还不及筹算运算便捷。

对这段文字的理解，学术界尚有不同意见。其争论的焦点在于是否有柱将算珠穿档。许多学者认为无柱，如三上义夫、余介石、许莼舫、华印椿等都持无穿档柱的观点。但也有一些学者认为这种算盘有柱穿珠，如李培业、户谷清一等。即使同持第一种观点，对上下二分中有无分隔，也有不同的看法[1]。图1为许莼舫《中国算术故事》中的“珠算”算器推想图，认为无柱有槽，算珠放在槽中。图2为户谷清一《论〈数术记遗〉的算盘》一文的“珠算”图，

1　华印椿：《中国珠算史稿》，中国财政经济出版社，1987年，第9~12页。

推测其有柱贯珠，上珠当5，下四珠每珠当1。无论如何，《数术记遗》中的“珠算”是后世“珠算盘”的滥觞，这是可以肯定的。

唐中期以后，商业日益繁荣，数字计算增多，迫切要求改革计算方法，从《新唐书》等文献留下来的算书书目，可以看出这次算法改革主要是简化乘、除算法。通过简化三行布算为一行布算，化乘除为加减，到宋元时代，创造了九归歌诀和归除、撞归歌诀。同时，人们还创造了化非十进的斤两为十进的“斤下留法”。南宋杨辉、元代朱世杰的著作中都包含大量口诀，且与现今珠算口诀基本一致。筹算乘除捷算口诀的产生，使口念歌诀很快，而手摆弄算筹很慢，得心无法应手。乘除捷算法及其口诀已经发展到算筹与筹算无法容纳的地步，改良计算工具成为人们的迫切需要，功能更强的有档算盘与珠算术便应运而生。

如果将《数术记遗》的珠算加以改进，将其三栏改为二栏，将游珠穿档，便可成为现今的珠算盘，再将筹算口诀变成珠算口诀，便可建立珠算术。

中国古代计算技术改革的高潮也是出现在宋元时期。历史文献中载有大量这个时期的实用算术书目，其数量远比唐代为多。改革的主要内容仍是乘除法。朱世杰《算学启蒙》（1299年）、沈括《梦溪笔谈》（约1086—1093年）、杨辉《乘除通变本末》（1274年）、丁巨《丁巨算法》（1355年）、何平予《详明算法》（1373年）和贾亨《算法全能集》（约1373年）都是具体的实例。新算法的出现，使乘除法不需任何变通便可在一个横列里进行，与现今珠算的方法完全一致。

穿珠算盘在北宋可能已出现，北宋张择端画的《清明上河图》中赵太丞药铺柜台上有两个长方盘子，珠算史研究者认为是一算盘（图3）。也有学者认为这不是算盘，而是钱板。不过河北巨鹿北宋城故址出土有一颗木珠，直径2.1厘米，形制、尺寸都与算盘珠相符（图4）。更为重要的是，南宋刘胜年所绘《茗园赌市图》中有相当清晰的带档算盘、算珠图（图5）[1]。因此，中国传统的有梁穿档算盘至迟在宋代已经发明。元代刘因（1249—1293）《静修先生文集》中有题为《算盘》的五言绝句。元代王振鹏所绘《乾坤一担图》（1310年）的货郎担上有一把算盘，它的梁、档、珠都很清晰（图6）。元末陶宗仪《南村辍耕录》（1366年）卷二九“井珠”条中有“算盘珠”比喻，《元曲选》中《庞居士误放来生债》杂剧中有“去那算盘里拨了我的岁数”的戏词。由这些实例，可知元代已较广泛地应用珠算。

1 郭书春主编：《中国科学技术史·数学卷》，科学出版社，2010年，第408页及图版。

图3 《清明上河图》中赵太丞药铺柜台上的疑似算盘

图4 巨鹿北宋城故址出土的木珠

图5 南宋刘胜年所绘《茗园赌市图》中的算盘

图6 元代王振鹏所绘《乾坤一担图》中的算盘

图 7 《魁本对相四言杂字》中的算盘和算筹图

二、珠算的普及与发展

从明初到明中叶，商品经济有所发展，和这种商业发展相适应的是珠算的发展与普及。明初《魁本对相四言杂字》（1371 年）和《鲁班木经》（16 世纪）有关算盘的记载，说明珠算已十分流行。前者是儿童看图识字的课本，后者把算盘作为家庭必需用品列入一般的木器家具手册中。在《魁本对相四言杂字》中有算盘和算筹的图像（图 7），算盘图十分清晰，框、梁、档、珠俱全，是上 2 珠下 5 珠的算盘。

上述史料表明，在 14 世纪初期到 15 世纪初期，算盘在中国社会的流行已非常广泛。只有算盘在民间使用相当广泛的时候，它才能成为走街串巷的货郎们所贩卖的商品；只有算盘已成为百姓生活中的普通算具时，它才可能在杂剧中作为普通事物出现。当算盘作为看图识字的例子被列入儿童学习读物中时，珠算的普及无疑已达到极高的程度。

算盘产生以后，与算筹并行了相当长的一段时间。算盘先在民间流行，而宋元时期士大夫阶层及他们撰写的数学著作仍然使用算筹，宋元时期的数学著作都没有使用珠算。尽管元代珠算已经流行，但直到明初，数学著作讲述算法时仍然多采用筹算作为计算工具。明代前期还是筹算与珠算并用的时代，数学著作采用的算法往往难以断定是用筹算还是珠算。早在《算学启蒙》中就有了除法的撞归算法，后来成为珠算中最重要的口诀之一。在元末明初的数学著作中《算法全能集》和《详明算法》等书都把九九乘法表口诀、归除口诀、撞归口诀等歌诀列入其中，并反复设例演算，这应当反映了珠算与筹算相互影响的情况。

明代中期的数学家大多仍用筹算的表示符号和写作习惯来完成自己的著作。但是他们无疑对珠算是非常熟悉的。15 世纪中叶以后，珠算著作逐渐增多。如吴敬《九章详注比类算法

图 8　卢维祯墓中出土的算盘

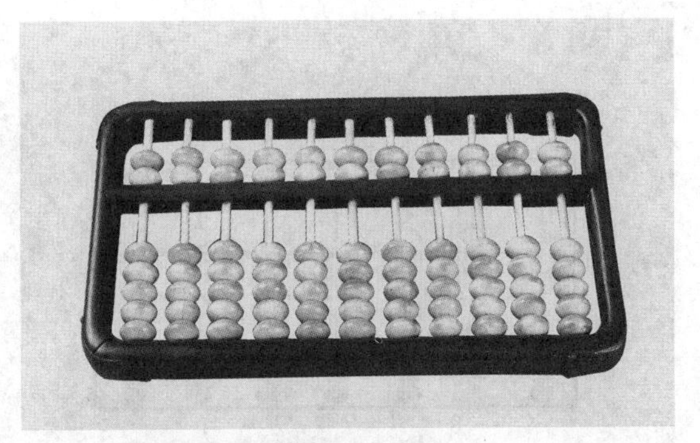
图 9　国家博物馆藏明代算盘

大全》(1450 年)、王文素《古今算学宝鉴》(1524 年)等著作讨论了珠算算法。数学家吴敬、王文素、唐顺之、顾应祥等对算盘均有应用或研究。唐顺之还是一位珠算能手,《元明事类钞》中记有一个他打算盘的事例:

唐顺之至庐州,适府有算粮事,唐子乃索善算者十余人,人各与一数,算讫,记其概只数字,凡三四易,自拨盘珠,每一数只记数字。不移时,而一府钱粮数目清矣。老书算咸惊其神速。[1]

唐顺之(1507—1560),字应德,号荆川,武进人。嘉靖八年会试第一,官至右都御史,也是一位数学家。出身于士大夫阶层的数学家如此精通珠算,官府在钱粮财务计算时也采用珠算,说明这时珠算已取代筹算,成为社会的主流算法。

1987 年在福建漳浦县盘陀乡庙埔村的明墓中出土了一架木质算盘,它是上 1 珠、下 5 珠的算盘,算珠呈菱形(图 8)。这与日本 17 世纪以来流行的且至今仍在使用的算盘具有完全相同的特征。这一明墓的墓主卢维祯(1543—1610)即为福建漳浦人。明万历年间,官至工部右侍郎,转户部左侍郎,逝后赠赐户部尚书。卢维祯在工部、户部任职,负责土木工程、财政、赋税等方面的管理工作,这些工作都需大量的计算,在随葬品中出现有象征意义的算盘,也说明此时中国朝野上下都是使用算盘进行计算的。图 9 是国家博物馆藏的一把明代 11 档算盘,算珠用象牙制成,制作精良,是传世算盘的精品,该算盘显然不是普通百姓的计算工具,应是上层社会人士使用的算具。

16 世纪后期,珠算的专门著作大量出现,珠算全面普及。珠算与筹算的地位发生了逆转,珠算发展成了主流算具,筹算则开始退出历史舞台。在专门的珠算著作中,《盘珠算法》和《数学通轨》成书较早,对珠算的普及起到了示范作用。

1　姚之骃:《元明事类钞》卷一八。

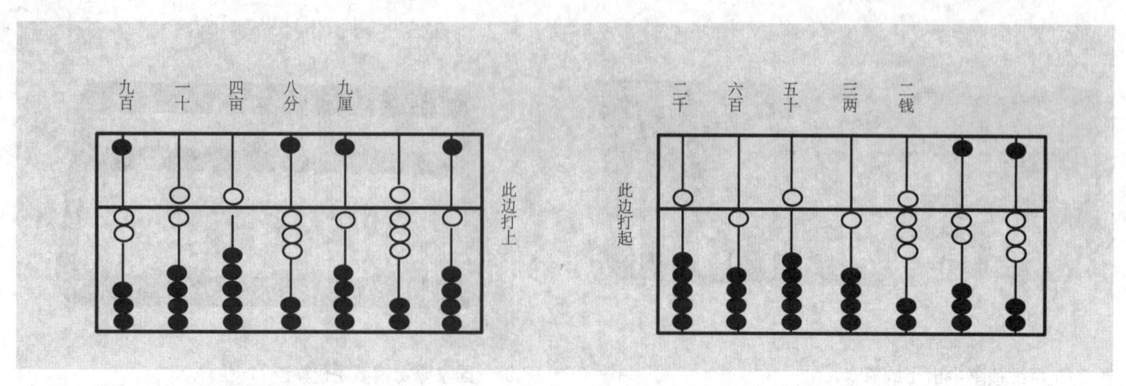

图 10 《盘珠算法》中的算盘图

《盘珠算法》（1573 年）对珠算的口诀、运算和操作方法均有较全面的介绍。书中对珠算口诀的介绍与说明，包括加法的上法诀、下五诀、进十诀，减法的下法诀、起五诀、退十诀，除法的归法诀、归除诀、撞归诀，乘法的下乘法诀、九九乘法诀，乘除法共用的“金蝉脱壳诀”“二字奇诀”等。还包括给初学者准备的“初学累数算法”。其中的九九乘法表有一些特殊，没有一乘的口诀，但是增加了十乘的口诀，如“十二二十”“十三三十”之类。该书配有详细的算盘图式，全书共列出算盘图 54 幅，具体展示各种口诀在实际计算中的应用与操作过程，是以盘式对照口诀说明算法的最早的珠算书。下面为书中进行乘除计算的具体实例：

如有田九百一十四亩八分九厘，每亩收粮二升九合。问：该粮若干？答曰：二十六石五斗三升一合八勺一抄。

九九八十一，二九一十八，八退二进一十；八九七十二，二八一十六，六退四进一十；四九三十六，六上一去五进一十，二四如八，八上三去五进一十，一九如九，九退一进一十，三位上打；一二如二，二位上打子；九九八十一，一下五除四，九九八十一，八退二进一十。

如有银二千六百五十三两二钱，五百一十五人分之。问：每人该银若干？答曰：五两一钱五分一厘八毫二丝三忽。

五二倍作四，逢五进一十，五除五，五五除二十五，二除十还八，五除十还五。逢五进一十，一除一，五除五，五除十还五。五二倍作四，逢五进一十，五除五，五五除二十五，二除十还八，五除十还五。逢五进一十，一除一，一上四去五，五除五，五除十还五。五四倍作八，八除八，八除十还二，五八除四十，四下一去五。（参考图 10）[1]

1 郭书春主编：《中国科学技术史 · 数学卷》，科学出版社，2010 年，第 578 页。

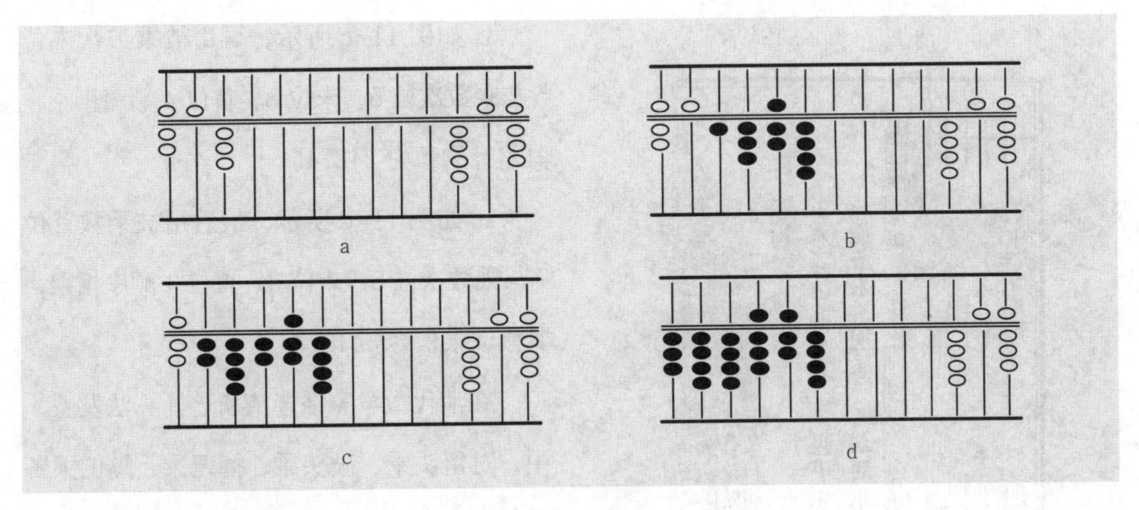

图 11　留头乘法运算过程示意图

《数学通轨》（1578 年）中所涉及的珠算口诀与珠算技术同样非常全面，后来所用到的口诀书中几乎全部出现。明末珠算逐步走向定型，算法也逐步规范化和系统化，其主要标志是程大位的《算法统宗》出现。该书加减口诀最后完成，乘法以留头乘为主，除法以归除为主。程大位极力提倡“留头乘”，他说：“原有破头乘、掉尾乘、隔位乘，总不如留头乘之妙，故皆不录。”经此提倡，以后的珠算书皆以留头乘为主。500 年间，很少变化。原来零零散散的口诀，也被进一步系统化和改进完善，细化到打算盘的运指技法上来。比如此前的“一起四作五”变成了“一下五除四”，前者的拨珠顺序为“先去四后下五”，而后者的拨珠顺序为“先下五后去四”，下五去四可一气呵成，比先前的先去梁下四珠，再拨下梁上一珠要合理得多。

留头乘法亦称“穿心乘”“挑心乘”“抽心乘”“心乘法”，是“后乘法”的传统算法。凡是多位数相乘时，先从实数（即被乘数）的末位同法数（即乘数）的第二位起乘，乘至法数末位后，最后再与法数的首位数相乘，故名留头乘法。

实数从末位至首位，分别先与法数的次位相乘，然后依次与第三位、第四位直至末位相乘，最后再与法数的首位数相乘“破身”，直到实数首位与法数首位乘完为止。盘上数即为所求乘积。乘积的拨法：实数与法数第几位数相乘其积的个位数就拨在该实数右边的第几档上。下面通过一实例说明其基本方法。

例：753×458=344874

a. 如图 11-a 所示，将实数（被乘数）753 布于算盘左侧，法数（乘数）布于算盘右侧。

b. 如图 11-b 所示，用被乘数末位 3 分别与乘数次位 5、末位 8、首位 4 顺序相乘，乘积为 1374。

c. 如图 11-c 所示，再用被乘数次末位 5 与乘数次位 5、末位 8、首位 4 顺序相乘，其累计乘积为 24274。

d. 如图 11-d 所示，最后用被乘数首位 7 与乘数次位 5、末位 8、首位 4 顺序相乘，其累计乘积为 344874。

在清代数学家潘逢禧所著《算法发蒙》中，对留头乘、破头乘、掉尾乘、隔位乘各种乘法都有详细说明，还附有图解，我们可以清楚地了解当时的具体运算方法。书中在介绍留头乘时指出：“此法每乘一位，先以法次位乘起，顺乘至法尾位止。然后以法首位，破实本位。”下面给出其中一具体算例：

假如有工匠五百三十八人，每人支工食钱二百四十六文，问共该若干。

答曰：一百三十二千三百四十八文。

术曰：置人数为实，以钱数为法。由实尾位挨次逆乘至实首位。皆以法数若干位，遍乘一过，得数合问。[1]

该题为计算 538×246 = ?

图 12 是《算法发蒙》给出的求解此题的详细过程，包括图解和文字说明，我们据此可以了解古代具体操作算盘的方法。图中所标暗码（苏州码）表示所有口诀的次序。

明代珠算除法有商除法和归除法两种，

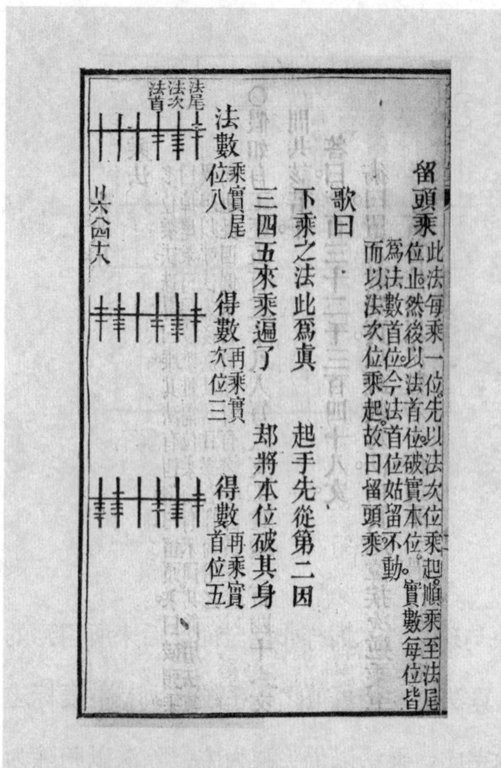
留頭乘 此法每乘一位先以法次位乘起順乘至法尾位止然後以法首位破實本位實數每位皆爲法數首位今法首位破實本位而以法次位乘起故首位姑留不動故曰留頭乘

歌曰

下乘之法此爲真　起手先從第二因

三四五來乘遍了　却將本位破其身

法尾 法次 法首

法數位八乘實尾

得數次位三再乘實

得數首位五再乘實

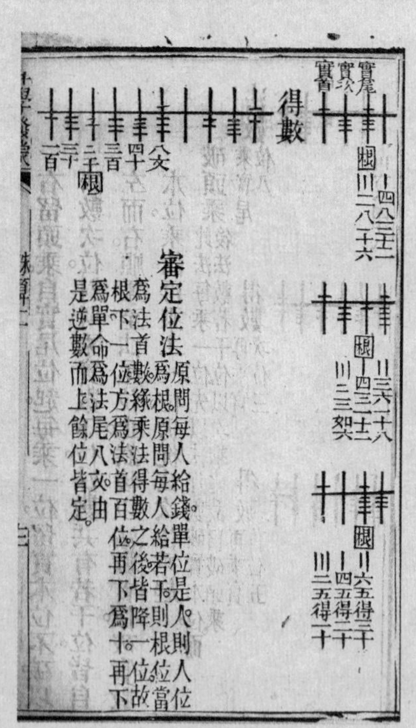
實尾 實次 實首

得數

二百 三千 二千 三百 四十 八文

審定位法

原問每人給錢

爲根原問每人

爲法首數縧乘法得數

根下一位方爲法首百

爲單命爲法尾八次由

是逆數而上餘位皆定

單位是人則人位

給若干則根位當

之後皆降一位故

位再下爲十再下

图 12 《算法发蒙》对留头乘的详解

1 〔清〕潘逢禧：《算法发蒙》“珠算二”。

商除法原为筹算中的传统方法，后被用于珠算。商除法与现在的笔算除法类似，其特点是通过心算估商。归除法是宋代筹算中新的方法，其特点是用归除口诀定商。元代时归除法后来居上，开始占据优势地位，特别是珠算流行时得到更广泛的应用，成为珠算的主流算法，而商除法在珠算中很少使用。归除法中，除数一位的除算，被称为“单归”或“九归”，而除数多位的叫“归除”。因被除数、商数和余数都依计算结果归纳成了一句口诀，以除数首位除被除数首位，用口诀指挥拨珠，求出商数，这一步就叫“归”。以除数次位及以下各位同商数相乘，乘积在被除数内减去，叫作“除”。如：除35的归除，叫“三归五除”；除数826的归除，叫“八归二六除”。

下面以明代程大位的《算法纂要》中的计算实例对单归和归除法的演算程序略加说明。

例1　假如今有银二百六十五两三钱二分，作二人分之，问每人各该得若干。

答曰：一百三十二两六钱六分。

法曰：置银于左为实，以二人于右为法归之，合问。下圈合得是数。[1]

实数即被除数，法数即除数，该题为单归，即计算 26532 ÷ 2 = ?

《算法纂要》给出了此题算盘上运算过程的说明。下面利用阿拉伯数字通过列表译释如下：

盘次	实	数					法	数	口诀
1		2	6	5	3	2		2	
2	一	○	6	5	3	2		2	逢二进一十
3	一	三	○	5	3	2		2	逢六进三十
4	一	三	二	1	3	2		2	逢四进二十
5	一	三	二	五	3	2		2	二一添作五
6	一	三	二	六	1	2		2	逢二进一十
7	一	三	二	六	五	2		2	二一添作五
8	一	三	二	六	六			2	逢二进一十

此题为除数为2的单归除法，用二归口诀进行运算。二归口诀为“二一添作五”，逢二进一十，逢六进三十，逢八进四十。上表中，商数用中文数字一、二、三等表示。

例2　假如今有银二百六十五两三钱二分，作十一人分之，问每人各该得若干。

答曰：二十四两一钱二分。

法曰：置银于左为实，以人十一人于右为法除之，合问。[2]

1〔明〕程大位：《算法纂要》卷二。
2〔明〕程大位：《算法纂要》卷二。

实数即被除数，法数即除数，即计算 26532 ÷ 11 = ？

该题为“一归一除”，计算时对除数首位进行归，对次位则进行除（减）。

其算盘上的运算过程可译释如下：

盘次	实	数					法	数	口诀
1		2	6	5	3	2	1	1	
2	二	○	6	5	3	2	1	1	逢二进二
3	二	○	4	5	3	2	1	1	一二除二
4	二	四	○	5	3	2	1	1	逢四进四
5	二	四	○	1	3	2	1	1	一四除四
6	二	四	一	○	3	2	1	1	逢一进一
7	二	四	一	○	2	2	1	1	一一除一
8	二	四	一	二	○	2	1	1	逢二进二
9	二	四	一	二	○	○	1	1	一二除二

明万历年间，开方计算已经基本上完全在算盘上进行了。朱载堉的《算学新说》《嘉量算经》和程大位的《算法统宗》等著作中都明确记载了用珠算开方的方法。他们都记录了珠算归除开平方和开立方法。朱载堉（1536—1611）是明代杰出的科学家，在音律学、数学、天文学、物理学等多方面均有杰出贡献。他是明仁宗朱高炽的六代孙，本应继承郑王爵位，但他十几年累次上书皇帝，最终将爵位让予他人。《算学新说》需要开出 25 位方根，所用算盘的位数达 81 位，他说：“凡学开方，须造大算盘，长九九八十一位，共五百六十七子，方可算也。不然，只用寻常算盘四五个接连在一处算之，亦无不可也。”[1] 朱载堉给出了珠算开平方和开立方的详细算草。下面是其中求$\sqrt{200}$的归除开平方细草：

于实首位归实，呼逢一进一十，得一十寸，有归不除，余实一百寸。倍下法一十寸改作二十寸，命作二归。自此已后有归有除。于实第一位归实，呼二一添作五，起一还二，只得四寸。下法亦置四寸于二十寸之下，共得二十四寸。于实第二位除实，呼四四除一十六，余实四寸。倍下法，四寸改作八寸，共得二十八寸。于实第三位归实，呼逢二进一十，得一分。下法亦置一分于二十八寸之下，共得二十八寸一分。于实第三位除实，呼一八退位除八，于第四位除实，呼一一退位除一，余实一寸一十九分。……[2]

1 〔明〕朱载堉：《算学新说》，见王云五主编：《万有文库》本《乐律全书》第 6 册，商务印书馆，1931 年，第 7 页。

2 〔明〕朱载堉：《算学新说》，见王云五主编：《万有文库》本《乐律全书》第 6 册，商务印书馆，1931 年，第 9~10 页。

算盘演算	
200	
1100	20
1500	20
1420	24
1404	28
1412	281
141119	281
…	…

图 13　开平方过程示意图

一直开到 25 位方根[1]（参考图 13）。

明代朱载堉在研究音律中给出了九进制小数转化成十进制小数的算法，也是在算盘上完成的。他巧妙地组织运算程序，使得计算多项式值的复杂运算转化为算盘上的错位加减，极为简便，将珠算加减的简化功能和古代数学"程序化"方法统一了起来。下面是《律学新说》中"约率律度相求第二"给出的算例：

大吕纵黍律长八寸三分七厘六毫。大吕横黍度长九寸三分六厘四毫四丝二忽。置八寸三分七厘六毫在位。先从末位毫上算起，用九归一遍，得六毫六丝六忽奇。却从次位厘上算起，再九归一遍，得八厘五毫一丝八忽奇。又从次位分上算起，再九归一遍，得四分二厘七毫九丝八忽奇。又从首位寸上算起，再九归一遍，得九寸三分六厘四毫四丝二忽奇。余律皆仿此。[2]

此即将九进制的大吕律长 0.8376 尺换算成十进制的大吕度长为 0.936442 尺。其算盘运算步骤及现在的解释如下[3]：

置数在位	8376	
九归第一遍	837666	末位 6，以 9 归，得 666…
九归第二遍	838518	第 3 位以下 7666，以 9 归，得 8517…，余数进 1
九归第三遍	842798	第 2 位以下 38518，以 9 归，得 42797…，余数进 1
九归第四遍	936442	第 1 位以下 842798，以 9 归，得 936442…

1　郭书春主编：《中国科学技术史·数学卷》，科学出版社，2010 年，第 598 页。

2〔明〕朱载堉：《算学新说》，见王云五主编：《万有文库》本《乐律全书》第 1 册，商务印书馆，1931 年，第 6 页。

3　郭书春主编：《中国科学技术史·数学卷》，科学出版社，2010 年，第 598 页。

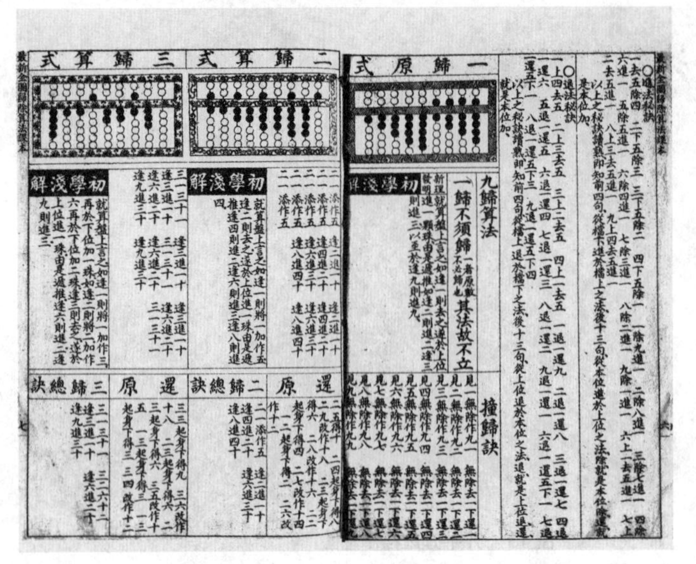

一歸原式 二歸算式 三歸算式

初學淺解

九歸算法

一歸不須歸其法故不立

撞歸訣

還原 二歸總訣 還原 三歸總訣

图 14 《最新简明珠算课本》书影（冯立昇藏）

朱载堉还给出了十进制换算成九进制的算例，并对计算一般性程序进行了总结，给出了可在算盘上运算的程序“律度相求诀”。朱载堉的九进制与十进制小数换算法，稍加推广对于一般 p(大于 1 的十进整数)进制小数与十制小数的换算也成立，是一项重要的数学成果[1]。

珠算与筹算一脉相承，在计数方法上尤为一致。算盘的上珠与筹码上方表 5 的一筹完全对应。熟悉筹算的人从筹算转换到珠算，在技术上没有多大困难。珠算与筹算的重要差别在于其对算法口诀的依赖性和适应性上。熟练的操作者呼出口诀的同时就可拨出得数。作为计算工具，珠算基本上可以涵盖筹算的功能，但在计算速度上却是后者无法相比的。这正好满足商业社会的需要。因而在明代商业繁荣的社会环境中，珠算得到了蓬勃的发展。而筹算则逐渐销声匿迹，以致到清初数学家在朝鲜见到算筹已不知为何物。清代流行“四算”，即珠算、写算、笔算和纳贝尔筹算，传统的筹算已逐渐不为人所知。1713 年，清朝著名历算家何国柱到朝鲜进行大地测量，见朝鲜数学家洪正夏（1684—？）熟练使用算筹计算，能够进行开方运算和求解联立方程组，且胜过采用西算的中国数学家。他大为惊异，说“中国无如此算子，可得而夸中国乎”，向洪正夏要了 40 根算筹[2]。

清代流行的珠算算法与明代没有大的变化。乘除算法完全沿用了明代留头乘和归除法，而商除法几乎绝迹。清代对除数固定的成批除算，采用飞归计算，如对积步求亩数，使用“亩数飞归法”。清末民国初期流行的珠算教科书，一般要介绍“飞归总诀”，即一归一除至九归九除的飞归总口诀。图 14 为清末宣统元年出版的《最新简明珠算课本》（内题《最新全

1 李兆华：《朱载堉数学工作述评》，见《古算今论》，天津科学技术出版社，2000 年，第 283~297 页。

2 ［朝］洪正夏：《九一集》，见金容云编：《韩国科学技术史资料大系》数学篇（2），骊江出版社，1985 年，第 493 页。

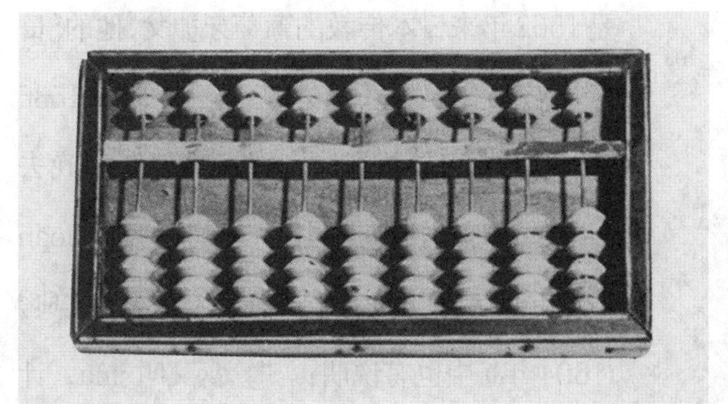

图 15　前田利家使用过的算盘

图归除算法课本》）中的归除总口诀。由于口诀过多，影响了进一步的普及和推广。20 世纪三四十年代，一些数学教育工作者提倡在珠算中采用与商除法相同的方法，不用归除口诀，使商除法逐渐受到重视并得到改进和复兴。

民国时期和新中国成立初期，小学和商业、财经专门学校都开设有珠算课程，教育工作者比较重视珠算的教学与研究，珠算得到了较好的传承和发展。

三、珠算的外传和影响

珠算在东亚数学发展中扮演了重要的角色。筹算传到了朝鲜和日本，对两国数学的发展产生了重要的影响。珠算也传到了朝鲜和日本，并在民间得到普及。

日本在唐代时开始引进中国数学。筹算同时传入日本，成为日本人的主要计算工具。16 世纪珠算传入日本，并很快得到普及，成为全民最主要的计算工具。

载有算盘图的《魁本对相四言杂字》早在明初（日本的南北朝时期）就传入了日本，不久还被复刻，日本人对于珠算已经有所了解。日本与明朝廷贸易的活跃和双方海商的频繁交往也自然会刺激日本商人和官府采用更加高效的计算工具。日本现存最早的算盘，一般公认的是侵朝战争即所谓文禄、庆长之役 (1592—1598 年) 时前田利家本人在名护屋军营中使用过的实物（图 15）。此算盘现存尊经阁。

最早对日本算盘进行记述的西方人是赴日传教的葡萄牙神父弗洛伊斯 (Luis Frois，1532—1597)。弗洛伊斯在《日欧比较文化》一书中比较了日本与欧洲在计算方法上的差异："欧洲人用鹅毛笔和筹码进行计算。日本人用'几纳'（jina，即算盘）进行计算。"[1] 弗洛伊斯

1 ［葡］路易斯・弗洛伊斯著，［日］冈田章雄译注，范勇、张思齐译：《日欧比较文化》，商务印书馆，1992 年，第 112 页。

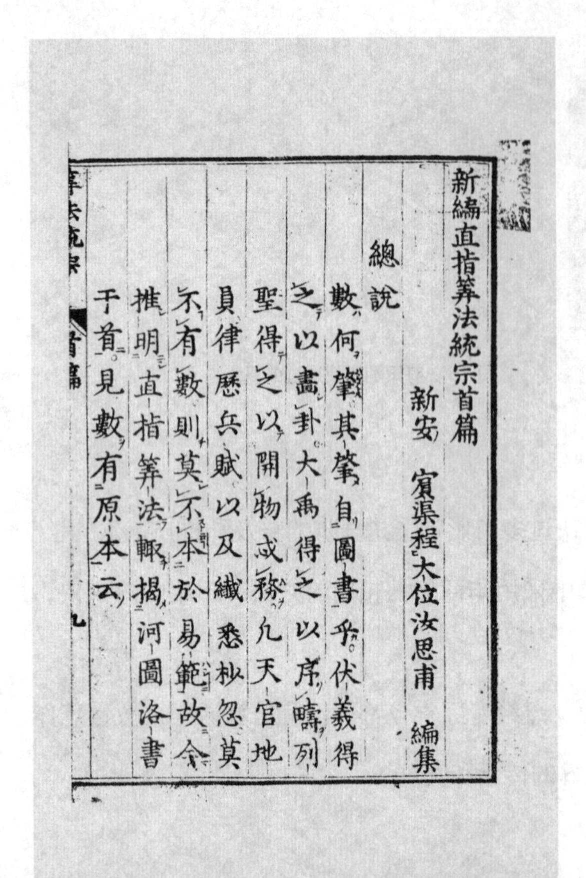
新編直指算法統宗首篇

新安 賓渠程大位汝思甫 編集

總說

數何肇其肇自圖書乎伏羲得之以畫卦大禹得之以序疇列聖得之以開物成務凡天官地員律歷兵賦以及織悉秘忽莫不有數則莫不本於易範故今推明直指算法輒揭河圖洛書于首見數有原本云

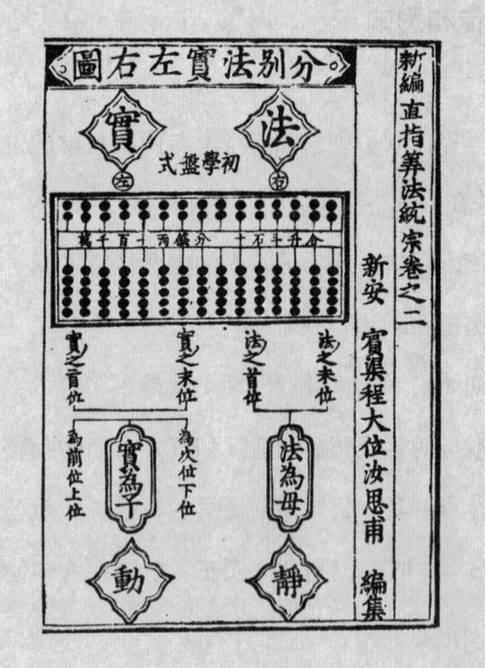
新編直指算法統宗卷之二

新安 賓渠程大位汝思甫 編集

图 16 《算法统宗》延宝三年(1675 年)训点本书影

是1562年来日本传教的葡萄牙神父，他的《日欧比较文化》写于日本天正三年，即 1585 年。关于“jina”一词，比弗洛伊斯稍晚去日本的葡萄牙传教士约翰·罗德里格斯 (Joan Rodriguez，1561—1634) 在其《日本大文典》(1604 年) 中也有说明：“算盘又叫 jina，计算的器具。” 在约翰·罗德里格斯编的《日葡辞书》(1603 年) 中已经出现 Soroban 一词。对于算盘 (Sorban) 的解释是：“用黄铜作珠的小盘架，中国人和日本人用来进行计数。”[1]

珠算传入日本后，在较短的时期内便得到了普及，对日本数学以及民众教育产生了极其深刻的影响。从数学史的角度看，它的作用在于激发了日本数学的活力，引发了日本数学的转变，成为和算诞生的原动力。

明代珠算著作《盘珠算法》《数学通轨》和《算法统宗》在中国刊行后不久便传入日本，对珠算在日本的普及、和算的发展都起了重要的促进作用。和算家嶋田贞继仿照《算法统宗》的体例并参考有关内容，于承应元年（1652 年）编成了《九数算法》一书，并于次年刊行。日本流行的《算法统宗》是刊行于 1593 年的“三桂堂王振华梓”坊间刻本，该刻本在延宝三年 (1675 年) 由汤浅得之训点后在日本刊行（图 16）。汤浅得之的训点本使《算法统宗》在日本广为流播，成为江户时代和算家学习数学的最重要参考书之一。

1 见《日葡辞书》1603 年 4 月长崎版(1960 年岩波书店重刊)。

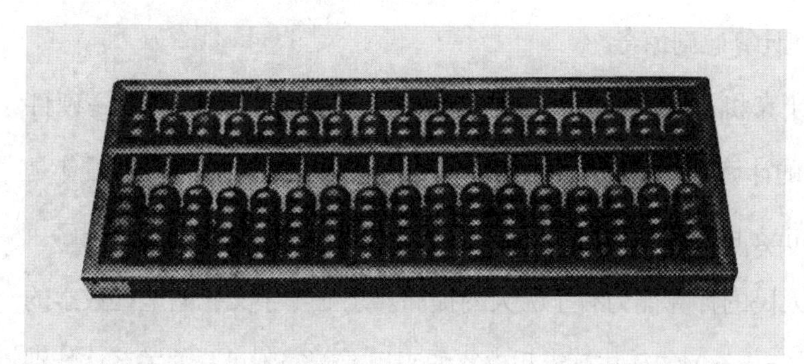

图 17　韩国民俗博物馆收藏的朝鲜算盘

明代珠算著作由于其商业性和实用性特点，首先在日本受到重视。《算法统宗》作为明代数学的代表性成果，首先成为日本人学习的范本。出身于吉田家族的吉田光由（1599—1672），从小就从其长辈那里学到了《算法统宗》中的知识，此后他又以《算法统宗》为蓝本著成珠算著作《尘劫记》，明代数学由此开始得到广泛的流播。《尘劫记》自宽永四年（1627 年）初版后，多次增删再版，发行量极大，成为日本基础教育的教科书，而冠以"尘劫记"之名的各种改编更是层出不穷，以至到明治初期版本种类超过 400 种，其影响之大可见一斑。

珠算在 15、16 世纪传入朝鲜，并在民间得到较多的使用，图 17 是韩国民俗博物馆收藏的朝鲜早期使用的算盘[1]。但算盘在朝鲜的使用者主要是商人和普通民众，士大夫和数学家对算盘在相当长时期内是排斥的，因此一直未能在数学中占据重要地位。数学家主要采用算筹和筹算。李朝时期的数学家崔锡鼎（1645—1715）在其数学著作《九数略》的附录中简要介绍了珠算，并对中国和日本废弃筹算而采用珠算颇有微词。19 世纪末，李朝末期成书的数学著作《筹学新编》对珠算才有了正式介绍，但主要是对算盘构造的图解和说明，缺乏算法和口诀的介绍。

明清之际珠算还传到了越南和泰国（暹罗）。程大位的珠算著作《算法统宗》在越南也较为流行，对珠算的传播有很大的促进作用。现存的越南算书中有些为珠算著作。如成书于明命元年（1820 年）的《指明立成算法》就是一部根据《算法统宗》编写的珠算书。作者潘辉框在自序中称："予姓潘，字辉框……力学算辨，粗得《统宗》，可不立成法训以后人，使易精识，为自浅入深之学者呼。"说明其深受《算法统宗》的影响。书中载有算盘图"初学盘式"。共分四卷，内容与《算法统宗》一样注重应用[2]。在 1691 年和 1693 年，受路易十四遣派而出使暹罗王朝的西蒙・卢贝尔（Simon de la Loubere）著有《暹罗王国记》（*Description du Royaume du Siam*），记述了他在暹罗所见的中国算盘，书中描述了算盘

1　[韩] 金容云、金容局：《韩国数学史》（日文），桢书店，1978 年，第 284~285 页。

2　韩琦：《中越历史上天文学与数学的交流》，《中国科技史料》1991 年第 2 期，第 3~8 页。

的结构和用法，并对算盘的快速计算感到惊奇。

珠算的特性，借用今天计算机科学中的概念来说明是合适的。如果说算盘是硬件（hardware）的话，各种相应的计算方法和口诀则是软件（software），而口诀可以看作是最基本的程序语言（programming language）。可以说珠算提供了硬件和相应的算法程序。珠算的普及使汉字文化圈国家人民的计算能力有了极大的提高。东亚汉字文化圈地区数学的程序化算法（programmed algorithm）特征与算筹和珠算的采用有着密不可分的关系。特别是珠算能够做到“心到”“口到”“手到”，三者配合、运珠如飞，其硬件结构合理，设计具有科学性；加上珠算口诀（软件）具有程序性，使得打算盘操作具有机械性，出自于口，应之于手，准确、简便、快捷，不仅可以做四则运算，还可以开方、解高次方程。在 20 世纪 60 年代中国研制“两弹一星”时，由于大量繁复计算工作的需要，还需要借助于加长的算盘进行高位计算。珠算作为实用工具，在相当长的时期内发挥了重要作用。

《印度时报》2007 年 11 月 19 日发表的“改变世界的 50 项发明”，列出的第一项是中国的算盘，“使用算盘的最早记录是大约公元 190 年在中国。在几百年的时间里，中国的算盘都是计算速度最快的，现在技术熟练者用它计算仍然比用电子计算器快”[1]。美国《大西洋》月刊 2013 年 11 月号（提前出版）发表了《自车轮问世以来 50 项最伟大的技术突破》一文，12 位科学家、历史学家和技术专家列举出车轮问世以来的 50 项伟大创新，算盘与中国四大发明都被列入其中，他们认为 “算盘是提高人类智力的首批工具之一”[2]，但标出发明年代公元前 3000 年是不确切的。

珠算目前在我国和日本及东南亚一些国家和地区仍有相当大的使用群体。它不单是使用一种工具的技能操作，也是一种知识形态，一种科学实践，同时还是汉字文化圈及邻近地区数学发达的象征，具有多重文化功能和价值。联合国教科文组织（UNESCO）保护非物质文化遗产（The Safeguarding of the Intangible Cultural Heritage）政府间委员会于 2013 年 12 月 4 日在阿塞拜疆首都巴库市通过决议，正式将中国珠算项目列入教科文组织人类非物质文化遗产代表作名录。

珠算经世代传承，一直适用于日常生活的许多领域，为世界提供了另一种算法体系和计算技术传统。珠算简单实用，自古流传至今，弥足珍贵，显示了中国人的聪明和智慧。

---

1 《改变世界的 50 项发明》，《参考消息》2007 年 11 月 28 日。

2 《改变人类历史进程的 50 大发明》，《参考消息》2013 年 10 月 31 日。

曲蘖发酵

周嘉华

◎　曲蘖发酵是中国传统酿造的核心技术。曲是酿酒工艺中的灵魂。正是因为使用了酒曲，中国的酒才具有丰富的构成和独特的口感醇香。

曲蘖发酵是中国传统酿造特别是酿酒技术的核心技艺。从古至今，中国的酒、醋、酱就有自己的特色，在世界上独树一帜。许多酒友都知道，无论是中国的黄酒还是白酒，都与西方的葡萄酒、威士忌、白兰地、金酒、伏特加等不一样。不仅口感不同，呈香也不一样。这是因为酿造的技艺有很大差异。中国传统酿造技艺的最大特色是使用了曲，曲是酿酒工艺中的“骨”，即灵魂。用现代的科学术语来表达，酒曲是多菌、多酶的生物制品。它实际上是专职培养、驯化霉菌的，用于优化、催化发酵反应的特制试剂。中国先民发明酒曲，通过它来筛选酿造中有益微生物的种群，并驯化、培育这些优良菌系，从而保障酿酒过程是在优良的菌系的帮助下完成发酵，最终获得高质量的酒。中国传统酿造技艺的第二个特色是摸索出一整套适宜制曲，酿酒的控温、控湿，最佳酿造氛围（包括环境）的技术手段。应用这些技术手段的实质是为酿造中的有益霉菌创造一个正常繁衍的环境，使发酵过程处于掌控之中。从制曲到酿造，中国先民都是在与霉菌——多种微生物打交道，无形之中积累了许多与霉菌和谐相处、相互利用的经验。中国酒的酿造正因为使用了酒曲，让多种有益霉菌参与了发酵过程，它们又各显其能，有的将淀粉分解为单糖，有的将蛋白质分解为氨基酸，有的分解脂肪为多元醇，从而让中国的酒具有丰富的构成而有自己独特的口感醇香。

许多人都知道，在中国，无论是陈醋、熏醋、香醋、米醋，它们都是以谷物为原料经过发酵而制成的。在西方家庭的餐桌或厨房里，常见的调味品主要有番茄酱、沙拉酱、芥末酱、辣椒酱等，酸味的调味品主要是各式酸果汁，甚至直接采用挤榨的柠檬汁，很少见到谷物醋。可见谷物醋在东方，主要在中国，是一枝独秀。由于中国醋的制造沿用的是酿酒技艺的延伸，即先将谷物酿成酒，再让酒在特定的环境中，在醋酸菌的催化下变成醋。正因为是酿酒的延伸，所以中国醋就很自然地传承了中国酒的优点和特色，即谷物醋中含有较果醋更丰富的物质内涵。

古代由于缺乏科学的保鲜防腐设备和技能，将食料加工成酱食，既便于贮运又可食用较长时间，制酱腌菜是常见之事。在中国古代，将各种食料加工成酱食可谓层出不穷，有各种肉酱、鱼酱、菜酱。由于种植业的主要产品是多种谷粮豆食，因此各类酱中最常见的是以谷物为原料的面酱，以豆类为原料的豆酱、豆豉。面酱、豆酱、豆豉不仅可以直接食用，更多的是用它们加工其他食材，制成可口耐贮的食品或调味品。做酱技术的关键也是发酵，由于原料之差异，特别是发酵时的菌系不同，所使用的曲也与酿酒制醋的酒曲不一样。同样是以种植业为主的农业形态，东亚各民族很自然地传承了以中国做酱技艺为主体的酱文化，无论是饮食，还是烹饪，酱都被放在一个显著的地位，遂形成了东亚饮食中的一个不同于其他地区的特色。

中国先民创造了一套特有的发酵技术体系，不仅流行于中国，甚至在东亚和世界都产生了不容忽视的影响。尽管发酵现象在地球上无处不在，是常见的自然现象，利用发酵技术，特别在食品加工上，几乎所有的民族都有自己的实践。但是，中国先民在长期生产实践中，创造性地利用微生物、驯化霉菌，科学地开发出以酿酒、制醋、做酱等为主要内容的一系列微生物工程技术。这里所取得的经验和成就是突出的，是其他民族无法相比的。中国先民在上述微生物工程中所积累的实践经验，不仅为微生物学和微生物工程科学的建立提供了认知的前提，而且为当代生物技术的发展做了技术上的铺垫。为了客观地理解这一史实，有必要再回顾这段历史的轨迹。

在中国古代，用水果（包括葡萄）酿酒一直没有形成气候。以畜奶为原料的奶酒也只是在西北地区的游牧部落流行。只有采用谷物酿酒才能为人们提供大量的酒。所以中国古代酒业主要是谷物酿酒。谷物酒的酿造较之果酒或奶酒复杂多了。水果、兽奶酿酒只需酒化过程，而谷物中的主要成分是多糖类高分子化合物：淀粉、纤维素、蛋白质等。它们不能被酵母菌直接转化为乙醇，必须先经过水解糖化分解为单糖才能被发酵成酒，即它必须经过多个步骤才能被转化为乙醇。简单地说，第一步是先将淀粉分解为可被酵母菌利用的单糖和双糖，即糖化过程。第二步是将糖分转化为乙醇，即酒化过程。两个过程依次进行，后人称之为单式发酵；假若两个过程同时进行，则称之为复式发酵。在西亚两河流域、古埃及和古希腊盛产大麦、小麦，长期以来，那里的人们一直沿用麦芽发酵制酒，即先制麦芽糖化，后酒化的单式发酵。麦芽酒即原始的啤酒，不仅是最早的酒品，还一直流传下来成为主要的酒品。在当时，啤酒和面包、葡萄酒、蜂蜜酒可能是西方民族发酵食品中最古老的品种。古埃及、巴比伦人大约在公元前4000年已经生产上述发酵食品了。

中国先民是利用酒曲将谷物酿制成酒。酒曲中既有能使淀粉糖化的曲霉、根霉及毛霉（霉菌在繁殖中分泌糖化酶，就像人分泌含糖化酶的唾液一样）等，又有使糖分酒化的酵母菌、细菌等，故酿酒是复式发酵。相比之下，复式发酵的效率显然会比单式发酵高，更重要的是在以酒曲（混合菌）为发酵剂的复式发酵中，除了糖化、酒化外，还同时进行蛋白质、脂肪等有机物及无机盐的复杂的生化反应。因此，谷物的复式发酵不仅较单式发酵复杂，而且产品酒的内涵也较丰富，不仅有醇和的口感，还有诱人的芳香。这就造就出在世界酒林中独树一帜的中国的发酵原汁酒（黄酒）和蒸馏酒（白酒）及其精妙的酿造技术。

用现代的科学知识来看，谷物复式发酵的糖化、酒化过程远比上述的几个化学反应要复杂得多。谷物中包含以淀粉为主体的碳水化合物，还有含氮物、脂肪及果胶等，这些成分在谷物用水浸润和加热中就会发生一系列化学变化。例如谷物中的淀粉颗粒，它实际上是与纤维素、半纤维素、蛋白质、脂肪、无机盐等成分交织在一起。即使是淀粉颗粒本身，也因具有一层外膜而能抵抗外力的作用。淀粉颗粒则是由许多呈针状的小晶体聚集而成，淀粉分子之间是通过氢键联结成束。淀粉是亲水胶体，遇水时，水分子渗入淀粉颗粒内部而使淀粉颗粒体积和质量增加，这种现象称为淀粉的膨胀。淀粉的膨胀会随着温度的升高而增加，当颗粒体积膨胀到 50～100 倍时，淀粉分子之间的联系将被削弱，最终导致解体，形成为均一的黏稠体。这种淀粉颗粒无限膨胀的现象，称为糊化。这时的温度称为糊化温度。不同的淀粉会有不同的糊化温度。淀粉初始的膨胀会释放一定的热量，进一步的糊化过程则是个吸热过程。在淀粉糊化后，若品温继续上升至 130℃左右，由于支链淀粉已接近全部溶解，大分子间的氢键被削弱，原先淀粉的网状结构被破坏，淀粉溶液就变成黏度较低的易流动的醪液。这种现象称为淀粉的液化即溶解。就在淀粉的糊化和液化过程中，体系中的酶被激活（50～60℃起），这些活化的酶就会将淀粉分解为糊精和糖类。与此同时，还会进一步发生己糖变化、氨基糖反应及焦糖生成。原先谷物原料中含糖量最高只有 4%左右，经过糊化、液化之后，各种单糖就有很大增加。

由于谷物中淀粉是主要成分，所以这样复杂的化学反应中最关键的反应是淀粉分解为单糖的反应，即俗称的糖化反应。糖化反应中真正起作用的是淀粉酶的催化作用。淀粉酶实际上包括 α－淀粉酶、糖化酶、异淀粉酶、β－淀粉酶、麦芽糖酶、转移葡萄糖甘酶等多种酶，这些酶在糖化中同时起作用，因此产物除可发酵性糖类外，还有糊精、低聚糖等。通常，单糖（葡萄糖、果糖等）、双糖（蔗糖、麦芽糖、乳糖等）能被一般酵母所利用，是最基本的发酵性糖类。

在糖化反应阶段，谷物内含的其他物质成分在氧化还原酶等酶类作用下，蛋白质水解为简单蛋白、重合蛋白等中、低分子含氮物，为酵母菌等微生物及时提供了营养。脂肪的酶解也产生了甘油和脂肪酸。部分甘油则是微生物的营养源。部分脂肪酸则生成多种低级脂肪酸。果胶被酶解为果胶酸和甲醇。有机磷酸化合物的酶解可释放出磷酸，为酵母菌等微生物的生长提供了磷源。酶解作用可使部分纤维素和半纤维素水解出少量葡萄糖、木糖等。总之，整个糖化过程的物质变化是错综复杂的，过程的环境和操作都有可能影响其变化。

接下来的发酵过程实质是由酵母菌、细菌及根霉主导，将糖、氨基酸等成分转化为乙醇为主的一元醇、多元醇和芳香醇的过程。其反应式如下：

$$\text{葡萄糖}+ADP+\text{磷酸}\xrightarrow{\text{酒化酶}}\text{乙醇}+\text{二氧化碳}+ATP+10.6KJ$$

反应式中的 ADP 是二磷酸腺苷的缩写，ATP 是三磷酸腺苷的缩写，它们是生物体内能量利用和储存的中心物质。它们在酶的催化作用下可以相互转换，即 ATP 移去离腺苷最远的磷酸基，则生成ADP，同时释放大量能量，这能量则可帮助其化学反应的进行。反过来，无机磷与ADP结合形成ATP，可将细胞内营养物质氧化所释放的能量以化学能的形式储存在ATP分子的高能磷酸键中。酒化酶实际上是从葡萄糖到酒精一系列生化反应中各种酶和辅酶的总称，主要包括已糖磷酸化酶、氧化还原酶、烯醇化酶、脱羧酶及磷酸酶等。这些酶均为酵母的胞内酶。从上述的反应式来看，酒化反应中没有氧分子参与，故是个无氧的发酵过程。这个过程主要囊括葡萄糖的酵解和丙酮酸的无氧降解两大生化反应过程，其中葡萄糖的酵解分四个阶段、十二步骤才逐步经丙酮酸—乙醛最终变成乙醇。伴随着酵母菌将葡萄糖变成乙醇的过程，某些细菌也进行同样的工作。即在葡萄糖被磷酸化后，某些细菌也能通过自身的渠道将其变成乙醇。但是细菌的酒精发酵能力不如酵母菌，而且会同时生成一些如丁醇之类杂醇和多元醇及甲酸、乙酸等有机酸。无论是糖化过程还是发酵过程，酒醅中的生化反应均需在一定的pH范围内进行，过高或过低都将不利于糖化和发酵。

综合以上发生的生化反应可以清楚认识到，谷物发酵经历了相当复杂的化学反应，除淀粉水解糖化生成单糖，单糖酒化生成乙醇外，还会产生氨基酸、高级醇、脂肪酸、多种脂类、糊精、有机酸等及没有被酒化而剩余的糖分。总之，发酵后制得的酒实际上是一类以酒精为主体的包括许多营养物质的水溶液。曲糵发酵优于单纯的麦芽糖化—酵母菌酒化就在于它充分利用微生物帮助完成这个复杂的发酵过程。

汉代刘安主撰的《淮南子·说林训》中说“清醠之美，始于耒耜”，即指出酿酒技术开始于种植业的兴起。《尚书·商书·说命(下)》中说“若作酒醴，尔惟曲糵”，表明商代时人们已认识到曲糵在酿酒中的决定性作用。从春秋战国到秦汉，酿酒技术的进步首先表现在制曲技术的提高。长期的酿酒实践使人们认识到，酿制醇香的美酒，首先要有好的酒曲；要丰富酒的品种，就要增加酒曲的种类。无论是北魏时期名著《齐民要术》，还是宋代酿酒专著《北山酒经》，在介绍酿酒技术时，都是花大篇幅率先讲述制曲技术。中国酿酒技术的发展正是沿着这条路线前进的。

从近代科学知识来看，酒曲多数以麦类（小麦和大麦）为主，配加一些豌豆、小豆等豆类为原料，经粉碎加水制成块状或饼状，在一定温度、湿度条件下让自然界的微生物（霉菌）在其中繁殖培育而成。其中含有根霉、曲霉、毛霉、酵母菌、乳酸菌、醋酸菌等几十种微生物。酒曲为酿酒提供了所需要的多种微生物的混合体。微生物在这块含有淀粉、蛋白质、脂肪以及适量无机盐的培养基中生长、繁殖，产生出多种酶类。酶是一种生物催化剂，不同的酶具有不同的催化分解能力，它们分别具有分解淀粉为糖的糖化能力，变糖分为乙醇的酒化能力及分解蛋白质为氨基酸的能力。微生物就是凭借其分泌的生物酶而获取营养物质才能生长繁

图 1　贵州茅台酒厂的人工踩曲

图 2　曲房堆放的酒曲

衍。若曲块以淀粉为主，则曲里生长繁殖的微生物多数必然是分解淀粉能力强的菌种；若曲中含较多的蛋白质，则对蛋白质分解能力强的微生物就多起来。由此可见，曲中的菌系是靠后天通过逐次筛选而培育成的。不同原料的不同配比会对曲的功效产生影响。曲的不同功效则会进一步影响酿造过程，因此，酒曲的质量决定酒品的质量（图 1、图 2）。

为了进一步认识中国传统酿酒技术的特色，下面将中国的原汁发酵酒、蒸馏酒工艺与西方原汁发酵酒、蒸馏酒工艺再作一个比较（图 3）。

古埃及的葡萄酒制造，我们可以从埃及 18 王朝（前 1567—前 1320 年）统治者之一森组

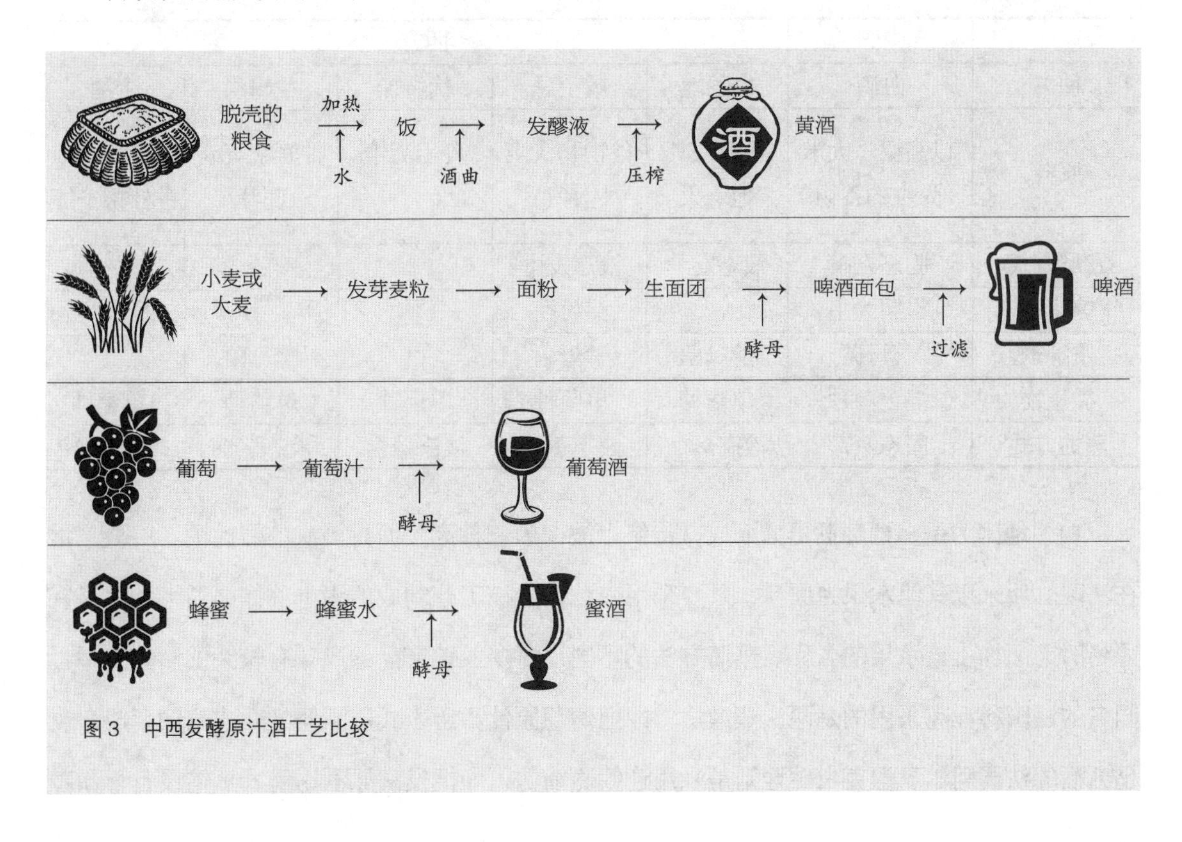

图 3　中西发酵原汁酒工艺比较

图 4　古埃及壁画：3500 年前的葡萄酒技术解示

图 5　马奶酒酿制的皮囊和捣臼（内蒙古博物馆藏）

法墓的壁画（图 4）中窥视其一二。图 5 为马奶酒酿制的工具。有关古代西方的啤酒生产工艺，英国不列颠博物馆有两个木制模型的展示。图 6 的模型出自埃及代尔拜赫里第 11 王朝（约前 2050 年），展示一个面包和啤酒的大型作坊。图 7 出自埃及中王朝（约前 1900 年），展示一个女工在啤酒发酵中的操作。中国古代的黄酒生产工艺则不一样，图 8、图 9 描绘了当时的工艺。图 8 出土于河南新密打虎亭一号汉墓东耳室。它分为三栏：上栏是一排盛酒的酒瓮；中栏是将酒装入瓮；下栏是描绘酿酒过程。

就蒸馏酒生产工艺而言，中西的差异也是明显的，表 1 概括了主要内容。

表 1　中西蒸馏酒工艺对比

产地	中国	西方				
种类	白酒	白兰地	威士忌	伏特加	兰姆酒	金酒
原料	以高粱、大米为主的谷物	葡萄或其他水果	谷物和大麦芽	食用酒精	甘蔗糖蜜或蔗汁	食用酒精串香杜松子等
发酵方式	固态发酵	液态发酵	液态发酵		液态发酵	
糖化剂	霉菌为主		淀粉酶			
发酵剂	酵母菌	酵母菌	酵母菌		酵母菌	
微生物	混合菌种	单菌种	单菌种	单菌种	单菌种	单菌种
蒸馏方式	固态蒸馏	液态蒸馏	液态蒸馏	液态蒸馏	液态蒸馏	液态蒸馏

白兰地因为是将葡萄酒蒸馏而成，传统上被视为一种高贵而有档次的烈性酒。主要产地在法国。后来以其他水果为原料，只要采用白兰地生产工艺制成的酒也称作白兰地，只是在冠名时前面加上该水果的名称。蒸馏方法的不同，对白兰地产品的风味有较大的影响。举世闻名的法国科涅克采用的是两次蒸馏法，即把葡萄原汁酒用壶式蒸酒器经两次蒸馏而成。也是名酒的法国阿尔玛涅克白兰地则是采用连续蒸馏法，即把发酵原酒用塔式蒸馏设备一次蒸

图 6　制作面包和啤酒的作坊

图 7　妇女在搅拌生面团的发酵醪，面前就是酒发酵罐

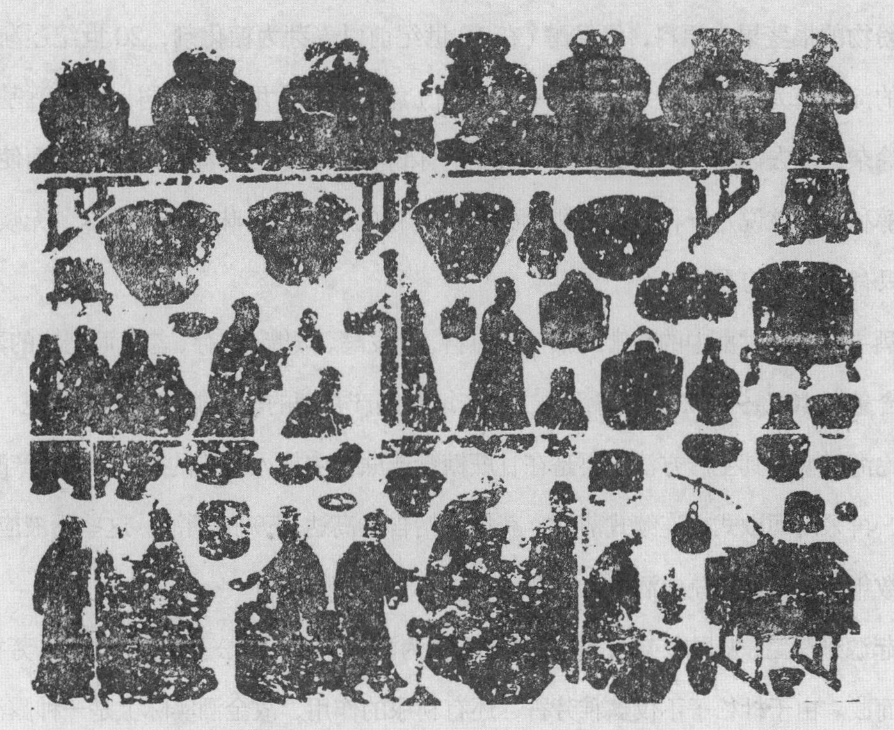

图 8　石刻画：酿酒备酒图

图 9　石刻画下栏：酿酒过程的临摹图

馏达到工艺要求。白兰地原酒随储存时间的增加，产品质量明显提高，尤其是储存在橡木桶中。

威士忌是利用发芽谷物（主要是大麦和小麦）酿制的一种蒸馏酒。由于原料的差别而有许多品种。当今的技术是大麦经过发芽后，放在泥炭火烘房内烤干、磨碎，制成发酵醪，因而带有泥炭烟香口味，构成苏格兰威士忌的特殊香型。完成酒化的发酵醪经过两次间歇蒸馏，就得到单体麦芽威士忌。将多种单体麦芽威士忌混合在一起就能得到“纯麦芽威士忌”或“兑和威士忌”。爱尔兰威士忌以大麦芽加小麦、黑麦为原料，大麦芽不经过泥炭烟火炉的烘烤处理，故成品酒就没有烟熏香味。

伏特加又名俄得克，其俄语 Vodka 的意思是“可爱之水”。原产于俄罗斯、波兰、立陶宛及某些北欧国家，是这些国家的国酒。它以小麦、大麦、马铃薯、糖蜜（甜菜废糖蜜）及其他含淀粉物的根茎果为原料，经发酵（在 19 世纪前以麦芽为糖化剂，20 世纪逐渐改为以人工培育的淀粉酶为糖化剂，发酵剂则是酵母菌）蒸馏制得食用酒精，再以它为酒基，经桦木炭脱臭除杂，除去酒精中所含的甲醇、醛类、杂醇油和高级脂肪酸等成分，从而使酒的风味清爽、醇和。应该说是一种典型的酒精饮料。真正的伏特加口味醇正，无味、无嗅，完全是中性，只有纯酒精的香味。

兰姆酒主要是以甘蔗中的糖蜜或蔗汁为原料，经发酵、蒸馏、贮存、勾兑而制成的蒸馏酒。通常酒精含量在 40%～43%。兰姆酒的主要产地是盛产甘蔗的牙买加、古巴、海地、多米尼加等加勒比海国家。其生产方法主要是在甘蔗糖蜜或蔗汁中加入特选的生香酵母（产酯酵母）共同发酵，再采用间歇式或连续式蒸馏，获得酒精含量高达 75%的酒液。这些酒液应在橡木桶中陈酿数年后，再被勾兑成酒精含量在 40%～43%的酒液。

金酒起源于荷兰，发展在英国，是以食用酒精为酒基，加入杜松子及其他香料（芳香植物）共同蒸馏而成。由于杜松子不仅幽雅芳香，还有利尿的作用，故金酒实际上是一种露酒。

此外，还有墨西哥的龙舌兰酒、北欧一些国家以小麦和马铃薯为原料酿制的白兰地烈酒、波兰的直布罗加酒（放入牛爱吃的直布拉草共同发酵）及利口酒（加入某些果实、香料、药材共同发酵的芳香烈酒）等。

上述的介绍可以清楚地看到古代东、西方各类酒的发酵工艺是有明显差别的。由于自然环境和文化传统的不同，酿造技术及其产品各有其典型的特征。所谓自然环境的不同，主要有两点：一是原料的不同，西方酿酒的主要原料是小麦和大麦，这两种作物都有坚硬的外皮，较难直接蒸煮加工，大多数情况下是将其先研磨成面粉后再加工成面食。因为坚强的外皮直接阻止霉菌之类的真菌在其表面生长繁衍，只有加工粉碎后才能接受在空气中游荡的酵母菌孢子。东方酿酒的主要原料是稻米、粟米，情况就不同，去掉软壳后的稻米、粟米，能够直接蒸煮，当逢遇夏季气候炎热潮湿的环境，加工中的谷物，特别是熟制的谷物很自然地成为真菌落脚繁殖的阵地，发酵酿酒是顺水推舟的事情。二是气候的不同，与中国有炎热潮湿的夏季不同，在古代的苏美尔和埃及，尽管夏天也炎热，但空气却干燥，不利于真菌的繁殖，加上在当地的空气中真菌本来就很少，故由霉菌引发的谷物发酵的现象就少见了。这可能就是西方能生产啤酒而没有出现黄酒的原因之一。

西方在中世纪以前，葡萄酒、啤酒一直是饮用酒的主流，而东方的中国黄酒则几乎垄断了市场。啤酒是面包制作技术的延伸，而黄酒技术则是谷饭的自然发酵的结晶。同样是谷物酿酒，在西方，像生产啤酒那样，淀粉糖化和酒精发酵是分两个独立步骤按顺序完成的，参与的微生物基本上是酵母菌。而在中国淀粉糖化、酒化开始后不久即同时进行，过程中既有霉菌又有酵母菌参与，是以曲的形式进行混合菌种的发酵。对比之下，中国的酿造技术虽然复杂些，但将两步变成一步毕竟有许多好处，可能最大的好处在于有众多微生物的参与，产品的内容会更丰富，口感会更丰满。这个“丰富”和“丰满”可以理解为，通过 “酒曲”引进混合菌种，它们在发酵中各自为战，除生产出乙醇外，还产出其他醇、有机酸、酯等许多化合物，特别是呈香的酯类化合物。这就造成了中国酒的独有特色。下面仅从乙醇浓度的关系作一分析。啤酒酿制中，其糖化过程主要由麦芽中所含的 α－淀粉酶和 β－淀粉酶所主导，这两种酶都参加淀粉的水解。啤酒的酒化过程完全由酵母菌在操作，酵母菌通过自身的麦芽糖酶将淀粉水解产生的麦芽糖分子水解为两个葡萄糖分子，葡萄糖再发酵成乙醇。然而，麦芽糖的存在是 β－淀粉酶的抑制剂（因为 β－淀粉酶作用淀粉生成麦芽糖是个可逆反应），所以一旦麦芽糖浓度达到 7%，β－淀粉酶就会停止工作，麦芽糖的产率就会降低。因此在通常情况下，啤酒中的乙醇浓度维系在 3%～4%。中国黄酒酿造中使用的是酒曲，发酵的过程就是另外一种状况。曲中引入发酵液中的真菌群，不仅会产生 α－淀粉酶和 β－淀粉酶，还会产生淀粉葡萄糖苷酶。淀粉葡萄糖苷酶也作用于淀粉，释放出葡萄糖分子，葡萄糖直接被酵母菌发酵生成乙醇。葡萄糖却不会抑制淀粉葡萄糖苷酶的作用，因此，发酵液中可以积累较高浓度的葡萄糖。此外，淀粉葡萄糖苷酶对乙醇的敏感度小于谷物的 β－淀粉酶，因而在发酵液中添加新鲜培养基，如煮熟的大米或粟米等，以增加发酵液中的淀粉—葡萄糖的浓度，就可以借此提高发酵液中的乙醇浓度。这时节，唯一限制乙醇浓度的因素是酵母菌对乙醇的敏感度。一般来说，当发酵液中的乙醇浓度达到 11%～12%时，酵母菌的发酵作用会明显缓慢下来。因此，中国黄酒的酒精度在秦汉时期也应能达到 10%左右（事实上由于技术原因，只能达到 5%左右）。然而，中国的酿酒师为了提高酒品的酒度曾在技术上有许多创新，例如曹操推荐的九酝春酒法，就是通过米饭分批投入发酵液的办法来培育和锻炼霉菌和酵母菌的“工作”能力。特别是在南北朝时，已普遍使用陈曲来接种培育新曲的技术，当时的酿酒师可能不知道，这一技术措施则是筛选、驯化优质的霉菌和酵母菌的重要途径。经过长期反复地操作这种技术，无形之中培育出具有较强活力的菌系和酵母菌。这些经过长期培育的酵母菌在酒精度达到15%～16%的浓度时，仍能保持其活性。所以近代的绍兴黄酒和福建黄酒，其酒精含量能达到16.1%～19.4%。当然提高发醪液的酒精度的办法不止这一项，例如在《北山酒经》中提到的培养、使用“酒母”“酸浆”等技术。总之，中国酿酒中使用酒曲的技术优势是一言难尽的。难怪明清时期来华的西方传教士都把中国酿酒所使用的曲看得很神秘。

这些传教士觉得中国酒跟他们过去所喝的酒不一样，当看到中国酿酒师傅都使用那种方砖形的法宝（酒曲）时，更感到十分好奇。于是他们想方设法去偷这种神秘的砖头，探索其中的秘密。当他们的学识也无法帮助他们解密时，他们又费尽了心机，把这些秘密偷偷地捎回欧洲，请朋友帮忙做出分析检测。首先揭开中国酒曲这个神秘面纱的是一位法国的学者。

1892年，法国人卡尔麦特（L. C. A. Calmette，1863—1933）不仅注意到中国酿酒的独特方法，还专门研究了传教士带回的中国酒曲，在巴斯德研究所同事的帮助下，从中分离出毛霉、米曲霉、根霉等一类微生物。他认识到这些过去没有被注意的霉菌正是能在发酵中起关键作用的微生物，从而初步揭示了中国酒曲的独特功能。他是第一个认识到中国利用霉菌糖化制酒先进性的科学家。卡尔麦特也是个有商业头脑的科学家，在1898年他将自己这一发现在欧洲申请了应用毛霉于酒精生产的专利，并将这种淀粉霉发酵法在酒精工业中加以推广。在推广实践中，他们又开发出几株可用于发酵生产的酶类合成载体的霉菌，极大地促进了世界酿造业的发展和酿造技术的提高。因为模仿中国酿酒技术的淀粉霉发酵法，一改过去酒精生产的单边发酵为复式发酵，不仅提高了生产效率，同时降低了成本，保证了质量。从此，科学家们进一步认识到霉菌一类微生物的利用是大有作为，先后在淀粉质原料酒精发酵技术上开发出米曲霉—黑曲霉—液体曲等技术，并完善了以糖蜜、甜菜糖蜜、甘蔗糖蜜为原料生产酒精的技术。在有机酸发酵技术中开发生产出柠檬酸等产品。在氨基酸发酵技术中开发出谷氨酸（味精的主要成分即是谷氨酸钠）、L-赖氨酸、色氨酸等多种氨基酸的生产。最突出的成就是抗菌素药剂的发明和生产。1928年9月，英国科学家弗莱明（A. Fleming，1881—1955）发现了青霉素。这是第一种抗菌素类的药物，开辟了世界现代医疗革命的新阶段。对于弗莱明来说，青霉素的发现象征着对治疗传染性疾病取得了重大进展。同时证实霉菌的研究及微生物学和微生物工程在医药革命所具有的价值。

酿酒技术属发酵工程，既是最古老的技术，又是现今最前沿的生物工程（现代生物技术）的一部分。说它古老，是因为这项技术出现在8000年前，人们模仿自然发酵的现象掌握了

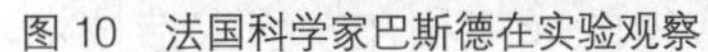

图 10　法国科学家巴斯德在实验观察

图 11　德国化学家布希纳

它。尽管沿用发酵酿酒的技术那么绵长，但是直到 19 世纪下半叶，才对谷物究竟为什么能酿成酒有了初步的认识。法国科学家巴斯德（L. Pasteur，1822—1895，图 10）揭开了酿酒的机理。1897 年德国化学家布希纳（E. Bucher，1860—1917，图 11）完成了精心设计的，可以堪称为判定性的科学实验，实验证明存在着无细胞的生醇发酵，并称这一活泼的发酵制剂为“酿酶”。“酿酶”的发现，揭示出发酵的本质是一种“酶”促的化学反应过程。酿酶实质上是蛋白质一类的物质，我们现在知道动物的唾液、胃液、胰液、胆液等能分泌多种酶：水解淀粉的淀粉酶、水解蛋白质的蛋白酶、水解脂肪的脂肪酶等，正是它们帮助完成食物的消化和新陈代谢等功能。这些酶统称为细胞外酶，它的发现不仅翻开了生物新陈代谢研究的新篇章，而且还把酵母细胞的活力与酶化学作用联系起来，推动了微生物学、生物化学、发酵生理学和酶化学的发展。1902—1909 年，布希纳对其他类型的发酵进行研究，如乳糖酸、醋酸、柠檬酸、油质等的发酵，进一步证实发酵是一系列酶催化的反应过程。酶化学的应用就构成生物技术上的“酶工程”，酶工程的研究对于酿酒、制醋、做酱、制糖及整个食品工业的发展都有着重要意义，对医学、卫生学、生物学的某些问题的解决也具有特殊的作用。由此，布希纳荣获了 1907 年的诺贝尔化学奖。

20 世纪 40 年代，采用深层培养发酵法使青霉素生产工业化，是发酵工程的发展亮点。此后，微生物学、生物化学、化学工程学的知识叠加和进展，促进发酵工程日益成熟。60 年代以后，固定化酶和固定化细胞等新技术促进了生化技术的发展，加上分析、分离和检测技术的进步及电子计算机的应用，发酵工程又获得革新。1973 年重组 DNA 技术出现，能够按工程设计蓝图定向地改变物种的功能而创立新物种。这就是基因工程。通过细胞融合建立杂交瘤，用以生产单克隆抗体，成为免疫学的革命性进展，通过动植物细胞大量培养，可以像微生物发酵那样大量生产人类需要的各种物质，也可以培育出常规方法无法得到的杂交新品种，从而创立了细胞工程。

从微生物发酵工程到酶工程、细胞工程、基因工程构成了一个综合体系即“生物工程”，又称作“现代生物技术”。它的基础是发酵工程，核心是基因工程。它是21世纪科技的前沿，是新兴的工程技术。自1973年建立以来，在起步的前20年就开拓了蛋白质工程、重组DNA工程等新领域，并在实验中研制了许多高产抗病的植物转基因新品种和利用体细胞克隆技术复制出牛、羊等动物。它的许多研究技术和成果正逐渐地应用于医学、农业、工业、环境保护等诸多领域，必将取得人们期待的效益。

中国对微生物菌种的收集、选育、驯化、保藏及研究中所取得的成就和在发酵酿造技术上的摸索、试验、创新所取得的经验一样，都是人类在科学征程中难得的、宝贵的财富。我们深信，在现代生物技术的发展和推动人类文明的进程中，中国人也将像先辈一样做出自己的新的贡献。

火箭与火铳

游战洪

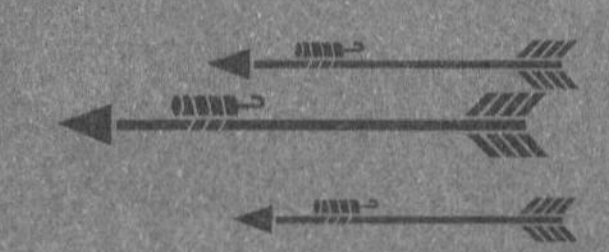

◎ 火器是利用火药的化学能产生杀伤力的武器。火器的杀伤手段从冷兵器时代的物理方式（刺、砍、劈、砸）转变为火器时代的化学方式（爆炸、燃烧），杀伤力有了质的飞跃。随着火药的化学能成为武器杀伤力最主要的来源，火力成了衡量武器杀伤力的第一要素。

◎ 黑火药的特性是含有氧化剂（硝酸钾），燃烧时不需要从空气中获取氧，而由硝酸钾释放氧气，组成一个自供氧燃烧系统，与碳、硫等可燃剂发生激烈的氧化还原反应，并释放出大量热量。

◎ 黑火药在密闭的容器内燃烧，能在有限的空间内突然产生大量高温高压气体，原来体积很小的固体火药，体积突然膨胀，猛增至几千倍，会引起容器爆炸。

◎ 在流体力学上，当定量的流体用高速度由压力较高处向压力较低处喷射时，它就会发出相当的反作用力。这种反作用力用在一个能发生运动的物体上，该物体就会沿着反作用力的方向发生运动。

◎ 中国至迟在唐宪宗元和三年（808 年）前已经炼制了含硝、硫、碳的原始火药，在北宋仁宗庆历四年（1044 年）前已经发明了军用火药。火药发明后，各种火器应运而生。首先直接促进了各种军用燃烧和爆炸器材的发展，然后与传统的冶铸技术相结合，促进了金属管形射击武器和火箭类火器的发展。

◎ “飞火”是最早使用火药制造的武器。在宋人路振所著的《九国志》中，就有关于使用飞火的记载：“天祐（904—907 年）初……（郑璠）从攻豫章，璠以所部发机飞火，烧龙沙门，率壮士突火先登。入城，焦灼被体，以功授检校司徒。”[1] 此处所言“飞火”应是用弩机发射的火药箭。

◎ 从北宋至明代中叶，火箭、火球、火枪、铜火铳、铁管火炮等大批火器相继问世，火器在战争中的作用和地位日益上升。从 10 世纪开始，中国军事技术的发展开始进入冷兵器与火器并用的时代。

---

1 〔北宋〕路振：《九国志》卷二，中华书局，1985 年，第 29 页。

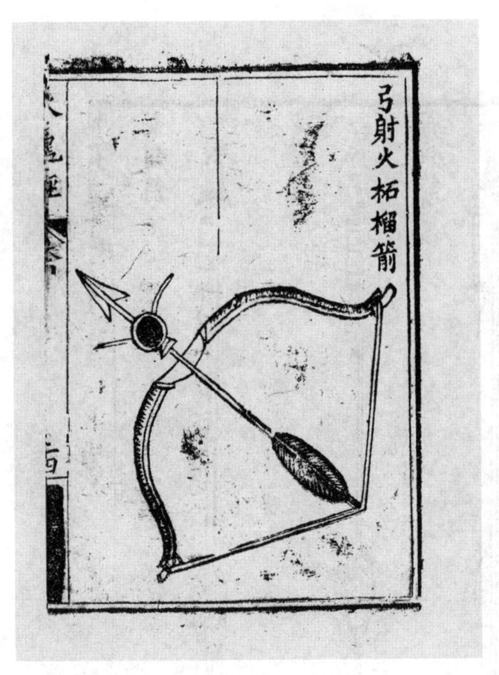

图 1　火药箭图[1]

一、火箭类火器

古代火箭正是利用黑火药发生化学反应时燃烧爆炸的原理来发射的，即借助火药燃烧时产生的热力变换为反作用的机械力来推动箭杆飞行，射向预定目标。

中国是世界公认的发明火箭最早的国家。中国古代火箭是在普通的箭杆上绑缚一个黑火药筒，发射时，用药线引燃火药，火药燃气从尾部喷出，产生反作用力，推动火箭前进。

北宋初已发明火药箭。这类火药箭，尚属于初级火器，并非利用火药燃烧喷气推进的火箭，而是将火药包绑在箭首（图 1），点燃火药包外壳后，用弓弩发射，火药引燃后，可纵火攻敌。

据《宋史・兵志》记载，宋太祖开宝三年（970 年），“时兵部令史冯继昇等进火箭法，命试验，且赐衣物束帛”[2]。宋真宗咸平三年（1000 年），“神卫水军队长唐福献所制火箭、火球、火蒺藜，造船务匠项绾等献海战船式，各赐缗钱”[3]。咸平五年（1002 年）九月，“冀州团练使石普自言能为火球火箭，上召至便殿试之，与辅臣同观焉”[4]。

北宋庆历年间编纂的兵书《武经总要》具体描绘了早期火药箭的形制。卷一二记载：“如短兵放火药箭，则如桦皮羽，以火药五两贯镞后，燔而发之。”卷一三记载：“火箭，施火

1〔明〕焦玉：《火龙经》卷下，明永乐十年（1412 年）序刊本。

2〔元〕脱脱等：《宋史・兵志十一》，中华书局，1977 年，第 14 册，第 4909~4910 页。

3〔元〕脱脱等：《宋史・兵志十一》，中华书局，1977 年，第 14 册，第 4910 页。

4〔北宋〕李焘：《续资治通鉴长编》卷五二，中华书局，1980 年，第 5 册，第 1153 页。

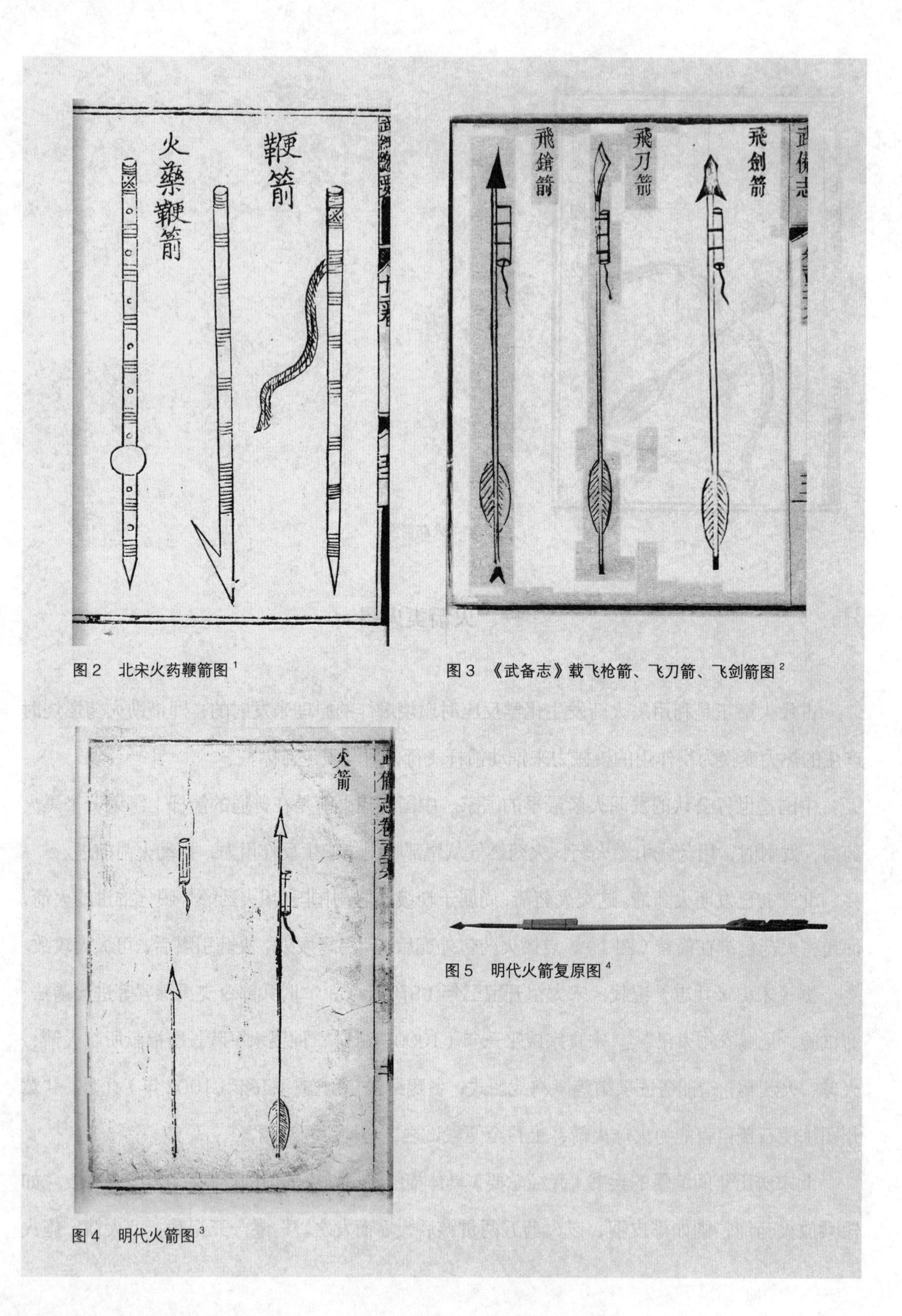

图 2　北宋火药鞭箭图[1]

图 3　《武备志》载飞枪箭、飞刀箭、飞剑箭图[2]

图 4　明代火箭图[3]

图 5　明代火箭复原图[4]

1〔北宋〕曾公亮：《武经总要前集》卷一二，1959 年中华书局影印明正德年间刊本。

2〔明〕茅元仪：《武备志》卷一二六《军资乘・火器图说五》，明莲溪草堂刊本。

3〔明〕茅元仪：《武备志》卷一二六《军资乘・火器图说五》，明莲溪草堂刊本。

4　中国历史博物馆、国家文物局编：《中国古代科技文物展》，朝华出版社，1997 年，第 51 页，图 5-6。

药于箭首，弓弩通用之，其傅药轻重，以弓力为准。”[1]

这些用弓弩发射的火药箭，与以往使用艾草、油脂、松脂等燃烧物的火箭不同，但尚未使用火捻，施放时需先点燃火药包的外壳，射中目标后，待引燃火药包内的火药，然后引起猛烈的燃烧。

《武经总要》卷一二（图2）还描绘了火药鞭箭的图像，火药包绑缚在箭杆头部附近。

南宋时发明了反推力火箭，即将火药筒绑在箭杆上，利用火药燃烧气产生的反作用力，推动火箭前进。据南宋杨万里（1127—1206）所著《诚斋集》记载，绍兴三十一年（1161年），金军渡过长江，与南宋水军战于采石（今安徽马鞍山市东岸），宋军发射“霹雳炮”，扰乱金兵：“舟中忽发一霹雳炮。盖以纸为之，而实之以石灰、硫黄。炮自空而下落水中，硫黄得水而火作，自水跳出，其声如雷。纸裂而石灰散为烟雾，眯其人马之目，人物不相见。”[2]这种炮利用火药喷火的反推力将其送入空中，实际上是一种军用火箭弹。

元代已经淘汰了低效的火药箭，直接使用反推力火箭作战。据明抄本元末火器专著《克敌武略萤惑神机》卷三《远攻火器》篇记载，元代的单飞大头箭，用又粗又长的火药筒点燃发射，可发射飞枪、飞刀与飞剑，射穿敌军人马。原文题：“用纸筒实以火药，如火箭头，长可七寸，粗可二寸。其法金锋长五寸，阔一尺。或如剑形，或如刀形，或三棱如火箭头，若枪形。光莹芒利，通计连身重二斤有余。燃火发之，可去三百步，大队齐冲之。贼中者，人马皆倒，不独穿而已。凡有枝材之物，皆可架放。飞枪、飞刀、飞剑三种飞器，其法即一大火箭。”[3]火药筒长22厘米、直径6.2厘米，筒内装有两层火药，中间用药线相连，下层药线外漏，总重1.19公斤[4]。明代《武备志》卷一二六补绘了飞枪、飞刀、飞剑三种火箭的图像（图3）。

明代的单发火箭显然属于利用火药燃烧产生的反推力的火箭，且在《武备志》中有图文并茂的描绘（图4、图5）。其制法是：以火药筒做动力装置，火药筒带引线，以箭杆作箭身，以箭头为战斗部，并涂毒药，射程可达500步（约合775米，明代1步等于1.55米）。《武备志》明确记载，在制作火箭时，关键在于火药包的线眼加工，用铁杆打成优于用钻钻眼，线眼之正直和深浅与否直接影响火药推力与箭杆飞行轨迹：“眼正则出之直，不正则出必斜；眼太深则后门泄火，眼太浅则出而无力。”[5]

1〔北宋〕曾公亮：《武经总要前集》卷一二、卷一三，1959年中华书局影印明正德年间刊本。

2〔南宋〕杨万里：《诚斋集·海鳟赋》卷四四，民国25年（1936年）上海商务印书馆缩印四部丛刊初编本，第64册，第417~418页。

3 转引自潘吉星：《中国火药史（插图珍藏版）》（上），上海远东出版社，2016年，第326页。

4 潘吉星：《中国火药史（插图珍藏版）》（上），上海远东出版社，2016年，第326页。

5〔明〕茅元仪：《武备志》卷一二六《军资乘·火器图说五》，明莲溪草堂刊本。

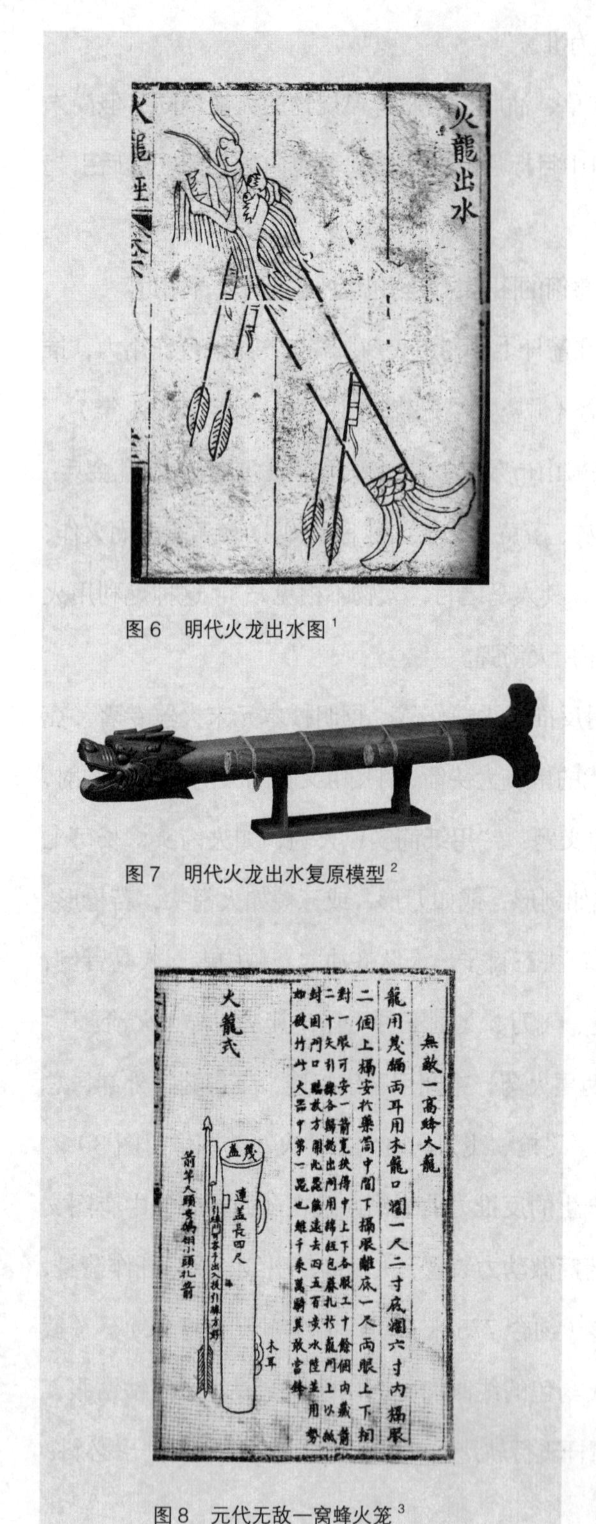

图6　明代火龙出水图[1]

图7　明代火龙出水复原模型[2]

图8　元代无敌一窝蜂火笼[3]

元代和明代还相继发明多火药筒并联火箭、有翼火箭、多级火箭、多发齐射火箭，用火箭筒、火箭柜定向齐射，大大提高了火箭的杀伤力和射程。

例如，“火龙出水”是明代发明的多级火箭（图6、图7），用于对敌船实施火攻。其制作方法是，用竹管做龙身，用木料做龙头、龙尾，首尾两侧各装一支火箭，龙腹内装数支火箭。发射时，先点燃首尾火箭，推动火龙前进；首尾火箭将要燃尽时，引燃龙腹内的火箭，继续射向目标。《火龙经》记载：“水战，可离水三四尺，燃火，即飞水面二三里去远，如火龙出于水面。筒药将完，腹内火箭飞出，人船俱焚。”[4]

“一窝蜂”是元代发明的一种多发齐射火箭，明抄本元末火器专著《克敌武略萤惑神机》卷三《远攻火器》称之为“无敌一窝蜂火笼”（图8），可同时发射20枚火箭，射程达四五百步（622～777.5米），水陆并用，势如破竹，被视为“火器中第一器”[5]。据《武备志》记载，明代“一窝蜂”增至32支火箭（图9、图10），箭镞上涂射虎毒药，各支火箭的药线连在一根总线上，装在一个木筒内，可防止被雨淋湿。作战时，可架在车上发射，一车可架十几筒，“总线一燃，

---

1 〔明〕焦玉：《火龙经》卷下，明永乐十年（1412年）序刊本。
2 中国历史博物馆、国家文物局编：《中国古代科技文物展》，朝华出版社，1997年，第53页，图5-9。
3 转引自潘吉星：《中国火药史（插图珍藏版）》（上），上海远东出版社，2016年，第328页。
4 〔明〕焦玉：《火龙经》卷下，明永乐十年（1412年）序刊本。
5 潘吉星：《中国火药史（插图珍藏版）》（上），上海远东出版社，2016年，第327页。

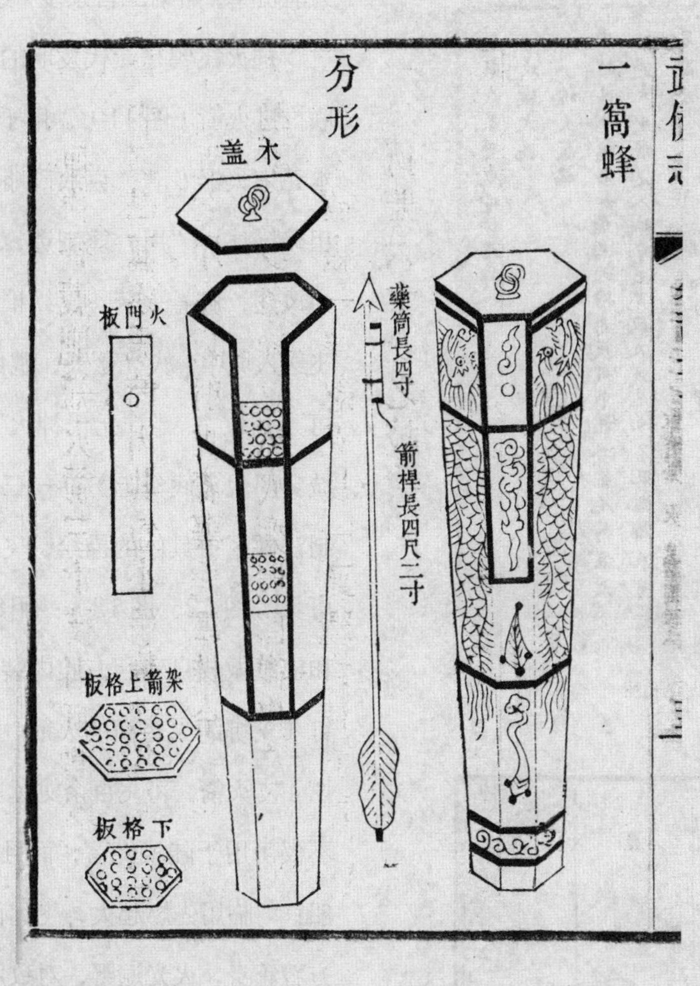

图 9　明代“一窝蜂”图[1]

图 10　明代“一窝蜂”复原模型[2]

1 〔明〕茅元仪：《武备志》卷一二七《军资乘・火器图说六》，明莲溪草堂刊本。

2 中国历史博物馆、国家文物局编：《中国古代科技文物展》，朝华出版社，1997 年，第 52 页，图 5-7。

众矢齐发，势若雷霆之击，莫敢当其锋者……力能贯革，可射三百余步（约合465米）”[3]。

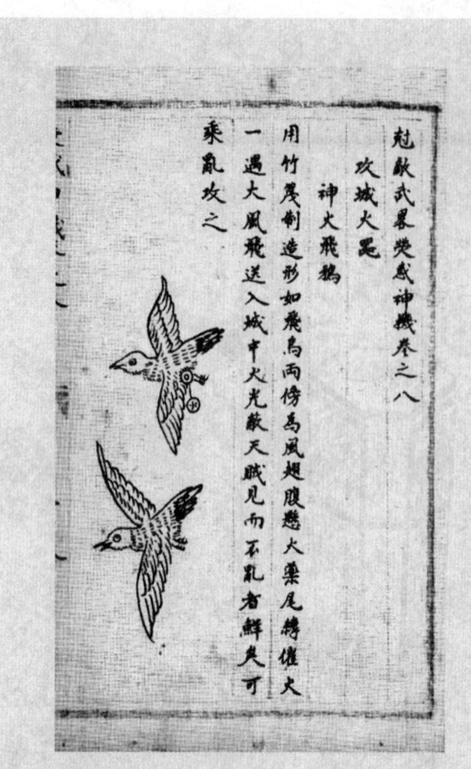

尅敵武畧熒惑神機卷之八
攻城火器
神火飛鴉
用竹篾制造形如飛鳥兩傍為風翅腹懸火藥尾縛催火
一遇大風飛送入城中火光蔽天賊見而不亂者鮮矣可
乘亂攻之

图11　元代神火飞鸦图[1]

神火飞鸦是元代发明的一种多火药筒并联推进火箭（图11），用于纵火攻敌。明抄本元末火器专著《克敌武略萤惑神机》卷八粗略描述：“用竹篾制造，形如飞鸟，两旁为风翅，腹悬火药，尾缚摧火。一遇大风，飞送入城中，火光蔽天，贼见而不乱者鲜矣，可乘乱攻之。”[4]元代神火飞鸦用于掩护攻城。明代《武备志》卷一三一对神火飞鸦的制法做了更具体的描绘，飞鸦所缚火箭清晰可见（图12、图13）：用细竹篾、细芦管和棉纸做成乌鸦状，腹内装满火药，身下斜钉4支绑缚火药筒的火箭。发射时，同时点燃4支火箭，可飞百余丈远。明代神火飞鸦，不仅可用于陆战烧营，而且可以用于水战烧船：“临用先燃起火，飞远百余丈，将坠地，方着鸦身，火光遍野，对敌用之，在陆烧营，在水烧船，战无不胜矣。”[5]

图12　明代神火飞鸦图[2]

二、爆炸类火器

爆炸类火器起源于燃烧类火球。北宋初已发明装有火药的燃烧性火器——火球（又名火炮），用于焚烧敌军营阵。

1　潘吉星：《中国火药史（插图珍藏版）》（上），上海远东出版社，2016年，第334页。
2　〔明〕焦玉：《火龙经》卷下，明永乐十年（1412年）序刊本。
3　〔明〕茅元仪：《武备志》卷一二七《军资乘·火器图说六》，明莲溪草堂刊本。
4　转引自潘吉星：《中国火药史（插图珍藏版）》（上），上海远东出版社，2016年，第332页。
5　〔明〕茅元仪：《武备志》卷一三一《军资乘·火器图说十》，明莲溪草堂刊本。

火球一般以火药为球心，外层用纸、布、沥青、松脂、黄蜡等包裹，用烧红的铁烙锥烙透外壳后，用抛石机抛射，或用人力投掷，火球内部的火药开始燃烧，产生火焰或毒烟。据《武经总要》记载，这类火器有引火球、蒺藜火球、霹雳火球、毒药烟球、铁嘴火鹞、竹火鹞等。

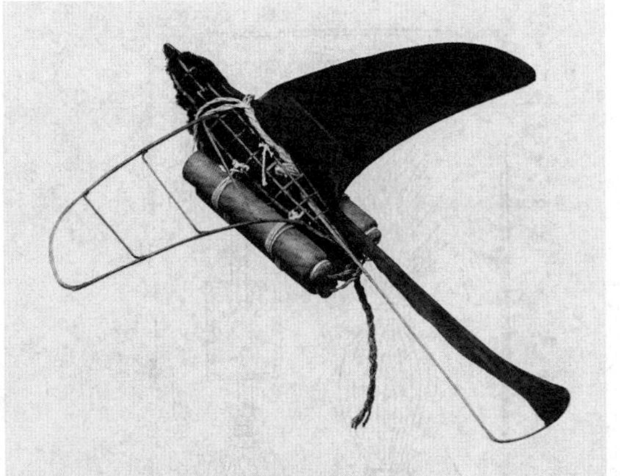
图 13 明代神火飞鸦模型[1]

例如，蒺藜火球（图 14）是一种布撒铁蒺藜的火球。球心有 3 枚具有 6 个刺头的铁刃，用蒺藜火球火药裹住，中穿一条长约 12 尺的麻绳，外壳用纸和杂药缚上，将 8 枚铁蒺藜放于球上。投放时，先烧红铁制烙锥，将火球的球壳烙透，然后用抛石机抛射至敌阵，火药开始燃烧，产生火焰，将火球烧裂，使铁蒺藜四散飞撒，以阻挡敌军的行动。

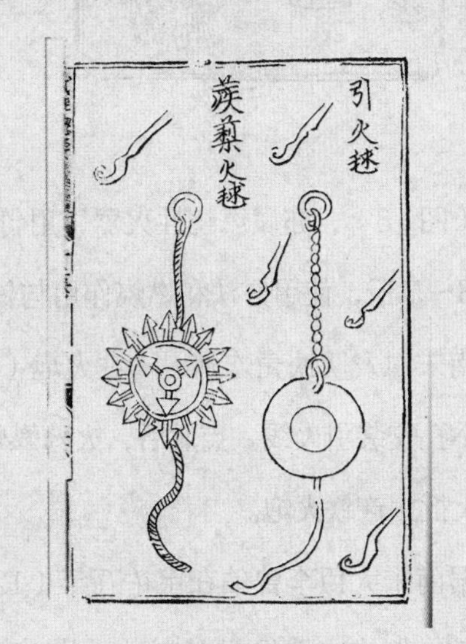

图 14 北宋蒺藜火球图[2]

霹雳火球（图 15）属于守城的燃烧性火器。球心用铁钱般大小的薄瓷 30 片与三四斤火药拌和，再用椭圆形纸壳裹住，外壳用易燃的配料涂封。当敌军挖地道攻城时，守城方选定地道最佳地点，向下挖掘竖井，用火锥烙开霹雳火球，向敌军地道内投掷，火药烧裂，霹雳作响，并用竹扇扇其烟焰，以熏灼地道内的敌军。

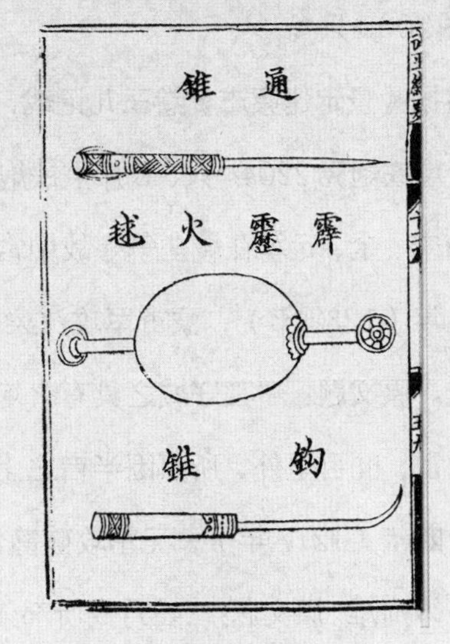

图 15 北宋霹雳火球图[3]

铁嘴火鹞，属燃烧性火器，用于守城。以木作鹞身，首安铁嘴，尾束秆草，火药装入草尾中。点着火药后，用抛石机抛射至敌攻城士兵群中或粮草积聚处，引起燃烧。竹

1 中国历史博物馆、国家文物局编：《中国古代科技文物展》，朝华出版社，1997 年，第 53 页，图 5-10。
2 〔北宋〕曾公亮：《武经总要前集》卷一二，1959 年中华书局影印明正德年间刊本。
3 〔北宋〕曾公亮：《武经总要前集》卷一二，1959 年中华书局影印明正德年间刊本。

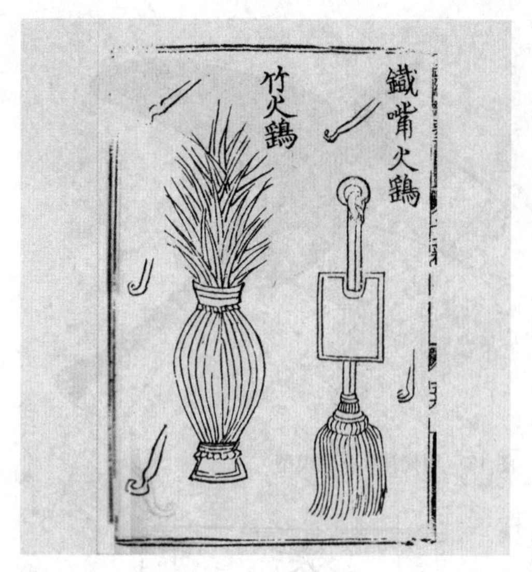

图 16　北宋铁嘴火鹞与竹火鹞图[1]

火鹞（图 16），亦属燃烧性火器，用竹片编成长椭圆球形竹笼外壳，笼内装火药 1 斤，笼尾绑草 3～5 斤，使用方法和燃烧作用与铁嘴火鹞并无二致。

南宋时发明铁壳炸弹——铁火炮（又称“震天雷”）。用生铁铸成外壳，内装火药，并留有小孔安装引火线。点燃后，火药燃烧产生的高压气体使铁壳爆碎，可杀伤人马。南宋时，开始大批生产铁火炮。

据南宋大臣李曾伯在宝祐五年（1257 年）调查静江（今广西桂林）兵器储存情况的报告中称，荆淮之地经常存有铁火炮 10 万多只，而江陵府（今湖北江陵）每月能造铁火炮 1000～2000 只[2]。

另据《景定建康志》卷三九记载，建康府（今江苏省江宁县南）在两年三个月内就能制造 3 斤重铁炮壳 22044 只、5 斤重铁炮壳 13104 只、6 斤重铁炮壳 100 只[3]。

南宋、金、元军在城垒争夺战中常使用铁火炮作战。例如，《金史 · 赤盏合喜传》记载，正大九年（1232 年），蒙古军攻汴梁（今河南开封），金兵用“震天雷”炸毁蒙古军的攻城器械。原文题：“其守城之具有火炮名‘震天雷’者，铁罐盛药，以火点之，炮起火发，其声如雷，闻百里外，所爇围半亩之上，火点著甲铁皆透。”[4] 另据《宋史 · 马塈传》记载，至元十四年（1277 年），元军攻破静江（今广西桂林）城时，守城宋军 250 人以一大型铁火炮集体殉难。原文题：“娄乃令所部入拥一火炮然之，声如雷霆，震城土皆崩，烟气涨天外，

1 〔北宋〕曾公亮：《武经总要前集》卷一二，1959 年中华书局影印明正德年间刊本。
2 王兆春：《中国火器史》，军事科学出版社，1991 年，第 23 页。
3 王兆春：《中国火器史》，军事科学出版社，1991 年，第 23 页。
4 〔元〕脱脱等：《金史 · 赤盏合喜传》，中华书局，1975 年，第 7 册，第 2496 页。

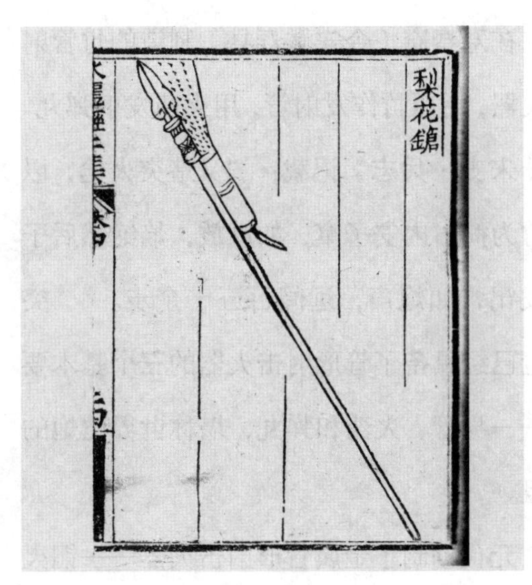

图 17　明代梨花枪[1]

兵多惊死者，火熄入视之，灰烬无遗矣。”[2]

三、管形射击火器

管形射击火器，是中国古代用竹、纸、铜或铁做枪筒发射火药的武器。最初将火药筒绑在长柄格斗兵器——长枪头部（图 17），临阵时，先喷射火药，杀伤敌军，然后持枪格斗。后来逐渐以竹材和铜铁做枪筒或炮筒，利用火药发射弹丸，以杀伤敌军。

见诸史籍的火枪最早有南宋间发明的长竹竿火枪、飞火枪。例如，南宋绍兴二年（1132 年），陈规守德安府（今湖北安陆）时，组织长竹竿火枪队，焚毁敌军攻城天桥。《宋史·陈规传》记载：“会濠桥陷，规以六十人持火枪自西门出，焚天桥，以火牛助之，须臾皆尽，横拔砦去。”[3]

南宋绍定五年（1232 年），金军在守开封时发明喷射火器——飞火枪，即在枪首绑一个火药筒，遇敌时先燃放火药筒，喷射火焰，烧伤敌人，然后持枪格斗。《金史·蒲察官奴传》记载：“枪制，以敕黄纸十六重为筒，长二尺许，实以柳炭、铁滓、磁末、硫黄、砒霜之属，以绳系枪端。军士各悬小铁罐藏火，临阵烧之，焰出枪前丈余，药尽而筒不损。”[4]

南宋时发明了世界上最早使用的管形射击火器——突火枪。突火枪是开庆元年（1259

1〔明〕焦玉：《火龙经》二集卷中，明永乐十年（1412 年）序刊本。
2〔元〕脱脱等：《宋史·马壂传》，中华书局，1975 年，第 38 册，第 13270 页。
3〔元〕脱脱等：《宋史·陈规传》，中华书局，1975 年，第 33 册，第 11643 页。
4〔元〕脱脱等：《金史·蒲察官奴传》，中华书局，1975 年，第 8 册，第 2548 页。

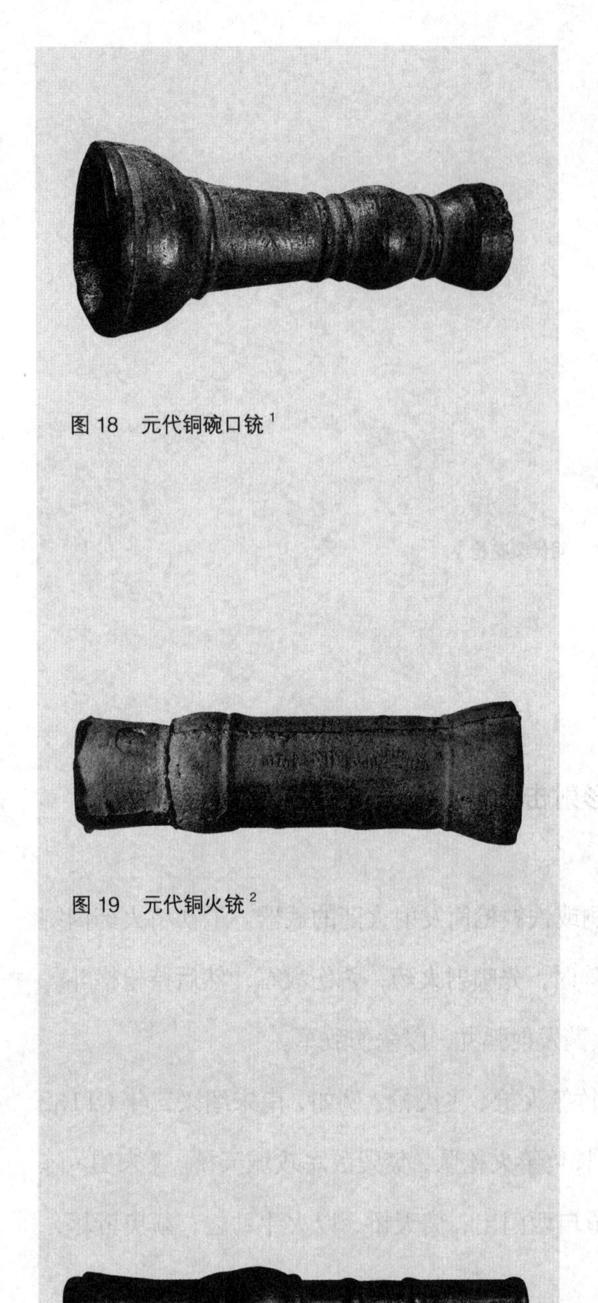

图 18　元代铜碗口铳[1]

图 19　元代铜火铳[2]

图 20　元至正铜手铳[3]

年）在寿春府（今安徽寿县）制造的竹管射击火器，用巨竹作发射管，用火药发射弹丸。据《宋史·兵志》记载："又造突火枪，以巨竹为筒，内安子窠，如燃放，焰绝然后子窠发出，如炮声，远闻百五十余步。"[4]突火枪已经具备了管形射击火器的三个基本要素——身管、火药和弹丸，堪称世界枪炮的始祖。

元代创制了金属管形射击火器——铜火铳（图 18）。铜火铳由前膛、药室和尾銎构成，药室装火药，上方有火门，前膛装霰弹。发射时，用火绳从火门点燃火药，射出霰弹。

内蒙古蒙元博物馆收藏的元代大德二年（1298 年）盏口铳，比中国历史博物馆收藏的元至顺三年（1332 年）盏口铳还早 34 年，是迄今所知的世界上现存最早的火铳[5]。铳体全长 34.7 厘米，口外径 10.2 厘米，内径 9.2 厘米，膛深 27 厘米。铳身竖刻两行八思巴字铭文，释义即"大德二年于迭额列数整八十"[6]。

收藏在中国历史博物馆的元至顺火铳（图 19），全长 35.3 厘米，口径 10.5 厘米，尾底口径 7.7 厘米，重 6.94 公斤，铳身刻有"至顺三年二月十四日、绥边讨寇军、第三百号马山"等字[7]。

1 成东、钟少异：《中国古代兵器图集》，解放军出版社，1990 年，彩版 27。
2 成东、钟少异：《中国古代兵器图集》，解放军出版社，1990 年，彩版 27。
3 成东、钟少异：《中国古代兵器图集》，解放军出版社，1990 年，彩版 27。
4 〔元〕脱脱等：《宋史·兵志十一》，中华书局，1975 年，第 14 册，第 4923 页。
5 郭得河：《中国军事百科全书·古代兵器分册》（第 2 版），中国大百科全书出版社，2006 年，第 137 页。
6 钟少异、齐木德·道尔吉等：《内蒙古新发现元代铜火铳及其意义》，《文物》2004 年第 11 期，第 65 页。
7 王兆春：《中国火器史》，军事科学出版社，1991 年，第 52~53 页。

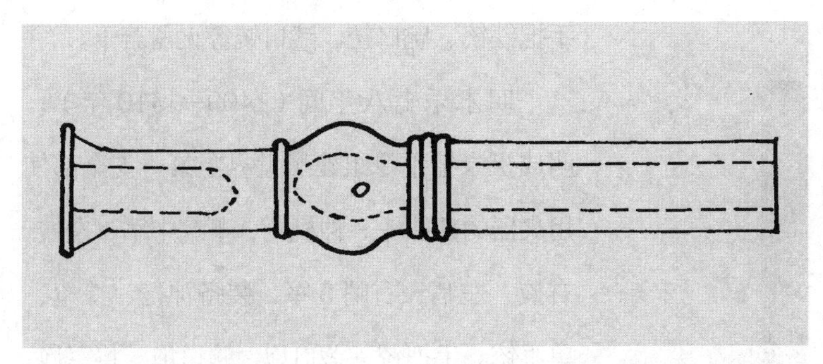

图 21　西安铜手铳[1]

另收藏于军事博物馆的元至正铳（图 20），全长 43.5 厘米，口径 3 厘米，重 4.75 公斤，铳身自铳口至尾端共有 6 道箍。铳身前部刻有“射穿百扎，声动九天”八字，中部刻有“神飞”二字，尾部刻有“至正辛卯”（即至正十一年，1351 年）和“天山”六字[2]。

除了有铭文记载的元代火铳实物，还出土了无铭文的元代火铳实物。例如，1970 年，在黑龙江省阿城县半拉城子出土一件铜手铳，简称阿城铳，铳身全长 34 厘米，铳膛长 17.5 厘米，口径 2.6 厘米，重 3.55 公斤，大致为 13 世纪末至 14 世纪初的制品[3]。

1971 年，在内蒙古自治区托克托县原黑城公社出土一件铜手铳，简称黑城铳，铳身全长 29.5 厘米，铳膛长 17.5 厘米，药室长 4 厘米，口径 2.5 厘米，重 2.3 公斤，大约制于 14 世纪初[4]。

1974 年，在西安东关景龙池巷南口外出土一件铜手铳，简称西安铳（图 21），铳身全长 26.5 厘米，铳膛长 14 厘米，口径 2.3 厘米，重 1.78 公斤，大约制于 14 世纪初[5]。

与南宋竹制火枪相比，元代铜火铳具有使用寿命长、射击速度快、作战威力大等优点，且开始使用铁弹丸，弹道性能更好，杀伤力更大。铜火铳的发明，是兵器发展史上具有划时代意义的技术变革。

明初设宝源局和军器局，兼造火铳。洪武二十八年（1395 年），设兵仗局，专门制造各种火铳。《大明会典》卷一九三《工部十三火器》记载：“凡火器成造，永乐元年奏准，铳炮用熟铜或生熟铜，相兼铸造。弘治九年，令造铜手铳重五六斤至十斤。”弘治元年（1488 年）以前，军器鞍辔局每三年要造碗口铜铳 3000 门、手把铜铳 3000 把、铳箭头 9 万个、信炮 3000 门[6]；兵仗局每三年要造大将军、二将军、三将军、夺门将军、神铳、斩马铳、手把铜铳、

1 王兆春：《中国火器史》，军事科学出版社，1991 年，第 51 页。
2 王兆春：《中国火器史》，军事科学出版社，1991 年，第 52 页。
3 王兆春：《中国火器史》，军事科学出版社，1991 年，第 50~51 页。
4 王兆春：《中国火器史》，军事科学出版社，1991 年，第 51 页。
5 王兆春：《中国火器史》，军事科学出版社，1991 年，第 51 页。
6〔明〕李东阳等：《大明会典》卷一九三，江苏广陵古籍刻印社，1989 年，第 2619 页。

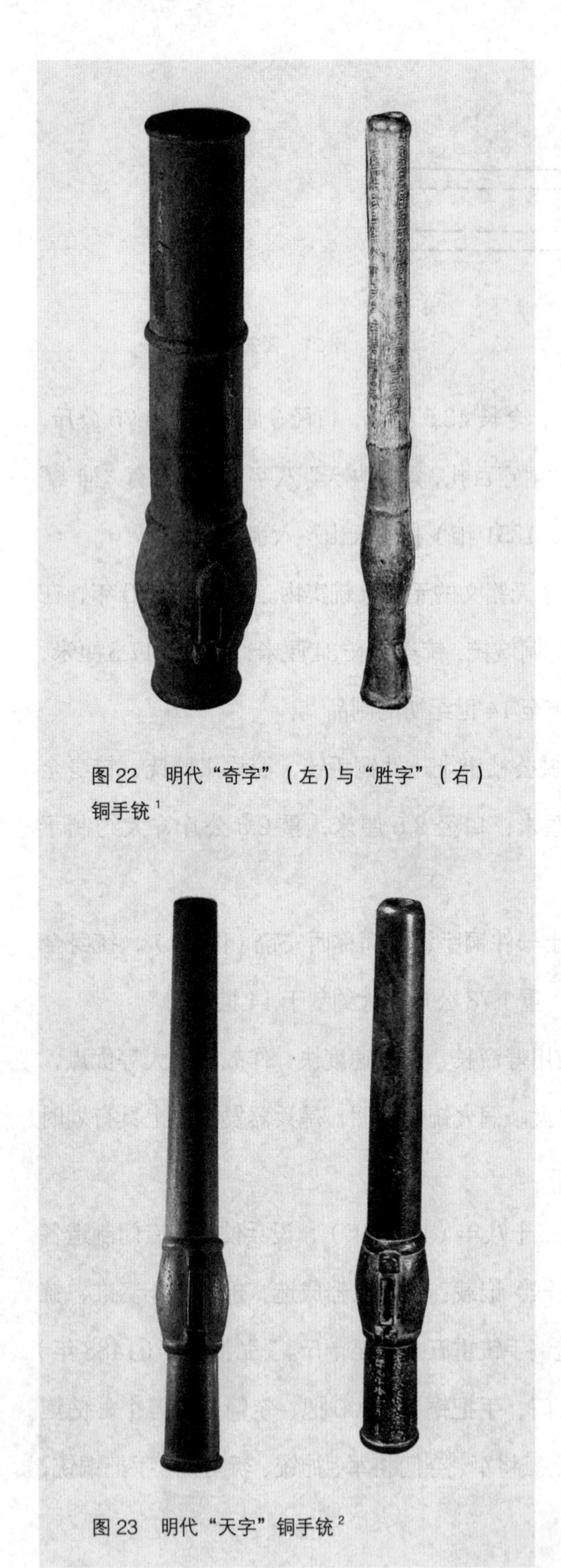

图 22　明代“奇字”（左）与“胜字”（右）铜手铳[1]

图 23　明代“天字”铜手铳[2]

手把铁铳、碗口铳、盏口铳等火器若干。

明永乐七八年间（1409—1410 年），明成祖朱棣下令组建了世界上第一支全部使用火器的部队——神机营，下编中军、左掖、右掖、左哨、右哨 5 军，装备神枪、快枪、单眼铳、手把铳、盏口炮、碗口炮、将军炮、单飞神火箭、神机箭等火器。明成祖多次率兵远征漠北，每以神机营为先锋，凭借火力优势，大量杀伤敌军。

明代铜手铳（图 22、图 23），制作精良，口径减小，身管加长，且铸造时，自药室至铳口壁厚逐渐递减，提高了射程；火门铸有长方形槽，上面装有防护盖，在风雨中也能引燃射击。

多眼铳是明嘉靖年间发明的多管手铳（图 24）。用铜或铁铸造铳管，铸有 3～10 个眼，多管合铸一体，铳管外有多道强箍，尾部装木柄。每个铳管各有一个火门，可连续点火发射。多眼铳克服了单管手铳的缺陷，提高了射速。

明洪武时开始铸造铁管长筒火炮。例如，山西省博物馆收藏三门洪武十年（1377 年）铸造的铁火炮（图 25），火炮口径 21 厘米，全长 100 厘米，口径大，身管短，管壁厚，属于前装臼炮[3]。这是中国古代最早的大型铁铸火炮。

1　成东、钟少异：《中国古代兵器图集》，解放军出版社，1990 年，彩版 29。
2　成东、钟少异：《中国古代兵器图集》，解放军出版社，1990 年，彩版 29。
3　王兆春：《中国火器史》，军事科学出版社，1991 年，第 87 页。

与铜炮相比，铁炮身管加长，口径加大，管壁加厚，管外铸有多道环箍，增加了火炮的强度，且两侧铸有炮耳，可调整射击角度。万历年间铸造的铁炮身管细长，长度与直径的比值明显增大，进一步提高了射程。

四、管形火器和火箭的西传

在中国古代火药与火器技术西传的过程中，阿拉伯人起到了桥梁和纽带的作用。

在阿拉伯帝国的马木留克王朝（1250—1517年，都城开罗）时，中国火器的制造和使用技术开始传入阿拉伯。1260年，马木留克军队在叙利亚击败蒙古军队，俘虏蒙军数百人。此后，相继有大批蒙军投降马木留克军，马木留克军从中获得火器及火器制作工匠。当时传入马木留克的中国火器有两种：一种叫“契丹火枪”，另一种叫“契丹火箭”[3]。

13世纪下半叶至14世纪初，阿拉伯人将中国传入的火器仿制成木制管形火器——马达发（阿拉伯语即火器）。在编成于1300—1350年间的阿拉伯兵书《诸艺大全》的手稿中就介绍了炸弹、火箭、火罐和马达发。该书还提供了马达发的图形：以木为枪筒，内装火药，筒口装有球形弹丸或箭，从火门点火，将弹丸或箭射出；有长短不同的

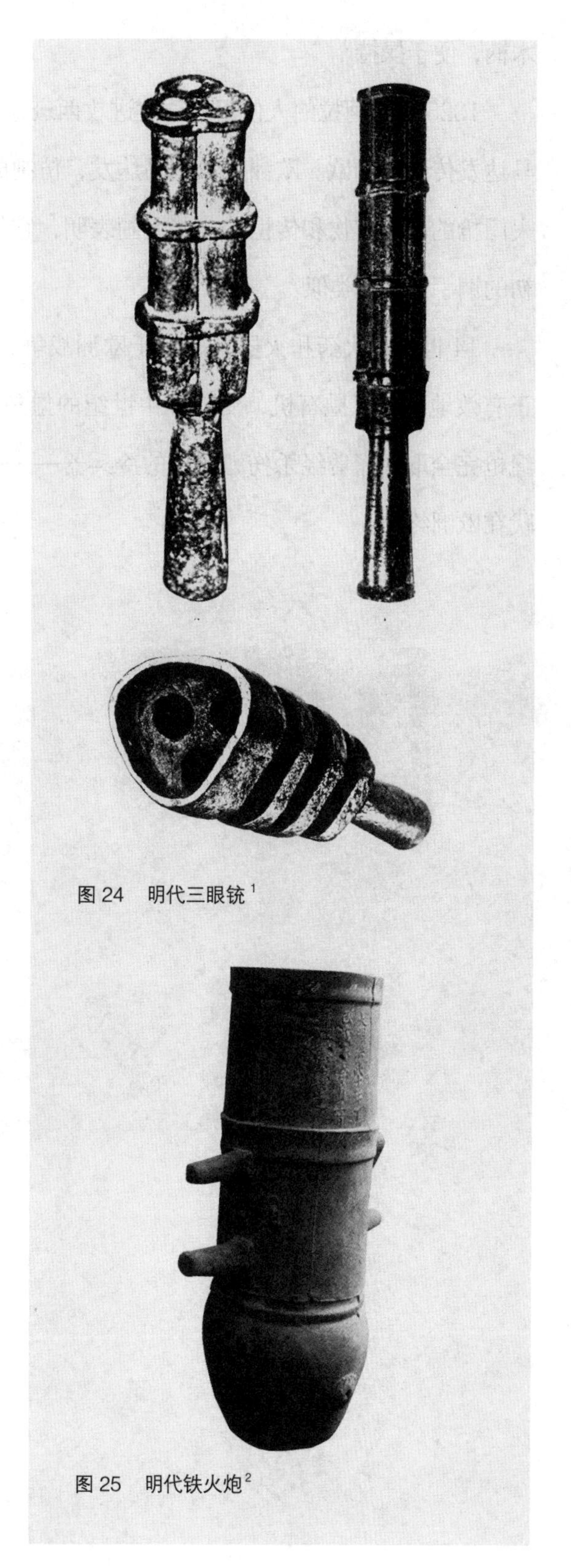

图24　明代三眼铳[1]

图25　明代铁火炮[2]

1　成东、钟少异：《中国古代兵器图集》，解放军出版社，1990年，第234页。

2　成东、钟少异：《中国古代兵器图集》，解放军出版社，1990年，彩版30。

3　冯家昇：《火药的发明和西传》，上海人民出版社，1978年，第52页。

木柄，便于操持[1]。

1325年，阿拉伯人使用马达发进攻西班牙，将马达发带到了西班牙。然后，西班牙人将马达发传到了西欧。欧洲人参照马达发，仿制成欧洲最早的金属管形射击火器——火门枪。火门枪的出土实物和传世的一些壁画表明，它们在基本构造和发射方式上，与中国元朝和明初的铜手铳基本类似[2]。

14世纪，火药和火器开始用于欧洲战争。15世纪末，利用火药发射铸铁弹的加农炮真正有效地取代了抛石机，使欧洲中世纪的堡垒防御工事变得不堪一击。到了17世纪末，火绳枪完全取代了曾经杀伤力很大的冷兵器——长矛、十字弓和长弓，冷兵器与火器并用的时代在欧洲终结。

1 王兆春：《世界火器史》，军事科学出版社，2007年，第56页。

2 杨泓、成东、钟少异：《中国军事百科全书·古代兵器分册》，军事科学出版社，1991年，第16页。

中医诊疗术之人痘接种

牛亚华

◎　人痘接种（variolation），也称种痘，是古代用于预防天花病的一种技术，方法是采用天花患者的痘痂或痘浆制成疫苗，接种于健康儿童使之发生一次较为轻微的感染，产生抗体，以防止天花病毒的侵袭，从而达到预防天花感染的目的。

◎　天花（smallpox）是由天花病毒（variola virus）感染人引起的一种烈性传染病，死亡率非常高，数千年来，该病在世界范围内肆虐，造成数百万人死亡。据相关考古资料考证，埃及法老拉美西斯五世（Ramses V，死于公元前 1157 年）木乃伊的头部就有天花疤痕。罗马城在 251—266 年长达 15 年流行的疾疫很可能就是天花，而 312 年则又有一次严重的天花流行，伤亡惨重，其“破坏性因素，对罗马帝国的衰落要比战争和安逸奢侈的生活方式产生的影响更为重要”[1]。天花曾多次在欧洲流行，仅 1719 年，巴黎就死了 1.4 万人。16 世纪初，欧洲殖民者把天花带到了美洲大陆，造成半数以上印第安人死亡，有些部落甚至濒于灭绝，天花成为印第安人的第一杀手[2]。历史上，世界各国均受到天花的蹂躏，中国、日本、印度、澳大利亚等都有天花流行的记载，1770 年，仅印度死于天花的人就超过 300 万[3]。据估计天花曾造成数以亿计的人口死亡，患者即便有幸存活，痊愈后脸上也会留下终身疤痕，严重者损坏容貌，甚至失明。然而，时至今日，人类对于天花病仍无特效疗法。所幸的是，免疫接种法的发明，有效地预防了该病的发生，根除了这一人类杀手。1980 年 5 月，世界卫生组织宣布人类成功消灭了天花，天花成为最早被人类彻底消灭的传染病，这其中也有人痘接种的贡献。人痘接种起源于中国，是世界医学史上的一项重大发明。

1 ［意］卡斯蒂廖尼著，程之范主译：《医学史》，广西师范大学出版社，2003 年，第 245 页。
2 张箭：《天花的起源、传布、危害与防治》，《科学技术与辩证法》2002 年第 4 期，第 54~57 页。
3 ［意］卡斯蒂廖尼著，程之范主译：《医学史》，广西师范大学出版社，2003 年，第 245 页。

一、中国古代对天花的认识

在中国历史上，天花也被称为“豆疮”“疱疮”“肤疮”“天花斑疮”“豌豆疮”“如疮”“痘疮”“百岁疮”“疫病疤疮”等。大约在5世纪，天花通过战争俘虏传入我国，晋代葛洪《肘后备急方》曰：“比岁有病天行发斑疮……世人云，以建武中，于南阳击虏所得，乃呼为虏疮。”因此天花也被称为“虏疮”。该书还对天花的症状做了详细描述：“头面及身须臾周匝，状如火疮，皆载白浆，随决随生。不即治，剧者数多死，治得差后，疮斑紫黑，弥岁方灭，此恶毒之气。”[1]隋代《诸病源候论》对天花症状做了进一步说明：“若根赤头白者则毒轻，若色紫黑则毒重，其疮形如登豆，亦名登豆疮。”[2]唐代王焘在《外台秘要》中，描述了天花自发疹、起浆、化脓，直至结痂的全过程，并提出可依据痘疹的色泽、分布等不同情形来判断预后。宋元以后天花日渐猖狂，人们对天花的认识也更加深入，宋代儿科专家钱乙在《小儿药证直诀》里也具体记述了天花的初起证候，并与水痘、麻疹进行了比较区别。明代以后天花为害愈烈，几乎成为人人躲不过的疾病，医家万全在《痘疹世医心法》中写道：“嘉靖甲午年（1534年）春，痘毒流行，病死者什之八九。”[3]可见当时天花流行造成的惨状。同时也认识到天花“终身但作一度，后有其气，不复传染焉”[4]。这一认识，对人痘接种的发明至关重要。随着对天花的症状、预后、发病机理等的认识逐渐深入，历代医家总结出许多治痘、稀痘、防痘的方法，留下了数以百计的有关痘疹的医籍，这其中就有人痘接种的记载（图1～图3）。

二、人痘接种的发明

关于人痘接种发明的时间，有不同说法。清人董玉山《牛痘新书》写道：“考世上无种痘，诸经唐开元间，江南赵氏，始传鼻苗种痘之法……”即唐开元年间就已发明种痘之法。朱纯嘏《痘疹定论》（1713年，图4）则言“峨眉山有神医能种痘，百不失一”，并为丞相王旦之子王素种痘成功，认为北宋时期已有人痘接种法的临床应用。这两种说法均属后人追述，目前尚无足够的证据。清人俞茂鲲《痘科金镜赋集解》（1727年）记载有：“闻种痘法起于明隆庆年间，宁国府太平县……得之异人，丹传之家，由此蔓延天下，至今种花者，宁

1 〔晋〕葛洪：《肘后备急方》卷二，明万历二年甲戌（1574年）剑江李栻刻本。
2 〔隋〕巢元方：《诸病源候论》，辽宁科学技术出版社，1997年，第52页。
3 〔明〕万全：《痘疹世医心法》卷一一，明万历吴门陈允升刻本。
4 〔明〕万全：《痘疹格致要论》卷一，明万历吴门陈允升刻本。

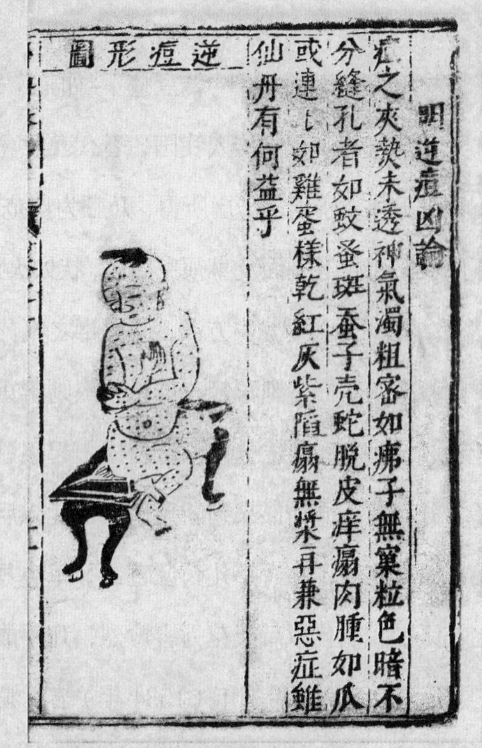

明逆痘凶論

痘之夾熱未透神氣濁粗密如痱子無窠粒色暗不分縫孔者如蚊蚤斑蚕子殼蛇脫皮痒瘍肉腫如瓜或連片如雞蛋樣乾紅灰紫陷瘍無漿弃兼惡症雖仙丹有何益乎

逆痘形圖

图 1　明申斗垣《外科启玄》

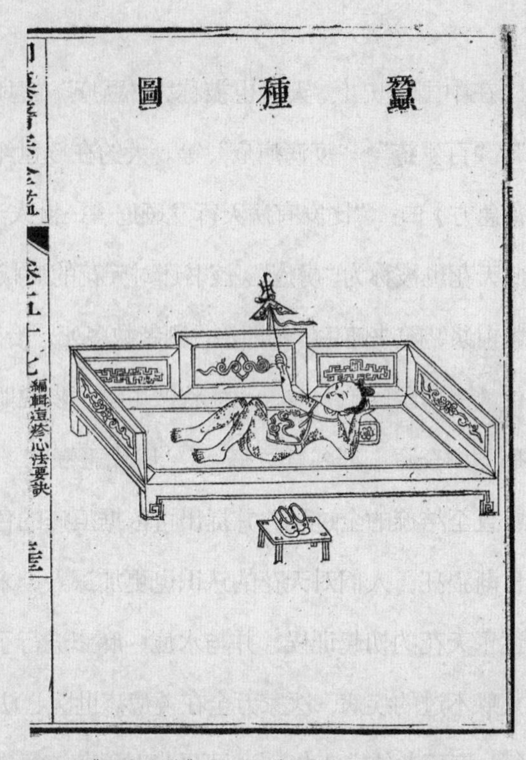

图 2　《医宗金鉴》之“蚕种图”

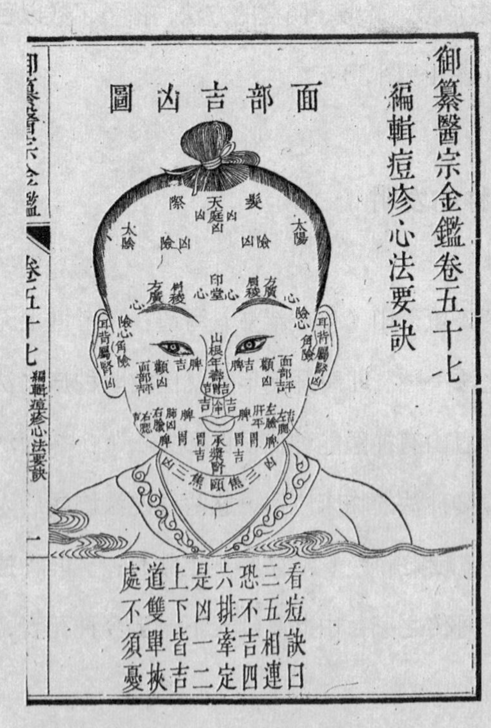

御纂醫宗金鑑卷五十七

編輯痘疹心法要訣

面部吉凶圖

看痘訣曰三五相連恐不吉四六排牽定是凶一二上下皆吉道雙單挾處不須憂

图 3　《医宗金鉴》中根据面部推断愈后的“面部吉凶图”

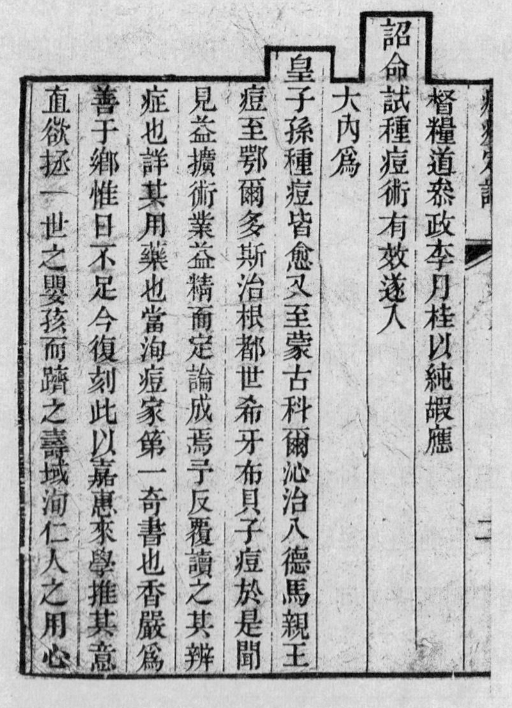

督糧道叅政李月桂以純嘏應

詔命試種痘術有效遂入

大內爲

皇子孫種痘皆愈又至蒙古科爾沁治八德馬親王痘至鄂爾多斯治根都世希牙布貝子痘於是聞見益擴術業益精而定論成焉予反覆讀之其辨症也詳其用藥也當洵痘家第一奇書也香嚴爲善于鄉惟日不足今復刻此以嘉惠來學推其意直欲拯一世之嬰孩而躋之壽域洵仁人之用心

图 4　朱纯嘏《痘疹定论》重刻序

国人居多。”这一说法是可靠的。诸多证据表明，人痘接种在明隆庆年间或者更早，也就是16世纪初就已发明，先在民间流行传播了一段时间，然后才见诸文字。

目前所知，最早提到“种痘”一词的文献，是明嘉靖年间邵经济的《泉厓文集》，其中收录的一篇题为《小祥祭文》的文章写道：“汝孙近日种痘亦荷保全。”[1]但是，根据这段文字，尚无法判断是感染痘症，还是接种人痘。明代医家万全的《痘疹世医心法》亦提到“种痘”，据考证，很可能是指人痘接种[2]。但查阅原文为“女子种痘，经水忽行”，因而不大可能是人痘接种，很可能是感染了天花。清初董含《三冈识略·种痘》记述：“安庆张氏传种痘法，云已三世。其法，先收稀痘浆，贮小磁瓶，遇欲种者……取所贮桨染衣，衣小儿。”[3]这应是最早的人痘接种记载，当时种痘已有家传。据言安徽旌德县的江希舜（字孺慕，约1585—1668）精于幼科，著《痘疹元珠》，首创种痘良法[4]，当是最早在旌德传播人痘接种的医家。黄宗羲之子黄百家（1643—1709）曾为傅商霖的《天花仁术》作序（1683年），提及傅氏家族祖传三代为种痘医。这些都是早期的人痘接种施行者。

康熙早期，人痘接种已较为流行了。张扶翼《望山堂文集》记载，康熙三年（1664年），湖南黔阳已然流行人痘接种了。该年夏季，痘师宋泰来此地设坛种痘，传种痘术于黔阳，一次为50余名儿童接种人痘，获得良好效果。所用方法还是比较原始的痘衣法，即取天花患儿的被褥给未出痘的儿童铺用，约七八日至十四五日内小儿出现发热，一二天后见苗，40余名儿童出痘并痊愈，未出痘者十之二三。其“续种之法，恒令一二儿铺之，使递相衍”[5]，以防痘苗中断，一旦苗种断了，须找专门的痘师选苗和续种。在当地，痘师已成为一种职业。

清兵入关前虽有天花流行，但比之中原地区并不严重，大多数人都没有出过天花，定都北京后，深受天花流行的威胁，尤其是对成年人造成了很大危害，清初史学家谈迁在《北游录》中记下了当时的情形：“满人不出疹，自入长安，多出疹而殆，始谓汉人染之也。”[6]即便皇室贵胄，因天花而亡亦不在少数，如豫亲王多铎、英亲王阿济格的两个福晋均死于天花，顺治皇帝也因染天花于春秋鼎盛之年逝世[7]。在选定皇位继承人时，时任钦天监监正的德国传教士汤若望提出，应立已出过天花的皇三子玄烨为继，因他已有对天花的终身免疫力，可

1〔明〕邵经济：《泉厓文集》卷六，明嘉靖张景贤王询等刻本。

2 马伯英：《中国医学文化史》上卷，上海人民出版社，2010年，第491页。

3〔清〕董含撰，致之校点：《三冈识略》卷二，辽宁教育出版社，2000年，第32页。

4 汤学良：《江希舜简考》，《中华医史杂志》1987年第2期，第90页。

5 瞿宣颖纂辑：《中国社会史料丛钞》，湖南教育出版社，2009年，第686页。

6〔明〕谈迁：《北游录》，见沈云龙编：《明清史料汇编》第7集第11册，文海出版社，1971年，第377页。

7 杜家骥：《清初天花对行政的影响及清王朝的相应措施》，《求是学刊》2004年第6期，第134~141页。

免再遭不幸[1]。皇权更迭这样重要的事件，也受到天花的影响。康熙是清朝执政最久、文治武功卓越的一代君王，可以说天花也对清朝的政治产生了影响。

人痘接种预防天花很快传入宫廷。康熙十七年（1678年）傅商霖的族人傅为格应召入宫为皇太子种痘，获得成功，康熙十九年（1680年）再次入宫为皇族子孙种痘。康熙二十年（1681年），江西痘医朱纯嘏与陈添祥入宫为皇子和旗人种痘。康熙帝诏令旗人和蒙古各部种痘，在《庭训格言》里记有："国初，人多畏出痘。至朕得种痘方，诸子女及尔等子女，皆以种痘得无恙。今边外四十九旗及喀尔喀诸藩，俱命种痘，凡种者皆得善愈。尝记初种时，年老人尚以为怪，朕坚意为之，遂全此千万人之生者，岂偶然耶。"[2]可见，康熙向蒙古各部推广人痘接种预防天花，并收到良好效果。

康熙中晚期，人痘接种在民间快速传播。清代名医张璐在其所著《医通》（1695年）中描述了当时种痘法推广的情形："迩年有种痘之说，始自江右，达于燕齐，近则遍行南北。"并记有旱苗、痘浆和痘衣等法："其种痘之苗，别无他药，惟是盗取痘儿标粒之浆，收入棉内，纳儿鼻孔，女右男左，七日其气宣通，热发点见，少则数点，多不过一二百颗，亦有面部稍见微肿，胎毒随解，大抵苗顺则顺，必然之理。如痘浆不得盗，痘痂亦可发苗，痘痂无可窃，则以新出痘儿所服之衣与他儿服之，亦能出痘。"[3]曹煜《绣虎轩尺牍》记载了一位名为吴鼎臣的种痘神医："鼎臣能以神丹种痘，娄江奉为神师，三十年于娄保婴千二百余人，真神师也。"曹煜自己的两个儿子经该医种痘，均安全无恙，并邀其赴太仓施种，呼吁"种痘实大利于诸童子"[4]。足见经验丰富的痘医还是很受欢迎的。雍正年间，浙江金华地区因种痘的推广，死于痘疮的人大为减少，"痘之祸烈矣，自种痘法行而死者鲜矣，其功岂鲜哉"[5]。当时已知道痘苗对接种的影响，安全高效的种苗被称为"丹苗"。《痘科金镜赋集解》记载，"一枝丹苗"的价格需三金才能买到，十分昂贵[6]。

到了乾隆时，人痘接种的方法更趋成熟。张璐之子张琰的《种痘新书》（1741年，图5）是现存最早的种痘专著，该书大力提倡接种人痘："余行痘科数十年，往往见苗顺者十无一死，苗凶者，十只八存，种痘之家，医人必取吉苗，苗吉则痘无不吉矣。……余遍历诸邦，经余种者不下八九千人，屈指记之，所莫救者不过二三十耳。若天行时疫，安有如是之吉乎？

1 ［德］魏特著，杨丙辰译：《汤若望传》，东方出版社，1997年。
2 〔清〕雍正等辑：《庭训格言》，四库全书文源阁本影印本。
3 〔清〕张璐：《张氏医通》卷一三，清康熙宝翰楼刻本。
4 〔清〕曹煜：《绣虎轩尺牍》二集卷三，清康熙传万堂刻本。
5 〔清〕王崇炳：《金华征献略》卷一五"贞烈传"，清雍正十年刻本。
6 〔清〕董含撰，致之校点：《三冈识略》卷二，辽宁教育出版社，2000年，第32页。

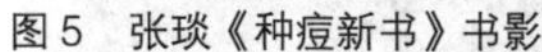
图5 张琰《种痘新书》书影

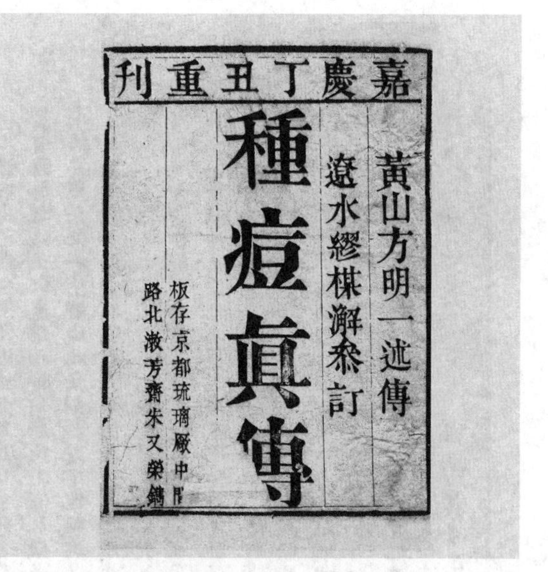

图6 方明一《种痘真传》书影

是以余劝世人，凡有子女，断不能免痘疹，当时疫未临之际，宜预请医人种痘，斯为最得计也。若疫气临门，方请人种，恐疠疫之气预染，医者固不敢妄种，即种亦难收全美。”[1]可见作者在人痘接种方面已积累了丰富的实践经验。

《医宗金鉴·种痘要旨》对种痘的价值认识很清楚：“正痘感于得病之后，而种痘施于未病之先，正痘治于成病之时，而种痘调于无病之日，自外传于里，由里达于表，既无诸症夹杂于其中，复有善方引导于后，其外熏蒸渐染，胎毒尽出，又何虑乎为患多端，变更莫测，以致良工束手于无可如何之地耶。此诚去险履平，避危就安之良法也。”[2]

由于人痘接种确有感染天花的危险，加上医生的水平差别很大，早期失败的案例占一定比例，因此遭到了一些医家的反对，与张琰同时代的眼科专家黄庭镜（1704—？）在其《目经大成》（1741年）中对种痘提出批评[3]。但是，种痘的益处还是受到不少医家的认可，徐大椿《兰台轨范》（1764年）就指出：痘疮是无人可免的疾病，有了种痘之法，小儿才有了避险之路，估计天花的自然死亡率在十之八九（80%～90%），接种人痘的失败率也就1%左右，种痘失败的原因是“苗之不善”，而不是种痘方法不好[4]。郑望颐在《种痘方》中说：过去医师种痘若是能达到百分之八九十的成功，人们则称为太平痘，即使损伤达一半，也没听说归咎医师。现在为100名小儿种痘，假设其中损伤四五个，则必然要惩罚种痘的医师，而且以后也不容此痘师在此施种。不少文献都提到，种痘甚至达到百不失一。嘉庆乙丑（1805年）

1〔清〕张琰：《种痘新书》卷三，清乾隆刻本。
2〔清〕吴谦等：《医宗金鉴》，中医古籍出版社，1995年，第699页。
3〔清〕黄庭镜：《目经大成》卷二，清嘉庆达道堂刻本。
4〔清〕徐大椿：《兰台轨范》卷八，清文渊阁四库全书本。

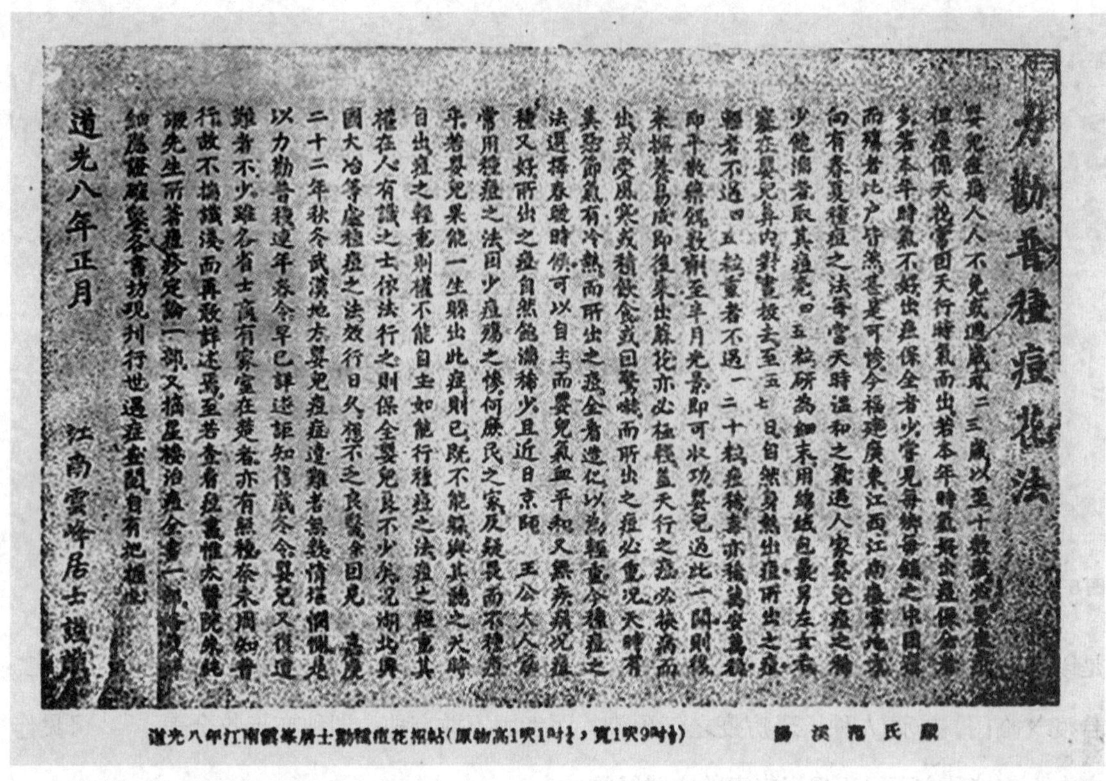

[illegible]勸普種痘花法

嬰兒痘為人人不免或遇歲或二三歲以至十數歲[illegible]
但痘係天花當因天行時氣而出若本年時氣好出痘保全者
多若本年時氣不好出痘保全者少嘗見每縣每鎮之中因痘
而殤者比户皆然甚是可慘今福建廣東江西江南[illegible]
向有春夏種痘之法每當天時溫和之氣遇人家嬰兒痘之[illegible]
少能滿者取其痘痂四五粒研為細末用綿絨包裹男左女右
塞在嬰兒鼻內對晝夜去至五七日自然身熱出痘所出之痘
輕者不過四五粒重者不過一二十粒痘稀者亦[illegible]
即平散結痂數謝至半月光景即可收功嬰兒過此一關則後
來[illegible]即復來出痲花亦必極稀蓋天行之痘必挾病而
出或受風寒或積飲食或回驚嚇而所出之痘必重況天時有
異恐節氣有冷熱而所出之痘全看造化以為輕重今種痘之
法選擇春暖時候可以自主而嬰兒氣血平和又無疾病況痘
種又好所出之痘自然飽滿稀少且近日京師 王公大人家
常用種痘之法因少痘殤之慘何廉民之家反疑畏而不種痘
乎若嬰兒果能一生躲出此痘則已既不能躲與其聽之天時
權在人有識之士依法行之則保全嬰兒良不少矣況湖北興
國大冶等處種痘之法效行日久種不乏良醫余回見 嘉慶
二十二年秋冬武漢地方嬰兒痘症遭難者無數情極憫惻是
以力勸普種連年春令早已詳述証知傷歲冬令嬰兒又復遭
難者不少雖各省士商有家室在楚者亦有無種奈未周知普
行故不揣識淺而再致詳述焉至若查看痘症惟太醫院朱純
嘏先生所著痘疹定論一部又摘要種痘全書一部[illegible]
細為證驗各書坊現刊行世遇痘症閱自有把握也

道光八年正月 江南雲峰居士識

道光八年江南雲峯居士勸種痘花招貼（原物高1呎1吋[illegible]，寬1呎9吋[illegible]）　錫溪范氏藏

图 7　道光八年江南云峰居士劝种痘花招贴（选自范行准《中国预防医学思想史》）

成书的《种痘真传》（图 6），作者方明一自序中说，他随崇明施先生学种痘，到奉天种痘 30 余年，“所种之痘无不收效”，并以自己种痘和未种痘子女存活情况为例，说明种痘的必要性。他的 7 个种过痘的子女全部存活，3 个未种痘的子女中，2 个患天花死去[1]。可见，随着技术的不断改进，种痘的安全性也大为提高（图 7）。牛痘传入中国后，人痘接种术与牛痘并行了相当长的一段时间，1985 年，有学者曾对上海、浙江、江苏 65 岁健在老人进行调查，653 人中，有 511 人接种牛痘、115 例曾接种人痘、27 例未经施种。种牛痘者有 16 例（约占 3.13 %），在其后数年内又患天花，留下麻子；种人痘失败者 3 例（约占 2.61 %），2 例接种后反应严重，留下瘢痕。二者的成功率分别为 96.9% 和 97.4%，没有显著差异。未经接种者有 24 例（占 89%）患过天花，留下瘢痕[2]。

三、人痘接种的方法

《医宗金鉴·种痘要旨》将人痘接种方法归纳为四种：（1）痘衣法。即取天花患儿贴身内衣，

1 〔清〕方明一：《种痘真传》卷上，清嘉庆二十二年（1817 年）京都琉璃厂漱芳斋朱又荣刻本。

2 马伯英：《以史为镜可明兴替——十九世纪末二十世纪初抗天花预防接种回顾调查》，《上海中医药杂志》1991 年第 1 期，第 43~46 页。

给健康未出痘的儿童穿着2～3天，夜间亦不脱下，至9～11日小儿发热并出现痘疹，即接种成功。(2)痘浆法。即将天花患儿的新鲜痘浆，以棉花蘸塞入被接种者的鼻孔，以此引起发痘。(3)旱苗法。取天花痘痂研为细末，置曲颈银管之一端，对准鼻孔吹入，一般到第7天发热，为种痘已成。(4)水苗法。根据接种对象的年龄，取痘痂20～30粒(或应为2～3粒)，研为细末，和净水三五滴调匀，将新棉摊成极薄片，把所调痘苗裹在内，捏成枣核样，以红线拴之，塞入鼻孔内，12小时后取出。通常至第7日发热，发热3天后见痘，陆续出齐、灌浆、结痂，为种痘成功。

其中，痘衣法比较原始，成功率低，渐渐被淘汰。痘浆法因危险性大，也较少用。旱苗法以其简便易行而多用，但如果吹入痘苗的力度掌握不好，或用力过猛，会刺激鼻黏膜，引起鼻涕增多，冲去痘苗而致无效。水苗法成功率高，发痘也较温和，因而使用较多。

人痘接种的全过程还包括选苗、蓄苗、接种时间和接种对象选择、调摄等一整套技术方法和流程。如《种痘新书》除了介绍人痘接种的具体操作方法，还包括如何辨别痘苗吉凶、选择痘苗的方法、储藏痘苗之法、新旧痘苗的优劣、接种方法以及接种后的避忌等事项。《医宗金鉴·种痘要旨》也介绍了选苗、蓄苗、天时、择吉、调摄、禁忌、可种、不可种、接种方法、信苗、补种等一系列步骤及各个环节的注意事项。

尤其是随着实践经验的积累，人们对痘苗选择重要性的认识日益深入。如前引《种痘新书》所说，“苗吉则痘无不吉”[1]。而选苗的方法是：“大凡取苗，要访其痘之来路。乡间之中，其痘吉多凶罕，逆症全无，乃往取之。又要看其颗粒分明，无蒙头锁颈之弊，头面胸皆稀疏，出齐热退，浆足痂厚，润泽光明，不药而愈者。其来路既正，气血又充，毒化已尽，乃佳苗也。”[2]

直接取自然痘的痘浆做的种苗，称为“时苗”。用痘痂制成或者由“时苗”经传代培养精炼而成的种苗，称为“熟苗”。新鲜痘浆经过保存，可以转变为“熟苗”。《种痘新书》记载的储藏痘苗的方法是：“既取苗来，用纸包固，再纳小竹筒中以塞其口，勿令泄气，不可晒于日中，亦不可焙于火上，须带在身边令其自干，且苗包须写取苗月日。”[3]英国著名科学史家李约瑟认为：“将疫苗在体温(37℃)或稍低的温度下保存一个多月，这当然会使80%的活病毒颗粒发生热失活效应。但由于这些死亡蛋白质的存在，当接种到人体时，就像

1〔清〕张琰：《种痘新书》卷三，清乾隆刻本。
2〔清〕张琰：《种痘新书》卷三，清乾隆刻本。
3〔清〕张琰：《种痘新书》卷三，清乾隆刻本。

抗体产生一样，强烈地刺激着产生干扰素。”[1]《医宗金鉴·种痘要旨》记载的蓄苗方法是，将选好的痘苗贮藏于干净瓷瓶内，密闭保存于洁净清凉之处，春天存放期约为一个月，冬季严寒，保存四五十日的痘痂仍可接种。

通过不断实践，医家们发现用“时苗”接种危险性太大，经过“养苗”“选炼”工序的“熟苗”安全性则大大提高。清代朱弈梁的《种痘心法》指出：“其苗传种愈久，则药力之提拔愈清，人工之选炼愈熟，火毒汰尽，精气独存，所以万全而无害也。”“若时苗能连种七次，精加选炼，即为熟苗。”这种对人痘苗的选育方法，完全符合现代制备疫苗的科学原理。它与今天用于预防结核病的“卡介苗”定向减毒选育、使菌株毒性汰尽、抗原性独存的原理，是完全一致的[2]。

接种时间和接种对象也有讲究，一般选在春、冬季节。待接种的儿童须面色红润、精神饱满，没有其他疾病，如果儿童面色青白或黧黑痿黄，无精打采，则不可以接种。接种后应注意保持室内清洁、寒热适中、饮食有度，不可让儿童剧烈活动、情绪激动。这一系列措施都减少了人痘接种带来的危险。从历史文献记载来看，人痘接种的成功率很高，效果和安全性都堪称一流。

四、人痘接种在世界的传播

人痘接种术约在17世纪末、18世纪初开始向海外传播。俄罗斯、土耳其、欧洲各国、美国、日本、朝鲜等均接受了由中国传来的人痘接种。

1688年，中俄两国签订《尼布楚条约》，俄罗斯即派留学生来中国学习。因当时俄罗斯天花流行，俄罗斯派遣学生专门学习痘医。俞正燮《癸巳存稿》云：“康熙时俄罗斯遣人到中国学痘医，由撒纳衙门移会理藩院衙内，在京城肄业。”种痘术在俄国得到广泛传播，还有可能经俄罗斯传入土耳其。

人痘接种术传入欧洲的时间在18世纪初。1700年，英国西印度公司的商务人员向英国皇家学会报告了他在中国看到的“传种天花的方法”，还具体描述了这种接种的过程：“打开天花患者的小脓疱，用棉花吸沾一点脓液，并使之干燥……然后放入可能患天花人的鼻子里。”此后，接种者将患轻度的感染，然后痊愈，从而获得很好的预防效果。一位名叫哈维

1 ［英］李约瑟：《中国与免疫学的起源》，《中国药学报》1983年第5期，第10页。
2 刘锡琎：《中国古代的免疫思想和人痘苗的发展》，《微生物学报》1978年第1期，第3~7页。

斯的医生在皇家学会作的一个报告中，介绍了人痘接种预防天花的“这种中国人的实践”。遗憾的是，这些信息并没有引起当时英国医学界的关注。14 年以后也就是 1714 年，英国驻土耳其大使馆的帖木尼医生向皇家学会报告了康士坦丁堡（今土耳其伊斯坦布尔）获取天花痘苗并进行预防接种的方法，认为这种方法的安全性和有效性已经毫无疑问了。1718 年，英国驻土耳其大使蒙塔古夫人给她的一个 6 岁的儿子进行了人痘接种，次年蒙塔古夫人回国，亲自参与并积极推动人痘接种，似无成效。1721 年，英国天花流行，英国皇家学会进行了一系列人痘接种试验，肯定了人痘接种的效果。此后，人痘接种在英国获得一定程度的推广[1]。

人痘接种术又经英国传到法国，最初遭到法国医生的反对，没有立即实行。这引起法国哲学家伏尔泰的不满，他说，“倘若我们在法国曾经实行种痘，或许会挽救千千万万人的生命”，“1723 年在巴黎死于天花的 2 万人或许还活着”。他对人痘接种给予高度评价：“我听说一百年来中国人一直就有这种习惯（指种人痘）；这是被认为全世界最聪明、最讲礼貌的一个民族的伟大先例和榜样。”[2]

1721 年，美国波士顿流行天花，其时已有人痘接种医术施行，如波尔斯东（Zabdiel Boylston，1680—1766）医生为自己的两个儿子和一名奴隶接种了人痘，华盛顿曾命令自己的家庭成员和军队一律施种人痘防天花。著名科学家富兰克林因儿子死于天花而竭力劝诫父母为子女接种人痘，可见 18 世纪初叶后，美国也大力推行人痘接种预防天花了。18 世纪下半叶，人痘接种在英国、法国、荷兰等国已成为一种普遍接受的医疗方法[3]。

1744 年，福州商贾李仁山到长崎，将中国的人痘接种术带到日本。后奉长崎镇台之命种痘，医者柳隆元、堀江道元从其学。李仁山并著《种痘说》，受到日本医家欢迎，以日文校点，称《李仁山种痘和解》。1778 年，有人将《医宗金鉴》种痘卷拔萃，题为《种痘心法》刊行，至此种痘之法广为流传。1840 年，牛痘传入日本。大约有 100 年的时间，人痘接种是日本预防天花的主要方法。

1763 年，朝鲜人李慕庵的信札中记载了中国的人痘接种术。1790 年，朝鲜派使者朴斋家、朴凌洋到中国京城，回国时带走大型医学丛书《医宗金鉴》，书中《幼科种痘心法要旨》介绍了接种人痘的方法和注意事项。后来，朴斋家指派一乡吏按照书中的方法试种人痘，获得成功。

1 谢蜀生、张大庆：《中国人痘接种术向西方的传播及影响》，《中华医史杂志》2000 年第 3 期，第 133 ~ 137 页。

2 ［法］伏尔泰著，高达观等译：《哲学通信》，上海人民出版社，2005 年，第 54 页。

3 ［美］洛伊斯 · N. 玛格纳著，刘学礼译：《医学史》，上海人民出版社，2009 年，第 317 ~ 319 页。

中国的人痘接种术不仅有效地预防天花的传播，挽救了无数生命，而且对牛痘的发明产生了重要的影响。牛痘的发明者爱德华·琴纳（Edward Jenner，1749—1823）原本是一位乡村医生，他在为人们施种人痘的过程中，发现挤奶女工因患过牛痘而对接种人痘失效。1796 年，他试用牛痘苗代替人痘苗进行接种试验并成功。有学者认为，人痘接种术为牛痘的发明和有希望控制其他流行病铺平了道路[1]，巴斯德研制疫苗的工作，可能受到人痘和牛痘接种术的启示，因此，人痘接种也可称为近代免疫学之先驱。

1 ［美］洛伊斯·N. 玛格纳著，刘学礼译：《医学史》，上海人民出版社，2009 年，第 320 页。

青蒿素

牛亚华

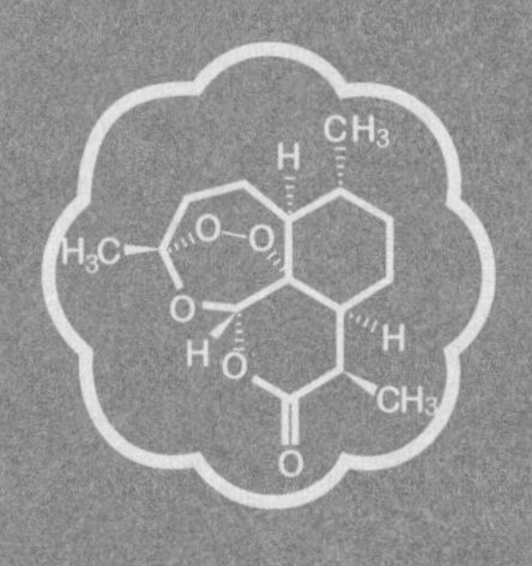

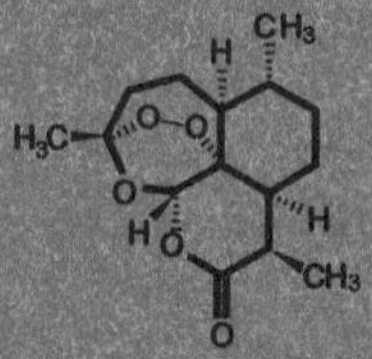

◎ 中国应用青蒿治疗疟疾的历史长达 1700 余年，从晋代葛洪的《肘后备急方》到 20 世纪 50 年代，绵延不绝。以屠呦呦为代表的中国科学家们，在传统中医临床经验的基础上，运用现代科学手段，提取出一种高效低毒的新型抗疟疾药——青蒿素，救治了数百万疟疾病人，为人类健康做出了重要贡献。

一、疟疾及人类对抗疟疾的历史

疟疾（malaria）是一种名疟原虫的原生动物引起的疾病。疟原虫以按蚊（Anopheles）为媒介进入人体，侵入红细胞，在红细胞内繁殖，导致红细胞破裂，引起周期性或不定期高热寒战，并发生贫血和脾肿大。凶险型疟疾起病急，会出现昏迷与抽搐等症状，甚者危及生命。寄生于人体的疟原虫共有四种，即间日疟原虫、三日疟原虫、恶性疟原虫和卵形疟原虫，分别引起2天、3天或不规律寒热症状发作。

一般认为疟疾源自人类的发源地非洲，几乎传遍全世界，其历史则与人类文明史一样漫长。在古希腊，疟疾被称为"沼泽的热病"，在公元前1世纪，疟疾曾在罗马地区长时间流行，使得人们的身体虚弱，土地抛荒，国力衰退，最后导致罗马帝国的衰亡[1]。

在中国殷商时代也有关于疟疾流行的记载，甲骨文就有疟、疥、蛊、龋、蛔、疫等疾病的记载。有学者认为疟疾猖獗是盘庚迁殷的直接原因。《周礼·疾医》说"秋时有疟寒疾"，可见，当时人们已经认识到疟疾在秋季流行。中国南方湿热的气候更适于蚊虫的滋生，疟疾发病率尤高，称为瘴、瘴疠。《汉书·严助传》称："南方暑湿，近夏瘅热，暴露水居，蝮蛇蠚生，疾疠多作，兵未血刃而病死者什二三。"东汉初征伐交趾，《后汉书·马援传》称："军吏经瘴疫死者十四五。"《后汉书·南蛮传》称："南州水土温暑，加有瘴气，致死亡者十必四五。"相关研究显示，秦汉时期，由于南方瘴疫较北方为多，致使当时长江流域及其以南地区的经济远远落后于黄河中下游地区[2]。

即便到了19世纪，疟疾也是欧洲大陆的常见病，直到现在，发达国家仍有散发病例，中国每年也有数千例报告，如2012年总计报道疟疾患者2718例，主要分布在云南、广西、江苏、湖南、四川等5省（区）[3]。而经济落后、气候湿热的非洲及东南亚地区的人们更是饱受疟疾的折磨。2007年，第60届世界卫生组织大会通过决议，从2008年起，将每年4月25日设为国际疟疾日，要求各成员国、有关国际组织和民间团体以适当形式开展疟疾防治活动。到2010年，全球仍有106个国家和地区流行疟疾，患者2.16亿，约有65.5万人死于疟疾，其中81%的疟疾病例和91%的死亡发生在非洲区域[4]。科学家和历史学家认为，若以受害人数和受害程度来评估疟疾产生的影响，它堪称人类有史以来最具毁灭性的疾病。

---

1 [英]弗雷德里克·F.卡特赖特、迈克尔·比迪斯著，陈仲丹、周晓政译：《疾病改变历史》，山东画报出版社，2004年，第11页。

2 龚胜生：《中国先秦两汉时期疟疾地理研究》，《华中师范大学学报》（自然科学版）1996年第4期，第489~491页。

3 夏志贵、丰俊、周水森：《2012年全国疟疾疫情分析》，《中国寄生虫学与寄生虫病杂志》2013年第6期，第413~418页。

4 丁俊：《疟疾流行现状研究进展》，《中国公共卫生》2012年第5期，第717~718页。

人类长期致力于与疟疾抗争。在对抗疟疾的历史上，东西方民族都做出了自己的贡献。

中国有关疟疾治疗的记载很早，《黄帝内经》有“疟论”和“刺疟”两个篇章，详细论述了疟疾的发病原因、分类、症状、治疗方法等，当时治疗疟疾的方法以针灸为主。东汉张仲景《伤寒杂病论》就有关于疟疾治疗的方剂：“若形如疟，一日再发者，汗出必解，宜桂枝二麻黄一汤”[1]；“故使如疟状，发作有时，小柴胡汤主之”[2]。东晋葛洪的《肘后备急方》“治寒热诸疟方”收载40余首方剂，其中第二首即青蒿，雄黄也在列，含有常山（*Dichroa febrifuga*）的方子达14首之多，足见已将常山作为治疗疟疾的重要药物，说明当时治疗疟疾已积累了相当丰富的经验。其后的中国医学典籍中有许多关于疟疾的论述，仅明代《普济方》“诸疟门”即达四卷之巨，收载的方剂有数百种之多。其中含有常山、青蒿的方剂，显然是有效的。李时珍的《本草纲目》列出了数百种治疗疟疾的药物和方剂，当为明代以前治疗疟疾经验之总结。

在欧洲，用泻药清肠、节食和放血一直是治疗疟疾的主要方法[3]，直到17世纪发现金鸡纳树树皮才有所改观。一则流传很广的故事说，1638年，当时秘鲁总督的夫人金琼（Condessa de Chinchon）染上间日疟，用金鸡纳树树皮磨成的粉末治愈，后来总督夫人把这服药带回故乡西班牙，当时疟疾正在欧洲大陆肆虐，这种树皮粉迅速传遍欧洲。但经学者考证，这个故事属虚构，金鸡纳霜实由传教士带回欧洲。尽管奎宁（俗称金鸡纳霜）有可能造成耳鸣、视觉障碍、头痛等，但这是欧洲人第一次获得的有效治疗疟疾的药品。

很快金鸡纳霜也被带到中国。1693年，法国传教士洪若翰用金鸡纳霜治愈康熙帝的疟疾，因此受到礼遇[4]。曹雪芹的祖父曹寅因患疟疾，曾向康熙帝求要金鸡纳霜。苏州织造李煦上奏云：“寅向臣言，医生用药，不能见效，必得主子圣药救我。”康熙特“赐驿马星夜赶去”，还一再吩咐：“若不是疟疾，此药用不得，须要认真，万嘱！万嘱！”[5]但是，曹寅还是在药物赶到之前去世了。金鸡纳霜被赵学敏收入《本草纲目拾遗》中，称为金鸡勒：“西洋有一种树皮，名金鸡勒，以治疟，一服即愈。嘉庆五年，予宗人晋斋自粤东归，带得此物，出以相示，细枝中空，俨如去骨远志，味微辛，云能走达营卫，大约性热，专捷行气血也。”[6]

1820年，法国化学家佩尔蒂埃（Pelletier，1788—1842）与卡旺图（Caventou，

---

1 〔汉〕张仲景著，刘世恩、毛绍芳点校：《伤寒杂病论》，华龄出版社，2000年，第61页。
2 〔汉〕张仲景著，刘世恩、毛绍芳点校：《伤寒杂病论》，华龄出版社，2000年，第112页。
3 ［英］弗雷德里克·F.卡特赖特、迈克尔·比迪斯著，陈仲丹、周晓政译：《疾病改变历史》，山东画报出版社，2004年，第11页。
4 ［法］费赖之著，梅乘骐、梅乘骏译：《明清间在华耶稣会士列传（1552—1773）》，天主教上海教区光启社，1997年，第494页。
5 《关于江宁织造曹家档案史料》，中华书局，1975年，第98~99页。
6 〔清〕赵学敏：《本草纲目拾遗》，中国中医药出版社，2007年，第194页。

1795—1877）从奎那（quia）树皮中分离出奎宁（quinine）和辛可宁（cinchonine）两种生物碱。1854年，植物学家哈斯卡尔（Hasskarl，1811—1894）把秘鲁和玻利维亚的金鸡纳种子移植至印度尼西亚，并大规模种植，奎宁开始被大量使用，全世界所需的奎宁97%出产自印度尼西亚。直到氯喹等合成药物应用前，奎宁一直是世界上治疗疟疾的特效药。

尽管很久以前人们就把疟疾和沼泽、湿热联系起来了，但是直到19世纪末，医学家们才阐明了疟疾的发病原因和传播的途径。法国医师夏尔·路易·阿方斯·拉韦朗（Charles Louis Alphonse Laveran，1845—1922）、英国热带医学先驱帕特里克·曼森（Patrick Manson，1844—1922）和微生物学家罗纳德·罗斯（Ronald Ross，1857—1932）做出巨大贡献。

拉韦朗是位军医，一生主要从事疟疾研究。他猜想疟疾的病原体是寄生虫，1880年他在阿尔及尔军营的帐篷里用显微镜观察疟疾病人的血液，发现了一个小动物，即疟原虫。它是如何进入人体的呢？经反复观察，他确认不是一个人传给另一个人的。那又是怎样传播的呢？拉韦朗没有找到答案[1]。后来英国的曼森和罗斯解开了这个谜。罗斯从1892年就开始研究疟疾，1894年在伦敦结识了英国热带医学先驱曼森。曼森向罗斯介绍了拉韦朗在1880年发现的疟疾标本，1895年罗斯在印度研究疟疾的传播媒介，他将孵化的库蚊和伊蚊放在疟疾病人身上吸血，然后在显微镜下观察，均以阴性结果告终。1897年8月22日，罗斯又用按蚊在疟疾病人身上吸血后，经过饲养、解剖，在按蚊胃腔和胃壁中发现了疟原虫。1898年，罗斯在患疟疾的鸟类血液中发现了类似的着色胞囊，在蚊子的唾液中观察到鸟类疟原虫。曼森则进一步证实了疟疾确实由按蚊传播[2]。曼森，中文名为万巴德，曾长期在中国台湾、厦门和香港研究热带病，是香港中文大学医学院的创立者。其后，意大利人格拉希（Grassi，1854—1925）等对疟原虫生活史进行了更为详细的研究。疟疾传播途径和疟原虫生活史的研究为疟疾的防治创造了条件。罗斯由于在探明疟疾病因上的贡献，荣获1902年诺贝尔生理学或医学奖。1907年，拉韦朗因发现原生动物也是造成疾病的凶手，获得了诺贝尔生理学或医学奖。

第一次世界大战期间，德国的奎宁来源被切断，迫使德国人不得不寻找奎宁的替代物，拜耳制药公司开始抗疟药的化学合成。从1932年开始合成了阿的平（atabrine）等一系列药物，包括1934年合成的氯喹，但当时未经认真实验，即认为氯喹毒性太大而未加重视。

第二次世界大战期间，印度尼西亚被日军占领，很多国家的奎宁来源断绝，急需替代药

1［德］恩斯特·博伊姆勒著，张荣昌译：《药物简史》，广西师范大学出版社，2005年，第153页。

2［意］卡斯蒂廖尼著，程之范主译：《医学史》，广西师范大学出版社，2003年，第747~748页。

物。1944 年，美国的两位年轻化学家伍德沃德(Robert Burns Woodward，1917—1979)和德林（William Doering）合成了氯喹，其后又有人开发出伯喹；英国开发出氯胍、乙胺嘧啶等一系列治疗和预防疟疾的药物。这些合成药物因疗效佳，副作用小，且价格低廉、使用方便，很快在治疗疟疾方面扮演了重要角色，成为二战以来主要的抗疟药[1]。

在中国，抗战爆发后，大量内地人员西迁四川、重庆、云南、贵州等瘴疟之区，疟疾不断流行，而抗疟疾药品十分缺乏，科学家纷纷开展相关研究，以谋求抗疟疾药自给。重庆的中央卫生实验院药物组在张昌绍等带领下，从中草药中筛选抗疟疾药，他们在临床上证明粗制常山浸膏对疟疾有显著疗效，并分离出数种常山碱，其中 3 种对疟原虫有较强抑制作用，效果优于奎宁，但因其服用后可引起剧烈呕吐，而未能用于临床。1950 年，王进英报告鸦胆子具有抗疟作用，1952 年，在佛子岭治淮工地试用，取得良好结果[2]。

第二次世界大战期间，在抗疟方面另一项重要成果是 DDT（中文名：滴滴涕）杀虫作用的发现和广泛使用。随着疟疾传播媒介和疟原虫生活史的明了，人们开始寻找杀虫剂、驱避剂以阻断疟疾的传播。早在 1874 年，欧特马·勤德勒获得了一种化合物，化学名为双对氯苯基三氯乙烷（dichlorodiphenyltrichloroethane），当时他并不知道该化合物有杀虫作用。1939 年，瑞士化学家保罗·赫尔曼·穆勒（Paul Hermann Müller，1899—1965）发现其能杀灭多种害虫。第二次世界大战期间，DDT 以喷雾方式用于对抗疟疾、黄热病、斑疹伤寒、丝虫病等虫媒传染病，大显神威，救治了很多生命。同时，对家畜和谷物喷 DDT，也使其产量得到双倍增长。人们将其与青霉素、原子弹并列，誉为第二次世界大战时期的三大发明。穆勒也因此荣获 1948 年的诺贝尔生理学或医学奖。

用氯喹治疗传染源，以伯胺喹啉等药物预防，再加上喷洒 DDT 灭蚊，一度使全球疟疾的发病得到有效的控制。1955 年，甚至在全球兴起了消灭疟疾的运动，到 1962 年，全球疟疾的发病已降到很低。

到了 20 世纪 60 年代末期，疟疾又死灰复燃。令人忧心的是，疟原虫对奎宁类药物产生了抗药性，尤其是非洲和东南亚等重灾区，抗氯喹的恶性疟疾面临无药可治的境地。20 世纪 60 年代，在越南战场的美军也深受疟疾困扰，急需新的特效药物。美国投入大量人力物力，开展抗疟疾药研究，开发出甲氟喹。该药通过改造奎宁类药物获得，主要用于抗恶性疟疾，起效慢，但作用时间长，可能有致惊厥和肝肾毒性作用。与此同时，中国应越南政府的要求，

---

1 张奎：《疟疾的化学治疗》，上海科学技术出版社，1953 年，第 1~3 页。

2 张昌绍：《现代的中药研究》，中国科学图书仪器公司，1954 年，第 141~149 页。

图 1　屠呦呦接受 2015 年诺贝尔生理学或医学奖

动员全国力量开展抗疟疾药物研究，包括杀虫剂、驱避剂，研制出一系列具有抗疟疾作用的药物，其中青蒿素以高效低毒，对抗氯喹疟原虫疗效卓著受到国际社会的关注，其后又在青蒿素的基础上开发出青蒿琥酯、蒿甲醚、双氢青蒿素等系列抗疟药物。目前青蒿素类药物被认为是治疗严重的、多耐药疟疾最安全的急救药物，即使对于孕妇及儿童也是极为安全的药物[1]。

令人欣慰的是，世界卫生组织发布的《2013 年世界疟疾报告》显示，自 2000 年以来，全球在控制和消除疟疾方面的努力估计已挽救了 330 万人的生命，全球范围内和非洲地区的疟疾死亡率分别下降了 45% 和 49%。认可世界卫生组织推荐的青蒿素为基础的联合疗法（ACTs）的范围不断扩大，为各国提供的疗程数量也不断增加，从 2006 年的 7600 万次增至 2012 年的 3. 31 亿次[2]。

青蒿素类药物救治了数百万疟疾病人，为人类健康做出了重要贡献。屠呦呦因发现青蒿素荣获 2015 年诺贝尔生理学或医学奖（图 1）。青蒿素源自传统中医药的临床经验，是中药现代研究的光辉典范。

二、中医典籍中的青蒿及其抗疟记载

中国古人很早就认识青蒿这种植物，我国古老的文学作品《诗经》中就记载了青蒿之名，《诗经・小雅・鹿鸣》曰“呦呦鹿鸣，食野之蒿”。此处的蒿就是青蒿，青蒿素的发现者屠呦呦的名字即源于此诗。

1　[美] 古德曼・吉尔曼著，金有豫主译：《治疗学的药理学基础》，人民卫生出版社，2004 年，第 828~829 页。

2　《世卫组织发布〈2013 年世界疟疾报告〉》，《疾病监测》2013 年第 12 期，第 1006 页。

图 2　青蒿（黄花蒿 *Artemisia annua L.*）

青蒿入药的历史十分悠久，马王堆三号汉墓（前 168 年左右）出土的帛书《五十二病方》就有关于青蒿治疗痔疮的记载，并特别说明"青蒿者，荆名曰萩"，即青蒿在荆楚地方叫作"萩"[1]。约成于东汉的《神农本草经》收载了青蒿，列为下品，当时称为草蒿，也就是以草蒿为正名（图 2），青蒿为又名："草蒿，一名青蒿，一名方溃。味苦，寒，无毒。生川泽。治疥瘙痂痒，恶疮，杀虫，留热在骨节间。明目。"[2]陶弘景（456—536）注云："处处有之，即今青蒿，人亦取杂香菜食之。"东晋葛洪《肘后备急方》"治寒热诸疟方"载以"青蒿一握，以水二升渍，绞取汁，尽服之"。这是关于青蒿治疟疾的最早记载，青蒿素的低温提取，即受此启发。

唐《新修本草》沿袭了《神农本草经》的称谓，也以草蒿为正名，云："此蒿生挪傅金疮，大止血生肉，止疼痛，良。"[3]陈藏器《本草拾遗》（739 年）云："草蒿主鬼气尸疰伏连，妇人血气，腹内满及冷热久痢。秋冬用子，春夏用苗，并捣汁服，亦暴干为末，小便中服。如觉冷，用酒煮。"[4]

宋代的本草著作对青蒿多有描述，仍多以草蒿为正名。《图经本草》（1061 年）云："草蒿即青蒿也。春生苗，叶极细嫩，时人亦取杂诸香菜食之。至夏，高三五尺；秋后，开细淡黄花，花下便结子，如粟米大。"[5]其后的《证类本草》（1082 年）收录有草蒿，并将前人有关草蒿、青蒿的记述收载，并说："江东人呼为蒿，为其臭似，北人呼为青蒿。"[6]《梦溪笔谈》（约 1086—1093 年）有"论青蒿"条，云："蒿之类至多，如青蒿一类，自有两种：有黄色者；

---

1 马王堆汉墓帛书整理小组编：《马王堆汉墓帛书：五十二病方》，文物出版社，1979 年，第 88~89 页；参尚志均：《五十二病方药物注释》，皖南医学院科研科，1985 年。

2 [日] 森立之辑：《神农本草经》，日嘉永七年甲寅（1854 年）重刊，温知药宝藏梓。

3〔宋〕唐慎微撰，尚志均、郑金生等校点：《证类本草》，华夏出版社，1993 年，第 288 页。

4〔唐〕陈藏器著，尚志均辑释：《本草拾遗》，安徽科学技术出版社，2002 年，第 365 页。

5〔宋〕唐慎微撰，尚志均、郑金生等校点：《证类本草》，华夏出版社，1993 年，第 288 页。

6〔宋〕唐慎微撰，尚志均、郑金生等校点：《证类本草》，华夏出版社，1993 年，第 288 页。

有青色者。《本草》谓之'青蒿'，亦恐有别也。陕西绥、银之间有青蒿，在蒿丛之间，时有一两株，迥然青色，土人谓之'香蒿'，茎叶与常蒿悉同，但常蒿色绿，而此蒿色青翠，一如松桧之色；至深秋，余蒿并黄，此蒿独青，气稍芬芳。恐古人所用，以此为胜。"[1]可见，宋代时青蒿所包含的植物就不止一种，青蒿为总称，所谓"青蒿一类"。这一条论述也被收录到《苏沈良方》中。《本草衍义》曰："草蒿，今青蒿也。在处有之，得春最早，人剔以为蔬，根赤叶香。今人谓之青蒿，亦有所别也。但一类之中，又取其青色者。陕西绥、银之间有青蒿。在蒿丛之间，时有一两棵，迥然青色，土人谓之为香蒿。茎叶与常蒿一同，但常蒿色淡青，此蒿色深青，犹青，故气芬芳。恐古人所用以深青者为胜，不然，诸蒿何尝不青。"[2]宋代的本草著作多没有收录葛洪《肘后备急方》的相关内容，也没有提到抗疟的功效。可见，直到宋代，在本草书中，青蒿一直作为草蒿的又名存在，而在方书和其他历史文献中，多用青蒿称谓，罕见草蒿之名。

《圣济总录》(1111—1118年)卷三六、七一、一六八载有三个不同组方的"青蒿汤"，分别治疗脾疟、痎疟和小儿潮热。周去非《岭外代答》（1178年）记载了岭南地区治疗"瘴气"的独特方法，"治瘴不可纯用中州伤寒之药，苟徒见其热甚，而以朴硝、大黄之类下之，苟所禀怯弱，立见倾危。昔静江府唐侍御家，仙者授以青蒿散，至今南方瘴疾服之，有奇验。其药用青蒿、石膏及草药，服之而不愈者，是其人禀弱而病深也。急以附子、丹砂救之，往往多愈"。还有一种挑草子的方法："间有南人热瘴，挑草子而愈者。南人热瘴发一二日，以针刺其上下唇。其法：卷唇之里，刺其正中，以手捻去唇血，又以楮叶擦舌，又令病人并足而立，刺两足后腕横缝中青脉，血出如注，乃以青蒿和水服之，应手而愈。"足见青蒿治疗疟疾在广东、广西等地由来已久，且十分普遍。这一疗法也被收入《岭南卫生方》中。

元代朱震亨（1281—1358）的《金匮钩玄》《丹溪心法》均载有"截疟青蒿丸"："青蒿半斤，冬瓜叶、官桂、马鞭草。右焙干为末，水丸胡椒大。每一两分四服，于当发之前一时服尽。又云：青蒿一两，冬青叶二两，马鞭草二两， 桂二两。未知孰是，姑两存之，以俟知者。"根据"又云"可知，当时用青蒿截疟已较多应用。直到元代，青蒿治疗疟疾，多数未经高温煎煮，疗效应当是确切的。

青蒿作为抗疟药物的使用在明代日渐增多，明初刊刻的《普济方》中，有多条青蒿治疗疟疾的记录，如"诸疟门"卷一九七中的"神惠方""恒山散""青蒿散"，卷一九九"草

1〔宋〕沈括著，胡道静校证：《梦溪笔谈校证》，上海古籍出版社，1987年，第873页。
2〔宋〕寇宗奭撰，颜正华等点校：《本草衍义》，人民卫生出版社，1990年，第71页。

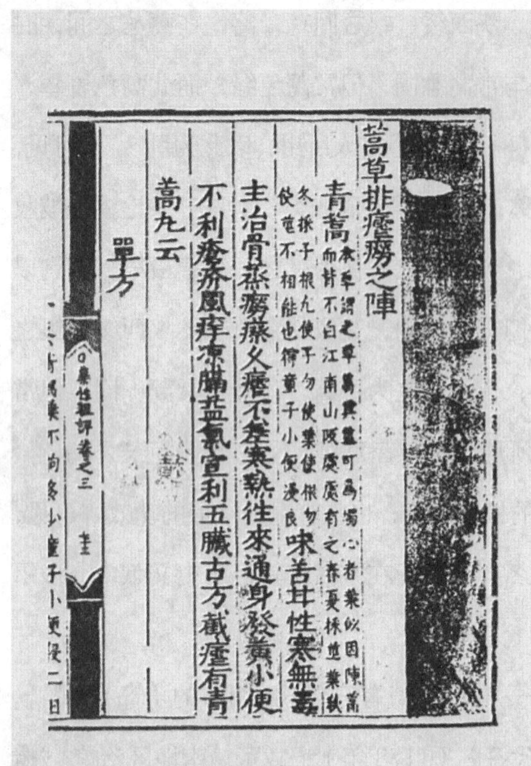

蒿草排瘧痨之陣

青蒿 味苦性寒無毒

主治骨蒸痨瘵久瘧不差寒熱往來通身發黄小便

不利瘡疥風痒凉膈益氣宜利五臟古方載瘧有青

蒿丸云

單方

图3　《药性粗评》书影

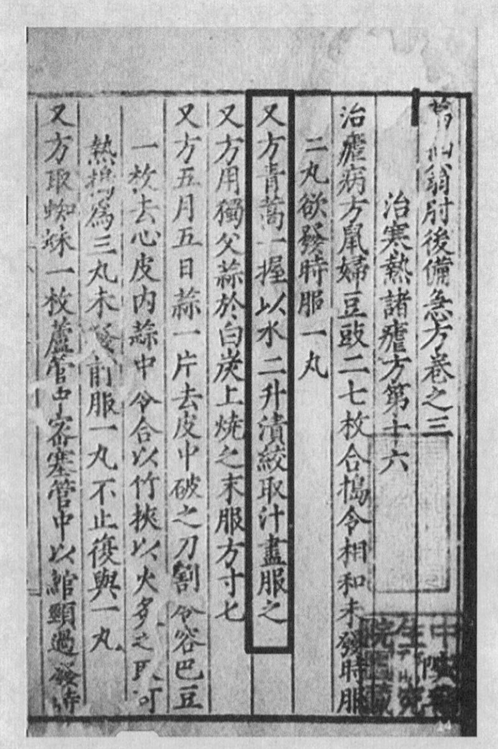

肘後備急方卷之三

治寒熱諸瘧方第十六

治瘧病方鼠婦豆豉二七枚合搗令相和未發時服

二丸欲發時服一丸

又方青蒿一握以水二升漬絞取汁盡服之

又方用獨父蒜於白炭上燒之末服方寸匕

又方五月五日蒜一片去皮中破之刀割令容巴豆

一枚去心皮內蒜中令合以竹挾以火炙之

熱搗爲三丸未發前服一丸不止復與一丸

又方取蜘蛛一枚蘆管中密塞管中以綰頸過發時

图4 《肘后备急方》书影

果七枣汤”“大效人参散”中都有青蒿，且为主药。如“神惠方”：“治疟，青蒿叶（端午日采，阴干），香薷各等分，上为细末，如先寒用热酒服，先热用冷酒服，遇发日五更早服。”“大效人参散”明确说：“治山岚瘴疟，不以久近，或寒或热，或寒热相兼，或连日、间日，或三四日一发，并皆治之。人参（去芦头）、常山（锉）、青蒿（去根梗，各等分）。右为细末，每服二钱半。”鲁伯嗣《婴童百问》（1403年）载有梨浆饮子，治潮热、荣热、卫热、瘴气热，两日一发，三日一发。积热、脾热、痞热、胃热、癖热、疟热、邪热、寒热，脾疟、鬼疟，夜发单疟独热。其中青蒿也是重要的药物。《药性粗评》（1551年，图3）将青蒿列正名，并明确青蒿“主治骨蒸痨瘵，久疟不差”，为“排疟劳之阵”[1]。

根据我们查阅的古籍资料，在历代方书中，罕有草蒿入药的记载。也许是受方书的影响，《本草纲目》一改以往本草著作的惯用法，弃用草蒿，取青蒿为其正名，书中全面引证了前人关于青蒿（草蒿）的论述，包括葛洪《肘后备急方》（图4）中关于青蒿治疟疾的内容，又对青蒿的形态做了描述：“青蒿，二月生苗，茎粗如指而肥软，茎叶色并深青。其叶微似茵陈，而面背俱青。其根白硬。七八月开细黄花颇香。结实大如麻子，中有细子。”关于青蒿的主治，明确指出：“治疟疾寒热”。其卷三《百病主治·疟》中，

1 〔明〕许希周：《药性粗评·青蒿》卷三，明嘉靖三十年刻本。

列举了100余种治疗疟疾的药物，青蒿是其中之一，“青蒿，虚疟寒热，捣汁服；或同桂心煎酒服。温疟但热不寒，同黄丹末服。截疟，同常山、人参末酒服”。此外，还列举了青蒿与其他几种药配伍使用治疗疟疾的用法，如：“香薷，同青蒿末，酒服。”“寒食面，热疟，青蒿汁丸服二钱。”“冬瓜叶，断疟，同青蒿、马鞭草、官桂，糊丸服。”“鸡子清丸，煮熟服。瘴疟，同知母、青蒿、桃仁煎服。”足见在李时珍时代，用青蒿治疗疟疾已普遍。

明代晚期的方书中，如《增刻医便》《万氏家抄方》《症治析疑录》《痘疹传心录》《士材三书》《傅信尤易方》《全生指迷方》等多部著作都引用了“截疟青蒿丸”方，或者载有青蒿治疟的方子，并注明“截疟神效”。有些方子经过煎煮或用童便炮制，有些使用阴干的青蒿叶制成丸剂，有些捣汁生服，如李中立《本草原始》（1612年）：“生捣汁服并贴之，治疟疾寒热。”

清代的医方和本草著中，青蒿治疗疟疾的记载有增无减，如沈金鳌《杂病源流犀烛》载“疟有暑湿热之邪内伏，百药不效者，尤宜详审，或稍下之亦可，宜青蒿、苍术、枳实”[1]；《爱庐医案》有用青蒿治愈疟疾的案例；《温病条辨》创制了鳖甲青蒿汤；《医家四要》载“青蒿祛暑退蒸，疟痢逢之可却”。此外，《绛雪园古方选注》《本草备要》《韩氏医课》等均有关于青蒿治疟的记载。著名医家叶天士治疗疟疾时常将柴胡换为青蒿。

清末至民国时期出版了一些药店出售成药的品目，如《苏州劳松寿堂丸散膏丹胶露目录》《彭太和堂丸散膏丹集录》《上海汪恒春堂丸散膏丹汇编》《上海雷桐君堂丸散全集》《姜衍泽堂发记丸散膏丹汇集》《长沙同德泰丸散膏丹总目录》《北平庆仁堂虔修诸门应症丸散膏丹总目》，都载有青蒿露或鲜青蒿露，《叶种德堂丸散膏丹全录》载有陈青蒿露，多写明“治疗骨蒸劳热，久疟久痢”。青蒿露成为药店的一种日常销售成品，说明青蒿治疗疟疾在清末民初已应用得十分普遍。1958年，江苏高邮民间沿用青蒿治疟的传统方法，效果显著。

需要说明的是，青蒿素是从学名为*Artemisia annua L.*的植物中提取出来的，而这种植物现在被命名为黄花蒿，而非青蒿。称为青蒿的中药（*Artemisia apiacea hance*）并不含青蒿素，这是为什么呢?

从上面的叙述可知，古代关于植物的分类还很不细致，如青蒿，在本草著作中称草蒿，沈括的《梦溪笔谈》也提到青蒿有两个不同品种，《本草纲目》弃用草蒿之名，青蒿始转为正名，同时又增加了黄花蒿这一种药物，以区别前代本草书中草蒿所包含的两种不同植物。《本草纲目》对黄花蒿的描述为：“香蒿臭蒿通可名草蒿。此蒿与青蒿相似，但此蒿色绿带淡黄，

1 〔清〕沈金鳌撰，李占永、李晓林校注：《杂病源流犀烛》，中国中医药出版社，1994年，第234页。

气辛臭不可食，人家采以罨酱黄酒曲者是也。”其“气味辛、苦，凉，无毒，主治小儿风寒惊热”。青蒿则承袭了以往本草著作草蒿的性味、功效、主治等各项内容，并增加了治疗疟疾的作用。《本草纲目》从气味和主治疾病的不同，以及 “开细黄花” “结实大如麻子”的形态特征与分布、习性等方面对青蒿和黄花蒿进行区别。

据屠呦呦等人考证，1930 年，日本学者白井光太郎著有《头注国译本草纲目》，将《本草纲目》各药加注植物学名，在“青蒿”项下注了 *Artemisia apiacea hance*，在“黄花蒿”项下注了 *Artemisia annua L.*。此后辗转引用，也被中国学者所沿袭[1]。这样，青蒿素就成为从黄花蒿（*Artemisia annua L.*）中提取出来的，与《本草纲目》的记载不合，引起了一些纷争，甚至有人认为青蒿素的发现与中医的用药经验无关。1981 年，屠呦呦通过古医药文献考证、原植物与资源分布、化学成分比较及药理作用、疗效等几方面，对青蒿的正品进行了讨论，认为其植物来源仅应以 *Artemisia A. annua* 一种为正品[2]。屠呦呦等人对市售青蒿进行了调查，证实市场上称为青蒿的药材实际为 *Artemisia annua L.*，也即学名为黄花蒿的植物。林有润等人则认为《本草纲目》所载青蒿与黄花蒿为一种植物，即现植物学上通称为“黄花蒿”者（学名为 *A. annua L.*）[3]。胡世林则认为，《本草纲目》关于青蒿“细黄花” “大如麻子”等的形态描述，与 *Artemisia annua L.* 完全相同，而花果特征是分类定种的重要依据，应当“纠正日本学者牧野富太郎对《本草纲目》青蒿是 *Artemisia apiacea hance*（花序大如黄豆，夏末早枯，味不苦，治不了疟疾）的错误考证”[4]。由此可知，出现这种名实不符，实由近代中药青蒿、黄花蒿与拉丁学名对应时产生错乱所致。青蒿治疗疟疾的作用在古代医方书中的记载绵延不断，李时珍正是根据前代或者他本人的用药经验，给青蒿的主治增加了抗疟一项，青蒿素的发现进一步证明日本学者命名有误。我国著名生药学家赵燏黄早在 20 世纪 30 年代就曾调查并鉴定了北京地区药用菊科植物，认为药用青蒿的原植物为“黄花蒿” （*Artemisia annua L.*），明确指出青蒿就是《本草纲目》中的“黄花蒿” 。他没有附和日本学者牧野认为“《纲目》集解所述之青蒿与植物 *Artemisia apiacea hance*（邪蒿）颇合”[5] 的错误结论。1977 年版《中华人民共和国药典》曾将中药青蒿的植物来源定为黄花蒿（*Artemisia annua L.*）与青蒿（*A. apiacea hance*）， 1985 年版《中华人民共和国药典》称中药青蒿为菊科植物黄花蒿（*Artemisia annua L.*）干燥地上部分。有鉴于此，胡世林呼吁：“我们没有理由继续

1 屠呦呦：《青蒿及青蒿素类药物》，化学工业出版社，2009 年，第 6、8 页。
2 屠呦呦：《中药青蒿的正品研究》，《中药通报》1987 年第 4 期，第 2~5 页。
3 林有润：《中国古本草书艾蒿类植物的初步考订》，《植物研究》1991 年第 1 期，第 1~24 页。
4 胡世林、许有玲：《纪念青蒿素 30 周年》，《世界科学技术－中医药现代化》2005 年第 2 期，第 1~2 页。
5 赵燏黄著，樊菊芬点校：《祁州药志》，福建科学出版社，2004 年，第 46 页 。

把青蒿与 *Artemisia apiacea* 错误地联系在一起。”

由上述讨论可知，从古沿用至今的药物青蒿，实际就是现在被称为黄花蒿（*Artemisia annua L.*）的植物。用“青蒿素”命名这一抗疟新药，是尊重历史、实事求是的做法，正如屠呦呦在瑞典卡罗林斯卡学院所作的演讲题目：《青蒿素是传统中医药给世界的一份礼物》。

三、青蒿素的发现

（一）“523”项目

20 世纪 60 年代，恶性疟原虫对氯喹等原喹啉类药物产生的抗药性日益严重，东南亚地区尤甚，大量疟疾患者面临无药可治的境地。越南战争期间，疟疾在越南流行，不仅威胁着越南军民的健康，同时也造成美军非战斗性减员。寻找新的抗疟药成为医药界的关注点，各国均展开了大量研究工作。美国自 60 年代起，应战争急需而筛选的化合物达 30 万种。

1964 年应越南领导人之请，毛泽东主席和周恩来总理指示：把解决热带地区部队遭受疟疾侵害的问题，作为一项紧急援外和战备重要任务立项。由中国人民解放军军事医学科学院、第二军医大学，以及广州、昆明和南京军区所属的军事医学研究所开展相应的疟疾防治药物研究工作。1967 年，中国人民解放军军事医学科学院起草了三年研究规划草案，经过酝酿讨论和领导部门审定，国家科委和中国人民解放军总后勤部于 5 月 23 日在北京召开了有关部委、军队总部直属和有关省、直辖市、自治区军区领导及所属单位参加的全国协作会议，讨论、修订并确定了由军科院草拟的三年研究规划，并成立了“全国疟疾防治研究领导小组办公室”（简称“523 办公室”）。由于这是一项涉及越南战争的紧急军工项目，为保密起见，遂以开会日期为代号，简称为“523 任务”。领导小组由国家科委、国防科委、总后勤部、卫生部、化工部、中国科学院各派一名代表组成，直接归国家科委领导。领导小组下设办事机构，以中国人民解放军后字 236 部队为主，中国科学院、中国医学科学院、中国医药工业公司各派一名人员组成。办公室设在后字 236 部队，负责处理日常研究协作的业务与交流科研情况。“523 办公室”的目标是在较短时间内重点研究解决抗药性疟疾的防治药物、抗药性疟疾的长效预防药以及驱蚊剂等 3 个问题。工作方针为从热带地区部队行动的实际出发，“远近结合、中西医结合，以药为主，重在创新，统一计划，分工合作”。

该项目组织全国七个省市的 60 多个单位 500 余人，多学科、多专业共同攻关，重视从祖国医药学宝库中发掘新药。到 1969 年，已筛选化合物、中草药 4 万多种，未取得满意结果。有鉴于此，1969 年 1 月 21 日，“523 办公室”邀请中医研究院中药研究所参加工作。

（二）青蒿乙醚提取物抗疟疾作用的发现

中医研究院接受任务后，即组建科研组，任命屠呦呦为组长，负责全面工作。[1]

屠呦呦，1930年生于浙江宁波，其名取自《诗经·小雅·鹿鸣》中“呦呦鹿鸣，食野之蒿”。也许是天意，屠呦呦的一生与青蒿结下了不解之缘。1951年，她考入北京大学医学院药学系生药专业。1955年毕业，分配到刚成立的中医研究院中药研究所（简称“中药所”）工作至今。1959—1962年曾参加西医学习中医研究班学习两年半，毕业时完成了《中药鉴别经验的学习心得》一文，发表于1962年第6期的《中医杂志》。她受过系统的现代药学训练，又对中医中药学有较为深入的了解，为她日后的研究工作打下了良好基础。1969年，屠呦呦加入“523工作组”，时年39岁，年富力强又有一定的工作经验。接受任务后，她和同事首先系统收集整理历代医籍、本草文献，翻遍了建院以来的人民来信，还请教了当时院里著名的老中医，蒲辅周曾推荐过“雷击散”“圣散子”，岳美中推荐过“木贼煎”“桂枝白虎汤”等古代方剂。她又和同事用3个月时间，在汇集了内服、外用，包括植物、动物、矿物等2000余种方药基础上，整理出以640余个方药为主的《疟疾单秘验方集》，油印成册，于1969年4月送“523办公室”，由“523办公室”转给承担任务的七个省市共同发掘[2]。其中就有青蒿处方：青蒿五钱至半斤；用法：捣汁服或水煎服或研细末，开水兑服；来源：福建、贵州、云南、广西、湖南、江西。其中还有备注：各地使用青蒿与其他药物配伍治疗疟疾的药方，共有13个。说明当时他们已关注到青蒿治疗疟疾的问题。

很快屠呦呦等人就以鼠疟动物为模型，开展了对中药进行筛选的实验研究工作（图5）。到1969年6月，中药所研究人员对威灵仙、马齿苋、皂角、艾叶、细辛、辣椒、白胡椒、胡椒、黄丹、雄黄等药物进行了筛选，他们发现胡椒提取物对疟原虫抑制率高达84%，但药理实验显示，该药对疟原虫的抑杀作用不理想。经过100多个样品筛选的实验研究工作，他们不得不再考虑选择新的药物。

1970年，“523办公室”安排中药所与军事医学科学院（简称“军科院”）进行合作研究，军科院派顾国明前往中药所工作。余亚纲参考《古今图书集成·医部全录》《太平惠民和剂局方》，对1965年上海中医文献研究馆编写的《疟疾专辑》中收录的抗疟方药进行了梳理，排除了含有常山的组方，选出既有单方使用经验，又在复方中频繁出现的药物，计有乌头、

1 屠呦呦：《青蒿及青蒿素类药物》，化学工业出版社，2009年，第1页。

2 屠呦呦：《青蒿及青蒿素类药物》，化学工业出版社，2009年，第1页。

图 5 屠呦呦在实验室

乌梅、鳖甲、青蒿等数种，治成相应的制剂，由顾国明送军科院进行鼠疟模型的筛选，筛选了近百个药方，其中，雄黄曾出现 90% 的抑制疟原虫的结果，青蒿曾出现过 60%～80% 的抑制疟原虫的结果，但效果不稳定。当时余亚纲更关注雄黄，但是顾国明认为雄黄毒性大，很难被批准使用，他们又把注意力转向青蒿。然而，不久后余亚纲被调往慢性支气管炎组，顾国明返回军科院，他们把结果告知了所长和组长屠呦呦[1]。军科院微生物流行病研究所派研究人员宁殿玺到中药所帮助建立了鼠疟动物实验模型。此后，青蒿的研究由中药所继续进行[2]。

其后屠呦呦又对之前筛选过的药效较高的药物进行了复筛，这一轮回又筛选出了 100 多个样品，青蒿也在其中，但只有 40%甚至 12%的抑制率，于是又放弃了青蒿。她返回来研习古代文献，1971 年下半年，再读东晋葛洪《肘后备急方》“青蒿一握，以水二升渍，绞取汁，尽服之”，思索为什么不用传统的水煎煮？悟及高温或酶解有可能破坏青蒿的有效成分[3]，这一灵感敲开了青蒿素发现的大门。她用北京青蒿秋季采的成株叶制成水煎浸膏，95%乙醇浸膏，挥发油对鼠疟均无效。改用乙醇冷浸，浓缩时温度控制在 60℃所得提取物，鼠疟效价提高，温度过高则仍无效。又改用乙醚回流或冷浸提取，效果大幅提高且稳定。他们反复摸索得出，温度控制在 60℃以下是个关键。但分离得到的青蒿素单体，虽经加水煮沸半小时或置乙醇中回流 4 小时，其抗疟药效稳定不变。由此可知只是在粗提取时，当与生药中某些物质共存时，温度升高才会破坏青蒿素的抗疟作用[4]。

1 黎润红：《“523 任务”与青蒿抗疟作用的再发现》，《中国科技史杂志》2011 年第 32 卷第 4 期，第 488~500 页。
2 张方剑主编：《迟到的报告——五二三项目与青蒿素研发纪实》前言，羊城晚报出版社，2006 年。
3 屠呦呦：《青蒿及青蒿素类药物》，化学工业出版社，2009 年，第 1 页。
4 屠呦呦：《青蒿及青蒿素类药物》，化学工业出版社，2009 年，第 34 页。

乙醚的有效粗提物虽然具有较好的抗疟作用，但存在效价不稳定和剂量偏大的问题，且显示有毒性。关于效价不稳定，他们最初以为是因青蒿的品种杂乱引起的，就组织人员对青蒿的品种进行调查分析，了解到他们所购青蒿都是北京近郊所产黄花蒿（*Artemisia annua L.*）后，又进一步寻找原因，最终确认是青蒿的采收季节不同，影响了青蒿提取物的效价，使用同一季节采收的青蒿后，有效粗提物的效价更为稳定[1]。解决剂量偏大和毒性问题，就需要进一步去粗取精。他们将提取物分为中性和酸性两部分，发现占 2/3 的酸性部分是无效且毒性集中的部分，中性部分则是药效集中、毒副作用小的部分。经反复实验，1971 年 10 月 4 日，分离获得编号 191 号的青蒿中性提取物样品，经口服给药，剂量为 1g/kg，持续 3 天，对鼠疟原虫达到 100% 抑制率，且毒副作用低。进一步做猴疟实验，也达到 100% 抑制率[2]。

1972 年 3 月 28 日，“523 办公室”在南京主持召开会议，屠呦呦代表中药所在“中医中药专业组”会议上报告了他们的上述研究成果，因为是“文革”期间，题目是当时通行的《用毛泽东思想指导发掘抗疟中草药工作》，引起与会者的极大关注，“523 办公室”要求他们当年就到海南疫区进行临床观察。

会后中药所即着手提取工作，由于相关药厂不愿承担提取任务，研究人员只好把实验室当车间，日夜奋战，终于在当年“五一”前夕将药物提取出来了，将中性部分制成胶囊（图 6）。上临床前，他们进行了安全性研究，实验采用小鼠、猫、犬，分别观察了急性中毒以及对心脏、肝脏、肾脏的影响，未发现中毒性病变，仅对少数动物肝脏转氨酶活力有轻度影响。为确保用药安全，又进行了两批次人体实验。第一批由屠呦呦、岳凤仙、郎福林 3 人“探路试服”，经领导批准，在东直门医院住院观察，剂量由 0.35g 开始，逐日递增，直至 5g，每日 1 次，连服 7 天。第二批为章国镇、严术常、潘恒杰、赵爱华、方文贤 5 人，剂量提高到每次 3g，每日 2 次，连服 3 天。服药前、中、后分别进行心电、肝功能、肾功能、胸透和血、尿、粪常规检查，结果显示没有明显影响[3]。

经过人体试服后，屠呦呦与戴绍德、曹庆淑等中医研究院医疗队于 1972 年 8 月 24 日赶赴海南岛昌江。此时正值疟疾高发季节，他们对当地及外来人口间日疟 11 例、恶性疟 9 例、混合感染 1 例进行临床观察，同时以 4 例氯喹为对照组。与此同时，在北京 302 医院以 9 例间日疟做验证组，计 30 例。采用大、中、小三种剂量方案，均有效果。大剂量组疗效显著且复发率低，疗效明显高于氯喹组，除个别病人有呕吐、腹泻外，临床无其他副作用。经过

1　黎润红、饶毅、张大庆：《“523 任务”与青蒿素发现的历史探究》，《自然辩证法通讯》2013 年第 1 期，第 107~119 页。
2　屠呦呦：《青蒿及青蒿素类药物》，化学工业出版社，2009 年，第 34~35 页。
3　屠呦呦：《青蒿及青蒿素类药物》，化学工业出版社，2009 年，第 36~38 页。

图6 当年工作场景

图7 提取青蒿素所用容器

2个月的临床观察，与实验室结果完全吻合，表明青蒿的乙醚提取中性部分对疟疾治疗有效。同年11月17日，在北京召开的“523”全体大会上，屠呦呦报告了上述30例临床疗效观察结果，再次引起“523办公室”的重视。“523办公室”要求他们在1973年不仅要扩大临床验证，而且要尽快找到有效成分。这次临床试验结果的发布，拉开了青蒿素研究的序幕，以后山东省寄生虫病研究所、云南药物研究所相继开展了青蒿素的提取分离及临床试验工作。

（三）青蒿素的分离

1972年下半年，中药所即组织开展青蒿素的提取分离工作。最初只有5人参加工作，组长是屠呦呦，组员有倪慕云、钟裕蓉、崔淑莲以及另一位技术员。当时中药所的提取设备不足，就用几口大缸做提取容器（图7），为争取在1973年秋季进行临床验证，又增派了蒙光荣、谭洪根等人参加工作，并从研究院临时借调数名进修人员支援提取工作。对提取物分离时，最初倪慕云将青蒿乙醚提取物中性部分和聚酰胺混匀后，用47%乙醇渗滤，渗滤液浓缩后用乙醚提取，然后在氧化铝色谱柱上进行洗脱分离，但未能分离到单体。钟裕蓉考虑到中性化合物应该用硅胶柱分离，于是改用硅胶柱分离，用石油醚和乙酸乙酯－石油醚洗脱。1972年11月8日，从硅胶柱洗脱得到三种结晶，最先出来的是方形结晶，含量大，编号为“结晶Ⅰ”；接着出来的是针形结晶，编号为“结晶Ⅱ”，结晶含量很少；最后得到另一种针形结晶，编号为“结晶Ⅲ”。12月初经鼠疟试验，证明结晶Ⅱ在剂量50～100mg/kg能使鼠疟原虫全部转阴，为青蒿中抗疟有效单体。这三种结晶，被命名为青蒿素Ⅰ、青蒿素Ⅱ、青蒿素Ⅲ。[1]

下一步工作本应是对青蒿素Ⅱ进行系统的毒性实验，然后进入临床试验。他们加紧工作，

1 黎润红、饶毅、张大庆：《“523任务”与青蒿素发现的历史探究》，《自然辩证法通讯》2013年第1期，第107~119页。

分离出青蒿素Ⅱ 100多克，做了小鼠急性毒性实验，为了赶在疟疾发病季节前，没有时间和条件进行更多毒性实验。所内人员因能否未经系统毒性实验就用于临床产生了分歧，最后经所党委研究决定进行人体试服，3人（男2名，女1名）试服，未发现明显问题。[1] 1973年9月至10月由李传杰、刘菊福等组成的医疗队再次赴海南昌江疟区开展临床验证。他们先对5例恶性疟进行临床试用观察，结果显示1例有效（原虫7万以上/mm^3，片剂用药量4.5g，37小时退热，65小时原虫转阴，第6天后原虫再现）；2例因心脏出现期前收缩而停药（其中1例首次发病，原虫3万以上/mm^3，服药3g后32小时退热，停药1天后原虫再现，体温升高），2例无效。结果不理想，立即寻找原因，发现是片剂崩解度问题，旋即将青蒿素原粉装入胶囊，由业务副所长章国镇再赴海南昌江实验。观察外来人口间日疟3例，胶囊总剂量3～3.5g，平均退热时间30小时，复查3周，2例治愈，1例有效（13天原虫再现），显示全部有效。证实青蒿素Ⅱ确为抗疟有效单体。

山东省寄生虫病研究所借鉴中药所的经验，用乙醚及酒精对山东产的青蒿（黄花蒿）进行提取，经动物试验，显示抗鼠疟结果与中医研究院报告一致，并于1972年10月21日向全国“523办公室”做了书面报告。其后，他们又与山东省中医药研究所协作，开始做有效单体的分离。当时只有2人做相关的工作。1973年11月份山东省中医药研究所从泰安产黄花蒿中提取出7种结晶，第5号结晶为抗疟有效晶体，命名为“黄花蒿素”。1974年5月中上旬，山东省黄花蒿素协作组对本省巨野县城关东公社朱庄大队10例间日疟患者进行临床观察，给药剂量为0.2g×3d、0.4g×3d，各5例，得出结论为：黄花蒿素为较好的速效抗疟药物，似乎可以做急救药品，治疗过程中未见任何明显副作用，但是作用不够彻底，复发率较高，并认为：为有效地控制复发率，似单独提高黄花蒿素用量不易达到，应考虑与其他抗疟药配伍。

1972年年底，昆明地区“523办公室”主任傅良书到北京参加“523办公室”负责人年度会议，获知中药所有关青蒿研究的情况，回去后即召集云南省药物研究所的有关研究人员开会，并传达了这一消息，指示利用当地植物资源丰富的有利条件，对菊科蒿属植物进行普筛。1973年春节期间，云南省药物研究所罗泽渊在云南大学校园内发现了一种气味很浓的艾属植物，当下采了许多，带回所里晒干后进行提取。当时她并不认识这种植物，学植物的刘远芳告诉她这是“苦蒿”。苦蒿的乙醚提取物有抗疟效果，重复率高。1973年4月，他们分离得到抗疟有效单体，并命名为苦蒿结晶Ⅲ，后将苦蒿的植物标本送请中国科学院昆明植物研究所植物学家吴征镒教授鉴定，确定这种苦蒿学名为黄花蒿大头变型，简称“大头黄花蒿”

1 黎润红、饶毅、张大庆：《“523任务”与青蒿素发现的历史探究》，《自然辩证法通讯》2013年第1期，第107~119页。

（*Artemisia annua L. F. Macrocephala Pamp*），遂将结晶改称“黄蒿素”。后又从四川重庆药材公司购得原产于四川酉阳的青蒿，原植物为黄花蒿（*Artemisia annua L.*），从中分离出含量更高的“黄蒿素”。

1974 年 9 月 8 日，云南临床协作组的陆伟东、王学忠、黄衡带着黄蒿素到云县、茶坊一带进行临床效果观察。由于这两个地区疟疾已经不大多见，他们只收治了 1 例间日疟患者。北京中药所未能按年初的要求提取出青蒿素上临床，遂派该所的刘溥作为观察员加入云南临床协作组，10 月 6 日刘溥到达云县。他们得知耿马县有恶性疟患者，陆伟东、王学忠、刘溥于 10 月 13 日到达耿马县。在耿马县，他们碰到广东中医学院率医疗队正在开展脑型疟疾的救治工作。李国桥在疟疾治疗方面经验丰富，他们 3 人遂向李国桥学习，同时收治了 1 名间日疟和 1 名恶性疟。后在“523 办公室”的协调下，委托李国桥进行黄蒿素的临床试验。10 月底 11 月初，李国桥带领广东“523 小组”收治了 3 例恶性疟、2 名间日疟患者，并进行了药物试服，全部有效。李国桥决定到沧源县南腊卫生院寻找脑型疟患者。此次，共验证了 18 例，其中恶性疟 14 例（包括孕妇脑型疟疾 1 例，黄疸型疟疾 2 例），间日疟 4 例，加上之前云南临床协作组验证的 3 例患者，共 21 例，全部有效。李国桥认为黄蒿素是一种速效的抗疟药，首次剂量 0.3～0.5g 即能迅速控制原虫发育。原虫再现和症状复发较快的原因可能是该药排泄快（或在体内很快转化为其他物质），血中有效浓度持续时间不长，未能彻底杀灭原虫。李国桥首次证明了黄蒿素对凶险型疟疾的疗效，提出了黄蒿素具有高效、速效的特点，可用于抢救凶险型疟疾患者，并建议尽快将黄蒿素制成针剂[1]。

中药所、山东省中医药研究所和云南省药物研究所都得到了抗疟有效单体，分别命名为青蒿素、“黄花蒿素”（山东）和“黄蒿素”（云南），当时被确定为同一种物质。但是，由于中研院中药所分离的晶体临床效果欠佳，且显示有心脏毒性，受到质疑。但根据他们的分子量、分子式测定结果，应该是青蒿素单体。很长一段时间，关于青蒿素的命名没有统一，中国药典委员会充分考虑传统中药习惯用法，将青蒿素收入 1995 年版《中华人民共和国药典》二部，“青蒿素”成为正式名称，尽管目前仍有争议，但随着对青蒿历史研究的深入，相信会达成共识。

（四）青蒿素化学结构的测定

1972 年年底，屠呦呦等人便开始对青蒿素Ⅱ进行结构测定，他们确定青蒿素Ⅱ的物理性

1 黎润红、饶毅、张大庆：《“523 任务”与青蒿素发现的历史探究》，《自然辩证法通讯》2013 年第 1 期，第 107~119 页。

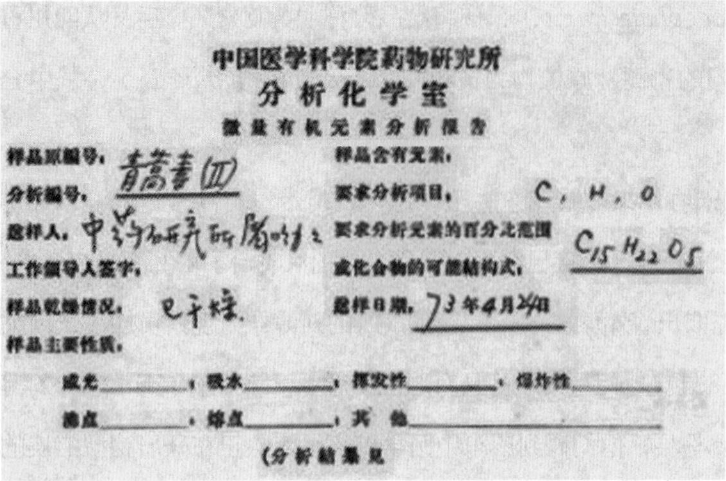

中国医学科学院药物研究所
分析化学室
微量有机元素分析报告

样品原编号：　　样品含有元素：
分析编号：青蒿素(II)　　要求分析项目：C，H，O
送样人：中药研究所屠呦呦　　要求分析元素的百分比范围
工作领导人签字：　　或化合物的可能结构式：$C_{15}H_{22}O_5$
样品乾燥情况：已干燥　　送样日期：73年4月24日
样品主要性质：
感光____，吸水____，挥发性____，爆炸性____
沸点____，熔点____，其　他____
（分析結果见

图 8　青蒿素分子量测定结果报告

状为白色针晶，熔点 156～157℃，旋光 [α]17D=+66.3（ c =1.64，氯仿），经化学反应确证无氮元素，无双键。他们委托中国医学科学院药物研究所进行元素分析，1973 年 4 月的报告显示可能的分子式为 $C_{15}H_{22}O_5$，元素分析为 C 63.72%、H 7.86%，相对分子质量为 282。后在北京医学院林启寿教授指导下，推断青蒿素Ⅱ可能是一种倍半萜内酯，属新结构类型的抗疟药。

1973 年 5 月 28 日至 6 月 7 日，疟疾防治研究领导小组负责同志座谈会在上海召开，对青蒿抗疟有效成分的化学结构测定工作做了明确指示："青蒿在改进剂型推广使用的同时，组织力量加强协作，争取 1974 年定出化学结构，进行化学合成的研究。"

由于中药所的化学研究力量和仪器设备不足，难以单独完成全部结构鉴定工作，屠呦呦寻求协作单位。她从文献中得知中国科学院上海有机化学研究所（简称"有机所"）的刘铸晋教授从事倍半萜类化合物的研究，于是携带有关资料到上海与有机所联系，由陈毓群接待，1974 年 1 月陈复函同意中药所派 1 人前往共同工作。1974 年 2 月，中药所派倪慕云携带研究资料和青蒿素前往有机所工作，当时由于刘铸晋转变研究方向，遂移至周维善负责的一室，交由吴照华与倪慕云共同研究，刚开始主要重复一些在北京已经做过的实验，然后主要做一些化学反应和波谱数据方面的研究[1]。其后钟裕蓉、樊菊芬和刘静明先后到有机所参与青蒿素Ⅱ结构的测定工作。他们将结构测定的进展告诉留在北京的屠呦呦，屠呦呦与林启寿或梁晓天教授等沟通并向他们咨询，再将结果反馈给上海，为上海进行的结构测定工作提出参考意见。吴照华也会将一些实验结果告知周维善，周维善在午休或晚上下班后来与大家讨论。

1　屠呦呦：《青蒿及青蒿素类药物》，化学工业出版社，2009 年，第 36~38 页。

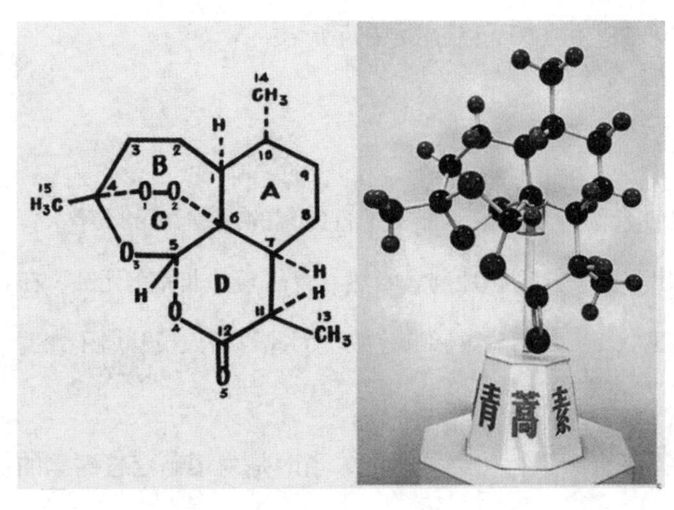

图 9　青蒿素结构

青蒿素的结构测定遇到了不少困难，主要问题是如何在 15 个碳原子的骨架中安排 5 个氧原子，从核磁共振谱上看，整个分子中只有一个羰基碳和 1 个与氧原子连在同一碳上的质子，也曾考虑是过氧化物，但它又是一个很稳定的结构，有悖于过氧化物易于分解的一般观念。1975 年 4 月上海药物所的李英在成都参加会议时，听到中国医学科学院药物研究所于德泉报告抗疟单体鹰爪甲素化学结构的测定，其中含有过氧基团，便将此消息告诉了有机所吴毓林。吴毓林受到启发，推测青蒿素可能也是一种过氧化物，与吴照华通过定性以及定量分析，证明青蒿素确实含有过氧化基团，提出过氧基团处于内酯环的可能结构[1]。

在中药所与有机所的研究人员进行化学结构测定的同时，1975 年，屠呦呦又与中国科学院生物物理所（简称“生物物理所”）的梁丽和李鹏飞取得联系，用当时国内先进的 X 衍射方法测定青蒿素的化学结构。据屠呦呦说，于 1975 年 11 月 30 日青蒿素的化学结构得到确定。为保证准确性，1976 年 1 月 14、18 日，中药所和生物物理所邀请梁晓天教授共同讨论，确认无误。1976 年 1 月 26 日，屠呦呦偕李鹏飞赴上海有机所通报青蒿素结构测定情况，周维善、吴毓林、吴照华等与会并确认[2]。1977 年 3 月，以青蒿素协作组的名誉公布了青蒿素的化学结构[3]。梁丽又在精细测定反常散射强度数据的基础上，利用北京计算中心计算机进行计算，确立了它的绝对构型（图 9）[4]。

据《迟到的报告》载：“由于北京中药所在一段时间里未能提取到青蒿素，经全国‘523 办公室’的安排，山东、云南两地都为化学结构测定提供了一些纯度较高的青蒿素结晶。”[5]《青蒿素 523

1　李英、吴毓林：《青蒿素类化合物的药物化学和药理研究进展》，见李英主编：《青蒿素研究》，上海科学技术出版社，2007 年，第 4 页。
2　屠呦呦：《青蒿及青蒿素类药物》，化学工业出版社，2009 年，第 36~38 页。
3　青蒿素结构研究协作组：《一种新型的倍半萜内酯——青蒿素》，《科学通报》1977 年第 3 期，第 142 页。
4　中国科学院生物物理研究所青蒿素协作组：《青蒿素的晶体结构及其绝对构型》，《中国科学》1979 年第 11 期，第 1114~1128 页。
5　张方剑主编：《迟到的报告——五二三项目与青蒿素研发纪实》前言，羊城晚报出版社，2006 年。

秘闻》言，云南省药物研究所于1973年秋曾提供100mg结晶给中药所[1]。

（五）青蒿素衍生物的合成

1972年发现青蒿素，进行了6000余例临床验证，证实了青蒿素的疗效。1986年，青蒿素获得一类新药证书，并先后研制出青蒿素栓剂和片剂。当然，青蒿素并非完美无缺，在临床使用中发现其口服活性低、溶解度小、半衰期短，影响疗效。因此科研人员开展了青蒿素衍生物的研究工作。

早在1973年，屠呦呦等人就进行了青蒿素衍生物的研究，当时是为了确定青蒿素的官能基团，即羰基的存在，他们发现青蒿素经硼氢化钠还原后，羰基峰消失，印证了羰基的存在，并获得一种分子式为$C_{15}H_{24}O_5$、相对分子质量为284的化合物，也即双氢青蒿素(dihydroartemisinin)。同时他们发现青蒿素结构中过氧基团是抗疟的主要活性基团，在保留过氧基团的前提下，修饰部分结构可以提高生物活性，这一结果曾在河南召开的抗疟研究内部会议公开报告[2]，为创制新药提供了思路。

1976年开始，依据“523办公室”的安排，中国科学院上海药物所开展了青蒿素衍生物的合成，其后桂林制药厂也开展了此项工作。1977年，刘旭等开发出青蒿琥酯钠(sodium artesunate)[3]，1978年，李英等人开发出蒿甲醚(artemether)，1987年，这两个药物作为一类新药被批准生产。蒿甲醚针剂、青蒿琥酯分别于1997年、2002年被世界卫生组织列入《基本药物目录》[4]。1985年，屠呦呦等人又重拾此前的双氢青蒿素，进一步研究了其构效关系，1992年开发出双氢青蒿素及其片剂，获新药证书，其商品名为科泰新及科泰新片。青蒿素类衍生物克服了青蒿素溶解性差的缺点，临床中已可以通过口服、注射和透皮吸收等途径进行给药。在治疗儿童疟疾时，该类药物还显示了低毒、抗疟谱宽的优点，青蒿琥酯在治疗脑型疟及各种危重疟疾的抢救方面效果尤佳[5]。此后国内外不少学者开展了青蒿素的结构修饰和全合成研究，目前仍是活跃的研究领域。近年生物合成青蒿素的途径引起了众多研究者的关注[6]。

---

1 李峪：《青蒿素523秘闻》，《新西部》2011年12月，第42页。
2 屠呦呦：《青蒿及青蒿素类药物》，化学工业出版社，2009年，第44、187~194页。
3 吴毓林：《青蒿素——历史和现实的启示》，《化学进展》2009年第11期，第2365~2371页。
4 李英编：《青蒿素研究》，上海科学技术出版社，2007年，青蒿素研究大事记第1~6页。
5 骆伟、刘杨、丛琳、孙厉、郭春：《青蒿素及其衍生物的研究进展》，《中国药物化学杂志》2012年第2期，第155~163页。
6 周家莲、杨恒林：《抗疟药研究现状与发展趋势》，《中国病原生物学杂志》2008年第11期，第865~866页。

（六）青蒿素的药理研究

青蒿素类药物问世以来，科研人员就对其药理及其作用机制进行了深入研究。结果显示，青蒿素对所有的疟原虫均有较强的杀灭作用，包括抗氯喹恶性疟疾和多药抗药性疟疾。机理主要是作用于疟原虫的膜系结构，使其泡膜、核膜、质膜破坏，线粒体肿胀皱缩，内外膜剥离。对核内染色物质也有一定影响，青蒿素及其衍生物通过影响表膜—线粒体的功能，阻断疟原虫营养的供应，从而达到抗疟目的。有研究表明，青蒿素类药物能快速杀灭疟原虫早期配子体，并能抑制各期配子体，对未成熟配子体可中断其发育。其对配子体的这种抑制作用是其他抗疟药物所不具备的，有利于控制疟疾流行。

青蒿素类药物除对疟原虫有很好的杀灭作用外，对其他寄生虫也有一定的抑制作用。研究证实，青蒿素具有抗血吸虫的作用，在整个服用青蒿素药物阶段对幼虫期的血吸虫都能产生杀灭作用。1996 年，蒿甲醚与青蒿琥酯被我国批准为血吸虫预防药物，这一成果受到国际同行的关注。除此之外，青蒿素类药物对焦虫病、肺吸虫病、弓形虫病、卡氏肺孢子虫病、利什曼原虫感染等多种寄生虫病有治疗效果。

从 20 世纪 90 年代起，国内外开始报道青蒿素类药物抗肿瘤效果作用。体外抗肿瘤效果较为显著，抗肿瘤谱较广。此外，还有关于青蒿素类药物抗真菌、抗心律失常、局部麻醉等作用的报道[1]。

除上述工作外，中国科研人员还对青蒿的资源分布、栽培育种、化学成分、分析测定、质量标准、临床疗效等多方面展开了研究。尤其是关于青蒿素复方制剂的研究，李国桥用青蒿素类药物与其他抗疟药如本芴醇等制成复方制剂，增强疗效，降低抗药性，收到了良好效果。青蒿素因口服活性低，一般使用其衍生物，但李国桥充分利用青蒿素速效、高效、低毒、价廉、保质期长等优点，与其他抗疟药配合使用，降低了治疗费用，使穷人亦能受益于青蒿素[2]，获得治疗。

1977 年青蒿素的化学结构公布以后，即被收入《美国化学文摘》（CA），引起国际学术界重视。1981 年世界卫生组织致函中国卫生部，要求在中国召开首次有关青蒿素的国际会议。与会期间参会者认为，青蒿素的发现不仅增加了新的抗疟药，更重要的意义在于发现这种化合物独特的化学结构，为进一步设计合成新药物指出了方向。青蒿素应用于临床 30 多年来，挽救了成千上万人的生命，为人类健康做出了巨大贡献。青蒿素的发现者和研究者也

---

1 骆伟、刘杨、丛琳、孙厉、郭春：《青蒿素及其衍生物的研究进展》，《中国药物化学杂志》2012 年第 2 期，第 155~163 页。

2 靳士英、刘淑婷：《李国桥教授纵谈青蒿素与灭源灭疟法》，《现代医院》2010 年第 5 期，第 83~84 页。

因此得到全世界的尊重，2004 年 1 月，青蒿素发现者获得泰国玛希隆医学奖，2011 年，屠呦呦因发现青蒿素获得拉斯克奖，2015 年，屠呦呦又成为第一位获得诺贝尔科学奖项的中国本土科学家和第一位获得诺贝尔生理学或医学奖的华人科学家，也是中国医学界迄今为止获得的最高奖项。

杂交水稻

辛业芸

◎　选用两个在遗传上有一定差异，同时它们的优良性状又能互补的水稻品种进行杂交，生产出的具有杂种优势的第一代杂交种，就是杂交水稻。

一、引言

水稻是世界主要粮食作物之一，是世界一半以上人口的主食，直接左右着世界的粮食安全。

利用杂种优势，是提高农作物产量和质量的一个重要方法。

杂种优势 (Heterosis) 是指两个遗传性不同的亲本杂交产生的杂种一代，在生长势、生活力、抗逆性、产量、品质等方面优于其双亲的现象。将杂种第一代这种超亲现象应用于农业生产，以获得最大的经济效益，称为杂种优势利用。杂种优势现象，早在 2000 年以前，中国古代观察到马、驴杂交产生骡子这一事实就已发现。20 世纪二三十年代，美国采纳玉米遗传育种学家琼斯 (D. F. Jones) 的建议，开展玉米双交育种工作，将杂交玉米推广面积达到全美玉米播种面积的 0.1%（约 3800hm^2），开创了（异花授粉）植物杂种优势利用的先河。1954 年，司蒂芬斯 (J. C. Sterphens) 利用西非高粱和南非高粱杂交选育出高粱不育系 3197A，并在莱特巴英 60 高粱品种中选育出恢复系，利用“三系法”配制高粱杂交种在生产上应用，为常异花授粉作物利用杂种优势开创了典范。水稻杂种优势利用的研究始于 20 世纪初。1926 年，美国的琼斯 (J. W. Jones) 首先提出水稻具有杂种优势，从而引起了各国育种家的重视。此后，印度的克丹姆 (B. S. Kadem，1937 年)、马来西亚的布朗 (F. B. Broun，1953 年)、巴基斯坦的艾利姆 (A. Alim，1957 年)、日本的冈田子宽 (1958 年) 等都有过关于水稻杂种优势的研究报道。科学家对水稻杂种优势利用的研究，首先是从不育系的选育开始的。1958 年，日本东北大学的胜尾清用中国红芒野生稻与日本粳稻藤坂 5 号杂交，经连续回交后，育成了具有中国红芒野生稻细胞质的藤坂 5 号不育系。1966 年，日本琉球大学的新城长友用印度春籼钦苏拉包罗Ⅱ与中国粳稻台中 65 杂交，经连续回交后，育成了具有钦苏拉包罗Ⅱ细胞质的台中 65 不育系。1968 年，日本农业技术研究所的渡边用缅甸籼稻里德稻与日本粳稻藤坂 5 号杂交，育成了具有缅甸里德稻细胞质的藤坂 5 号不育系。但是，这些不育系均未能在生产上应用。

1964 年，袁隆平开始水稻杂种优势利用研究，1973 年成功地实现了“三系”配套，育成了南优 2 号等组合并在生产上推广应用，从而明确了除异花授粉作物和常异花授粉作物外，自花授粉作物也有强大的杂种优势。生产实践证明，杂交水稻具有较强的杂种优势和较大的增产潜力，比主栽常规品种增产 20% 左右，截至 2012 年，杂交稻在中国已累计推广超过 60 亿亩，共增产稻谷 6000 多亿公斤。近年，杂交水稻年种植面积超过 2.4 亿亩，杂交水稻在中国种植面积已超过 57%，占全国水稻总产量的 65%，年增产水稻约 250 万吨，每年可多养活 7000 万人口。中国的杂交水稻是伟大创举，是水稻育种史上的原始创新，处于国际领先地位。据联合国粮农组织的数据表明，杂交水稻的产量比常规品种要高 15%～20%，在中国，尽管水稻种植面积从 1975 年的 3650 万 hm^2 下降到 2011 年的 3000 万 hm^2，但仍能满足 10 多亿人的口粮需要，其关键就在于大面积种植杂交水稻所做出的贡献。同时，杂交水稻还输出到非洲、美洲和东南亚等 40 多个国家，为保障世界人类的粮食安全做出了突出贡献。

二、“三系”杂交水稻的研发

选用两个在遗传上有一定差异，同时它们的优良性状又能互补的水稻品种进行杂交，生产出的具有杂种优势的第一代杂交种，就是杂交水稻。一般杂交水稻仅指由两个遗传背景不同的不育系和恢复系杂交后形成的第一代杂交种。目前，大面积推广的杂交水稻主要是利用水稻雄性不育系作为遗传工具。中国是世界上第一个成功研发和推广杂交水稻的国家。杂交水稻具有个体高度杂合性，杂种后代出现性状分离，故需年年制种。

袁隆平研究杂交水稻，源于 20 世纪 60 年代初一次偶然的机会，袁隆平在大片稻田中发现一蔸“鹤立鸡群”的水稻。由于第二年发生了性状分离，从而悟到这是一株“天然杂交水稻”。水稻是自花授粉作物，当时流行的遗传学观点认为异花传粉植物自交有退化现象，杂交有优势现象；自花传粉植物自交无退化现象，杂交无优势现象。袁隆平受“天然杂交水稻”的启示，以进一步的试验，证明水稻的确有杂种优势，他冲破当时流行的遗传学观点束缚，决心利用水稻的杂种优势来提高单位面积产量。

水稻雌雄同花，且花器很小，靠人工杂交来生产杂交种子，根本不能满足大田生产的需要。袁隆平借鉴玉米和高粱杂种优势利用的经验，设想了采取“三系法”的技术路线，就是培育出水稻雄性不育系，并用保持系使这种不育系能不断繁殖；再育成恢复系，使不育系育性得到恢复并产生杂种优势，这样实现“三系”配套，以达到在生产中利用水稻杂种优势的目的。

1964 年 6 月 20 日，袁隆平采取研究杂交玉米、杂交高粱从天然的雄性不育株开始的办法，发起了对水稻天然雄性不育株的寻找。此时，湖南安江农校早稻试验田正在抽穗扬花，袁隆平一行行、一株株地仔细察看，一连 15 天，仍然毫无收获。7 月 5 日，在观察了 14 万个稻穗后，他终于从“洞庭早籼”品种中发现了第一株雄性不育株！这意味着，攻克杂交水稻育种的难题跨出了关键的第一步。

在 1964—1965 年连续两年的稻穗扬花期（6—7 月），袁隆平先后检查了几十万个稻穗，分别在栽培稻洞庭早籼、南特号、早粳 4 号、胜利籼等 4 个品种中，找到 6 株雄性不育株。

根据花粉败育情况，表现为三种类型：①无花粉型（2株，从胜利籼中找出）：花药较小而瘦瘪，白色，全部不开裂，其内不含花粉或仅有少量极细颗粒，为完全雄性不育，简称“籼无”；②花粉败育型（2株，从南特号中找出）：花药细小，黄白色，全部不开裂，花粉数量少且发育不完全，大多数形状不规则，皱缩，显著小于正常花粉，遇碘化钾溶液无蓝黑色反应，为完全雄性不育；③花药退化型：花药高度退化，大小仅为正常的 1/4~1/5，内无花粉或很少数碘败花粉，是从早粳 4 号、洞庭早籼中发现的。它们就作为选育“三系”研究的起点。

经过两个春秋的试验，袁隆平对水稻雄性不育材料有了更多的认识，积累了一批研究资料。1966 年，他撰写出第一篇重要论文《水稻的雄性不孕性》，在 1966 年 2 月出版的《科学通报》第 4 期上发表，在论文中，他详尽论述了水稻具有雄性不育性，提出了：“要想利用水稻杂种优势，首推利用雄性不孕性。”并进一步预言：通过选育，可以从中获得雄性不育系、保持系和恢复系，实现“三系”配套，使利用杂交水稻第一代优势成为可能，将会给农业带来大面积、大幅度的增产。

“文革”期间，袁隆平的潜心研究曾遭受暴风骤雨般的冲击，他用于培育杂交水稻试验秧苗的 60 多个试验钵被全部砸烂，也发生过雄性不育试验秧苗被拔除扔到井里的“毁苗事件”，但这些都丝毫没有动摇袁隆平研究杂交水稻的决心。

湖南省科学技术委员会为了贯彻国家科学技术委员会的指示精神，帮助袁隆平搞好水稻雄性不育的研究，选定了学生李必湖、尹华奇给袁隆平当助手，组织起一个以袁隆平为首的水稻雄性不育研究小组。科研小组的诞生，保证了试验经费，袁隆平如虎添翼，加速了研究进程。他们用广泛测交方法，从现有水稻雄性不育株中选育不育系及其保持系。为了加速育种世代，从 1968 年起，他们每年冬春带着试验材料，到广西、云南、广东、海南岛继续他们的研究工作。这样南繁北育，由过去的每年选育一个世代增加到每年选育三个世代，研究效率提高了两倍。1969 年，他们用广泛测交和“洋葱公式”，先后用 1000 多个品种与自然不育材料杂交，配成 3800 多个组合，选育出具有一定保持能力的无花粉型“南广粘”雄性不育材料（简称“C 系统”），但是不育株率总达不到 100%。

由于用人工方法选育不育材料（C 系统不育材料）进展不大，袁隆平通过冷静分析，总结了几年来的研究，认为问题出在测交过的水稻品种绝大多数同“南广粘”一样，老祖宗都是“矮脚南特号”或“矮子粘”，原始材料（C 系统材料）与测交的亲本材料亲缘关系太近，遗传差异不大。借鉴杂交高粱的育成，其不育系是用西非高粱作母本，南非高粱作父本的成功经验，他认为通过地理远缘杂交，可使生理不协调，从而引起不育。因此，确定寻找亲缘关系远的亲本材料进行杂交，走远缘杂交的思路。

于是袁隆平提出用“野生稻与栽培稻进行远缘杂交”以创造新的不育材料的新技术路线，决定从野生稻身上寻找突破口。1970年夏秋，袁隆平带领助手们来到海南三亚繁育，同时继续收集野生稻资源。11月23日，海南南红农场技术员冯克珊带领李必湖在农场与三亚机场公路之间铁路涵洞的水坑沼泽地段一片普通野生稻中，查看野生稻抽穗扬花的情况时，发现有3个稻穗的花药有些异常，花药细瘦呈箭形，色浅呈水渍状，不开裂散粉，由此初步推断很可能是一株雄性不育的野生稻。后经镜检，确认是一株花粉败育的野生稻，袁隆平当即命名为“野败”。

野败的发现，使水稻雄性不育研究又增加了一个不育材料。用野败与多个品种做了杂交，获得的雄性不育株能100%遗传，其后代每代都是雄性不育株。野败的发现和转育，为“三系”配套以及杂交水稻研究成功打开了突破口。袁隆平与助手率先育成第一个实用的水稻雄性不育系及其保持系二九南1号A和B，并于1973年实现“三系”配套，育成第一个强优组合“南优2号”。继野败不育系后，新质源不育系的选育也取得可喜进展，湖北育成了红莲不育系，四川育成冈型不育系。但是，统计资料显示，我国在杂交水稻选育过程中，野败组合占全国累计种植杂交水稻面积的90%左右，原因在于野败“三系”组合具有强大的优势。

从组织“三系”杂交水稻研究成功的历史来看，有两条成功经验：

第一，大协作是杂交水稻诞生的催化剂，是强大的推动力。

1972年，水稻雄性不育的研究被列入全国农林重大科研项目，由中国农林科学院和湖南省农科院共同主持。随着水稻雄性不育研究单位和人员的增加，全省、全国水稻雄性不育研究的大协作，形成态势。

为了调动植物遗传、植物生理、生态、育种、栽培、植物保护、土壤、肥料、农业气象等多门学科的科技人员协作攻关的积极性，江西、广东、广西、福建、湖北、安徽、四川、黑龙江、山西、上海等地的农科单位和新疆生产建设兵团，先后派人向湖南的研究人员跟班学习，参加研究工作，以袁隆平为首的湖南协作组毫无保留地向他们提供了全部试验材料，并传授了水稻“三系”选育的研究方法。到1972年水稻雄性不育研究被列入全国农林重大科研会战项目之时，已有19个省、直辖市、自治区开展研究工作。同年10月19日，中国农林科学院和湖南省农科院共同主持，在长沙召开了第一次全国杂交水稻科研协作会议，这标志着全国大协作组的成立。

从1972年至1982年，全国杂交水稻科研协作组召开了九次协作会议，每次会议的召开都显现出大协作的优越性，有利于当时情况下攻克难题，明确下一阶段目标和要解决的问题，从而加快研究进程。大协作可谓见证了籼型和粳型杂交水稻“三系”配套、强优势组合选育、制种技术三大难题的攻关，以及“三系”杂交水稻实现由科研向推广的转化，并取得辉煌成就的过程。

历史发展情况表明，杂交水稻之所以发展这么快，不仅组织了单位间的协作，还开展了学科间协作和科研、生产、推广部门间的协作，融会了各种理论、观点，开拓了研究人员的思路，使我国杂交水稻的研发进入了一个新的发展阶段。1976 年是我国籼型杂交水稻大推广的一年，全国杂交水稻种植面积扩大到 207 万亩，增产效果显著，比常规水稻增产幅度达 20%～30%。1977 年面积达 3195 万亩，是 1976 年的 15 倍。经过 4 年的发展，1980 年全国种植面积已达 7183 万亩，其中湖南、江西、四川、江苏等省每年的种植面积都在 1000 万亩以上，由于栽培技术的提高，高产纪录不断刷新，双季稻地区已经实现了“晚稻超早稻”，繁殖、制种产量也有提高，又选育出一批新的不育系，基础理论研究取得可喜的进展。

第二，南繁既是战略决策，又是重大战役，助推杂交水稻研发进程。

“南繁”是在利用农作物杂种优势的工作中出现的新名词，是基于“只争朝夕”的思想在祖国南部热带气候条件下加快农业科研和生产进程的又一大举措。袁隆平和他的助手曾经在湖南、云南、海南、广东或广西之间南北辗转，因为这些属于南亚热带的地区，为水稻育种及加速繁育进程提供了优越的自然条件，一年即可转育两三代，大大加快了育种世代。

为了争取在 1976 年全国大面积推广，1975 年，国家领导人给予了高度重视，湖南争分夺秒地 4 次扩繁，并形成了千军万马下海南大面积制种的壮观场面。农林部根据当时有限的条件，仍拿出 155 万元，其中 120 万元作为湖南调出种子的补偿，35 万元提供给广东省用于购买汽车，装备一个车队运输南繁种子。当年实现在海南岛繁殖不育系 4 万多亩，制种 13 万多亩。通过南繁生产的杂交种子，保障了全国大面积推广杂交水稻的需要。

杂交水稻，从此以世界良种推广史上前所未有的发展态势在中国大地上迅速推开。截至 2014 年，杂交水稻在我国已累计推广超过 60 亿亩，共增产稻谷 6000 多亿公斤。近年，杂交水稻年种植面积超过 2.4 亿亩，杂交水稻年增产水稻约 250 万吨，为解决我国粮食自给的难题做出了重大贡献。

三、两系法杂交水稻的研发

1973 年 10 月上旬，湖北省沔阳县农业技术员石明松试图在栽种的晚粳稻大田群体中寻找雄性不育株，在栽植的一季晚粳品种农垦 58 的大田中发现了 3 株典型的雄性不育突变株。这种雄性不育突变株在夏天的时候是雄性不育的，它的花粉是败育的，但是到了秋天却是正常的，育性恢复，是一种光敏不育类型水稻。他用 6 年的系统试验研究，得出从农垦 58 中选育的这种晚粳自然不育株，具有长光照下不育和短光照下可育的育性转换特性，于是在 1981 年第 7 期的《湖北农业科学》上发表了《晚粳自然两用系选育及应用初报》论文，指出这种育性可转换水稻在不育期用作母本进行杂交制种，而在可育期中又可通过自交繁殖不育系种子，因一系两用，故命名为两用系，即农垦 58S。

这种新的水稻不育资源为两系法利用水稻杂种优势提供了可能，给杂交水稻开辟了新的育种与利用途径，对遗传育种理论也提出了新的研究课题，从而受到国内外关注。

从 1983 年开始，湖北省成立了由武汉大学、华中农业大学、湖北农科院、湖北仙桃市光敏核不育研究中心等单位参加的协作组。经过协作组通力研究，明确了石明松发现的不育材料的育性是受日照长度所控制，可能是受一对隐性核不育主基因控制，与细胞质无关。配组自由，恢复面广，可一系两用。1985 年 10 月，在湖北沔阳召开的鉴定会上，把该不育材料定名为“湖北光周期敏感核不育水稻”（Hubei Pho-toperiod-sensitive Genic Male-sterile Rice，简写为 HPGMR）。

国家自然科学基金委员会把光敏核不育水稻的发现和研究列为重点项目和重大项目予以支持，国家科技攻关计划和“863”高科技发展计划也相继资助了这一重大研究项目。1986 年，袁隆平根据杂交水稻处于发展初级阶段，还蕴藏着巨大的增产潜力，具有广阔的发展前景的形势，提出了杂交水稻育种的战略，即从育种方法上说，由三系法向两系法，再经两系法过渡到一系法，也就是在程序上朝着由繁到简但效率越来越高的方向发展；从提高杂种优势水平上说，是由品种间杂种优势利用到亚种间杂种优势利用，再到水稻与其他物种之间远缘杂种优势利用，也就是朝着杂种优势越来越强的方向发展。1987 年，袁隆平担任两系法杂交水稻研究国家“863”计划项目 1-01-101 专题责任专家，主持全国 16 个单位协作攻关。协作组组织专家进行了原始不育系农垦 58S 育性转换的光温条件、育性的遗传行为、花粉败育的生理生化特性、光敏核不育性的转育效果、光敏核不育性的地区适应性等研究，并培育出一批不同类型的籼型、粳型不育系。如 1988 年 8 月首批由农垦 58S 转育成的、通过国家鉴定的核不育系有：W6154S（籼）、N5047S（粳）、31111S（粳）和 WD-IS（粳）等。

在研究的初期，不少研究单位所得到的认识是：光敏不育水稻的育性受日照长短控制，育性转换与温度无关。经广大科技工作者广泛而深入的研究，确定这种新类型核不育受隐性核基因控制，与细胞质无关。这种类型的不育性虽然仍属于细胞核雄性不育的范畴，但它又不同于一般的核不育类型，因为其育性的表达主要受光、温所调控，即在一定的发育时期，具有在高温长日照条件下，表现雄性不育；在平温、短日照条件下，又恢复到正常可育的育性转换特征。它是一种典型的生态遗传类型，由于既受核不育基因控制，又受光温调控，故称为光温敏核不育。在这期间，更多的光温敏核不育材料被发现，其中籼型的有：湖南省安江农业学校邓华凤（1988 年）发现的安农 S-1，湖南省衡阳市农业科学研究所周庭波（1988 年）发现的衡农 S-1 和福建农学院杨仁崔（1989 年）发现的 5460S 等。利用这种类型的不育性来培育杂交水稻，在夏天日照长、温度也较高的时候，我们可以用恢复系来给它授粉，生产杂交水稻种子；在秋天或者春天温度比较低、日照比较短的情况，它就恢复正常，可以自己繁殖下去，还是不育系，因而免除了保持系，所以叫作“两系法”。

1989 年，我国出现的盛夏低温，对两系不育系育性影响很大，许多原来鉴定了不育的材料变成了可育，出现了“打摆子”现象，致使两系法研究遭到严重挫折。协作组再次发挥协作攻关的优势，利用光温敏不育水稻新材料，组织全国多家优势单位联合攻关。袁隆平牵头的专家组为两系法育种摸索出一整套可操作的实施方案，指导了关键技术的突破，包括：①揭示出水稻光温敏不育系育性转换与光、温关系的基本规律；②总结出一整套选育实用光温敏不育系的技术方案和体系；③设计出一套能使临界温度始终保持相对稳定的独特的光温核不育系提纯和原种生产程序；④提出了亚种间强优组合选配等技术策略和技术措施等。与此同时，实行把光温敏核不育基因与广亲和基因结合起来策略，通过亚种间杂种优势利用，进一步提高杂交水稻的单产。遵循选育不育系的技术策略，全国有多个研究机构陆续育成一批实用的光温敏不育系和一大批高产优质两系杂交水稻组合，为实现两系法杂交水稻大面积应用提供了技术保障，并使这一科研成果迅速转化为现实的生产力。

三系法与两系法的不同点：①涉及的亲本数不同，三系法有 3 个亲本（水稻质核互作型雄性不育系、雄性不育保持系、恢复系），两系法有 2 个亲本（水稻光温敏不育系、恢复系）。②亲本间相互关系不同，三系法 3 个亲本之间存在恢保关系，而两系法 2 个亲本之间无恢保关系，可自由配组。③不育系繁殖的方法不同，三系法的不育系繁殖需对应的保持系来繁殖，两系法的不育系繁殖是需在一定的温、光条件下可自交结实繁殖。④制种基地与季节的选择安排不同，三系法的选择范围较广，只需考虑一个安全期（抽穗扬花安全期）；两系法选择的基地与季节范围窄，需考虑两个安全期（育性敏感安全期、抽穗扬花安全期）。⑤防杂保纯技术上的不同，两系法在按照三系法保纯技术的基础上，还有其特有的技术——育性稳定技术和育性监控技术。

1995 年，两系法杂交水稻取得了成功，一般比同熟期的三系杂交水稻增产 5%～10%，近年的种植面积为 6000 万亩左右（图 1）。且充分利用各类优质稻种资源，选育出一批达到国家优质稻标准的两系高产组合，米质一般都较好，较好地解决了杂交水稻高产与优质难

图 1　大面积杂交水稻制种

协调的难题。两系法杂交水稻为我国独创，它的成功是作物育种上的重大突破，不仅是继我国三系法杂交水稻后又一世界领先的原创性重大科技成果，为保障我国和世界粮食安全提供了新方法和新途径，而且开创了作物杂种优势利用新领域，带动和促进了我国油菜、高粱、棉花、玉米、小麦等作物两系法杂种优势利用的研究与应用，特别是为难以实现三系法杂种优势利用的作物提供了新途径。

四、超级杂交稻的研发

水稻超高产育种，是最近 30 多年来不少国家和研究单位的重点项目。日本率先于 1981 年开展水稻超高产育种，计划 15 年内将水稻的产量提高 50%，即由当时亩产 410～520 公斤提高到 620～800 公斤。1981—1988 年的 8 年间，整个计划共育成 5 个品种，但这些品种大多在抗寒、品质和结实率方面存在问题。时至今日，日本由于技术路线欠妥，研究工作陷入困境。1989 年，国际水稻研究所提出超级稻育种计划：到 2000 年要把水稻的产量潜力提高 20%～25%，即将每公顷具有 10 吨潜力的现有高产品种提高到每公顷 12～12.5 吨，即由亩产 660 公斤提高到 800～830 公斤。1994 年他们宣布，利用新株型和特异种质资源选育超级稻新品种已获成功，一些品系在小面积（300m^2）试验中产量已超过现有推广品种 20%～30%，但由于不抗褐飞虱，尚不能大面积推广应用。国际水稻研究所的超级水稻育种研究面临指标高、难度大和局限于形态改良的局面，不得不对其技术路线做出进一步改进，并推迟实现其计划。

我国面临人口增长压力和耕地减少的严峻形势，预计到2030年人口将增至16亿，人均可耕地会减少到0.07公顷。为了保障中国的粮食安全，1996年，中国农业部和中华农业科教基金会启动实施了“中国超级稻选育及栽培体系”项目，即“中国超级稻育种计划”，其中杂交水稻的产量指标是：第一期（1996—2000年）700公斤/亩(10.5 t/hm^2)（在同一生态区两个百亩以上的示范片，连续两年的平均亩产）；第二期（2001—2005年）800公斤/亩(12 t/hm^2)（在同一生态区两个百亩以上的示范片，连续两年的平均亩产）。

袁隆平认为，迄今为止，通过育种提高作物产量，只有两条有效途径：一是形态改良，二是杂种优势利用。单纯的形态改良，潜力有限；杂种优势不与形态改良结合，效果必差。其他途径和技术，包括分子育种在内的高技术，最终都必须落实到优良的形态和强大的杂种优势上，才能获得良好的效果。另一方面，作物育种更高层次的发展，又依赖于现代生物技术的进步。

1997年，袁隆平提出我国的超级杂交稻育种方案，应采取旨在提高光合效率的形态改良与亚种间杂种优势利用相结合，辅之以分子手段的综合技术路线，并从实践中总结了“中国超级杂交水稻”研究的选育理论和方法，包括：①在形态改良上提出培育“高冠层、矮穗层、中大穗、高度抗倒”的超高产株型模式，要求上部三片功能叶长、直、窄、凹、厚。修长而直挺的叶片，不仅叶面积较大，而且可两面受光、互不遮蔽；窄而略凹的叶片，所占的空间面积小，能有较高的叶面积指数；同时，凹形能使叶片更加坚挺和经久不披；较厚的叶片光合效率高且不易早衰。总之，高冠层，即冠层高1.2米以上；矮穗层，即成熟的时候穗尖离地只有60～70厘米，以降低重心，高度抗倒。具有这种形态特征的水稻品种，才能有最大的有效叶面积指数和光合功能，为超高产提供充足的光合产物即有机源。②利用籼、粳亚种间杂种优势，库大源足，其产量潜力比现在生产上应用的品种间杂交稻可高30%以上。但是，要利用籼、粳杂种优势的难度很大，最主要的是由于籼稻和粳稻为不同亚种，亲缘关系较远，二者之间存在不亲和性，致使籼、粳杂种的受精结实不正常，一般其结实仅30%左右。根据日本学者池桥宏（H. Ikehashi）所揭示的籼、粳不亲和性及由此引起的杂种结实率低的“水稻广亲和现象”假说和在爪哇稻品种中发现的广亲和基因，通过一些中间型水稻材料与籼、粳品种杂交，使F1代正常结实，为克服籼、粳亚种间杂交稻结实率低的难题打开了突破口，现在已经用籼、粳混合血缘的材料作亲本，其中之一具有广亲和基因，进行配组，部分利用籼、粳杂种优势成功解决了籼、粳杂种优势强但利用中结实率不高的难题。

图 2　袁隆平观察超级杂交稻（辛业芸提供）

两系法杂交水稻理论和应用技术体系的创建，促使利用两系法育种不受细胞质和恢保关系制约、配组自由、能广泛利用遗传资源聚合优良性状的技术优势，为建立超级杂交水稻理想株型模式，采用形态改良和籼、粳亚种间杂种优势利用等育种技术选育出一批两系超级杂交稻组合提供了技术保障，解决了三系法选育超级杂交水稻周期长、效率低的难题；同时利用各类早熟、高产稻种资源选育出一批超级杂交早稻组合，为长江中下游稻区杂交早稻长期存在的产量与生育期“早而不优、优而不早”难题的解决提供了关键技术支撑。

在袁隆平的带领下，科研团队始终坚持不懈地追求杂交水稻的超高境界。湖南杂交水稻研究中心罗孝和研究员提供母本，与江苏省农科院邹江石研究员合作，育成两优培九、P64S/E32 等超级杂交稻的先锋组合，两优培九于 1999 年仅在湖南就有 4 个百亩示范片亩产超过 700 公斤，2000 年又有 16 个百亩和 4 个千亩示范片达标，顺利实现了第一期超级稻目标；1999 年，P64S/E32 在云南永胜县还曾创下过亩产高达 1139 公斤的纪录。由于产量高、品质好，超级杂交稻种植面积逐年迅速扩大，近年年种植面积接近 3000 万亩，其中，两优培九种植达 2000 万亩左右，已成为全国推广面积最大的杂交水稻，平均产量达到亩产 550 公斤，比一般高产杂交水稻增产 50 公斤以上。

2001 年，袁隆平科研团队进一步开展第二期超级杂交稻育种攻关（图 2）。通过协作组科研人员的艰辛努力，湖南杂交水稻研究中心的新组合 P88S/0293 示范，在湖南龙山县 1 个 127 亩的示范片亩产达 817 公斤，首次达到了超级稻第二期亩产 800 公斤的目标。2003 年，湖南湘潭县、隆回县、桂东县、汝城县和中方县 5 个百亩示范点分别继续进行超级稻新组合 88S/0293、准两优 527 的示范，验收产量分别达 807.4 公斤、801.8 公斤、813.5 公斤、802 公斤、808.9 公斤，其中，由国家农业部组织全国著名水稻专家对湘潭泉塘子乡的百亩示范片进行了现场验收。同时，福建也有1个百亩示范片达标。2004年在南方7省安排了30个百亩片和2个千亩片，经验收，12个百亩片亩产均超过800公斤。其中，有3个百亩片连续两年达标。中国超级稻第二期目标提前了一年，于2004年在湖南率先得到实现，亩产又比第一期的超级稻提高50公斤左右。

基于第一期、第二期超级杂交稻研究的成就和进展，2006年，袁隆平向农业部建议开展第三期超级杂交稻攻关。超级杂交稻研发团队按照袁隆平提出的良种、良法、良田、良态配套的原则，不断探索超级杂交稻新品种与超高产栽培及生态环境相配套的技术，2011—2012年突出实施良种良法的关键技术，以选择适宜发挥品种超高产潜力的攻关试验点及其土地综合整理、土壤地力培育、适宜生产季节种植、超级杂交稻专用肥应用等超高产配套栽培技术的综合研究与应用为重点，成效卓著。2011年，由邓启云研究员育成的"Y两优2号"在湖南隆回县的108亩示范面积上，创下平均亩产926.6公斤的超高产纪录；2012年，克服不利气候因素等影响，由张振华研究员育成的"Y两优8108"在湖南省溆浦县103亩示范上再次达到大面积平均亩产917.72公斤；同年，宁波市农科院马荣荣团队育成的"甬优12"也创下百亩示范片亩产963.65公斤的纪录，这标志着我国第三期超级杂交稻目标的实现。

实现第三期超级稻目标后，2013年农业部正式宣布立项和启动第四期超级杂交稻选育计划。仍不满足的袁隆平，大胆假设通过提高株高，利用优势强大的亚种间杂种优势，培育新型的高度抗倒的超高产组合。指导攻关团队首战告捷。2013年9月28日，由邓启云研究员选育的第四期超级杂交稻中稻先锋组合"Y两优900"在湖南省隆回县羊古坳乡牛形村的百亩示范片经农业部组织专家组验收，创平均亩产988.1公斤的产量新纪录。2014年，全国13个省28个县市同时示范攻关，实施良种、良法、良田、良态"四良"配套技术。10月10日，农业部组织专家验收在湖南省溆浦县横板桥乡红星村的"Y两优900"百亩示范片，结果创平均亩产1026.7公斤的产量新纪录，取得第四期超级稻攻关的重大突破。

从水稻的光能利用率，即作物光合作用积累的有机物所含的能量占照射在该地面的日光能量的比率来看，根据我国学者的估算，水稻的光能利用率最高可达5%左右；如果只按2.5%的光能利用率计算，以湖南长沙地区的太阳辐射量为例，早稻亩产可达1000公斤，晚稻亩产可达到1100公斤，中稻亩产可达到1500公斤。未来水稻亩产还有500公斤的潜力有待科研人员去攻关。目前，老骥伏枥、志在千里的袁隆平已经启动每公顷16吨位目标（1067公斤/亩）的超级稻第五期攻关计划。他进一步提出，从株型改良着手，要培育新型的、形态优良、松紧适度、分蘖力较强和主穗、分蘖穗差异不大的组合。为了解决超高产高秆品种的高度抗倒的性能，利用优势强大的亚种间组合，使根系十分发达；稻穗要下垂，使重心下降；利用茎秆非常坚硬和基部节间短、粗，脚重头轻的稻种资源。这样多管齐下，将有可能选出高度抗倒的超高产组合。目前取得的进展表明，最新选育的超级杂交稻新组合"超优1000"2015年在35个百亩攻关片种植，有5个百亩片亩产超过1000公斤，其中种植在云南个旧的百亩片平均亩产达到1067.5公斤，首度突破了每公顷16吨的第五期产量目标，并创造了大面积种植平均单产世界新纪录；2016年在81个百亩攻关片种植，其中云南个旧百亩攻关片已于9月14日受科技部委托组织测产验收，平均亩产达到1088公斤，再次突破每公顷16吨的产量，刷新了大面积种植平均单产世界纪录。

袁隆平曾表示自己有两个梦：第一个梦是禾下乘凉梦；第二个梦是杂交水稻覆盖全球梦。第一个梦是他梦见试验田的杂交稻，长得比高粱还高，穗子有扫帚那么长，籽粒有花生米那样大。于是很高兴地与同事和助手们坐在瀑布般的稻穗下乘凉。如果按照袁隆平最新设计的改良株型培育新型超高产高秆品种的思路，未来的超级杂交稻高度或超过2米，则"禾下乘凉梦"将梦想成真。

今后的攻关目标需要运用到分子技术，与常规育种结合起来，合力攻关，实现更高目标的超级杂交稻。

为了促进了杂交水稻成果的转化，自2006年以来相继实施的"种三产四"丰产工程、"三一"工程，为加快超级杂交稻新成果的应用做出了典范。"种三产四"丰产工程即运用超级杂交水稻的技术成果，力争用三亩地产出现有四亩地的粮食总产的工程。湖南省的目标是到2017年力争发展到1500万亩，产出相当于2005年2000万亩的粮食总产，等于增加了500万亩农田。"种三产四"丰产工程始终得到湖南省委、省政府的高度重视与支持，2007年率先在省内20个县启动实施，到2015年已发展到在52个县（市、区）实施，示范面积达到1196.6万亩，总增产稻谷达13.86亿公斤。目前，安徽、河南、广东、广西、云南、贵州等省也积极跟进实施"种三产四"丰产工程。期望2020年全国发展到6000万亩，产原来8000万亩的粮食，等于增加了2000万亩的农田。"三一"工程即通过应用超级杂交水稻技术，三分田年产粮食360公斤，足够一个人全年的口粮的工程，湖南省的目标是力争到2020年发展到500万亩（约占全省9%的耕地）产出能养活全省24%的人口的粮食。"三一"工程已在湖南、广西、广东多点试验示范。2015年项目实施地因地制宜采取了"双季超级杂交稻""马铃薯＋一季超级杂交稻""春玉米＋超级杂交晚稻"等3种周年生产模式，参与实施的16个县（市、区）中有14个达到目标产量，成效显著，将起到良好的示范辐射作用。

五、杂交水稻走向世界

袁隆平始终把“发展杂交水稻，造福世界人民”作为毕生奋斗的最大追求，他的心愿还有实现杂交水稻覆盖全球之梦。

1980 年 3 月，美国园环种子公司总经理威尔其来华，与中国种子公司在北京草签了期限为 20 年的“杂交水稻综合技术转让合同”，并由国家进出口管理委员会正式批准，从此拉开了中国杂交水稻走向世界的序幕。

为了让杂交水稻更多地造福世界，多年来，以袁隆平为首的中国农业科技人员与国际水稻所开展合作研究和技术交流，以及来往印度、越南、缅甸、菲律宾、孟加拉等国传授其杂交水稻技术；同时，自 20 世纪 80 年代以来，举办杂交水稻国际培训班 70 多期，为 80 多个国家培训了 3000 多名政府官员和农技专家，这些人员回国后都成为当地研究和推广杂交水稻的技术骨干。此外，20 世纪 90 年代，联合国粮农组织将推广杂交水稻作为解决发展中国家粮食短缺问题首选措施，袁隆平被聘为国际首席顾问，该项措施促使东南亚、南亚、南美、非洲、北美等地 40 多个国家和地区引种和研究杂交水稻，实现了显著的增产效益。

杂交水稻越来越受到世界特别是亚洲、非洲等国家的重视。在袁隆平的倡导和建议下，“杂交水稻外交”正成为我国“走出去”战略的一项重要内容，得到有关部门的高度重视。同时，也成为我国科学发展，和平崛起，向世界展示大国责任与和谐力量的一个重要标志。

水稻作为主要农作物，在世界上 120 个国家和地区广泛栽培种植，全球一半以上的人口以稻米为主食，但水稻平均亩产仅为 200 公斤左右。杂交水稻技术享有“东方魔稻”的美誉。截至2013年，杂交水稻已在全球40多个国家引种推广，给产稻国的粮食增产开辟了有效途径，其中印度、越南、孟加拉、印度尼西亚、菲律宾、美国、巴西已成为大面积种植杂交水稻的国家，2015 年，它们的种植面积共计 600 万公顷，平均每公顷产量比当地优良品种高出 2 吨左右。如菲律宾引进杂交水稻，每公顷提高 2 吨，计划发展到 100 万公顷，可基本解决长期困扰的粮食短缺问题。2016 年 3 月，澜湄领域 6 国在中国三亚召开合作会议，将发展杂交稻作为首选合作项目。正如时任国际水稻研究所所长罗伯特・齐格勒所说：“我们需要提高水稻产量的技术，而杂交水稻正是我们最需要的技术之一。”

面对全球仍有 8.52 亿人处在经常挨饿的状态，每年有 5 万个孩子因饥饿和营养不良而死亡的情况，杂交水稻为保障世界粮食安全和维护世界和平发挥积极作用之路还任重道远。全世界的水稻种植面积是 22.5 亿亩，按照世界粮农组织的统计，如果有 10% 即约 2 亿亩种植杂交水稻，增产的粮食将占到全世界水稻总产量的 20%；如果杂交水稻的推广占到世界水稻总面积（1.5 亿公顷）的 50% 左右，全世界每年增产的粮食可多养活 4 亿～5 亿人口，这样，消除饥饿就大有希望了，这正是袁隆平的最大愿望。

袁隆平穷其一生致力于杂交水稻科学研究，50 余年执着追求、勇攀高峰，取得的科研成果使中国在杂交水稻和超级杂交稻育种上一直处于世界领先水平。杂交水稻的推广不仅解决了中国粮食自给难题，也为世界粮食安全做出了杰出贡献，他先后获得国家特等发明奖、国家首届最高科学技术奖、国家科技进步特等奖及联合国教科文组织“科学奖”、美国“世界粮食奖”等 20 余项国内国际大奖。但他并没有满足，仍在不断地创新，为杂交水稻的更进一步发展继续努力。正如美国著名的农业经济学家唐·帕尔伯格所说的：袁（隆平）正引导我们走向一个丰衣足食的世界。

作者和工作人员简介

张秀民

浙江嵊州市人，1908年12月生。1931年厦门大学毕业。北京图书馆（现中国国家图书馆）副研究员。

主要研究领域：中国印刷史；版本目录学；中越关系史。

主要著作：《中国印刷术的发明及其影响》、《张秀民印刷史论文集》、《中国印刷史》、《中国活字印刷史》（与韩琦合著）、《中越关系史论文集》、《太平天国资料目录》等。

奖项：《中国印刷史》修订本获首届全国“三个一百”原创出版工程奖，2006年度优秀古籍图书奖一等奖，第十六届浙江树人出版奖特等奖，第十届华东地区优秀古籍图书奖荣誉奖。

潘吉星

辽宁北宁市人，1931年7月生。1954年，大连理工大学化工系毕业。中国科学院自然科学史研究所研究员。1981—1982年，美国费城宾夕法尼亚大学文理学院客座教授；1982年，英国剑桥大学罗宾逊学院客座研究员；1983年，被选为国际科学史研究院（巴黎）通讯院士；1987年，日本国京都大学人文科学研究所客座教授；1992年，被聘为国家古籍整理小组成员。

主要研究领域：科技史及中外科技交流史。

主要著作：《中国造纸技术史》《卡尔·肖莱马》《宋应星评传》《天工开物校注及研究》《中国金属活字印刷技术史》《中外科学之交流》《中国四大文明》《中国火药史》及《中外科技交流史论》等。发表论文210篇。

奖项：曾获优秀图书一等奖 4 项、二等奖 4 项。

席龙飞

吉林梅河口人，1930 年 4 月 28 日生，满族。大连工学院造船工程系毕业，武汉理工大学造船史研究中心教授。曾任该校造船系副主任；船舶设计教研室主任；《学报》主编；1988 年起任中国造船工程学会理事；1984—2006 年任中国船史研究会副会长，2006 年起任名誉会长。现任中国海外交通史研究会终身顾问、《海交史研究》国际学术委员会委员。

主要研究领域：船舶设计；中国造船史。

主要著作：《船舶设计原理》《船舶概论》《中国船舶工业》《中国造船史》《中国科学技术史·交通卷》《船文化》《中国造船通史》。

奖项：交通运输技术政策研究 1988 年获国家科委科技进步一等奖；2004 年发表于英国《造船年鉴》的论文《中世纪中国造船业的兴衰》获 2005 年英国皇家造船工程学会铜奖。

闵宗殿

浙江湖州人，1933 年 1 月生，1955 年毕业于南京大学历史系，1957 年毕业于中国人民大学中国革命史研究班。中国农业博物馆研究员，曾任中国农业博物馆农史研究室主任，《古今农业》杂志主编，中国农业历史学会副会长。

主要研究领域：中国古代农业史。

主要著作：《中国农史系年要录》《中国农耕史略》。主编《中国古代农业科技史图说》《中国近代农业科技史稿》。参与《中国大百科全书·农业卷》《中国农业百科全书·农业历史卷》《中国农业科技史稿》《中国农器图谱》《贾思勰志》《中国农业自然资源与区域发展》《中国农业土地利用》的撰写。

奖项：1991 年获国家科学技术进步奖二等奖；1995 年获国家教委全国高等学校人文社会科学研究优秀成果二等奖；1996 年获农业部科学进步一等奖；1998 年获国家科学技术进步奖三等奖。

杨永善

山东莱州人，1938年9月生，本科毕业，清华大学美术学院教授，博士生导师，曾任中央工艺美术学院副院长和教育部艺术教育委员会常委。

主要研究领域：陶瓷艺术设计；陶瓷造型基础；中国陶瓷艺术史。

主要著作：《陶瓷造型基础》《陶瓷造型设计》《陶瓷造型艺术》《说陶论艺》《中国陶瓷》《民间陶瓷》《中国传统工艺全集·陶瓷》《中国传统工艺全集·陶瓷（续）》《归合自然》《杨永善文集》。

奖项：《斜玉茶具》获1986年全国陶瓷设计一等奖；《彩虹茶具》获1990年全国陶瓷设计一等奖；《陶瓷造型设计》获1992年第二届全国普通高校优秀教材奖；《中国传统工艺全集·陶瓷》（主编）获2006年首届中华优秀出版物奖；《陶瓷造型艺术》获2008年清华大学优秀教材特等奖。

周魁一

辽宁辽阳人，1938年6月生，研究生学历，中国水利水电科学研究院教授级高级工程师。曾任中国水利学会水利史研究会会长、国际灌溉排水委员会（ICID）历史工作组成员，现任中国水利学会水利史研究会名誉会长。

主要研究领域：水利史与防洪减灾。

主要著作：专著《中国科学技术史·水利卷》《中国治水方略的回顾与前瞻》；论文《鉴湖围垦得失研究》《荆江和洞庭湖的演变与防洪规划的历史研究》《“历史模型”与灾害研究》。

奖项：《中国科学技术史·水利卷》获第三届郭沫若中国历史学奖三等奖；《中国重大自然灾害与减灾对策研究》获1999年国家科学技术进步奖二等奖；《中国水旱灾害研究》获2001年国家科学技术进步奖二等奖。

郭黛姮

北京人，1936年10月出生，1960年毕业于清华大学，师从梁思成教授，现为清华大学教授、国家一级注册建筑师，曾任清华大学建筑历史教研室主任、博士生导师。

主要研究领域：中国古代建筑史；城市与建筑遗产保护。

主要著作：《中国古代建筑史》《圆明园的记忆遗产——样式房图档》等。完成学术专著10余部，在国内外杂志上发表学术论文70多篇。

奖项：1987年获国家自然科学一等奖、国家教委科技进步一等奖。曾获建筑创作大奖等。

郭书春

山东胶州人，1941年8月出生，山东大学数学系毕业，中国科学院自然科学史研究所研究员，博士生导师，曾任中国科学院自然科学史研究所学术委员会副主任、数学史天文学史研究室主任，全国数学史学会理事长。

主要研究领域：中国数学史。

主要著作：汇校《九章算术》及其增补版、《九章算术新校》、《古代世界数学泰斗刘徽》，点校《算经十书》、《九章算术译注》、中法对照本《九章算术》（合作）、汉英对照《四元玉鉴》（合作）、汉英对照《九章算术》（合作）等，主编《李俨钱宝琮科学史全集》（合作）、《中国科学技术史·数学卷》、《中国科学技术史·辞典卷》（合作）等。

奖项：《中国科学技术典籍通汇·数学卷》1997年获第三届国家图书奖提名奖；《李俨钱宝琮科学史全集》1999年获第四届国家图书奖荣誉奖；中法对照本《九章算术》2006年获法兰西学院学士院奖；《中国科学技术史·数学卷》2012年获第四届郭沫若历史奖一等奖。

戴念祖

福建长汀人，1942年10月生，1964年厦门大学物理系毕业，中科院自然科学史研究所研究员。曾任中国科学技术史学会常务理事，物理学史专业委员会主任委员，中科院自然科学史所物化史研究室主任。

主要研究领域：中国物理学史。

主要著作：《中国物理学史》《中国声学史》《中国力学史》等。

奖项：曾获中国科学院自然科学二等奖。

周嘉华

浙江瑞安人，1942 年生，1964 年毕业于广西大学化学系。中国科学院自然科学史研究所研究员。

主要研究领域：化学史；传统农畜矿产品加工；酿酒史等。

主要著作：《化学思想史》《化学家传》《中国古代化学史略》《中国科学技术史・化学卷》《世界化学史》《永利与黄海》《中国传统工艺全集・酿造卷》等。

奖项：《20 世纪科技简史》（合著）获中国科学院 1989 年自然科学二等奖；《人类认识世界的五个里程碑》（合著）获 2006 年国家科学技术进步奖二等奖；《原理——时代巨著》（合著）获 1988 年全国优秀图书奖；《中华文化通志・科技典・化学化工志》获 2000 年图书荣誉奖；《中国化学史》（合著）获第 14 届中国图书奖。

长北

本名张燕，江苏扬州人，1944 年生，东南大学艺术学院教授，江苏省文史研究馆馆员，中国传统工艺研究会副会长。花甲之年后，自署笔名“长北”。

主要研究领域：漆艺；工艺美术；古代艺术史论研究。

主要著作：图书 20 余种，论文、评论等近 400 篇，独著国家项目《〈髹饰录〉与东亚漆艺——传统髹饰工艺体系研究》等。

奖项：《中国艺术史纲》获全国高校 2006—2009 年人文社科优秀研究成果二等奖；南京市哲学社科优秀成果一等奖；中国高等教育美育研究会优秀科研著作一等奖等。

华觉明

江苏无锡人，1933 年 4 月生。1949 年 7 月参加工作，1958 年清华大学机械系毕业，1967 年中国科学院自然科学史研究所矿冶史研究生毕业。1986 年任中国科学院自然科学史研究所研究员，1988—1993 年任副所长，同年离休。1993—2003 年任清华大学科学史暨古文献研究所所长。

主要研究领域：技术史；技术哲学；传统手工艺。

主要著作：《中国冶铸史论集》《中国古代金属技术——铜和铁

造就的文明》《中国传统工艺全集》《中国手工技艺》《华觉明自选集》等。

奖项：曾获文化部科技成果一等奖、全国优秀出版物一等奖、铸造行业终身成就奖等。

冯立昇

1962年出生于内蒙古乌海市。1983年毕业于内蒙古工学院，获工学学士学位。1987年毕业于内蒙古师范大学科学史研究所，获理学硕士学位。1999年毕业于西北大学数学系，获理学博士学位。曾任内蒙古师范大学教授。现任清华大学科学技术史暨古文献研究所所长，内蒙古师范大学科学技术史研究院兼职教授、博士生导师。曾先后在日本东北大学、东京大学、中央大学做访问学者、客座教授。2004年入选教育部“新世纪优秀人才支持计划”。兼任国家非物质文化遗产保护工作专家委员会委员、中国科学技术史学会常务理事、中国传统工艺研究会会长、全国数学史学会副理事长等职。

主要研究领域：数学史；技术史；科技典籍文献；科技文化遗产保护。

主要著作：《中国古代测量学史》《中日数学关系史》等。

奖项：曾获内蒙古师范大学科研成果一等奖；主编的《畴人传合编校注》获全国优秀古籍图书奖一等奖；参加编撰的《彩图科技百科全书》获2009年国家科学技术进步奖二等奖；参加编写的《中国科学技术史·数学卷》获第四届郭沫若历史奖一等奖。

石云里

安徽宿松人，1964年10月生，理学博士，中国科学技术大学科技史与科技考古系教授、执行主任，东亚科学史学会前副主席，国际天文学联合会历史仪器工作组主席，中国科学史学会理事。

主要研究领域：天文学史。

主要著作：《中国古代科技史纲·天文卷》《海外珍稀中国科技典籍集成》。

奖项：曾获安徽省2007年哲学社会科学优秀成果二等奖。

辛业芸

湖南临澧人，1966 年 9 月生，博士，国家杂交水稻工程技术研究中心研究员，院士办主任。

主要研究领域：水稻杂交优势机制及利用研究；杂交水稻技术研发。

主要著作：访问整理《袁隆平口述自传》；论文“Hybrid Rice Technology Development—Ensuring China's Food Security”（《杂交水稻技术发展——中国食物安全之保障》）、《超级杂交稻两优培九产量杂种优势标记与 QTL 分析》。

奖项：“两系法超级杂交稻两优培九的育成与应用”2003 年获江苏省科技进步一等奖；《袁隆平口述自传》2011 年入选国家新闻出版总署第三届“三个一百”原创图书出版工程。

牛亚华

1961 年出生于内蒙古呼和浩特市。1983 年毕业于南京药学院，获理学学士学位；1989 年毕业于内蒙古师范大学科学技术史专业，获理学硕士学位；2005 年毕业于西北大学科学技术史专业，获理学博士学位。曾任内蒙古医学院学报编辑部主任。现任中国中医科学院中医药信息研究所研究员、博士生导师。1994—1995 年曾在日本岩手医科大学访问研究。

主要研究领域：医学史；中医文献学。

主要著作：论文《〈泰西人身说概〉与〈人身图说〉研究》《〈圣散子方〉考》等；著有《精业济群——彭司勋传》；校注《中西汇通医书二种》《明季西洋传入之医学》；主编《栖芬室藏中医典籍精选》，任《中国中医古籍总目》副主编。

邱庞同

江苏扬州人，1944 年 10 月生，北京师范大学中文系本科毕业，扬州大学教授，曾任该校烹饪与营养科学系主任，现兼任中国烹饪协会专家指导委员会委员。

研究领域：饮食史；古汉语。

主要著作：专著《中国烹饪古籍概述》《中国面点史》《中国菜肴史》；论文《炒法源流考述》《道教的饮食文化与节庆食俗》《中国汤类菜肴

源流考述》。

奖项：2011年《中国面点史》入选国家新闻出版总署第三届“三个一百”原创图书出版工程。

苏荣誉

1962年7月出生于陕西山阳。1983年毕业于西安交通大学机械系，获工学学士学位；同年考取中国科学技术大学自然科学史研究室硕士，师从华觉明、李志超教授。1986年获理学硕士学位，到中国科学院自然科学史研究所工作，先后被评为助理研究员、副研究员、研究员，曾任技术史研究室副主任，2003年被聘为博士生导师。2009年受聘为南京艺术学院文化遗产保护与管理研究所所长。2013年任中国传统工艺研究会副会长。2000—2001年任史密森学会弗利尔博物馆的福布斯研究员。此后，曾任德国图宾根大学和柏林工业大学的访问教授。2000—2004年任中国科学技术史学会常务理事、秘书长。2004年任中国科学院传统工艺与文物科技研究中心主任。

主要著作：《弶国墓地青铜器铸造工艺考察和金属器物检测》《平山中山王墓青铜器铸造工艺研究》《中国上古金属技术》《新干商代大墓青铜器铸造工艺研究》《广汉三星堆青铜器铸造工艺初步研究》《中国早期失蜡法及其可能渊源——兼论青铜技术研究方法论》《磨戟——苏荣誉自选集》和*On the Bronze Casting with Revit Structure*（《铸铆结构的青铜器铸造》）。

奖项：1996年因专著《中国上古金属技术》获北方十省市优秀科技图书奖；1997年因吴国青铜器综合研究获国家文物局文物科技成果二等奖。

张柏春

吉林白城人，1960年10月生，博士，中国科学院自然科学史研究所研究员、所长。现任国际科学史研究院通讯成员，国际机构与机器学历史委员会执委，中国机械工程学会常务理事。

主要研究领域：技术史与力学史；知识传播史与比较史；科技发展战略。

主要著作：《苏联技术向中国的转移（1949—1966）》（合著）、

《传播与会通——〈奇器图说〉研究与校注》、《中国传统工艺全集·传统机械调查研究》、*Transformation and Transmission: Chinese Mechanical Knowledge and the Jesuit Intervention*（《传播与塑造——中国力学知识与耶稣会士的介入》，合编）、《明清测天仪器之欧化》。

赵丰

浙江诸暨人，1961年生，博士，研究员，现任中国丝绸博物馆馆长、中国纺织品鉴定保护中心主任、纺织品文物保护国家文物局重点科研基地主任、国际古代纺织品研究中心理事、国家文物鉴定委员会委员。

主要研究领域：纺织科技史；纺织品文物鉴定保护；丝绸之路与中西文化交流。

主要著作：论文《汉代踏板织机的复原研究》《新疆地产棉线织锦研究》《唐系翼马纬锦与何稠仿制波斯锦》等100余篇，主笔和主编学术专著《中国丝绸通史》《中国丝绸艺术史》《敦煌丝绸艺术全集》等10余部。

奖项：《中国丝绸通史》获中华优秀出版物奖；《中国丝绸艺术》英文版获全美纺织品协会图书奖；《东周纺织织造技术研究》获国家文物保护科学和技术创新二等奖。

曾雄生

江西新干人，1962年11月生，中国科学院自然科学史研究所研究员。

主要研究领域：农学史；科学通史。

主要著作：《中国农学史》《中国农业通史·宋辽夏金元卷》。

奖项：《中国农学史》入选新闻出版总署第二届“三个一百”原创出版工程科学技术类图书，获第三届中华优秀出版物图书提名奖；合著《走进殿堂的中国古代科技史》获第三届中华优秀出版物图书奖等。

韩琦

浙江嵊州人，1963 年生，博士，中国科学院自然科学史研究所研究员，《自然科学史研究》主编，*Archive for History of Exact Sciences*（《精确科学史档案》）、*Annals of Science*（《科学年刊》）编委，*Historia Scientiarum*（《历史科学》）国际顾问委员会委员。曾应邀访问美、日、法、英、德、葡、意大利等国。

主要研究领域：中国科学史；中西文化交流史；明清天主教史。

主要著作：《中国科学技术的西传及其影响（1582—1793）》、《中国印刷史》（张秀民著、韩琦增订），合编《〈熙朝崇正集〉、〈熙朝定案〉（外三种）》《欧洲所藏雍正乾隆朝天主教文献汇编》《中国和欧洲：印刷术与书籍史》，在国内外学术期刊发表论文近百篇。

卢本珊

湖北武汉人，1949 年 9 月生，大学本科学历。曾多年在湖北大冶铜绿山及江西瑞昌铜岭、皖南矿冶遗址从事考古发掘和矿冶考古研究。曾任铜绿山古铜矿遗址博物馆馆长、副研究员，广州市番禺区博物馆馆长，现任广东美容化妆品博物馆馆长。

主要研究领域：矿冶考古和矿冶史。

主要著作：已发表多篇论文，参与撰写《铜绿山古矿冶遗址发掘报告》《中国科学技术史·矿冶卷》《中国古代矿冶技术研究》等专著。

游战洪

湖南新化人，1965 年 7 月生，中国科学院理学博士，清华大学图书馆副研究员，中国文字博物馆客座研究员。

主要研究领域：军事科技史。

主要著作：参加撰写《中国机械工程发明史》第二编、《中国军事百科全书·世界战争史分册》。论文《肯尼迪总统科学顾问威斯纳与美国军备控制政策》《北洋水师失败之技术思考》《论帕格沃什运动的历史经验及其意义》等。

奖项：参加撰写的《科学技术史二十一讲》获 2008 年清华大学优秀教材一等奖；2013 年参加撰写的研究报告《国际战略格局发展趋势及对策思考》获军事科学院军事科学优秀成果一等奖。

关晓武

安徽肥东人，1970年10月生，博士，中国科学院自然科学史研究所研究员，现任该所所长助理、中国科学院文化遗产科技认知研究中心主任、中国传统工艺研究会副秘书长。

主要研究领域：技术史；传统工艺；科技考古等。

主要著作：《探源溯流——青铜编钟谱写的历史》。

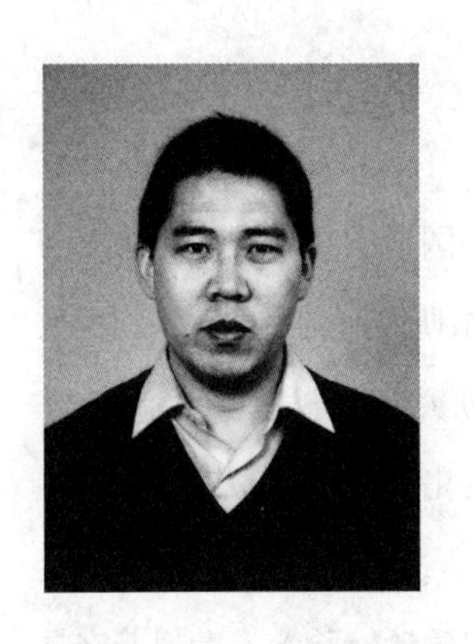

张伟兵

山西洪洞人，1974年8月生，博士，中国水利水电科学研究院高级工程师，中国灾害防御协会灾害史专业委员会常务理事、副秘书长。

主要研究领域：水利史与灾害史。

主要著作：主编《中国水利——历史上的今天（1949—2012）》。论文《区域场次特大旱灾评价指标体系与方法探讨》《我国河流通名分布的文化背景》《明朝战争中的水安全问题研究》。

奖项：曾获水利部首届全国水文化论坛优秀论文一等奖，中国水利学会优秀论文奖。

李劲松

陕西岐山人，1965年生，现为中国科学院自然科学史研究所高级工程师，中国传统工艺研究会副秘书长。

主要研究领域：中国古代化学史；教育史；传统工艺。

主要著作：《中国古代科学技术史纲——技术卷·陶瓷》（廖育群主编）、《中国古代重大自然灾害和异常年表总集·动物象》（宋正海主编）。

奖项：《中国古代重大自然灾害和异常年表总集·动物象》获中国科学院1994年自然科学二等奖。

安沛君

北京人，1971 年 10 月生，博士，国家一级注册建筑师，北方工业大学讲师。

主要研究领域：建筑历史与理论。

主要著作：《清代八旗制度对北京店铺形态的影响》《清代健锐营碉楼研究》《“建筑的历史”还是“历史的建筑”——对两种建筑史观的简要探讨》。

陈彪

广西博白人，1979 年 9 月生。博士，中国科学技术大学科技史与科技考古系副教授，现任该校人文学院手工纸研究所副所长、中国少数民族科技史专业委员会理事、中国传统工艺研究会理事。

主要研究领域：中国手工纸和非物质文化遗产保护；口述史；科技考古。

主要著作：《宣纸燎草浆的生产工艺和质量检验》《贵州普安县卡塘村手工皮纸工艺调查》《海南儋州中和镇加丹纸田野调查与研究》《一生为纸——科技史家王菊华研究员访谈录》。

刘辉

山东东阿人，1980 年 10 月生，博士，中国科学院自然科学史研究所助理研究员。

主要研究领域：纺织史。

主要著作：《汉晋双层斜编织物的编织工艺研究》《从新疆出土实物看汉晋经锦所使用的织机类型》。

鹏宇

安徽固镇人，1982年3月生，博士。毕业于复旦大学出土文献与古文字研究中心，曾为清华大学历史系助理研究员，现为西南大学历史文化学院讲师。

主要研究领域：出土文献、古文字；中国古代青铜器。

主要著作：参与国家社科重大课题多项，独立主持国家社科基金青年项目1项，先后在《文物》《考古与文物》《江汉考古》《华夏考古》《中华文史论丛》《中国国家博物馆馆刊》等刊物上发表论文30余篇。

陈巍

河南长垣人，1985年3月生，博士，中国科学院自然科学史研究所助理研究员。

主要研究领域：技术史；数学史。

主要著作：《11—13世纪中国剪刀形态的转变及可能的外来影响》、《中国古代蹄铁的分布与技术传播》、《中古算书中的田地面积算法与土地制度——以〈五曹算经〉“田曹”卷为中心的考察》（合著）、《文化史视野下的大众科学——读R. 达恩顿的〈催眠术与法国启蒙运动的终结〉》。

黄兴

河北宣化人，1981年10月生，博士，中国科学院自然科学史研究所助理研究员。

主要研究领域：冶金史；指南针史；机械史；技术史数字仿真研究。

主要著作：学术专著《中国古代指南针实证研究》，论文《天然磁石勺“司南”实证研究》《中国指南针史研究文献综述》《单风口冶铁竖炉气流场的数值模拟研究——以中国9—13世纪的水泉沟冶铁遗址为例》《世界古代鼓风器比较研究》《中国古代扇车类型与性能研究》等。

奖项：中国博士后科学基金第九批特别资助，中国科学院第二届京区科普创新大赛二等奖，北京科技大学优秀博士学位论文。

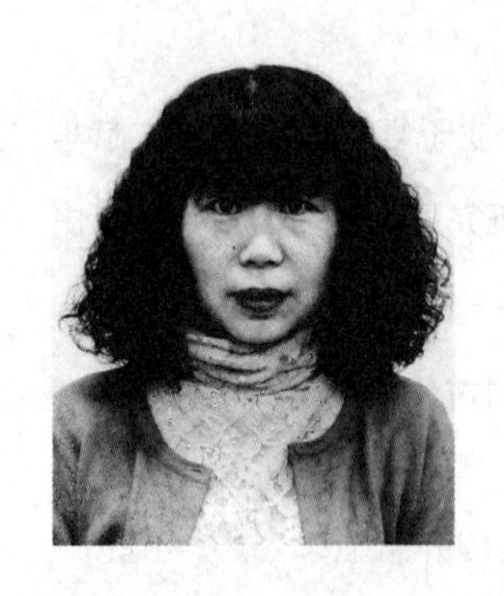

王雪迎

山东掖县人，1969 年 12 月生，学士，清华大学图书馆科技史暨古文献研究所馆员，《中国三十大发明》编委会办公室副主任。

陈晓珊

安徽亳州人，1980 年 3 月生，博士，中国科学院自然科学史研究所副研究员。《中国三十大发明》编委会学术秘书。

主要研究领域：历史地理；海洋史。

发明和文明（代后记）

华觉明　冯立昇

发明特别是重大发明在人类历史上所起作用和所处地位，是众所关注和须予阐明的论题。与此相关联的，还有发明创造者的价值取向和发明创造的激励机制等问题。本文试图就此作一探讨和简述：

一、发明是人类文明进步的原动力

纵观人类文明的进化史，人们的日常生活、习俗，社会的经济、政治、军事、文化、艺术无不与科学技术的发明、发现有关。钻木取火无疑是人类的第一个大发明，从二三百万年之前懂得用火到约50万年前学会保存火种，再到燧人氏时代发明人工取火的技术，其间经历了数十万年无数世代的摸索、失败，再摸索、再失败，到终于取得成功并且成功地代代相传，所经历的艰难不是当代人所能想象的。钻木取火即摩擦生热和生火，是人类成功地运用物理学的原理，首次支配了一种自然力量。火带来温暖和光明，增强了生民的抵御野兽和自然灾害的能力，为以刀耕火种为标志的农业革命创设了条件，炊事用火使人们得以熟食、增强体质，有了火还便于先民们克服气候的限制，扩大生存范围。随着火被广泛利用，神农制陶、宿沙煮盐、女娲炼石、黄帝制矢，种种发明创造呈井喷之势，人类从蒙昧过渡到了文明。接下来的事，大家都很清楚：蒸汽机的发明把人类带入了工业社会；电的利用使我们进入了电力时代；核能的发明把人类带入了核时代；互联网的发明使我们进入了信息时代。与此相应，人们的日常生活、习俗，社会的经济、政治、军事、文化、艺术无不在变：从农耕到工业化到信息化，从神权到君权到民权，从神学到玄学到科学。究其所以然，是因为人类文明进步的原动力——发明。再问一问：为什么科技发明会成为人类文明进步的原动力？作者以为，作为万物之灵的人类，须善处人与人的关系和人与自然的关系，这两种关系是互相依存、相生相克的。科技发明在于改进人与自然的关系。人与自然的关系发生了变化，人与人的关系必然也要发生变化。如果人与自然的关系得到改进，人与人的关系也有可能得到改善，于是，人类文明便趋向于进步，反之则不然。

发明创造属于创新的范畴。有科学技术的发明创造；有制度的发明创造，例如度量衡、文官制、民主制；有文学艺术的发明创造，例如诗的格律、水墨画和油画、管弦乐团；有体育娱乐的发明创造，例如足球、杂技、扑克和麻将。本书只讲科技发明，恕不及它。

二、发明创造激励机制的构成

由上文所述中国历史上重大发明的梳理，可知中国人的创造力在不同历史时期是有明显的起伏的。如下图所示，大体来说，新石器时代中晚期，平均1000年有一项大发明。夏商周三代约450年有一项大发明。两汉为巅峰期，约45年就有一项大发明。魏晋南北朝坠入低谷，370多年间只有一项大发明。隋唐五代每75年有一项大发明。宋元是中国古代科学技术的高峰期，每65年出现一项大发明。明代陈旧腐朽的政治经济体制走向没落，270多年间才有一项大发明。清代皇权专制统治濒临末日，268年间再无重大发明。1911年，推翻帝制，肇建共和，古老的中国开始了文化复苏和民族复兴的征程，百年间有了两项重大发明。这就是纵向的比较。若从横向比较，自1609年（明万历三十七年）伽利略发明20倍望远镜起算，500年间重大发明数以百计，中国只有区区两项，而且产生在中华人民共和国成立之后，这

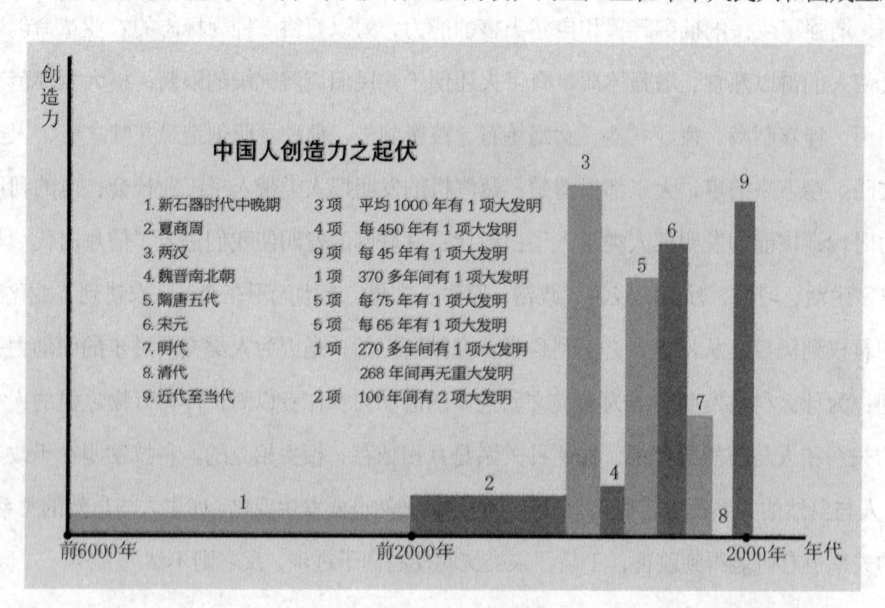

是中国人必须正视的历史事实，值得我们认真思考。

综观古今中外众多重大发明的事例，创新系源自民智的开发、心灵的解放、志趣的追求和功利的激励。所有这一切，都须以一定的社会条件为前提。政治清明，经济繁荣，教育健全，科学昌明，思想自由，学术独立，创新得到鼓励，创新者的权益得到保障，发明创造方能生生不息地源源涌现。发明创造的激励机制，就是由这些因素的结合与互动构成的。

三、创新引领文明，发明创造是代复一代的中国人的志趣、使命和事业

晚清民国时期，中国一直处于由专制社会向民主社会转型的阶段，缺少重大的发明创造是可以理解的。袁隆平的杂交水稻之所以得以成功，是源于谷物增产的紧迫需要和袁氏本人的民生关怀、创新意识和敬业精神，也源于先进的社会制度和良好的社会环境。当然，即便在相对落后的发展中国家，重大原创性发明的出现仍是可能的。对此，我们应有充分的认识和自信。

传说中的大发明家有神农、仓颉、黄帝、嫘祖……见于史籍、实有其人的有鲁班、扁鹊、欧冶、蔡伦、毕昇等。在白话文运动中，刘半农造了一个“她”字，因其合理和适用迅即为国人所采纳，他是在继续仓颉的工作。王选是毕昇的继承者，袁隆平和屠呦呦是神农氏的继承者，鲁班、扁鹊、欧冶、蔡伦也都有他们的继承者。

创新引领文明，发明创造是代复一代的中国人的志趣、使命和事业。随着社会的发展和进步，相信中国会涌现更多的发明和创造，对推动人类文明进程做出更大的贡献。